2025 中国高等学校城乡规划教育年会
2025 Annual Conference on Education of Urban and Rural Planning in China

U0772317

開啟規劃HAI時代　繁榮教育新生態
——2025 中国高等学校城乡规划教育年会论文集

Embracing the HAI Planning Era, Fostering the New Educational Ecosystem
——2025 Proceedings of Annual Conference on Education of Urban and Rural Planning in China

国务院学位委员会城乡规划学科评议组
教育部高等学校城乡规划专业教学指导分委员会　编
苏州科技大学建筑与城市规划学院

中国建筑工业出版社

图书在版编目（CIP）数据

开启规划 HAI 时代 繁荣教育新生态：2025 中国高等
学校城乡规划教育年会论文集 = Embracing the HAI
Planning Era，Fostering the New Educational
Ecosystem——2025 Proceedings of Annual Conference
on Education of Urban and Rural Planning in China /
国务院学位委员会城乡规划学科评议组，教育部高等学校
城乡规划专业教学指导分委员会，苏州科技大学建筑与城
市规划学院编 . -- 北京：中国建筑工业出版社，2025.
7. -- ISBN 978-7-112-31399-0

Ⅰ . TU984-53

中国国家版本馆 CIP 数据核字第 20258BW078 号

责任编辑：杨 虹 周 觅
文字编辑：袁晨曦
责任校对：张惠雯

开启规划 HAI 时代 繁荣教育新生态
—— 2025 中国高等学校城乡规划教育年会论文集
Embracing the HAI Planning Era, Fostering the New Educational Ecosystem
—— 2025 Proceedings of Annual Conference on Education of Urban and Rural Planning in China

国务院学位委员会城乡规划学科评议组
教育部高等学校城乡规划专业教学指导分委员会 编
苏州科技大学建筑与城市规划学院
*
中国建筑工业出版社出版、发行（北京海淀三里河路 9 号）
各地新华书店、建筑书店经销
北京雅盈中佳图文设计公司制版
北京中科印刷有限公司印刷
*
开本：880 毫米 ×1230 毫米 1/16 印张：48 字数：1472 千字
2025 年 7 月第一版 2025 年 7 月第一次印刷
定价：168.00 元
ISBN 978-7-112-31399-0
（45422）

《开启规划HAI时代 繁荣教育新生态——2025中国高等学校城乡规划教育年会论文集》组织机构

主　办　单　位：国务院学位委员会城乡规划学科评议组

　　　　　　　　教育部高等学校城乡规划专业教学指导分委员会

承　办　单　位：苏州科技大学建筑与城市规划学院

论文集编委会主任委员：吴志强

论文集编委会副主任委员：段　进　边兰春　陈　天　李和平　石　楠　石铁矛

　　　　　　　　　　　　张　悦

论文集编委特邀委员：王　兰

论文集编委会成员：（按拼音首字母排序）

　　　　　　　　毕凌岚　陈有川　储金龙　高晓路　华　晨

　　　　　　　　黄亚平　雷振东　冷　红　李　翅　林从华

　　　　　　　　林　坚　罗萍嘉　罗小龙　牛　强　秦　波

　　　　　　　　孙施文　王浩锋　王世福　闫凤英　阳建强

　　　　　　　　杨贵庆　杨新海　袁　媛　张尚武　郑　皓

论文集执行主编：陆建城

论文集执行编委：杨　婷　洪亘伟　邓雪湲　魏晓芳　刘宇舒

　　　　　　　　潘　斌

序　言

2025 年是中国城乡规划教育发展历程中具有里程碑意义的一年。自 1920 年代大学初设城市规划课程以来，中国现代城乡规划教育已走过百年征程。几代规划人深耕不辍，从 1990 年代全国高等学校城乡规划学科专业指导委员会（以下简称教指委）的成立到 2011 年城乡规划学跃升为一级学科，从物质空间设计拓展至城乡全域治理，学科始终在时代需求中砥砺前行。如今，在人工智能迅猛发展的浪潮下，城乡规划教育迎来从"数字赋能"到"人机协同"的范式革新，这既是对 2019 年"大智移云"技术探索的延续，更是面向未来人居环境永续发展的必然选择。我们需要在技术创新中坚守"更好的规划教育，更美好的城市生活"的初心，让科技与人文成为驱动学科发展的双轮。

本次年会以"开启规划 HAI 时代　繁荣教育新生态"为主题，深刻呼应了"规划教育服务城乡发展"的核心使命。"HAI"所代表的"人机协同"与"和谐、适应、智能"理念，既延续了规划学科建设对学科交叉融合的探索，又深化了智能技术与规划教育融合的命题。首次设立的博硕研究生教育论坛与"金经昌论文宣讲"环节，正是对贯通本硕博教育体系理念的实践创新，推动规划教育在 AI 时代向"理论—实践—创新"三位一体的培养模式升级。

论文集汇聚全国高校规划教育者的最新思考，涵盖学科建设、教学创新、城市更新等多元议题。从探索课程体系建设到聚焦人机协同教学，从关注乡村规划到如今融入数字治理实践，论文集的演进轨迹始终与中国城镇化进程同频共振。每一篇文章都凝结着教育者对"技术工具化"与"人文价值化"的辩证思考——无论是智能算法在规划中的应用，还是历史文脉在空间中的延续，皆致力于构建兼具科技理性与人文温度的教育新生态。

谨向为城乡规划教育奉献的历代师长致敬，向参与本次年会的学界同仁致谢。从 2010 年"夯实规划教育基础"到 2025 年"开启规划 HAI 时代"，教指委始终以推动教育创新为己任。愿我们以本次年会为契机，在人机协同的新纪元中锚定规划教育的人文坐标，以科技赋能培养面向未来的规划人才，共同书写城乡人居环境永续发展的新篇章。

国务院学位委员会城乡规划学科评议组第一召集人

教育部高等学校城乡规划专业教学指导分委员会主任委员

2025 年 6 月于同济园

目　录

—— **专业和学科发展** ——

—— 基础教学 ——

理论教学

—— 实践教学 ——

城市更新与保护教学

2025 Annual Conference on Education of Urban and Rural Planning in China

2025 中 国 高 等 学 校 城 乡 规 划 教 育 年 会
2025 Annual Conference on Education of Urban and Rural Planning in China

開放規劃 AI 時代 繁榮教育新生態

专业和学科发展

2025 Annual Conference on Education of Urban and Rural Planning in China

HAI 模式赋能下的城乡规划教育创新实践
——以 WUPEN 平台为核心的教学探索

杨 婷 梁 靖 吴志强

摘 要：在全球教育加速迈入智能时代的背景下，城乡规划教育正逐步探索由 Human-AI Interaction（HAI）驱动的教学革新路径。本文以世界规划教育组织（WUPEN）平台为核心案例，系统梳理其在数据驱动的教学系统构建、平台化资源协同、虚实融合的实践教学与智能评估机制等方面的探索与成效。研究表明，WUPEN 平台通过构建"人机协同 + 任务导向"的教学结构，提升了学生在认知反馈与多维协作方面的能力。文章进一步指出，在 HAI 模式持续演进的背景下，城乡规划教育需着力推进智能平台建设、跨校资源共享、能力导向评价体系和社会价值导向的融合育人机制，助力构建适应未来复杂城市问题的高水平人才培养体系。

关键词：智能教育；城乡规划；教学改革；产教融合；WUPEN 平台

1 引言

在"AI+ 教育"不断融合深化的背景下，HAI（Human-AI Interaction，人机协同互动）教育模式应运而生。该模式强调人工智能不应取代教师与学生的主体性，而应成为增强人类认知与决策力的"第二教育主体"。它以认知建模、行为数据分析和知识图谱为基础，构建动态反馈系统，推动教育从"人教 AI"走向"人机共教"，最终实现"认知共生"的教育生态。

城乡规划作为一个高度综合、面向复杂实践场景的学科，长期面临空间系统的复杂性、知识结构的碎片化与教学模式的路径依赖等挑战[1]。HAI 模式所倡导的"人机协同—动态适应—价值共创"理念，与城乡规划教育在新时代下对复合型能力和系统思维的培养诉求高度契合。

在此理论框架下，智能教育不再只是信息技术的简单嵌入，而是一种从教学理念到实践路径的系统重构。人工智能通过学习行为感知、认知模式识别和反馈优化，为城乡规划课程提供更精准的内容推送、更高效的评估机制与更开放的教学协作结构。教师则从"传授者"转变为"引导者"与"策划者"，与 AI 系统共同完成任务设计、过程监测与成果评价。

本文即在 HAI 理念引领下，聚焦城乡规划教育面临的教学结构重构问题，并以世界规划教育组织（WUPEN）平台为代表案例，系统探讨其在教学内容生成、人机交互、数据驱动和平台协同等方面的具体实践路径与成效（图 1）。

2 HAI 模式引领下的城乡规划教育重构

在人工智能深入嵌入教育体系的时代背景下，城乡规划教育正经历从"知识灌输"向"能力生成"、从"教师中心"向"人机协同"的深度演化。与传统"工具式信息化教学"不同，智能教育在理念上强调认知主导与系统协同，在机制上倡导数据驱动与个性适配，在实践上推动人机互动与平台联动的融合创新[2]。HAI 教育模式的兴起，为学科教育范式转型提供了方法论支撑，其关键在于通过人工智能与教师、学生的深度互动，重塑学习路径、教学组织和认知反馈体系。

2.1 从静态课程体系走向动态认知引导

传统城乡规划课程以教师经验驱动、内容线性展开

杨 婷：同济大学建筑与城市规划学院副教授
梁 靖：同济大学设计创意学院副教授
吴志强：同济大学建筑与城市规划学院教授（通讯作者）

图1 人工智能辅助教学任务推进模式示意图
资料来源：作者自绘

为主要特征，课程结构和进度相对固化。而 HAI 模式强调学生认知状态的动态感知与过程适配，借助 AI 系统对学生行为轨迹、作业风格、反馈记录等数据进行实时建模，实现对学习路径的柔性干预与能力引导。

WUPEN 平台在试点课程中引入了学习行为追踪机制，记录学生在不同设计阶段的方案迭代与任务应对方式，教师可基于系统生成的"认知图谱"进行阶段性诊断与资源推送，打破以往"一体化进度"的教学组织逻辑。

2.2 从经验性教学逻辑走向数据驱动机制

智能教育平台正尝试借助学习行为数据与成果分析，识别学生在任务完成过程中的认知路径与技能偏好，探索构建动态路径推荐机制[3]。在以往城乡规划教学中，方案质量和学习过程主要依赖教师主观判断与经验分析。HAI 教育模式通过构建数据驱动的分析链条，实现了"学习过程—能力表现—评估反馈"三者之间的结构化关联。

WUPEN 平台支持图文成果的结构化处理与指标化评估，已形成涵盖"空间逻辑""尺度适配""社会响应"等维度的评价框架。学生提交成果后，平台可自动生成初步反馈报告，为教师提供针对性讲评参考，也为学生自我调整提供客观依据。这一机制强化了规划设计类课程的客观性与可追踪性。

2.3 从孤立课程单元走向协同教学生态

城乡规划教育长期面临资源分布不均、校际合作难度大、成果沉淀效率低等现实问题。HAI 模式下，平台型教学结构提供了多校协作、成果共享、任务重用的技术基础，推动教学资源从"点对点转移"向"网络式共建"转变。

在 WUPEN 平台的"联合课程"模块中，不同高校围绕统一议题设计本校教学路径，通过任务包共享、标准化成果提交与在线互评机制，构建了跨校间的教学协同机制。这不仅提升了学生对多元问题的理解力，也为教师间的课程共建与教学共研提供了合作平台。

综上，智能教育以其技术优势与认知适应力正在推动城乡规划学科教育范式的全面重构。它不仅优化了教学组织方式，更深层地激活了师生之间、人机之间、校际之间的协作潜能，逐步走向一个更加开放、弹性与融合的城乡规划教育新体系。

3 平台支持下的协同教学体系

城乡规划教育的智能化探索，必须建立在多元主体有效协作与任务组织机制的基础上。相较于传统以院校内部为中心的课程模式，HAI 支持下的协同教学更强调课程的"平台组织性"与"任务驱动性"。WUPEN 平台通过建立结构清晰的课程发布、成果提交与评议反馈机制，为高校间协作提供了可操作的支撑路径，初步构建了以平台逻辑为核心的跨校协同教学生态。

3.1 高校主导的跨校教学组织

在 WUPEN 平台上，多个高校围绕绿色校园规划、街区更新设计、城市复原力等议题共同组织联合课程。平台提供基础背景材料与可视化工具，支持教师借助已有任务模板、案例资源和数据接口，开展教学设计。各校教师结合教学目标设定任务内容，学生在本校组成项目小组，围绕统一任务完成方案构思、数据分析与图文成果输出。

　　课程成果集中提交至平台后，由跨校教师团队共同组织评阅与线上评议，提升了成果质量反馈的广度与多元性。例如，在"绿色校园设计"任务中，平台支持多所高校同步开展教学实践，并通过阶段性提交、线上评图与多校教师互评的方式，实现了教学环节的跨域协作。

3.2　多维角色参与的任务实施结构

　　在"新工科"背景下，高等教育中的产教融合应以协同机制为核心，推动院校、行业与地方政府形成优势互补的多元参与结构[4]。在若干试点课程中，WUPEN平台尝试引入规划实践者或行业专家作为特邀评审，参与教学成果反馈。例如，在健康街区更新课题中，学生需结合平台提供的空间分析数据和城市公共健康资料，提出街区微改造方案；课程组织者邀请来自高校外部的设计单位专家作为评议嘉宾，对成果进行可行性、创新性与操作性评价。

　　教师负责任务设定与教学组织，学生是任务的完成者与成果的主要创造者；专家评议强化了教学环节的实践导向；而平台则负责提供统一的资料发布、成果上传与展示环境，成为"任务协作—成果提交—反馈评议"之间的重要中介。

3.3　平台机制与教学资源的结构性支持

　　WUPEN平台为联合课程提供一套规范化教学支持机制，包括课程资源共享、任务模板复用、成果格式规范与跨校评图功能。教师可在平台现有任务结构基础上进行局部调整和本校适配，同时调用平台提供的数据模板与案例背景，减少教学准备成本（图2）。

　　学生成果在统一格式下集中上传，平台支持图文并列展示、阶段性反馈与课程归档管理，便于教学成果再利用、教学案例沉淀与教学内容更新。部分成果资源经过教师授权后进入平台的开放教学资源区，供其他高校在教学中参考或迭代开发，逐步推动城乡规划教育从个体知识传授向共享型知识生产演化。

　　综上所述，智能教育在城乡规划领域的协同机制，不仅是一种组织形态的调整，更是教学理念、课程结构与育人逻辑的系统更新。它通过多元主体的深度协作，

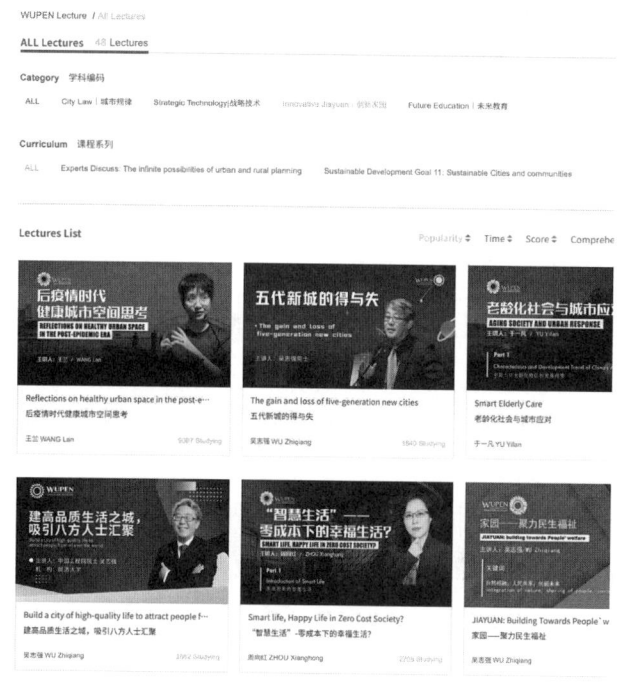

图2　WUPEN 平台实现课程资源共享
资料来源：WUPEN 网站截图

推动教学活动嵌入城市治理真实语境，实现"教、学、研、创、评"五位一体的共生生态。

4　智能技术驱动的教学场景革新

　　在 HAI 模式持续推进下，城乡规划教育的教学场景正经历从"静态图面"到"动态系统"、从"共性内容"到"个性路径"、从"教师主评"到"智能反馈"的系统性变革。WUPEN 平台推动下的教学模式创新，既体现在虚实融合的学习环境构建上，也表现在任务组织与认知评估方式的更新上，逐步形成以"能力生成"为导向的教学新范式。

4.1　路径可变的个性化学习支持

　　城乡规划学习具有显著的非线性特点，不同学生在空间感知、图形表达与系统思维上的能力结构差异较大。基于认知行为数据与历史成果的分析，WUPEN 平台逐步构建了个性化路径推荐模型。学生在课程初期可选择以"数据分析—系统建模—策略表达"为导向的不

同成长路径，并在学习过程中根据反馈结果实现跳跃式、回溯式或增强式学习[5]。

在"城市空间叙事"模块中，平台会根据学生提交的设计草图与说明文本，对其在空间组织、尺度控制、社会导向等方面的表现进行智能评估，并实时调整后续推送的学习资源、案例参考与任务提示，使其在弱项方向获得更多训练与反馈。

4.2 沉浸式与虚实融合的教学场景

通过VR、AR与数字孪生技术，城乡规划教学可打破传统纸本案例的局限，构建更具时空穿透力与行为沉浸感的学习场景。在WUPEN支持的"城市更新与遗产保护"课程中，学生可佩戴VR设备漫游北京前门片区、巴黎马黑区等历史街区，并通过GIS叠加图层分析空间肌理、功能演化与市民使用轨迹。

同时，借助AR增强现实技术，学生可以在真实场地上叠加模型草图、动态人流与环境监测数据，在"现实+虚拟"的复合场中进行"即时规划"与"策略验证"，大幅提升了他们对复杂空间系统的反应能力与方案修正意识。

4.3 智能评图与教学反馈机制

评图作为城乡规划教学的核心环节，传统形式往往依赖教师口头讲评，存在标准不一、效率不高与学生参与感弱等问题。WUPEN平台以机器学习与自然语言处理技术为基础，开发出"智能评图系统"，可对学生提交的图面成果与设计说明进行结构化分析与维度化评价。该系统可自动识别图面构图逻辑、尺度分辨能力、绿地体系完整性等指标，同时通过对文字描述中的逻辑流与规范适配性进行评分，生成多维度反馈报告（图3）。

教师可基于系统初评结果，集中精力进行高阶评价与价值引导，学生也可据此开展自评与互评，有效提升评图效率与教学透明度。在WUPEN平台运行的"低碳社区规划"课题中，该系统已广泛应用，评图时长减少约60%，学生反馈明确度显著提升。

5 WUPEN平台的教学实践探索

在HAI理念的引领下，WUPEN平台逐步构建了以任务组织为核心、数据资源为基础、教师支持为关键环节的智能教学实践体系。平台围绕城乡规划教育的认知特点和协作需求，探索形成结构化的教学任务推进逻辑

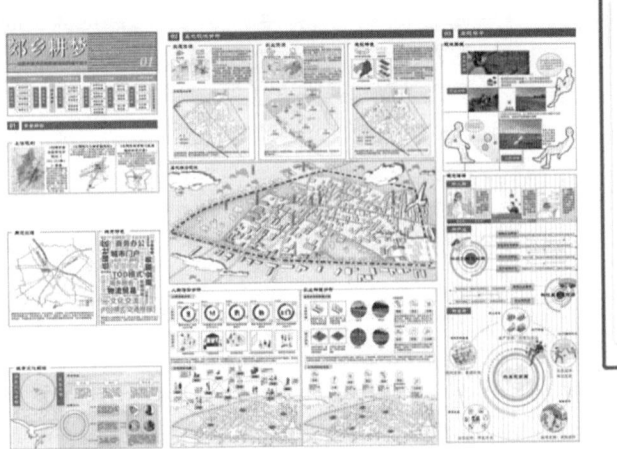

图3 竞赛评委使用WUPEN网站在线评分系统

资料来源：WUPEN网站截图

与可复用的资源协同机制,构建出适配于多校协作场景的教学组织框架。

5.1 分阶段任务结构与能力成长支持

WUPEN 平台基于"能力发展分级"理念,将教学任务划分为五大阶段:基础认知、跨域探索、协同实践、开放研究与社会建构。每一阶段配置有匹配的任务包,包括背景问题、数据集、模型建议与成果要求,帮助学生在结构性任务推进中逐步形成认知深度与应用广度。

学生在各阶段提交成果后,教师可在平台查看提交版本、标注关键节点,并提供阶段性反馈。若干课程引入 AI 分析工具辅助评图,系统可输出初评结果图谱,教师结合个人经验进行定性引导,减轻繁重的人工评阅负担。

5.2 多角色教学协作与组织

城乡规划教育涉及跨学科知识整合与实践性任务执行,需要多方共同参与。WUPEN平台围绕"任务设定—成果提交—反馈评议"构建了标准化的教学组织链条,并通过平台工具实现教师、学生与实践专家之间的高效协作。

平台支持教师在课程前期配置任务包与评估维度,学生根据提示完成分阶段提交。在部分课程中,平台邀请行业专家作为外部评议者参与中期或终期成果点评,强化方案的实践导向。技术团队则保障任务发布、评图打分和数据可视接口的稳定运行。

例如在"健康导向街区微更新"课题中,平台协助整合任务资料、图层数据与提交接口,实现从任务设定到评审反馈的流程闭环。多位教师可协作管理同一任务包,用于联合课程组织与跨校指导,显著提高了教学组织的灵活性与协同性。

5.3 国际联合课程与多语种教学支持

作为全球协作平台,WUPEN 支持中、英、法、西等多语资源上传与同步教学。平台设有"全球共享任务池",聚合了来自 30 多个国家和地区的典型城市问题案例,支持用户在本地背景下进行重构与再设计。

在"城市公共空间复原力"课程中,WUPEN 组织北京、巴塞罗那与布宜诺斯艾利斯三校学生围绕极端气候影响下的应急避难结构设计开展跨校协同。学生以多语种提交成果,通过平台 AI 系统生成结构模型,并在数字孪生平台上进行运行模拟,获得联合评审反馈。

5.4 教学成果沉淀与资源共享机制

课程结束后,平台可将任务结构、学生成果与教师反馈记录统一归档,部分获得授权的内容进入"教学资源共享区",供其他教师在课程设计中查阅、参考或复用。这一机制初步推动了城乡规划教学从"单点产出"向"平台沉淀—循环调用"的知识演化路径转变。

目前,已有多所高校教师选择借用他校共享任务模板,并结合自身需求进行本地化改编,形成"模块移植—课程重构"的教学模式创新,有效提升了教学资源利用率与任务复用效率。

6 结语:迈向融合共生的城乡规划智能教育体系

在 AI 技术快速演进与教育形态深度重构的双重背景下,城乡规划教育正经历一次从理念认知到系统实践的深层次转型。人工智能在教育中的广泛应用不仅带来教学手段的变革,也要求教育系统以可持续发展和社会价值导向为核心,重新定义人才培养路径[6]。HAI 模式作为一种以人机协同为核心特征的教育范式,不仅提供了新的教学工具,更重塑了教育生态的底层逻辑。它通过"智能平台 + 任务驱动 + 认知反馈"的复合结构,为城乡规划学科构建了从能力识别到能力生成的完整闭环,标志着教育模式从以"知识传授"为中心迈向以"能力建构"为中心的重大转向。

WUPEN 平台的实践探索表明,HAI 教育模式并非孤立的技术赋能过程,而是一种深度嵌入教学任务组织、多元主体协作与学生认知轨迹的系统机制。在这一机制中,教师从知识传递者转变为教学策划者与引导者,学生从被动学习者转变为任务建构者与数据贡献者,AI 系统则成为认知镜像、反馈引擎与策略工具,三者协同构成"多智能体"的教育共同体。

未来,城乡规划教育要真正实现高质量跃迁,应从以下三个方面持续推进:

● 机制层面:建立以平台运营、课程共建、资源认证和成果互认为核心的智能教育协作体系,推动从单

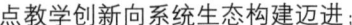

点教学创新向系统生态构建迈进；

● 学科层面：深化与人工智能、环境科学、社会政策等领域的跨界融合，提升学生空间治理、技术操作与社会价值判断的综合能力；

● 价值层面：聚焦生态文明、社会公平与技术伦理等议题，将城乡规划教育融入国家战略和全球挑战背景下的知识建构与责任实践之中。

总之，HAI模式不仅是城乡规划教育数字化、智能化、协同化的技术路径，更是其回应时代变革、重塑育人逻辑的核心抓手。只有持续推进平台机制创新、跨域资源整合与人才培养模式重构，城乡规划教育才能构建起面向未来、面向社会、面向人的融合共生型教育体系，为全球城市的可持续发展提供坚实的人才与知识支撑。

参考文献

[1] 张捷，朱荣远. 城乡规划教育的挑战与改革路径探析 [J]. 城市规划学刊，2020（3）: 82–88.

[2] ZAWACKI-RICHTER O, MARÍN V I, BOND M, et al. Systematic review of research on artificial intelligence applications in higher education-where are the educators? [J]. International Journal of Educational Technology in Higher Education，2019，16（1）: 39.

[3] BAKER, R. S. Learning, schooling, and data science: The promise and perils of predicting performance. [J]. EDUCAUSE Review，2019（7）: 34–41.

[4] 王战军，彭钦平. 新工科背景下产教融合协同育人机制研究 [J]. 高等工程教育研究，2020（2）: 78–83.

[5] 王梅芳，王志刚. 面向个性化学习的智能教育系统构建路径 [J]. 现代教育技术，2021（9）: 25–32.

[6] OECD. Artificial Intelligence in Education: Challenges and Opportunities for Sustainable Development [R]. 2021.

Innovative Practices in Urban and Rural Planning Education Enabled by the HAI Model——Teaching Explorations Centered on the WUPEN Platform

Yang Ting　Liang Jing　Wu Zhiqiang

Abstract: In the context of accelerated global digital transformation in education, urban and rural planning education is undergoing a structural shift driven by the Human-AI Interaction（HAI）paradigm. This paper takes the World Urban Planning Education Network（WUPEN）platform as a representative case to explore how HAI-enhanced intelligent education can reshape the learning ecosystem of urban planning. It systematically analyzes key components including data-driven content delivery, cross-institutional teaching collaboration, immersive learning environments, and intelligent evaluation mechanisms. Through modular task design, real-world problem embedding, and multi-agent collaboration among teachers, students, experts, and digital systems, WUPEN has established a flexible and adaptive teaching framework. The study finds that such a platform-based approach enhances cognitive feedback, supports differentiated learning paths, and fosters the integration of planning theory with practical challenges. The paper concludes by emphasizing the need to further advance intelligent platform construction, inter-university resource sharing, competence-oriented evaluation systems, and value-driven educational mechanisms to build a high-quality talent development system for addressing complex urban futures.

Keywords: Intelligent Education, Urban and Rural Planning, HAI Model, Platform-Based Teaching, WUPEN

HAI 时代综合性大学城乡规划课程体系探索与实践

赵　静　王林申　付　佳

摘　要： 在智慧城市、国土空间规划、乡村振兴等国家战略与 HAI（Human-AI Interaction）时代技术迭代的双重背景下，城乡规划学科面临从单一空间设计向"智能 + 人文"复合模式转型的挑战。本文以济南大学城乡规划专业为研究对象，旨在探索综合性大学通过学科交叉、培养模式重构、技术赋能及政策协同机制，构建适应新时代需求的学科发展体系路径。实践表明，改革后学生在存量规划与城市更新领域的实践能力显著提升，"通识筑基、技术赋能、校企协同"的三维创新模式可为同类院校提供可复制的经验，助力城乡规划学科在 HAI 时代实现高质量发展。

关键词： HAI 时代；综合性大学；学科交叉；课程体系

1　HAI 时代城乡规划学科发展新命题

1.1　规划 HAI 时代的学科交叉特征

HAI（Human-AI Interaction）时代赋予城乡规划学科"技术赋能人文、人文引导技术"的双向交叉特征，而综合性大学凭借多学科生态系统，为这种交叉提供了知识共生、技术共研和实践共通的立体支撑，推动学科从单一空间设计向"智能 + 人文"复合模式转型。

一方面，AI 技术深度介入规划全流程，重塑技术逻辑，对城乡规划学科提出了新的挑战。马向明等聚焦行业面临的转型挑战，包括宏观经济下行、国土空间规划改革及技术迭代对职业能力提出的新要求，并讨论了规划机构如何适应内外部环境变化 [1]。李京生从未来视野出发，提出规划的转型路径，强调理论与实践的双向探索 [2]。田莉等提出了"专业知识 + 人工智能"双驱动的规划教育创新模式，并结合住区规划案例展示了技术融合的潜力 [3]。

另一方面，人文价值导向凸显学科本质属性。城乡规划需更关注 AI 技术应用中的社会公平、文化传承，避免技术至上主义导致的"城市冷漠化"。吴晓探讨了社会学视角对城乡规划学科的渗透作用，强调跨学科融合对规划实践的影响，但未深入剖析具体的社会学工具在规划中的实际应用案例 [4]。王世福从学科发展的宏观视角分析了转型的关键挑战，并主张通过跨学科整合重构规划理论体系 [5]。

这种交叉特征要求城乡规划学科构建"技术工具—社会需求—人文价值"的三角协同框架，既突破传统物质空间规划的局限，又规避技术万能论的陷阱，实现"智能技术理性"与"人文价值理性"的有机统一。

1.2　综合性大学的学科交叉优势

综合性大学凭借多学科集群优势，为 HAI 时代城乡规划学科交叉提供多学科知识集群的立体供给的生态土壤。济南大学通过建立跨学院课程包，实现信息科学的算法模型、商学院的政策分析框架、政法学院的社会治理理论与规划学科的深度耦合。信息科学与工程学院的计算机科学与技术、人工智能等专业为智能规划提供算法模型、数据平台和技术工具等支持。商学院经济学、政法学院社会学则可以为城乡规划注入社会感知、政策分析和价值判断。城乡规划学科则作为整合枢纽，将技术理性与人文关怀转化为可落地的空间方案 [6]。

赵　静：济南大学土木建筑学院讲师
王林申：济南大学土木建筑学院教授
付　佳：济南大学土木建筑学院讲师

2 综合性大学交叉融合导向的课程体系重构路径

2.1 构建"战略需求—知识模块"动态耦合体系

面向 HAI 时代城乡发展的智慧城市、国土空间规划、乡村振兴等战略需求，综合性大学需建立"需求驱动—知识整合—模块迭代"的动态课程体系。济南大学在三年级开设"智能规划技术""城乡规划扩展""城市建设扩展"三个创新模块（图 1）。每个模块对应城乡规划领域的不同研究方向。

"智能规划技术"创新模块以技术赋能规划革新为核心，构建"前沿技术融合—跨学科实践—创新能力塑造"的金字塔体系，深度融合多学科尖端知识与技术工具，培养学生运用智能技术破解城市复杂规划问题的能力。开设"城乡规划数据智能分析技术""城市物理环境与空间感知技术""环境行为分析技术"等前沿课程，深度整合计算机科学、数据科学、人工智能、环境行为分析等多学科知识。通过开发"规划大数据分析""城市仿真模拟""智能空间优化"等跨学科工作坊，引导学生运用机器学习算法、参数化模型、虚拟现实技术等复杂工具，对城市交通流量、环境质量、空间使用效率等问题进行模拟与优化。培养学生运用跨学科技术解决城市复杂规划问题的创新能力，实现从理论认知到实践创新的跃升，切实回应智慧城市建设对规划人才的技术需求。

"城乡规划扩展"模块以构建复合型知识体系为核心，深度整合人文社科与传统规划知识，培养学生对城乡复杂系统的综合解析能力。开设"城市社会学""城市地理学""城市经济学""风景园林设计原理"等核心课程，将社会学对社区权力结构的剖析、地理学对空间演变规律的阐释、经济学对资源配置效率的分析，与传统规划理论有机融合。使学生理解城乡规划绝非单纯的空间设计，而是社会、经济、环境等多元因素交织的系统工程。而"城市绿地规划原理"与生态保护政策联动，分析碳汇目标下的绿地布局策略；"乡村规划原理"对接乡村振兴战略，探讨农旅融合空间的规划逻辑。通过大量真实案例研讨，让学生深入理解城乡规划在不同政策语境、地理环境、社会经济条件下的适应性策略，培养从宏观战略到微观空间的全链条把控能力，使其既能遵循规划学科的技术规范，又能敏锐捕捉城乡发展的动态需求，成长为具备人文关怀、政策视野与空间智慧的复合型规划人才。

"城市建设扩展"模块以塑造城市建设综合实践与创新能力为核心，紧密整合工程技术与前沿理念，培养学生解决城市建设复杂问题的综合素养。开设"建筑节能技术""交通工程""管线综合"等课程，将建筑节能降耗技术、交通流量优化理论、管线空间布局策略深度融合。"建筑节能技术"传授绿色建筑材料与节能系统设计，"交通工程"解析城市路网规划与智能交通应用，"管线综合"指导市政管线协同布局，使学生掌握城市建设各环节的技术要点，明白城市建设是多技术协同的系统工程，而非单一领域的孤立作业。"BIM 技术及其应用""城市轨道交通"等课程探索新技术对城市建设的革新。借助分析国内外创新案例，培养学生运用前沿技术解决城市建设问题的能力，使其不仅能应对当下建设需求，更能引领未来城市建设的创新方向，成为兼具技术实操与创新思维的城市建设专业人才。

2.2 打造"三阶递进"培养模式

（1）通识筑基阶段（1~2 年级）

通过"通识筑基"课程打破学科壁垒，借助商学院经济学系、政法学院社会学系的教学力量，强化经济学、社会学等跨学科基础，提高"城市经济学""城市社会学"等课程在必修课中的占比，引导学生从社会结构视角理解空间布局问题，讲解城市发展的基本原理和规律。

在设计基础课中融入"空间—社会"分析，在"规

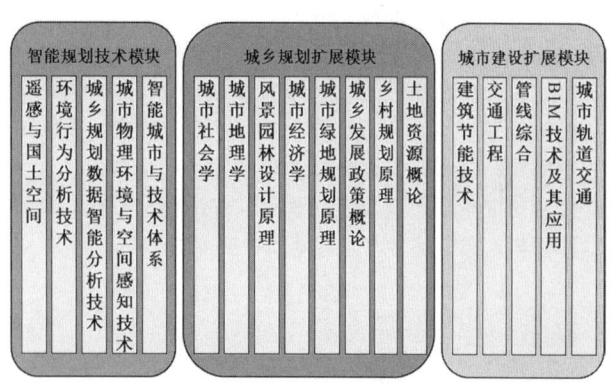

图 1 济南大学城乡规划专业课程体系的三大创新模块
资料来源：作者自绘

划设计基础"课程里加入社区调研、POI数据分析环节。学生通过实地调研社区的人口结构、居民活动规律等，结合POI数据，分析社区存在的问题，进而提出针对性的设计方案。这一过程培养了学生"数据观察—问题定义"的能力，让低年级学生从设计基础阶段就学会关注社会需求，为后续的专业学习奠定良好的基础。

（2）专业交叉阶段（3年级）

模块化选课体系为学生提供了多样化的学习方向，设置"智能规划技术""城乡规划扩展""城市建设扩展"三大方向，"智能规划技术"方向以城市系统科学为内核，侧重AI与大数据技术在规划中的应用。"城乡规划扩展"方向以社会—空间互动为核心，强调规划的人文属性与政策适配。"城乡建设扩展"方向以空间设计与工程实践为导向，强化规划的实施落地能力。每个模块都包含"理论课+技术工具课"，实现知识体系与技术能力的深度融合。

与信息科学与工程学院共建的"虚拟现实与空间行为实验室"，通过VR/AR技术实现规划方案的交互式验证，弥补传统实践中场地调研周期长、成本高的局限。

（3）实践创新阶段（4~5年级）

在城乡规划专业教育中，实践创新阶段对于培养学生解决实际问题的能力以及强化其政策落地思维至关重要。北方规划教育联盟联合毕业设计为学生提供了一个跨校协同、接触复杂实际课题的优质平台。9所高校共享毕业设计课题，涉及多领域、多学科知识的综合运用。学生需要综合考虑基地与周边区域的功能融合、土地利用优化、社区配套完善等问题。行业专家与政府官员深度参与答辩，从实际操作和政策导向等多方面对学生的设计进行点评。行业专家凭借丰富的实践经验，指出方案在技术可行性和实施细节上的问题；政府官员则依据政策法规，评估方案是否符合当地发展战略和规划要求。让学生有机会深刻理解实际项目中的政策落地思维，使设计更具现实意义和可操作性。

2.3 数字技术全流程赋能

在数字技术全流程赋能方面，工具链整合是关键举措。在"地理信息系统应用""城市物理环境分析"等课程中，要求学生掌握ArcGIS、ENVI-met等软件，实现"数据采集—模拟分析—可视化表达"全流程数字

化。ArcGIS强大的数据处理和空间分析功能，帮助学生收集和整理城市地理数据，进行地形分析、交通流量模拟等；ENVI-met软件专注于微气候模拟，学生可以利用它分析不同规划方案对城市局部气候的影响，如温度、风速等。利用这些软件，学生能够在规划设计过程中，从数据获取到方案展示进行全流程的数字化操作，大大提高设计的科学性和精准性（图2）。

2.4 建立校企实践教育基地

为了给学生提供接触真实项目的平台，促进教育与实践深度融合，济南大学与山东省城乡规划设计研究院等5家单位共同建设了实践教育基地，每年邀请专家参与毕业设计的指导和评审，使学生直接接触到政策制定的背景、意图和实际执行中的要点。学生通过与专家的互动，能更深入地理解政策内涵，将理论知识与实际应用紧密联系起来。

3 课程体系改革的实践成效

3.1 学生培养成效显著，综合素质全面提升

（1）专业能力与创新素养双突破

借助"联合毕业设计"检验课程体系改革成果，学生在存量规划与城市更新领域的实践能力显著提升。近五年指导学生获北方规划教育联盟佳作奖6项、校级优秀毕业设计14项，本科生发表学术论文4篇，出版《站城一体化一起向未来》等作品集4部。

（2）社会认可度与就业竞争力双提升

用人单位对毕业生满意度达100%，其中"非常满意"占29.37%，"比较满意"占66.43%。中国城市发展研究院、杭州五匠建筑设计等企业反馈，毕业生在项目中展现出扎实的技术功底与人文关怀意识，部分已成长为技术骨干或走上领导岗位。同时，考研升学率逐年提升，学生考入天津大学、西安建筑科技大学等知名高校，形成"实践能力强、发展潜力大"的人才培养口碑。

3.2 跨校协同与资源共享，构建行业培养新范式

（1）区域联盟引领，形成可复制推广模式

作为"北方规划教育联盟"成员，近五年举办联合毕业设计开题、答辩等活动3场，共享教学案例库、虚

图2 济南大学学生作业中的数字技术成果

资料来源：作者自绘

拟仿真资源库，相关经验被《现代高校城乡规划专业联合毕业设计改革初探》等论文系统总结，成为同类院校人才培养的参考。

（2）教材与教研成果辐射全国

出版《〈城市居住区规划设计标准〉图解》等教材教辅3部，其中《老城谋复兴小镇镌诗画》收录济南商埠区更新等真实项目，被20余所高校选为毕业设计参考用书。主持省部级教改项目3项，教育部产学研协同育人项目2项，形成"真题真做、校地协同"的实践教学范式，兄弟院校借鉴后，相继开展存量规划方向毕业设计改革。

3.3 行业认可与社会影响深远，打造专业建设新标杆

（1）政企行深度协同，强化实践育人实效

济南市自然资源和规划局、山东省城乡规划设计研究院等5家单位参与实践基地建设，每年邀请专家参与毕业设计评审，将"商埠区历史街区保护""西营小镇生态规划"等真实项目融入教学，形成"真题真做、成果落地"的良性循环。

（2）专业评估与媒体报道，扩大社会影响力

2023年城乡规划专业以优异成绩通过住房和城乡建设部本科教育评估，评估专家高度肯定"多校联合、技术赋能"的培养模式。多家媒体报道实践育人成效，形成"高校—企业—政府"三方联动的示范效应，推动城乡规划教育从"单一技术训练"向"社会价值导向"转型。

4 结论

在 HAI 时代，城乡规划教学的发展必须紧密围绕智慧城市、城市更新和乡村振兴等国家战略，将学科交叉作为核心驱动力，从课程体系、技术应用和政策协同等方面进行全面革新，实现从传统"专业教育"向多元"学科生态"的跨越升级。

济南大学的实践表明，综合性大学的核心优势在于构建知识多元共生、技术持续迭代和实践深度嵌入的学科生态系统。通过打破学院壁垒、重塑课程逻辑形成技术理性有深度、人文关怀有温度的培养特色，为 HAI 时代城乡规划输送通技术、懂社会和明政策的复合型人才。

展望未来，济南大学城乡规划学科应进一步强化"政产学研用"深度协同。加强政府、高校、科研机构、企业与实际应用场景的合作，促进知识创新、技术转化与实践应用的无缝对接，推动城乡规划学科在 HAI 时代的高质量转型，为国家城乡治理现代化提供强有力的人才支撑，培育出更多既掌握先进技术、熟悉政策法规，又满怀人文情怀的创新型人才。

参考文献

［1］ 马向明，史怀昱，张立鹏，等."规划师职业发展：挑战与未来"学术笔谈 [J]. 城市规划学刊，2024（1）：1–8.

［2］ 李京生，王伟强，黄怡，等.主题笔谈五：未来视野的转型探索 [J]. 城市规划学刊，2024（S1）：27–31.

［3］ 田莉，杨鑫，张雨迪，等."专业知识＋人工智能"双驱动的城乡规划设计教育创新探索：以住区规划为例 [J]. 城市规划学刊，2024（5）：71–78.

［4］ 吴晓，魏羽力，王凌瑾，等.同社会学交互渗透的城乡规划审视 [J]. 城市规划学刊，2023（1）：39–47.

［5］ 王世福，李欣建，赵渺希，等.中国城乡规划学科转型面临的挑战与跨学科重构 [J]. 规划师，2024，40（12）：1–6.

［6］ 邹卓君.双一流综合性大学城乡规划专业办学特色与路径探索——以中南大学为例 [J]. 西部学刊，2022（15）：132–136.

Exploration and Practice of the Urban and Rural Planning Curriculum System in Comprehensive Universities in the HAI Era

Zhao Jing　Wang Linshen　Fu Jia

Abstract：Against the dual backdrop of national strategies such as smart cities, territorial space planning, and rural revitalization, and the technological iteration in the HAI（Human–AI Interaction）era, the urban and rural planning discipline faces the challenge of transforming from a single spatial design model to an integrated "Intelligence + Humanity" composite model. This paper takes the Urban and Rural Planning Program at Jinan University as the research object, aiming to explore the pathways for comprehensive universities to construct a disciplinary development system adapted to the needs of the new era through interdisciplinary integration, cultivation model reconstruction, technological empowerment, and policy coordination mechanisms. Practical results demonstrate that after the reform, students' practical capabilities in stock planning and urban renewal have significantly improved. The three–dimensional Al innovation model of "General Education Foundation, Technological Empowerment, and University–Enterprise Collaboration" can provide replicable experiences for peer institutions, assisting the urban and rural planning discipline in achieving high–quality development in the HAI era.

Keywords：HAI Era, Urban and Rural Planning, Comprehensive Universities, Interdisciplinary Integration, Curriculum System

就业导向的城乡规划专业 HAI 赋能分层培养体系研究
——基于"认知—提炼—培育"三维协同的构建与实践 *

曾穗平　袁潇萌　田　健

摘　要：面向城乡规划行业由"增量扩张"向"存量优化"转型与数字化重塑趋势，本文构建了基于"认知—提炼—培育"三维协同机制的 HAI（Human-AI Interaction）赋能分层培养体系，聚焦城乡规划专业学生就业能力提升与复合型技术素养塑造。针对传统教学体系存在的技术脱节、路径割裂、能力错配等问题，通过 AI 赋能下"理论课—设计课—实践课"的教学实践路径融合，提升就业导向的专业能力，围绕基础知识与能力感知培养、实训重构与技能锻炼、场景式培养与探索应用三个维度，嵌入 AI 辅助选题、数据挖掘、模型分析与交互表达等关键环节，推动课程任务链的系统演进。通过识别行业岗位对数据应用、系统设计与协同表达的能力需求，教学体系实现从知识输入到场景化能力输出的深度转化，为就业导向下城乡规划人才培养模式创新提供理论支撑与实践样本。

关键词：城乡规划教育；HAI 赋能；三维协同；AI+Design；就业导向

1　引言：城乡规划教育亟需 AI 赋能的人才培养范式转型

随着我国城市化深入推进，城乡规划行业正由"增量规划"向"存量优化"转型，城市更新、生态修复与韧性治理等精细化需求日益突出；与此同时，人工智能的迅猛发展正在重塑行业知识结构与技能体系，使规划从经验驱动向数据驱动、智能决策快速演进。2020 年以前城乡规划专业就业率位居高校各专业前列，近年来受城镇建设放缓与房地产下行影响，就业形势逐渐趋紧（表 1）。

在此背景下，亟需构建以就业为导向、融合 AI 技术、适应行业转型的人才培养体系。本文提出基于"认知—提炼—培育"三维协同机制的 HAI（Human-AI Interaction）赋能分层培养模式：通过认知引导夯实理论基础，以能力提炼强化前沿技术与实践技能，再借创

新培育拓展多层次差异化就业路径。该体系旨在提升毕业生的就业竞争力和职业适应性，为城乡规划教育改革

2021—2024年城乡规划专业就业情况统计表　表1

指标维度	2021 年	2022 年	2023 年	2024 年
毕业生规模	规模平稳，略有收紧	稳中趋降，结构调整启动	稳中有降，供给趋于理性	控制总量，维持合理区间
就业率变化	基本稳定，波动较小	小幅上扬，达近年高点	略有回落，整体可控	区间拉大，呈现两极分化
区域吸纳格局	东强西弱，格局初显	分化加剧，基层扩容	东部领先，错配突出	极化延续，适配难度上升
行业结构转向	传统占优，新兴起步	双向并行，格局多元	数智融合，转型加速	技术牵引，结构深度重塑
主要就业挑战	增量放缓，结构调整滞后	匹配不足，区域吸纳失衡	市场承压，岗位趋于饱和	技能脱节，供需错位加剧

资料来源：作者根据猎聘《2024 高校毕业生就业数据报告》整理

* 项目资助：教育部供需对接就业育人项目（20240826 28505，2024122036733，2024092406757）、中国建设教育协会科研课题《智慧赋能·知行合一：深度融合智慧技术的城乡规划实践教学体系重构》阶段性成果。

曾穗平：天津城建大学建筑学院教授
袁潇萌：天津城建大学建筑学院研究生
田　健：天津大学建筑学院副研究员（通讯作者）

提供理论支持和实践参考，推动专业教育与行业需求的深度融合，实现高质量规划人才的培养。

2 城乡规划专业毕业生就业现状与问题诊断

城乡规划专业人才的就业结构正呈现"两极稳定、中段突围"的趋势：一方面，设计院与政府部门仍构成主流就业通道，但对应届毕业生的综合素质与实战能力要求显著提升。

另一方面，数字化规划、AI辅助治理、碳中和空间策略等新兴领域快速扩张，为具备跨学科背景和技术复合能力的人才打开新的增长窗口。在此背景下，跨界能力成为核心竞争力，掌握AI工具、数据建模、政策理解与可视化表达的多能型学生在就业市场中更具优势。同时，"硕士化""暂缓就业群体"趋势愈发明显，多个核心岗位逐步将研究生学历作为基础准入门槛，推动人才培养从"学术知识型"向"研究—技术—实践"深度融合转型。

2.1 城乡规划专业就业结构分化，毕业生规模扩张与岗位适配失衡并存

教育部公布的数据显示，2022届高校毕业生总规模突破1000万人，高校毕业生人数达到1076万人；2023届高校毕业生人数再创新高，可达1158万人；2024届全国普通高校毕业生规模预计达1179万人，同比增加21万人。当前城乡规划专业毕业生就业呈现以下三大特征：①毕业生规模逐年扩大、就业需求增长缓慢；②考公考研群体持续增多、暂缓就业趋势明显；③呈现跨专业就业比例上升、多元灵活就业普遍。

区域分布呈现明显"东强西弱"格局，珠三角、长三角因产业集群与项目密集吸纳力强，而西部与东北地区在乡村振兴战略推动下，基层岗位需求稳步增长。行业分布方面，规划设计院仍为毕业生主要去向，政府及事业单位、房地产与咨询行业吸纳力度居中，高校与智库吸纳相对有限。同时，智慧城市、低碳规划、GIS开发等新兴领域岗位需求快速上升，成为未来发展新动能。薪资水平方面，东、中、西部呈递减趋势，一线城市及"985""211"高校毕业生起薪明显偏高，具备项目经验与综合技术能力的青年规划师年均薪资增幅达两位数（表2）。当前，传统以理论与图纸表达为主的教学体系已难适应行业对数字化、复合型和实操能力的全面要求，高校亟需构建以就业需求为导向、融合HAI赋能机制的分层化人才培养体系，通过"认知—提炼—培

不同行业就业现状对比分析表　　　　　　　　　　　　　　　　　　　　表2

就业方向	就业比例	就业需求趋势	行业满意度	核心胜任能力	当前挑战或注意事项
规划设计类单位	35%	需求稳定，重点城市持续扩容	中等偏高	技术能力、表达能力、规范熟练度	入行门槛逐渐提高，区域发展差异大
政府与事业单位	20%	编制收紧，基层及专项岗位仍有缺口	高	政策理解、统筹协调、法规应用	需备考公务员或人才引进，流程周期长
房地产与城市开发企业	10%	房企规划岗向智库化转型	中等	策划整合力、市场感知、项目运营认知	专业适配度下降，更偏综合型人才
城乡政策与咨询服务机构	10%	多规融合、村庄规划等需求增长	中等偏高	调研能力、多尺度综合分析、成果输出	项目周期长、交付节奏快，需高自驱力
科研与教育单位	10%	高校扩招与科研计划支持下稳中有升	高	学术素养、逻辑表达、研究写作	博士学位基本成为刚需，竞争激烈
交通/生态/基础设施行业	5%	智能交通、绿色基建兴起	中等	专项规划、系统集成、跨专业沟通	软件/数据能力要求高，适用门槛偏高
技术平台与新兴数据岗位	5%	数字孪生、AI规划类岗位快速增加	高	编程基础、AI建模、数据治理与可视化	属于非传统路径，需主动补充技能与转型
自由职业/创业/多元转型	5%	社区营造、留学、策展等路径多元	差异大	跨界统筹、传播表达、个人品牌管理	稳定性弱，发展路径不确定性大

资料来源：作者根据猎聘《2024高校毕业生就业数据报告》、参考文献[3]整理

育"三维协同路径，系统提升学生胜任新兴岗位与未来职业变革的综合能力。

2.2 城乡规划岗位特征四级分层，新兴技术岗拉大传统岗位能力差距

城乡规划就业市场呈现四大分层结构：政府及事业单位岗位稳定但晋升慢，侧重政策解读与跨部门协调；规划设计院偏好高学历人才，需精通 CAD、GIS 及低碳技术，强调方案创意与可视化能力；房地产及咨询行业提供商业运营训练，培养市场分析与谈判技能；智慧城市等新兴领域以 GIS 开发、大数据分析及 AI 决策为核心，成为复合型技术人才聚集地。区域岗位特征分化明显：一线城市依托国际机构和大型设计院提供多元高竞争岗位；二、三线城市随城镇化扩容地方规划院需求；农村及欠发达地区聚焦乡村振兴实践，侧重基层治理与社区需求响应。

用人单位能力需求差异显著：政府机构重法规应用与公共管理，设计院强调技术创新与仿真分析，房企关注市场研究与商务沟通，新兴领域要求数字孪生、碳核算等前沿技术。针对需求差异，高校需构建"认知—实践—创新"协同体系，通过模块化课程强化政策分析、数字化工具及项目管理能力，并嵌入实践项目，同步提升基层适应力与技术创新素养，实现人才供给与行业动态需求精准对接（表3）。

2.3 城乡规划专业培养供需错位，在于"知识—能力—机制"的三重脱节

当前城乡规划专业人才培养与就业需求存在三大错位：①能力供给难以满足行业对前沿技能和综合素养的需求。课程侧重理论与 CAD 制图，缺乏 GIS 大数据、数字孪生、低碳技术及 Python 等前沿技能，且跨部门协调与团队协作等软技能训练不足；②资源配置滞后于技术与实践的发展。师资与实训资源配置滞后，校企合作停留宣讲与短期实习，无法支撑从需求调研到方案落地的全流程实践；③评价激励机制亦不足以驱动创新与实务能力提升。评价机制过度依赖学术论文和课程考

不同部门岗位信息对比表　　　　　　　　　　表3

信息项	政府部门（规划管理）	规划设计院（设计）	房地产公司（策划报建）	城乡咨询/智库/NGO	高校/科研单位
招聘要求	研究生优先 公务员考试 了解规划政策	本科及以上 会设计软件 项目经验优先	本科及以上 沟通能力强 了解相关流程	硕士优先 调研统计能力 政策研究能力	硕博学历 科研成果 留学经历更佳
招录比	约 1：60	约 1：15	约 1：30	约 1：25	约 1：15
起薪（月）	5000~6500 元	5500~7000 元	6000~7500 元	5000~6000 元	7000~9000 元
平均薪资（月）	6000~8000 元	6500~8500 元	7000~9000 元	6000~7500 元	8000~12000 元
就业满意度	较高（≥80%）	中等（≈75%）	中等（70%~75%）	高（≥80%）	高（≥85%）
工作强度	中等偏低	高	较高	中等	中等
深造率	约 25%	15%~20%	约 10%	≥35%	＞50%
失业率	低（＜3%）	中（≈5%）	中（4%~6%）	低（＜3%）	低
工作内容	政策制定 规划审批 用地管控 文本汇报	城市/国土/村庄规划设计 文本图纸绘制	项目策划 土地报建 设计沟通 方案优化	政策研究 社会调研 规划评估 治理方案撰写	科研课题 论文撰写 教学任务 学术交流
核心能力	政策理解 公文写作 GIS 分析 协调能力	设计创新 软件技能 逻辑表达 抗压能力	沟通协调 政策熟悉 流程管理 抗压适应	研究分析 写作表达 人文思维 沟通技巧	科研能力 理论功底 独立思考 学术沟通 国际视野

资料来源：作者根据猎聘《2024 高校毕业生就业数据报告》、职友集数据网整理

核，忽视项目成果、技术竞赛与企业实习表现，改革与认证周期长，难以快速响应行业技术迭代（表4）。

为此，应在"认知—提炼—培育"三维协同框架下：重构课程体系，将前沿技术与跨学科项目融入教学；建立长期产业导师制度与校外实训基地，深化校企合作；完善考核评价，将实践成果、竞赛及实习表现纳入，并设立创新激励机制，以实现人才培养与产业需求的精准对接。

3 城乡规划专业就业导向的能力需求分析与 HAI 赋能价值

3.1 城乡规划岗位对人才核心能力"融合型 + 系统型 + 协作型"的需求

城乡规划岗位对人才核心能力提出三大需求：①复合型技术与知识融合能力。候选人须熟练操作 CAD、ArcGIS、PS、SketchUp、BIM 等工具，并掌握 Python 编程、WebGIS 开发、数字孪生建模及大数据与 AI 辅助决策，将规划理论与地理学、环境科学、社会学、经济学等多学科知识有机结合，以实现科学决策。②系统性思维与前瞻性规划能力。规划师需贯通调研、编制与评估全过程，构建"问题识别→分析→解决→反馈"闭环，运用空间句法、SWOT/PEST 等方法开展多情景模拟，应对人口流动、产业演替和气候变化，熟悉公共政策与法规，确保方案合法、可实施并具有公共价值。③创新实践与协作素养。规划师要突破传统控规，运用 TOD 和立体绿化等策略提升设计品质，通过三维动画、电子沙盘为不同受众进行差异化表达，并掌握冲突调解、非暴力沟通与项目管理工具。在 CityEngine、InVEST 及"三区三线"政策等新工具环境中，持续学习、动态更新硬技能与软素质，以适应行业变革（表5）。

不同岗位人才培养方向分析表 表4

岗位方向	典型岗位	核心能力	应用场景	相关政策 / 规划文件	关键技术工具	主要服务对象
城市更新	更新规划师	①城市设计 ②社区参与 ③政策实施	①老旧改造 ②街区更新 ③公共空间	城市更新行动计划	AutoCAD GIS	居民 政府
智慧城市	智慧规划师	①数据分析 ②系统集成 ③智能管理	①数字平台 ②智能交通 ③能源管理	智慧城市发展指南	Python CIM	政府 企业
生态规划	生态规划师	①环境评估 ②生态修复 ③可持续发展	①生态保护 ②绿色基础 ③污染治理	生态城市建设指南	GIS 遥感技术	环保机构 政府
交通规划	交通规划师	①系统设计 ②网络优化 ③可达性分析	①交通网络 ②公共交通 ③基础设施	城市交通规划标准	AutoCAD GIS	交通部门 居民
土地管理	土地规划师	①利用规划 ②数据分析 ③法规实施	①土地整治 ②功能区划 ③用地优化	土地利用总体规划	GIS 遥感技术	土地部门 企业
乡村振兴	乡村规划师	①战略制定 ②产业布局 ③社区协作	①振兴实施 ②区域发展 ③小镇建设	乡村振兴战略规划	GIS SPSS	农民 政府
政策研究	政策研究员	①政策分析 ②战略规划 ③项目评估	①战略研究 ②政策制定 ③可行性研究	城市发展战略规划	Excel SPSS	政府 研究机构
教育研究	教师研究员	①教学设计 ②科研管理 ③学术写作	①教学项目 ②科研课题 ③学术会议	高等教育教学大纲	教学管理系统	高校 研究机构

资料来源：作者根据猎聘《2024 高校毕业生就业数据报告》、参考文献 [3] 整理

城乡规划岗位核心能力结构演化与本研人才匹配分析表　　　　　　　　　　　表5

能力维度	传统要求	新兴要求	本科生优势定位	研究生优势定位
技术工具能力	操作基础制图软件 完成常规图面表达 运用固定工具方法	掌握智能分析工具 构建数据建模体系 AI辅助决策技术	熟练操作通用软件 执行标准技术流程 承担图纸绘制任务	精通复合技术体系 主导数据处理任务 承担算法设计职责
知识结构基础	强化规划理论认知 理解制图执行规范 掌握基本流程知识	多学科知识体系 拓展复杂系统思维 构建跨域认知结构	掌握核心理论体系 理解项目基本逻辑 参与常规方案编制	统筹综合知识结构 分析系统复杂关系 生成高阶策略模型
职业角色定位	承担图纸制作任务 协助资料整理流程 配合日常工作需求	主导方案设计流程 统筹技术协同机制 协调跨界协作关系	适应基础执行岗位 配合基层团队工作 完成前期分析任务	胜任策划统筹角色 指导多专业协作 推进项目集成管理
思维方式特征	聚焦任务执行逻辑 依赖线性操作路径 注重结果呈现效率	强化系统综合能力 运用动态演绎方法 强调过程闭环控制	明确执行工作路径 快速响应操作反馈 完成规定分析目标	组织多维逻辑框架 预测长期发展趋势 提炼综合规划策略
表达与协作力	输出图纸设计成果 撰写常规汇报材料 接收指导配合协作	多媒介表达方式 实现公众互动表达 主导多方协同沟通	承担初级表达任务 融入教学型项目组 提升团队协作能力	引导跨界表达工作 翻译多维专业语汇 多主体沟通流程
成长路径引导	对接基层实践岗位 深耕常规项目经验 依托技能稳步发展	对接前沿创新平台 拓展高阶策划岗位 驱动科研产业融合	投入基层设计单位 积累项目实操经验 践行就业导向成长	进入高端智库平台 主导区域政策研究 学术技术双通道

资料来源：作者根据参考文献[1]、参考文献[12]整理

3.2 城乡规划岗位对HAI协同模式与智能决策能力的需求与发展趋势

实践中，HAI构建了"AI处理数据—人提炼洞察"协同模式：AI负责GIS解析、流量预测与方案初稿生成，规划师则聚焦需求定义、设计优化与合规监督。动态规划系统与多目标算法可优化信号控制与碳排放评估，自然语言模型助力政策释义与公众互动。AI替代重复劳动后，规划师转型为战略协调者，需具备政策敏感度、跨学科整合与沟通能力；"数据治理工程师""智能规划协调员"等新岗位也应运而生。未来城乡规划岗位将涵盖数据采集、智能分析、辅助决策与政策传播，要求掌握数据可视化与信息设计等复合技能。教育体系应融入计算机技术与数据伦理课程，构建终身学习机制，培养能够统筹AI与社会需求的复合型规划人才。

3.3 HAI赋能复合型人才培养对城乡规划专业学科的价值与实践意义

HAI赋能推动城乡规划学科的知识重构与实践革新。一方面，通过将生成式模型与机器学习技术引入教学，强化空间经济学、生态学等多学科的融合，提升学

生理解复杂城市系统与运用AI分析产业布局、韧性城市等议题的能力；另一方面，人才培养转向"专业知识＋AI应用"复合型路径，要求学生掌握国土空间规划理论的同时，熟练运用ArcGIS Urban、Grasshopper等工具，实现智能方案生成与评估。在决策科学性与伦理层面，HAI提供数据支持的同时，引导学生关注算法偏见与数据隐私，强化公共利益意识。在实践中，融合真实案例与生成式AI工具的教学模式提升学生的技术应用与创新能力，校企协同育人也加速学生从课堂到职场的过渡。面对智慧城市发展与新兴岗位需求，HAI赋能通过引入技术工具，培养学生的AI操作与战略决策素养，为国家战略与地方发展提供规划技术支持，培养具备技术驾驭与系统思维能力的新时代复合型人才。

4 基于"认知—提炼—培育"三维协同机制的HAI赋能分层培养路径构建

通过紧扣"认知—提炼—培育"三维协同框架，围绕理论课、设计课和实践课三个环节，深入探讨如何在每一维度中融入HAI协同赋能，重构"智慧式、创新型、实践化"理念的教学体系，强化"高素质＋高专业技能＋

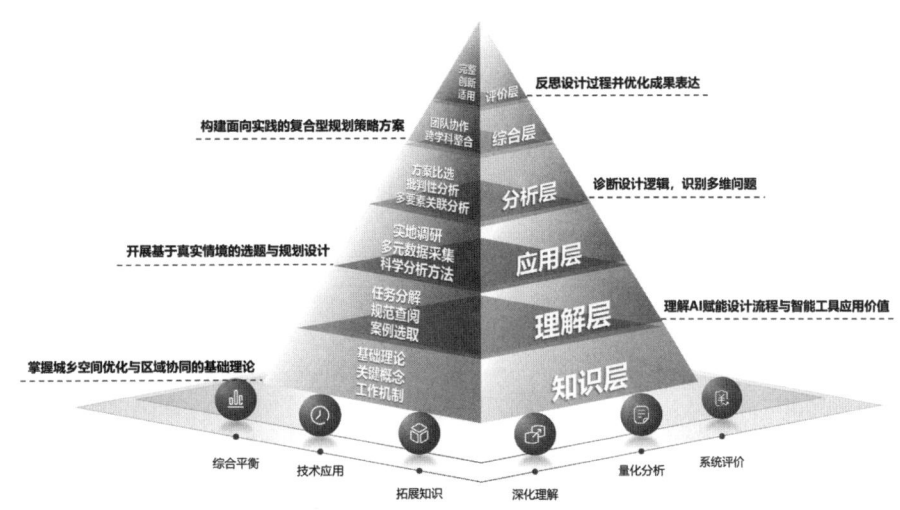

图1 面向AI互动的六阶认知目标体系
资料来源：作者自绘

创新驱动"教学模式，创新"理论＋设计＋实践"多元融合的教学方法，形成建筑学科发展新动能，构建知识体系发展新领域，以实现从基础认知到技术提炼再到职业培育的全链路分层培养（图1）。

4.1 认知维度：HAI赋能下城乡规划理论课程的基础知识与能力感知培养

在智慧赋能的时代背景下，城乡规划专业理论课程须以国土空间治理体系与技术体系相融合为导向，重构以"知识认知—能力启蒙—技术嵌入"为核心的认知维度教学模式。课程内容应跳脱传统"以讲授为主、以规范为核"的模式，聚焦多源数据解析、空间机制建模与智能工具介入。以"城乡规划原理""城市生态与环境规划""城市经济学"等核心课程为例，需引入空间演化模拟、碳排放预测、地价AI评估等内容，借助GIS、遥感、机器学习、NLP等工具，形成跨学科的技术融合范式。教学中应嵌套城市大数据平台操作、AI辅助选址训练、模拟仿真实战等模块，构建从静态认知向动态感知的教学转化路径（表6）。通过系统设计"理论—工具—应用"三级联动结构，使学生在理解国土空间规划本体知识的同时，具备基于AI的识图、分析、预判与表达能力，全面提升学生面向政府、设计院、地产与智库等多元岗位的综合能力与专业适配度。

4.2 提炼维度：HAI赋能下城乡规划设计课程的实训重构与技能锻炼路径

在提炼维度，城乡规划设计课程应以"数字集成、学教融合"为核心理念，构建以AI技术为支撑的"理论—实践—应用"融合式教学体系（图2）。设计类课程作为能力训练主线，应围绕不同年级认知与技能发展的梯度，形成从"单体认知—空间组织—片区策略—区域治理"递进式的教学结构。大二阶段以建筑设计入手，聚焦建筑构型与空间尺度感知；大三阶段以城市公共空间与居住区设计为核心，强化场地分析与空间关系建构能力；大四阶段进入控制性详细规划与国土空间总体设计，重点提升学生的数据解读、指标统筹与系统治理能力。

课程链条深度嵌入AI辅助工具，包括参数化建模、空间句法分析、土地适宜性评估等，结合VR全景模拟与动态交互技术，提升设计过程中的可视化表达与动态推演能力。通过构建"理论课程知识嵌套—实践课技能传导—设计课方案整合"的多维联动体系，形成以问题导向、数据支撑、方案产出为目标的研究型设计课程集群，最终实现从感性设计向数据驱动、逻辑可溯、策略可评的智能化规划能力转型，为学生对接复杂就业场景奠定坚实基础（表7）。

HAI赋能的课程优化表

表6

课程名称	原有知识点	AI/国土空间增强内容	推荐软件/AI工具	培养途径	核心能力	就业匹配度
城乡规划原理（1）（2）	城乡发展理论；用地规划体系；规划流程与控制技术	AI辅助选址分析；地类自动识别与分类；空间演化模拟	ArcGIS、CityEngine、深度学习、强化学习	理论教学+案例研讨+城市大数据平台实操	空间结构理解与分类控制；规划决策能力	政府部门、规划院、城乡咨询：高
城市生态与环境规划	城市生态系统构成；生态指标评价；环境影响评价	AI预测热岛效应和碳排放；生态廊道自动生成	ENVI、eCognition、LSTM、CNN	生态模型演练+GIS/遥感实训+绿色基础设施设计	环境评估与模拟预测能力；绿色规划能力	政府、科研机构、环保部门：高
城市经济学	土地经济原理；城市空间经济行为；增长模型	地价动态预测；AI辅助区位分析；聚类识别	SPSS、GeoDa、Python、随机森林、回归模型	案例研究+数据建模+回归分析实验	城市经济行为分析；土地价值与预测能力	政府、地产公司、咨询机构：高
城市规划系统工程学	系统分析与反馈逻辑；多目标规划；系统要素协同	城市系统仿真；AI逻辑建模；算法辅助决策	AnyLogic、Vensim、Python、遗传算法	系统建模课程+仿真平台操作+数据逻辑推演	系统城市问题建模；模拟与优化能力	政府部门、科研机构、规划设计院：高
城乡规划管理与法规	控规管理制度；审批流程；法律责任	智能审批系统；法规文本识别与分析；政策合规辅助审查	智慧政务平台、OCR、NLP工具（BERT）	法规解析课程+审批模拟演练+NLP工具实训	规划合规性判断；制度监管能力	政府职能部门、城乡咨询公司：高
地理信息系统（GIS）	空间数据建模与查询；地图制图与投影；分析工具	遥感图像智能识别；土地变化检测；空间推理与模拟	ArcGIS、QGIS、Google Earth Engine、CNN	GIS软件训练+遥感数据分析+空间数据库构建	空间分析与表达；遥感解译与分类能力	全行业通用能力，匹配度极高

资料来源：作者根据《高等学校城乡规划本科指导性专业规范（2013年版）》、参考文献[3]整理

图2 AI赋能下设计课程实践过程

资料来源：作者自绘

城乡规划设计课程AI赋能能力与岗位导向全景图谱表 表7

年级	设计课程	推荐软件	AI工具	掌握技能	核心内容	就业匹配场景
大二下	建筑设计Ⅰ：居住类单体建筑设计	SketchUp，Revit	Midjourney Insight360	AI草图生成、建筑形体建模、通风日照模拟	居住建筑的功能组织、形体设计与构造逻辑	①建筑设计院初级岗位；②房地产企业产品策划；③智能建造企业初端协作
大三上	城市规划设计Ⅰ：城市公共空间设计与优化	DepthmapX，UrbanSim	AI热力图工具、视觉识别模型	空间句法分析、人流模拟、视觉走廊优化	公共空间布局、节点组织、行为模拟设计	①城市设计事务所；②城市管理部门设计岗；③公共空间咨询顾问公司
大三下	城市规划设计Ⅱ：居住区规划设计	CityEngine，Rhino+Grasshopper	AI街区生成器、可达性分析AI插件	街区形态生成、交通与服务可达性分析	居住用地结构、社区配套体系、微尺度空间布局	①规划设计院居住组岗位；②地产公司前期策划岗；③居住片区运营机构
大四上	城市规划设计Ⅲ：国土空间总体规划设计	ArcGIS，Google Earth Engine	机器学习平台（如DataRobot）、情景模拟AI	土地适宜性分析、容量测算、发展情景预测	国土空间分区、发展策略制定、生态安全控制	①自然资源局规划编制岗；②空间战略研究单位；③区域国土咨询机构
大四下	城市规划设计Ⅳ：控制性详细规划设计	AutoCAD，ArcGIS Pro	AI指标分析引擎、控规参数自动优化模型	控规图则生成、指标平衡分析、布局方案编排	用地控制指标、道路系统设计、建筑控制线设置	①政府控规管理科室；②城乡规划企业设计岗；③控规与土地咨询机构

资料来源：作者根据《高等学校城乡规划本科指导性专业规范（2013年版）》、参考文献[3]整理

4.3 培育维度：HAI赋能下城乡规划实践课程的场景式培养与探索应用

在培育维度，应围绕"智慧引线、实践织网"的教学理念，构建多主体协作、多场景嵌入的AI实践能力培养体系。突破传统"教师讲授—学生设计"的单向教学模式，转向"课堂即设计场、项目即教学单元"的双向融合机制。依托"课堂设计院 + 设计院课堂"的协同实践平台，构建以真实项目、真实数据、真实决策为基础的高阶项目库，实现教学内容与行业场景的高度对接。围绕"数据调研—资源解构—价值判断—AI演绎—策略输出"的五阶段智慧实践路径，将AI能力培养贯穿全过程：在数据阶段，引导学生使用遥感、传感器、无人机等多源设备开展实地数据采集与建库；在分析阶段，引入 Python、GIS 空间模型、机器学习算法实现城市问题识别与趋势预测；在表达阶段，运用AI辅助设计生成与数据可视化工具完成成果图谱化呈现。教学组织形式上，采用工作坊制、跨院系协同制、任务驱动制改革，形成任务型、沉浸式的教学单元。通过作品联展、学研赛一体等形式，构建数智驱动的"项目—平台—能力"联动机制，全面提升学生在AI环境下的集成思维、快速协同与跨界创新能力，培育具备"技术应用 + 空间治理 + 策略洞察"复合素养的未来规划人才（图3）。

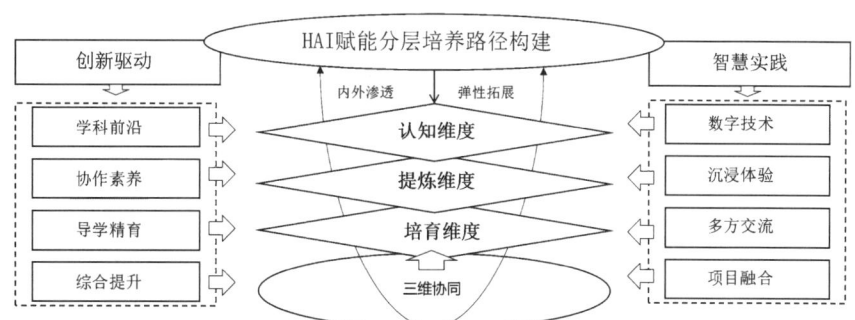

图3 HAI赋能分层培养路径
资料来源：作者自绘

5 城乡规划专业 HAI 赋能分层培养体系实施与实践成效评估

5.1 HAI 智能协同赋能下的城乡规划核心能力建构

在"认知—提炼—培育"三维协同理念下，培养体系聚焦城乡规划专业学生的核心能力建构，提出涵盖"空间认知与规划思维、数据素养与智能分析、跨学科协作与价值塑造"三大能力域。通过整合智慧城市、低碳规划等典型案例与大数据驱动的 GIS、遥感、模式识别技术，学生在虚拟现实与知识图谱支撑的沉浸式学习环境中，系统掌握 HAI 工具的原理与应用，逐步形成以问题导向的空间设计思维与智能辅助决策能力。同时，课程引入网络化公共参与与人本主义价值议题，通过校企项目协同实践，强化学生在多主体网络调查与协作中的沟通协调与社会责任感，为后续分层培养奠定坚实的能力基础（表 8）。

5.2 培养体系实践实施的成效评价及反馈机制构建

为精准评估分层培养模式的实施效果，培养体系构建包含知识掌握度、技术应用能力、项目完成质量、团队协作绩效与职业适应力等五维指标体系，并通过定期问卷、学习日志、企业导师评分与校内专家评审相结合的多元化评价机制，实时跟踪学生在理论课、设计课与实践课三个环节的成长曲线。反馈机制采用"三环节闭环"：第一环节为即时反馈，通过课堂测验与在线平台推送改进建议；第二环节为周期性评审，每学期由校企导师联合进行综合评价；第三环节为动态调优，依据评价结果迭代课程内容与实践项目，确保培养路径始终贴合行业需求并持续提升教学质量（图 4）。

5.3 面向就业导向 HAI 赋能培养模式的优化路径与未来展望

结合评价与反馈数据，培养体系提出分层培养模式的三条优化路径：一是深化校企共建，拓展项目库类型与复杂度，将行业前沿项目引入课堂；二是强化国际化与跨学科学习，鼓励学生参与国际竞赛与多领域联合研究，以拓展全球视野；三是持续更新 HAI 工具与平台，构建模块化在线学习空间，实现"随势扩展、按需推送"的个性化学习体验。展望未来，建议推动构建全国高校城乡规划 HAI 赋能联盟，制定行业标准与认证规则，推动分层培养体系的标准化、规模化与可持续发展，为城乡规划专业学生高质量就业与终身学习打造稳固支撑。

城乡规划专业核心能力与课程建设建议表　　　　　　　　　　　　表8

类别	规划设计与图纸表达能力	政策理解与管理执行能力	数据分析与 AI 应用能力	公众沟通与协同能力	学术研究与创新能力
对应课程	城市设计基础 详细规划设计 制图与表达	城乡规划法规 规划管理政策 城市发展战略	大数据分析 GIS 应用基础 AI 辅助设计	社会调研方法 公众参与规划 跨学科协同	城市研究方法 学术论文写作 规划前沿专题
学习内容	构建空间形态 图纸表达规范 方案编绘能力	相关政策文件 管理流程机制 空间统筹思维	数据采集方法 GIS 建模分析 AI 辅助决策	访谈调研流程 公众互动技巧 多方协作机制	调研设计流程 创新研究逻辑 成果表达规范
教学方法	案例教学引导 实操制图训练 工坊任务驱动	理论讲授主导 政策演练结合 小组互动探讨	项目驱动教学 平台工具操作 数据实训嵌入	实地项目导向 情境角色模拟 分组协同推进	导师个别指导 文献分析引导 研讨交流碰撞
教学方式	课堂线下讲授 线上作业辅助 混合推进实施	面授集中授课 线上同步讨论 研讨融合推进	实训双线融合 模块资源发布 数字平台支持	混合参与实践 场景教学嵌入 工坊式课堂	研讨小班教学 开放平台支持 教学科研结合
评价方式	项目图纸提交 教师集中评审 现场展示答辩	案例分析报告 课堂随堂问答 单元阶段测评	成果数据报告 工具操作评分 小组汇报评议	调研过程成果 访谈实录汇编 小组互评反馈	文献综述质量 论文成果水平 专题汇报展示

资料来源：作者根据《高等学校城乡规划本科指导性专业规范（2013 年版）》整理

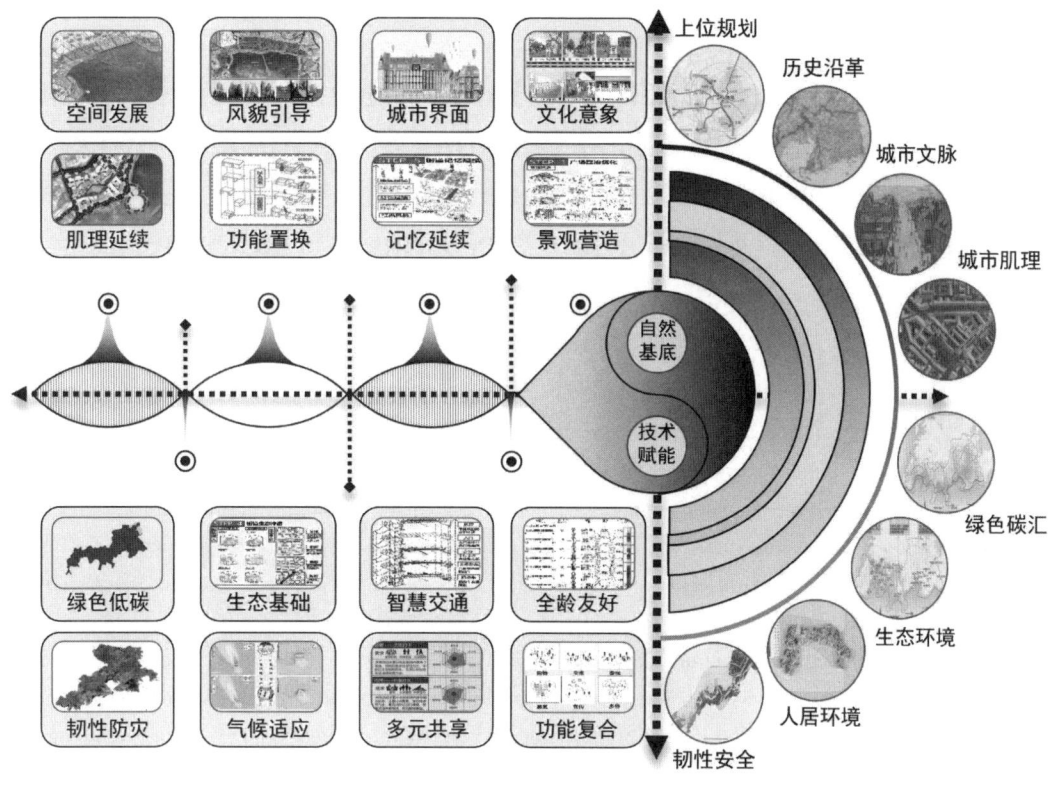

图4　智慧赋能的任务链导向教学内容成果
资料来源：作者自绘

参考文献

[1]　吴志强.城市规划教育的数智化焕新 [J].城市规划学刊，2025（1）：11–17.

[2]　朱定国.新的就业背景下城乡规划专业人才培养模式改进探讨 [J].发展教育学，2025，6（5）：142–145.

[3]　王伯庆，梦萍，麦可思研究院.2024年中国本科生就业报告 [M].北京：社会科学文献出版社，2024.

[4]　张尚武，袁昕，王世福，等.产教融合：新时代高校规划院的使命与挑战 [J].城乡规划，2024（1）：105–116.

[5]　田健，曾穗平.面向空间规划人才培养需求的总体规划教学改革实践 [J].规划师，2024，40（12）：32–40.

[6]　杨俊宴，金探花，史宜，等.基于大数据的城市人群数字画像：技术与实证 [J].城市规划，2023，47（4）：45–54.

[7]　杨俊宴，邵典，程洋，等.数字国土空间治理的"空间码"理论与技术研究 [J].规划师，2023，39（3）：13–19.

[8]　吴志强，张悦，陈天，等."面向未来：规划学科与规划教育创新"学术笔谈 [J].城市规划学刊，2022（5）：1–16.

[9]　史北祥，杨俊宴.以"空间+"为原点的城乡规划学科发展研究 [J].规划师，2022，38（7）：31–36.

[10]　曾穗平，田健.认知·探索·创新：践行知行耦合理念的城乡规划调研课程实践 [C]//教育部高等学校城乡规划专业教学指导分委员会，桂林理工大学土木与建筑工程学院.创新·规划·教育：2023中国高等学校城乡规划教育年会论文集.北京：中国建筑工业出版社，2023.

[11]　曾穗平，彭震伟，田健，等."时空融合+知行耦合"的城乡规划社会调研教学理论研究 [J].规划师，2019，35（2）：86–90.

Research on a Hierarchical and Employment-Oriented Training System for Urban and Rural Planning Students Empowered by HAI——Construction and Practice based on the "Cognition–Refinement–Cultivation" Tri-Dimensional Synergy

Zeng Suiping   Yuan Xiaomeng   Tian Jian

Abstract: Facing the transformation of the urban and rural planning industry from "incremental expansion" to "stock optimisation" and the trend of digital reshaping, this paper constructs a HAI (Human–AI Interaction) empowerment layered training system based on a three–dimensional synergistic mechanism, focusing on enhancing the employability and shaping the composite technical literacy of urban and rural planning students. Addressing issues of technological disconnection, fragmented learning paths, and skill mismatch in traditional teaching systems, this model integrates AI into the "theory–design–practice" teaching pathway to enhance employment–oriented competencies. It targets three dimensions: foundational knowledge and ability perception, practical training reconstruction and skill development, and scenario–based learning and exploratory application. AI–assisted topic selection, data mining, model analysis, and interactive expression are embedded to promote systematic evolution of the course task chain. By identifying industry demands for data application, system design, and collaborative expression, the teaching system achieves a deep shift from knowledge input to scenario–based competence output, offering both theoretical insight and practical references for employment–oriented innovation in urban and rural planning education.

Keywords: Town and Country Planning Education, HAI Enabling, 3D Collaboration, AI+Design, Employment Orientated

AI 时代人机协同语境下规划教育的底层逻辑与范式创新

赵　蔚　陈　晨

摘　要： 人工智能（AI）技术的快速发展正在改变城乡规划教育。本文探讨了 AI 时代规划教育的转型路径，包括认知框架重构、课程内容创新及伦理挑战应对。传统规划教育模式正转向"人机共生"的动态体系，AI 通过数据驱动决策、复杂系统仿真和生成式设计重塑知识生产机制。教育要素的重构体现在知识体系、能力培养和价值导向三个层面。教学实践创新包括虚实融合的场景设计、动态课程体系和多元评价机制。当前教育转型面临算法黑箱、价值偏移及教师角色重构等挑战，需平衡技术理性与人文主义。规划教育应建立"认知—技能—价值"三位一体的新范式，培养数据素养与批判性思维的复合型人才。未来需探索通用 AI 对教育体系的影响，并构建跨学科伦理框架，确保人机协同服务于可持续城市发展目标。

关键词： 人工智能；城乡规划教育；人机协同；范式创新；伦理框架

1　引言

随着人工智能技术的迅猛发展及其在城乡规划领域的深度渗透，传统规划教育体系正面临着前所未有的范式重构压力（Li et al，2022；Winston，2021；Batty，2018）。智慧城市建设的全球推进使得规划实践场景中机器学习算法的应用覆盖率迅速提升，涵盖交通优化、土地利用模拟、环境可持续检测等多个领域（UN–Habitat，2023），这种技术迭代速度与教育体系转型滞后形成巨大落差，促使学界开始重新审视规划教育的底层逻辑（Hall，2020；吴志强等，2022；孙施文等，2024）。当前研究普遍认为，AI 技术不仅改变了规划工具库，更在认知维度重塑着规划方法论的知识谱系（Kitchin，2021），这为规划教育带来了新的机遇：数据驱动决策能力培养、复杂系统仿真教学创新、人机协同设计范式构建（Mohammed et al，2023）。然而，现有研究多聚焦技术工具层面的教学改良，对教育哲学层面的范式革命缺乏系统探讨（韦亚平、赵民，2008；张庭伟，2004；Fainstein，2023）。

与此同时，全球范围内的规划教育机构开始探索 AI 技术的教学整合路径，实践多聚焦于工具层面的技术适配，尚未触及 AI 时代规划教育更本质的问题：当机器能够替代部分人类认知劳动时，规划教育的核心能力应如何重新定义？其伦理框架与价值导向又应如何重构？既有研究在 AI 技术对规划教育的工具赋能层面已形成一定共识。学者们普遍认可 AI 在提升数据处理效率（Kitchin，2017）、优化方案生成（李娜，2022）和增强多主体协同（Goodchild，2020）等方面的潜力。然而，现有探讨存在三方面显著局限：其一，过度聚焦技术操作层面，缺乏对教育底层认知框架的批判性反思；其二，对 AI 引发的伦理困境（如算法偏见、责任归属）尚未建立系统的教学应对策略（Floridi，2019）；其三，现有研究多采用技术决定论视角，忽视了规划教育中"人机共生"关系的复杂性（Haraway，2016）。

基于此，本文试图探讨规划教育面临的两个基本问题：①AI 技术如何解构与重构城乡规划教育的底层认知框架？②在"强 AI"发展趋势下，规划教育应如何建立兼顾技术适配与价值共生的新型教学范式？

2　规划教育的底层逻辑重构

在规划教育领域，人工智能技术的快速发展正推

赵　蔚：同济大学建筑与城市规划学院副教授
陈　晨：同济大学建筑与城市规划学院长聘教授

动人类社会迈入人机协同的新纪元。传统以人类经验为主导的知识传递模式遭遇根本性挑战，教育主体间的关系、知识生产机制与价值创造路径均呈现出系统性变革。这种变革并非单纯的技术叠加，而是要求重新审视规划教育的认知基础与实践框架，构建适应人机共生环境的新型教育逻辑，比如：知识获取维度的拓宽——自然语言处理系统催生出交互式知识检索机制；认知的时空拓展——机器学习算法通过海量数据分析形成空间决策模型；规划决策方案的动态验证——增强现实技术构建的虚拟仿真平台。这些技术革新要求规划教育从"知识容器"向"认知接口"转型，培养学习者与智能系统协同工作的能力。

面向未来的教育范式创新呈现三个演进方向：构建动态演进的课程体系，形成包含基础理论层、技术工具层、伦理实践层的模块化知识架构；开发人机交互的教学场景，通过智能沙盘推演、混合现实工作坊、群体决策支持系统等新型教学载体，实现教育过程的虚实融合；建立持续迭代的评价机制，运用学习分析技术跟踪能力发展轨迹，形成个性化成长路径的动态调整模型。这种创新实践正在催生"人类导师—智能系统—学习者"的协同教育生态，推动规划教育从知识传授向认知进化的本质转变。

2.1 人机协同下的教育逻辑转变

在人工智能技术深度介入教育领域的当下，人机协同正在重构知识生产与传播的基本框架。传统教育体系中"教师—知识—学生"的线性传递模式逐渐演变为由智能算法、教育主体与数字环境构成的三维交互网络。这种结构性转变促使教育的底层逻辑从"知识复制"转向"认知协同"，智能系统也不再局限于辅助工具的角色，而是通过动态知识图谱构建和认知缺口分析，成为触发深度学习的认知伙伴。教育过程中的人机分工呈现出新的特征：机器负责知识检索、模式识别与个性化推送，人类教师则专注于价值引导、创造性思维培养与情感联结，形成"算法精准性"与"教育艺术性"的互补。

同时，数据驱动的教育决策机制正在重塑教学实践的时空维度。基于学习行为数据的多模态分析，智能系统能够实时捕捉认知轨迹中的"断裂点"与"跃迁点"，为教育干预提供微观尺度的时间窗口。这种即时反馈机制打破了传统教育周期律，使得教学设计从预设课程大纲向动态路径规划转型。

教育主体的重新定位更引发了价值层面的深层变革。当智能导师承担知识传递的基础功能，教师的核心价值转向培养机器无法替代的复合能力——包括批判性思维、跨学科整合与伦理判断。在城乡规划教学中，人机协同工作流促使学生既要掌握GIS等空间分析与机器学习预测技术，又需保持对城市社会生态和价值导向的敏感性，这种双重能力要求催生出"技术通感"与"人文洞察"相融合的复合素养模型。因此，教育评价体系也需要随之发生范式转换，从标准化测试转向过程性能力，通过培养记录的能力提升轨迹，显示包含技术应用、创新思维与人文关怀、社会责任的多维评估系统。

2.2 基于AI的规划教育核心要素

当下，教育体系正经历着从知识传递向能力建构的转型。数据获取与分析能力的培养逐步渗透普及，成为基础教育环节。通过构建多源异构数据处理平台，使学生掌握城市感知数据的清洗、标注与特征提取技术，形成以机器学习算法为核心的空间分析能力。智能工具链的整合应用构成关键支撑，需将BIM、GIS与生成式AI进行教学耦合，建立参数化设计、情景模拟与方案优化的全流程训练体系，重点培养人机交互中的批判性思维与决策能力。

跨学科知识图谱的构建正在拓展传统学科边界，要求教育者重新设计融合计算机视觉、复杂系统理论与公共政策分析的课程模块。在此过程中，伦理准则的植入具有特殊重要性，需通过案例教学建立人机责任边界意识，训练学生在算法黑箱与空间正义之间保持专业判断力。教育评价机制随之发生根本转变，从方案完成度转向系统建模能力、算法解释能力与创新协同能力的多维评估。

与之相应，规划教育系统自身必须具备动态演化特性，通过搭建教育数字孪生平台实现教学过程的实时互馈。教师角色从知识权威转变为价值引导和AI工具集建构调试者，重点培育学生的人机协作领导力，使其能够在智能体辅助下完成城市复杂问题的诊断与干预。这种教育范式的革新本质上是在重构规划师的核心角色，将人类特有的价值判断与机器的超强算力形成互补性生态。这也要求教师自身不断更新认知与工具应用技能，以适应人机协同的教学需求，即需要深入理解 AI 技术的内在逻辑与潜在风险，从而有效指导学生如何在算法辅助下进行决策，保持对规划伦理与社会影响的敏锐洞察。此外，教师还需了解最新的 AI 工具与方法，如深度学习、强化学习等，以便将其融入课程设计与教学实践中，提升学生的数据处理、模型构建与问题解决能力。这种核心要素的重构，不仅关乎规划师个人的职业发展，更是推动整个规划教育领域迈向智能化、高效化发展的关键所在。

3　人机协同语境中的范式创新

传统以经验传递与静态知识为核心的教学模式正快速转向动态化、交互性与智能化的新形态，数据驱动下的城市模拟平台与空间算法工具为规划师提供了实时推演与多维验证的可能。AI 并非单纯的技术插件，而是通过深度学习形成的"决策共生体"，促使规划教育从"工具应用层"向"认知重构层"演进，这要求教育者重新定义培养方案中的能力矩阵——在保留空间感知、价值判断等人类优势能力的同时，强化人机协作中的算法解读、动态修正与伦理校准能力。

教学场景正突破物理教室的边界，形成虚实交织的混合认知空间。通过数字孪生系统构建的城市实验室，学生可在沉浸式环境中观察交通流量、能源消耗等复杂系统的实时反馈，这种具身认知模式使得规划教育从"先验知识传授"转向"即时系统干预"。案例教学不再依赖历史项目的复盘，转而通过机器学习生成动态演化图谱，在虚拟推演中培养学生应对不确定性的决策韧性。

同时，教育范式的创新更体现在知识生产机制的变革上。由多模态大模型支撑的智能助教系统，能够根据学习者的认知轨迹生成个性化知识图谱，实现规划理论与技术方法的精准适配。这种自适应的教育生态打破了

传统学科壁垒，促使规划教育形成"问题导向—数据挖掘—方案迭代"的新循环，特别是在应对气候变化、智慧城市等复合型议题时，人机协同产生的涌现智慧可以显著提升解决方案的创新维度。

作为学科基础价值核心，规划教学伦理维度的范式重构尤为关键。当 AI 开始介入空间权益分配、文化基因识别等价值敏感领域，规划教育必须构建人机责任框架。通过建立"技术透明性审查"与"算法伦理沙盒"，培养学生在人机协作中的批判性思维，确保技术工具的应用始终服务于人类社会的可持续发展目标。这种教育范式的转变本质上是在数字文明时代重新确立规划学科的价值锚点，使技术赋能与人本主义形成动态平衡的治理智慧。

3.1　课程设计与内容重构

在转型范式中，课程体系也逐渐突破传统标准化模式，转向以动态适应性为核心，建立人机知识系统的双向映射机制。传统的城乡规划课程体系侧重于理论知识的传授与技能的培养，在新技术的融入下，课程内容更加注重培养学生的创新思维与实践能力（图 1）。

"机器负责效率世界，教师负责意义世界"。课程体系的设计不再局限于固定的教材与大纲，而是根据行业需求与 AI 技术的发展趋势进行动态调整（图 2）。

人机知识系统的双向映射机制意味着学生在学习过程中，既能够通过 AI 系统快速掌握大量的基础知识与技能，又能够在教师的引导下，深入挖掘知识的内在意义与价值，实现技术与人文的融合。这种双向映射不仅能够促进学生对城乡规划领域的全面理解，还可以激发他们对未来城市发展的探索与创新。同时，课程内容的更新与拓展，如引入 AI 辅助的城市设计工具、大数据分析在城市规划中的应用等，能为学生提供更多实践机会，

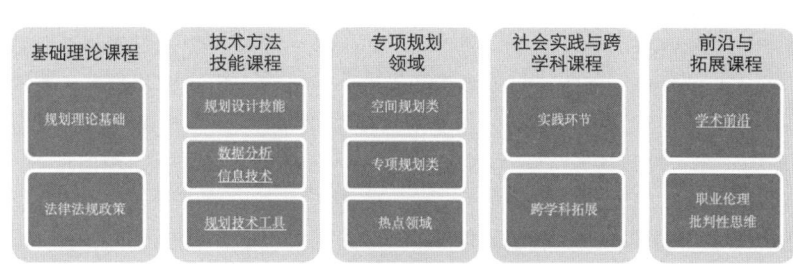

图 1　传统城乡规划课程系列
资料来源：作者整理

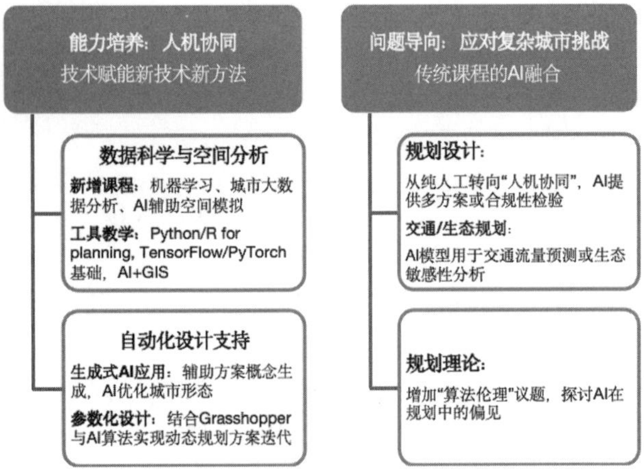

图 2　AI 驱动的规划课程内容重构
资料来源：作者整理

帮助他们在解决实际问题的过程中，不断提升自身的综合素质与创新能力。

3.2　教学模式的创新路径

在人工智能深度介入教育领域的当下，教学模式的变革正在突破技术工具层面的改良，演变为教育本体论的重构。以动态知识图谱构建为核心，教学系统从静态课程包向智能认知网络转型，机器学习算法通过持续分析全球规划案例库与政策文献，自主生成多尺度空间分析模型，使教学内容实时映射城市发展的最前沿。这种知识生产方式的革新倒逼教学组织形态发生根本性转变，传统线性课程结构被解构为模块化知识单元，教师团队与 AI 系统协同实施精准的知识推送。

人机协作的设计工作室模式正成为规划教学新常态。生成式 AI 在方案构思阶段提供海量空间原型，学生通过自然语言交互快速获取多模态设计参考，而教师在关键决策点引导学生进行价值判断。麻省理工学院的 CityScope 项目已验证这种人机协同工作流，学生在 AI 生成的数百个城市更新方案中，运用专业洞察筛选出具有社会公平性的优选方案，设计效率提升 3 倍的同时，专业判断力得到针对性训练。

技术实现了虚实融合的教学场景构建突破物理空间限制，数字孪生平台将城市复杂系统可视化呈现，学生通过 VR 设备在虚拟城市中测试规划方案的交通影响与

能源消耗。而配套的线下实地调研则通过增强现实技术实现历史街区三维扫描数据与现场感知的叠加验证。这种 O2O 教学模式重构了理论与实践的关系链条，形成"虚拟验证—现实反馈"的认知闭环。

传统的教学评价体系也可能在人机协同中实现范式跃迁。教师角色转型构成模式创新的关键支点。在 AI 承担知识传递与技能训练的基础上，教师着力构建"批判性思维"，通过设计矛盾性的真实城市场景，引导学生在人机协同中平衡技术理性与人文价值。这要求教师团队掌握 AI 系统的认知边界，开发出"AI 方案生成—人类价值判断"交替迭代的教学活动，并在伦理冲突案例中培养学生的人本主义规划思维。这种角色转变推动师资培养体系的重构，教学能力标准新增 AI 系统驾驭、人机协作课程设计等核心指标。

3.3　评价体系的适应性变革

在人工智能技术深度介入规划实践的当下，传统以知识记忆和方案完成为导向的评价体系已显露出结构性局限。人机协同环境要求教育评价突破单向度考核范式，转而构建具有动态响应能力的多维评估模型，其核心能力培养的特征体现为评价对象从个体能力转向人机系统的协同效能，评价标准从静态指标转向动态演化框架。

这种多维评估模型不仅关注学生在特定任务中的表现，还着重考察他们在人机协同过程中的适应性、创新性和伦理性。评价内容将涵盖技术应用能力、认知进化速度、跨学科整合深度以及面对复杂问题的决策韧性。为了实现这一目标，教育评价工具将嵌入智能分析算法，实时追踪学生的学习轨迹和成长路径，形成个性化的能力发展报告。

相对应的规划课程调整中，首先应强调理论与实践的深度融合，通过引入真实世界的规划案例，让学生体验人机协同解决实际问题的全过程，从而加深对规划理论的理解和应用能力的提升。其次，课程应鼓励学生参与跨学科的学习与研究，通过整合不同学科的知识与方法，培养学生在复杂问题面前的综合分析与解决能力。此外，课程还需注重培养学生的伦理意识和社会责任感，确保技术应用的正当性和可持续性。

为了实现上述课程目标，教学方法也需进行相应创新。教师应充分利用智能系统的辅助功能，如通过虚拟

仿真技术构建城市规划的虚拟环境,让学生在沉浸式体验中探索规划方案的可能性和实施影响。同时,教师还应引导学生进行小组合作与讨论,通过团队协作提升问题解决能力和创新思维。在评价环节,教师应采用多元化的评价方式,如项目报告、口头答辩、同伴评价等,以全面评估学生在人机协同环境下的规划能力和综合素质。

此外,评价体系还应引入同伴评价机制,鼓励学生相互评估在人机协同任务中的贡献度和协同效率,以此培养他们的团队协作精神和批判性思维能力。同时,通过建立"人机协同项目库",收录学生在真实或模拟规划项目中的作品,为评价体系提供多方面的案例资源,确保评价的全面性和客观性。

在评价过程中,教师将扮演引导者和反馈者的角色,利用 AI 辅助的分析工具,为学生提供个性化的学习建议和成长规划。同时,教师还需不断关注 AI 技术的最新进展,确保评价体系的时效性和前瞻性,使规划教育始终保持在智能时代的最前沿。

新型评价体系需重新定义规划能力培养的构成维度,将"算法工具的应用伦理""人机交互的决策权重""智能系统的批判性调适"等复合能力纳入评估范畴。通过建立包含认知层、操作层、反思层的三维评价矩阵,既可量化学生运用城市计算、生成式设计等 AI 工具的技术熟练度,又能质性评估其在不同规划场景中的人机协作策略选择。伦敦大学学院开发的动态评价模型,通过捕捉学生在数字孪生平台上的协同轨迹,实现规划决策过程的可视化评估。

技术赋能使评价方式呈现多模态革新,基于大数据的学习行为分析可精准识别认知盲区,机器学习驱动的自适应测试系统能实时调整评估难度。值得关注的是,评价主体的多元化重构正在发生,智能系统通过记录数万次人机互动案例形成的评价参数,与教师评价形成双重校验机制。这种适应性变革要求评价标准具备弹性演化机制,需建立包含基础层、拓展层、创新层的梯度指标体系。基础层侧重人机协作的基础能力,拓展层考核智能工具的创造性应用,创新层则关注人本价值的回归程度。评价体系的转型实质是规划教育价值坐标的重校准,需要在技术理性与人文价值之间建立新的平衡点。当前亟需解决算法黑箱带来的评价透明度问题,以及人

机能力边界的动态划分难题。未来评价范式应具备自我进化能力,通过建立包含反馈—修正—迭代的闭环机制,使评价体系成为推动人机协同进化的核心动能。

4 规划教育实践探索

当前教学正逐步显示出三个核心转向:教学资源从封闭知识库转向开放数据流,教学过程从单向传授转向双向增强学习,能力评价从静态指标转向动态人机耦合指标。值得警惕的是需要防止出现技术过度依赖,即离开 AI 人机协同后单人无法独立工作的情况。这要求教育者重新校准人机协同的边界,在算法辅助与人文思辨之间建立新的平衡机制。未来的实践探索需重点关注跨学科知识图谱构建、增强现实沙箱开发以及人机共生的课程评价体系创新。

4.1 典型人机协同规划教育场景

在城市规划领域,生成式人工智能正逐步嵌入教育实践的各个环节。以 AI 城市模拟平台协同为例,学生通过参数化界面输入人口密度、交通流量等核心指标,系统实时生成多版本空间方案。教师则引导学生运用批判性思维对 AI 输出的方案进行价值判断,在算法生成的网格化布局中识别文化延续性的缺失,继而通过人机迭代优化模块加入历史街区的保护要素。这种双向交互机制打破了传统单向知识传授模式,促使学生建立"数据驱动"与"人文导向"相平衡的思维方式。

交通规划教育领域基于深度强化学习的动态教学系统。学生在虚拟运营场景中调整线路规划参数,系统可以提供多维度效能评估,并能通过对抗生成网络模拟不同决策引发的连锁社会效应。这种教育范式将技术理性认知与社会复杂性认知进行有机融合,使学习者逐步形成"技术可行性—社会适应性"的双重评估能力。

环境规划教育中的人机协同体现在大数据解析与伦理决策的结合。例如探讨气候变化对城市影响,数据可以整合 20TB 级的气候变化数据与全球历史规划案例。学生在制定低碳社区方案时,AI 助手可即时标注设计方案与 SDGs 指标的契合度,同时触发伦理决策树模块,引导思考技术方案对弱势群体的潜在影响。教育模式重塑了规划者的责任认知框架,有可能将工具理性与价值理性纳入统一决策流程。

公众参与环节的教育创新体现在自然语言处理技术的深度应用。系统能够实时解析社区论坛的语义网络,自动生成参与度热力图和意见聚类分析。规划专业学生在模拟调解利益冲突时,通过情绪识别算法捕捉不同群体诉求的情感强度,结合空间正义理论寻找平衡点。这种人机协作训练将可以提升学生处理复杂社会关系的实践能力。

教育范式变革还体现在教学主体的结构性转变。教学系统可以通过构建规划文献的知识图谱,通过认知推理模块对学生的方案进行多角度质询,扮演"虚拟答辩委员"角色。人机互动促使教育重心从知识记忆转向批判性思维培养,形成了"人类导师—AI系统—学习者"的共同体。

4.2 创新范式的实践效果评估

在人工智能助力背景下,创新范式的实践效果评估需要建立多维度的分析框架。评估体系应包含三个维度:算法辅助的决策支持系统对空间分析准确性的提升度,数字孪生平台在方案可视化环节的参与深度,以及师生在人机互动中的认知变化曲线。

但值得时刻反思的是,过度依赖智能校验系统可能导致学习者出现路径依赖现象,特别是在历史街区更新等非标场景中,机器生成的优化建议与学生创意存在冲突,这要求评估指标必须引入动态平衡系数,既要衡量机器学习模型提供的方案优化率,也要监控人类设计者主导的创新指数。

效果评估应建立双向反馈机制,既包含智能系统对学习者行为的适应性调整记录,也涵盖人类教师对机器决策的修正轨迹分析。最终需要构建包含技术效能、教育价值、伦理风险的评估体系,实现从工具理性到价值理性的评估范式转变。

4.3 问题反思

当前规划教育实践中,人机协同正逐步形成三种典型范式:基于算法支持的方案生成模式、依托大数据的情景推演模式、借助智能平台的多主体协商模式。但现有探索仍存在显著局限性,多数探索停留在工具应用层面,尚未形成完整的人机协同教育方法论。教学评价体系滞后尤为突出,现行的成果评估标准难以准确衡量人机协同过程中学生创新思维、价值判断等核心能力的成

长轨迹。更值得反思的是,工具理性过度膨胀有可能导致规划教育出现价值偏移,过度依赖算法输出引发空间正义、社会公平等专业价值观认知模糊化趋势。教师群体面临双重挑战:既需掌握快速迭代的智能技术,又要解决人机分工边界模糊带来的教学主导权弱化问题。这些矛盾在城乡规划学科特有的复杂利益协调、多元价值判断等教学模块中表现尤为尖锐。

5 结论与展望

在AI技术深度渗透的背景下,规划教育的底层逻辑正逐步从传统的知识传递转向人机能力耦合的价值重构。教育目标不再局限于培养静态知识储备型人才,而是强调人类在空间分析、价值判断与伦理决策层面的核心优势,与机器在数据处理、模式识别与方案生成方面的技术优势形成互补。这种双向赋能机制要求教育体系重新定位"人"与"机器"的认知边界,构建包含数据素养、算法思维与批判性反思的复合能力框架。

教育范式的创新体现在三个维度:教学流程层面,形成"问题感知—机器预诊—人工校验—协同决策"的闭环学习系统;知识生产层面,建立动态更新的"数据湖—模型库—案例集"的资源平台;能力评估层面,发展多主体参与的动态评价体系,通过机器学习追踪学习者的认知演进轨迹。相较传统规划教育中线性知识传递的局限,使教育过程成为人机认知持续交互的共生系统。

面向未来,规划教育面临的挑战表现在:通用人工智能技术突破可能引发知识体系颠覆性变革,人机权责边界模糊带来的伦理困境,以及虚实空间融合对规划本体论的重新定义。因此,教育创新应聚焦人机认知协同机制的深化,开发具有自我进化能力的智能教学代理,构建覆盖"数据感知—方案生成—社会影响评估"全链条的模拟训练系统。同时,亟需建立跨学科伦理审查框架,在技术创新与人文价值之间保持动态平衡,使规划教育真正成为塑造未来智慧城市治理者的核心力量。

参考文献

[1] 吴志强,严娟,徐浩文,等.城乡规划学科发展年度十大关键议题(2024-2025)[J].城市规划学刊,2024(6):8-11.

［2］ 段进，石楠，闫凤英，等.“规划教育的规划”学术笔谈
[J].城市规划学刊，2025（1）：1-10.

［3］ 孙施文，冷红，刘博敏，等.规划专业能力培养的关键
[J].城市规划，2024，48（1）：25-30.

［4］ 张庭伟.知识·技能·价值观——美国规划师的职业教
育标准[J].城市规划汇刊，2004（2）：6-7，95.

［5］ 周钰，安宇，李钦，等.“AI+大数据”赋能智慧城市
与城市全域数字化转型[J].智能建筑与智慧城市，2025
（4）：6-10.

［6］ 韦亚平，赵民.推进我国城市规划教育的规范化发展——
简论规划教育的知识和技能层次及教学组织[J].城市规
划，2008（6）：33-38.

［7］ 田莉，杨鑫，张雨迪，等.“专业知识+人工智能”双
驱动的城乡规划设计教育创新探索：以住区规划为例[J].
城市规划学刊，2024（5）：71-78.

［8］ 王凯，赵燕菁，张京祥，等.“新质生产力与城乡规划”
学术笔谈[J].城市规划学刊，2024（4）：1-10.

［9］ ZHENG Y, LIN Y, ZHAO L, et al. Spatial planning of urban communities via deep reinforcement learning[J]. Nat Comput Sci, 2023（9）: 748-762.

［10］ HUANG J, BIBRI SE, KEEL P. Generative spatial artificial intelligence for sustainable smart cities: A pioneering large flow model for urban digital twin[J]. Environ Sci Ecotechnol, 2025（24）: 100526.

［11］ BIBRI SE, HUANG J, JAGATHEESAPERUMAL SK, et al. The synergistic interplay of artificial intelligence and digital twin in environmentally planning sustainable smart cities: A comprehensive systematic review[J]. Environ Sci Ecotechnol, 2024（20）: 100433.

［12］ KARAKUŞ N, GEDIK K, KAZAZOĞLU S. Ethical Decision-Making in Education: A Comparative Study of Teachers and Artificial Intelligence in Ethical Dilemmas[J]. Behav Sci（Basel）, 2025, 15（4）: 469.

Innovation in the Underlying Logic and Paradigm of Planning Education in the Context of Human-Machine Collaboration in the AI Era

Zhao Wei   Chen Chen

Abstract：AI is transforming urban and rural planning education by reshaping its foundational logic and teaching paradigms. This study examines how human-AI collaboration is driving educational reform, focusing on cognitive restructuring, curriculum innovation, and ethical challenges. Findings reveal a shift from traditional experience-based teaching to dynamic human-machine systems, where AI enhances decision-making, simulations, and generative design while redefining knowledge production. Key transformations occur in three areas: integrating planning principles with algorithmic logic in knowledge systems; developing machine-thinking interpretation and collaborative decision-making skills; and establishing evaluation frameworks addressing technological ethics and social equity. Innovative practices include digital twin platforms, AI-assisted design generation, and multidimensional assessment of human-AI collaboration. Challenges persist, such as algorithmic opacity, value conflicts, and evolving teacher roles, requiring balanced integration of technical and humanistic approaches. The paper proposes a "cognition-skill-value" framework to cultivate planners with both data proficiency and critical thinking. Future research should explore general AI's educational impacts and develop cross-disciplinary ethics to ensure human-AI collaboration advances sustainable urban development.

Keywords：Artificial Intelligence, Urban and Rural Planning Education, Human-Machine Collaboration, Paradigm Innovation, Ethical Framework

新兴发展中国家城乡规划国际人才培养模式研究

张 纯　王 鑫　佘高红　谢舒逸

摘 要：过去十年，新兴发展中国家呈现出城镇化速度加快、基础设施投资密集、与中国合作日益紧密的显著趋势。特别是在"一带一路"倡议推动下，众多中字头企业"走出去"，城市建设与交通设施协同推进，形成了对高层次城乡规划人才的迫切需求。本文聚焦城乡规划国际人才培养的教学改革实践。依托北京交通大学城乡规划全英文硕士项目，构建"基础（N）+特色（X）"模块化课程体系，聚焦规划领导力塑造与本地化问题解决能力提升。教学改革以国际标准对接与中国经验转化为主线，融合实践导向教学、企业协同育人与文化融入机制，打造贯通"招生—教学—实践—反馈"的闭环式育人体系。截至目前，项目已培养来自46国的硕士留学生，部分毕业生在本国政府、高校与中资企业发挥积极作用，形成了具有适配性与推广价值的国际化教学模式，为中国教育"走出去"与"南南合作"提供了有效范式。

关键词："一带一路"倡议；国际人才培养；新兴发展中国家；规划领导力

1 引言

在全球基础设施建设热潮与区域合作深化的双重背景下，新兴发展中国家正快速迈入城市化和交通现代化的关键阶段。近十年来，非洲、东南亚和中亚等地区城市人口激增，新城新区开发与轨道交通系统同步推进，对具备系统规划能力与工程协调能力的高层次专业人才提出了前所未有的需求。与此同时，中国以"一带一路"倡议为引领，推动大量基础设施项目"走出去"，带动了交通建设、城市规划与空间治理的系统输出。这一趋势使具备国际视野、了解中国标准、能够适应本地实际的城乡规划人才培养成为教育对外开放的战略焦点。

为回应这一现实挑战与战略机遇，北京交通大学自2017年起依托商务部援外平台，建设中国首个面向"一带一路"国家的城乡规划全英文硕士项目，构建了以"基础（N）+特色（X）"为核心的模块化课程体系。项目不仅在课程内容上实现了从"通识型输出"向"问题导向型定制"的转变，还在教学实施、人才分类培养、校企协同、文化融合等关键环节进行了系统创新：在课程设计上，围绕TOD理念，设置交通协同、智慧城市、灾后恢复、站域开发等多元模块；在教学方法上，融合GIS/BIM实验教学、中外联合授课、实践模拟与技术考察等多维路径；在培养机制上，引入"教育教育者"模式、双导师制、小组项目制等，提升学生在真实问题中的规划统筹与沟通能力。

截至目前，该项目已累计培养来自46个国家的172名硕士层次国际人才，建成12门全英文课程，形成多所国际高校、政府机构和企业认可的教学成果。学生在回国后广泛就职于国土、交通、规划等关键部门，部分参与中国企业项目落地，切实发挥了中国教育"走出去"的桥梁作用。

本文以该项目为案例，从培养理念、课程体系、分类路径与实践机制四个维度出发，系统总结教学改革的核心思路与实践成效，旨在为我国高校推进专业化、系统化的国际教育提供可借鉴、可复制的城乡规划类教改范式。

张 纯：北京交通大学建筑与艺术学院教授
王 鑫：北京交通大学建筑与艺术学院副教授
佘高红：北京交通大学建筑与艺术学院副教授
谢舒逸：北京交通大学建筑与艺术学院副教授

2 当前亟待回应的教学任务

在多年的国际教育实践中，我们逐渐发现，传统城乡规划国际化教学理念与发展中国家现实之间正在出现"时间错位"。一方面，国内高校在规划教学中对发展中国家的认知仍多停留在 10~20 年前的经验判断，教学内容以"弥补规划空白""引入基础工具"为主要思路，忽视了这些国家在数字治理、绿色城市、交通导向开发等方面日益多样化、精细化的需求；另一方面，在实践环节中，学生对接的发展对象已从"空白地带"转向围绕大型交通基础设施、战略新城、走廊带型开发等复杂场景，传统教学方法和专业划分已难以应对。

与此同时，中国在海外基础设施建设中已经形成显著"聚焦化"格局。中老铁路、马东铁路、蒙内铁路、亚吉铁路等重大项目不仅代表了中国技术输出的能力，也带动了周边城市群空间结构的重塑。这些工程的实施使得"以铁兴城""以港聚产"成为区域发展的核心策略，也对相关城市空间的规划、管理与更新提出了系统性要求。规划人才因此不再只是图纸的绘制者，而是跨文化治理、区域统筹与产业协同的关键参与者。

在这一背景下，城乡规划类专业作为连接战略落地与社会效益的重要支撑学科，肩负着协同国家工程布局、提升国际合作效能的特殊使命。与数学、物理等基础性学科相比，城乡规划教育的战略价值不仅体现在人才输出本身，更体现在其对"中国标准"的空间演绎与文化传播。因此，当前我们亟需构建一套适应工程走出去、城市形态演变与国际协同治理需要的新型教学体系，从课程结构、能力模型到教学机制全链条改革，推动城乡规划教育在国际舞台上的功能升级。

3 教学改革的系统思路与实施路径

面对新时期发展中国家需求的变化与国家战略的推进，本项目围绕"精准适配、动态更新、共建共享"三大目标，系统推进城乡规划国际化教学改革，形成了以下几方面的核心举措。

3.1 构建"基础（N）+ 特色（X）"的模块化课程体系，建立可定制的分类培养框架

为有效应对生源国发展阶段与专业基础的高度差异，项目以"基础 + 特色"的课程结构为核心，开发了涵盖城乡规划核心理论、交通导向开发（TOD）、智慧城市、灾后重建、沿线开发、国土空间治理等方向的课程模块（图 1）。在"基础（N）"部分，设置"城市规划原理""交通规划导论""城市设计方法"等课程，夯

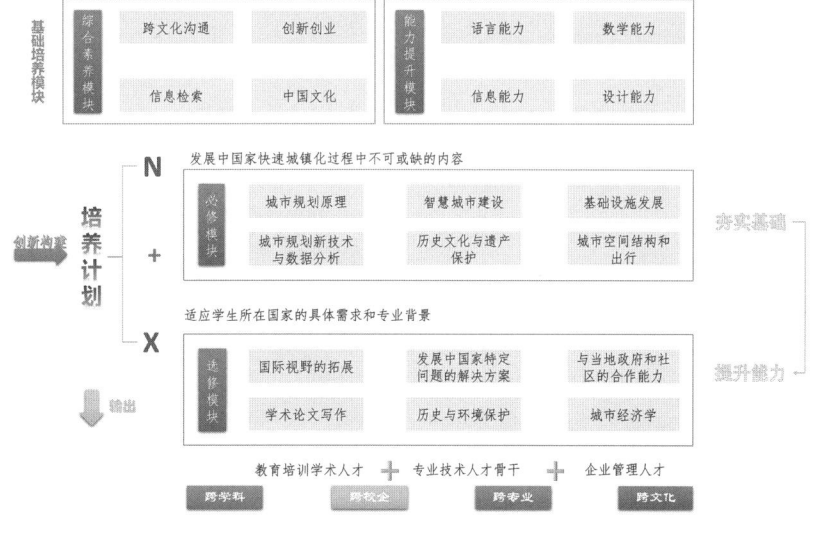

图 1 N+X 课程结构图
资料来源：作者自绘

实基本专业能力；在"特色（X）"部分，根据国家背景和个人目标，提供"智慧基础设施建设""铁路走廊空间发展""站域开发规划"等可选模块，鼓励个性化路径设计。

此外，围绕"订单式"培养理念，项目引入以需求为导向的课程配置逻辑。例如在中非铁路项目背景下，开发"轨道交通导向的区域开发模拟"实践课程，在教学中引入站点选址、功能分区、土地适配等多维模型，帮助学生完成从概念到落地的全流程训练。

3.2 深化国别差异理解，引入 AI+GIS 等新工具，实现动态技术适配与能力更新

本项目高度重视学生对所在国家空间规划制度、工程执行流程与治理结构的理解。通过引导学生自述本国体系、设计虚拟城市规划案、参与国别制度对比研讨，使教学内容不仅停留在经验输出，而是向"技术—制度—文化"的综合适配迈进。

在教学手段上，系统引入 AI 辅助分析、遥感识别、GIS+BIM 融合建模等新兴工具，构建"基于任务的能力成长模型"。例如，通过 AI 参与的规划偏好建模练习，学生能直观对比"高密度开发—低碳生态—经济效率"等策略在不同国家的适应性，为本地化提供辅助决策支撑。

3.3 对接国际标准与企业场景，搭建产教融合的实践教学平台

项目课程体系全面对接联合国可持续发展目标（SDGs），并与中国"走出去"企业的真实项目深度联动。在马东铁路、蒙内铁路、中老铁路等项目背景下，开发以走廊空间开发为背景的"真实问题情境＋数字平台模拟"教学方法。

例如，《城市规划原理（国际版）》已上线中国大学MOOC，课程内容融入案例化对比结构：一方面系统介绍中国从宏观战略到空间机制的城市建设路径，另一方面引导学生展示本国空间规划现状，鼓励相互对标学习。

同时，依托与世界银行、亚洲基础设施银行等机构的合作，开设"前沿讲座""国际规划案例工作坊"，邀请联合国人居署、世界资源研究所等专家直接指导项目设计，提升课程前沿性与国际表达能力。

3.4 整合课题实践、论文选题与就业引导，打造产出导向的全过程培养闭环

项目构建了"课程—选题—论文—岗位"四阶段联动机制，打通从教学到成果转化、再到职业发展的路径闭环。在课程教学中，学生通过参与真实案例、项目推演与空间策略建模，形成可进一步深化的研究基础。教师团队引导学生围绕本国规划制度、交通导向开发、城镇治理实践等关键议题，结合 GIS、AI 辅助分析、BIM 空间模拟等工具，完成具有地方适应性与国际视野的毕业论文。

选题方向紧密结合课程模块与典型项目，如：中老铁路沿线开发模型、灾后重建空间策略、中非城市生态布局、智慧城市与数据驱动规划等。部分成果已被学生带回本国并用于政策咨询或教学推广，形成"回流型扩散"的正向循环。

在论文写作与成果展示阶段，项目引入跨校评审与国际组织联评机制，邀请世界银行、亚洲基础设施投资银行、联合国人居署等专家参与讲评，提升研究的专业水准与国际表达能力（图2、图3）。项目还设有"前沿讲座"与"国际学生论坛"模块，邀请国际学者、驻外工程师与区域政策顾问参与授课与评议，帮助学生拓展全球治理背景下的规划思维。

除课程与论文指导外，项目高度重视实地教学与跨文化考察。已组织赴粤港澳大湾区、雄安新区、中非合作样板工程等地的现场教学活动，引导学生直观理解"中国经验"与发展中国家情境的差异与关联。学生还参与规划设计展、国际竞赛和联合调研等环节，通过"做中学""讲中学"的方式提升表达与实践能力。

图2 2021 级学生受邀参加 UN 人居署第六届国际城市可持续发展高层论坛

资料来源：作者拍摄

图3　2022级商务部援外硕士班和学院师生
受邀参观访问亚投行
资料来源：作者拍摄

4　教学改革成效

本研究成果应用以来，服务于"一带一路"倡议，创建多元培养、定制教育、国际融通、产学联通的国际人才培养模式，效果显著。

4.1　覆盖广泛、体系完备的人才培养输出

项目自2017年启动以来，已累计培养176名城乡规划硕士，覆盖"一带一路"沿线37个国家，另有超过1000人次完成短期援外培训。学生主要来自非洲、东南亚、中亚与拉美等国家，涵盖政府官员、工程师、高校教师等多类型背景群体。课程以"基础（N）+特色（X）"模块化体系为基础，结合轨道交通导向开发、智慧城市、灾后重建、国别治理体系等多元主题，全面提升学生的规划统筹能力与本地化适配能力。

4.2　学以致用的代表性毕业生案例

项目毕业生广泛活跃于本国关键领域，部分就职于政府部门、国际组织、跨国企业及海外高校等多元平台上均展现出卓越影响力，参与多边区域战略制定、重大援外工程建设、持续传播中国城市建设经验方面发挥重要作用（图4~图7）。

4.3　国际课程建设与教学成果推广

项目建设全英文专业课程8门，其中3门上线中国大学MOOC平台，并被教育部评为首批面向海外开放

的国际课程。典型课程"城市规划原理（中英文）"在教学中引导学生了解中国规划标准，同时展示本国制度体系，形成中外知识互动。部分课程引入AI、GIS等数字化工具，建设"智慧课堂"并实现线上线下混合教学，全球选课人数累计超过万人。课程成果被亚洲基础设施投资银行、南苏丹朱巴大学等采纳应用，部分案例被中非中土公司等驻外央企用于员工培训教材。

4.4　获得国际组织与政府高度认可

项目教学成果被世界银行、《改革内参》、联合国人居署、亚洲基础设施投资银行等平台展示交流，持续输出具有示范价值的中国经验。南苏丹教育与文化部、吉布提驻华使馆、格林纳达驻华大使等多方来信致谢，马来西亚城市议会代表也发来积极反馈。

2024年1月17日，习近平总书记亲自复信，勉励"希望你们学好专业知识，赓续传统友谊，投身两国合作，讲好中非友好故事，为推动构建高水平中非命运共

图4　David Guandong
南苏丹土地注册处主任
资料来源：本人提供

图5　Pich KHAODETH
柬埔寨政府规划部干部
资料来源：本人提供

图6　Manuel Anzola 回国后担
任委内瑞拉的武装部队地理制
图制作主任
资料来源：本人提供

图7　Tural 在阿塞拜疆联
合国UN下设单位工作
资料来源：本人提供

同体作出更大贡献"。这不仅是对城乡规划人才培养模式的高度认可,也彰显了项目在服务国家战略、促进中外民心相通中的积极价值。

5 结语

当前,中国本土的城市规划与基础设施建设已趋于成熟,国际合作正成为中国规划能力新的增长空间。在"一带一路"倡议引领下,中国的大型交通基础设施项目——如中老铁路、蒙内铁路、亚吉铁路等——不仅是工程输出,更是对城市体系重构与空间治理模式的深度介入。在这一战略节点上,如何围绕重大工程开展规划与建设配套,如何输出具备本地适应性、文化理解力与技术统筹能力的复合型人才,成为中国城乡规划教育的新使命。

本项目的教学改革尝试,正是基于这一背景展开。通过深化对发展中国家空间规划制度与实际需求的认知,建立以"N+X"课程体系为核心、以项目为引导的能力成长路径,推动规划人才培养从经验复制走向因地制宜的协同创新。未来,中国高校应持续优化课程结构与培养机制,真正以学生为桥梁、以知识为媒介,深入理解与回应"一带一路"沿线国家的发展诉求,打造可持续、可复制的教育"走出去"新范式。

参考文献

[1] 吴志强,何睿,陈泽胤,等.智能场景:全球 246 项案例的概念探讨与城市规划实践 [J].城市规划学刊,2024 (5):12-17.

[2] 姜丽萍,庞震.21 世纪 20 年来华留学生人才培养:回顾与展望 [J].天津师范大学学报(社会科学版),2023(1):31-37.

[3] 黄贤金,张晓玲,于涛方,等.面向国土空间规划的高校人才培养体系改革笔谈 [J].中国土地科学,2020,34(8):107-114.

[4] 陶金虎,郄海霞.来华留学生教育的政策演进、结构特征与优化策略 [J].黑龙江高教研究,2022,40(10):52-58.

[5] 胡仲伟,杨磊.面向"一带一路"沿线国家留学生的全英文教学探究——以"通信电子线路"课程为例 [J].职业教育研究,2023(6):47-51.

[6] 刘华,蒋有录,刘可禹,等."双一流"建设背景下来华留学研究生专业课教学探索——以"高等石油地质学"课程为例 [J].中国地质教育,2023,32(2):112-115.

[7] 布超,铁铮.以课程为依托引导来华留学生知华、友华、爱华 [J].思想教育研究,2024(5):127-131.

[8] 张艳臣.政策工具视角下来华留学生教育质量保障政策研究 [J].高教探索,2020(9):107-113.

[9] 陈玉."一带一路"背景下全英文专业课程教学实践——以"高等路面材料性能评价"为例 [J].西部素质教育,2022,8(7):168-170.

[10] 史海英.对"一带一路"沿线国家来华留学生的全英文课程教学策略探讨——以微观经济学课程为例 [J].教育教学论坛,2020(15):249-251.

A Talent Training Model for International Urban and Rural Planning Professionals in Emerging Economies

Zhang Chun   Wang Xin   She Gaohong   Xie Shuyi

Abstract: Over the past decade, emerging economies have experienced accelerated urbanization, intensified infrastructure investment, and increasingly close cooperation with China. Under the Belt and Road Initiative (BRI), numerous state-owned Chinese enterprises have expanded overseas, driving coordinated urban development and transportation infrastructure construction in host countries. These trends have created an urgent demand for high-level international professionals in urban and rural planning. This paper focuses on the pedagogical reforms in training international planning professionals. Based on the English-taught master's program in Urban and Rural Planning at Beijing Jiaotong University, the program has established a modular curriculum system featuring a "Core (N) + Customized (X)" structure. It emphasizes the cultivation of planning leadership and the ability to solve localized problems in diverse national contexts.The reform aligns international standards with Chinese practical experience, integrating practice-oriented teaching, enterprise collaboration, and cultural immersion to construct a closed-loop talent training system that spans recruitment, teaching, practice, and feedback. To date, the program has educated graduate students from 46 countries, many of whom have assumed important roles in their home governments, universities, or Chinese enterprises abroad. The model demonstrates strong adaptability and scalability, providing a valuable reference for China's educational outreach and South-South cooperation in the field of planning education.

Keywords: The Belt and Road Initiative, International Talent Development, Emerging Developing Countries, Planning Leadership

数智教育背景下武汉大学城乡规划专业本科 "五改四"学制改革探索 *

李 瑞 牛 强

摘 要： 在数智技术与新型城镇化双重驱动下，城乡规划学科面临知识体系重构与人才培养模式革新的迫切需求。武汉大学城乡规划专业立足学科前沿与国家战略，探索"五改四"学制改革，通过数智教育赋能，推动本科教育提质增效。本文系统阐述了改革背景、挑战与理论框架，构建"目标体系重构—课程体系创新—教学团队优化"的教学改革路径。具体创新举措包括：针对不同培养目标，创办三大特色班型；增设数智技术类课程，构建"技术＋"能力培养矩阵；打破传统课程壁垒，形成融合式课程链；依托虚拟展厅与智能平台，推动"虚实结合"教学模式；设置"数智空间感知与设计"微专业，促进学科交叉等。同时，武汉大学城乡规划专业通过党建与教学团队深度融合，强化改革实施保障。面对"五改四"学制改革背景下的知识密度提升与技能深化的平衡困境，本研究助力培养适应数智时代的复合型城乡规划人才，为城乡规划教育改革提供了新思路与实践范例。

关键词： 数智教育；城乡规划；五改四；学制改革；人才培养；武汉大学

1 引言

1.1 学制改革的背景

随着中国新型城镇化进入下半场，城乡规划行业面临着重大挑战与变革。与此同时，数智时代的互联网技术、大数据、人工智能等新技术蓬勃兴起，既为城乡空间发展注入新动能、重塑城乡要素运行形态，又提供认识感知城乡人居环境的新视角与引领城乡高质量发展的新路径。城乡规划体系作为国家治理体系的关键一环，需借助先进数智技术，实现城乡动态感知及科学精准的规划决策，以契合国家治理体系现代化要求[1]。在此背景下，城乡规划教育也必须开展全面的改革焕新。为了更好地应对新时代、新需求，接轨国际、凸显特色、吸引生源，近年来不少高校纷纷开展了面向数智时代的城乡规划专业本科"五改四"学制改革[2, 3]。

1.2 学制改革的挑战

传统城乡规划专业教学以物质空间设计为核心，注重蓝图结果而忽视科学逻辑与动态过程思维，且受限于单一精英视角，导致知识更新滞后、跨学科能力培养不足、多元利益主体参与缺失；而数智化需求强调人工智能技术赋能，需通过大数据分析、低代码方案生成、多智能体模拟交互等工具，提升规划的科学性、效率与公众参与性，在教学上需要强化学生的科学素养、过程思维及多主体协调能力，这对传统教学理念、方法及评价体系均构成系统性挑战[4]。

在城乡规划"五改四"学制改革背景下，知识密度提升与技能深化的平衡困境日益凸显：一方面，国土空间规划体系的建立及行业的发展，要求学生在有限的四年时间内掌握更广泛的理论知识，以适应复杂的空间治理需求[5]；另一方面，城乡规划作为一门实践性很强的学科，学生还须具备扎实的专业技能，特别是数智技术在规划领域的应用。因此，在学制缩短的情况下，如何

* 项目资助：湖北省教育厅 2024 年度新工科建设项目"数字化背景下'理论—实践—数字技术'三位一体的空间形态设计类课程群建设"（XGK03002）；2025 年武汉大学学科教／产学协同育人实践项目"基于数字孪生与虚拟仿真的《城乡规划综合实践》课程实习实践项目"。

李　瑞：武汉大学城市设计学院副教授
牛　强：武汉大学城市设计学院教授

合理安排课程，确保学生既能掌握广博的知识，又能有足够的时间进行技能训练和深化，成为教育改革的一大挑战。

2 数智教育概念界定

在全球范围内，教育的数字化转型已成为普遍共识。联合国于 2022 年 9 月举办的首届"教育变革峰会"将教育数字化变革列为五大重点行动领域之一。该举措也进一步推动了世界各国教育改革的趋势，即培养具备数字思维、数字素养和智算技能的数智人才。2022 年 10 月，党的二十大首次将"教育数字化"写进党代会报告。我校顺应数智时代潮流，积极响应国家战略规划与需求，于 2023 年 11 月发布了《武汉大学数智教育白皮书（数智人才培养篇）》，提出了建设具有学校特色的系统化数智教育培养方案的重要目标，全面推进数智教育体系建设的创新之路[6]。

《武汉大学数智教育白皮书（数智人才培养篇）》将"数智教育"定义为"以大数据与人工智能技术为主要载体，培养学生数字思维、数字素养与智算技能及解决数智时代问题的数字能力为目标的交叉型人才教育模式"，其内涵包括"以培育数字素养为基础，以提升智算技能为抓手，以数据科学为核心支撑，以培养具备数字思维与数字素养的交叉人才为目标"[7]。

3 理论框架

3.1 学制改革的时空压缩效应

戴维·哈维的"时空压缩"（Time-Space Compression）理论是其后现代批判的核心概念之一，旨在揭示资本主义发展对人类社会时空体验的根本性重塑。该理论认为，技术进步和资本全球化加速了社会活动的节奏，打破了传统时空界限，使人类对时间和空间的感知被高度压缩[8]。而数智时代的城乡规划本科专业"五改四"学制改革，表面上是对教育周期的调整，实则深刻反映了时空压缩逻辑在教育领域的渗透。其效应反映在以下两个维度：一方面是时间压缩带来的效率主导下的教育重构，需要面对的问题包括课时压缩导致的课程密度激增、知识结构的扁平化、实践环节缩水等；另一方面是空间压缩带来的教育场域的重组与虚拟化，需要面对的问题包括空间压缩带来的教学空间

虚拟化、地域性教育的消解、学生的反思与创新空间被挤压等。

3.2 建构主义学习理论及其在数智教育中的拓展

建构主义学习理论的核心观点为：知识是学习者主动通过与环境的互动和社会协作动态建构的，而非被动接受。该理论强调知识的建构是在"同化"（整合新知识到已有认知）—"顺应"（调整认知结构以适应新信息）—"平衡"（动态稳定认知状态）的动态循环过程中，不断地丰富、提高和发展[9, 10]。数智教育通过智能工具，例如 AI 学习平台、知识可视化工具等，支持学生主动探索知识、整合知识，并进行数据驱动的反思与迭代；通过项目实践与虚拟仿真、情景模拟等技术的结合，培养学生发现问题、分析问题及创新性解决问题的能力，最终实现"知识内化（同化）→素质提升（顺应）→能力外显（平衡）"的动态平衡（图1）。

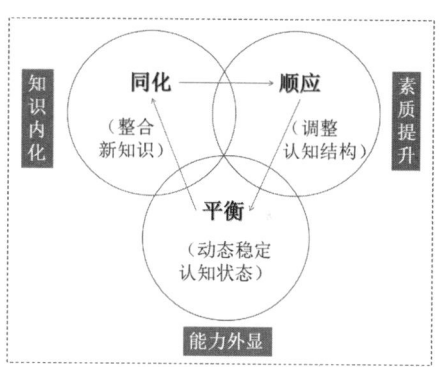

图 1 建构主义学习的动态平衡
资料来源：作者自绘

3.3 党建与业务深度融合理念

2020 年，中央和国家机关工委印发《关于破解"两张皮"问题推动中央和国家机关党建和业务工作深度融合的意见》，旨在打破党建工作与业务工作之间的隔阂，使党建工作贯穿于业务工作的全过程，业务工作体现党建工作的成效，实现党建与业务同谋划、同部署、同落实、同考核，形成两者相互促进、共同提升的良好局面[11]。在高校中推进党建与业务深度融合，既是高校党建的内在要求，更是实现教育强国建设目标的思想保障、政治

保障和组织保障[12]。通过党建与业务深度融合，高校可以构建"党建＋人才""党建＋管理""党建＋教学创新"等一系列机制[13]。

3.4 武汉大学数智教育"五体驱动"模型（图2）

武汉大学数智人才培养方案的落实是一个系统性工程，需要做到学生（主体）全覆盖、课程（客体）全校选、资源（载体）全校用、教学（本体）全数智、专业（实体）全融合的"五体驱动"的全面推进。其中，"学生（主体）全覆盖"是指通过"通识、赋能、应用、专业"四类课程模块定制培养方案，满足学生的个性化学习需求；"课程（客体）全校选"是指以统一基础知识为核心，结合学科差异设计差异化教学内容，支持跨学科场景化教学；"资源（载体）全校用"是指整合全校大数据资源，构建共享平台，提供真实案例支持学生差异化学习与实践；"教学（本体）全数智"是指依托数字化教材、慕课平台、实验实训系统和智能分析工具，构建全流程数智化教学体系；"专业（实体）全融合"是指将数据科学课程嵌入各专业核心体系，促进学科交叉融合[7]。

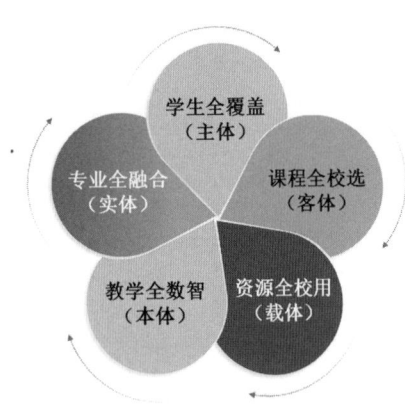

图2 武汉大学数智教育"五体驱动"模型
资料来源：作者自绘

4 数智教育驱动的教学改革路径

4.1 目标体系重构

在数智时代背景下，规划师应具备多元能力和素养，主要涵盖以下五个维度：一是掌握大数据分析、人工智能（AI）、城市信息模型（CIM）、地理信息系统

（GIS）以及可视化工具等技术能力；二是拥有系统思维、跨学科协作、沟通协调与项目管理的综合能力；三是具备问题解决、设计思维融合技术应用的创新能力；四是秉持"以人民为中心"、可持续发展、公平公正的职业价值观；五是具备实地调研、方案落地实施以及社区参与的实践能力[14-16]。

基于以上目标，武汉大学城乡规划专业创建了智慧国土空间规划、城乡规划人工智能、智慧人居创新三种特色班型，分别着眼于不同场景下的特色人才培养。

"智慧国土空间规划试验班"旨在培养面向智慧城市、低碳城市、数字孪生城市等国家战略需求，精通国土空间规划全流程、具备多学科协同能力及智慧分析能力的复合型高端专业人才。培养特色在于融合地理信息、遥感技术、公共管理等学科，构建"理论—技术—实践"一体化课程链，强化智慧分析能力与综合治理思维。

"城乡规划人工智能试验班"旨在打造"AI＋规划"跨界人才，培养运用大数据、人工智能技术实现城市精准诊断、智能设计与动态优化的高端数智人才。培养特色在于以主修（城乡规划）辅修（人工智能）形式，课程覆盖城乡规划核心理论与Python编程、机器学习等前沿技术，学生可将人工智能技术应用到城市规划场景中，实现规划决策的科学化与智能化升级。

"智慧人居创新试验班"旨在通过本硕无缝衔接培养模式，输出兼具国际视野、数智技术应用及城乡规划研究能力的拔尖创新人才。培养特色表现在本科阶段夯实专业基础，硕士阶段可自由选择学术型或专业型方向，并深度参与国家重点研发计划等科研项目。

4.2 课程体系创新

（1）数智类课程导入

武汉大学城乡规划专业2025年版培养方案在公共基础课程中新增了数据科学导论、数据结构与程序设计、数据分析与处理、数据可视化、人工智能与机器学习等课程；同时，在跨学院选修课程里增设了算法设计与分析、人工智能程序设计实训、深度学习与强化学习、大数据计算架构、数据库系统、计算机视觉等数智类课程。此外，结合老版培养方案中已有的数字与智慧城市导论、城市地理信息系统、城市遥感技术、城市大数据分析、地理分析模型开发、国土空间规划管理信息与支持系统等课程，共同助力培养学生适应数智时代规划要求的"技术+"能力（表1）。

（2）核心课程打通教学

城乡规划专业本科核心课程一般包括城市详细规划原理、居住区规划设计、城市设计原理、城市设计、控制性详细规划、城乡总体规划原理、国土空间总体规划、城乡社会综合调查研究等。将城乡规划核心课程打通教学，可从以下几方面着手：

第一，构建融合式课程体系，对城乡规划核心课程进行梳理和整合，打破课程界限，按照规划流程、知识模块等重新组织教学内容，如将规划原理、设计、分析等课程有机融合，缩短授课学时的同时，拆解课程知识单元，根据学生设计进度与需求将知识模块注入设计过程中。武汉大学城乡规划专业2025年版培养方案将城市详细规划原理、居住区规划设计、控制性详细规划三门课合并为居住区规划设计原理和实践、控制性详细规划原理和实践两门课，将城市设计原理、城市设计两门课合为城市设计原理和实践一门课，将城乡总体规划原理、国土空间总体规划课程合为国土空间总体规划原理和实践课。

第二，转变教学理念，摒弃传统各门课程之间各自为政的教学观念，树立整体性、系统性的教学思维，强调各课程之间的关联性和协同性；并以实际规划问题为核心，组织各核心课程的教师共同指导学生进行项目式学习，让学生在解决复杂问题的过程中，综合运用不同课程的知识和技能。比如，在城市设计课程的前期调研阶段，邀请城乡社会综合调查研究课程老师进行调研专题知识补充；在规划策略制定阶段，邀请城乡生态与环境规划课程或是道路与交通规划课程

学生"技术+"能力培养矩阵图 表1

技术种类	初级能力	中级能力	高级能力
数据获取与分析	熟练使用Excel等工具进行数据整理与分析；掌握ArcGIS的基本操作，能够进行简单的地图绘制与空间数据查询	掌握Python、R等编程语言，运用相关库进行数据处理与分析；熟练运用GIS软件进行空间数据分析，如缓冲区分析、叠加分析等	能够运用大数据分析工具对城市时空数据进行深度挖掘与分析，建立数据分析模型，预测城市发展规律
模型构建与模拟	了解城市系统模型、交通模型等的基本原理，能够进行简单的模型搭建与参数设置	掌握常用模型的构建方法，运用相关软件对城市规划方案进行模拟与评估，分析模拟结果并提出优化建议	能够综合运用多种模型，对复杂的城乡规划问题进行系统建模与联合模拟，为规划决策提供科学依据
智能设计与优化	了解人工智能、机器学习等技术的基本概念与应用场景	掌握机器学习算法，如决策树、神经网络等，能够运用相关工具进行简单的规划方案辅助生成	能够开发和应用AI模型，如利用生成式对抗网络生成城市设计方案，运用遗传算法优化规划布局，实现规划方案的智能化设计与优化
地理信息系统（GIS）	掌握GIS的基本概念和原理，熟悉常见的GIS软件界面和基本功能	能够运用GIS软件进行地图制作、空间数据编辑与管理，掌握空间数据采集、整理和入库的方法	熟练运用GIS进行空间数据分析和处理，如地形分析、网络分析等，能够设计和定制GIS应用系统，用于解决实际的规划问题
可视化技术	掌握基本的绘图软件操作，如AutoCAD，能够绘制简单的规划图纸	熟练使用Tableau、PowerBI等可视化软件，制作专业的数据可视化图表	能够运用3D建模软件、动态模拟软件等工具，创建复杂的城市三维场景和动态模拟效果，直观展示规划方案
遥感技术（RS）	了解遥感技术的基本原理和应用领域，能够识别常见的遥感图像	掌握遥感图像处理的基本方法，运用相关软件进行图像校正、增强等处理	能够对遥感数据进行解译和分析，提取城市土地利用、植被覆盖等信息，为规划提供数据支持
编程与软件开发	掌握一门编程语言的基础语法，如Python，能够编写简单的脚本程序	运用编程语言进行数据处理、文件操作等，开发小型的工具软件或插件	能够参与大型软件项目的开发，运用编程语言进行复杂的算法实现和系统集成，为规划工作提供定制化的软件解决方案

资料来源：作者根据《武汉大学城乡规划专业2025年版培养方案》梳理

的授课老师进行专题拓展，引导学生从多课程角度综合思考问题并制定策略，构建"规划前期调研与分析—多维度规划策略制定—设计方案生成"等连贯的课程模块，使学生在学习过程中逐步建立完整的知识体系。

（3）选修课程模块化

武汉大学城乡规划专业 2025 年版培养方案对选修课进行了细致分类，共划分为五个模块，分别是专业与理论基础模块、国土空间详细规划模块、国土空间总体规划模块、国土空间研究模块以及智慧模块。每个模块均设置了 6~8 门选修课程，且每门课程的学分上限设定为 1.5 分。这样的设计，既保证了学生在完成规定选修学分总量的前提下，能够拥有更为丰富的课程选择，又赋予了他们根据个人兴趣和职业规划，自由组合课程的灵活性。

（4）数智教学资源平台建设

建立统一的教学资源平台，可以整合城乡规划核心课程的教学资源，包括案例库、知识点库、教学课件等，方便学生在学习不同课程时能够相互参考、对比和补充，加深对知识的整体理解和把握，也有利于教师之间共享资源，更好地协调教学内容。

专业团队与学院实验室共同打造了"数智城市空间设计资源库及虚拟展厅"（简称"数智展厅"），收录了近几年优秀获奖作品近 60 项，作品涉及居住区规划、城市更新、乡村振兴、公共建筑设计、历史遗产保护、景观设计等主题，旨在通过虚拟现实（VR）和增强现实（AR）等沉浸式技术，将抽象的设计原理和空间布局案例转化为直观的三维场景，使学生能够身临其境地感受和探索城市空间，从而提升学生的空间认知和想象力。同时，数智展厅的交互操作功能，允许学生主动参与设计过程，通过模拟和调整设计元素，深入理解设计决策的影响。

下一步，数智展厅将构建面向云服务的智能空间设计虚拟展厅实验平台，扩大数智城市空间设计案例资源共享力度；丰富和拓展数智城市空间设计综合实习实践模块，实现虚拟教学资源与课程教学融合，促进"虚实结合""线上线下结合"课程教学模式的推广应用。

（5）微专业课程跨学科融合

2024 年 11 月武汉大学本科生院发布《武汉大学关于开展微专业建设试点工作的申报通知》，旨在依托学校优势学科与交叉领域，鼓励各学院专业围绕前沿方向开设一组核心课程（不少于 15 学分），学生修满学分后可获得微专业证书。该计划聚焦培养复合型人才，强调对接经济社会发展与产业升级需求，深化科教融汇、产教融合，加强数智教育支撑，培育兼具社会责任感、创新能力及国际竞争力的拔尖创新人才。

在此背景下我院拟设置"数智空间感知与设计"微专业，打破传统城乡规划学科壁垒，构建"理论＋技术＋设计＋应用"四大模块课程体系。其中，技术类课程"AI 技术在城市空间设计中的应用"将人工智能与空间设计结合，社科类课程"城市社会经济学与城市空间"融入经济学与社会学视角，生态类课程"生态景观规划及运营"整合环境科学与设计实践；同时依托项目驱动学习，利用 GIS、VR、大数据等技术工具解决城市规划、建筑设计等实际问题，推动跨学科协作与技术创新。

4.3 党建与业务深度融合的教学团队建设

近期，武汉大学城市设计学院颁布并实施《关于深化武汉大学城市设计学院党建融合教学团队建设的实施办法（讨论稿）》，以"党小组＋教学"为核心理念，旨在强化党的全面领导，打破学科壁垒，构建培养机制，提升教学质量，打造高水平教学共同体。

城乡规划专业以基层党小组为政治核心、教学实体为业务基础，形成一体化组织单元，共设立了国土空间规划及专项规划、城市研究与空间治理、城市设计与遗产保护、数字技术与智慧城市、数智景观与生态规划五个核心团队。在组织架构上，将基层党组织建设嵌入教学业务单元，以党小组与教学团队一体化设置，确保党的教育方针贯穿教育教学全过程，实现政治引领与教学协同并重。在团队运行方面，每月开展"三会一课＋"融合活动，将教学研讨纳入党小组会议议程，推行"政治理论学习＋教学能力提升"双模块学习制度；每学期组织团队内部集体备课、跨团队主题教学研讨活动、教学成果申报等工作。在考核体系上，制定包括本科课堂建设、教学管理等评定标准，组织党建融合教学团队交流及评优大会，依据不同权重计算团队人均绩效得分，并进行梯度奖励分配。

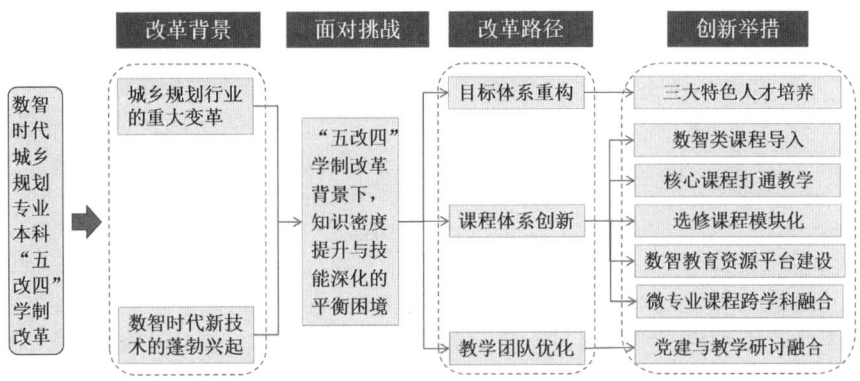

图3 武汉大学城乡规划专业本科"五改四"改革路径框架图
资料来源：作者自绘

5 结语

在城乡规划行业经历重大变革、数智时代新技术蓬勃发展的背景下，城乡规划专业本科"五改四"学制改革随之而来，同时也带来了知识密度提升与技能深化之间的平衡难题。面对这一矛盾，武汉大学城乡规划专业积极推进"五改四"学制改革，以数智教育为核心驱动力，构建了"目标体系重构—课程体系创新—教学团队优化"的教学改革路径，并采取了包括创办三大特色班型、引入数智类课程、打通核心课程教学、实现选修课程模块化、搭建数智教育资源平台、设置"数智空间感知与设计"微专业，以及推动党建与教学研讨深度融合等在内的一系列创新举措（图3）。未来，城乡规划教育需进一步深化数智技术与专业内核的融合，推动教育模式从"知识传授"向"能力建构"跃迁。数智教育驱动的学制改革不仅是应对时代挑战的必然选择，更是引领城乡规划教育高质量发展的重要契机。

参考文献

［1］段进，石楠，闫凤英，等."规划教育的规划"学术笔谈[J].城市规划学刊，2025（1）：1-10.

［2］于涛，张京祥，罗小龙.南京大学城乡规划专业本科"五改四"学制改革探索[C]//联动专业学科.焕新规划教育——2024中国高等学校城乡规划教育年会论文集.北京：中国建筑工业出版社，2024：21-26.

［3］刘代云，胡星宇，蔡军."数智为基、交叉为本、弹性为要"的"五改四"城乡规划专业培养方案改革[C]//联动专业学科.焕新规划教育——2024中国高等学校城乡规划教育年会论文集.北京：中国建筑工业出版社，2024：74-78.

［4］田莉，杨鑫，张雨迪，等."专业知识＋人工智能"双驱动的城乡规划设计教育创新探索：以住区规划为例[J].城市规划学刊，2024（5）：71-78.

［5］罗小龙，冯建喜，陈浩，等.国土空间规划知识体系构建与人才培养改革[J].规划师，2024，40（12）：16-23.

［6］胡明宇，方堃，吴丹，等.面向四真计算的数智教育实践创新平台的实践[J].实验室研究与探索，2025，44（4）：198-203，208.

［7］张平文.武汉大学数智教育白皮书（数智人才培养篇）[M].武汉：武汉大学出版社，2024.

［8］戴维·哈维.后现代的状况：对文化变迁之缘起的探究[M].阎嘉，译.北京：商务印书馆，2003.

［9］张红峰.从建构到一致：学习理论在高等教育领域的发展与实践[J].中国高教研究，2012（3）：15-20.

［10］姚恩全，李作奎.高等学校理论教学与实验教学嵌入模式研究——建构主义学习理论的应用[J].教育科学，2009，25（6）：47-50.

［11］沈建波.推动党建工作和业务工作深度融合（专题深思）[EB/OL].人民网，（2021-04-20）[2025-05-10].http：//opinion.people.com.cn/n1/2021/0420/c1003-32082104.html.

［12］肖阳，吕文浩．高校党建与业务深度融合：背景、机制
与路径 [J]. 沈阳建筑大学学报（社会科学版），2024，26
（6）：643-648.

［13］曹巍，姜钰．北师大出版集团期刊社：推动党建与业务
深度融合 [J]. 党建，2019（9）：59.

［14］《城市规划学刊》编辑部．新一代人工智能赋能城市规划：

机遇与挑战 [J]. 城市规划学刊，2023（4）：1-11.

［15］马向明，史怀昱，张立鹏，等．"规划师职业发展：挑战
与未来"学术笔谈 [J]. 城市规划学刊，2024（1）：1-8.

［16］吴志强，张悦，陈天，等．"面向未来：规划学科与规
划教育创新"学术笔谈 [J]. 城市规划学刊，2022（5）：
1-16.

Exploration on the Reform of "Five to Four" Academic System for Urban and Rural Planning Undergraduate Programmes in Wuhan University under the Background of Digital Intelligence Education

Li Rui   Niu Qiang

Abstract: Driven by digital intelligence and new urbanisation, the discipline of urban and rural planning is facing the urgent needs of reconstructing the knowledge system and innovating the talent cultivation mode. Based on the frontier of the discipline and the national strategy, Wuhan University's Urban and Rural Planning programme has explored the reform of "five to four" academic system, which empowers the undergraduate education with digital intelligence and promotes the quality and efficiency of undergraduate education. This study systematically describes the background, challenges and theoretical framework of the reform, and constructs the teaching reform path of "reconstruction of the target system– innovation of the curriculum system– optimisation of the teaching team". Specific innovations include: creating three distinctive class types for different cultivation objectives; adding digital intelligence technology courses to build a "technology+" ability cultivation matrix; breaking the traditional curriculum barriers, forming an integrated curriculum chain; relying on virtual exhibition halls and intelligent platforms to promote the "combination of reality and reality" teaching mode; and setting up the "Digital Intelligence Space Sensing and Design" micro-specialty to promote discipline crossover and so on. At the same time, Wuhan University's urban and rural planning programme has strengthened the reform implementation guarantee through the deep integration of party building and teaching team. In the face of the dilemma of balancing the enhancement of knowledge density and the deepening of skills in the context of the "five to four" academic system reform, this study helps to cultivate composite urban and rural planning talents adapted to the era of digital intelligence, and provides new ideas and practical examples for the reform of urban and rural planning education.

Keywords: Digital Intelligence Education, Urban and Rural Planning, "Five to Four" Reform, Academic Reform, Talent Training, Wuhan University

人工智能赋能规划设计系列课程的探索

谭文勇　李和平

摘　要： 人工智能（AI）技术的快速发展为城乡规划设计领域及教学体系带来了深刻变革。当前的教学实践显示，AI应用仍处于自发、零散阶段，缺乏系统性框架。为此，重庆大学城乡规划专业依托主干课程"城乡规划设计1-12"，探索AI技术与课程教学的融合，构建"教师—学生—智能系统"三位一体的教学模式。在厘清课程建设目标和基本思路的基础上，通过整合跨年级的课程体系，统筹安排教学环节，优化人工智能赋能下的城乡规划设计1-12课程群的教学内容。进而从人工智能赋能课程教学过程，人工智能赋能学生学习支持两方面，探讨了具体的教学方法与手段。人工智能赋能规划设计课程体系的构建，将推动教育质量向更高水平发展，为培养城乡规划设计创新型人才提供有力支撑。

关键词： 人工智能；规划设计；课程群；教学

1　引言

人工智能正在引发新一轮全球技术革命。人工智能（Artificial Intelligence，简称为"AI"）的概念是1956年在达特茅斯会议上提出的，尽管数十年来学术界对此有着不同的说法和定义[1]，但其本质仍是指能够模拟人类智能活动的智能机器或智能系统[2]。2022年OpenAI发布GPT系列以来，生成式大模型以狂风暴雨般的速度横扫众多行业[3]，人工智能技术的快速更迭引起了一场全社会的知识创新[4]，对各行业、各学科的传统发展范式提出了新的挑战。2017年，国务院印发了《新一代人工智能发展规划》，提出了以人工智能"推进城市规划、建设、管理运营全生命周期智能化"的要求，相应的也为高校城乡规划专业人才的培养提出了新的要求和考验。人工智能有望再次推动新一轮教育科技革命的到来[5]，新兴技术应用的基础便是对学科知识的管理、组织和信息内容重构[6]，研究适时的新教育技术体系势在必行[7]。

人工智能技术的快速发展为城乡规划设计领域带来了范式变革。通过机器学习、计算机视觉、自然语言处理和大数据分析等技术的融合，AI正逐步解决传统规划中数据碎片化、决策主观性强、动态响应不足等痛点，推动规划向智能化、精准化和可持续化方向发展。在数据整合与分析方面，AI通过多源数据（如遥感影像、社交媒体、物联网传感器）的自动化处理，显著提升了城乡空间特征的识别效率。在方案生成与优化领域，AI展现出强大的创造力。参数化设计工具（如结合遗传算法的城市形态生成器）可自动生成多个规划方案，并通过多目标优化筛选最优解。在公众参与和协同治理中，AI技术通过自然语言处理分析社交媒体舆情，识别居民偏好；虚拟现实（VR）和数字孪生技术则提供沉浸式方案展示平台，促进利益相关者共识的形成。部分城市已试点"AI规划助手"，实时响应市民提案并生成修改建议，推动自下而上的参与式规划。

在人工智能技术为城乡规划行业注入了革命性创新动能的同时，也深刻地影响着城乡规划设计教学。"城乡规划设计1-12"（从二年级至四年级，每学期2门规划设计课程）是重庆大学城乡规划专业的主干课程，是本专业的优势课程。近年来，人工智能技术的快速发展，教学过程中，教学团队充分利用城乡规划设计的创造性特点与人工智能的智慧化特征易于有机结合的优

谭文勇：重庆大学建筑城规学院副教授
李和平：重庆大学建筑城规学院教授

图 1　城乡规划设计 2 学生用 AI 辅助生成的表现图
资料来源：作者自摄

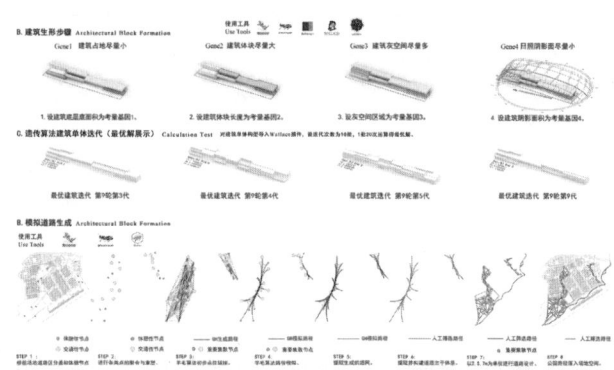

图 2　城乡规划设计 8 学生用 AI 生成的成果图
资料来源：重庆大学学生作业截图

势，鼓励学生在设计前期资料收集与分析、多情景决策比对，中期多情景方案生成与比较，后期多情景场景生成、成果评估等方面进行探索，并已经取得良好成效。如二年级"城乡规划设计 1-4"课程中，学生尝试用 AI 辅助完成设计成果渲染（图 1）；三年级下学期"城乡规划设计 7-8"课程中，学生们运用 AI 辅助设计，生成最优建筑形态（图 2）；四年级上学期"城乡规划设计 9-10"课程中，学生们运用生态分析数字模型，量化评价"种林畜渔副"乡村产业、生产、生态条件的短板与优势，落实"三条控制线"管控要素；四年级下学期"城乡规划设计 11-12"课程中，学生们利用多源数据资源，收集整理城乡总体规划的相关基础数据库。

但总体而言，我校城乡规划设计课程中，利用人工智能辅助课程设计的做法还处在一种师生自发性、散点状的阶段，没有形成体系化、规范化的框架，人工智能赋能课程建设的成效远未体现出来。因此，需要从全局视角，将"城乡规划设计 1-12"看成一个整体，纵向上统筹考虑二年级、三年级、四年级共三个年级之间的关系，横向上展开教学目标、教学内容、教学方法等方面的探索。

2　课程建设目标与基本思路

2.1　AI 赋能城市规划教学的经验

同济大学钮心毅教授在生成式 AI 赋能城市规划的研究中，提出人工智能技术的融入为城市规划教育改革提供了新的视野与方法 [8]。在高等教育领域，该技术已

经被探索应用于辅助教学和提高学习效率。如清华大学利用人工智能作为助教，强化了 8 门课程的教学效果，探讨了知识驱动（基于规划理论）与数据驱动（AI 通过机器学习提取特征）两种建模方式的融合，认为这种融合能平衡规划问题的明确性、可解释性与处理复杂问题的能力，为人工智能辅助规划教育提供了理论框架。

甘惟、吴志强等人在《AIGC 辅助城市设计的理论模型建构》中提出，人工智能生成内容（AIGC）可通过构建"伦理—目标—框架—算法"四维理论模型，深度赋能城市设计创新。该模型以设计需求为导向，通过机器学习挖掘城市空间规律，辅助设计师突破感性认知与理性推导的边界。这一理论框架突破了传统技术工具仅提升效率的局限，转向以 AI 驱动设计思维迭代，为城市设计智能化提供了可操作的技术路径 [9]。

吴志强院士认为，人工智能通过"客体智化""主体智化"和"教育智化"三个维度重塑城市规划与设计教育范式 [10]。在客体智化层面，AI 通过处理百倍于人脑的信息量，构建城市运行数据库，发现人类未曾察觉的发展规律。在主体智化层面，AI 与城市规划的深度融合强化了专业底层逻辑，激发了设计创意。AI 通过参数化设计工具，将建筑功能、预算、法规等参数转化为多维优化模型。这种技术赋能使学生能够聚焦于概念创新与问题解决，而非重复性计算。在教育智化层面，AI 通过个性化学习路径规划，突破传统教育模式的局限性。AI 可实时分析学生的学习数据，动态调整教学策略，同时使学生能够直观理解复杂系统的动态关联 [11]。

2.2 课程建设目标

顺应人工智能发展的时代潮流，城乡规划设计系列课程应当积极引入人工智能技术，构建"教师—学生—智能系统"三位一体的互动教学模式。通过运用 AI 辅助设计、大数据分析、虚拟仿真等智能技术手段，不仅能激发学生的创新思维和学习兴趣，还能显著提升课程的实践性和前瞻性。这种智能化教学改革既培养学生的数字素养，又推动规划设计教学的数字化转型，为培养适应智慧城市发展需求的高素质规划人才提供有力支撑，实现教学质量与人才培养质量的双提升。

（1）辅助实现课程目标

在城乡规划设计课程教学中，必须积极适应技术变革趋势，主动转变传统教学观念，将人工智能技术深度融入课程体系。教师应充分认识到 AI 技术在方案生成、数据分析、空间模拟等方面的优势，通过引入智能设计平台、参数化建模工具等，提升教学效率和学生的设计质量。同时，要注重培养学生运用 AI 辅助设计的能力，使其在掌握传统设计方法的基础上，能够熟练运用智能工具进行方案优化和创新。课程群建设要坚持以培养学生深厚设计功底为核心目标，通过 AI 技术与设计课程的有机融合，帮助学生构建更加系统、高效的设计思维体系，提升解决复杂城乡规划问题的能力，最终实现教学质量和人才培养水平的全面提升。

（2）提高学生的设计能力与水平

人工智能技术凭借其操作便捷、方案生成迅速、对比分析全面以及可持续迭代优化等优势，为设计教育提供了全新的可能性。在实际教学过程中，教师可以引导学生将 AI 工具与个人创意有机结合，通过人机协同的方式开展设计实践。具体而言，AI 可以快速生成多个基础设计方案，帮助学生拓展思路；同时提供详尽的数据分析和效果预测，辅助学生进行方案评估；还能即时反馈修改建议，支持设计方案的持续优化。这种协作模式不仅能够显著提升设计效率，更重要的是培养了学生的创新思维能力、技术应用能力和批判性思维能力。通过反复的人机互动实践，学生可以逐步掌握将创意构思转化为优质设计方案的系统方法，从而全面提升设计素养和专业水平，为未来的职业发展奠定坚实基础。

（3）激发学生的学习兴趣

顺应青年学子对新技术、新方法敏感的特点，在规划设计教育教学改革中积极引入人工智能技术，构建智能化学习环境。在规划设计阶段，可运用 AI 算法分析学生知识掌握情况，智能推荐个性化学习路径；在教学实施环节，采用智能虚拟助教系统，实现 24 小时在线答疑和作业批改；在实践训练方面，开发基于机器学习的仿真实验平台，让学生直观感受知识应用场景。这些创新举措不仅能有效激发学生的学习兴趣和主动性，还能通过精准的知识推送和智能化的学习反馈，显著提升学习效率。同时，人工智能技术的引入也为教师提供了科学的教学决策支持，推动教学模式从传统单向传授向智能互动转变，为培养适应数字时代的创新型人才奠定基础。

2.3 课程建设基本思路

人工智能技术的颠覆性与教育转型需求被多次提及。钮心毅指出，生成式 AI 如 ChatGPT 和 Sora 的创造性、逼真度及易用性，正在重塑规划学科的知识生产与决策模式。传统以"师父带徒弟"为主的教学模式，因过度依赖专家经验，已难以适应存量规划时代利益多元、技术迭代快的挑战 [12]。因此，田莉等学者提出"专业知识＋人工智能"双驱动模式，强调通过大语言模型与低代码工具，将 AI 融入住区规划教学的全流程，包括前期策划、方案生成及后期评估阶段 [13]。同时，黄晓春提出，AI 在数据驱动分析（如交通流量预测、用地适宜性评价）与知识驱动模型（如多智能体系统）的结合上具有潜力，这有助于规划师从定性分析转向定量研究 [14]。再者，教学流程与工具的创新被具体阐述。田莉团队开发了基于大语言模型的多智能体交互系统，支持学生在规划前期策划中模拟多方利益协商；利用 Grasshopper 参数化设计工具，实现方案生成阶段的快速迭代；并通过 AI 评估模型，对生态效益、公共服务可达性等指标进行量化反馈 [15]。此外，杨天人等学者探索了基于 AIGC 的城市设计框架，利用 AI 构建规划知识图谱，辅助学生检索案例、生成设计建议并优化方案 [16]。吴志强院士在《智能规划》中提出，AI 与城乡规划的融合需结合中国城镇化场景，推动"智力城镇化"，这要求教学体系不仅培养技术能力，还需强化跨学科协作与底层设计逻辑构建 [17]。

汲取相关学者前期探索的经验，重庆大学"城乡规划设计 1–12"课程群的建设应注重体现 AI 技术与学科教学的深度融合,推动教学从"师生交互"向"师/生/机"深度交互转变。利用人工智能技术对城乡规划设计教学内容与教学设计、教学资源与教学场景、教学方法与学习方式、教学评价与学情分析等进行改革创新,全方位提升课程教学质量(图 3)。

(1)人工智能赋能课程建设

人工智能技术为城乡规划设计课程建设注入了创新动能,通过智能化的教学重构显著提升课程质量与实践性。在教学内容更新方面,AI 可实时抓取全球最新规划案例、政策法规及空间数据分析技术,结合生成式 AI 自动生成动态教学案例库,确保课程与城镇化发展前沿同步。教学组织上,通过虚拟仿真实验平台构建三维城市模型,学生可运用 AI 辅助分析工具进行交通流量模拟、用地适宜性评价等实践,智能系统即时反馈方案合理性评分。备课环节借助 AI 资源聚合引擎,自动关联MOOC 视频、卫星影像、开放数据库等多元素材,并智能生成差异化教案。更创新地通过数字孪生技术搭建虚实融合的规划场景,学生设计方案可实时投射到虚拟城市中进行日照分析、视线通廊等智能校验,配合数字教材的交互式知识图谱,形成"理论—设计—验证"的闭环学习体验,有效培养学生在智慧城市背景下的数字化规划能力。

(2)人工智能赋能课程教学

人工智能技术为城乡规划设计课程教学注入了创新活力,通过构建"智慧教学闭环"显著提升了教学效能。在教学设计环节,AI 可自动生成多模态教学案例库,基于城乡发展的历史数据模拟不同规划方案的社会经济影响,为问题驱动式教学提供动态素材;项目式学习中,学生借助 AI 空间分析工具快速完成 GIS 数据建模、用地适宜性评价等专业分析,将传统需数周的手工分析压缩至课堂实时完成。在教学评价维度,通过计算机视觉技术可自动识别设计图纸的规范符合度,自然语言处理技术能对规划文本的逻辑性、创新性进行多维度评分,形成"机器初评—教师复核—AI 反馈"的智能评阅机制。特别值得关注的是,AI 学习分析系统能持续追踪每位学生的设计思维演进路径,通过知识图谱技术可视化呈现其专业能力矩阵,为个性化培养提供数据支撑。这种融合智能辅助与人文指导的双轨教学模式,既保障了城乡规划专业教育的系统性,又激发了学生在可持续设计、智慧城市等前沿领域的创新潜能。

(3)人工智能赋能学生学习支持

人工智能技术为城乡规划设计课程的学习提供了强大的智能化支持。通过引入智能助教系统,学生可获得

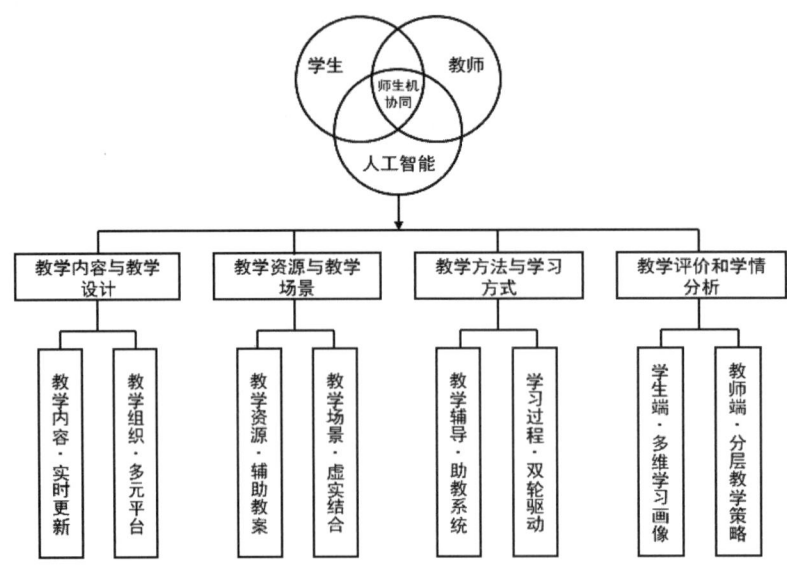

图 3　AI 技术与专业教学的深度融合技术路线
资料来源:作者自绘

24/7 的交互式学习环境：系统能实时解析规划原理中的空间句法、GIS 分析等专业难点，并针对设计作业提供动态反馈，如对方案中的用地布局合理性进行多维度验证。平台会基于学生的知识图谱（如对控制性详规的掌握程度）智能推送差异化资源，如推荐 TOD 模式案例库或生态城市研究文献。特别注重培养批判性应用 AI 生成方案的能力，例如将 AI 生成的交通模拟结果与传统规划理论进行对比分析，引导学生通过参数调整验证不同设计假设。该系统还能跟踪学生设计流程，在调研—分析—方案阶段分别提供智能支持，如自动关联相似城市更新案例，帮助建立系统性规划思维，最终提升解决城乡空间复杂问题的创新能力。

（4）人工智能赋能教学评价和学情分析

人工智能技术为城乡规划设计课程的教学评价与学情分析注入了创新动能。通过大数据分析引擎，系统可实时捕捉学生在数字化设计平台中的操作轨迹、作业提交频次、模型修改深度等行为数据，结合大模型对设计文本的语义解析，构建多维度的学习画像。例如，通过 NLP 技术自动评估学生设计方案中的创新性指标与规范符合度，利用计算机视觉分析空间设计作品的功能合理性，形成量化评价体系。同时，基于情感计算技术的实时课堂反馈系统，能在设计评图环节智能识别学生的困惑表情或讨论热点，生成动态学情热力图。教师端仪表盘可呈现城乡规划专业特有的群体认知差异，如 GIS 软件掌握度呈现城乡生源显著分化时，系统会智能推荐分层教学策略，并关联 MOOC 资源库自动推送三维建模强化课程。这种智能化的形成性评价机制，使传统主观的设计课评图转变为持续优化的数据闭环，既保障了规划设计的创意培养本质，又实现了教学精准干预，特别有助于缩小城乡学生在数字化设计工具应用方面的基础差距。

3 教学内容安排

3.1 课程体系建构

重庆大学城乡规划设计课程群由 12 门课程构成，覆盖本科二、三、四年级，通过引入人工智能赋能规划设计的教学契机，进一步优化不同年级课程之间的衔接逻辑与递进关系。二年级课程以建筑单体、场地设计及建筑组群为核心，强调设计基础能力的培养；三年级则在此基础上扩展至住区、生活圈与城市设计，强化对城市空间结构与功能的综合理解；四年级进一步上升至生态设计与城乡总体规划层面，推动学生构建从建筑与街坊→片区与生活圈→城乡与区域的层级式空间认知体系，实现从局部到整体、从微观到宏观的递进发展。

相应地，人工智能技术在各阶段的应用也呈现出层次分明的差异化特征：二年级聚焦于 AI 在可视化展示和设计演示中的辅助功能；三年级则逐步拓展至设计全过程的分析、生成与优化；四年级强调人机协同机制，重点探讨 AI 黑箱运算逻辑与城乡空间生成之间的内在关系。由此构建起一条从基础应用到深度融合、从工具使用到方法创新的 AI 应用路径，在推动能力进阶的同时，实现课程体系的一体化与逻辑连贯性（图 4）。

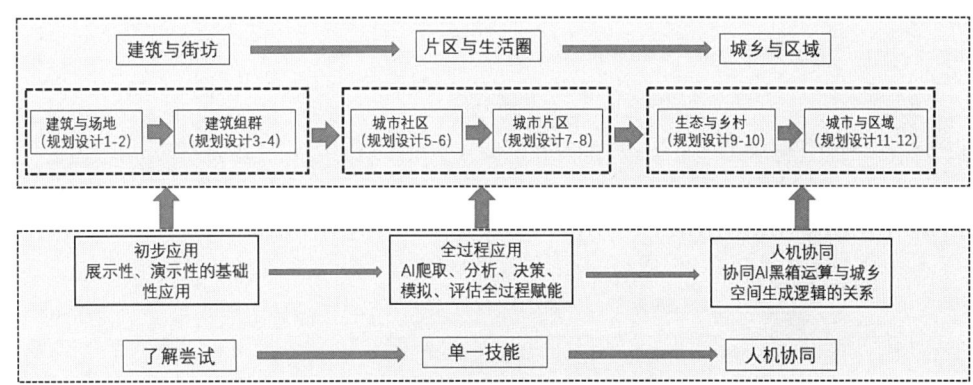

图 4 AI 赋能下城乡规划设计课程体系

资料来源：作者自绘

3.2 教学环节安排

采用 AI 智能和人工创意相结合的方法，从项目前期的数据抓取、分析与决策，中期多方案生成与比较，后期成果表达三个方面（图5），优化课程设计的章节。

（1）人工智能赋能调研分析与策划阶段

在城乡规划设计的教学中，充分利用 AI 强大的基础资料库功能，显著提升规划设计的科学性和效率。利用 AI 技术，快速爬取海量的城乡规划相关数据，包括人口统计、土地利用、交通网络、环境质量等多维度的基础资料。同时，通过智能算法对这些原始数据进行系统化整理和深度分析，自动生成各类可视化图表、统计报告等支撑材料，为规划决策提供数据支持。在此基础上，利用 AI 模拟不同发展条件下的规划效果，提出多情景的发展目标与方向建议，如生态优先型、经济驱动型或均衡发展型等方案。结合学生们的人工研判、实地考察等环节，对 AI 提出的多种方案进行综合评估和优化调整，最终确定既符合当地实际又具有前瞻性的规划设计发展目标与方向。

（2）人工智能赋能方案生成阶段（一、二草阶段）

在方案设计阶段，充分利用 AI 技术快速生成大量方案的优势，指导学生开展高效的设计实践。具体而言，首先要求学生基于前期调研和分析的结果，明确规划设计目标和约束条件，设定 3~5 个不同的设计情景和参数组合。然后借助 AI 设计工具，在短时间内生成 20~30 个初步方案。在此基础上，引导学生运用专业知识和设计经验，对这些 AI 生成的方案进行多维度评估：从功能性、美观性、可行性等方面进行筛选，保留 5~8 个较优

方案。接着组织小组讨论，结合人工判断对优选方案进行深入分析和改进，通过 3~4 轮的迭代优化，逐步收敛设计方案。最后，指导学生综合各轮优化的成果，形成 2~3 个最具潜力的最终方案。

（3）人工智能赋能成果表达

在规划设计教学与实践中，充分发挥人工的创意与审美判断能力这一核心优势。指导学生从整体构思出发，明确空间功能需求、规划定位、环境协调等关键要素，为设计设定清晰的空间与场景美好愿景。在此基础上，师生共同确定图纸布局的逻辑关系、流线组织、视觉焦点等边界条件。而后，将空间建模、材质贴图、光影渲染等耗时繁重的技术性工作交由 AI 工具完成。利用 AI 运算速度快、可批量生成、支持反复修改的特点，建立起"人工设定边界条件—AI 快速生成效果图—人工审美评估—AI 优化调整"的良性循环机制。通过这样多轮次的迭代优化，既能保证规划设计方案的创意质量，又能显著提升工作效率，最终获得既符合设计初衷又具有视觉表现力的高质量成果。

4 教学方法与手段

4.1 人工智能赋能课程教学过程

教育部在 2025 世界数字教育大会上发布了《中国智慧教育白皮书》，明确提出探索"师—生—机"三元协同的课堂新模式，将人工智能、大数据、虚拟仿真等有机融入教学过程。推动"师/生/机"协同教学模式（图6），通过教师引导、学生参与和智能技术支持的有

图5 结合人工智能的规划教学安排流程图
资料来源：作者自绘

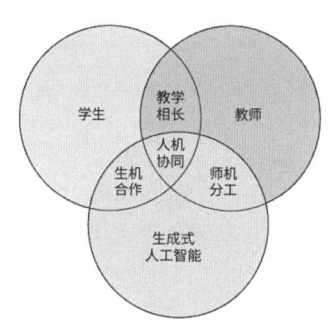

图6 "师/生/机"协同教学模式
资料来源：侯静，陆桥达. AI 赋能的二语写作课堂：教师角色重构与教学创新 [J]. 高科技与产业化，2025，31（3）：67-71.

机结合，构建高效互动的智慧课堂。充分发挥教师的主导作用，激发学生的主体意识，利用智能设备实现即时反馈和个性化学习，有效提升课堂的互动性与实践性。

（1）智能情景模拟

在规划设计阶段，通过引入 AI 生成对抗网络（GAN）等先进技术，构建动态模拟系统，自动生成多个规划方案，通过参数化建模和可视化分析，直观展示不同设计策略下的空间形态演变。实时调整土地利用强度、功能布局、交通组织等关键参数，观察方案的动态变化，开展多方案对比研究。交互式学习方式不仅能帮助学生深入理解规划原理，还能培养其系统思维和创新能力，最终探索出兼顾经济效益、社会公平和生态可持续的最优规划路径。整个模拟过程既提升了教学效率，又增强了规划决策的科学性。

（2）动态问题驱动

在规划设计阶段，AI 系统通过深度学习算法实时解析学生的设计方案，自动识别空间布局、功能分区、交通组织、土地利用等方面的潜在问题，智能生成规划设计矛盾点分析报告。针对不同设计阶段提供多维度反馈，包括合规性检查、性能评估和方案对比等，从而有效驱动学生进行设计迭代优化。这方面武汉大学已有成功的经验，他们自主研发了"珞珈在线 AI 智慧教学中心"，为课堂引进基于相关专业知识大模型生成的 AI 助教，通过信息整合和机器学习形成"知识图谱""问题图谱""能力图谱""目标图谱"等四大图谱，帮助学生掌握知识、剖析现象和解决问题[18]。智能化的教学辅助手段不仅提高了设计反馈的及时性和准确性，还培养了学生系统思维和问题解决能力，实现了从被动接受到主动探索的学习方式转变。教师则可基于 AI 分析结果，开展更有针对性的个性化指导。

（3）智能成果评估

基于深度学习技术，开发智能评价模型系统，通过自然语言处理和计算机视觉技术，从创新性、可行性、完整性等多个维度对学生规划设计方案进行自动化评分。系统可生成包含优点、不足和改进建议的详细评估报告，辅助教师开展精准点评。同时，模型支持持续学习优化，通过积累评价数据不断提升评估准确性。该技术应用将显著提高教学评价效率，实现规模化个性指导，并为教育质量监测提供数据支持。

4.2 人工智能赋能学生学习支持

（1）推动"师 / 生 / 机"协同教学模式，提升课堂互动性与实践性

构建智能化的"AI 导师"系统。通过大数据分析和机器学习算法，精准识别每位学习者的知识水平、认知特点和兴趣偏好，从而提供定制化的学习路径和动态调整的教学内容。该系统整合多元化的教育资源，采用智能问答、虚拟实验等交互方式，实现从基础知识掌握到高阶能力培养的个性化学习闭环，同时通过实时反馈和成长追踪，持续优化教学策略，最终形成"测评—学习—实践—进阶"的良性循环，显著提升教育质量和学习效率。这方面可以借鉴清华大学的经验，清华构建了人机双师协同平台，覆盖课程、互动与群学三大社区（图 7）。教师负责复杂概念讲解与批判性思维引导，GenAI 则通过算法提供个性化学习资源推荐和即时反馈。例如，自动化知识点检索由 AI 完成，而高阶思维训练由

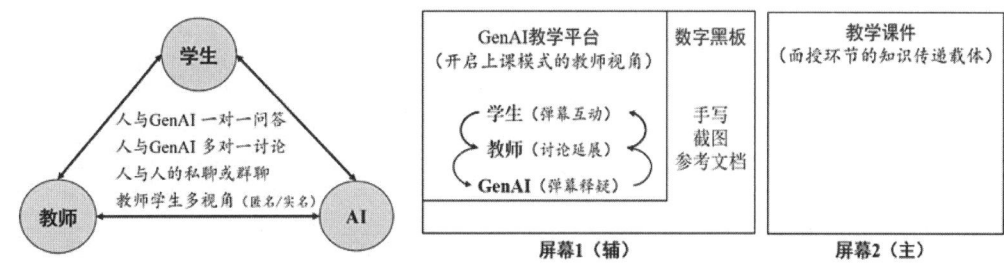

图 7　互动社区不同角色的双向互动（左）实现多屏互动教学的混合式课堂（右）

资料来源：李秀，陆军，牛佳丽 .GenAI 赋能的人机双师协同教学研究——基于清华大学计算机基础课程的案例分析 [J]. 现代教育技术，2025（3）：34–43.

教师主导，实现"1+1 > 2"的协同效应[19]。

个性化资源推荐。AI 系统通过智能分析学生的设计进度与薄弱环节（如目标传导逻辑不清晰、空间形态单一等问题），自动推送个性化的学习资源。系统推荐的资源包括国内外经典规划案例解析、最新规划设计规范文件、优秀学生作品参考以及针对性强的设计方法论教程等，帮助学生快速补齐知识短板。同时，系统会根据学生的资源浏览记录和练习反馈，持续优化推荐内容，实现动态化的学习支持，有效提升学生的规划设计能力。

（2）建立"数据驱动"的课程评价体系，实现教学精准调控

基于先进的大模型技术，智能解析学生提交的规划设计图纸，从多维度评估其专业能力。重点考察"目标建立—策略构建—空间响应—场景表达"全流程的逻辑一致性，同时评估规划设计深度、创新性和可行性等核心指标。通过深度学习算法，识别图纸中的设计亮点与不足，自动生成包含评分等级、结构化评语和针对性改进建议的详细报告。即时、客观的智能反馈不仅帮助学生快速定位问题，还能提供优化方向，显著提升教学效率。教师可在此基础上进行二次指导，实现人机协同的精准教学，推动规划设计人才培养质量的持续提升。

基于群体学情数据分析（如80% 学生分析能力薄弱、前后逻辑性差），AI 系统可精准识别班级共性短板，智能推荐调整教学重点（如强化因果推理训练、增加思维导图教学模块）。同时，平台会依据学生认知水平差异，自动生成分层定制化训练任务——针对逻辑薄弱学生推送阶梯式案例分析题，为分析能力不足群体设计结构化思维练习题，并附带实时反馈机制。通过数据驱动教学决策，实现从统一授课到个性化补救的闭环优化，显著提升教学针对性。

5 结语

随着教育信息化的深入推进，课程建设正朝着智能化方向全面升级。通过引入人工智能、大数据等前沿技术，城乡规划设计课程内容实现了动态优化和智能推送，教学资源库也具备了自适应更新能力，为师生提供了更加丰富、前沿的学习素材。具体而言，在教学方式上，形成了"师 / 生 / 机"三元协同的新型教学模式。

教师从知识传授者转型为学习引导者，学生成为积极的探究者，智能教学系统则提供个性化支持。这种协同模式打破了传统课堂的时空限制，使教学互动更加灵活高效。学生的学习方式呈现出显著的个性化特征。基于智能诊断系统，每位学生都能获得量身定制的学习路径。移动终端和云平台让随时随地的碎片化学习成为可能，微课、虚拟仿真等多元形式有效激发了学习兴趣。学情分析方面，通过教育数据挖掘和学习分析技术，实现了从宏观群体到微观个体的精准刻画。多维度、全过程的数据采集，配合智能算法，使教师能够准确把握每个学生的认知特点、学习进度和潜在困难，为精准教学干预提供了科学依据。人工智能赋能规划设计课程的构建，将推动教育质量向更高水平发展，为培养城乡规划设计创新型人才提供了有力支撑。

参考文献

[1] 武慧君，邱灿红 . 人工智能 2.0 时代可持续发展城市的规划应对 [J]. 规划师，2018（11）：34–39.

[2] 朱巍，陈慧慧，田思媛，等 . 人工智能：从科学梦到新蓝海 – 人工智能产业发展分析及对策 [J]. 科技进步与对策，2016（21）：66–70.

[3] 吴志强，严娟，徐浩文，等 . 城乡规划学科发展年度十大关键议题（2024–2025）[J]. 城市规划学刊，2024（6）：8–11.

[4] 袁满，汤鄂南，单卓然，等 . 知识图谱支持下的城乡规划知识体系数字化建设：优势、关键技术与构建应用 [J/OL]. 测绘地理信息，1–7[2025–05–19].https：//doi.org/10.14188/j.2095–6045.20240359.

[5] 李家瑞，李华昱，闫阳，等 . 基于事件抽取的学科建设知识图谱构建与应用 [J]. 计算机系统应用，2022,31（11）：100–110.

[6] 袁满，汤鄂南，单卓然，等 . 知识图谱支持下的城乡规划知识体系数字化建设：优势、关键技术与构建应用 [J/OL]. 测绘地理信息，1–7[2025–05–19].https：//doi.org/10.14188/j.2095–6045.20240359.

[7] 李翔，吴志强，甘惟 . 人工智能为代表的新教育技术体系对规划教育的影响 [J]. 高等工程教育研究，2025（1）：47–53.

[8] 王良，文爱平，钮心毅 . 生成式 AI 赋能城市规划——基

础理论、前沿视角与教育改革 [J]. 北京规划建设，2024（4）：201–203.

［9］ 甘惟，吴志强，王元楷，等 .AIGC 辅助城市设计的理论模型建构 [J]. 城市规划学刊，2023（2）：12–18.

［10］城市规划学刊编辑部 . 新一代人工智能赋能城市规划：机遇与挑战 [J]. 城市规划学刊，2023（4）：1–11.

［11］吴志强 . AI4D 数智设计 [R]. 2024 城市规划新技术专题会报告，2024.

［12］王良，文爱平，钮心毅 . 生成式 AI 赋能城市规划——基础理论、前沿视角与教育改革 [J]. 北京规划建设，2024（4）：201–203.

［13］田莉，杨鑫，张雨迪，等 . "专业知识 + 人工智能" 双驱动的城乡规划设计教育创新探索：以住区规划为例 [J]. 城市规划学刊，2024（5）：71–78.

［14］吴志强，黄晓春，李栋，等 . "人工智能对城市规划的影响" 学术笔谈会 [J]. 城市规划学刊，2018（5）：10.

［15］田莉，杨鑫，张雨迪，等 . "专业知识 + 人工智能" 双驱动的城乡规划设计教育创新探索：以住区规划为例 [J]. 城市规划学刊，2024（5）：71–78.

［16］杨天人，金鹰，方舟 . 多源数据背景下的城市规划与设计决策——城市系统模型与人工智能技术应用 [J]. 国际城市规划，2021，36（2）：1–6.

［17］吴志强 . 智能规划：智能城市规划 [M]. 上海：上海科学技术出版社，2020.

［18］田豆豆 . 大学课堂来了 AI 助教 [N]. 人民日报，2025–05–19（04）.

［19］李秀，陆军，牛佳丽 .GenAI 赋能的人机双师协同教学研究——基于清华大学计算机基础课程的案例分析 [J]. 现代教育技术，2025，35（3）：34–43.

Exploration of Artificial Intelligence-Empowered Planning Series studios

Tan Wenyong   Li Heping

Abstract：The rapid development of artificial intelligence（AI）technology has brought profound changes to the field of urban and rural planning as well as the teaching system. Current teaching practices show that the application of AI is still at a spontaneous and scattered stage，lacking a systematic framework. Therefore，the Urban and Rural Planning major of Chongqing University，relying on the core course "Urban and Rural Planning 1–12"，explores the integration of AI technology with course teaching and builds a trinity teaching model of "teacher–student–intelligent system". Based on clarifying the course construction goals and basic ideas，by integrating the course system across grades and coordinating the teaching links，the teaching content of the Urban and Rural Planning 1–12 studio empowered by AI is optimized. Then，from the aspects of AI empowering the teaching process and AI empowering student learning support，specific teaching methods and means are discussed. The construction of the AI–empowered planning course system will promote the development of educational quality to a higher level and provide strong support for cultivating innovative talents in urban and rural planning .

Keywords：Artificial Intelligence，Planning Studio，Course Cluster，Teaching

人工智能背景下地方高校城乡规划专业应用型人才培养体系改革研究

唐　璇　陈笑葵　汤　慧

摘　要： 存量时代下，我国正处于城市高质量发展阶段，空间治理现代化转型与信息化技术快速迭代，这些都对高素质应用型城乡规划专业人才提出了更高需求。然而，地方高校在人才培养过程中面临课程体系与数智化的培养脱节、师资跨学科交叉融合能力不足、AI与规划相交互实践平台缺失的困境。本文以地方高校为切口，探讨如何应对困境、明确诉求、提出相应的三类措施，形成课程体系优化、师资能力提升、实践平台构建三位一体的人才培养体系改革，旨在解决人工智能时代背景下人才培养的痛点，从被动适应向主动引领的转型升级。推动地方高校城乡规划专业人才培养体系改革着眼于扎根基层和差异发展，为城乡治理现代化提供高质量人才支撑。

关键词： 人工智能；地方高校；城乡规划专业；应用型人才；培养体系

1　引言

　　党的二十届三中全会提出，教育、科技、人才是中国式现代化的基础性、战略性支撑。在人工智能与人类协同（HAI）驱动城市治理现代化、国土空间数字化改革的背景下，城乡规划学科亟需响应国家"教育数字化"与"新工科"战略[1]，通过人才培养体系改革推动学科发展，构建智慧治理空间体系，不断推动人地关系协调、资源配置优化，最终实现高质量城乡发展的目标[2]。城乡规划专业人才培养面临着双重使命：既要服务于国土空间治理现代化转型，又要实现人本导向与数据支撑有机融合。这种数字化转型要求高校教育，充分利用智慧化技术，从关注传统物质空间设计范式向存量空间现代治理型规划演进，形成与高质量发展阶段相匹配的育人体系[3]。

　　地方高校作为依托地方财政支持、服务区域发展的重要教育力量，承担着为属地输送应用型人才的核心使命[4]。在城乡规划教育领域，这一使命与数字化转型需求的碰撞，暴露出诸多亟待解决的现实矛盾。制约了地方高校城乡规划人才培养质量，探索如何通过系统性改革，培育出真正满足区域发展需求的应用型规划人才，进而推动教育与地方城乡建设深度融合具有重要意义。

2　地方高校城乡规划学科发展困境与转型诉求

　　新时代城乡规划专业需要紧跟学科和行业的发展脚步，随着近年来人工智能迅速崛起，地方高校城乡规划学科发展在这一进程中面临着诸多困境，亟待寻求转型路径，明确这些困境并探究转型诉求，对于培养面向中小城镇规划需求的人才具有首要意义[5]（图1）。

2.1　课程体系与数智化的培养脱节

　　地方高校现有的城乡规划课程存在重设计轻技术的情况，类似城乡规划数字化技术这类前沿课程比较缺乏。在教学过程中，AI工具尚未能与课程有机结合，形成完整连贯的教学课程链，数智化能力的培养没有嵌入到教学的全流程中。这就导致学生在学习过程中，对数字化新兴及前沿技术接触不足，难以掌握适应新时代城乡规划所需的相关技能，在面对实际规划工作中出现的数字化技术应用需求时，可能会出现能力上的欠缺[6]。例如湖南城市学院城乡规划专业以实践为导向、以提升

唐　璇：湖南城市学院建筑与城市规划学院助教
陈笑葵：湖南城市学院建筑与城市规划学院助教
汤　慧：湖南城市学院建筑与城市规划学院副教授

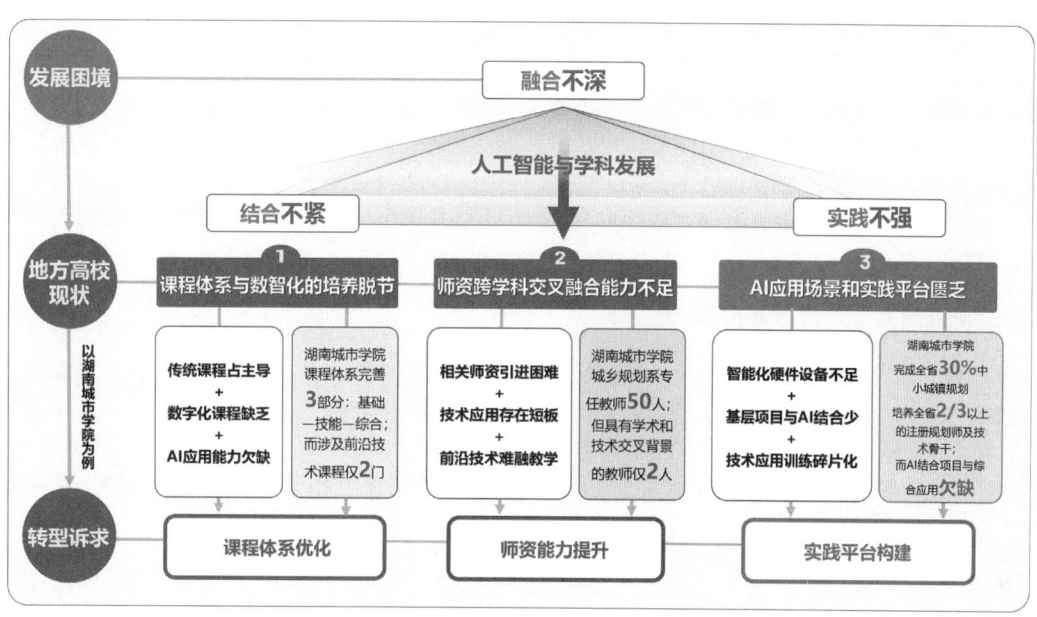

图1 发展困境与转型诉求示意图
资料来源：作者自绘

规划设计实践能力为主线，依据传统规划设计知识体系设置了课程教学体系，分为专业基础课程、专业技能课程和专业综合课程三个部分。其教学内容以城乡规划设计的原则、标准和方法等传统知识为主，涉及人工智能等前沿技术能力教学的课程仅有"地理信息系统"和"数字设计技术"，课程体系和教学内容的数智化融入程度不足制约了学科发展。

2.2 师资跨学科交叉融合能力不足

地方高校在数字化治理、人工智能技术等方向的人才引进上存在困难，新进教师大多集中在传统规划或计算机技术等单一领域，而传统规划背景教师普遍存在技术应用短板，对人工智能辅助决策、空间智能算法等工具掌握不足，纯粹计算机学科背景的教师又通常难以理解规划的逻辑，缺乏城乡空间演变规律的系统认知[7, 8]。以湖南城市学院为例，城乡规划系现有专任教师50人（教授10人，副教授20人，讲师16人，其他4人），其中国家注册城市规划师17人，具有博士学位30人。但具有计算机科学、人工智能等学术和技术交叉能力背景的教师仅2人，交叉技术能力师资引进困难以及学科

壁垒的存在，使得前沿技术融入规划教学的能力薄弱，在实践中出现前沿技术教学与专业教学脱节的现象。

2.3 人工智能应用场景和实践平台匮乏

地方高校在AI与规划融合的实践教学方面，面临着设备不足、应用场景有限以及实践平台匮乏的问题。在硬件设备方面，缺乏开展相关实践所需的先进设备，直接桎梏了城乡规划师在实践中运用AI技术探索的可能。同时，由于地方校企合作中能用到人工智能的项目较少，学生缺乏在真实项目中运用AI技术的机会，难以形成贯穿教学周期的"真题真做"机制。实践平台的支撑作用尚未充分发挥，多数地方高校受限于经费投入，难以建设智能模拟实验室等新型教学设施，这种平台缺失导致技术应用训练碎片化，学生难以系统掌握从数据分析到方案落地的完整技术链条。

以湖南城市学院为例，城乡规划专业师生服务中小城镇和乡村成效显著，"教师工作室＋实践"的教学制度支撑学校10项甲级资质设计研究院，完成全省城乡规划设计3000多项，年产值达2亿元，占全省中小城镇规划设计市场份额30%，培养了全省县市区60%的

规划技术骨干和 2/3 以上的注册规划师，获全国全省规划建筑设计类奖励 108 项。尽管在人才培养方面取得了不错的成果，但师生团队开展的"真题真做"项目多为中小城镇和乡村等基层场景，新数据获取困难，且地方政府和人民对前沿技术的理解和接受能力不高，人工智能技术缺乏实际应用场景，导师教师开展城乡规划数智化教学和实践的热情不高。

3 地方高校城乡规划人才培养改革措施

面对城乡规划人才培养中的现实困境，地方高校需要立足中小城镇特色，从教学基础单元入手，以师资提升为抓手，强化实践平台构建，逐步融合人工智能数字化技术运用，以形成适应行业变革需求的人才培养体系。

3.1 课程体系优化：扎根地方需求，贯通技术链条

（1）分层嵌入技术课程，重塑教学模块

针对中小城镇规划常见的生态修复、存量更新等需求，可在低年级增设 OA 与 GIS 集成技术、遥感技术、云 GIS 技术等工具类课程，例如结合本地生态保护区边界划定案例，通过重点实验室教授学生使用人工智能进行空间数据分析。高年级增设人工智能与智慧社区规划、数字化模拟实训等综合性课程[9]，将 AI 辅助方案生成工具引入课堂，例如利用低代码平台模拟老城交通优化场景，让学生从数据采集到方案评估完整参与技术流程。

（2）重构地方特色课程包，串联教学环节

选取县域国土空间规划、传统村落保护等典型项目作为教学主线，在规划设计课程中设置与人工智能紧密结合的阶段化任务：数据采集、现状诊断、方案推演，加强教学环节中与数字化技术工具的串联。同时注重联动高校所在地方特色，将当地乡镇的产业用地效率评估作为课程作业，要求学生同时运用传统调研方法和手机信令大数据分析，对比验证规划结论的科学性（图 2）。

3.2 师资能力提升：打破学科边界，激活教学动能

（1）建立跨学科教研工作坊

针对地方高校改革诉求，应立足中小城镇及乡村规划打造跨学科教研基地，聚焦基层实际问题。地方高校可定期组织城乡规划、计算机、地理信息等学科教师共同备课，围绕中基层项目中的具体技术难题展开研讨，形成常态化跨学科交流工作坊[10]。组织专题研讨会，围绕规划实践中的技术需求展开交流，例如乡镇人口流动数据的智能化处理、村庄宅基地布局的 AI 辅助优化、镇区公共服务设施的空间模拟等具体方法，促进双方在技

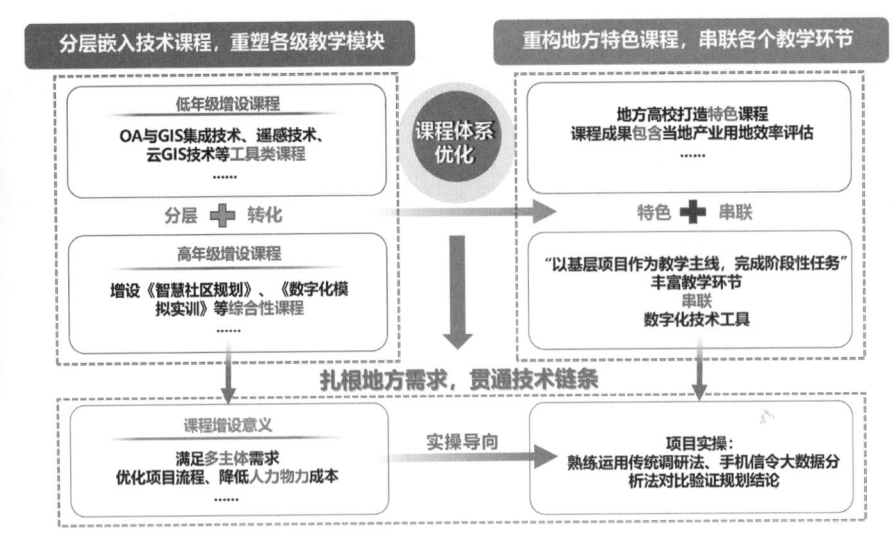

图 2 课程体系优化措施示意图
资料来源：作者自绘

术工具与规划逻辑层面的相互理解，推动教师掌握规划与技术的交叉知识体系。

（2）构建"双师型"培养机制

地方高校需强化与本地规划企业、基层规划管理部门的联动，打造综合数智化与规划实践型师资网络。着眼地方高校深耕中小城镇规划项目的特点，邀请地方规划设计企业具备人工智能技术应用经验的工程师参与课程教学，结合真实基层案例讲授 AI 技术的实用场景，如土地利用分析、人口预测、方案优化等环节的实际应用。通过校内教师讲规划与数智化结合方法、行业教师讲技术工具运用与实操，共建"双师型"培育机制，促进教学内容、技术方法上的深度协作，弥补单一学科背景教师的知识盲区，也有效弥合课堂教学与行业实践的鸿沟[11]（图3）。

3.3 实践平台构建：链接真实场景，锤炼实战能力

（1）深化校地校企合作，拓展 AI 实践场景

区别于重点高校聚焦大城市复杂项目的实践模式，地方高校可将课堂及实践延伸，主动对接地方规划管理部门与设计单位，与县级自然资源局、乡镇建设管理所建立常态化合作，承接基础性技术任务，积极参与中小城镇规划编制、村庄规划设计等实际项目，为学生提供"真题真做"的实践机会。这类实践项目虽不涉及高端技术，但能让学生深刻理解基层规划的现实约束，如田间地头调查的数据精度有限、利益协调复杂等。在具体实践中，指导学生运用现有技术工具开展数据收集与分析，如利用 AI 识别卫星影像中的用地类型、提取道路网络数据，在真实场景中提升技术应用能力，学生不仅积累真实项目经验，更能培养与基层部门沟通协作的能力，AI 实践场景成果反哺教学，形成双向赋能的教学循环。

（2）建设智能规划平台，在地化实践网络

考虑地方高校的资源禀赋，智能规划平台建设应聚焦实用、适配、低成本，避免盲目追求高端设备。整合校内资源建设智能规划实验室，配备基础数据处理软件、空间分析工具及可视化平台，满足学生日常数据采集、空间分析、方案模拟的基础技术训练需求。利用开

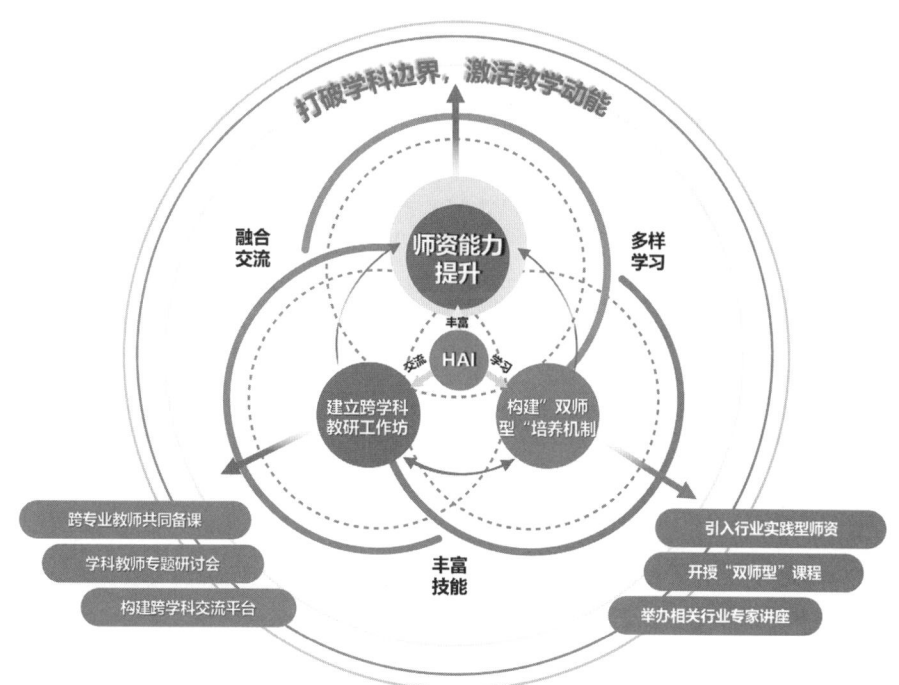

图 3 师资能力提升措施示意图
资料来源：作者自绘

源软件和校际资源共享，建设低成本轻量化模拟实验室，打造地方高校城乡规划专业学生能迅速用得上、用得好的基层规划工具箱。例如配置无人机航拍设备用于三维建模实训，结合本地历史街区更新项目，让学生通过建筑立面等数据获取，再导入智能平台进行线上模拟，构建在地化实践数字平台。同时，开发虚拟教学案例库，收录中小城镇典型规划项目的全流程数据，供学生反复演练技术应用（图4）。

4 地方高校城乡规划人才培养体系的转型展望

当前地方高校城乡规划学科在人才培养中面临课程体系与数智化需求脱节、师资跨学科能力不足、实践平台支撑薄弱等现实问题，对此从课程改革、师资建设、实践创新三个方面提出了具体改进方向。通过在城乡规划课程链中嵌入数字化技术教学内容、引入真实项目案例强化技术应用，在师资层面推动规划与计算机学科教师交流合作、吸纳行业实践型人才参与教学，在实践环节拓展校地校企合作项目、在地化实践网络等措施，正逐步构建起适应中小城镇规划需求的培养体系（图5）。

展望未来，地方高校的AI技术融合将呈现鲜明的差异化发展特征。重点院校可能更侧重智能算法开发与城市模拟系统建构，而地方院校则应聚焦中小城镇治理场景中的技术适配。湖南城市学院城乡规划系在重点实验室建设中，结合城乡规划协同平台，研究湖南省城乡规划决策支持系统的总体框架，研究决策支持系统构建的关键技术，逐步搭建与基层项目匹配的多尺度的、动态的、多维度的城乡规划空间数据采集技术、城乡规划辅助设计技术、生态修复与规划管控技术三类基础平台。实践运用中还需进一步将AI与人本规划有机融合，例如，利用无人机巡查辅助镇区违建管控，让技术手段融入基层规划管理；基于手机信令数据优化集市空间布局，用数据思维提升乡镇公共空间品质；借助图像识别建立农房安全智能台账，为村庄人居环境整治提供技术支撑[12]，让AI技术融合以便捷化、轻量化的方式服务于中小城镇规划的"最后一公里"。

在人才培养导向上，地方院校需坚守服务基层的办学定位，与我国城乡规划专业的重点高校形成错位发展。相较于研究型高校培养的技术研发型人才，地方

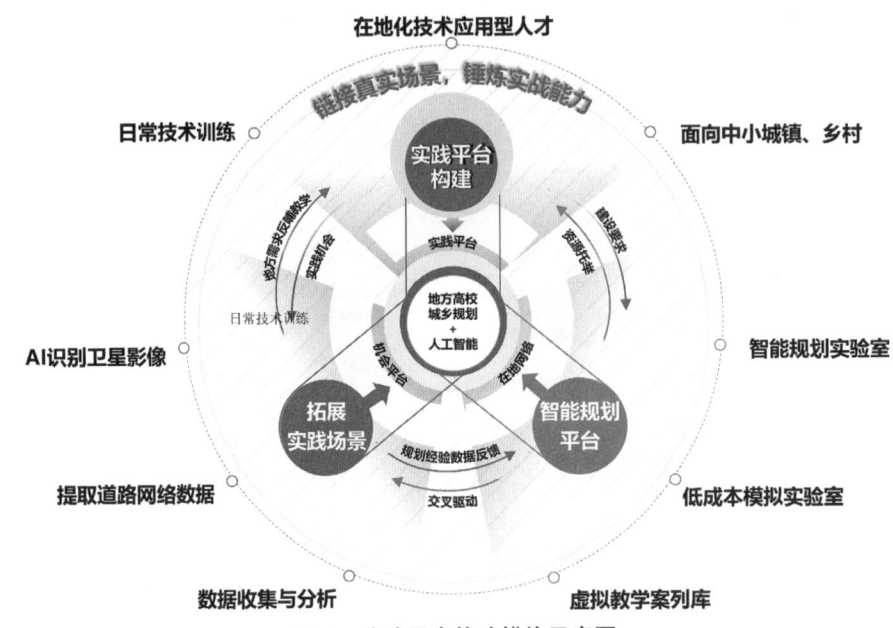

图4 实践平台构建措施示意图

资料来源：作者自绘

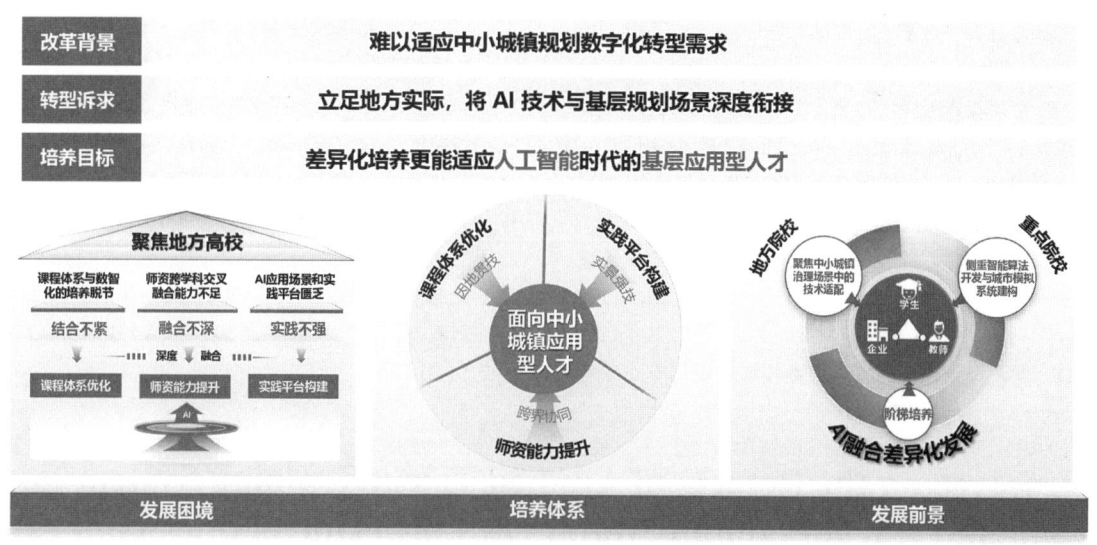

图 5　人才培养体系改革总框架图
资料来源：作者自绘

院校更应侧重培养能对接需求的在地化技术应用型人才，这类人才的核心竞争力不在于掌握前沿算法，而在于能多场景、多角度地使用数智化手段进而辅助城乡规划[13]。例如通过开源工具处理镇区人口数据、用可视化图表解释村庄空心化规律、用简易模型辅助社区设施选址，使得在乡镇规划岗位上，能用看得懂、学得会、用得上的技术手段解决实际问题。这种培养导向的确立，将帮助地方院校在城乡规划教育变革浪潮中找到不可替代的生存支点，为城乡融合发展注入源源不断的实用型人才动力。

5　结语

　　地方高校城乡规划教育与人才培养体系的转型实践，本质上是把技术应用和基层实际需求结合起来的整体改革。面对当前课程与数智化脱节、师资跨学科能力不足、AI 实践场景缺乏等问题，地方高校正通过优化课程体系、加强教师跨学科培养、拓展真实 AI 实践场景等，逐步推进城乡规划专业应用型人才培养体系的改革。这种扎根中小城镇的突围路径，既不盲目和重点高校比技术设备，也不搞脱离实际的技术堆砌，而是着力构建适应当地规划需求的教学生态 —— 让 AI 技术不再

是书本上、计算机上的抽象概念与数字，而是能解决乡镇规划具体问题的实用工具，让规划教育真正扎根于基层治理的实际应用中。

参考文献

[1]　刘坤，刘鑫桥，李妍.教育数字化下的新工科新形态教学资源——逻辑内涵、要素特征与建设路径[J].高等工程教育研究，2023（4）：22-26，99.

[2]　张古月，胡冬冬，段吕晗，等.国土空间规划编制的数字化技术路径与实践[J].规划师，2024，40（3）：28-34.

[3]　恽爽，王飞飞，曲蔵.人工智能赋能存量空间规划与治理的智慧化技术框架及应用[J].规划师，2025，41（2）：10-18.

[4]　罗杨洋，刘畅，韩锡斌.数字化助力地方高校人才培养校城融合：困境与策略[J].中国教育信息化，2024，30（12）：33-43.

[5]　徐一伟，申凤娟，姜琳琳，等.新常态下地方院校城乡规划专业课程体系改革[J].山西建筑，2021，47（6）：184-186.

[6]　李俊峰.数智化人才培养策略分析之课程体系构建、教

学方式改革与师资培养 [J]. 中国管理信息化, 2023, 26（23）: 205-208.

[7] 李娟. 新课改背景下科学教育专业跨学科型师资培养模式构建 [J]. 教育观察, 2025, 14（3）: 17-20, 48.

[8] 汪科, 杨柳忠, 季珏. 新时期我国推进智慧城市和 CIM 工作的认识和思考 [J]. 建设科技, 2020（18）: 9-12.

[9] 鲁婵, 李伟, 张旺, 等. 乡村振兴战略背景下地方高校城乡规划专业人才培养模式改革 [J]. 西部素质教育, 2020 6（13）: 117-118.

[10] 覃永晖. 新型城镇化背景下地方高校城乡规划专业应用

型人才培养模式研究 [J]. 教育现代化, 2017, 4（13）: 1-2, 7.

[11] 李超, 王艳, 杨转运. 职业教育"双师型"教师培养协作共同体的逻辑缘起、内涵特征与运行机制 [J]. 中国职业技术教育, 2025（7）: 85-94.

[12] 姜鹏, 曹琳, 倪砼. 新一代人工智能推动城市规划变革的趋势展望 [J]. 规划师, 2018, 34（11）: 5-12.

[13] 吴志强, 张悦, 陈天, 等. "面向未来: 规划学科与规划教育创新"学术笔谈 [J]. 城市规划学刊, 2022（5）: 1-16.

Research on the Reform of Applied Talent Training System for Urban and Rural Planning Majors in Local Universities under the Background of Artificial Intelligence

Tang Xuan　Chen Xiaokui　Tang Hui

Abstract: In the era of stock, China is currently in a stage of high-quality urban development, with modern transformation of spatial governance and rapid iteration of information technology, which puts higher demands on high-quality applied urban and rural planning professionals. However, local universities face challenges in the process of talent cultivation, including a disconnect between the curriculum system and digitalization, insufficient interdisciplinary integration capabilities of faculty, and a lack of practical platforms for AI and planning. This article takes local universities as a starting point to explore how to cope with difficulties, clarify demands, and propose corresponding measures, forming a three in one talent training system reform that optimizes the curriculum system, enhances teacher capabilities, and constructs practical platforms. The aim is to solve the pain points of talent training in the context of the artificial intelligence era, and to transform and upgrade from passive adaptation to active leadership. Promoting the reform of the talent training system for urban and rural planning majors in local universities focuses on rooting at the grassroots level and promoting differentiated development, providing high-quality talent support for the modernization of urban and rural governance.

Keywords: Artificial Intelligence, Local Universities, Urban and Rural Planning, Applied Talents, Cultivation System

数智时代背景下城乡规划专业的开放教学模式及组织要点初探

毕凌岚　冯　月　李姝媛

摘　要： 在数智时代万物互联的背景下，高等教育模式正经历深刻变革。城乡规划专业因其交叉学科特性、实践性及社会性而具有固有开放特征，但聚焦于传统模式下的课程开放存在过度依赖实践平台、校企对接机制不畅、跨学科互动不足等问题，难以适应数智时代技术驱动机制下对多元协同与知识共享的人才培养需求。通过教学模式优化实现系统性深度开放已成为专业教学改革的迫切任务。本文在阐明开放教学本质的基础上，结合城乡规划专业特点，系统分析了当前开放教学的现状与挑战。研究发现，城乡规划专业的开放教学已在校际合作、校企协同、课程共建等方面取得一定进展，但仍存在教学内容与行业业务脱节、教师实践能力不足、院校技术更新滞后等问题。为此，本文提出以建构主义与协同教育为理论基础，以"跨学科开放性、校地协同性、技术融合性、过程互动性"为核心特征的开放教学模式，并结合西南交通大学城乡规划专业的实践案例，探讨了课程开放、专业开放、平台开放三个方面的开放教学组织策略。最后，从课程体系设计、教学资源整合、实践平台搭建及质量评价机制等方面提出开放教学的组织要点，以期为城乡规划专业教育改革提供参考。

关键词： 数智时代；开放教学模式；教学组织；学科发展；城乡规划

1 引言——数智时代万物互联背景下的院校"边界"崩解与规划专业挑战

"信息社会"自 20 世纪 40 年代第一代计算机诞生，就被认为是人类社会演进发展的趋势而不断被"有识之士"所关注，但是作为社会普罗大众真正体会到相关技术对日常生活的影响，是 20 世纪 80 年代个人计算机的普及[1]。自此之后"信息时代"便"一日千里"地伴随着"技术海啸"开始冲刷着社会、经济、文化发展的方方面面。最关键的节点是 1989 年蒂姆·伯纳斯-李（Tim Berners-Lee）提出超文本系统，使互联网走向大众化，由此开启了全民信息共享的"万物互联"阶段[2]。伴随着 20 世纪 90 年代互联网商业化进程，信息时代全面展开。历经了移动互联过程，网络空间累积的巨量信息（大数据）催生了"智能化"数据处理技术，对算力和 AI 交互模型持续探索不断地推动着现实奔向"智能社会"，猝不及防中"未来已至"[3]。

信息技术发展对高等教育发展造成了全面而深刻的影响：从最初的内部管理机制的重构到教学模式、方法的颠覆；从打破教育壁垒的垄断资源共享到教学组织的校外"势力"融入[4]。虽然在高等教育发展的过程中，突破"知识垄断"和"追逐前沿"一直是推动教学模式不断走向开放的动力，但是这种有限开放并不能从根本上颠覆长期以来已经相对"固化"教学体系。真正意义上的大学教育"破壁"始于 2001 年麻省理工学院（MIT）的开放课程计划（OCW）[5]，随后在萨尔曼·可汗通过 YouTube 成立可汗学院（2006）证明在线教育可行性之后迅速"崩塌"[6]。随着 2012 年 ❶《纽约时报》"慕课革命"宣言（2012.11）倡导，众多世界知名院校的知名教授在 1 年间通过慕课建设相应网络学习平台，使得在线"无门槛"的"高等教育"席卷互联网，彻底颠覆了高等教育院校制线下教学的传统模式[7]。中国教

毕凌岚：西南交通大学建筑学院教授
冯　月：西南交通大学建筑学院讲师
李姝媛：西南交通大学建筑学院助理研究员

❶ 2012 年号称"慕课元年"。

育部也于 2013 年启动了"精品开放课程"建设，标志着中国慕课时代的来临[8]。

城乡规划学科因其交叉学科特性和城乡规划专业的实践性、社会性特点，使得其专业教学带有固有的开放特征[9]：其一，城乡规划学科知识体系的生成是基于人类空间需求的多维度研究，"规划+"的交叉学科特征不断完善和拓展着学科的内涵和外延，这使得规划专业课程内容具有动态持续更新的开放特征；其二，随着城乡发展基于空间资源调配的规划、建设、运行、维护工作的技术复杂度和多专业协同需求的不断凸显，其专业工作的实践特征不断被强化，导致专业能力的培养必须依托外部"实践基地"的平台支撑才能充分达成，这使得规划专业课程体系构建和教学组织具有开放性[10]；其三，专业技术更新随着数字技术发展日新月异，行业中实践企业和管理机构的技术更新速度通常较高校更快，为了保证人才培养的技能体系紧跟时代，必须依赖企业和机构提供优化思路和技术支持，这使得规划专业教学方法因专业技术不断更新而迭代[11]。正是上述特点使得城乡规划专业自设置以来，其培养计划和方案中就"自带"开放教学的需要。

这种固有开放特征虽然使得城乡规划专业教育相较于其他学科的专业而言更早地突破了"专业限制"和"校企壁垒"[12]，但是与此同时，其实践教学对外部实践平台的依赖状态也将这种开放局限在"行业"维度上，大多数"开放"聚焦在"同行"范围内——也就是课程共享在"大建筑"相关学科内，跨校交流在不同学校的相同专业内，外部交流在行业相关领域内（政府、企业、研究机构等）。这种专业界限非常明显的开放状态与"数智时代"的开放具有本质区别——并不利于与其他学科形成深层互动推动知识和思维路径更新，也不利于劳普大众全面了解专业的社会功能和职业价值。当与行业相关社会环境出现波动，城乡规划的学科和专业价值都会受到质疑，以至于在一些"短视决策"中沦为牺牲（学科点被取消、专业被撤销）。

如何在"数智时代"万物互联背景下，通过优化专业教学模式突破城乡规划学科和行业舒适圈，达成系统性的深度"开放"，使得人才培养的社会价值得以充分实现并被认可，是专业教学改革十分迫切的任务。

2 开放教学的本质与城乡规划专业开放教学的现状特点

2.1 什么是开放教学

"开放教学"的核心在于打破"壁垒"[13]。泛社会意义价值体系中的"开放教学"首先是打破高等教育的阶层壁垒。因此"开放教学"才会在互联网技术成熟之后成为众多弱势人群接触高质量教育资源的"社会公平"路径[14]。其影响力"风暴"形成也是基于这一"价值观"定位，"资源共享""灵活学习"成为其固有底色[15]；然而，从高校自身发展的角度定位"开放教学"则强调对人才培养和知识生成传统模式的突破，如破解"理论与实践的脱节""不同学科间鸿沟"等问题，"多元互动""机制重构"成为"开放"的技术路径。因此"开放教学"在社会价值体系中讨论的是"突破资源限制"——也就是打破优质教学资源集于少数高校，通过各种方法和技术手段弥合区域与校际差异[16]；在高校人才培养体系中强调的是"打破封闭课堂"[17]，将教育从"以教师为中心"的被动灌输模式转为"以学生为中心"[18]的主动探索模式；在科学研究体系中突出的是"突破学科壁垒""促进科研转化"，基于学科发展和市场需求的"平台教学""跨学科融合""交叉学科""校企融合""产学研用一体化"。

（1）开放教学的技术基础

伴随着技术革命自 20 世纪 90 年代以来的高等教育在信息化基础上的大众化趋势，计算机和互联网技术奠定了"开放教学"的技术基础[19]：计算机辅助教学和互联网革命使得教学活动开展突破时空限制，这也是为什么"开放教学"的直观载体往往都是与数智化相关的慕课（MOOC）和虚拟教研室、实验室[20]。这种"绑定"使得目前对高校"开放性"的评价指标体系也偏向于网络共享课程和多校协同的"虚拟"机构"建设"。与此同时，基于计算机辅助教学和互联网教学资源渗透，高校教学模式也在迅速不断演替：从课程的线上线下混合式学习到翻转课堂，从 SPOC 到项目制学习（PBL）[21]，组织形式、教学工具、参与主体日益多元。对教学效果的评价也从知识传授本身拓展到"知识传授+技能习得+素质养成+……"多维模式[22]。

（2）开放教学的层次、内容与目标

"开放"是相对"封闭"而言的，基于目前我国高校教学体系构成状况而言，开放教学需要突破几个层次的"封闭"：第一个层次是课程自身的封闭；第二个层次是专业之间的封闭；第三个层次是学校与社会之间的封闭（图1）。这三个层次的开放度逐渐增加，涉及的要素和教学组织的复杂程度也依次递增[23]。

开放教学的具体内容也分为三个方面：①知识体系开放：响应学科发展需要，拓展学生知识面、促成其站在更广的学科交互视角深化对本学科和专业理解；②方法体系开放：丰富学生能力构成、打破专业思维局限，尤其是提升其创新、创造能力[24]；③教学平台开放：构建平台吸纳多方社会资源全面参与教学，提升人才培养响应社会需求的效率，拉近人才培养与人才市场的关联，提升人才针对性、强化其就业适应性[25]。

（3）开放教学的阶段进程控制

根据人才成长的规律，不同学习阶段的开放程度和重点是不一样的。目前我国大多数高校的专业教学阶段的划分是素质教育、平台教育（大类教育）、专业基础教育、专业教育四个阶段：①素质教育阶段的教学重点是综合素质（价值观、思维训练、科学素养、审美等）和通用技能（计算机基础、外语、社会交往）[26]。虽然素质教育强调终身学习、全程贯穿，但在本科教学阶段大多集中在1年级。学生往往借助这个阶段一方面完成从高中到大学的学习模式转换，另一方面完成从"孩子"到"成人"的社会身份转换。②平台教育阶段的教学重点是为同一学科门类（如工科）下不同专业学生搭建的共同知识基础（如数学、物理、化学、工程制图等），强调学科通用理论与方法训练[27]。③大类教育阶段是针对同一学科簇群下淡化专业界限，而将学科簇群的共同基础知识和技能集中在平台阶段学习[28]；后期可以方便学生基于自己的学习兴趣和擅长，以及可能基于市场需求的就业意愿再分专业或方向。这可以看作是"学生为中心"教学改革一种途径，但"市场"影响导致专业发展失衡。④专业基础教育和专业教育阶段都是确立专业之后，聚焦专业领域开展的知识体系构建、技能和素质训练活动[29]。

素质教育阶段的学习处于一个多维度广泛浅层接触状态，教学的表观开放程度很高。从平台教育到大类教育再到专业教学的过程在专业人才培养中，个体成长视角下是一个逐渐聚焦的进程：知识领域的开放度逐渐收束，技能体系的成长逐步深化；而在教学组织和管理的维度上，随着理论与实践互动程度深化，参与教学活动的人员和机构组成越来越多元，开放度逐渐增大[30]。以城乡规划设计实践系列课程为例，在不同教学环节可以有不同开放程度的具体开放形式[31]（图2）。

2.2 城乡规划专业的开放教学现状特点

基于对常规意义上"开放教学"发展历程的追述，我们认识到不同专业的"开放"特性是完全不同的。城乡规划专业因其综合性（多学科基础的专业知识体系）、实践性（与行业发展的紧密联系）和社会性（职业价值观的公益服务特质），具有"与生俱来"的开放教学要求，因此我国城乡规划专业教学的开放教学早于其他专业大规模的"开放"的时间：

（1）开放历程与现状

①知识体系开放：知识体系开放强调的是专业教学中的"跨学科"，其目的是促使学生发展突破专业限制，围绕专业核心构建更全面的知识体系。这种开放往往以课程开放为载体，最初大多数是通过在培养计划增加前沿和交叉课程达成，例如城市经济学、城市地理学、城市生态学、城市管理学等。这种状况自20世纪90年代以来，随着从城市规划→城乡规划→空间规划的行业和学科发展造成的外延拓展，新的学术焦点、热点日益

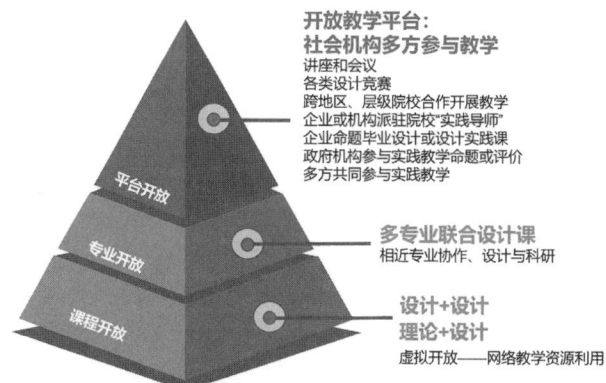

图1　教学开放层级与形式示意图
资料来源：教研组自绘

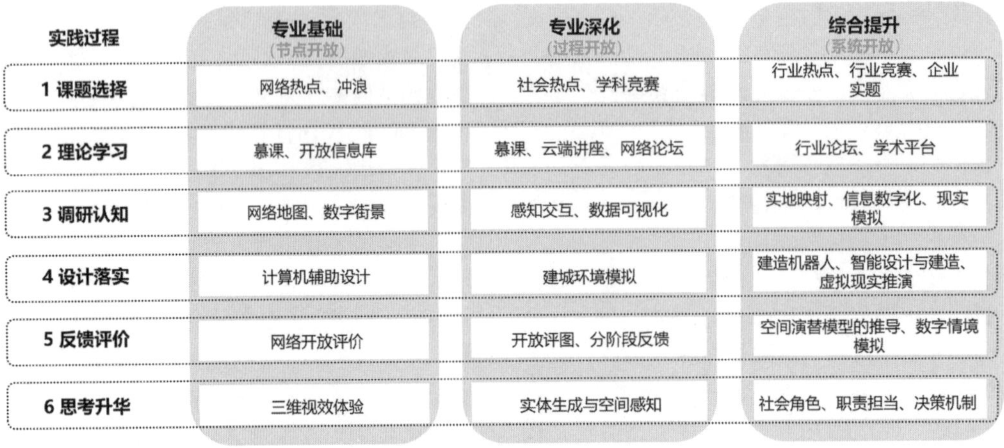

实践过程	专业基础 （节点开放）	专业深化 （过程开放）	综合提升 （系统开放）
1 课题选择	网络热点、冲浪	社会热点、学科竞赛	行业热点、行业竞赛、企业实题
2 理论学习	慕课、开放信息库	慕课、云端讲座、网络论坛	行业论坛、学术平台
3 调研认知	网络地图、数字街景	感知交互、数据可视化	实地映射、信息数字化、现实模拟
4 设计落实	计算机辅助设计	建城环境模拟	建造机器人、智能设计与建造、虚拟现实推演
5 反馈评价	网络开放评价	开放评图、分阶段反馈	空间演替模型的推导、数字情境模拟
6 思考升华	三维视效体验	实体生成与空间感知	社会角色、职责担当、决策机制

图 2　结合网络资源和计算机技术的分阶段实践教学开放形式总结示意图
资料来源：教研组自绘

增多造成了专业课程逐渐膨胀，甚至引发了对"专业本体""专业核心"的大讨论。这也是 2013 年《城乡规划专业规范》编制的重要动机。这种状况对开设城乡规划专业院校提出了更高的师资配置要求，无疑拉高了专业设置的门槛。这种状况随着互联网知识共享系统得到大幅度缓解，MOOC 为交叉学科领域的专业教学提供了丰富而高质量的教学资源，也为校际课程共建、学分互认提供了技术基础和载体。

②方法体系开放：传统教学组织以课程为单位，教学活动开展以课堂为载体。方法体系的开放分为两个方面：一是对传统课堂教学方法的改变，它以突破封闭课堂为特征，直观的表现在于开展教师组多师指导（理论教学和实践教学导师共同参与或不同学术观点老师的主题课堂讨论）、朋辈互动学习（不同年级和学习阶段学生基于课堂进行互动）；二是改变传统课程相互独立关系的设定，基于课程相关性重新设计"课程组"，提升学生知识和技能的转化效率。常见于理论课和实践课的联动，如"城乡规划原理"+"城镇总体规划设计"，又例如西南交通大学的"城乡规划方法"+"社会调查实践实习"。随着数智技术发展"大数据将重构城乡规划方法论"[32]的背景下，地理信息、数据分析、软件与模型运用、代码写作与编程也逐渐渗透城乡规划专业的理论和实践教学中，改变着专业培养体系的结构，从"理论 + 设计"逐步拓展为"理论 + 方法 + 设计"的模式。

③教学平台开放：教学平台的开放是将教学成果、教学过程全面向行业和领域开放，接受外部要素介入教学活动。早期的教学平台开放体现为高校之间的建材和课程共建活动——如奠定中国现代规划教育基础的 1961 版《城市规划原理》，是在当时的"城市建设部"领导下，基于中国建筑工业出版社搭建教材编写小组，由同济大学、清华大学、南京工学院（现东南大学）、重庆建筑工程学院（现重庆大学）共同编撰完成。这种跨校合作模式为后续的校际合作打下了非常良好的基础——在城乡规划专业迅速发展 20 世纪 90年代至 2000 年，建筑类老八校成为各自所在地域的"种子"，通过课程分享和师资定培推动着学科高质量发展。因此，校际合作是城乡规划学科和专业平台开放最常见的模式。

鉴于城乡规划专业的实践特性，20 世纪 80 年代高校便开始主动寻求与在地规划设计机构进行合作，设立"实践教学基地"。20 世纪 90 年代部分高校在蓬勃兴盛的市场需求激发下，纷纷成立自己的设计院，设计实践课程教师往往兼具规划师身份。2000 年后，在"注册规划师"执业能力培养的需求促进下，规划设计企业开始基于"实践教学基地"深入参与高校相关课程的教学活动，"企业 + 高校"逐渐形成制度化平台，在人员配置上也打下了"双师制"的基础。2010 年以来，城乡规划"公共政策"属性和"社会治理"职能的强化和凸显，使得政府职能机构和社会组织也基于城乡规划二级学科方向的实践需求而进入合作教学活动，"机构＋高校"的类型进一步丰富和实践教学基地的类型[33]。2015年后随着数智化、行业转型、机构改革和专业技术体系重构，高校与政府机关、设计企业、科研机构、治理组织等多元社会主体基于实验室共建、课程共建、横向课题等事务的合作日益深入，合作类型更加丰富。全面吸纳社会资源参与高等教育的"平台"时代真正来临。

④城乡规划设计系列课程的开放：城乡规划专业设计课在整个培养计划中具有无可替代的重要作用。历经了"规划是科学与艺术的结合"[34]到"规划是以空间治理为核心的一级学科"[35]，在规划立足"物质规划"还是"综合规划"，规划学科是"工程技术"还是"公共政策"的各种关于学科本质和专业教育核心的讨论之后，规划设计实践课程因其理论结合实践的综合能力培养环节的不可替代性而地位稳固。系列课程往往是结合当下行业发展的项目类型和技术规程进行设计，具有空间尺度由小及大、系统由简单而复杂的递进特征。同时还往往基于热点进行本专业不同领域、跨学科相关方向的教学内容设计，课程往往强化跨专业互动、多专业协同，也因此成为"开放教学"试点的重要阵地。2005年以来，以毕业设计为重要的开放平台，形成了如"六校"联合毕业设计（2007）这样的引领性标志项目，也推动了各个层面院校形成多种形式和主题的联合毕业设计，使得"联合毕业设计"成为校际合作的重要模式。目前基于设计实践系列课程的开放教学模式，正在基于"国际合作""多元参与（企业、机构合作）""热点追踪（学术行业发展）""技术革命（元宇宙、虚拟体验、AI生成规划）"等维度不断拓展。

（2）问题与挑战分析

城乡规划专业教学的"开放"既是其专业固有特点，也是随着目前国家发展战略转变（城市化下半场、乡村振兴、"双碳"战略、生态文明与民族复兴），学科拓展和研究热点（空间资源调配、城乡生态发展、社会公平与文化传承、大数据与规划技术），行业发展和从业特征（行业内涵与边界拓展、从业特点改变、行业技术工具改变），以及教育教学工作本身的变化（对象特征变化、教学目标变化、教学工具变化）而强化的"应对策略"。主要问题如下：

①授课内容与行业业务类型的差异越来越大的状况：目前许多院校的教学内容存在相当程度的滞后，与行业热点和学科焦点存在脱节[36]。

②学校教师规划设计实践能力不足：随着教师能力评价体系改变，教师直接参与实践工作越来越少，实践经验积累和更新滞后，理论结合实践开展教学的能力下降。

③院校技术工具体系更新滞后：无论是规划设计还是科学研究的相关硬件还是软件，大部分院校教学设施都较规划设计企业和科研机构滞后[37]。

④学生实践课程学习片段化：由于高校本身基于体制机制限制，越来越难以仅靠内部资源保持实践教学从内容到技术支撑体系的领先，学生很难将不同规划设计实践课内容进行融会贯通，并理解相互之间的业务逻辑和递进关系。

综上，因专业人才知识、能力的需求变化迅速——基于提升学生就业，高校需要与企业、管理机构对接；基于学科发展和教师成长，高校需要与科研、社会对接；基于技术升级和体系重构，技能培养需要与新认知技术、新分析技术、新工作技能对接；基于资源共享与交流，院校之间以及与各种社会机构需要保持多元互动。学校确实需要通过更多的开放环节形成与院校、企业、机构的合作教学，建设教学＋科研＋实践的多元协动教学平台。还需要结合教学本身规律，设计具有机整体性开放教学体系，提升教学效率。

3 开放教学模式构建

城乡规划专业的"深度开放"由来自被动和主动两个方面的要素促进。所谓被动是指被新时代教育新需求倒逼（知识储存方式和获取方式、学生的学习特点、互联网络特点等），所谓主动是指因学科发展、行业发展、方法系统更新而驱动的专业知识、行业重心变化和数智化的方法系统重构。从目前各个专业院校的既有开放状态观察所得：研究型院校（大多是地理平台的院校，如南京大学）的理论课程体系更开放；实践型院校（原先住建系统行业院校，如重庆大学）的设计课程体系更开放、综合型院校（如同济大学）的培养计划整体结构更开放。但是，不论是哪种类型的院校，其开放教学模式大多被局限行业框架下，聚焦于院校传统擅长的某个层次上，如重视课程建设、平台建设或者技术更新，对数智时代背景下学生特色和教学法更新的响应并不充分。因此，需要在综合知识体系、方法体系、平台建设既有开放教学经验基础上，基于教学本身的系统性和当代学生学习习惯进行全面优化。

3.1　数智时代城乡规划专业开放教学体系构建原则

开放教学体系构建包含教学内容设计、教学资源整合、实践平台搭建、教学方法优化四个方面，分别与学科发展、行业演化、教育规律相关。但是，开放教学的施行效果，却与直接教学活动背后的教育理念更新和运行管理机制优化关联更为紧密。构建城乡规划专业开放的教学体系，需要：基于学科发展落实知识体系的开放性；基于行业发展落实技能体系的开放性；基于教育理念更新落实教育方法和教学管理的开放性；基于教学质量保障落实教学资源和实践平台的开放性。这种全方位、多主体、复杂机制的教学改革需要系统性思维指导其内外机制和软硬设施的整合。因此综合考虑学科、行业、教育理念、教学方法的时代状态，基于数智背景的技术重构不同开放层次的教学组织逻辑。

3.2　开放教学模式的核心特征

课程体系优化的跨学科性：基于学科发展带来知识结构更新进行"课程体系优化""课程更新"，重点在于学科前沿的学理关系和技术逻辑对课程内容（知识点、技能点）、课程关系的重构。

实践平台构建的校地协同性：与在地"政—产—学—研"各类机构基于科学研究、规划实践和教育教学开展多维合作。在人力资源配置方面，通过"双师课堂"（高校教师＋行业导师协同授课），教学内容方面采用"真实项目驱动"，以实际规划项目为载体，甚至"真题真做"，提升理论的转化效率，"把论文写作祖国大地上"。

专业技术和教学技术的融合性：数智时代同时为行业和教育提供了新的技术。"数字孪生教学"可以通过互联网，把基于 GIS、BIM 等数字技术的专业平台资源即时带入教学环节。虚拟实验室、虚拟教研室，可以把科研、生产、教学纳入同一时间维度。

教学管理过程的互动性：借助数智技术平台的支撑，学生的学习状况、课堂与平台的运行状况都可以构建"动态反馈机制"，即时性的评估和互动，能够在每个教学环节中实现动态评估，从而为建立教学过程持续优化闭环提供基础。

3.3　开放教学组织的基本模式

教学组织在教学活动中具有非常重要的地位，决定了教学活动开展的底层逻辑、教学资源配置和教学方法优化。教学组织旨在保证教学效率，其底层逻辑的设计依据是专业人才成长规律，其教学资源配置和教学法优化的工具是教学质量评估和反馈。开放教学模式的教学组织，需要同时考虑校内、校外两方面的教学协同，其组织结构相对更复杂（图3）。

开放教学针对学生成长的底层逻辑是专业知识体系和技能体系的养成规律。目前的重点是"以学生为中心"的网络公开课程资源共享——涉及授课模式开放（线上、线下教学相结合）和课程评价标准开放（帮助学生将知识碎片组织尽快串缀成系统）。

图3　教学组织结构示意图
资料来源：教研组自绘

开放教学的资源配置针对实践平台（对外合作），涉及不同类型机构在教学活动中的开放与联合，包括四种类型：学校与学校的联合、学校与行业机构联合、学校与政府机关的联合、复合式联合（多类型、多机构协同）。

开放教学针对教学方法优化重点是如何调动学生的学习积极性和主动性。目前有以下几种模式：朋辈教学法，包括同专业不同年级之间的开放（研究生＋本科生；本科生不同年级之间）班级之间的开放；项目制学习，既可以是专业范畴之内的同班同一课程不同选题，通过差异选题促成交互学习，还可以是不同专业之间同学基于同一项目进行合作协同学习。

3.4 本科阶段基于培养计划的开放设计

开放教学的直接载体是培养计划。总的来说其"开放"应根据培养计划具有整体设计，基础阶段应相对内向，保证学生集中精力。专业教学阶段应全面开放，让学生深度接触行业。"开放"要有充分的经费支持。要有广泛的机构协作途径和网络，需要立足本地。

培养计划生成需要分为四个层次进行开放逻辑设计，要点如下：

基础层面的课程本身：设计逻辑在于促使学生接触不同视角的思想、观点。教学单位是课程的教师组（可能包括不同方向教师组合），教学内容是知识点关系重构。

课程体系的课程组（模块）：设计逻辑是兼顾学科、专业特点和学生个性化发展需要。教学单位：学科领域教学科研一体化团队。教学内容基于学科领域（区域发展、规划设计、住房社区、历史遗产、生态环境、交通基础设施、方法技术、规划管理）划分，考虑与相关学科的互动，可以分为不同方向和深度的课程组或者讲座群。还可以根据自身特点定制特色模块。操作要点：①确定核心课（设计实践课＋理论）；②确定课程关系，理论、实践、方法课程的横向（学生成长阶段）的协动。

教学方法的开放环节：设计逻辑是考虑校内与校外互动深度，可以根据不同开放程度选择教学活动组织模式。教学单位：教学阶段团队（年级组），教学内容是基于教学资源调配（师资、经费），操作要点：①确定教学环节（行业设计实践逻辑）；②确定各个教学环节

的开放程度（哪些环节不适合开放）；③多元教学参与的活动开展方式。

实践教学平台运行：设计逻辑是运行制度建设。负责单位：学院，教学内容重点是校外实践导师、评估专家的聘任，实践基地运行机制，开放教学组织协同机制，其他支持条件创造，多机构的合作机制设计。

3.5 设计实践系列课程的开放教学组织

设计实践教学开展"开放教学"的核心在于求"实"（图4），也就是更多是基于"项目制"课题，达成真实的设计条件、现实的设计需求和实战的设计场景。以西南交通大学设计实践课程为例进行开放教学状况介绍：

课程层次的开放模式包括两种类型：①理论课＋设计课联动模式：如"城市设计理论"＋"规划设计实践3（城市设计）"；"社会调查方法与设计"＋"规划设计实践1（社区规划）"。学生通过理论知识和技能在实践课程中的运用达成双向强化；②设计课＋设计课模式：如"规划设计实践2（控制性详细规划）"＋"规划设计实践3（城市设计）"；"建筑设计实践4（住宅）"＋"规划设计实践1（社区规划）"。学生通过不同尺度和管控、运维逻辑的实践项目的技术关系，理解行业工作的具体开展状况。

专业开放层次也包括两种类型：①多专业联合毕业设计：西南交大的"城乡规划＋风景园林＋建筑学＋环境艺术"联合毕业设计，让学生充分体会人居环境建设活动中不同专业工作的协同机制和领域擅长；②多专业

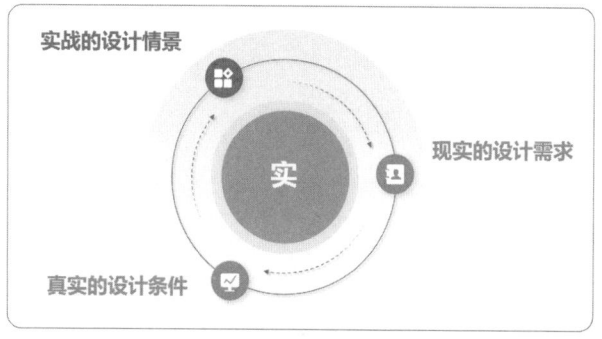

图4 "开放教学"的核心在于求"实"
资料来源：教研组自绘

联合设计竞赛：如 WUPEN 城市设计竞赛、TOD 城市设计竞赛、数字艺术设计大赛等，相当于引入外部评价机制，对校内教学效果进行检验。

平台开放层级包括三种类型：①多校联合毕业设计（多校、多专业）：强调优质教学资源共享，通过更广泛的教育网络构建，拓展学科和行业影响力；②校企联合毕业设计（TOD 等多领域选题）基于院校的优势科研领域与规划设计企业互动，促进学术研究成果转化；③多方联合毕业设计（学校＋企业＋地方政府），基于地方需求和管理技术要求进行实战演练。

规划设计实践开放教学组织机制设计包括以下四种活动类型：①公开评图——校内设计实践课教师跨教学班、年级组交互评图；②评图节——邀请校外专家参与设计成果评审；③建设校外实践导师库——聘请校外设计实践企业机构的资深设计师担任设计实践课程导师；④建设实践平台和基地——校外企业和机构全面参与教学，包括但不限于提供设计实践选题，担任校外指导教师、评委，组织讲座、竞赛，甚至经费支持。

不同教学阶段的设实践计课程开放程度递增，从"部分节点开放"到"教学过程开放"，最终至"系统性全面开放"。教学环节中选题和评估开放程度最高。联合教学和实践平台对课程参与更全面（图5）。

总之，开放教学实验结果表明：高年级（专业综合阶段）的教学开放度更高。开放度最高是毕业设计，其次是城市设计。设计实践课程各个教学环节中，选题和评估开放度相对更高，既有开放教学机制中，联合教学和实践平台对于设计实践教学的参与更全面；校外设计实践导师参与更深入。

4 结论与展望

城乡规划专业教学具有学科和行业特色自带的"开放"性。数智时代背景下，数字技术和互联网普及重构了高等教育的教学关系和资源配置，同时也促成专业技术体系重构和方法工具更新。这两个方向的动力机制在结合"以学生为中心"教育理念引导下，促成了"开放"状态的全面渗透。重构城乡规划专业"开放"教学体系，涉及制度创新、师资建设、技术支撑、风险防控等多个方面。基于西南交通大学城乡规划专业在课程、专业、平台不同层次的开放教学模式试验总结——提出了以培养计划编制为重点，促进课程开放；以教学组织和教学法优化促进专业开放，以平台搭建为依托，进行教学资源整合；最后通过制度设计，动态保障开放教学的效率。具体的组织形式在课程开放层面包括：模块化课程组设计（基础模块＋特色模块）、混合式学习空间（线上资源＋线下实践）、翻转课堂等方式；在专业开放层次包括：多专业联合课程、项目制工作坊式等方式；在平台开放层面包括：多主体合作项目或专题教学、虚实结合的实验教学平台建设等模式，其开放重点是开放平台运行机制建设。为了保障"开放"教学效果重构了教学质量保障体系，评价机制强调了"多元主体评价"（学生自评＋教师评价＋行业评价），过程性评价与成果评价相结合并引入第三方专业认证标准（行业和专业评估）。

基于数智时代的技术支撑特点，城乡专业教学的"开放"还可以在以下领域拓展：基于多校联合教学，建立弹性学分认定制度；基于交叉学科特点打造跨学科教学—科研一体化团队；基于互联网空间建设开放共享的课程库、案例库。强化新技术在教学领域的应用，如元宇宙技术支持的以虚拟体验为基础的城市设计教学，或者深化大数据分析在规划教学中的应用；也需要进一步突出强调价值观引领，推进"课程思政"，结合实践教学践行"把论文写在祖国大地上"，开展"乡村振兴实践教学创新"将"人民城市"理念融入教学过程。

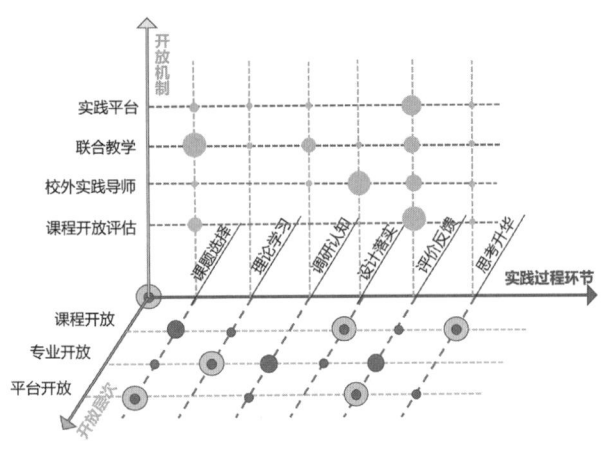

图5　开放教学模式的阵列关系示意图
资料来源：教研组自绘

参考文献

[1] 刘强，崔莉，陈海明．物联网关键技术与应用 [J]．计算机科学，2010，37（6）：1-4，10．

[2] 龚洪泉，张敬周，钱乐秋，任洪敏．Semantic Web 研究综述 [J]．计算机应用与软件，2005（2）：1-6，119．

[3] PANG G. Research on Innovative Practice of Information Literacy Education in University Libraries Under the Background of Digitalization[J]. The Educational Review, USA, 2024, 8（2）: 331-335.

[4] 陈新忠，王欢慧．信息化时代高等教育变革的趋向、挑战与应对——基于《2022-2023 地平线报告（教与学版）》的分析 [J]．教育评论，2024（1）：3-10．

[5] 秦惠民，鞠光宇．基于网络的大学开放式课程现象研究——以麻省理工学院为例 [J]．中国高教研究，2009（11）：81-84．

[6] 伍李春，李廉．新工科背景下的慕课教育 [J]．高等工程教育研究，2018（6）：150-155．

[7] 杰里米·诺克斯，肖俊洪．慕课革命进展如何：慕课的三大变化主题 [J]．中国远程教育，2018（1）：53-62，80．

[8] 小进，谢定源．我国 MOOC 本土化实践及发展策略分析 [J]．中国教育信息化，2018（13）：10-13．

[9] 刘玉亭，陈妍妍，魏宗财．新工科背景下城乡规划学科研究生培养研究进展与展望 [J]．高等建筑教育，2025，34（1）：77-89．

[10] 段进，石楠，闫凤英，等．"规划教育的规划"学术笔谈 [J]．城市规划学刊，2025（1）：1-10．

[11] 张尚武，袁昕，王世福，等．产教融合：新时代高校规划院的使命与挑战 [J]．城乡规划，2024（1）：105-116．

[12] 王世福，李欣建，赵渺希，等．中国城乡规划学科转型面临的挑战与跨学科重构 [J]．规划师，2024，40（12）：1-6．

[13] 武峭山．论高校开放式教学模式的构建 [J]．石家庄经济学院学报，2007（3）：133-136，140．

[14] 杨霞，张继河．高校开放式教学模式及优化探索 [J]．继续教育研究，2014（5）：128-130．

[15] 王冠凤．开放教育课程资源建设、应用和共享机制研究——以上海开放大学为例 [J]．当代职业教育，2013（6）：73-77．

[16] 莫淑坤，洪晓青，赵秀荣．教学媒体（资源）优化组合策略与传递模式研究——开放大学建设视阈中的教学改革 [J]．中国远程教育，2012（10）：46-52．

[17] 黄健青，李芳．MOOC 模式对我国开放教育发展的启示 [J]．电化教育研究，2015，36（10）：56-61．

[18] 王朋娇，段婷婷，蔡宇南，等．基于 SPOC 的翻转课堂教学设计模式在开放大学中的应用研究 [J]．中国电化教育，2015（12）：79-86．

[19] BATES T. Managing technological change: Strategies for college and university leaders[M]. Jossey-Bass: San Francisco, 2000.

[20] LAURILLARD D. Teaching as a design science: Building pedagogical patterns for learning and technology[M]. Routledge, 2013.

[21] MEANS B, TOYAMA Y, MURPHY R, et al. The effectiveness of online and blended learning: A meta-analysis of the empirical literature[J]. Teachers college record, 2013, 115（3）: 1-47.

[22] GUO P. MOOC and SPOC, which one is better?[J]. Eurasia Journal of Mathematics, Science and Technology Education, 2017, 13（8）: 5961-5967.

[23] BIGGS J, TANG C, KENNEDY G. Teaching for quality learning at university 5e[M]. McGraw-hill education（UK）, 2022.

[24] 赵洱崇，姜昊，马晓颖，等．从理念到行动：在线开放课程教学模式的构建与实践——以中国大学 MOOC"管理沟通"为例 [J]．中国大学教学，2017（3）：63-66．

[25] 陈敏，余胜泉．基于学习元平台的开放共享课设计与应用研究——以"教育技术新发展"课程教学为例 [J]．开放教育研究，2013，19（2）：49-59．

[26] 陈国林，徐东波．中国通识教育研究综述 [J]．教育评论，2020（4）：88-93．

[27] FELDER R M, BRENT R. Teaching and learning STEM: A practical guide[M]. John Wiley & Sons, 2024.

[28] 胡昱东，陈劲，李明坤．研究型大学大类培养模式下学生专业选择影响因素分析 [J]．清华大学教育研究，2016，37（4）：46-51．

[29] 姜云，张洪波，王宝君，等．城乡规划特色应用型人才专业实践能力培养研究 [J]．高等建筑教育，2014，23（3）：13-16．

[30] 王放，丁军，李路，冉思燕．高校课程教学改革研究——

基于教育哲学的视角 [J]. 重庆理工大学学报（社会科学），2013，27（7）：112-114.

［31］吴志强，张悦，陈天，等．"面向未来：规划学科与规划教育创新"学术笔谈 [J]. 城市规划学刊，2022（5）：1-16.

［32］龙瀛，茅明睿，毛其智，等．大数据时代的精细化城市模拟：方法、数据和案例 [J]. 人文地理，2014，29（3）：7-13.

［33］孙施文．中国城乡规划学科发展的历史与展望 [J]. 城市规划，2016，40（12）：106-112.

［34］陈占祥教授谈城市设计 [J]. 城市规划，1991（1）：51-54.

［35］吴志强．国土空间规划原理 [M]. 上海：同济大学出版社，2023.

［36］林建平，邓爱珍，黄坤，等．基于"OBE-CDIO"理念的城乡规划专业人才培养模式探索——学习党的二十大精神构建高质量国土空间体系 [J]. 科技资讯，2024，22（17）：1-6.

［37］王风雨，谢来荣，张诗楠，等．国土空间规划赋能新质生产力：内在逻辑及响应路径 [J]. 规划师，2025，41（1）：8-15.

Preliminary Study on Open Teaching Models and Organizational Strategies for Urban and Rural Planning in the Digital Intelligence Era

Bi Linglan   Feng Yue   Li Shuyuan

Abstract：Against the backdrop of the interconnected era of digital intelligence，higher education models are undergoing profound transformations. The urban and rural planning discipline，with its interdisciplinary nature，practical orientation，and social relevance，inherently possesses open characteristics. However，the traditional model of curriculum openness faces challenges such as over-reliance on practical platforms，inefficient university-enterprise collaboration mechanisms，and insufficient interdisciplinary interaction，making it difficult to meet the talent cultivation demands of the digital intelligence era，which emphasizes diversified collaboration and knowledge sharing driven by technological advancements. Optimizing teaching models to achieve systematic and in-depth openness has become an urgent task for pedagogical reform in the discipline.

This paper clarifies the essence of open teaching and systematically analyzes its current status and challenges in urban and rural planning education，considering the discipline's unique characteristics. The study finds that while progress has been made in inter-university cooperation，university-enterprise collaboration，and joint course development，issues remain，including a disconnect between teaching content and industry practices，insufficient practical skills among educators，and delayed technological updates in academic institutions. To address these challenges，this paper proposes an open teaching model grounded in constructivism and collaborative education theory，characterized by "interdisciplinary openness，university-local synergy，technological integration，and process interactivity." Drawing on practical cases from Southwest Jiaotong University's urban and rural planning program，the study explores organizational strategies for open teaching across three dimensions：course openness，disciplinary openness，and platform openness. Finally，the paper outlines key considerations for organizing open teaching，including curriculum system design，teaching resource integration，practical platform construction，and quality evaluation mechanisms，aiming to provide insights for the reform of urban and rural planning education.

Keywords：Digital Intelligence Era，Open Teaching Model，Teaching Organization，Disciplinary Development，Urban and Rural Planning

人工智能驱动城乡规划研究生教育变革
——影响分析及发达国家策略的启示 *

陈 旭 程 斌 方 雷

摘 要：本文探讨了人工智能时代城乡规划研究生教育的变革与发展路径。随着 AI 爆发式发展，城乡规划学科正经历重大范式转型，对专业人才需求迫切，然而中国城乡规划研究生教育面临师资力量不足、复合型人才培养路径不清晰等挑战。文章分析了人工智能对城乡规划研究生教育的影响，包括课程体系重构、教学模式转型、科研范式革新以及师生角色重塑等方面。同时，介绍了发达国家或地区的应对策略，如课程整合、跨学科培养机制、政策支持体系和伦理治理框架等。在此基础上，提出了对中国城乡规划研究生教育的策略启示与实施路径，包括教育体系改革、资源配套创新以及伦理与技术并重等，以培养兼具空间正义意识与 AI 技术驾驭能力的"新质规划师"，推动中国城乡规划事业在人工智能时代的高质量发展。

关键词：人工智能；城乡规划；研究生教育；教育改革；新质规划师

1 引言

近两年来，人工智能技术（AI）呈爆发式发展态势，深刻改变着众多行业的发展格局，城乡规划学科也正经历从"经验主导"向"数据—算法驱动"的重大范式转型。麦肯锡全球研究院数据显示，2023 年全球智慧城市项目年均增长率达 18.7%，其中 87% 的项目要求规划师具备 AI 工具操作能力（McKinsey Global Institute，2023）。随着智慧城市建设的不断推进，在碳中和目标下的空间优化、突发事件韧性响应等复杂挑战日益凸显，对具备相关能力专业人才的需求愈发迫切。探索"规划 +AI"双核能力培养路径具有重要的现实意义。

然而，当前中国城乡规划研究生教育却面临诸多严峻挑战。比如，目前能够熟练掌握 AI 技能，并能良好应用到教学中的师资并不多；培养融合空间设计与算法能力的复合型人才的路径不清晰。随着生成式 AI（AIGC）技术的普及，这一结构性矛盾愈发突出。吴志强院士团队 2024 年的研究指出，传统规划教育中"静态空间设计"训练占比高达 68%，而"动态系统仿真""算法调优"等能力培养严重不足，致使学生难以应对碳中和目标下的城市韧性规划等复杂任务（吴志强等，2024）。

在此背景下，本文重点关注两大核心问题：其一，人工智能如何重构城乡规划研究生教育的知识体系与技术能力要求？其二，发达国家或地区如何通过课程改革与政策创新应对 AI 引发的教育变革？本文将通过解析 MIT "三层能力模型"、武汉大学"AI 试验班"等典型案例，提出"技术赋能—伦理约束"双轨驱动的教育转型路径，为中国城乡规划研究生教育提供理论支撑与实践参考，致力于培养兼具空间正义意识与 AI 技术驾驭能力

* 项目资助：福建理工大学研究生教育教学研究项目，行业变革与创新驱动下城乡规划研究生培养体系的改革探索，YJG24006；福建省 2023 年本科高校教育教学改革研究项目，"新工科"深化建设背景下建筑类跨学科交叉融合路径研究，FBJY20230104；福建理工大学校级课程思政示范项目，福建理工大学校级本科教学改革研究项目，项目编号：SZK-202023；福建理工大学校级特色课程—城乡道路交通规划与设计。

陈 旭：福建理工大学建筑与城乡规划学院副教授
程 斌：福建理工大学建筑与城乡规划学院讲师
方 雷：福建理工大学建筑与城乡规划学院讲师

的"新质规划师",从而推动中国城乡规划事业在人工智能时代的高质量发展。

2 人工智能对城乡规划研究生教育的影响

城市系统的复杂性与日俱增,城乡规划所涉及的利益相关方和知识领域不断拓展,这对规划从业者提出了极高要求。专业规划师需要掌握海量信息、熟练运用各类规划工具,并具备出色的沟通技巧,以便认识、分析和解决复杂的城市问题,平衡各级政府、开发商、公众等不同群体的利益。在面对日益复杂的城市系统时,传统的经验决策模式逐渐难以满足需求。人工智能凭借自主性、自适应性、智能交互、大数据处理、学习以及实时响应和高度集成等特点,在多个领域展现出巨大潜力和价值。在城乡规划领域,与专业规划师相比,人工智能在大量数据的存储分析、规律挖掘、计算推演、模拟生成等方面具有显著优势。然而,AI 在梳理先验知识、确定价值取向、提升设计创新、增强叙述性和审美性、设计场景和体验以及理解人类社会深层次逻辑等方面仍存在明显不足,无法完全替代规划师的角色。专业规划师能够基于人类规则、价值观、情感需求和场景体验,运用智能技术快速生成和迭代规划设计方案,并对不同方案进行多情景干预、评估和优化,在利用人工智能辅助城乡规划设计、提高规划效率的同时,坚守以人为本的初心,避免陷入完全的"经验主义"或极端的"技术主义"。

2.1 课程体系重构:技术模块的嵌入与学科边界的模糊

人工智能的蓬勃发展促使城乡规划研究生教育课程体系发生深刻变革,通过深度嵌入技术模块、打破学科壁垒,构建起适应时代需求的课程架构。在模块化课程设计方面,国内外高校积极探索创新。MIT "城市研究与规划硕士(MCP)"课程表(图 1)中的增设的"算法城市规划"课程极具代表性。该课程要求研究生运用强化学习技术优化波士顿交通网络,其项目成果成功纳入市政府"2030 智慧交通计划",使学生在实践中切实掌握先进 AI 技术,并能将其应用于实际城市规划项目。武汉大学"城乡规划 AI 试验班"对传统课程进行了全面改革(图 2),将"城市地理信息系统"拆分为本科阶段的"GIS 基础"与研究生阶段的"AI 空间分析",并新增"深度学习与城市模拟""AIGC 方案生成与伦理评估",形成"195 学分双轨制"(图 3)。在教学实践中,学生运用 TensorFlow 构建人口迁移预测模型,借助 GAN 算法生成旧城更新方案,实现了 AI 技术与城乡规划知识的深度融合。

在跨学科能力培养方面,技术能力已成为核心指标。Python 编程在课程中得到广泛应用,80% 的课程需通过代码实现。同时,ArcGISPro+AI 插件等工具被引入空间数据分析能力培养过程,单卓然等学者的相关研究展示了这些工具在城乡规划中的实际应用案例,助力

城市规划部分		选修	
必修:		**计算机科学选修:**	
城市设计与发展导论	Introduction to Urban Design and Development	辅助技术原理与实践	Principles and Practice of Assistive Technology
城市规划与社会科学实验室(Cl-M)	Urban Planning and Social Science Laboratory(Cl-M)	用户界面设计和实现	User Interface Design and Implementation
可选:		数字和计算摄影	Digital and Computational Photography
信息政策基础1	Foundations of Information Policy1	**城市科学选修:**	
制定公共政策	Making Public Policy	工程设计基础:探索空间、海洋和地球	Fundamentals of Engineering Design:ExploreSpace, Seaand Earth
谈判的艺术和科学	The Art and Science of Negotiation	设计室:信息和可视化	Design Studio:Infomation and Visualization
城市能源系统与政策	Urban Energy Systems and Poliy	可持续城市和社区的城市能源流量建模	Modeling Urban Energy Flows for SustainableCities and Neighborhoods
计算机科学部分		信息政策基础	Foundations of Information Policy
必修:		大计划和超级城市景观	Big Plans and Mega-Urban Landscapes
计算机科学与程序设计导论	Introduction to Computer Science andProgramming	融资的经济发展	Financing Economic Development
计算机科学数学	Mathematics for Computer Science	环境正义:法律与政策	Environmental Justice:Law and Policy
算法导论	Introduction to Algorithms	健康城市:评估政策和计划对健康的影响	Healthy Cities:Assessing Health Impacts of Policies and Plans
编程基础	Fundamentals of Programming	行为和政策:交通中的连接	Behavior and Policy:Connections inTransportation
软件构建元素	Elements of Software Construction	科学规划的计算方法	Computational Methods of ScientificProgramming
可选:		与数据沟通	Communicating with Data
推论导论	Introduction to Inference		
人工智能	Artificial Intelligence		
机器学习导论	Introduction to Machine Leaming	统计,计算和应用	Statistics, Computation and Applications
概率导论1	Introduction to Probability1		
概率导论2	Introduction to Probability2	环境法、政策和经济学:污染预防和控制	Environmental Law,Policy,and Economics:Pollution Prevention and Control

图 1 MIT "城市研究与规划硕士(MCP)"课程表
资料来源:笔者综合整理

图2 武汉大学"城乡规划AI试验班"课程学分占比
资料来源：武汉大学城市设计学院，建筑类城乡规划专业（城乡规划人工智能试验班），2024.6.19

学生熟练运用技术手段开展空间分析与规划决策，打破学科间的固有界限，提升综合能力。

2.2 教学模式转型：人机协同与生成式设计革命

人工智能浪潮推动教学模式发生根本性转变，人机协同与生成式设计成为新的教学趋势。智能教学工具的应用显著提升了教学效率。以清华大学虚拟教研室的AI助教系统为例，其集成了文献语义分析（NLP）、代码自动纠错（如PyCharm插件）、方案逻辑校验（基于知识图谱）等功能。在清华大学的"新城市科学"课程教学中，学生提问响应时间从平均2小时大幅缩短至5分钟，为学生提供了及时且精准的学习支持。而生成式设计流程为规划教学带来了全新的思路。清华大学田莉教授团队在住区规划课程的教学实践极具示范意义，学生输入人口密度、日照条件等参数后，Grasshopper平台通过遗传算法生成10种备选方案，学生则将重点放在"空间正义评估"，如公共服务设施可达性分析等方面。这种教学方式使设计效率提升3倍，引导学生从宏观、理性视角进行规划设计，更加关注规划方案的社会公平性与合理性，推动教学模式从传统向现代化转型。

2.3 科研范式革新：从案例分析到智能体仿真

人工智能推动城乡规划科研范式从传统的案例分析向智能体仿真转变，重塑了科研的方式与内涵。在数据驱动决策方面，广州市增城区项目做出了有益探索。通过本地化部署DeepSeek系统，实现对敏感数据（如土地权属信息）的脱敏处理，研究生得以安全调用实时数据构建国土空间规划模型。这一实践革新了传统科研的数据获取与处理方式，使科研建立在真实可靠的数据基础之上，有效提升了研究成果的科学性与实用性。

多智能体模拟（MAS）（图4）在科研中的应用为理解城市系统提供了新视角。Park团队开展的虚拟城镇实验，基于LLM构建居民、开发商、政府等智能体，使其在虚拟环境中进行博弈。研究生通过调整政策参数（如容积率奖励），观察各方利益平衡点，从而更深入地剖析城市系统中各主体间的相互关系与影响，为制定科学合理的规划政策提供坚实依据。

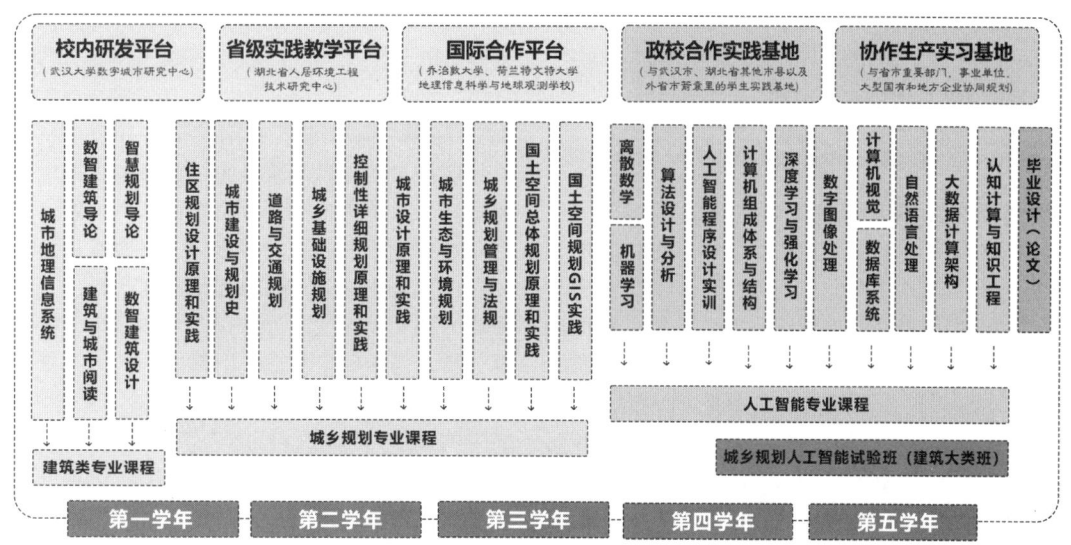

图3 武汉大学"城乡规划AI试验班"课程表
资料来源：武汉大学城市设计学院，建筑类城乡规划专业（城乡规划人工智能试验班）课程说明，2024.6.19

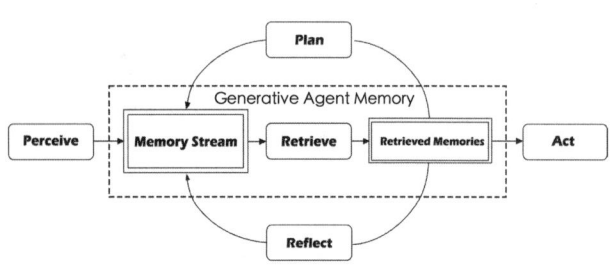

图 4　生成式智能体架构

资料来源：Generative Agents Interactive Simulacra of Human Behavior，2023.10.29

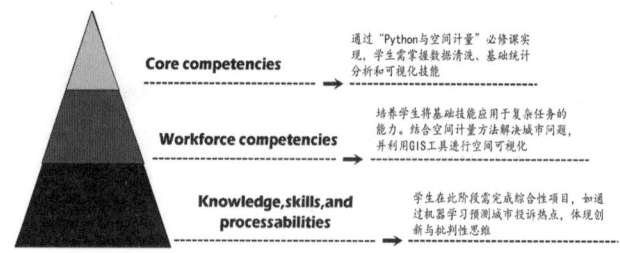

图 5　MIT 的三层能力模型

资料来源：笔者根据互联网资料收集整理而成

2.4　师生角色重塑：从权威主导到算法共谋

人工智能时代促使城乡规划教育中师生角色发生重塑，形成新的教学互动关系。教师能力转型是适应教育变革的关键。教师需要熟练掌握 AI 工具链，例如运用 StyleGAN 生成历史街区风貌方案。这要求教师持续学习、更新知识体系，提升自身技术操作能力，从知识权威转变为学习引导者与技术探索伙伴，更好地履行指导学生的职责。学生素养要求也显著提升。冷红教授提出的动态空间认知模型对学生提出了新的挑战，学生需借助 CitySim 平台模拟城市扩张，在人口增长（AI 预测）、生态红线、交通拥堵等多约束条件下生成韧性方案。这不仅要求学生具备扎实的专业知识，还需拥有运用 AI 技术解决复杂问题的能力与创新思维，从被动接受者转变为主动探索者与算法应用的参与者。

3　发达国家或地区城乡规划研究生教育的 AI 变革策略

3.1　课程整合策略：分层递进与实战导向

美国 MIT 的"三层能力模型"（图 5）极具特色。在基础层，开设"Python 与空间计量"（必修）课程。学生们在课程中使用 Pandas 处理纽约市 311 投诉数据，通过数据清洗、分析和可视化操作，将投诉热点区域直观地呈现出来。这一过程不仅让学生掌握 Python 编程的基础技能，还学会运用空间计量方法对城市问题进行初步分析，为后续更深入的学习和研究奠定基础。

3.2　跨学科培养机制：双学位与校企联合体

哈佛大学推出的"城市规划 + 公共卫生"双学位项目，其 AI 健康评估模块成效显著。学生们利用智能体模拟技术，构建城市环境与居民健康关系的模型，深入分析绿地布局对哮喘病发病率的影响。通过模拟不同绿地规划方案下居民的健康状况变化，为城市规划中绿地系统的优化提供科学依据，实现了城市规划与公共卫生两个学科在 AI 技术应用下的深度融合。

东京大学的"数理科学 + 规划"融合教育模式，在人口预测课程中充分体现了跨学科特色。学生们运用蒙特卡罗模拟方法，生成 10 万次随机变量，对少子化趋势下东京都市圈基础设施需求的冲击进行全面评估。在这个过程中，学生需要综合运用数理科学的理论和方法，结合城乡规划的专业知识，从多个角度分析和预测城市发展趋势，培养了学生跨学科解决复杂城市问题的能力。

3.3　政策支持体系：专项基金与开源生态

英国"新技术学院"为规划研究生提供了强大的资源配套。政府实施算力补贴政策，为规划研究生提供每月 500GPU 小时的免费额度。这一政策极大地降低了学生在进行 AI 相关研究和实践时的算力成本，使学生能够更充分地利用高性能计算资源开展复杂的模型训练和数据分析，为科研工作提供了有力的支持；美国《国家人工智能倡议法案》为相关研究提供了充足的资金保障。MIT 的 SenseableCityLab 获得联邦基金 1.2 亿美元，用于开发开源算法库（如 CityScope）。这些开源算法库不仅为规划领域的研究和实践提供了丰富的技术资源，还促进了学术交流和知识共享，推动了整个城乡规划领域在人工智能技术应用方面的发展。

3.4　伦理治理框架：技术平权与人文监督

欧盟在城乡规划研究生教育中设置"算法透明度"课程模块。学生们在学习过程中，针对公共服务分配模型，深入检测种族、收入等因素对模型结果的影响。通过对实际案例的分析和研究，学生能够深刻认识到算法中可能存在的数据偏见问题，培养学生在使用 AI 技术时注重公平性和公正性的意识，确保技术应用符合伦理规范。

荷兰代尔夫特理工大学建立了严格的伦理审查机制。研究生在虚拟城市中进行保障房政策测试时，必须提交伦理审查表。审查表中详细记录实验的目的、方法、可能产生的影响等内容，经过专业的伦理委员会审查通过后，实验才能继续进行。这一机制有效保障了 AI 技术在城乡规划研究和实践中的合理应用，避免对社会产生不良影响。

4　对我国城乡规划研究生教育的策略启示与实施路径

4.1　教育体系改革：阶梯式课程与双导师制

在课程结构优化维度，可基于知识演进规律构建阶梯式课程体系。通过将建设经验深度融入课程，形成理论阐释与实践操作相结合的教学模式，从而系统培养学生空间数据采集、处理及可视化分析等核心能力，为后续专业课程学习奠定坚实技术基础。

在师资队伍建设方面，应推进实施双导师制培养模式（图 6）。整合跨学科专业资源，由空间规划领域专家担任规划导师，凭借深厚的空间规划理论素养与丰富实践经验，主导课程方案中空间逻辑架构设计，确保规划方案的科学性、合理性与前瞻性；同时引入人工智能领域专家作为 AI 导师，针对空间数据分析过程中的算法模型优化、参数调整等关键技术环节，开展专业化、针对性指导。在教学内容层面，规划导师与 AI 导师可从不同学科视角出发，将空间规划的系统性思维与人工智能的前沿技术方法有机融合，拓宽课程知识广度与深度，使教学内容更贴合行业发展趋势与实际需求。在学生能力培养方面，规划导师通过项目实践引导学生掌握空间规划逻辑与设计方法，提升学生的方案构思与综合协调能力；AI 导师则以技术实操训练为核心，强化学生的数据处理、算法应用与模型优化能力，实现理论知识与实践技能的双向提升，助力学生成长为复合型专业人才。此外，双导师制搭建起跨学科的学术交流平台，将促进不

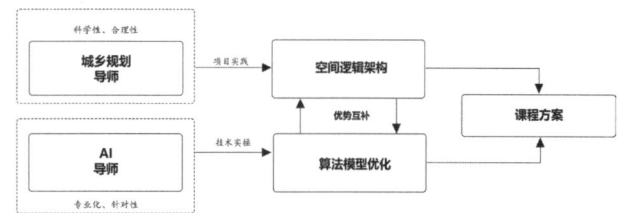

图 6　双导师制协同工作流程图
资料来源：笔者自绘

同学科知识的碰撞与交融，激发学生的创新思维，为解决复杂的空间规划问题提供多元化思路，同时也为师资团队注入新的学术活力，推动学科交叉研究的发展。

4.2　资源配套创新：数据共享与竞赛激励

在数据资源配套体系（图 7）建设中，应聚焦城乡规划领域敏感数据使用的安全性与合规性挑战，构建校企协同的数据共享创新模式。例如通过与 DeepSeek 等人工智能头部企业合作，研发"国土空间规划数据沙箱"。综合运用安全隔离、访问控制、数据脱敏等先进技术手段，构建起数据使用的安全防护体系，形成可动态管理的数据"安全岛"。在此框架下，既严格保障数据的安全性与隐私性，又为学生的学术研究与实践应用提供规模化、专业化的数据资源支撑，有效破解数据使用与安全保护之间的矛盾，推动城乡规划领域数据资源的高效利用。

在激励机制创新层面，构建以竞赛为核心的多元化人才培养驱动体系。通过系统性组织与引导学生参与城乡规划相关的专业竞赛活动，形成具有梯度化、层次化的竞赛参与机制。竞赛过程中，学生需将理论知识与实践场景深度融合，在解决实际问题的过程中，激发自主

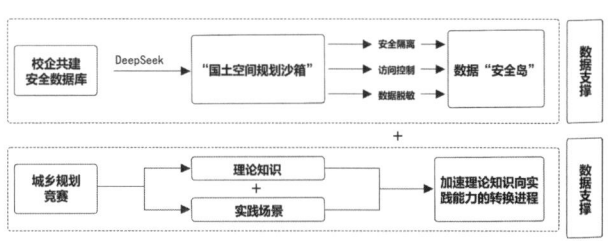

图 7　资源配套创新关系图
资料来源：笔者自绘

学习热情与创新思维能力。同时，竞赛平台为学生搭建起跨校、跨学科的交流协作网络，促进知识共享与思想碰撞，加速理论知识向实践能力的转化进程。这种以赛促学、以学促研、研学相长的良性循环机制，不仅提升学生的专业实践能力与团队协作水平，更推动城乡规划教育与行业前沿需求的精准对接，为培养适应新时代发展需求的高素质专业人才提供有力保障。

4.3 伦理与技术并重：课程嵌入与公众参与

在城乡规划教育体系中，伦理教育与技术能力培养的协同发展是实现学科可持续发展的核心命题。基于建构主义学习理论与批判性教学法，构建"理论—案例—实践"三位一体的伦理教育模式，将空间正义、社会公平、文化多样性等伦理原则深度嵌入课程体系。通过解构城乡规划实践中技术应用与社会价值的矛盾关系，引导学生运用辩证思维分析空间资源分配、利益主体博弈等问题，系统培养其伦理决策能力与社会责任感。

教学方法层面，采用案例教学、情境模拟、小组协作等多元化教学策略。在课程设计中引入伦理困境情境库，涵盖空间隔离、文化遗产破坏、弱势群体权益忽视等典型议题，通过角色扮演、多方案对比、利益相关者协商等实践环节，使学生在仿真环境中理解伦理冲突的复杂性。同时，结合数字技术构建虚拟规划场景，支持学生开展伦理敏感性分析与方案优化迭代，实现伦理认知从被动接受到主动建构的转变。

公众参与机制的构建则应以哈贝马斯交往行动理论为基础，建立"全周期、多维度、数字化"的参与体系（图8）。在规划前期，运用大数据分析、社交媒体监测等技术手段，实现公众需求的精准识别与动态跟踪；方案设计阶段，通过虚拟现实（VR）、众创平台等工具，促进专家知识与公众智慧的深度融合；实施反馈环节，搭建线上线下一体化的评价渠道，形成"需求表达—方案优化—效果评估"的闭环参与模式。依托区块链技术保障参与过程的透明性与可追溯性，通过多主体协商对话机制，确保规划方案在技术可行性与社会可接受性之间达成动态平衡，实现空间生产的技术理性与人文关怀的有机统一。

5 结语

人工智能正推动城乡规划研究生教育向"数据—算法—人文"三元融合的方向跃迁。未来，需建立动态评估机制，持续跟踪和评估教育改革效果，及时调整和完善改革策略。人工智能技术的发展为城乡规划研究生教育带来了巨大的变革机遇，同时也提出了严峻的挑战。通过分析人工智能对城乡规划研究生教育的影响，借鉴

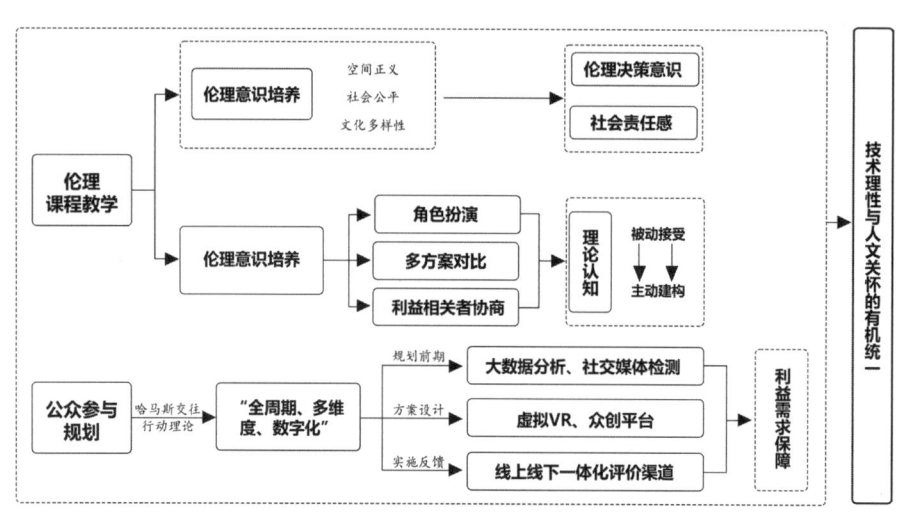

图8　伦理课程教学与公众参与流程图

资料来源：笔者自绘

发达国家的变革策略，本文提出了适合中国国情的教育改革路径，包括优化课程体系、创新教学模式、革新科研范式、重塑师生角色，以及加强教育体系改革、资源配套创新和伦理与技术并重等方面。这些策略的实施将有助于培养出兼具空间正义意识与 AI 技术驾驭能力的"新质规划师"，推动中国城乡规划事业在人工智能时代的可持续发展，更好地应对智慧城市建设中的各种复杂挑战。然而，教育改革是一个长期的过程，需要不断地探索和实践，根据实际情况进行调整和完善，以适应快速发展的技术和社会需求。

参考文献

[1] 吴志强，黄晓春，李栋，等."人工智能对城市规划的影响"学术笔谈会 [J]. 城市规划学刊，2018（5）: 1-10.

[2] 田莉，杨鑫，张雨迪，等."专业知识＋人工智能"双驱动的城乡规划设计教育创新探索：以住区规划为例 [J]. 城市规划学刊，2024（5）: 71-78.

[3] 黄经南，马灿，周俊.人工智能引领的新一轮技术革命冲击下城市空间变革趋势、对策及对我国的启示 [J]. 城市发展研究，2023，30（6）: 16-23, 80.

[4] 甘惟，吴志强，王元楷，等.AIGC 辅助城市设计的理论模型建构 [J]. 城市规划学刊，2023（2）: 12-18.

[5] 尹杰，郭乔妮，王兰.融合公共卫生的城乡规划跨学科复合型研究生培养——美国双学位的启示 [J]. 国际城市规划，2023，38（1）: 124-132.

[6] OttheinHERZOG，潘海啸，邓智团，等.新一代人工智能赋能城市规划：机遇与挑战 [J]. 城市规划学刊，2023（4）: 1-11.

[7] 吴志强，王坚，李德仁，等.智慧城市热潮下的"冷"思考学术笔谈 [J]. 城乡规划学刊，2022（2）: 1-11.

Artificial Intelligence Drives the Reform of Graduate Education in Urban and Rural Planning——Influence Analysis and Enlightenment from Strategies of Developed Countries

Chen Xu   Cheng Bin   Fang Lei

Abstract：This article explores the transformation and development path of graduate education in urban and rural planning in the era of artificial intelligence. With the explosive development of AI，the discipline of urban and rural planning is undergoing a significant paradigm shift，and there is an urgent demand for professional talents. However，China's graduate education in urban and rural planning is facing challenges such as insufficient teaching staff and unclear paths for cultivating composite talents. The article analyzes the impact of artificial intelligence on graduate education in urban and rural planning，including curriculum system reconstruction，teaching mode transformation，research paradigm innovation，and reshaping of teacher-student roles. At the same time，the response strategies of developed countries or regions were introduced，such as curriculum integration，interdisciplinary training mechanisms，policy support systems，and ethical governance frameworks. On this basis，strategic inspirations and implementation paths for graduate education in urban and rural planning in China have been proposed，including education system reform，resource innovation，and equal emphasis on ethics and technology，in order to cultivate "new quality planners" who possess both spatial justice awareness and AI technology proficiency，and promote the high-quality development of China's urban and rural planning industry in the era of artificial intelligence.

Keywords：Artificial Intelligence，Urban and Rural Planning，Graduate Education，Reform in Education，New Quality Planner

数智赋能城乡规划教育的思考
——借鉴美国城乡规划学科数智化创新

马　爽　何荣斌　李鑫雨

摘　要： 数字中国建设发展战略下，城乡规划学科数智化转型作为关键因素，推动规划学科教育改革、发展、升级，培养创新型人才。本文以美国建筑规划院校硕士课程及实践项目为例，从代表性课程设置、教学实践等维度，梳理美国主流规划教育的发展方向，发现其教学方法变革强调实践和项目导向教学，校企合作与产学研相结合。我国在协调数智化建设与传统城乡规划教育之间的关系时，应从学科建设、教师责任、考核标准等方面借鉴美国经验，以推动我国城乡规划学科教育高质量数智化发展。

关键词： 城乡规划；高等教育；数智赋能；美国城乡规划学科

2023 年，中共中央、国务院印发了《数字中国建设整体布局规划》，指出建设数字中国是数字时代推进中国式现代化的重要引擎，是构筑国家竞争新优势的有力支撑，要求以数字化驱动生产生活和治理方式变革。2025 年印发的《教育强国建设规划纲要（2024—2035 年）》明确要求以教育数字化开辟发展新赛道、塑造发展新优势，促进人工智能助力教育改革，培养适应人工智能时代的人才。高等教育作为科技第一生产力和创新第一动力的重要交汇点，在培养高素质人才方面发挥着不可替代的作用，是推动新兴技术与新质生产力发展的重要环节。

深度学习问世以来，人工智能技术逐步从纯学术研究转向大规模应用，为城市发展提供了机遇，但也给城市研究带来了一定挑战。在此背景下，城乡规划高等教育为促进城乡规划更好的适应数字化转型发挥关键作用。培养能够理解、应用并且创新的城乡规划领域人才，是促进城乡规划领域规范化、科学化的重要手段。美国作为全球科技领先国家，人工智能与城乡规划教育深度融合，高校城乡规划教育优势明显。基于此，调研选取了 8 所美国顶尖大学，包括哈佛大学、麻省理工学院、耶鲁大学、哥伦比亚大学、纽约大学、普林斯顿大学、宾夕法尼亚大学、约翰霍普金斯大学。所选高校在工程类专业具有明显优势，注重培养学生在技术创新和

解决工程问题方面的能力。除约翰霍普金斯大学外，其余院校均提供城乡规划或建筑学专业的硕士课程。本文分析城乡规划硕士研究生教育中的课程设置、教学实践、教学资源及设施几个关键维度的特点，总结相关经验，以期为我国高校城乡规划教育发展提供参考。

1　课程设置

人工智能推动高校教育变革已成为高等教育发展的趋势，高校各专业均需要培养能够应用人工智能技术的人才。其中数智化课程的设置是重要的教育转型，调研的几所美国高校增加大数据与人工智能相关领域教授和研究岗位，吸纳世界各地具有相关背景的人才，以提升学生对于大数据和人工智能的认知、创新与应用。针对城乡规划及建筑专业硕士生均开设人工智能与大数据相关课程，持续培养掌握人工智能技术的城乡规划领域人才，相应课程见表1。其中宾夕法尼亚大学城市规划专业数智化课程占比达到专业课程的约20%。总结而言，课程设置有如下特色：

首先，注重基础科学教育，开设微积分、线性代

马　爽：浙江大学建筑工程学院百人计划研究员
何荣斌：浙江大学建筑工程学院博士研究生
李鑫雨：浙江大学建筑工程学院博士研究生（通讯作者）

数、概率论与统计学等课程。这些课程是学生从数学角度深入理解机器学习、深度学习等人工智能模型原理和进行算法优化的基础，有助于学生深度参与人工智能技术开发，推动现有模型创新，而非仅将人工智能作为技术工具进行使用。

其次，开设城市数据智能化分析课程，使学生掌握运用数据分析与智能化计算研究城市领域相关科学问题的能力。例如，宾夕法尼亚大学开设实践课程"用于城市数据分析的统计和数据挖掘方法"（Statistical and Data Mining Methods for Urban Data Analysis），课程内容包括用于分析城市和空间数据的一系列常用方法，如数理统计、空间计量经济学和机器学习，学生将学习每种方法的假设与限制，课程作业将侧重于这些分析的实施、展示和解读。纽约大学开设"高级数据分析

几所代表性大学城乡规划及建筑学数智化课程概况　　　　　　　　表 1
（以 2023—2024 年开设课程为例）

大学名称	专业名称	硕士数智化课程名称	数智化课程数量占比
普林斯顿大学	建筑学	1. 技术与城市：网络化城市景观的建筑意义（Technology and the City：The Architectural Implications of Networked Urban Landscape） 2. 计算制造（Computational Fabrication） 3. 面向科学家、工程师和建筑师的虚拟现实和增强现实（Virtual and Augmented Reality for Scientists, Engineers, and Architects）	5.0%
哈佛大学	建筑	1. 数字媒体：神经体（Digital Media：Neural Bodies） 2. 数字媒体：写作形式（Digital Media：Writing Form） 3. 建筑模拟（Building Simulation） 4. 非正式机器人技术（Informal Robotics） 5. 程序领域：离散超维空间的功能设计（Procedural Fields：Functional Design of Discrete Hyperdimensional Spaces） 6. 性能驱动设计的数据科学（Data Science for Performance–Driven Design） 7. 面向设计人员的无监督机器学习（Unsupervised Machine Learning for Designers） 8. 机器美学：二元和光谱（Machine Aesthetics：The Binary and the Spectrum） 9. 数字媒体：错误和遗漏（Digital Media：Errors and Omissions） 10. 机器人学高级导论（Advanced Introduction to Robotics） 11. 计算机视觉（Computer Vision） 12. 主动设计：通过并行人机交互实现创意应用（Enactive Design：Creative Applications through Concurrent Human–Machine Interaction） 13. 材料系统：数字化生产（Material Systems：Digital Production） 14. 可视化（Visualization） 15. 生成式人工智能简介（Introduction to Generative Artificial Intelligence） 16. 建筑与城市智能（Buildings and Urban Intelligence） 17. 定量美学：创意人工智能和数字媒体艺术编码导论（Quantitative Aesthetics：Introduction to Coding for Creative AI and Digital Media Arts）	10.8%
	城市规划与设计	1. 空间分析（Spatial Analysis） 2. 媒介研讨会：关于文化、技术和艺术的创作（Proseminar in MEDIUMS：On Making Culture, Technology, and Art）	2.2%
麻省理工学院	建筑 + 城市规划	1. 信息和可视化（Design Studio：Information and Visualization） 2. 交互智能 Design Studio：Interaction Intelligence 3. 跨尺度设计 Design Across Scales 4. 创意计算 Creative Computation 5. 建筑设计—建筑机器人学导论（Special Subject：Architecture Design—Intro to Architectural Robotics） 6. 专题：设计研究——用人工智能求解（Special Subject：Design Studies—Solved with AI） 7. 建筑学—X Machine（Special Subject：Architecture Studies—X Machine）	8.3%

续表

大学名称	专业名称	硕士数智化课程名称	数智化课程数量占比
耶鲁大学	建筑学院（设计与可视化+技术与实践+城市规划与景观）	1. 设计计算（Design Calculations） 2. 先进机器人设计（Advanced Robot Design） 3. 架构与机器智能实践（Architecture and Machine Intelligence Practices） 4. 可视化和计算（Visualisation and computing） 5. 建筑机器人概论（Introduction to Architectural Robotics） 6. 机器人 3D 打印概论（Introduction to Robotic 3d Printing） 7. 建筑的媒体和媒体的建筑（The Media of Architecture and the Architecture of Media） 8. 设计智能，还是愚蠢：在人工智能时代重新配置人机界面（Design Intelligence, or Stupidity: Reconfiguring the Human Machine Interface in the Age of AI）	7.8%
哥伦比亚大学	建筑（M.Arch&M.S.AAD）	1. 计算绘图（Introduction to Construction Robotics） 2. 设计实践编程（Design Practice Programming） 3. 计算建模（computational modelling） 4. 计算设计工作流程（Computational Design Workflow） 5. 数字技术（Digital Technology） 6. 虚拟建筑：世界构建和虚拟现实研讨会（Virtual Architecture: World Building and Virtual Reality Workshop） 7. 神经系统（Nervous Systems） 8. 重新思考 BIM（Re-Thinking BIM） 9. 元工具（Meta tool） 10. X 信息建模（X Information Modeling） 11. 虚拟建筑：世界构建和虚拟现实研讨会（Virtual Architecture: World Building and Virtual Reality Workshop）	7.8%
纽约大学	城乡规划	1. 高级数据分析和证据积累（Advanced Data Analytics and Evidence Building） 2. 地理信息系统（Geographic Information Systems） 3. 多元回归和计量经济学入门（Multiple Regression and Introduction to Econometrics） 4. 数据可视化和讲故事（Data Visualization and Storytelling） 5. 利用机器学习进行大规模数据分析 I/II（Large Scale Data Analysis with Machine Learning I/II） 6. 数据库设计、管理和安全入门（Introduction to Database Design, Management, and Security） 7. 公共政策 R 编码（R Coding for Public Policy） 8. 公共政策 Python 编码（Python Coding for Public Policy） 9. 高级 GIS：交互式网络制图和空间数据可视化（Advanced GIS: Interactive Web Mapping and Spatial Data Visualization）	10.3%
宾夕法尼亚大学	建筑学（MARCH、MSD-AAD、MSD-EBD、MEBD、MSD-RAS、MS）	1. 详细信息、数据、交付 2. 建筑性能模拟（Building Performance Simulation） 3. 机器人制造（Robotic Fabrication） 4. 材料机构：机器人与设计实验室 I/II（Material Agencies: Robotics & Design Lab） 5. 算法设计与机器人制造（Algorithmic Design & Robotic Fabrication） 6. 高级 RAS 编程（Advanced RAS Programming）	7.9%
	城市与区域规划+城市空间分析	1. 定量规划分析方法（Quantitative Planning Analysis Methods） 2. 地理对象建模（Modeling Geographical Objects） 3. 地理空间软件设计 /Python（Geospatial Software Design/Python） 4. 土地利用和环境建模（Land Use and Environmental Modeling） 5. 空间统计与数据（Spatial Statistics and Data） 6. 用于规划应用程序的 Java 脚本编程（Java Script Programming for Planning Applications） 7. 智慧城市（Smart Cities） 8. 空间统计与数据（Spatial Statistics and Data） 9. 地理空间云计算与可视化（Geospatial Cloud Computing & Visualization） 10. Python 中的地理空间数据科学（Geospatial Data Science in Python） 11. 使用 Python 进行深度学习（Deep Learning with Python） 12. 智慧城市实习（Smart Cities Practicum）	19.3%

资料来源：各院校学院官网课程信息

和证据积累"（Advanced Data Analytics and Evidence Building）课程，主要学习目标为深入理解新技术的开发与应用，并通过多源数据分析来解决社会问题。同时也开设了"利用机器学习进行大规模数据分析 I/II 课程"（Large Scale Data Analysis with Machine Learning I/II），学生将学习如何选择适当的机器学习和数据挖掘工具，正确理解、评估和应用分析结果以支持政策分析和决策。课程重点培养学生利用这些工具"增强"解决现实世界政策问题的能力。

再次，新技术与方法支持传统专业课程创新，使得课程内容更加前沿和实践导向。城乡规划专业设计类课程是专业教学的核心内容，可以借助新技术与方法实现创新，制定和测试解决城市病的策略。例如麻省理工学院设置了"学习游戏的设计与开发"（Design and Development of Games for Learning）课程，鼓励学生学习如编程、数据分析、用户体验设计、数据驱动的决策制定、虚拟现实等。麻省理工学院的"计算设计与建造"（Computational Design and Construction）课程，通过引入机器人制造和 3D 打印技术，让学生探索数字化设计和建造的新可能性。该类课程在课程结构上，增加对学生计算机科学知识和技能的培养，例如训练学生扎实的编程能力，提升学生应用城市科学和计算方法解决城市设计、规划、管理及未来发展中问题的能力。

最后，鼓励跨学科课程学习。例如"用于城市数据分析的统计和数据挖掘方法"课程，该课程适用于规划设计硕士专业学生，也适用于沃顿商学院工商管理硕士专业学生。这种跨学科性意味着课程内容不仅对一个领域的专业发展有贡献，同时也能为另一个领域的学习和研究提供支持和视角。哈佛大学的城市规划学位多达八个不同学院或领域的课程交叉，其中还有麻省理工学院的课程，在四个学期的课程中，学生通常从其所在系提供的约 90 门研究生课程中选修约 14 门课。

2　教学实践

人工智能技术在几所高校城乡规划教学中的应用主要体现在三大方面：教学模式创新、实际项目应用和多主体协同创新。这些实践不仅重塑了传统的规划教育范式，更为行业的未来发展提供了重要的启示。

在教育教学创新方面，通过多种数字化手段实现了教学模式的突破性变革。哈佛大学建筑学院采用了虚拟现实技术进行沉浸式教学，学生可以在三维虚拟环境中直接体验城市规划方案的空间效果。这种技术不仅增强了教学的直观性，更重要的是培养了学生的空间思维能力。麻省理工学院则探索了人工智能辅助情感的方式，他们开发的交互式聊天平台让学生可以与"未来自我"进行对话，即通过大语言模型与未来的虚拟自己进行实时聊天。研究表明，这种创新的学习方式显著提升了学生的正面情绪和积极性，降低了负面情绪与焦虑感。同时，数字可视化技术也正在改变规划知识的传授方式。MIT 开设的"交互数据可视化与数据"课程通过 Tableau 和 D3.js 等工具，帮助学生掌握将复杂城市数据转化为直观图形的能力。这门课程特别强调数据叙事的技巧，让学生能够通过可视化的方式推动政策变革，开发实质性的可视化项目。

在实际项目应用方面，调研的美国高校特别注重产学研的深度融合。哥伦比亚大学的"利用机器学习探索城市数据"（Exploring Urban Data with Machine Learning）课程就是一个典型案例，课程的主要目标是让学生熟悉机器学习技术，并展示在规划视角如何将其应用于城市问题。该课程是一门以实践为导向的课，学生需要运用机器学习算法分析纽约市的真实城市数据，他们的研究成果往往能够直接应用于城市建设。哈佛大学的实践课程对佛罗里达州社区对于飓风的疏散能力和基础设施使用情况进行研究，评估社区是否具备应对飓风的基础设施。宾夕法尼亚大学的城市设计课程则长期以费城为研究基地，其"气候变化对 Delaware 河流域的影响"课程的项目成果获得了美国规划师协会的奖项，而且课题研究进一步关注了"费城 2040：绿色 + 运动城市"的项目。宾大的教学成果多数被政府部门采纳，成为政府报告的直接或间接来源，显著推动了本地城市规划和设计的发展。普林斯顿大学开设的课程深入探讨了建筑与计算的交叉点，学生将探索作为建筑设计组成部分的计算工具、参数化设计和物理原型。该课程非常重视实践项目，以及新颖的可视化技术和增强现实技术。

多主体协同创新是这些高校实践中的突出特点。约翰霍普金斯大学与美国宇航局的合作项目最具代表性。在该项目中，工程学院的学生直接参与金星探测器关键部件的研发，他们设计的金星氧逸度（VfOx）微型传感器成功入选 NASA 的发现计划。这种深度合作不仅让学生获得了宝贵的实践经验，更重要的是建立了一套"科研反哺教学"的创新机制。麻省理工学院的城市案例研究平台则采用了另一种协同模式，通过引入真实的城市更新案例，让学生以城市规划师的身份协调开发商、社区居民和政府等多方利益。数据表明，这种教学方式极大地提高了学生的学习兴趣和参与度，学生在系统思维能力方面有显著提升，在未来具备解决复杂城市与社会问题的能力。

调研的 8 所美国院校规划学科大多提倡校企合作与产学研相结合，企业等多方主体的技术需求可以驱动学校的研究创新，而学校的研究成果又可以为企业等多方主体带来创新动力，推动科技进步。校企合作与产学研结合不仅能够推动教育和产业的共同发展，还能够促进社会整体的科技进步和经济增长。

3 教学资源及设施

调研的 8 所高校均设有特色鲜明的实验室，这些实验室在开展有组织科研活动的同时，也注重跨学科交流与资源共享。

麻省理工学院为应对地中海地区的气候挑战而成立的新 MIT-LUMA 实验室，该实验室通过多维度合作，支持当地社区探寻气候相关问题的解决方案，并将其研究成果推广至其他地区。其核心研究框架包括以下方面：设计、新材料和可持续发展开展合作性学术研究；跨机构学者交流与教育合作；创新创业活动，推动研究成果向实际应用转化；以及联合策划展览与公共活动。这一模式为其他机构提供了创新性范式，以制定创新的解决方案来应对这个时代的主要挑战。

约翰霍普金斯大学在建筑材料与可持续能源领域的研究具有显著优势，其下设多个研究中心与研究所，包括：CaSE 附属中心与研究所、增材制造与建筑材料中心（JAM^2）、结构—材料综合建模与仿真中心（CISMMS）、系统科学与工程中心（CSSE）、极端环境材料人工智能中心、冷弯型钢研究联合会（CFSRC）、霍普金斯极端材料研究所（HEMI）、医疗保健工程中心（MCEH）以及拉尔夫—奥康纳可持续能源研究所（ROSEI）。这些机构的设立不仅巩固了该校在相关领域的学术地位，也为全球可持续发展研究提供了重要支撑。

哈佛大学设计研究生院（GSD）的数字制造实验室是其设计文化的重要组成部分，专注于材料研究、原型设计与测试、物理模型构建以及新型制造工艺的应用。该实验室采用开放式研究环境，支持多材料体系的探索，涵盖泡沫、木材、金属、塑料、复合材料及智能材料等广泛类别，为跨学科研究提供了实验平台。

耶鲁大学的智能机器人实验室致力于探索机器人技术在建筑与设计领域的应用，同时为人工智能与机器学习研究提供实验支持。该校在人工智能领域拥有多位知名学者，研究方向涵盖机器人学、自然语言处理、机器学习、计算机视觉以及人工智能伦理与社会影响。此外，耶鲁大学建筑学院的机器人实验室通过"建筑机器人学导论"课程，指导学生将机器人技术作为工具应用于建筑实践，并逐步实现从实验室研究到实际建筑工地的技术迁移。

4 对我国城乡规划教育的启示

在城市化进程与社会经济快速发展的背景下，我国城乡规划教育领域正面临内涵式转型的迫切需求。这一转型亟需培养既掌握传统规划基础知识，又具备人工智能、大数据等前沿技术应用能力的复合型人才。为适应这一趋势，规划学科教育需系统性整合数字化技术，推动教学模式创新与课程体系改革。具体而言，高校应通过增设数智技术相关课程、优化青年教师研究岗位配置，激发学生运用数智化手段分析与解决城市问题的能力，从而为行业输送适应未来发展的专业人才。

在学科建设方面，数智化课程体系的构建是核心任务之一。需将数字化技术贯穿于教学设计、内容、过程及评价的全流程，实现从传统单一教学模式向人机协同智能教学的转变。同时，应注重多元课程的横向整合与纵向衔接，在保留建筑规划学科理论通识与设计课程的基础上，增设计算机科学、计算机图形学、数学及定量分析等基础学科课程，形成递进式课程链。数学能力与逻辑分析能力的强化尤为关键，需与核心设计课程紧密关联，以构建完整的知识体系[1]。此外，深化校企合作是推动教研产融合的重要途径。参照《教育部关于深入推进学位与专业学位研究生分类发展的意见》，高校应通过引入实际工程项目案例，动态调整教学内容，确保课程体系与产业技术前沿同步。校企协同教育平台的搭建，不仅能够提升学生的实践能力与职业适应性[2]，还能充分发挥产教融合的育人优势。

专业教师在城乡规划教育转型过程中承担着关键角色。数字化时代的城乡规划教育要求教师持续更新知识体系，掌握数字设计工具与方法，并将其融入教学实践。基础知识的更新与技能传授是教育改革的基石，教师需通过引入前沿理论与技术，帮助学生将核心概念转化为解决实际问题的能力[3]。同时，创新思维与实践能力的培养不可或缺。教师应引导学生运用数字化手段进行创新设计，解决城乡规划中的数据与模型缺失问题，并在设计中融入可持续性与智能技术理念。需注意的是，跨学科创新应建立在专业系统性逻辑之上，避免陷入"为创新而创新，为交叉而交叉"的误区，即所谓"先守正，再创新"[4]。由于实践具有复杂性，将城乡规划学科结合人工智能应用成为学科实践的重要领域，专业教育课程也必须遵循人工智能对城乡规划以及建筑的永久性和更根本的影响，这为该专业的未来提供了基础[5]。此外，跨学科教学研究是打破传统学科壁垒、促进知识融合的有效途径。通过组建多元化教学团队，整合计算机科学、工程学及环境科学等领域的知识，教师能够帮助学生构建多维视角，应对建筑规划中的复杂问题。

考核标准的优化是保障教育质量的重要环节。相较于美国高校以课程学分为主的考核方式，我国建筑教育需进一步丰富评价体系，将数智技术知识与应用能力纳入考核范畴。具体而言，需将 BIM、GIS、物联网、数字孪生等智能技术理论融入考核内容[6]，并增设实践技能与创新能力的评价维度[7]。例如，可通过结构设计大赛等实践项目，考察学生运用数字化工具解决实际问题的能力。同时，鼓励学生将研究成果转化为创新产品，体现其家园情怀与社会责任感。这种多元化的考核方式不仅能够全面评估学生的综合素质，还能推动规划教育向应用型与创新型方向发展。

5 结语

8 所美国高校在规划学科的创新实践表明，人工智能技术与城乡规划教育的融合正在经历三个重要转变：从单向知识传授转向互动体验学习，从理论探讨转向实际应用，从单一学科发展转向跨领域协同创新。这些转变不仅重塑了规划专业人才的培养方式，更重要的是为

应对智慧城市建设的复杂性提供了新的思路和方法。未来的规划教育将不再是简单传授专业知识，而是要培养学生运用数智技术解决复杂城市问题的能力。

美国高校的实践经验对我国城乡规划教育改革具有重要的参考价值。首先，在课程设置上，应该加大数据科学、机器学习等前沿技术的比重；其次，需要建立更加开放的校企合作机制，让学术研究能够真正解决实际问题；最后，要注重培养学生跨界合作的能力，以适应未来城市发展的复杂需求。综上，在城市规划需求与数字化发展背景下，基于美国 8 所高校前沿的教育理念与实践，为我国城市规划与建筑教育发展提供借鉴参考，以助力我国城乡规划与建筑教育更好地迎接未来发展需求。

参考文献

[1] 吴越，许伟舜，孟浩．从链条到生态——浙江大学建筑系的数字化课程体系改革 [J].高等建筑教育，2024，33（1）：67-75.

[2] 上海交通大学教务处．关于上海交通大学"数智课程"建设立项申报的通知 [EB/OL]. [2024-03-20]. https://jwc.sjtu.edu.cn/info/1257/113801.htm.

[3] 张睿，黄勇．基于智能创新理念对未来建筑教育的思考 [C]// 全国高等学校建筑类专业教学指导委员会，建筑学专业教学指导分委员会，建筑数字技术教学工作委员会.数智赋能：2022 全国建筑院系建筑数字技术教学与研究学术研讨会论文集.武汉：华中科技大学出版社，2022：4.

[4] 闵嘉剑，于博柔，张昕．生成式人工智能时代的设计教学探索——以清华大学"AI 生成式影像"课程为例 [J].建筑学报，2023（10）：42-49.

[5] CEYLAN S. Artificial Intelligence in Architecture：An Educational Perspective[J]. In CSEDU, 2021：100-107.

[6] 中国建筑科学研究院有限公司认证中心．智能建造专业技术人员考评大纲 [S].北京，2022.

[7] 中国工程建设标准化协会，国家建筑信息模型（BIM）产业技术创新战略联盟．智能建造评价标准 [S].北京：中国建筑工业出版社，2023.

Insights on Digital Intelligence Enabling Urban and Rural Planning Education——Learning from Innovation in the U.S. Urban and Rural Planning Discipline

Ma Shuang　He Xingbin　Li Xinyu

Abstract: Under the strategic framework of Digital China, the digital and intelligent transformation of the urban and rural planning discipline has become a key driver for educational reform, development, and upgrading, aiming to cultivate innovative talents. This paper takes master's programs and practical projects in architecture and planning schools in the United States as examples, examining representative course structures and teaching practices to analyze the development trends of mainstream planning education in the U.S. It finds that recent pedagogical transformations emphasize practice-and project-oriented teaching, as well as close collaboration among academia, industry, and research institutions. In coordinating the integration of digital-intelligent development with traditional urban and rural planning education, China should draw on the U.S. experience in areas such as discipline development, faculty responsibilities, and evaluation standards to promote the high-quality, intelligent transformation of its planning education.

Keywords: Urban and Rural Planning, Higher Education, Digital Empowerment, Urban and Rural Planning Discipline in the United States

闽台城乡规划高等教育对比研究：
渊源嬗变、实践模式与发展路径 *

陈　旭　杨培峰

摘　要：在全球化与区域协同发展背景下，本文聚焦闽台城乡规划高等教育的历史渊源、实践模式及发展路径。闽台两地同属闽文化圈，传统城乡规划理念均受中原与海洋文化影响，但因政治、经济和社会制度差异，形成分野：福建以"应用型人才培养"为核心，构建"宽基础、强专业、重实践"体系，依托"校社政企"协同深化在地化实践，面临课程趋同、技术更新滞后等挑战；台湾以"全球网络＋在地实践"为导向，强调设计实作与科技整合，师资国际化程度高，但存在同大陆议题回应不足、公众参与形式化等问题。通过对比两地在专业设置、教学方法、师资结构等方面的差异，研究提出未来应通过建立常态化交流机制、课程体系互补、跨区域实践平台共建等路径，推动台湾社区营造经验与福建国土空间规划技术结合，实现"理念共通、技术共享、人才共育"的深度融合，为两岸城乡规划教育协同创新与区域发展合作提供理论参考。

关键词：闽台教育比较；城乡规划高等教育；发展差异；教育协同合作

1 引言

在全球化与区域协同发展的时代背景下，城乡规划作为推动空间治理、促进可持续发展的关键学科，其高等教育质量直接影响着城乡建设人才的供给与行业发展水平。福建与台湾地缘相近、血缘相亲、文缘相通，在历史上同属闽文化圈，城乡建设理念与实践存在深厚渊源。但受政治、经济、社会制度差异影响，两地城乡规划高等教育在发展路径、教学模式、学科体系等方面呈现显著分野。当前，大陆推进国土空间规划体系改革、乡村振兴战略，台湾在"新城乡运动"等政策驱动下探索社区营造与智慧城乡建设，在此背景下，系统对比闽台城乡规划高等教育，有助于两岸相互借鉴经验，优化

---

* 项目资助：福建省 2023 年本科高校教育教学改革研究项目，"新工科"深化建设背景下建筑类跨学科交叉融合路径研究，FBJY20230104；福建省习近平新时代中国特色社会主义思想研究中心重大项目，建设海峡两岸融合发展示范区研究，FJ2024XZZ013；福建理工大学研究生教育教学研究项目，行业变革与创新驱动下城乡规划研究生培养体系的改革探索，YJG24006。

人才培养模式，推动城乡规划学科协同创新，同时也为两岸教育交流与区域发展合作提供理论参考。本文梳理闽台城乡规划高等教育的渊源及嬗变过程，对比分析两地的实践模式，探讨未来的发展路径。

2 闽台城乡规划高等教育的渊源与嬗变

2.1 历史文化渊源

闽台两地同属闽南文化区，传统城乡规划理念深受中原文化与海洋文化交融影响。福建传统聚落多依山水格局布局，注重"天人合一"的"风水"观念，如永定土楼以家族聚居为核心形成的防御性空间形态；台湾地区早期聚落同样延续闽南建筑风格与宗族聚居模式，如台湾彰化鹿港古镇的街屋布局与庙宇宗祠规划。这种文化基因使得两地在城乡规划教育中均重视传统空间智慧的传承，如福建理工大学在乡村规划课程中融入八闽各地传统村落保护案例，台湾成功大学将历史街区再生纳入都市计划实践教学。

陈　旭：福建理工大学建筑与城乡规划学院副教授
杨培峰：福建理工大学建筑与城乡规划学院教授

闽台两地的城市发展理念在台湾日据时期出现分野。日据时期（1895—1945 年），台湾的城市规划理念受到日本影响较大。1895 年日本占据台湾后，为了将台湾城市打造成展示其殖民统治成果和力量的窗口，同时方便殖民统治、促进经济发展以及传播日本文化，将"市街改正"制度引入台湾，在台北、高雄等城市推行现代城市规划。这一时期，大片闽南风格的建筑被拆除，街区规划与设计加入日本元素，如建设台北神社、日式建筑等（1900 年日本众议院决议通过了《建造台湾特设官方神社建议案》）；道路系统也进行重新规划，街道进行了拓宽和新建；同时规划了公园、绿地、排水系统等基础设施。1937 年，台湾实施"都市计划法"，对土地征用与调整、分区规划、公园与街道、下水道工程规划进行了规定。从客观上看，"市街改正"制度使台湾的一些城市在基础设施和城市布局方面有了一定的现代化转变，出现了西式风格的建筑、宽阔的街道、公园等现代城市元素。但从本质上讲，这一制度具有文化侵略的色彩，许多具有历史文化价值的建筑和街区被拆除，台湾原有的城市风貌和文化传统被破坏。这一时期，台湾没有专门设立的规划专业。台湾大学的前身"台北帝国大学"于 1928 年建立，是日本在其海外殖民统治地区建立的第七所帝国大学。该大学在工学部设立了土木工学科，培养了当时参与台湾城市建设的人才。

2.2 教育发展历程

1950 年以后，福建与台湾的城乡规划高等教育在不同的历史背景与社会环境下，走出了差异的发展道路。

（1）福建城乡规划高等教育发展

新中国成立初期，福建城乡规划教育主要借鉴苏联"物质空间规划"体系，以工科院校为主体构建专业框架。1958 年厦门大学地理系开设区域规划课程，成为福建该领域教育的先驱。福建理工大学的前身福建建筑工程学校，于 1979 年设立城市规划中专专业，1984 年升级为城镇建设大专专业，初步形成规划教育体系。1983 年华侨大学设立建筑学专业，1993 年福州大学开设环境工程专业，逐步拓展了城乡规划相关学科。20 世纪 90 年代，福建省响应国家城镇化战略，加强城乡规划人才培养。2003 年，福建工程学院（福建理工大学前身）、福州大学、华侨大学等高校正式设立城乡规划本科专业，形

成"工科院校＋综合院校"的多元培养格局。其中福建工程学院城乡规划学院 2012 年通过国家评估，成为福建省首个通过评估的高校。2012 年以后，教育部颁布了新的《普通高等学校本科专业目录》，将原有的资源环境与城乡规划管理专业拆分为人文地理与城乡规划、自然地理与资源环境两个专业。福建农林大学、泉州师范学院、福建师范大学、闽江学院等院校依托各自的地理学、农学等学科基础，设立人文地理与城乡规划专业，发展了福建城乡规划学科体系中的理学专业分支。

在 2019 年国家推动国土空间规划改革以来，福建城乡规划高等教育以"多规合一"为核心推进学科重构与人才培养模式的系统性转型。学科层面，高校将政策要求融入课程体系，如福州大学开发智能规划系统、福建农林大学构建"农业＋规划"交叉体系；福建理工大学依托原建筑工程学科优势，强化"城市更新与基础设施规划"特色课程，对接地方国土空间开发需求。人才培养上，突出"规划编制—实施评估"全周期能力，福建理工大学与惠安县崇武镇共建"镇村规划联编实践基地"，主导"城镇—城乡—村庄"功能区边界划定技术创新，相关成果纳入省级规划指南，并通过"闽台乡建乡创联合毕业设计"引入台湾社区营造经验，培养跨区域协作能力。同时各校都重视人才的技术能力培养，如华侨大学依托大数据实验室强化数据驱动课程，构建"政策导向—校地协同—技术支撑"的复合型育人模式，以服务于新技术条件下的国土空间治理工作。

（2）台湾城乡规划高等教育发展

台湾的城乡规划高等教育发展具有鲜明的历史脉络与国际化特征。日据时期（1895—1945 年），日本殖民政府引入现代城市规划理念，以《市区改正》等法规为基础，建立了以公共卫生、交通改善为导向的规划体系，奠定了台湾城乡规划的技术框架。战后（1945 年后），台湾高等教育体系转向吸纳欧美规划理论，尤其在 20 世纪 70 年代后，伴随城市化进程加速，空间规划专业逐步从地政、土木工程等传统学科中独立，形成以"都市计划"为核心的学科体系。

20 世纪 70 年代以后，台湾城乡规划教育经历了显著的阶段性调整。20 世纪 70—80 年代，台湾的规划教育以区域计划、基础设施规划为主，受美国理性规划模型影响显著；20 世纪 90 年代后，受全球化与在地化双

重驱动，培养课程增设县市综合发展计划、社区营造等内容，特别在 1999 年"9·21 大地震"后，社区规划师培训成为重点；2000 年后，人才培养转向地方创生、智慧城市等议题，并引入参与式规划、社会设计等方法论，台大等校更通过弹性学制促进跨学科整合。

3 闽台城乡规划高等教育实践模式对比

3.1 专业设置与课程体系

（1）福建高校的人才培养特色

福建省城乡规划高等教育以"应用型人才"培养为导向，本科层次的培养一般为五年学制，毕业授予工学学士学位。总体上，本科阶段的规划人才培养体现出"宽基础、强专业、重实践"的导向。宽基础指立足建筑类学科融合（土木工程、建筑学为核心，辅以数学、地理、计算机技术等），众多高校普遍设置"建筑制图""GIS 技术"等课程，夯实空间设计与工程分析能力。强专业指聚焦城乡规划理论、法规与技术核心，全省高校普遍开设"城乡规划原理""国土空间规划"等课程，在此基础上，各校还设置有各具特色的课程（表 1）。重实践强调"真题真做"的在地化项目驱动，例如福建理工大学的教学活动持续结合福州"三坊七巷保护规划"、宁德传统村落微改造等实务，将八闽各地的文化基因融入教学；厦门大学嘉庚学院（2020 年）突出"闽台乡土特色"，设置"闽南建筑与漳州城市研究""传统村落建筑保护规划与设计更新"等选修课，通过实地调研泉州、漳州古厝群落，培养在地化规划思维。所培养的应用型

人才主要面向国土空间规划、乡村振兴、文化遗产保护三大领域，毕业生服务于政府部门（如自然资源局）、规划设计机构及开发企业，凸显"技术扎实、文化贯通、落地性强"的培养成效。

（2）台湾高校的人才培养特色

在台湾地区，城乡规划通常被称为"都市计划"或"都市规划"。这一术语虽然与大陆存在称谓上的差异，但本质上与大陆的城乡规划理念相通。台湾地区的城乡规划本科层次的培养大多为四年学制，毕业授予工学学士学位。其教学同样重视教学与实践的结合，在专业设置与课程体系方面以"实务导向"与"科技整合"设置，但由于台湾地区的城乡规划相关专业系所设置更为自由，不同的学校在专业设置与课程体系设置上的侧重点也略有差异（表 2）。

以台湾地区典型高校为例，台湾成功大学的都市计划专业课程体系较为完善，涵盖规划理论、设计实务、技术分析等多个领域。其课程注重理论与实践结合，开设了大量设计工作室课程，让学生在实际项目中锻炼规划设计能力。同时，还设有跨学科课程，如与社会学、经济学等学科联合开设课程，培养学生综合解决问题的能力。台北科技大学在都市计划专业课程中，强调科技应用，设置了地理信息系统（GIS）应用、智慧城市规划等课程，以适应现代城市发展对技术的需求。台湾大学设立"建筑与城乡研究所"，提供硕士与博士层级的

部分福建高校城乡规划专业特色课程方向　　表1

学校名称	所在学院名称	部分特色课程方向
福建理工大学	建筑与城乡规划学院	乡村规划、传统村落与建筑群落的保护
厦门大学	建筑与土木工程学院	城乡规划新技术 GIS 应用
福州大学	建筑与城乡规划学院	地理信息系统（GIS）应用
福建农林大学	风景园林与艺术学院	乡土文化概论、风景园林
华侨大学	建筑学院	城市更新与历史遗产保护
厦门大学嘉庚学院	建筑学院	闽台乡土城市研究

资料来源：笔者整理

部分台湾高校城乡规划专业特色方向　　表2

学校名称	学院名称	系所名称	特色方向
台湾大学	\	建筑与城乡研究所	永续与韧性、全球比较与实务
成功大学	规划与设计学院	都市计划学系	空间规划
台北大学	不动产与城乡环境学系	都市计划研究所	区域发展与环境规划管理
金门大学	人文社会学院	都市计划与景观学系	岛屿空间规划与景观设计
台湾文化大学	环境设计学院	都市计划与开发管理学系	环境规划和经营管理
逢甲大学	建设学院	都市计划与空间信息学系	地理空间信息技术
铭传大学	设计学院	都市规划与防灾规划学系	规划防灾、灾害管理

资料来源：笔者整理

教育，涵盖城乡规划、建筑设计、城市研究、空间治理等领域，课程以"实习课＋演讲课"双轨并行，系统培养表达、观察、分析、评估与团队协作等实践能力，并奠定理论、历史、综合与实施等知识基础。

3.2 教学方法与实践教学

（1）福建高校实践教学特色

福建高校的规划专业教育体现出"产学研赛"一体化和"校社政企"协同发展理念，致力于将理论知识应用于实际的项目中。在专业能力教学方面，福建地区各校均重视课程与实际项目的联动，如组织学生参与乡村振兴规划、城市更新等实际项目，并通过国内外规划设计竞赛驱动、与各大院校开展联合毕设、注重设计实践与操作。与国内的相关院校保持交流，并定期邀请城乡规划领域知名教授学者到校内交流讲学。同时也注重与省内的城乡规划相关部门、设计院进行广泛交流，强化学生对在地文化脉络的理解与实践能力的培养，着力提升其在地化城乡规划设计与综合治理的能力。

在实践能力培养方面，福建高校普遍建立校内实训平台，并为学生联系校外实习单位进行实践能力的培养。如，厦门大学创办"厦门规划研究院"的产学研平台；福建理工大学在城乡规划的实践教学方面，设有"福建传统村落与历史建筑研究中心"，设置实验中心，包括建筑创作与图像技术实验室、模型实验室等，为学生提供了丰富的实训资源。各个高校签约以规划院或建筑设计院为主的校外实践教学基地，通过与企业合作建立校企合作关系，让学生参与实际项目实习。

福建高校城乡规划教育在实践导向与人才培养方面展现出明显的共性特征：首先，以"在地实践"为核心，课程设计紧扣福建省独特的地域文化基因，强化学生对本土空间问题的理解与回应能力；其次，通过构建"校际联动"合作机制，拓展教学实践平台，提升学生跨区域协同与项目操作能力；再次，以"竞赛驱动创新"为导向，将规划设计方案从创意孵化到项目落地全过程纳入教学体系，实现教学成果的社会转化与反馈。

（2）台湾高校实践教学特色

台湾的城乡规划教育其教学理念强调"设计实作"与"实务导向"的紧密结合，注重以工作坊、设计工作室及校外实习等方式，锻炼学生在实际场域中的问题识别、分析与解决能力，形成了鲜明的教学实践特色。

在教学模式上，高校普遍采用"导师工作室制"，以真实项目为载体，贯穿从基地调研到方案落地的全流程训练。例如，台湾省大学建筑与城乡研究所组织学生参与台北大稻埕历史街区活化项目，通过田野调查、社区协商与方案设计，强化学生应对复杂社会问题的能力；成功大学都市计划学系则依托台南安平港区再生计划，将GIS技术教学与港口用地优化、交通规划等实务结合，推动技术工具与空间治理的协同应用。同时，高校注重校企协作机制建设，如台湾文化大学都市计划学系与仲量联行等企业合作开设"都市更新实务"课程，学生直接参与台北市老旧小区改造项目，其设计方案需通过业界评审，实现"课堂—职场"无缝衔接。

在全球化与在地化双重驱动下，台湾规划教育通过国际联动与社会参与拓展教学维度。一方面，高校以国际工作坊、联合设计竞赛为载体，推动跨境经验互鉴。例如，中原大学景观学系以"桃园埤塘生态修复"作品获2022年国际景观建筑师协会（IFLA）亚太区竞赛银奖；政治大学地政学系与荷兰代尔夫特理工大学合作，开展鹿特丹滨水区低碳规划研究，培养学生跨文化协作能力。另一方面，教学深度嵌入社区治理与公共议题，淡江大学建筑学系通过"参与式设计工作坊"协助新北市淡水老街居民制定公共空间改造方案，东海大学景观学系在台中草悟道更新中引入"游戏化参与"工具，推动儿童与长者共同绘制社区愿景。这种"技术赋能实践"与"全球在地融合"并重的路径，使台湾规划教育在应对城市更新、遗产保护等议题时展现出鲜明的适应性与创新性。

3.3 师资队伍与国际交流

闽台两地城乡规划教育在师资结构与国际化策略上呈现显著差异（表3）。福建高校以"在地融合＋两岸协同"为特色，师资队伍注重跨学科整合与实务经验积累。例如，福建理工大学则通过"政产学研"合作，与台湾设计师团队合作，借助省住建厅的"闽台乡村乡创"项目平台，开设"闽台乡建乡创乡村设计"课程，强化两地合作与在地化应用。学术交流上，福建侧重两地联动与东南亚辐射，例如华侨大学与台湾淡江大学等高校建立常态化联合设计工坊，厦门大学嘉庚学院开设"台湾省社区营造案例解析"课程；同时依托"一带一

闽台城乡规划专业高等教育模式对比　　　　　　　　　　　表3

类别	福建地区高校	台湾地区高校
核心教学课程体系	核心规划设计课程＋学科交叉课程＋在地化特色课程＋竞赛实战与实践实习相结合	深度理论课程＋设计工作室课程＋
特色教学方向	福建传统历史聚落（村落）、闽台研究、海岸带资源规划等	永续与韧性、全球比较与实务等
实践	校内设置规划相关的研究中心与实验室的实践平台；校外与设计院、规划院等就业部门保持紧密联系，实现人才的有效输送	校内的实践课程熟悉专业实践操作；校外与相关领域部门单位机构、企业进行专业实习
人才培养与国际影响	多元师资建设与广泛国际合作，构建了实践导向强、国际化程度高的人才培养体系	师资具备欧美日背景并深耕实务，广泛开展全球合作与两岸交流，推动教学科研与政策实践深度融合

资料来源：笔者整理

路"倡议，福建理工大学成立中国－葡萄牙文化遗产保护联合实验室，推动与东盟国家的技术输出。

台湾地区高校则以"全球网络＋在地实践"为导向，师资高度国际化且深度参与政策制定。如台湾大学城乡研究所教师多拥有MIT、UCL等顶尖学府博士学位，并担任台湾省台北市政府顾问角色，其课程将台北都市更新、台南社区营造等本土案例与东京涩谷站城一体化等国际经验对比教学。在国际交流方面，台湾地区高校更侧重欧美日学术网络构建，例如成功大学与MIT、东京大学合作开设智慧城市联合课程，政治大学与荷兰代尔夫特理工大学建立双学位项目。

两岸高校的核心差异可归结为：福建通过"本土根基—区域协作"路径强化应用型人才培养，而台湾省依托"全球触角—在地深耕"模式塑造学术话语权。这种差异折射出两地教育战略的深层逻辑——福建服务于国家与区域的发展需求，尤其是面向"海峡两岸融合发展示范区"建设需求，台湾则试图通过国际化维系学科竞争力。

4　闽台城乡规划高等教育面临的挑战与发展路径

福建城乡规划教育在当下的城镇化发展过程中，需着力破解人才培养在数量、质量方面的结构性矛盾，提升在地化教育能力。当前，福建高校课程体系存在一定趋同性，例如核心课程设置相似，还需突出各校培养的鲜明特色；"闽台合作项目"虽引入优质课程，但本土化转化仍有提升空间。在技术应用方面，高校技术课程的更新速度与长三角地区存在差距，部分实验室设备更新周期较长，一定程度上影响了对前沿技术的教学实践；产学合作也有待进一步深化，以更好地让学生方案贴合地方建设需求。师资层面，具备国土空间规划一线经验

的教师占比仍有提升空间，教学与"海峡两岸融合发展示范区"建设的政策需求契合度也需加强。随着就业市场需求变化，福建高校积极探索优化城乡规划专业学制，将5年改为4年的讨论，正是主动适应教育与就业新形势、提升人才培养效率的积极尝试。

台湾城乡规划教育在国际化浪潮下，需要探索如何平衡国际经验与本土实践。西方规划理论在课程中占比较大，导致对本土议题的回应存在一定滞后性，教学案例多以国际都市为主，对本土实际问题的研究深度不足；宣称的"公众参与"在实际项目中常流于形式，居民诉求未能充分融入空间设计。同时，政治因素造成的两岸知识流动阻碍，也影响了规划领域的协作深化。在城市更新、社区营造等发展需求下，台湾亟需能扎根本土、关注公众实际需求、推动多元参与的规划人才。

5　总结与展望

闽台城乡规划高等教育源于共同的历史文化根基，却因政治、经济和社会制度差异形成分野——福建以"应用型人才培养"为核心，构建了"宽基础、强专业、重实践"的课程体系，依托"校社政企"协同深化在地化实践，同时面临课程趋同性、技术更新滞后等挑战；台湾以"全球网络＋在地实践"为导向，强调设计实作与科技整合，师资国际化程度高，但存在本土议题回应不足、公众参与落地有限等问题。两地教育模式的差异既反映不同战略逻辑，也为相互借鉴提供了空间。

未来闽台城乡规划高等教育应聚焦两地互动、融合与取长补短：一方面，建立常态化交流机制，如联合设立协作中心、开展联合毕设与师资互聘，推动台湾社区营造经验与福建国土空间规划技术结合；另一方面，强

化课程体系互补与跨区域实践平台共建，福建可引入台湾"参与式设计""永续规划"理念，台湾可借鉴福建"农业 + 规划""GIS 技术应用"经验，共同破解本土化与国际化平衡、公众参与深化等共性难题。长远来看，可探索认证互认与区域规划协同，从教育合作延伸至空间治理联动，实现"理念共通、技术共享、人才共育"的深度融合，为两岸区域发展提供支撑。

参考文献

［1］ 辛晚教，廖淑容. 台湾地区都市计划体制的发展变迁与展望 [J]. 城市发展研究，2000（6）：5-14，80.

［2］ 李鍏翰，谭跃. 我国台湾地区的城乡规划教育特色 [J]. 福建建筑，2017（9）：121-124.

［3］ LEE K，YANG S. A Comparison of Urban Planning in Eastern Asian Capitals during Japanese Colonial Rule：Tokyo，Taipei（1895），Seoul（1910），and Beijing（1936）. Sustainability，2023，15（5）：4502.

［4］ 吴梦笛，陈晨，赵民. 城乡关系演进与治理策略的东亚经验及借鉴 [J]. 现代城市研究，2017（1）：6-17.

［5］ 朱佩娟，周国华，马恩朴. 响应规划体系变革的"理工融合型"规划创新人才培养模式 [J]. 高教学刊，2024，10（24）：53-58.

［6］ 王世福，李欣建，赵渺希，等. 中国城乡规划学科转型面临的挑战与跨学科重构 [J]. 规划师，2024，40（12）：1-6.

［7］ 吴志强，张悦，陈天，等."面向未来：规划学科与规划教育创新"学术笔谈 [J]. 城市规划学刊，2022（5）：1-16.

［8］ 段进，石楠，闫凤英，等."规划教育的规划"学术笔谈 [J]. 城市规划学刊，2025（1）：1-10.

Comparative Study on Higher Education in Urban and Rural Planning between Fujian and Taiwan: Evolution of Origins, Practical Models, and Development Paths

Chen Xu　Yang Peifeng

Abstract：Against the backdrop of globalization and regional coordinated development，this paper focuses on the historical origins，practical models，and development paths of higher education in urban and rural planning in Fujian and Taiwan. Research has found that both Fujian and Taiwan belong to the Fujian cultural circle，and traditional urban and rural planning concepts are influenced by the Central Plains and marine cultures. However，due to differences in political，economic，and social systems，they have formed divisions：Fujian focuses on "application-oriented talent cultivation" and constructs a "broad foundation，strong majors，and emphasis on practice" system，relying on "school society government enterprise" collaboration to deepen localized practice，facing challenges such as curriculum convergence and lagging technological updates；Taiwan is guided by the concept of "global network+local practice"，emphasizing the integration of design implementation and technology，and has a high degree of internationalization in teaching staff. However，there are problems such as insufficient response to local issues and formalized public participation. By comparing the differences in professional settings，teaching methods，and faculty structure between the two regions，this study proposes that in the future，efforts should be made to establish a normalized exchange mechanism，complement curriculum systems，and jointly build cross regional practice platforms to promote the integration of Taiwan's community building experience with Fujian's land and spatial planning technology. This will achieve a deep integration of "shared ideas，shared technologies，and shared talent"，providing theoretical references for the collaborative innovation of urban and rural planning education and regional development cooperation between the two sides of the Taiwan Strait.

Keywords：Fujian Taiwan Education Comparison，Higher Education in Urban and Rural Planning，Developmental Differences，Collaborative Cooperation in Education

人工智能赋能设计类学科国际化人才培养的实施路径 *

张　宇　邱志勇　庄　典

摘　要：本文基于我国当下中外合作办学项目发展需求，针对高水平研究型大学工科人才培养特点，以哈尔滨工业大学智慧建筑与建造中外合作本科教育项目为例。结合人工智能与设计类学科融合驱动特色，提出了"思政引领、专业植入、学科支撑、国际化优势挖掘"的大思政体系，并探讨了设计类学科国际化人才培养的路径，以期为学科转型与人才培养模式的创新发展作出贡献。

关键词：中外合作办学项目；人工智能赋能；国际化人才培养；设计类学科改革

　　在打造教育强国的目标下，高水平高等教育的国际交流与合作已经成为提升促进教育创新、提升国际影响力的关键途径。2024 年 9 月，全国教育大会明确指出，要深入推动教育对外开放，统筹"引进来"和"走出去"，不断提升我国教育的国际影响力、竞争力和话语权。在目前"统筹推进世界一流大学和一流学科建设"，高等院校要"加强与世界一流大学和学术机构的实质性合作，将国外优质教育资源有效融合到教学科研全过程，开展高水平人才联合培养和科学联合攻关"[1]。

　　在这一背景下，我国高等教育加快了与世界的接轨、融合，各种新型的国际交流、合作模式层出不穷。它顺应了经济全球化、文化多元化、社会信息化时代的发展潮流，不仅成为我国高等教育人才培养模式的一种重要选择，也成为高等教育开展国际合作与交流的先锋队。高校在推进"双一流"建设的过程中，应给予中外合作办学高度重视，进一步加强其教学资源的优化整合[2, 3]。

　　随着高等教育领域"双一流"建设战略的提出，我国高校建设发展进入了全球化时代。中外合作办学成为一种与世界高校接轨、融合的重要办学模式。目前，中外合作办学在教学资源整合上仍存在教学资源引入模式单一、资源整合尚未系统化等问题。随着数字技术的进步和教育理念的革新，线上线下教学资源的系统化整合不仅有利于提升教育国际化的效率与质量，培养具有多元文化背景的创新人才，也成为中外办学双方深入合作与沟通的重要保障。

　　在新时期，提高高校人才培养质量，培养为国家城乡建设作出贡献的杰出人才，城乡规划与建筑学等设计类学科建设应为中外合作办学主动适应新发展格局和高质量教育体系的建设提供理论支撑，推动中外合作办学的高质量发展，这具有重要的理论意义和现实价值。

1　高水平高校设计类课程建设的背景

1.1　高校中外合作办学政策的演进历程

　　20 世纪 80 年代以来，国家和地方出台的中外合作办学政策适应了不同时期国家经济社会发展以及教育改革与发展的需要，在教育对外开放和中外合作办学发展的不同阶段起着总揽全局、引导和推动的作用。截至目前，以国务院颁布的行政法规《中华人民共和国中外合作办学条例》为主轴，国家和地方教育行政部门先后出台了一系列规章和富有生命力的政策文件。2010 年 7 月

　　* 教改项目：本文系黑龙江省高等教育教学改革项目"'双一流'建设背景下建筑学科中外合作办学实施路径研究"（项目编号：SJGY20210290）；哈尔滨工业大学 AI 赋能教学改革专项"人工智能赋能下的设计类全英文原理课程建设"的阶段性研究成果；黑龙江省高等教育教学改革研究重点项目（SJGZB2024010）。

张　宇：哈尔滨工业大学建筑与设计学院教授
邱志勇：哈尔滨工业大学建筑与设计学院副教授（通讯作者）
庄　典：哈尔滨工业大学建筑与设计学院副研究员

颁布的《国家中长期教育改革和发展规划纲要（2010—2020 年）》对中外合作办学发展提出了明确的规划和具体的要求，对中外合作办学政策措施的制定完善提出了总体意见，推动了中外合作办学持续健康发展。在规模扩大的同时，社会对中外合作办学的质量和效益提出了更高的要求。2013 年 12 月，《教育部关于进一步加强高等学校中外合作办学质量保障工作的意见》出台，明确了质量保障建设总体目标，要求完善优质教育资源引进机制，对建立中外合作办学质量保障体系及其运行机制做出了原则性规定。2016 年 4 月，《关于做好新时期教育对外开放工作的若干意见》由中办、国办印发，对中外合作办学质量建设提出了新要求，强调完善审批制度、评估制度、退出机制、信息公开制度等政策制度，明确了提质增效、服务大局、增强能力的政策导向。2020 年 6 月，《教育部等八部门关于加快和扩大新时代教育对外开放的意见》（以下简称《意见》）出台，对未来五年乃至更长时期教育高水平对外开放提出了政策要求，传递了教育对外开放领域多部门协调机制初步建立的信号。《意见》从发展高质量中外合作办学的战略高度提出了"着力破除体制机制障碍，加大中外合作办学改革力度"的任务和推进政策。值得一提的是，中外合作办学《中华人民共和国中外合作办学条例》修订工作持续多年，有所进展、有所突破，为中外合作办学高质量发展提供了更好的法治保障。

1.2　国际化人才培养的多元化实践

习近平总书记在中共中央政治局第五次集体学习时指出，要把服务高质量发展作为建设教育强国的重要任务。要完善教育对外开放战略策略，统筹做好"引进来"和"走出去"两篇大文章，有效利用世界一流教育资源和创新要素，使我国成为具有强大影响力的世界重要教育中心。为顺应国家战略发展，助力教育强国建设，响应教育部部署，中外合作办学在不同层级学校、不同学科迅速发展。

根据教育部中外合作办学监管工作信息平台发布的数据，截至 2024 年 6 月底，全国中外合作办学机构和项目共计 1374 个（不含停办及停止招生），其中具有独立法人资格的中外合作大学 10 所，非独立法人中外合作办学机构 176 个，这两类机构占比 14%，中外合作办学项目 1195 个，占比 86.0%（表 1）。

中外合作办学机构所占的比例较少。在学历等级方面，84.5% 的机构和项目开设了本科层次教育，18.5% 的机构和项目开设了硕士层次教育，3.8% 的机构和项目开设了博士层次教育（图 1）。其中合作数量较多的国别包括美国、英国、澳大利亚、俄罗斯等（图 2）。

1.3　设计类学科国际化发展的必然诉求

设计类学是一个培养城乡规划与建筑设计专业人才的应用型工科专业。对于本专业而言，亲历境外国际

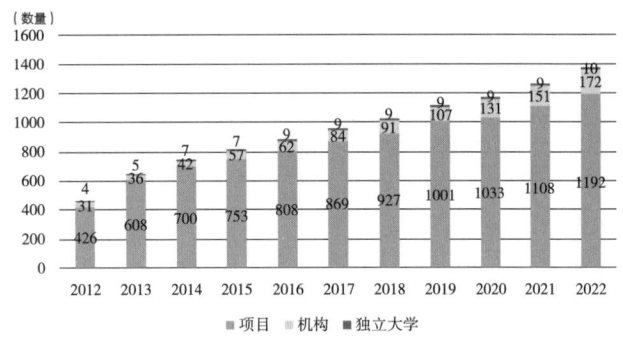

图 1　中外合作办学数量增长情况
资料来源：作者自绘

中外合作办学情况分布　　　　　　　　　　　　　　　　　　　　　　表1

类型	数量	办学水平（中方"双一流"/外方 QS 前 200）	"N+0"双学位	办学层次	
独立法人大学	10	50.00%	60.00%	—	本科	85.10%
非独立法人机构	176	51.20%	17.40%	74.40%	硕士	18.10%
项目	1195	26.80%	10.70%	19.20%	博士	3.50%
总体	1381	29.60%	11.90%	26.20%	—	

资料来源：https://www.crs.jsj.edu.cn/

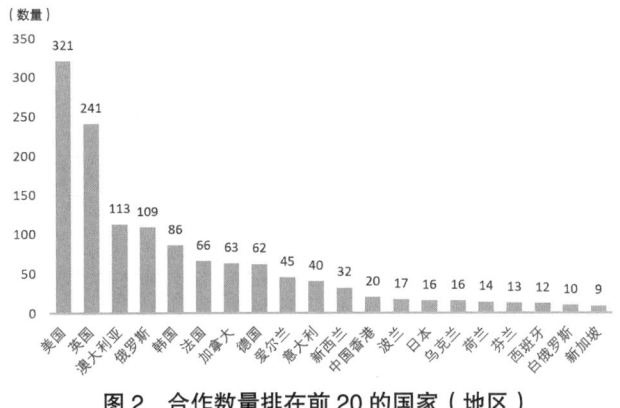

图 2　合作数量排在前 20 的国家（地区）
资料来源：作者自绘

设计水准城乡建设与建筑工程实例进行空间体验、现场聆听设计者解析并与其面对面交流，是培养优秀城乡规划与建筑设计人才的重要和有效途径，也是设计类专业教育应积极追求的。为了使我国高等工程教育更好地适应经济社会发展的需求，培养大批高素质、具有国际竞争力的创新人才，2010 年，我国启动了"卓越工程师计划"。该计划提出，从大工程教育理念出发，培养具备创新能力、能够满足经济社会发展需求的高质量工程技术人才。在此背景下，推动多样化的人才国际交流活动、丰富高层次工程人才国际背景也是十分重要的，高等学校的工程教育教学，需在国际化教育等方面进行广泛和深入的探索。其中，探寻建构在本科阶段可持续实施的、融产学研合作和国际化教育于一体的有效模式和运行机制，则是一个受益面更大、培养效率更高的途径，并可为相关实践提供切实保障。近年来设计类学专

业与国际接轨需求逐渐提升，国内各大高校城乡规划与建筑学专业纷纷加强与国际学校的交流，积极开展国际交流，拓宽师生国际化视野。

哈尔滨工业大学建筑与设计学院近年来在国际化工作方面有了巨大进步，立足于东北严寒地区，发挥与俄罗斯高校的地缘优势及天然联系，拓展与欧美、亚洲以及澳大利亚等地区一流设计类院校的科研与教学活动，以教学带动科研，以科研推动加深教学合作，建立了一系列海外基地、国际联合研究中心、学生联合培养及双学位项目，为进一步深入建构国际化培养平台奠定基础。

2　设计类学科中外合作办学本科项目发展概况及现状

在第四次工业革命的浪潮下，互联网、云计算、大数据和人工智能等为主要增长点的新经济模式，推动了建筑产业的智慧化发展；智能技术与设计方法的快速发展将数字建造平台有机整合，推动了城市设计、建筑设计、建造、运维过程的一体化融合。在此背景下，"智慧建筑与建造"专业融汇了城乡规划、建筑学、工程学、管理学、计算机科学等多学科知识，回应人工智能时代的建筑产业创新拔尖人才需求。智慧建筑与建造专业植根百年学科底蕴，立足人工智能时代语境，面向产业前沿，培养具有国际视野、创新能力、国际竞争力的工程领军人才。

智慧建筑与建造专业为 2020 年哈尔滨工业大学在全国首创的新工科专业，2024 年哈尔滨工业大学与意大利都灵理工大学利用各自的优质教育资源，合作开设中外合作办学本科教育项目（图 3）。该项目纳入国家普

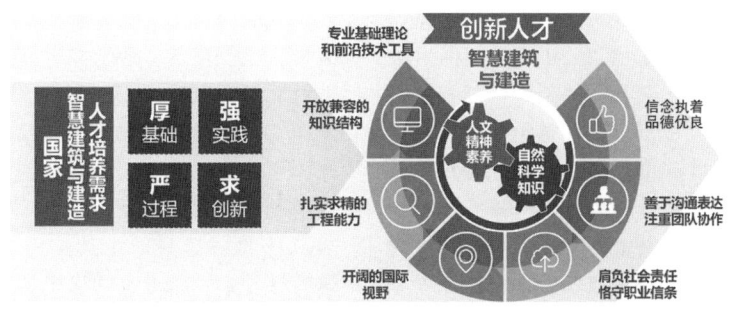

图 3　智慧建筑与建造中外合作办学项目人才培养特点
资料来源：作者自绘

通高等教育招生计划，参加全国普通高等学校统一入学考试，执行我校与合作院校共同制定的培养方案。智慧建筑与建造专业（中外合作办学）从 2024 年开始招生，招生规模 80 人 / 年。

智慧建筑与建造专业充分融合中意两校优势学科的教学经验和资源，在人才培养方案、师资队伍、课程及教学方式、实践教学等方面与国际接轨，享有国际化贯穿全过程的学习体验。专业授课采用中英双语教学，课程具备国际化和专业化特色，有利于培养学生创新精神和国际视野，具备多维知识结构及解决复杂工程设计实践问题的能力。在课程体系架构上，以设计类课程集群为主线，贯穿模块式核心课程、通识课程与实践课程，共同构成全方位、立体化智慧建筑与建造专业课程体系。所以，在本门专业课程中开展人工智能赋能教学对于中意合作项目学生提升专业能力、专业素养，形成具有国际视野的领袖精神及培养职业道德都有重要的作用和意义。

3 人工智能与设计类学科国际化人才培养的融合路径与实践范式

哈尔滨工业大学的设计类学科具有明显的工科优势，智慧建筑与建造专业充分专业涉及面广、包罗万象，与文学、历史、文化、政治、经济等都有着千丝万缕的联系。因此，挖掘人工智能（AI）技术融合点成为该专业培养人才的必然要求。国际化人才培养是一个系统的、全面的动态体系，应从系统论角度，结合国际化人才培养目标与能力框架，从培养主体、培养客体、培养资源和培养环境等方面系统分析国际化人才培养体系的构成，构建包含培养目标、条件支撑、培养过程与质量评价等内容的闭环培养体系，并通过质量评价实现国际化人才持续改进与创新培养。借助 AI 赋能，回应设计类专业教育国际化、多学科融合及复杂设计任务的需求。AI 作为教育转型的关键驱动力，能够重构教学、管理、评估和研究等多个教育环节，为课程创新提供新路径。AI 技术的引入，不仅能优化城乡规划与建筑专业课程内容和教学组织，还能通过智能学习工具和知识图谱构建，支持个性化学习、提升教师教学效率、推动学科内容升级。项目探索了 AI 技术与建筑教育深度融合的路径，推动新兴 AI 技术与设计理念的有效融合。打造多场

景教学创新模式，推动教育形态变革，培养未来发展所需的专业人才，并为国际化和多学科教学改革提供实践示范。

3.1 人工智能支撑设计类专业教学应用场景描摹

智慧建筑与建造专业是研究如何运用先进的信息技术、物联网、大数据等科技手段，实现城市、建筑的设计、施工、运营全过程的智能化和高效化。培养的人才将掌握智慧城市与智慧建筑领域的核心知识和技能，成为未来智慧城市建设的重要力量。教学组充分考虑专业的智慧化内涵与 AI 技术的内在匹配性，充分研究专业的学科交叉特点，对教学设计与教学内容、教学场景与教学资源、教学模式与学习方式进行改革创新，为学生提供更加灵活、个性化的学习验。围绕设计类专业的教学内容，项目以 AI 技术为支撑，构建个性化学习环境，鼓励不同学科背景的学生参与，促进学科交叉与知识互补。其主要包括教学设计与自适应学习路径、智能辅助教学工具建设、多元化教学资源整合、虚拟教室与虚拟实验室场景搭建、虚拟学习社区与在线协同学习和实时学情监测与智能分析决策六个方面。

3.2 智能化课程知识图谱体系建构

通过知识图谱平台，建立专业本科 4 年全链条的专业核心课程知识图谱体系，与思政课程体系进行耦合，形成"思政课程引领课程思政"的模式，通过顶层设计统筹专业的人才培养标准（图 4）。以知识群落为关键点，将问题作为线索，把能力培养作为终极目标，将问题解决或教学任务完成的各类方法有序组织，将所涉及的知识与方法相关联，通过问题解决和任务完成评测学生的学科水平。将专业课程整合，重构包括城市设计方法、建筑技术、职业素养等经典设计类核心课程，涵盖计算性设计、人工智能、智慧建造、项目管理等多学科前沿交叉课程的模块式核心课程集群，辅以选修课程体系。收集整理智慧人居领域知识的文本信息并整理了借助虚拟教研室客户端构建的知识图谱，包括教材、MOOC 课件、最新中英文论文以及报告案例，输入大语言模型中；以 Excel 格式将知识单元和知识点的结构输入，以知识群落为关键点，将问题作为线索，把能力培养作为终极目标，将问题解决或教学任务完成的各类

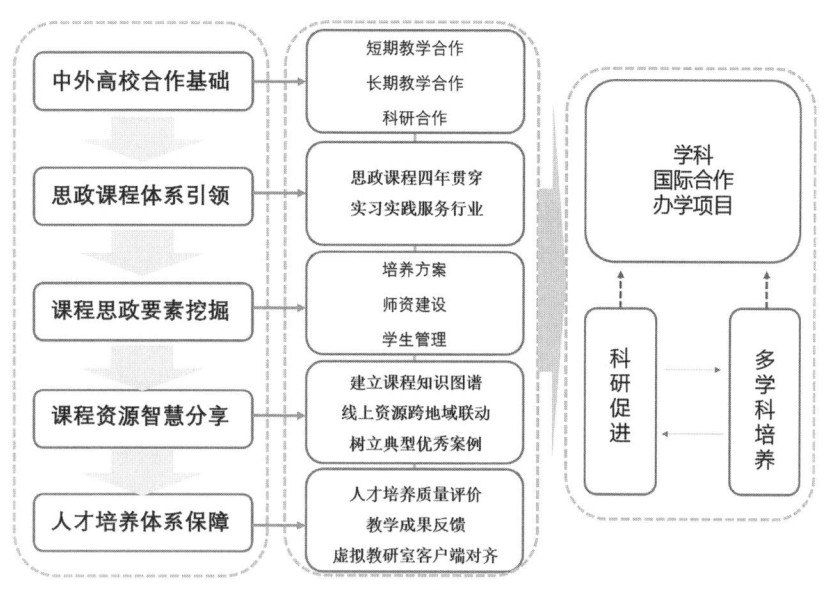

图4 智慧建筑与建造中外合作办学大思政体系实施路径简图
资料来源：作者自绘

方法有序组织，将所涉及的知识与方法相关联，通过问题解决和任务完成评测学生的学科水平。学科知识图谱是知识、问题、能力集合以及知识之间、问题之间、能力之间关联关系。需要将知识群落、人才培养、目标或项目化教学等，集成数据端，并且使其越来越庞大，最终链接每位学生，提供与之相对应匹配的有效资源。融汇各项数据进行分析与预测，以此助力教育决策的智能化与立德树人任务的精准化。通过智慧科研设施与平台提升科研效率，通过引入以人工智能技术为代表的智能化设备和应用物联网技术，支撑跨学科、跨地域的协同育人。

3.3 人工智能技术支撑的动态评估体系

在课程教学与评价环节，深度整合 AI 技术构建智能化评估框架，实现设计思维解析与技术应用效能的精准量化。结合 AI 平台在线模拟建筑设计中的物理环境优化过程，评估建筑形态的日照效率、通风等性能指标，生成可视化分析报告，进一步理解建筑设计理论与实践结合的意义。在课程作业评价阶段，结合 AI 工具，提供智能计算模式，自动生成设计方案的全生命周期碳排分

析，并与行业基准值进行对比，学生能够全面认识到数据驱动在城市与建筑设计优化路径中的核心作用。利用 AI 探索创新教学模式，采用混合式教学方法，从课程背景、AI 赋能设计、应用场景及教学效果评价等多个维度推进教学改革。

4 结语

本中外合作办学项目旨在通过"融合人工智能技术、构建思政引领、专业植入、学科支撑、国际化优势挖掘"的大思政体系，分析智慧建筑与建造中外合作办学项目的特点，提出实现设计类学科国际化人才培养的路径，从而为城乡规划与建筑教育工作提供一定的启发作用。面向未来城乡规划与建筑等设计类专业教育需求，提升学科课程的国际化水平，通过内容更新与实践能力培养，探索培养具备国际视野、能够理解并应用 AI 技术的专业人才，为设计学科转型与发展提供支持。

参考文献

［1］ 国务院印发《统筹推进世界一流大学和一流学科建设总体方案》[EB/OL].（2015–11–05）[2021–06–24]. http://

www.gov.cn/zhengce/content/2015-11/05/content_
10269.htm.

［2］ 王志强 . 新时代高等教育中外合作办学的历史变迁与未

来展望 [J]. 黑龙江高教研究，2019（8）: 74-78.

［3］ 吴坚，杨婧，钟玉洲 . 中外合作办学政策发展分析 [J]. 湖
南师范大学教育科学学报，2010，9（4）: 56-59.

The Implementation Route of Internationalized Talent Cultivation in Design Disciplines Guided by Artificial Intelligence

Zhang Yu   Qiu Zhiyong   Zhuang Dian

Abstract：Based on the current development needs of Sino-foreign cooperative education programs in China and the characteristics of engineering talent cultivation in high-level research universities，this paper takes the Sino-foreign undergraduate education program in Smart Architecture and Construction at Harbin Institute of Technology as a case study. Integrating the integration-driven features of artificial intelligence and design disciplines，it proposes a comprehensive ideological and political education system characterized by "ideological and political education guidance，disciplinary integration，academic support，and internationalization advantage exploration". The study further explores pathways for cultivating international talents in design-related disciplines，aiming to contribute to disciplinary transformation and the innovative development of talent cultivation models.

Keywords：Sino-Foreign Cooperative Education Programs，AI Empowerment，International Talent Cultivation，Design Discipline Reform

生物多样性保护纳入城乡规划专业教学的探索与思考
——以同济大学为例 *

干　靓

摘　要： 生物多样性保护需要城乡规划为其提供决策和行动的空间保障，但在传统规划教学中较少涉及。面对日益增加的生物多样性保护规划实践需求，城乡规划专业教学的知识体系中需要补充生物多样性及其空间需求的相关内容。本文介绍了同济大学城市规划系将生物多样性保护跨学科知识与方法融入城乡规划本科教学的实践，总结了适用于城乡规划专业本科教学的生物多样性保护知识体系，探讨了"产学融合案例解读＋生物生境要素调研＋城乡场景应用实践"的教学模式，结合教学成效，思考人与自然和谐共生的中国式现代化建设背景下的城乡规划教育焕新。

关键词： 生物多样性保护；城乡规划专业教学

1　前言

生物多样性是地球生命共同体的血脉和根基，为人类提供丰富多样的生产生活必需品、健康安全的生态环境和独特别致的景观文化与精神文化 [1]。目前，全球正处于生物多样性保护的十字路口。由我国作为东道国的联合国《生物多样性公约》第十五次缔约方大会（CBD–COP15）在 2022 年 12 月召开的第二阶段会议中通过了"昆明—蒙特利尔全球生物多样性框架"（以下简称《昆蒙框架》），提出国际社会携手遏止并扭转生物多样性丧失，推动生物多样性恢复进程，共同迈向 2050 年愿景和 2023 年使命，并明确在执行和落实中需要将生物多样性及其多重价值整合融入政策、规定、规划和发展进程中 [2]。

生物多样性保护需要城乡规划为其提供决策和行动的空间保障。《昆蒙框架》确立的"3030"目标，即到 2030 年保护至少 30% 的全球陆地和海洋，其落实的关键举措之一在于对具有有效保护能力和潜力的用地提出适宜的空间用途管控要求。国际公约与国家战略都要求将生物多样性保护纳入规划。《昆蒙框架》呼吁"确保在城市规划中纳入生物多样性，增强本土生物多样性、生态连通性和完整性，改善人类健康和福祉以及与自然的联系，促进包容性和可持续城市化以及提供生态系统功能和服务"。《联合国生物多样性峰会中方立场文件——共建地球生命共同体：中国在行动》明确承诺"将生物多样性保护纳入经济社会发展和生态保护修复规划、国土空间规划及其专项规划"。《中国生物多样性保护战略与行动计划（2023—2030 年）》也提出"优化国土空间开发和保护格局，将生物多样性保护作为国土空间规划的重要内容。"

城乡规划的本质在于空间的创造，是对生态、生产、生活的空间载体的永续发展和生命力的维护 [3]。通过对生物多样性的保护，城乡规划可以在生态文明和美丽中国建设方面发挥更大作用。我国自建设部 2002 年颁布《关于加强城市生物多样性保护工作的通知》以来，逐渐明确了城乡规划对生物多样性保护的重要作用。在国土空间规划体系改革背景下，空间规划可以为构建生物多样性保护空间网络提供依据已逐步成为共识。《市级国土空间总体规划编制指南（试行）》要求"构建重要生态屏障、廊道和网络，形成连续、完整、系统的生态保护格局，维护生态安全和生物多样性"。已有不少市县在国土空间总体规划

---

* 项目资助：教育部产学合作协同育人项目（22090015 5223035）。

干　靓：同济大学建筑与城市规划学院副教授

中考虑了生物多样性，尤其是在生态空间规划中强调生物多样性的保护，但这一领域对于传统规划设计从业人员而言仍是"小众"方向，在传统的规划教育中较少涉及，使得规划师对生物多样性与空间布局之间的关联性缺乏了解，较难在规划编制和实施过程中应用和落实生物多样性保护的空间要求。面对日益增加的生物多样性保护规划实践需求，城乡规划专业教学的知识体系中亟需补充生物多样性及其空间需求的相关内容。

鉴于此，同济大学城市规划系自2015年起在"城市环境与城市生态学"专业课中尝试植入"城市生物多样性"的授课内容，经过十年的摸索，逐渐形成了适用于城乡规划专业的生物多样性保护知识体系和教学模式。本文通过总结同济大学将生物多样性保护跨学科知识与方法融入城乡规划教学的探索，结合教学成效，思考人与自然和谐共生的中国式现代化建设背景下的城乡规划教育焕新。

2 适用城乡规划专业本科教学的生物多样性保护知识体系构建

2.1 教学知识单元的植入

涉及生物多样性的教学知识单元依托城乡规划专业本科生的专业必修课"城市环境与城市生态学"，该课程在本学期之前的开设对象主要是四年级上的城市规划系学生（即与总体规划设计课教学同一学期），也对其他年级学生开放。2025年春季学期开始，为了顺应城乡规划本科教学的学制变化以及"城乡生态环境与自然资源课程群"建设的需求[4]，调整到三年级下（即与详细规划设计课教学同一学期）。该知识单元最初仅有2学时，主要用于介绍城市生物多样性的基础原理性知识，意图唤起学生的保护意识并建立基本认知。随着授课人及其团队对生物多样性保护规划研究的不断深入，适用于城乡规划专业本科教学的"生物多样性保护"知识图谱不断迭代，逐渐演化成5学时的"城市生物认知与生物多样性保护"教学单元。

2.2 教学知识单元的目标

"城市生物认知与生物多样性保护"教学单元的目的在于帮助学生树立人与自然生命共同体价值观，培养学生认知生物多样性保护的基础知识和基本规律，以及

应用生物多样性保护知识和方法进行规划的初步能力，即在基本认知"生物多样性是什么""生物多样性保护为什么重要"的基础上，进一步加强"生物多样性保护规划设计怎么做"的能力培养。

2.3 教学知识单元的内容

考虑到本科同学的知识结构和课程学时分配要求，该教学单元分为三部分知识模块：①城市生物及其习性的基本认知（1学时），以导入生物学知识并结合"城市"特征讲解为主，主要包括城市生物的基本概念、类型、营养级类群关系、相对于乡村生物类群的特征以及栖息环境相关概念；②城市生物多样性的基本理论及其测度（1.5学时），以价值观传导和基本方法引介为主，主要包括城市生物多样性的基本概念，保护的重要意义和途径，以及城市生物多样性监测的基本方法和评价指标；③城市生物多样性保护规划与设计（2.5学时），结合案例分别讲解宏观、中观、微观各层级生物多样性保护规划设计的技术方法。每一部分知识模块分解为若干知识点（表1）。

**"城市生物认知与生物多样性保护"
教学单元的知识模块和知识点**　　　　表1

知识模块	知识点	了解/理解/掌握	学时
城市生物及其习性的基本认知	城市生物的概念	了解	1
	城市生物的类型与营养级类群	了解	
	城市生物的特征	理解	
	城市生物栖息环境	理解	
城市生物多样性的基本理论及其测度	城市生物多样性的概念	理解	1.5
	城市生物多样性保护的意义	理解	
	城市生物多样性保护的途径	掌握	
	城市生物多样性监测	了解	
	城市生物多样性评价	理解	
城市生物多样性保护规划与设计	宏观—生境网络（对应总体规划）	掌握	2.5
	中观—生境单元制图、生境链系统（对应详细规划和城市设计）	掌握	
	微观—生境营造/恢复、鸟类友好型建筑（对应场地设计和建筑设计）	掌握	
	生物多样性友好型城市管理	理解	

资料来源：作者根据课程教案整理

3 适配城乡规划专业本科教学的生物多样性保护教学模式探索

3.1 产学融合案例解读

在城乡规划教学中，实践案例教学是连接理论知识与实际应用的关键桥梁，对培养具备创新思维和实操能力的专业人才具有重要意义。教学团队依托教育部产学合作协同育人项目，结合教学团队主持和参与的生物多样性保护研究与实践案例进行授课。如结合团队研究的"全球生物多样性热点地区中的中国大城市"[5]讲授中国生物多样性分布格局与城市化之间的关系；结合对同济大学校园生物多样性的研究，介绍多种生物多样性调查监测方法；结合团队在云南云龙、福建厦门、河南鹤壁、上海崇明开展的生物多样性保护规划实践，系统解析生物多样性保护规划的关键技术环节等。

3.2 生物生境要素调研

为了推动同学们理解真实城乡环境中的生态问题，从 2021 年秋季学期开始，"城市环境与城市生态学"课程要求同学们完成一份小组调研作业，每组不超过 3 人，选择某一生态环境要素进行调研，完成不超过 15 页 PPT 的调研报告，并安排专门课时抽选作业成果进行分享研讨。"城市生物与生境"是所有生态环境要素中最受欢迎的调研对象，同学们所选择的调研类群主要为较为容易观察的鸟类与植物，调研场景从校园延伸到城市中的各类综合公园、森林公园、湿地公园、郊野公园、滨江绿地、专类公园、生境花园等，2022 年由于部分同学因疫情封控未到校，很多选择了家乡的公园绿地进行调研。除了样点样线调查法，部分有积极探索精神的小组同学还利用教学团队提供的红外相机和声音监测设备进行生物多样性数据采集和分析（表 2）。

3.3 城乡场景应用实践

基于城乡规划专业学习的特点，理论课程中学习到的知识点如能有更多实践应用场景，可以更好地加以巩固。在理论课时有限的情况下，教学团队也积极探索了不同城乡应用场景的实践，主要方式包括：

（1）结合授课教师指导的设计课程进行专题设计

基于授课教师参与的城市设计、乡村规划设计、毕业设计等设计课程，选择城市滨水区、保护地毗邻乡村等适宜的应用场景，进行设计课中的生物多样性保护专题教学，指导学生将在理论课上学到的知识转化为设计课上的规划设计方案（表 3），完成从数据采集到场景设计的生物多样性保护规划技术方法的全链条培养。

2021—2025 年"城市生物与生境"调研作业选题（部分） 表2

学期	小组调研作业选题
2021 年	寻踪校园小动物
	杨浦滨江雨水花园生物多样性相关调研
	基于红外相机技术的校园野生动物分布及其影响因素研究
	共青森林公园鸟类调查
	同济四平路校园鸟类调查与生境优化建议
	上海动物园调研
2022 年	上海世纪公园泊岸鸟类生境调研报告
	长白岛冬季鸟类多样性调查
	笼内网外——上海动物园动物福利与自然教育调研
	生态修复背景下的乡土植物景观营造
	校园生物声多样性研究——三好坞发声生物生活规律调研
	基于动物福利视角的沉浸式动物展区设计调研
	浦江郊野公园生物多样性调查
	吴淞炮台湿地公园生物多样性调研
	昆明翠湖公园冬季鸟类调研及自然教育研究
2024 年	一米高度看植物——儿童青睐的公园植物调研
	城市公园植物生长状况与声环境的联系——以上海市虹口区和平公园为例
2025 年	物种多样性视角下生态教育产品对游客行为引导作用的探究
	鸟类和植物的生境评估调研——以和平公园为例
	长宁翠链——愚园路生态聚能街区设计
	锈带新生——杨浦滨江水环境、植物多样性及生态景观营造调研

注：2023 年上海举办的主题为"共栖"的城市空间艺术季（SUSAS），考虑该主题与课程内容联系紧密，当季学期的课程作业调研对象改设定为 SUSAS 主会场和各区分会场展区展示的生态要素，诠释"人与自然和谐共生"城市发展理念的方式及对城乡空间规划的启示。

资料来源：作者根据"城市环境与城市生态学"历年课程作业整理

学生完成的关于生物多样性的规划设计课程作业　表3

设计作品名称	所属课程
汀洲焕浦——基于亲自然理念的上海杨树浦港地区城市设计	城市设计
Biophilic Network——"苏河之冠"城市设计	城市设计
"候鸟"圩飞 村"景"共叙——自然遗产地先导村模式探索	乡村规划设计
圩富民安 稻香鸟鸣——上海市崇明区中兴镇富圩村村庄规划	乡村规划设计
闻鸟于野 欣然乡愈——基于五感疗愈体验的乡村规划设计	乡村规划设计
上海市崇明区竖新镇生物多样性友好型乡村规划设计	毕业设计

资料来源：作者根据历年设计课作业整理

学生完成的关于生物多样性的科普作品　表4

科普作品名称	科普内容	科普作品形式
飞鸟之殇——什么成了它们回家的阻碍	防鸟撞	图文
生态保育与社区协同的青西之歌	湿地生物多样性保护与社区发展	图文
生境花园奇遇记	生境花园	视频
拯救城市"鸟朋友"	防鸟撞	图文
都市兽语，绿影沪踪	野生动物保护	图文
神秘的动物邻居	野生动物保护	图文
深蓝呼救	海洋动物保护	动画
白海豚的小岛奇遇记——守护厦门的蓝色宝藏	海洋动物保护	图文
关注绿色发展，保护生物多样性	生物多样性	图文

资料来源：作者根据学生完成的科普作品整理

（2）以校园和校地合作基地为场景的多学科协同创新实践

以校园作为身边的"生活实验场"，开设《基于公民科学与红外相机监测的校园野生动物空间分布研究》《城市鸟撞现象及防鸟撞策略研究——以同济大学校园为例》等大学生创新创业实践项目，推动城乡规划专业学生与生态学、社会学、设计学、电信等其他专业学生在课外共同就身边的生物多样性议题进行研究，通过系统的调研发现问题并协同创新解决方案。

联动大自然保护协会（TNC）、世界自然基金会（WWF）等生物多样性保护类NGO组织，共同指导关于社区生境花园、上海市生物多样性体验中心的大学生创新创业实践项目，促使学生的研究实践对接上海生物多样性友好型城市建设中的真实需求。

在暑假期间，还依托授课教师对口挂职的上海市崇明区和同济大学对口帮扶的云南省云龙县校地合作基地，开展生物多样性主题的暑期社会实践，通过实地探勘调查和多相关利益方访谈，促使学生理解地方生物多样性工作的复杂性，并引导学生从空间规划的视角为地方提出政策建议。

（3）鼓励学生发挥专业特长进行生物多样性科普

城乡规划专业大多具有较好的绘图能力，在课堂教学和课外创新实践活动中，教学团队也积极鼓励学生在充分理解生物多样性知识的基础上，发挥专业特长，创作科普作品，并推动学生作品参加中国生态学学会主办的科普作品大赛（表4）。

4 教学成效

从2022年起，教学团队开始试点让学生在每堂课后写下"Last Minute Note"，即每次课后写下一句感受或一个问题。从"城市生物认知与生物多样性保护"教学单元的"Last Minute Note"中，可以发现学生们对生物多样性保护知识的兴趣高昂，这可能是因为对自然界其他生命体的热爱是根植于人类的本能。部分学生的问题触及人类中心主义的价值观思辨以及保护与发展的根本矛盾，体现出学生对这一议题的深刻思考。

生物多样性保护知识与城乡规划专业的跨学科融合也激发出了同学们的巨大潜能。《翼翼归鸟，欣欣油桥——世界级生态岛的乡村振兴；上海市崇明区竖新镇生物多样性友好型乡村规划设计》等设计作品获得"汇创青春"上海大学生文化创意作品展示活动优秀学生作品一等奖；《基于多源数据的大学校园野生动物分布及其环境影响因素调研——以同济大学四平路校区为例》等学生作品连续在中国自然资源学会主办的"国地杯"全国大学生自然资源科技作品大赛获奖；学生的图文和视频类科普作品也屡次在中国生态学学会主办的"关注绿色发展，建设生态文明"生态科普作品大赛中获奖。由学生参与策展的《同济大学精灵志—校园生物多样性监测与保护》在 2023 年秋季亮相上海城市空间艺术季主会场，并在开幕式直播中被重点推介。学生完成的同济大学校园生物多样性科普明信片、书签已成为特色文创，多次在学院举办的各种会议和外事接待中作为礼品，在 2024 年儿童节时还成为学院工会为"同二代"准备的特色自然教育礼物。

5　教学反思

整体而言，同济大学适应城乡规划专业本科教学的生物多样性保护知识体系和教学模式探索取得了一些初步的效果，通过贯彻"生命共同体"理念，引导学生们积极探索人与自然和谐共生的规划新方法和新路径，强化了对生态文明价值观的引导和思辨。但教学过程中也仍存在一些不足。

首先，由于目前理论课程的授课内容和人数都较多，目前的讲课方式仍以教师讲课为主，互动性有限，调研环节由学生在课外自行完成。囿于规划专业学生的生物学知识储备，部分小组的调研深度不足。未来将联动生命科学与技术学院的相关课程，探索在既有的"城市环境与城市生态学"和即将开设的"土地整治与生态修复"课程中植入现场实验教学模块，进一步结合最新的数字化技术，研发城乡规划专业学生更能快速掌握的生物多样性实地调研方法，推动学生对课程内容的理解与应用。

其次，从与设计课程的衔接上来看，由于目前依托的理论课"城市环境与城市生态学"开设的学期较晚，学生在低年级的详细规划设计中尚未能应用课程知识进行设计实践。本学期虽已前置到三年级下，但仍有部分学生认为可以更加提前，未来将结合培养计划调整探索进一步前置到三年级上或更低年级的可能性。此外，由于授课老师本人主要参与详细规划尺度的设计课教学，因此目前在设计课应用场景中未涉及总体规划教学，未来将进一步与总规教学团队做好沟通，进一步推动和观察学生在总规课程作业中的应用情况。

在国家空间规划体系改革全面推进的背景下，规划的学科体系、人才培养的内容和方式等都需要适应国家战略要求。将生物多样性保护知识纳入城乡规划专业教学，既是契合国家战略、完善课程体系、培养专业人才生态素养的重要举措，也是应对城乡发展生态问题、满足行业人才新要求、传承生态保护理念的必要手段。生物多样性保护是一项长期而艰巨的任务，需要一代又一代人的努力。通过在城乡规划本科教学中融入生物多样性保护知识，能够将生态保护理念传递给年轻一代的城乡规划师，培养他们的保护意识和责任感。学生在学习过程中形成的生物多样性保护意识和思维方式以及初步掌握的生物多样性保护规划技术方法，将在其未来的职业生涯中发挥重要作用，带动更多的业内人士关注和参与生物多样性保护，形成全社会共同参与的良好氛围，助力城市可持续发展和生物多样性保护事业。教学团队也将根据学科发展的要求不断完善和提升教学模式，为立足空间本体探索生态环境领域跨学科知识体系融入的教学焕新做出积极贡献。

参考文献

[1] 中共中央办公厅，国务院办公厅 . 关于进一步加强生物多样性保护的意见 [Z]. 北京：中国政府网，2021.

[2] 昆明 – 蒙特利尔全球生物多样性框架 [EB/OL]. 联合国《生物多样性公约》，（2022–12–19）[2025–05–10]. https：//www.cbd.int/gbf.

[3] 吴志强，张悦，陈天，等 ."面向未来：规划学科与规划教育创新"学术笔谈 [J]. 城市规划学刊，2022（5）：1–16.

[4] 干靓，颜文涛 . 国土空间规划改革背景下的"自然资源保护与利用"课程建设初探 [C]// 联动专业学科·焕新规划教育——2024 中国高等学校城乡规划教育年会论文集 . 学位委员会城乡规划学科评议组、高等学校城乡规划专业教学指导分委员会、北京建筑大学建筑与城市规划学院，北京：中国建筑工业出版社，2024，10：245–251.

[5] 干靓，刘巷序，鲁雪茗，等 . 全球生物多样性热点地区大城市的保护政策与优化方向 [J]. 生物多样性，2025，33（5）：24529.

Exploration and Reflection on the Integration of Biodiversity Conservation into the Urban-rural Planning Education —— Case Study of Tongji University

Gan Jing

Abstract：Urban-rural planning is with great significance to provide spatial guarantee for decision-making and actions of biodiversity conservation, but the knowledge of biodiversity conservation is rarely involved in traditional planning curriculum. In the face of the increasing demand for biodiversity conservation planning practices, urban and rural planning curriculum needs to be supplemented with biodiversity and its spatial requirements. This paper introduces the practice of integrating interdisciplinary knowledge and methods of biodiversity conservation into the undergraduate curriculum of urban-rural planning in the Department of urban planning of Tongji University, summarizes the knowledge system of biodiversity conservation applicable to the undergraduate students major in urban-rural planning, and discusses the teaching model of "real practical case interpretation+species/habitat investigation+application practice in diverse urban-rural scenarios". Combined with the educational performance, this paper considers the renewal of urban-rural planning education in the context of developing harmonious coexistence of man and nature under the Chinese style modernization.

Keywords：Biodiversity Conservation，Urban-Rural Planning Education

以能源资源为特色的城乡规划专业人才培养体系
构建思路与实践探索

李　昂　常　江　罗萍嘉

摘　要：本文以国家能源资源战略与城乡规划教育转型需求为背景，探讨构建以能源资源为特色的城乡规划专业人才培养体系的路径。通过分析国家战略服务需求、国土空间体制适应需求及资源型城市转型现实需求，提出以守正创新为核心、工程人才多维培育为目标、优势资源整合为保障的能源资源特色化培养体系构建思路。以中国矿业大学为例，实践"一核心（前瞻性转型）、三维度（知识—能力—价值）、四层面（培养计划—课程体系—教学方法—内容设计）"的特色化建设路径，培养具备能源资源与空间治理耦合能力的复合型人才，为破解规划教育同质化、空心化、宽泛化困局提供参考。

关键词：能源资源；特色化建设；城乡规划专业；人才培养体系

1　引言

　　2025年1月，中共中央、国务院印发了《教育强国建设规划纲要（2024—2035年）》[1]，其中高等教育部分的首位要求就是引导高校在不同领域不同赛道发挥优势、办出特色，唯此才能适应变革时代不断涌现的新技术、新产业、新业态和新模式。然而，当前城乡规划专业特色化建设面临系统性困境：培养过程方面，本就"大而全"的知识体系在国土空间背景下加速"扩圈"，作为对接城乡规划学一、二级学科的唯一专业，其承载力显著失衡，亟需进行专业方向和培养模式的多样化探索。培养结果方面，曾经鲜明的职业导向逐渐模糊化、边缘化，人才培养目标与行业发展脱节，存在脱实向虚的风险。

　　众多院校、学者都对特色化办学进行过广泛的研究与探讨，一个重要的共识是，特色化办学需要立足国家长远战略进行前瞻性布局。当前，我国正在引领世界能源资源格局的演进。2024年8月发布的《中共中央 国务院关于加快经济社会发展全面绿色转型的意见》[2]和《中国的能源转型》[3]白皮书，明确了以资源能源转型推动人类文明进步的必然趋势，标志着我国"双碳"目标从政策宣示转向空间实践。与此同时，对于我国规模庞大的资源型地区与城市，其转型发展问题愈发呈现出多

维耦合系统的复杂性，需要具备资源能源系统认知与空间干预能力的专门人才。国家绿色转型的战略需求与经济社会发展的现实诉求，为城乡规划专业人才的特色化培养提供了切入点和坚实基础。

　　基于此，中国矿业大学建筑与设计学院立足国家能源资源战略导向，审视自身发展条件，整合校地禀赋优势，面向城乡发展与关联行业的现实需求，提出以能源资源为特色的城乡规划专业人才培养体系的构建路径。通过内核守正与特色创新的有机协调、工程人才多维素质的目标导向、教育资源价值链的深融广拓，以期为破解当前规划教育同质化、空心化、宽泛化的困局提供实践参考。

2　城乡规划专业开展能源资源特色化人才培养的需求分析

2.1　国家战略新形态的服务需求

　　城乡规划是推进国家战略的主战场，服务国家发展新阶段的战略需求是城乡规划专业教育的首要职责[4]。

李　昂：中国矿业大学建筑与设计学院讲师
常　江：中国矿业大学建筑与设计学院教授
罗萍嘉：中国矿业大学建筑与设计学院教授（通讯作者）

从 2012 年开始，我国先后提出了可持续发展、生态文明、"双碳"、能源安全、绿色转型和新质生产力等能源资源相关的重大战略，这些战略的发展演化不断推进着经济社会发展方式的转变，进而改变城乡要素配置的理论依据和技术标准，规划人才培养应适时进行调整与适配。从能源资源战略的发展脉络来看，有三个显著的趋势特征值得关注：一是能源资源价值导向，从保障快速发展的高效、节约进阶为高质量发展的清洁、安全；二是能源资源创新能力，以"双碳"战略为转折点，我国能源资源领域的理论与实践从全球框架下的追赶借鉴逐渐转换为创新引领角色；三是能源资源的战略地位更加凸显，相关目标和实现路径更加清晰，并成为带动经济社会各领域发展的核心驱动。可以预见，在新的战略形态下，能源资源相关的新理念、新技术将向物质空层面进一步延伸与落实，规划教育改革需对此做出积极的回应，从而更好的服务国家战略需求。

2.2 国土空间新体制的适应需求

国土空间新体制下，城乡规划专业教育的机遇与挑战并存 [5]。一方面，国土空间规划体系拓宽和完善了城乡规划知识领域和基础理论，补齐了生态保护与修复等方面的短板，理顺了城乡规划管理与空间治理逻辑。这些变化实际上为规划人才培养提供了更多可能性，有利于其综合素质和能力的提升。另一方面，新体制下的城乡规划进入了多学科大融合阶段，规划专业教育的固有边界愈发模糊，原有的理论与实践教学对国土空间规划的支撑度不足，甚至出现"空心化"现象，相关知识的膨胀对规划人才培养体系造成冲击。对此，一个可行的方案是从我国规划教育的整体布局上进行横向建设，既在有条件的规划院校建立"主干＋特色"的清晰培养模式，其中"主干"应进一步精练在国土空间体制下起到主导作用的核心知识及相应的课程群，"特色"则应体现对国家重点关切或国土空间重点组分等不同细分领域的偏向性，根据不同学校的发展基础或地域差异等特征，集中强化特定相关知识及其教学组织，从而适应逐渐多元化的行业需求。近年来，资源能源、管理、农林等专长型高校所开办和建设的城乡规划相关专业，已经显现出了领域细分格局的雏形。

2.3 资源型城市转型的现实需求

转型是国家实现高质量发展的必由之路，其中资源型城市如何避免衰退并实现可持续发展，是转型发展的重点和难点。我国有资源型城市 262 座，其中地级以上城市 126 座，占城市总数的 42.4%，这些城市的转型发展极具复杂性：从资源类型上可分为煤炭城市、森工城市、有色金属矿城等；根据对资源产业的依赖度又分为轻度、中度、重度等；基于转型发展周期理论，又呈现出再生型、成熟型、成长型、衰退型等多阶段并存和转化。此外，资源型城市转型发展的老问题与新矛盾交织显现，如"矿—城"协同、矿区修复、工人村更新、工矿遗址活化等，不仅需要适配的规划设计能力，还需协同矿业工程、安全工程、产业经济学、修复生态学等相关知识。然而，从城乡规划专业学科的发展历程来看，在资源型城市方面所投入的教育和科研力量与其庞大规模并不匹配，这造成了转型规划理论与实践进展缓慢。因此，有必要深化能源资源与城乡规划专业知识的耦合，打通资源型城市规划的"认知—技能—实践"流程，为我国近半数城市的转型发展现实需求谋划有针对性的规划人才培养体系。

3 以能源资源为特色的培养体系构建思路

城乡规划专业教育的特色化转型需要系统性的方法论支撑 [6]。在明晰国家战略需求、行业变革趋势与教育资源禀赋的基础上，本研究提出从理念革新、能力重塑、资源协同三个维度构建特色化培养体系。

3.1 守正创新的特色化转型理念

城乡规划专业教育的特色化转型必须以"守正创新"为价值基点，在学科本质坚守与时代需求响应之间寻求动态平衡。为实现这一目标，需要满足三个前置条件：首先，厘清专业知识内核边界，提高基础能力的培养效率。没有稳固鲜明的专业内核，就没有高质量的交叉融合，特色化转型反而会导致专业独立性的丧失。尽管早在 2013 年《高等学校城乡规划本科指导性专业规范》就提出了规划教育的 5 个核心知识领域和 10 门核心课程 [7]，但在具体教学实践中缺乏基于知识点的统筹和精炼，重叠、冗余和非核心知识介入仍然普遍。因此需要在教师之间、教学团队之间进行深度梳理与归纳，寻求从理论到实践的最短路径。其次，找准创新驱动的结合点和拓展域。特色化转型的培养体系不能靠简单的条块划分或学时增减实现，而是在相关知识体系认知、解构、遴选的基础上，将必要和有价值的知识嵌入城乡规划教学体系中，利用通识、理论、实践等多种教学形式进行分散式布局，对原有培养体系进行特色化提升而非转向（图 1）。最后，培养模式的适应性重构。充分考虑特色方向的知识获取特点及应用场景，以能源资源议题的维度差异、价值差异和尺度差异为契机，将传统的以设计为主导的工匠模式转化为以兴趣为主导的研究探索模式，具体方式包括人智交互（HAI）的教学方法探索、双元制与项目驱动、认知迭代式学习等。

3.2 工程人才的多维培育视野

工程属性是我国城乡规划专业教育的重要特点，也是本专业区别于城市管理学、人文地理与城乡规划学等临近专业的本质差异[8]。同时，由于城乡规划业务的复杂性，使其被赋予了更多的公共利益、政策导向等非工程职能，城乡规划的工作内容非常丰富，而不仅仅是一种工程产品[9]。2021 年 6 月 21 日，《华盛顿协议》时隔十年更新了第 4 版国际通用的工程专业人才毕业要求，以适应联合国可持续发展目标、社会需求变化和数智技术发展的新形势，其"知识—能力—价值"三位一体的概念转变，为以素质为核心的规划人才特色化培养提供思路[10]（图 2）。此外，关注人才培育的国际视野，学习借鉴以城市转型与可持续发展见长的国际院校培养模式，如柏林工业大学城市与区域规划专业、德累斯顿大学空间规划专业等，通过外籍专家团队引进、国际交流工作坊、国际系列报告进课堂等形式，使学生站在全球发展与热点问题的高度，加深对所学专业的价值认同与内涵特色的理解。

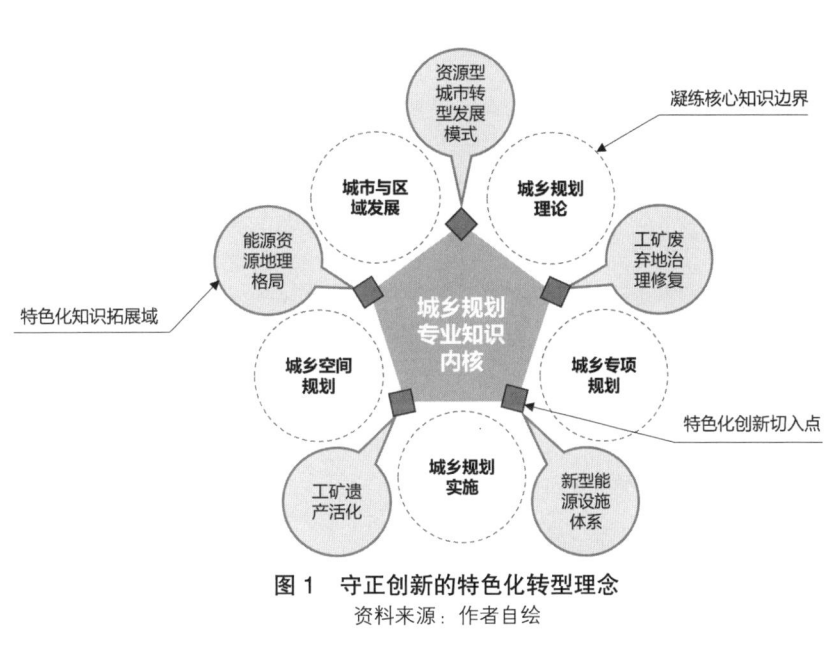

图 1 守正创新的特色化转型理念
资料来源：作者自绘

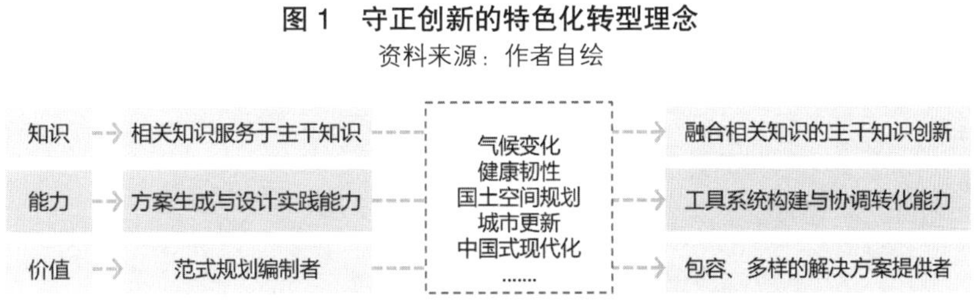

图 2 基于《华盛顿协议》的工程人才培养目标转变
资料来源：作者自绘

3.3 深融广拓的优势资源整合

在城乡规划专业特色化转型中，教育资源整合需构建"纵向融合、横向拓展"的立体化网络。依托学校在能源资源领域世界一流大学的发展战略，纵向整合校内矿业工程、安全工程等优势学科资源（图3）；横向打通校外资源能源企业中的建设部门、资源型城市的转型实践部门的多主体场景，形成"基础教学—技术支撑—实践应用"的知识转化链。通过工矿遗产活化设计营、深地工程联合实验室等虚实结合的教学平台，实现跨学科知识迁移与创新能力孵化。在"招—培—送"育人链条构建中，创新实施"兴趣引流—定制培养—引导输送"的闭环机制：招生环节在地域上有所侧重，吸引具有资源型城市成长背景的优质生源；培养阶段推行导师制结合项目制模式，由规划教师与企业工程师联合指导光伏社区营造、矿区生态补偿机制设计等真实课题；输送环节搭建人才直通链路，利用本科生导师的横纵向社会服务关系与长期合作的资源型城市人才需求进行衔接，引导输送掌握资源能源—空间耦合治理技术的复合型人才。这种资源整合与链条贯通的协同机制，既保障了特色化培养的实践根基，又构建起人才培养与行业需求动态适配的可持续发展通道。

4 基于中国矿业大学城乡规划专业特色化建设的实践探索

中国矿业大学城乡规划专业于2021年开始筹备，2022年开始招收第一届本科生。虽然建设时间较晚，但经过近二十年的城乡规划学科发展积累，在能源资源与城乡规划交叉领域具有较扎实的研究基础。专业建设初期时值规划教育转型的关键节点，为了应对行业变革和转型方向的不确定性，规划系教师团队在审慎分析自身条件和发展需求的基础上，明确了"一核心、三维度、四层面"的特色化建设实践路径。

4.1 一核心

核心即以"前瞻性转型"为核心的城乡规划培养体系特色化建设路径。其中，"前瞻性"的重点是跳出以当前学科和行业背景为参考的静态培养思维，聚焦构建动态适应未来十年战略周期的培养体系。专业建设团队通过多轮调研、教学研讨，锚定能源资源与国土空间治理的耦合方向，通过政策解读、趋势研判和场景预置，将碳达峰行动方案、新型能源体系构建、经济社会绿色转型等国家战略转化为教学改革的驱动力。此外，依托多学科背景的教师团队建设，形成能源系统工程、空间信息科学、资源经济学等跨领域教研单元，通过有组织的科研攻关破解资源型城市转型、智慧矿山建设、能源基础设施韧性优化等课题，使教学改革始终立足学术创新前沿。在地化服务实践中不断通过行业需求反哺知识迭代，深度参与徐州市、淮北市、阳泉市等资源型城市转型规划编制、工矿废弃地再生试点等实践项目，形成人才培养与区域能源转型的同频共振。这种前瞻性保障机制突破传统教育改革的滞后性，通过战略校准、师资重构、科研支撑、实践验证的四维联动，动态修正资源

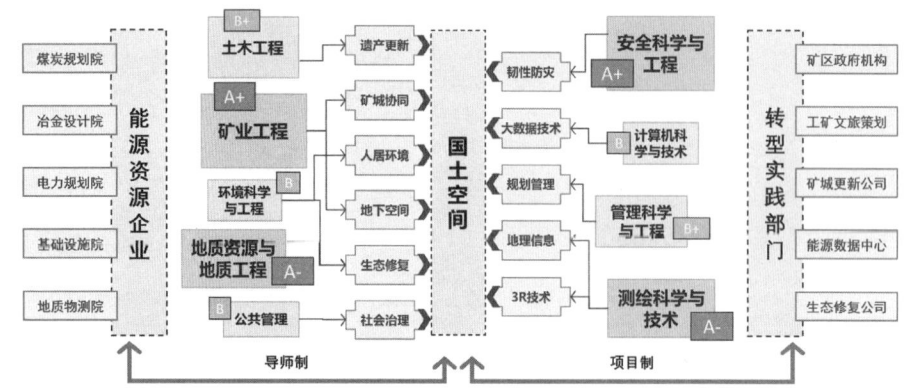

图3　城乡规划专业特色化转型中的教育资源纵向融合与横向拓展

资料来源：作者自绘

能源与城乡规划的融合路径，使培养体系既保持对"双碳"目标等确定性战略的精准响应，又具备应对技术突变、政策转向等不确定性的弹性适应能力。

4.2 三维度

三维度即"知识—能力—价值"三维协同的特色化培养模式。在知识维度方面，以国土空间规划核心知识体系为基底，深度融合资源环境导论、能源地理学、矿区生态修复技术等跨学科知识模块，形成"空间规划×资源能源"的知识耦合界面。在能力维度方面，注重工具系统构建与快速适应能力，如空间规划技术能力支撑能源设施布局优化的决策精度，协同治理能力破解"矿—城"空间冲突的系统性矛盾，创新转化能力实现低碳技术向空间干预手段的实质性跃迁。在价值维度方面，在规划师职业使命感的基础上，融合更加广泛的工程伦理，构建更加客观和内化的价值坐标，如能源安全底线思维、生态修复责任伦理、转型社会代际公平取向等，培养能够驾驭转型期多元价值冲突的规划工程师。总体而言，特色化规划人才培育重点应实现从"授鱼"到"授渔"的转变，以从容应对规划人才职业生涯全周期中可能面临的更多变化和挑战。

4.3 四层面

四层面主要从培养计划、课程体系、教学方法和内容设计4个层面落实特色化建设的具体操作（图4）。

首先，在培养计划层面，优化培养目标、毕业要求、交叉学科、特色课程等方面的表述，加强资源能源特色显示度，使学生与专业保持思想认识的一致性。主

干框架在延续学校课程体系编制标准和城乡规划专业评估标准的同时，寻求特色化创新的可能性，包括在校级通识课程模块中加入"能源资源与人类文明"课程、专业主干中预设产教融合教学示范课程、AI深融课程、线上线下混合示范课程等，跨专业拓展课组加入智慧矿山、自然资源管理概论等交叉学科优质建设课程等。

其次，在课程体系具体设计层面，特色化建设的可控性更强，组织专业建设团队按照课程类型、课程规模、知识结构的差异性，分门别类建立多样化的特色化教学介入机制，将其分为全课程拓展、分学时拓展和灵活性拓展三类，将特色化教学控制精确到学时尺度，协调教师配置和进度安排（图5）。

再次，在教学方法层面，构建"虚实融通—动态反馈"的智慧教学模式，依托能源资源特色方向的教学需求创设多维交互场景。技术手段上整合数字孪生建模与矿区空间数据库，开发工矿废弃地再生推演等虚实耦合的沉浸式教学模块；教学组织上推行"双元制"项目驱动机制，遴选榆徐州贾汪采煤塌陷区生态修复等真实转型项目，由规划教师与企业工程师组建跨学科教学团队，在方案比选、政策模拟、效益评估等关键节点设置现场教学与多主体评价环节。

最后，在教学内容设计层面，把关课程建设质量标准和具体教案编写，考察选题设置、案例引用、调研实践等教学环节中能源资源教学内容的引入程度。通过案例库、项目库、调研基地、社区实验室等教学资源平台的建设，培育综合性强、特色鲜明、评价反馈好的示范性教学流程。通过以上培养体系建设举措，专业学生在

图4 中国矿业大学城乡规划专业

资料来源：作者自绘

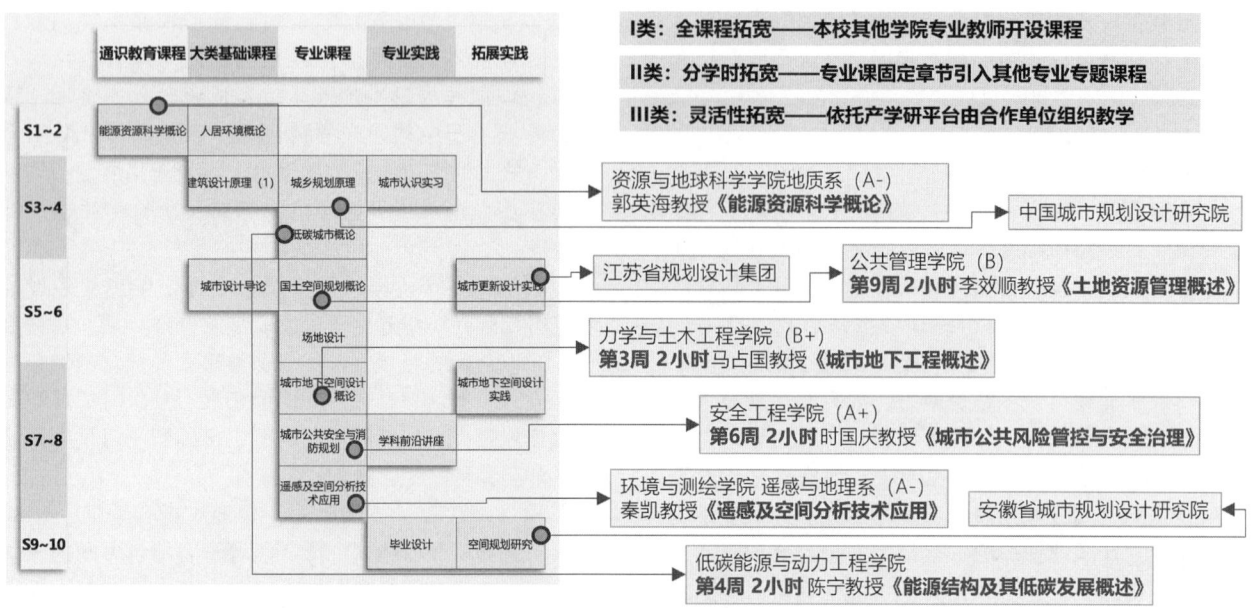

图5 以能源资源为特色的城乡规划课程体系设计示例
资料来源：作者自绘

创新计划、高水平竞赛中已经形成了能源资源特色鲜明的成果，拓宽了学生发展的可能性。

5 结语

人类社会的每一次重大进步，往往伴随着能源资源利用方式的变革，进而深刻地影响着人们的生活方式、全球生态系统、经济产业形式，最终传导至国土空间的每一个方面。在能源资源相关的新思想、新技术、新事物不断涌现的今天，城乡规划专业发展正处在又一个重要的十字路口，人才培养的机遇与挑战并存。为此，本文提出了以能源资源为特色的城乡规划专业人才培养体系构建思路，并基于实践案例介绍了探索路径，以期通过规划专业人才多元化、特色化培养应对新需求，为城乡规划教育的前瞻性转型提供思路。囿于培养体系实施时长有限等因素，在教学组织、教学交叉设计和教学成果凝练等方面仍有未尽之处，需在今后的教育教学实践中进一步总结提升。

参考文献

［1］廖粤生，王先亮，冯晓露.《教育强国建设规划纲要（2024–2035年）》的三重维度 [J/OL]. 教学与管理，1–7[2025–05–20].http://kns.cnki.net/kcms/detail/14.1024.G4.20250515.1531.002.html.

［2］中共中央国务院关于加快经济社会发展全面绿色转型的意见 [C]// 中国企业改革与发展研究会.2024蓝皮书中国企业改革发展.中共中央，国务院，2025：379–384.

［3］国务院新闻办公室发布《中国的能源转型》白皮书 [J].节能与环保，2024（9）：1.

［4］吴志强，张悦，陈天，等."面向未来：规划学科与规划教育创新"学术笔谈 [J]. 城市规划学刊，2022（5）：1–16.

［5］宋玮利.非重点高校城乡规划专业现状及人才培养模式创新研究 [D]. 成都：西南交通大学，2022.

［6］段进，石楠，闫凤英，等."规划教育的规划"学术笔谈 [J]. 城市规划学刊，2025（1）：1–10.

［7］高等学校城乡规划学科专业指导委员会.高等学校城乡规划本科指导性专业规范 [M]. 北京：中国建筑工业出版社，2013.

［8］臧靓.基于评估院校比较的城乡规划专业本科培养方案研究 [D]. 沈阳：沈阳建筑大学，2021.

［9］ 李疏贝，彭震伟 . 发展观影响下的当代中国城市规划教
育 [J]. 城市规划学刊，2020（4）：106-111.

［10］ 李明 . 后《华盛顿协议》时代我国高等工程教育质量治

理探究：内涵诠释、环境剖析与战略构想 [J]. 高等建筑
教育，2023，32（5）：31-38.

The Construction Ideas and Practical Exploration of the Talent Cultivation System for Urban and Rural Planning with Energy Resources as Its Characteristic

Li Ang   Chang Jiang   Luo Pingjia

Abstract：This study explores the construction of a talent cultivation system for urban and rural planning specialties with energy and resource characteristics, grounded in China's national energy resource strategy and the transformation needs of planning education. By analyzing three dimensions—service demands of national strategies, adaptation requirements of the territorial spatial system, and practical needs of resource-based city transitions—it proposes a framework centered on integrating inheritance with innovation, aiming to cultivate multidimensional engineering talents through synergistic resource integration. Taking China University of Mining and Technology（CUMT）as a case study, the research implements a distinctive pathway characterized by "One Core（forward-looking transformation）, Three Dimensions（knowledge-competency-values）, and Four Layers（training programs-curriculum systems-pedagogical methods-content design）." This approach fosters interdisciplinary talents capable of coupling energy-resource governance with spatial planning, offering solutions to address the homogenization, hollowing, and overgeneralization challenges in planning education.

Keywords：Energy Resources, Specialized Development, Major in Urban and Rural Planning, Talent Training System

数智为基的高阶规划设计课程体系建构
——以大连理工大学城乡规划"五改四"培养方案为例

刘代云 蔡 军 肖 彦

摘 要：数智技术正在影响人类生活，数智技术亦在影响高等教育，在规划专业"进出两端"双向紧缩，引发规划教育"危机"的当下，其亟需依托数智技术进行深层改革。在此背景下，论文以大连理工大学城乡规划"五改四"培养方案为研究对象，首先，从由增转存背景下的建设规模收缩、性价比较现实下的生源数量减少、科研主导范式下的教师价值转变三方面阐释规划设计"式微"的多元呈现；其次，从数智基础薄弱、思维培养欠缺、评价体系单一三个方面对规划设计"问题"进行多元分析；再者，从强化数智支撑的认知分析、注重思维培养的研究设计、建构二元统筹的评价标准三方面阐释基于"数智"的规划课程设计优化；最后，从实践导向、理论融入的建构理念，"1+1+2"的规划设计课程体系两方面建构面向"高阶"的规划设计课程体系，以期为高校"五改四"学制调整下规划设计课程体系的调整提供有益借鉴。

关键词：数智技术；高阶规划设计；课程体系；"五改四"

近年来，诸多高校城乡规划专业招生"遇冷"，录取位次与分流规模屡创"新低"，再加之自媒体"魔幻"引流的加持及规划行业不甚景气，导致规划专业"进出两端"双向紧缩，引发规划教育"危机"，由此，高校纷纷就学制年限、课程体系、培养目标、培养方式等进行改革。众所周知，我国城乡规划专业的"出身"有二，一为建筑类城乡规划专业，二为地理类人文地理与城乡规划专业。对于前者而言，空间设计是学科内核，也是专业特色。过往快速增量拓展的"大发展"时期，业界大多埋首于项目蓝海，无暇关注设计生产背后的理论建构与方法创新。当下渐进存量优化的"小更新"时期，高校、企业、政府应携手共进，向外拓展、向内求索、注重学科交叉、拥抱数智技术，探求恢宏设计实践背后的理性逻辑与规律范式。在此背景下，论文以大连理工大学城乡规划"五改四"培养方案为研究对象，首先，从由增转存背景下的建设规模收缩、性价比较现实下的生源数量减少、科研主导范式下的教师价值转变三方面阐释规划设计"式微"的多元呈现；其次，从数智基础薄弱、思维培养欠缺、评价体系单一三方面对规划设计"问题"进行多元分析；再次，从强化数智支

撑的认知分析、注重思维培养的研究设计、建构二元统筹的评价标准三方面阐释基于"数智"的规划课程设计优化；最后，从实践导向、理论融入的建构理念，"1+1+2"的规划设计课程体系两方面建构面向"高阶"的规划设计课程体系，以期为高校"五改四"学制调整下规划设计课程体系的调整提供有益借鉴。

1 设计"式微"的多维呈现

在城市建设快速增量拓展的"红火"周期，规划设计的"教、学、用"似乎"天经地义"是建筑类城乡规划专业的核心。当下，受内外多元要素的综合影响，城市建设逐步转向渐进的存量更新，规划设计亦在行业、教育等方面呈现出不同程度的负向"式微"。

1.1 由增转存背景下的建设增速减缓

20 世纪 90 年代住房货币化改革伊始，地方政府依

刘代云：大连理工大学建筑与艺术学院副教授（通讯作者）
蔡　军：大连理工大学建筑与艺术学院教授
肖　彦：大连理工大学建筑与艺术学院副教授

靠增量土地提升财政收入成为城市经营的主导模式。随后此模式释放出空间生产的巨大动能，动辄几十平方公里甚至上百平方公里的城市新区建设"如火如荼"，增量的大尺度空间生产成为多数城市的常态。1978 年中国城镇化率为 17.92%，至 2024 年已跃升至 67.00%。四十余年，我国城市建设从无到有的过程恢弘写意、波澜壮阔，短短几十年我国城市空间形态发生了沧海桑田般的巨变，城市建设取得辉煌成就。2021 年受多元因素影响，城镇化率增加 0.8，增幅自 1996 年以来首次降至 1.0 以下，2022 年城镇化率 65.2%，增加 0.5，增幅持续降低。上述现象表明我国城镇化已处于城市化中期快速发展阶段的末端，城镇化增长速率趋于减缓，传统土地财政支撑下的空间规模化生产模式难以为继，城市建设市场持续走低，传导至规划行业，则体现为职业薪资水平的下降，甚至会出现某些规划编制部门通过裁员以应对危机。规划设计需要完成现场勘察、理念构思、图纸绘制、文本编写、汇报交流等多样工作，一直是高劳动强度的职业类型，蓬勃发展时期，尚有还算"过得去"的薪资做保障；下行走低时期，"僧多粥少、事多钱少"，再加之自媒体的迅即传播，规划设计仿佛成为从业者纷纷"抛售"而毫无怜惜的"弃物"，此是行业下行背景下，规划设计式微的典型呈现之一。

1.2 性价比较现实下的生源数量减少

2023 年全国普通高校毕业生规模为 1158 万人，2024 年为 1179 万人，同比增长 21 万人，2025 年预计达 1222 万人，同比增加 43 万人。与此同时，受内外多元因子影响，经济环境不甚景气，而建筑类行业尤为显著，由此，在高校毕业生就业压力影响下，在建筑类行业薪资水平下降的现实作用下，一则 2024 年全国高校建筑类专业招生 3.9 万人，较 2023 年下降 6.1%。2024 年建筑类专业招生高校共 397 所，较 2023 年减少 17 所。[1]二则绝大多数 985 高校为吸引优质生源，制定了大类招生、专业任转等政策，加之所谓"行业下行与网络唱衰"的环境影响，原本招生规模已收缩的建筑类学生会在半年或一年后的专业分流中，选择转专业，而且比例不容小觑。三则规划专业要修学 5 年，每年至少要有 4 个大设计，每个设计的工作量巨大，几乎都需要"熬宿"，在实用主义的引导下，学生觉得规划专业的"性

价比"较低。综上，性价比较现实下的生源数量减少，是规划设计式微的典型呈现之二。

1.3 科研主导范式下的教师价值转变

城乡规划是一门应用性学科，以为规划实务工作提供知识基础为己任，其核心是规划，是有关未来的、有目标的实践活动。其内含以"认识世界"为主旨的空间规律认知，更包括以"改造世界"为主旨的空间干预实践。当下高校规划专业教师除完成必要教学任务外，大多忙于科研工作，基本范式为撰写论文、依托论文申请基金、基金获批后继续生产论文、然后再依托一定数量与质量的论文结题，如此循环往复、生生不息。此外，由于高校教职的稀缺度不断提升，入职与考核标准亦不断提高，近年来多数 985 高校引进的规划专业青年教师基本以上述范式为主导，聚焦于认识世界的空间规律认知，注重论文与基金的申请。由此，一方面青年教师可能非建筑类城乡规划专业背景，未曾接受规划设计的专业训练，无法指导学生的规划设计课程；另一方面在漫长的研究生修读过程中，青年教师规划设计功底或规划实践能力未曾加强，再加之沉重的考核压力及规划设计课程的课时较多，故大多没有带设计课的主观能动性。综上，科研主导范式下的教师价值转变，是规划设计式微的典型呈现之三。

2 设计"问题"的多元分析

当下规划设计所呈现的诸多问题，既有外部要素的影响，亦有内部因子的作用，上文已从行业与教育两方面阐释了规划设计"式微"的外部影响要素，下文则从数智基础、设计思维及评价体系三方面分析规划设计自身存在的多元问题。

2.1 数智基础薄弱

城乡规划学科隶属工科门类，应具有相应的数理基础。根据 2009—2023 年共 15 版大连理工大学城乡规划专业（五年制）培养方案中一年级数理课程设置情况（表 1），可将其划分为三个阶段：2009—2011 年学校主导的数理基础阶段，由数学学院与计算机学院的教师针对建筑类学生在一年级开设高等数学 B1/B2 及大学计算机基础，共 8 学分，学习内容较为简单；2012—2020

2009—2023年大连理工大学城乡规划专业数理基础课程统计　　表1

时间	课程设置	学分	开设时间	备注
2009—2011年	高等数学 B1/B2	6	8	一年级	
	大学计算机基础	2		
2012—2020年	高等数学 B1/B2	6	10	一年级	针对建筑类学生单开课程，较为简单
	大学计算机基础	2		
	大学物理 B	2		
2021—2023年	文科数学	3	7	一年级	
	应用概率统计	2		
	Python 语言程序设计	2		

资料来源：作者自绘

年学校主导的数理完善阶段，与上阶段相比较，增设了大学物理 B，依然是外院教师针对建筑类学生在一年级开设的相对简单的课程；2021—2023 年学院主导的数理优化阶段，此时期与上述两阶段变动较大，学院主导减少高等数学的学时，增设统计学与计算机编程的课程。综上，城乡规划与同时期的其他工科专业相比较，一年级的数理基础课程学分相差 8~10 学分，若再加之其他专业在高年级设置的高阶数理课程，城乡规划的数理课程是其他工科专业的 1/4~1/3，数智基础较为薄弱。

2.2 思维培养欠缺

当下，本科规划设计课程多为 8 周，在此时间范畴内，要完成现状调研、理念建构、方案创作、成果表达、阶段汇报等多项任务，再加之较大的用地规模，学生疲于应付最终的成果编制，课程过程中用于设计理念思考、设计逻辑建构、设计思维培养的"完整时间"很少，此外，由于 ChatGPT、DeepSeek 等人工智能大模型及其他海量网络资料的存在，学生可以非常便捷地通过"拿来主义"得到质量较高的"模仿"资料，当然，丰富的数据资源切实能提升课程设计最终成果的"视觉质量"，但由于缺失长周期的专业思考，学生的深层设计逻辑尚未建构，设计思维尚需扎实培养；再者，设计往往都注重个体差异与特性，如此方能创作出"惊世骇俗"的"大手笔"，在增量拓展的"大发展"时期，规划师激奋于"惊人眼球""哗众取宠"的方案创作。但规划设计不同于小尺度的建筑设计与产品设计，其涉及

的空间规模宏大、利益群体多元、利益博弈复杂，外在美学形态只是表象，背后理性逻辑才是深层支撑，由此，在由增转存的渐进发展时期，跨越独特个体背后、具有一定范式建构的研究性设计是规划设计课程从选题、内容、成果到过程应着力关注的焦点，应注重"五彩斑斓"形态塑造背后设计逻辑与思维的训练与建构；最后，近年来，为应对 20 世纪 60 年代出生、教学与工程实践经验丰富的规划教师群体渐递退休，而新晋教师数量较少且大多实践经验欠缺的客观现实，许多高校采取外聘企业工程师兼任设计课导师的模式，此模式在促进校企融合、学校了解行业市场既有现状、发展趋势、核心诉求等方面确实成效明显，但受工作时间、工作重点、知识结构等因素影响，外聘专家对需长周期训练的设计思维的培养关注不足，即使在课堂中有所涉猎，亦是蜻蜓点水、点到为止。综上，在课程设置、教师自身、外聘专家等层面，过往的规划设计均体现出设计思维培养的不同程度欠缺。

2.3 评价体系单一

规划教育评估始于 20 世纪末，经过近三十年的发展，极大提升了全国规划教育的质量。大连理工大学城乡规划专业 2010 年初评 4 年通过，2014、2020 年两次复评均为 6 年优秀。评估意见指出我校规划专业应以物质空间设计为主线，着力塑造寒地滨海特色。对于建筑类城乡规划专业而言，物质空间设计是专业立身之本，为提升设计课的上课质量，在课程设置、课程内容、教

学方式等方面进行了多元改革，不可否认，改革确实取得一定成效。但在行业不景气、毕业入职规划编制单位薪水低下、就业求稳、大规模考公，而设计较难入门，且提升需要长周期、高付出的客观现实下，设计由原来"人见人爱"的"高富帅"转瞬变为"人见人叹"的"矮矬穷"。客观而论，规划教育近年来实质未有较大浮动，上述转变更多是外部大势的影响，只是规划教育本身未曾长远预测或及时应对，换言之，此形势理应促使规划教育进行深刻的自省，其中设计课程的评价即需优化与调整。未来的规划本科教育应是通专结合、因材施教，设计不是唯一出口，研究、管理、市场等亦是其多元选择，由此，应为学生的未来创造多元路径，应对现行规划设计课程评价体系中"唯设计"现实进行调整，建构包容且有实效性的评价标准。

3 基于"数智"的课程设计

3.1 强化数智支撑的认知分析

由于本科阶段数理化及计算机课程设置的"稀缺"，传统规划学科的数智基础薄弱已是不争的事实，此也是"小红书""今日头条"等自媒体上规划学生"吐槽"的焦点，由此，未来的规划设计应是以传统空间规划理论为基础，注重数理逻辑与人工智能技术，强化数智支撑的认知分析的"高阶"设计，主要体现为：一则设计之外的数智课程设置，在学域基础阶段，强化统计学、线性代数与解析几何、概率论与数理统计等数理基础课程，Python、R 语言等编程课程，能够阐释城市复杂环境的大学物理课程。在专业基础阶段，开设城市大数据与数据分析、空间数据分析与 GIS 应用、人工智能概论等空间量化分析课程，为科学认知与解析城市建构坚实的数智基础。二则设计之内的数智分析强化，一年级设计课程核心内容为数智城市认知，能够利用数智工具进行简单的城市认知与分析。二年级设计课程为多尺度公共服务设施的研究与设计，核心内容之一在于利用数智工具对社区与城市级别的公共服务设施在功能、规模及布局方面进行理性认知与解析，在此基础上，选取某类公共设施如幼儿园、活动中心等进行详细的建筑策划与设计。三、四年级的设计课程为规划类型的研究与编制，与传统规划设计课程不同，改革将规划研究作为设计课程的核心内容之一，而数智分析是规划研究的重

要支撑，此外，为激励学生的研究兴趣，打破既往"唯设计"的评价机制，建构研究与设计有效统筹的评价标准。

3.2 注重思维培养的研究设计

同济大学卓健教授提出："广义的"设计"不只是艺术的表达，而是运筹和提出一种综合创新的解决方案，是人们为实现某种特定目的而进行的创造性活动。设计思维的综合性、策略性和创新性，比自然科学的理性思维更加契合城市规划实践的能力需求。规划教育应当注重的是设计思维的培养，而不一定是设计人才的培养。"[2]的确，注重设计思维培养的研究设计，可能是规划学科理科化发展、规划设计行业不景气态势下，规划设计"韬光养晦""砥砺前行"的有效路径。众所周知，设计创作能力无法通过理性的逻辑推导而自然建构，需要一定时间周期的"暗箱"才能开"悟"，（此是从无到有的创造性设计学科的共性，亦是数理基础优良的工科学生诟病之所在）四年制培养方案压缩了设计课程的学时，故而整体设计水平的下降应是确定。当然，即使在五年制的培养方案下，毕业时能够真正"会做"设计的学生亦非全部，可能尚存不小的比例，由此，四年制在压缩学时的同时，尽力为学生创造多元的出口，设计方案与成果表达可以弱一些，但具有相应的设计思维培训，进而能够更为胜任与规划设计相关的行政管理或市场运营工作。

"规划设计是社会改良和公共治理的手段，不是纯粹的艺术创造和观念表达，需要建立在科学研究分析的基础之上。"[3]在此理念指导下，改革后的设计课程分为研究与编制两部分，研究注重数智支撑的认知分析，注重对一般性问题的数理分析与策略建构，此外，设计课程以小组形式开展，无论最终选择规划研究或编制，所有成员都要经过从现状调研、分析问题、提出策略、建构理念到方案创作的主要流程，只是缺失后期的方案深化与成果编制阶段，由此，即使设计不是部分学生的最终选择，但其都受到了规划设计思维的培养，为将来从事相关职业奠定基础。

3.3 建构二元统筹的评价标准

新形势下，规划设计课程的教学目标不再是单一

的以形态塑造为主旨的空间生产，而是以设计为主线或载体，融入理论研究与实践探求，培养学生具有设计思维、问题意识、公共伦理……能够从多维度改造环境的空间干预，一则设计素养较高的同学可以规划设计为主业，未来就业趋向为规划编制单位。二则设计素养较低、研究能力较强的同学可在对规划设计一定认知的基础上，专注于问题解析与策略建构，未来就业趋向为政府管理部门、高校或相关研究机构。在此目标指导下，"五改四"培养方案计划将规划设计课程的评价标准划分为研究与设计两方面，建构二元统筹的评价标准。具体操作设想：从专业分流之后的二年级开始所有设计课实行小组制，二、三年级每小组2人，四年级的总规与毕设可3人，组内每人都要做数智基础的空间量化分析、规划设计的理念建构与方案构思等内容，在第一次集体评图后（一般1个大设计安排2次集体评图），选定1方案由1人继续深化，另外1人选定1主题进行深入研究；然后，在第二次集体评图时，研究与设计汇报分开，各自进行比较评价；最后，研究成果为具有一定深度的研究报告，设计成果为标准的设计文本。如此，在设计就业形势较为严峻的当下，既为学生的多元发展创造条件，也为设计的存续留置不息的火种。

4 面向"高阶"的体系建构

4.1 实践导向、理论融入的建构理念

城乡规划是实践应用性学科，主旨为改造世界的空间干预，以此为指导，规划设计课程体系将"实践导向、理论融入"作为建构理念。实践导向主要体现为：一则设计题目源于现实，二至四年级的公服设施、住区规划、城市设计、乡村规划、总体规划包括毕业设计等设计课程，都应是基于大连地域本土的真题，此宜与学院已签订合作基地协议的规划编制单位、管理机构如大规院、自然资源局等紧密结合，提前谋划，有效组织。二则设计调研深入现实，设计任务书需制定相应规则，激励学生深入规划地段，通过现场勘查及面对面的访谈等真实"线下交互"，在增强学生社交能力的同时，培养其于复杂现实中发现真问题的方法与技能。三则设计指导面向现实，一方面每门设计课程邀请1名规划编制部门具有丰富实践经验的规划师作为设计指导教师，全程参与课程的指导与评价，此外，每门课程2次集中评

图至少有1次邀请执业规划师或政府相关职能的公务员参与；另一方面注重设计方案编制的规范性与实操性，以相应规范、条例及实践程序与价值为约束，切实培养学生解决复杂现实问题的实践能力。理论融入主要体现为：一则核心理论课前主修，"五改四"的关键举措在于减少学分，由200降为150，再加之学校、学域的政治、体育、英语、人文素养等公共基础课无法调整，最终留给规划的学分为78分，在此背景下，四年制培养计划一方面压缩理论课学时，凝练知识内容，除本硕贯通课程外，统一调整为1.5学分，24学时，另一方面将理论课程前置，主要集中在二年级全程与三年级上学期，与之相应，二年级的设计课由原来的4门缩减至2门，每学期1门，目的即在于留有更为宽裕的课下时间让学生依据自身兴趣与条件提升规划的设计与理论素养。二则前沿理论课内嵌入，前沿理论具有时效性与引领性，日常理论教学可能无法及时补充，由此将相关内容以讲座方式直接融入设计课程中，可以是专业内教师自己授课、也可是交叉学科的教师授课、亦或是邀请校外此领域的知名专家线上或线下授课；三则线上资源课下辅修，优质线上数字资源或人工智能+课程，为学生线下自主学习创造了优良条件，教师可在自身试用筛选之后，为学生推荐相应优质资源。

4.2 "1+1+2"的规划设计课程体系

在国内外知名高校规划专业调研与交流基础上，经过多轮协商，大连理工大学城乡规划专业（2024级四年制）培养计划得以制定。其在"数智为基、交叉为本、弹性为要"理念指导下，建构了"1+1+2"的规划设计课程体系，分3阶段，总学分43分。其中第一个"1"为数智城市认知阶段，培养目标为依托"学域"（即学科领域，新生入学先按学域大类培养，再根据兴趣选择专业方向）扎实的数理基础，结合人工智能与大数据，通过专家讲座、社会调研、数据分析与模型建构等方式让学生认知未来城市的数智趋势，激发学生对规划专业的兴趣。此阶段课程7学分，包括智慧城市与可持续发展、城市多模态认知与分析2门课程。第二个"1"为智慧规划基础阶段，培养目标为通过教师指导、社会调研、数据分析及经典空间建构训练，持续深化规划专业范畴内的数智分析与应用，逐步建构空间设计基础素

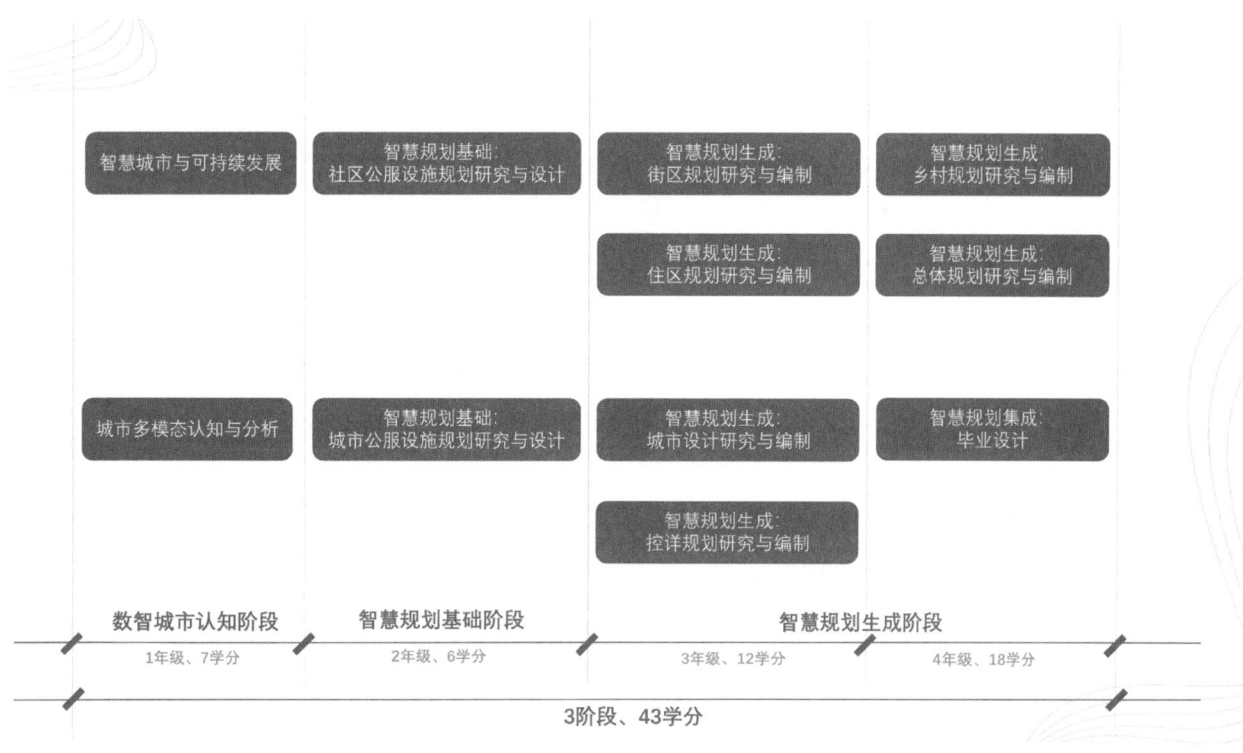

图1 "1+1+2"规划设计课程体系示意

资料来源：作者自绘

养。此阶段课程 6 学分，包括社区公服设施规划研究与设计、城市公服设施规划研究与设计。第三个"2"为智慧规划生成阶段，是城乡规划设计课程的核心阶段，培养目标为通过依托校企政联合、根据政策方针、面向学术前沿、扎根地域本土、深入社区基层、选取真实问题等多维方式，培养学生多类型规划的研究与编制能力。此阶段课程 30 学分，其中三年级 12 学分，包括街区规划、住区规划、城市设计与控详规划研究与编制 4门课程。四年级 18 学分，包括乡村规划、总体规划研究与编制及毕业设计 3 门课程。此阶段的课程设置除依照尺度自小至大的基本逻辑外，尚根据本科阶段知名设计竞赛的时间进行适配，旨在通过以赛代练开阔学生视野、提升学生能力（图1）。

"四年制"大连理工大学城乡规划专业培养方案自 2024 年开始试行，目前一年级新开设的两门设计基础课"智慧城市与可持续发展"与"城市多模态数据认知与分析"已结课，从选课人数、上课状态、作业质量等方面而言，成效超出先前预想，此外，高年级的设计课程计划尚需实践检验，毋庸置疑，运行过程中定会出现程度不一的问题，我们会直面问题、勠力改革，以期为新形势下规划设计的"光荣与梦想"提供有益探求。

参考文献

［1］ 王峰 . 2025 届全国高校毕业生突破 1200 万，就业增量空间从哪里来？［EB/OL］.（2024–11–14）［2025–05–09］. https://www.21jingji.com/article/20241114/herald/bde486c230b62712de2a327e34909954.html.

［2］ 孙施文 . 关于城乡规划学科知识体系的若干思考 [J]. 城市规划学刊，2024（5）: 29–33.

［3］ 段进，石楠，闫凤英，等 ."规划教育的规划"学术笔谈 [J]. 城乡规划学刊，2025（1）: 1–10.

Constructing a Digital Intelligence-Based Advanced Planning Design Curriculum System——A Case Study of the "Five-to-Four" Academic Reform in Urban and Rural Planning at Dalian University of Technology

Liu Daiyun   Cai Jun   Xiao Yan

Abstract：Digital intelligence technologies are reshaping human life and higher education. Amid the current "crisis" in planning education caused by two-way contraction at both the entry and exit ends of the planning discipline, profound reform driven by digital intelligence technologies has become imperative. Against this backdrop, this paper examines the "Five-to-Four" academic reform in urban and rural planning education at Dalian University of Technology. First, it analyzes the multidimensional manifestations of planning design's "decline" through three lenses: construction scale contraction under the transition from expansion to preservation, reduced student enrollment due to practical cost-effectiveness considerations, and shifting faculty values under the research-dominated paradigm. Second, it conducts a multifaceted analysis of planning design deficiencies, identifying weak digital intelligence foundations, inadequate cognitive training, and simplistic evaluation systems. Third, it proposes optimizations for digital intelligence-integrated planning curricula through enhanced cognitive analysis with technological support, research-oriented design emphasizing critical thinking, and dual-integrated evaluation criteria. Finally, it constructs an advanced planning design curriculum system featuring practice-oriented theoretical integration and a "1+1+2" course structure, offering reference for institutional adjustments under the "Five-to-Four" academic reform.

Keywords：Digital Intelligence Technologies, Advanced Planning Design, Curriculum System, "Five-to-Four" Academic Reform

空间治理　数智赋能
——福州大学城乡规划专业"五改四"培养方案的改革探索

陈明玉　樊海强　朱　力　沈振江

摘　要： 新时代国家和社会发展需求的变化、行业内外部环境以及就业市场带来的压力等迫使城乡规划学科及其教育尽快完成适应与转型。在此背景下，越来越多的高校陆续完成了规划专业"五改四"培养方案的修订，福州大学也开展了新一轮特色化、地域化人才培养体系设计的探索，提出在保持空间规划与设计为核心的前提下，构建以空间治理和数智赋能为特点的"一基三维"课程体系。课程设置以规划本科一至五年级的所有在读生与近五年毕业生的调查分析结果为基础，以学生的差异化和精细化培养为中心，围绕未来人居设计、智慧国土规划以及城乡融合治理三个方向重构授课内容。培养方案的修编强化了数智赋能下设计课、理论课与实践环节的深度连接，突出了空间治理层面福建的地域特色，旨在减轻学生课业压力，焕活专业学习热情的同时提升其对跨学科知识与数智技术的规划应用能力，增强在多元化就业市场的竞争力，为城镇化的"下半场"输送可以引领城乡空间实现高质量发展的专业人才。

关键词： 规划教育；学制改革；本科培养方案

1　城乡规划专业改革的必然性和趋势

1.1　回应新时代国家和社会发展需求

城乡规划学科的根本使命始终是服务城乡人居环境的高质量发展，必须随国家和社会发展需求的变化而适时更新，而规划教育也需要相应做出调整与转型。国家统计局数据显示，2024 年末全国常住人口城镇化率为 67%，提前实现了"十四五"规划确定的目标。城镇化进入下半场意味着亟需解决城市快速发展遗留下来的诸多问题，包括生态环境、气候变化、文脉传承等[1]。随着生态文明建设与推动绿色发展上升为国家战略，城乡规划学科需要从传统的物质空间规划为主转向更加注重生态环境保护和修复，强调人与自然的和谐共生[2]。另一方面，城镇化全面减速时期促使城市发展模式发生转变，由增量式扩张转为存量式更新，城市更新也日益受到社会各界关注。2024 年 7 月，党的二十届三中全会《中共中央关于进一步全面深化改革、推进中国式现代化的决定》将"城乡融合发展"作为推进中国式现代化的十三项重要改革任务之一，提出建立可持续的城市更新模式和政策法规，赋予了高质量发展新时代城市更新工作的新使命、新内涵和新任务。现行土地财政模式的土崩瓦解带来的巨大变化对城乡规划的固有思维和传统教育模式提出了挑战，迫切需要在教学培养模式和课程体系上进行转变，在学科层面实现理论重构、学科融合、教学创新、技术更新与实践转型等[3]。

1.2　面向行业改革和就业发展的趋势

从行业内部环境上看，2018 年我国建立"五级三类四体系"的国土空间规划体系，截至目前，"多规合一"国土空间规划体系已基本形成。城乡规划学科教育需要在空间规划与设计能力这一核心竞争力训练的同时，融入国土空间规划的全域统筹，调整知识体系和课程设置，教学内容从城乡空间向国土空间过渡深化，并在学科知识和技术层面积极开展创新。而在行业外部环境上，大数据、人工智能、物联网等数智技术的飞速发

陈明玉：福州大学建筑与城乡规划学院副教授
樊海强：福州大学建筑与城乡规划学院副教授
朱　力：福州大学建筑与城乡规划学院教授
沈振江：福州大学建筑与城乡规划学院教授（通讯作者）

展，对城乡规划行业产生了深远影响。规划教育需紧跟行业技术前沿，积极将数智技术相关知识融入城乡规划课程体系，更新与拓展知识内容。同时，在教学组织手段和技术方法层面，借助信息化平台，建立虚拟教研室，打破时空限制，让学生在沉浸式体验中加强对规划理念的认知，推动规划范式的转变[4, 5]。

规划教育应以需求为导向，应对就业取向多元化发展的趋势[6]。除了传统的规划设计院所和规划部门，发展改革、应急管理等诸多政府部门、房地产企业、咨询公司、科技企业等都需要具备城乡规划知识和技能的专业人才。以福州大学城乡规划专业本科毕业生近五年的就业统计情况为例，如图1所示，就业落实率在2022年房地产市场下行后[7]逐年下降，未就业学生考公意愿不断上升；同时在AI时代的浪潮下，就业类型呈现多元化，升学、政府机构与科技信息企业占比增多，而过去热门的设计单位就业人数显著下降。在市场需求急速变化的背景下，更加要求规划教育打破传统学科壁垒，实现多学科协同的教育模式，在坚持培养空间设计能力的

主线下，打造能够适应不同学科知识的复合型人才，更好适应现下就业市场的多元化需求[8]。

1.3　结合地域与学科优势的培养特色

施行特色化、地域化教育模式是地方院校专业改革的方向[9]。福州大学围绕就业市场的变化趋势，以及国家、地方和行业发展需求探索特色化办学模式，旨在形成具有闽台地域文化特色，山海空间格局特色以及数字智慧营造特色的课程体系。对标福大学生在升学、科技信息企业以及考公方面的就业需求，加强本研贯通课程的设计，数字智慧技术的规划应用，基层治理与公共管理三方面的课程内容的设置。正如石楠（2025）提到的，基层需求是规划教育重要的市场，大量的社区和乡村治理工作亟待规划专业人员加入。同时面向国家发展政策导向、规划教育核心能力培养以及地域文化特色，应深化与经济管理、社会治理、公共卫生等学科知识体系的协同整合。在改变学制，缩减学分的现实背景下，形成以学生为中心，更加细分、更具特色的规划人才培

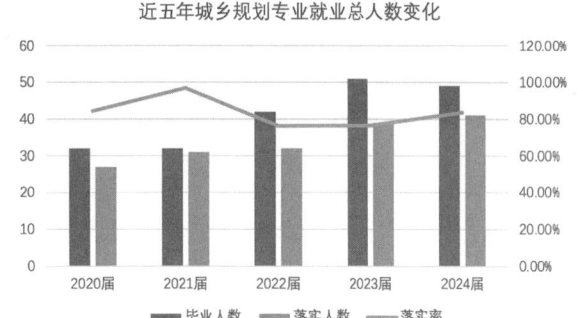

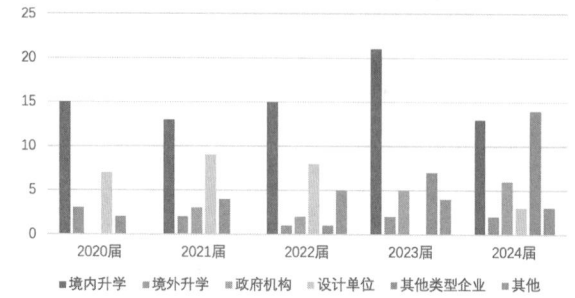

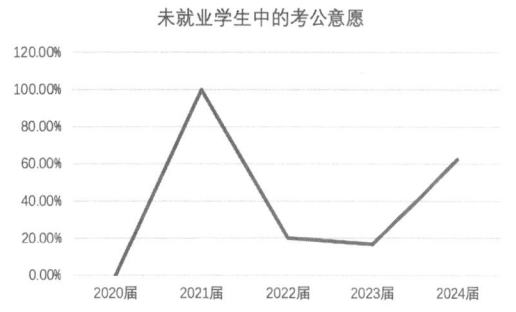

图1　福州大学近五年城乡规划专业毕业生就业情况统计

资料来源：作者自绘

养模式，使培养的城市规划专业学生更快地适应这场学科剧变和产品需求危机，同时更好地为新时代国家和社会发展培育跨专业，跨学科人才。

2 城乡规划专业培养方案的改革逻辑

2.1 既有"五改四"培养方案的比较

通过对东南大学、武汉大学、华中科技大学、同济大学、天津大学、中山大学等多所已完成城乡规划专业"五改四"培养方案的认知和比较，可以发现已改革院校依托自身特色构建了差异化的培养模式（表1）：东南大学增设人文艺术课，保留规划设计课，突出数学、计算机类课程，强调国际交流合作；武汉大学将课程合并，提高教学效率，同时保留《专业规范》要求的核心课程，在课程设计上突出数智化、人文化，并引导学生按照个人兴趣对不同专业方向进行课程选修；华中科技大学保留修规、控规、总规三大块原理与实践，增设3S技术，设置ABCD选修课程组；同济大学通过对"空间设计＋空间分析＋空间营造"等空间解决方案核心能力的重点培养的基础上，实现四个方向的拓展：社会科学、城市管理类，国土空间规划方向，城市更新、详细规划设计方向，技术方法，大数据、人工智能融入；天津大学在保留提升专业核心课程，扎实掌握专业相关方案研究能力、空间设计能力、落地实践能力的基础上，加强跨学科合作，催生众多国际前沿科学研究领域；中

山大学在保留专业核心课程的基础上，因材施教，提出"双语教学＋精品课程＋专业深化"的专业特色课程。

上述六所院校在学科体系重构当中均较好保留了专业核心的规划设计课程，重点培养学生多尺度的空间设计能力，以促进学生对于学科、规划体系的清楚认知。除此之外，在课程设计中，以空间为核心，分方向设置多个模块接口，特别是增加了数智模块的设计，以顺应时代变化增设与各类不同学科交叉融合的延伸课程，培养宽口径人才，使学生在就业市场不再受限，以多种姿态引领社会发展。

2.2 构建"一基三维"的学科新体系

基于对各院校培养方案的了解和比较，福州大学创造性地构建了"一基三维"的学科新体系，如图2所示。该体系以数智技术赋能的空间规划与设计为本底；以未来人居设计、智慧国土规划、城乡社区治理三个方向为拓展维度，构建各个学科方向、特色协同发展且相互融合的新体系。具体来说，未来人居设计注重精细化设计，培养扎实的设计能力，涵盖数字设计和建筑学方面的知识；智慧国土规划以国土空间规划体系为背景，涵盖土地资源管理和地理学方面的知识；城乡社区治理融合了公共管理和社会学的知识体系，旨在培养社区、社会工作者和空间资产运营师。

福州大学做出的适时性改变旨在培养学生的空间设

各院校"五改四"培养方案对比表　　　　　　　表1

	东南大学	武汉大学	华中科技大学	同济大学	天津大学	中山大学
保留课程	规划设计课（如设计、理论、实务等相关课程）	"专业规范"要求的核心课程	修规、控规、总规三大块原理与实践	提升"空间设计＋空间分析＋空间营造"能力的核心课程	扎实掌握专业相关方案研究能力、空间设计能力、落地实践能力的专业核心课程	专业核心课程（如规划原理、总体规划等）
增设课程	增设人文艺术课，突出数学、计算机类课程、强调国际交流合作	突出数智能力培养；通专结合，按方向选修	增设3S技术；设置ABCD选修课程组	四个方向拓展：①社会科学、城市管理类；②国土空间规划方向；③城市更新、详细规划设计方向；④技术方法，大数据、人工智能融入	按专业或专业方向规划课程模块或项目模块，安排部分跨学科专业限选课	"双语教学＋精品课程＋专业深化"的专业特色课程
相同点	均保留专业相关的核心课程，保证学生在本科期间能够对学科基础知识和规划体系有清楚认知，提升专业能力水平；在增设课程方面，加强与不同学科的交叉融合，顺应时代潮流的变化					
不同点	按照各自院校自身特色，以及对外就业岗位辐射能力的评估，设置不同模块的专业特色课程，如东南大学强调国际交流合作，华中科技大学强调具体实践能力的培养等					

资料来源：作者自绘

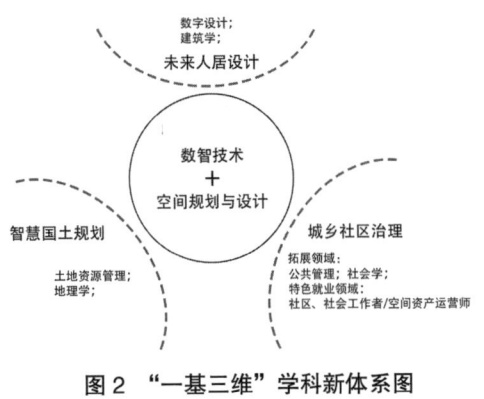

图2　"一基三维"学科新体系图
资料来源：作者自绘

计能力、数智分析能力、综合思辨能力、共识构建能力以及协同创新问题能力。以期实现着力培养面向城乡空间高质量发展和高水平治理的需求，具备扎实的空间设计能力、宽厚的人文素养、突出的统筹协调能力的复合型高端城乡规划人才。强化未来人居设计、智慧国土规划、城乡融合治理三个方向的特色发展和交叉融合，使学生能胜任空间设计、空间规划、城乡治理、城市研究等多领域的工作。

2.3　基于学生调查明确方案修订要点

（1）授课方式的创新安排

为了使构建的新课程体系能够激发学生的兴趣和主动学习，本研究对福州大学城乡规划专业本科一年级到五年级的所有学生开展既有课程评价、专业兴趣以及就业意向等方面的调查，以此为明确培养方案的修订要点提供支撑。调研发现，在假设拥有再次选择专业权力的情况下，大部分学生不会选择本专业，其主要原因是除了对就业市场的信心不足以外，学习过程过于劳累占比最高（图3）。在该情况下，需要适量减轻或创新规划设计大学时的授课方式，以唤醒学生对于专业学习的热情。

（2）授课方式的定向布局

同时，研究调查了学生对四年制培养方案分方向授课的接受度以及相关专业课程安排的兴趣程度的问题，为培养方案的深化修订提供依据。调研发现，80%以上的学生认为四年制的改革是必要的，且在假设实施专业"五改四"中，学生对于本科期间分方向授课形式的接受程度较高，大多数倾向于在二年级下学期学习确定自己的细分方向。可能受限于问卷无法向学生明确地表达三个方向的区别，从统计数据来看，城乡融合治理方向选择的人数明显低于未来人居设计和智慧国土规划。而在相关课程调整意向上，由于就业形势的变化，学生对于与大数据和人工智能相关的课程、实际规划项目落地以及基层管理相关的课程表现出更加浓厚的学习兴趣（图4）。基于上述调查，分方向的授课形式具有一定的接受度，并可以在低年级实施布局，以满足以学生为中心的学科整改和专业培养要求。

（3）专业课程的衔接安排

为了更加精准和高质量地安排课程内容，调查了三、四年级学生对既有课程的评价情况以及学分增减想法。图5的分析结果显示大部分学生认为专业必修理论课程对于学习专业设计课有一定帮助，特别是支撑空间规划与设计的技术方法以及城乡规划原理、道路交通、场地与城市设计原理等理论课，但对建筑学相关课程（如"建筑制图与建筑设计原理"），城市历史相关课程（如"城市建设史""城市规划思想史""历史文化名城保护"）以及"城市工程系统规划"相关课程的评价较低。而这一调查结果与学生对课程课时增减的调查结果相一致，即建筑类、历史思想类和市政类课程的课时希望予以减少。同时，值得注意的是，学生基本上对所有课程都表达了希望课时有所减少的想法（每门课有均约30%的学生），无论是传统的大三和大四的城市设计和国土空间总体规划，还是与其密切相关的理论课程。由此可见，在压缩学分同时保障课程和人才培养质量的目标框架下，一方面应加强理论课与设计课的衔接度，增补学生兴趣课程，另一方面也应开启课程大瘦身和相关课程内容协同打包的工作，减轻课业压力。

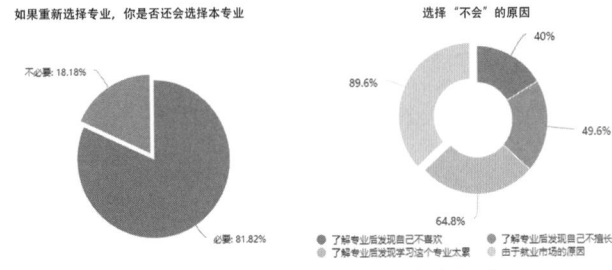

图3　转专业意向及原因调查分析图
资料来源：作者自绘

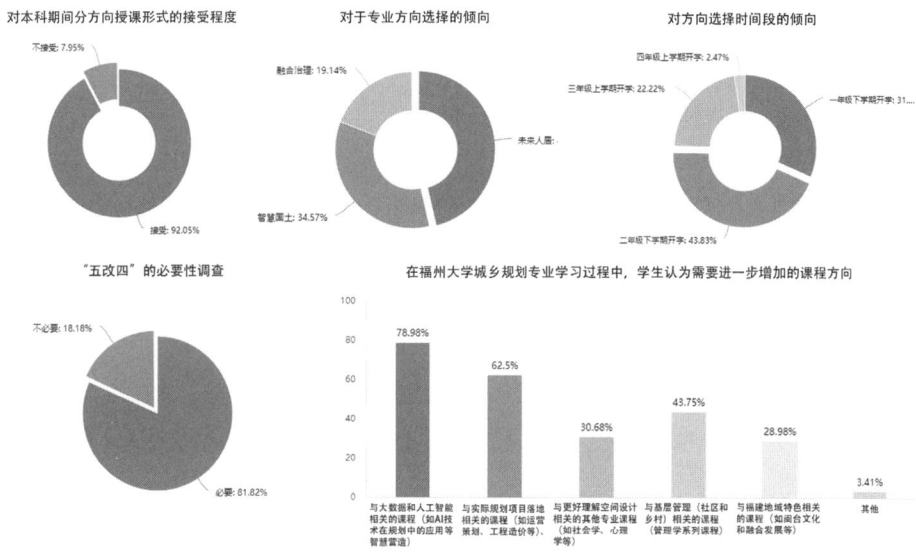

图4　分方向授课形式接受度及课程兴趣调查分析图
资料来源：作者自绘

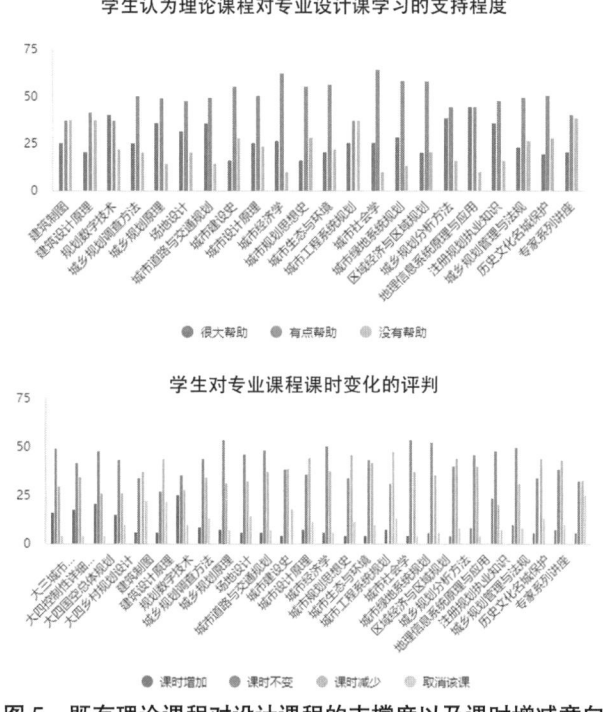

**图5　既有理论课程对设计课程的支撑度以及课时增减意向
调查分析图**
资料来源：作者自绘

（4）就业市场需求的积极应对

对学生对课程设置提出的建议进行文本分析发现负向观点偏多，集中在对专业课程内容太多，特别是理论课过多且课程体系分散不够紧凑。同时也表达了对培养方案改革增加数理知识，新技术教学，以及有助于增强就业竞争力，契合社会发展需要的实操课程训练的想法。而在未来职业发展方向上，约62%的学生期望从事不一定与专业相关的就业岗位。与专业相关的岗位中，大部分学生对于进入规划设计行业的意愿已较弱，对于考公进入规划行政管理单位和进入非专业就业岗位已呈较高态势，包括科技信息，运营策划等（图6）。基于上述调查，应在与时俱进，积极求变的同时，守住专业内核，明确拓展外延，同时以学生为中心，以满足多元化就业市场需求为导向，构建特色化、地域化课程体系。以核心设计课为基础，培养学生合作协调和空间思维，提升对于规划体系的基础认知，将专业必修课为"左膀"，加强对于学科的基础认知，实现多领域知识融会贯通。并以选修课为"右臂"，在学有余力的基础上，对闽台规划、基层治理、数字技术进行专业化的认知和学习。三者协同发力，共同打破专业壁垒，形成科学合理的课程体系结构，共同应对当下多元化的就业市场需求。

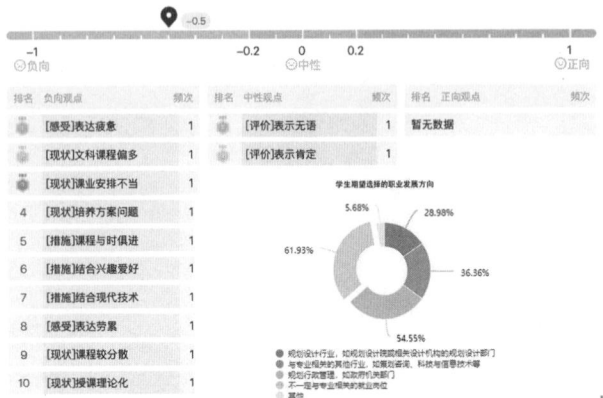

**图6　学生对城乡规划专业培养课程
以及就业方向的期待分析**
资料来源：作者自绘

3　城乡规划专业课程体系重构的路径

3.1　核心设计课程体系的创新性建设

在综合上述院校"五改四"培养方案和学生调查的基础上，福州大学城乡规划专业在"一基三维"的框架下形成系统性的课程体系。在核心设计课程体系重构当中，建立分方向授课形式，核心设计课程占49~52学分，缩减了原有设计课的课时量，在低年级设计课中将城乡规划专业的内容更早地下沉，而高年级则围绕不同的方向特点设置不同的教学方案。具体来说，在本科一二年级学习过程中，提升学生对于建筑尺度、空间尺度的把握能力，在此阶段不进行分方向授课。一年级上学期设置建筑设计初步课程；下学期设置建筑设计（一），全面提升学生从对单体建筑的初步理解、认知和表达到能够独立完成设计，了解建筑的构成和尺度。二年级上学期设置建筑设计（二），要求学生不仅要对小型建筑的功能与形体形成深刻理解，还要提升对单体建筑以及周围场地环境的专业化的认知水平；下学期加入详细规划课程，包括住区规划或更新改造以及城市客厅设计，带领学生初步领会和掌握城市维度上的空间尺度。

在本科三四年级学习过程中，分方向提升学生的空间设计能力，在此阶段开始进行分方向授课。在三年级上学期，选择未来城市设计方向（A组）学生学习数字城市设计A课程（历史街区更新类、公共中心类、工

业园区或开发区类），课时量为96课时，而智慧国土规划（B组）和城乡融合治理（C组）的学生学习城市设计B课程（历史街区更新类、公共中心类），课时量为48课时，不用于A组对完整城市设计成果的表达，更加强调方案评价以及设计思维的训练。三年级下学期则是所有组的同学都学习控制性详细规划（旧城更新地块类、工业园区或开发区类、新城建设地块）与乡村规划设计（保护型、旅游开发型、农业型），进一步提升对法定规划设计的认知。大四B组学生需学习智慧国土空间总体规划A（96课时），而A、C组学生则学习智慧国土空间总体规划B（48课时），以熟悉县、乡镇国土空间总体规划编制和方案评价为教学目标。四年级下学期进行毕业设计（论文）的撰写，包括规划设计（城市更新与设计、遗产保护、乡村设计）以及国土空间规划及专题研究（智慧应用、低碳发展、基层治理、历史风貌保护等）两个类型的内容。

3.2　理论必修课程与设计课程的融贯

在学科基础必修的理论课，即大类培养方面，围绕规划训练目标，精简建筑学教学内容，设置人工智能课程体系，将课程学分从原有的17.5学分降至15.5学分。在专业必修核心课方面，将原有大部分32课时的课程普遍改为24课时，优化课程内容，减轻学生负担（A、B、C组都选，共计28.5学分），其中主要包括专业规范要求的核心课程："城乡规划原理""城乡生态与环境规划""地理信息系统应用""城市建设史与规划史""城乡基础设施规划""城市道路与交通规划""城市总体规划与村镇规划""详细规划与城市设计""城乡社会综合调查研究""城乡规划管理与法规"。同时增设智慧营造理论与规划应用，为三年级上开设的数字化三维建模与实践环节提供基础，使数智技术教学从低年级的基础认知到高年级的设计课与实践环节的联动形成一套完整的教学框架（图7）。

除了共选的专业必修核心课，针对三个方向设置不同的专业必修课，在本科二年级下选择专业方向，三年级进行分方向上课（加设计课，共计14学分）。未来人居设计方向（A组）设置"城市设计原理""历史文化名城保护""全过程策划和运营""数字城市设计A""智慧国土空间总体规划B"，在传统空间设计基础上拓展与实

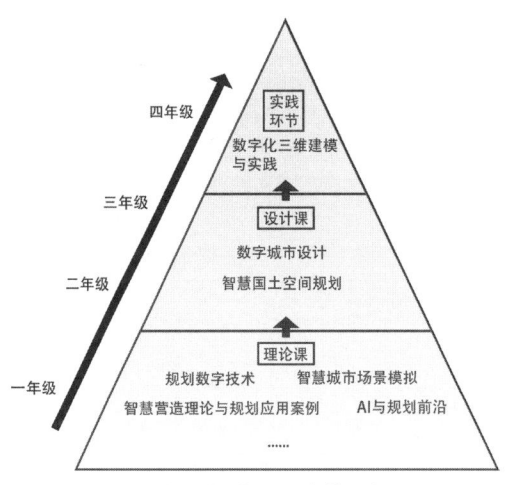

图7　数智教学课程培养逻辑图
资料来源：作者自绘

施落地相关的经济管理，财务金融方面的内容；智慧国土规划方向（B组）设置"区域经济与区域规划""城市生态与环境""城市地理学""数字城市设计B""智慧国土空间总体规划A"，拓展学生关于地理、生态、经济等与更好地完成国土空间规划相关的教学内容；最后，城乡融合治理方向（C组）设置"城市更新及社区营造""城市管理学""城市社会学""城市政策与治理""数字城市设计B""智慧国土空间总体规划B"，设计课较其他两组少，结合空间治理的特点设置更多的社会学、管理学以及法学等相关课程（图8）。

3.3　多学科、宽领域的选修课程设置

在选修课程的安排上，围绕三个培养方向，精心设置专业选修并筛选其他学院开设的跨学科课程，但不

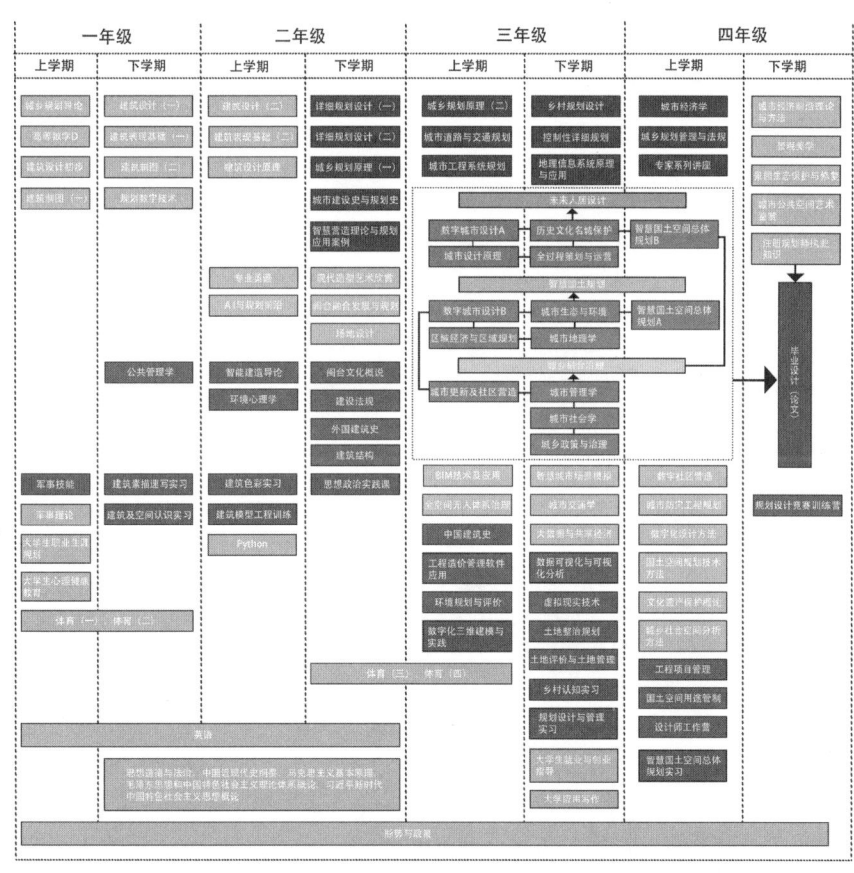

图8　一至四年级城乡规划专业本科课程体系图
资料来源：作者自绘

修订版培养方案的课程构成 表2

课程类别			学分数	学时数				各模块学分占总学分百分比
				总学时	其中			
					课内实验	课内上机	独立设课实验（上机）	
课堂教学	必修课程	通识教育必修课	35	676	/	24	/	20.8%
		学科基础必修课	33.5	568	24	/	/	19.6%
		专业必修核心课	28.5	456	/	16	/	29.8%
		专业方向必修课	14	224				
	选修课程	通识教育选修课	6	96	/	/	/	3.6%
		专业选修课	5	80	/	/	/	2.3%
		创新创业实践与素质拓展课	2	32	/	/	/	1.2%
		跨学科课程	8	128	/	/	/	4.8%
	小计		137	2340	24	56		82.1%
集中性实践环节			31	36 周	/	/	/	17.9%
合计			168	2340 学时 +36 周				100%

资料来源：作者自绘

限制不同组学生对于选修课程的择选。选修课程类别丰富，涉及多领域知识内容，并结合福州大学自身综合性院校的特色、闽台地区地域特色以及数智技术赋能进行课程的设置与安排，兼顾了学生的专业学习成长路径，能够较好地丰富学生的多元化视野。修订版课程体系将 206 学分（3028 学时 +52 周）提质减量为 168 学分（表2），包含七个特色设计点：其一，设计课程小型化、模块化，并设置多样化的选题，以适应新的需求。其二，提供更多的选修课程，针对未来人居、智慧国土、融合治理三个方向，应对就业出口的多样性。其三，设计能力以及对空间尺度的理解把握是规划学科的重点和核心，新版培养方案保持设计能力培养，体现城乡规划核心能力。其四，基础课程体系的横向跨度相较之前更为宽阔，涵盖人文社科、建筑工程、环境生态、管理、数字技术等课程体系。其五，充分利用智慧技术，对课程体系进行赋能，从低年级到高年级，将理论课、设计课以及实践课融合形成完整的技术支撑课程。其六，充分利用福州大学综合大学优势，跨专业选修管理学、土木、环境、人文等专业的课程，实现多领域学科的交叉

融合。其七，课程设计体现地域文化特色，如闽台融合发展与规划、乡建乡创课程等。

参考文献

[1] 段进，阳建强，陈晓东，等. 当前城乡规划本科人才培养方案制定的思考——东南大学的演进与探索 [J]. 城市规划，2025，49（3）：52-60.

[2] 段进，石楠，闫凤英，等."规划教育的规划"学术笔谈 [J]. 城市规划学刊，2025（1）：1-10.

[3] 石楠，魏航. 城市规划的语义演进与当代使命 [J]. 城市规划学刊，2024（5）：18-28.

[4] 吴志强. 城市规划教育的数智化焕新 [J]. 城市规划学刊，2025（1）：11-17.

[5] 李晓蕾，胡振宇. 基于智慧城市理念的城乡规划专业教学改革探索 [J]. 现代城市研究，2024（11）：125-127.

[6] 石楠. 规划教育改革要面向需求 [EB/OL]. （2025-4-7）[2025-5-14]. https://www.planning.org.cn/news/view?id=16790.

[7] 赵燕菁. 城市规划高等教育的危与机 [J]. 北京规划建设，

2024（5）: 158-159.

［8］ 王良，文爱平．钮心毅：生成式 AI 赋能城市规划——基础理论、前沿视角与教育改革 [J]. 北京规划建设，2024（4）: 201-203.

［9］ 吴志强，张悦，陈天，等．"面向未来：规划学科与规划教育创新"学术笔谈 [J]. 城市规划学刊，2022（5）: 1-16.

Spatial Governance & Digital Intelligence Empowerment ——Reform Exploration of the "Five-to-Four" Training Program for the Urban and Rural Planning Major at Fuzhou University

Chen Mingyu　Fan Haiqiang　Zhu Li　Shen Zhenjiang

Abstract：The changes in the demands of national and social development in the new era, the internal and external environment of the industry, and the pressure brought by the job market have compelled the discipline of urban and rural planning and its education to complete adaptation and transformation as soon as possible. Against this backdrop, an increasing number of universities have successively completed the revision of the "five-to-four" training programs for planning majors. Fuzhou University has also launched a new round of exploration into the design of a characteristic and regionalized talent cultivation system, proposing to build a "one foundation and three dimensions" curriculum system characterized by spatial governance and digital intelligence empowerment while maintaining spatial planning and design as the core. The curriculum design is based on the survey and analysis results of all current students from the first to the fifth year of the planning undergraduate program and the graduates of the past five years. It centers on the differentiated and refined cultivation of students and reconstructs the teaching content around three directions：future human settlement design, smart territorial planning, and integrated urban-rural governance. The revision of the training program has strengthened the in-depth connection between design courses, theoretical courses and practical links under the empowerment of digital intelligence, highlighting the regional characteristics of Fujian at the spatial governance level. It aims to reduce students' academic pressure, invigorate their enthusiasm for professional learning, and enhance their ability to plan and apply interdisciplinary knowledge and digital intelligence technology, thereby strengthening their competitiveness in the diversified job market. Provide professional talents who can lead the high-quality development of urban and rural spaces for the "second half" of urbanization.

Keywords：Urban Planning Education, Educational System Reform, Undergraduate Training Program

本硕融通培养需求下国土空间规划理论与方法教学体系构建的探索
——以哈尔滨工业大学为例

吴松涛　周小新　彭　晓

摘　要： 高等院校城乡规划专业面临本硕贯通和五改四学制的转型任务，通过系统梳理哈尔滨工业大学近年来在国土空间规划理论与方法教学体系构建中的探索实践，围绕模块化课程架构、复合型人才路径、三维能力模型等核心内容展开分析，提出以"模块化＋矩阵化"为框架整合课程体系，以"专业＋学术"双轨并行支撑本硕衔接，通过"教学资源平台＋产学研协同"构建多主体育人机制，旨在为本硕一体化背景下空间规划教育体系优化与复合型人才培养提供实践借鉴和理论支撑。

关键词： 国土空间规划；本硕贯通；课程体系；能力导向；教学改革；复合型人才

1　引言

国土空间规划顶层制度改革，为我国城乡建设、资源利用、生态保护与空间治理奠定了新的战略框架，也对高等院校城乡规划学科教育改革与专业人才培养提出了前所未有的新要求[1, 2]。作为规划制度体系的重要支撑，学科建设与人才供给成为落实国土空间规划制度的根本保障[3, 4]。高等教育作为人才供给的主阵地，亟需从培养目标、课程体系、教学方式等方面系统调整，以更好地服务国家战略需求和行业发展趋势[5, 6]。本文以哈尔滨工业大学为案例，通过系统回顾近年来"本硕一体化"教学改革的探索与成果，聚焦课程体系结构优化、教学机制创新、能力导向重构等核心议题，探讨在新时期国土空间规划背景下，高等院校构建理论与方法协同、本硕贯通联动的教学体系，为国土空间规划类专业的教育改革提供路径参考与案例支撑[7-10]。

2　多规融合的新型人才需求

2.1　国土空间规划领域发展面临新整合

国家空间治理体系的重构，带来国土空间规划的治理范式转型，相应地，对专业人才提出了更加复合的能力要求，规划技术体系不再仅仅依赖图纸表达与指标计算，更侧重于区域空间认知、资源生态评估、政策制度

设计、实施过程管理等综合能力[11-14]。未来的国土空间规划人才不仅需要扎实的专业基础，还要具备跨学科知识整合能力、战略思维能力与政策实施能力[15-18]。

2.2　人才培养模式面临新变革

在全球一体化、人工智能加速发展的背景下，知识生产方式与学习方式正发生深刻变化，教育边界被打破，传统以学科为本位阶段教学的路径受到挑战[10, 19]。面对规划知识的广域拓展和岗位需求的快速迭代，培养具有综合素质、专业能力、创新精神、全球视野的新型人才，成为空间规划教育的人才培养需求[12, 20]。同时，人工智能、大数据、遥感等新技术在空间规划领域的广泛应用，也对人才能力提出了新的要求。未来规划人才不仅要掌握传统规划理论与实践技能，更需具备数智化工具的操作能力与数据思维，能够在智能化场景中进行多源数据整合、模型分析和辅助决策。这对教育模式提出了更高层次的复合型、技术型转型诉求，推动人才培养体系向跨学科、数智驱动方向演进[21, 22]。

吴松涛：哈尔滨工业大学建筑与设计学院教授
周小新：黑龙江工程学院土木与建筑工程学院副教授
彭　晓：哈尔滨工业大学建筑与设计学院副研究员

从国际经验来看，诸如 MIT、UCL 等高校在城市与区域规划人才培养方面均已实行多层级、多轨道、多学科融合的培养体系。如英国皇家城市规划学会（RTPI）制定的"本科广度＋硕士深度＋实践评估"路径，已成为国际规划教育的通用范式[23]。在我国，随着"双一流"建设与研究生教育改革的同步推进，越来越多高校探索"本硕贯通"机制，其核心在于通过课程内容、教学方法与评价方式的一体化设计，打破阶段割裂，实现能力系统构建与专业知识延伸，特别是在国土空间规划这一政策高度引导、实践密切的专业领域，具有高度现实紧迫性[24]。

2.3 "五改四"人才培养的重塑

伴随着教育部"第五轮学科评估""教育数字化转型"等政策密集出台，我国本科教育从专业化细分逐步向学科融合和能力导向转变[11]。本硕衔接中最具挑战的部分，恰恰在于教育资源的系统重构与课程体系的结构再造[3]。特别是"五改四"学制改革后，高校需在更短时间内完成基础教学、专业训练、综合能力培养等多重目标[3]。国土空间规划作为典型的多学科交叉体系，其教学内容涉及建筑设计、土地政策、生态保护、地理信息系统等多个领域，传统课程体系容易出现知识分散、能力断层等问题[13, 25]。因此，需要通过建设模块化课程体系、开发复合型教材资源、推行项目化教学模式、实施双导师协同机制等手段，打破本硕教育的壁垒，实现资源整合、平台共建与能力递进，真正落实"本硕融通"理念，提升人才培养的结构效能与实践适应性。

3 本硕一体化的复合型人才培养

随着国土空间治理能力的系统化提升，我国高等院校在空间规划类学科建设中逐步以课程为中心向能力为导向转型[16]。人才培养目标不仅回应"多规合一""三区三线""生态优先"等制度改革要求，服务国家重大战略，塑造面向未来的复合型专业人才[1, 10]。结合哈尔滨工业大学的教育教学特点，在国土空间规划人才培养体系中，探索提出了"一种标准、两个层面、三项能力"的人才培养架构模型，落实本硕融通、学科交叉、实践导向的教育理念[26]（图1）。

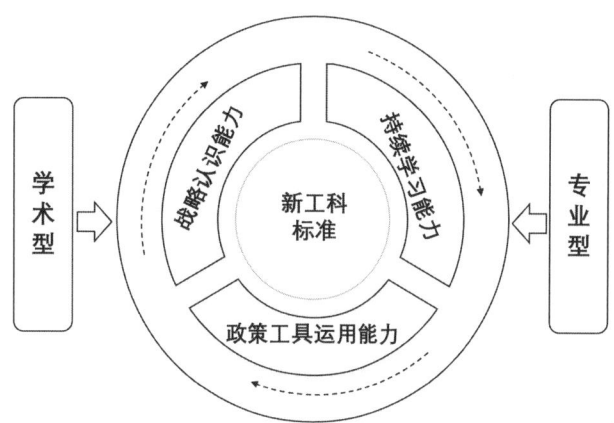

图1 哈尔滨工业大学本硕融通国土空间规划人才培养模型
资料来源：笔者自绘

3.1 新工科导向下的统一标准

新工科标准导向是以塑造"国之重器"的使命感为培养目标，融合国家现有学科发展的新工科要求，以新工科标准为基准建立人才培养目标任务，围绕"生态优先、多规合一"理念，在人才培养中贯彻生态文明、空间治理、科技引领的发展逻辑，形成以法规、技术、运行和监督四大体系支撑的国土空间规划建设"重器"[27]。

哈尔滨工业大学城乡规划人才培养，在"新工科"理念的指导下积极探索课程内容、能力模型与培养机制的系统重塑，逐步建立起一套服务国家空间治理体系、融合本硕两段教育逻辑、突出复合型能力成长路径的人才培养体系。该体系的核心目标是以新工科标准为统领，统一本硕两个阶段的课程设计与能力目标，使其既回应国家战略需求，又兼顾学生能力培养。

3.2 专业型与学术型人才的双层路径

在新工科标准的指导下，哈尔滨工业大学在课程结构与能力模型设计中明确构建了专业型与学术型并重的人才培养双轨路径，以适应国土空间规划领域对研究与实践两类人才的分化需求。

本科阶段重在夯实学生的通识基础和技术认知，注重基本原理与方法初识。硕士阶段学校结合学生发展意向与行业导向，设置了专业型硕士与学术型硕士的分方向培养机制。专业型硕士以问题导向和项目支撑为培养主线，强调成果产出能力与法定规划编制技能；学术型则突出理论建构和研究训练的科研导向。

在双路径模式下，学院明确课程递进标准，配套差异化的导师指导机制、项目参与体系与成果评价方式，确保广口径起点、多出口终点的一体化培养轨迹。通过个性化发展，学生可以在本硕之间自然过渡，逐步形成契合自身特长与职业目标的专业方向，避免本硕衔接的内容重复与能力断档，为空间规划教育在专业化与学术化之间建立起有效的转换机制。

3.3　三维能力模型的系统塑造

在能力塑造层面，哈尔滨工业大学聚焦于战略认识能力、政策工具运用能力与持续学习能力的协同构建。首先是战略认识能力，即理解国家空间发展方向、生态安全目标与区域治理战略，并具备将宏观战略转化为空间方案与政策设计的能力；其次是政策工具运用能力，要求学生掌握国土空间用途管制、功能分区、生态补偿机制等常用工具，具备制度选择、策略调适与实施评估的综合能力；最后是持续学习与跨界整合能力，强调学生在面对规划知识更新快、政策调整频、技术迭代快的现实背景下，能够主动学习遥感、GIS、大数据、人工智能、社会调查等工具方法，并实现跨学科逻辑融合。

4　模块化与矩阵化的课程体系构建

国土空间规划课程体系分为通用模块和能力提升模

块两大类，通过基础知识、教材、基地与资源三方面支撑，贯穿本科和研究生两个教学阶段。课程体系结合理论学习、实践操作和科研引导，采用模块化设计和交叉互通机制，旨在系统培养具备多学科知识和实践能力的国土空间规划专业人才（图2）。

4.1　模块化课程体系的架构重构

我国在国土空间规划领域呈现出建筑类、农林类、地理类等相关行业为主的教育体系[1, 13]。以建筑类为主的哈尔滨工业大学，为适应新时代国土空间规划教育的转型，以"模块化"理念重构本科课程体系，打破传统城乡规划专业中线性分级的刚性结构，转向能力递进的矩阵式课程组织形式。将课程划分为思想沿革（认识论）、规划原理与方法（本体论）、技术工具与方法（方法论）三大核心模块，实现从本科学段基础通识与认知构建到硕士阶段专业深化与方法精进的系统衔接，（表1）。

本科阶段注重原理启蒙与认知拓展，通过设置如"城乡规划原理""国土空间规划原理""生态景观规划原理""城市设计理论与实务""地理信息系统基础"等课程，帮助学生建立空间规划的基本逻辑与工具观；同时，以规划设计类课程为抓手，推进问题导向训练与表达能力建设。硕士阶段则聚焦于方法论深化与决策能力塑造，开设如"国土空间规划理论与方法""国土空间

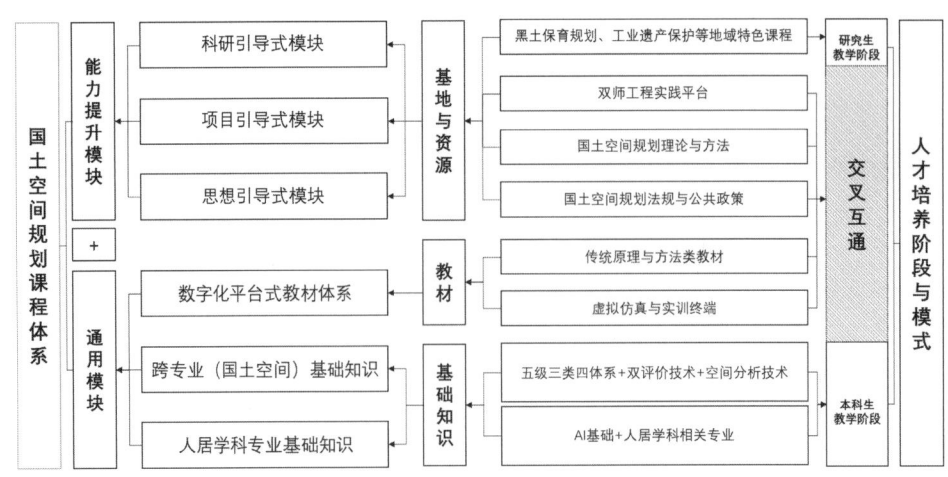

图2　哈尔滨工业大学本硕融通国土空间规划课程体系
资料来源：笔者自绘

本硕融通模块化课程体系   表1

知识体系	层面	理论课程模块		实践课程模块	备注
认识论	思想沿革	人居环境概论 生态学概论 区域经济学概论			通用课
本体论	规划理论与方法	景观生态规划原理		生态规划	通用课
		国土空间规划原理	城乡规划原理	城市总体规划	通用课
			国土资源与土地利用	国土空间总体规划	通用课
			生态修复理论与方法		
			国土空间规划方法		
		国土空间规划管理法规与公共政策		国土空间专题研究	提升课
		国土空间规划理论与方法			
方法论	技术工具与方法	双评价理论与方法		双评价实践	提升课
		地理信息与空间分析技术		空间分析实践	提升课

资料来源：作者自绘

规划法规与公共政策""规划前沿""地理设计"等进阶课程，强化学生的理论研究、政策理解、模型构建与决策判断能力。

4.2 课程内容的纵向递进与横向融合

哈尔滨工业大学从实践教学机制与教学运行系统出发，构建起以"通识模块+提升模块"为架构、以"本硕贯通+交叉融合"为路径、以"项目驱动+能力递进"为主线的系统化教学模式，将课程划分为适应不同阶段学生能力发展的"通用模块"和"提升模块"两大类，分别嵌入本科与研究生阶段的教学序列中，通过纵向衔接、横向整合，推动课程内容的层级递进与能力体系的系统建构。整合城乡规划、风景园林、地理信息、资源环境等多个学科方向的课程资源，在不改变原有专业分类的前提下，实现知识体系的交叉融合，将传统基于城乡规划和风景园林单一学科内难度递进的课程群逻辑，改进成为多学科融合与难度递进的二维课程群体系设计。

4.3 教材与资源平台的协同构建

哈尔滨工业大学联合相关院校、研究院和设计机构，以新教材体系建设为核心，逐步构建起以"通识理论—分析方法—政策工具—设计表达"为主线的复合型

教学资源体系。在教材编写方面，组织编写了《国土空间规划：概念·原理·方法》《国土空间规划：理念·政策·法规》《国土空间规划案例集》等系列教材，将最新政策要求与空间治理技术融合为一体，兼顾理论系统性与实践适用性。在资源平台建设方面，依托"城乡规划虚拟仿真实验教学中心"，参与建设覆盖教学全过程的在线资源共享平台。该平台整合遥感影像资料、用地现状数据库、三区三线案例集、空间分析技术视频、教学课件与模拟题库等功能模块，服务课堂教学、项目实践、课后训练多个环节。平台支持可视化交互、阶段性测试、项目评审模拟等功能，极大提升教学的开放性与反馈性。

5 融合创新的育人路径探索

5.1 多样化教学方式的融合实践

国土空间规划作为高度交叉的综合性学科，本身具有多规融合、生态优先、技术导向的复合特征，教学方法需主动打破传统的时空与学科界限，引导学生在多源数据的综合分析中建构空间认知逻辑与政策判断体系，强化在不确定性与复杂性情境下的综合应对能力。针对教学方法创新，学校充分总结线上线下混合教学经验，推进课堂集中、课后拓展的混合学习路径，鼓励学生利用碎片化时间开展线上查阅与深度阅读，形成"课堂要

素串线、课下知识发散"的动态学习模式。教学过程中注重场景迁移与方法创新，积极采用"翻转课堂""虚拟仿真""头脑风暴""角色扮演""规划工作坊"等形式，鼓励学生在真实或模拟的情境中进行问题识别与对策演练。

5.2 校政产研平台协同育人机制

为提升教育资源效率，学校充分依托产学研教学基地与协同平台，整合校外土地类规划院、环境与生态修复类单位、城乡设计类研究院所，以及各级政府自然资源部门的技术人员与项目资源，组建多主体、多学科、多层级协同育人网络。通过课程引导、项目嵌套推动实践课程体系升级，形成从基础认知、项目理解、方案表达到政策评估的完整实践能力链条。

5.3 国际合作与能力跃升路径

学校积极引入国内外课程平台与优质教学资源，将国内外空间规划公开课程与本校教学任务嵌套使用，推动中外课程接轨与本土适配同步推进，拓展学生国际视野，增强课程开放性与未来导向能力。在本科与研究生阶段嵌入"开放式研究型设计课程""国外联合毕业设计""中外联合工作坊"等专题课程推动学生学术能力、方案表达能力和组织能力的提升，更在战略能力、政策运用能力与持续学习能力等核心能力维度上实现了多点触发，有效支撑通专复合型人才培养目标的实现。此外，学校还与世界顶尖大学建立战略合作关系，开展研究生联合培养计划，定期选派优秀研究生赴海外高校深造，参与联合课题研究、实践项目与学术交流，不断提升人才培养的国际化水平与科研创新能力。

6 结论与展望

国土空间规划人才培养不仅是教学改革的任务，更是时代发展的使命[28, 29]。只有不断推进教育模式、教学内容与治理需求的深度融合，才能真正培养出面向国家战略、具备系统思维与多维能力的高素质复合型人才，支持中国式现代化背景下的空间治理体系建设[30, 31]。哈尔滨工业大学本硕融通的人才培养框架已初具雏形，但面对快速变化的政策环境和技术工具，还需持续深化教学机制、优化资源配置、强化平台建设。在不断完善知识体系与能力结构的基础上，进一步提升专业教育在国家空间治理现代化中的战略支撑作用。

未来将充分发挥哈尔滨工业大学在"空—天—地"一体化技术体系方面的学科优势，依托遥感、北斗导航、地理信息系统与无人平台协同观测等综合能力，推动国土空间规划专业与人工智能、大数据等新兴技术的深度融合。通过建设智慧感知与智能决策一体化的教学科研平台，形成服务国家重大空间战略的技术体系与人才支撑体系。同时，加快推动基于 AI 的空间数据挖掘、场景建模、自动化评估和辅助决策等技术在教学与科研中的落地应用，完善具有空间广度、智能高度的新型规划学科体系[21, 22]。

参考文献

[1] 黄贤金. 构建新时代国土空间规划学科体系 [J]. 中国土地科学, 2020, 34（12）: 105-110.

[2] WATSON V, ODENDAAL N, ENRIQUEZ A M, et al. Rethinking planning education for urban equality[J]. Environment and Urbanization, 2022, 34（2）, 515-532.

[3] 陈宏胜, 陈浩, 肖扬, 等. 国土空间规划时代城乡规划学科建设的思考 [J]. 规划师, 2020, 36（7）: 22-26.

[4] SCHMITT P, MAGNUSSON D. Educating planning professionals to promote the transformation of urban development[J]. Planning Practice & Research, 2024, 39（4）: 703-720.

[5] 杨恢武, 陶贵鑫, 周凤林. 国土空间规划背景下城乡规划专业培养方案适应性研究 [J]. 规划师, 2023, 39（8）: 140-146.

[6] JANIN RIVOIN U, GAETA L, MAZZA L. Spatial planning education across cultures. Encyclopedia, 2025, 5（2）: 52.

[7] 吕飞, 戴铜. 工程教育认证视角下城乡规划专业人才培养的思考——以哈尔滨工业大学城乡规划专业本科培养方案为例 [J]. 高等建筑教育, 2019, 28（3）: 70-75.

[8] 赵丛霞, 衣霄翔. 审核评估背景下的城乡规划专业本科培养方案修订探索——以哈尔滨工业大学为例 [J]. 城市建筑, 2018（27）: 120-123.

[9] 周小新, 吴松涛, 衣霄翔. 地方应用型本科院校城乡规划

专业人才培养体系转型的思考 [J]. 中国建筑教育，2022（2）：18–22.

［10］鲍海君，曹伟. 国土空间规划"新质人才"培养的科教创新综合体模式研究 [J]. 中国土地科学，2024，38（8）：135–144.

［11］王伟，欧阳鹏，衣霄翔，等. 面向国土空间规划的知识生产：属性取向、范式转型与学科集群构建 [J]. 规划师，2022，38（7）：5–15.

［12］陈龙高，李效顺，张训迪，等. 国土空间规划学科人才培养体系建设现状与发展路径研究 [J]. 现代城市研究，2024（11）：128–134.

［13］石楠. 城乡规划学学科研究与规划知识体系 [J]. 城市规划，2021，45（2）：9–22.

［14］MARCI-BOEHNCKE C, COBS-MUÑOZ V. Cross-disciplinary perspectives：Integrating the DPSIR framework for sustainability education in spatial planning[C]//Edulearn 24 Proceedings IATED, 2024：4234-4242.

［15］杨辉，王阳."旧疾"与"新题"：国土空间规划背景下城乡规划教育探讨 [J]. 规划师，2020，36（7）：16–21.

［16］耿虹，徐家明，乔晶，等. 城乡规划学科演进逻辑、面临挑战及重构策略 [J]. 规划师，2022，38（7）：23–30.

［17］宋飏，冯章献. 面向国土空间规划的人文地理与城乡规划专业实践教学体系构建与改革建议 [J]. 地理教学，2024，（16）：61–64.

［18］CHOSH A K R D, KALIYATH A. Exploring a multi-disciplinary approach in urban planning：Need for a paradigm shift in planning education in India[J]. ResearchGate, 2015.

［19］TADIMALLA S Y, MAHER M L. AI literacy for all：Adjustable interdisciplinary socio-technical curriculum[J]. arXiv, 2024, 24（9）：10552.

［20］LIU C, HUANG Y, LIU Z, et al. Progress of urban informatics in urban planning research, education, and practice[J]. Urban Informatics, 2025, 4（1）：6.

［21］吴志强. 城市规划教育的数智化焕新 [J]. 城市规划学刊，2025（1）：11–17.

［22］李翔，吴志强，甘惟. 人工智能为代表的新教育技术体系对规划教育的影响 [J]. 高等工程教育研究，2025（1）：47–53.

［23］刘慧雯，袁媛. 英国规划师职业价值观教育经验与启示 [J]. 规划师，2022，38（7）：37–42.

［24］冷红，栾佳艺，袁青. 国家战略背景与行业需求引领下的研究生城市设计教学思考 [J]. 城市设计，2023（2）：36–41.

［25］王伟，欧阳鹏，衣霄翔，等. 面向国土空间规划的知识生产：属性取向、范式转型与学科集群构建 [J]. 规划师，2022，38（7）：5–15.

［26］吴松涛，荣婧宏，周小新. 通专融合需求下国土空间规划领域人才培养体系构建研究 [J]. 中国建筑教育，2022（2）：7–11.

［27］赵巍，朱逊，叶晓申. 新工科背景下跨学科创新能力培养研究——以哈尔滨工业大学风景园林学科为例 [J]. 黑龙江教育（高教研究与评估），2022（7）：13–15.

［28］黄贤金，张晓玲，于涛方，等. 面向国土空间规划的高校人才培养体系改革笔谈 [J]. 中国土地科学，2020，34（8）：107–114.

［29］PARK H Y, PALAZZO D, HOLLSTEIN L. Case study for planning education：Lessons from incorporating an interdisciplinary teaching approach and APA trend reports in capstone planning studios. Sustainability, 2015, 17（3），1294.

［30］GATZWEILER F W, HOWDEN-CHAPMAN P. A new interdisciplinary science plan for urban health and wellbeing in an age of increasing complexity[J]. Bulletin of the Chinese Academy of Sciences, 2022, 36：2022001.

［31］KAUARK-FONTES B, MARCHETTI L, SALBITANO F. Integration of nature-based solutions（NBS）in local policy and planning toward transformative change：Evidence from Barcelona, Lisbon, and Turin[J]. Ecology and Society, 2023, 28（2）：25.

Exploration of the construction of teaching system of theory and method of territorial space planning under the demand of integrated training for undergraduate and master —— Taking Harbin Institute of Technology as an example

Wu Songtao   Zhou Xiaoxin   Peng Xiao

Abstract: The urban and rural planning program at higher education institutions faces the transformation tasks of integrating undergraduate and graduate studies and changing from a five-year to a four-year academic system. By systematically reviewing Harbin Institute of Technology's exploratory practices in constructing the teaching system for land space planning theory and methods in recent years, this paper analyzes core content such as modular course structures, pathways for interdisciplinary talent development, and three-dimensional capability models. It proposes an integrated curriculum framework based on "modularization + matrixization", dual-track support for undergraduate and graduate connections through "specialization + academia", and a multi-subject talent cultivation mechanism built around "teaching resource platforms + industry-academia-research collaboration". The aim is to provide practical references and theoretical support for optimizing the spatial planning education system and cultivating interdisciplinary talents under the background of integrated undergraduate and graduate programs.

Keywords: Territorial Space Planning, Undergraduate and Graduate Integration, Curriculum System, Competency Orientation, Teaching Reform, Compound Talents

新质生产力驱动城乡规划学科转型与教学革新的价值与路径 *

刘　岩　崔诚慧　赵宏宇

摘　要： 在创新驱动和数字化转型的新时期，城乡规划学科面临着知识体系拓展、技术迭代和人才变革的转型需求冲击，应在突出空间统筹优势的同时吸纳更多新质要素、拓展规划服务边界、深化人才顶层决策能力。新质生产力驱动城乡规划以"一本三融"即空间为本、跨界融通、虚实融合和知识融创为路径进行学科转型与教学革新。在教学输入方面，注重主动服务与发展新动能、培养多元化跨学科能力、助力空间生产力再跃升，以前沿性和情景化的课程催生具有新质生产能力的规划人才。在人才输出方面，加速对数字孪生、人工智能、大数据分析等新技术的培养，优化总体规划、详细规划和城市设计等主干能力，提升用好智能化手段来统筹城市更新、生态治理等新时代战略性规划的责任意识。以期形成借助新质生产力提升学科转型水平与教学革新质量，输出可服务于新质生产力发展的复合型规划人才的良性循环，为城乡规划发挥技术赋能创新统筹的学科使命提供借鉴。

关键词： 新质生产力；城乡规划；学科转型；教学革新；人才培养

1　引言

目前全球正处于以数字化、智能化、绿色化为引领的新一轮科技革命和产业变革时期。城乡规划始终是衔接人地关系、优化空间资源配置的关键学科，在新型城镇化以及生态文明建设两条主线上担负着重任[1]。在发展新质生产力的大形势之下，城乡规划迎来了新的发展机遇，同时也面临着新的考验。传统的以规划设计为主线的规划教学模式受限于数字经济发展的空间规划要求；规划教育培养出现了技术赋能、跨界融合、价值平衡的需求；政府部门、社区治理、智慧运营等诸多部门和领域都需要具备复合能力的人才推进规划工作[2]。因此，如何借助学科转型和教学改革，将城乡规划学生培养成为契合新质生产力发展需求的人才，是一个迫切需要得到解答的问题。

城乡规划学科转型面临着很多现实性束缚。从学科层面看，过度采用工程思维会使学科在回应新质生产力时出现迟滞，难以及时形成与数字经济、绿色技术等要素相匹配的空间资源配置模式和协同机制；从教学层面来看，传统教育模式所构建的课程体系未能完全反映行业以人为本与数字驱动并行的最新需求；从人才层面看，规划师还没有实现以统筹角色参与国家现代化治理及美丽中国建设的重要使命。这些问题是现阶段城乡规划学科进行全方位转型升级的依据和前提，只有对其有足够的认识才能有效地完成规划学科的转型升级。

研究新质生产力推动下城乡规划学科转型路径及教学革新，主要是为了回答以下三方面问题：新技术能给城乡规划教育带来什么样的影响？在新质生产力驱动下需要建立什么样的规划人才培养模式？学科的价值能够对新质生产力发展做出哪些支持？本文从技术集成性、跨界融合性和战略引领性三大特征界定新质生产力和城乡规划融合的关系，并从学科服务边界、数字教学模式、人才决策能力三个层面来探讨新质生产力驱动城乡规划学科转型与教学革新的价值，通过在学科层面形成

---

* 基金项目：吉林省教育科学"十四五"规划 2024 年度重点课题《新质生产力发展视域下高校服务地方经济发展的价值、困境及方略研究》（项目编号：ZD24038）。

刘　岩：吉林建筑大学建筑与规划学院讲师
崔诚慧：吉林建筑大学建筑与规划学院讲师
赵宏宇：吉林建筑大学建筑与规划学院教授

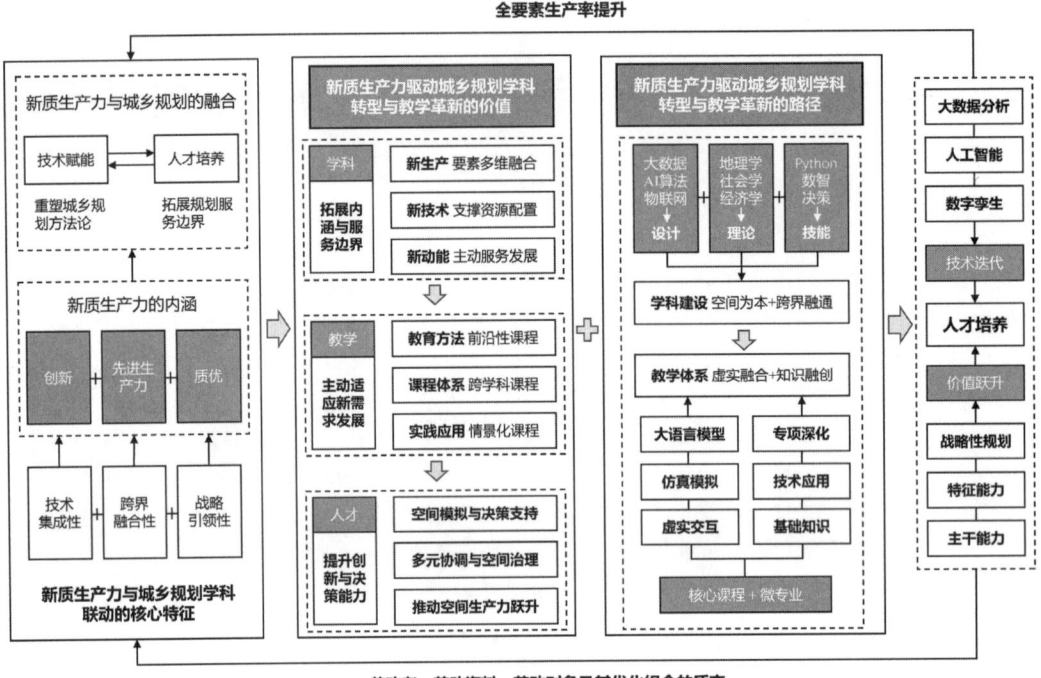

图 1　研究框架
资料来源：作者自绘

空间为本、跨界融通；在教学层面形成虚实融合、知识融创的转型路径，输出具有技术迭代和价值跃升属性的人才。研究框架如图1所示，以期为中国式现代化进程中新质生产力驱动规划教育服务空间治理体系提供理论基础。

2　新质生产力内涵及其与城乡规划的融合

2.1　新质生产力内涵及其与规划学科联动的核心特征

新质生产力是实现中国式现代化和高质量发展的重要基础。新质生产力与城乡规划联动具有技术集成性、跨界融合性和战略引领性的核心特征，促使规划学科范式经历着系统的变革[3]。一方面，以数字孪生、人工智能为代表的各类技术集群将城乡规划的方法论由经验驱动转变为数据驱动。将城乡空间从客体设计理念转变为创新要素共同作用下的智能化载体。规划需要以智慧技术手段来实现从原来的空间设计向统筹运营的转变。虚拟现实等技术推动了交通组织、设施布局等科学决策[4]。

另一方面，新质生产力背景下的城乡发展诉求也促使规划教育突破以往的培养定位。规划师需要具备技术理性的空间形态设计能力、创新性的数字工具应用意识、公共政策统筹的治理智慧，具备空间、技术和治理相融合的能力[5]。这就必然要求规划专业建构一套能够实现跨学科学习的知识体系，同时也需要规划教育能够建构一种虚实融合的教学模式。

2.2　技术赋能重塑城乡规划空间创新引擎

新质生产力驱动着城乡规划向以新技术为主导的科学化、精准化发展转变。以大数据、人工智能、数字孪生为主体的新质技术重构了城乡规划的价值链和作业流程。基于动态模拟、实时感知、智能决策的技术整合让城乡规划打破传统的主观设计，转而构建起全生命周期多维度的空间治理体系。数字孪生技术构筑的虚实交互动态场景能让规划师提前判断出长时期内空间资源分配的真实情形；人工智能优化系统的空间组织逻辑，让公共服务设施布局更加科学合理，交通线路规划更具有可通可达；区块链为城市空间资产管理与利益分派提供可追溯途径[6]。总之，技术赋能下的城乡规划把原来的空间设计工具变成了空间创新引擎，利用技术集聚后的触媒效果放大空间的价值创新作用，并使其作为新质生产力发展空间承载的平台发挥着极其重要的作用。

2.3 人才复合能力跃升开拓规划新质队伍

新质生产力的跨界融合性使规划人才从单一化向空间、技术和治理的方向转变，催生城乡发展的新要求，推动规划师由过去的单一技术群体转向兼具跨学科知识谱系及综合技能结构的新质群体。因此，"新质"规划师的培养成为必然。在技术维度上，要培养空间数据分析、智能算法应用、低碳技术集成的能力；在治理维度上，要掌握政策设计、利益协调和服务创新的能力。在培育跨学科知识谱系和综合技能的基础上，还要注重以空间设计、数字技术、公共政策的课程重塑人才培养的知识底座[7]。既要保留空间形态设计具有绝对优势的基础能力，又要嵌入新质生产力所需要的新技术基因。因此，加强虚实结合的数字化训练场景，培养面向智慧城市运行、低碳空间治理等新场景下的系统思维能力，搭建起技术理性、空间感性的能力构架，打造出既能用好数字化工具又能平衡多种价值的"新质"规划师队伍已成为必然，对加快城乡发展步伐有巨大贡献。

3 价值：拓展规划服务边界与深化顶层决策能力

从学科发展层面，新质生产力向新生产、新技术和新动能方向拓展着城乡规划学科的边界。在学科边界拓展的宏观趋势下，为孕育和助推新质生产力发展，规划教学内容需要从教育方法、课程体系和实践应用三个方面构建主动适应新需求发展的教学方向。新质生产力推动规划人才对创新思维与决策能力产生新要求，同时，规划也持续为全要素生产率提升输送具有空间统筹能力的复合型人才。新质生产力驱动规划学科转型与教学革新的价值框架如图2所示。

3.1 拓展城乡规划学科的内涵与服务边界

新质生产力的兴起催生了城乡规划学科新的发展逻辑和发展价值观。伴随着新质生产力的发展，以往以土地和资本为要素的城镇化模式逐渐向数字技术、绿色能源、创新人才等新生产模式融合。国土空间规划治理需要大数据、人工智能等技术支撑空间资源高效配置，需要通过数字化虚拟建模手段更好地激发城乡活力[8]。以微更新、绿色低碳、全龄健康为目标的空间治理体系是应对气候变暖、老城衰败等挑战下的必由之路。新质生产力驱动城乡规划从被动应对问题转向主动引领发展，使规划学科向主动服务与发展新动能的方向拓展。

3.2 构建主动适应新需求发展的规划教学方向

新质生产力推动城乡规划教学适应新需求。在教

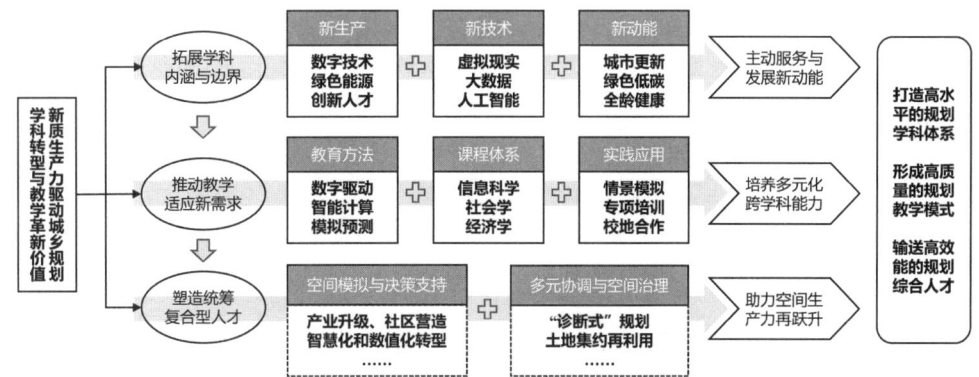

图2 新质生产力驱动规划学科转型与教学革新的价值框架

资料来源：作者自绘

育方法上,新质生产力的发展助力规划教学植入数字驱动、智能计算、模拟预测等前沿技术方法,培养学生规划基础技能的同时,优化其对城市未来发展所用的新方法的认知能力。在课程体系上,新质生产力的发展加速规划教学对地理信息科学、社会学和经济学等学科课程体系拓展,夯实规划教学兼具自然科学与社会科学的课程体系设置。在实践应用上,新质生产力的发展需要规划教学引入多情景模拟,培养学生发散思维和兴趣爱好;让学生接受感兴趣的专项培训、抓牢校地合作机会,培育"新质"规划师的复合素质[9]。

3.3 提升规划人才的顶层思维与决策能力

培育适应新质生产力发展的复合型规划人才已成为城乡规划教育转型的重要任务。在提质增效阶段,规划师需要至少掌握以下两大新质能力:第一,以规划顶层思维进行多元协调与空间治理的能力。规划师应统筹考虑功能及产业培育及植入、土地集约再利用、设施布局调整优化、空间创新设计、项目库及财务平衡方案制订

等[1]。第二,运用数字技术进行空间模拟与决策支持的能力。传统城乡规划教育培养模式偏重物质空间设计,需要适应智慧化和数智化的转型需求。

4 路径:构建"一本三融"学科建设与教学体系

从空间为本、跨界融通两个方面探索新质生产力驱动城乡规划学科转型的路径,以设计、理论和技能三驱并进推动城乡规划学科对新质生产力的积极响应。教学体系紧跟学科转型趋势,从虚实融合、知识融创两个方面探索新质生产力驱动城乡规划教学革新的路径,以"核心课程 + 微专业"的方式响应新质生产力的技术新、服务新等重要内涵。新质生产力驱动规划"一本三融"学科转型与教学革新的路径框架如图3所示。

4.1 空间为本跨界融通的学科建设

(1)以空间为主体的核心定位

新质生产力的重要特质是创新,空间正是各种各样的创新要素聚集和互动的重要平台。城乡规划学科的空

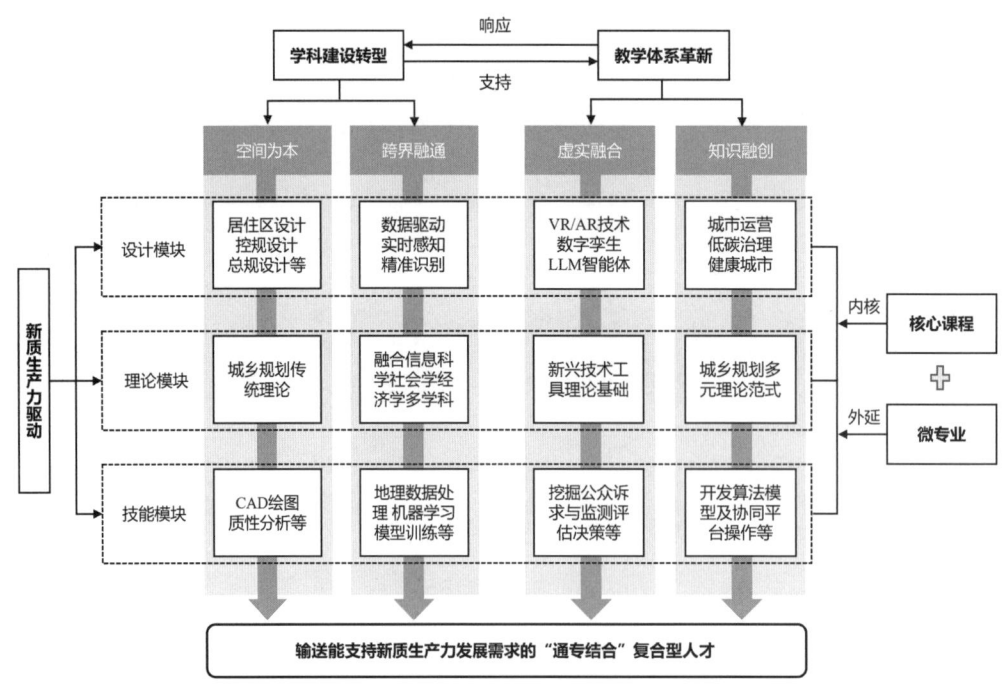

图3 新质生产力驱动规划"一本三融"学科转型与教学革新的路径框架

资料来源:作者自绘

间本质有助于发展新质生产力所需的创新载体。以空间为本的学科建设作为抓手，进一步加强空间形态学、空间绩效等方面的理论研究，可以保证规划学科在未来数字城市等新领域能够继续发力。在学科发展过程中，以空间为主导的学科定位能够保证培养出的规划师，在未来新质生产力的发展过程中作为协调者，为推动城市空间生产力跃升带来巨大优势[10]。

（2）辅以跨界融通的模式升级

新质生产力的跨界融合要求把规划教育引入"宽基础"的跨学科知识中。在频繁使用数字技术、绿色科技的当下，单一的空间设计知识已难以适应当前发展的需要，需要拓展地理信息科学、社会学和经济学知识向规划研究体系融入。把数字技术等新质生产力要素引入到传统的规划设计当中，是城乡规划学科转型的核心拓展内容。跨学科的升级不是简单的知识叠加，而是以空间为纲，有机地把经济管理类知识、数字技术类知识、环境科学类知识融为一体，培养学生在面对新质生产力发展时的复杂空间下能够给出解决方案。

围绕空间主体，培养"规划+AI""规划+双碳"等新的交叉学科领域[11]；根据学生的就业需求与兴趣爱好发展技术深化型、管理复合型等培养方向，以塑造学生的多岗位适应能力，拓宽学生的就业渠道[1]。"规划+"的交叉培养，一方面坚持和发展了以设计思维为核心的基础性培养，另一方面使学生有更多的机会选择契合新质生产力发展的工作岗位，在根本上避免人才单一化培养的就业难问题。

4.2 虚实融合知识融创的教学体系

（1）虚实融合重塑城乡规划教学范式

新质生产力的技术集成性促进了城乡规划教育由传统经验式教学向虚实融合的智慧教学转变。新质生产力以数字孪生、人工智能等为代表的数字技术集群，改变了城乡规划教育的底层逻辑。通过大语言模型（Large Language Model，LLM）智能体可以扮演居民、政府相关部门官员、开发商和专业规划师，让学生对设计和研究地段产生深刻的理解[4]。学生也可以实现在虚拟空间中开展实时人流量、车流量和人口迁移等情况的仿真模拟，从而全方位地开展规划方案的推演与优化。教师可以在多目标约束下，通过机器学习的方式对学生的空间

设计与规划策略进行指导分析，通过虚实交互训练提高学生的城市认知及规划调控能力。

（2）知识融创催生跨学科融合课程体系

新质生产力跨界融合要求城乡规划教育更新思想，编织复合知识网络。随着数字经济和低碳技术等新质生产力要素进入空间领域，城乡规划专业应以空间设计为主导，在四年本科框架的前三年新增设的城市计算、生态韧性等内容，第四年选修智慧城市运营、低碳空间治理等不同课程模块[1]。让学生在规划基础知识、数字技术应用、专项系统深化的递进式培养方式中，掌握"规划+"的跨学科融合知识体系。规划教育模式可采用"核心课程+微专业"这种可柔性变形、延展的架构。在通识的基础上让学生自主选择方向，在学会传统规划设计的相关知识的前提下，自由选择如智慧交通、健康城市等专项方向进行学习，从而打开教育的边界，打造稳态内核、动态外延的育人体系[12]。

5 可支持空间生产率提升的复合型人才

5.1 技术迭代重塑规划人才能力内核

通过新质生产力驱动学科建设转型和教学体系革新，期望城乡规划能够输送可支持新时期发展需求的"通专结合"复合型人才[1]。这类人才应具备可支持空间生产率提升的技术集成性、跨界融合性、战略引领性的多维能力。数字孪生、人工智能、大数据分析等新技术需求比重攀升[13]，未来可通过建造虚实结合的智慧规划实验室，使学生掌握交通流量预测、碳排放评估等新质技能，完成由原先的经验判断为主的决策向由前沿技术辅助科学决策的方向转变。着力将以空间形态设计为基础的技术理性和数字技术创新思维相结合，培养学生利用智能工具增强空间资源配置的能力内核。

5.2 价值跃升再构规划人才统筹思维

结合政府部门、社区治理、智慧运营等多领域多维度需求，规划人才需要在优化总体规划、详细规划、城市设计的主干能力之外，演化出"+经管""+公管""+生态"等特征化的"新质"能力。以统筹思维作为多维纽实现技术工具、政策设计、价值平衡三维合一，并以空间管控来服务自然资源部门的文旅和应急等新业态空间治理，将新型工具和新兴技术与传统规划和设计形成

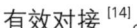

有效对接[14]。

新质生产力的战略引领性要求规划人才担负起服务国家现代化建设的高层次历史使命。规划培养的人才需要在履行传统规划的空间管控职责基础上，着力于"双碳"目标、数字经济、孪生城市等能服务于国家战略的方向转型。将人才培养的目标由专业技能培养转化为国家治理能力建设培养，使规划师不仅可以发挥自身所长进行设计，也可以用好智能化手段来统筹城市更新、生态治理和产业布局等新时代战略性规划。

6 结论

新质生产力与城乡规划学科联动的核心特征主要体现为技术集成性、跨界融合性和战略引领性三个方面。基于核心特征，本研究从学科拓展内涵与服务边界、教学主动适应新需求发展和人才提升创新与决策能力三个层级，分析新质生产力驱动城乡规划学科转型与教学革新的价值。在学科建设层级，其价值体现在新生产要素多维融合、新技术支撑资源配置和新动能服务规划发展三个方面。在教学体系层级，新质生产力驱动城乡规划教学增设数字驱动、智能计算和模拟预测等前沿性课程，向地理信息科学、社会学和经济学等学科拓展边界，推进培养过程中情景模拟、专项培训、校地合作的教学比重。在人才培养层级，新质生产力加速规划培养具备模拟与决策、协调与治理能力的"新质"人才。新质生产力驱动城乡规划学科通过空间为本、跨界融通的路径转型；驱动城乡规划教学通过虚实融合、知识融创的路径革新，以设计、理论和技能三驱并进推动城乡规划教育对新质生产力的积极响应。最终，以技术迭代和价值跃升为学科转型与教学革新后的人才培养目标，以期为国家输送具有能支持新质生产力发展需求的"通专结合"复合型规划人才。

参考文献

[1] 段进，石楠，闫凤英，等."规划教育的规划"学术笔谈[J]. 城市规划学刊，2025（1）：1–10.

[2] 吴志强，张悦，陈天，等."面向未来：规划学科与规划教育创新"学术笔谈[J]. 城市规划学刊，2022（5）：1–16.

[3] 王凯，赵燕菁，张京祥，等."新质生产力与城乡规划"学术笔谈[J]. 城市规划学刊，2024（4）：1–10.

[4] 田莉，杨鑫，张雨迪，等."专业知识＋人工智能"双驱动的城乡规划设计教育创新探索：以住区规划为例[J]. 城市规划学刊，2024（5）：71–78.

[5] 方创琳，孙彪. 新质生产力的地理学内涵及驱动城乡融合发展的重点方向[J]. 地理学报，2024，79（6）：1357–1370.

[6] 邓兴栋，刘洋，霍子文，等. 时空信息技术与城市战略规划——广州的实践[J]. 城市规划，2024，48（S2）：45–53.

[7] 曾穗平，吕艳梅，田健. 智能算法在城市形态优化研究中的演化路径与应用情景——基于Citespace知识图谱的分析[J]. 城市问题，2022（4）：14–23.

[8] 于洋洋. 深圳市国土空间规划指标台账设计与运行应用[J]. 规划师，2025，41（3）：75–82.

[9] 潘峰华，陶遂，章文洁."产学研"融合模式下的规划实习课程设计和教学效果分析——以北京师范大学"人文地理与城乡规划"专业生产实习为例[J]. 华南地理学报，2024，2（4）：63–71.

[10] 强欢欢，王兴鸿. 契合新质生产力要素的城乡规划学高质量教学体系建构策略研究[J]. 黑龙江教育（高教研究与评估），2025（1）：4–7.

[11] 段进，阳建强，陈晓东，等. 当前城乡规划本科人才培养方案制定的思考——东南大学的演进与探索[J]. 城市规划，2025，49（3）：52–60.

[12] 王世福，李欣建，赵渺希，等. 中国城乡规划学科转型面临的挑战与跨学科重构[J]. 规划师，2024，40（12）：1–6.

[13] 姚丽，沈敬伟，孙平军. 大数据驱动下人文城乡专业研究型创新人才培养研究[J]. 地理教学，2019（23）：4–7.

[14] 鲍海君，曹伟. 国土空间规划"新质人才"培养的科教创新综合体模式研究[J]. 中国土地科学，2024，38（8）：135–144.

The Value and Path of New Quality Productive Forces Driving the Discipline Transformation and Teaching Innovation of Urban and Rural Planning

Liu Yan   Cui Chenghui   Zhao Hongyu

Abstract：In the new era of innovation-driven development and digital transformation, the urban and rural planning discipline is facing the impact of transformation needs such as the expansion of knowledge systems, technological iteration, and talent reform. It should highlight the advantages of spatial coordination while absorbing more new-quality elements, expanding the boundaries of planning services, and deepening the top-level decision-making capabilities of talents. Driven by new quality productive forces, urban and rural planning promotes disciplinary transformation and teaching innovation through the path of "One Foundation and Three Integrations", namely space-oriented, cross-border integration, virtual-real fusion, and knowledge integration. In terms of teaching input, it focuses on actively serving and developing new driving forces, cultivating diversified interdisciplinary capabilities, and helping to re-leap spatial productivity. Frontier and situational courses are used to cultivate planning talents with new quality productive capabilities. In terms of talent output, it accelerates the cultivation of new technologies such as digital twins, artificial intelligence, and big data analysis, optimizes the main capabilities of master planning, detailed planning, and urban design, and enhances the sense of responsibility for using intelligent means to coordinate new-era strategic planning such as urban renewal and ecological governance. It is expected to form a virtuous circle of using new quality productive forces to improve the level of disciplinary transformation and the quality of teaching innovation, and output interdisciplinary planning talents who can serve the development of new quality productive forces, providing a reference for urban and rural planning to fulfill the disciplinary mission of technological empowerment and innovative coordination.

Keywords：New Quality Productive Forces, Urban and Rural Planning, Disciplinary Transformation, Teaching Innovation, Talent Cultivation

面向国土空间规划的城乡规划人才培养改革调查与思考

罗小龙　冯建喜　于　涛

摘　要： 面向国土空间规划的需求培养人才是城乡规划教育的主要责任。本文对我国十余所高校的城乡规划专业教学改革进行了调研和思考，发现当前改革的主要进展包括开设国土空间规划人才培养新方向、进行学制改革以及拓展并充实城乡规划课程体系三个方面，依然存在路径不清晰、知识体系构建不完善以及"两头热、中间冷"的问题。未来需要进一步增强培养国土空间规划人才重要性、紧迫性的认识，尽快形成我国国土空间规划人才培养主线；确立和建设国土空间规划人才培养核心课程以及以学制改革为契机，全面深入推动面向国土空间规划的城乡规划人才培养改革。

关键词： 国土空间规划；自然资源管理；城乡规划专业；人才培养改革

1　引言

《中共中央 国务院关于建立国土空间规划体系并监督实施的若干意见》及《全国国土空间规划纲要（2021—2035年）》对国土空间规划领域发展作出战略部署，明确提出要"加强国土空间规划相关学科建设"、"加快学科建设、规划专业人才培养"，要求加快构建覆盖学科知识体系、技术方法与实践应用的全链条人才培养模式，形成"学科建设—知识生产—人才供给"三位一体的发展路径，为国土空间治理现代化提供智力支撑与人才保障。作为国土空间规划的核心支撑学科，城乡规划学科建设要适应国土空间规划改革的要求，面向国土空间规划的需求培养人才是城乡规划教育的主要责任（吴志强等，2022；段进等，2025）。

在过去的五年里，学界及业界对于城乡规划人才培养改革如何服务国土空间规划改革（石楠，2021；彭震伟等，2018），如何适应国家城镇化进程和宏观经济形势的重大转型所带来的挑战（罗小龙等，2024；王世福等，2022），如何拥抱技术迭代、数字化和人工智能转型（本刊编辑部，2019；孙施文，2021），进而推进国土空间治理现代化等方面进行了广泛而深入的讨论和研究，取得了一些共识。我国相关高校也积极落实国土空间规划改革要求，对其人才培养体系、培养方案进行了改革和调整。笔者对我国十余所高校的城乡规划专业进行了调研和思考，并结合南京大学多年来的相关改革实践，提出新时期国土空间规划人才培养的优化建议。

2　城乡规划专业随着经济社会的转型发展而不断革新人才培养

新中国成立至今，城乡规划专业在我国经济社会发展的不同阶段一直主动服务国家战略需求，承担着重要角色，其学科知识体系和人才培养方式也随着国家战略需求变化而不断革新。城乡规划专业的发展和转型大体经历了以下三个阶段。

2.1　计划经济体制时期的城乡规划专业（1949—1977年）

这一时期，城市规划被纳入计划经济体系，是国民经济计划的延续和空间落实。1952年，同济大学、清华大学等一批工科院校在"建筑学"下相继开设"城市规划专业"，其人才培养聚焦于勘察设计需求。城乡规划

罗小龙：南京大学建筑与城市规划学院教授
冯建喜：南京大学建筑与城市规划学院副教授
于　涛：南京大学建筑与城市规划学院教授

是在空间上落实国民经济建设计划和重大项目布局的工具（孙施文，2021）。这一时期，城市规划与国家经济社会发展需求紧密结合，其在支撑建立社会主义工业体系方面作出了巨大贡献。1975年，北京大学、南京大学、中山大学的地理学科率先开设"经济地理与城乡规划专业"，进一步充实和完善了规划学科知识体系和育人方式。

2.2 市场化改革时期的城乡规划专业（1978—2018年）

这个时期，伴随我国工业化、城镇化的加速推进，城乡规划成为国家实现经济增长目标的重要手段，是地方政府经营土地等城市各类资产、管控空间秩序、营造景观环境的重要工具（石楠，2021）。与此相适应，我国城乡规划教育为保障城乡空间的总体秩序和促进城乡经济的快速发展提供了大量专业人才。其间，1986年《中华人民共和国土地管理法》颁布和第一轮土地利用总体规划（1986—2000年）的编制，我国一批农业类院校和综合性院校纷纷开设了土地管理专业。此成为我国当时"多规并存"规划体系中的人才培养重要力量。

2.3 生态文明建设时期的城乡规划专业（2019年至今）

建立国土空间规划体系是国家治理体系的重要组成部分。这个时期，空间规划的本质属性已发生了巨大变化，从过去进行空间开发的技术工具，转向全面调控资源配置、全域推进节约集约、全力维护多元价值的公共政策，发挥着引领经济社会发展转型、推进国家治理体系现代化的重要责任。按照"为党育人、为国育才"的宗旨，城乡规划专业作为国土空间规划的核心支撑专业，现正积极面向国土空间规划新体系的构建，开展前所未有的人才培养改革探索。

3 面向国土空间规划的城乡规划人才培养改革主要进展

五年来，为适应国土空间规划改革的需求，相关高校的城乡规划专业纷纷对本科人才培养体系做出改革和调整，进行了有益的探索，取得了一些进展，主要包括以下三个方面。

3.1 开设国土空间规划人才培养新方向

2021年南京大学创设跨学科交叉的"建筑与规划实验班"，设置"国土空间规划""城市更新""数字建筑与智慧城市"等专业方向，采用文理兼招的方式开展特色化人才培养。北京大学则依托地理学一级学科优势，在"人文地理与城乡规划"本科专业框架内增设"国土空间规划"细分方向。两校通过重构课程体系、优化培养方案，初步搭建起覆盖本硕博的多层次国土空间规划教育架构。与此同时，我国一些高校也开展了面向国土空间规划的研究生培养改革，如南京大学自主设置了"国土空间规划"二级学科博士点。

3.2 进行学制改革以适应招生就业新需求

在学科大类招生的整体趋势下，我国城乡规划专业高等教育正经历系统性变革，相关高校纷纷开启了城乡规划专业从五年制到四年制的学制改革。2019年南京大学率先启动五年制转四年制改革，2023年东南大学、大连理工大学的城乡规划专业也进行了学制改革。至2024年，不完全数据显示，全国已有29所重点院校（含天津大学、哈尔滨工业大学、华中科技大学、重庆大学、武汉大学、华南理工大学、西安建筑科技大学等）启动城乡规划四年制学制转设程序，其中同济大学更创新性地推出"城乡规划—法学"四年制双学位复合型培养项目。从我国相关高校新版人才培养体系来看，此次学制调整并非简单的时长压缩，而是通过重构"通专融合"课程体系、强化国土空间规划知识模块、增设跨学科实践平台等方式，实现人才培养范式转型。

3.3 拓展并充实城乡规划课程体系

在规划设计类课程方面，我国相关高校均按照编制实施国土空间规划的要求，积极修订增补相关课程内容，如将"城市总体规划"课程修改为"国土空间总体规划"课程。与此同时，相关高校也主动在人才培养方案改革和课程体系优化中落实好编制实施国土空间规划的要求，在传统城乡规划课程基础上开设面向国土空间规划新课程（表1）。北京大学、南京大学等综合性大学结合学科自身优势，在课程改革设置上较多地体现了国土空间规划的知识需求。从2024年相关高校正在申报提交的人才培养方案来看，除华中科技大学作出了较大

相关高校城乡规划专业面向国土空间规划的课程设置　　表1

课程类型 主要高校	理论类课程	资源类课程	技术类课程	管理类课程
清华大学	人文地理学导论	土地利用开发与管理	地理信息系统与遥感规划综合实践	
同济大学	土地利用规划概论	自然资源保护与利用	地理信息系统	
东南大学	自然地理学、国土空间总体规划	国家公园与自然保护地规划	GIS及其在城乡规划中的应用	
北京大学	自然地理概论、地貌学、国土空间规划	自然资源学原理；土地评价与管理、海洋科学导论、自然保护学	地理信息系统的规划应用、时空智能技术与规划应用	国土空间规划管理与法规
南京大学	生态环境保护与修复、城市更新规划、国土空间规划新进展、地理科学基础	自然资源保护与利用、土地利用管理与政策	规划数据管理与应用、遥感与GIS基础	国土空间治理与公共政策、规划实施评估
天津大学 *	空间规划概论	自然资源学原理		
哈尔滨工业大学 *	国土空间规划、生态城市概论		地理信息系统、遥感及空间分析技术应用、大数据与城市规划	
华南理工大学 *	国土空间规划概论、环境生态学	土地资源学	地理信息系统原理与应用	
华中科技大学 *	国土空间总体规划原理、自然地理与土地资源学、生态修复理论	自然保护地规划概论	3S技术与应用	国土空间规划管理与法规
重庆大学 *	自然地理、人文地理、国土空间规划原理、生态修复与工程	生态系统设计理论与实践	地理信息系统	国土空间规划管理与法规

注：标注 * 为2024年正在申报的教学改革方案，目前还未实施。

资料来源：根据各高校的人才培养方案或课程体系整理

调整外，其他工科高校都对人才培养体系进行了改革调整，但限于国土空间规划相关支撑学科基础较为薄弱，其改革力度则相对较小。

4　对我国城乡规划专业人才培养改革现状的思考

4.1　人才培养改革围绕国土空间规划改革的路径还不够清晰

国土空间规划共涉及18个一级学科，知识体系过于庞大，故令诸多高校在规划教育改革方面"无处下手"。相关高校普遍对规划学科人才培养改革方向感到迷茫，这在一定程度上影响了规划教育改革的进一步深化。从我国相关高校的人才培养方案来看，少量综合性高校在相关学科的支撑下，针对国土空间规划所需的知识体系增加了较多课程，而其他大部分高校的改革举措，只是增加了几门核心课程，如地理信息系统、自然地理、土地资源类课程等。国土空间规划体系的构建不是简单换一个名称，也不是形式上的拼凑。它所体现的，是生态文明新时代空间供给侧结构性改革的要求。目前，我国相关高校城乡规划人才培养改革和课程设置，均存在以"打补丁"为主，缺乏系统性改革的问题，相对滞后于我国国土空间规划改革进程。

4.2　国土空间规划的知识体系建设需要寻找突破口

自国土空间规划改革以来，自然资源部、教育部高度重视国土空间规划知识体系和人才培养体系建设，相继启动了国土空间规划相关领域教学资源建设工作、国土空间规划基础课程群虚拟教研室建设等工作，有力地推动了国土空间规划知识体系建设。从人才培养改革的情况来看，国土空间规划作为一个新事物，相应的改革正处于探索阶段，存在"步调不一"的问题。通过对十余所高校国土空间规划课程设置的调研来看，南京大学围绕自然资源部"两统一"核心职责和自然资源管理业务，对本科培养方案进行了较为系统的探索改革，且已经培养出了两届毕业生；北京大学借助地理学科支撑优势，整合地理课程资源，通过允许学生选修学院内其他专业的相关课程，已构建了国土空间规划人才培养体系。其他工科高校学制改革的人才培养改革方案目前正在申报中，其方案还未实施或还需继续完善。这些高校主要以增加地理类和土地管理类课程为主，亟需寻找到合适的突破口。

4.3 国土空间规划人才培养学制改革存在"两头热、中间冷"的现象

据不完全统计，目前我国已经完成或正在进行规划学制改革的高校有 36 所。从规划教育学制改革高校的分布来看，存在"两头热、中间冷"的现象。"两头热"的现象是，"双一流"建设高校和"建筑老八校"进行规划教育改革的有南京大学、北京大学、同济大学等19所（占比 52.8%）；河北建筑工程学院、浙江工业大学、河南财经政法大学等省属高校 9 所（占比 25.0%）、青岛城市学院、黄河科技学院、合肥城市学院等民办高校8 所（占比 22.2%）。"中间冷"的现象是，在国内和地方具有一定影响力、排名居中的高校，改革较为缓慢，大多处于观望状态，如苏州科技大学、山东建筑大学、深圳大学、福州大学等。究其原因，国家"双一流"建设高校的规划专业普遍面临着招生压力，而普通地方高校和民办高校人才培养以社会需求为风向标，因此改革较为积极。据调研，地方高校之所以持观望态度，主要原因是"等（国家'双一流'建设高校）改了以后，看看情况再说""我们好不容易通过评估（住建部高等教育城乡规划专业评估），评估要求五年制办学，评估不改，我们也不敢改""作为地方高校，我们评估结果不错，这对我们本身就是一种加持……"。

5 深化我国国土空间规划人才培养改革的建议

5.1 进一步增强培养国土空间规划人才重要性、紧迫性的认识

2019 年以来，按照中共中央、国务院关于"建立国土空间规划体系并监督实施"的部署，目前国土空间

规划体系从整体上已初步建立，省、市、县的国土空间规划编制和审批已基本完成，各地面广量大的专项规划、详细规划正在推进。在后续的国土空间规划实施、监督、调整工作中，也需要大量的国土空间规划人才。面对此需求，相关部委要加强对相关高校的教学改革进行经验总结，进一步明确面向国土空间规划的教学改革方向。同时，要对相关高校进行分类引导，以体现多元办学和特色培养。将国土空间规划人才培养工作纳入相关部委科技发展和人才培养计划，发挥相关协会、学会在国土空间规划人才培养中的作用。

5.2 围绕自然资源管理和国土空间治理职责，尽快形成我国国土空间规划人才培养主线

针对一些高校对国土空间规划改革方向的迷茫，以及国土空间规划课程体系和内容缺少系统构建等问题，相关高校应以城乡规划原有课程为基础，围绕自然资源管理和国土空间治理职责，形成人才培养主线，并进行人才培养体系的系统改革。同济大学吴志强院士正在牵头开展战略性新兴领域国土空间规划"十四五"高等教育系列教材建设。为进一步完善教材体系建设，要围绕自然资源的权益产权、开发利用、用途管制、空间规划、基础调查、执法监督、保护修复、海域使用和海岛保护利用等职能，进一步优化相关课程内容，编写整合相关知识、基本原理、规划要点等专业专用教材。我国高等教育的发展趋势是本科培养复合型人才、硕士研究生阶段进行专业培养、博士研究生阶段聚焦专门领域的创新培养。基于此，国土空间规划人才培养要具有本、硕、博的阶梯性。本科人才培养，主要面向市、县规划编制和管理的人才需求；硕士研究生人才培养，主要为省级规划管理和编制单位输送人才；博士研究生人才培养，主要面向自然资源部及相关部委、重要科研院所、高等院校等人才需求。国土空间规划人才培养还要重视本、硕、博人才培养的贯通融合。

5.3 重点突破，抓紧确立和建设国土空间规划人才培养核心课程

国土空间规划教育涉及的知识体系庞大，在我国高等教育强化复合型人才培养的大趋势下，只能在完善既有设计类、理论类、实践类课程的基础上，浓缩、精

炼、整合相关知识要点，设置国土空间规划重点课程。这些课程应包括：自然资源保护与利用、生态环境保护与修复、规划数据管理与应用、规划实施评估、城市财政与城市管理等。在硕士研究生、博士研究生培养阶段，根据基础与特色，开设矿产资源专项规划、水资源专项规划、林业专项规划、海洋专项规划等专业课程，以更好地满足国土空间规划人才培养的需求。相关部委可通过开展师资培训的方式，组织国内学科力量较强的高校对学科力量较弱的高校进行定向帮助，以逐步实现国土空间规划课程标准化。

5.4 以学制改革为契机，全面深入推动面向国土空间规划的城乡规划人才培养改革

城乡规划专业的学制改革已是大势所趋，学制改革必然会对现行人才培养方案进行大幅修订。在学制改革方面，相关高校可自主选择学制，以彰显学校特色。建议进行学制改革的高校，要以学制改革为契机，设置新课程，优化课程内容。对在职的自然资源部门国土空间规划工作人员，强化继续教育，自然资源部可选择若干重点高校，有计划地每年遴选一批定向进行硕士、博士阶段的专业培养。同时，自然资源部应加强对国土空间规划人才培养改革经验的总结和推广，为相关高校提供方向和路径，最终在全国范围内形成全面支撑国土空间规划的人才培养体系。

6 结论

未来城乡规划学科的人才培养将呈现结构性调整趋势：在规模层面，将从高速扩张阶段过渡至理性发展阶段；在培养模式上，需构建差异化教育体系——研究型院校应聚焦学科前沿与理论创新，应用型高校需强化实践能力与在地化服务；在核心内涵方面，既要夯实空间规划、人居环境等专业基础理论教育，又要通过校际协作、校企联动构建特色化培养模块。最终通过教育供给侧改革，实现学科发展与行业需求的多维动态适配。

参考文献

[1] 吴志强，张悦，陈天，等."面向未来：规划学科与规划教育创新"学术笔谈 [J]. 城市规划学刊，2022（5）：1-16.

[2] 段进，石楠，闫凤英，等."规划教育的规划"学术笔谈 [J]. 城市规划学刊，2025（1）：1-10.

[3] 石楠.城乡规划学学科研究与规划知识体系 [J].城市规划，2021（2）：9-22.

[4] 彭震伟，刘奇志，王富海，等.面向未来的城乡规划学科建设与人才培养 [J].城市规划，2018（3）：80-86，94.

[5] 罗小龙，冯建喜，陈浩，等.国土空间规划知识体系构建与人才培养改革 [J].规划师，2024，40（12）：16-23.

[6] 王世福，麻春晓，赵渺希，等.国土空间规划变革下城乡规划学科内涵再认识 [J].规划师，2022（7）：16-22.

[7] 本刊编辑部."空间规划体系改革背景下的学科发展"学术笔谈会 [J].城市规划学刊，2019（1）：1-11.

[8] 孙施文.我国城乡规划学未来发展方向研究 [J].城市规划，2021（2）：23-35.

Investigation and Reflections on the Education Reform of Urban and Rural Planning Talent Training for Territorial Spatial Planning

Luo Xiaolong   Feng Jianxi   Yu Tao

Abstract: Cultivating talents to meet the needs of territorial spatial planning is the primary responsibility of urban and rural planning education. This paper investigates and reflects on the teaching reforms of urban and rural planning programs in more than 10 Chinese universities. The findings reveal that current reforms have made progress in three main areas: establishing new directions for territorial spatial planning talent training, reforming the academic system, and expanding and enriching the curriculum system of urban and rural planning. However, challenges persist, including unclear reform pathways, incomplete construction of knowledge systems, and the issue of "hot at both ends and cold in the middle" (enthusiasm at the policy and practical levels but insufficient engagement in educational implementation). Moving forward, it is necessary to strengthen awareness of the importance and urgency of cultivating territorial spatial planning talents, promptly establish a coherent framework for talent training in China, define and develop core courses for territorial spatial planning education, and leverage academic system reform as an opportunity to comprehensively advance the education reform of urban and rural planning oriented toward territorial spatial planning.

Keywords: Territorial Spatial Planning, Natural Resource Management, Urban and Rural Planning

融合·重构·创新：
新时期建筑类专业跨学科人才培养体系的范式转型研究

李云燕　汪　淼　郭千姿

摘　要： 当前建筑教育领域长期存在学科壁垒固化、知识供给滞后、评价机制错位等问题。为了适应新时代的需求，完善建筑学跨学科教学体系，构建更具适应性的培养体系。在解析建筑教育体系的现实困境与转型需求的基础上，提出"三维驱动—四链协同—动态迭代"的跨学科人才培养范式，并以重庆大学建筑学科人才培养为例进行实践探索。为高等教育体系改革提供了具有普适价值的范本。

关键词： 跨学科人才培养；建筑教育；范式转型；动态知识图谱；虚实融合

1　引言

近年来，建筑教育领域在应对行业数字化转型与可持续发展需求方面已取得显著进展。学界通过课程模块化设计、校企合作平台搭建等举措，初步探索了跨学科融合路径，部分高校通过动态知识图谱技术将课程更新周期缩短至 6 个月，显著缓解了知识供给滞后问题。多维评价模型的引入，以及虚实融合教学场景的实践，体现了教育体系对新工科理念的积极响应。但当前建筑学科人才培养体系仍面临三重结构性矛盾，制约着跨学科教育改革的深化推进：其一，在学科交叉维度，多数教学改革仍停留在"课程模块拼贴"的浅层整合阶段，缺乏对知识体系重构的底层逻辑设计。典型表现为空间认知理论与算法思维训练尚未形成化学反应，导致交叉课程呈现机械叠加而非有机融合。其二，在改革深度层面，现有研究多聚焦于培养目标设定、单一课程开发等局部创新，尚未构建"培养目标—课程体系—教学场景—评价机制"四位一体的全链条重构方案，使各环节改革措施呈现碎片化特征。其三，在适应性维度，超过 76% 的教改方案仍采用静态课程框架，缺乏对智能建造、数字孪生等新兴技术的预见性设计，未能建立与建筑业数字化转型联动的动态调整机制，造成人才培养与产业需求产生结构性错位。

跨学科人才培养强调多学科知识和技能的深度融合，打通"理论—技术—应用—发展"的知识发展链条，跨学科的视野和方法成为建筑教育应然的选择[1]。以约翰·海杜克为首的教学团队探索了建筑学与其他学科融合交流的可能性；梁思成[2] 提出的"体形环境论"强调了建筑教育中的人文主义传统与现代性的结合，奠定了现代建筑教育的人文社科交叉基础。现代建筑教育已不再受限于传统的建筑学知识讲授，需通过学科交叉融合来拓展其应用范围，推动专业人才的跨学科培养。

跨学科人才培养在各高校建筑类专业教育中得到了一定重视。休斯敦大学和宾夕法尼亚州立大学，采取国际多学科合作的手段，开设跨学科课程[3]；王春彧等[4] 结合重庆大学"大健康建筑"联合毕业设计，构建了"一框架·两层级·多支撑"的跨学科培养体系；党雨田等[5] 强调培养具备全球视野和跨文化沟通能力的复合型人才，为学生提供更广阔的发展平台。林淑萍等[6] 通过探讨"设计竞赛式"教学在建筑学与环境设计跨学科中的优势及作用，提出"双导师、五阶段、多知识结合"的教学设计思路。孔宇航等[7] 构建了以天津大学建筑学院融通历史、设计与建造的教学体系为载体，以新工科创新实践平台为支撑的建筑学卓越人才培养模式。

李云燕：重庆大学建筑城规学院副教授
汪　淼：重庆大学建筑城规学院硕士研究生
郭千姿：重庆大学建筑城规学院硕士研究生

建筑教育领域的跨学科人才培养研究聚焦于技术驱动的学科交叉和社会需求导向的跨学科整合两方面，学者们将医学、环境科学与社会学纳入建筑教育框架。智能建造[8]、数字建筑设计[9]与参数化技术[10]将信息技术与建筑工程结合。结构教学体系改革[11]和木结构建筑教学培养模式[12]则体现了对传统工学与艺术融合的探索。健康建筑[4]和可持续发展[13]成为基于社会需求导向方面研究的热点，此外，宇航建筑[14]等新兴领域兴起，为建筑学科提供了新的维度和空间。

综上，建筑领域跨学科人才培养模式趋于成熟，但国内起步较晚，教学经验也不够丰富，且建筑教育领域长期存在学科壁垒固化、知识供给滞后、评价机制错位等问题，需要关注跨学科教育的底层逻辑，完善建筑学跨学科教学体系，构建更具适应性的培养体系。

2 问题解析：建筑教育体系的现实困境与转型需求

2.1 学科壁垒固化与新时期行业需求脱节

传统建筑类人才培养体系长期面临"专业孤岛化"的结构性矛盾，建筑技术、数字工具与人文社科等知识模块呈现机械叠加状态，学科交叉逻辑的底层设计缺失导致课程体系与智能建造、低碳城市等交叉领域的前沿需求存在代际脱节[15]。以某双一流高校为例，其2023级课程体系中，BIM协同设计、生成式AI等前沿技术课程占比不足12%，传统构造与绘图课程仍占65%以上[15]。这种割裂直接造成毕业生能力短板：仅15%的应届生能熟练使用BIM 6.0平台，低碳城市设计的系统思维达标率不足20%。现有教改多停留于"课程拼贴"层面，未与算法思维训练形成化学反应；智能建造课程仅作为工具教学，缺乏城市规划、环境科学的深度融合，导致学生难以应对复杂工程问题[16]。

深层次矛盾源于学科组织与专业教育的相互强化机制：传统院系划分固化了单一学科知识框架，跨学科课程开发受限于师资归属与资源分配壁垒[16]。破解困境需构建"学科—知识—场景"三位一体融合框架：在学科维度，打通建筑学与人工智能、环境科学的"知识接口"，开发"技术链—空间链—人文链"三元课程模块[17]；知识维度依托动态知识图谱技术，抓取住建部新技术目录与企业专利库，建立"需求感知—知识解构—模块重组"螺旋更新模型，使前沿技术内容占比提升至35%[18]；场景维度打造"数字孪生实验室+元宇宙工坊"虚实融合平台，通过超高层建筑全生命周期模拟训练系统性工程思维，建立校企联动的动态调整机制[17]。

2.2 知识供给滞后与技术迭代加速的冲突

当前建筑教育面临"知识供给侧结构性矛盾"的突出挑战：课程体系更新速度与行业技术迭代速率形成显著"代际鸿沟"。这种滞后性在教材领域尤为凸显，现行《建筑数字化基础》等主流教材内容仍停留在Revit 2018版本操作，而行业已普遍应用集成机器学习算法的BIM 6.0平台，形成"教师讲授过时技术—学生接触淘汰工具—企业重复岗前培训"的恶性循环[9, 19, 13]。随着建筑产业数字化转型加速，住房和城乡建设部《建筑业数字化转型发展报告》指出，2023年BIM工程师等新兴岗位需求激增37%，教育供给端的迟缓反应导致"技术代差"持续扩大。这种"供需剪刀差"倒逼教育体系建立与建筑业新技术相匹配的动态更新机制。

2.3 评价机制与创新能力培养的错位

现行建筑教育评价机制存在"能力导向偏离"，其结构性缺陷集中体现在三个维度：一是评价维度单一化，过度依赖标准化评价，对智能建造场景下的多专业协同、复杂系统决策等核心能力缺乏有效评测工具[20]；二是评价标准静态化，沿用二十年前制定的评分细则，未将"数字孪生模型构建完整度""生成式设计创新性"等新兴能力纳入评价体系[21]；三是评价主体单一化，95%以上的课程考核仍由校内教师主导，行业专家、社区用户等利益相关方参与度低于5%，导致评价结果与真实工程场景需求脱节[20, 22]。教育界关于发展"新工科"，强调建筑类教育亟需建立覆盖"技术整合度×社会价值量×创新突破性"的多维评价模型，才能破解"高分低能"的育人困境。

3 路径构建："三维驱动—四链协同—动态迭代"方法论体系

围绕"融合·重构·创新"核心逻辑，构建"三维驱动—四链协同—动态迭代"的方法体系，系统破解学科壁垒、知识滞后与评价错位问题。"三维驱动"以学科交叉融合、知识体系重构、培养范式创新为支柱：在学科维度，通过建筑学与人工智能、环境科学的"知识接口"嫁接；在知识维度，依托动态知识图谱技术实时抓取行业前沿数据，构建"需求感知—知识解构—模块重组"的螺旋更新机制；在培养维度，打造"物理工坊 + 虚拟建造 + 元宇宙社区"四维教学场景，重塑空间认知与技术创新能力。"四链协同"贯通"课程链—实践链—评价链—保障链"闭环：开发"智能建造 × 数字人文"跨学科课程集群，搭建校企联动的"真题真做"创新工坊，建立"基础能力 × 跨界整合 × 社会价值"三维评价矩阵，完善跨学院师资共享与双导师激励机制。"动态迭代"通过实时跟踪监测人才需求波动，结合学生能力数字画像反馈，每学期触发培养方案优化算法，形成"数据驱动—教学响应—效果验证"的自适应循环，构建回应数字时代需求的建筑教育生态体系（图 1）。

3.1 三维驱动：打破学科边界与知识重构

以学科交叉融合、知识体系重构、培养范式创新为教学改革支柱。在学科交叉融合层，建立建筑学与人工智能、环境科学、艺术设计的"知识接口"，开发"技术链—空间链—人文链"三元课程模块；推行"学科首席导师 + 行业特聘专家"双轨制，组建跨学科教学团队，制定《跨学院师资协作管理办法》，明确联合备课、成果互认等细则，破解学科壁垒。在知识体系重构

层，基于建筑领域上万条知识节点构建动态知识图谱，建立"需求感知—知识解构—模块重组—效果验证"螺旋模型，强化生成式设计、智慧设计等前沿内容占比超35%，解决知识滞后难题。在培养范式创新层，打造"物理工坊 + 虚拟实验室 + 增强现实 + 元宇宙社区"四维课堂，通过数字孪生技术 1:1 还原超高层建筑全生命周期场景；建立"基础能力 × 跨界整合 × 社会价值"三维评价矩阵，将竞赛社会影响力等非传统指标纳入考核，重塑创新导向的评价生态，形成"跨界知识融合—动态课程供给—虚实场景赋能—多维价值评估"的完整闭环（图 2）。

3.2 四链协同：全流程教育生态闭环

贯通"课程链—实践链—评价链—保障链"闭环。通过构建"四链协同"生态体系，实现人才培养全流程的深度耦合。以"智能建造 × 数字人文"跨学科课程集群为核心，打通课程链的横向知识整合；依托校企共建的"真题真做"实践平台，形成实践链的纵向能力转化。同步建立"三维评价矩阵"，将基础能力、跨界整合、社会价值纳入评价链，并配套《跨学院师资共享协议》《双导师成果互认细则》等保障链制度，明确校企联合研发成果的知识产权分配机制，构建"课程供给—项目实战—能力认证—资源反哺"的闭环系统，实现教育链与产业链的精准对接（图 3）。

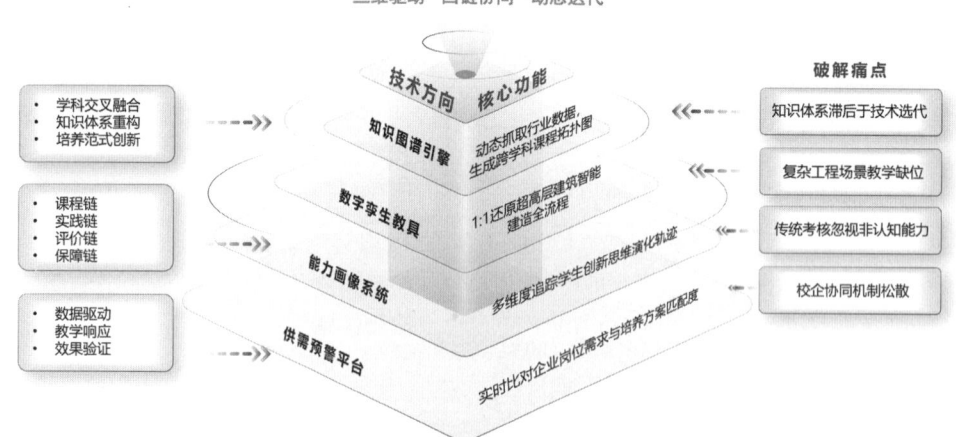

图 1 解决完问题的思路框架图
资料来源：作者自绘

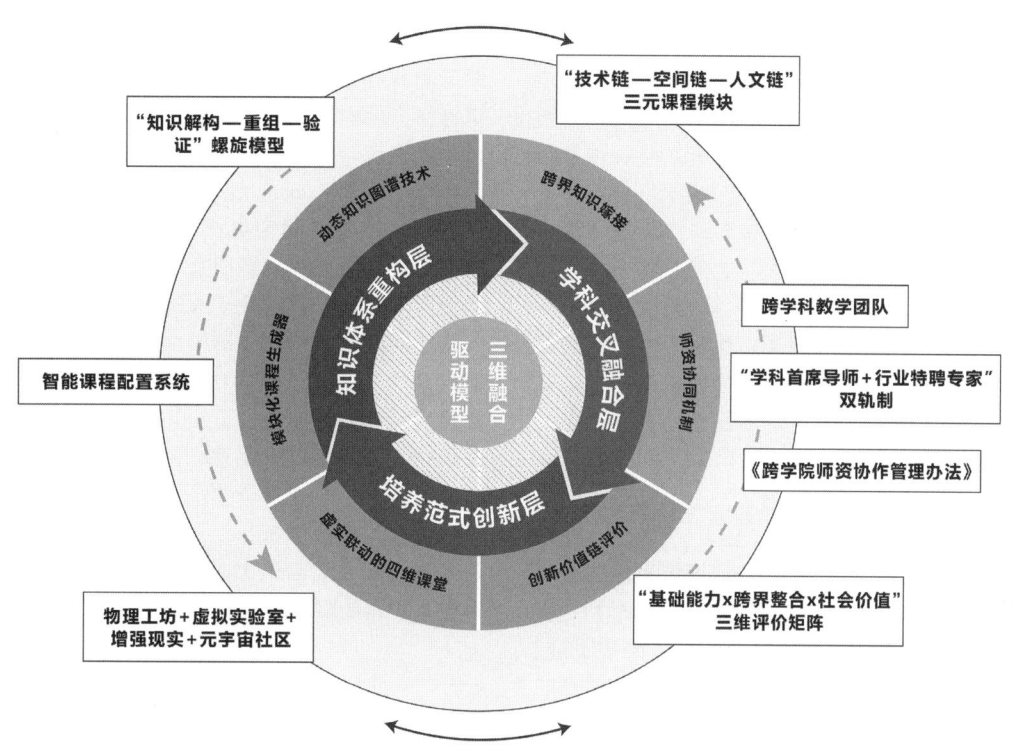

图 2　三维驱动结构示意图
资料来源：作者自绘

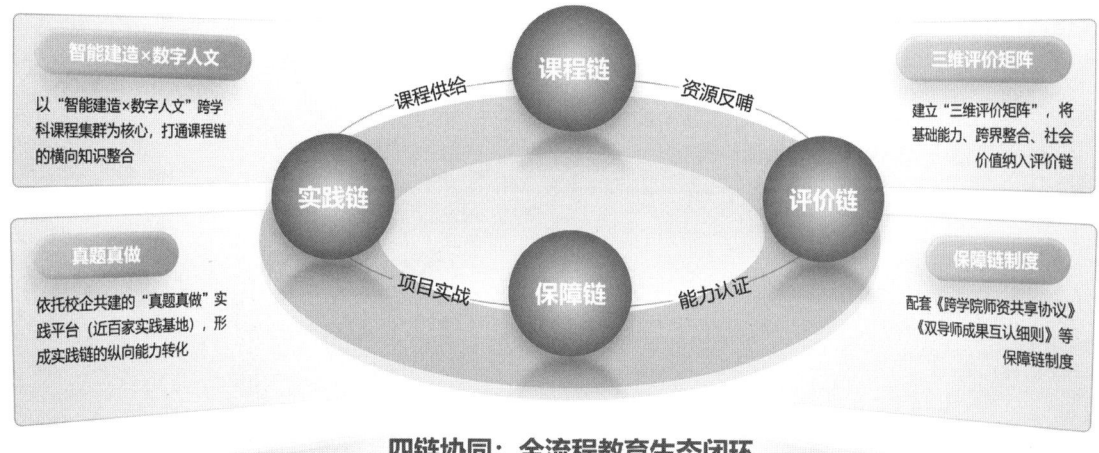

图 3　四链协同闭环示意图
资料来源：作者自绘

3.3 动态迭代：数据驱动的自适应机制

形成"数据驱动—教学响应—效果验证"的自适应循环。基于建筑行业人才需求大数据与学生能力数字画像，覆盖 6 大维度 18 项能力标签，建立动态预警与响应机制。通过智能教学管理平台实时抓取行业技术迭代信号，触发课程内容自适应调整算法；构建"效果验证—反馈优化"回路，依托学生项目成果的企业应用率，如毕业设计中的低碳结构方案被绿地集团采纳、竞赛社会效益值、乡村微更新项目实际惠及 200 户居民等非传统指标，每学期生成培养质量热力图，逆向驱动教学策略迭代，形成"需求感知—资源重组—教学实施—价值量化"的持续进化闭环（图 4）。

4 实践探索：重庆大学大建筑学科人才培养为例

4.1 不断突破学科固有边界，进行知识体系重构

重庆大学建筑学科在人才培养中注重打破学科边界与知识重构，通过构建"跨学科融合 + 知识图谱重塑"的创新模式，推动传统规划教育向复合型人才培养转型，以建筑学部多学科交叉进行多专业联合毕业设计，包括建筑、结构、给排水、暖通、电气、管理等学科和专业，该联合毕业设计紧跟国家政策与行业发展前沿，发挥自身资源整合优势，形成了具有自身特点的建筑类专业教育体系，是对国家"复合创新型"人才需求的响应（图 5）。学院与成都理工大学、四川大学、中国建筑

西南设计研究院有限公司共建"安全节能环保土木工程先进新材料川渝共建重点实验室"，将聚焦绿色环保建筑材料、低碳建筑先进功能材料、山区工程防灾减灾材料以及生态修复新材料等前沿领域，开展一系列具有开创性和引领性的研究工作，重构大建筑学科知识体系。如图 6 所示，在国家级大学生创新训练项目"刚刚教学楼灯光使用效率问题研究"项目组中，组合了城乡规划、电气工程、自动化专业的四名学生进行，拉通了多专业协同研究，提出了高校学习节能一体化模型，获得重庆大学奖励，代表学校参加重庆市级的挑战杯竞赛。学科通过"知识模块化重组"打破课程壁垒，如在城乡规划学新一轮培养方案修订中，将课程体系建设结合学科研究方向，形成多个教学模块，提升学生知识的覆盖面。此类改革促使城乡规划学生近三年在全国相关设计竞赛中斩获项近百人次，凸显了跨界知识重构对解决复杂城市问题的赋能价值。

4.2 全流程教育生态闭环：以学习数据为内核驱动生态循环

学科通过构建全流程教育生态闭环，打造"教学—实践—反馈—迭代"深度联动的育人体系。以"校企地协同育人平台"为载体，学生从低年级开始介入真实建筑设计项目，形成"全周期能力培养链"。在"重庆园博园游客服务中心建筑与环境设计"项目中，学生从前

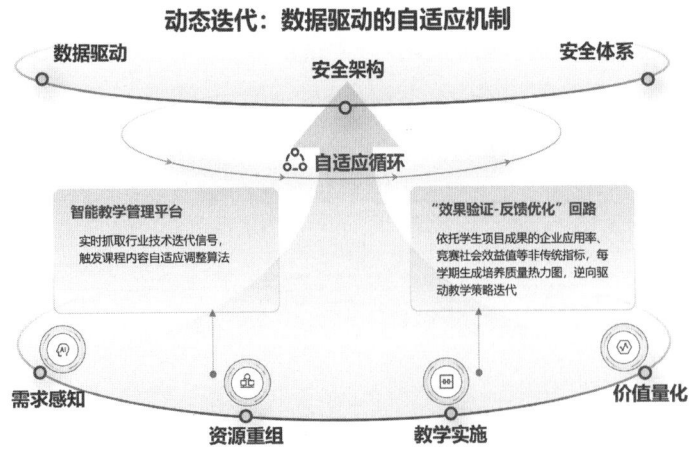

图 4 动态迭代机制示意图
资料来源：作者自绘

图 5 多专业联合毕业设计
资料来源：重大新闻网，作者陈思静

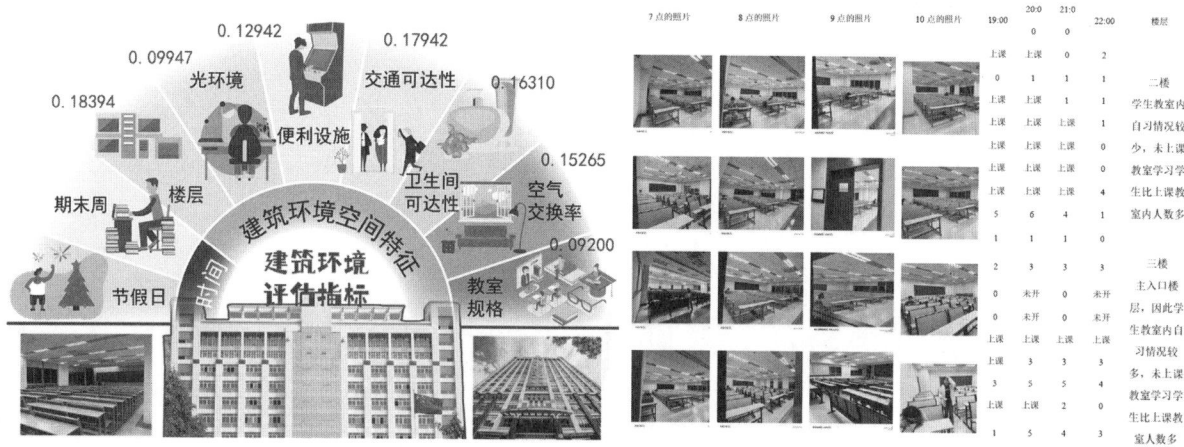

图6 国家级大学生创新训练项目相关图
资料来源：左图作者自绘、右图学生作业（李知霖等绘制）

梯田广场

室外场地

檐下空间

亲水平台

接待大厅

餐厅空间

餐厅空间

展览空间

图7 AI辅助生成多情景空间方案
资料来源：学生作业（张英会绘制）

期调研、场地环境分析、方案设计、中期评图、终期正图评图，到优秀作业推荐参加设计竞赛的全流程实践。高年级学生参加"全国高等院校大学生乡村规划方案竞赛"，用真题真做，提出"时空折叠"保护开发策略，更通过设计＋智慧，推动进行多方案模拟生成比较，实时反馈方案优化信息，成果获得乡村竞赛一等奖。教学闭环的"反馈强化"环节独具特色，实践数据通过评图等环节实时反馈，提高了学生理解方案的能力，学院每年各类学生竞赛均收获多项大奖，凸显全流程教育生态的实践转化效能（图7~图9）。

图8 校外专家评图现场
资料来源：作者拍摄

4.3 数据驱动的自适应机制

重庆大学建筑学科依托数据驱动的自适应机制，构建了"感知—诊断—优化"智能教育体系，实现人才培养的动态精准调控。如图 10 所示，在"城乡规划 3"教学中，针对复杂的城市社区发展问题，构建基于数字技术的教学体系框架，以全过程教学为切入点，探讨数字技术在"前期调研阶段"的信息采集与数据分析、"初步设计阶段"的意向生成与算法驱动、"方案深化阶段"的参数调控及模拟优化、"成果表达阶段"的可视呈现及场景交互 4 个教学环节中的应用，探索数字技术介入的城市社区设计教学模式，为提升学生数字化思维和创新实践能力提供路径。

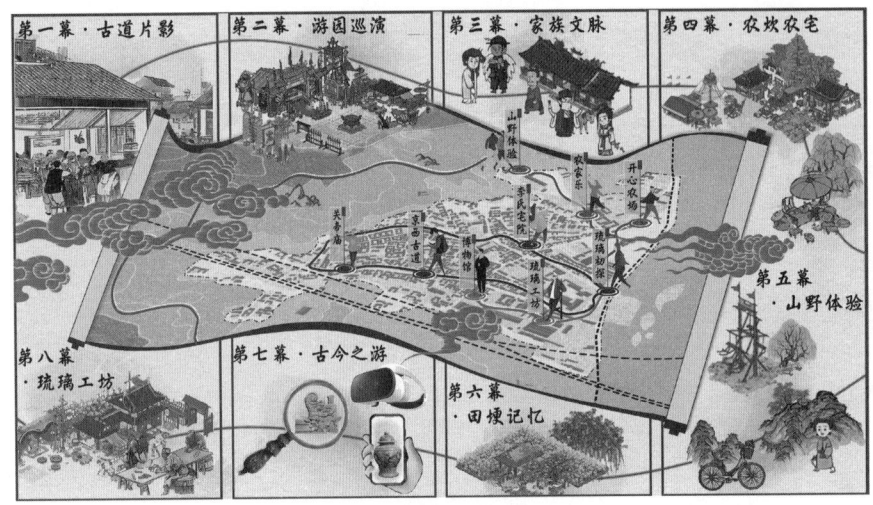

图 9　获奖方案中用 VR 模拟各种场景
资料来源：左图来自学生作业、右图来自中国新闻网

20141029_115351.jpg　20141029_115359.jpg　20141029_115405.jpg　20141029_115413.jpg　20141029_115451.jpg　20141029_115455.jpg　20141029_115506.jpg　20141030_110810.jpg　20141030_110822.jpg

20141030_110826.jpg　20141030_110832.jpg　20141030_110838.jpg　20141030_110846.jpg　20141030_110906.jpg　20141030_110921.jpg　20141030_110934.jpg　20141030_110957.jpg　20141030_111006.jpg

    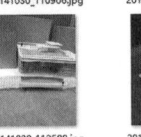    

20141030_111018.jpg　20141030_111031.jpg　20141030_111041.jpg　20141030_112458.jpg　20141030_112509.jpg　20141030_112913.jpg　20141030_112925.jpg　20141030_112935.jpg　20141030_112942.jpg

20141030_112949.jpg　20141030_113040.jpg　20141030_113044.jpg　20141030_113100.jpg　20141030_113255.jpg　20141030_113302.jpg　20141030_113310.jpg　20141030_113408.jpg　20141030_113421.jpg

图 10　社区中心建筑模型
资料来源：学生作业模型

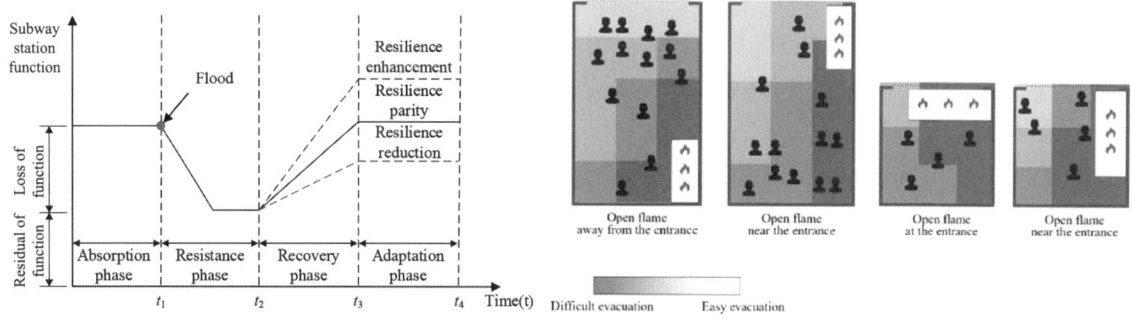

图 11　论文分析图
资料来源：学生作业

在"韧性城市实践工坊"实践课程中，通过构建"理论—技术—实践"三维联动教学模式，全面启动"智慧+"赋能的教与学革新体系，引导学生利用智慧技术解决韧性城市建设相关分析，完成多篇 SCI 论文，将可拓理论与云模型相结合，建立山地城市地铁站水灾抵御能力评估模型，通过在重庆市轨道交通沙坪坝站的应用，验证了该模型的适用性和可行性（图 11）。

5　结语

本研究针对建筑教育领域长期存在的学科壁垒固化、知识供给滞后、评价机制错位等问题，提出"三维驱动—四链协同—动态迭代"的跨学科人才培养范式，系统性破解了制约学科发展的三大核心矛盾：其一，通过技术驱动的跨学科知识图谱构建，打破建筑学与材料科学、环境工程、数字技术间的认知边界，实现知识供给从"静态模块"向"动态生态"的跃迁；其二，依托数据驱动的"教学研用"四链协同机制，建立"绿色设计—建造模拟—效能评估—反馈优化"的全周期培养闭环，使人才培养精准对接碳中和目标下的城市更新需求；其三，通过价值驱动的动态迭代评价体系，将传统成果导向的考核标准转化为"碳足迹追踪—社会效益评估—创新潜力预测"的多维评价模型，重构建筑教育的价值坐标系。

本研究的创新性不仅在于重塑了建筑人才培养机制，更通过"破界—重构—共生"的创新实践，为高等教育体系改革提供了具有普适价值的范本。该范式通过培养具备"绿色技术整合能力"与"系统思维决策能

力"的新工科人才，为智慧城市、零碳建筑、韧性社区等关键领域输送创新力量。未来研究将进一步拓展样本覆盖范围，探索建筑教育与人工智能、生物材料等前沿领域的深度融合路径，持续完善适应气候变化与城乡融合发展需求的人才培养生态系统。

参考文献

[1]　胡振中，朱时艺，林佳瑞. 面向新时代强交叉人才培养的土木与建筑工程 CAE 课程建设 [J/OL]. 高等建筑教育，1-13[2025-04-28]. http://kns.cnki.net/kcms/detail/50.1025.G4.20250331.1017.002.html.

[2]　崔婉怡，许懋彦. 梁思成以"体形环境"理念为核心的现代建筑教育思想形成与实践探析 [J]. 建筑师，2021（5）：39-52.

[3]　宫聪. 国外建筑学高等教育研究热点前沿与启示 [J]. 高等建筑教育，2024，33（3）：33-46.

[4]　王春彧，廖怡玮，王琦. 健康建筑设计的跨学科教学探索——以重庆大学"大健康建筑"联合毕业设计为例 [J]. 住区，2025（1）：92-99.

[5]　党雨田，雷振东，叶飞，等. 行业转型背景下的建筑教育应对：西安建筑科技大学建筑学专业培养方案试点改革探索 [J]. 建筑学报，2023（6）：109-114.

[6]　林淑萍，王萍，马源城. "设计竞赛式"教学模式在建筑学与环境设计跨学科教学中的实践 [J]. 天工，2025（6）：101-105.

[7]　孔宇航，刘健琨. 建筑教育的意义——天津大学建筑学人才培养模式 [J]. 新建筑，2024（3）：130-135.

[8] 李国建. 以价值导向为核心的智能建造场景化实践探索 [J]. 施工企业管理，2024（12）：32-35.

[9] 袁烽，孙童悦. 数字包豪斯同济建筑的建构教育与实践探索 [J]. 时代建筑，2022（3）：40-49.

[10] 尚晓伟，刘奕莎，张健，等. 计算视角的出现——20世纪30-70年代的建筑理论思潮 [J]. 建筑史学刊，2023，4（4）：112-119.

[11] 朱元龙，王帅中，梅亚岚，等. "以设计为导向，以平衡为基础"——具有灵活性和适应性的结构教学体系 [J]. 建筑技艺（中英文），2024，30（9）：36-41.

[12] 舒欣，李颜宁，张海燕. 木构复兴——南京工业大学木结构建筑教学培养模式 [J]. 建筑技艺（中英文），2024，30（9）：78-87.

[13] 金熙，朱虹，胡隽. 工艺融合导向下地方院校绿色建筑设计人才培养模式探索 [J]. 山西建筑，2024，50（19）：195-198.

[14] 李书顺，梅洪元，刘鹏跃，等. 宇航建筑学教育体系研

析及其启示 [J]. 新建筑，2022（5）：130-134.

[15] 杨贤金. "从未来到未来"培养拔尖创新人才 [J]. 教育家，2024（30）：17-18.

[16] 张晓报，蒋雨君. 我国高校跨学科人才培养的学科组织困境及其消解对策 [J]. 高等理科教育，2024（5）：65-70.

[17] 罗建平，张男星. 优化调整高校学科专业，自主培养拔尖创新人才 [J]. 教育家，2024（30）：9-10.

[18] 孙澄，薛名辉. 建筑类专业"双主体"校企协同培养模式的探索与实践 [J]. 高等建筑教育，2023，32（2）：103-109.

[19] 王帅中. 建筑的"神经转向"——以感知和直觉驱动的结构设计教学 [J]. 建筑学报，2024（8）：17-23.

[20] 范悦. 求思求变厚积薄发 [J]. 中外建筑，2024（2）：3.

[21] 吴维忆，黄华青. 美丽乡村建设背景下跨学科设计教育的实践与思考 [J]. 美育学刊，2022，13（4）：91-97.

[22] 李俊贤. 国际建筑学本科课程体系现状研究 [D]. 济南：山东建筑大学，2023.

Integration，Restructuring，and Innovation：A Study on the Paradigm Transformation of Interdisciplinary Talent Cultivation in Architecture in the New Era

Li Yunyan   Wang Miao   Guo Qianzi

Abstract：The field of architectural education has long faced issues such as rigid disciplinary barriers，outdated knowledge supply，and misaligned evaluation mechanisms. To meet the demands of the new era and to improve the interdisciplinary teaching system in architecture，a more adaptive training system needs to be constructed. Based on an analysis of the current predicaments and transformation needs of the architectural education system，this study proposes an interdisciplinary talent cultivation paradigm of "Three-Dimensional Drive-Four-Chain Synergy-Dynamic Iteration"，and explores its practical application through the example of interdisciplinary talent cultivation in architecture at Chongqing University. This research provides a universally valuable model for the reform of higher education systems.

Keywords：Interdisciplinary Talent Cultivation，Architectural Education，Paradigm Transformation，Dynamic Knowledge Graph，Integration of Virtual and Real

2025 中 国 高 等 学 校 城 乡 规 划 教 育 年 会
2025 Annual Conference on Education of Urban and Rural Planning in China

開啟規劃智AI時代　繁榮教育新生態　基础教学

2025 Annual Conference on Education of Urban and Rural Planning in China

数字化技术应用场景嵌入的公交规划教学模式探索 *

刘 冰 徐 雷 金 杨

摘 要： 公交优先战略是我国的一项基本国策，公交规划是"城市道路与交通"课程的重点教学内容。面对当前出行需求的多元化趋势，提供精准而高效的公交服务成为提高公交吸引力的关键。公交规划的教学内容现已形成以"需求分析—运力配置—系统评价"为逻辑主线的基础知识板块，这一板块包含需求侧、供给侧的多个量化指标，存在指标关系相对抽象、学生不易理解的问题。为此在理论教学中引入产学合作的全流程公交规划实践案例，通过强化"多维感知、数智集成、量化评估、迭代优化"等关联的数字化技术应用场景，使学生全面了解数字化技术在公交需求精细分析、公交服务精准匹配、公交优化精明施策等环节中的实际作用，也同时加深他们对公交运行、服务、绩效指标的综合理解。这一教学探索表明，将数字化技术应用场景的最新实践与理论要点进行整体匹配的教学创新，可产生夯实理论知识、增强应用能力的双重教学效果。建议进一步完善基于数字化技术应用案例的课程建设，促进校企双赢的创新实践型专业人才培养。

关键词： 数字化；应用场景；公交规划；全流程；教学模式；产学合作

1 研究背景

本科生教学需要强化专业理论基础，但一些高校可能过度强调理论的传授，而忽视了与实际规划工作的结合，导致学生的实际操作能力和创新思维不足[1]。尤其是在数字化、智能化发展背景下，学生需要了解新技术在专业领域的最新应用。数字化规划技术是规划的现状分析、建模预测、方案制定、方案选择、规划实施、规划监测评估各阶段中运用数字技术的方法[2]。在现代化治理转型背景下，数字化技术成为精准认知现状、精细编制方案的有力工具。

"数字化公交"主题的相关研究自 2015 年后快速增长，从公交规划编制全流程的视角看，对于各项规划环节均有涉及：如现状诊断环节，运用 IC 卡刷卡数据进行上下客量计算、运用行程时间数据进行公交运行可靠度分析[3, 4]；需求预测环节，涉及公交换乘模型构建、公交客运廊道识别[5, 6]；方案制定环节，提出基于多源数据的公交站点选址、公交线路优化策略等[7, 8]。总的来看，当前"数字化公交规划"处于研究起步期[9]，大量涌现的实证研究和应用案例内容往往较为零散，与理论知识缺乏匹配的资料，不利于学生系统学习，也会制约学生对理论知识的深入理解及实际应用能力的提升。

本文结合上海同济城市规划设计研究院有限公司的教育部产学合作协同育人项目——《基于数字化技术的公共交通规划编制项目案例》[10]，将公交规划编制实践的数字化技术应用场景与理论要点进行整体匹配，有机嵌入公交规划的理论知识模块之中。这种产学合作的教学模式不仅能使学生及时接触公交规划的新技术方法，也加强了理论基础与实践动态的结合。

* 项目资助：国家自然科学基金面上项目"基于客流均衡视角的轨道 TOD 走廊空间模式及其优化策略研究"（52178052）；上海同济城市规划设计研究院有限公司 2024 年教育部产学合作协同育人项目"基于数字化技术的公共交通规划编制项目案例"（231100155192902）。

刘 冰：同济大学建筑与城市规划学院教授
徐 雷：上海同济城市规划设计研究院有限公司高级工程师
金 杨：上海同济城市规划设计研究院有限公司工程师

2 教学内容总体架构

2.1 理论教学主线

公交规划的"三元"教学内容以公交出行需求（乘客方）、公交网络条件（建设方）、公交运营服务（运营方）以及三者关系为重点（图1）。在乘客方的需求侧，一方面要求学生能够认识公交出行的基本特征，包括出行次数、出行时辰分布、出行OD分布等，另一方面要求他们进一步了解公交客流的时空分布差异，如各站点上下客流量、各条线路的站点OD分布量和断面客流量等，这些是形成公交规划策略和具体方案的基础。在涉及建设方和运营方的供给侧，相应分为基础线网及场站设施、各级各类线路的运营服务两个方面，前者涉及线路及站点布局、路权条件等，后者包括车辆载客量、车辆数、发车间隔、运营速度和运载能力等。基于一定的线网布局和运营组织，会产生公交系统的一系列绩效指标，包括：公交可达性（如等时圈、可达率）、运营效率（如单车客运量、客流强度）、服务品质（如准点率、舒适度）等，它们又会反过来影响公交出行方式的选择行为和客流需求，以及公交运营的优化调整。

总体上，公交系统规划的几大板块内容具有概念集中、逻辑紧扣、指标多元且紧密关联的特点，对数据分析的依赖性很高。在理论教学中，指标大多由公式推导

得出，公式参数主要采用经验数值或基于假定条件，部分需要通过现状调查得到。对于缺乏公交规划实践的学生而言，这些相对抽象的指标容易产生理解困难甚至相互混淆的问题。由于传统的公交调查和分析手段以人工为主，数据获取的渠道单一、更新滞后，教材中供学生系统性学习的案例缺乏。将当前采用数字化技术的最新公交规划案例引入教学内容十分必要，数字化时代的多维感知数据为全流程公交规划的应用场景嵌入提供了基础。

2.2 应用场景嵌合

以提高公交吸引力和运营效率为价值导向，围绕公交规划中的供需分析和系统评价这一主线，将数字化技术的应用场景嵌入理论知识板块，以强化公交规划基本概念和理论方法的教学效果。

为使理论知识与案例分析的教学内容完全匹配，技术应用场景的选取遵循三个主要原则：一是涵盖公交规划编制从调查分析—方案制定的整个流程，使学生全面了解规划实践中的主要业务需求；二是体现数字化技术方法相较于传统方法的优势和作用，能够有效提高规划分析过程的效率和成果的深度与细度；三是能在教材内容的基础上适当拓展，展示当前公交规划领域的技术方法创新探索。因而，在本次产教融合的教学内容中系统纳入了多维感知、智慧诊断、调优反馈三类重点的数字化技术应用场景。

（1）多维感知

这一类场景主要利用各种感知设备和网络信息，采集和处理公交需求、供给的多维数据信息，从中获取公交出行需求和供给的各种特征。①出行需求感知主要包括人口和岗位分布、不同时段所有公交站点乘客量、多空间尺度的公交OD及活动网络分布特征等，通常可利用手机信令、LBS、公交刷卡等多源时空大数据，还可通过线上问卷形式进行民意调查。②基本网络特征感知包括各条线路走向及其站点分布，主要通过网络开放平台的API接口获得相关数据，可计算线网密度、站点覆盖等基本指标。进而结合公交企业浮动车数据，可开展"线—站—车"多要素的数据融合分析和供给特征识别。

（2）智慧诊断

这一类场景重点从乘客、企业不同主体视角，构建公交运行服务评价的体检指标体系，并能快速生成诊断

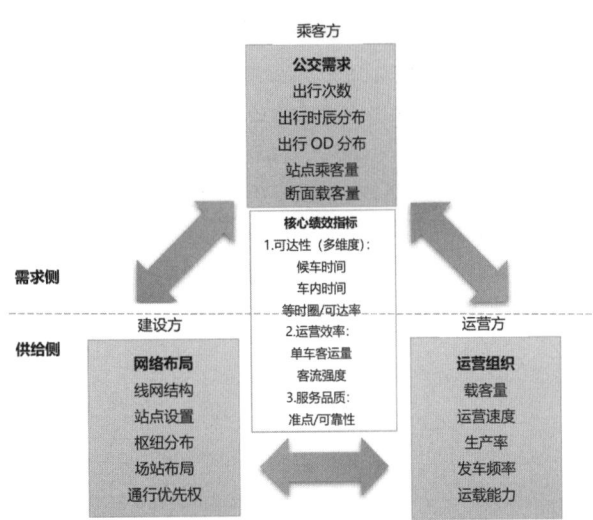

图1 公交规划教学内容的"三元"构成及相关指标
资料来源：作者自绘

结果。对公交线路层级，聚焦公交载客量、车辆数、速度、发车频率、运载能力、满载率等生产指标，以及影响乘客体验的候车时间、准点率等指标进行分析。在此基础上，进一步扩展到服务可达性、中心等时圈等公交网络层级的综合评价诊断。针对城市的某些特定问题，还可研发制定一些靶向诊断指标，比如在产、城分离较为严重的城市或地区，探索用于评估工业园区公交供给水平的通勤公交可达性指标，以考察职住功能之间的公交联系便利性。

（3）调优反馈

这一类场景重点是根据诊断分析中所发现的问题及其症结，提出"对症下药"的解决方案，并对方案实施效果形成快速的量化反馈。针对当前公交企业普遍面临严重财务压力的局面，选取在"智慧诊断"应用场景中识别出的典型低效线路，找出其供需失配原因并提出服务模式和运力优化的方案。利用数字化诊断技术，快速更新公交线路的运营效率指标，可看到方案前后的指标对比结果，由此形成快速的迭代反馈。

以上三大应用场景体现了公交规划实践中"现状调查—分析评价—方案优选"的主要流程，通过将量化评估指标贯穿于各个应用场景，促进学生在案例学习中反复地认识公交规划教学内容的概念和方法，从而加深他们对理论知识的综合理解及应用能力。

3 数字化技术应用案例

3.1 案例概况

结合同济大学与上海同济城市规划设计研究院有限公司联合开展的产学合作协同育人项目，本次教学选取了浙江省衢江区公交规划为案例。衢江区地处浙江省西部丘陵地区，下辖3个街道、18个乡镇，其城区包含衢江新城、科教新城、智造新城（东港片区）三大功能片区，与西侧的柯城老城、智慧新城、智造新城（巨化片区）共同构成衢江区中心城区（图2）。该案例涵盖城市和乡村地区，有城乡联系、产城联系、跨区联系等多种公交需求活动，各类公交线路具有代表性，适合于城乡规划专业的基础教学。

3.2 典型应用场景

（1）多层级网络分析场景

在衢江区全域尺度上，利用手机LBS数据感知全方式客运活动需求。对于村镇与中心城区的联系特征，以乡镇（可视情况归并组合）作为交通分析单元（TAZ），

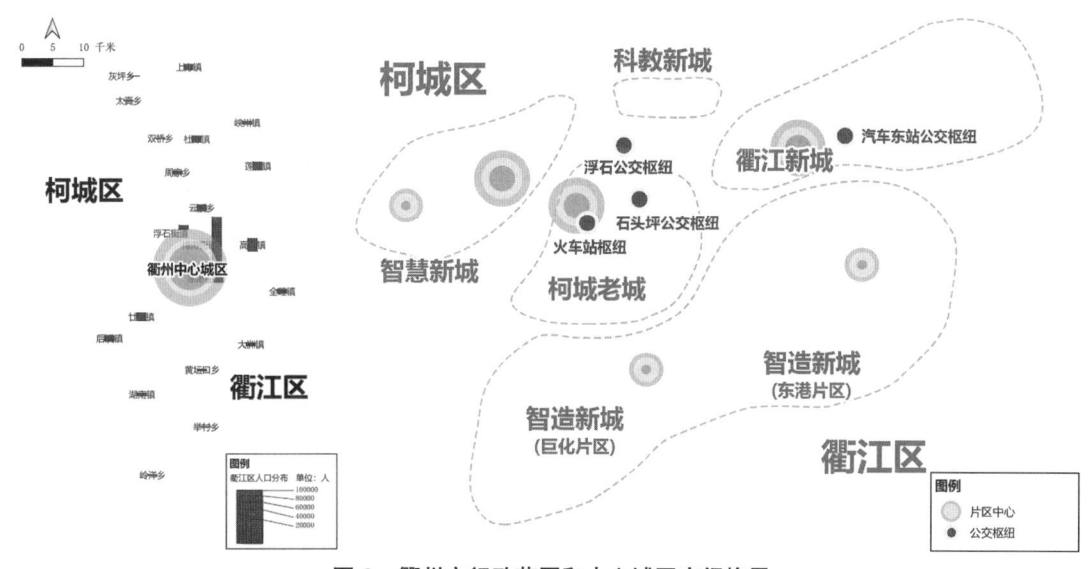

图2 衢州市行政范围和中心城区空间格局

资料来源：作者自绘

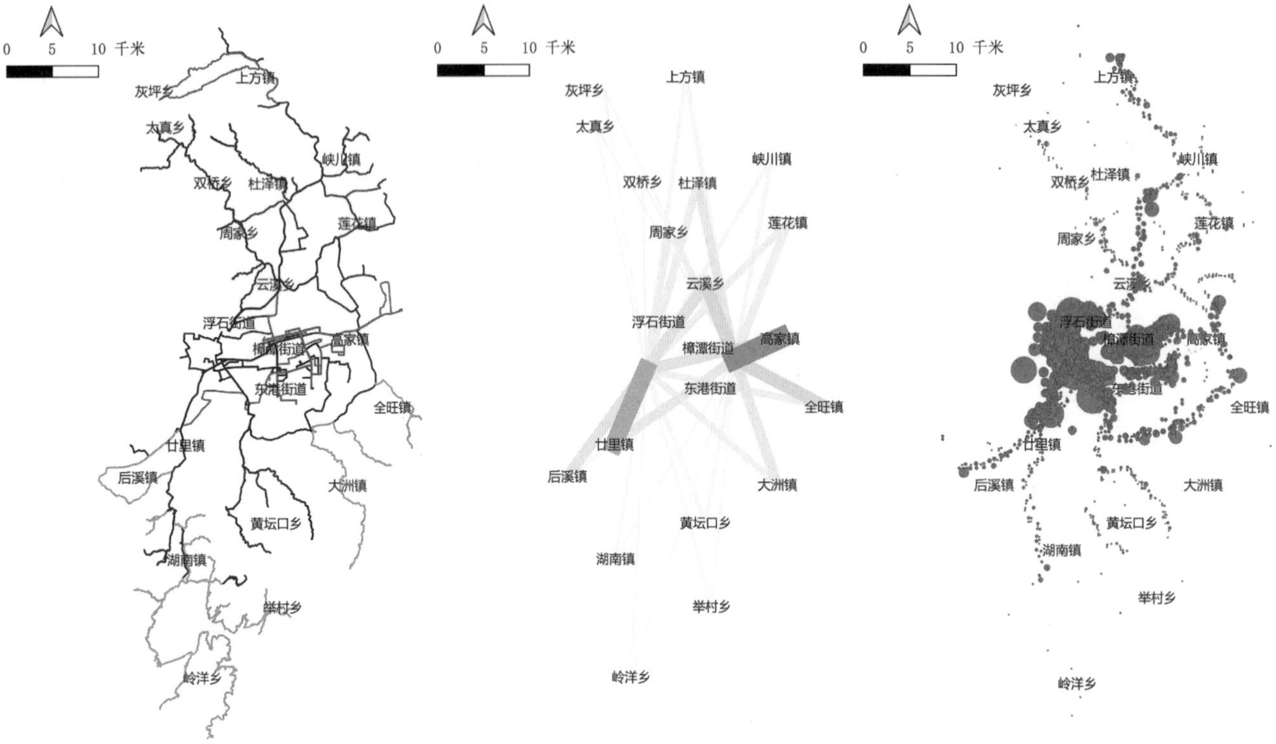

图 3　衢江区全域城乡公交现状分析

资料来源：作者自绘

考察它们与柯城老城片区、衢江新城片区的联系状况。同时，利用网络开放数据获得衢江区全部城乡公交线的走向布局，可以诊断城乡线路组织与实际联系需求之间的适配性。进一步将公交企业提供的车辆 GPS 和刷卡数据进行数字化集成，可获得各个站点的上下乘客量分布数据，并反推得到站点之间的 OD 分布数据。衢江全域的城乡公交需求和供给基本情况如图 3 所示。

在中心城区尺度上，利用公交 IC 卡、公交车辆 GPS 数据识别公交通勤 OD 分布。对于中心城区的六大功能片区，柯城老城与衢江新城之间具有最强的公交 OD 客流联系，加之柯城老城与智慧新城也具有较紧密的联系，可以从中识别出整个中心城区的公交客流走廊（图 4）。而在衢江区内部，衢江新城与南部的东港片区联系反而不够紧密，说明其产城融合水平有待进一步加强，同时也有效反映出现状公交服务对于衢江区产城联

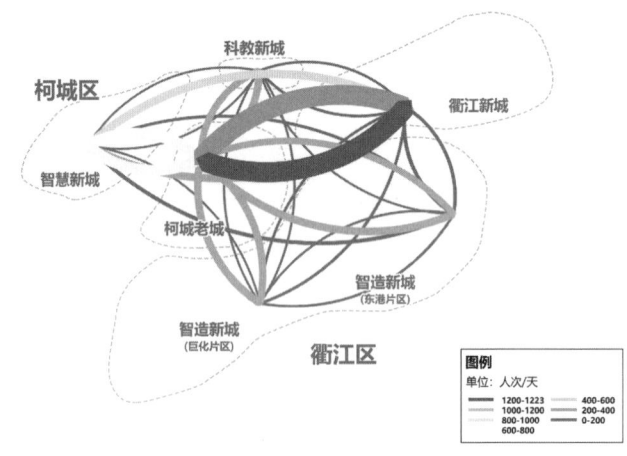

图 4　中心城区公交 OD 现状分析

资料来源：作者自绘

图5 衢江新城与东港片区的公交通勤可达性
资料来源：作者自绘

系的支撑存在不足。为了量化分析东港片区不同企业所在地的通勤公交可达性水平，创新提出了"通勤公交可达率"指标，即在特定时间内（如45分钟阈值）各条企业属性路段通过公交可到达居住属性路段数占总居住路段数的百分比，其可视化结果为调整优化通勤线路布局提供了依据（图5）。

（2）典型线路分析场景

一条公交线路的运营组织教学内容，是学生认识整个公交系统运营组织的基础。在案例教学中，特别选取了走廊线、城乡线等各类典型线路，进行需求和供给特征的系统分析。以贯穿中心城区、连接衢江新城和外围乡镇的26路为例，该线路长26千米，共设置43个站点，单程运行时间为1小时27分钟，日均客运量为2000人次，是衢江区的骨干线路。

对原始数据采集和加工后，可以获得该线路各站点上下客量、站间OD分布与断面流量的需求数据（图6~图8），以及车辆数、班次、运载能力等运营数据。此外，利用浮动车数据获取公交车辆的到离站时间、行车状态等信息，进一步对线路的运送速度和准点率数据进行挖掘分析。在此基础上，利用数字化"智慧诊断"技术测算得到该线路的各项建设、运营、服务指标，形成全面的评价分析结果。

根据评价结果，尽管26路的总体客运量较高，但存在客流分布不均衡的问题，降低了整条线路运营效率，且线路过长也造成了准点率偏低的问题。为此，项目案例在优化方案中提出了"裁剪东港片区低客流区段以缩短线路长度、同步减少运力配置、优化裁剪段替代公交服务"等精细化调整措施（图9），能够显著提高线

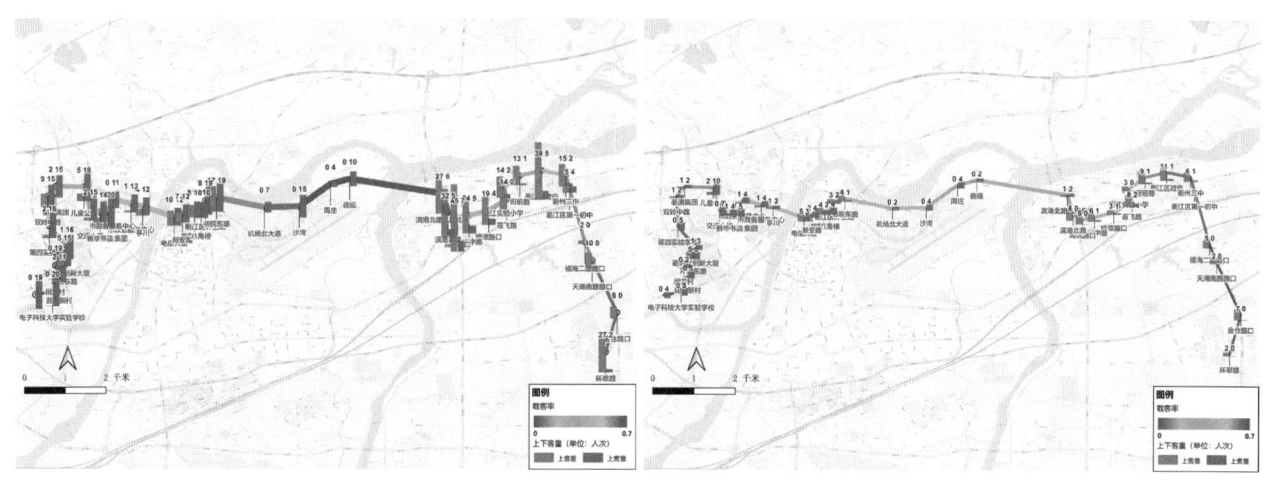

（a）高峰时段　　　　　　　　　　　　　　　　（b）平峰时段

图6 线路某工作日不同时段的站点上下客分布变化
资料来源：作者自绘

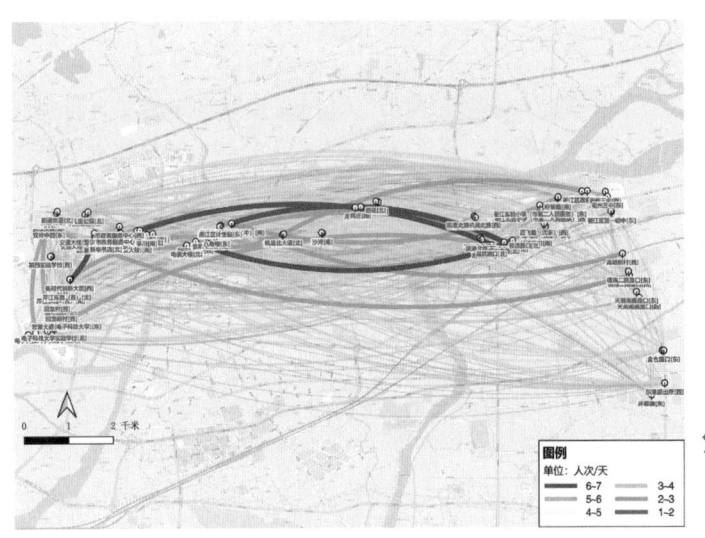

图7 线路该日站间 OD 分布
资料来源：作者自绘

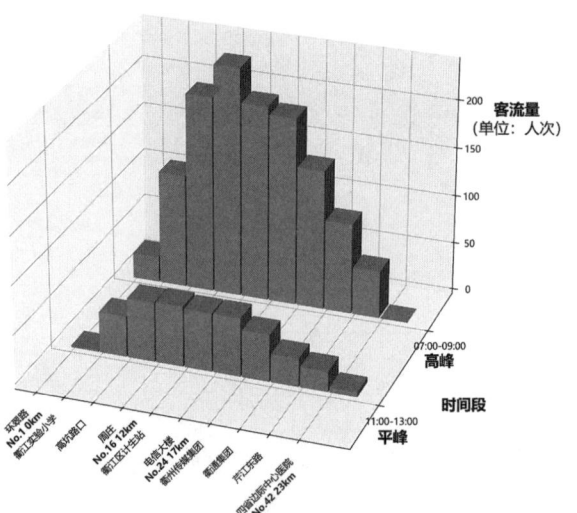

图8 线路该日特定区间断面载客量分布
资料来源：作者自绘

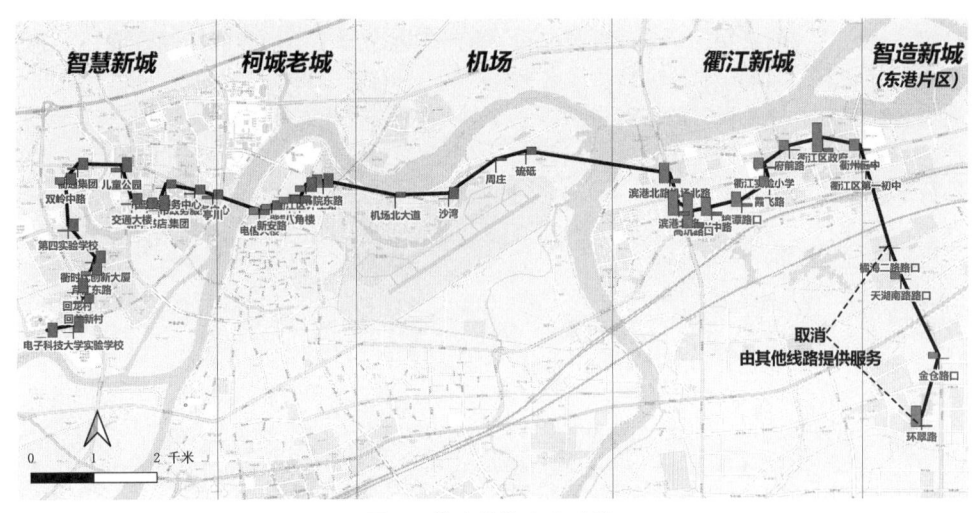

图9 线路优化方案建议
资料来源：作者自绘

路运行效率和服务水平。

4 产学合作教学组织

4.1 教学任务分工

本次产学合作的公交规划教学采用了"先理论方法、后实践应用"的整体时序安排，具有教学目标清

晰、内容聚焦、分工明确、组织高效的好处。通过知识点的连贯讲解，有利于学生首先形成清晰的公交规划理论逻辑框架；再通过 2 课时的综合应用案例介绍，使学生深入了解当前的实际问题和技术方法创新情况，以解决过去教学中容易产生的概念理解不清、方法难以活用、案例更新不足、思维缺乏拓展等问题。

为此，案例教学不仅要强调技术应用场景与理论内容的高度契合，还要对主要的数字化技术方法加以介绍。比如，基于网络平台地图获取公交线路及站点数据、将表单和文字类数据转换为标准化格式并整合至GIS系统、利用浮动车数据绘制车辆运行时空图等，使学生能够初步了解数字化技术方法的操作性，激发自学兴趣。

4.2 合作教学形式

产学合作育人项目的教学团队由高校教师和规划企业技术人员共同组成。本次公交规划教学采取了"技术专家进课堂"形式，聘请设计院专家承担2课时的实践案例讲解。案例注重基于数字化技术的公交规划应用场景，与高校教师负责的理论教学内容形成补充。

4.3 嵌入式教学效果

将公交规划前沿实践嵌入理论知识板块的教学工作开展了2学年，已取得了积极效果。首先，拉近了课程和实践之间的距离，使学生能够提前了解规划人员面临的实践技能要求，并通过数字化技术应用促进了对理论的思考。其次，促进了学生数据分析思维的建立，他们能深刻了解数字化方法相对于传统人工方法的突出优势，从而乐于在交通分析中使用数字化方法。更多学生尝试采用数字化方法进行交通创新实践活动的调研，有的在WUPEN竞赛中获奖。

总体上，这一产学合作项目推动了公交规划教学内容及模式的改革，对于实现"夯实理论基础、增强数字化思维、提高实战能力"的协同育人效果具有促进作用。

5 教学探索启示

人工智能技术正在加速迭代，迎来爆发式发展，国家开始推进AI对高等教育赋能重塑[11]。依托教育部产学合作协同育人项目，本次公交规划的教学模式探索强化了"多维感知、智慧诊断、调优反馈"相互关联的三类数字化技术应用场景。在现有经验基础上，对于今后的数字化技术应用场景教学有以下思考：

（1）最新应用嵌入课堂教学，有利于理论与实践更紧密结合。随着更多数字化应用案例的积累，可将不同城市的公交系统指标进行汇总比较，找出公交发展的趋势和规律，促进公交规划的理论提升。

（2）增加各类应用场景的典型案例分析，丰富公交规划教学的案例内容。可将现有的整个城市案例化整为零，分别嵌入到需求、运力、评估等理论模块中，增进学生对各模块密集知识点的具体理解。

（3）编制数字化技术应用的教学指导手册，并考虑教学的进阶要求。比如，分别形成面向本科生的基础版、面向研究生的高阶版，适应不同基础的学生进行学习。

（4）在加强数字化技术应用的基础上，开展公交规划AI智能体的教学案例研发，增加学生学习的交互性。

致谢

感谢张涵双、王玉佳、曹娟娟、王舸洋、张祥、廖贵宾等人在本研究中作出的贡献。

参考文献

[1] 吴志强.城市规划教育的数智化焕新[J].城市规划学刊，2025（1）：11-17.

[2] 钮心毅，林诗佳，桑田，等.数字化规划技术——数据与知识[J].城市规划学刊，2024（2）：18-24.

[3] 迟剑，李秀云，刘艳飞.基于IC卡数据的公交乘客上下站点预测研究[J].燕山大学学报，2024，48（1）：77-85.

[4] 翁剑成，赵世昌，林鹏飞，等.基于行程时间的公交运行可靠度评价及影响因素分析[J].交通信息与安全，2024，42（6）：163-171.

[5] 温馨，陈龙.基于多源数据的公交客运廊道识别方法[J].交通与运输，2020，36（1）：4.

[6] 严敏祖，董冠鹏，卢宾宾.基于刷卡数据的公交-地铁换乘模式研究[J].地球信息科学学报，2024，26（6）：1351-1362.

[7] 葛浩菁，吕远，焦朋朋.基于信令数据的中型城市通勤公交站点优化方法[J].交通信息与安全，2024，42（1）：142-149.

[8] 刘华胜，杨莎，李津，等.基于出租车轨迹数据的需求响应式公交线路规划方法[J].科学技术与工程，2025，25（5）：2135-2145.

[9] 徐猛，刘涛，钟绍鹏，等.城市智慧公交研究综述与展望

[J]. 交通运输系统工程与信息，2022，22（2）：91–108.

[10] 同济大学，上海同济城市规划设计研究院有限公司 . 基于数字化技术的公共交通规划编制项目案例：中期报告 [R]. 上海：同济大学，2025.

[11] 刘嘉豪，曾海军，金婉莹，等 . 人工智能赋能高等教育：逻辑理路、典型场景与实践进路 [J]. 西安交通大学学报（社会科学版），2024，44（3）：11–20.

Teaching Mode Exploration for Public Transport Planning Session Embedding Full-process Scenarios of Digital Technology Application

Liu Bing　Xu Lei　Jin Yang

Abstract：The strategy of public transport priority is a national policy in China， and public transport planning is one of the most important contents of the course of "Urban Road and Transport". Facing the trend of increasingly diversified travel demands， how to provide precise and efficient services has become the key to promoting the attractiveness of public transport. For the teaching of public transport planning， knowledge modules with the logical clue of "demand analysis–capacity allocation–system evaluation" has been established. There are many quantitative indicators reflecting demand and supply attributes in these modules， the relationship between some indicators is relatively abstract and not easily understand by students. To solve this problem， a case of full–process planning project through university–enterprise cooperation is introduced into the theoretical teaching， and the scenarios of digital technology application such as "multi–dimensional sensing， digital intelligence integration， quantitative evaluation， and iterative optimization" are emphasized， to provide students with an overview of the practical role of digital technology in the fine–grained analysis of transit demand， precise matching of transit services， and smart strategies of system improvement， as well as in–depth understanding of key indicators including operation， service and performance ones. This teaching exploration shows the dual effect of consolidating theoretical knowledge and enhancing application ability of students， through the pedagogical innovation of integral matching the latest practice of digital technology applications with the theoretical knowledge. It is recommended to further improve the course construction based on cases with digital technology application to promote the training of innovative and practical professionals for university and enterprise with win–win benefits.

Keywords：Digital Technology， Application Scenarios， Transit Planning， Full–Process， Teaching Mode， Integration of University and Enterprise

面向"认知—绘图—分析—写作"能力综合培养的传统村镇测绘实习教学改革研究

周政旭　郭　璐　刘　鹏

摘　要：针对城乡规划专业测绘实践类课程学生整体认知与深入分析不足等问题，同时也应对疫情等外部原因影响，清华大学城乡规划专业"传统村镇测绘实习"课程进行了"面向'认知—绘图—分析—写作'能力综合培养"的改革研究，内容主要包括"建筑—场所—村镇格局—周围环境"聚落整体认知、"选点—预研—测量—绘图—分析—报告"全流程训练、"授课—实践—支撑资源—辅导"线上线下结合、"兴趣小组—相关课程—科研训练—社会实践"系列课程延伸等方面。改革在2020—2022年4个本科年级中实施，教学成果体现出选题多样性强、测绘分析衔接密切等特点，同学在此过程中加深了对于城乡遗产的认知与价值认同。

关键词：传统村镇测绘；人居环境；空间分析；清华大学

1　教学改革背景

2021年，中共中央办公厅、国务院办公厅印发《关于在城乡建设中加强历史文化保护传承的意见》，指出"在城乡建设中系统保护、利用、传承好历史文化遗产，对延续历史文脉、推动城乡建设高质量发展、坚定文化自信、建设社会主义文化强国具有重要意义"，同时要求加强相关学科专业和加强专业人才队伍建设。历史文化名镇、名村（传统村落）等传统村镇是历史文化保护传承的重要对象[1]，如何引导学生认识传统村镇的物质形态和非物质形态文化遗产、激发学生研究传统村镇并加以保护的学术志趣，是城乡规划专业教学需要思考的问题。城乡规划专业服务于国家战略需求[2, 3]，在城乡规划专业本科生培养中加强实习实践、通过实习实践建立村镇与建筑遗产保护的相关认知、了解掌握相关知识和技能，成为新时代城乡规划教学体系构建中的重要内容之一。

清华大学城乡规划专业一直重视培养学生对村镇与建筑遗产的正确认识与专业能力，但是仍然面临如下几方面的问题和挑战：第一在认知对象尺度上，此前相关课程重点关注单体建筑，城乡规划专业训练需要从更大尺度、更整体的视角认知和把握传统村镇。第二在教学环节上，由于需在暑期2周内完成实习课程，因此往往只能重点传授和训练学生的现场测量与图纸绘制技能，同学在实习前普遍缺乏乡村认知、实习后对测绘成果缺乏系统整理与深入思考。第三在教学方式上，此前往往采取教师与助教手把手带教的方式现场指导学生开展测量与绘图，学生能够在技能上得到细致与直接的指导，但是2020—2022年新冠对课程开展提出了极大挑战，迫切需要形成更具多样性与适应性的教学方式。

通过对全球知名高校的建筑学、城乡规划学、地理学等学科的相关课程环节调研了解到，针对特色空间这一研究学习对象，从认知（Cognition）、绘图（Mapping）、系统分析（Analysis）到最后的学术写作（Academic writing）多个环节共同构成完整的训练过程。例如，哈佛大学、麻省理工学院、罗马大学等高校有专门的调研绘图及空间分析课程，并且在部分设计Studio中的前段，高度重视对空间现状的认知、绘图和分析，并以此作为后续设计开展的基础。波恩大学人文地理专业开设了专门的实地空间认知课程，出行前由助教带领学生做大量资料收集和准备工作，出行中则高强度地开

周政旭：清华大学建筑学院副教授
郭　璐：清华大学建筑学院副教授
刘　鹏：清华大学建筑学院博士研究生

展认知绘图以及分析的工作,出行返回后则继续深化分析并最终完成报告写作,参与同学得到系统的能力训练。

因此,2018年起,清华大学城乡规划系改革设立"传统村镇测绘实习"课程,将测绘对象由单体古建筑进一步扩展至村镇聚落整体,开展"面向'认知—绘图—分析—写作'能力综合培养的课程改革",在课程安排、教学方法、学习资源等方面做了持续探索。在疫情期间,因为线下集中实习教学的模式受到影响,再教学需要更为灵活地安排,因此进一步强调"认知—绘图—分析—写作"的全过程训练,并且通过多种教学手段促进学生自主探索学习,以达到改革目的。

2 教学改革主要内容

2.1 改革目标:"认知—绘图—分析—写作"综合能力提升体系构建

针对同学在实习课程前普遍缺乏乡村认知、实习过程中学习研究不够系统、实习课程后对测绘成果缺乏系统整理与深入思考等问题,进一步在实习课程教学中贯彻价值塑造、能力培养、知识传授"三位一体"育人理念,研究构建学生"认知—绘图—分析—写作"四重能力的综合训练提升体系。以夏季学期2周实习课程为主体,增强实习前与实习中环节的乡村认知能力培养,夯实实习中环节的绘图能力训练,补充实习后环节的基于兴趣的空间—社会分析与规范论文写作能力培养,全面加强对学生"认知—绘图—分析—写作"四重能力的培养和提升。同时,在实习全过程中突出正确价值观塑造,带领同学们认知乡村、热爱乡村,为以后投身乡村振兴事业提供知识和技能基础。

2.2 研究对象:"建筑—场所—村镇格局—周围环境"聚落整体认知

"传统村镇测绘"课程将研究对象的范围从单栋建筑扩展到村落格局、山水林田环境,以强化学生对村落有机构成的整体认知。该课程要求学生除掌握基本的传统民居、重要建筑的测量绘制方法,还需建立对村镇重要场所及总体格局的认识,主要包括以下几部分内容:①掌握传统村镇重要场所空间、标志物、界面等空间要素的测量绘制方法;②在地形图、卫星影像图、航拍图、线上地图等材料的帮助下,掌握基本的总图测量绘制方法;③在历史

地图、相关文献、调查访谈等材料的帮助下,学生结合现场踏勘获得的空间信息,掌握基本的传统村镇空间格局的认知方法,能够较为准确地建立村镇的传统格局、特征空间与重要单体建筑的图绘体系,形成多尺度的传统村镇测绘图集;④能够在图纸的基础上,结合文史材料、社会调查等,开展一定的形态(或其他)分析研究。

2.3 课程安排:"选点—预研—测量—绘图—分析—报告"全流程训练

本课程构建实习前—实习中—实习后的全过程培养传统村镇认知研究课程环节体系。相较此前课程主要聚焦于民居"测量""绘图"两个环节,在实习开展前引导开展"选点、预研"环节教学,在传统的现场测绘实习完成后,指导学生开展"分析、报告"的延伸研究环节(图1)。全流程的训练有利于引导学生主动、全面的认识村镇、体察村镇。

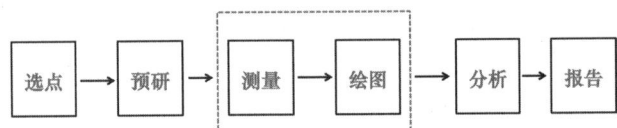

图1 课程环节由"测量—绘图"向前后延伸
资料来源:课程授课小组绘制

测绘前"选点""预研"环节的前拓,结合学生的研究兴趣,充分调动学生的主观能动性。此前,测绘前的"选点""预研"工作大多为教学团队完成。在疫情期间,集体测绘难以成行,改由学生就近分散开展。在此环节,教学团队通过选点、调研方法介绍,引导学生主动开展选点、预调研等前期工作,综合可操作性、村镇价值等因素初步选择研究对象,引导学生通过文献资料梳理、地理地形图认读等方式,建立起对调研对象的全面了解,初步确定需测绘的节点,明确后续研究的问题,为实地工作奠定基础。

测绘后"分析""报告"环节的后展,引导学生在传统村镇"是什么的"基础上,思考其"为什么是这样的",将课程所学深入一步。以往本科生测绘类课程注重通过绘图软件、数据等对村镇的物质空间进行记录、再现,基于此引导学生体察传统村镇的形态特征。在此基础上,鼓励学生结合村镇特点,自行选择主题、

线索、进行专题研究,基于可信数据,开展创造性绘图与专题研究,最终形成图纸及专题报告。

2.4 教学方法:"线上授课—线下实践—线上支撑—线下辅导"结合

疫情期间难以集中开展调研测绘活动,教学团队探索"线上线下"多环节结合的新型教学方式,即由线下的大课、测绘、评图转变为"线上授课—线下实践操作—线上资源支撑—线下小组辅导"相结合的方式,具体为:①第一周前半程测绘选点阶段,教学团队开展线上概论类大课、线上指导选点,通过网络直播、线上答疑等方式开展师生互动,传授知识技能;②第一周后半程测绘阶段,学生在家乡或居所附近选择合适村镇进行线下分散调研测量,教学团队现场线下指导(京郊地区)(图2)或线上视频连线指导(外地),并且加强组间交流,邀请在地学生通过直播方式向师生介绍所选村镇及工作心得;③第二周绘图阶段,学生返校绘图,师生组织开展多次线下答疑交流及成果展示;④此外,课程设立调查基金,鼓励同学在课程后持续研究,开展村镇回访、补充测绘、深入研究、整理发表等工作。

为保证"线上线下"结合的教学质量,教学团队提前准备示范操作视频、绘图工具箱、分析研究案例等上传网络,形成学生可随时查阅的电子教案。教学团队以北京市门头沟区斋堂镇沿河城村为例,对其进行了"村镇选点、村镇概述及历史沿革、整体格局及节点空间分析、重要民居建筑测绘"四步骤工作示范,形成包括"课程介绍、村镇选点、文献调研、村镇踏勘及整体认知、村落测绘新技术、建筑单体测绘、CAD绘图、优秀报告分享"在内的八个专题录像课件(图3),为课程开展提供教学资源支撑。

2.5 课程延伸:"兴趣小组—相关课程—科研训练—社会实践"系列

在测绘实习课程之外,清华大学建筑学院还以同学为中心,构建包括本科导师指导下的兴趣小组、多样化的课程体系[4]、开放本科生科研计划、引导学生参与乡村相关社会实践等,尝试将课程教学与学生实践SRT计划结合、必修实习课与选修理论课结合、整班实习教学与兴趣小组钻研结合等,面向感兴趣的同学形成多样化的学生教学方案,初步形成了涵盖课堂内外、全方位育

图2 线下示范教学
资料来源:课程授课小组拍摄

图3 线上教学资源:示范教学系列讲义及视频
资料来源:课程授课小组绘制及拍摄

人的传统聚落与乡村规划设计教学组群（表1）。

（1）在入学新生中试行本科生导师制，成立传统聚落与乡村规划设计兴趣小组，在自由选择与自由探索的基础上，感兴趣的同学可以长期开展由兴趣驱动的、导师提供指导的"从游"学习。

（2）除"传统村镇测绘"必修课程之外，近年相继开设"面向城乡协调的乡村规划""乡村设计概论""毕业设计—乡村设计专题""乡村建设与发展概论"等课程，为同学提供充分的延展学习课程。

（3）开放设立本科生科研训练（Student Research Training，SRT）、学术推进计划等，为同学进一步探索未知、提前开展科学研究提供可能。

（4）设立乡村振兴工作站，为同学开展实地驻点研究和实践提供支撑。在全国22个省份设立三十余个乡村振兴工作站，学生可通过假期实践、驻点研究的方式，进一步深入学习探索传统聚落保护与乡村规划设计的方法，通过实践检验学习成效。

清华大学建筑学院开设的乡村规划设计相关课程与课外环节　　　　表1

课程名称	开课时间	课程类型	主要内容
传统村镇测绘	2018—	本科生实习课（城乡规划专业必修）	传统村镇认知、测绘与分析
面向城乡协调的乡村规划	2018—	本科生理论课（全校选修）	乡村规划基础知识和热点问题
乡村设计概论	2021—	本科生理论课（全校选修）	乡村设计基础知识与设计案例
毕业设计—乡村设计专题	2021—	本科生毕业设计与综合论文训练（城乡规划专业选修）	乡村设计理论与方法的综合运用
乡村建设与发展概论	2022—	研究生理论课（乡村振兴与建设专项专业型硕士必修）	乡村建设相关政策、理论与典型案例
乡土聚落研究	2012—	研究生理论课（全校选修）	乡土聚落案例分析
其他		本科生科研支持（SRT科研训练、学术推进计划等）课外实践（乡村振兴工作站实践等）学术讲座（乡村振兴云讲堂系列等）	

资料来源：作者自绘

3　教学改革成效

3.1　测量绘图：地域广泛，类型多样

2020—2022年，共计4个年级的84名城乡规划专业本科二、三年级学生参与了本次教学改革。在课程线上讲座与选址辅导之后，学生根据研究兴趣与调研可行性，在开展文献调研之后，自主选择居住地附近传统村镇作为测绘对象。同学选择的测绘研究对象具备分布广泛、类型多元的特点。测绘村镇分布在国内19个省、市、自治区以及1处国外地点，遍及华北、华东、东南、华中、西南、西北各大地理分区。48个村镇中，90%以上为国家级历史文化名镇名村（传统村落），涉及平原、水乡、山地、丘陵、高原等典型聚居类型，具有地域特色。

通过线上辅导开展预研究之后，同学独立或小组分散开展测绘工作，授课教师在此期间通过实地带教（京郊村镇）与视频连线（外地村镇）的方式进行辅导。学生对村落的选址、布局、边界、公共空间、重要建筑、民居等进行测绘、描摹与分析，最终共形成图纸资料57套。从图纸成果来看，同学基本掌握了测绘的技能，并有效拓展了空间研究的视野和方法。同学也在测绘过程充分领略到传统村镇的多样特色与价值，起到了认知拓展与价值塑造的效果。

3.2　分析研究：选题聚焦，言之有物

在实地测量绘图的基础上，学生在授课教师指导下选择某一具体问题开展分析并撰写报告，力求做到选题有聚焦、报告有观点、观点有支撑、写作有规范。

学生选题视角多元且明确聚焦于某一具体问题或方面，选题多样性突出。根据选题词频分析（图4），针对村镇空间形态及格局的研究最多，学生依村镇、聚落、公共空间、古建筑的层级展开空间的静态研究；在此基础上，学生着眼空间的形成规律、演变影响等研究问题；同时，还有同学聚焦乡土景观、公共空间、人地关系、防御系统等；最后，有同学进一步提出传统村镇的规划策略、更新手段，研究成果为解析传统村镇的空间特征、追溯其演变规律、探索其发展策略提供参考。

确定选题后，指导学生利用多种空间分析方法，基于测绘成果开展分析研究并撰写研究报告。强调报告需充分利用实地调研和测绘、文献资料，做到证据充

图4　学生调研分析报告选题词频分析
资料来源：课程授课小组绘制

分，并且最终能够总结提炼出明确的观点或结论。并通过研究报告撰写的辅导，训练学生写作的规范性。如某组学生以北京市门头沟区龙泉镇琉璃渠村为研究对象（图5），以"业缘"关系对传统村镇的影响为切入点。从宏观、中观、微观尺度入手，在梳理该村概述及历史

沿革的基础上，从宏观尺度分析村镇的区位及业缘关系、从中观尺度分析村镇的布局与公共空间体系、从微观尺度测绘村镇的街巷空间及重要建筑，由此建构出传统村镇在自然地理环境和社会经济背景影响下的发展特征，并提出"业缘"琉璃文化遗产的活化利用策略，成果体现一手调研测绘材料支撑下一定的思考深度。

4　总结

　　清华大学城乡规划系设立"传统村镇测绘实习"课程，并在2020—2022年系统开展面向"认知—绘图—分析—写作"能力综合培养的课程改革，在研究对象上由单个建筑扩展至"建筑—场所—村镇格局—周围环境"聚落整体认知，在课程安排上从单纯测绘延伸为指导同学开展"选点—预研—测量—绘图—分析—报告"全流程训练，教学方法上也相应"线上授课—线下实践—线上支撑—线下辅导"结合，并提供同学延伸学习

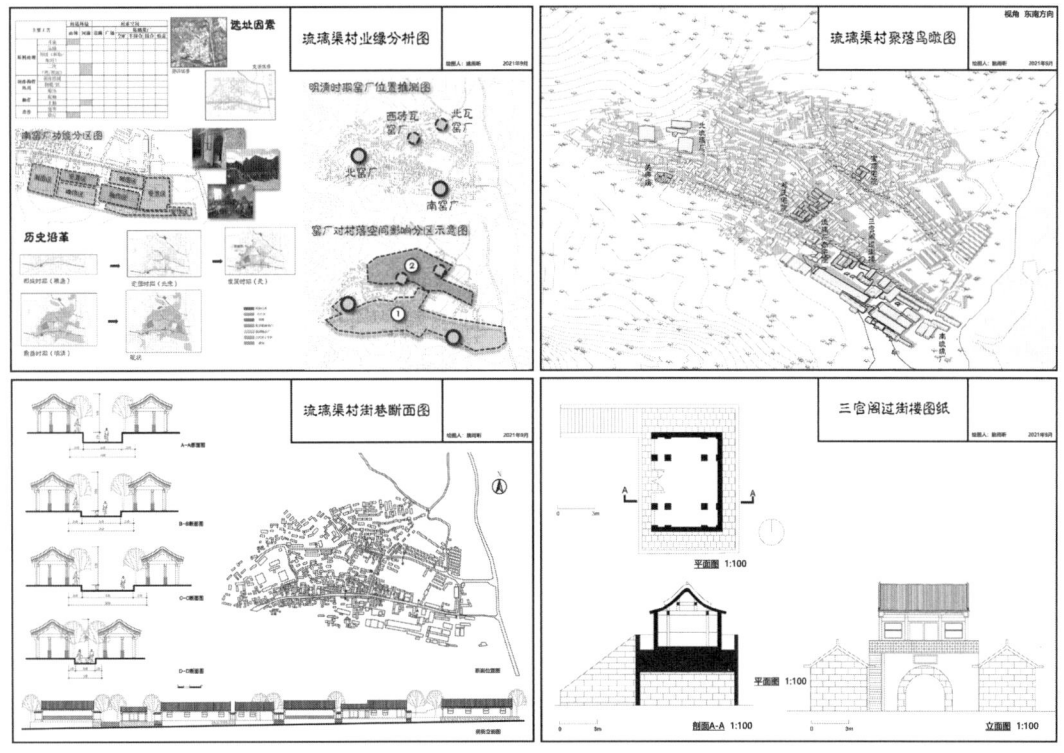

图5　学生作业—琉璃渠村测绘分析报告
资料来源：2021年学生小组（姚雨昕、张鹤鸣、张一）绘制

研究的多种支持。学生在此过程中建立了对聚落人居环境的系统认知，初步掌握了测量和绘图的基本技能，能够基于获取的一手素材结合相关文献开展针对性分析与规范性写作，得到了较为系统的能力培养，同时在此过程中也加深了对于国家城乡建成遗产的认知与热爱。在未来，该课程将结合整体培养方案调整，进一步加强对学生自主研究兴趣与系统认知能力的培养，加强新技术在课程教学中的应用。

致谢

本课程获清华大学本科教育教学改革项目（2020 秋 ZY01–02，2024 秋 ZY01–02）支持。

2020—2022 年，杜新颖、宿佳境、涂文颖、谢金丰四位老师、同学作为助教先后参与课程教学或电子教学资料制作工作，特此致谢！

参考文献

［1］ 中华人民共和国住房和城乡建设部．住房城乡建设部 文化部 财政部关于加强传统村落保护发展工作的指导意见．[EB/OL]. [2012–12–19]. https://www.mohurd.gov.cn/goagkai/zc/wjk/art_17339_212337.html.

［2］ 本刊编辑部．"城乡规划教育如何适应乡村规划建设人才培养需求"学术笔谈会 [J]. 城市规划学刊，2017（5）：1–13.

［3］ 吴志强，张悦，陈天，等．"面向未来：规划学科与规划教育创新"学术笔谈 [J]. 城市规划学刊，2022（5）：1–16.

［4］ 刘健，周政旭，李耀武．学科交叉与实践融合——清华大学通识课程"面向城乡协调的乡村规划"教学实践 [C]// 教育部高等学校城乡规划专业教学指导分委员会，桂林理工大学土木与建筑工程学院编．创新·规划·教育：2023 中国高等学校城乡规划教育年会论文集，北京：中国建筑工业出版社，2023.

Reforming the Teaching of Traditional Village/Town Surveying and Mapping: Integrated Cultivation of "Cognition-Mapping-Analysis-Writing" Skills

Zhou Zhengxu   Guo Lu   Liu Peng

Abstract：To address the issues of students' insufficient overall cognition and in–depth analysis in surveying and mapping practice courses for urban and rural planning majors， as well as to adapt to the impact of external factors such as the COVID–19 pandemic， a reform research has conducted on "traditional Village and Town Surveying and Mapping" course. The reform aims to comprehensively cultivate students' abilities in cognition， drawing， analysis， and writing. The main aspects of the reform include：fostering a holistic understanding of settlement patterns encompassing architecture， place， village/town layout， and surrounding environment；providing comprehensive training on the entire process from site selection， preliminary research， surveying， drawing， analysis， to reporting；integrating online and offline resources for teaching， practice， supporting materials， and tutoring；and extending the course series to include interest groups， related courses， research training， and social practice. Implemented across four undergraduate cohorts from 2020 to 2022， the reform has yielded teaching outcomes characterized by a strong diversity in topic selection and close integration of surveying and analysis. Through this process， students have deepened their understanding and appreciation of urban and rural heritage.

Keywords：Traditional Town and Village Surveying and Mapping， Human Settlement， Spatial Analysis， Tsinghua University

教育人工智能（EAI）视角下的城乡规划本科基础课教学改革研究

龚 岳 赵 捷

摘　要： 在人工智能（AI）蓬勃兴起的背景下，城乡规划教育正经历深刻变革。城乡规划本科教育需培养学生掌握数据分析和前沿技术应用等技能，但当前教育存在痛点，如教学内容更新滞后、评价体系不完善以及 AI 技术融入困难。本研究以武汉大学城乡规划专业本科一至三年级基础课程为对象，采用参与式观察与问卷调查相结合的方法，分析 AI 驱动下的教学改革。研究发现当前教育改革形成了 EAI 驱动的城乡规划本科基础教学体系，这一体系通过学情分析发现教育痛点，在教学策略上重构 AI 驱动的认知路径，在教育资源上升级 AI 教学链，在教学过程中形成人机协同的规划设计工作流，并在教学评价上创新 AI 辅助师生的可视化反馈。教学改革得到学生的积极评价，研究为城乡规划教育提供了新的视角和方法，推动城乡规划教育向数智化方向迈进，能为规划教育改革提供重要参考。

关键词： 城乡规划本科；教学改革；教育人工智能；AI 驱动；教学体系

1　前言

AI 时代，城乡规划教育正经历着深刻的变革和转型 [1-3] AI 技术的蓬勃兴起，为城乡规划教育带来全新的理论架构与研究方式 [2, 4]。同时，我国城乡规划学科也在向多规合一和国土空间规划的转型，城乡规划教育肩负着相关知识构建和传播的使命 [5, 6]。这些任务复杂且紧迫，要求城乡规划专业学生要熟练掌握数据分析、前沿技术运用等新兴领域技能，同时促使城乡规划本科教育朝着智能化的方向迈进，进一步增强教学成效 [2, 7-9]。

我国城乡规划教育的 AI 转向主要集中在技术应用、教学模式创新和教学案例三个方面 [10-13]。在技术应用方面，AI 涵盖了从智能分析、自动化测评到个性化学习等多个方面，能够对学生的学情数据进行精准分析，帮助教师制定个性化的教学策略，从而实现精细化教学 [12]。在教学模式方面，人工智能支持的虚拟现实（VR）和增强现实（AR）技术为学生提供了沉浸式的学习体验，提升教学效果 [14]。在教学实践中，一些高校开展了城市空间冲突的 AI 治理案例分析，通过实际案例让学生理解空间治理的复杂性和多样性 [14-16]。这些实践提高了学生的学习兴趣、创新思维和解决实际问题的能力。同时，国外 AI 增强的城乡规划教育还进一步讨论了 AI 自动、AI 自主规划及其与社会发展的问题，例如，着重讨论了城市人工智能在促进公众参与方面的作用及其相关的社会平等问题 [17-19]。

教育人工智能（EAI）理论为 AI 驱动的城乡规划教育提供了理论支撑。EAI 是人工智能技术在教育领域的应用，不仅包括利用 AI 技术赋能教育（智能化教育），还涵盖了以 AI 为学习内容的教育（智能科技教育），旨在通过智能技术优化教学过程、提升学习效果，并推动教育模式的创新 [20-22]。智能化教育强调 AI 与教育的融合，通过智能感知、教学算法和数据决策等技术，支持个性化学习与规模化教学；智能科技教育则包括 AI 知识、应用能力和情感教育，旨在培养智能素养 [23, 24]。EAI 已逐步渗透到"教、学、考、评、管、治"等系统层面，形成了学情分析、教学策略制定、教学资源选择、教学过程实施、教学评价等具体教学环节 [25, 26]。其中，学情分析是指通过大数据等学习分析技术，精准定位学生的学习需求，为教师提供科学的教学预设；教学策略智能是根据学习者模型做出适应性决策，如内容

龚　岳：武汉大学城市设计学院副教授
赵　捷：武汉大学城市设计学院副教授（通讯作者）

选择、资源推荐和自适应测试；教学资源是指利用用户学习痕迹进行资源推荐，如科大讯飞的智能教学系统为学生推荐微课资源和试题资源；教学过程是指教育机器人和智能助理协助教师完成课堂辅助性或重复性工作；教学评价是指 AI 优化教学数据的收集、处理和分析过程，促进了教学评价的科学化和多元化[20, 25, 26]。

从 EAI 的视角，现有研究存在以下几点不足。第一，现有研究关注 AI 应用[17, 18, 27]，但对于当前城乡规划本科教育中传统模式及其痛点总结不足；第二，包括策略和过程在内的城乡规划教学内容没有及时更新，需要反映 AI 技术进展和应用实践[28]；第三，教学评价体系尚不完善。现有的评价体系过于依赖考试成绩，忽视了培养学生的 AI 创新能力[11]；第四，如何将 AI 新技术有效融入城乡规划教学，仍是一个挑战[7, 29]。

针对这些研究不足，本文探讨 AI 驱动下的城乡规划教学改革。研究从基于 EAI 理论出发，采用参与式观察和问卷调查的方法，分析城乡规划教学改革的学情分析、教学改革策略、教学资源选择、教学过程实施、教学评价，并总结 AI 和城乡规划教学协同的策略方法。研究展示城乡规划教学改革的更新技术进展、将人工智能应用融入教学，并评价学生的创新能力，着力优化专业基础课程教学理念、教学内容和教学方法的革新与突破，推动城乡规划数智教学。

2 方法和数据

研究对象为武汉大学城乡规划专业本科一、二、三年级基础核心课程"国土空间解析与规划初步""居住区规划设计"与"城市设计和竞赛"。研究设计采用参与型观察与问卷调查相结合的混合研究方法，其中参与式观察法的应用，基于研究者兼具教学组织者与学术观察者的双重身份特性[30]。该方法的学术价值体现在研究者通过深度融入教学场域，系统记录 AI 介入下的课堂互动、学习行为模式及技术适应性特征的数据[31]。

研究同步对以上三门课程的同学展开问卷调查，问卷内容包含四个维度：①人口统计学特征；②AI 工具在教学场景中的具体应用形态；③学习者对 AI 技术介入的必要性认知、成效评估及满意度分析；④技术优化建议。调查共获取有效问卷 40 份（回收率 84%）。

3 分析

3.1 规划教学课程及其存在的痛点

城乡规划专业基础课程，传统上依据阶段学习目标和学生学习能力来设置。本科一年级"国土空间解析与规划初步"的课程目的是初步开展空间认知并熟悉相关专业工具，课程内容以建筑制图基础、空间构成理论、绘图工具入门为主。二年级"居住区规划设计"的课程目的是初步开展群体系统设计，课程内容包含居住区规范理论、规划前期分析、规划工具传授等。三年级"城市设计和竞赛"的课程目的是以系统性的城市空间开展设计，课程内容包括城市设计理论、更新政策解读、竞赛专题点评等。

通过对以上课程的学情分析，本文对学情痛点开展剖析。大一新生中存在典型的专业课衔接式困境，主要包括理论认知与空间转化的双重障碍、维度转换中的空间表征困境以及技术工具和学习成果间的"时间—质量"悖论。理论与空间的转化方面，新生普遍表现出难以将抽象的规划原理（如扬·盖尔公共空间理论）具象化为空间语言。维度转换方面，二维与三维信息之间的相互转换是难点，当转换时，大部分学生会出现高程数据丢失，绘图细节缺失，实物绘制困难等问题。此阶段学生欠缺对全局的把控。技术工具学习到成果的转化方面，现行课程要求新生在 16 周内同时掌握多种专业绘图能力和绘图工具，然而在教学评估问卷调查中，仅 23% 的学生能最终按时完成合格的综合出图。部分学生发现，工具出图仅能解决较为规范标准的设计方案，而无法将设计意图和设计方案迅速表达，暴露出传统"软件培训 + 设计应用"二元教学模式的局限性。

二年级学生面临着从单体设计向群体系统设计的认知跃迁，其痛点集中在群体空间秩序建构、上位规划衔接逻辑、人居环境要素协同三大维度，本质上暴露出学生尚未建立完整的城市空间设计思维框架。建筑群体设计的系统协调方面，学生常陷入"单体主导"的设计误区，将居住区简单的机械排列，导致难以形成有机的群体空间结构。这与学生无法将建筑与居住空间相关联，居住区内空间结构和虚实空间关系混乱等问题有关。在居住区框架结构的认知方面，学生普遍存在"上位规划解码失效""区位特质响应缺失"及"人群需求适配偏差"等问题。在设计思维转型期的教学中，传统案例库缺乏对 TOD 综合体、适老化社区等新型范式的深度解析，学生缺乏跨 CAD、Depthmap 等多平台操作的协同训练，教师忽视对居住区使用群体的 IPA 评分和社会绩效评估及运营评估，也反映着案例教学的滞后性、技术工具和评价标准的单一化。

三年级学生面临从单体建筑思维向系统性城市空间思维的跨越，核心痛点为大尺度空间与功能整合的系统性挑战、学科前沿理论与设计实践的转化断层及跨学科认知与政策落地的鸿沟。在大尺度空间与功能整合方面，学生易出现多目标协同困境、功能结构化整合瓶颈、指标与创意出现矛盾等问题，如生态廊道的设计可能因过度强调绿化覆盖率而挤压历史建筑保护空间。在学科前沿理论与设计实践方面，出现概念标签化陷阱、美学与技术逻辑的失衡等问题。在跨学科认知与政策落

地的实施方面，出现技术植入的语境错位和虚拟需求模拟的群体画像失真等问题。例如采用大数据模拟居民行为，但在通勤路径规划分析中，忽略非正式就业群体（如外卖骑手）的相应空间需求。

3.2 AI 驱动下的教学改革及其策略

针对学期分析中痛点的教学改革。针对以上的学情痛点，本科教学改革从 2023 年开始，制定针对性的教学解决方案。在一年级的课程教学中，首先推动 AI 辅助理论可视化。通过作者创建的"规划建筑学习研究助手"智能体（https://www.coze.cn/s/iSGnbgfC/）展开问答，对抽象概念和城市规划理论进行图文并茂的解答，使初学者快速掌握基本概念 [图 1（a）]。AI 驱动的文本转图像技术（如 DALL·E 3、MidJourney）可

（a）基于规划建筑助手智能体的问答

（b）基于 D5 生成的渲染图

（c）基于建筑学长生成的总平面图

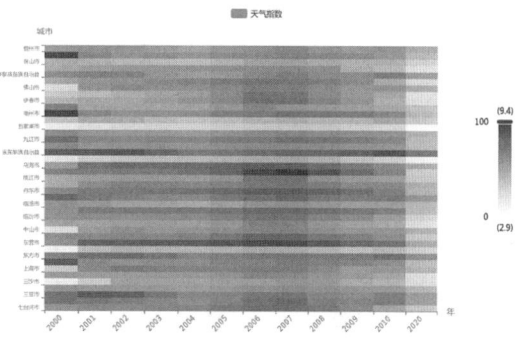
（d）珞珈智慧中心生成的城市热力图

图 1　AI 辅助教学
资料来源：图 b–c 为学生在课程作业中绘制，图 a 和 d 为作者采用教学 AI 自动生成。

快速生成理论对应的空间示意图。而后，推动 AI 辅助下的空间交互模拟。通过组织学生实地考察商业中心、历史街区等典型功能空间，教师采用现场测绘、基于 AI 的空间速写、VR 案例讲解等方式，试图建立学生对空间形态、肌理特征与设计手法的直观认知。通过 AI 辅助快速成图，推动从概念到方案的加速实现。在方案排稿阶段，基于自然语言处理实现语义转译，如输入"高铁新城核心区规划，强调 TOD 模式"等设计纲要后，AI 平台会自动生成包含 TOD 核心要素的多个差异化方案，学生可进行参数微调，而非从零设计。问卷数据显示，一年级学生在采用 AI 的条件下，方案生成效率较传统组提升 72%。

在二年级的课程教学中。第一，采用 AI 驱动来生成多维度设计理念解析与趋势。居住区系统性设计的复杂性源于需同时响应政策导向、市场逻辑、社群需求、生态约束等多重维度。传统教学依赖有限案例，而 AI 可构建动态知识网络。如基于自然语言处理的 AI 工具（如 ChatGPT 结合 BERT 模型）可自动提取《城市居住区规划设计标准》中的关键指标，自动输出养老设施服务半径、无障碍设计要点等参数化清单。第二，重组 AI 赋能的居住区设计思维路。学生常因设计逻辑碎片化导致方案系统性缺失，AI 可通过知识图谱与拓扑优化算法实现思维整合。第三，采用 AI 增强的深度空间表达与多维渲染 [图 1（b）、图 1（c）]。传统设计表达往往受限于学生软件技能，AI 可实现语义驱动设计与智能迭代优化。使用 Luma AI 进行实景化渲染，学生上传 SketchUp 模型后，AI 可自动优化材质质感（如幕墙反射率从 0.3 调整至 0.25 以降低光污染），并生成 24 小时光影变化动画。

在三年级的课程教学中，第一，AI 系统建模与多目标优化大尺度城市更新。尝试在 AI 构建多元优化目标下的城市设计内容，包括多源数据融合引擎（如 Esri ArcGIS Urban 和珞珈智慧教学中心 http：//www.mooc.whu.edu.cn）可整合城市体检报告、街景图像语义标签等城市大数据，构建动态的基地诊断模型 [图 1（d）]。第二，采用竞赛主题的 AI 深度挖掘与空间转译。例如通过 NLP 工具（如 BERT 模型）分析近三年的竞赛获奖作品，提取"碳汇空间""数字孪生社区"等多个创新维度，构建关联图谱。第三，采用 AI 增强设计表达，AI 实现分析—设计—呈现全流程赋能。基于 GAN 网络的 AutoPlot 工具，可将草图转化为专业级平面图，自动校正交通流线断裂，地下车库出入口精度，消防通道宽度不足等问题。在竞赛方案设计中，引入 VR 头盔体验的设计方案，使学生能够身临其境地感受设计作品效果。

问卷调查发现的学生反馈总体比较积极。学生评价对 AI 的运用已经涵盖文献检索、可视化表达、空间建模、案例分析等 8 个方面（图 2）。85% 的同学对 AI 的使用标识比较满意或很满意（图 3）。问卷显示教学改革总体上解决了原有教学中存在的痛点问题。

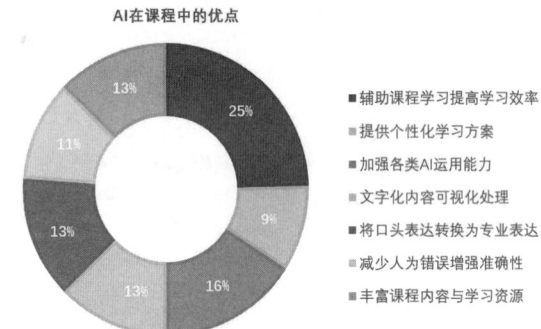

图 2　学生对 AI 使用的评价
资料来源：作者自绘

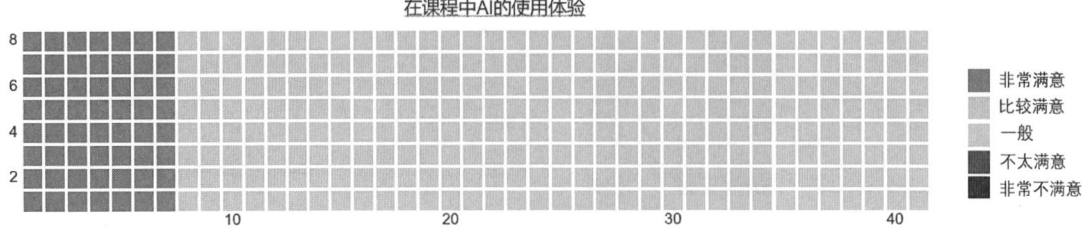

图 3　学生对课程中 AI 的使用体验
资料来源：作者自绘

3.3 教学改革中的 EAI 驱动

基于以上分析，本科一至三年级的基础规划设计课程的教学改革采用了 AI 驱动的体系，如图 4 所示。在分析传统教学模式学情痛点的基础上，第一，这一体系优化教学策略，重构 AI 驱动的认知路径。针对大一学生专业认知难、理论抽象等问题，AI 技术可通过"理论具象化—要点结构化—案例可操作化"的认知路径，显著优化教学策略。即借助智能图像生成工具将城市规划核心概念转化为可视化图示。同时，通过 AI 智能问答系统提炼经典文献中的关键词、逻辑关系，自动生成思维导图或知识清单，建立学术结构的初步认知。进一步结合全球典型案例的三维建模与动态对比（如纽约高线公园与成都绿道），将案例"解构"为可迁移的知识模块，提升学生空间系统认知的能力。

第二，升级教学资源，AI 工具链赋能可视化设计。为应对低年级学生在技术能力与设计逻辑构建上的双重挑战，AI 可通过整合智能化资源与工具链构建全流程设计辅助体系。例如，在教学中引入 AI 平台可帮助学生输入的容积率、绿化率、日照控制等参数后，自动进行规划指标的语义化分析与逻辑平衡，输出兼顾开放性与空间品质的方案建议。此外，AI 案例库支持主题筛选、关键节点标注与三维建造，使学生能高效提取案例中的策略方法，加速从模仿走向创造的转化。

第三，重构教学过程，形成人机协同的设计工作流。面对三年级的学生，设计不仅是平面效果的表达，更需要系统思维建构期的需求，AI 与师生协作构建的设计流程成为高效学习的关键机制。在实地调研阶段，AR 与 AI 地图平台协同使用，帮助学生和教师的实时空间分析与规划判断。在设计阶段，学生通过输入基本需求（如"高铁站周边商住区布局"），AI 平台可快速生成基础方案并联动规范反馈模块，教师可就关键设计要点进行精准讲解。最终在表达环节，AI 辅助生成的视角透视图与方案推演动画，形成"生成—优化—验证—反思"的人机协同教学链条。

第四，创新教学评价，AI 辅助学生的结构化反馈。AI 可赋能学生以多维方式对教师教学质量提出具体、可操作的反馈建议。借助自然语言处理技术，AI 可分析课程中的师生互动记录，生成可视化反馈图（如知识点覆盖率、学生提问密度、答疑响应时间等），帮助发现教学"盲区"与"高效环节"。这种 AI 辅助的教学评价机制，促进教师和学生以批判性视角参与教学共建，转向"共建成长"的积极身份。

4 结论

AI 的蓬勃发展，对传统城乡规划教育同时提出了挑战和带来了机遇。本文选取本科一至三年级"城乡规划设计"的基础课程为研究对象，采用参与型观察与问卷调查相结合的混合研究方法，分析 AI 驱动下的教育改

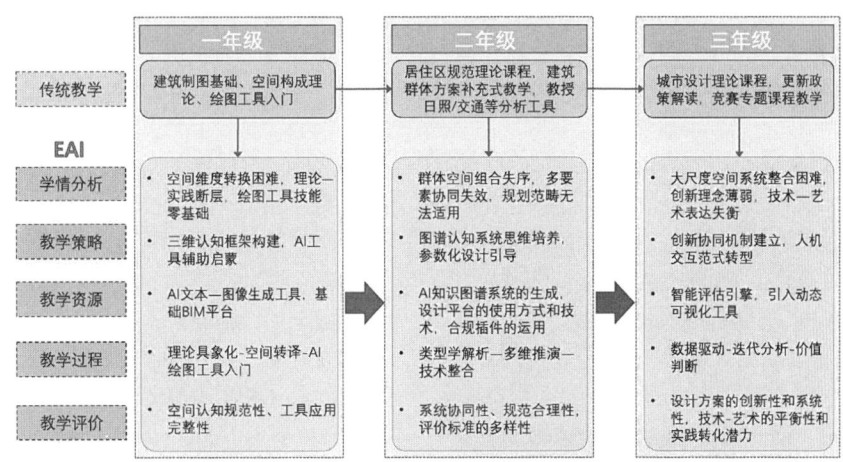

图 4 城乡规划本科规划设计本科基础课程数智化改革进程
资料来源：作者自绘

革。研究基于我国城乡规划基础教学和 AI 融合的经验，在理论上总结教学改革的体系，在实证上发现城乡规划本科基础课的痛点和 AI 解决方案，并指导未来的 EAI 规划教学。

研究发现教育改革形成了 EAI 驱动的城乡规划本科基础教学体系，这一体系通过学情分析发现教育痛点，在教学策略上重构 AI 驱动的认知路径，在教育资源上升级 AI 教学链，在教学过程中形成人机协同的规划设计链式工作流，并在教学评价上创新 AI 辅助师生的可视化反馈。

具体而言，在学情分析上，发现大一学生存在空间维度转换困难、绘图工具技能零基础等问题；大二学生存在空间规划失序、设计多要素难以协同等问题；大三学生存在大尺度空间系统整合困难、缺乏创新理念的问题。在教学策略方面，对大一新生采取三维认知框架构建和 AI 工具辅助启蒙；对大二学生采取知识图谱式系统思维培养、参数化设计引导；对大三学生采取创新协同和人机交互范式转型。在教学资源方面，为大一学生提供 AI 文本—图像生成工具，基础 BIM 平台；为大二学生配备 AI 知识图谱系统，设计平台的使用方式和技术；为大三学生提供智能评估引擎和动态可视化工具。在教学过程方面，为大一学生提供理论具像化—AI 绘图工具入门教学；为大二学生提供多维推演—技术整合教学；为大三学生提供数据驱动—价值判断教学。在教学评价方面，大一课程评价空间认知规范性和课堂中的互动；大二课程评价规划要素协同性和规范合规性；最后在大三课程评价设计方案中技术—艺术的平衡性及方案转化潜力。未来，可以通过进一步优化教学资源和策略，快速促进城乡规划本科基础教学 EAI 驱动体系的发展。

参考文献

［1］ DOMINGUEZ-PÉRY C, VUDDARAJU L N R. Re-imagining Diffusion and Adoption of Information Technology and Systems: A Continuing Conversation[J]. Cham: Springer International Publishing, 2020: 45-56.

［2］ 吴志强. 人工智能辅助城市规划 [J]. 时代建筑, 2018（1）: 6-11.

［3］ 姜鹏，曹琳，倪砼. 新一代人工智能推动城市规划变革的趋势展望 [J]. 规划师, 2018, 34（11）: 5-12.

［4］ 恽爽，王飞飞，曲葳. 人工智能赋能存量空间规划与治理的智慧化技术框架及应用 [J]. 规划师, 2025, 41（2）: 10-18.

［5］ 周庆华，杨晓丹. 面向国土空间规划的城乡规划教育思考 [J]. 规划师, 2020, 36（7）: 27-32.

［6］ 李晓蕾，胡振宇. 基于智慧城市理念的城乡规划专业教学改革探索 [J]. 现代城市研究, 2024（11）: 125-127.

［7］ CLAYTON P, GOODSPEED R, GREEN J, et al. More than Analytics: Five Approaches to Educating Professionals to Shape Today's Digital Cities[J]. Journal of Planning Education and Research, 2024.

［8］ 黄芸璟，余辉，余颖. 城乡规划全生命周期智能化探讨 [J]. 规划师, 2018, 34（11）: 26-33.

［9］ 黄鼎曦. 基于机器学习的人工智能辅助规划前景展望 [J]. 城市发展研究, 2017, 24（5）: 50-55.

［10］ 吴志强，张悦，陈天，等. "面向未来：规划学科与规划教育创新" 学术笔谈 [J]. 城市规划学刊, 2022（5）: 1-16.

［11］ 田莉，杨鑫，张雨迪，等. "专业知识 + 人工智能" 双驱动的城乡规划设计教育创新探索：以住区规划为例 [J]. 城市规划学刊, 2024（5）: 71-78.

［12］ 郝祥军，王帆，祁晨诗. 教育人工智能的发展态势与未来发展机制 [J]. 现代教育技术, 2019, 29（2）: 12-18.

［13］ 陈宏胜，蔡一丹，李云. 基于学生视角的人工智能对城乡规划专业教学影响研究 [J]. 高教学刊, 2023, 9（36）: 1-6.

［14］ 杨现民，张昊，郭利明，等. 教育人工智能的发展难题与突破路径 [J]. 现代远程教育研究, 2018（3）: 30-38.

［15］ 罗曦. 国土空间规划体系下城乡规划专业总体规划课程群教学改革探讨——以中南大学为例 [J]. 华中建筑, 2024, 42（1）: 144-148.

［16］ 刘海静，郭一江. "人工智能 +" 融入城乡规划专业课程体系研究 [J]. 电脑知识与技术, 2024, 20（2）: 166-168.

［17］ PENG Z R, LU K F, LIU Y, et al. The Pathway of Urban Planning AI: From Planning Support to Plan-Making[J]. Journal of Planning Education and Research, 2023, 44（4）: 2263-2279.

［18］ YE X, NEWMAN G, LEE C, et al. Toward Urban Artificial Intelligence for Developing Justice-Oriented Smart Cities[J]. Journal of Planning Education and Research, 2023, 43（1）: 6-7.

［19］ZHAI X，CHU X，CHAI C S，et al. A Review of Artificial Intelligence（AI）in Education from 2010 to 2020[J]. Complexity，2021（1）：8812542.

［20］刘欣，李怀龙 . 教育人工智能支持人类学习机制的两种效应 [J]. 中国教育信息化，2020（17）：1-4，10.

［21］彭绍东 . 人工智能教育的含义界定与原理挖掘 [J]. 中国电化教育，2021（6）：49-59.

［22］陈凯泉，张春雪，吴玥玥，等 . 教育人工智能（EAI）中的多模态学习分析、适应性反馈及人机协同 [J]. 远程教育杂志，2019，37（5）：24-34.

［23］李文淑 . 教育人工智能（EAI）对学习机制的影响 [J]. 现代教育管理，2018（8）：119-123.

［24］祝智庭，韩中美，黄昌勤 . 教育人工智能（eAI）：人本人工智能的新范式 [J]. 电化教育研究，2021，42（1）：5-15.

［25］邓满 . 教育人工智能背景下高职教师职业价值变迁与角色重塑 [J]. 职教论坛，2019（7）：93-97.

［26］郝祥军，王帆，祁晨诗 . 教育人工智能的发展态势与未来发展机制 [J]. 现代教育技术，2019，29（2）：12-18.

［27］姜乖妮，董宏杰，王苗 . 国土空间规划背景下城乡规划专业本科课程体系优化探索——以河北建筑工程学院为例 [J]. 高等建筑教育，2024，33（2）：79-88.

［28］黄经南，马灿，周俊 . 人工智能引领的新一轮技术革命冲击下城市空间变革趋势、对策及对我国的启示 [J]. 城市发展研究，2023，30（6）：16-23，80.

［29］赵静，朱红云 . 人文地理与城乡规划专业人文地理类课程体系构建研究 [J]. 高教学刊，2018（14）：92-95.

［30］DEWALT K，DEWALT B R. Participant Observation：A Guide for Fieldworkers[M]. Walaut Creek，CA：AltaMira，2010.

［31］MULLER J H. Care of the Dying by Physicians-in- Training：An Example of Participant Observation Research[J]. Research on Aging，1995，17（1）：65~88.

The Teaching Reform of Undergraduate Courses of Urban and Rural Planning from the Perspective of Educational Artificial Intelligence (EAI)

Gong Yue   Zhao Jie

Abstract：Urban and rural planning education is undergoing profound changes in the context of the booming artificial intelligence（AI）. Undergraduate education in urban and rural planning needs to train students to master skills such as data analysis and application of cutting-edge technologies，but there are pain points in the current education，such as lagging behind in updating the teaching content，imperfect evaluation system，and difficulties in integrating AI technologies. This study analyzes the AI-driven teaching reform by combining participatory observation and questionnaire survey with the first to third year basic courses of undergraduate urban and rural planning at Wuhan University. The study finds that the current educational reform has formed an EAI-driven teaching system for undergraduate urban and rural planning，and this system discovers educational problems through the analysis of the academic situation，reconstructs AI-driven cognitive paths in teaching strategies，upgrades the AI teaching chain in educational resources，forms a collaborative human-machine planning and design workflow in the teaching process，and innovates AI-assisted visualized feedback for teachers and students in teaching evaluation. The teaching reform has been positively evaluated by students，and the research provides new perspectives and methods for urban and rural planning education，promotes planning education to move towards digital intelligence，and can provide an important reference for planning education reform.

Keywords：Undergraduate Urban and Rural Planning，Teaching Reform，Educational Artificial Intelligence，AI-Driven，Teaching System

基于人工智能的城乡规划设计类课程教学模式创新探索 *

于婷婷　冷　红　衣霄翔

摘　要：在数字城乡蓬勃发展的时代背景下，人工智能凭借大数据分析与机器学习算法，对城乡规划设计的底层逻辑与设计范式进行重塑，有力推动着我国数字城乡建设理论体系与设计方法的完善。现阶段，城乡规划教育中人工智能工具的应用存在诸多问题，多呈"点缀式"状态，尚未与课程实现深度、体系化的融合。本研究将人工智能融入城乡规划设计类课程体系，提出新时期数字城乡建设背景下的课程建设目标，从"理论架构—教学模式—育人机制"三个维度展开创新应用探索，旨在形成面向数字城乡融合发展需求与前沿学科发展动态的教学创新范式，为城乡规划设计课程的数字化转型提供可复制、可推广的实践路径，以更好地适应时代发展对城乡规划人才的新要求。

关键词：人工智能；城乡规划设计类课程；数字城乡；教学改革

1　引言

党的二十大擘画了全面建设社会主义现代化国家的宏伟蓝图，提出加快建设数字中国。智慧城市、数字乡村等城乡形态相继出现，数字城乡发展成为的重要趋势[1]。当下，人工智能（AI）以大数据分析和机器学习算法，重塑城乡规划设计的底层逻辑与设计范式，不断完善我国数字城乡建设的理论体系和设计方法[2]。AI在城乡规划领域的巨大潜力，也反映了传统教育模式与智能技术革命之间的结构性矛盾，当规划师开始使用AI工具在短时间内生成海量备选方案时，传统课堂仍停留在手工绘图与基础软件操作阶段[3]。这种技术能力与教育供给的错位，倒逼城乡规划设计教育突破经验主义的窠臼，构建与智慧时代相匹配的课程教学模式[4, 5]。

当前城乡规划教育中，人工智能工具多以"点缀式"存在，未形成与城乡规划设计课程深度融合的体系化应用[6]。大语言模型多用于辅助文本生成，而未介入前期策划阶段的居民需求分析、方案生成阶段的空间形态推演、后期评估阶段的实施效果预测等全流程[7]。这种"工具—

场景"的割裂导致学生难以建立技术工具与规划逻辑的关联性认知。因此，本研究将人工智能融入城乡规划设计类课程体系，提出新时期数字城乡建设背景下的课程建设目标，从"理论架构—教学模式—育人机制"三个维度进行创新应用，形成面向数字城乡融合发展需求与前沿学科发展动态的教学创新范式，为城乡规划设计课程的数字化转型提供可复制、可推广的教学范式。

2　基于人工智能的城乡规划设计类课程教学建设目标

结合国家数字城乡发展需求，培养学生运用人工智能等新技术寻求城乡规划设计的更优路径，从知识、能力和素质层面全方位推动学生从"空间设计师"向"人机协同决策者"转型[8]，制定了以下建设目标。

2.1　面向数字城乡融合发展需求，解决传统城乡规划设计教育理论更新滞后的问题

结合新时期数字城乡融合发展的重大需求对于高层次规划设计人才满意度和需求情况的调研，对传统城乡

---

* 项目资助：黑龙江省高等教育教学改革一般项目"基于人工智能的城乡规划设计类课程教学模式改革与创新"（SJGYB2024058）资助。

于婷婷：哈尔滨工业大学建筑与设计学院副教授
冷　红：哈尔滨工业大学建筑与设计学院长聘教授（通讯作者）
衣霄翔：哈尔滨工业大学建筑与设计学院教授

规划教育理论进行"靶向"分析[9]。引入人工智能，通过云课堂、智慧树、AI 知识图谱建设等途径，通过数字化全过程管理，利用碎片化时间提升学习效率，及时更新城乡规划教育教学理念。

2.2 面向激发人才创新活力需求，解决传统城乡规划设计课程教学模式固化的问题

引入生成式人工智能辅助城乡规划设计教育教学，形成基于循证理念建立全过程课程教学方法，采用新兴的 AIGC 为代表的语言大模型、图像生成模型等，辅助学生进行规划需求的理解和转换、空间布局方案的生成、效果图的生成等，形成过程主导的城乡规划设计课程教学模式。

2.3 面向一流人才培养需求，解决课程脱离城乡规划实践的问题

围绕数字城乡融合发展需求进行课程教学目标和教学内容改革，加强研究传统规划设计教学中与当前行业需求脱节的薄弱环节，提高生成式人工智能、人机交互语言等知识的比重，提升学生运用生成式人工智能辅助处理城乡现实问题的能力与技巧。

3 基于人工智能的城乡规划设计类课程体系创新探索

从"理论架构—教学模式—育人机制"三方面，开展基于人工智能的城乡规划设计类课程体系创新探索，以适应数字城乡发展对规划人才的新要求。

3.1 教学架构创新

面向国家数字城乡发展需求，对比分析国内城乡规划设计及管理机构对于规划人才需求情况，以及城乡规

划设计核心课程结课时的学情调查问卷（图 1），借鉴世界一流大学城乡规划或相关专业课程教学经验，提出数智驱动型城乡规划设计类课程教学模式的理论架构。

（1）教学理念融入热点与重点——创新思维培养

人工智能内容生成技术的普及与铺开，会促使城市规划与设计的组织架构从"金字塔形"权力关系转向"图钉型"联结关系，城乡规划学生的培养思维将由编制文本、绘制图纸转向融合数字思维的更底层设计逻辑构建，培养学生依托大模型、大数据以更开放的心态去拥抱学科间的知识体系交叉（图 2）。

（2）教学方法融入技术与数据——创新能力培养

人工智能提供了一种全新的支持工具和方法：一方面通过智算技能的培训能够鼓励学生运用数字化工具以极高的生成效率生成多设计方案进行比选，帮助规划学生选取最优解；另一方面帮助规划学生发散思维，从中探索多种可能性。将人工智能融入教学过程中，强化数据分析、算法建模和智能决策系统的应用，为学生科学探索城乡空间规划设计提供精准数据支撑和智能化解决方案。

（3）教学内容融入学术前沿动态——创新精神培养

依托高水平科研团队，运用人工智能技术：一方面，重点开展面向国家与行业发展战略的学术前沿研究，并将研究成果通过可视化梳理形成知识图谱融入教学内容（图 3）。另一方面，借助 AI 智能识别技术，为不同学生绘制个性化的"数字画像"，发掘学生个人的学术前沿兴趣图谱，引导学生针对感兴趣的城乡规划热点问题开展原创性探索。

3.2 教学模式创新

（1）教学资源融入人工智能。引入人工智能实现城乡规划设计课程资源建设。精选往届优秀学生设计

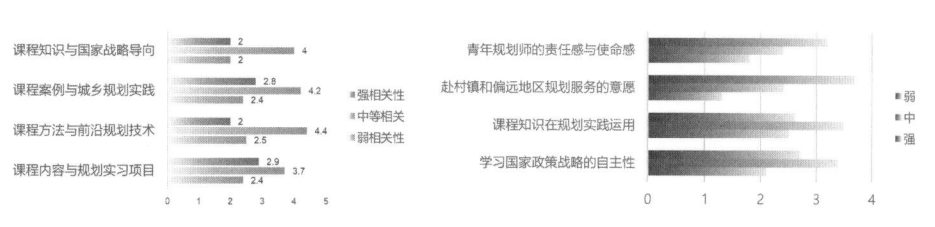
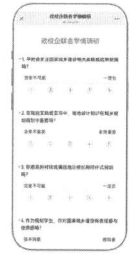

图 1 学情调研
资料来源：作者自绘

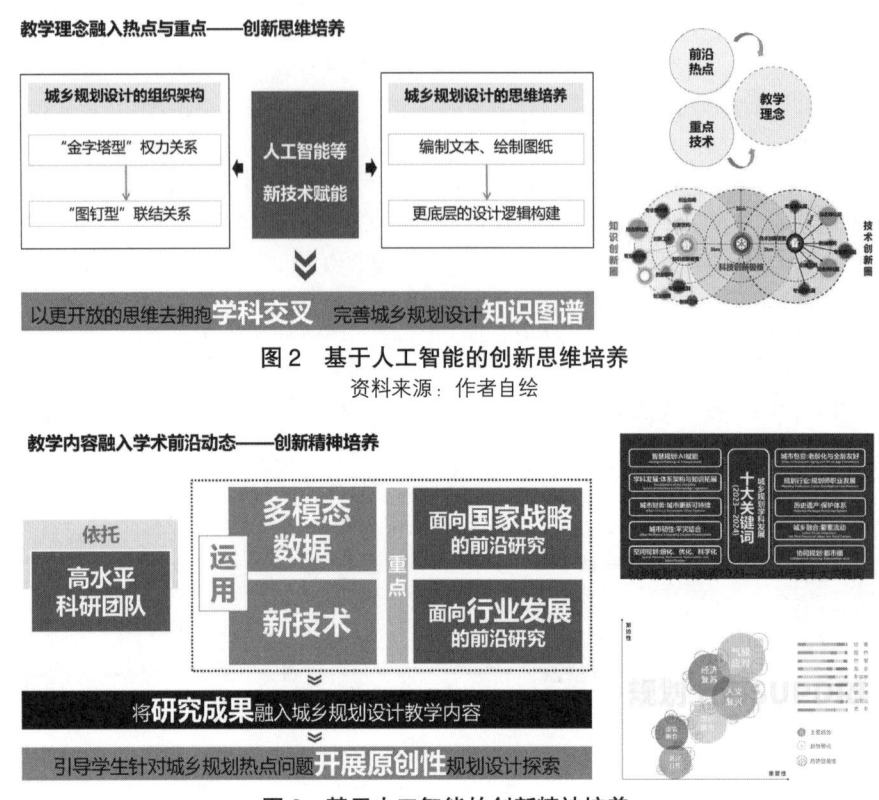

图2 基于人工智能的创新思维培养

资料来源：作者自绘

图3 基于人工智能的创新精神培养

资料来源：作者自绘

作业、城乡规划设计竞赛作品及课程团队教师规划实践案例，建设城乡规划设计类课程案例资源库；利用网络爬虫技术，从各大教育平台、学术数据库、行业网站等抓取与城乡规划设计相关的人工智能应用案例、学术论文、教学视频等资源，上传到"智慧树"等平台，通过算法自动化提炼、人工逐条检查构建规划设计类课程知识图谱，实现课程资源自主调用（图4）。进一步采用AI学情分析系统，收集学生过往课程成绩、作业完成

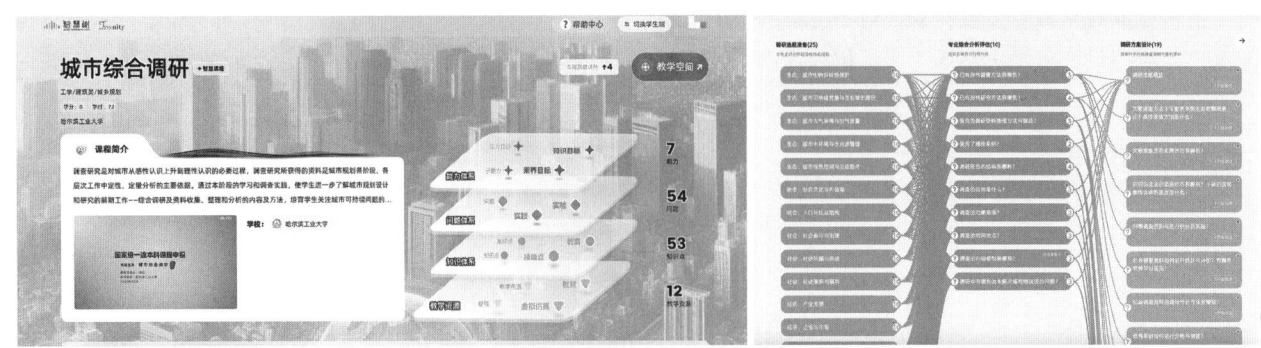

图4 以"城乡综合调研"课程智慧树建设为例

资料来源：智慧树系统界面截图

情况、课堂表现等数据构建学生学情画像，结合课程目标和学生兴趣偏好，生成个性化的预习任务清单，利用推荐算法为学生精准推送合适的学习资源。

（2）教学模式融入人工智能。传统城乡规划设计教学包括设计调研分析、理论应用、设计案例解析、实践经验总结、问题反馈、概念提出、策略应对以及最终报告的撰写、图纸绘制和设计文件编写等复杂的教学内容。基于人工智能的城乡规划设计教学，采用新兴的AIGC为代表的语言大模型、以CLIP为内核的Stable Diffusion等图像生成模型，辅助学生进行规划需求的理解和转换、空间布局方案的生成、效果图的生成等，并从中提取密度、路网类型、风格等信息，生成特定风格的新方案，极大地提升了学生的政策解读能力、创新设计能力、空间决策能力等，形成过程主导的城乡规划设

计教学模式（图5）。

（3）教学方法融入人工智能。为充分利用人工智能技术手段，在有限的教学时间内提升学生建设诉求分析能力、规划设计创新能力和城乡问题解决能力，建设人工智能辅助的城乡规划设计课程体系。根据课程内容和知识点的不同，植入相应的人工智能等技术模块，并提出"空间感知 + 空间分析 + 空间建构"的规划设计教学路径。其主要采用航拍影像、AIGC图像生成、虚拟仿真、地理信息系统和生成式人工智能5种技术模块类型，以其直观、灵活、算力强化、情景决策等优势，优化设计基础、建筑设计、规划设计等城乡规划设计课程的教学效果（图6）。

①空间感知阶段，通过计算机视觉技术，学生可利用 AI 模型从街景图像中提取城市物质空间要素（如建筑

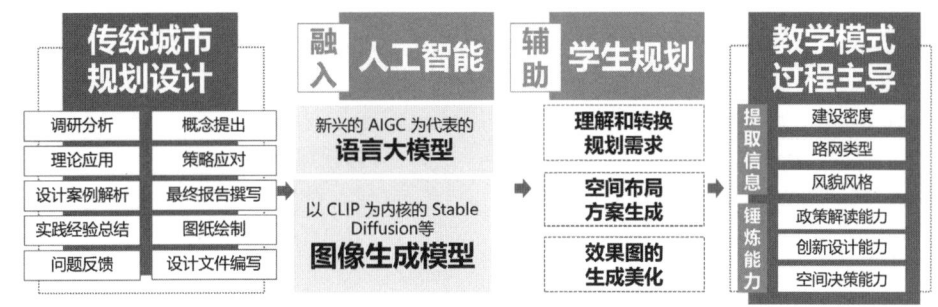

图5 过程主导的城乡规划设计课程教学模式
资料来源：作者自绘

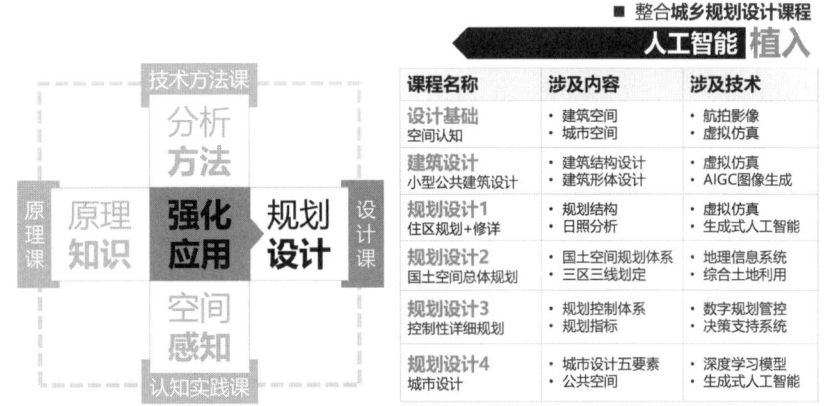

图6 城乡规划设计课程体系植入人工智能等技术模块
资料来源：作者自绘

立面风格、街道设施密度），获取城乡区域的高清全景影像，精准识别建筑风格、街道布局、植被分布等，实现对城市空间形态的具象化感知。

②空间分析阶段，运用人工智能的数据处理与算法能力，借助 AI 大数据分析平台对基地的人口流动、土地利用、经济发展等多维度海量数据进行深度挖掘和分析，深度分析基地存在的问题和潜力，为规划提供科学依据，使分析结果更具前瞻性和准确性。

③空间建构阶段，人工智能能够依据学生设定的目标和约束条件，快速生成多种规划方案。通过将 Autodesk、十方等生成式人工智能平台，输入基地参数（如地块容积率、建筑限高、功能分区等），AI 能快速生成多种符合规范且富有创意的设计方案草图，涵盖建筑形态、道路网络、公共空间布局等多个维度。学生结合模拟结果，对方案进行反复优化和调整，不仅能提高设计效率，还能拓展设计思路，培养创新思维和综合决策能力。

以场地设计课程为例，结合真实规划实践项目设计翻转课堂，引导学生分别运用不同的方式进行设计汇报，包括传统城市设计方法，基于豆包、DeepSeek 等人工智能的规划方案，基于十方、Autodesk 等生成式人工智能平台推演设计方案等（图7）。对比人工智能在场地设计效率、合理性、科学性等方面存在的优势和不足，以此引导学生在场地设计中通过 AI 生成基础方案，再结合在地文化特征、居民行为模式等人文要素进行人工调控。

（4）教学场景融入人工智能。在理论教学场景中，

依托虚拟仿真实验平台、球幕漫游等，实现场地空间的沉浸式体验与分析，展示不同地域环境、不同文化特色的城乡空间。学生直观感受城乡空间结构和特征，加深对规划设计理论中空间形态、功能分区等概念的理解。同时，人工智能还能实时生成动态的案例分析，如在讲解场地设计时，模拟不同暴雨降临时场地水流方向和强度，让学生更清晰地排水设计和防灾减灾规划。实践教学场景里，运用搭载 AI 图像识别功能的设备，快速识别建筑类型、植被分布等信息，自动生成调研数据报告；学生可利用人工智能算法推演设计建议和设计方案，通过输入设计目标与约束条件，AI 能迅速生成多种初步设计方案，并从功能合理性、生态可持续性等维度进行评估，给出优化方向。在成果展示与评价场景中，利用 AI 技术将设计方案转化为生动的三维动画或虚拟现实体验，全方位展示设计理念和效果，并采用人工智能建立综合评价指标体系，对设计方案进行量化评分，分析优缺点，为教师评价和学生自我反思提供客观依据，促进教学质量的提升。

3.3 育人机制创新

对标世界一流大学高层次规划人才培养标准，建立面向城乡建设实践、结合新一代人工智能技术、突出体现高层次设计人才培养特色和优势的"政产学研教"协同育人培养机制，包括：

（1）通专融合培养机制。围绕数字城乡发展需求进行课程教学目标和教学内容改革，以通用 AI 大模型为

翻转课堂-对比传统设计方法、AI辅助规划和AIGC模型生成

图7 设计翻转课堂对比不同设计方法
资料来源：作者自摄、自绘

基础进一步开发针对规划学科的专业大模型,形成智慧化、科学化的规划设计知识系统,补充传统规划设计教学中与当前行业需求脱节的薄弱环节,提高人工智能、人机交互语言等知识的比重,在当前城乡规划教学的人工智能协同设计阶段,充分提升学生运用人工智能辅助处理城乡现实问题的能力与技巧。

(2)常态长效培养机制。面向国家与行业发展战略动态变化,依托实际的科研项目或规划设计项目,建设城乡规划智算技能培训基地与教育实习基地,持续推进人工智能在数字城市、数字乡村等数字规划实践中的应用。结合行业动态,收集整理城乡规划学科领域知识的文本信息,包括同名教材、最新中英文论文以及报告案例,输入大语言模型中,建设动态更新的教学项目案例库,融合"政产学研教"实现全维度一流人才培养。

(3)三全育人培养机制。人工智能作为一种无监督且通用的深度学习,缺乏城乡规划的专业规范标准限定,也缺乏城乡规划必要的价值导向与人文关怀。将思政教育融入规划设计类课程体系,在模型训练中融入专业规范标准,增强学生服务国家、人民的责任感和建设城乡美好人居环境的使命感,引导高端人才树立正确的政治方向、价值取向和学术导向。

4 总结与讨论

本研究将人工智能融入城乡规划设计类课程体系,突破城乡规划学科"物质空间主导"的传统范式,从"理论架构—教学模式—育人机制"三个维度展开深入且系统的创新探索,将技术逻辑与空间逻辑深度融合,构建了面向数字城乡发展需求与前沿学科发展动态的教学创新范式。该范式为城乡规划设计类课程的数字化转型提供了切实可行的路径,也为相关领域的教学改革提供了有益的借鉴与参考,其可复制、可推广的特性,使得其他院校或教育机构能够依据自身实际情况,推动城乡规划设计类课程教学的创新发展。

值得注意的是,人工智能融入城乡规划研究生培养虽前景可期,但也存在多重风险。技术层面,AI算法可能存在数据偏见,若训练数据以大城市为主,对中小城镇特征捕捉不足,易导致生成方案脱离实际;伦理层面,过度依赖算法可能弱化人文关怀,使规划忽视弱势群体需求;能力层面,学生易陷入"技术崇拜",忽视空间逻辑推演与在地性调研;教学层面,AI工具迭代快,师资培训滞后可能致知识传授断层,且依赖AI生成内容易削弱学生批判性思维与原创能力。

未来,随着人工智能技术的不断进步与数字城乡融合发展的深入推进,城乡规划设计类课程的教学模式也将持续优化与创新。我们期待更多的教育工作者参与到这一领域的探索中来,共同推动城乡规划设计教育的现代化进程,为城乡规划事业的蓬勃发展贡献力量。

参考文献

[1] 徐杰,杨梓,赵春江.数字技术与城乡融合发展:理论机制与实证检验[J].经济问题,2025(5):61-68.

[2] 钮心毅,林诗佳,桑田,等.数字化规划技术——数据与知识[J].城市规划学刊,2024(2):18-24.

[3] 潘凯琳,王永固.生成式人工智能赋能中职建筑类数字教材建设:技术实现、功能设计与创新应用[J].建筑与文化,2025(4):280-282.

[4] 田莉,杨鑫,张雨迪,等."专业知识+人工智能"双驱动的城乡规划设计教育创新探索:以住区规划为例[J].城市规划学刊,2024(5):71-78.

[5] 段进,石楠,闫凤英,等."规划教育的规划"学术笔谈[J/OL].城市规划学刊,1-10[2025-05-12].https://doi.org/10.16361/j.upf.202501001.

[6] 周沿海.人工智能在城乡规划教学中的应用与挑战:教育创新的视角[J].中国多媒体与网络教学学报(上旬刊),2024(10):188-191.

[7] 李晓蕾,胡振宇.基于智慧城市理念的城乡规划专业教学改革探索[J].现代城市研究,2024(11):125-127.

[8] 吴志强,张悦,陈天,等."面向未来:规划学科与规划教育创新"学术笔谈[J].城市规划学刊,2022(5):1-16.

[9] 本刊编辑部,吴志强,黄晓春,等."人工智能对城市规划的影响"学术笔谈会[J].城市规划学刊,2018(5):1-10.

Exploration of Innovation in Teaching Models for Urban and Rural Planning and Design Courses based on Artificial Intelligence

Yu Tingting   Leng Hong   Yi Xiaoxiang

Abstract：In the era of the vigorous development of digital urban and rural areas，artificial intelligence（AI），leveraging big data analysis and machine learning algorithms，is reshaping the underlying logic and design paradigms of urban and rural planning and design，thus effectively driving the improvement of China's theoretical system and design methodologies for digital urban and rural construction. At present，there are numerous issues with the application of AI tools in urban and rural planning education. Mostly，AI is used in a "token" manner and has not yet achieved deep and systematic integration with the curriculum. This study integrates AI into the curriculum system of urban and rural planning and design courses，proposes curriculum construction goals in the context of digital urban and rural construction in the new era，and conducts innovative application explorations from three dimensions："theoretical framework，teaching model，and education mechanism". It aims to form an innovative teaching paradigm that meets the needs of the integrated development of digital urban and rural areas and the dynamics of cutting-edge disciplines. The goal is to provide a replicable and scalable practical path for the digital transformation of urban and rural planning and design courses，so as to better adapt to the new requirements for urban and rural planning talents in the context of the times.

Keywords：Artificial Intelligence，Urban and Rural Planning and Design Courses，Digital Urban and Rural Areas，Teaching Reform

低技术门槛 AI 工具在城乡规划基础教学中的应用研究
——基于学生认知的实践路径 *

邓晓莹　刘　蕊　张建甫

摘　要： 针对城乡规划专业低年级学生技术基础薄弱、传统教学工具效率低的问题，研究探索低技术门槛 AI 工具在基础教学中的适配路径。通过工具筛选标准制定、课程教学的合理设计，结合"设计基础 II"课程实践，分析学生使用 AI 工具的行为特征、学习效果及反馈意见，提出"低技术门槛 AI 工具 + 基础技能"的教学模式，为城乡规划基础教学改革提供案例支撑。

关键词： 低技术门槛 AI 工具；城乡规划基础教学；学生认知分析

1　引言

当前，我国城乡规划行业正经历结构性变革，房地产业深度调整推动城市发展从"增量扩张"向"存量优化"转型，规划师的职能重心由传统规划院主导的"空间生产"转向城市更新、社区治理等"规划综合服务与精细管理"。行业转型倒逼人才需求转向复合型与信息技术化。近日，教育部公布 37 所高校将城乡规划专业的修业年限从五年调整为四年，学制压缩与传统培养模式间的矛盾日益凸显——如何在减少 20% 学时的情况下，使学生仍能掌握国土空间规划体系下的方案设计、数据分析、公众协同等核心能力？在城乡规划的基础教学阶段，低技术门槛 AI 工具的使用为解决这一难题提供了新路径：通过辅助设计推演、加速数据分析、建立学科知识库，可以在缩短知识和技能训练周期的同时，强化学生解决存量时代复杂问题的能力，为规划教育提质增效提供技术支持。

2　城乡规划低年级学生在基础教学阶段面临的主要问题

城乡规划专业跨学科和重实践的特点对低年级学生的学习自驱力、长时间高强度学习的毅力以及多学科知识应用的能力均提出了较高的要求。专业基础课程的学习涉及绘图技能训练、设计思维能力训练及跨学科理论知识的掌握，课程强度大、知识涉及面广，令许多学生无所适从。在基础教学阶段学生面临的问题主要有两个：

一是从高中生到大学生心理身份转化困难：高中阶段保姆式教学使得许多学生难以立刻适应大学阶段开放式的学习模式，城乡规划强度较大的专业基础课程带来的课业压力叠加集体生活的人际关系等一系列问题，使得学生容易产生畏难情绪，学习自驱力下降，难以定位自己大学生的心理身份。在房地产业下行的当下，矛盾便凸显出来，表现为规划专业学生转专业率上升等现象。

二是对规划专业跨学科特性适应不良：城乡规划学科本身具有鲜明的跨学科属性，在基础教学阶段，"城乡规划原理""城乡规划导论""城市建设史"等课程中规划与公共管理学、法学、社会学、地理学等学科的融合对学生知识掌握的要求较高。同时，当前城市建设和运维过程中呈现出的技术驱动特征，又对学生提出了大数据、虚拟现实等技术性的要求。文献与知识的管理以

---

* 基金项目：北京高校卓越青年科学家项目（JJWZYJ H01201910003010）；北京市数字教育研究课题（BDEC2023619 002）基金资助。

邓晓莹：北京城市学院城市建设学部讲师
刘　蕊：北京城市学院城市建设学部副教授
张建甫：北京城市学院城市建设学部副教授

及新技术的掌握都需要投入大量时间，如何提高学习效率成为摆在学生们面前的突出问题。

3 低技术门槛 AI 工具在城乡规划基础教学阶段应用的实践路径

针对基础教学阶段存在的问题，我们提出了 AI 工具细分→应用方式探索→课程应用实践的改革路径。根据城乡规划低年级阶段的知识结构和能力要求筛选现有 AI 工具，针对学生需求进行工具应用方式的探索，最终在课程中为教学环节安排适配的 AI 工具辅助。

3.1 城乡规划适用 AI 工具细分

城乡规划低年级学生适用的 AI 工具主要分为大语言模型（LLM）工具、设计辅助与可视化类、协作与公众参与类、GIS 与空间分析类、数据分析与预测类、文献管理类、编程与自动化工具七个类别。教学过程中 AI 工具的引入应该起到降低学习难度、提高学习效率的作用，而不应成为技术负担，因此我们按照工具使用难度将其分为低技术门槛工具和高技术门槛工具两类。在基础教学中，主要应用低技术门槛类工具。GIS 与空间分析类、数据分析与预测类、文献管理类三个类别本身是有技术门槛要求的，但许多高校在低年级就开设了"地理信息系统""Python 编程基础"等课程，文献管理类工具仅需要了解基础检索逻辑即可上手，因此这三个类别也归在低技术门槛工具中（表 1）。

3.2 低技术门槛 AI 工具应用方式探索

针对规划专业学生在基础教学阶段学习自驱力不足、缺乏长时间高强度学习的毅力以及多学科知识积累难度大的问题，我们根据学生认知规律梳理了 AI 工具的应用场景。设计辅助类 AI 工具在"设计基础""建筑设计"等课程中提供的创意生成与表达辅助的技术支持能够在一定程度上弥补学生空间想象能力不足、手绘或机绘技巧不娴熟的短板，这种"伴读"带来的作业质量的提升能够不断形成正向反馈。教师通过精心设计教学环节，可以不断强化这种正向反馈，帮助学生建立一点一滴逐渐积累的成就感，培养一分一毫慢慢滋养的好奇心，直至学生形成自己的专业价值观。大语言模型和文献管理 AI 因其对知识的归纳和即时反馈的特质，在"城乡规划原理""城市建设史"等难度较大的专业理论课程中可以帮助学生进行碎片化知识的整理，完成知识体系建构，形成跨学科的思维方式，进而激活批判性思维升级。在学习的过程中，AI 工具是一个文献助手甚至是微导师的角色，实时答疑和非批判性的环境提供的是充满安全感的学习氛围，为长时间高强度的学习创造了正向激励的场景。跨学科技术 AI 为学生建立的是学科自信心，借用低门槛的工具获得了多学科知识的实验场，为高年级专业核心课程的开展奠定了基础（图 1）。

3.3 "设计基础Ⅱ"课程低技术门槛 AI 工具应用

我们在"设计基础Ⅱ"课程中进行了低技术门槛 AI 工具应用的探索，教学对象是本科一年级学生。在

AI工具使用门槛分类列表 表1

AI 工具门槛类别		AI 工具功能类别	AI 工具名称
低技术门槛工具	即开即用型	大语言模型（LLM）工具	DeepSeek、ChatGPT 等
		设计辅助与可视化类	MidJourney、SketchUp+AI、建筑学长 等
		协作与公众参与类	Miro AI、MURAL、飞书 等
	需课程支持型	GIS 与空间分析类	ArcGIS、QGIS 等
		数据分析与预测类	Python、UrbanFootprint 等
		文献管理类	Zotero、知网研学、WPS Office 等
高技术门槛工具		编程与自动化工具	Copilot、CodeGeeX 等

资料来源：作者自绘

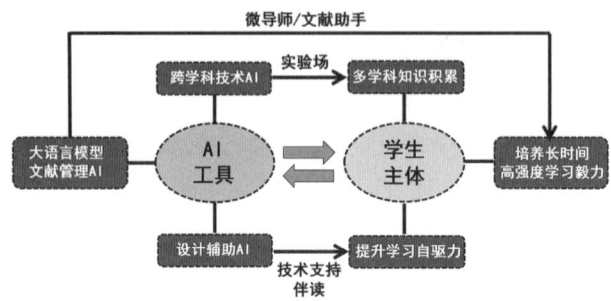

图 1 基于学生视角的低技术门槛 AI 工具应用场景
资料来源：作者自绘

保证课程教学目标不变的前提下，通过调整教学环节的呈现方式将适配的 AI 工具引入教与学的过程中，以达到降低习得难度、提升学习驱动力、缩短课后作业时间、拓展综合能力的作用（图2）。"设计基础Ⅱ"包含四个教学单元——形态构成、空间限定、作品分析和小建筑设计，分别对应学习过程中的四个认知环节——理论学习、理论实践、模仿总结和创造实践。

四个教学单元中 AI 工具均可以参与提供辅助和支持，形态构成单元中，我们将原来的手绘图纸和手工模型表达的成果形式调整为使用图片生成式 AI 工具进行多方案的比较和评价，通过与任课教师针对生成方案进行反复评价选择，深化学生对设计理论的理

解，提高方案鉴赏的能力。AI 工具使用前，手绘图纸和手工模型方案调整的成本过高使学生们产生畏难情绪，以至与教师就方案修改问题沟通困难；调整后，学生课后作业时间平均缩短 8~10 个小时，虽然手绘图纸和手工模型能力的考察被弱化，但课堂上与任课教师关于方案的充分比较和沟通令学生们感到受益匪浅（图3）。

空间限定单元中，使用 AI 工具辅助方案生成，强化虚拟空间尺度、形式与组合方式的反复推敲，以手工模型为次要手段。在该单元，学生们初次完成计算机绘制的整套建筑设计图纸，基于 SketchUp 模型的三维表达相对手工模型表达更为深入全面，AI 工具的技术支

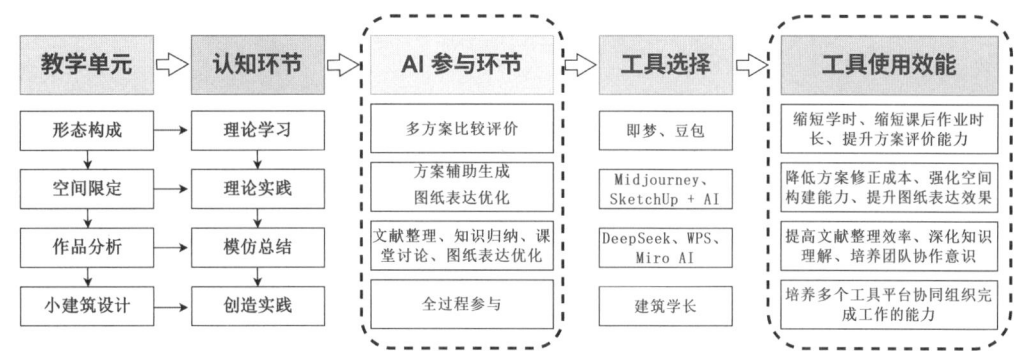

图2 "设计基础Ⅱ"课程低技术门槛 AI 工具应用流程图

资料来源：作者自绘

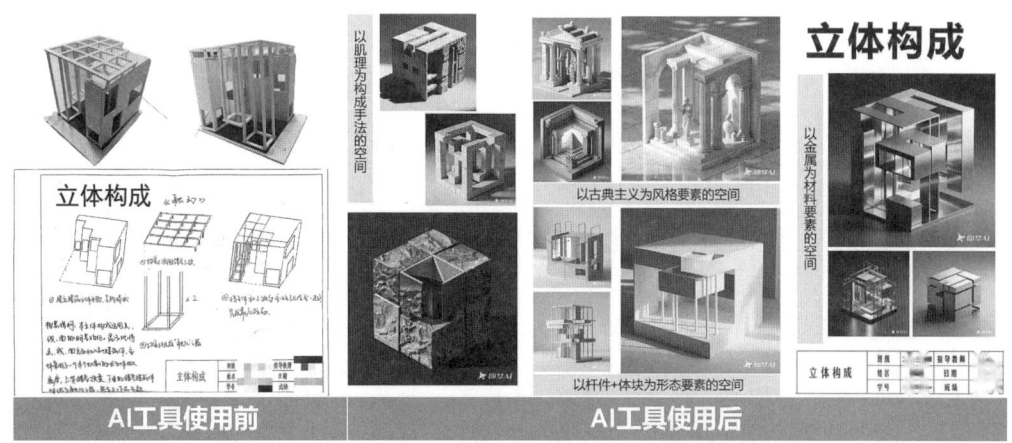

图3 AI 工具使用前后《立体构成》作业成果表达形式对比

资料来源：北京城市学院城乡规划专业一年级学生作业

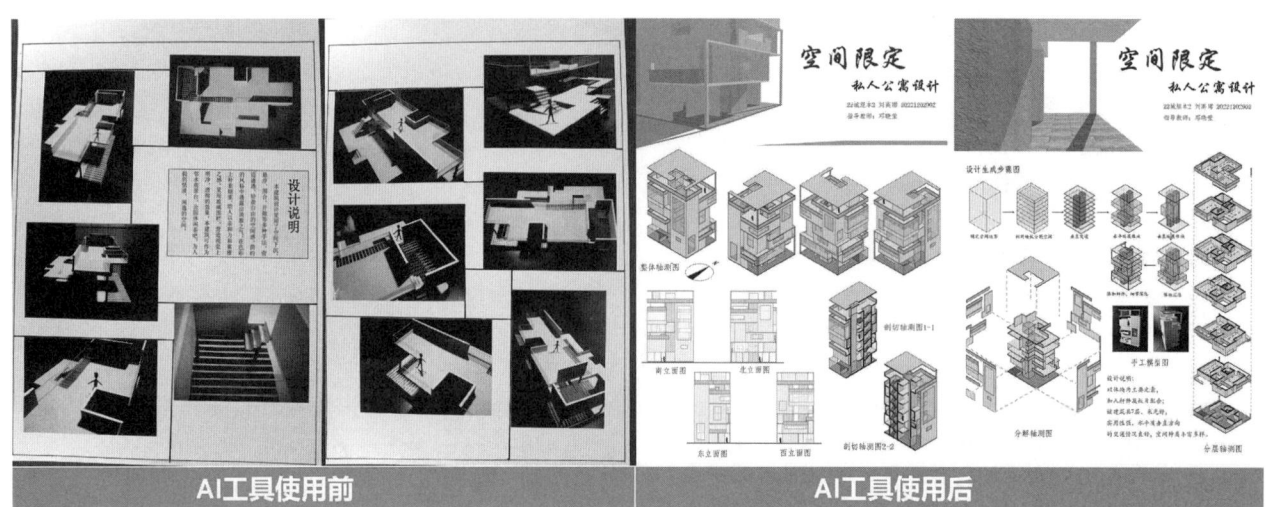

图4　AI 工具使用前后《空间限定》作业成果表达形式对比
资料来源：北京城市学院城乡规划专业一年级学生作业

持大大降低了作业难度，缩短了方案调整时间，帮助学生建立设计自信心（图4）。

作品分析单元中，学生们使用大语言模型和文献工具收集作品资料，使用协作工具完成团队讨论和资源共享，使用内容生成与演示设计工具搭建汇报 PPT 的骨架。本单元的训练仍然强调了手工模型的制作，以计算机图纸＋手工模型的方式提交成果，文献整理和团队合作能力的培养为后续课程奠定了基础（图5）。

小建筑设计单元是本课程的最后一个单元，是对前面三个教学单元学习成果的全面检验，学生在这个阶段已经初步掌握建筑设计的流程和成果表达方式，技术层面的问题已经基本解决，教学的重点转移到创造性的激

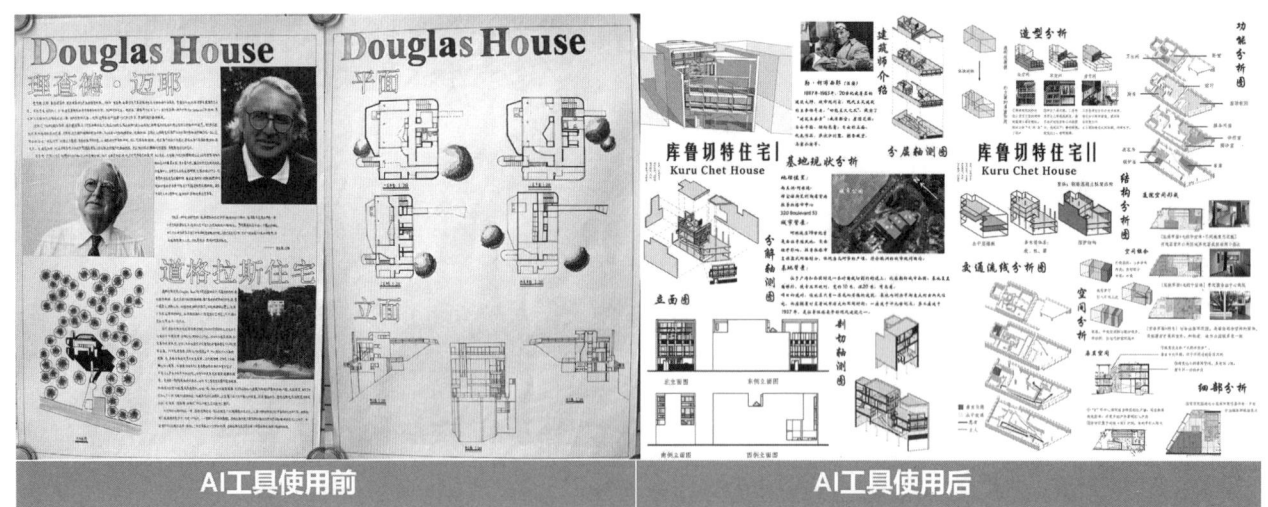

图5　AI 工具使用前后《作品分析》作业成果表达形式对比
资料来源：北京城市学院城乡规划专业一年级学生作业

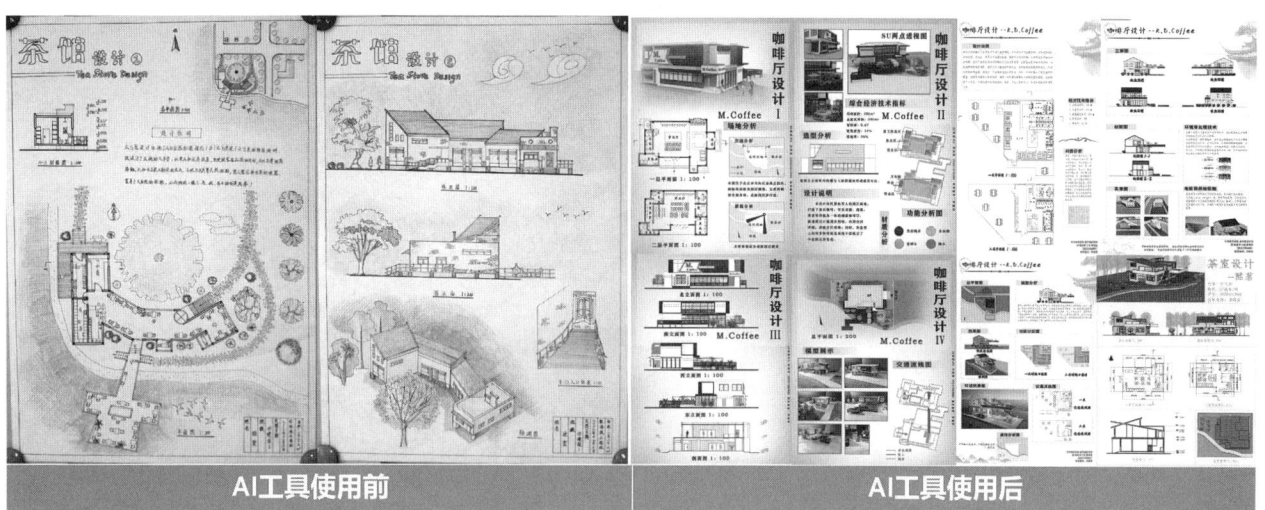

图6 AI 工具使用前后《小建筑设计》作业成果表达形式对比
资料来源：北京城市学院城乡规划专业一年级学生作业

发和培养多个平台协同组织完成工作的能力，学生在成果完成后获得极大的成就感和专业认同感（图6）。

3.4 "设计基础Ⅱ"课程低技术门槛 AI 工具应用学生反馈

"设计基础Ⅱ"课程进行低技术门槛 AI 工具使用实践后在考核成绩、学生评教和学生反馈三个方面均获得了正向的结果。2024级学生班级平均分较2023级提升近5分，其中成绩前段学生提高不明显，但中后段学生进步较大，说明 AI 工具的使用在直观地提高成果表达效果和提升学生学习自驱力方面有较大作用。学生评教成绩提升5%，对于课程作业量大的意见反馈也大大减少，说明课程的学习气氛对学生来说是积极的，从任课教师的对班级学风评价分数的提高上也能反映出师生沟通的顺畅度。"设计基础Ⅱ"课程对基础技能的训练依然是教学的重点，"低技术门槛 AI+ 基础技能"的教学模式对一年级规划专业学生在学习自驱力和长时间高强度学习毅力的提升上效果显著。

4 基于学生视角的 AI 工具认知分析

我们在2024级城乡规划专业学生中发放了关于 AI 工具使用的调查问卷，回收了67份有效问卷。调查结果在一定程度上反映了低年级规划专业学生对人工智能的认知。

4.1 AI 工具深度融入专业学习全流程，规划理论课程与设计基础课程受益显著

94% 的学生在专业学习中主动使用 AI 工具，应用覆盖课堂学习、课后作业、设计绘图和数据分析的学习全场景，85.71% 的学生认为 AI 工具对规划理论课程帮助最大，设计基础课程为 69.84%，排在第二位。规划理论课程对低年级学生来说难度较大，使得他们更多地向 AI 工具寻求帮助，这也对理论课程的授课教师提出了新的要求，如何调整课程授课和考核的方式，以调动学生主动思考而不是依赖 AI 工具（图7）。

4.2 文本与图像生成工具是使用占比最高的类型

95.24% 的学生使用文本生成类工具，85.71% 使用图像生成类工具，显著高于数据分析类（33.33%）和空间分析类（19.05%），体现低年级规划专业学生对内容创作工具的强依赖。进入中高年级后，随着专业设计及理论课程的开展，数据与空间分析类工具的使用占比将会上升（图8）。

第3题: 您使用AI工具的主要场景是？[多选题]

选项	小计	比例
课堂学习（如案例解析、知识检索）	56	88.89%
课后作业（如方案设计、报告撰写）	50	79.37%
设计绘图（如生成草图、渲染效果）	45	71.43%
数据分析（如人口统计、空间模拟）	43	68.25%
其他	2	3.17%

第6题: 您认为当前AI工具对哪类课程帮助最大？[多选题]

选项	小计	比例
规划理论课程（城建史、人居环境概论、城乡规划导论）	54	85.71%
设计基础（如形态构成、空间设计）	44	69.84%
制图与软件（如CAD、PS、SU）	29	46.03%
数据分析与统计	28	44.44%
其他	2	3.17%

图7 AI工具使用场景与受益课程类别调研

资料来源：根据对北京城市学院城乡规划一年级学生
调查问卷结果统计得出

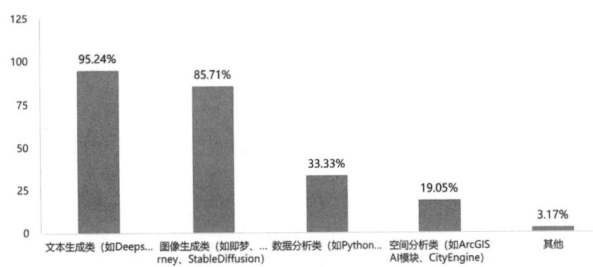

图8 不同功能类型AI工具使用占比调研

资料来源：根据对北京城市学院城乡规划一年级学生
调查问卷结果统计得出

4.3 AI工具对能力的提升获普遍认可

近95%学生认为AI工具对能力存在提升作用，显著提升（47.62%）与略有提升（47.62%）比例完全相同，且在教学的不同场景，能力提升的感觉基本相当，无负面影响反馈（图9）。

4.4 大部分学生担忧AI可靠性，提供可信工具清单是学生最普遍的需求

76.19%的学生担忧AI生成结果的可靠性，61.90%担心过度依赖导致思维惰性，两者显著高于其他选项。设计绘图场景中84.44%用户选择生成结果可靠性存疑，

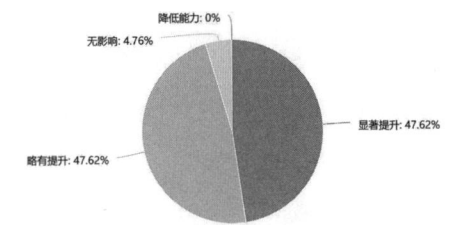

图9 AI工具在不同场景能力提升占比调研

X\Y	显著提升	略有提升	无影响	降低能力	小计
课堂学习（如案例解析、知识检索）	27(48.21%)	26(46.43%)	3(5.36%)	0(0.00%)	56
课后作业（如方案设计、报告撰写）	27(54%)	20(40%)	3(6%)	0(0.00%)	50
设计绘图（如生成草图、渲染效果）	24(53.33%)	19(42.22%)	2(4.44%)	0(0.00%)	45
数据分析（如人口统计、空间模拟）	21(48.84%)	20(46.51%)	2(4.65%)	0(0.00%)	43
其他	1(50%)	1(50%)	0(0.00%)	0(0.00%)	2

图9 AI工具在不同场景能力提升占比调研

资料来源：根据对北京城市学院城乡规划一年级学生
调查问卷结果统计得出

高于课堂学习（73.21%）和课后作业（78.00%）等场景。可见，学生们在AI设计类工具使用时已经产生了对方案的批判性思维。在回答希望教师在教学中如何结合AI工具的问题时，66.67%的学生选择了提供可信AI工具清单，这也体现了学生对AI工具可靠性的观望和怀疑的态度（图10）。

第8题: 您使用AI工具的主要顾虑是？[多选题]

选项	小计	比例
生成结果可靠性存疑	48	76.19%
过度依赖导致思维惰性	39	61.9%
伦理与版权风险	22	34.92%
操作技术门槛较高	14	22.22%
其他	3	4.76%

第9题: 您希望教师在教学中如何结合AI工具？[多选题]

选项	小计	比例
开设AI辅助设计专题课	29	46.03%
示范AI工具工作流案例	35	55.56%
提供可信AI工具清单	42	66.67%
强调人工审核的重要性	24	38.1%
其他	3	4.76%

图10 对AI工具的顾虑及需求调研

资料来源：根据对北京城市学院城乡规划一年级学生
调查问卷结果统计得出

5 结论

"低技术门槛 AI 工具 + 基础技能"的教学模式在城乡规划专业基础教学中的应用能够有效提升教学效率，为学生创造一个正向反馈的学习氛围。针对 AI 工具的应用边界和伦理问题，我们给出以下两点建议：

一是教师在 AI 工具的使用上应构建全流程的引导机制。在基础教学阶段，学生对 AI 工具的接受度与使用意愿普遍较高，尤其在文本生成、方案灵感激发、图像处理技术支持等环节表现出较强依赖性。与此同时，大部分学生对 AI 工具的可靠性又存在疑虑，教师需构建"工具筛选—场景适配—伦理讨论"的全流程引导机制，例如优先选用适配性强的低技术门槛工具，并在教学中通过增加课堂交流来进行 AI 结果的"交叉验证"，培养学生批判性使用技术的能力。

二是规划核心基础技能仍然是教学的重点。在基础教学阶段，AI 工具的使用呈现出"托底但不拔高"的能力塑造特征。其对能力下限的提升作用明显，但对空间创新能力、复杂问题研判等高阶能力的促进作用尚未充分显现，反映出技术工具在思维深度训练中的局限性。高阶能力的提升仍主要依赖传统的教学方式，AI 只能起到辅助作用。

AI 与城乡规划基础教学的深度融合需坚持"工具服务思维"原则：一方面，通过技术减负释放学生认知资源，使其聚焦设计逻辑与人文价值等核心素养；另一方面，警惕技术依赖导致的基础能力空心化。唯有在效率与深度、创新与规范之间寻求平衡，方能实现技术赋能教育的可持续价值。

参考文献

［1］吴志强，黄晓春，等."人工智能对城市规划的影响"学术笔谈会 [J]. 城市规划学刊，2018（5）：1—10.

［2］王世福，李欣建，赵渺希，等.中国城乡规划学科转型面临的挑战与跨学科重构 [J]. 规划师，2024，40（12）：1—6.

［3］田莉，杨鑫，张雨迪，等."专业知识 + 人工智能"双驱动的城乡规划设计教育创新探索：以住区规划为例 [J]. 城市规划学刊，2024（5）：71—78.

［4］马向明，史怀昱，张立鹏，等."规划师职业发展：挑战与未来"学术笔谈 [J]. 城市规划学刊，2024（1）：1—8.

［5］陈宏胜，蔡一丹，李云.基于学生视角的人工智能对城乡规划专业教学影响研究 [J]. 高教学刊，2023，9（36）：1—6.

Research on the Application of Low Technology Threshold AI Tool in the basic Teaching of Urban and Rural Planning ——Practice Path based on Students' Cognition

Deng Xiaoying Liu Rui Zhang Jianfu

Abstract：Aiming at the problems of weak technical foundation and low efficiency of traditional teaching tools for junior students of urban and rural planning major, this paper studies and explores the adaptive path of AI tools with low technical threshold in basic teaching. Through the development of tool selection criteria, reasonable design of course teaching, and combined with the practice of "Fundamentals of Design Ⅱ", this paper analyzes the behavior characteristics, learning effect and feedback of students' use of AI tools, and puts forward the teaching mode of "low technical threshold AI Tools+basic skills", which provides case support for the planning of basic teaching reform.

Keywords：Low Technology Threshold AI Tool, Basic Teaching of Urban and Rural Planning, Students' Cognitive Analysis

AI 赋能下城乡规划 GIS 教学资源的重构与共享路径研究 *

罗桑扎西　赵　敏　杨子江

摘　要： 在人工智能与教育深度融合的背景下，城乡规划专业的 GIS 教学正面临教学内容重构与教学方法变革的双重挑战。本文以"AI 赋能城乡规划 GIS 教学创新"为核心，深入探讨了 GIS 教学资源重构的理论基础与技术路径，提出以知识图谱构建、AI 辅助的时空数据分析、AI 增强的空间表达为核心的教学资源重构策略。并结合教学团队的探索与实践，简述了已建设使用的融合大型语言模型与图数据库技术的 GIS 知识图谱教学平台，基于微信小程序的时空数据采集与分析平台，以及以 UE 引导的虚拟现实与 AI 融合的教学应用。各平台的集成有效贯通了 GIS 理论、技术与规划设计表达之间的教学链条，推动教学资源体系的重构。教学实践表明，AI 技术的引入显著提升了学生的空间认知和分析能力，促进了城乡规划 GIS 教学从"知识传授"向"智能认知训练"的深层型。

关键词： AI 赋能；城乡规划 GIS；教学资源重构；共享路径

1　引言

随着人工智能技术的迅速发展，高校教育正迎来以智能化、平台化和协同化为特征的深度变革[1]。地理信息系统（GIS）作为城乡规划专业的重要基础课程，长期以来面临教学资源分散、更新滞后、共享效率低以及难以支撑跨平台协作等现实问题，已难以满足新时期对学生空间认知与定量分析能力的培养需求[2]。同时在多源数据融合、跨学科整合与虚实结合的背景下，现有教学资源体系在组织方式与服务模式上亟需重构。因此，探索如何借助人工智能手段，构建智能化、结构化、可共享的 GIS 教学资源体系，已成为城乡规划 GIS 教学改革的重要方向之一。

当前，人工智能在教育领域的应用不断深化，大语言模型、知识图谱、语义检索、自动化分析等技术的发展，为高校城乡规划 GIS 教学资源的重组与优化提供了新的契机。一方面，AI 可支持协助课程内容的智能生成与结构化管理，提高资源的组织效率与适应性；另一方面，基于平台的智能协同机制有助于推动师生共建、跨校共享与个性化学习。在此背景下，本文以城乡规划专业 GIS 教学为研究视角，聚焦 GIS 教学资源体系的智能重构与共享机制设计，尝试构建一个以 AI 技术为支撑、以实际教学需求为导向的资源平台架构，推动理论讲授与技能训练的有机融合。通过强化从数据采集、分析判断到规划表达的完整空间分析能力链条，进一步提升学生应对复杂城市与区域问题的专业素养与创新能力。本文结合具体教学实践开展探索，旨在为城乡规划类 GIS 课程的数字化转型与教育资源协同建设提供可借鉴的路径与经验。

2　城乡规划专业 GIS 教学的特征与挑战

GIS 作为城乡规划专业的重要基础课程，承担着培养学生空间认知能力、数据分析能力与信息化工具应用能力的重要任务。不同于测绘、地理等学科对 GIS 的纯技术性使用，城乡规划专业更强调 GIS 在空间决策、规划表达与现实问题解决中的综合应用，形成了"技术—

* 课题项目：云南大学 2024 年度教育教学改革研究项目"基于大语言模型驱动的城乡规划专业 GIS 专业课程知识图谱构建"。

罗桑扎西：云南大学建筑与规划学院讲师
赵　敏：云南大学建筑与规划学院教授
杨子江：云南大学建筑与规划学院教授

工具—规划思维"三位一体的教学特征[3, 4]。因此，在课程定位方面，GIS教学在城乡规划专业中通常被置于"规划技术方法体系"的基础层级，与遥感、CAD、规划设计方法等共同构成支撑学生规划能力的关键工具模块。其目标不仅是教授学生掌握软件操作，更重要的是引导学生将空间数据与规划问题结合，形成结构化、逻辑化的空间分析思维。在教学内容方面，随着城乡规划实践对数据敏感度与精细化表达要求的提升，GIS教学内容也在不断拓展，从传统的图层叠加、缓冲分析、选址模型等经典功能，逐步延伸至空间统计分析、多源数据融合、时空建模、三维表达、模拟预测等进阶技能。这种跨层次的知识体系对教师的课程整合能力与学生的认知接受能力都提出了更高要求。

然而，当前城乡规划专业GIS教学仍面临诸多挑战。其一，教学资源碎片化严重，课程内容多依赖单一教材或软件教学案例，缺乏结合真实规划问题的系统性资源支持；其二，资源共享机制薄弱，不同院校、不同教师之间缺乏有效的教学成果交流与平台共建，限制了教学经验的积累与传播；其三，教学方式相对传统，理论与实操常常脱节，学生在课堂中学习GIS操作技能后，难以在项目实训或毕业设计中灵活应用，导致学习转化率不高。此外，随着城市数字化转型的加速，城乡规划专业对GIS工具的智能化、可视化和平台化提出了更高要求，但现有教学体系尚未完全跟进前沿技术的发展，课程内容更新滞后、学生参与度不高、创新应用能力培养不足等问题普遍存在。

综上所述，城乡规划专业GIS教学在培养复合型空间人才方面具有重要战略意义，但也面临理念滞后、资源匮乏、技术更新慢等多重挑战。如何借助AI等新兴技术对教学内容、资源体系和共享机制进行系统性重构，已成为推动GIS课程深度改革、服务新型规划人才培养的关键议题。

3 AI技术赋能GIS教学资源重构的理论基础与技术路径

在理论层面，GIS教学资源的重构根植于认知心理学中的建构主义学习理论、图式理论与知识网络模型的交叉逻辑。建构主义强调学生应在主动建构知识结构的过程中实现深层次的理解与迁移，而不是被动接受教师

传授的内容[5]。GIS作为高度系统化与抽象化的技术型课程，其知识结构复杂、概念间逻辑密集，要求学生能有效构建起空间思维的知识图式。在此基础上，知识网络模型提供了对复杂信息结构进行可视化组织的理论工具，使得原本碎片化的GIS教学资源得以重新整合为可导航、可检索、可推演的图式系统。AI技术，特别是大语言模型与知识图谱系统，正是实现这一教学资源认知重构的技术承载。结合城乡规划GIS课程的具体实践，本教学团队探索形成了基于AI的教学资源重构路径，涵盖GIS理论知识点教学、技能训练与设计表达三个维度（图1）。

在理论教学方面，依托知识图谱构建系统，将课程内容中的核心概念、方法及其逻辑关系抽取出来，建立可视化的知识网络图谱，帮助学生梳理"空间数据类型—数据结构—处理方法—分析模型"等内容链条，构建起认知中的空间信息知识体系。学生不仅能看到一个术语的定义，更能理解其与其他知识的内在关联，从而实现由点到线、由线到网的认知迁移。

在技能训练方面，AI技术通过生成式学习辅助与交互式反馈系统，重塑了编程学习与空间数据分析的实践路径。以Python为基础的GIS编程教学中，学生常因语法障碍与逻辑推理能力不足陷入学习瓶颈。通过集成自然语言编程提示系统与代码自动补全机制，AI工具为

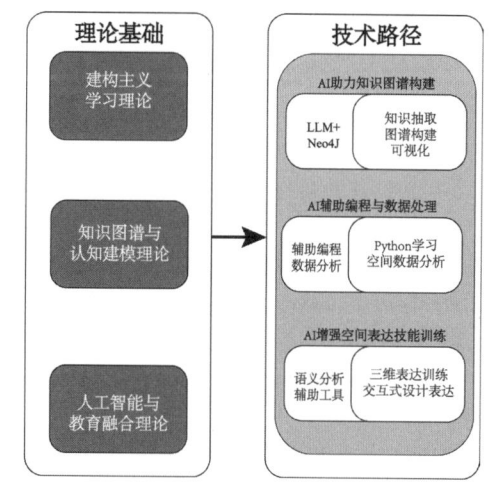

图1 AI赋能教学资源重构的理论基础与技术路径
资料来源：作者自绘

学生提供即时的、针对性的反馈，提升了编程训练的效率与正确率。在空间数据分析中，AI 模型也可协助解释算法逻辑、推荐分析方法，并结合具体数据场景提供可视化的分析路径建议，显著增强学生的实践能力与理解深度。

在设计表达与新技能学习层面，AI 不仅可以通过语义分析辅助图形建模逻辑的理解，还可作为学习辅助工具介入设计表达软件的初学过程。城乡规划学生需掌握如 SketchUp、Blender、ArcGIS Pro 等软件，在初期学习阶段，面对复杂工具界面与操作流程常常产生挫败感。基于 AI 的语义驱动型操作提示系统可为学生提供自然语言到操作指令的转译，缓解其上手压力。同时，AI 还可帮助学生通过样例解析、模型推荐等方式快速理解三维设计逻辑，为其进一步进入如虚幻引擎（UE）等虚拟现实工具打下基础。

总体而言，AI 技术赋能下的 GIS 教学资源重构不是对传统教材的简单数字化复制，而是通过"语义—知识—路径"三层联动实现资源的智能结构重构。教师可利用 AI 系统对教学内容进行结构化处理，实现对课程知识框架的自动梳理与组织；学生可在智能平台中实现从知识获取到技能训练的路径导航，提升学习的个性化、自主性与深度。未来，该路径还可延伸至智能评价体系的构建，实现从教学资源建设到教学过程管理的全链条 AI 协同优化。

4　教学平台建设与教学实践探索

4.1　基于 AI 的城乡规划专业 GIS 知识图谱应用平台

在城乡规划专业的 GIS 教学中，理论知识通常涉及空间信息原理、数据结构、空间分析等高度抽象的内容，教学实践中普遍存在知识碎片化、难以形成系统认知结构的问题。尤其是在理论教学阶段，学生常面临"术语多、概念杂、逻辑链条不清晰"的困扰，难以将 GIS 的核心知识与规划应用情境有效融合。传统的教学方法如 PPT 讲解、案例分析等难以调动学生的学习主动性，也难以在短时间内构建系统化、层次分明的知识体系。

本教学团队尝试构建了一个"基于 AI 的城乡规划专业 GIS 知识图谱应用平台"，以人工智能技术驱动知识组织方式的变革。该平台基于当前开源的 Ai-Knowledge-

Graph 系统 ❶，整合了大型语言模型（LLM）与图数据库 Neo4j 的技术优势，能够实现从海量非结构化教学资源中抽取 GIS 相关知识，重构知识之间的逻辑关系，以图谱形式展现 GIS 知识的内在结构，最终辅助学生实现"从感知概念到理解体系"的认知跃迁。平台整体架构分为四层。输入层支持教师或学生上传一段自然语言内容，如教材章节、政策文本、研究论文或网页内容；信息抽取层利用 OpenAI API 所驱动的 LLM 对输入文本进行语义解析，提取其中的实体（如"空间数据结构""矢量数据""缓冲区分析"等）及其之间的语义关系（如"属于""包含""依赖于"等），构建以三元组形式表达的知识关系；存储层将三元组导入 Neo4j 图数据库中，实现结构化存储与节点关联；可视化与交互层通过 Web 前端和 Neo4j Browser/Bloom，向用户呈现动态的知识图谱，支持多维查询、路径追踪和关系挖掘。

在 GIS 理论教学中，地理信息系统的核心内容包括空间数据的类型与组织、空间分析的原理与方法、空间关系建模以及规划应用情境的模拟等。平台以此为知识建模主线，系统抽取出"空间数据模型"（如矢量模型、栅格模型）、"空间数据组织"（如拓扑关系、属性表结构）、"空间处理方法"（如叠加分析、缓冲区分析、网络分析）以及"数据获取与建库技术"（如 GPS 测量、遥感影像解译、地理数据库构建）等核心概念，并进一步梳理其逻辑关联（图 2）。例如，"矢量数据"与"点、线、面"之间的包含关系，"拓扑关系"与"网络分析"的依赖路径，"遥感影像"在"土地利用分类"中的应用机制等，均可在图谱中形成明确的知识链条，使抽象知识"具象化、图式化、结构化"。在具体教学实践测试中，主要用于学生自主学习过程。学生可通过输入一个感兴趣的 GIS 术语或问题，如"缓冲区分析的原理是什么？"系统即自动调用图谱数据，呈现相关概念、算法路径、适用场景等知识节点，激发其主动探索与自主构建能力。

4.2　时空数据采集管理与共享分析教学集成平台

为解决城乡规划专业 GIS 教学中"空间数据获取难、自主分析弱、平台割裂严重"等问题，教学团队依托学校的实践教学项目的支撑研发了基于微信小程序开发框

---

❶　https：//github.com/robert-mcdermott/ai-knowledge-graph.

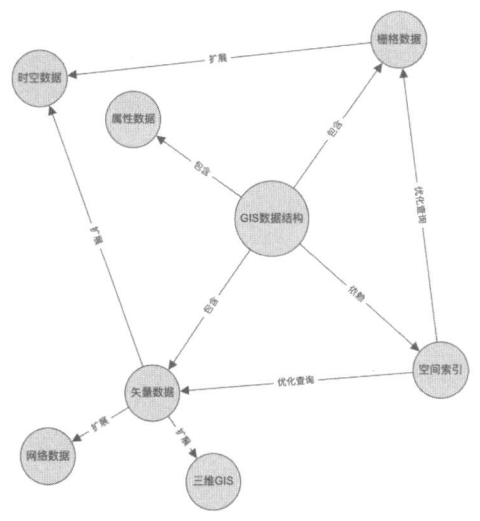

图2　GIS 数据结构知识图谱
资料来源：作者自绘

架构建的时空数据采集与分析平台❶。平台由移动端采集系统与服务器端 JupyterHub 空间计算平台两部分构成，形成了集"采集—共享—计算—分析—表达"于一体的教学实践链条（图 3）。

在移动端，学生可通过小程序自主完成点、线、面等地理空间数据及相关图像的现场采集，所有数据均具备完整的地理坐标信息，支持照片、文本、类型等信息的标签化录入（图 4）。后台系统基于 Web 端支持实时可视化浏览与管理，提供基础的空间统计与分布分析功能。同时，该平台通过标准 API 接口 JupyterHub 平台实现数据互通，将采集的数据自动转化为标准格式，便于后续 JupyterHub 平台中开展复杂空间分析与 AI 辅助建模。

在服务器端基于 Docker 容器化部署 JupyterHub 共享协作空间计算平台。该平台集成了最新版本的 Python 环境及常用空间计算库（如 GeoPandas、Shapely、Rasterio、Scikit-learn 等），不仅为学生提供了标准化、易部署的学习环境，更通过 Jupyter 笔记本交互式编程方式，强化了空间分析逻辑的透明性与可视化表达（图 5）。平台的一大特色在于其对生成式 AI 大模型的接口集成：通过接入 APIKey 方式调用 ChatGPT、DeepSeek 等主流大语言模型，实现了从代码辅助生成、算法原理讲解、空间问题建模思路启发，以及到分析结果解释的全过程 AI 支持。与传统的 ArcGIS 等封闭式软件系统相比，该平台具备更高的开放性与灵活性，学生不仅能够深入理解 GIS 底层数据结构与空间分析方法原理，还能在 AI 辅助下完成复杂空间逻辑推理与跨学科问题解决。此外，平台支持多人同时登录、在线协作编

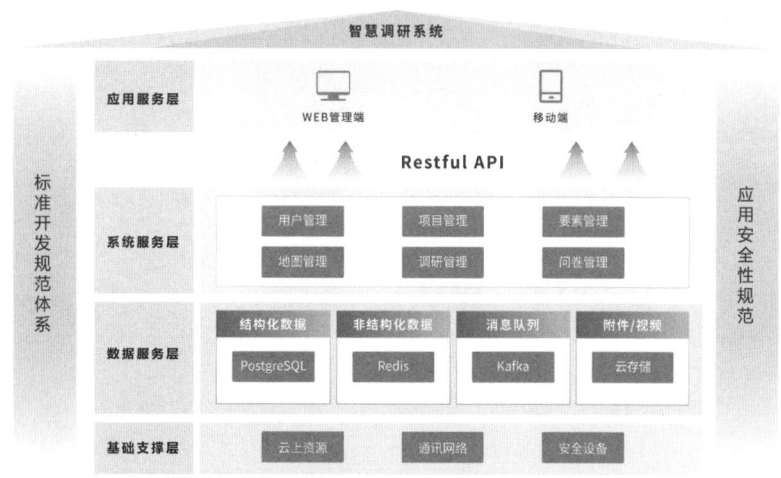

图3　时空数据采集及分析管理平台框架
资料来源：作者自绘

❶　小程序平台：https://ynusc.yndkch.com.

图 4　时空数据采集小程序
资料来源：自研系统截图

该平台在技术上强调移动端与高性能计算平台的协同，在教学上强化从现实空间问题出发的数据驱动型分析能力培养。学生可围绕具体空间问题，自主完成数据采集、上传、共享与分析的全过程，实现教学与实践深度融合，提升其对空间数据结构、分析逻辑与 AI 方法的整体理解与综合运用能力。通过该平台的构建与迭代，我们初步实现了 GIS 教学从"工具使用"向"智能分析"与"协同创新"的转型，为构建面向 AI 时代的城乡规划 GIS 课程提供了可复制、可推广的实践样本。

4.3　虚拟现实与 AI 的整合探索

三维可视化一直是 GIS 教学体系中的重要组成部分，其在城乡规划专业中的主要功能是提升学生对空间形态的认知能力与表达能力。传统的三维教学主要依赖于数字高程模型（DEM）分析与倾斜摄影建模，以 ArcGIS、SketchUp（SU）、Blender 等工具为主，帮助学生实现基础的三维地形分析与建筑建模。然而，这一类静态可视化手段存在明显局限：缺乏交互性，表达手段单一，无法有效模拟用户视角下的真实场景体验，也难以支持复杂的空间行为与使用逻辑推演。随着虚拟现实（VR）和 AI 技术的快速发展，其在城乡规划教学中的应用潜力逐渐显现，为三维可视化教学注入了新的活力。

程与数据共享，有效突破了以往实验教学中软件许可受限、平台异构、资源孤岛等问题。平台还可扩展用于处理时空大数据、开展机器学习与深度学习驱动的空间分析任务，为学生后续在城乡治理、资源配置、规划模拟等方向的研究学习与实践打下坚实的技术基础。

教学团队基于 Unreal Engine（UE）平台开展教学探索，旨在引导学生将已有的三维建模技能（如 SU 与

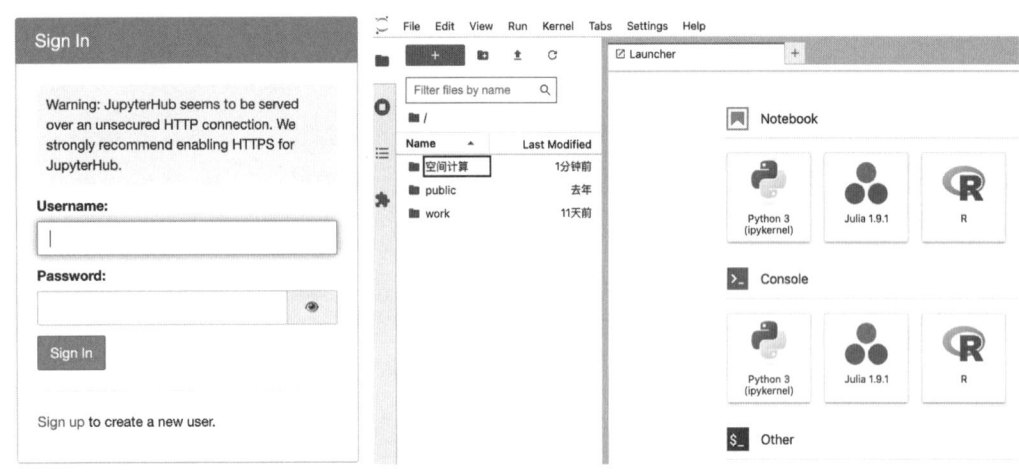

图 5　共享计算平台
资料来源：自研系统截图

Blender中的建筑模型设计）、三维数据采集技术（如倾斜摄影与无人机测绘）与虚拟现实技术进行整合应用。UE作为目前最具表现力的实时三维引擎之一，具备高质量渲染、物理仿真与蓝图可视化编程等功能，能够将学生的二维设计成果转化为具有沉浸感的三维空间场景。同时，依托于AI辅助编程工具也为非计算机背景的学生降低了开发门槛，帮助他们快速构建交互逻辑与行为场景。教学实施过程中，我们从中观尺度的项目（如产业园区、大学校园、特色村落）出发，设计"设计—建模—引擎导入—AI辅助交互开发"的教学路径（图6、图7）。学生在完成空间设计和三维模型建构后，可将模型导入UE平台，在此基础上结合AI辅助脚本实现场景漫游、时间变换、光照模拟与行为交互等功能，最终输出沉浸式展示成果。

通过虚拟现实与AI开发工具的引入，我们尝试打破了传统规划教学中"设计与表达脱节"的问题，使学生能够实现从"建模"到"体验"的跨越式进阶，培养其数字空间建构与沉浸式表达的复合型能力，为其未来在智慧城市、数字孪生等方向的研究学习拓展奠定基础。

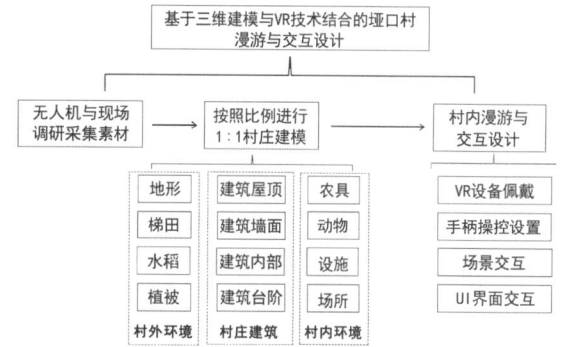

图6　基于虚拟现实技术村落场景设计技术路线
资料来源：作者自绘

图7　UE设计蓝图
资料来源：作者自绘

5　结语

在持续的教学实践中，团队不断积累优质教学素材，研发的技术平台不仅支撑了 GIS 课程教学，也对相关课程实现了有效支撑，推动了教学资源的跨课程共享与应用。学生在平台支持下，技能水平显著提升，创新意识不断增强，已完成国家级大学生创新项目、构建传统村落数字资产，并将平台应用于多项毕业设计中的数据采集与分析实践，取得良好成效。

在人工智能与教育深度融合的背景下，城乡规划专业 GIS 教学正经历从"知识传授"向"智能认知训练"的范式转型。这一转型不仅是教学理念与方法的更新，更是教学资源体系重构的系统性变革。以大语言模型和图数据库为代表的 AI 技术，为 GIS 教学中知识内容的智能重构、组织方式的创新设计及认知路径的个性化优化提供了坚实支撑。未来，平台化、智能化的教学资源构建路径将成为推动 GIS 教学改革与创新的关键方向。

参考文献

[1] 陈默，杨玉辉，杨清元，等．智能体赋能高等教育变革：基于 DeepSeek-R1 的范式重构与"浙大先生"实践探索 [J]．现代教育技术，2025，35（5）：111-118.

[2] 戚路辉，马瑜培，林汉森，等．信息时代城乡规划专业高校本科生基础数据分析能力教学改革与创新 [J]．高教学刊，2022，8（10）：53-56.

[3] 石楠．城乡规划学学科研究与规划知识体系 [J]．城市规划，2021，45（2）：9-22.

[4] 匡成铭．面向城乡规划专业的 GIS 教学改革探讨 [J]．教育信息化论坛，2019，3（5）：36-37.

[5] 何克抗．新型建构主义理论——中国学者对西方建构主义的批判吸收与创新发展 [J]．中国教育科学（中英文），2021，4（1）：14-29.

Research on the Reconstruction and Sharing Pathways of GIS Educational Resources in Urban and Rural Planning Empowered by AI

LOBsangtashi　Zhao Min　Yang Zijiang

Abstract：Against the backdrop of the deep integration of artificial intelligence and education, GIS education in urban and rural planning is facing dual challenges of content reconstruction and pedagogical transformation. This paper, under the theme of"AI-Driven Innovation in GIS Education for Urban and Rural Planning, "explores the theoretical foundations and technical pathways for restructuring GIS educational resources. It proposes a reconstruction strategy centered on knowledge graph construction, AI-assisted spatiotemporal data analysis, and AI-enhanced spatial expression. Based on the teaching team's practical exploration, the study develops a GIS knowledge graph teaching platform that integrates large language models with graph database technologies, a WeChat mini program-based platform for spatiotemporal data collection and analysis, and a teaching model combining virtual reality and AI through Unreal Engine（UE）. The integration of these platforms effectively bridges GIS theory, technical training, and design expression, thereby enabling a comprehensive restructuring of educational resources. Teaching practice demonstrates that the introduction of AI technologies significantly enhances students' spatial cognition and analytical capabilities, facilitating a paradigm shift in GIS education from traditional knowledge transmission to intelligent cognitive training.

Keywords：AI-Enabled Innovation, GIS Education in Urban and Rural Planning Programs, Reconstruction of Educational Resources, Resource Sharing Mechanisms

AI 赋能城乡规划一年级基础教学改革：
从认知建构到实践创新

戴 彦 贾铠针 肖 竞

摘 要： 随着人工智能（AI）与教育的深度融合，城乡规划教育迎来时代变革。城乡规划一年级学生在转型期间面临空间认知和逻辑思维挑战，传统教学模式难以满足需求。研究提出利用 AI 技术优化教学，推动教学理念从技能训练转向认知建构，教学内容从空间基础拓展到城市环境，教学方法从单向传授升级为双向验证。以重庆大学建造季教学单元为例，探讨通过智能分组、实时反馈和流程可视化等 AI 技术手段来实现教学全过程的优化设想。研究预计，AI 技术可有效解决传统基础教学痛点，改善基础教学手段，促进基础教学反馈，也为高年级规划专业教学培养 AI 技术习惯与认知模式。

关键词： 人工智能；城乡规划一年级；教学理念；教学内容；教学方法

随着科技的快速发展，我国开始高度重视人工智能技术（AI）与高等教育的深度融合。2018 年教育部《高等学校人工智能创新行动计划》提出"推进智能教育发展"，明确要将 AI 技术深度融入专业基础课程体系[1]。2025 年 1 月中共中央、国务院印发《教育强国建设规划纲要（2024—2035 年）》将"促进人工智能助力教育变革"列为工作任务，强调面向数字经济和未来产业发展，加强课程体系改革，优化学科专业设置[2]。这一系列的政策出台为城乡规划教育改革提供了顶层设计指引，要求学科建设需主动适应技术变革，培养兼具专业素养与数字能力的复合型人才。城乡规划作为一门高度依赖数据分析和空间决策的学科，其教育模式正面临 AI 技术带来的挑战与机遇。一方面，传统以"物质空间主导 + 经验传承"为核心的教学体系难以应对存量时代复杂的城市更新与利益博弈需求；另一方面，生成式 AI、大语言模型等技术的突破，为规划教育提供了新的工具与方法论支撑。于此，国家政策明确提出需"探索知识驱动与数据驱动的融合建模路径"，推动城乡规划教育向智能化、人本化、在地化方向演进，进一步平衡工具理性与人文价值，正是对"中国式现代化"规划人才培养要求的正面回应。

1 城乡规划一年级学生的认知特点、挑战与教学需求

城乡规划专业一年级学生正处于从通识教育向专业教育转型的关键阶段[3]（图 1），其认知特点表现为：空间想象力尚待开发，高中阶段形成的线性思维模式难以适应空间认知复杂性的学习要求，对三维空间关系的理解局限于二维平面思维，设计逻辑呈现片段化、无序化等方向感缺失特征。通常，这一阶段的教学主要依托建筑大学科，聚焦基础能力培养——通过平立面构成训练建立形式美学认知，依托工程制图训练掌握空间表达规范，借助建（构）筑物测绘强化尺度感知能力，并以小型实体建造等实践环节培育初步的空间塑造能力。一年级学生在专业启蒙阶段面临的根本性挑战，本质上是经验认知模式与学科多维特质的结构性冲突，具体表现为三重认知转型困境。其一，形式操作与空间效能的割裂，学生在平面构成、立体造型等抽象训练中，过度聚焦几何美学法则，却未建立形式语言与功能逻辑的关联

戴 彦：重庆大学建筑城规学院教授
贾铠针：重庆大学建筑城规学院讲师
肖 竞：重庆大学建筑城规学院副教授

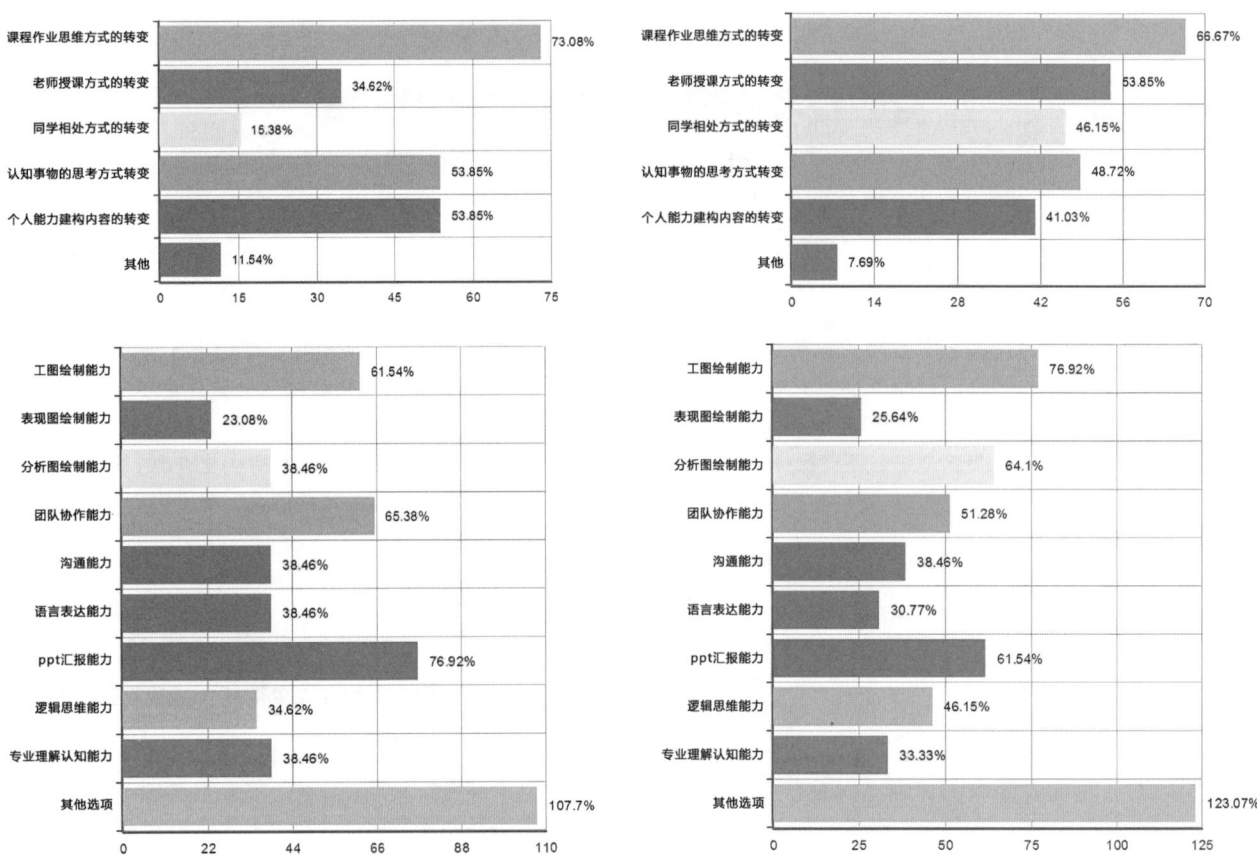

图1　城乡规划一年级学生认知特点 2017 级、2018 级城乡规划专业一年级、专业教学反馈跟踪问卷
资料来源：作者自绘

机制；其二，技术规范与价值认知的失衡，机械性的制图标准记忆、测绘数据记录等训练，掩盖了技术工具背后的空间组织逻辑，导致工具理性挤压价值理性；其三，要素优化与系统关联的断层，学生在空间设计、实体建造中容易陷入局部精细化操作，却忽视"形态—结构—行为—环境"的多维协同关系。这些矛盾折射出传统教学在"形式—功能—价值"认知链条上的断裂：美学训练未转化为空间组织智慧，技术规范脱离社会效应验证，局部操作缺失系统关联视野，与城乡规划学科"系统性、动态性、社会性"的核心特质形成深层错位。

针对上述认知发展诉求，城乡规划专业一年级教学需直面学生认知转型的现实问题，聚焦三大核心需求：其

一，空间感知的深度转化需求——突破二维平面思维对三维空间想象的束缚，建立几何美学法则与空间功能组织的关联机制，解决形式操作与空间效能割裂的认知困境；其二，空间逻辑的显化表达需求——超越技术规范的机械记忆，揭示制图标准、测绘数据背后的空间组织原理，破解工具理性与价值认知失衡的实践矛盾；其三，系统关联的框架建构需求——扭转局部精细化操作与整体协同关系脱节的认知惯性，培育"形态—结构—行为—环境"多维要素的交互思维，回应学科系统性特质的本质要求。这些需求源于专业启蒙阶段经验认知与学科特质的结构性冲突——城乡规划作为复杂空间治理学科，要求学生早期形成"空间作为社会—技术—生态复合系统"的认知模式，而传统基础教学仍囿于建筑学"形态—构造"单一维度的

培养路径。因此，从根本上来说，城乡规划一年级的教学体系亟需通过认知维度重构，使空间感知、情感价值、技术逻辑与系统思维形成有机整体，融合学生能力培养与社会价值与意义建构，为应对高年级城乡系统的专业学习奠定认知基础。

2 AI 赋能城乡规划一年级教学的创新路径

AI 作为数据驱动的智能系统，通过算法模型与多模态交互技术，为城乡规划基础教育提供了全新的技术支撑。研究结合一年级城乡规划学生的认知特点、挑战与需求，从教学理念、教学内容和教学方法提出创新构想。

2.1 教学理念创新：从技能训练到认知建构

城乡规划基础教育正经历从"工具理性"向"认知赋能"的观念跃迁[4]，其核心在于重构 AI 技术的教育定位——从技能训练的替代工具转变为认知进化的协作媒介。这一变革重塑了三重逻辑：其一，认知生成路径方面，AI 通过实时反馈（如空间参数可视化、行为模拟推演）将抽象理论转化为具身体验。例如生成式算法将学生手绘草图实时转化为三维方案，并通过热力图层级标注空间渗透性数值，使抽象的几何比例法则具象为"形态—功能"的互动逻辑。其二，教学主体关系方面，AI 技术中的低代码工具（AR 建模、语义解析）能够降低教学技术门槛，有利于学习者从被动操作者升级为认知实验的主动设计者。例如学生利用手机扫描实体模型时，AI 生成的误差色谱图不再指向"标准答案"，而是触发对"精确性"与"适应性"的辩证思辨，实现工具中介化的知识动态生成。其三，教育价值内核方面，教学目标超越制图技能传递，转向"技术理性与人文批判"的系统思维培养。例如 AutoCAD 插件通过人体尺度模拟具象化"规范背后的空间正义"，使教学回归空间创造的本质命题。AI 在此过程中扩展了学生的认知维度，将"感知—验证—反思"的闭环植入教学基因，推动了城乡规划一年级基础教育理念从"技术规训"升维至"思维塑造"的观念重构。

2.2 教学内容创新：从空间基础到城市环境

教学内容创新聚焦"空间基础训练向城市环境理解的渐进延伸"，秉持"加法"思维通过 AI 技术在三个内容层

面进行创新尝试，推动教学内容向"空间+环境"协同认知转型。其一，在平立面构成训练中，通过"手绘识别+场景映射"将形式美学转化为城市文脉认知。例如学生手绘的几何分割草图，经 AI 小程序识别后自动生成街区立面参考图，使抽象的美学法则转化为可触摸的空间记忆。其二，在工程制图环节中，通过"动画反馈+规范可视化"将工程制图升级为公共安全认知。例如 CAD 智能插件消防通道绘制时，AI 工具弹出疏散模拟动画，用颜色渐变能够直观呈现通道宽度与逃生效率的关系。其三，在测绘与建造实践中，通过"参数调整+即时反馈"将建造实践拓展到气候适应认知。例如木构模型设计中，学生通过手机 App 调整开窗比例，AI 实时生成风向轨迹图，建立材料选择与微气候优化的直观联系。上述内容创新并非直接教授城市规划的知识内容，而是通过轻量化 AI 工具在基础训练中植入"空间—环境"关联意识，使碎片化的空间基础训练向系统化的城市环境理解进行升级，为后续高阶学习埋下系统性思维的认知锚点。

2.3 教学方法创新：从单向传授到双向验证

教学方法创新聚焦"从单向传授到双向验证"[5]，通过轻量化 AI 工具构建"实体—数字"双轨反馈系统，实现认知过程的动态交互。其一，在知识获取层面，通过"手绘识别+实时反馈"将抽象理论转化为直观体验。例如，学生手绘的草图经手机 APP 识别后自动生成三维空间模型，滑动屏幕即可调整参数，观察形式变化对空间通透性的影响，使抽象的几何法则转化为可触摸的空间直觉。其二，在效果验证层面，通过"动画模拟+即时校正"将技术规范转化为可感知的逻辑。例如，学生绘制建筑环境疏散通道时，AI 工具自动生成人流模拟动画，用颜色渐变直观呈现疏散效率，当通道宽度不足时自动推送优化建议，帮助学生理解技术标准与公共安全的直接关联。其三，在信息反馈层面，通过"数据记录+动态评估"将学习过程转化为可视化报告。例如，轻量化工具记录学生的设计迭代路径，生成《思维轨迹分析图》，标注每次调整对结构性能的影响权重，使学习过程可追溯、可优化。在上述教学方法创新中，教师角色转型为认知引导者，推动单向传授向双向验证的方式转变，形成教学相长的互动生态，促使低年级教学从经验传递转向科学验证，为专业人才培养提供可持续路径。

图2 基于"认知—实践—反思"从技能训练转向认知建构的"建造季"教学单元流程与安排
资料来源：作者自绘

3 典型教学实践案例：建造季教学单元升级

3.1 教学单元简介

重庆大学建造季作为建筑城规学院本科一年级"建筑类设计基础"课程的核心实践环节，自2013年创立以来已形成兼具学术深度与社会影响的教学品牌。该单元以"空间、材料与建造"为理论内核，通过"高校联合竞赛＋公众科普互动＋城市空间赋能"三位一体的创新模式，构建起贯穿"认知—实践—反思"的全链条教学体系。

建造季教学突破传统建筑教育的时空局限，通过4~6周的教学周期训练，要求学生以8~10人的团队协作形式在真实的城市场景中用8小时时间完成1:1实体建造，实现从二维图纸到三维空间的能力培养。该课程单元创新性地引入"多师制"指导模式，由建筑、规划和风景园林专业教师与土木工程专家联合授课，针对构筑物节点力学性能、材料耐久性等关键技术难点开展专题工作坊。教学单元深度整合"五育融合"的教育理念，在技术训练维度，通过木材力学性能测试、节点构造推敲等环节强化工程思维；在美学培养维度，要求学生结合地域文脉进行空间叙事；在社会服务维度，建造成果通过"城市嵌入"机制持续发挥作用，作品主题与山城巷、白象街、磁器口等历史街区保护项目紧密联系，形成"认知—实践—反思"的闭环反馈（图2、图3）。

图3 基于认知重构与思维塑造能力培育——持续迭代与教改的"建造季"教学活动一览 ❶
资料来源：作者自摄

---

❶ 以学生认知重构、思维塑造、能力培育为核心的链接教学与社会意义的价值延伸的"建造季"教学活动中，"最美好的时刻"是学生们亲手搭建的空间被小孩们和社会公众所喜欢与使用，当学生们看到家长带着孩子在他们所创造和搭建的空间里拍照、流连忘返的时候，那种专业知识、技能、价值所带给他们的力量和自豪感、归属感不言而喻，在"个体价值实现"中去体会与感受"社会价值"的意义。

建造季教学让学生从感性的形象思维认知转化到理性的逻辑思维[6]、社会洞察认知与专业视角下生活世界融入的重要教学实践载体，也是最能将空间"价值"引导给学生的关键环节，让学生基于核心素养的培育由个体"美好生活"构建到融入与构建支撑"健全完善社会"城乡建设支持系统一份子，实现"个体成长与发展"良性链接"社会完善发展"的专业个体——社会价值与同构意义构建的"平台类"课程（图4、图5）。通过12年的持续迭代完善，建造季已从单一课程实践发展为覆盖重庆、辐射西南的高校建筑教育联盟平台，其"高校教学＋社会参与"的创新范式为《中国教育现代化2035》中"鼓励社会力量参与教育治理"提供了鲜

活案例支撑，成为新时代建筑教育服务城乡发展的生动实践。

3.2 基于AI辅助的教学全过程优化设想

传统的建造季教学通过"个体方案PK—团队方案定型—材料加工与预搭建—现场正式搭建"的程序和"教师教授—学生讨论"的方式来开展，虽然取得较好的教学成绩和社会口碑，但也存在着创新不足、效率不高、精度不够等问题。针对上述情况，一年级教学组结合AI技术的应用优势与作用途径，通过教学理念、教学内容和教学方式的"三创新"，在"准备阶段—方案阶段—搭建阶段"三大教学环节中针对现有教学模式及问

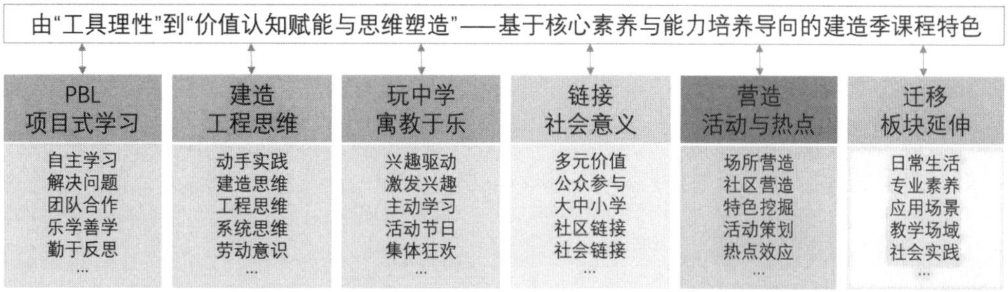

图4 基于认知维度重构与核心能力培育"城乡规划一年级专业"课程"建造季"板块能力建构
资料来源：作者自绘

图5 基于"空间作为社会—技术—生态复合系统"认知模式转型的"建造季"教学单元实践
资料来源：作者自绘（摄）

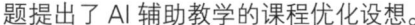

题提出了 AI 辅助教学的课程优化设想。

（1）准备阶段

①现有教学模式：可分为"工作安排"与"资料收集"两个阶段，前者由教师分班讲解课题的背景、形式、造型、材料、结构、建造和组织等内容，学生根据课程任务书进行分组和建立组内讨论决策机制。由于存在课题理解差异，以及任务分配不够合理，有时会导致部分学生参与度不高的情况。而后者由各组成员按分工关系搜集各类资料，通过分类、分析并提炼设计方向，建立组内共享的设计资料资源库，作为下阶段的设计工作参考。由于缺乏高效的资料搜集工具支持，可能导致重复劳动和时间浪费。

②AI 辅助优化设想：在"工作安排"环节，可考虑利用问卷星智能分组功能，学生输入个人技能标签（如建模、文案、数据分析），AI 自动生成能力互补的团队组合，并推荐角色分工，教师仅需复核调整，避免主观分组导致的能力失衡，提升团队协作效率。在"资料收集"阶段，可考虑通过"搜索引擎 +AI"开展工作——通过搜索引擎高质量文献、方案图片与施工视频，并利用 AI（如 Neo4j）自动筛选生成结构化知识图谱，同步标注往届学生经验，资源库支持动态更新与智能检索，提高资料搜集的效率和匹配度。

（2）方案阶段

①现有方式：可分为"造型创意"和"结构设计"两个阶段，前者主要是每位同学分别在组内提出个人构思，然后通过多轮方案小模型 PK 的进阶方式确定出本组的最终方案。这种筛选过程存在着主观性较强、效率偏低，缺乏实时反馈与优化机制的缺陷。而后者则在定案基础上通过老师辅导，分析结构合理性并按 1∶1 比例制作关键节点构件，论证造型结构与节点的可行性。但这种验证也存在着效率低且资源消耗大，过于依赖教师指导，缺乏数字化支持与前期验证手段的问题。

②AI 辅助优化设想：在"造型创意"阶段，引入 AI 图像生成工具（如 Canva AI、Google AutoDraw、Midjourney、Stable Diffusion 等），学生上传手绘构思草图后，AI 自动生成 3~5 种具象化方案，学生基于生成结果进行投票筛选，保留最具潜力的方案进行深化，减少多轮 PK 的时间消耗。在"结构设计"阶段，可考虑使用傻瓜式力学模拟插件（如 Sverchok for Blender），

学生拖拽调整模型时，AI 实时显示荷载分布热力图，并用红黄绿三色标注风险区域，还可同步生成结构优化建议（如"梁柱节点需增加三角支撑"）。

（3）搭建阶段

①现有方式：可分为"预搭建"和"最终现场搭建"两个阶段，前者是在方案定型后，在材料购买、加工完成基础上进行试搭建，以验证材料性能、构件规格、加工精度、施工组织的合理性，并可直观感受搭建效果。这一阶段可能忽略实际损耗与施工组织问题，且时间安排不严谨，无法完全模拟实际搭建中的突发状况。而后者则是在搭建日当天，由全组同学在八小时内按预搭建的方式完成实际搭建。由于最终现场搭建存在时间紧迫与环境限制，往往施工质量难以保证，且缺乏灵活的施工组织调整机制。

②AI 辅助优化设想：在"预搭建"阶段，运用 Excel 智能损耗计算模板 + 开源 3D 插件，学生输入构件尺寸、材料类型后，模板自动调用历史损耗系数生成精准采购清单，高亮提示超量或缺量风险。在"现场搭建"阶段，开发微信小程序"搭建助手"，学生为加工好的构件编码并粘贴自制二维码，扫码即可查看安装图纸与连接参数，小程序内置倒计时进度看板，超时自动触发任务分流并标注工序调整路径，同时提供图文版应急建议，搜索关键词即可获取常见问题替代方案（如工具缺失、天气突变）。上述两阶段方案聚焦"数据模板化 + 流程可视化"，依托学生熟悉的办公软件、开源插件与轻量化小程序，2~3 小时培训即可掌握，实现低成本、易操作的 AI 赋能实践教学，助力学生在虚实结合中优化施工组织、预判损耗风险并提升现场应变能力。

4 结语

在教育数字化和教育现代化的背景下，城乡规划教育正经历着深刻的变革。AI 技术的引入，为城乡规划教育提供了全新的视角和工具，推动了教学理念从技能训练向认知建构的转变，教学内容从空间基础到城市环境的延伸，以及教学方法从单向传授到双向验证的创新。通过 AI 辅助的城乡规划基础教学，学生能够更有效地进行空间感知、逻辑表达和系统关联的认知转化，为应对高年级城乡系统的专业学习奠定坚实基础。然而，这一改革仍面临技术门槛、资源分配等挑战，需要

教育者持续探索和优化，以实现城乡规划教育的智能化、人本化和在地化发展，培养出兼具专业素养与数字能力的复合型人才，回应"中国式现代化"规划人才培养的要求。

致谢

感谢为撰写此文提供帮助和支持的重庆大学建筑城规学院"造境"建造教研团队！

参考文献

［1］ 倪颖.人工智能赋能高校思政课高质量发展路径探析 [C]//河南省民办教育协会.2024 高等教育发展论坛暨思政研讨会论文集（上册）.福清：福建技术师范学院马克思主义学院，2024：43-46.

［2］ 孟凡华，刘丽杰，王斯迪.教育强国建设背景下部省共建职业教育：历程、特征、成效与未来图景 [J].职业技术教育，2024，45（36）：33-40.

［3］ 贾铠针，彭坤焘，肖竞.基于转型期学生特点城乡规划专业本科一年级基础教学方法探讨 [C]//2016 中国高等学校城乡规划教育年会论文集.北京：中国建筑工业出版社，2016：512-518.

［4］ 刘洋.数字技术赋能思政教育的实践路向 [N].新华日报，2024-05-23（016）.

［5］ 苗思忠.高质量发展背景下高校教学管理创新信息化路径探索 [J].中国信息界，2025（3）：208-210.

［6］ 程婷，范钱江，李媛.数字化时代环境设计创意思维能力的提升路径 [J].黑龙江环境通报，2025，38（4）：162-164.

AI-Empowered Reform of Foundational Education in First-Year Urban and Rural Planning: From Cognitive Construction to Practical Innovation

Dai Yan   Jia Kaizhen   Xiao Jing

Abstract：With the deep integration of artificial intelligence（AI）and education，urban-rural planning education is undergoing transformative changes. Freshmen in urban-rural Planning students face challenges in spatial cognition and logical thinking during this transitional period，as traditional teaching methods fall short in meeting these demands. The study proposes leveraging AI technologies to optimize teaching practices，shifting teaching philosophy from skill training to cognitive construction，expanding teaching content from spatial fundamentals to urban environments，and upgrading teaching methods from unidirectional instruction to bidirectional verification. Taking Chongqing University's Construction Season teaching module as an example，this research explores how AI technologies like intelligent grouping，real-time feedback，and process visualization can optimize the entire teaching process. The study predicts that AI technologies can effectively address pain points in traditional foundational education，enhance basic teaching methodologies，improve instructional feedback mechanisms，while simultaneously cultivating AI technical literacy and cognitive patterns for advanced planning education.

Keywords：Artificial Intelligence，Freshmen in Urban-Rural Planning，Teaching Philosophy，Teaching Content，Teaching Methods

"城乡规划专业导论"课程知识图谱建设初探

陈　飞　冯天兆　刘代云

摘　要： 我校自 2024 年开始实施学域培养模式，建筑大类面向"智能建造"与"人文社科"两个学域招生，"城乡规划专业导论"课程作为一年级唯一开设的专业基础课程，兼具专业入门教育与引流的双重任务。导论课程作为城乡规划先导课，具有知识点多而杂的问题，在学情变化背景下，教学亦需向学生展示专业学习框架、规划工作方式、专业发展方向。开展"城乡规划专业导论"知识图谱建设可以有效地解决上述问题，知识图谱将大量分散知识点有序化、结构化和关联化，形成知识网络，通过可视化表达，使得学生可以更加便捷地获取、整合和利用知识，为课程深度改革提供了全新的视角。本文结合近一年的知识图谱建设，总结课程建设成果，并结合课程建设过程中出现的新问题，对后续课程建设提出展望，以期为相关知识图谱课程建设提供有益的借鉴。

关键词： 课程知识图谱；城乡规划专业导论；学域培养模式

1　引言

知识图谱作为智慧课程的重要类型，成为高校落实教育数字化战略行动的有效举措，2024 年始我校实施学域教学培养模式，"城乡规划专业导论"课程兼具专业入门与专业引流的双重任务。在我校推行智慧课程的背景下，"城乡规划专业导论"课程开展了知识图谱建设，扩充了知识点，并通过课程群框架，明确城乡规划课程体系，为学生开展专业学习构建了知识框架。我校"城乡规划专业导论"经过近一年的建设，积累了相关建设经验，同时面临教学实践中出现的新问题也需要在后续课程建设中适时调整。

2　知识图谱课程建设概况

2.1　高校推进智慧课程建设

2023 年全国教育工作会议提出"纵深推进教育数字化战略行动"[1]，党的二十大首次将"教育数字化"写进报告，提出"推进教育数字化，建设全民终身学习的学习型社会、学习型大国"[2]。2025 年 1 月，中共中央、国务院印发了《教育强国建设规划纲要（2024—2035年）》，提出"建设学习型社会，以教育数字化开辟发展新赛道、塑造发展新优势"的发展要求，与智慧课程建设相关的要求包括"推进智慧校园建设，探索数字赋能大规模因材施教、创新性教学的有效途径，主动适应学习方式变革"[3]。2025 年 3 月，教育部召开国家教育数字化战略行动部署会，以"人工智能与教育变革"为主题，围绕落实《教育强国建设规划纲要（2024—2035年）》高质量实施三年行动计划，推动国家智慧教育平台建设再上新台阶进行了系统部署[4]。在此背景下，高校纷纷开展行动。天津大学在构建专业课程群知识图谱时自主研发了研究生 e-Learning 平台[5]；西安交通大学和国防科技大学联合承担了科技创新 2030—"新一代人工智能"重大项目[6]，项目团队负责研发"知识森林"智能导学技术，作为项目的一部分，团队还构建了 i-Learning 在线教学平台，为软件工程等学科建立知识图谱[7]。中国农业大学建成全国首个"智能装备"专业知识图谱平台[8]，智能化动态调整专业建设，创新人才培养模式。东南大学探索人工智能融合教学创新[9]；此外，随着 DeepSeek 的普及，北京建筑大学推进智慧教育平台与 DeepSeek 大模型对接，推动人工智能技术融入教育教学

陈　飞：大连理工大学建筑与艺术学院副教授（通讯作者）
冯天兆：大连理工大学建筑与艺术学院硕士研究生
刘代云：大连理工大学建筑与艺术学院副教授

全要素、全过程，开启人工智能赋能教育变革新篇章[10]。在单一课程建设中成果更为丰富，以超星泛雅平台、智慧树平台、雨课堂平台，已开展了多门智慧课程建设[11]。

2.2 课程知识图谱建设推进

人工智能是教育变革的"引擎"，而课程知识图谱是这一引擎的"燃料"和"导航图"。前者提供技术能力，后者提供结构化知识框架，两者结合使教育从经验驱动转向数据驱动、从标准化走向个性化。课程知识图谱建设是适应学科转型的有益教学改革尝试，对于改变固有的教学方式以及培养模式具有积极意义。响应国家"教育数字化"战略，城乡规划专业导论课程开展数智化建设，并聚焦知识图谱建设中。

知识图谱最先出现在文献综述中，近年随着智慧课程推进，才逐渐应用于课程建设。2012 年我国首次出现知识图谱概念，知识图谱具备自我处理能力的信息系统，经过融合图形绘制、数据采集与信息处理等技术，将知识体系完整构建。知识图谱以实体概念为节点，以关系为边，能够可视化、清晰地呈现知识间各种关系，具有高效的语义处理功能在管理知识、分析决策上是有力的工具，成为推动人工智能发展的驱动力。知识图谱在科研中最常见的应用集中在使用 CiteSpace 软件开展文献分析，CiteSpace 主要从作者合作网络、发文机构、期刊来源等维度深入探讨该领域的基本情况，并通过关键词的词频、聚类以及突现等方面，揭示该领域的核心研究主题及其演进方向。可以开展"高频关键词分析""关键词共现聚类分析""演进趋势"等关键信息检索，经过十余年的发展，文献综述中已经广泛的使用知识图谱分析法。

知识图谱应用于教学中，通过可视化的知识网络将大量分散知识点有序化、结构化和关联化，使学生更加便捷地获取知识，并为学生提供入门教育的同时亦展示专业发展前景，为课程深度改革提供了全新的视角，城乡规划专业导论课程知识图谱建设具有迫切意义。

2.3 我校知识图谱建设背景

2024 年大连理工大学城乡规划专业调整培养方案，一方面五年制改四年制，另一方面实施学域培养模式，分别面向"智能建造"与"人文社科"两个学域招收理

科与文科学生。"智能建造学域"包括智能建造、工程力学、船舶与海洋工程、建筑类 4 个专业大类；"人文社科学域"包括工商管理类、公共事业管理、哲学类、新闻传播类、英语、日语、建筑类、设计学类、运动训练 9 个专业大类。一年级结束后，学生不仅可以在学域内选择专业，还可以进入其他学域专业方向。学域教育培养模式为学生创造了最大程度的专业选择灵活性；同时对专业建设也带来了极大的考验，建筑大类需在学域内争取生源，学科发展与专业教学遇到了空前压力。

在学域内各个专业分别开设一门专业导论课程，其中"城乡规划专业导论"是大一开设的唯一一门城乡规划专业基础课程，兼具专业入门教育与引流的双重任务。在学情变化背景下，教学需向学生展示专业发展方向，为学生建立个性化学习意识。开展城乡规划专业导论知识图谱建设可以有效的解决上述问题，知识图谱可将大量分散知识点有序化、结构化和关联化，形成知识网络，通过可视化表达，使得学生可以更加便捷地获取、整合和利用知识，为课程深度改革提供了全新的视角，教学团队于 2024 年开展"城乡规划专业导论"课程知识图谱建设。

3 知识图谱课程建设概况

相比于传统课堂授课方式而言，知识图谱课程在教学内容、知识点关联、课程资料、授课方式等方面具有突出的创新性。

3.1 教学框架构建

传统授课仅限于课堂 16 的学时，课程知识图谱通过知识点网络建设，将更多的相关课程知识点纳入教学中，教学内容相比于传统的导论而言，向更加专业化的课程体系构建转型，例如知识图谱中涉及的城乡规划热点问题，以往的教学中，老师讲授基本概念、经典理论、案例应用即可，但是在知识图谱中需要挖掘案例深度、讲解知识宽度。如图 1 所示，结合大一新城空白的专业背景以及学习认知规律，"城乡规划专业导论"课程构建了三条主线与规划热点问题选读模块。

第一部分：结合大一新生认知规律，首先基于"城市病"梳理现代城市规划的探索以及"经典理论"，这部分讲解人口聚集导致的城市病，以及应对城市病，规

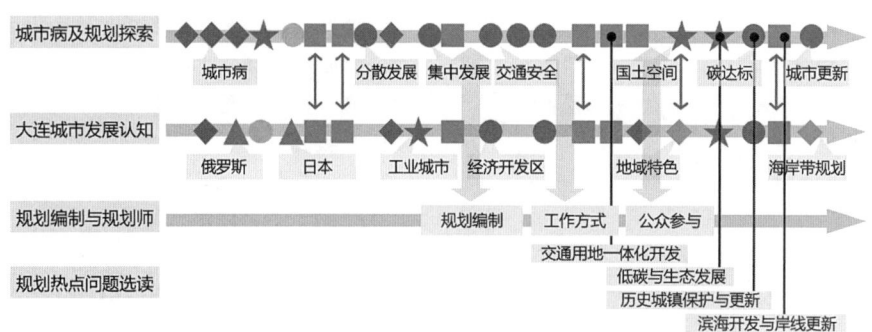

图1　课程模块构思示意
资料来源：笔者自绘

划师开展的规划尝试，教学中结合城市病构建课程思政知识点，结合规划师探索培养学生的价值观。

第二部分：结合大连城市建设历程，讲解上述经典理论在大连的落实情况，为学生建立客观的规划认知；分别从"城市建设历程""城市发展动力""城市空间扩张"三个层面，引导学生循序渐进的认知身边城市，课程讲解城市发展动力以及对城市空间的拉动作用，提高对于城乡规划与城市发展的认识。

第三部分：为"规划编制与规划师"章节，结合大连规划实施，讲解城乡规划的编制方法、规划如何落地，并讲解现阶段城乡规划面临的变革，规划知识要求，规划工作开展模式。该部分为学生构建规划工作模式与规划学习知识框架。

第四部分：为了给学生开阔专业视野，向同学展示高阶科研方向，选择城乡规划专业热点问题，向学生展示城乡规划高阶学习的科研方向，本文结合大连地域与城建特色选择"交通用地一体化开发""历史城镇保护与更新""低碳与生态发展""滨海开发与岸线更新"四个方向，分别由相关方向的老师为学生讲解该方向的科研发展核心问题，为学生打开专业研究视角。

经过课程知识图谱建设，扩充了知识点内容，由原来的78个知识点，目前课程建设后变成415个知识点，后续随着课程建设的进一步完善，还将继续扩充知识点数量与关联，具体建设情况如图2、图3所示。

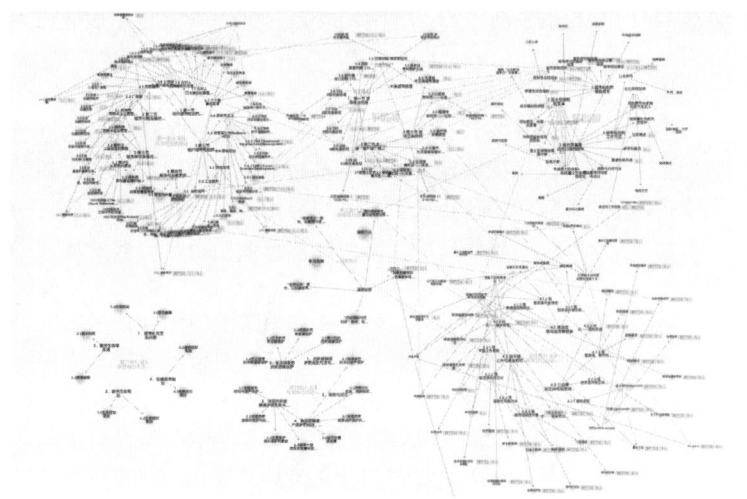

图2　课程知识图谱建设
资料来源：课程知识图谱

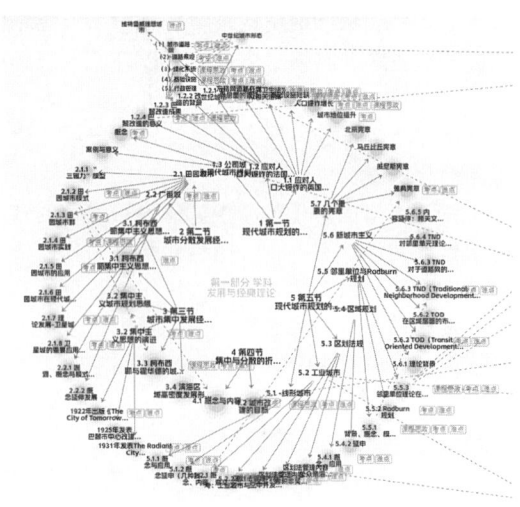

图3　第一部分知识图谱建设情况
资料来源：课程知识图谱

3.2 知识点关联构建

课程知识图谱，通过知识点前后关联，可以将多个知识点联动记忆，知识关联性更加清晰明了。如图4（a）所示，以"奥斯曼巴黎改造"知识点为例，向前可以关联中世纪城市形态，向后可以关联到大连1899版规划的路网体系建设；再如图4（b）所示，以"工业城市"知识点为例，向前可以关联"公司城"概念，向后可以关联至当代日本临海工业区的"企业城下町"建设模式，也可以关联到大连"重化工工业组团"的建设模式，通过几个知识点的关联，对比加强记忆。

3.3 教学方式与数字人

数字人建设也是知识图谱课程建设中必不可少的一部分，在以往的课程建设中，需要老师亲自录制视频，由于镜头恐惧，录制过程中老师肢体僵硬、说话紧张，但是知识图谱课程提供了数字人技术，对老师的音频、视频进行采集，就可以生成一个AI的数字人。只需上传PPT以及讲稿，课程视频就会自动生成，极大程度的提高了老师课程制作效率。

3.4 个性化学习路径构建

知识图谱为学生开辟了自主学习的渠道，相对于传统讲授的教学模式而言，知识图谱更强调学生自主学习，在构建知识图谱课程中需要为学生提供更多的教学资料。超星平台提供了"课程资源库"，教师可以进入图书馆资源获取期刊、电子书、方便学生去进行深度学习。导论课程中涉及较多的国外经典理论，课程建设中教师上传了英文原版专著电子书，为学生构建了专业学习基础资料库。如图5所示，为田园城市知识点相关课程资料的建设情况，可以看出，这部分设置了8个知识点，总计26个课程资料。

知识图谱能显著提升知识关联性认知与个性化学习效率。传统教学中，教师为学生构建学习路径，学生个性化学习空间较少；课程开展知识图谱建设后，依托学习过程的数据分析，进行智能化的推荐学习路径，基于图谱推荐实现自适应学习路径，如图6所示，个性化学习路径呈现"教师—学生—机器智能"三元结构，教师构建学习路径与资料库，智慧课程根据学生学习数据，为学生构建个性化学习路径。

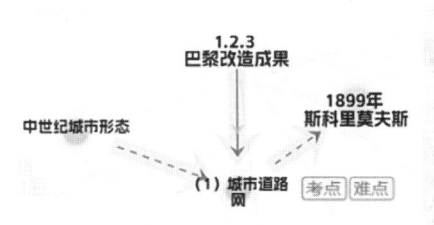

（a）巴黎奥斯曼改造知识点关联　　　　　　　　（b）工业城市知识点关联

图4　课程知识点关联建设情况
资料来源：课程知识图谱

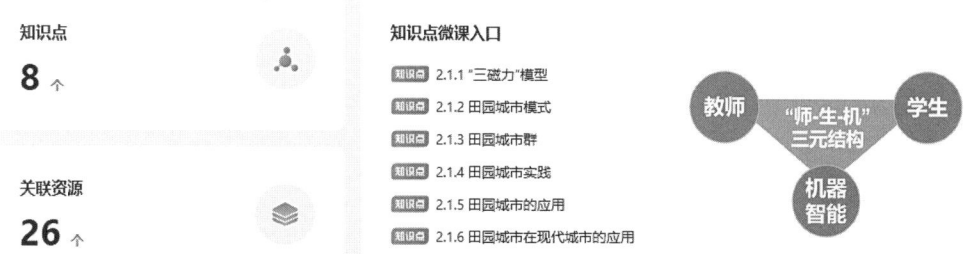

图5　田园城市知识点分类统计情况
资料来源：课程知识图谱

图6　个性化学习路径构建示意
资料来源：笔者自绘

4 课程建设教学思考

"城乡规划专业导论"课程知识图谱建设，至今经历了一个教学周期，总结学情发现存在以下问题。一方面向学生展示了知识框架，反倒会降低学习热情；另一方面缺乏面对面教学，难以真正掌握学生学习的真实情况。错认为向大一学生展示课程群知识图谱能够更为形象的为学生建立知识体系框架。

4.1 数据分析造成专业壁垒困境

"城乡规划专业导论"课程知识图谱为学生展示了后续工作与学习知识框架，但是在专业选择摸底过程中，学生选择城乡规划专业继续学习的热情并不高，通常会选择专业知识门槛较低、得分较高的专业。通过访谈了解到，因为我专业首次面向文科招生，而文科生在了解了城乡规划数据分析技能要求后，先入性的认为文科生难以掌握数据分析方法，因此在选专业的时候回避城乡规划专业。结合这类情况，课程中将在后续一方面调整数据分析的展示内容，另一方面则需要在专业宣讲中切实回答这类问题，消解文科选择城乡规划专业的困惑。

4.2 对真实学习情况难以监控

由于第一年实施课程知识图谱教学，结合导论课程特点，课程布置学生以"课程完成度＋题库题目＋结合论文"的方式进行课程考核，但是知识图谱中的"学情分析"板块中的"知识点完成与掌握情况"只能反映出学生是否看了这个知识点，至于学生是认真学习还是"空放视频"难以通过数据显示；同样在题目环节也存在了一定的抄袭可能性；在作业评判中，部分作业发现了明显的 AI 智慧论文完成写作的现象。AI 为课程建设提供了方便，同时也为学生完成作业提供了方便之门。

后续课程建设中笔者设想通过以下方式降低 AI 作业现象：①随着课程建设的逐渐完善，课程中通过"讨论"模块的完善；②增加作业中相关资料的学习关联性，一定程度的降低 AI 写论文情况；③结合导论中城市认知的教学内容，布置学生在课余时间开展城市认知调研，完成报告，一方面培养专业兴趣，另一方面杜绝 AI 帮忙的情况。

4.3 课程群知识图谱建设设想

导论课程作为后续城乡规划专业课程的先导课程，需要向学生展示知识群框架，目前各位老师的教学内容难以获取，导论课程老师仅依托教学参考书，简单构建相关课程知识图谱，其中设计类课程知识点结构较难构建，后续随着相关课程知识图谱课程建设，可以落实知识点关联性，加强学习关联度（图 7）。

5 结语

"城乡规划专业导论"课程知识图谱课程建设实施近一年，本文总结了课程框架、知识点关联性构建、教学资料、学习路径等课程建设探索，并结合第一年教学中暴露出的问题，提出了改进构思。单从课程知识图谱建设的角度，课程建设取得了一定的进展。但是，在与学生访谈中发现学生更加倾向选择专业技术门槛较低，并且得分较高的专业。大一开设的多门导论课程中，目前仅有"城乡规划专业导论"开展了课程知识图谱建设，其他导论课程仍为传统教学模式；但是在学域培养模式下，"城乡规划专业导论"课程由于丰富的知识内容与考核方式，并没有起到专业引流作用。这也对课程教师提出了新的教学任务，亟需探索有助于专业引流的教学与考核方式。

参考文献

[1] 中华人民共和国教育部.数字化引领教育变革新风向——一年来国家教育数字化战略行动发展观察 [N/OL].（2024-01-27）[2025-05-20]. http://www.moe.gov.cn/jyb_xwfb/s5147/202401/t20240129_1113155.html.

[2] 中华人民共和国教育部.以数字变革推进教育强国建设——我国教育数字化工作取得积极成效综述 [N/OL].（2023-02-13）[2025-05-20]. http://www.moe.gov.cn/jyb_xwfb/xw_zt/moe_357/2023/2023_zt01/fzzs/202302/t20230213_1044102.html.

[3] 中华人民共和国教育部.中共中央国务院印发《教育强国建设规划纲要（2024—2035 年）》[R/OL]. 中华人民共和国教育部.（2025-01-19）[2025-05-20]. http://www.moe.gov.cn/jyb_xxgk/moe_1777/moe_1778/202501/t20250119_1176193.html?zbb=true.

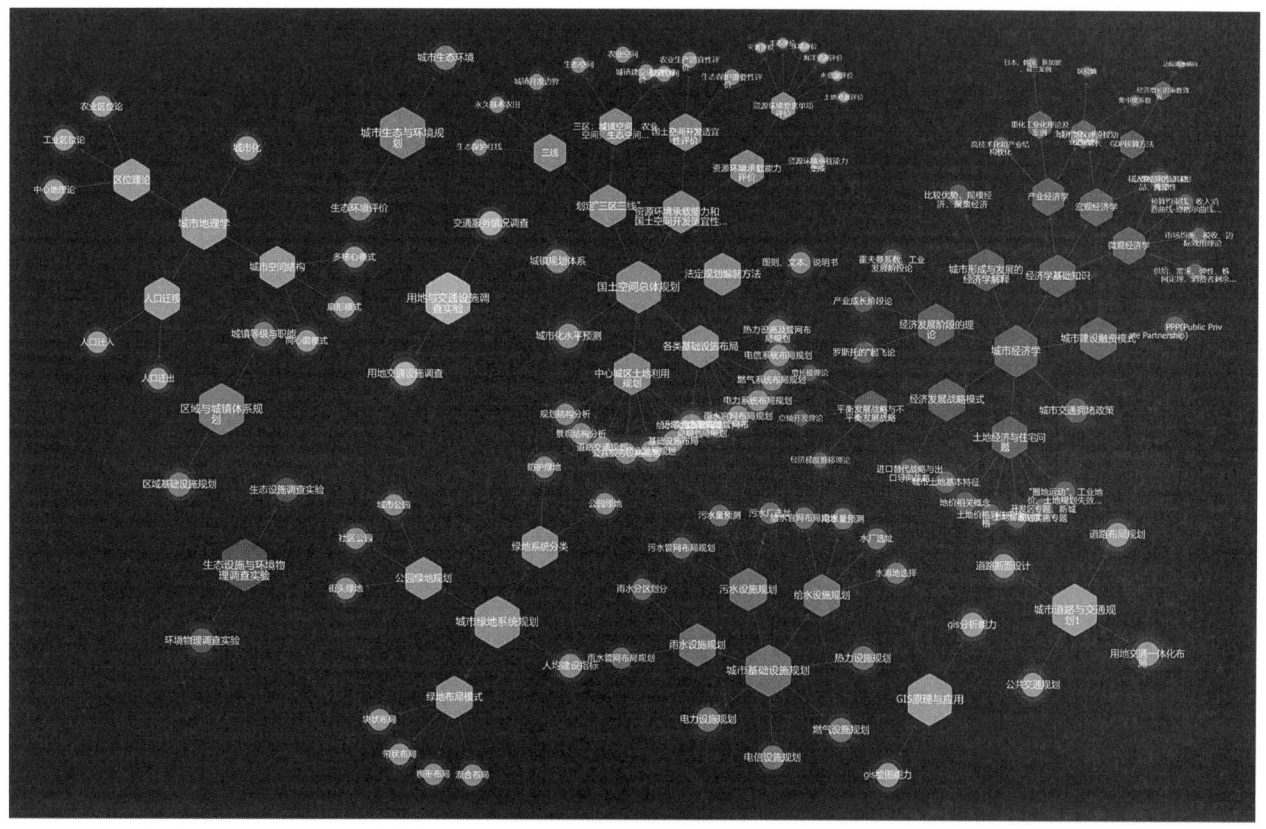

图7 课程群建设概况

资料来源：笔者自绘

［4］ 中华人民共和国教育部. 国家教育数字化战略行动 2025 年部署会召开 [N/OL].（2025-03-28）[2025-05-20]. http://www.moe.gov.cn/jyb_xwfb/gzdt_gzdt/moe_1485/202503/t20250328_1185222.html.

［5］ 天津大学研究生 e-Learning 平台. http://glearning.tju.edu.cn/course/index.php?categoryid=213.

［6］ 赵翔. 知识图谱赋能高等教育教学数字化转型探索 [J]. 中国现代教育装备，2024（3）：3-4，7.

［7］ 混合增强智慧教学平台. https://ilearning.educoder.net/.

［8］ 中国农业大学. 2023 "8+2" 显成效 | 守正创新、铸魂育人，全面提高人才自主培养水平 [N/OL].（2024-01-28）[2025-05-20]. https://news.cau.edu.cn/zhxwnew/ef6

c27ff1d594dbc98b44eeb6533dcfa.htm.

［9］ 师生与 AI "共同成长" 东南大学探索人工智能融合教学创新 [N/OL].（2025-02-24）[2025-05-20]. https://news.seu.edu.cn/2025/0225/c5485a519436/page.htm.

［10］ 北京建筑大学智慧课程平台上线 DeepSeek 开启人工智能赋能教育变革新篇章 [N/OL].（2025-04-16）[2025-05-20]. https://xww.bucea.edu.cn/tgx/bf30b67ae9d742ffadd6961c501d2bd4.htm.

［11］ 智慧课程 AI 深度赋能教学全流程 [R/OL].[2025-05-20]. https://cxkg.mh.chaoxing.com/v2/p/33bf520176aa1111ef2981516d23b41b59c4#/.

Urban and Rural Planning Introduction Course Knowledge Graph Construction Preliminary Exploration

Chen Fei   Feng Tianzhao   Liu Daiyun

Abstract：Dalian University of Technology implemented the Subject Domain Train Model since 2024. Architecture category enrolling students in two fields of "Intelligent Construction Subject Domain" and "Humanities and Social Sciences Subject Domain"，the "Urban and Rural Planning Introduction" course is the only professional basic course offered in the first year，and it has the dual tasks of professional introductory education and recruitment. As urban and rural planning pilot course，the introductory course has many and complex knowledge points. In the context of learning condition change，teaching also needs to show students the professional learning framework，planning work methods，and professional development directions. The Urban and Rural Planning Introduction "Course Knowledge Graph can effectively solve the above problems. The Course Knowledge Graph will organize，structure and relate a large number of scattered knowledge points to form a knowledge network. Through visual expression，students can more conveniently acquire，integrate and use knowledge，providing a new perspective for the in-depth reform of the course. The article combines the Course Knowledge Graph construction in the past year，summarizes the results of course construction，and combines the new problems that arise in the course construction process to propose prospects for subsequent course construction，in order to provide useful reference for the construction of related Knowledge Graph Courses.

Keywords：Course Knowledge Graph，Urban and Rural Planning Introduction，Subject Domain Train Model

乡村规划本科生课程的通识化转型初探
——以北京工业大学乡村规划课程为例

胡智超　赵之枫　张　建

摘　要：本文在系统回顾通识教育概念及其内涵的基础上，对大学课程的通识化转型趋势进行了说明。从生态文明建设、空间规划体系改革、规划实施现状问题三个方面阐明了推进乡村规划本科生课程通识化转型的必要性。最后，以北京工业大学乡村规划课程为例，简要介绍了乡村规划本科生课程通识化转型的思路与策略。相关研究成果可为探索推进城乡规划本科生通识教育提供案例借鉴。

关键词：乡村规划；通识教育；教学转型

1　通识教育与通识化转型

"通识教育"（General Education）一词在大学教育中最早出现于 19 世纪初，当时美国博德因学院（Bowdoin college）的帕卡德（A.S.Packard）教授指出，要给大学生"一种尽可能综合的（Comprehensive）教育，……使得学生在致力于学习一种特殊的、专门的知识之前对知识的总体状况有一个综合的、全面的了解"[1, 2]。进入 20 世纪，杜威、赫钦斯等学者围绕通识教育的方向和内涵进行了长期论争，逐步明确了美国大学通识教育的基本框架，并促成《哈佛通识教育红皮书》（以下简称《绿皮书》）的出版[3]。该《红皮书》中指出，美国大学通识教育的目标是培养具备有效思考、交流思想、判断决策、价值辨别等一般性心智能力的美国公民[4]。在我国，"通识"一词出现于现代汉语语境的最早时间可追溯至 1940 年前后[3]，而大学正式以"通识教育"的名义开始建制性改革则是从 21 世纪初开始。2005 年前后，以北京大学、复旦大学、武汉大学等为代表的我国高校研究形成了第一版通识教育方案，此后在 2015 年，北京大学、清华大学、复旦大学和中山大学共同成立了"大学通识教育联盟"[5]。截至目前，共有近百所高校加入该联盟。

梳理已有学者对通识教育的研究成果可知，通识教育以培养人为根本目的，通过利用全面与综合的知识使人获得理智和美德的发展，帮助学生形成跨文理、跨古今、跨文化的知识视野、理性思维和价值观念[3, 6]。在通识教育模式下，学生需要综合、全面地了解相关学科知识的总体状况，形成较全面的专业基础以及合理的知识能力结构[7]。通识中的"通"意指贯通的"通"，即不同学科的知识能够相互融通，遇到问题能够从比较开阔、跨学科的视角进行思考[7]。从通识教育的内涵来看，它具有以下几方面核心特征：①通识教育是高等教育的一个组成部分，指非专业性教育部分，它与专业教育一起构成高等教育；②通识教育旨在培养学生的全面素质，其目的不在于专业知识与技能的训练，而首先关注其作为社会的一分子参与社会生活的需要；③从通识教育的内容看，它是一种广泛的、非专业性的、非功利性的基本知识、技能和态度的教育[1]。

明晰了通识教育的概念及内涵之后，则较容易理解大学课程的通识化转型。所谓通识化转型，即指通过对原有专业教育类课程的教学目标、教学内容、教学方法、教学环节以及考核方式等进行调整，使其符合通识教育类课程要求，达到通识教育目标。传统的通识教育课程主要包括语言、文学与艺术、社会道德等，这些课

胡智超：北京工业大学建筑与城市规划学院副教授
赵之枫：北京工业大学建筑与城市规划学院教授
张　建：北京工业大学建筑与城市规划学院教授

程虽然重要，但与多元化专业发展的联系并不紧密[8]，对于本科生了解和认识不同学科专业的帮助并不明显。近年来，随着大类招生政策的实施和学科交叉需求的提升，越来越多的通识教育课程开始呈现与专业课程紧密结合、多学科交融的发展态势[9, 10]。在此背景下，部分专业类教育课程受国家政策、技术发展、行业转型等多重因素影响，开始逐步走上通识化转型的道路。

2 乡村规划本科生课程通识化转型的必要性

乡村规划课程在传统城乡规划本科生课程体系中往往作为专业必修或专业选修课程来开设。其所承担的主要教学任务是培养和提升本科生从事具体乡镇规划或村庄规划的专业能力。党的十八大以来，随着生态文明体制改革、空间规划体系变革等一系列宏观政策环境的调整，以及乡村规划编制和实施过程中暴露出来的诸多现实问题，共同倒逼规划教育工作者反思现有乡村规划的课程设置与教学体系。本文认为，在当前形势背景下，有必要开启对乡村规划本科生课程的通识化转型探索。

2.1 生态文明建设任务赋予乡村规划更高要求，牵引课程通识化转型

乡村作为主要农业空间和生态空间的承载地，不仅承担着生产生活功能，还具有重要的生态服务功能。《生态文明体制改革总体方案》中明确指出，要树立山水林田湖是一个生命共同体的理念；构建以空间规划为基础、以用途管制为主要手段的国土空间开发保护制度。乡村规划作为推进乡村建设和治理工作的龙头，是实现上述任务的重要抓手。然而从传统乡村规划课程的教学设置和知识结构等方面看，并未完全达到生态文明体制改革要求。首先，从教学对象和教学目标上看，传统乡村规划课程主要面向城乡规划专业背景的本科生开设，且主要聚焦于对学生规划设计能力和业务实践能力的培养；而在推广和普及生态文明理念、提升学生对乡村多元功能的系统认知、培养有效参与乡村治理实践的综合性人才等方面仍存在不足。其次，从知识结构上看，现有乡村规划课程虽然已融入了包括"乡村发展认知教学"在内的部分综合性内容，但仍不足以涵盖生态文明建设背景下开展乡村规划所需的涉及城乡规划学、地理学、社

会学、生态学等多学科交叉复合的知识图谱。

2.2 空间规划体系改革重塑乡村规划功能定位，助推课程通识化转型

空间规划体系改革推动了主体功能区规划、土地利用规划、城乡规划等空间规划的"多规合一"，乡村规划作为其中的重要组成部分，其内容也相应得到丰富和拓展。具体而言，首先，传统乡村规划多侧重村庄建设活动本身，而改革后的乡村规划则需要统筹建设活动和保护修复任务，为适应改革后的规划实践需求，乡村规划课程教学也应更多引入生态学、地理学、环境科学、资源管理等学科内容。其次，从规划主体性视角看，以往的规划主要以城镇地区为中心，乡村规划长期处于边缘化位置，受重视程度不够；随着空间规划改革进程的推进，传统城乡二元结构逐步被打破，乡村地区作为国土空间不可或缺的组成部分，其重要性愈发凸显。新时期乡村规划课程亟需转换原有授课视角，加快融入城乡关系、区域发展等知识体系，培养学生从城乡融合的角度去理解乡村的功能与定位，拓展对城乡发展问题的思考广度和深度。

2.3 规划实施存在问题暴露乡村规划现实困境，倒逼课程通识化转型

尽管长期以来国家高度重视乡村规划编制工作，但在规划编制和实施过程中依然暴露出一系列问题，例如：规划编制内容与实际脱节严重，存在"千村一面"问题；规划实施缺乏监管机制，导致实际建设与规划方案不符的问题；规划编制实施过程中村民参与度低，导致村民对方案的认知和接受度偏低的问题等。为应对上述问题，近年来我国已相继出台若干政策文件，如《自然资源部办公厅关于加强村庄规划促进乡村振兴的通知》《自然资源部办公厅关于进一步做好村庄规划工作的意见》《自然资源部办公厅关于乡村地区"通则式"规划技术管理规定编制要求的通知》等，但依然"治标不治本"，在实施过程中仍存在诸多矛盾和问题[11]。要有效解决上述问题，笔者以为应从人才培养环节入手，通过启动对乡村规划课程的通识化转型，提升乡村规划人才综合素养和专业认知，从源头补齐规划编制与实施工作过程中的理念短板。

3　乡村规划本科生课程通识化转型的思路初探——以北京工业大学乡村规划课程为例

下面以北京工业大学乡村规划本科生课程为例，从课程目标、课程教学内容、教学环节安排三个方面探讨如何推进乡村规划课程的通识化转型。

3.1　优化调整课程目标

（1）教学目标——原有课程将学生的乡村规划设计能力和综合解决问题的能力作为首要培养目标。通识化转型后的教学目标更聚焦于对学生非专业能力的培养，调整后的教学目标可简要表述为：本课程着重培养学生对乡村发展特征与区域差异的认知，以及通过乡村规划和设计综合解决实际问题的能力。

（2）育人目标——原有课程主要希望达到两方面育人目标，一是通过规划编制过程，使学生熟悉城乡规划业务实践流程、工作内容、工作程序、设计方法及过程；二是培养以正确的理论观点为指导、城乡规划组织及管理能力、方案表达能力、跨专业合作及团队协作能力。通识化转型后的育人目标更关注对学生综合素养和价值观养成的训练，调整后的育人目标可简述为：本课程预期达到以下育人目标，一是培养学生形成正确的专业价值观，认识到乡村的重要性，并对乡村发展问题有总体了解；二是通过规划教学过程，使学生掌握开展乡村规划的各类综合能力，并提高对规划业务实践流程和工作内容的认识。

3.2　增减完善课程教学内容

原有课程教学由课堂教学和实践教学两方面完成，核心教学内容主要包括以下五个部分：①乡村规划编制的意义；②乡村规划编制、调整的任务、主要内容和法定程序；③乡村体系规划的内容以及方法；④乡村人口规模预测的方法及其应用；⑤乡村规划的方案比选与专题讲解。

通识化转型后的教学内容相比原有教学内容进行了适当增减，一是增加了乡村发展与认知内容的讲解，具体包括乡村发展与城镇化进程、乡村的特点与区域差异、我国乡村发展的历程与制度变迁等内容；二是适当压缩了原有部分乡村规划设计的教学内容，比如对市政公用设施规划专题的讲解；三是对部分教学重点内容进行了重新布局，比如将乡村发展与认知内容部分设置为新的教学重点，同时将乡村人口规模预测内容移出了教学重点部分，以更好适应新时期乡村规划编制的特点和趋势。

3.3　面向课程目标更新教学环节安排

原有课程主要设置了三个教学环节：①课堂讲授环节；②作业环节；③检测与考核环节。为了更好凸显本课程的通识教育目标，拟对教学环节安排做如下调整：一是适当扩充课堂讲授环节，在原有课堂教学内容的基础上，补充与乡村规划相关的地理学、生态学、社会学教学内容，优化原有课程知识图谱；二是适当压缩作业环节中的设计方案学时占比，调整原有课程任务书，适当降低对专题设计内容的教学要求；三是补充交流与研讨环节，可考虑设置在作业环节之后或在作业环节过半时设置，主要目的是促进学生对乡村规划作用与意义的深度思考，并能够通过交流与研讨进一步认识城乡规划专业的社会属性，从而树立正确的行业观和价值观。

参考文献

[1]　李曼丽，汪永铨. 关于"通识教育"概念内涵的讨论 [J]. 清华大学教育研究，1999，1：96-101.

[2]　苏芃，李曼丽. 基于 OBE 理念，构建通识教育课程教学与评估体系——以清华大学为例 [J]. 高等工程教育研究，2018，2：129-135.

[3]　吴健，刘昊. 面向新时代通识教育的探索与思考 [J]. 中国大学教学，2022，4：9-13.

[4]　谢鑫，王世岳，张红霞. 哈佛大学通识教育课程实施：历史、现状与启示 [J]. 高等教育研究，2021，42（3）：100-109.

[5]　陆一，杨瞳. 高教大众化视野下中国大学通识教育发展的理论分析 [J]. 清华大学教育研究，2020，41（4）：36-46，67.

[6]　谢鑫，蔡芬. 美国一流大学通识课程结构的模式分析 [J]. 教育研究，2020，43（3）：67-75.

[7]　陈向明. 对通识教育有关概念的辨析 [J]. 高等教育研究，2006，27（3）：64-68.

［8］ 刘杨，姚远 . 大类招生背景下高校化学专业课程通识化建设 [J]. 化学教育（中英文），2023，44（4）：13–18.

［9］ 白凤华，薛辉，郭艳 . 基于学科交叉融合的通识选修课程建设实践——以"化学与文物考古"课程为例 [J]. 化学教育（中英文），2021，42（8）：17–22.

［10］ 朱健刚 . 服务学习：社会工作教育的通识化 [J]. 学海，2020，1：113–118.

［11］ 丁国胜，贺佳鹏，徐峰 . 新世纪以来我国乡村规划实施研究进展 [J]. 现代城市研究，2022，4：37–42.

A Preliminary Exploration of the Generalization Transformation of Undergraduate Rural Planning Courses——A Case Study of the Rural Planning Course at Beijing University of Technology

Hu Zhichao   Zhao Zhifeng   Zhang Jian

Abstract：Based on a systematic review of the concept and connotation of general education，this paper explains the trend of generalization transformation of university courses. It clarifies the necessity of promoting the generalization transformation of undergraduate courses in rural planning from three aspects：ecological civilization construction，reform of the spatial planning system，and problems in the current implementation of planning. Finally，taking the rural planning course of Beijing University of Technology as an example，it briefly introduces the ideas and strategies for the generalization transformation of undergraduate courses in rural planning. The relevant research results can provide case references for exploring the promotion of general education for undergraduate students in urban and rural planning.

Keywords：Rural Planning，General Education，Educational Transformation

生成式人工智能赋能城乡规划专业本科设计教学探讨
——以"城市设计"课程为例

熊伟婷　方　程

摘　要：科技进步促进城市发展转型，加之当前人工智能蓬勃发展，为城乡规划教学发展与人才培养带来较大的冲击，尤其是新工科视域下培养懂规划又会技术的复合型人才成为当前教育教学重点。基于此，结合城乡规划学科背景与特色，本文探讨了生成式人工智能（AICG）在本科设计教学中的应用及其优势与创新之处。以城市设计课程为例，针对教学现状的技术滞后、学科交叉融合度不足与前沿性不足等问题提出相应融入适配的生成式人工智能教学方法，以期提升现状分析—理念融入—规划策略—设计方案—设计表达的全过程，为第四次科技革命中城市规划学科提升与改革提供一个可借鉴的高校教学模式。

关键词：生成式人工智能；城乡规划；本科设计教学；城市设计

AI 赋能城乡规划领域已经有近二十年的历史，近年来，吴志强将数字生命概念引入至城市当中，与物质生命、社会生命共同构成城市生命[1]。各类数字生命形式在诠释物质生命、社会生命的同时，与"时间"概念相结合，共同构成"跨代孪生"，为探究城市未来发展赋予理论基础及新的动力源泉。与此同时，政府机关单位就推进现代信息技术与教育教学深度融合方面，相继出台了多项政策，以期形成互联网与高等教育融合的新形态。

城乡规划专业本科关注的是培养学生成为具有工、理、文、林、管理等多学科交叉融合的知识背景，具备扎实的城乡发展与规划理论知识和城乡规划的专业技能，将人工智能与城乡学科精神协同，是一个复杂的场域。Artificial Intelligence Generated Content（AIGC）作为技术革新与内容生产方式变革的核心产物，其本质是基于生成对抗网络 GAN、自然语言模型等人工智能技术进行图像、文本等内容生成[2]，与城乡规划本科设计课程所需的内容不谋而合。将新概念和新理念融合、将城乡专业与信息学科交叉，以优化城乡规划在理论学习、数据分析、规划设计等诸多方面的教学路径，探索出一条推动创新与产业发展为导向的工程教育新模式，从而激发学生学习兴趣与潜能，让学生忙起来、让教学活起来、让管理严起来，全面振兴本科教育，提高人才培养质量[3]。

1　人工智能背景下城乡规划专业设计类课程体系改革必要性

1.1　科技革命促进城市发展转型

18 世纪中叶以来，世界已经历了三次技术革命。新技术在改变着我们的社会关系、就业结构、生活方式的同时，也正在极大地影响着城市的塑造过程[4]。第一次技术革命使得人口向城市集中，第二次技术革命促进城市功能分区的划分，城市范围开始向周边地区蔓延，第三次技术革命带来了居民生活水平的提升，促进了工业用地向城郊转移，城市内部用地混合。历次技术革命均由颠覆性技术引发了生产生活方式的变革，在宏观层面上优化了城镇发展格局，在中观层面上促进了城市空间结构重组，在微观层面上对用地组织形态变化上都产生了重大影响[5]。步入 21 世纪以来，随着数据收集与计算能力的稳步提升，以人工智能和大数据为核心的第四次技术革命已然到来，在计算机视觉、智能决策、自然

熊伟婷：南京林业大学风景园林学院讲师硕士生导师
方　程：南京林业大学风景园林学院副教授

语言处理等领域取得重大的研究突破。应对城乡规划领域，复杂决策系统性能的提升，有望对城乡空间规划的数字化与智能化提供坚实的技术支撑，自然语言理解技术的长足进步能有效促进人机交互系统的应用落地，设计"人—机共融"的城乡规划与设计数字系统，以人机协同工作的方式，综合发挥人定性规划设计能力强与机器大尺度定量计算能力强的优势，尤其是在城市设计领域具有广泛的应用前景[6]。在当前的研究中，已经有不少学者对于人工智能在城市设计领域的应用做出突破性尝试与实践，在城市中以居住区为主的功能单一街区中的生成式设计，宋靖华等依托住区设计中体系化的参数生成强排方案[7]；针对历史文化街区的更新，唐芃等根据传统建筑聚落与街巷肌理的特色模数，通过机器学习技术构建数字化生成工具从而生成历史文化街区形态肌理[8]；孙澄宇等构建建筑群落案例库，通过强化深度学习的方式找到可适当变形的案例模型，实现自动生成符合各项专业要求的方案[9]。与此同时以 ChatGPT 为首的新一代 AI 工具对用户需求的理解有了较大的提升，在城市景观模拟、规划可视化、规划场景生成与设计方案对比等方面的应用都有了创新进步[10]，就当前发展的趋势，结合高校城乡规划的学科培养要求，将人工智能融入设计类课程是可以预期的。

1.2　人工智能促进城乡规划教学改革

在当前第四次科技革命席卷全球的态势下，人工智能技术发展迅猛，因此社会企业对于会技术又懂规划的综合型人才需求越发强烈。早在 2017 年，国务院印发了《新一代人工智能发展规划》，提出了以人工智能"推进城市规划、建设、管理、运营全生命周期智能化"的要求。《自然资源部署开展试点 探索国土空间治理数字化转型》中提出要以建设服务数字生态文明的数字生态基础设施为使命，以生成式人工智能等先进技术在国土空间规划领域的应用研发为突破口，推进相关算法重构、模型重构、标准重构和感知系统重构，着力提升国土空间规划实施监测网络"智慧"能力。《全国国土空间规划实施监测网络建设工作方案（2023—2027 年）》以习近平新时代中国特色社会主义思想为指导，深入贯彻党的二十大精神，积极落实数字中国战略，顺应新技术革命趋势，以业务需求为牵引，以智能

工具和算法模型为支撑，注重顶层设计和基层探索有机结合，技术创新和制度创新双轮驱动，加强系统互联和数据治理，加大资源整合力度，加快建设"可感知、能学习、善治理、自适应"的智慧规划，提升国土空间治理现代化水平。与此同时"新工科"建设目标任务的适时提出，为城乡规划专业未来培养什么样的人才，怎么培养人才等核心问题提供了思路，明确了方向，尤其是《2023 智能教育发展蓝皮书》为城乡规划专业设计类课程的改革提供了重要的参考与指导。

2　城乡规划专业设计课程体系教学现状与挑战

当前，城市设计课程作为城乡规划学科在高年级阶段的核心设计类课程，不仅承载着学生专业能力综合展示的重任，更是连接理论与实践、过去与未来的桥梁。在科技进步日新月异、社会需求不断演变的今天，企业对于能够灵活运用新技术、具备高度创新能力和跨学科解决问题能力的人才需求愈发迫切。这促使教育领域必须重新审视并优化其教学方式与内容，以培养出适应未来社会发展的综合性人才。然而，当前传统的城市设计课程体系面临多重挑战。首先，课程成果往往局限于三维形态效果图和终极蓝图等静态展示，这种单一的表现形式难以全面反映学生设计思维的广度与深度，更无法有效激发学生的创新思维和解决实际问题的能力。其次，教学过程中过度依赖固定的教学模式和方法，缺乏灵活性和个性化，难以满足不同学生的学习需求，进而抑制了学生在设计过程中的创造性发挥。更为关键的是，随着城市设计领域新理论、新技术和新方法的不断涌现，课程内容的更新速度远远滞后于行业发展的步伐。许多课程依然沿用旧有的知识体系，未能及时融入最新的学术研究成果和行业实践经验，这不仅限制了学生知识结构的更新与拓展，也影响了他们未来在职场中的竞争力。

3　AIGC 赋能城乡规划专业本科设计课程教学思路与实践

结合城乡规划专业本科设计课程的特点与面临挑战，本文依托生成式人工智能技术方法融入教育与设计中形成智慧教育、智慧设计两种新型教学形式，进而提出智慧教育融入城乡规划专业本科设计课程教学全过程，总体框架如图 1 所示。基于这一教学思路，以城市设计课

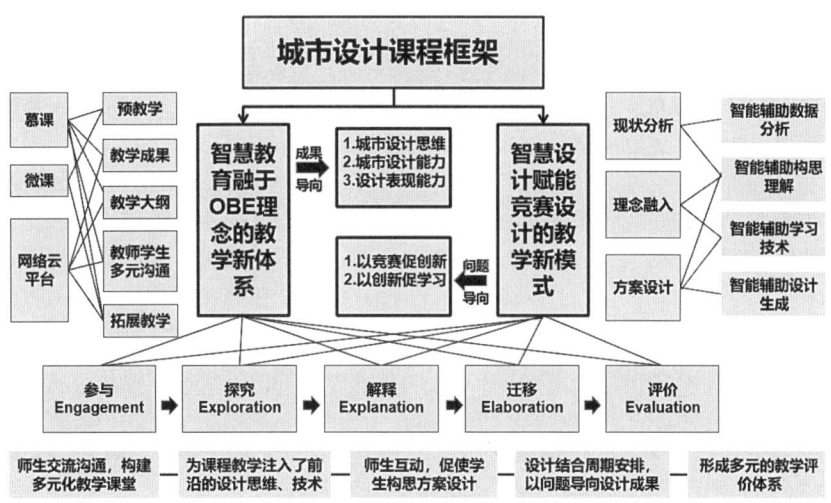

图1　城市设计课程框架

资料来源：作者自绘

程为例，以期构建智慧教学环境，引入5E教学方法，引导学生以解决实际问题为导向，自主运用前沿理论和技术进行创新设计，增强学生城市设计思维和综合能力，使规划更合理科学，实现以赛促创、以创促学的目标。

3.1　AIGC赋能城乡规划专业本科设计课程教学思路

（1）智慧教育融于OBE理念的教学新体系

智慧教育为时代衍生词，是指在数字化时代以OBE教学理念为指导的教育领域与现代信息技术科学结合的全过程[10]。以城市设计课程为例，将OBE理念培养体系赋能智慧模式，可全方位地培育学生具备城市设计思维、城市设计能力以及设计综合表现能力。一方面，AIGC赋能城乡规划为本科教学带来时间与空间上的便捷，使得教师与学生个体能在智慧教学平台下（诸如"微课""慕课""网络云空间"），打破教学空间的局限性，例如远程教学补充传统教学时间短、深度浅的弊端。教师可围绕学生的学习现状，及时发现学生在城市设计中的难点与盲点，并通过智慧教学环境构建多元化教学方式以推动学生个性化设计；而学生可依据自己的学习兴趣通过网络平台进行课下自主研讨，加深学生对城市设计的理解，进而达到教学时间尺度上的补充。另一方面，智慧教学技术（诸如基于CFD的环境分析、基于Arcgis的城市规划数据分析）与实时更新的新理念

（诸如智慧城市、AI城市）贯穿城市设计教学全过程，使得智慧教学平台、智慧教学技术、智慧新理念共同构成智慧教学环境，培育学生城市设计思维的同时，也增强了学生设计及表现的能力。智慧教育融于OBE理念，优化了城乡规划本科教学环境的同时，使得传统的OBE教学模式由"教学成果—教学大纲—教师—学生—评价改进"的循环激励模式转变为"预教学—教学成果—教学大纲—教师学生多元沟通—课下教学延伸"的以学生兴趣为中心的自主式教学新模式[11]。

（2）智慧设计赋能竞赛的产学研一体化教学新模式

传统的城乡规划设计类课程教学往往是以描述性规划为主，即在老师发布课程任务之后，学生便就老师教授的理论知识、实际调研的现状问题展开课程设计，其前期的调研分析部分往往缺少数据支撑，智慧型设计是将现代信息技术科学融入至课程设计全过程，在方案设计之前，借大数据信息平台、环境分析、类似GIS、BIM等一系列的量化分析软件进行规划设计，从而增加规划的合理性与科学性；在方案设计之时，基于深度学习技术识别城市形态、生成城市网络肌理建模以辅助城市方案设计。

城市设计课程以小组教学为组织模式，设计题目以城乡规划专业指导委员会每年公布的城市设计学科竞赛题目为依据，将创新教育深度融入教学模式之中，探索

数据技术在感知与塑造未来城市生活空间方面的应用，从而实现以竞赛激发创新、以创新促进学习的目的。在课程教授之中将"参与、探究、解释、迁移、评价"的 5E 教学方法引入课堂[11]，鼓励学生以问题导向展开城市设计课程的学习，教师在此过程中启发学生进行创新性的概念构思，引导他们借助前沿理论以及技术分析方法进行创造性及实验性的方案设计。

3.2　AIGC 赋能城市设计课程教学实践

将 AIGC 技术融入城市设计课程教学的必要性，不仅是对传统教学模式的革新，更是对学生综合能力培养与课程时效性提升的双重推动，根据上述内容，在人工智能背景下将 AI 融入城市设计课程有以下三方面要求：

（1）从知识传授与技术应用的层面，引入 AIGC 技术为课程教学注入了前沿的技术元素。学生通过系统学习 AIGC 在城市设计中的应用实践，进一步提升对技术工具的理解与掌握，激发了他们对新技术探索的兴趣与热情，为未来的专业发展奠定了坚实的技术基础；

（2）从跨学科知识整合与综合能力培养的视角，引入 AIGC 技术以促进城市设计课程与其他学科领域的深度融合。学生利用 AIGC 工具进行设计实践的过程，接触计算机科学、数据分析、环境科学等多个学科的知识。跨学科的学习经历，有助于学生构建更加全面、系统的知识体系，并提升他们运用多学科知识解决实际问题的能力，从而逐步成长为具备综合能力的城市规划人才。

（3）从课程内容的时效性与前沿性保障方面，前瞻性 AIGC 技术助力城市设计课程内容的及时更新与优化。随着 AIGC 技术的不断发展和城市设计领域的持续变革，课程内容紧跟时代步伐，反映最新研究成果与行业动态。帮助学生所学始终与行业发展保持同步，为他们的未来职业发展奠定坚实的基础。

根据以上要求，在具体的课程设置与教学实践中，可以注重以下教育：①引入智能辅助设计：将 AIGC 技术直接应用于学生的设计实践中。指导学生通过引入智能设计软件、算法和优化工具，自动化了部分繁琐的设计任务，如数据分析、初步方案设计等，还为学生提供了多种设计方案的模拟与评估，帮助他们快速迭代和优化设计方案。在此过程中，学生不仅掌握了 AIGC 工具的使用技能，还学会了如何将技术应用于实际问题解决，培养了技术应用能力与创新思维。②培养跨学科知识融合人才：鉴于 AIGC 技术本身涉及计算机科学、数学、数据分析等多个学科领域，城市设计课程在教学过程中采用跨学科知识融合的教学法。教师引导学生探索 AIGC 技术背后的原理、算法及其在城市设计中的应用案例，同时鼓励学生跨学科学习，将环境科学、社会学、经济学等相关领域的知识融入设计思考中。通过组织跨学科研讨会、项目合作等方式，学生能够在实践中体验知识融合的乐趣与挑战，逐步构建起全面、系统的知识体系，并提升综合运用多学科知识解决复杂问题的能力。③构建基于 AIGC 辅助的城市形态设计框架学习，在学习过程中引导学生利用 AIGC 辅助加速现有设计知识积累、设计方案生成和方案仿真模拟过程，使学生可以在新一代人工智能的协助与启发下快速便捷地尝试不同原创设计思路，时刻保持思维活跃度与知识前沿性。

4　思考与展望

城乡规划教育的深化是驱动城市规划现代化转型与促进可持续发展的关键基石。在当前时代背景下，大数据、人工智能等前沿科技在城乡规划领域的深度融合，促使城乡规划领域教育体系迈向革新之路。本研究以智慧教育理念探索出一条智慧化城市设计课程教学体系；以智慧设计赋能竞赛，为城乡规划学生提供新的探索式学习路径；以 AIGC 技术融入设计类课程教学实践，有效解决城乡规划方向学生各设计阶段所遇到的问题与疑难。AIGC 赋能城乡规划专业设计类课程，有利于学生培养成为兼具扎实专业技能与创新精神的"新工科"复合型应用人才。

参考文献

[1] 吴志强，周咪咪，刘琦，等."跨代孪生"：映射城市的生命特征 [J]. 城市规划学刊，2024（1）：9-17.

[2] 王天莲.基于人工智能生成技术的城市街道空间感知与未来风貌预测 [J]. 城市发展研究，2024，31（2）：9-14.

[3] 杨俊宴，郑屹.城市：可计算的复杂有机系统——评《创造未来城市》[J]. 国际城市规划，2021，36（1）：124-130.

[4] 黄经南，马灿，周俊.人工智能引领的新一轮技术革命冲击下城市空间变革趋势、对策及对我国的启示 [J]. 城

市发展研究，2023，30（6）：16–23，80.

[5] 王建国.基于人机互动的数字化城市设计——城市设计第四代范型刍议 [J].国际城市规划，2018，33（1）：1–6.

[6] 宋靖华，胡杨.基于生成式设计的居住区生成强排方案研究 [C]// 全国高等学校建筑学专业教育指导委员会建筑数字技术教学工作委员会.数字技术·建筑全生命周期——2018 年全国建筑院系建筑数字技术教学与研究学术研讨会论文集.武汉：武汉大学城市设计学院，2018.

[7] 唐芃，李鸿渐，王笑，等.基于机器学习的传统建筑聚落历史风貌保护生成设计方法——以罗马 Termini 火车站周边地块城市更新设计为例 [J].建筑师，2019（1）：100–105.

[8] 孙澄宇，宋小冬.深度强化学习：高层建筑群自动布局新途径 [J].城市规划学刊，2019（4）：102–108.

[9] 肖哲涛，寿新民，杨赟澎，等.创新城市——AI 带给城市规划的巨大变化 [J].中外建筑，2024（1）：16–20.

[10] 齐文强.智慧教学技术赋能高校萨克斯教学模式的创新研究 [J].黄河声，2024（4）：158–161.

[11] 邓一凌.城乡规划研究生量化数据分析能力的培养模式研究 [J].建筑与文化，2019（6）：65–66.

[12] 王宏，崔东旭.新工科视域下工程人才关键能力培养的探索与实践——以城乡规划专业设计类课程为例 [J].学园，2024，17（15）：8–10.

Exploring the Integration of Generative Artificial Intelligence in Undergraduate Design Education for Urban and Rural Planning ——A Case Study of the "Urban Design" Course

Xiong Weiting   Fang Cheng

Abstract：Technological advancements have accelerated the transformation of urban development，while the rapid evolution of artificial intelligence has posed new challenges and opportunities for urban and rural planning education and talent cultivation. In the context of emerging engineering education，there is an increasing emphasis on training interdisciplinary professionals who are proficient in both planning and digital technologies. Against this backdrop，this paper investigates the application，advantages，and pedagogical innovations of generative artificial intelligence（AICG）in undergraduate design studio education，with a focus on the "Urban Design"course. Addressing current issues such as technological lag，limited interdisciplinary integration，and lack of frontier thinking in teaching practices，the study proposes an AICG–integrated instructional approach. This approach enhances the entire design workflow—from contextual analysis，concept development，and planning strategies to design formulation and visual communication. The aim is to provide a referential model for curriculum innovation and discipline reform in urban planning education amid the Fourth Technological Revolution.

Keywords：Generative Artificial Intelligence，Urban and Rural Planning，Undergraduate Design Education，Urban Design

培养数字素养，强化智能规划：
西南科技大学"国土空间规划信息技术"教学改革与探索

师满江　曹　琦　曾明颖

摘　要： 西南科技大学城乡规划专业"国土空间规划信息技术"课程通过前期市场调研，明确了以"数字素养＋智能规划"为培养目标，以"课程定位—内容重构—思政融入—过程考核"为教改路径，以"教学团队＋科研团队"为支持的课程教改模式。改革过程强调传统 GIS 技术与数智规划的深度融合，形成以 8 大核心理论模块与 16 次上机实验相结合的教学体系，并融入以地方特色文化和红色资源为主的思政案例。考核方式采用"原理方法（35%）＋实践能力（65%）"的结构化评价，强化学生创新能力提升。改革实施三年来，学生凭借课程技能在全国专业竞赛中获奖率明显提升，职业选择多元化；课程获批校级一流课程与思政示范课程，编著《城乡空间模拟：智能算法与实践》参考教材，搭建校级"三线遗址数字化保护实验平台"。总体上，本次课程改革为我校城乡规划专业课程的系统化教改开展了有益的探索。

关键词： 国土空间规划；数智空间规划；GIS；教学改革；课程思政；西南科技大学

通过引入智能化技术，城市规划教育不仅能够提升教学质量与效率，还能为城市的可持续发展培养具备跨学科能力的专业人才（吴志强，2025）。然而，目前地方高校中正面临着数智化师资匮乏、数智化教学模式难以对接市场需求，规划的"产"与"学""研"之间出现了"失联"危机（王世福，2025）等新挑战。当前，大多地方高校中与数智化规划技术相关联的课程是从传统 GIS 课程转化而来，当传统 GIS 课程忽视大数据背景下的多源数据挖掘、多源异构数据的时空融合、AI 人机辅助决策支持等数智规划原理和技术，培养目标已显然不能满足大数据、人工智能时代的空间数智规划需求。

本文以西南科技大学（以下简称"我校"）城乡规划专业"国土空间规划信息技术"课程（以下简称"本课程"）改革为例，介绍了本课程如何立足当前、面向未来，通过前期调研与分析，明确课程培养目标和改革路径，重构课程体系，融合传统 GIS 与数智化技术，强化学生过程管控和能力提升等的一系列改革措施。

1　问题调研与分析

为响应国土空间规划专业改革和大数据背景下的城乡数智化规划新需求，我校于 2021 年着手修订新一版的教学大纲。在本轮大纲修改前，城乡规划专业开展了国土空间规划新需求、新问题和新机遇的社会调研。调研从两个层面开始，一方面走访国内城乡规划专业的兄弟院校；另一方面针对市场和教学改革，开展网络开放式调研。下面梳理了与本课程紧密相关的调研结果。

1.1　国内高校城乡规划专业数智规划教学现状

（1）专业变革导致的课程体系混乱

目前我国多数地方建筑院校中与数字化、智能化相关的课程主要是通过 GIS 实现的，但对传统 GIS 课程的认识在国土空间规划前后存在明显差别。在国土空间规划前，GIS 被认为是一种纯粹的技术手段，多用于地形分析，其地位远非 CAD，PS 等制图工具可比。国土空间规划后，随着 GIS 作为国土空间规划的"操作系统"，其在城乡规划课程体系中的地位显著上升。其表现在：一方面大幅增加课时，一般由原来的 24 课时增加到 32 或者 48 课时；另一方面，下沉开课学年，将之前

师满江：西南科技大学土木工程与建筑学院副教授
曹　琦：西南科技大学土木工程与建筑学院副教授
曾明颖：西南科技大学土木工程与建筑学院教授

第 4 或第 5 学年选修课程调整到第 2 或第 3 学年。

上述改革导致两个方面的问题：首先，尽管增加课但并未实时调整课程内容，如缺乏对接市场需求的 GIS 空间分析能力、数智化规划技能等，导致的教学效果并未显著提升，学生对 GIS 的理解和应用仍处在最基本的操作层面；其次，虽下沉开课学年但并未做好前后课程的对接和知识点融入，如本课程先修课程应该掌握国土空间规划的基础知识、必要的专业软件操作等。甚至部分地方院校在建筑大类分流后的第二学年一开始就学习 GIS，因学生不具备基本的国土空间规划、城市规划等专业知识和相关专业软件的操作经验，导致学习效果大打折扣。由此可见，部分院校因国空改革引发的国空课程体系混乱，导致诸如 GIS 等部分课程的教学效果并未对接行业需求和专业培养目的。

（2）数智规划的理论教学和实践不协调

数字化、智能化空间规划是典型的多学科融合交叉的综合性课程，结合了地理学与地图学以及遥感和计算机科学。当前大部分地方院校该门课程的教学，仍旧停留在传统数字化、人工智能工具的操作阶段，学生"只知其然而不知其所以然"。这对培养学生的创新能力、多元职业规划是非常不利的。

随着数智化规划的迭代更新，GIS 之于城乡规划或国土空间规划，已不仅是地图制图、地形和空间分析等初级工具操作，还需大数据的采集和存储、数据库建设、GIS

的空间智能体开发等。但万变不离其宗的是，对数智规划工具的熟练掌握首先应建立在对其原理和方法的理解上的。因此，以 GIS 为核心操作系统的数字化、智能化教学中，一方面要求学生掌握核心理论和原理，另一方面必须保障理论教学和实践过程紧密结合，由浅入深，循序渐进。

（3）融会贯通型数智规划型师资薄弱

对于部分地方高校，师资薄弱体现在：缺乏既掌握数智化规划原理方法，又具有一线数智规划实践的数智规划型教师。目前部分地方高校中的 GIS 师资大部分缺乏国土空间规划实践，部分熟悉城乡规划业务的教师，对数字化、智能规划的理解不深，缺乏对 GIS 支持下大数据、城市信息学、虚拟现实、空间分析和空间模拟等的持续学习。对于地方普通院校的城乡规划专业，这种局面恐难以在短期内得到改观。

1.2 我校城乡规划专业数智化规划需求与现状调研

本次网络开放式调研的对象细分为三个层次，第一是针对我校已毕业的且在国内知名规划单位就业的校友，调研旨在了解行业需求与改革方向；第二是在校城乡规划研究生，旨在了解在校研究生掌握数字和人工智能规划技能以提升学术和科研的能力；第三是大五即将毕业的城乡规划专业学生，旨在掌握课程体验与就业、职业规划方面的问题。表 1 展示了以上三个层面与本课程相关的调研成果。

与数字化、人工智能空间规划课程紧密相关的调研结果　　　　　　表1

问题归纳		问题详解
校友层面（有效回答56 份）	掌握数字化工具和分析手段	约 90% 的校友认为上学期间仅学到的 GIS 远远不能胜任当前国土数字化工作，不掌握遥感、大数据等获取和空间分析技术
	多源数据挖掘能力	约 65% 校友建议应给学生教授 POI、手机信令、遥感反演等新型数据源挖掘和融合处理技术
	教师知识落伍	约 85% 的校友认为传统的教学内容缺乏数字化、深度学习、智能化等方面的知识，教师知识储备跟不上行业需求
	教学方式单一	印象中除了上课就是在专教画图，画了 5 年图，毕业后啥都没用到（某国内头部规划院校友）
在读研究生（有效回答85 份）	技术应用单一	约 80% 的研究生表示本科期间仅掌握 GIS 基础操作（如缓冲区分析、地图制图），但缺乏与国土空间规划政策结合的案例（如"双评价"自动化流程）未学习 RS，GIS 和大数据
	计算机、数理基础较差	约 90% 研究生仅了解一点数智规划，不理解机器学习的原理
	科研工具断层	约 63% 研究生因本科未接触 GeoDa、GEE 平台、Google Earth、无人机等
	认识不到位	仍有约 55% 研究生认为数智规划仅是个理念，未来还远

续表

问题归纳	问题详解	
本科生 （有效回答 48 份）	课程设置混乱	大一和大二的美术和手绘占用大量时间（某大五学生）；大三和大四的设计课与理论课冲突，GIS 没有时间操作
	重操作轻原理	62% 学生认为 ArcGIS 教学仅教会基本功能，未解释空间统计原理，无法解释空间自相关、莫兰指数等原理
	实践项目虚拟化 数据便利化	大约有 75% 的认为实验数据为模拟数据，总体规划中的原始数据已经处理好，社会经济数据与现实差距大
	缺乏科技和技术	大量的时间都在传统纸面设计上，或者 PS 修图，缺乏利用 python、Java 等比较先进的工具开展创新设计
	技术不足导致就业 恐惧	约 80% 因课程未涉及国土空间双评价等社会需求科目，对计算机和新技术掌握不足，产生就业畏惧心理

资料来源：作者自绘

由此可见，传统的"GIS 城乡规划应用"无论是响应市场需求、作为数智规划的操作系统，存在理论与实践的脱节；缺乏系统的课程内容体系，缺乏新技术在城乡规划中的创新应用等问题。

2 改革思路与实施

针对上述问题，对应国土空间规划和城乡数字化、智能化建设需求，我校首先将"GIS 城乡规划应用"改名为"国土空间规划信息技术"，并将课程性质由原来的专业选修课调整为专业必修课。接下来，从课程定位、课程内容、考核方式等多方面进行了系统重构。图 1 展示了本次课程改革的主要思路和流程。

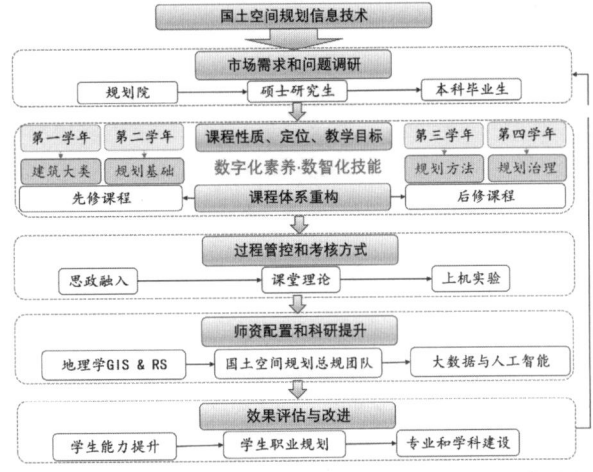

图 1 "国土空间规划信息技术"课程改革思路和技术流程
资料来源：作者自绘

2.1 课程定位

对应整个城乡规划课程体系中，将该门课程定位为"提升数字素养、强化智能规划"为教学目标。为达到这一目标，首先将该门课程在整个教学体系中定位为"承前启后，固本培元"。具体来看，承前是明确该门课程的开设条件，即学生必先修基本的与国土空间规划、城乡规划相关的课程；启后是指该门课程后续的课程，要在知识体系上与本课程核心知识点形成呼应，技能上融会贯通。"固本培元"是强调该门课程仍以 GIS 在城乡规划中的应用为主线，同时引入遥感、空间统计分析、机器学习与建模、数字虚拟技术、空间规划决策支持系统等，以培养学生综合分析和数智化技能。

2.2 内容重构

在教学内容上，构建了"8+16"的课程内容体系。"8"指 8 大核心原理和方法作为课程理论支柱——这 8 大支柱，设置了"16"次的上机实验课程。与改革前的"GIS 城乡规划应用"相比，改革后的课程内容体系注重"原理—方法—实操—产出"的教学闭环，有效避免了传统教学中知识与技能割裂的问题。表 2 列举了本课程核心内容模块及在后续课程中应用。

与改革前相比，改革后的课程课时大大增加，由原来的 24 课时增加到 48 课时。理论课时和上机实践的比例调整为 16∶32。为了保证理论和实践深度融合，课时进度同步进行，即 1 次理论课（2 学时一般安排在周一或者周二）对应 2 次上机实验（4~8 学时上机实验一般安排在周四或者周五第五讲，因第五讲对应晚上 8∶00—

"国土空间规划信息技术"理论与实践体系　　　　　表2

原理／方法体系	上机实验	与后续课程的融会贯通
1. 空间数据类型、来源及采集	传统光学遥感、热红外遥感和 SAR 数据的认识和简单处理	城市社会学、社会调查研究
	网络爬虫与其他文本数据的采集和空间化	
2. 空间数据融合与地理参考化	数据类型与转换：矢量和栅格数据	国土空间规划设计"双评估"数据准备与技术流程
	多源数据的地理参考化：投影与校准	
3. 空间数据存储与管理	GIS 数据库建库、数据维护和更新	
4. 空间统计与分析	叠加／缓冲区／网络分析模型	道路交通规划
	空间相关性和空间探测器	社会调查研究
5. 空间预测与建模	传统线性／非线性时空预测模型	城市社会学／社会调查研究／城市生态学／城市地理学
	机器学习原理与神经网络建模	
	空间智能体模型	
6. 空间规划可视化	专题制图综合与表达	国土空间规划设计／片区规划
	国土空间规划制图规范	
7. 空间三维可视化与虚拟现实	三维可视化的数据准备：传统村落三维数字化	文化遗产学
	Google Earth Engine+SketchUp 传统村落三维数字化可视化	
8. 空间决策支持系统	城市空间演变的多准测决策方法（MCDM）	城市地理学
	ARCGIS python 空间规划智能体城市增长边界划定与情景模拟	

资料来源：作者自绘

9：40，以便对于部分进度较慢的同学还可以下课后再继续学习）。

2.3　思政融入

人工智能的面临的风险与伦理道德是当前 AI 时代最大的隐患。同理，本课程也具有极强的信息保密、信息安全等思政特征。从基于信息技术的国土空间信息采集，到信息的存储、管理、分析、显示及应用，再到人机交互数智化规划，这一过程蕴含着丰富的"历史、政治、军事、经济和文化"等内涵，同时也涉及大量伦理道德等方面的内容。为此，本课程提出立足地方特色文化和红色资源的思政课程改革思路。强调思政元素不能仅"讲一讲"，还要动手"做一做"，并围绕"三线工业遗址的选址与适宜性分析""上甘岭战役中地形因素分析""传统村落——羌寨的数字化传承和保护"等广泛建立思政库，设置若干上机实验课程。思政改革得到我校教改立项支持，其研究成果以"融入地方特色文化的城乡规划专业课程思政案例设计——基于"国土空间规划信息技术"课程思政的探索"为题，发表在 2023 年第 4 期的《西南科技大学学报（哲社版）》。

2.4　过程考核

为了突出本课程理论与实践的深度融合，做到知行合一，本课程提出了"过程管控＋能力提升"为主的过程考核模式。学生成绩考评采用"原理方法（35％）＋解决问题（65％）"的结构式考核方式。原理方法的考核采用开卷方式，围绕具体规划问题，考察学生选择利用 GIS 工具、机器学习等开展相关分析的逻辑思路；"能力提升"对应 16 次上机实验，每次实验都对应着详细的实验指导书，要求学生在实验完成后提交实验报告，依据实验报告的评分，统一加权总成绩中。

3　成效与不足

3.1　成效

（1）学生能力提升明显：教学过程中，学生自设科研题目参与全国类竞赛的积极性明显提升。如"成都市屋顶绿化识别优化"（并参与了第十四届全国大学生节能减排社会实践与科技竞赛校级二等奖）、"传统村落数字化建模"（2024 年创新产业大赛）、"绵阳市夜间旅游的人口流动"（绵阳市社科联项目）等；学生在"全国大学生国土空间规划设计竞赛""全国高校数字艺术设计大赛""西部之光""WUPENicity"等各类专业和非专业科技竞赛中获奖率也有显著提升（约20%）。此外，职业规划也呈现出多元化特点，部分考研学生直接转到遥感与地理信息专业攻读硕士学位，毕业生对大数据、智能化规划等表现出明显的自信和职业多元化考虑。

（2）课程建设成效显著：本课程已成功申报校级一流本科课程、课程思政示范课程，编著《城乡空间模拟：智能算法与实践》（中国建筑工业出版社，2025）参考教材。通过多轮师资集训与资源重构，逐步形成覆盖"教学目标—课程内容—教学方式—评价体系"的全链条教学方案，建立"理论＋技术＋价值观"三位一体教学体系。

（3）产学研协同推进：围绕本课程组建了国土空间规划教学团队和科研团队。同时，依托国家遥感中心绵阳科技城分部，成立了校级"三线遗址数字化保护实验平台"。

3.2 不足与展望

（1）课程建设不突出。尽管取得了部分成果，但本科课程仍在国家级、省级一流课程建设中缺乏强劲动力，缺乏有效的支持。

（2）课程体系还需完善。当前我校城乡规划专业的仍不彻底，不同课程之间的缺乏联动机制。本课程改革定位、教学内容等还需跟随专业调整而不断完善。

（3）教学形式需多元化。本课程理论＋实践的教学方式在当前教育数字化时代，仍显得落伍。

4 结语

在时代进步和变革下，任何学科若不能顺应时代需求，都将变得脆弱甚至被撤销（叶超，2019）。当前，我校正在实施新一轮的专业调整，城乡规划专业面临巨大挑战的同时，借助人工智能浪潮也可"顺智而为"，积极融入大数据、数字化和智能化空间规划技术，不断扩展学科边界，推动学科转型发展。

参考文献

［1］ 吴志强 . 城市规划教育的数智化焕新 [J]. 城市规划学刊，2025（1）：11–16.

［2］ 王世福，李欣建，赵渺希，等 . 中国城乡规划学科转型面临的挑战与跨学科重构 [J]. 规划师，2024（12）：1–6.

［3］ 郑重，匡成铭 . 地方院校城乡规划专业 GIS 教学思考——以铜仁学院为例 [J]. 大众文摘，2023（8）：39–41.

［4］ 苑惠丽，李吉英 . 应用型本科院校城乡规划专业 GIS 课程改革初探——以金陵科技学院为例 [J]. 安徽建筑，2020，27（2）：3.

［5］ 王彦春，张小东 . 国土空间规划背景下城乡规划专业 GIS 课程教学策略研究 [J]. 现代职业教育，2024（27）：113–116.

［6］ 李渊，林晓云，邱鲤鲤 . 创新实践背景下的城市规划专业地理信息系统课程的教学改革与思考 [J]. 城市建筑，2018（15）：3.

［7］ 叶超，尹梁明，殷清眉，等 . 地理学是一门脆弱的学科吗？——哈佛大学撤销地理系事件及其反思 [J]. 地理科学进展，2019，38（3）：312–319.

Cultivate digital literacy and strengthen intelligent planning: Exploration of teaching reform of "National Space Planning Information Technology" at Southwest University of Science and Technology

Shi Manjiang　Cao Qi　Zeng Mingying

Abstract：The "National Space Planning Information Technology" course of the Urban and Rural Planning major of Southwest University of Science and Technology has clarified the course reform model with "digital literacy + intelligent planning" as the course reform goal，"course positioning–content reconstruction–ideological and political integration–process assessment" as the path，and "teaching team + scientific research team" as the support. The reform process emphasizes the deep integration of traditional GIS technology and digital planning，forming a teaching system combining 8 core theoretical modules with 16 computer experiments. The assessment method adopts a structured evaluation of "principal method（35%）+ practical ability（65%）" to strengthen the improvement of students' innovation ability. In general，this curriculum reform is based on the current situation and looks to the future and has carried out useful explorations for the teaching reform of urban and rural planning courses in our school.

Keywords：Territorial Spatial Planning，Intelligent Spatial Planning，GIS，Teaching Reform，Ideological and Political Education，Southwest University of Science and Technology

建筑设计课程对于城乡规划设计教育的基础作用与教学方法思考
——以同济大学"建筑设计 I"课程为例

曹哲静

摘 要：虽然城乡规划学与建筑学专业在本科低年级均进行建筑设计教学，但低年级建筑设计对不同专业的基础作用需有所区分。城乡规划专业的建筑设计教学除了传授建筑学中建筑设计的一般方法外，还需要为之后衔接宏观尺度的城乡规划设计构建基础。本文以作者承担的同济大学城乡规划专业本科大二下"建筑设计 I"课程小组教学为例，探讨了一种在保留建筑设计学时和不对课程体系做重大调整情形下，为城乡规划设计建立基础的建筑设计教学思路。即提取和城市空间设计相关的建筑设计要素，在建筑设计中进行强化教学。通过加强对不同类别建筑原型与尺寸的训练，为城市空间设计的建筑选型与布局建立基础；通过加强对建筑立面与材质的设计，为街区风貌设计和天际线设计建立基础；通过加强对建筑场地和交通的组织，为街区和城市尺度的交通系统设计建立基础。基于此，教学构建了五项目标，包括掌握微观空间的分析与组织能力，掌握某一类型建筑的空间组合模式、尺寸、结构，掌握某一类建筑的表皮造型和适用材质，掌握某一类建筑的场地交通组织方法，掌握建筑设计的制图与表达，并将五项目标拆解为具体的小组授课与学生设计步骤。

关键词：建筑设计；城乡规划专业本科教育；设计课教学；集合住宅设计；幼儿园设计

1 建筑设计对城乡规划设计教育的基础作用

我国以"老八校"为代表的建筑院校城乡规划专业本科设计课教学常采用"建筑设计 + 城乡规划设计"的教学模式，即在前两年进行建筑设计启蒙，在第三至第五年进行住区设计、城市设计、控制性详细规划、总体规划的城市空间规划设计训练。虽然城乡规划学与建筑学专业在本科前两年均进行建筑设计教学，但是低年级建筑设计对于不同专业的基础作用应该有所区分。建筑学本科设计教学通常采用从抽象空间设计（平面构成、空间构成）到具象空间设计（居住、商业、公共、体育不同类别建筑）的过程，低年级建筑设计起到对具象空间中较为简单类型的建筑设计训练，如住宅、小型公共建筑设计[1, 2]。城乡规划专业本科设计教学通常采用从微观空间设计到宏观空间设计的过程，建筑作为城市空间的最小单元，低年级建筑设计起到对微观尺度空间设计的训练作用。因此城乡规划专业的建筑设计教学除了传授建筑学中建筑设计的一般方法外，还需要为之后衔接宏观尺度的城市空间设计打下基础。作者在此前承担同济大学城乡规划本科高年级住区设计和城市设计的设计课教学中，发现学生普遍面临着有关建筑设计的若干难点：一是对不同用地类型的建筑选型不熟悉，例如难以区分商场建筑、科研与办公建筑、公共建筑、住宅建筑的尺度和造型；二是在城市三维空间设计中对不同类型建筑的立面和材质不熟悉，难以深入进行街区风貌设计；三是对不同类别建筑的附属场地设计和交通组织难以深入。这些难点往往需要在低年级建筑设计的教学中提前解决，包括掌握不同类型建筑的原型（Prototype）和空间组合模式、了解不同类型建筑的材料表皮、处理好建筑设计和场地交通的关系。

2 "建筑设计 I"课程教学方法探索

2.1 课程背景

"建筑设计 I"课程是同济大学五年制城乡规划专业本科生在大二下的设计课。学生在此前三个学期由建

曹哲静：同济大学建筑与城市规划学院助理教授

筑系教师进行"设计基础Ⅰ、Ⅱ、Ⅲ"的教学，已经初步接触建筑设计，完成了水平空间设计（如艺术展示中心设计）和垂直空间设计（如社区活动中心设计）。到了大二下由城市规划系老师加入进行"建筑设计Ⅰ"课程教学，完成集合住宅和幼儿园设计，各占8周共计16周教学时间。"建筑设计Ⅰ"课程是城乡规划专业学生在建筑设计的收官之作，也是由城市规划系教师介入设计课程教学的开始。在此前"设计基础Ⅰ、Ⅱ、Ⅲ"的课程教学中，建筑系教师主要从建筑空间和行为关系、建筑内部水平和垂直空间组织等视角进行教学。因此，城市规划系教师在介入"建筑设计Ⅰ"的课程教学中，不仅需要促使学生掌握建筑设计的一般方法与流程，还需要为之后学习宏观层面的城市空间设计打好微观层面的空间设计基础。下文以作者2024年承担的"建筑设计Ⅰ"课程中的8人小组教学为例，介绍教学思路和方法的探索。

2.2 教学思路

在任务书中，集合住宅设计要求在上海高密度建成区的大学校园旁为中青年教师设计一幢10户总建筑面积1200平米的集合住宅，并配备停车位；幼儿园设计要求在上海某大型居住区内设计一座6班幼儿园，包括不超过2400平米的建筑面积和室外活动场地。设计对象涵盖了居住建筑和教育建筑两类。这两类建筑也是城乡规划专业学生在高年级进行住区设计和城市设计中经常会接触到的居住和教育类用地所对应的建筑设计。教学目标包括以下五点：

（1）掌握微观空间的分析与组织能力

掌握微观空间的分析与组织能力即采取明确的设计流程回答通过怎样的空间设计满足某类人群怎样的空间需求。在集合住宅设计小组教学中，作者引导学生首先通过设计对象的人群画像进行空间需求分析，并对场地特色进行分析，在此基础上提出设计理念，形成功能气泡图和平面图，进行柱网结构和立面材质的细化，并对场地进行设计。集合住宅所面对的大学中青年教师，人群画像多为30~45岁左右，处于事业上升期和家庭建构期的人生快速变化阶段，承载着较大的工作压力和面临"工作—家庭"平衡困境，作为原子化的脑力工作者在日常生活中缺少社交，因此中青年教师需要满足家庭结

构快速变化的多种居住套型选择，甚至套型单元可以通过灵活的隔断进行一定程度的自由组合和拆解，此外中青年教师对于居住空间之外的公共活动空间、休闲放松空间、社交空间具有需求。在幼儿园设计小组教学中，作者引导学生首先理解儿童的生理和心理活动特征，进而定义空间需求的关键词形成概念方案，在此基础上进一步组织建筑内部空间、建筑内部空间与外部活动场地及庭院的关系、场地出入口与城市道路及周边建筑的关系。幼儿园的设计对象为1~7岁儿童，学生需要了解其在幼儿时期（1~3岁）和学龄前时期（3~7岁）的心理和生理特点，尤其是认知、语言、情感、大动作和精细动作的特点。例如幼儿期儿童尚处于分离焦虑期而对安全感有较大需求，开始独立行走和发展大动作而喜欢追逐奔跑，逐渐对图形和色彩敏感，学龄前儿童的好奇心和探索欲不断增强，具有亲水和亲自然特点，处于需要训练注意力和习得性社会规范的重要时期。因此1~7岁儿童需要具有安全感、色彩明快、同时又可以自由探索的建筑内部空间，阳光充足可以自由奔跑活动的室外空间（如跑道、运动器材场所），可以锻炼注意力、责任感、合作意识的室外活动场所（如挖沙子的沙坑、种植园），以及亲水和亲自然的室外空间。幼儿园的教师和工作人员则需要单独的办公空间和交通流线。在幼儿园设计的前期，作者引导学生回想童年时期有关成长环境、幼儿园、常去玩乐场所的记忆，并思考如果重返童年，期待的幼儿园空间和生活场景是怎样，以促使学生带入儿童的视角去思考幼儿活动空间需求。

（2）掌握某一类型建筑的空间组合模式、尺寸、结构

学生需要掌握某一类建筑的空间组合模式和尺度，并了解该模式通过什么样的建筑结构可以实现，以避免在高年级宏观尺度城市空间设计中随意进行建筑选型且该选型难以落地。例如对于集合住宅设计，学生需要掌握卧室、客厅、卫生间、厨房、阳台、走廊、门厅布局的朝向和景观要求，了解利用走廊串联房间单元和房间单元围绕楼梯电梯间布局的多种空间组合模式，从而掌握居住类建筑的基本平面形态；了解不同套型的基本尺寸并能进行合理家具布局，了解走廊、楼梯间、门厅的尺寸，从而对居住类建筑的进深和面宽有基本尺度的概念；在结构方面了解住宅常用的框架结构、剪力墙

结构、框架+剪力墙结构，了解住宅柱网尺寸（3~6 米）并会结合空间分割进行柱网排布。对于幼儿园设计，学生需要了解利用走廊串联幼儿独立活动单元（含活动室、寝室、卫生间、储藏室）、多功能厅、教师办公空间、后勤和厨房空间并将这些空间与室内外公共活动空间穿插布局的建筑空间组合模式，了解幼儿独立活动单元、多功能厅、教师办公空间、晨检和隔离空间、后勤和厨房空间、门厅、成人卫生间、走廊、楼梯间、电梯间、公共楼梯的基本尺寸和朝向要求，从而掌握幼儿园类建筑的基本平面形态和尺寸；掌握幼儿园建筑常用的框架结构，并会结合平面布置柱网体系和绘制梁柱尺寸。

教学过程中，学生在设计之初通过绘制集合住宅和幼儿园设计案例分析图纸掌握该类建筑经典的空间组合模式。此外在小组教学中，作者通过置入有关住宅和幼儿园建筑设计技术规范的讲解，促使学生掌握建筑设计的尺寸规范。对于集合住宅设计，作者基于国家标准《民用建筑设计统一标准》《建筑设计防火规范》《建筑防火通用规范》《住宅设计规范》《无障碍设计规范》《建筑工程建筑面积计算规则》，以及上海地方标准《住宅设计标准》《住宅建筑绿色设计标准》《住宅无障碍改造技术指南》，为学生讲解了住宅设计中有关房间布局、建筑高度、开窗、公共走道、套内过道和楼梯、楼梯间、电梯间、消防车道、无障碍坡道、建筑面积计算的规范与标准。对于幼儿园设计，作者基于《托儿所、幼儿园建筑设计规范》《幼儿园建设标准》《建筑设计资料集》，讲解了有关幼儿活动室、幼儿卧室、幼儿厕所、多功能厅、管理用房、门厅、医务室和隔离室、厨房、走廊、楼梯、消防疏散空间、出入口台阶、墙面与开窗的设计规范与标准。此外，作者在小组教学中通过置入有关建筑结构的小组授课，促使学生学习建筑结构如何为建筑形态服务，包括讲解按照不同承重方式和不同承重材质划分的建筑结构体系，以及讲解不同类型建筑的柱网密度、规则柱网体系的局部变化方法、不同柱网体系的叠加方式。

（3）掌握某一类建筑的表皮造型和适用材质

学生除了进行建筑基本形态和体块训练外，还需要对建筑表皮设计和材质有一定概念，从而为高年级城市空间设计中的建筑建模、天际线设计、街区风貌设计奠定基础。针对集合住宅和幼儿园两类建筑，作者通过小

组授课讲解了常用的建筑材质和表皮造型，引导学生在设计之初便思考如何通过建筑表皮和材质实现想要的空间体验。在不透明表皮中，作者讲解了作为墙体和饰面材料的混凝土案例、作为饰面材料的竹模混凝土案例、作为墙体和饰面材料的青砖和红砖案例以及砖的瓦拼肌理、作为饰面材料的石材案例及相应的干挂法和湿挂法、作为曲面建筑外墙饰面材料的无机水泥石案例。在半透明表皮中，作者讲解了具有装饰性的彩釉玻璃和具有高透光率的聚碳酸酯板等案例。

（4）掌握某一类建筑的场地交通组织方法

对于城乡规划专业的学生来说，学生还需了解建筑不是单独存在，而是处于城市肌理中，与场地和更大尺度的城市道路连接。因此学生需要掌握建筑的场地交通组织方法，尤其是学会组织建筑内部交通与场地交通、城市交通的递进关系，从而为高年级城市空间设计中的场地和交通系统组织奠定基础。作者引导学生在设计之初通过系统性的场地分析增强对场地环境的了解，包括城市区位、周边道路等级、周围建筑类型和高度、场地内部及周边场地的自然环境等。在设计时，学生需要厘清场地出入口个数、出入口所在的道路等级、建筑主次出入口与场地主次出入口的顺接关系。对于集合住宅设计，学生需要特别掌握机动车和非机动车停车位的尺寸和排布，将停车位布置于邻近场地出入口的一侧，并避免与建筑出入口和室外停留空间的交通流线形成冲突。幼儿活动场地设计是幼儿园建筑设计的重要组成部分，幼儿活动场地包括班级单独活动场地、公共活动场地、集中绿地、跑道，其中公共活动场地可以设置沙坑、戏水池、滑梯攀爬架游玩设施、种植园等不同主题。因此学生一是需要掌握各类幼儿活动场地的内部空间组织；二是处理好幼儿活动场地和建筑空间的关系，如班级活动单元需要靠近班级单独活动场地并设置通往班级活动场地的单独出入口，班级单独活动场地之间需要有隔离并和公共活动场地分开设置，幼儿活动场地需要有通向建筑主要出入口的室外连接路径。

（5）掌握建筑设计的制图与表达

制图不仅是机械地绘制平立剖图纸，而是通过绘制不同类型的图纸展现不同维度的设计内容。例如作者在小组教学中引导学生通过绘制方案生成与分析图纸表达建筑功能与形式的关系，尤其是公共空间序列、垂直

和水平交通空间的组织、不同使用者动线的组织。通过绘制平面图展现建筑设计的房间布局、承重结构、柱网体系、场地设计，通过绘制剖面图展现建筑内部空间的尺度和结构，通过绘制立面图展现材质、比例、开窗设计，通过绘制透视图展现建筑体块与三维空间组织。

2.3 教学步骤

表1展示了集合住宅和幼儿园建筑设计的小组教学步骤。作者对应以上五个教学目标（掌握微观空间的分析与组织能力、掌握某一类型建筑的空间组合模式尺寸结构、掌握某一类建筑的表皮造型和适用材质、掌握某一类建筑的场地交通组织方法、掌握建筑设计的制图与表达），分别设置了8周的小组授课内容和学生作业内容。图1~图3展示了部分学生设计成果。

3 结语

在城乡规划学从隶属于建筑学的二级学科上升为一级学科以及国土空间规划改革的背景下，建筑设计教学除了传授简单类型的建筑空间设计方法外，还应该为高年级城市规划设计打下基础。部分学校采取将城市设计内容下沉到低年级设计课的做法，比如在建筑设计中融入对城市公共空间和建筑组群的设计，以加强对高于建筑尺度的街区尺度的认知[3—5]。但该模式可能会压缩建筑设计学时，且需要较大的教学改革成本。本文提供了一种在保留建筑设计学时和不对课程体系做重大调整的情形下，为城市规划设计建立基础的建筑设计教学思路，即提取和城市空间设计相关的建筑设计要素，在建筑设计中进行强化教学。包括在建筑设计中加强对不同类别

集合住宅和幼儿园建筑设计的小组教学步骤 　　　　表1

时间	集合住宅设计		幼儿园设计	
	小组授课内容	学生作业内容	小组授课内容	学生作业内容
第1周	★设计要求概览 ★集合住宅的概念缘起和演变 ★经典集合住宅案例		★儿童心理与生理特点讲解	学生幼儿生活场景回忆训练
第2周	★设计对象的人群特征 ★建筑需要回应的城市议题 ▲场地设计方法 ●从建筑功能气泡图到平面布局	集合住宅案例分析	●幼儿园设计流程与要点	幼儿园设计案例分析
第3周	●建筑形态生成方法	人群需求分析 场地分析 建筑功能气泡图	▲幼儿园场地设计要点讲解	提出设计主题
第4周	●建筑结构与柱网体系 ◆建筑立面与材质	平面图一草 草模	●建筑结构与柱网体系 ◆建筑立面与材质	平面图一草 草模
第5周	●住宅建筑设计相关规范讲解	柱网体系 建筑立面	●幼儿园设计规范讲解	柱网体系 建筑立面
第6周	■图纸绘制与排版技巧	平面CAD绘制	■图纸绘制与排版技巧	平面CAD绘制
第7周		建模 剖面、立面图纸绘制 透视图绘制		建模 剖面、立面图纸绘制 透视图绘制
第8周		完整出图		完整出图

资料来源：作者自绘

注：★指授课内容对应"掌握微观空间的分析与组织能力"目标，●指授课内容对应"掌握某一类型建筑的空间组合模式、尺寸、结构"目标，◆指授课内容对应"掌握某一类建筑的表皮造型和适用材质"目标，▲指授课内容对应"掌握某一类建筑的场地交通组织方法"目标，■指授课内容对应"掌握建筑设计的制图与表达"目标。

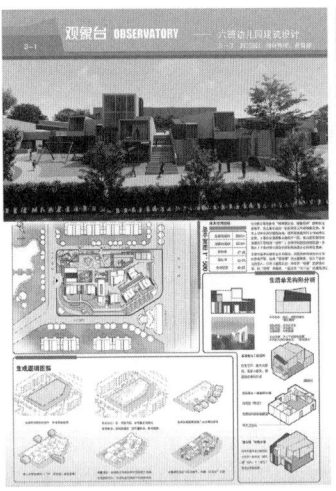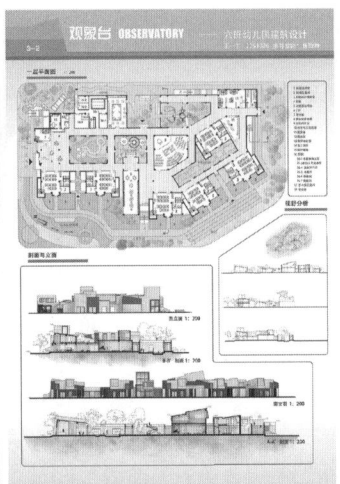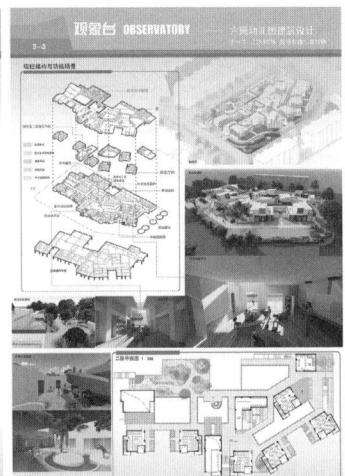

图1　幼儿园建筑设计成果

资料来源：学生（王一丁）

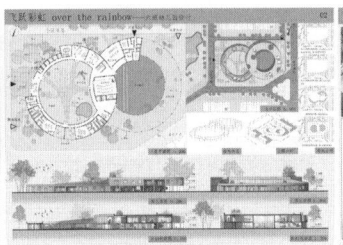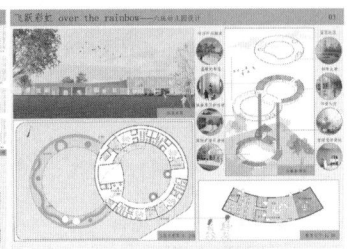

图2　幼儿园建筑设计成果

资料来源：学生（黄子怡）

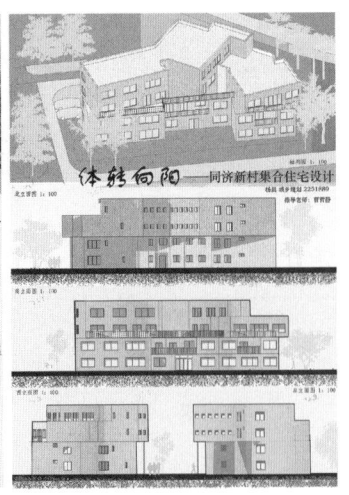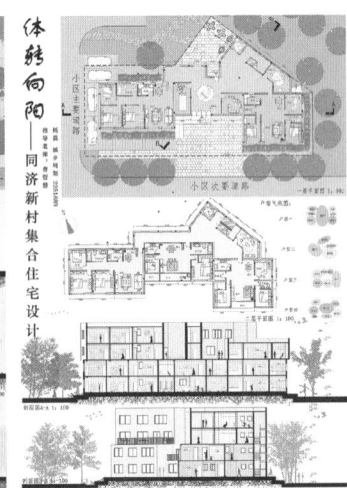

图3　集合住宅建筑设计成果

资料来源：学生（杨晨）

建筑原型与尺寸的训练，为城市空间设计的建筑选型与布局建立基础；加强对建筑立面与材质的设计，为街区风貌设计和天际线设计建立基础；加强对建筑场地和交通的组织，以对接街区和城市尺度的交通系统设计。

致谢

感谢"建筑设计Ⅰ"课程教学组长汤宇卿老师在教学过程中的帮助，以及建筑系周健老师在大组教学中的授课。

参考文献

［1］ 邹颖，张向炜，李昕泽.夯实基础，承上启下——天津大学建筑学院三年级建筑设计教学 [J].中国建筑教育，2021（1）：28-34.

［2］ 李帆，叶飞，王晓静.STUDIO教学题目类型选择与运行模式思考——以西安建筑科技大学建筑学系四年级教学为例 [C]//教育部高等学校建筑学专业教学指导分委员会.2022中国高等学校建筑教育学术研讨会论文集，2023.

［3］ 刘鹏，黄瓴.城市形态学视角下的集合住宅设计教学探索 [J].城市建筑，2022，19（12）：118-121，125.

［4］ 黄勇，谭文勇，徐苗.重庆大学城乡规划专业二年级设计课程教改十年回顾 [C]//国务院学位委员会城乡规划学科评议组.2024中国高等学校城乡规划教育年会论文集.北京：中国建筑工业出版社，2024.

［5］ 徐凌玉，王鑫.基于城市观察与专业认知的城乡规划专业二年级"建筑设计Ⅰ"课程教学实践探索 [C]//国务院学位委员会城乡规划学科评议组.2024中国高等学校城乡规划教育年会论文集.北京：中国建筑工业出版社，2024.

The role and teaching method of architectural design in urban and rural design education——Taking "architectural design studio I" at Tongji University as an example

Cao Zhejing

Abstract：Although architectural design studio is taught for both urban and rural planning and architecture majors，it should have different roles for different majors. For urban and rural planning students，architectural design studio need not only teach them basic building design skills，but also prepare them for future urban design. Taking "architectural design studio Ⅰ "for second-year undergraduate urban and rural planning students at Tongji university as an example，this paper provides an architectural design teaching approach that sets foundation for subsequent urban design learning without significantly reducing architectural design learning hours and changing architectural design curriculum. It extracts architectural design elements that relate to urban design and emphasizes it throughout the teaching process. By underlining the training on architectural prototype and scale，it establishes a foundation for organizing building forms and layout in urban design. By enhancing the design of building façade and materials，it sets a foundation for coordinating townscape and skyline. By strengthening the organization of building sites and circulation，it lays the groundwork for transportation system organization at both neighborhood and urban scales. Accordingly，the studio establishes five learning objectives and breaks it into structured teaching steps，including acquiring micro-scale spatial analysis and design ability，understanding spatial configuration modes，scales，structures of a specific building type，developing façade and material design skills，learning site traffic planning strategies，and mastering architectural design drawing and presentation techniques.

Keywords：Architectural Design，Urban and Rural Planning Undergraduate Education，Design Studio Teaching，Apartment Design，Kindergarten Design

建筑类"设计初步"课程数字化技术运用与实践研究 *

刘 虹 尚晓伟

摘 要："设计初步"课程是建筑大类（包含建筑学、城乡规划、风景园林）下针对大一新生的设计基础课程，也是高年级命题类设计课程的预备课程。如何让学生通过简单的设计，提升对专业的兴趣，以及认识并了解建筑类设计的基础语言，如建筑空间、空间尺度、建筑与环境的关系、建筑与行为的关系等内容，是该课程重点也是难点。目前该课程结合 ADA（Architecture Design and Art）教学模式，并尝试融入数字化技术甚至 AI 人工智能（以下简称 AI）的内容作为辅助学习工具，让学生将自己设计的建筑，通过模拟软件塑造出建筑环境等场景，并将整个设计内容进行视频制作，从而让学生跳出传统的二维平面设计，在三维的仿真模拟空间中找到做设计的乐趣，同时结合理论知识，学生从被动式学习到主动的探索式学习，从而让学生快速进入专业课程的学习状态，提高专业知识的掌握度。

关键词：建筑类；设计初步；数字化技术

1 引言

"设计初步"课程是建筑类学生的专业启蒙课，其课程内容既要有设计基本功的训练，又要有创造力的培养，既要有实物的展示，又要有对抽象空间的描述，因此如何让学生在该课程中学到相对全面的专业知识，又能在该课程中找到对专业的兴趣是该课程的重点也是难点。ADA 教学模式是由北京大学王昀老师创办的一种适合建筑类低年级学生学习的模式，同时融入数字化技术或 AI 作为辅助学习工具，从而大大缩短了学生对建筑空间、尺度、环境等内容的认识与掌握的时间，同时在学习基础软件和前沿软件的过程，也能大大提高学生的学习兴趣。

2 传统"设计初步"课程的培养方式的弊端

针对建筑类设计基础课程的研究从传统绘图能力的培养到创新能力的培养，一直以来都是建筑类专业所关注的问题，也是建筑类专业一直面临的问题，如何让学生尽

快的认识专业、了解专业并提升他们对专业的兴趣一直是建筑设计基础课想要克服的难题。随着信息技术的发展，越来越多的学者提出从低年级开始就应该重新整合教学内容，以创造性思维的方式进行教学，《以培养创造性思维为核心的建筑设计基础教学改革浅析》《基于虚拟仿真技术下的〈建筑设计初步〉课程空间建构教学模式初探》《建筑设计基础教育中创造性思维培养方式研究》《网络环境下建筑设计初步课程教学思考》等论文均提出传统的教学内容及教学方法对培养已经习惯应试教育的新生，只会更加阻碍学生的创新意识的发展，枯燥的机械式的反复绘图甚至会适得其反的让学生产生厌恶心理，因此通过三维实体、虚空、色彩、尺度、肌理、比例等空间语言要素的组合和运用，结合命题的训练，让学生的思维从平面逐步到空间，二维过渡到三维，一步一步逐渐系统地提升学生的空间想象力和造型的创造力。

被动式的教学方式也很难激发学生对设计的兴趣，《建筑启蒙教育与学生主体能力培养——对"建筑设计初步"课程的教学思考》《传统建筑设计课基础上的超

---

* 项目资助：西南科技大学 2024 年校级教改项目，项目编号 24xn0020。

刘 虹：西南科技大学土木工程与建筑学院讲师
尚晓伟：西南科技大学土木工程与建筑学院助教

越与发展》《新工科背景下"建筑设计初步"课程建设与教学实践研究》《〈建筑设计初步〉实验教学——兼谈建筑教育改革》等论文中也都提出了关于教学方式的改革问题,着重点在于如何让学生学会表达设计、与老师沟通设计、从被动到主动的思考设计,因此基础设计课的课程内容和学生的学习方式是改革的重点。

3 ADA 教学模式及其内容的创新性

近些年,国内建筑设计教学领域正处于寻求变革的探索阶段。ADA 建筑设计艺术研究中心作为国内的一家建筑理论、评论、教学综合研究机构,多年来致力于建筑设计教学的研究、实践。ADA 提出了通过几何关系、形态组合、空间构成三个方面以命题的方式对学生进行课程设计训练,同时学生的课题训练灵感创造均是来自生活中的实物,让学生通过发觉生活中随处可得的实物,找到实物本身的美,通过模型的制作,软件的辅佐发挥自己的想象力,从而由认识设计到进行设计最后完成设计,让学生在完成的成就感中提升兴趣,在与老师的沟通互动中找到做设计的乐趣,这样不仅可以培养学生的创造性思维,还可以让低年级的学生打好专业基础,为高年级的学习做好充分的准备。将基础技能训练与数字信息化相结合,将传统教学与科技相接轨,让学生看到多元化的教学内容,数字技术化的教学方法,开拓学生的眼界,以培养兴趣作为起点,在兴趣中做好专业技能的培养。

建筑类低年级的专业课程主要以表现类、制图类、概论类课程为主,其中"设计初步"课程是所有建筑类专业基础课程中的必修课程,也是衔接后面各专业设计课程的承起课程。其教学模式以 ADA 教学模式为主,课程内容以递进关系包括空间、形态、尺度等(图 1)。

在数字化时代的大环境下,如何通过数字化技能的植入,一方面让学生走出大学以前应试教育的培养模式,改变学生单一且僵化的思维,另一方面让学生发现建筑学教学内容的多元化、数字化、智能化,从而打开学生的视野,培养学生的创造性思维,一直都是建筑类专业亟待解决的问题。

传建筑类低年级专业课程内容大部分是要求学生通过观察、动手、思考、讨论等方式认识专业并走进专业,但随着数字化技术的普遍覆盖甚至 AI 技术的迅速崛起,如何将数字化技术内容融入建筑类低年级专业基础技能的培养过程中,调整新的教学模式和方法是设计初步课程需要攻破的难点。

设计初步课程传统的教学方法是以手绘、抄绘、描摹等方式培养学生的基础技能,是为传统的二年级设计课程手绘出图打基础,随着电脑的普及、制图辅助软件的多样化、二年级也改为电脑出图后,导致低年级传统的教学方法会让数字化时代下的学生产生脱离时代的滞后感和一、二年级技能培养的脱节感。但如果让学生在相对较短的时间内,学会软件的运用并完成设计,这个过程对学生对老师都是一种新的挑战。将基础技能与数

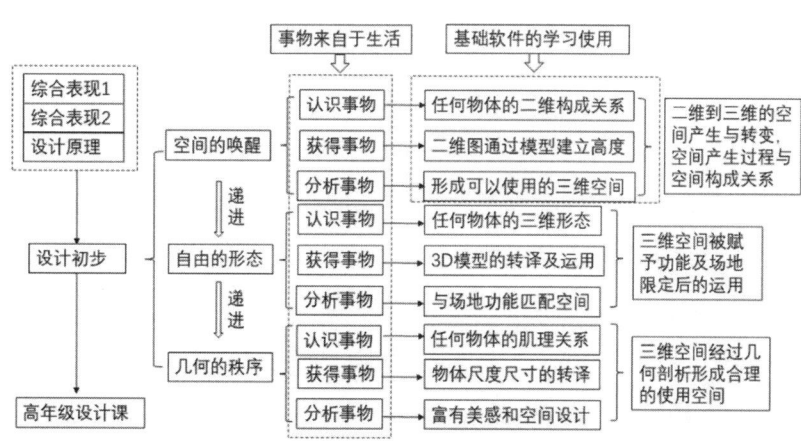

图 1 ADA 教学模式下的课程内容
资料来源:作者自绘

字化技术的融合，传统与科技的接轨是设计初步课程改革的主要内容。目前设计初步课程的改革主要以一年级的上下两个学期的教学内容为主，从空间到形式再到尺度结合数字化制图及 AI 模拟生成，让设计本身变得更有技术感和趣味性，从而在培养学生创造性的同时培养学生对专业的兴趣，为后面高年级的设计课打下基础。

4　课程内容与数字化技术结合优化教学内容

ADA 基础教学模式分为三个步骤，即空间的唤醒、自由的形态、几何的秩序，每个步骤之间为递进关系，一切都让学生从生活实物中寻找设计灵感，既不脱离生活也不脱离现实。第一学期的一个任务仍然保留手工模型的制作，在培养传统动手能力的同时，先让学生走进可视化的三维空间中，建立空间框架，随后所有的课程内容将对学生进行数字化软件的学习与培养，将手工模型的设计内容，利用基础绘图软件进行数字化转变，从而获得二维的电脑图形，再利用模型软件对二维图形进行模型制作，切实将二维图形向三维模型转译，最后再到建筑空间及环境的 AI 生成，从而完成最后的课程设计。为了让学生自己体会并自查自己设计的空间是否合理，还要求学生通过学习软件设定路径，生成浏览动画视频，以身临其境的方式去感受空间从而认识空间。整个课程过程是让学生通过一个完整的设计，学习专业基本知识的同时，学会基本软件的操作，并且在实现设计方案生成的成就感中，获得学习的快乐，同时以探索式学习的方式主动获得相关的专业知识。

整个培养过程以建筑类专业一年级学生为主要培养对象，以两个学期为时间段，分别以空间和形态两个部分作为设计初步课程的核心内容，每学期的总学时为 64 学时。

第一学期以"空间唤醒"和"自由形态"为切入点。学生通过寻找生活中的实物，获得设计的灵感，结合任务书的要求，进行二维图像处理，即根据自己所寻找到的照片、图片、图画等以线条的方式手绘出来，从而获得了一个简单的二维线条平面，随后通过手工模型的制作，将二维的平面图进行三维处理，即在画好的线条图上，沿着线条，添加具有一定高度的模型板（墙），形成一个具有一定围合的三维空间，此时学生将获得一个尺寸为 50cm×50cm 的口袋模型，通过类似的手法，学生需要制作出 3~5 个口袋模型（图 2）。

这个过程是学生与老师的一个互动阶段，老师需要在这个阶段给学生尽可能的解释什么是"围合""流动""封闭""开放"等与空间相关的专业名词。这个过程是老师让学生明白"建筑类设计"内容的关键环节，是学生从被动式学习到主动式探索学习的基础理论内容，学生后面会根据前期老师对手工模型的点评内容，对后面设计内容进行调整和完善，所以这里要充分对学生答疑解惑。随后需要学生将做好的模型通过软件处理为可使用的简单的功能空间，即 CAD 的平面描线，SU 的模型生成，最后会简单利用 D5 渲染器的环境生成功能，以学生自己的设计意愿，生成与建筑相匹配的环境

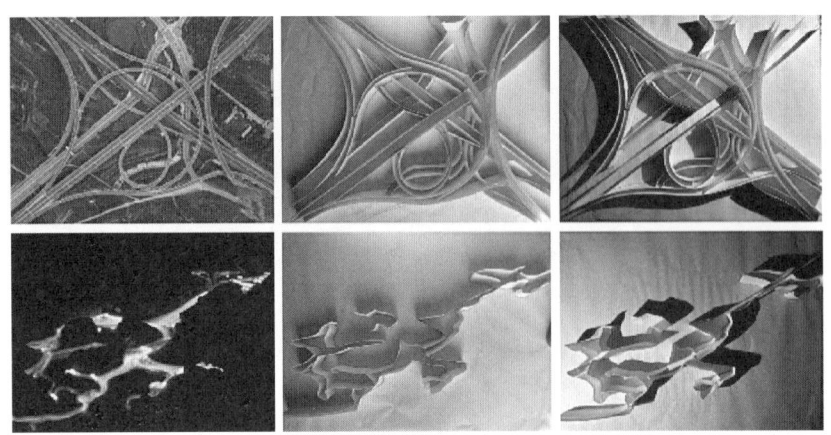

图 2　学生制作的口袋模型
资料来源：2023 级学生作业

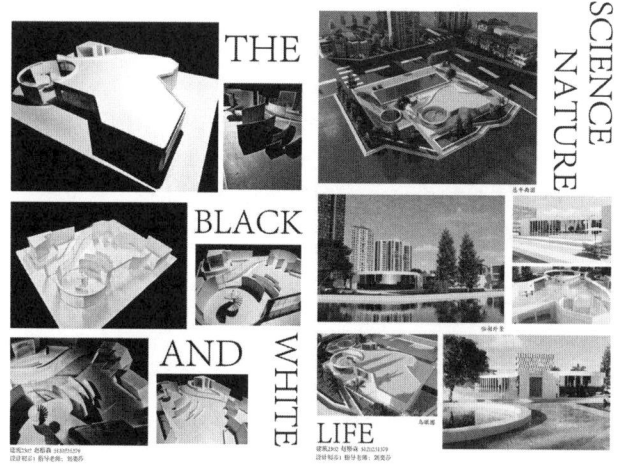

图 3　建筑类一年级学生第一学期的课程成果
资料来源：2023 级学生作业

图 4　建筑类一年级学生第二学期的课程成果
资料来源：2023 级学生作业

内容（图 3），从而让学生简单建立建筑形态及建筑与环境的意识。

第二学期以"自由的形态"和"几何的秩序"为切入点。这次的设计直接做命题设计，在第一学期自由选择环境的基础上开始限定场地、环境和功能。命题设计相对较难，学生需先通过命题的设定条件去有目的的在生活中寻找具有丰富空间形态的物体，并把它转为 3D 模型数据，从而在物体形态不变的情况下创造具有一定功能要求的空间，这中间学生需要寻找 3 个实物模型，并对其进行筛选。这个过程老师需要在和学生沟通的过程中，让学生明白什么是"线性""非线性""形体关系""场地关系""环境关系"等与形态相关的专业知识。随后通过软件处理，将第一学期的空间关系和功能关系的知识植入，完成简单的多层建筑设计和室内空间设计，从而完成最后的课程设计（图 4），而学生的设计成果展示也可以以 3D 模型打印的形式展示出来（学生可以自愿进行 3D 模型打印），3D 模型的展示正好与第一学期的手工模型形成教学手法上的闭合，也是空间形式上形成对比，学生可以直观的看到空间与形式与尺度形成关联的情况下所产生的多样性，又让学生的设计从虚拟到现实，从模拟到真实，从而有利于让学生进一步更深入更扎实的掌握专业知识。

从第一学期到第二学期学生需要逐个解决专业问题和软件问题，整个过程学生的状态是从被动到依靠再到完全主动，老师的状态是从主动到辅助到适当放手。在数字化时代下，一年级的学生利用软件的可视性可以更好的打开三维视角，从而解决抽象的空间概念，同时可以利用软件的实操性，让学生了解到空间、形式的可变多样性，和传统的以手绘、抄绘、手工模型为主要教学方法的设计初步课程相比，在数字化技术和 AI 生成技术的加持下，学生不仅对空间、形式、尺度的基本概念有着很好的掌握，还对环境、场地、景观、街道等内容有了基本的认识，为各专业高年级的命题设计打下了很好的基础。

5　创新之点

建筑类一年级课程中开设学习并运用相关基本绘图软件的内容已经成为主流，但是智能生成技术直接运用到一年级设计课程的培养环节中，却不多见。大量建筑绘图软件在近些年不停地更新换代，设计的二维语言、三维语言的数字化转变，仍然停留在根据设计内容自主绘制的层面上，但这种自主绘制并做出与环境契合的设计对于一年级的学生而言并不友好。一年级的学生尤其是对于完全没有接触过设计的学生而言，不仅要学会设计中二维语言的绘制和表达，还要生成三维的空间模型，同时对于没有空间概念的学生而言，甚至要将空间模型再进行相对合理的设计创新，对一年级的学生而言是很难达到的，因此对学生而言既要学习专业知识，又要让自己从二维空间跨越到三维空间中，既要设计建筑又要设计环境，整个过程基本是生硬的操作、抽象的理解、被动的记忆，因此往往一年级的学生会出现大量无创新性的作品，也会出现大量无动力的学生。

数字化技术和智能生成技术的介入则给了一年级学生一个更直观、更易操作、更易实现、更易创作的平台。我们在该阶段主要以 CAD、SU、Revit 作为基础软件，中间以 3D 扫描技术作为媒介，利用 D5 渲染器的自动生成和路径视频生成功能，让学生有更大的空间对建筑环境和建筑空间尺度进行推敲和创新（图5）。可以有效的解决那些没有任何设计基础的一年级学生，在设计初步课程中存在的学生理论与实践难结合、缺少空间尺度感、不理解建筑环境的概念等问题。

5.1 理论与实践难结合

"公共建筑设计原理""建筑制图与阴影透视"作为一年级学生的主要专业理论课，其内容相对抽象，即便有很多案例分析，但由于学生没有实践，所以理解和掌握那些原理性的知识多以死记硬背为主，而基础绘图软件与智能生成技术的运用，更直观且更利于帮助学生反复推敲方案的合理性，并督促学生主动查阅设计原理中的相关知识，切实将理论落于实践，实践运用理论，做到二者相结合。

5.2 缺少空间尺度感

把握建筑的尺寸尺度是建筑学学生必须掌握的，但是对于一年级的学生而言，尺寸可以靠记，尺度感就显得太过抽象，感知力的部分必须要有实景，才能让学生更容易理解，因此智能生成的场景环境中的植被、构筑物、交通工具等内容，可以将尺度感具体化，从而方便学生提高尺度感。

5.3 不理解建筑环境

建筑环境是很多初学建筑学学生容易忽略的问题，一方面不理解什么是建筑环境，另一方面片面的认为建筑学就是只针对建筑本体，与环境无关。智能生成可以帮助学生根据自己的设计和想法生成自己想要的环境。

参考文献

［1］ 王昀著．形态与观念赋予 [M]. 北京：中国电力出版社，2019.

［2］ 张文波．自由的形态 [M]. 桂林：广西师范大学出版社，2021.

［3］ 张文波．空间的唤醒 [M]. 桂林：广西师范大学出版社，2021.

［4］ 张文波．几何的秩序 [M]. 桂林：广西师范大学出版社，2021.

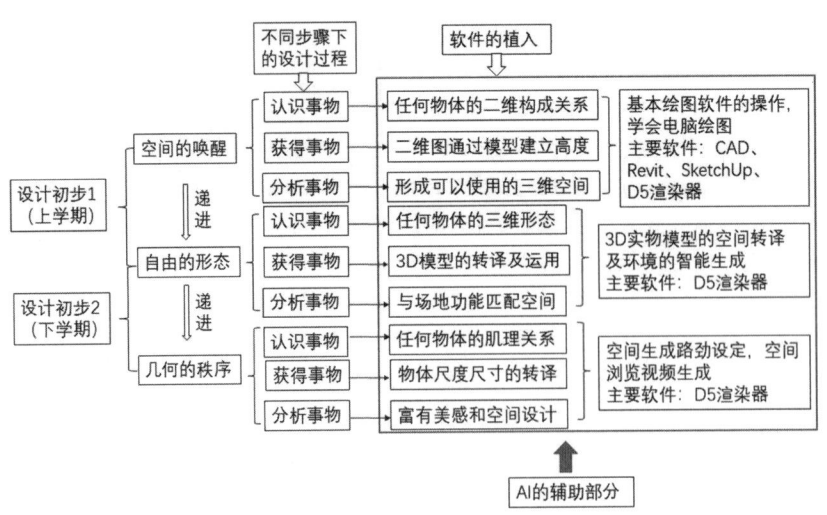

图5 课程内容与数字化技术的结合
资料来源：作者自绘

［5］ 谢空，莫箐洁，李芳 . 建筑设计基础课程改革的研究 [J].
工业建筑，2006（36）：1107–1109.

［6］ 申洁 . 环境·空间·建构——低年级建筑设计基础课程
的教学模式探讨 [J]. 新建筑，2009（5）：101–105.

［7］ 黎继超，张锦砚 . 建筑设计基础教学空间观的培养 [J].
高等建筑教育，2009（5）：109–111.

［8］ 夏娃，邓焱 .《建筑设计初步》实验教学——兼谈建筑教
育改革 [J]. 建筑教育，2001（19）：105–106.

［9］ 孙晓鹏，罗朝阳，殷勇 . 传统建筑设计课基础上的超越
与发展 [J]. 山西建筑，2008（34）：225–227.

［10］谢丽娜，徐开 . 基于空间建构的 "建筑设计初步" 课程
的教改研究 [J]. 山西建筑，2015（41）：225–226.

［11］杨梦阳，牛笑，赵兵兵 . 基于虚拟仿真技术下的《建
筑设计初步》课程空间建构教学模式初探 [J]. 建筑学，
2023（226）P61–63.

Research on the Application and Practice of Digital Technology in the"Preliminary Design"Course of Architecture

Liu Hong   Shang Xiaowei

Abstract："The Preliminary Design" course is a foundational design course for freshmen in the architecture discipline（including Architecture，Urban Planning，and Landscape Architecture）. It also serves as a preparatory course for higher–level project–based design courses. The key challenge and focus of this course lie in how to enhance students' interest in the field through simple design exercises while helping them recognize and understand fundamental architectural design concepts，such as architectural space，spatial scale，the relationship between architecture and the environment，and the interaction between architecture and human behavior. Currently，the course adopts the ADA（Architecture，Design，and Art）teaching model and incorporates digital technologies，including AI（Artificial Intelligence），as supplementary learning tools. Students use simulation software to create architectural environments and scenarios based on their designs，then produce videos of the entire design process. This approach shifts students away from traditional two–dimensional design methods，allowing them to explore the joy of design in a three–dimensional simulated space. By integrating theoretical knowledge，the course transforms passive learning into active，exploratory learning. This method helps students quickly adapt to professional coursework and improves their mastery of core architectural concepts.

Keywords：Architectural Discipline，Preliminary Design，Digital Technology

基于社会空间意识融入的城乡规划"建筑设计"教学改革研究 *

摘　要： 随着城乡一体化变革与城市建设新阶段的到来，城乡规划专业的学科内涵不断扩大。现有脱胎于建筑学的规划专业"建筑设计"课程存在与高年级"规划设计"脱节、对城乡社会空间忽视等问题。北京建筑大学城乡规划专业本科二年级通过引入竞赛对"建筑设计"课程之前已进行的调整进行整合，综合训练学生社会调研、分析策划、空间组织等城乡规划所需要的专业技能，使处于启蒙阶段的学生能够主动观察并发现城市中的问题，初步建立社会空间意识，培养社会责任感和职业使命感。

关键词： 社会空间意识；竞赛教学；城乡规划；PBL 基于问题的学习模式；建筑设计教学

1　引言

伴随着国家政治、经济的快速发展，我国的城乡规划专业经过 60 多年的发展，学科知识不断地扩展，专业属性也发生了巨大的变化。随之而来的是，具有工科背景脱胎于建筑学的教学体系对不再适应目前城乡规划专业的人才培养。特别是原本和建筑学联系最为紧密的二年级，作为奠定学生良好专业基础和衔接基础和专业教学的过渡阶段，更需要进行教学内容、形式的调整，以适应新时代城乡规划专业要求。

2　北京建筑大学城乡规划专业二年级设计课的教学现状与反思

2.1　城乡规划新发展背景下的二年级教学新要求

当前，城乡规划专业的发展已经让城乡空间的内涵突破了传统的物质实体范畴，还包括承载人生产生活等各种活动的社会空间。社会空间认知的范围非常广，但涉及最核心的"行为主体之间的社会互动"[1]，换句话说就是人和人之间的互动。人是城市中最重要的因素，当前在城市发展转型的背景下，城市中社会问题凸显，其中很多都是无法满足人的需求而产生的社会空间问题。城乡规划学科发展的背景赋予了学科解决城乡公共问题、为全体人民的利益服务的社会责任，要求学生关注人文、社会[2]。基于"以人为本"的社会空间意识培养不仅是城乡规划设计的出发点，更是把我国社会主义科学发展观融入教学的重要实践。因此，非常有必要把这种意识的培养贯穿于城乡规划专业从低年级到高年级。城乡规划专业的学习过程中除了关注空间的物质性外，也要重视空间的社会性。

城乡规划低年级教学最重要的目标之一是让没有基础的学生，从小到大逐步建立空间的概念，初步认识城市和城市空间。其中二年级更是专业过渡的重要阶段，但传统二年级偏重建筑空间训练的教学方式对于城乡规划专业来说有所局限，不能满足当前的学科需求。因而有必要对二年级进行教学改革，在低年级引入规划思维重要组成部分的社会空间意识，让学生们能认识到空间中与人相关的社会问题，并以此为出发点设计人性化的空间。这样有利于形成"雏鸟效应"，培养学生发现问

* 项目资助：中国建设教育协会教育教学科研课题（2021021），"以人为本"视角下社会空间意识融入的城乡规划专业二年级基础教学优化研究。

顾月明：北京建筑大学建筑与城市规划学院讲师

题的思维方式，训练学生的分析能力，在早期就潜移默化地形成城乡规划思维方式。

2.2 "建筑设计"课程教学现状

北京建筑大学城乡规划的低年级专业教育也脱胎于建筑学。目前学生在二年级进入"建筑设计"的学习阶段，不过课程设置依然与建筑学共用同一平台。从教学目标、教学大纲到教学方法都带有强烈的建筑学痕迹：由建筑学的老师负责出题，规划系的老师在年级统一的任务书基础上根据专业特点进行微调整。二年级学生在这一年通过创客工坊、别墅民宿、古城补园和幼儿园这四个规模从小到大、内容从简单到复杂的设计题目（表1），初步掌握建筑设计基本的平面布置、空间组织、构造设计、形体塑造等方法与概念构思途径。

2.3 现有教学问题分析

传统的建筑学模式"建筑设计"课程完全以空间形态设计训练为主，在城乡一体化变革与城市建设新阶段的今天，已经不再适应如今规划学科的发展，存在以下问题。

（1）低年级与高年级的教学断层

在现有的设计课教学体系下，一年级"设计初步"，二年级"建筑设计"，到了三年级才真正开始规划设计。这样的安排存在各年级衔接的问题：一年级以构图、简单抽象空间训练为主，并未涉及实际的功能、结构、规范等内容。到了二年级，"建筑设计"仍需要从最简单的小型建筑开始，一整学年的时间最多安排四个课题。考虑到学生的学习能力，到二年级最后一个设计课题，建筑面积最多也只能到3000平方米，用地规模上限也就7000平方米左右，和三年级设计课第一个课题用地面积达到10~20公顷的居住小区相比，仍然差异很大。

二年级训练的空间塑造、功能组织、造型等生成内容，基本都在建筑学范畴内，而居住小区设计则需要理解建筑单体之外城乡物质空间的生产机制，以及与此相关却更为抽象的经济、社会、文化、生态等内在逻辑关系。这些差异让学生从二年级升至三年级时，感觉以前学过的内容用不上，无从下手，进而质疑之前低年级设计课的培养意义。

（2）城市"社会空间"在低年级的缺席

从表1的教学内容和目标可以看出，目前的二年级建筑设计教学重点主要集中空间、流线、功能、造型等建筑实体空间相关要素，很少涉及城乡的物质空间生成机制，更不要说城市社会空间的发生和发展。这让规划学生缺乏认识和理解城乡空间的机会，容易导致学生对规划专业认识产生偏差，甚至可能会产生城乡规划专业是"放大尺度的建筑学"的错觉。不少学生在高年级做规划设计时以美学、空间为首要考虑因素，忽视了规划解决城乡社会问题、为全体人民的利益服务的社会责任。

北京建筑大学城乡规划专业二年级"建筑设计"教学安排							表1
年级	课程名称	教学时间	教学题目	学时	建筑面积	教学内容	教学目的
二年级	建筑设计（1）	第3学期	创客工坊	8周	280平方米	为创业青年群体（创客）设计一个集创业、办公、生活、社交的空间聚合体	熟悉建筑设计的基本流程，掌握建筑功能布局、流线组织、小体量建筑空间及形体塑造的基本方法
			民宿别墅	8周	300~350平方米	设计一个民宿或者别墅	了解小型居住建筑，了解使用者的心理特点、行为特点、生活规律等对建筑设计的影响
	建筑设计（2）	第4学期	古城补园	8周	800平方米	在北京旧城历史街区中的一块梯形空地中设计一个主题餐厅	学习城市设计尺度下的设计思考能力，掌握建筑与环境关系的概念与技能
			幼儿园设计	8周	1500平方米	设计一所六班幼儿园	掌握多个基本单元空间组合的设计方法；培养学生倾听使用者能力，强化以人为本的建筑理念

资料来源：作者自绘

一二年级配套的理论课主要仍然以建筑类或史论类基础课为主，如"建筑制图""建筑史""城规史"等，与"城乡社会空间相关的城市社会学"、城市地理学等课程要到三年级才开设。因此二年级的学生即便想要更全面认识城乡空间，也会因为"社会空间"方面的理论课的缺失，而很难实现。

2.4 对社会空间意识培养的教学思考

在低年级加大对城乡社会空间意识的培养目前已经成为不少国内规划专业的共识。提升学生的社会空间意识就是把城乡空间的社会性纳入到规划低年级知识框架之中，让学生们认识城乡的社会要素、培育和实践社会价值观，参与到社会实践中（图1）。想要更好的把社会空间意识作为低年级学生发展的核心素养，最好是理论课、设计课和实践课配套形成完整的课程体系，但培养方案的调整往往涉及不同年级之间的统筹考虑，实现起来需要更多时间。那么对核心"建筑设计"课进行改革就是更为可行的方案，教学逻辑需要从之前的建筑单体转换到城乡空间；不再全部以建筑单体类型作为设计题材，增加部分小尺度城乡空间的设计。并且教学过程中侧重城市空间对设计的综合影响及对应性思考。

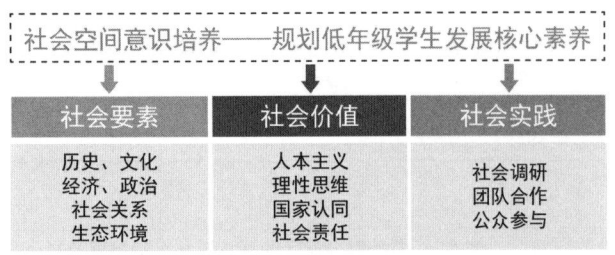

图1　社会空间意识培养导向下的学生核心素养发展内容框架
资料来源：作者自绘

2.5 近几年规划专业"建筑设计"的微调整

国内不少具有建筑学渊源的城乡规划专业已经开始对低年级的基础设计课程进行调整。一些院校如重庆大学，选择先对低年级设计课教学进行一些微调整，包括调整课程设置的逻辑路线、加入社会调查的环节等，以增加"规划思维"和"社会意识"的培养[3, 4]。其他一些院校如清华大学、同济大学、天津大学等已经逐步

开始改革原有的建筑设计课程体系，引入更多规划的内容，比如设计题目的规模变大，功能涉及多种类型，增加建筑组团的训练和初步的城市设计训练等。

北建大规划专业的"建筑设计"课程近年来也已经开始针对城乡规划专业特点对进行一些适应性的小调整。其中改变的核心思想是增加更多社会意识的培养，比如在别墅设计中要求学生们自己找朋友或家人作为甲方，采访对方的需求，并依据此进行设计；在古城补园这个题目中，要求学生在开始设计前先对场地周围的情况进行详细的调研；在幼儿园设计中，要求学生了解儿童的尺寸和实际需要，了解儿童友好的设计理念。但目前这些调整仍然比较零碎，缺系统性的课程改革。

3　从竞赛出发的设计课教学尝试

为了适应上述新的教学要求，"建筑设计"课程教研组在2021—2022学年对二年级下学期的建筑设计课题进行了一次全新的尝试：将竞赛引入教学环节，即从当时发布的各类竞赛中选择合适的作为第二个设计题目。

实际上，国内很多院校的建筑学专业，比如沈阳建筑大学，很早已经在教学过程中尝试将竞赛引入设计课程体系[5]。城乡规划专业实际上也有将竞赛引入设计课程的传统，比如每年的WUPENiCity城市设计学生作业国际竞赛和全国高等院校大学生乡村规划方案大赛就常和四年级的城市设计和乡村规划设计相结合。但这几个竞赛都规模较大、功能复杂，低年级的同学还未能达到处理复杂问题的能力。因此在过去的"建筑设计"教学中，并没有安排此类教学。不过根据高年级的实践来看，竞赛的阶段性引入能够完善现有的教学体系，起到"以赛促教"的作用。

3.1　竞赛教学引入的意义

设计竞赛有很多优势。将竞赛引入设计教学，不仅对学生有促进作用，还能弥补传统教学的不足。

（1）激发学生学习积极性

传统设计课"开题——一、二、三草——上版画图"的固定教学模式过于死板，学生们随着时间的增长，很容易对这种重复性强的教学失去兴趣，难以激起

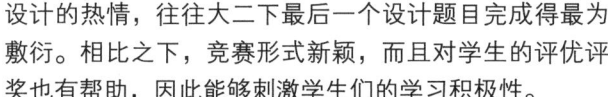

设计的热情，往往大二下最后一个设计题目完成得最为敷衍。相比之下，竞赛形式新颖，而且对学生的评优评奖也有帮助，因此能够刺激学生们的学习积极性。

（2）改变"教"和"学"关系

传统的设计课教学，往往都是老师专注于"教"，只是"授之以鱼"而非"授之以渔"，学生被动接受而非主动探索，容易形成学习惰性。竞赛的机制可以改变这种"教"和"学"的单向关系。竞赛需要学生通过分析、调研主动寻找设计的方向，主动想办法解决设计中面临的问题，更容易激发他们对专业知识学习的欲望，但同时也对任课老师提出了更高的要求。

（3）提升学生的综合能力

在竞赛评价中，设计逻辑的完整呈现是非常重要的标准，包括场地调研、问题提出、在地思考、概念落实、图纸表达等多方面。这就要求学生需要把之前课程训练的各种能力综合起来运用。因此，竞赛引入能使教学目标转变为以综合能力的培养为导向以提高学生的设计能力，要求每个教学过程有明确目标和路径，培养学生整体设计观念。

3.2 教学调整的原则

（1）"以教为主，以赛为辅"

将竞赛引入教学的最终的目的不是获奖，而是促进同学们综合能力提升以及社会空间意识的形成。因此，需要从规划二年级的教学目标出发，选择规模合适、难度适中、方向合适、技术要求不高的竞赛，确保引入竞赛的"质"。此外，教学环节的安排、教学组织、教学方法和评价标准方面，也根据学生的实际情况进行调整和安排。比如会留出更多的时间在前期调研构思阶段，最终成果的要求也会考虑到专业评估在竞赛要求上有所调整等。

（2）"关注城市、关注社会"

根据现在行业内的价值竞赛的题目往往都体现一定的人文关怀，这和教学目标培养学生的社会空间意识是一致的。因此在教学中需要引导学生从城市、景观、建筑、人的使用等层面去观察场地现状，从自然条件、生活习惯、历史文脉、技术条件、城市景观等多方面进行分析、构思。这样可以将社会价值观融入课程设计，让学生在学习过程中不断提升专业素质和社会责任感。

3.3 教学方案的设计

（1）竞赛的选择

在竞赛挑选上，首先考虑设计课题衔接，建筑面积最好在2000~5000平方米；其次功能上不能过于复杂，难度适合设计刚入门的二年级学生；最后从规划专业特点出发，选择更加偏向于城市或社会问题主题的竞赛。基于上述这些因素，最终选择了天作杯和谷雨杯两个竞赛。天作杯的题目是衔接区域的建筑；谷雨杯的题目是二十四节气——连接传统与未来的新型集市，面积限制都是6000平方米左右。学生们可以自行选择参加哪个竞赛。

（2）教学组织

无论是谷雨杯还是天作杯都允许学生以小组的形式组队参加。考虑课题难度有所增大和最终成果比以往要求高，本次课题也允许同学们2人一组进行设计。小组合作对于规划专业来说并不是新鲜事。城乡规划从业人员在实际工作中经常要和各种不同专业的人合作，因此合作沟通本身就是需要训练学生的社会能力之一。并且规划的学生到3年级开始几乎是多人合作的设计课题。

这两个竞赛除了有规定主题外，对场地和具体功能并没有做限制，允许参赛的同学自定场地和功能。但从教学的角度，这样的高自由度要求学生具有很强的分析综合能力，并不适合所有的学生。因此经过教学小组的讨论，由老师提供4个候选地块供学生们选择，但功能还是由学生在经过场地调研后自定，以培养学生项目策划和自拟任务书的能力。

（3）教学环节安排

虽然所选的两个竞赛周期都比较长，但考虑到教学的实际情况，教学时长还是8周。对自己有更高要求的学生，也可以在课程教学结束后自己再深入方案和图纸。在教学实施阶段，可以分为引导学生通过问题解读来形成设计意图，通过对相关案例的研究，学习发展方案的途径。具体8周的教学过程（图2）安排如下：第1~2周，理解设计任务，案例学习，确定场地，分组调研形成调研报告，提出问题；第3~4周，进行在地性思考，形成设计概念和思路，明确空间结构和功能安排，构思建筑形式，要求提交草图和草模；第5~7周，深化建筑内部空间和形式设计，完善场地设计，要求草图和计算机辅助设计同时进行；第8周，完成模型和图纸和评图。

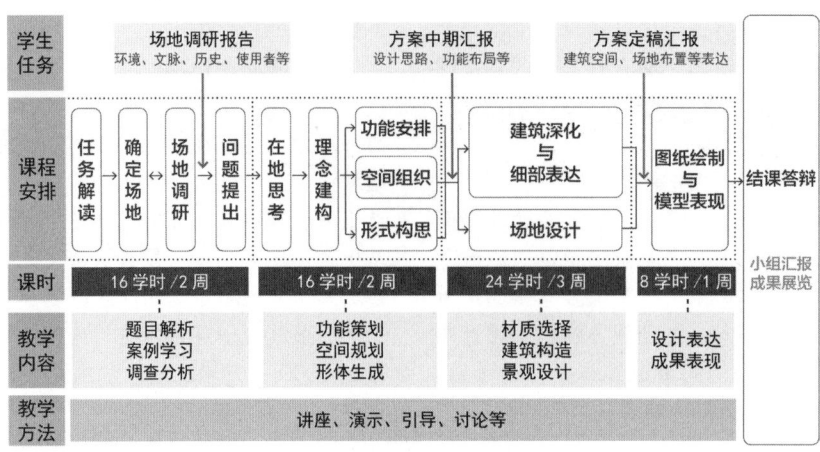

图 2 课程环节和教学安排
资料来源：作者自绘

（4）基于问题的学习模式

竞赛的复杂性和批判性、城市的多元化、小组合作的模式，使得本次教学适合采用"基于问题的学习模式"（Problem-Based Learning，简称 PBL）这种教学方式，也就是说引导学生从"能画"逐步变为"能提问"，在解决问题的过程中实现专业知识的建构并发展综合运用的能力[6, 7]。老师的角色也相应地发生重大转变，讲授模式也发生变化。在 PBL 教学方式中，老师是引导者，引导学生自己去解决如何从场地调研结果中理性分析得出关键问题、如何提出解决问题的设计理念、如何实现设计理念以及如何表达设计理念等一系列问题，而非直接告诉学生方法或结果。在这个过程中，学生需要运用到之前课堂学习的知识，也需要自己主动去学习新的课外知识。老师可以在学生遇到困难时给予一定的提示和帮助，比如提示可以参考的设计案例、安排专项讲座等。这种教学方式可以营造开放的教学氛围，将人文精神、社会责任感等价值观自然融入（图 3）。

4 教学方案的实施和反馈

4.1 教学方案的实施情况

课程布置之后，学生们进行了自由分组。全班 49 名同学，最终分为 28 组。其中约 35% 的同学选择自己挑选场地。整体课程进度比预想的要慢，特别是在前期场地和功能拟定阶段，但过程中展现了学生们很多创意的想法是以往教学中不太出现的。本次教学把重点放在建

筑与城市周边、地域文化、人文需求的应对上。最终学生完成的成果比预期要好，有完成度很高的方案（图 4）。评图阶段还邀请了景观、建筑方向老师和校外的独立建筑师共同参与最终评图，给予学生多学科角度的反馈。

4.2 学生的反馈

教学内容发布后，学生们明显对更有自由度的竞赛题目表现出很大的学习积极性。课程中间与老师的探讨互动增多。根据后续对学生的访谈反馈，大多数的学生表示参与竞赛比之前的常规设计题目更有趣，对他们来说也是全新的尝试。分析能力、计算机辅助制图能力都在这过程中得到了很大的提升。

4.3 教学的反思和改进

首先，由于是初次尝试将竞赛引入设计教学当中，对学生的能力预判不足，因此在教学节奏的把控上，缺乏一些经验。总共 8 周的教学时长还是会显得有些局促，前期策划阶段耗时最后场地设计时间不足，不少学生的方案深度仍有欠缺。

其次，由于学生们在本次课程中想法很多，需要所面临和学习的专业问题各不相同，涉及生态、历史文化保护、参数化、建筑结构等多方面。比如本次课程中，就有些同学设计理念涉及城市农业、绿色建筑。这要求任课老师本身具有更全面的专业知识。在今后的课程中，可以考虑结合各位任课老师的研究方向和擅长

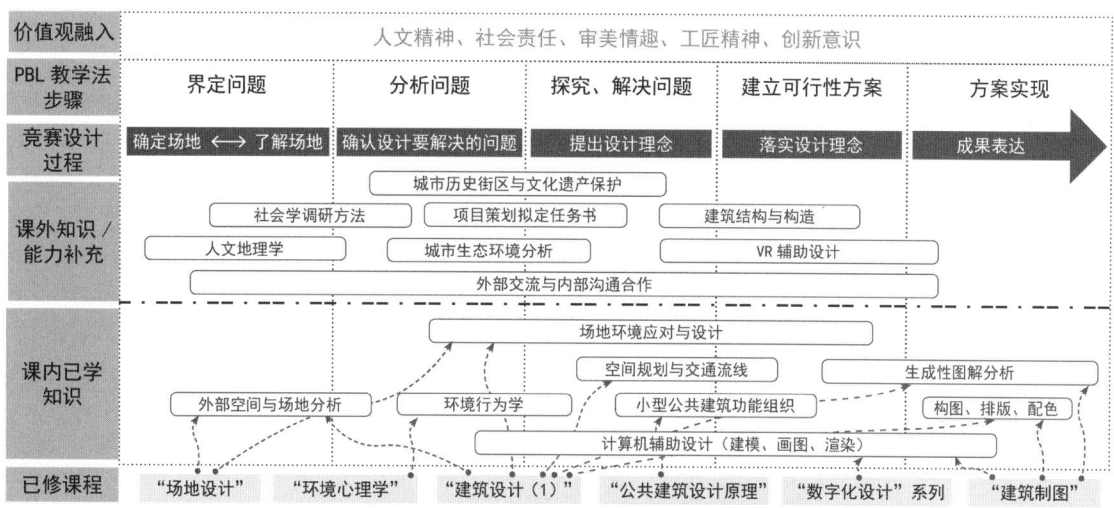

图3 课程环节所开展的教学活动和对应的教学重点
资料来源：作者自绘

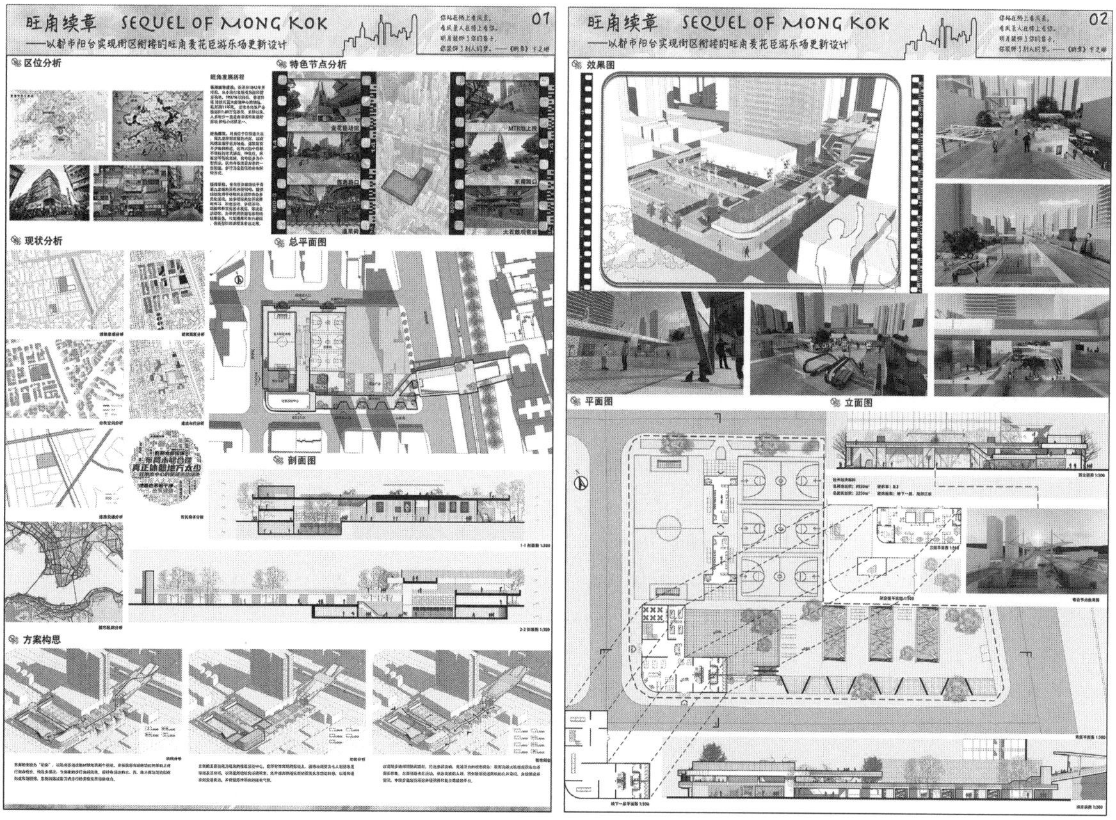

图4 竞赛课题优秀作业展示
资料来源：王骁然"建筑设计（2）"作业成果

领域，提前让学生们选择指导教师，并且可以中间邀请建筑等其他专业的老师来做专题讲座。

5 结语

规划专业二年级 "建筑设计" 课程的教学实践探索，尝试通过引入竞赛，将社会调研、分析策划、空间组织、等城乡规划所需要的专业技能进行综合训练，使处于启蒙阶段的学生能够主动观察并发现城市中的问题，初步建立社会空间意识，培养社会责任感和职业使命感，为高年级专业学习打下坚实的基础。

参考文献

［1］ 刘思达. 社会空间：从齐美尔到戈夫曼 [J]. 社会学研究，2023，38（4）：142-159，229.

［2］ 孙施文，吴唯佳，彭震伟，等. 新时代规划教育趋势与未来 [J]. 城市规划，2022，46（1）：38-43.

［3］ 谭文勇. 微转型——城乡规划本科二年级设计课教学改革初探 [C]// 全国高等学校城乡规划学科专业指导委员会. 创新·规划·教育——2023 年中国高等学校城乡规划教育年会论文集. 北京：中国建筑工业出版社，2023.

［4］ 高芙蓉，肖竞，贾铠针. 城乡规划设计基础教学中 "社会空间" 意识培养——测绘单元教学随笔 [C]//2017 中国高等学校城乡规划教育年会论文集. 北京：中国建筑工业出版社，2017：327-332.

［5］ 李燕，陈雷，辛杨. 竞赛教学引入建筑设计课程体系的教学改革探索 [C]//2016 全国建筑教育学术研讨会论文集. 北京：中国建筑工业出版社，2016.

［6］ 梁瑞仪. 基于问题的学习模式的研究 [J]. 中国电化教育，2001（6）：15-17.

［7］ 韦诗誉，程晓青，程晓喜. 整体地再创造——清华大学建筑学二年级设计教学新探索 [J]. 建筑学报，2024（3）：1-6.

Research on Teaching Reform of "Architectural Design" in Urban and Rural Planning based on the Integration of Socio-Spatial Awareness

Gu Yueming

Abstract：With the advent of urban-rural integration reform and a new phase of urban construction，the disciplinary scope of Urban and Rural Planning continues to expand. The existing "Architectural Design" course within the planning discipline，rooted in architecture，exhibits issues such as disconnection from upper-level "Planning and Design" courses and a neglect of urban-rural socio-spatial dynamics. The second-year undergraduate program in Urban and Rural Planning at Beijing University of Civil Engineering and Architecture has integrated previous adjustments to the "Architectural Design" curriculum by introducing competitions. This approach comprehensively trains students in the professional skills essential for urban and rural planning，including social research，analysis and planning，spatial organization，and more. It enables students at an early stage of professional development to actively observe and identify urban issues，fostering the initial establishment of socio-spatial awareness，and cultivating a sense of social responsibility and professional commitment.

Keywords：Socio-Spatial Awareness，Competition-Based Pedagogy，Urban and Rural Planning，Problem-Based Learning（PBL），Architectural Design Teaching

基于轻量化 AI 应用的城乡规划低年级基础教学创新实践 *

钱　笑　李云燕　徐　苗

摘　要：新型城镇化背景下，重庆大学城乡规划专业低年级教学组研发了"大眼睛 PeakVision"智能教学交互系统，应对学生能力差异大、实践教学监管不足、评价机制不完善、教改成本压力大等问题。该系统构建"师—生—AI"互动教学关系，通过系统化认知引导、社交互动、数据驱动评价及轻量化技术路径实现教学创新。系统应用于二年级城市规划设计课和三年级城乡社会调查课，形成了课堂教学、实地调研与线上互动融合的混合式教学模式，提高了学生参与度和满意度。为城乡规划教育的可持续数智化转型提供了有益参考。

关键词：城乡规划教育；基础教学；轻量化 AI 应用；混合式教学

我国城乡规划教育始终紧跟国家发展战略和城市建设实践需求，不断调整其发展方向与发展重点。党的十八大以来，新型城镇化建设明确倡导"以人为本"的发展理念，推动城市发展从外向型扩展转向内生型增长。相应地，城乡规划职能也从空间扩张目标下的综合协调，转向既定空间框架内对各类资源的保护、利用与价值提升[1]。这一转变要求城乡规划教育必须从单一工程技术思维转向多学科融合思维，培养"一专多能"的复合型人才[2]，以满足新型城镇化发展对空间精细化治理的迫切需求。

数智技术的快速发展不仅为日益复杂的城乡规划工作提供了技术支撑，也为城乡规划教育开辟了创新路径[3]。面对行业智能化发展趋势，各高等院校开始将大数据分析、人工智能（AI）、虚拟现实（VR）、增强现实（AR）等技术融入教学体系，培养学生运用跨学科思维融合分析多源多模态数据的能力[4]；同时，通过建设数字化教学平台打破传统学科壁垒，促进知识的系统化传授与教学评价的透明化。

重庆大学城乡规划专业顺应这一发展趋势，于2020 年底在低年级实践类基础课程中启动数智化教学改革。教改团队以基于移动终端的轻量化 AI 应用开发为技术路径，研发了"大眼睛 PeakVision"智能教学交互系统，并应用于二年级城市规划设计与三年级城乡社会调查两门核心课程。该系统以小切口撬动教学全过程革新，在完善学生空间认知能力、改善教学监管及评价机制、促进学习方式转变的同时，有效规避了大体量高投入教改的可持续发展问题，为小体量、循序渐进的数智化转型提供了实践范例。

1　新型城镇化背景下城乡规划低年级专业基础教学的困境与挑战

1.1　传统教学内容与多学科融合需求的矛盾

新型城镇化背景下，"以人为本"的发展理念要求城乡规划教育突破传统工程技术思维，建立多学科融合的知识体系[5]。然而，当前低年级专业基础教学仍以空间认知与设计表达为主，未能有效整合城市经济、社会文化、生态环境等相关知识。这种传统教学无法帮助学生发展适应于城市内生型增长的系统思维能力，却又需

---

*　项目资助：重庆市教学改革项目《面向新城市科学的〈城乡社会综合调查研究〉教学体系建设》243015；重庆市研究生教育"课程思政"示范课程《社区发展与规划理论》YKCSZ23016。

钱　笑：重庆大学建筑城规学院讲师
李云燕：重庆大学建筑城规学院副教授
徐　苗：重庆大学建筑城规学院教授

要学生具备良好的空间感受力和审美能力。这些能力在应试教育体系中难以培养，导致低年级学生难以适应设计课程要求。

1.2 传统教学方法与精细化治理要求的脱节

新型城镇化发展需要空间精细化治理，需要城乡规划教育培养学生分析城市复杂现状、理解多层次需求并协调各种冲突的能力[5]。然而，当前低年级专业基础课程多采用成果导向而非过程导向的实践教学，因此难以引导学生深入真实情境，在复杂环境中发现、分析和解决问题，导致学生对城市的认知停留在表层，无法深入理解城市运行的内在逻辑。此外，教学现有的评价体系过于依赖教师个体经验判断，缺乏对学生系统思维和决策能力的客观评估，无法有效识别和培养精细化治理所需要的规划人才。

1.3 复合型人才培养与教育资源投入不足的挑战

新型城镇化要求城乡规划教育培养"一专多能"的复合型人才[2]。低年级专业基础教学因此面临重建多学科知识框架、培养学生对先进技术与创新方法的初步认知与探索意识。这两项任务需要充分的资源支持，包括完善的教学体系、先进的数字化平台、丰富的城市数据和跨学科的师资团队。然而，行业市场的持续下行给教育资源的持续投入带来严峻挑战，极大影响了教学改革的持续推进和实施效果，从而加剧人才培养质量与行业需求之间的矛盾。

2 重庆大学城乡规划专业低年级实践类基础教学现状与问题

重庆大学城乡规划专业的低年级实践类基础教学以设计课程为核心，致力于培养学生的空间环境认知与设计能力。其教学安排遵循由浅入深的递进原则：一年级注重激发专业兴趣与基础空间认知，二年级侧重基本空间类型的解析与功能理解，三年级加强培养复杂空间系统的综合分析与设计能力。二、三年级是构建专业知识体系的关键阶段，其教学质量直接影响学生未来的发展潜力。然而，在新型城镇化背景下，该阶段的教学面临如下主要问题。

2.1 学生空间认知能力差异大

低年级学生的空间认知能力呈现明显的分化现象。一年级的基础训练无法使所有学生都形成系统化的空间认知，导致很多学生进入二、三年级后遭遇学习困境。尽管少数具有空间感知优势的学生能顺利适应高年级课程并有效转化所学知识，大多数学生仍需要通过结构化引导来重建有序的空间认知。这种差异要求二、三年级教学既针对基础薄弱学生设计渐进式的认知培养路径，帮助其尽快建立系统性空间思维，又要为能力较强的学生预留足够的提升空间。

2.2 实践教学缺乏有效监管

低年级实践类基础教学旨在引导学生接触真实城市，通过实地观察、测量与分析培养专业技能。这种突破传统课堂界限的教学模式虽然赋予了学生更多自主权，却也带来了监管困境。由于缺乏传统课堂规则的约束，相当比例的学生会倾向于简化或完全规避现场调研，导致其对城市物质空间与社会环境的感知不足，容易形成片面甚至错误的认知。现有教学模式尚未针对这一问题建立有效应对机制，进一步加剧了实践类基础教学的实施难度。

2.3 学习评价机制不完善

实践教学不同于理论教学，需要考察学生将知识转化为解决实际问题的能力。这需要跟踪并综合评估学生的全过程表现。然而，现行评价模式更注重最终成果，忽视了学生在问题识别、资料分析、方案构思等环节的具体表现，因此无法准确评估学生的思维能力和方法应用能力。此外，评价过程缺乏客观数据，过于依赖教师主观经验判断，降低了评价的客观性与公平性。

2.4 教学改革投入成本压力大

为了应对行业转型，重庆大学城乡规划专业将培养方案从五年制调整为四年制，既要重构整个教学体系，又要加强新兴技术领域的知识与技能培养。对低年级实践类基础教学来说，不仅要优化知识结构以适应压缩后的教学进程，还要引导学生提前接触先进技术与创新方法。这些教学改革需要大量资源投入用于建设技术支持平台、实践基地以及跨学科师资团队，而由此产生的成本压力与建设周期就成为实施教学改革的主要制约因素。

3 基于轻量化 AI 应用的低年级实践类基础教学创新

面对新型城镇化发展带来的困境与挑战，重庆大学城乡规划专业低年级教学组以实践类基础课程为试点，采用移动终端轻量化应用开发为技术路径，探索数智技术在教学改革中的创新应用路径。2020 年底，教改团队研发了"大眼睛 PeakVision"智能教学交互系统，并应用于二年级"城市规划设计"和三年级"城乡社会调查"两门核心实践类课程。该系统以支持实地调研为核心，促进融合课堂教学、实地调研与线上互动的混合式教学模式。教改团队通过此系统实现以下四个教学创新：

3.1 构建系统化的认知引导机制

帮助学生从碎片式观察转向结构性认知。教师通过系统平台设置层级递进式的观察任务，引导学生从微观到宏观、从物质空间到社会人文的观察路径，逐步理解经济、文化、生态等多维特征。系统中嵌入 AI 助手，能够实时分析学生的观察记录，准确识别其认知偏好与盲点，提供针对性的学习建议，实现标准化教学引导与个性化能力培养的统一，缓解学生空间认知能力差异带来的教学难题。

3.2 引入社交互动元素

激发学生自主学习的内生动力。系统整合了类社交媒体的互动功能，使学生能够在实地调研的同时，与同伴共享观察发现与思考。这种"学中分享，分享促学"的模式不仅增强了学习的趣味性，还综合同伴互评与教师点评建立了多向反馈机制，有效促进学生从被动学习转向主动学习，提升实践教学的参与度和效果。

3.3 建立数据驱动的全过程智能监督与评价机制

系统通过地理定位、实时记录与实时分析技术，监督学生的学习全过程。教师可以从实地调研轨迹、学习频次、关注偏好等行为数据中获取评价依据，实现从主观评价向客观评价的转变。同时，这些数据也可以帮助教师准确把握教学方向，为教学方案的持续优化提供了实证基础。

3.4 探索轻量化路径下的可持续教改模式

教学改革需要平衡投入成本与教学效能。"大眼睛 PeakVision"无需额外硬件投入，仅通过师生日常使用的移动终端和熟悉的微信生态，即可开展多样化的教学活动。这种低成本、易使用、易维护、易更新的技术路径极大降低了数智化教改的准入门槛，使创新实践能够无缝嵌入现有教学体系与进程，为同类院校提供可借鉴、可复制的创新思路，推动城乡规划教育的整体创新发展。

4 "大眼睛 PeakVision"智能教学交互系统的开发与混合式教学应用

"大眼睛 PeakVision"通过内置 AI 助手拓展了传统师生双向教学模式，构建了"师—生—AI"三维互动结构。该系统不仅增强了学生的学习体验，还支持教师实施精准的教学管理与效果评估。在教学实践中，系统应用于课前、课中及课后全周期，有机融合了课堂教学、实地调研与线上互动，为教学全过程提供了全方位的数智化支持。

4.1 产品功能体系与逻辑架构

"大眼睛 PeakVision"的功能架构分为基础功能层、教学管理层、智能分析层、互动反馈层总共四个层面（图 1）。基础功能层是产品的核心架构，包含用户管理和观察记录两个基础模块。用户管理模块负责身份认证和权限分配，实现师生角色差异化管理，确保系统使用的安全性与合规性。观察记录模块为学生提供拍照、文字记录和位置打卡等基本功能，既便于学生记录观察发现，也为教学监督提供位置数据证据。

教学管理层面向教师的教学组织与管理，包含标签管理和过程监督两个模块。标签管理模块支持教师设置递进式的观察任务，引导学生系统认知城市空间环境。过程监督模块配合 AI 助手的行为分析，帮助教师掌握学生的学习状况，解决实践教学缺乏有效监管的问题。

智能分析层由 AI 助手主导，包含内容分析和行为分析两个模块。内容分析模块对学生上传的照片和文字进行智能评估，并根据预设的提示工程，对学生的观察内容做出回应。行为分析模块则跟踪分析学习行为轨迹。二者共同为教学决策提供数据支撑。

互动反馈层包含社交互动和智能反馈两个模块。社交互动模块整合点赞、评论、分享等功能，促进师生间的交流分享，提升教学参与度。智能反馈模块将 AI 分析结果转化为具体建议，为不同学习特点的学生提供个性化指导。

4.2 教学全周期场景化应用模式

低年级实践类基础课程教学由课前准备、课中实践、课后提升三个教学场景构成，形成完整的教学周期（图2）。教师、学生和AI助手形成三位一体的互动关系，在三个教学场景中各自承担不同角色，共同实现教学活动的数智化组织、交互与管理。

场景一：课前准备，由教师主导的教学任务设计与发布。教师通过教学管理界面创建项目，制定学习目标、规划调研路线，并将观察任务分解成一系列具有层次性和递进关系的观察标签。为每个标签编写具体的观察方法和要求，帮助学生建立系统的观察思路。学生通过系统预习这些内容，为实地调研做好准备。

场景二：课中实践，由学生主导的实地调研与观察。学生在现场按照标签指导开展观察，通过拍照、文字和打卡记录观察结果。期间可以查看同伴的分享，获取启发。教师实时监督学生的调研轨迹和观察进度，适

时提供针对性指导。AI 助手分析学生的轨迹变化、记录时间和频次等数据，为教学监督提供依据，并向学生推送个性化学习建议。

场景三：课后提升，基于 AI 分析的教学评估与优化。AI 助手对学生的全过程学习数据进行系统分析，生成包含参与度、进度和异常预警等内容的评估报告。教师基于报告自评教学效果，识别学生学习的盲点和薄弱环节，优化教学方案。学生根据 AI 助手的建议完善观察记录，实现学习闭环。

4.3 混合式教学应用实例

混合式教学指利用智能教学交互系统将课堂教学、实地调研与线上互动有机融合，打破时空限制，实现对教与学全过程的数智化支持。基于线上线下深度融合、标准化与个性化教学并行、引导教学与自主学习并行三个教学理念，"大眼睛 PeakVision"在二年级城市设计课程和三年级城乡社会调查课程中有着类似却又不同的应用流程（图3）。

在二年级城市设计课程中，"大眼睛 PeakVision"用于前期的场地调研，培养学生的空间认知能力，帮助

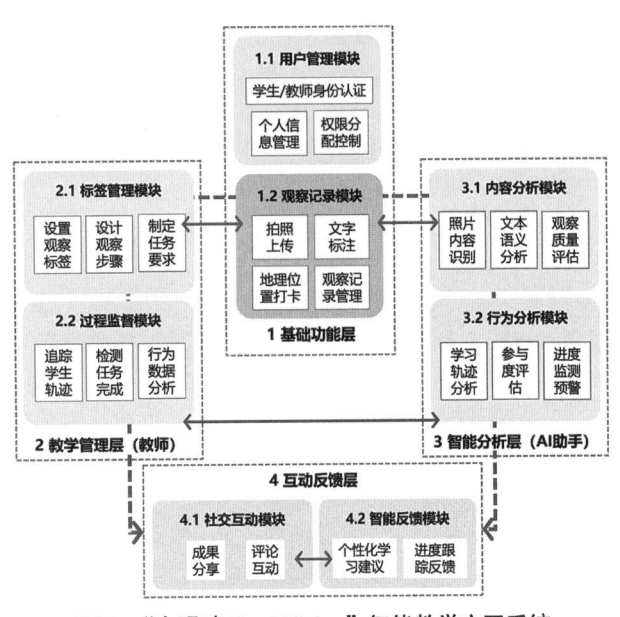

图1 "大眼睛 PeakVision"智能教学交互系统
的功能模块构成
资料来源：作者自绘

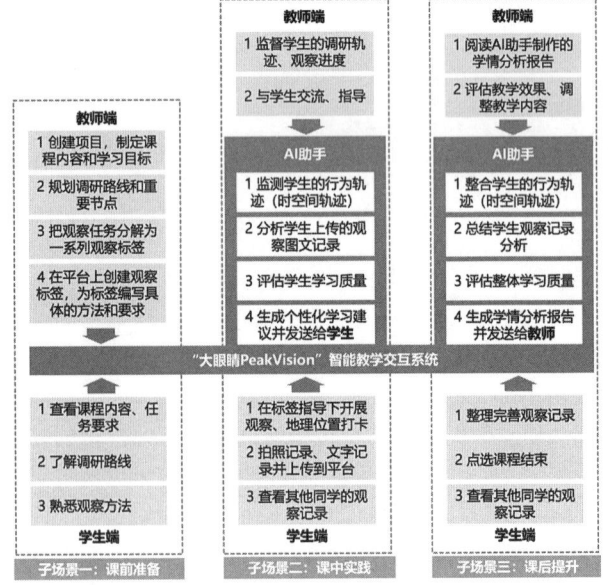

图2 "大眼睛 PeakVision"智能教学交互系统的
教学应用场景设计
资料来源：作者自绘

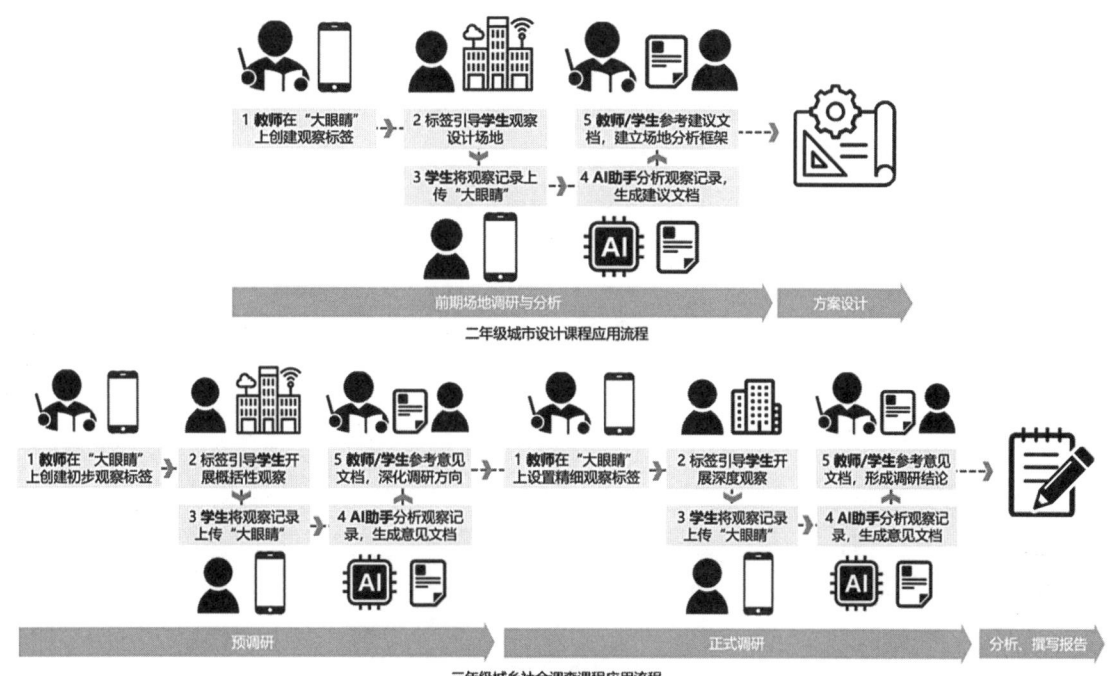

图3 "大眼睛 PeakVision"智能教学交互系统的教学应用流程
资料来源：作者自绘

学生深入理解场地，为后续设计提供思路和依据。教师首先预设"场地现状""周边环境""交通联系"等具有层级递进关系的观察标签。随后，学生在这些标签的引导下开展实地调研，将观察结果以照片和文字形式上传到平台。AI助手分析学生的观察记录，生成个性化的学习建议（图4）。最终，师生基于观察记录和AI建议共同建立场地分析框架，为后续的方案设计提供支持。

在三年级城乡社会调查课程中，"大眼睛 Peak-Vision"主要用于预调研和正式调研，培养学生发现和分析城市问题的能力。预调研阶段，教师初步设置"物质环境""人群活动""问题现象"等概览性观察标签，引导学生开展概览性观察。AI助手分析观察记录并提供建议，帮助师生共同确定深入调研方向。正式调研阶段，教师基于预调研结果设置更精细的观察标签，如"空间品质""行为模式""需求分析"，引导学生从不同维度展开深度观察。AI助手则持续提供更加专业的研究建议。

通过这种渐进式的调研分析过程，帮助学生形成系统化的调研思维。

5 结论与展望

面对新型城镇化发展带来的困境与挑战，重庆大学城乡规划专业低年级教学组提出并实践了以轻量化AI应用为技术路径的教学改革创新模式。通过"大眼睛 PeakVision"智能教学交互系统的开发与应用，构建"师—生—AI"三维互动教学关系，形成融合课堂教学、实地调研与线上互动的混合式教学模式，有效缓解了既往教学中学生能力分化、学习动力不足、监管缺位及评价主观等现实问题（图5）。

经过四年教学实践，重庆大学城乡规划专业低年级实践类基础教学已初步实现了系统化、数智化、互动式的新型人才培养模式，先后培养了三百多名本科生。学生实地调研出勤率可达95%以上，课程满意度达92%以上。"大眼睛 PeakVision"推动的教学转型获得了教

图 4　"大眼睛 PeakVision"在二年级城市设计课程中的应用实例

资料来源：作者自绘

- 学生总人数60，使用人数59，缺勤人数1。
- 学生使用人数59，定位打卡人数40，未定位打卡人数19。这19名学生有两种可能：一是到达场地后没有严格执行调研流程，二是未曾到场虚构报告。这两种可能说明存在调研流程不规范或弄虚作假的嫌疑。建议进一步核实相关情况，加强对相关学生的教育及管理。
- 课程要求学生在调研期间拍摄至少10张照片，并上传系统。
- 18名学生拍摄照片数量较少，说明调研学习积极性较低；41名学生拍摄照片数量较多，说明调研学习积极性较高。
- 整体来看，超过三分之二的学生表现出较高的学习投入度。
- "便民利民""场地使用及空间关系"的照片数量最多，说明学生更关注这种直观、易理解和观察的城市环境要素。
- "文化体育"的照片数量较少，说明学生对公共文化与体育空间具有一定兴趣。
- 相比之下，涉及更专业或抽象要素的领域，如"医疗卫生""社会福利""公共服务及劳动保障""法律安全"的照片数量最少，说明学生难以理解、捕捉这些较为专业或抽象的环境要素。
- 整体来看，学生更倾向于拍摄直观、易感知的城市环境要素。

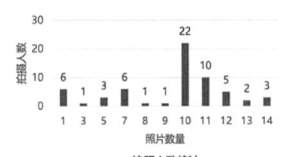

拍照人数统计

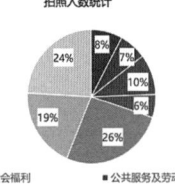

观察标签的照片统计

图例：
- 社会福利
- 医疗卫生
- 便民利民
- 场地使用及空间关系
- 公共服务及劳动保障
- 法律安全
- 文化体育

图 5　"大眼睛 PeakVision"提供的二年级城市设计课程教学评估报告

资料来源：作者自绘

育主管部门和专业学术组织的高度认可。相关课程分别于 2022 年、2024 年获得重庆市高等教育教学改革研究项目，肯定了教改实践在育人方面的创新价值。相关教改经验在多个重要学术平台进行交流展示，为同类课程的教学创新提供了有益参考。

未来，随着新型城镇化发展的持续推进和数智技术的快速迭代，基于轻量化 AI 应用的城乡规划教学创新还有进一步的拓展空间。首先，深化 AI 赋能教学的应用深度，融合 VR/AR 等技术，从观察引导扩展至设计思维训练、方案评估等高阶环节，构建覆盖规划教育全过程的数智支持体系。其次，拓展交叉学科的融合力度，整合城市经济学、社会学、生态环境学等领域内的知识，培养学生多学科融合的系统思维能力。再次，构建开放共享的教学生态。探索建立跨院校的实践教学资源共享平台，推动城乡规划教育的协同创新。最后，完善数据导向的教学评价与人才培养模式，为因材施教和个性化培养提供有力支撑，实现教学决策的精准化和人才培养的高质量化。

参考文献

［1］ 黄亚平，林小如 . 改革开放 40 年中国城乡规划教育发展 [J]. 规划师，2018，34（10）：19–25.

［2］ 李疏贝，彭震伟 . 发展观影响下的当代中国城市规划教育 [J]. 城市规划学刊，2020（4）：106–111.

［3］ 吴志强，张悦，陈天，等 . "面向未来：规划学科与规划教育创新" 学术笔谈 [J]. 城市规划学刊，2022（5）：1–16.

［4］ 田莉，杨鑫，张雨迪，等 . "专业知识＋人工智能" 双驱动的城乡规划设计教育创新探索：以住区规划为例 [J]. 城市规划学刊，2024（5）：71–78.

［5］ 孙施文，吴唯佳，彭震伟，等 . 新时代规划教育趋势与未来 [J]. 城市规划，2022，46（1）：38–43.

Innovative Practice of Low Grade Basic Teaching in Urban and Rural Planning based on Lightweight AI Applications

Qian Xiao   Li Yunyan   Xu Miao

Abstract：In the context of new urbanization，the junior faculty team of the School of Architecture and Urban Planning，Chongqing University developed the "The Big Eyes PeakVision" intelligent teaching interactive system to address challenges including student ability disparities，insufficient practice supervision，imperfect evaluation mechanisms，and high reform costs. The system establishes a "teacher–student–AI" interactive relationship，achieving teaching innovation through systematic cognitive guidance，social interaction，data–driven evaluation，and lightweight technology. Applied in second–year urban design studio and third–year rural–urban survey course，the system creates a blended teaching model integrating classroom instruction，field research，and online interaction，improving student engagement and satisfaction. This reform provides valuable reference for sustainable digital transformation of urban–rural planning education.

Keywords：Urban–Rural Planning Education，Foundational Education，Lightweight AI Application，Blended Learning and Teaching

基于地域文化传承的城乡规划基础课程教学实践探索

邹亦凡　谭静斌　段亚琼　张睿婕

摘　要： 针对城乡规划专业低年级学生在空间认知及历史文脉理解方面存在的普遍问题，长安大学在"城乡规划设计基础"课程中创新性地构建了"认知筑基—系统解析—空间赋能"的三阶段教学模式。以西安历史城区为教学载体，通过时空叠合测绘、唐坊布局复原及空间基因解码等特色教学环节，系统性地培养学生对历史空间的解析能力；同时，结合行为注记分析、热力地图诊断及社区微更新设计等实践模块，增强学生对社会需求的敏感度和响应能力。该课程采用双主线递进式教学架构，将唐代里坊基因解码与现代功能活化训练相结合，形成"历史文献考据—空间形态测绘—社会行为调研—在地化设计"的全链教学路径，有效提升了学生的文化传承意识、系统思维能力和创新设计水平，为城乡规划基础教育注入了地域文化基因与历史空间智慧。

关键词： 城乡规划教育；课程体系重构；空间基因解码；历史文脉传承；在地化教学

1　课程背景与教学挑战

1.1　城乡规划基础教学的时代转向

在国家新型城镇化战略与城市更新行动的双重驱动下，城乡规划教育正经历从"规模扩张"向"内涵提升"的范式转型。2014年《国家新型城镇化规划》首次提出"保护历史文化遗存，延续城市历史文脉"的要求，2021年住房和城乡建设部《关于在实施城市更新行动中防止大拆大建问题的通知》更明确强调"坚持留改拆并举，保留利用既有建筑，保持老城格局尺度"。政策导向的转变倒逼规划教育重构基础教学体系，亟需培养兼具历史感知力与空间创新力的复合型人才。

西安作为"周秦汉唐"文明的核心载体，其"古今同构"的空间特质为教学实践提供了独特实验场。明城墙内保存的棋盘路网与唐长安城"百千家似围棋局"的里坊遗韵形成时空对话，这种"历史地层"的垂直叠合与"空间基因"的水平延展，恰好构成理解中国城市演进的最佳标本。

"城乡规划设计基础"是我校于2019年首次开设的课程，该课程分为（一）、（二）两部分，分别安排在二年级的两个学期中连续授课。教学实践路径呈现三大特征：在认知维度，从"形态描摹"转向"基因解码"，要求学生在测绘明城墙片区时同步完成唐代皇城衙署布局考证；在方法维度，从"单一设计"转向"全链诊断"，建立"文献考据—空间测绘—行为分析—改造设计"的完整工作流（图1）。

1.2　教学痛点诊断

刚刚完成一年级建筑类基础课程学习的同学，在进入二年级城乡规划专业内容的学习时，呈现出以下特点：

（1）仅初步形成了建筑空间的尺度感，尚未建立对真实城市尺度的感知，同时对城市的认知较为片面，难以理解城市系统运行的复杂性。

（2）历史文脉认知存在断层，多数学生对西安本土的城市营造智慧了解有限，认知多局限于旅游景点，缺乏专业的解析能力。

（3）对城乡规划学的学习方法尚未适应，表现为测绘、调研、设计等环节相互割裂，综合解决问题的能力较为薄弱。

邹亦凡：长安大学建筑学院讲师
谭静斌：长安大学建筑学院副教授
段亚琼：长安大学建筑学院副教授
张睿婕：长安大学建筑学院讲师

（4）课堂训练与社会需求错位，学生在一年级阶段极少接触实际案例，并未真正走进城市空间理解城市问题，缺乏真实场景下的问题解决能力。

1.3 课程目标体系

根据二年级学生的认知特点，我们明确了课程定位："城乡规划设计基础"作为城乡规划专业的入门课程，着重培养空间认知能力与历史文化传承，引导学生实现从"空间使用者"到"空间塑造者"的角色转变。课程依托西安历史文化街区的真实场景，开展项目式教学，全面强化"调研—分析—设计—表达"的全流程实践能力。通过历史文献研究和居民参与式设计等环节，课程深入融合文化自信、工匠精神以及"人民城市为人民"的价值观。

2 "认知—解析—设计"课程体系构建

2.1 双主线递进式教学架构设计

课程采用"历史空间解码"与"当代空间赋能"双主线。其中，认知主线通过"地图改绘—唐坊复原—空间解析"训练历史空间解码能力；设计主线则形成"行为调研—问题诊断—改造设计"实践闭环。

2.2 地域特色化教学内容设计

（1）时空叠合测绘：通过无人机航拍与古籍考据，实现唐坊布局复原。

（2）空间基因解码：运用热力地图、行为注记等工具，解析历史街巷中的公共空间。

（3）多模态表达：制作城市空间认知短视频，融合历史文献与市井生活影像（图2）。

图1 城乡规划设计基础课程任务书作业要求（部分）
资料来源：长安大学建筑学院城乡规划设计基础课程任务书

图2 城乡规划设计基础课程部分学生视频作业
资料来源：长安大学建筑学院学生作业

3 教学实施路径与创新实践

3.1 历史解码阶段——空间认知筑基

城市测绘训练：选取明城墙内 50~70 公顷历史街区，由学生分组进行实地测绘，同时借助无人机航拍，最终完成 1∶1000 总平面测绘。要求准确记录建筑信息（包括建筑外轮廓形式、屋顶形式、临街界面、层数、建设年代等）、道路断面构成、公共空间形态等要素（图 3、图 4，图 3 为城市测绘小作业，测绘面积为 1 公顷左右）。

唐坊复原作业：指导学生研读《唐两京城坊考》等古籍，结合西安博物院馆藏模型，考证历史功能。学生依据文献中记载的信息，以及唐代衙署建筑设计特点（通过开间、进深等固定规制的信息推测），绘制推测性复原平面图，强化历史空间认知能力（图 4）。

古今叠合对比：将现代测绘总平面与唐坊复原图叠加，分析路网结构、空间尺度、功能布局的演变规律。

3.2 系统解析阶段——多维认知提升

总地块的四大系统分析图：包括功能分区、道路交通系统、绿化景观及公共服务设施系统，通过系统分析增加学生对测绘地块的整体认知，理解城市系统的复杂性。

公共空间解析：将测绘地块内的公共空间进行筛选分类，从空间功能、空间容量、围合方式、界面形式、路径关联及空间比例等角度对公共空间的形态进行分析，从而选取问题较集中的空间作为重点解析对象（图 4）。

公共空间行为调研：将视线聚集于问题较为突出的城市公共空间，带领学生深入测绘地段所在的西安明城区生活化街区，分组开展问卷调研，并与居民进行深度访谈，关注人群的多样化需求；同时进行行为观察，记录公共空间中不同时段人群活动类型、密度及轨迹。最终将调研结果转化为"人群密度图""人群活动足迹图""人群活动轨迹图""居民行为画像"（年龄 / 职业 / 活动偏好）、"热力活动地图"等，直观呈现空间问题。

3.3 当代设计阶段——综合能力整合

公共空间改造设计：基于调研结论，各组选取矛盾集中区域，进行合理化改造。

具体而言，学生将重点考察若干矛盾较为集中的区域。以湘子庙—德福巷区域为例，该区域作为西安市历史文化街区的一部分，被住宅区所环绕，面临显著的停车难题。该地段不仅承载着旅游功能，也是当地居民频繁光顾的社交场所，人流密集，空间局促。学生对该地段的改造偏重文脉传承，设计古今碰撞的特色城市公共空间。

王芷菁与杨莹莹两位同学负责的项目任务是针对湘子庙东部——即地段入口区域，沿湘子庙街的南北商业地带进行改扩建。鉴于唐代湘子庙所在地曾为太常寺所辖，负责宗教祭祀及宫廷礼乐事务，因此在本次改造规

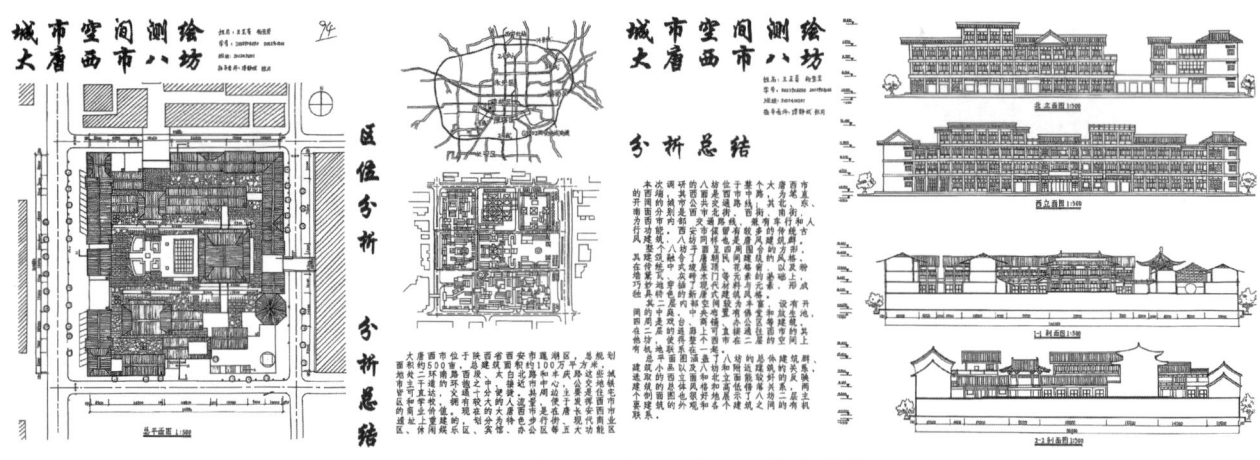

图 3 城市空间测绘作业（2022 级王芷菁 杨莹莹组）

资料来源：长安大学建筑学院学生作业

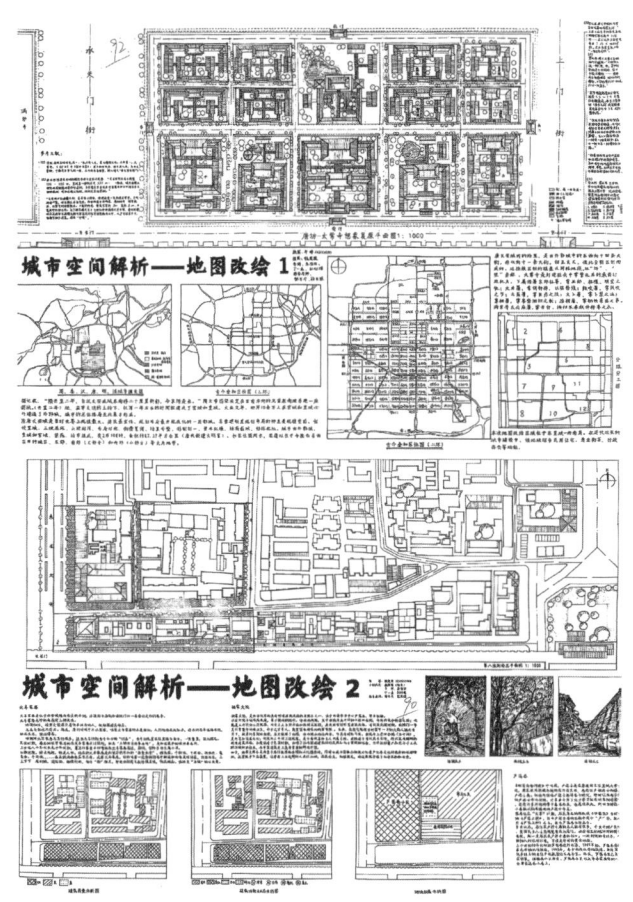

图 4　城市空间解析（2022 级 齐婷 魏楚霖组）
资料来源：长安大学建筑学院学生作业

划中，针对该区域空间序列单调，文化潜力挖掘不够，游客滞留感不强，局部人行道仅一米宽以及人车混行的现状，两位同学借鉴了太常寺"八署四院"的传统建筑布局理念，将该地块北侧两栋住宅进行拆改，组织以若干院落，增加了公共空间的容量，布置博物馆与舞乐坊文化展演区，旨在强化科普教育功能；而南侧则对现有商业建筑进行改造，结合地段内已有的汉服妆造特色，规划了戏楼与商业街，更侧重于商业化的运营。在北侧的舞乐坊区域，采用了唐代流行的"左坊舞，右坊乐"布局，其中左坊专用于舞蹈表演，右坊则专注于音乐演出，两者共同展现了唐代的礼乐文化（图 5）。

　　钟楼小区和保吉巷小区作为明城区内具有代表性的老旧住宅区，其公共设施陈旧，公共空间供应不足，绿

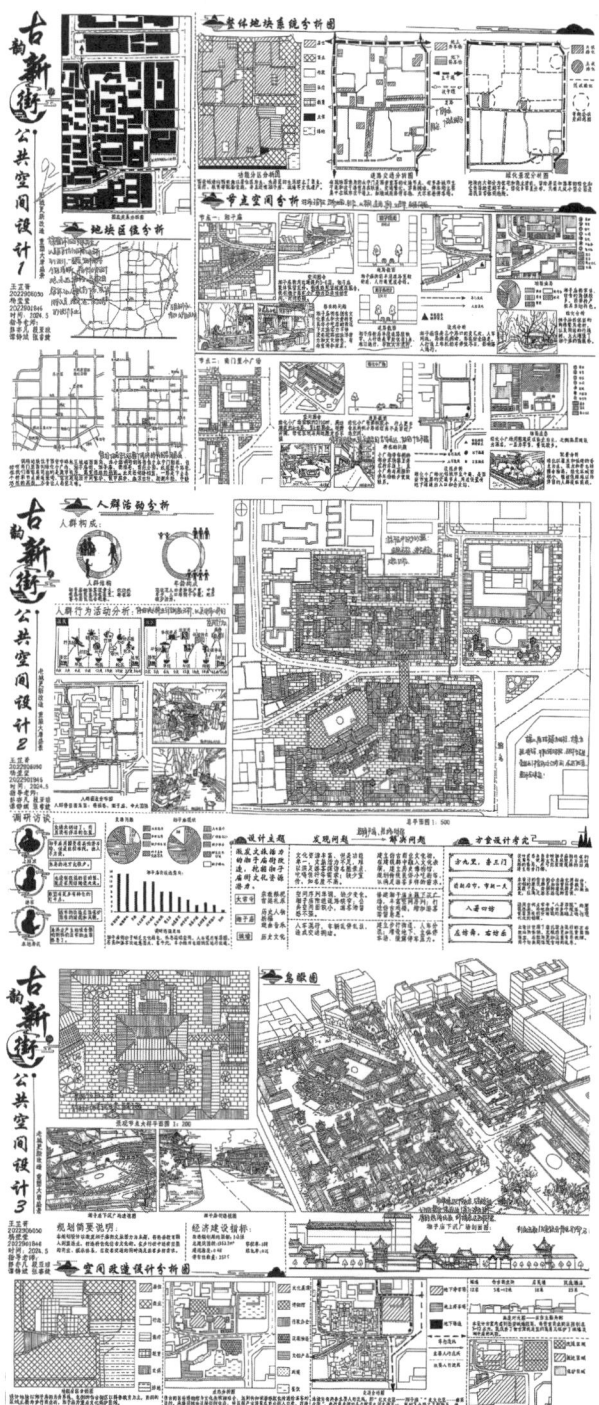

图 5　公共空间更新设计（2022 级 王芷菁 杨莹莹组）
资料来源：长安大学建筑学院学生作业

化景观欠佳，且存在较多被居民占用的零散空间。钟楼小区与保吉巷小区在居民构成上存在差异：前者多为租赁住户，商业活动极为活跃，拥有数个知名的餐饮热点；而后者居民以老年人为主，小区环境相对宁静，甚至带有些许沉寂之感。

针对此类近似开放式的老旧住宅区更新改造项目，学生的设计方案更倾向于关注居民群体的多元化需求。在增强住宅区内公共空间的容量与品质的同时，方案中对公共空间功能的多样化配置进行了细致规划。其具体措施包括增设老年人日间照料中心、小型超市、餐饮设施、社区图书馆以及儿童游乐场所等。此外，还为中青年居民设计了慢跑道，将未充分利用的边角地带改造为口袋公园，并在公共建筑的屋顶实施绿化工程。通过这些措施，旨在重塑住宅区的空间结构，丰富公共空间的内涵与种类，增设跨代际交流的场所，并提升住宅区的绿化水平。

此外，小南门作为西安著名的早市所在地，每日早晨7时至10时实施交通管制，吸引众多游客和市民聚集于勿幕门城门下，体验西安的地方特色早餐文化。此处既是城市的交通节点，也是市民的公共生活空间。然而，对于这类地段的公共空间改造，难度较大，涉及的问题也较多，学生们的方案难有创造性的成果。

4 教学创新特色

4.1 双主线递进式教学模式

课程创新构建"历史空间解码"与"当代空间赋能"双主线融合的教学架构，形成"认知筑基—系统解析—空间赋能"三阶递进模式。通过古今叠合分析、时空对话设计，学生贯通历史基因解码与现代功能活化能力，掌握"以史为鉴、动态更新"的规划思维。教学过程中融入"城市认知短视频"创作（图2），以影像语言串联唐代里坊肌理与当代市井生活片段，实现感性认知与理性分析的有机融合。

4.2 在地化教学链条构建

基于西安"历史地层"垂直叠合特性，构建"空间—时间"二维教学链：

空间维度：从1公顷（单一空间单元）扩展至5~8公顷（街区系统），进而至50~70公顷（城市尺度），逐步提升对城市系统性认知的层次；

时间维度：从唐代（里坊基因）至明清（形态演变），再到当代（微更新实践），揭示城市空间演化的内在规律。

通过唐长安城皇城衙署布局的复原、钟楼小区公共空间的改造等典型案例，培养从"历史基因提取—空间问题诊断—在地化设计响应"的完整能力链。

4.3 课程思政融合路径

本课程旨在通过构建包含"历史文脉传承""空间伦理教育"与"职业使命塑造"三个维度的思政资源体系，深化专业教育与思想政治教育的融合。在历史文脉传承维度，选取西安明城墙、唐长安里坊等具有代表性的历史空间作为教学案例，深入解析"天人合一""礼制秩序"等传统城市规划智慧。通过实施"历史地图叠合分析""唐坊复原想象图"等实践活动，引导学生深刻理解中华传统城市规划的智慧，从而巩固其文化自信的基础。在空间伦理教育方面，设置"城市公共空间解析"专题，组织学生进行实地调研与空间测绘，通过分析多利益主体的需求与空间公平性，培养学生树立"以人为本、公正包容"的设计伦理观念。同时，针对职业使命的塑造，本课程依托《城乡规划师职业道德标准》等行业规范，结合"历史保护""公众参与"等实际项目案例，通过"严谨求实"的学术训练与"服务社会"的实践导向，指导学生对旧城公共空间进行微改造设计。本课程致力于系统性地培养学生对行业的深入理解、对职业使命的担当意识，从而全面提升学生的专业知识、伦理素养与职业精神。

5 实施成效与反思

本课程自设立以来仅历四载，鉴于2020级及2021级学生受疫情冲击，为便于学生进行实地调研，课程选题地点选定于长安大学家属区。该家属区作为事业单位家属区的典型代表，疫情期间仍对本校学生开放，且恰逢家属区内部数栋旧楼拆除，为新建教工住宅楼腾出空间，为学生提供了直接参与重新设计的工地，几乎无需考虑拆除建筑以拓展公共空间的问题。因此，前两届学生在教学过程中进展较为顺利，家属区内的退休教职工亦乐于与学生交流，学生进入三年级后，课程衔接顺畅，展现出出色的工作能力和设计水平。

然而，2022 级及 2023 级学生的选题地点则完全转移至西安市明城区内。面对该区域复杂的用地结构、多元利益相关者、封闭的单位家属区以及陈旧的城市道路系统，从城市测绘的初始阶段便遭遇了诸多挑战。老城区内的政府机关单位禁止入内，这无疑增加了测绘工作的难度。在调研过程中，主要配合者为老年人，这限制了调研样本的多样性；在改造设计阶段，为增强教学与实际项目的衔接性，避免"拆一建一"的模式，我们要求学生计算拆建比，深入理解拆迁成本，并考虑改造后的运营状况，培养其经济核算能力。这一系列措施显著提升了设计难度，导致部分学生在设计时过于谨慎，仅选择利用边角地块建设小型公园。

尽管如此，这些挑战也促使学生更深入地思考如何在有限的空间和条件下，实现城市空间的优化和改造。他们学会了如何在复杂的社会环境中进行沟通和协调，如何平衡不同利益相关者的需求，以及如何在设计中融入经济考量。这些经验对于培养未来的城乡规划师至关重要，使他们能够更好地适应实际工作中的复杂性和不确定性。

我们亦需深思，如何使学生能够获取更加多元且翔实的信息，以更有效地培养其创造性解决问题的能力。我们认识到，仅依赖课堂教学选题的规划设计基础课程是不全面的，必须进入校企联合培养的阶段。唯有使学生参与实践题目，方能获取更直接、更丰富的信息，使学生在实际操作中体验和感悟，从而真正提升其综合素质和能力。

6 结语

本课程以西安"古今同构"的时空特质为锚点，开创了"解码历史基因—回应当代需求—塑造未来空间"的教学范式。通过双主线递进、在地化实践与思政三维融合，不仅培养了学生"贯通古今、知行合一"的专业素养，更探索出文化遗产赋能规划教育的新路径。这一改革实践为新时代城乡规划人才培养注入了历史深度与人文温度。未来将持续深化"技术—文化—伦理"协同创新的教学探索，助力城乡建设中的文化传承与特色彰显。

Exploring Pedagogical Practices in Foundational Urban-Rural Planning Courses: A Regional Cultural Heritage-based Approach

Zou Yifan   Tan Jingbin   Duan Yaqiong   Zhang Ruijie

Abstract：To address common challenges in spatial cognition and historical context comprehension among junior students in urban and rural planning，Chang'an University has innovatively developed a three-phase pedagogical model– "Cognitive Foundation-Building，Systematic Analysis，and Spatial Empowerment" –in its Urban and Rural Planning Design Foundation Course. Using Xi'an Historic Urban Area as an instructional platform，the curriculum systematically cultivates students' historical spatial analysis capabilities through signature modules including spatiotemporal layered mapping，Tang-dynasty ward layout reconstruction，and spatial genome decoding. Concurrently，practical components such as behavioral notation analysis，thermal map diagnostics，and community micro-regeneration design enhance students' sensitivity and responsiveness to societal needs. Employing a dual-thread progressive pedagogical framework，the course integrates the genetic decoding of Tang-era ward systems with modern functional revitalization training，forging a comprehensive instructional pathway of "historical documentation-spatial morphology mapping-social behavior investigation-context-sensitive design". This approach significantly improves students' cultural heritage awareness，systemic thinking competence，and innovative design capabilities，effectively infusing regional cultural DNA and historical spatial intelligence into urban-rural planning foundational education.

Keywords：Urban-Rural Planning Education，Curriculum Restructuring，Spatial Genome Decoding，Historical Context Inheritance，Context-Sensitive Pedagogy

基于 HAI 的城乡规划专业低年级学科通识基础课教学改革
——以"人居环境史纲"为例

段　文　翟　辉

摘　要： 人工智能（AI）技术的快速发展迭代促使人机交互向人智交互（HAI）演变，教育生产力也进入"人智"关系驱动的新阶段，技术进步对城乡规划行业和教育发展变革均带来深刻影响。以昆明理工大学"人居环境史纲"课程为例，探讨基于 HAI 的城乡规划专业低年级学科通识基础课程教学改革的背景、历程和举措。课程教改经历了从"传统课堂教学""基于网络平台的混合式教学"到"基于 HAI 的智能化教学"三个阶段。在 HAI 赋能教学改革中，按照"价值塑造—能力培养—知识传授"的重要性先后顺序对课程教学目标进行重构，将原本"大而全"的教学内容调整为有利于价值观塑造和学习兴趣培养的若干专题，并基于"雨课堂"平台建设 AI 学习空间支撑个性化的自主学习和人智互动。初步的教改尝试取得一定成效，有赖于教师对 AI 课程专属知识库的建设投入和师生与 AI 的有效双向互动。

关键词： 人智交互；城乡规划；本科低年级；学科基础教育；教学改革

1　引言

随着人工智能（Artificial Intelligence，AI）技术的快速发展迭代，在神经网络、AR、VR 等新技术的支撑下，人机交互正进一步向人智交互（Human–AI Interaction，HAI）演变[1]。教育主体与技术之间的"人技关系"也随着社会生产力发展而改变，教育生产力由"人际"关系、"人机"关系驱动进入由"人智"关系驱动的新阶段，知识生产由线性积累向非线性涌现跃迁，知识供给从"大水漫灌"转向"精准滴灌"，为人才的个性化培养创造了条件[2]。

人工智能技术对城乡规划行业的发展变革具有深刻影响，"人工智能：AI 赋能规划"被列为城乡规划学科发展年度十大关键议题（2024—2025）之首[3]。受疫情影响，原本预计在 2030 年才会大规模涌现在高等教育中的网络知识传播提前出现，网络教育、人工智能辅导等在高等教育中进入发展快车道[4]。在城乡规划教育教学的智能化发展中，数字化教学平台、人工智能辅助教学、自适应学习系统等得到广泛应用[5]，但必须看到人工智能与人类智能在知识、技能、价值观、实践 4 大要素中各有优劣，教育实践中需要实现二者的优势互补并辅助规划教育发展[6]。

随着数智技术的飞速发展和社会需求的日益多元化，我国城乡规划学科也正经历深刻变革，规划教育需要守正创新，培养"通专结合"的复合型人才，本科阶段注重通识与基础教育[7]，人才培养理念从"以面向职业规划师为主体的专业教育"向"以面向多元职业场景的城乡规划专业通识教育"转变[8]。

在此背景下，探讨基于 HAI 的城乡规划专业低年级学科通识基础课教学改革具有很强的现实意义，昆明理工大学建筑与城市规划学院给一年级本科生开设的"人居环境史纲"课程在这方面进行了初步的探索与尝试。

2　教学改革背景

2.1　学分制改革背景下"减时增效"新要求

2019 年，教育部发布《关于深化本科教育教学改革全面提高人才培养质量的意见》（教高〔2019〕6 号），

段　文：昆明理工大学建筑与城市规划学院副教授
翟　辉：昆明理工大学建筑与城市规划学院教授（通讯作者）

要求"科学合理设置学分总量和课程数量，增加学生投入学习的时间，提高自主学习时间比例"。在此背景下，高校各本科专业在培养方案的修订中都普遍设定了学分学时压缩的要求，按照学分制改革的要求，压缩学分学时是为了扩大学生学习的自主权和选择权，课堂学习时间减少是为了课外自主学习时间的增加，让学生"忙起来"，最终实现人才培养质量的全面提升。昆明理工大学建筑与城市规划学院本科三个专业在 2023 版人才培养方案的修订中，也均下调了约 20 学分，其中低年级由于公共课学分不减反增，受到的冲击最大，"人居环境史纲"从 2 学分调整到 1 学分，倒逼必须大力度推进课程改革。

2.2 行业变革背景下低年级专业"忠诚度"动摇

受产业结构调整和行业发展变革的影响，包括城乡规划在内的建筑类本科专业近年来的报考热度下滑明显，原本以高分、一志愿报考生源为主，并在低年级有外专业净转入的局面被打破，加之学校要求对本科专业转出不设门槛条件，低年级本科生的专业"忠诚度"出现了一定程度的动摇。以昆明理工大学建筑与城市规划学院为例，在 2019—2024 年，一年级专业转出人数明显增加（图 1）。受此影响，城乡规划专业低年级本科教育教学的目标和理念必须进行调整，从原本以知识传授为主向以价值观塑造、兴趣提升和通识能力培养为主转变。

2.3 AI 赋能教育教学改革的时代要求

自 2018 年教育部印发《高等学校人工智能创新行动计划》（教技〔2018〕3 号）以来，推进智能教育发展成为高校教育教学改革的重点任务。2024 年，教育部发布 4 项行动助推人工智能赋能教育，并在次年召开国家教育数字化战略行动 2025 年部署会，要求"积极推动人工智能和教育深度融合，促进教育变革创新，使人工智能成为加快实现教育大国向教育强国迈进的重要变量"。2025 年，教育部等 9 部门联合发布《关于加快推进教育数字化的意见》（教办〔2025〕3 号），提出要"全面推进智能化，促进人工智能助力教育变革"，探索"人工智能＋教育"应用场景新范式，推动大模型与教育教学深度融合。在 AI 赋能教育变革快速发展的背景下，昆明理工大学 2025 年启动了新版本科人才培养方案修订工作，提出将人工智能技术融入教育教学全要素、全过程，构建"AI+""+AI"本科人才培养体系，开展 AI 赋能的混合式、体验式、探究式教学。

3 "人居环境史纲"课程概况

3.1 课程缘起

"人居环境史纲"是昆明理工大学建筑与城市规划学院在修订 2019 版本科人才培养方案时新增的一门建筑类学科通识课程，是建筑学、城乡规划、风景园林三个专业大一年级的必修课。开课目的包括：①打破建

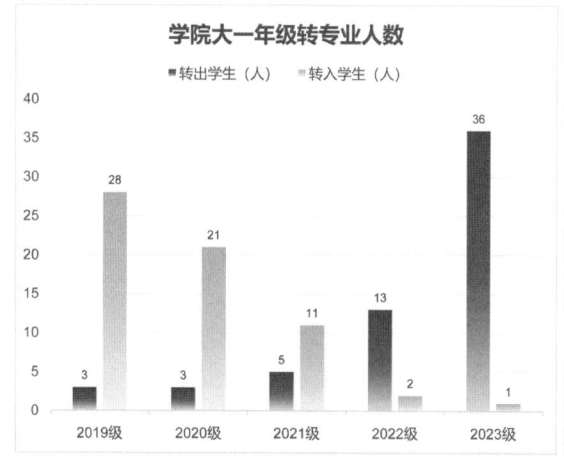

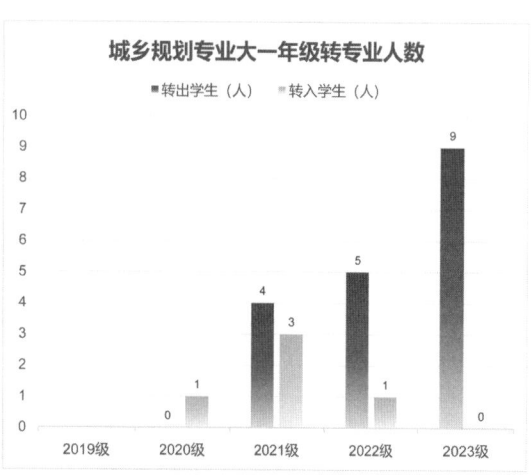

图 1 昆明理工大学建筑与城市规划学院大一年级转专业人数统计（2019—2024 年）
资料来源：作者根据昆明理工大学建筑与城市规划学院教务办数据绘制

筑大类不同专业学科划分的局限，将不同领域史纲汇总到"人居环境"这一体系下进行重新梳理；②帮助建筑类学生在接触专业学习的初始阶段对人居环境发展的脉络形成比较科学、系统的认识，理解不同专业的相互关联，为从"人居环境科学"的高度走入未来不同专业的学习奠定基础；③帮助不同专业的学生建立跨学科观察、研究人居环境问题的初步意识和能力，提升素质和拓宽"社会发展与国际视野"，为他们在未来更好地参与"美丽中国"建设奠定基础。为此，由任课教师翟辉教授牵头成立学院"人居史教研组"，由"人居环境史纲""中国城市发展史""外国城市发展史""中国建筑史""外国建筑史""中国园林史""外国园林史"课程的所有任课教师作为教研组成员，做好学科通识课与后续专业课程的上下衔接和融贯（图2）。

3.2 教学痛点

由于课程面向学院三个专业的大一新生开课，选课学生超过150人，受限于只有2名任课教师承担教学任务，该课程在教学中遇到了大班教学中常见的个性化学习和教学互动不足的痛点问题。此外，由于该课程的期末作业以小组为单位完成，学生评价反馈中还提到存在小组合作带来的"吃大锅饭"问题。从2023年开始，

该课程在学分制改革中从2个学分减为1个学分，课堂学时的对半压缩给教学带来了巨大挑战，面对"史纲"这一宏大授课内容，虽然任课教师在精简授课内容方面进行了努力调整优化，但还是有学生反映课堂授课节奏较快，有时会跟不上课堂节奏。

3.3 教改历程

针对教学中发现的痛点问题，课程从2019年开始不断尝试进行教学改革，教改历程可分为"传统课堂教学""基于网络平台的混合式教学""基于HAI的智能化教学"三个阶段（图3）：①2019—2020年是传统课堂教学阶段，针对新开课程编制教学大纲并制作完整的课件、讲义等，教学方式以传统课堂教学为主，并利用"雨课堂"平台进行课堂签到和疫情期间的课程直播。②2020—2023年是基于网络平台的混合式教学阶段，充分利用"雨课堂"平台开展混合式教学，制作私播课并引入"学堂在线"通识教育系列思政类慕课"中华民族历史"等作为课外学习资源，精简课堂授课中的历史背景介绍内容。③2023—2025年是基于HAI的智能化教学阶段，利用"雨课堂"平台中的"AI工作台"，建设专属知识库，将课程知识图谱、AI助教等工具运用于课程教学，将比较系统完整的课程内容从实体课堂搬到

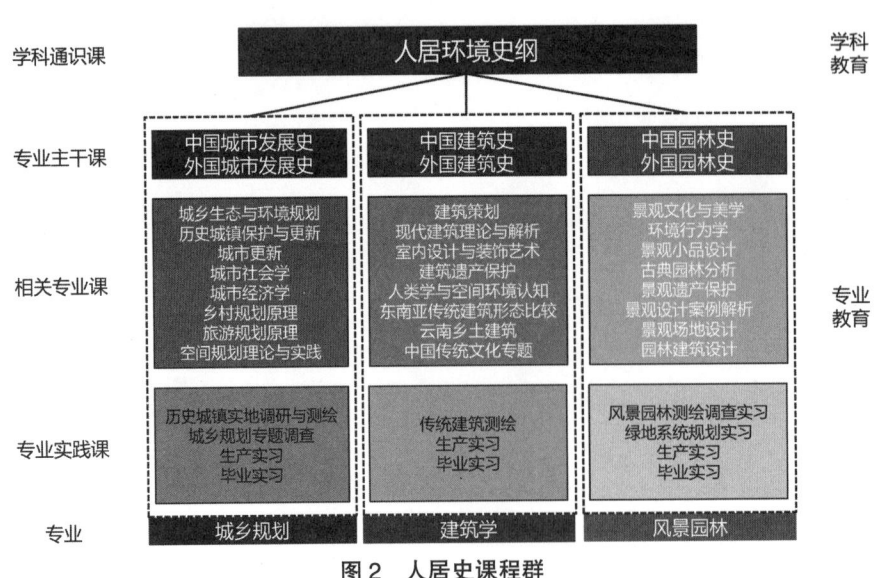

图2　人居史课程群
资料来源：作者自绘

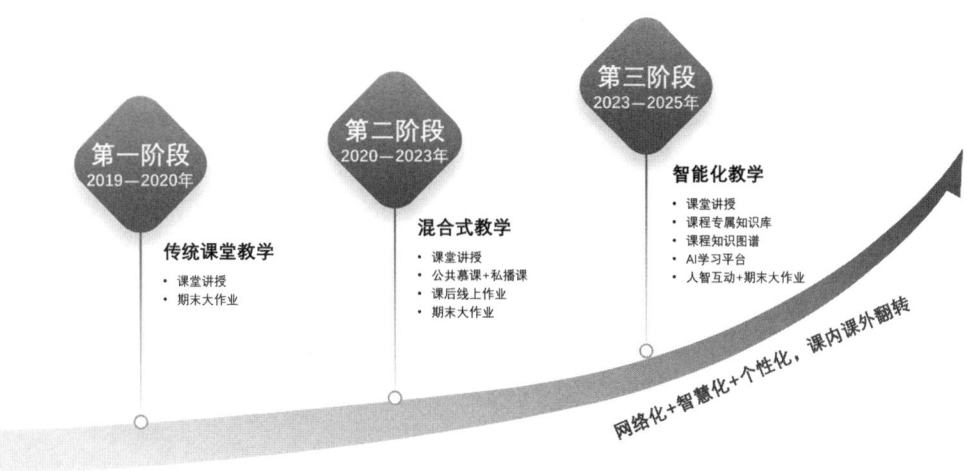

图3 "人居环境史纲"课程教改历程
资料来源：作者自绘

AI 学习空间，由学生利用课外时间自主学习，课堂授课则围绕教学大纲开展专题化教学，突出重点，减轻课堂学习负担并提高学生的学习兴趣。

4 基于 HAI 的课程教学改革举措

4.1 教学目标重构

在课程教改的第一、二阶段，课程教学目标的设定参照美国学者布鲁姆的教育目标分类法，按照认知水平的发展从识记（Remembering）、理解（Understanding）、运用（Applying）、分析（Analyzing）、评价（Evaluating）、创造（Creating）六个层次分为三个具体教学目标：①理解、记忆课堂教学中有关人居环境科学的基础知识和中外各阶段人居环境发展中重要人物、事件、案例的基本知识；②分析、应用课堂知识，能融会贯通、拓展学习，对具体的人居环境案例进行较为深入细致的剖析研究；③评价具体人居环境案例的基本特征，通过中外对比分析，创造性地解读人居环境案例基本特征背后的形成原因。

上述教学目标的设置按照"知识传授—能力培养—价值塑造"的重要性先后进行排序，符合传统教学的一般教育理念。但是，随着 AI 时代催生的知识生产由线性积累向非线性涌现的质态跃迁，本科人才培养转向面对宽口径职业需求的专业通识教育，以及面对近年来受行业变革影响出现的专业"忠诚度"动摇问题，面向本科

低年级的学科通识基础课亟需对教学目标进行重构。

在课程教改的第三个阶段，按照"价值塑造—能力培养—知识传授"的重要性先后顺序，将课程教学目标调整为：①理解在人类文明发展中人居环境建设的重要性及其背后所蕴含的人类智慧，培养大国工匠的职业自豪感，树立投身"美丽中国"建设的荣誉感与使命感；②掌握借助 AI 等工具高效获取人居环境相关知识的能力，在海量信息中培养思辨意识与鉴别能力；③熟悉中外人居环境发展脉络，了解不同地域、文化背景下人居环境发展的共性与差异。

4.2 教学内容调整

课程在开课之初，教学内容设计参照吴良镛院士《中国人居史》的编写脉络，以朝代为基本脉络组织教学内容。教学内容涵盖建筑史、城市发展史和园林史的核心内容，注重打破建筑史、城市史、园林史界限，强调人居环境的整体性，在讲授人居环境的内容、要素与特征同时，也对人居环境的影响因素和思想理论进行讲解与讨论。

课程学分对半调减后，刚开始在基本参照原有教学内容的基础上进行精简压缩，但教学实践中发现偶有学生跟不上课程节奏，于是对教学内容进行了比较深入的调整。教学内容调整的思路是在课堂教学中将原有比较系统完整的知识内容分为若干专题（图4），课堂教学中

32学时 ----------------------------------→ 16学时 ----------------------------------→ 16学时

表1（32学时）

教学板块	教学内容	学时
第一部分 课程概述	1. 人居环境科学概述 1.1 人居环境科学的发展背景 1.2 人居环境科学的知识要点 1.3 课程学习总述	3
第二部分 中国人居环境史纲	2. 先秦、秦汉、魏晋南北朝人居建设 2.1 史前及夏商周 2.2 秦汉 2.3 魏晋南北朝 3. 隋唐、两宋人居建设 3.1 隋唐（上） 3.2 隋唐（下） 3.3 两宋 4. 元、明、清人居建设 4.1 元代 4.2 明清（上） 4.3 明清（下） 5. 近现代、现代人居建设 5.1 近代 5.2 现代（上） 5.3 现代（下）	12
第三部分 外国人居环境史纲	6. 上古时期的人居建设 6.1 古埃及、古代西亚、古印度、古代美洲 6.2 古希腊 6.3 古罗马 7. 中古时期人居建设 7.1 中世纪 7.2 文艺复兴与巴洛克时期 7.3 绝对君权时期 8. 近代人居建设 8.1 资产阶级革命的影响 8.2 工业革命的影响 8.3 建筑新探索 9. 现代人居建设 9.1 现代主义 9.2 后现代主义 9.3 新现代主义	12
第四部分 课程总结	10. 人居环境发展的特征总结 10.1 中国人居环境特征 10.2 外国人居环境特征 10.3 人居环境发展展望 11. 作业选题及研究框架研讨	5

表2（16学时）

教学板块	教学内容	学时
第一部分 课程概述	1. 人居环境科学概述 1.1 人居环境科学的发展背景 1.2 人居环境科学的知识要点 1.3 课程学习总述	2
第二部分 起源与奠基：古代人居环境建设的道路与选择	2. 国外上古时期的人居环境 2.1 古埃及、古代西亚、古印度、古代美洲人居环境 2.2 古希腊、古罗马人居环境	2
	3. 国内先秦-魏晋南北朝时期人居环境 3.1 先秦时期人居环境 3.2 秦汉-魏晋南北朝时期人居环境	2
第三部分 成熟与变革：古代人居环境建设的发展与演化	4. 国外中古时期的人居环境 4.1 中世纪人居环境 4.2 文艺复兴、巴洛克与绝对君权时期人居环境	2
	5. 国内隋唐-明清时期人居环境 5.1 隋唐、两宋时期人居环境 5.2 元、明、清时期人居环境	2
第四部分 蜕变与交融：近现代人居环境建设的变局与突破	6. 国外近现代时期人居环境 6.1 国外近代时期人居环境 6.2 国外现代时期人居环境	2
	7. 国内近现代时期人居环境 7.1 国内近代时期人居环境 7.2 国内现代时期人居环境	2
第五部分 人居环境发展的回顾、对比与展望	8. 人居环境发展研讨 8.1 中外人居环境发展回顾与对比分析 8.2 我国当前人居环境发展展望	2

表3（16学时）

教学板块	教学内容	学时
第一部分 课程概述	人居环境科学 课程学习总述	2
第二部分 古代人居环境	专题1：什么是中国古代建筑？——中国古代建筑的起源、发展与特征	1
	专题2：什么是西方古代建筑？——西方古代建筑的起源、发展与特征	1
	专题3：伟大的中国古代都城——中国古代都城营建历程	1
	专题4：民主、神权、君权下的欧洲古代城市——西方古代城市发展历程	1
	专题5：效法自然与诗情画意——中国古典园林的发展与特征	1
	专题6：几何构图与人工雕琢——西方古典园林的发展与特征	1
第三部分 近现代人居环境	专题7：材料、技术进步驱动的建筑新探索	1
	专题8：工业革命与城镇化高速发展	1
	专题9：从自然风景园林到城市公园运动	1
	专题10：现代建筑创作中的中国设计	1
	专题11：中国城市崛起中的新城建设与区域发展	1
	专题12：我国人居环境建设的成就与挑战	1
第四部分 人居环境案例研讨	课堂研讨（辩论赛半决赛和决赛）	2

图4　"人居环境史纲"课程教学内容调整
资料来源：作者自绘

不再追求教学内容的"大而全"，而是通过专题讲解进行学习引导，更加注重价值观塑造和学习兴趣的培养。

同时，为了兼顾教学内容的系统完整性，在线上平台建立课程知识图谱，制作30节私播课作为课外学习内容，知识图谱中每一个重要的知识点后均配有私播课教学视频进行讲解，让学生在课外根据自己的学习兴趣和节奏开展线上学习。

4.3 教学方式创新

在课程教改的第三个阶段，教学方式创新有赖于"雨课堂"平台的"AI工作台"提供技术支持，通过构建智能化学习空间作为实体课堂外的第二课堂，化解由于学分学时压缩带给课堂教学的压力与挑战，并通过"智能学伴""智能批改"等人智交互工具，弥补大班教学课堂互动不足的短板。

（1）AI教学平台建设

通过在"AI工作台"上传1本教材、14本参考读物、30份讲义课件和30个私播课程教学视频，建立课程专属知识库，共产生知识切片1.2万个。在此基础上，利用AI辅助生成课程知识图谱，经过任课教师的调整优化后，形成由1个一级知识点、4个二级知识点、25个三级知识点、106个四级知识点和369个五级知识点构成的课程知识图谱（图5），每一个三级知识点后都链接有1~2个私播课程教学视频进行讲解（图6）。相比于课堂教学内容的专题性，课程知识图谱侧重于教学内容的系统性和完整性，知识图谱通过层级关系完整展示知识点间的逻辑关联，并支持非顺序性的自主学习和及时的人智互动。

（2）自主学习

与以往在课前或课后推送慕课学习资源不同，在"AI工作台"建设的所有专属教学资源是一次性推送到学生学习端，学生可以完全自主安排课外学习顺序和学习进度，为知识传授的"精准滴灌"和个性化学习创造了有利条件。当然，为了对课外学习情况进行督促，课程教学中对在AI教学平台完成自主学习的时间节点进行了规定，要求学生在课程开课的八周内，在AI教学平台完成30个私播课程教学视频的自主学习，课程总评成绩中也对课外自主学习给予了更高的考核权重。每

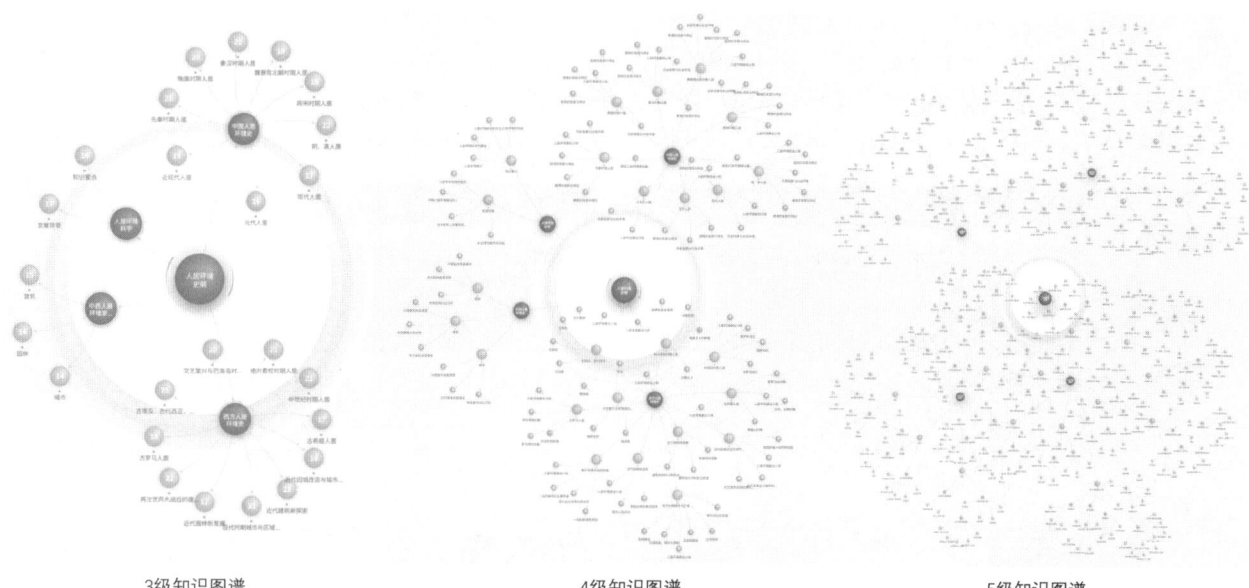

3级知识图谱　　　　　　4级知识图谱　　　　　　5级知识图谱

图5　"人居环境史纲"课程知识图谱
资料来源：作者在"雨课堂"教学平台编辑绘制

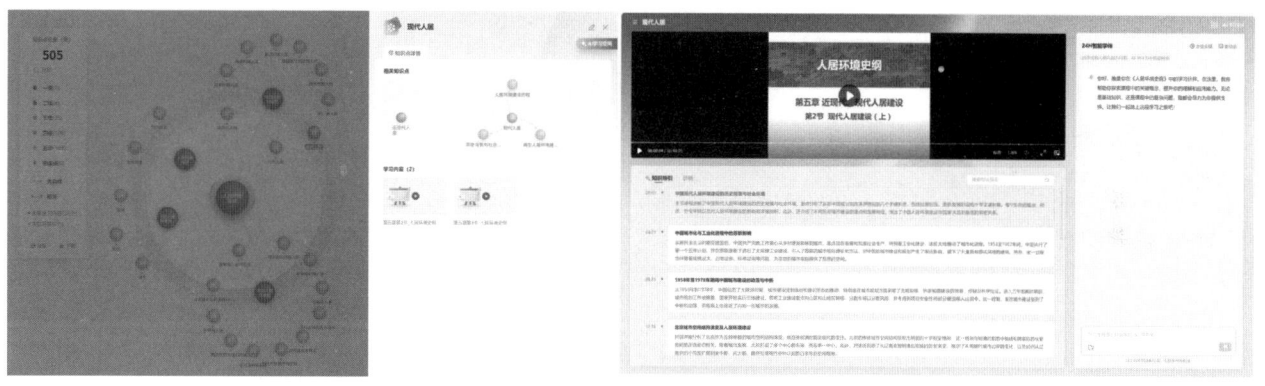

图6　"人居环境史纲"AI学习空间知识点及教学视频展示
资料来源："雨课堂"教学平台

一个教学视频的长度大约为一节课时长，完成所有学习内容后，课外学习时长已远超课内，实现了课内外学习时间投入的翻转，达到学校要求的课内外学习时间投入1：3~1：2的要求。

（3）人智互动

基于课程专属知识库，"雨课堂"平台提供了"24小时智能学伴"工具，学生可以在AI教学平台学习的全过程中及时与智能体进行提问互动。与通用的AI工具相比，提问获得的回答内容更具专业性和针对性。为了引导学生掌握利用AI工具进行高效获取知识的能力，在课程大作业中增设了AI互动问答的考核要求，即要求学生在课堂讲授的内容基础上，通过课外视频学习、教材和参考书阅读，以及雨课堂"24小时智能学伴"的AI互动问答，进行延伸学习和拓展研究，并在提交作业时附上利用AI互动问答（不少于10次）截图。另外，为了解决以往教学中学生反映在小组合作中出现的"吃大锅饭"问题，课程大作业分为期中和期末两个阶段（图7），期中阶段由个人单独完成，期末阶段才是由小组合作完成。这在以往的教学中是不容易实现的，因为150人以上的大班教学会给任课教师带来极大的作业评阅压力。借助 AI "智能批改"工具，任课教师可自行设置批改规则并由 AI 辅助生成评阅意见和评分（图8），极大提高了论述类作业的评阅效率，学生也可以获取到比以往更为详细具体的评阅意见和评阅批注。

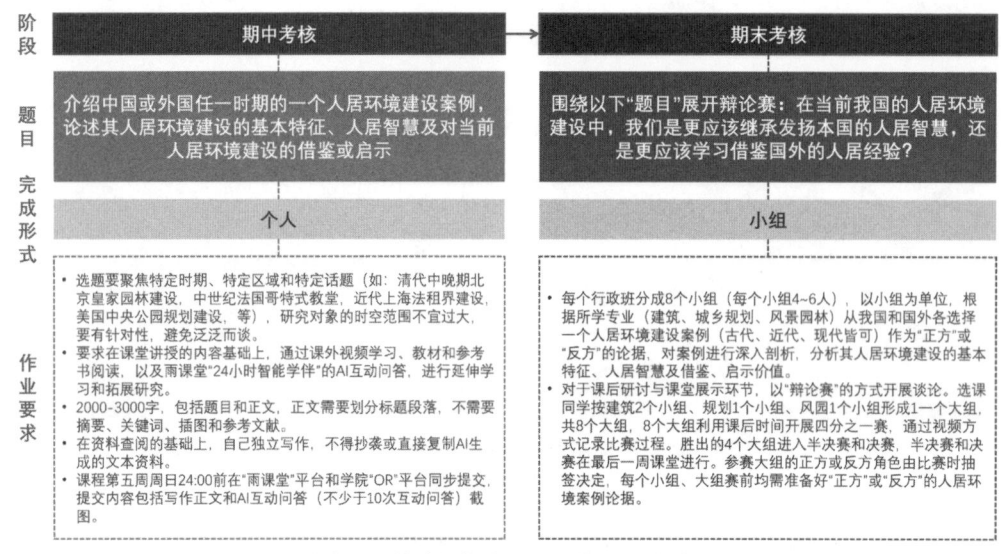

阶段	期中考核	期末考核
题目	介绍中国或外国任一时期的一个人居环境建设案例，论述其人居环境建设的基本特征、人居智慧及对当前人居环境建设的借鉴或启示	围绕以下"题目"展开辩论赛：在当前我国的人居环境建设中，我们是更应该继承发扬本国的人居智慧，还是更应该学习借鉴国外的人居经验？
完成形式	个人	小组
作业要求	• 选题要聚焦特定时期、特定区域和特定话题（如：清代中晚期北京皇家园林建设，中世纪法国哥特式教堂，近代上海法租界建设，美国中央公园规划建设等），研究对象的时空范围不宜过大，要有针对性，避免泛泛而谈。 • 要求在课堂讲授的内容基础上，通过课外视频学习、教材和参考书阅读，以及雨课堂"24小时智能学伴"的AI互动问答，进行延伸学习和拓展研究。 • 2000-3000字，包括题目和正文，正文需要划分标题段落，不需要摘要、关键词、插图和参考文献。 • 在资料查阅的基础上，自己独立写作，不得抄袭或直接复制AI生成的文本资料。 • 课程第五周周日24:00前在"雨课堂"平台和学院"OR"平台同步提交，提交内容包括写作正文和AI互动问答（不少于10次互动问答）截图。	• 每个行政班分成8个小组（每个小组4~6人），以小组为单位，根据所学专业（建筑、城乡规划、风景园林）从我国和国外各选择一个人居环境建设案例（古代、近代、现代皆可）作为"正方"或"反方"的论据，对案例进行深入剖析，分析其人居环境建设的基本特征、人居智慧及借鉴、启示价值。 • 对于课后研讨与课堂展示环节，以"辩论赛"的方式展开谈论。选课同学按建筑2个小组、规划1个小组、景观1个小组形成一个大组，共8个大组，8个大组利用课后时间开展四分之一赛，通过视频方式记录比赛过程。胜出的4个大组进入半决赛和决赛，半决赛和决赛在最后一周课堂进行。参赛大组的正方或反方角色由比赛时抽签决定，每个小组、大组赛前均需准备好"正方"或"反方"的人居环境案例论据。

图7 "人居环境史纲"大作业（期中、期末）设置
资料来源：作者绘制

批改规则设定　　　　智能评分及评语　　　　智能批注

图8 "人居环境史纲"期中作业 AI 智能评阅标准及结果
资料来源："雨课堂"教学平台

4.4 AI 教学平台的教学运行与反馈

第三阶段的教学改革从 2023—2024 学年开始进行资源建设和筹备,2024—2025 学年春季学期正式在"雨课堂"平台运行。AI 教学平台提供实时教学运行数据反馈,截至开课第 5 周周末(课程持续共 8 周),学生学习课外教学视频平均完成率 69.13%,利用 AI 教学平台"24 小时智能学伴"进行互动学习 1575 次,学生使用率 81%,学生平均使用次数 11.8 次(图 9),AI 教学平台得到了学生广泛使用。在教学运行中,教师除可以实时掌握每一个同学课内外学习的所有进度数据外,还可以根据学生在 AI 教学平台的高频问题了解学生的知识盲区、兴趣点和关注热点,并在课堂教学的讲授和互动中进行及时而有针对性的反馈。

5 结语

随着本科人才培养理念从专业教育向专业通识教育转变,本科阶段(尤其是本科低年级)的通识和基础教育变得越发重要,但教学实践中又受到学分学时压缩和学生专业"忠诚度"动摇的挑战。在此背景下,教学目标有必要把价值观塑造和能力培养置于知识传授之前,教学内容和教学方法必须随之进行变革。AI 技术的发展极大提高了学生自主获取知识的范围和效率,为课堂教学创新创造了有利条件。

有人曾担心 AI 技术的广泛使用会冲击课堂教学甚至取代教师,从"人居环境史纲"的教改实践看,这种担心大可不必,教师在这一过程中的精力投入和价值作用不减反增。AI 教学平台课程专属知识库的建设、人智互动的引导和课堂教学内容的重构均高度依赖教师的教学积累和教学设计,AI 的使用是教师教学能力的延伸,并在师生间搭建了高效的交互渠道。

基于 HAI 的课程教学改革具有广阔空间,能够在很大程度上应对当下教育教学面临的挑战。HAI 赋能课程教学改革有两个关键点,即"智能"和"交互":①从"智能"方面看,需要任课教师基于 AI 网络教学平台,建设内容庞大的课程专属知识库,并构建课程知识图谱,作为 HAI 赋能教学的"基础设施";②从"交互"方面看,需要任课教师在考核体系、作业布置等环节中设置学生使用 AI 工具辅助学习的具体要求,引导学生通过 AI 教学平台开展自主

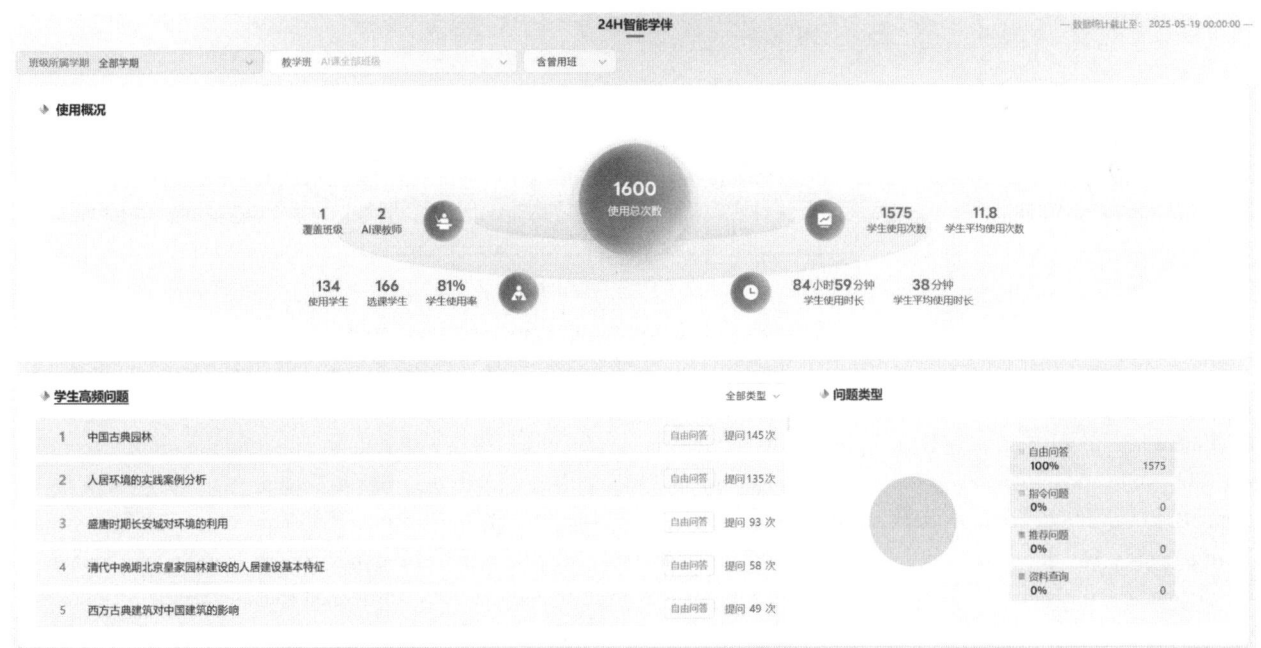

图 9 "人居环境史纲"AI 教学平台教学运行情况
资料来源:"雨课堂"教学平台

学习和人智交互，通过 AI 教学平台的教学运行数据反馈不断调整课堂教学内容，实现学生、教师与 AI 的双向互动，这是 HAI 赋能教学的"精神内核"。

参考文献

[1] 许浩，程卿玄，董晶，等.人智交互中的 AI 世代：缘起、特征与未来展望 [J].信息资源管理学报，2025，15（1）：13–20.

[2] 郝晓晗，刘三女牙.从人技关系视角看教育生产力发展：历史回溯、理论逻辑与实践进展 [J].远程教育杂志，2025，43（2）：10–22，73.

[3] 吴志强，严娟，徐浩文，等.城乡规划学科发展年度十大关键议题（2024–2025）[J].城市规划学刊，2024（6）：8–11.

[4] 吴志强，张悦，陈天，等."面向未来：规划学科与规划教育创新"学术笔谈 [J].城市规划学刊，2022（5）：1–16.

[5] 吴志强.城市规划教育的数智化焕新 [J].城市规划学刊，2025（1）：11–17.

[6] 李翔，吴志强，甘惟.人工智能为代表的新教育技术体系对规划教育的影响 [J].高等工程教育研究，2025（1）：47–53.

[7] 段进，石楠，闫凤英，等."规划教育的规划"学术笔谈 [J].城市规划学刊，2025（1）：1–10.

[8] 段进，阳建强，陈晓东，等.当前城乡规划本科人才培养方案制定的思考——东南大学的演进与探索 [J].城市规划，2025，49（3）：52–60.

Teaching Reform of Foundational General Education Courses for Lower-Level Undergraduates in Urban and Rural Planning Major based on Human-AI Interaction (HAI)——A Case Study of The Brief History Of Human Settlements

Duan Wen   Zhai Hui

Abstract：The rapid development and iteration of artificial intelligence（AI）technology has driven the evolution from human–computer interaction to human–AI interaction（HAI），propelling educational productivity into a new phase shaped by "human–AI" relationships，while technological advancements have profoundly impacted both the urban and rural planning industry and educational development. Taking the course *The Brief History Of Human Settlements* at Kunming University of Science and Technology as an example，this paper explores the background，process，and initiatives of teaching reform in lower-level general foundational courses for the urban and rural planning major under HAI integration. The teaching reform progressed through three phases—from traditional classroom instruction to hybrid teaching based on online platforms，and finally to intelligent teaching powered by HAI. In this process，the course objectives were restructured following the priority hierarchy of "value cultivation – competency development– knowledge acquisition，" with the original "comprehensive yet superficial" content refined into thematic modules conducive to fostering values and learning motivation. Subsequently，an AI–augmented learning space was developed via the "Rain Classroom" platform to support personalized autonomous learning and human–AI interaction. The initial achievements in this teaching reform can be attributed to faculty–developed course–specific AI knowledge repositories and effective bidirectional interaction between teachers，students，and AI systems.

Keywords：Human–AI Interaction，Urban and Rural Planning，Lower–Level Undergraduate，Foundational Disciplinary Education，Teaching Reform

基于 AI 赋能的城建史教学范式重构
——以沈阳建筑大学教学实践为例

唐天鹏　哈　静　刘　蔷

摘　要： 在人工智能技术深度渗透与规划教育改革的时代背景下，传统城建史教学模式面临知识碎片化、教学互动不足、实践场景脱节等挑战。本文以沈阳建筑大学城市建设史课程为实践样本，探索将 AI 技术深度融入城建史教学体系。通过构建"知识图谱化—学习智能化—实践场景化"三维教学模式，实现课程内容的系统性重构、教学场景的沉浸式创新及学习支持体系的个性化升级。本研究不仅为城乡规划专业基础课程的教学内容革新与方法优化提供新思路，也为高等教育数字化转型背景下的课程创新实践提供可借鉴的范式。

关键词： AI；城乡规划；城建史；雨课堂；沈阳建筑大学

1　引言

作为第四次工业革命的核心驱动力，人工智能正重塑科技、产业与教育领域的发展范式。特别是 2023 年以来，以 ChatGPT 和 DeepSeek 等大模型为代表的生成式人工智能迅猛发展，其强大的知识整合、多模态交互与智能决策能力，为高等教育创新带来新契机。在此背景下，如何把 AI 与传统教学进行高效融合是目前教育界广泛讨论的议题。既有研究中，孟睿涵等人探讨了怎样把 AI 辅助设计有效运用到教学实践里，以此提高学生的专业能力 [1]；张冠亭等人研究了图像生成式 AI 技术在提升设计效率、创新能力以及数据驱动决策方面的潜力，同时也留意到引入 AI 技术所引发的伦理挑战以及对创意表达的影响 [2]；闵嘉剑等人以清华大学"AI 生成式影像"课程作为例子，剖析了生成式人工智能在设计教学方面的可能性 [3]；熊东旭以建筑学专业作为实例，探讨了人工智能数字化技术在教育创新中的实现方式，提出了个性化教学、虚拟现实辅助教学、多元协作协同教学等多种模式 [4]。这些研究虽在多学科领域取得进展，但 AI 技术在"城市建设史"教学中的系统性应用仍有待深入探索。

"城市建设史"课程，作为城乡规划专业教育的基础，对于塑造学生的历史认知、筑牢理论根基以及培育专业思维具有关键作用 [5]。在传统教育模式当中，低年级学生在学习这类课程时，常面临知识碎片化和历史场景抽象化等学习困境，难以契合"新工科"背景下复合型人才培育的需求。在此背景下，沈阳建筑大学所开展的"智慧城建史·AI 赋能未来课堂"项目，通过 AI 技术重构知识体系、革新教学场景并创新学习支持系统，实现了城乡规划低年级基础课教学范式的突破，本研究以该项目为实践样本，深入探讨 AI 技术赋能城建史教学的创新路径，旨在构建"知识图谱化—学习智能化—实践场景化"的新型教学模式，为城乡规划教育数字化转型提供理论与实践参考。

2　"城市建设史"课程教学现状与挑战

2.1　课程定位与核心价值

"城市建设史"课程作为城乡规划专业的核心基础课程，承担着构建历史认知框架、培育批判性思维和传承城市文化基因的三重使命 [6]。课程通过系统梳理城市发展的历史脉络、技术演进与社会变迁，帮助学生理解城乡空间形态形成的内在逻辑，掌握历史遗产保护与现代城市发展的协同策略。其核心价值体现在：其一，作为专业知识体

唐天鹏：沈阳建筑大学建筑与规划学院博士研究生
哈　静：沈阳建筑大学建筑与规划学院教授（通讯作者）
刘　蔷：沈阳邑营建筑规划设计有限公司工程师

系的根基，为规划理论与设计实践提供历史参照；其二，通过解析不同历史时期城市建设案例，培养学生对空间演变规律的洞察力；其三，以历史文化遗产为载体，强化学生对城市文脉延续与创新的责任感，契合"新工科"背景下城乡规划专业复合型人才培养的价值导向。

2.2 传统教学模式的局限性

当前"城市建设史"课程教学普遍面临知识碎片化、教学方式单一化、实践场景脱节化三大困境（图1）。在知识组织层面，传统教学依赖线性叙事与孤立案例讲解，导致历史事件、技术演进与社会背景的关联性被割裂，学生难以形成系统性认知；教学方式上，以教师讲授为主的单向知识输出模式，缺乏对学生主动探究能力的激发，且受限于时空条件，难以还原历史城市场景的复杂性；在实践应用方面，课程内容与当代城市规划设计需求存在脱节，学生无法将历史经验有效转化为解决现实问题的能力[7-9]。此外，传统考核方式偏重记忆性知识考查，忽视对历史分析能力、批判性思维和创新能力的评价，进一步制约了课程育人目标的实现。

2.3 课程建设目标

针对传统教学的痛点，本研究以AI技术赋能为核心，确立"三维重构"的课程建设目标：其一，知识体系重构，利用AI知识图谱技术整合碎片化内容，构建动态关联的历史知识网络，实现从线性叙事向结构化认知的转变；其二，教学模式革新，通过智能算法分析学情

数据，提供个性化学习路径，并借助虚拟仿真、增强现实等技术还原历史场景，打造沉浸式教学体验；其三，实践能力提升，结合AI生成式技术创设历史场景模拟与方案推演任务，推动学生将历史经验转化为现代城乡规划设计的创新策略。最终形成"知识图谱化—学习智能化—实践场景化"的新型教学范式，助力城乡规划教育数字化转型与高质量人才培养。

3 "智慧城建史"教学模式的理论框架与实施路径

3.1 知识图谱化：构建三维知识体系

为解决传统教学模式存在的知识传递碎片化问题，教学团队尝试运用纵向贯通和横向拓展的思路来梳理历史脉络，并将地域城市建设发展历程与思想纳入课程体系中。首先借助雨课堂的AI技术对已有的教学资料进行深度挖掘，构建"时间轴—地域轴—专题轴"三维知识图谱。时间轴包含从原始聚落到现代城市发展历程的知识点，地域轴以中西方城建思想为核心总结不同文明体系的城市建设特征，专题轴聚焦城市规划思想、建筑技术、社会文化等专项内容。目前教学团队基于雨课堂在线平台构建了7个知识层级和1327个核心知识点，这些知识点共同构成中国城市建设史和西方城市建设史模块的知识图谱（图2）。接下来，教学团队会以现有的知识图谱为基础，把地域城市建设史融入图谱体系，形成具有地域特色的城建史课程。现阶段已完成"沈阳故宫"的空间布局、功能分区与满族营城思想的基础研究以及资料整合，并借助3D建模与VR技术还原了盛京皇城的历史场景。

3.2 学习智能化：构建全周期学习支持体系

学习智能化希望能够改变传统教育模式里存在的学习参与被动化状况，教学团队依据雨课堂平台打造的城市建设史课程支持全周期学习，有精准分析、实时答疑以及个性化定制等特性。以雨课堂"24H智能伴学"为例，这个模块可契合学生在任何时刻的学习需求，不管是基础知识还是拓展知识，学生都可随时向系统提问，获得及时的解答（图3）。在这个过程中，雨课堂嵌入的AI系统会依据学生的问题和回答情形诊断学生对该知识点的掌握程度，对于一些学习难度较大且知识点掌握状况欠佳的学生，系统会推送定制化的学习建议。另外，在教师端，使用"智能备课助手"可依照教师需求

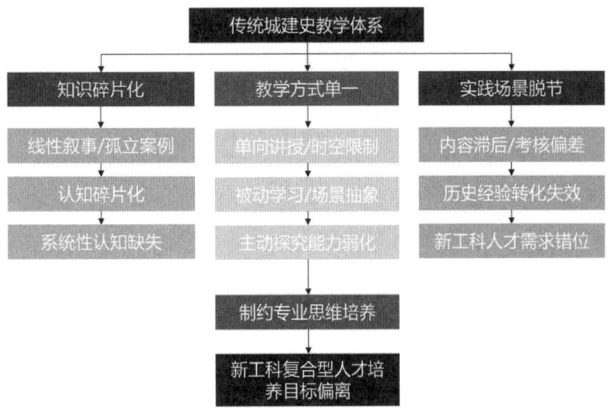

图1 传统"城市建设史"教学体系局限
资料来源：作者自绘

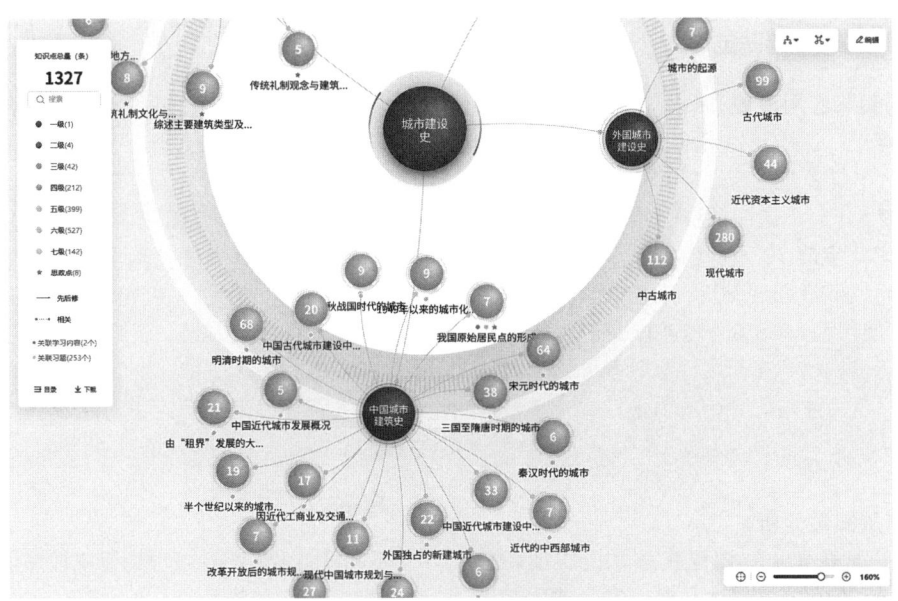

图2 "城市建设史"课程构建的知识图谱
资料来源：团队基于"雨课堂"构建的知识图谱截图

自动生成详尽且系统的教学大纲，保证教学内容的完整性与连贯性，灵活适配各种教学场景，为教师提供有力支持。当前教学团队已基于雨课题智能化学习系统搭建了221个文件库、20小时音视频以及2万个知识切片，这些内容一同构成了智慧城建史的课程体系，并且已完

图3 24小时智能伴学使用界面
资料来源：团队基于"雨课堂"构建的知识图谱截图

成了3个学期4个班的教学工作，接下来会继续完善基础数据库建设，丰富音频和视频文件。

3.3 实践场景化：搭建沉浸式实践平台

利用VR/AR技术构建历史城市虚拟场景，并结合课程内容设计实地调研任务。古代都城的空间布局与营造思想是中外城建史的重要知识点，如何基于"虚实结合"的教学模式帮助学生实现深度认知是构建AI课程框架的重要内容。目前，基于雨课堂的课程平台还未实现历史城市虚拟场景的漫游，但教学团队基于前期积累构建了沉浸式实践平台的框架。首先，挑选一些重要的历史城市作为虚拟场景的搭建原型，例如宋代汴京、唐长安城、古罗马城等，并借助三维建模呈现古代城市的重要空间特征与营城思想。此外，还可以在虚拟场景中设置互动任务，如"为唐代长安城设计合理的交通流线""分析中世纪欧洲城堡的防御体系与城市布局关系"，引导学生在实践中运用历史知识，提升解决问题的能力。将虚拟场景与实地调研结合是从"理论学习"到"实践应用"无缝衔接的有效方式。在搭建的虚拟场景中完成理论学习后，可以结合课程内容设计实地调研任务，将抽象的历史知识转化为可感知、可操作的实践场景。

4 "智慧城建史"课程应用与反思

4.1 教学模式的实际应用成效

自"智慧城建史"课程开始实施，其创新性的教学模式在沈阳建筑大学城乡规划专业低年级教学里收获了一定成效。从2022年起，这门课程连续三年被用于教学实践，平均每学年完成70人次的授课。最新一学年教学运行状况显示，该课程在2025年春季学期的使用总次数是64次，使用率为33%（图4）。此外，本课程自建的关于城市建设的视频在西瓜视频等多个知名媒体平台播放，获得广泛关注与好评，成为地域文化传播的关键载体。

4.2 现有问题与局限性分析

虽然目前"智慧城建史"课程在教学模式创新方面取得了一定成果，但仍存在技术依赖、开发成本较高以及地域特色融入不够等问题。在实际的教学过程中发现，高效的互动体验以及低时间成本的问题答案获取，使得学生对AI答疑系统的依赖程度较高，独立思考的时间渐渐被AI所占据。长此以往，学生的批判性思维可能会逐渐弱化。此外，课程开发成本与运营同样是一个不能被忽视的问题，仅仅是和平台合作这一项成本就达到了数万元之多，如果要开发更多历史城市的教学场景，还需要大量的资金投入。目前，单个历史城市的三维建模成本一般在10万~15万元，再加上后期的数据更新、模型维护以及再开发的费用，最终的课程建设成本有可能超过100万。最后，课程体系的开发还存在地域特色与通用知识的平衡难题，通用知识体系有着成熟的理论框架以及教材作为支撑，而地域特色内容尚处于研究转化阶段，存在"基础理论讲得深入透彻"与"地域特色讲得新颖鲜活"在时间分配上的矛盾。

5 结语

将AI技术应用在城市建设史教学中，不仅能提升教学效率，还能丰富教学内容，增强学生的学习体验。对于教师而言，为了有效地将生成式AI融入教学体系，必须对教师进行系统培训，使其掌握相关技术的基本原理和应用方法。同时，鼓励教师积极参与专业发展活动，

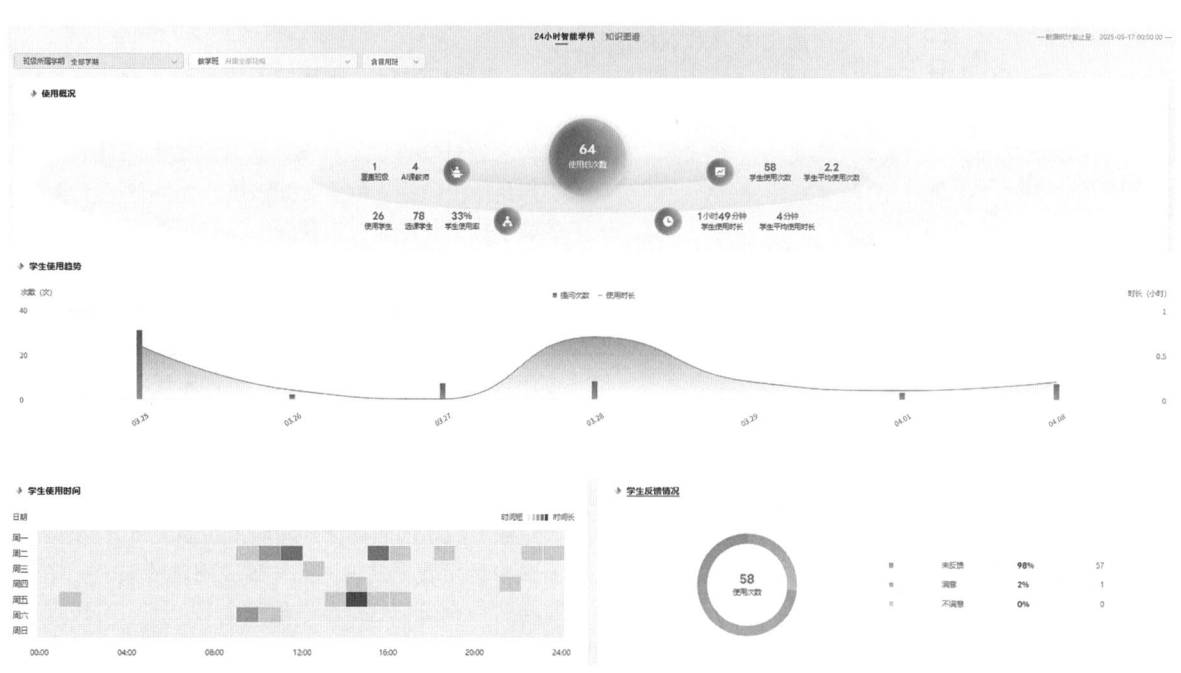

图4 教学运行情况
资料来源："雨课堂"教学运行模块截图

了解最新的 AI 技术动态和教育应用案例。基于雨课堂构建的"智慧城建史"课程，可以将前沿技术充分融入教学过程，推动城乡规划专业教育的持续创新和发展。目前，鲜有针对城乡规划专业开设的 AI 课程，相信在规划教育改革和人工智能发展的双重背景推动下，"AI+ 教育"将从工具赋能向范式重构演进，培养兼具历史视野与创新能力的复合型规划人才。

参考文献

［1］ 孟睿涵，刘奚麟，刘耘沛雨，等 . AI 技术在风景园林专业教学领域的实践探索 [J]. 建筑与文化，2025（3）：260-261.

［2］ 张冠亭，王一婧，李艳，等 . 探讨图像生成式 AI 在变革本科风景园林设计课程中的应用 [J]. 建筑与文化，2024（12）：257-259.

［3］ 闵嘉剑，于博柔，张昕 . 生成式人工智能时代的设计教学探索——以清华大学 "AI 生成式影像" 课程为例 [J].建筑学报，2023（10）：42-49.

［4］ 熊东旭 . 人工智能助推应用型本科教育教学模式创新发展的路径研究——以建筑学专业为例 [J]. 内江科技，2024，45（11）：97-99.

［5］ 段进，阳建强，陈晓东，等 . 当前城乡规划本科人才培养方案制定的思考——东南大学的演进与探索 [J]. 城市规划，2025，49（3）：52-60.

［6］ 向岚麟，王静文 .《中外城市建设及发展史》教学改革的文化路径 [J]. 规划师，2014，30（11）：132-136.

［7］ 段进，石楠，闫凤英，等 . "规划教育的规划" 学术笔谈[J]. 城市规划学刊，2025（1）：1-10.

［8］ 田莉，杨鑫，张雨迪，等 . "专业知识 + 人工智能" 双驱动的城乡规划设计教育创新探索：以住区规划为例 [J].城市规划学刊，2024（5）：71-78.

［9］ 马世发，吴玲玲 . 城乡规划本科人才培养智慧赋能课程体系设计与地方实践路径探索 [J]. 高等建筑教育，2024，33（4）：84-91.

Reconstruction of the Teaching Paradigm of Urban History based on AI Enabling——Taking the Teaching Practice of Shenyang Jianzhu University as an Example

Tang Tianpeng Ha Jing Liu Qiang

Abstract：In the era of deep penetration of AI technology and planning education reform，the traditional teaching mode of urban construction history faces challenges such as fragmentation of knowledge，insufficient teaching interaction，and disjointed practice scenarios. This paper takes the history of the urban construction course of Shenyang Jianzhu University as a practical sample. It explores the deep integration of AI technology into the teaching system of urban construction history. By constructing a three-dimensional teaching mode of 'knowledge mapping-learning intelligence-practice scenario'，we achieve systematic reconstruction of course content，immersive innovation of teaching scenarios，and personalised upgrading of the learning support system. This study not only provides new ideas for the innovation of teaching content and optimisation of teaching methods in the basic course of urban and rural planning，but also provides a model for curriculum innovation in the context of digital transformation of higher education.

Keywords：AI，Urban and Rural Planning，Urban History，Rain Classroom，Shenyang Jianzhu University

基于"案例—场景"数智化建构的城乡规划专业设计课程改革探索

刘 彬 方 程

摘 要：规划设计课程教学是城乡规划专业核心能力培养的重要载体。结合城乡规划专业设计课程面临的理论与实践脱节、时空维度割裂等核心问题，建构"案例时空链＋场景耦合场"的教学改革框架。通过五大核心设计课程的差异化改革路径，形成"空间基因解码—系统思维建构—价值判断培育"的能力进阶体系。

关键词："案例—场景"；城乡规划；设计课程

1 引言

当前，我国城乡发展正经历从规模扩张向品质提升的战略转型，新型城镇化2.0阶段对规划人才培养提出全新挑战。城市规划教育的数智化转型是应对未来城市发展挑战的必由之路[1]。在生态文明建设与数字化转型双重驱动下，城乡规划已从单纯的物质空间设计转向涵盖生态治理、社会协同、智慧运维的复杂系统工程。这一转变要求规划师不仅需具备扎实的空间设计能力，更需掌握多元价值平衡、动态过程管控等复合技能[2]。

"空间规划设计"的能力是城乡规划师的立身之本[3]，设计课是规划专业核心能力培养的重要载体[4]。然而，传统设计课程教学却面临严峻的适应性危机：课堂中程式化的功能分区训练，难以应对国土空间规划体系重构中的生态安全底线管控需求；课程设计地块中的理想化设计推演，无法匹配城市更新实践中产权纠纷、成本约束等真实矛盾；标准化的设计成果评价标准，与社区治理中多元主体诉求的复杂性渐行渐远。究其根本，传统教学模式存在三重结构性脱节：其一，知识传授与真实场景脱节，案例教学止步于经典方案二维图纸解读，缺乏对政策环境、实施路径等隐性知识的系统解析；其二，技能训练与实施过程脱节，设计课程多聚焦方案形态推敲，忽视从现场调研、利益协调到施工管控的全周期能力培养；其三，价值培育与社会需求脱节，教学评价过度侧重空间美学维度，弱化对公平性、可持续性等核心价值的判断训练。这种割裂直接导致学生设计成果"图纸精美却难以落地"，暴露出跨学科协作能力薄弱、政策转化思维缺失等现实问题[5]。

破解这一困局，亟需构建"真实问题导向、全周期介入、多主体互动"的教学新生态。本文提出的"案例—场景"双轮驱动模式，借助虚实融合场景群再造能力培养环境，通过植入真实项目案例链重构知识传递逻辑，致力于在教学设计中实现三重突破：在时间维度上贯通"历史经验学习—现实问题求解—未来趋势预判"的认知闭环；在空间维度上搭建"建造实验室—数字孪生平台—城市实践基地"的立体场景；在价值维度上培育"空间正义—生态智慧—文化传承"的专业伦理。这种改革不仅是对规划教育方法论的革新，更是对国土空间治理现代化人才需求的主动回应。

2 城乡规划专业设计课程教学改革理论框架

城乡规划专业设计课程改革的理论建构，以"时空折叠"认知模型与"场景耦合"教学理念为核心，形成"三维驱动—双链循环——体支撑"的框架体系（图1）。这一框架通过重构教学时空维度，打通知识传递与能力培养的转换通道，为城乡规划专业核心设计课程的改革提供理论锚点。

刘 彬：湖南城市学院建筑与城市规划学院讲师

方 程：湖南城市学院建筑与城市规划学院讲师

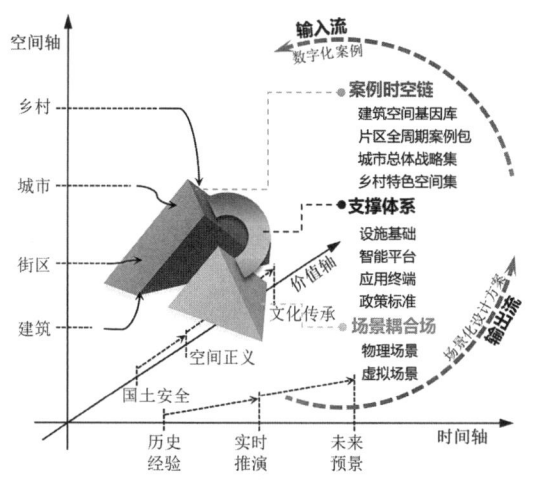

图1 城乡规划专业设计课程改革理论体系
资料来源：作者自绘

2.1 时空折叠认知模型：三维驱动结构

"时间—空间—价值"三维驱动模型突破传统线性教学模式，在建筑设计基础课程中通过"空间原型的时间演化"解析，通过AR技术对传统建筑的解构，了解传统建筑的结构智慧，采用典型历史时间点串联以及同时期不同类型化建筑对比，理解空间基因的历时性传承与共时性变异，进而推演现代建筑模块化创新的演变过程。城乡规划详细设计课程则侧重于构建"历史层积—现实干预—未来预景"的时空折叠场景，借助VR技术同步呈现片区基地多个关键时间切片的空间形态，培养学生"在历史褶皱中寻找规划设计创新支点"的思维能力。城乡总体规划阶段通过时空压缩的认知基础，使学生在城市总体设计中能适当考量战略规划的长周期效应（20~30年）与近期建设计划的即时反馈，并通过构建国土空间规划数据模拟平台，演练多源数据的采集、整合、分析、应用及动态更新，激发学生技术赋能意识，树立城乡规划系统思维和动态治理观。

2.2 双链循环教学机制：案例—场景互动闭环

"案例时空链"与"场景耦合场"形成双向赋能机制。在城市片区设计课程中，选取国内重点TOD开发案例（上海虹桥枢纽、成都TOD示范项目等）进行纵向解析，与数字孪生场景中的实时交通模拟、利益主体博弈等横向训练相结合，形成"案例解码—场景验证—

方案迭代"的螺旋上升路径。城市更新设计课程可探索构建"政策工具箱—空间方案"转化模型，其根本目标是通过案例库中的政策文本与空间形态映射关系库，驱动学生在设计过程中实现制度创新与空间设计的同步突破。这种双链互动机制，更有利于提升学生对设计原理的认识。双链互动对各类设计课程具有不同的效应，如建筑设计基础课程中的等比例实体建造实验，能够即时反馈到数字孪生平台进行结构安全验证，形成"物理—虚拟"场景的能力培养闭环。

2.3 技术—社会一体支撑体系

技术支撑方面，BIM+GIS+VR等集成平台作为新的技术工具存在，将重塑教学关系的组织逻辑。在城市总体设计课程中，国土空间安全预警模拟平台将生态红线、灾害风险评估等技术参数转化为可视化的空间约束条件，使学生在战略推演沙盘中直观体验"耕地保护与城市扩张"的决策张力。社会技术支持系统则体现在城市更新设计的"社区参与数字孪生体"——通过手机信令数据捕捉居民活动规律，自动生成空间优化热力图。结合问卷星平台实时收集居民生活诉求等。这种技术与社会系统的深度耦合，使城市片区设计课程中的角色扮演工坊突破传统模拟形式，尝试引入开发商利润测算模型、政府土地财政算法等真实决策工具，让利益博弈训练融入经济学实证基础。

基于该理论框架，将规划设计的"时空属性"从教学背景转化为核心教学内容，使设计课程形成能力培养的梯度结构——建筑设计基础培养"空间基因识读"能力（微观时空操作），城市片区设计强化"系统要素整合"能力（中观时空协调），城市更新设计重视"制度—空间转化"能力（时空层积干预），城市总体设计塑造"战略—空间衔接"能力（宏观时空决策）。这种递进式能力矩阵，为破解传统课程"碎片化""孤岛化"困境提供理论解决方案。

3 核心设计课程"案例—场景"建构路径

针对城乡规划专业教育中的"建筑设计""城市片区设计""城市更新设计""城市总体设计""乡村规划设计"等核心设计课程，从案例嵌入、场景优化与能力培养等方面提出"案例—场景"建构路径（图2）。

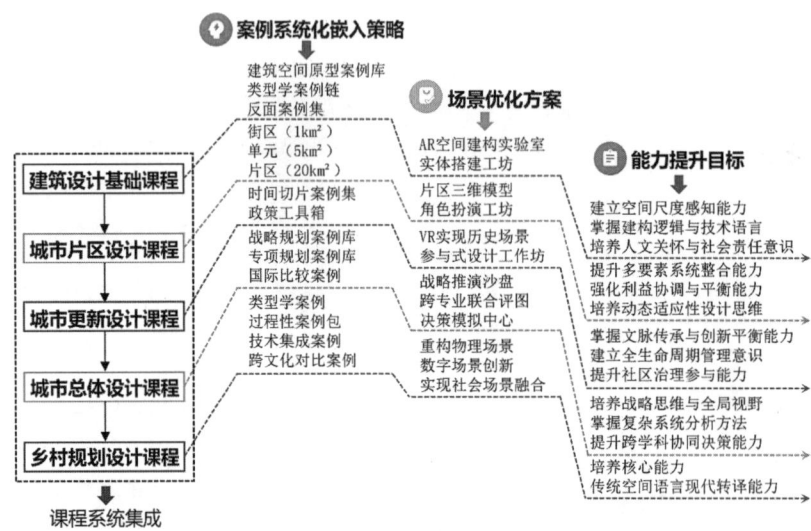

图 2　核心设计课程"案例—场景"建构路径
资料来源：作者自绘

3.1　建筑设计基础课程

（1）案例系统化嵌入策略。首先，建立正向空间原型案例库，完善类型学案例链。建立从传统民居到现代建筑的经典空间原型，涵盖院落组织、结构体系、材料表达等维度。其次，构建"建筑诊断"逆向教学模式，考虑反面案例集，收集结构失效、功能错位、形象浮夸等的典型案例。

（2）场景优化方案。建立 AR 空间建构实验室，通过增强现实技术实现建筑构件拆解重组，如手持三维激光扫描仪对历史保护建筑重点结构、建筑立面等进行扫描，一方面能快速获取历史建筑的三维数据，辅助修复设计，避免破坏性接触，另一方面能辅助逆向工程，将现有建筑转化为数字化模型，用于改造或扩建。

（3）能力培养目标。该课程的主要能力培养目标为建立空间尺度感知能力、掌握建构逻辑与技术语言以及培养人文关怀与社会责任意识。

3.2　城市片区设计课程

（1）案例系统化嵌入策略。形成多尺度案例库，主要指建立街区（1 平方千米）、单元（5 平方千米）、片区（20 平方千米）三级案例体系。强化过程性案例包，选取真实开发项目，提供从土地收储—方案设计—实施评估

的全周期资料。

（2）场景优化方案。结合片区及所在区域建立数字孪生平台，构建片区三维模型，集成人口、交通等实时数据。借助 ArcGIS 与 CityEngine 平台搭建三维城市信息模型，整合地形高程、现状建筑、公共服务设施等基础数据，建立具有空间拓扑关系的数字底板。通过 Python 脚本开发参数化工具包，实现用地性质、容积率、建筑密度等核心指标的关联公式嵌入，采用 Grasshopper 可视化编程工具构建指标动态调整系统，设置 5 类典型开发情景（历史街区更新、TOD 综合开发、生态敏感区建设等），指导学生同步生成 3~5 个对比方案。每个方案配置独立参数面板，支持建筑限高、绿地率、停车配建等 18 项指标的联动调整。

（3）能力培养目标。该课程的主要能力培养目标为提升多要素系统整合能力、强化利益协调与平衡能力以及培养动态适应性设计思维。

3.3　城市更新设计课程

（1）案例系统化嵌入策略。形成时间切片案例集，选取历史街区进行多个时间节点的空间演变解析。形成政策工具箱，整理各地更新条例、容积率奖励等政策工具包。结合社会创新案例，引入社区花园、共享办公等

微更新实践案例。

（2）场景优化方案。采用 VR 实现历史场景复原，通过虚拟现实重建基地历史空间场景。在课程置入角色扮演工坊，设置政府、开发商、居民等利益主体模拟谈判。强化动态沙盘推演，结合地块划分边界变化进行方案弹性测试。

（3）能力培养目标。该课程的主要能力培养目标为掌握文脉传承与创新平衡能力、建立全生命周期管理意识、提升社区治理参与能力。

3.4 城市总体设计课程

（1）案例系统化嵌入策略。建立整理战略规划案例库，整理雄安新区、苏州工业园等国家战略项目决策过程，形成整体规划设计案例库。建立专项规划案例库，如生态安全专项规划方面，构建灾害风险评估、生态安全格局等专题案例集。适当引入国际比较案例，选取新加坡、荷兰等国土空间规划体系对比研究。

（2）场景优化方案。建立战略推演沙盘，集成 GIS 平台与政策模拟器，预测不同方案实施效果。实现跨专业联合评图，与地理信息、经济学等专业开展联合方案评审。建立决策模拟中心，设置市长、规划局长等角色进行政策制定模拟。

（3）能力培养目标。培养战略思维与全局视野、掌握复杂系统分析方法、提升跨学科协同决策能力。

3.5 乡村规划设计课程

（1）案例系统化嵌入策略。基于类型学、技术集成等构建多维案例库。建立"生态保育型（浙江余村）—文化传承型（安徽宏村）—产业振兴型（陕西袁家村）"等三维案例矩阵，解析不同发展路径的空间响应模式。过程性案例包，选取田园综合体项目，整合"村庄规划—土地流转—业态运营"的全流程档案，包含村民会议记录、宅基地置换协议等真实文件。技术集成案例，引入数字乡村建设范例（如江苏永联村智慧管理平台），剖析物联网、区块链技术在农产品溯源、环境监测中的应用。适当考虑负面案例警示集，收集过度商业化导致的乡村风貌破坏案例（如某些古镇同质化改造），开展"乡村建设批判性复盘"。跨文化对比案例，研究日韩"造町运动"、欧洲乡村复兴计划等国际经验，提炼本土

化适配策略。

（2）场景优化方案。重构物理场景，建立乡土材料工坊、田野调查基站、乡村创客空间等。如设立竹木建构实验室，开展传统营造技艺现代转译实验（如夯土墙抗震性能改良）；在典型村落设立驻点工作站，配备便携式土壤检测仪、无人机测绘套装等装备；联合地方政府改造闲置农房，打造"规划师 + 村民 + 返乡青年"共治的实体实践平台。数字场景创新，建立数字孪生乡村平台。集成村庄生态本底数据（水系、林地、耕地）、乡村旅游人口流动热力图与农业产业经济模型。实现社会场景融合，建立农旅融合试验田，在课程中考虑真实农业项目（如有机稻田认养计划）的实施，以提升空间设计对产业增值的促进作用。

（3）能力培养目标。以生态智慧能力、文化转译能力、产业策划能力、社区赋能能力等为核心能力，具体包括，掌握山水林田湖草系统治理方法，能运用生态工法进行乡村微干预。具备传统空间语言现代转译能力，如将宗祠空间转化为乡村文化综合体。熟练运用"空间设计 + 业态策划 + 运营机制"三位一体工作法，掌握参与式设计工具，能设计村民可理解的规划协商机制。

4 课程系统集成与典型设计课程"案例—场景"建构

4.1 核心设计课程系统集成路径

构建纵向案例链，形成"建筑空间基因—片区发展逻辑—城市演进规律—城乡融合设计"的递进式认知体系。这一体系通过纵向案例链的有机串联与多维度场景矩阵的立体支撑，实现知识传递的逻辑闭环与能力培养的螺旋上升。建立跨课程案例追溯系统，如某新城案例贯穿总体设计（战略）—片区设计（实施）—更新设计（运维）—乡村规划设计（融合）。同时，实现设计课程能力的梯度传导。建立"前导课程输出—后续课程输入"机制，如城市更新设计课程直接调用建筑设计基础课程中的院落空间数据库，进行历史街区肌理修复；乡村规划设计课程则继承城市总体设计的生态安全格局分析成果，制定村庄建设负面清单。搭建场景矩阵。物理场景，包括建造实验室—数字实验室—城市实验片。虚实场景，包括 BIM 模型（虚拟）—3D 打印（实体）—数字孪生（映射）。由此，使学生在微观营造与宏观战略的持续对话中，形成"基因识别—逻辑建构—规律把

握—系统创新"的完整能力链条,为应对国土空间治理的复杂挑战奠定坚实基础。

4.2 乡村规划设计课程"案例—场景"建构示例

以乡村规划设计课程为例,从案例选取、案例提炼、案例嵌入等路径进一步深入"案例—场景"建构(图3)。

(1)案例选取

以中国知名建筑师孟凡浩 2025 年新作《存故以新:乡村赋能与新生》中的设计作品为教学案例集,该作品集梳理了孟凡浩近年来在中国多个省市乡村实践中的观察思考和应对策略,阐释如何以设计推动乡村振兴的范式创新,从而赋能中国美丽乡村的愿景建设。该作品集结合了松阳·飞蔦集、山东泰安东西门村、舟山柴山岛托老所等 6 个经典乡村规划设计、建筑设计案例,融合了规划建筑设计理论、经济、技术、运营等多方面内容,为乡村规划与设计、乡村建筑设计、乡村景观改造设计以及乡村运营等规划设计类专业课题提供了丰富、系统的教学案例,也是规划设计类专业学生开展建筑认知实习的优秀场所。

(2)案例嵌入

①松阳·飞蔦集。该作品地为第三批中国传统村落,

项目设计聚焦传统风貌保护村落的存量夯土民居改造,且结合特殊地形对夯土建筑的构架、屋面、墙体、门窗、构造细部等进行了在地化、极致化探讨,可作为传统建筑、传统村落规划设计专题的典型案例。②山东泰安东西门村活化更新。该作品与东梓关规划设计均突出了建筑的媒介性,挖掘了建筑作为媒介所产生的空间之外的价值外延,是新时期乡村振兴规划设计实践的典型案例。③舟山柴山岛托老所。该作品将废弃小学改造成托老所,并成为全岛公区以成为海岛留守老人的精神家园,是解决海岛养老问题的重要空间,是应对乡村老龄化严重等社会问题的典型设计案例。④贵州龙塘村精准扶贫设计实践。该案例在存量改造示范的过程中,综合考虑挖掘文化、振兴工艺、引入产业、搭建平台,推动贵州苗寨的精准扶贫与共同富裕。案例地作为国家重点发展政策的重要区域,可作为规划设计专业课程思政的典型案例。⑤"两山"理念发源地安吉余村有机更新。该实践项目是典型非传统风貌村落有机更新的设计实践,从建筑风貌研究、产业资源转换、零碳技术导入等维度着手进行整体性更新规划,形成了系统的设计成果。该案例项目提出"类型化的适应性改造"理念,对余村 180 户民居进行风貌普查和类型学分析归类,并提取出 7 种基本原型,是对规划设计原理基础知识的实践

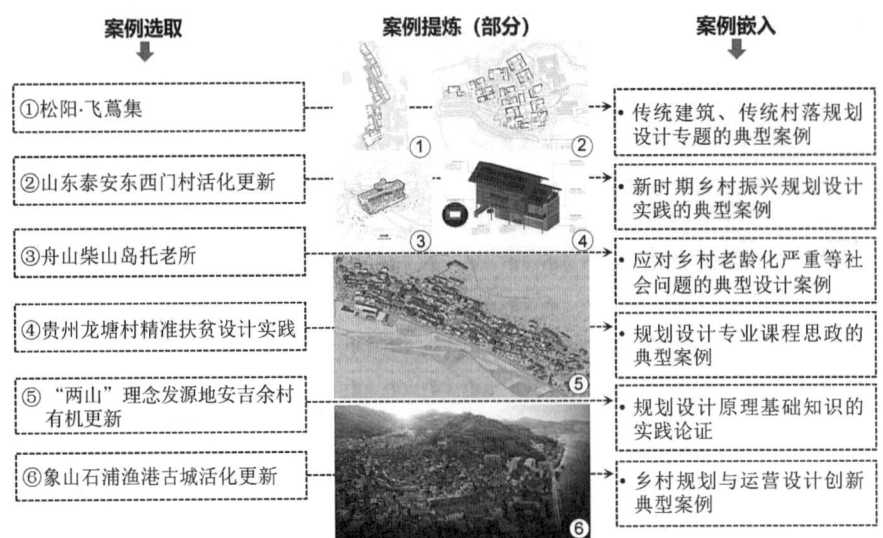

图3 乡村规划设计课程"案例—场景"建构路径
资料来源:《存故以新:乡村赋能与新生》设计作品集

论证。项目团队成员还包含在校实习学生，是产学研结合的典型案例。⑥象山石浦渔港古城活化更新。该作品将遗产保护更新与新业态植入并行，且以古城更新合伙人的形式实现了历史渔港古城的活化，为乡村规划与运营设计创新提供了典型案例。

（3）教学场景优化

重构物理场景。尝试成立乡土营造实验室，通过复刻松阳夯土墙构造节点（1：1剖面模型），配备应力传感器监测结构性能。搭建余村民居7类原型的实体模型，理解建筑空间及其组合原理。创新数字场景。如探索合作成立虚拟合作社，通过调查记录案例村特色产品生产—销售全流程，验证"空间—产业"匹配度。融合社会场景。如结合乡村创客工作坊空间，开展象山渔港"更新合伙人"角色扮演，学生分组扮演政府、商户、渔民，通过AR沙盘协商业态配比。

5 结论与展望

城乡规划教育正在经历从"绘图训练"到"城市治理能力培养"的范式转变。本研究构建的"案例—场景"双轮驱动模式，通过四大课程改革形成"微观建构—中观协调—宏观决策"的能力培养链条。未来将进一步探索：①AI辅助的个性化案例推送系统；②规划教育元宇宙平台建设；③"设计课程—执业资格"衔接认证机制，持续推动规划教育回应时代需求。

参考文献

［1］ 吴志强. 城市规划教育的数智化焕新 [J]. 城市规划学刊，2025（1）：11-16.

［2］ 石楠. 城乡规划学学科研究与规划知识体系 [J]. 城市规划，2021，45（2）：9-22.

［3］ 段进，阳建强，陈晓东，等. 当前城乡规划本科人才培养方案制定的思考——东南大学的演进与探索 [J]. 城市规划，2025，49（3）：52-60.

［4］ 汪芳，朱以才. 基于交叉学科的地理学类城市规划教学思考——以社会实践调查和规划设计课程为例 [J]. 城市规划，2010，34（7）：53-61.

［5］ 罗小龙，冯建喜，陈浩，等. 国土空间规划知识体系构建与人才培养改革 [J]. 规划师，2024，40（12）：16-23.

Exploring the Reform of Urban and Rural Planning Design Courses based on "Case-Scenario" Digital Intelligence Development

Liu Bin   Fang Cheng

Abstract：The planning and design course serves as a crucial vehicle for cultivating the core competencies of the urban and rural planning discipline. Addressing key challenges such as the disconnection between theory and practice and the fragmentation of temporal-spatial dimensions prevalent in design courses within this field, a teaching reform framework centered on the "case-based spatiotemporal chain + scenario-coupling field" has been constructed. Through differentiated reform pathways applied across five core design courses, a progressive competency development system focusing on "spatial gene decoding - systems thinking development-value judgment cultivation" has been established.

Keywords："Case-Scenario", Urban and Rural Planning, Design Course

国土空间规划数字化教学改革探索
——基于多源数据技术的课程体系建构与实践

岳亚飞　周诗文

摘　要：本文面向国土空间规划数字化转型需求，构建了以"多源数据采集—空间量化分析—规划决策应用"为主线的实践教学体系，重点突破传统教学中数据获取离散化、分析技术碎片化等瓶颈。课程整合大数据爬取、街景要素提取构建多源数据底板，耦合缓冲区分析、城市微气候模拟、交通网络分析与空间句法形成多尺度空间解析技术链，通过城市更新、交通优化等真实项目驱动技术集成应用。教学实践表明，学生数据治理合格率、跨技术整合项目完成度显著提升，成果丰富了地方规划实施案例，为国土空间规划教育数字化转型提供了"数据驱动—智能分析—精准治理"的全流程教学范式。

关键词：国土空间规划；数字技术；实践教学；空间分析；多源数据

1　教学改革背景

1.1　行业转型需求

国土空间规划体系改革推动了行业数字化转型加速。自然资源部《关于加强国土空间规划监督管理的通知》明确提出构建"可感知、能学习、善治理、自适应"的智慧规划体系，要求实现全域全要素的动态监测与智能决策[1]。传统城乡规划教学中依赖的 CAD+PS 技术组合，难以应对交通网络流量模拟、城市微气候多物理场耦合分析等新型技术场景，更无法支撑"多规合一"背景下国土空间开发保护的数字底板构建需求[2]。本课程紧扣国土空间规划"全域数字化、全周期治理"转型方向，针对交通模型优化、气候适应性规划、街道空间品质提升等核心议题，系统整合大数据挖掘、空间句法、交通网络分析等数字技术，培养符合智慧规划需求的复合型人才。

1.2　学科发展痛点

当前城乡规划专业教学面临数字化能力培养的结构性困境，2022 年城乡规划专业评估报告显示，仍有较多院校存在技术课程碎片化、工具教学与空间治理需求脱节等问题。传统教学偏重单一软件操作（如 GIS 空间叠加分析），缺乏对交通网络模拟、微气候多尺度耦合分析等复合型技术的系统性整合，导致学生难以应对国土空间规划中"流量模拟—环境效应—空间优化"的协同分析需求[3]。例如，在交通网络分析中，学生仅掌握基础路网建模，却无法将手机信令数据与空间句法整合，揭示交通拥堵的空间构形成因；在城市微气候教学中，气候模拟结果与控规指标衔接薄弱，暴露出"技术应用—空间决策"的转化断层[4]。这种"工具离散化、场景单一化"的教学模式亟待突破。

2　课程体系构建

2.1　课程设计逻辑

本课程遵循"数据基底构建—空间规律解析—治理效能转化"的三阶递进架构，着力打通数字技术教学与国土空间规划实践的认知闭环（图 1）。

第一阶聚焦多源数据采集模块，构建数据获取与治理的核心能力培养体系，涵盖网络爬虫技术、街景图像 API 调用、POI 数据清洗等关键技术环节。通过 Python 定向爬取城市交通流量、用地变迁等时序数据，结合

岳亚飞：沈阳建筑大学建筑与规划学院副教授
周诗文：沈阳建筑大学建筑与规划学院副教授

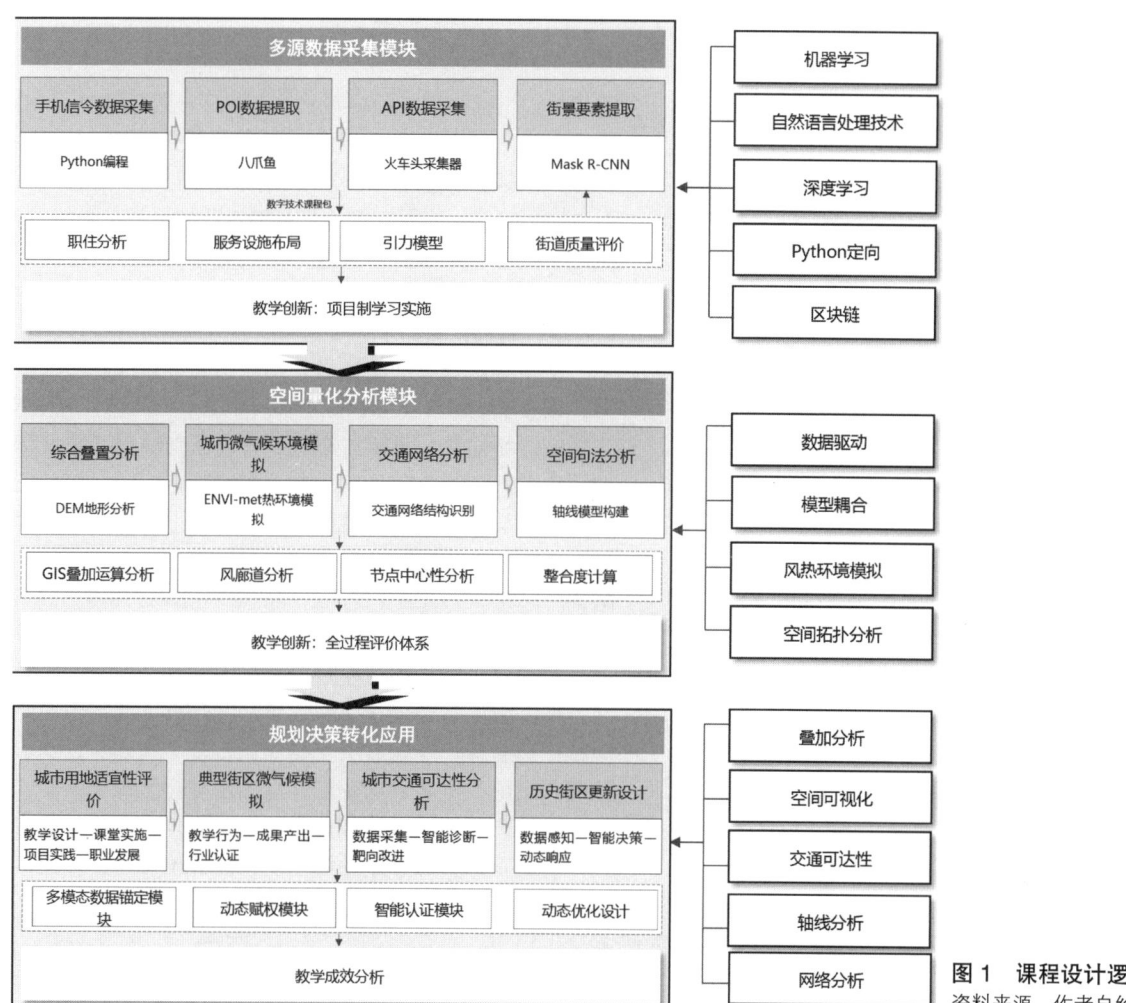

图 1　课程设计逻辑
资料来源：作者自绘

Mask R-CNN 实现街道立面要素的智能识别与结构化存储，同步建立国土空间"现状—规划—管理"三库融合的数据治理框架，夯实全要素数字化底板构建能力[5]。

第二阶深化空间量化分析模块，集成多尺度空间分析技术链。在微观层面，运用 ENVI-met 完成街区热环境与风廊模拟，耦合街景要素提取结果解析物理环境与界面形态的互馈机制[6]；中观层面通过空间句法轴线模型诊断路网拓扑缺陷，结合 TransCAD 交通网络建模实现 OD 流量预测；宏观层面利用 ArcGIS 进行缓冲区分析与用地适宜性评价，揭示空间资源配置的内在规律[7]。各技术模块通过统一的地理坐标系实现数据互馈，形成

"环境模拟—形态解析—流量预测"的协同分析范式。

第三阶强化规划决策转化应用，以城市更新、交通优化等真实项目为载体，驱动技术模块的系统性整合。例如在历史街区更新设计中，学生需综合界面通透度、业态分布等街景要素识别数据与微气候模拟结果，优化步行廊道布局；同时结合交通网络分析预测改造后的车流压力，运用空间句法评估路网可达性提升效果，最终生成"数据诊断—模拟推演—方案生成"的全链条技术成果。这种"项目贯穿式"教学设计，有效破解传统课程中工具教学与空间治理需求脱节的痼疾，培养学生数字技术驱动的全要素空间治理能力。

2.2 核心技术模块设计

在核心技术模块设计中，设置了大数据爬取和空间量化分析两大模块，涉及了六个核心技术分析。教学内容、实践载体等详见表1。指导学生们如何从公开数据中爬取数据，利用数据进行空间分析，旨在巩固和拓展课堂讲授的理论知识，并使学生们更好地理解 GIS 在城乡规划专业中发挥的作用以及规划的应用。

核心技术模块内容设置 表1

模块设置	核心技术	教学内容	实践载体
多源数据采集	手机信令、POI 数据提取、API 数据采集	传统数据与新型数据类型及特点、数据爬取途径、空间交互建模	城市公共空间分布特征分析
	街景要素提取	Mask R-CNN 深度学习、街景质量评价	街道空间品质提升
空间量化分析	缓冲区分析与综合叠置分析	DEM 地形分析、GIS 叠加运算分析	城市用地适宜性评价
	城市微气候环境模拟	ENVI-met 热环境模拟、风廊道分析	沈阳市典型街区微气候模拟
	交通网络分析	交通网络结构识别、节点中心性分析	城市交通可达性分析
	空间句法分析	轴线模型构建、整合度计算	历史街区更新设计

资料来源：教学内容总结

（1）多源数据采集模块

大数据爬取聚焦多源时空数据的采集与建模分析，构建从数据感知到空间决策的教学闭环。依托 Python 编程，八爪鱼、火车头采集器，指导学生完成 POI、网络社交文本等异构数据的清洗、插值与可视化，重点训练引力模型等空间交互模型构建与城市职住平衡分析能力。通过某城市通勤圈识别实践，学生需综合运用核密度估计与 OD 矩阵技术，揭示空间结构问题并提出交通优化策略，实现数据驱动下的规划诊断能力培养（图2）。

街景要素提取创新街道空间品质的智能评测技术路径。基于 Mask R-CNN 深度学习框架，构建沿街立面开敞度、绿视率、界面连续性的自动识别模型。通过历史城区街道修复项目实践，指导学生完成街景数据采集、要素提取与质量评价，生成量化诊断报告及界面整治导则。该模块强化计算机视觉技术与城市设计原理的交叉融合，培养学生精细化空间治理的数字技术应用能力。

（2）空间量化分析模块

缓冲区分析与综合叠置分析技术是 GIS 技术中最常用、最重要的基础分析之一，缓冲区分析主要用于在空间特征的度量，叠置分析主要应用在多个地理数据图层按照一定的权重叠置在一起，以确定叠置区域或共同特征。在城市用地适宜性评价实践中，引入城市用地适宜性评价的基本方法，鼓励同学们构建评价体系，在前期

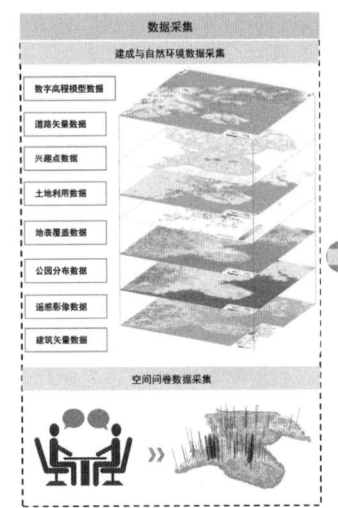
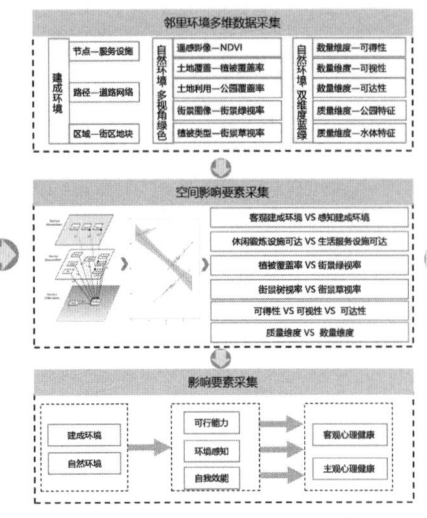
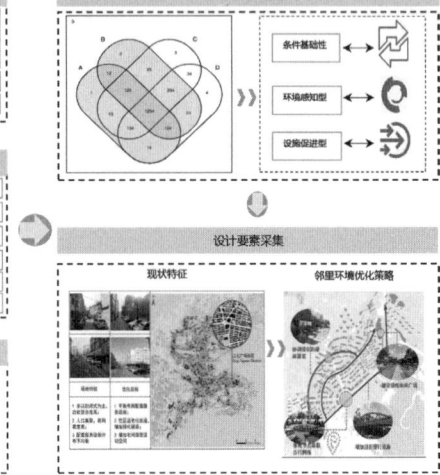

图2 多源数据采集
资料来源：作者自绘

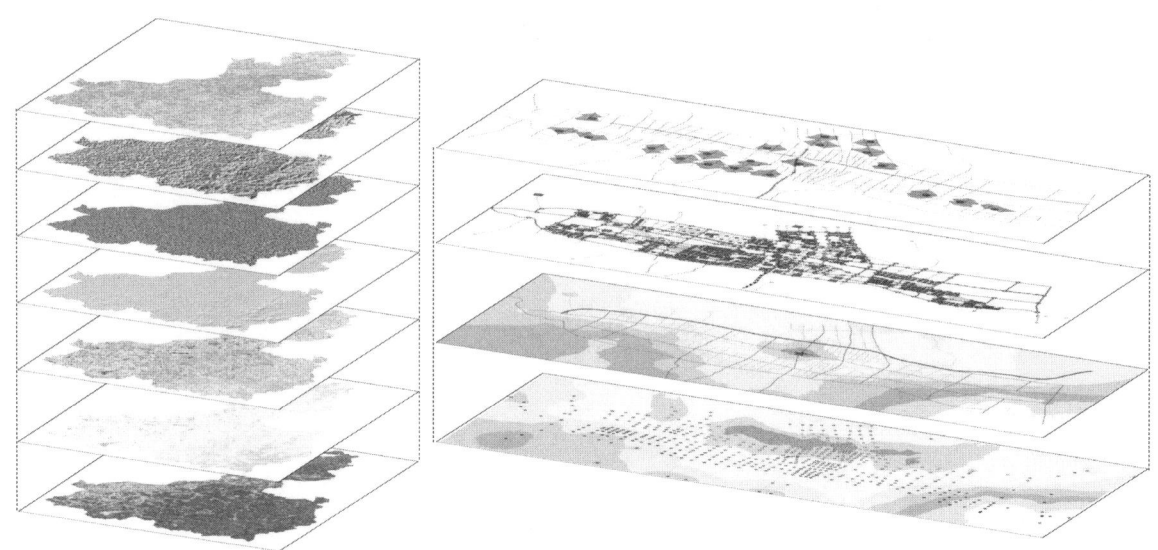

图3 缓冲区分析、综合叠置分析与交通网络分析
资料来源：作者自绘

DEM 地形数据的基础上，完成地形分析图，并形成城市用地适宜性评价的可视化效果图（图3）。

交通网络分析技术运用 GIS 网络分析工具开展交通可达性的分析，识别可达性较差的区域，并指导学生基于最小阻抗方法分析服务设施的可达性，优化空间服务设施布局方案。在城市交通可达性分析实践中，学生需通过网络分析，结合中心度测算优化各类服务设施选址，培养基于复杂网络理论的空间资源调配能力。

空间句法技术强调城市空间形态的拓扑关系解析，培养学生量化分析空间效率的思维方法。基于 Depthmap 软件开展轴线模型构建与整合度计算教学，结合历史街区路网结构优化案例，引导学生理解空间构形与商业活力、人流分布的关联机制。通过对比传统空间分析工具，凸显句法技术在空间可达性评估中的独特优势，使学生掌握从拓扑分析到形态优化的全流程技术路径。

城市微气候环境模拟技术集成多物理场耦合模拟技术，推动生态理念向空间方案的转化。依托 ENVI-met 软件开展街区尺度热环境、风环境模拟教学，重点解析下垫面材质、建筑布局与微气候的相互作用机制。在低碳街区设计任务中，学生需通过参数化模拟验证不同空间组合方案对热岛效应的缓解效果，掌握气候适应性规划的技术逻辑与可视化表达方法（图4）。

3 教学方法创新

3.1 项目制学习实施

课程以某新区控制性详细规划编制为项目主线，构建"数据采集—多维分析—方案生成"的完整实践链条，分阶段整合五大核心技术模块：第一阶段通过腾讯宜出行大数据挖掘识别城市活力热点与交通流量时空特征，结合空间句法分析路网拓扑缺陷；第二阶段运用 TransCAD 构建交通网络模型，耦合手机信令 OD 数据模拟高峰时段拥堵节点，同步导入 ENVI-met 完成重点片区微气候模拟，揭示热岛效应与交通污染的叠加影响；第三阶段基于街景要素提取技术 Mask R-CNN 量化街道空间品质，结合交通网络分析优化公共服务设施布局，最终生成"交通组织—气候适应—界面管控"三位一体的控规方案。项目全过程贯穿 ArcGIS Pro 与 CityEngine 的参数化工作流，学生需自主完成从数据分析到法定规划图则的数字化转译，实现"工具链—技术链—决策链"的深度贯通。

3.2 全过程评价体系

课程构建"数据驱动—动态反馈"的全过程评价体系，依托 Python 脚本开发数字画像评估系统，从技术

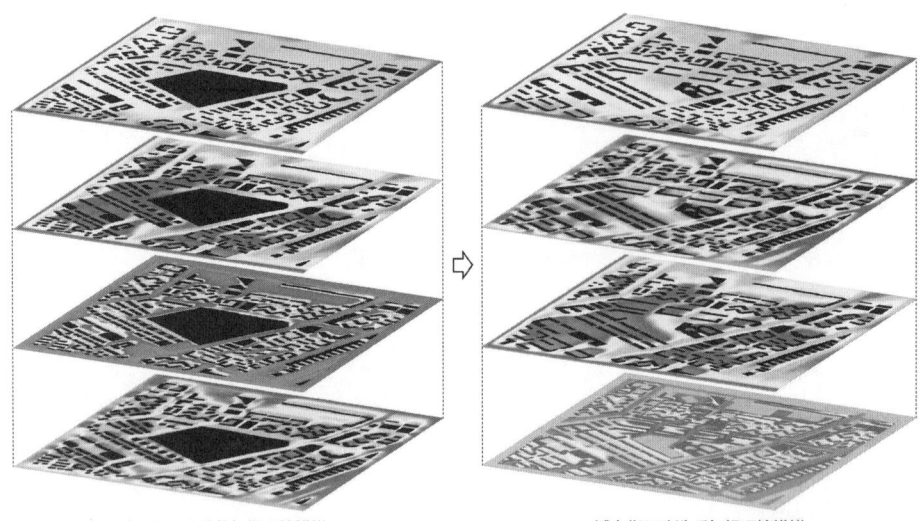

城市街区改造前气候环境模拟 　　　　　 城市街区改造后气候环境模拟

图4　城市微气候环境模拟技术

资料来源：作者自绘

应用度（算法适配性/工具熟练度）、空间合理性（模拟精度/规范符合度）、方案创新性（跨技术整合/空间干预效果）三个维度动态追踪学习轨迹。在交通网络分析模块中，系统自动识别 TransCAD 模型参数设置合理性，结合 ArcGIS 空间统计结果生成交通流量预测误差热力图；城市微气候分析环节，通过 ENVI-met 模拟数据与实地测温数据的回归分析，量化学生方案的气候调节效能；最终应用自然语言处理解析设计文本中的技术逻辑链，结合街景要素提取的模型识别准确率，输出"能力缺陷—技术优势"雷达图。该体系突破传统作业评分模式，实现"过程数据采集—智能诊断—靶向提升"的闭环反馈，学生可通过可视化仪表盘实时修正技术路径。

4　教学成效分析

4.1　学生能力提升

课程实施三年来，学生数字技术应用能力呈现系统性提升。量化数据显示：2020—2023 届学生空间数据分析任务合格率从 43% 提升至 82%，数字化工具使用种类增至 5~7 种（涵盖 GIS、Python、TransCAD 等），跨模块技术整合项目完成度显著提高。在交通网络分析中，学生可独立构建基于手机信令 OD 数据的多模式交通模型；城市微气候分析模块的模拟结果与实地测温数

据拟合度较高，显著优于传统经验判断；街景要素提取技术应用方面，学生训练的 Mask R-CNN 模型对街道绿视率、界面连续性的识别准确率突破 82%。更为关键的是，学生团队完成的《基于多源数据的轨道交通站点微气候优化设计》项目，成功将交通流量模拟与 ENVI-met 微气候分析耦合，提出立体风廊道设计方案，获城乡设计竞赛一等奖，印证了复合型数字技术能力的实质性突破。

4.2　典型成果展示

课程教学成果在实践应用中取得突破性进展，《轨道交通站点片区多模态交通—气候协同优化设计》项目通过交通网络分析（TransCAD）与城市微气候模拟（ENVI-met）技术耦合，实现地铁站域热环境、交通流量与慢行系统的三维叠加分析，提出基于立体风廊的公交接驳点布局方案，使夏季极端高温时段行人热应激指数降低。历史城区街道空间修复项目运用街景要素提取技术（Mask R-CNN）完成 3.8 公里街景图像智能解析，建立界面通透性、业态混合度等 12 项量化指标，实施后街道活力指数显著提升。某新区职住平衡优化项目融合手机信令大数据挖掘与空间句法技术，精准识别跨片区通勤走廊与路网拓扑缺陷，提出的"公交+慢行"接

驳方案使通勤效率提升较高，印证了数字技术教学与行业数字化转型需求的高度适配性。

5 结论与展望

本课程通过构建"技术链—知识链—能力链"三位一体的教学模式，有效破解了国土空间规划数字化教学中工具离散化、场景碎片化的难题，成功培养了学生融合大数据挖掘、空间句法、交通网络分析等技术的复合型能力，其成果在轨道交通气候适应性优化、历史街区街道修复等真实项目中得到验证，体现了数字技术与空间治理需求的高度适配性。未来教学将深化数字孪生技术应用，探索BIM+GIS全生命周期管控教学模块，构建覆盖"规划编制—实施监测—评估反馈"的数字化闭环；同时引入数据伦理与算法公平性教学内容，在技术训练中强化社会责任意识，推动城乡规划教育向"智治兼备"的数字化转型。课程改革将持续对接国土空间规划行业"感知—决策—治理"一体化趋势，为智慧城市建设输送兼具数字素养与空间思维的创新人才。

参考文献

[1] 马世发，吴玲玲.城乡规划本科人才培养智慧赋能课程体系设计与地方实践路径探索[J].高等建筑教育，2024，33（4）：84-91.

[2] 许砚梅.国土空间规划体系课程思政教学评价可行性分析[J].当代教育理论与实践，2024，16（5）：116-121.

[3] 党安荣，田颖，李娟，等.中国智慧国土空间规划管理发展进程与展望[J].科技导报，2022，40（13）：75-85.

[4] 陈逸，周悦，黄贤金，等.中国国土空间规划人才培养体系建设[J].自然资源学报，2022，37（11）：2961-2974.

[5] 王世福，麻春晓，赵渺希，等.国土空间规划变革下城乡规划学科内涵再认识[J].规划师，2022，38（7）：16-22.

[6] 黄征学，王丽.国土空间治理体系和治理能力现代化的内涵及重点[J].中国土地，2020（8）：16-18.

[7] 黄贤金，张晓玲，于涛方，等.面向国土空间规划的高校人才培养体系改革笔谈[J].中国土地科学，2020，34（8）：107-114.

Exploring Digital Teaching Reform in Territorial Spatial Planning——Development and Practice of a Curriculum System based on Multi-source Data Technologies

Yue Yafei   Zhou Shiwen

Abstract：This study addresses the digital transformation needs of territorial spatial planning by establishing a practical teaching framework centered on the "multi-source data acquisition-spatial quantitative analysis-planning decision-making applications" workflow, specifically targeting critical bottlenecks such as fragmented data acquisition and disintegrated analytical techniques in traditional pedagogy. The curriculum integrates big data crawling and street scene element extraction to construct a multi-source data infrastructure, while coupling buffer analysis, urban microclimate simulation, transportation network analysis, and space syntax to form a multi-scale spatial analysis technical chain. Real-world projects in urban renewal and transportation optimization drive the integrated application of these technologies. Teaching practices demonstrate significant improvements in student proficiency in data governance and cross-technology integration project completion rates. The outcomes have enriched local planning implementation cases, offering an end-to-end pedagogical paradigm of "data-driven intelligence, smart analytics, and precision governance" for the digital transformation of territorial spatial planning education.

Keywords：Territorial Spatial Planning, Digital Technology, Practical Teaching, Spatial Analysis, Multi-Source Data

国土空间规划背景下控制性详细规划教学改革探讨

张园林

摘 要： 国土空间规划体系的建立对城乡规划学科建设和人才培养提出了新的要求。作为"五级三类"体系的关键环节，控制性详细规划（控规）在国土空间规划背景下经历了价值取向、编制逻辑和技术方法的深刻变革，需要积极响应国家战略和地方实践需求，对教学进行改革。本文在认知国土空间详细规划的基础上，提出控规课程应从融合"多规合一"理念、更新课程内容，全域全要素综合管控与新技术应用三个层面进行改革；并基于厦门大学教学改革实践，从教学内容、教学模式、教学方法层面提出控规教学改革实践路径。教学内容层面，注重全域全要素的内容体系搭建，强调理论结合实践，并积极融入大数据、人工智能与机器学习等新技术应用。教学模式层面，从以往的单一教师负责制转变为校内多学科联合教学，并充分利用社会资源，探索校内—校企—校政联合教学模式。教学方法层面，注重启发式与互动式教学的结合，并引入体验式、翻转课堂等形式，加强师生互动，探索多样化的控规教学方式。

关键词： 国土空间规划；控制性详细规划；教学改革；厦门大学

1 国土空间详细规划认知

国土空间规划是指引国家空间发展的核心指南，涉及各类用地的开发建设与保护。国土空间规划体系从构思到提出，再到真正确立经历了漫长的过程。2013年中央城镇化工作会议提出要"建立空间规划体系，推进规划体制改革，加快规划立法工作"[1]。随后，国务院多次印发相关文件，指导国土空间规划体系的建设[2]。尤其是2018年3月，国务院机构改革方案获批，新组建自然资源部，由该部门牵头负责建立国土空间规划体系并监督实施。在此基础上，2019年5月，《中共中央 国务院关于建立国土空间规划体系并监督实施的若干意见》（以下简称《若干意见》）正式出台，提出将主体功能区规划、土地利用规划、城乡规划等融合为统一的国土空间规划。至此，我国新时代国土空间规划体系总体框架大致确立。 国土空间规划体系的构建将对城乡规划学科带来深远影响，要求教学体系、教学内容以及人才培养等均进行相应的革新与调整[3][4]。

《若干意见》明确了"五级三类"的国土空间规划体系（图1），五级是依据行政管理体系分为纵向的五个层级，三类分别指总体规划、详细规划与专项规划。可

见，详细规划是国土空间规划体系中不可或缺的关键环节，是在总体规划指导下对局部地区进行的具体规划安排，包括城镇开发边界内的详细规划，以及城镇开发边界外的村庄规划。控制性详细规划（以下简称"控规"）作为详细规划的核心规划类型，是连接战略与建设的关键规划层次，是城乡规划管理的重要工具[5]。一方面，控规是实施国土空间用途管制、核发城乡建设项目规划许可，以及指导开发建设、城乡更新、保护修复等各项建设活动的法定基石[6]；同时，还是优化城乡空间结构、

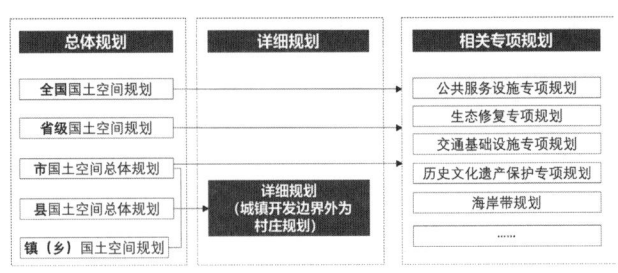

图1 国土空间规划体系（五级三类）
资料来源：作者自绘

张园林：厦门大学建筑与土木工程学院助理教授

完善功能布局、激发区域发展潜能的重要政策手段。国土空间规划改革对控规提出了新的要求。城乡规划教学一方面要坚守其学科固有的空间性、综合性等特点[7]，也要优化知识架构与教学体系，解决原有课程体系中存在的不足，适应新国土空间规划体系下的学科发展趋势[8]。控规作为城乡规划专业核心主干课，是城乡规划人才培养方案中的重要环节，需积极顺应国土空间规划改革的趋势与方向，提出教学改革思路，并从教学内容、教学模式、教学方法层面进行改革，以培养符合国家战略需要，又满足地方实践的专业人才。

2 控制性详细规划课程改革思路

2.1 融合"多规合一"理念，更新课程内容

传统控规是城乡建设的技术管理工具和规划许可决策依据[9]，以控制性指标作为主要的规划管理依据，并通过法定程序来确定规划的权威和正统地位，对城市建设项目进行定性、定量、定位和定界的控制和引导[10]（图2）。国土空间规划背景下的控规，作为"五级三类"中的重要规划类型，其内容及知识体系发生了很大的变化。首先，国土空间规划将原分属不同部门的主体功能区规划、土地利用规划、城乡规划等职责统一整合到自然资源部，实现了规划编制、审批、实施和监督的全链条管理。这就要求控规在教学过程中必须融入"多规合一"理念，除了包含传统的城乡规划学科下的控规内容外，需融入土规、主体功能区规划、生态规划等关键内容，以确保教学内容能充分满足国土空间规划的实际需求与发展趋势。

2.2 从关注建设空间到全域全要素的综合管控

国土空间规划是一种全域、全要素的规划方式，要求对全国或特定区域内的所有国土空间进行统筹安排和全面规划[11]。全域性强调将城乡、陆地、海洋、生态、人文等空间要素纳入规划视野，实现全地域的覆盖和统筹。全要素性，要求同时关注土地利用、生态资源、矿产资源等多种自然要素，以及城乡建设、产业发展、公共服务设施等社会经济要素。然而，传统的控规主要聚焦城市建成区，主要确定规划地块内的土地使用面积、边界、性质以及容积率、建筑密度、绿地率等控制指标，同时规划重要道路和工程管线的布局与位置，难以满足

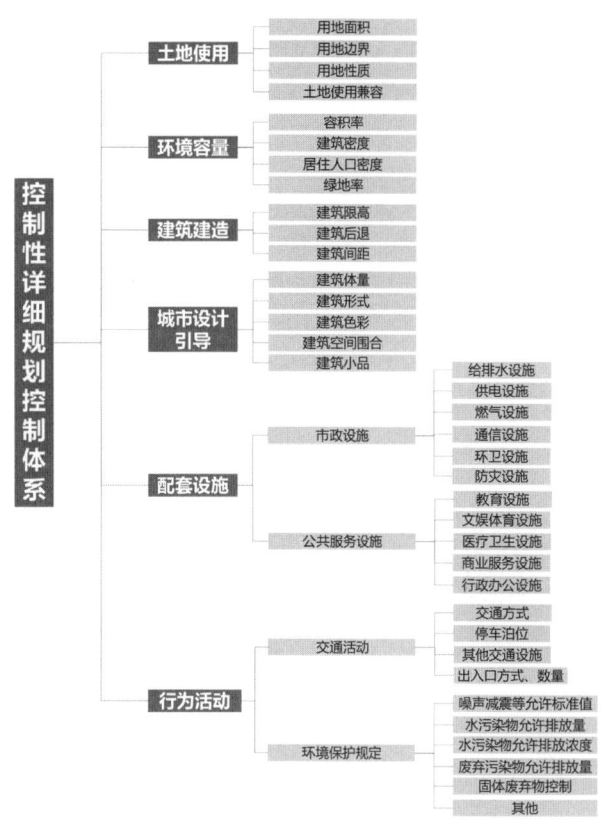

图2 传统控制性详细规划控制体系图
资料来源：作者自绘

"全域全要素"的规划要求。为此，控规的教学内容需要纳入人文地理、自然地理、经济地理、土地资源管理、农业科学等学科知识，以确保学生能够适应国土空间全域全要素规划的实施与管理要求，从而在规划实践中能够综合考虑自然、社会、经济、生态等多方面因素。

2.3 加强技术训练，实现传统方法与新技术综合应用

国土空间规划要求以自然资源调查监测数据为基础，遵循国家统一的测绘基准和测绘系统，实现各类空间数据的集成与融合，建立全国统一的国土空间基础信息平台，并以此为底板，结合各级各类国土空间规划编制，同步完成县级以上国土空间基础信息平台建设，确保主体功能区战略与各项空间管控要素能够精准落实到具体地域，逐步形成覆盖全国、实时更新、权威统一的国土空间规划"一张图"[12]。POI、街景图像等多源数

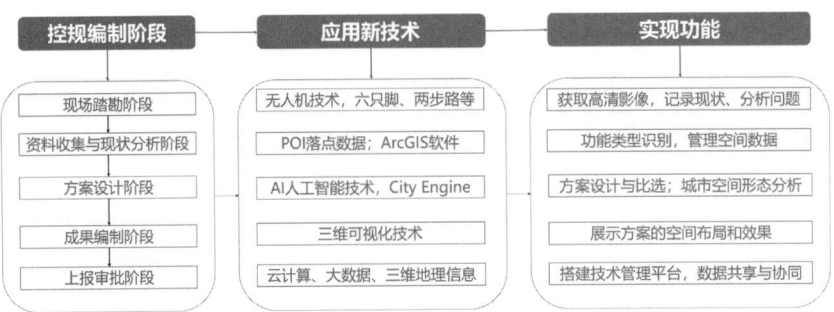

图3　新技术在控规教学中的应用
资料来源：作者自绘

据的获取，以及 ArcGIS、Pycharm、云计算等信息技术的应用成为国土空间规划体系的基本要求，也逐渐成为规划师的技能要求[13, 14]，应用在控规编制的各个阶段（图 3）。在现场踏勘阶段，可利用六只脚、两步路等软件记录现状，也可应用无人机航拍技术快速实时获取高清影像资料，用于制作地形地貌图、土地利用现状图等；资料收集与现状分析阶段，利用 POI 数据，分析不同类型设施（如商业、教育、医疗）等的空间分布与集聚情况，进行现状功能类型的识别与划分，并应用地理信息系统（ArcGIS）技术收集和管理地理空间数据，为后续的规划工作提供直观、全面的基础数据。也可利用 GIS 技术进行空间插值、空间聚类等分析，揭示地块数据的空间分布规律。在方案设计阶段，应用 AI 人工智能技术、智能优化算法等辅助规划师进行方案设计与方案进行比选。在成果编制阶段，可以利用 ArcGIS 的三维可视化技术更直观地展示规划方案的空间布局和效果，提高规划成果的可读性和可理解性。在上报审批阶段，可搭建技术管理平台，利用云计算和大数据技术实现数据的共享与协同，确保各部门之间的信息畅通和一致，提高审批效率和质量。

3　控制性详细规划教学改革的实践探索

　　厦门大学本科教育坚持规范办学、特色办学，构建以"厚基础、宽口径、强能力、高素质"为目标的城乡规划学人才培养体系。同时，立足两岸融合桥头堡的地域优势，打造独具东南区域"侨、台、特、海"风格的城乡规划专业。据统计，厦门大学城乡规划专业本科毕业生去向多元，呈现出国读研、国内读研、工作就业的

三分态势，毕业生的毕业去向要求厦门大学控规课程教育要注重学生综合能力的培养。基于此，厦门大学结合上述改革思路，逐渐探索出控规教学改革的实践路径。

3.1　教学内容：强化理论与实践融合，融入新技术应用

　　厦门大学积极响应国土空间规划改革趋势，教学内容与时俱进，注重全域全要素的内容体系搭建，理论结合实践，并积极融入新技术应用来优化控规的教学内容。具体来看，首先，在原有控规内容体系上加入了主体功能区划、土地利用规划等内容，并强化理论与实践的融合，通过深入剖析具有代表性的控规案例，使学生能够在真实情境中理解和掌握规划理论与方法，并鼓励学生参与讨论，培养其批判性思维和解决问题的能力。其次，通过建立校内外老师联合指导机制，邀请具有丰富实践经验的规划院规划师（如厦门大学城乡规划设计研究院）布置实际项目的任务书，并参与中期与期末的汇报答辩，共同指导学生完成控规的学习和研究任务，帮助学生更好地理解规划理论与实践之间的联系。最后，强化新技术应用。积极邀请技术专家开展专题培训，指导学生将 ArcGIS、POI 数据、街景图像、无人机技术等空间分析方法，以及大数据、人工智能与机器学习等前沿技术应用于控规设计实践（图 4）。

3.2　教学模式：校内—校企—校政联合教学

　　在国土空间规划背景下控规的教学模式正逐步向多元化、实践化方向发展。目前厦门大学也在积极尝试建立校内—校企—校政联合教学模式。通过多方协同，为

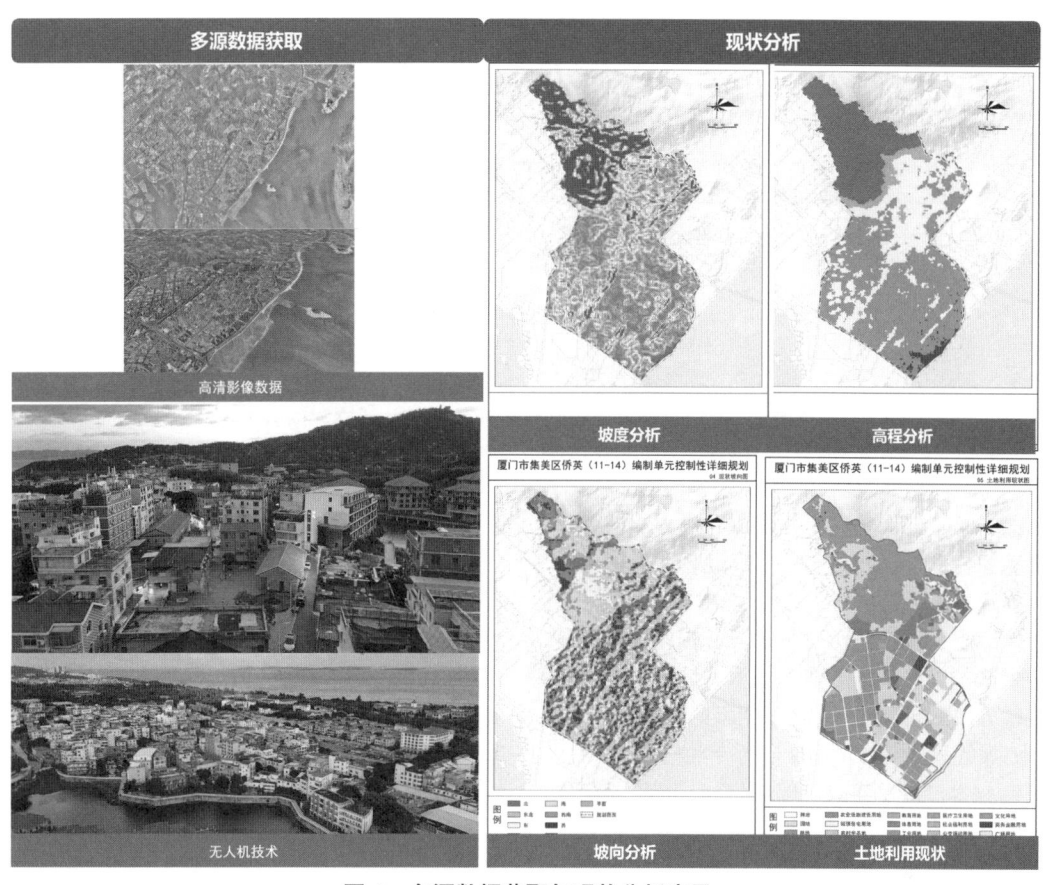

图 4 多源数据获取与现状分析应用
资料来源：作者自绘

学生提供了全面、深入的学习平台（图 5）。

校内联合教学，由不同研究方向的课题组老师共同承担，突破以往单一教师承担的教学模式。厦门大学针对控规设计类课程，以设计课为中心组成多方向课程组，

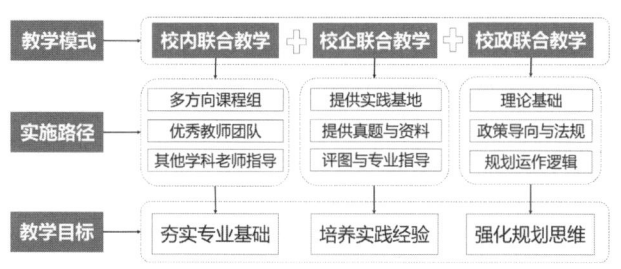

图 5 控制性详细规划校内一校企一校政联合教学模式
资料来源：作者自绘

每个课程组均由副教授以上职称为首的三名以上专业教师组成，确保对不同知识模块的全覆盖和指导，突破以往单一教师承担的教学模式 [4]。此外，对土地利用、地理学、生态学、农业等领域的相关知识，也积极邀请厦门大学在这些学科领域内具有深厚造诣的教师加入我们的教学团队，实施校内跨学科联合教学，资源高效利用。

校企联合教学，院系与设计院合作，邀请设计院规划师参与到控规的教学中来。一是设计院可以为学生提供实践基地（图 6）。厦门大学城市规划系在校外建立了强大而丰富的实践基地网络，包括福建省外的清华同衡规划研究院有限公司与广东省城乡规划设计研究院；以及福建省内的福建省城乡规划设计研究院、厦门大学城乡规划设计研究院、厦门市规划设计研究院，理论联系实践，为城市规划系的学生提供了宝贵的社会实践机

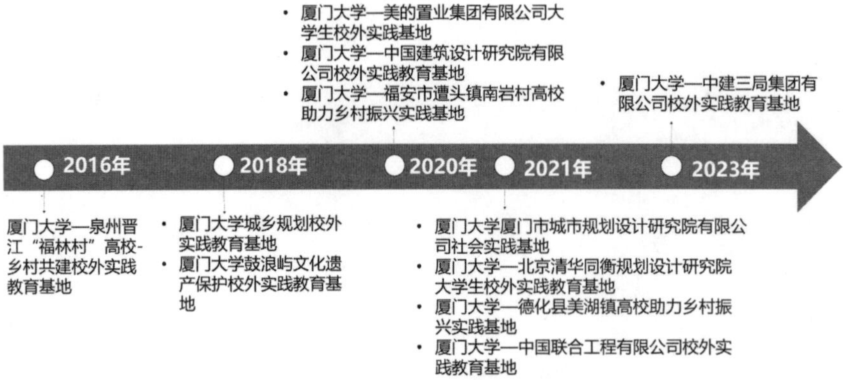

图 6　厦门大学城乡规划系校外实践基地建立时间轴
资料来源：作者自绘

遇，还极大地拓宽了他们的视野，加深了对控规实际工作的理解和认识。二是请设计院提供真题作为控规教学案例[4]，并实行"项目进课堂、高工进课堂"的教学模式创新，将设计院工程实践优势融入教学工作中，使学生能够接触到最前沿的规划理念和技术，培养了学生规划设计实战能力。三是请设计院相关项目负责人参与最终的评图与汇报答辩环节，对学生进行专业指导[4]。

校政联合教学，通过与政府部门合作，及时了解国家和地方关于国土空间规划及控规的理论基础，以及政策导向和法规要求。学校以及院系可以与自然资源管理部门、住建局、规划局等合作，请政府人员为学生讲解最新的政策内容以及控规的运作逻辑，让学生更好地理解控规从编制、审批到实施的全过程。

3.3　教学方法：启发式教学和互动式教学结合

传统的控规教学，理论部分多是老师讲课，学生听课的模式，实践环节，则由学生定期汇报项目进展，老师点评。国土空间规划改革，师生需要共同学习，共同进步，探索启发式与互动式教学相结合的教学方法。首先，多利用代表性案例教学的方式启发、引导学生对案例进行全面剖析，激发学生的学习兴趣和思维能力，提高学生的实践能力和问题解决能力。同时，也尝试使用翻转课堂的教学模式，让学生在课前自主预习并掌握基础知识点，在课堂上，更多地鼓励学生参与讨论与交流，共同解决问题，以此提升课堂的教学效率并激发学生自主性与积极性。

4　结语

改革开放以后城镇化的飞速发展为城乡规划教育带来了空前的机遇。近年来，随着城市化进程的推进，许多城市的发展逐渐从外延式扩张转向内涵式提升，城市发展不再仅仅依赖于新增建设用地的扩张，而是更加注重对现有建成区的优化和更新，加之资源环境的约束，增量规划转向存量更新成为必然。与此同时，国土空间规划改革为存量规划的实施提供了政策支持和制度保障，使得存量规划在国土空间规划体系中占据重要地位。多重因素驱动下，城乡规划教育面临改革与创新。控规作为衔接总体规划与实施建设的核心环节，不仅是空间管控的技术工具，更是实现精细化治理、促进高质量发展的关键载体，其教学改革具有重要的现实意义和战略价值。面对存量更新、生态约束、智慧城市等新趋势，控规教学的改革不仅关乎教育质量的提升，更是规划学科服务国家空间治理现代化的重要支点，亟需通过内容体系重构、技术方法融合与教学模式创新，使学生具备应对复杂城乡问题的能力，助力国土空间规划目标的实现。

参考文献

[1] 潘海霞，赵民.国土空间规划体系构建历程、基本内涵及主要特点[J].城乡规划，2019（5）：4–10.

[2] 赵广英，李晨.国土空间规划体系下的详细规划技术改革思路[J].城市规划学刊，2019（4）：37–46.

[3] 杨欢，魏晓宇.国土空间规划背景下我国城乡规划专业

本科课程体系"供给侧"改革思路探讨 [J]. 黑龙江教育（高教研究与评估），2021（3）：18-19.

［4］ 朱查松，王嫣然. 国土空间规划背景下总体规划教学改革探索 [J]. 城市建筑，2021，18（16）：97-100.

［5］ 郭娜娜，梁鑫斌，周玉佳，等. 国土空间规划背景下控规实践教学改革 [J]. 科技视界，2022，12（19）：78-80.

［6］ 余颖，李俐娟，周觅. 城市更新背景下重庆详细规划更新 [J]. 城市规划，2023，47（10）：23-29.

［7］ 石楠. 城乡规划学学科研究与规划知识体系 [J]. 城市规划，2021，45（2）：9-22.

［8］ 周庆华，杨晓丹. 城乡规划公共政策属性与专业教育改革 [J]. 规划师，2018，34（11）：149-153.

［9］ 唐燕，刘畅. 存量更新与减量规划导向下的北京市控规变革 [J]. 规划师，2021，37（18）：5-10.

［10］ 孔孝云，刘小钊. 关于风景名胜区控制性详细规划指标体系建构的探讨 [C]// 中国城市规划学会. 多元与包容——2012 中国城市规划年会论文集（10. 风景园林规划），北京：中国建筑工业出版社，2012.

［11］ 詹美旭，席广亮. 面向全域全要素统一空间管制的市级国土空间规划编制探索 [J]. 规划师，2021，37（10）：34-40.

［12］ 张恒，于鹏，李刚，等. 空间规划信息资源共享下的"一张图"建设探讨 [J]. 规划师，2019，35（21）：11-15.

［13］ 尹杰，宋斯琦. "数字化转型"背景下城乡规划专业信息技术应用的实践教学研究 [J]. 高教学刊，2019（8）：91-93.

［14］ 胡亚丽，王纪武，董文丽，等. 技术进步背景下控制性详细规划课程教学探索与实践 [J]. 建筑与文化，2023（9）：75-77.

Discussion on the Teaching Reform of Regulatory Detailed Planning in the Context of Territorial Spatial Planning

Zhang Yuanlin

Abstract：The establishment of the territorial spatial planning system has put forward new requirements for the construction of urban and rural planning disciplines and the cultivation of talents. As a key link of the "five levels and three categories" system, regulatory plan has undergone profound changes in value orientation, compilation logic and technical methods in the context of territorial spatial planning, and it is necessary to actively respond to the national strategy and local practice needs and reform teaching. On the basis of understanding the Regulatory Detailed planning of territorial space, this paper proposes that the control and regulation course should be reformed from three levels: integrating the concept of "multi-regulation integration", updating the curriculum content, comprehensive control of all elements and applying new technologies. Based on the practice of teaching reform in Xiamen University, this paper proposes the practice path of Regulatory Detailed Plan teaching reform from the aspects of teaching content, teaching mode and teaching method. At the level of teaching content, it pays attention to the construction of a content system with all aspects of the whole domain, emphasizes the combination of theory and practice, and actively integrates the application of new technologies such as big data, artificial intelligence and machine learning. At the level of teaching mode, the previous single teacher responsibility system has been changed to multidisciplinary joint teaching in the school, and social resources have been fully utilized to explore the joint teaching mode of In-school, school-enterprise, school-government joint teaching mode. At the level of teaching methods, we pay attention to the combination of heuristic and interactive teaching, and introduce experiential, flipped classroom and other forms to strengthen the interaction between teachers and students, and explore diversified teaching methods of control and regulation.

Keywords：Territorial Spatial Planning, Regulatory Detailed Plan, Teaching Reform, Xiamen University

城市多模态认知与分析
—— 一年级大类基础教学的变革与重构

苗　力　张　娜　刘代云

摘　要： 大连理工大学建筑类学制由 5 年改为 4 年要求专业知识更早地进入基础教学阶段，建筑类基础教学改革势在必行。一年级下学期开设"城市多模态认知与分析"课程旨在为规划专业学生筑牢专业基础的同时，吸引大类学生在专业分流中选择规划专业。教研组首先对高年级建筑类学生进行问卷调查，了解其对一年级基础课的评价和诉求。以技术赋能为核心，将授课内容依据传授技术方法划分为四个模块：CAD 与空间句法、GIS、实测数据分析以及学生小组选题研究。教学过程由老师授课和学生自主学习两条主线并行，遵循"教师授课—分解训练—学生自主研究"的步骤，每节课均达成一个小目标，使学生实现自我认同，激发内驱力。教学成果总体质量良好，学生反馈较为积极，经验教训值得分享。

关键词： 多模态；城市认知；基础教学；技术赋能；内驱力

1　引言

面对建筑类行业下行带来的招生压力，很多高校将学制由 5 年改为 4 年，要求专业知识更早地进入基础教学阶段，建筑类基础教学改革势在必行。建筑类各专业的基础教学应适时向智能化、信息化过渡，为培养掌握信息化手段、具备专业技能、适应时代发展的人才打下基础，以满足用人单位和社会的需求。

城市规划作为一门关系城市发展与人类福祉的重要学科[1]，随着城镇化进程的调整、国土空间规划体系的建立、数字技术的飞速发展，以及社会需求的日益多元化，都在推动规划学科与教育体系的转型[2]。在这一转型过程中，学位教育向职业发展的转变[3]、多模态城市认知能力的培养以及数智化转型[1]等成为关键议题。适应社会需求的城乡规划专业教育改革，要求本科阶段的大类基础教育更加精简提炼，以满足快速变化的创新人才培养需求。具体而言，在教学过程中需要注重大数据与城市分析技术在城市更新中起到的核心作用[4]，培养学生的大数据分析能力。同时，在涉及"计算机科学""智能建造"等交叉的课程设计中，学生不仅需要学习城市规划理论，还需掌握虚拟现实和人机交互等跨学科知识，以更好地理解这些智能技术[5]。最重要的是，在本科基础教育过程中，培养学生为城市问题提供系统解决方案的能力[3]，通过拓展教学场景、精准教学内容、丰富教学资源，激发学生的内驱力的培养[6]。

然而，各高校在实践过程中却面临诸多挑战与困惑。不同高校在城市规划教育中应用的教学模式和方法差异显著，过度强调理论的传授，缺少了数字化与人才培养的深度融合，以及数字化转型背景下创新人才成长内驱力的提升，导致教学效果的差异化和资源的浪费[7, 8]。本文旨在探讨如何通过多模态认知与分析在一年级大类基础教育中的应用，应对规划学科在数智化转型及激发学生内驱力等方面的实践挑战。

2　一年级大类基础教学改革的背景与挑战

2.1　大类基础教学的背景

大连理工大学作为 985 综合类高校，实行建筑大类招生、文理兼收、专业任选等举措（转出不限制，转入有

苗　力：大连理工大学建筑与艺术学院副教授
张　娜：大连理工大学建筑与艺术学院助教
刘代云：大连理工大学建筑与艺术学院副教授

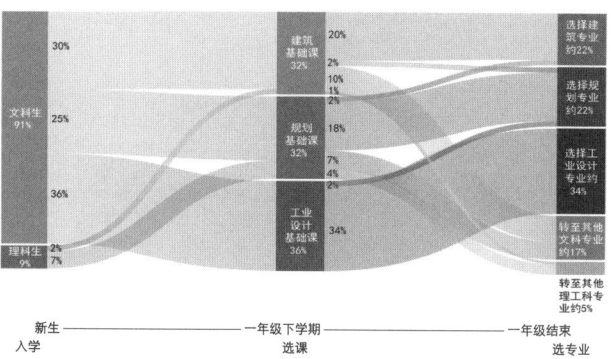

图 1　一年级大类招生——基础课选课——专业分流情况
资料来源：作者自绘

要求）。在一年级下学期，由建筑、规划和工业设计同时开设基础课以供学生选修，三个专业基础课并行，学生只能三选一，使得专业基础课的选择在客观上起到预分流的作用，这导致了竞争压力。规划选课总人数中大部分人会继续学习城乡规划专业，但仍有一部分学生在一年级结束选专业时转而去学港工、知识产权等其他专业（图 1）。所以，大类基础课必须有提升自身专业方向的吸引力。在此背景下，城乡规划专业开设"城市多模态认知与分析"基础课，旨在达到双重目的：一方面，为规划专业学生筑牢专业基础；另一方面，促进大类学生对城乡规划专业的了解、增加学习兴趣以吸引学生选择规划专业。课程的改革中多目标，多轨道并行是重要原则。

大类基础课面对的选课学生来自大学一年级，他们没有任何电脑软件基础，不会使用 CAD，一切需要从零学起。连软件都是课前现安装的，教学任务比较艰巨。

2.2　学生对既往大类基础课评价和诉求

研究针对建筑与艺术学院本科三年级、四年级的在读生进行了随机访问。受访对象涵盖建筑、规划和工业设计三个专业的学生。

通过让受访对象回忆在大学一年级所接受的传统大类基础教育，包括平面构成、空间构成、材料构成、卫生间测绘、建筑小品设计、建构设计等，总结其优缺点和对后来专业学习产生的作用和影响。意图通过了解高年级同学在专业深入学习的过程中对一年级大类基础教育现状的评判，进而从满足学生诉求角度明确大类基础教育改革的方向。

调查显示，学生普遍认为通过大类基础课的学习掌握了必备的计算机软件、提升了空间认知水平、审美能力并锻炼了逻辑思维和沟通能力。但大量同学认为课程对专业软件技能传授不足，对通识类技能传授也不到位。并且，绝大部分同学都认为一年级大类基础教育任务繁重，占用时间过多。总体而言，超过 2/3 的学生认为一年级大类基础教育对后来的专业学习帮助不大甚至没有帮助。在重要性方面，1/3 的同学认为大类基础课重要的是传授数据智能化手段，另有 1/3 的同学认为最重要的是提升趣味性和吸引力。要求传授数据智能化手段。

在重要性方面，大部分同学认为基础课应重点传授数据智能化手段，另有较多的学生认为应着重提升趣味性和吸引力。在建议方面，学生普遍建议将基础理论课提前，把专业知识和技能的内容提前，建筑学的学生希望多一些大师作品等精品案例分；规划学的学生想要加强技术软件的模式化培训，多一些城市空间认知的内容。反映学生想要尽快掌握实用、迅速成才技能的迫切心情（这与我们学制五改四时间缩短之后，专业课程前置的客观要求重合）。个别学生还没有实现从高中的被动式学习向大学的自主学习方式的转变，不太适应大部分内容靠自学的模式。

在对选专业的作用方面，有约 1/3 同学认为大类基础教育使他们对不同的专业产生了认识和了解，这在他们做出专业选择时提供了帮助；而另 2/3 的同学坦言，大类基础课对他们选择专业影响不大，他们更多是根据未来的就业前景做出的选择（图 2）。

针对大三和大四的建筑类学生进行的问卷调查，使我们了解高年级同学对一年级基础课的评价和诉求。综合考量后，确定课程设置的三个重点：①注重规划通识类基础教育，增进学生对规划专业的了解；②以软件技能传授为中心，夯实专业技能；③提升兴趣，激发内驱力，促进学生自主学习。在教学组织上，充分利用课堂时间，减少课下作业，减轻学生负担。

3　"城市多模态认知与分析"的课程设置

3.1　"城市多模态空间认知"的课程定位

原则：内容前置、技术赋能、兴趣优先、不占课后。规划设立"城市多模态空间认知课"，为培养适应时代变化、符合行业需求、掌握核心技术的国土空间规划优秀人

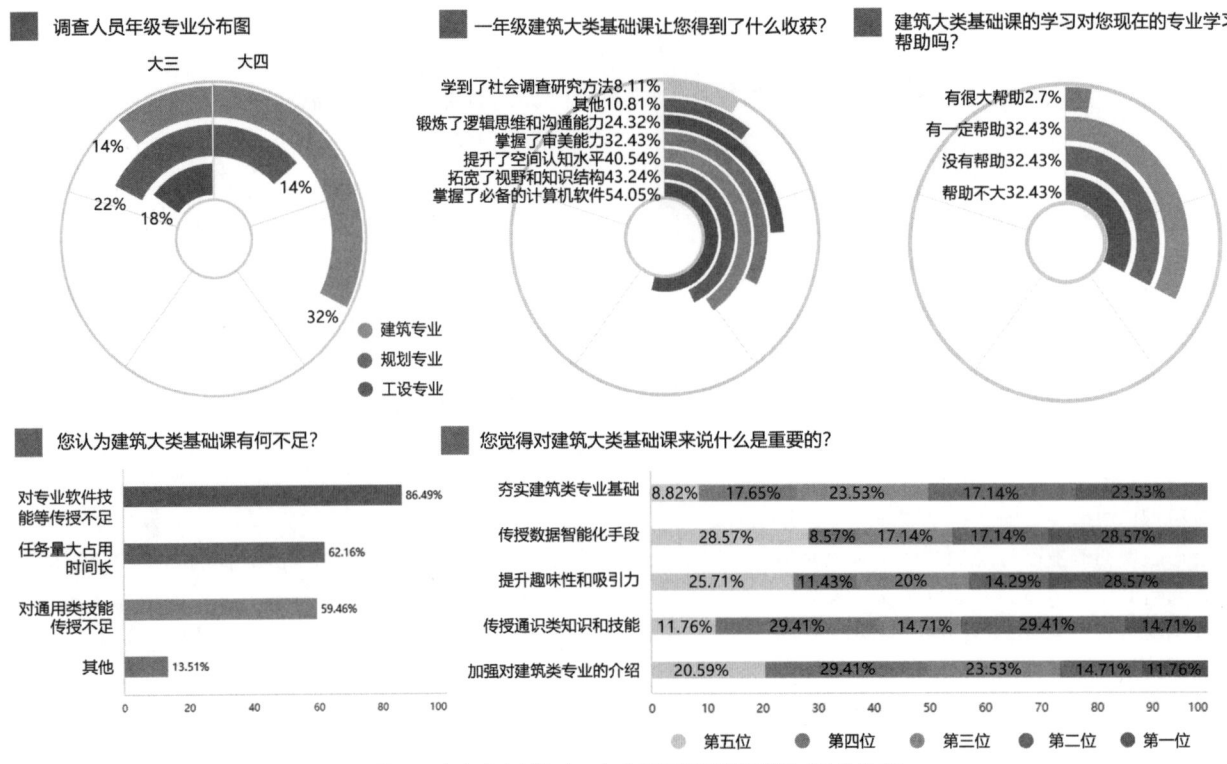

图2　高年级同学对一年级基础课的评价和诉求分析

资料来源：作者自绘

才打下坚实基础。课程设置的主旨：分类＋融合，兴趣＋引导，通识＋专业。首先让所有学生了解城乡规划学科，帮助其判断是否感兴趣和适合自己学习；其次，对于决定继续学习的学生打下良好专业基础，各种思维方法、调研访谈问卷分析工作、掌握必要的软件技能；最后，对于决定离开去转学其他专业的学生，通识教育，有所收获。以课上时间授课、讨论、调研为主要手段，不占用课后时间。以培养学生专业兴趣为主要目的，配合专业分流。

3.2　课程设置基本内容

"城市多模态认知与分析"课程历时14周，每周2次课，每次4学时，总计112学时。以技术赋能为核心，课程授课内容依据技术方法划分为四个模块：CAD与空间句法、GIS、实测数据与分析以及学生小组选题研究（图3）。课程发题的同时要求学生自主选择研究问题，整个学习过程中都由老师授课和学生自主学习两条主线并行。每个教学模块持续3周、6次课、24学时，由熟练掌握软件的老师主带。

教学遵循"教师授课—分解训练—学生自主研究"的组织步骤。每节课均设立一个小目标，让绝大部分学生通过课堂练习能够达成目标，以增加学生的成就感，实现自我认同，激发内驱力，达到更佳的教学效果。过程中还安排了中期答辩，请学院领导参与点评以鼓舞士气，之后的小型Party促进了师生之间的交流，增进了感情（图4）。

3.3　技术赋能为核心，学生内驱力的培养

认知就是主体A通过特定方法获得的对实在空间B的认识。特定的方法可以是科学的方法，例如通过实地观察或借助地图、数据等科学信息的描述获得的认知，这种认知结果直接、趋近于真实。另一种方法就是通过替代物获得间接的认知。例如通过摄影、绘

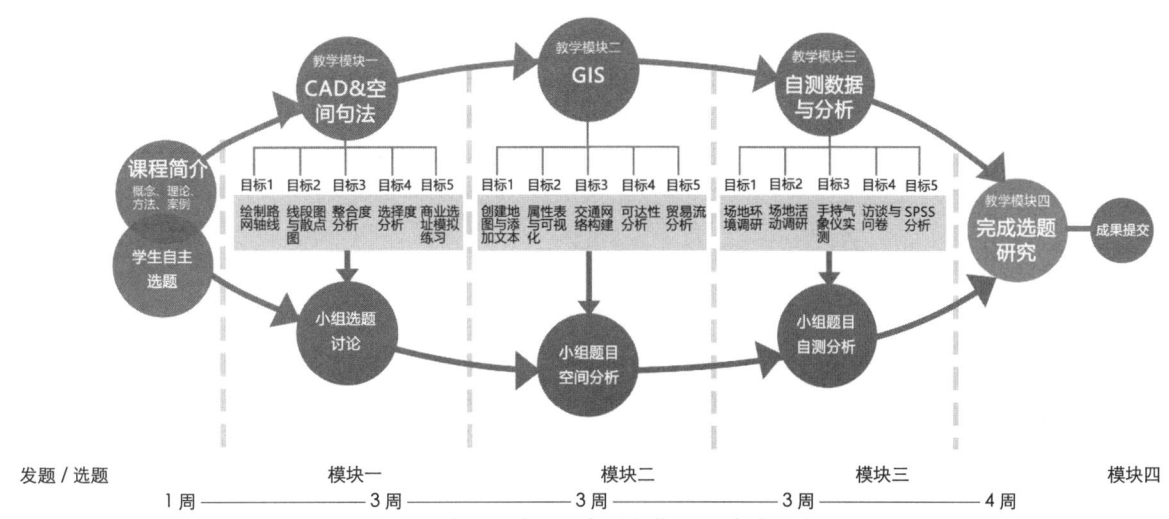

图3 "城市多模态认知与分析"课程内容及安排
资料来源：作者自绘

● 教师授课　　● 学生实操/小组讨论　　● 课堂汇报/中期答辩　　● 师生Party

图4 课堂教学交流场景
资料来源：作者拍摄

画、文学作品获得的对空间的经验认识。这种认知虽然获得的是经过了再加工的间接信息，跟实在空间会存在一定的差异，但正是这种差异会带来认知的艺术性和趣味性。

认知的内驱力是一种源于学习者自身需要的内部动机，这种潜在的动机力量，要通过个体在实践中不断取得成功，才能真正表现出来。诱发这种内驱力需要激发兴趣，利用学生的好奇心，巧妙创设问题情境，诱发认知冲突，注重将学习内容与学生的生活背景、知识背景相联系等方法。自我提高内驱力是一种通过自身的努力，能胜任一定的工作，取得一定的成就以获得满足（图5）。

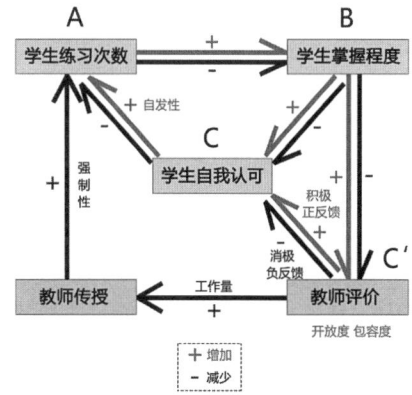

图5 内驱力教学作用原理
资料来源：作者自绘

4 最终成果

经过教学实践检验，6组同学均完成选题、多元数据采集、数据量化分析和可视化处理，动因分析和对策建议等研究环节，顺利提交研究成果（表1）。研究质量对于一年级下学期的同学来说是基本令人满意的。

5 教学效果反馈分析

为了评估"城市多模态认知与分析"课程系列的教学效果，我们对厚德书院和令希书院的学生进行了问卷调查，共回收了24份有效问卷。研究结果显示，41.67%的学生表示将来大概率会选择学习规划专业，

学生自主选题阶段性研究成果   表1

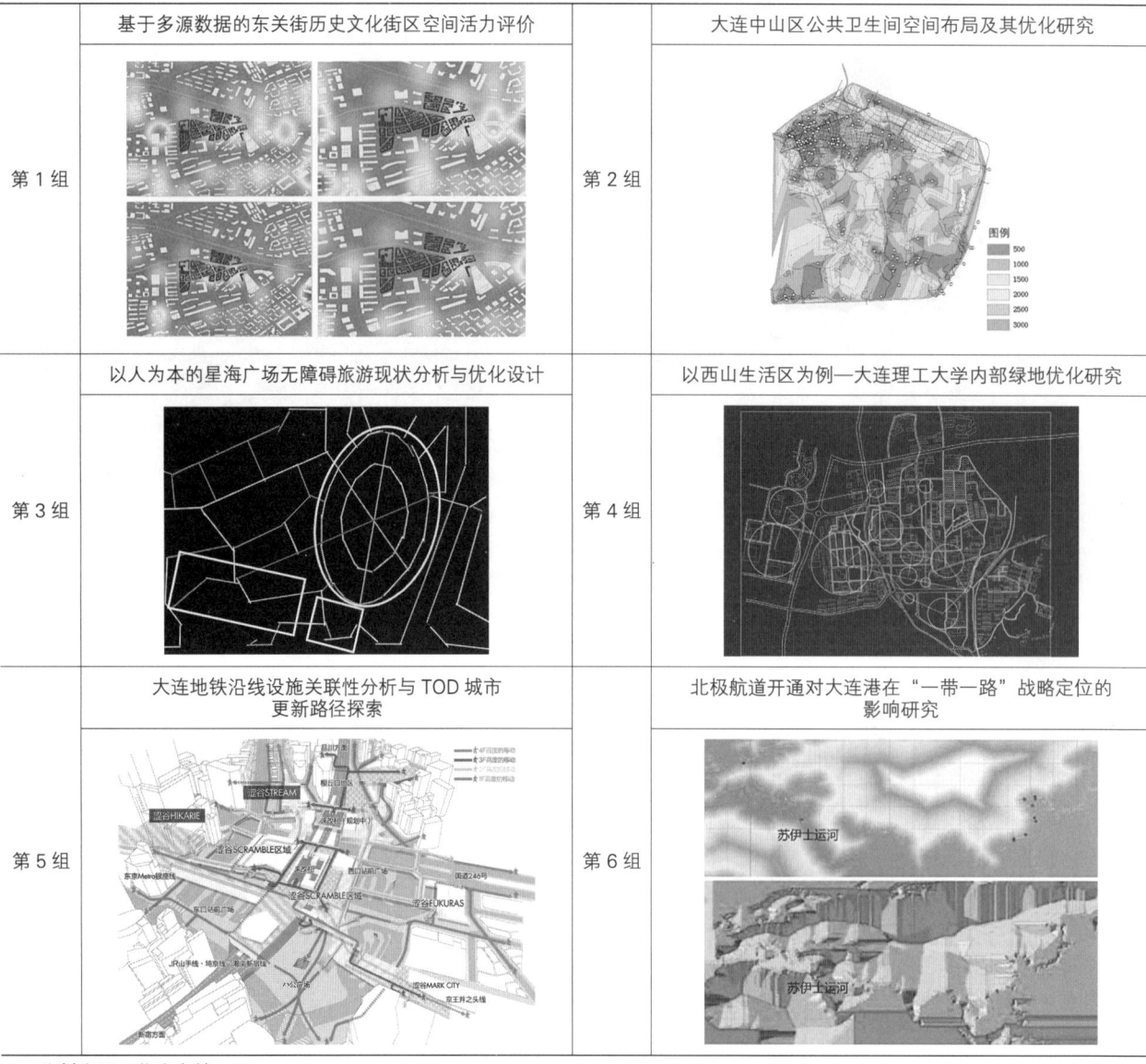

	基于多源数据的东关街历史文化街区空间活力评价		大连中山区公共卫生间空间布局及其优化研究
第1组		第2组	
	以人为本的星海广场无障碍旅游现状分析与优化设计		以西山生活区为例—大连理工大学内部绿地优化研究
第3组		第4组	
	大连地铁沿线设施关联性分析与 TOD 城市更新路径探索		北极航道开通对大连港在"一带一路"战略定位的影响研究
第5组		第6组	

资料来源：作者自绘

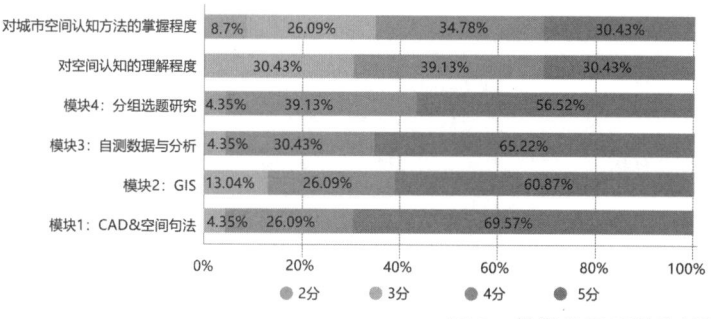

图 6　教学效果反馈分析图

资料来源：作者自绘

而 20.83% 的学生表示不会选择，另有 37.50% 的学生表示不确定，显示出学生对未来职业规划的不确定性较高，目前他们对专业选择的意愿并不乐观。

此外，学生还对各教学模块进行了评分。总体而言，各模块的教学效果得到了较高的评价，约 70.83% 的学生认为 CAD 与空间句法模块效果较好或非常好；约 62.50% 的学生认为 GIS 模块效果较好或非常好；约 66.67% 的学生认为自测数据与分析模块效果较好或非常好；约 58.33% 的学生认为分组选题研究模块效果较好或非常好。虽然评分较高，但学习成果并不理想，只有 37.50% 的学生表示对城市空间认知的理解较好或非常好，而只有 29.17% 的学生认为对城市空间认知方法的掌握程度较好或非常好（图 6）。

结合大家对该课程的建议和评价，发现当前课程存在广而不深、讲解缓慢、内容笼统、缺乏系统性等问题，导致学习效率低下，学生容易听不懂。同时，软件陈旧、屏幕小和教室舒适度不足也影响了学习体验。建议细化讲解，针对零基础学生提供更详细的内容；增加互动，激发学生兴趣；更新软件和教室设施，优化学习环境；合理安排汇报次数，确保时间紧凑高效。

学生反馈对各单元和总体教学的打分均达到良好，反映出课程设置较为合理。认为"授课—实操／讨论—汇报／点评"的教学模式较为开放灵活，学生学到了必备的软件技能、增进了对规划专业的了解，锻炼了沟通能力。当然，教学中也存在软硬件达不到要求、内容广而不精、软件入手较难、授课节奏缓慢等现实问题，留待以后改进和提升。

6　不足与展望

时间分配不甚合理。由于教学按照四个模块布局，为方便组织，在时间分配上也四个模块平均分配，每个模块用时 3 周。然而，各模块难易程度不同，耗时亦不相同。教学过程中，明显感觉 CAD 模块简单，很多同学做得快，等其他同学的过程中觉得时间拖沓。相反地，GIS 模块操作复杂，步骤繁多，耗时较长，设立的课堂小目标有较多学生达不到。因此，下轮教学过程中会按照难易程度重新分配授课时间。

少部分转专业同学的需求难以被照顾到。由于专业知识大量提前，会对转专业的同学不甚友好。其中包括从建筑艺术学院转出至其他如知识产权等文科专业或如港工等理工科专业的同学。他们所需要了解的通识类的知识会减少。而对于从其他专业转至建筑大类的学生而言，专业基础培训的欠缺非常难以弥补，这会对后来高年级的学习同样产生影响。

总之，本次"城市多模态认知与分析"课程的教学研究，作为综合类院校"5 改 4"之后建筑大类基础课教学改革和重构的一次尝试，取得了一些经验和心得，乐于与同行老师分享，希望有所裨益。

致谢

鸣谢本课程指导教师姚亦舒、李永玲、陈曦老师，以及大连理工大学 24 级厚德学院、令希学院参与本课程的全体同学！

参考文献

[1] 吴志强. 城市规划教育的数智化焕新 [J]. 城市规划学刊，2025（1）：11-17.

[2] 段进，石楠，闫凤英，等. "规划教育的规划" 学术笔谈 [J]. 城市规划学刊，2025（1）：1-10.

[3] 石楠，唐子来，吕斌，等. 规划教育——从学位教育到职业发展 [J]. 城市规划，2015，39（1）：89-94.

[4] SINGH H, MIAH S J. Smart education literature：A theoretical analysis [J]. Education and Information Technologies，2020，25（4）：3299-3328.

[5] VERGARA D，ANTóN-SANCHO A，LAMP-ROPOULOS G，et al. Educational use of virtual reality technologies in engineering education：The impact of the digital generation of faculty [J]. EDUCATION AND INFORMATION TECHNOLOGIES，2025：1-19.

[6] 潘建红，韩竺蔓. 数字化转型背景下创新人才成长内驱力提升的路径 [J]. 科学管理研究，2024，42（4）：135-141.

[7] 钟声. 城乡规划教育：研究型教学的理论与实践 [J]. 城市规划学刊，2018（1）：107-113.

[8] 吴志强，张悦，陈天，等. "面向未来：规划学科与规划教育创新" 学术笔谈 [J]. 城市规划学刊，2022（5）：1-16.

Multimodal Urban Cognition and Analysis——Reforming and Restructuring Foundational Education for First-Year Broad-Discipline Students

Miao Li   Zhang Na   Liu Daiyun

Abstract：Given the requirement to introduce knowledge earlier due to the change from a 5-year to a 4-year architecture program at Dalian University of Technology，foundational teaching reform is essential. The course "Multimodal Urban Cognition and Analysis" was introduced in the second semester of the first year to strengthen foundational knowledge for planning students and attract students from the large group to choose the planning major. The teaching team conducted a survey among senior architectural students to understand their evaluations and needs of the first-year foundational courses. Course content was structured into four technology-focused modules：CAD and Space Syntax，GIS，Field Data Analysis，and Student Group Research Projects. The teaching process follows two main lines：teacher-led instruction and student self-study，adhering to a step-by-step approach：teacher lecture-decomposition training-student autonomous research. Each class achieves a small goal，enhancing students' self-identity and intrinsic motivation. Overall，the teaching outcomes are of high quality，with largely positive student feedback. The experiences and lessons learned from this reform are worth sharing.

Keywords：Multimodal，Urban Cognition，Foundational Teaching，Technology-Enabled，Intrinsic Motivation

案例转译与场景生成：
城乡规划专业二年级设计课教学的挑战与思考

权亚玲

摘　要： 当前城乡规划专业设计课在基础教学阶段面临着思维转换和技能转型两方面叠加的挑战，本文以二年级设计课教学为例，提出应对挑战的几点思考。首先回顾总结近年来规划专业设计课教改的三种类型，对设计课在基础教学阶段的专业差异进行再思考；其次是对设计课教学方法的思考，提出将案例转译嵌入设计课教学过程中以建构有效的设计思维；最后设想将场景生成作为设计目标预先设定，强化设计思维以主动适应未来"人—机协同"下的设计场景，提出应加强学生的设计创意创新能力培养，应对新时代对设计人才的需求转变。

关键词： 设计课教学；案例转译；场景生成；"人—机协同"

1　两个挑战

　　城乡规划专业设计课在基础教学阶段面临两方面叠加的挑战：一是相对于建筑学设计课教学而言，城乡规划专业人才培养对于设计课教学的设计思维转换挑战，这一点在近些年的相关教改实践中讨论较多；二是刚刚显现的、人工智能新时代影响下规划设计行业对人才培养的技能转型挑战。

　　需要思考在未来与人工智能协同的设计场景中"设计"会发生什么变化？设计师将如何与人工智能协同创作？与之相应的设计人才应具备哪些更有价值、更加不可替代的能力？设计课教学，特别在基础教学阶段需要做出何种回应与调整？以上述问题为线索，本文以二年级设计课教学为例，尝试对目前的设计课教学改革、新的教方法提出应对挑战的几点思考。

2　设计课基础教学的专业差异

　　近年来，特别是城乡规划学成为国家一级学科之后，国内各高校规划专业围绕设计课基础教学展开了一系列教学改革实践。系列教改基于一个基本共识，即规划专业在设计课基础教学的目标上与建筑学专业存在差异，建筑学执行的是从低年级到高年级连续进阶的递进式教学体系，而规划专业希望在设计基础阶段就能尽早实现专业认同、尽早展开"城市—建筑—环境"跨尺度、多要素的系统性设计思维培养，尝试从单一的"建筑设计"转型为"建筑设计＋城市""城乡规划设计"等多元教学模式探索。

　　综观各校开展的教改实践，大致可归纳为三种类型：

　　"建筑设计＋城市"的叠加型。通过调整补充城乡规划针对性教学内容，增加城市调查、空间策划、场地设计、建筑组群设计等教学环节。如北京交通大学"建筑设计 I"课程教学改革[1]，设置12周长题目，扩展城市调研、街巷更新设计等教学内容。又如南京工业大学规划专业二年级建筑设计课程采用"1+2"课程框架[2]，每学期设置1个"现状地块调研"（5周）和相关联的2个建筑与环境设计题目，突出培养学生环境认知和解决具体设计问题的能力。

　　"城乡规划设计"的转换型。脱离建筑学的设计课教学体系，转换成新的规划设计课程，衔接中、高年级规划设计课形成完整的课程体系。如重庆大学规划专业在二年级设置的"城乡规划设计（1–4）"课程[3]，设计对象从建筑单体转换到城市空间，将城市空间分为封闭、开敞、生活和商业型四类基本单元，形成从尺度、

权亚玲：东南大学建筑学院讲师

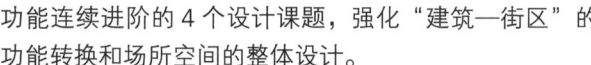

功能连续进阶的 4 个设计课题，强化"建筑—街区"的功能转换和场所空间的整体设计。

"城市空间优先"的先导型。沿用建筑学教案，但调整设计课教学的切入点，强化"城市—建筑"的整体空间塑造。如华中科技大学建筑设计课程教改[4]，倡导以城市空间生成为先导的建筑设计逻辑思维模式，加强城市与建筑整合的知识传授与设计思维培养，在一至三年级均尝试将城市空间优先介入、与建筑设计一体化的教学改革试验。

以上教改面向规划专业设计课教学的特殊性，在解决"思维转换挑战"问题上进行了有益的探索和卓有成效的实践，同时客观上也出现了新的问题。如叠加型教改存在设计工作量增加、需要加强城市调研与建筑设计之间内在逻辑关联的问题；转换型教改存在建筑单体设计能力下降的潜在问题[3]；先导型教改对设计思维是否又会产生一定程度的限制？

实际上，任何建筑都存在于特定的城乡场所环境中，好的建筑首先应当是"场地的建筑"，对城市、场地、环境的积极反应与整合设计应当是"规—建—景"三专业在设计思维上的共性关注。正如 ETH 的 Eberle 教授所说，应将"场所"置于设计教学的首要位置，强调"建筑布局、形体的先决条件是场地的肌理、空间、历史、文化等因素"。因此更需要讨论的应当是如何教"做设计"的思维线索，只要能以规划的系统思维方式使建筑单体、群体及城市整体环境之间建立关系，选择什么尺度或类型的课题或许并不是最重要的。

所谓"从建筑思维到规划思维的转变"，笔者认为两种思维方式在本质上不应是对立的。我们既认同"对城市空间的理解应优先于建筑实体"，也支持"通过挖掘建筑设计的潜能价值来丰富和诠释场所环境的情感与意义"，二者从某种思考角度上说是相通的，甚至是一致的。西安建筑科技大学以"场所"与"生活"共同牵引的建筑学二年级设计教学[5]就很好地协调了两种思维在设计中的作用，教案以"理解场所环境"和"创造生活空间"为教学线索，其中的"场所"设定就是引导学生建立建筑设计与所处场所环境的强关联，培养从场地条件出发，加强观察、调研、分析及诠释的理性设计思维。帮助学生在入门阶段即能理解设计的复杂性与客观性，学会尊重和理解既有的场所环境。

鉴于此，笔者提出：

（1）"设计"作为基本素质和能力培养对规划专业人才培养是不可或缺的，"规—建—景"三专业在设计思维训练上呈现显著的共性和互补性，专业差异在设计基础教学中应当被弱化。

（2）规划专业设计基础课教改的重点应转向如何引导学生"做设计"的思维方式。

（3）打破人才培养的专业壁垒，开拓适配"规—建—景"三专业共建互馈的融通型基础设计教学平台，借鉴重庆大学等 5 所高校开展的 UC4+ 联合毕业设计课程[6]，鼓励多学科思维融合、跨专业能力融合、多类型项目实践融合，探索协同型跨专业设计基础教学新模式。

（4）规划专业设计课程建议施行"微教改"，强化设计前期与场地及环境关系的讨论，将场地因素作为设计启动与构思的先决条件，同时适当减少后期对建筑构造、材料等深化设计的内容。如东南大学规划专业二年级设计课春季学期的长题目"宿舍—学生公寓—学生社区"，就是在建筑学教案基础上的微调，课题覆盖到"单元空间—建筑—街区"三个尺度的设计练习，兼顾设计技能和设计思维训练两条线索，各设计练习环节在教学内容设置上既各有侧重又紧密关联，教学时长也较为灵活。

3 案例转译

为了引导低年级学生自主建构正确的设计思维，我们尝试在设计课基础教学阶段嵌入案例转译教学法，其教学要点包括：

（1）案例选择

由教师预先准备案例库，选取与设计任务训练要求、教学目标高度关联、设计问题相近且高质量的设计作品，每个学生选择其中一个案例作为设计练习的空间原型。

（2）案例解析

遵循"问题—策略—空间"的分析逻辑，从"形式层面"和"关系层面"两个维度对案例展开深度解析，进而建立基于案例的普适性空间模型。学生需要对案例进行草图抄绘和实物模型制作（图1），以图解方式完成案例解析（图2），再通过小组（10 人左右）集体分享与讨论，使学生对认知设计问题、提出设计策略与建构空间方案形成一套完整的设计思维闭环。

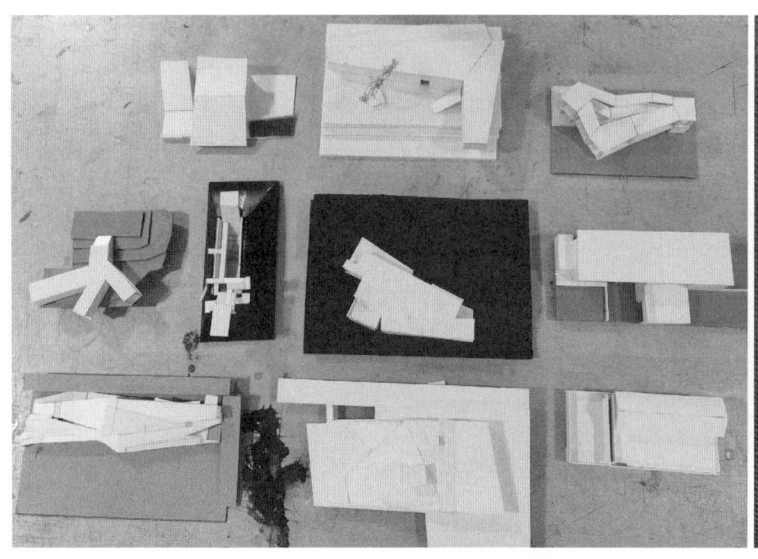

图1 案例解析教学——实物模型制作
资料来源：学生作业成果，作者自摄

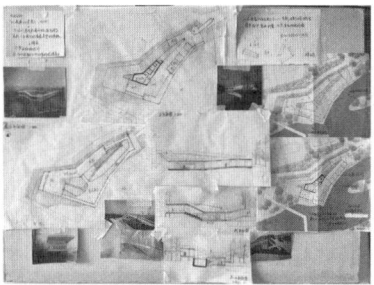
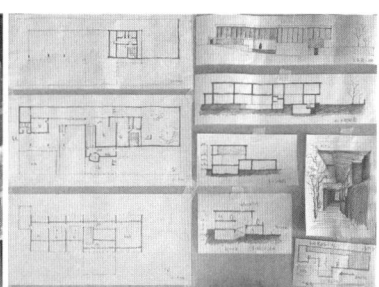

图2 案例解析教学——草图抄绘与图解分析
资料来源：学生作业成果，作者自摄

（3）在地转译

对真实的场地环境、社会需求进行现场调研，形成对在地设计问题的识别与研判，提出设计要达成的目标愿景，在延续案例空间逻辑关系的前提下，对案例进行在地化的适应性变化与空间重构，使其满足设计任务的环境条件、功能需求及设计者的创新目标。在地性设计转译，需要对自然环境、城市环境、地域文化、特定人群、时代需求等做出回应，与案例不同的环境差异、价值差异必然会使建筑空间的生成逻辑产生变化[7]。设计转译的过程对于学生深入理解设计与场地环境的关系大有裨益。

案例转译教学法为解决当前设计教学中出现的一系列新问题提供了思路。基于互联网所提供的广阔信息平台，学生所能获取的案例数量和相关内容呈爆炸性增长，其中有经典的、前卫的，有新的、旧的，案例难免良莠不齐。对学生来说，一方面识别和选择案例变得随机而偶然，另一方面对案例的学习常常宽泛而不深入。案例转译教学法通过圈定高质量案例库、分析方法引导以及集中而深入的学习，使学生初步建立辨识优劣并形成自我价值判断的能力，同时更具创意、更富想象力的设计思维也在学习过程中被唤起并得以释放。教学实践显示，案例深度学习使学生拥有更好的知识积累和更多的切身感悟，学生的空间想象力也同时得到有效扩展和提升。

更为重要的，案例转译教学有助于我们为应对AI时代设计技能的转型挑战做准备。AI时代的到来，"我们原来 90% 的技能可能不需要了，但剩下的 10% 变得更加重要。未来大学要培养的不是单纯的技术工程师，而是一种兼具机器智能与人文情感的新型人类"（清华大学沈阳，2025）。在与 AI 协同设计的新场景下，设计所面临的社会需求、所要求的技能都在发生变化，我们曾经熟悉的"教"与"学"都开始变得不一样，信息及人工智能技术的局限性恰恰是设计人才培养要强化的重点；而那些利用信息技术所能提供的、可以被替代的能力则需要逐渐弱化。与"人—机协同"相匹配的设计技能应当被置于设计教学前所未有的重要位置，AI 新时代设计人才需要掌握的核心技能主要包括以下四个方面：

（1）提出设计问题的能力

与 AI 的协同设计首先应具备"指定主题"的能力，即需要对场地环境更准确地研判、提出具体且有针对性的设计问题。案例解析中引导学生特别关注"设计问题"的发现和提出，提升对设计主题的敏感度。

（2）架构设计策略的能力

确定设计关键词、设计概念和设计需求，对整体技术框架进行部署，具备选择适宜的策略以解决问题的能力。在案例解析中通过强调"问题—策略"的逻辑关联，帮助学生自主建构有效的设计思维框架。

（3）识别及选择决策的能力

与 AI 的协同与互动可以大大拓宽设计的思路，当 AI 短时间内生成大量不同的创意变体时，设计师常常处于甄别或选择的"十字路口"，需要具备探索、鉴别且有选择地使用信息的能力。通过一系列经典案例的深度学习，提升学生对于设计的意义感、空间美感的感知力，具备反思、判断价值、决策方向和选择路径的专业素质和能力。

（4）描摹理想空间场景的能力

设计师的创意和想象能力在未来与 AI 协同设计的场景中将变得尤为重要，描摹理想空间场景并借助 AI 进行设计内容的创建和生成，与 AI 不断互动调整，直至将设计推进到最符合设计师预期的场景。案例转译教学通过学习过去最好的（设计），为想象、创造未来更好的空间场景提供基础，重视集体分享与讨论，鼓励学生"讲好设计故事"，加强对理想空间场景进行描述并展开叙事、与 AI 互动以干预并推进情景演进的能力培养。

案例转译教学法，可以在一定程度上强化上述四种核心能力的培养，同时在设计转译中也鼓励学生面对未来生活场景展开充分想象，这是一种更主动的、驾驭与 AI 协同设计的思维模式与方法，即关注目标和掌控结果，而且始终把人（包括设计者）的自主需求和愿望放在首位。

AI 时代的到来，设计师作为描绘者、构想师，有可能从工匠建造、手工绘图这些传统技能中释放出来，可以更加专注、更加自由地想象和创作，可以更多地借助 AI 来解决问题和实现目标。未来的设计师更像是指挥家或作曲家，他们需要了解各种乐器的功能，但不一定要能演奏每一种乐器，也不一定要了解这些乐器的构造，他们的作用是将这些乐声整合在一起，创造出一部杰作。

4 场景生成

围绕"空间"的二年级设计课教学目前大致有三种切入方式，"功能"切入、"形式"切入和"概念"切入[5]，三种方式均是从空间的"物质"属性切入。为适应未来"人—机协同"的设计场景，笔者设想第四种设计课教学的切入方式——"场景"切入，将设计关注的重点从空间本身的"物质"属性转变为空间服务于人的"生活（场景）"属性。

伴随与人工智能技术的深度融合，设计正在从现在的"过程、逻辑、技能"导向，逐渐变化并趋向于"场景、混沌、创意"指向（图 3）。基于这一趋势判断，笔者提出围绕"场景生成"的设计课四阶段教学构想：①理解场地特征、发现并提出设计问题；②案例解析，回应场地设计问题，集体讨论并形成共享设计策略集；③设定设计目标，面向未来建立叙事，"人—机协同"进行理想场景生成与调整；④将优化完善的目标场景通

图 3 "三体——地下城市"概念图
资料来源：插画师吉 JimingX 绘，2018

过 AI 专业大模型完成技术图纸的生成和模型生成。

"场景生成"教学不同于目前"基于问题导向"的设计课教学，训练学生掌握"调研现状—发现问题—提出方案—设计表达"的设计过程，通过现状调研强化环境的制约条件，突出问题导向下的建筑与环境设计能力[2]。此类教学法对于提升学生设计技能、解决既有问题极具现实意义。"场景生成"则是一种面向未来、"基于目标导向"的设计课教学构想，教学将训练重点从设计技能转向设计思维，对未来理想空间场景的创意和想象成为教学的核心，更强调设计的创造性和想象力，希望所培养的新型设计人才在"人—机协同"设计场景中发挥更加主导的作用。"人—机协同"的设计更像是一场与大量信息、AI 大模型共同构建和推演的对话，设计师需要决定"解决什么问题、选择什么策略、达成什么愿景……"这些更具战略性和创造性的问题。

从计算机应用研究的角度，"场景生成"可归纳为两种类型：

（1）建模（技术）导向型

目前以计算机技术为主导的建筑及城市场景生成属于典型的建模导向型，建模过程通常包括：道路网—分级—"道路—建筑"形状语法—"过程化"三维模型—贴图渲染[8]，最终以静态场景的渲染图作为结果呈现。设计师只负责提供前期建模数据，一般不参与场景生成过程，也不能对场景做实时调整或补充叙事。

（2）情境（创造）驱动型

情境驱动型"场景生成"以用户或设计师为主导、以生成式人工智能（GenAI）应用为标志，由"人—机协同"共同推进设计的全过程。"用户通过在静态场景中融入叙事情节，优化单个节点的空间、时间布局，生成动态的交互式叙事场景。"设计师可以全程参与场景生成过程，"借由一系列具备决定性意义的抉择，切实干预场景演进脉络。"叙事场景创作的复杂性要求设计师对环境做详尽的分析，构建场景剧本，组织并反复调节叙事情节及交互方式，同时确保叙事结构的连贯性[9]。

从建模导向到情境驱动，设计师在"场景生成"中的作用大大增强，生成式 AI 本质上是模仿，其所谓"创造"是对不同主体内容的解构、重组[10]，作为专业创作者，设计师对空间叙事内容的创造性构建成为 AI 不可替代的优势，真正有创意的设计场景依然需要人的主导及

与 AI 的协同创作。与此同时，当大众的创作热情被激发，"设计师 + 业主 +AI"三方共在的协同创作会大幅拓展并改变建筑创作的实践图景，为创作打开新的空间、带来无限可能，成为未来"人—机协同"创作新生态。

相关研究发现："能评估 GenAI 生成内容质量高低是合理使用 GenAI 的前提，GenAI 应用技巧决定 GenAI 辅助科研的效率。"[11] 为提升设计师人工智能素养、提升"人－机协同"能力，提出如下建议：①具备坚实的学科背景知识是前提；②参与开发适配规划设计所需的垂直领域大模型；③开设面向规划专业学生融入 GenAI 使用的课程。同时，还需强调对 GenAI 的适度使用，过度或不当使用反而可能损害创造性和独立性，可能让学生产生工具依赖，继而带来高阶思维发展不足、认知能力退化等问题[11]。

5　结论与建议

直面 AI 时代的到来，我们不仅要适应"人—机协同"的规划设计新场景，更要思考规划设计人才培养与之匹配的新方法、新路径，特别是设计基础教学，既要对时代更迭、行业变化有所响应，又要保持对设计人才培养内核的坚守。

AI 应用对大学教育的影响是全面而深入的，一方面 AI 作为教学科研的工具显现出巨大的潜力，另一方面 AI 应用对大学教育所产生的负面影响也在逐步显现，相关研究提醒要谨防由 ChatGPT 过度使用会陷入的"科林格里奇困境"：削弱大学人才的创新性、降低大学生的独立思考与自主学习能力、存在人被技术所"奴役"的隐忧[12]。设计课教学要解决的不是"如何与 AI 协同"的技术问题，而是要为与 AI 协同做好能力上的准备。本文所提出的"案例转译"与"场景生成"两种教学法试图在基础学习阶段训练和强化学生的设计思维、创造力和协同技能。笔者认为，AI 可以协同推进设计，但是不能替代"学设计"，如果在"学设计"的初期学生就对 AI 产生依赖，无疑会侵蚀学习能力、失去独立思考和解决问题的学术韧性。设计教学既要保持与人工智能技术开放的"接口"，又要避免技术依赖而失去设计过程中"人的主导"，在技术发展初期保持清醒的认知，或许才能使设计不远离其本质，才能培养更具技术时代韧性的创新型规划人才。

参考文献

［1］ 徐凌玉，王鑫.基于城市观察与专业认知的城乡规划专业二年级"建筑设计Ⅰ"课程教学实践探索[C]//.2024中国高等学校城乡规划教育年会论文集：154-160.中国建筑工业出版社，2024.

［2］ 叶如海，严铮，彭克伟，等.基于问题导向的城乡规划专业建筑设计课程设置——以南京工业大学为例[J].高等建筑教育，2023，32（1）：155-164.

［3］ 黄勇，谭文勇，徐苗.重庆大学城乡规划专业二年级设计课程教改十年回顾[C]//.2024中国高等学校城乡规划教育年会论文集.北京：中国建筑工业出版社，2024.

［4］ 董贺轩，亢颖，胡亚男.城市空间与建筑整合设计的教学实验与思考——基于华中科技大学城乡规划专业建筑设计课程教改[J].中国建筑教育，2017（1）：45-55.

［5］ 吴瑞，杨乐，何彦刚，等."场所"与"生活"共同牵引的建筑学二年级设计教学[J].建筑学报，2024（3）：20-24.

［6］ 叶林，邓蜀阳，朱捷."规-建-景"跨专业融合与协同——UC4+联合毕业设计12年教学实践[C]//.2024中国高等学校城乡规划教育年会论文集.北京：中国建筑

工业出版社，2024：403-409.

［7］ 纪薇.传统文化的现代转译及教学策略研究——以山东工艺美术学院"传统与现代空间转译"课程为例[J].大众文艺，2025（3）：123-125.

［8］ 熊风光，李文清，朱新杰，等.基于形状语法的城市场景建模[J].计算机工程与设计，2025（3）：673-681.

［9］ 朱晗希，高可隽，陈小雨，等.叙事工坊：交互式叙事场景的自动生成[J].计算机学报，2025，46（3）：673-681.

［10］郭婉君，王晴川.当生成式AI嵌入短视频：应用场景、效用危机与实践路径[J/OL].计算机学报，1-2[2025-06-20]. http://kns.cnki.net/kcms/detail/11.1826.tp.20250319.1751.018.html.

［11］李艳，朱雨萌，孙丹，等.典型科研场景下生成式人工智能使用的差异性分析——学科背景与人工智能素养的影响[J].现代远程教育研究，2025，37（2）：92-101.

［12］张艳丽，杨颉.ChatGPT在高等教育应用中的"科林格里奇困境"及其对知识生产与人才培养的影响[J].上海交通大学学报（哲学社会科学版），2024（10）：99-109.

Case Translation and Scene Generation: Teaching Challenge and Thinking of the Design Course for the Second-Year of the Urban and Rural Planning

Quan Yaling

Abstract：Teaching of the design course for the basic stage of the urban and rural planning are facing the overlapping challenges of thinking transformation and skill transformation. This paper takes the design course for the second-year as an example and proposes several thoughts on how to address the challenges. First，three types are summarized by reviewing the recent teaching reform of design course，the professional differences of design course teaching in the basic stage are reconsidered again. Secondly，considering the teaching methods for design course，the case translation method is embedded into the design course teaching process to help students to construct more effective design thinking. Thirdly，scene generation is predetermined as the design goal to strengthen design thinking to actively adapt to future "human-machine collaboration" design scenarios. This paper proposes to strengthen the cultivation of students' design creativity and innovation capabilities to meet the changing demands of design talents in the new era.

Keywords：Teaching of Design Course，Case Translation，Scene Generation，"Human-Machine Collaboration"

理论教学

2025 Annual Conference on Education of Urban and Rural Planning in China

HAI 时代规划教育综合思维力培养的创新探索
——支架式教学理论的实践应用

李凌月　张　泽　张　皓

摘　要：HAI 时代的规划设计与工程技术对人力产生升维需求，工程人才面对未知和复杂问题的思维表现及其所具备的人文、制度和分析能力日益重要。如何在规划设计与工程教学体系中提升学生的制度人文思维以及政策反思力成为 HAI 时代规划政策与理论教学的重要议题。本文以"城市政策与规划"课程为例，在分析同类课程教学需求与现状发展基础上，介绍了"搭脚手架—进入情景—独立探索—合作学习"的支架式教学创新探索及其成效，揭示了如何通过教学创新促进"以教为主"向"以学生为中心、以能力培养为目标"的转变，培养兼具规划工程学背景和政策素养的复合型人才。

关键词：支架式教学；规划政策；理论课程；形成性评价

1　引言

　　党的二十大报告强调要深入实施人才强国战略，并就此进行了全局性、系统性部署。人才强国是落实科教兴国战略的重大举措，而高等教育则为国家培养并输送高素质人才提供坚实基础。课程教学是人才培养的核心环节，亦是落实"以学生为中心"理念的"最后一公里"[1]。高等教育以人才培养为本，其中，本科教育是根。可以说，没有高质量的本科教育，就没有高等教育的高质量发展。

　　当今科技迅猛发展，Human-AI Interaction（HAI）不仅深刻改变着人类与智能技术的关系，也对工程人才提出升维要求。当新一轮科技与产业变革悄然而至，当 AI 能够胜任越来越多的技术工作，促进规划工程教育与人文社科思维的深度结合与交叉融通，培养 HAI 时代具备综合思维能力的高素质规划设计人才变得日益重要。规划政策与理论类课程是高等学校城乡规划专业的基础课程，传统授课偏重知识讲授，对学生思维能力的锻炼和培养相对薄弱。事实上，类似课程在各同类知名院校均有开设：如麻省理工学院城市研究与规划系的环境政策与规划课程，伦敦政治经济学院区域与城市规划研究学位的城市政策与规划课程，哈佛大学设计学院规划

与设计系的城市规划与公共政策课程等，均不同程度强调思维能力训练。本文以同济大学开设的"城市政策与规划"（Urban Policy and Planning）课程为例，在分析 HAI 时代规划政策理论教学重难点基础上，对课程引入支架式教学（Scaffolding Instruction）方法培养学生综合思维和管理能力的创新探索和成效进行阐述，以期为规划政策类课程发展提供借鉴参考[2]。

2　HAI 时代规划政策理论教学的重难点

　　现代工程教育鼓励学生在面对复杂城市问题时，在借助工程技术手段的基础上，多维度考虑政策、社会和经济因素，叠加世界范围的城市重构与网络链接，城市政策的"全球在地化"（Glocalization）成为规划教学的重要议题，亦深度契合新文科建设文工交叉的核心主张。"全球在地化"旨在以"全球化的思考，地方化的行动（Think Globally, Act Locally）"作为城市政策与规划的教学理念与框架，关注思辨思维与政策实践的结合，包含链接国际政策流动及服务国家和地方需求两

李凌月：同济大学建筑与城市规划学院副教授
张　泽：同济大学建筑与城市规划学院助理教授
张　皓：同济大学建筑与城市规划学院助理教授

个扇面。进入21世纪，叠加大数据和人工智能的快速发展，传统规划设计与工程工作正在技术加持下变得越来越高效，HAI的到来更加速了各类工程院校的教育转型。以麻省理工为代表的工科院校认为，未来产业界将更加注重工程人才的思维表现，并指出人文、制度和分析性思维是工程实践中面对未知和复杂问题时应具备的思维能力。进一步，由于传统规划政策理论多根植于欧美背景，与本土实践的融合探讨一直是学科重点关注议题。然而，在现阶段的专业教学中，往往面临着学生政策人文思维弱、理论结合实践难、国际本土互动难、社会责任意识弱等现实问题。在此背景下，文章提出规划政策及理论类课程设计与教学改革的关键问题在于如何提升学生的综合思维与思辨能力，培养具有国际理论视野并能有效应对地方规划实践的人才，切实回应培养具有"国际—本土、理论—实践"四维双向能力专业人才的重要需求（图1）。

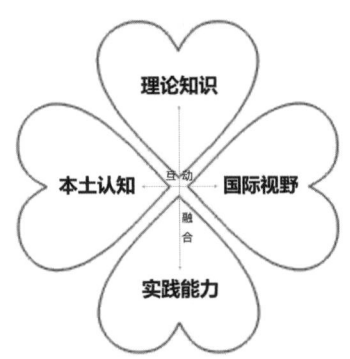

图1 "国际—本土、理论—实践"
四维双向能力提升需求
资料来源：作者自绘

3 以综合思维力培养为导向的支架式教学实践

针对上述需求和问题，课程基于支架式教学理论，积极探索教学模式创新，近年来取得较好的教学成效。支架式教学以维果斯基"最近发展区理论"为基础，强调在知识建构中，根据学生既有认知，搭建教学支架，进而帮助学生跨越其认知水平与潜在发展水平之间的鸿沟，最终实现自主学习能力的提升。最近发展区理论认为，学生认知存在实际发展水平，即独立解决问题的能力和潜在发展水平，即在指导下的发展潜能两个层级，

层级间的过渡区域即为最近发展区。支架式教学中，教师根据学习者认知发展需求，运用提问示范、情境创设、思维导图等多种教学策略搭建临时性支持架构，引导学生完成认知水平跨越。这一过程涉及师生角色重构，即教师从知识传授转向支架搭建，成为认知引导者，学生则在支架辅助下开展探究式学习，成为主动建构者，实现从教师主导到自主学习的过渡。该教学模式通过搭建"可调节支持系统"，发挥学习者能动性，已成为现代建构主义教育的代表性实践范式[3, 4]。

为更好提升学生的思维双向能力，课程设计了"讲座＋项目"双模块教学，为更好实施支架教学、充实"全球在地化"内容提供支持。讲座模块以"理论＋政策双驱动"模式，深入浅出进行理论讲解、政策解读、跨国比较、情景演绎，深化学生对相关内容的理解。项目模块以"实践驱动"模式，基于对地方政策进行跟踪、调研并开展案例分析，通过小组协作、正式汇报，培养学生团队合作、交流及表达能力。在双模块教学中，构建全过程形成性评价路径[5]，并融入支架式教学四步骤，即搭脚手架、进入情景、独立探索和协作学习（图2），帮助学生更新规划政策理论认知。

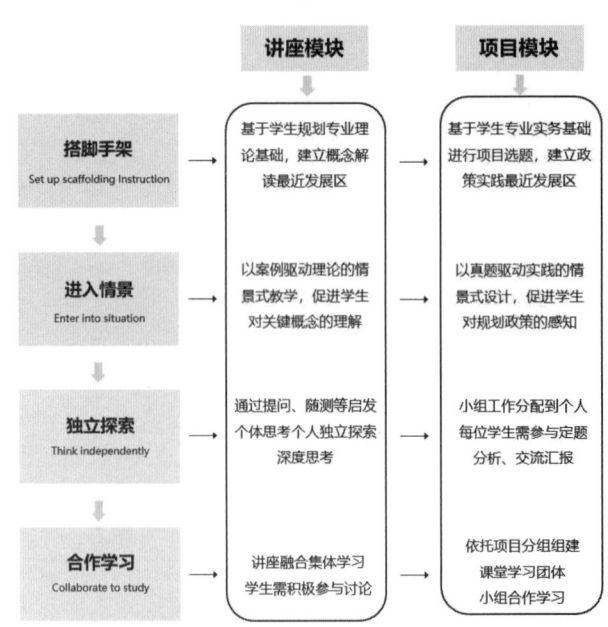

图2 "城市政策与规划"课程支架式教学框架
资料来源：作者自绘

3.1 搭脚手架

搭脚手架致力于建立学生与课程教学内容的最近发展区，帮助其建立理论学习框架。学生现有知识是支持其构建新知识框架的基础，尤其理论知识储备，对新知识的学习效果具有重要影响。因此，在讲座模块，课程基于学生专业理论基础，将讲座中涉及的主要理论概念与既有城市理论体系嫁接，帮助学生建立对所学知识在城市理论发展脉络和整体架构中位置和作用的理解，建立其对重要理论概念解读的最近发展区（图3）；同时，根据学生培养层次和专业基础知识，结合AI、COVID等新技术、新事件（新政策）趋势，以图示、词云搭建理论讲座学习的概念支架（图4），引入社会责任探讨。

对以工程和设计实践为导向的专业教学而言，结合实际项目开展学习无疑对知识吸收和应用具有正向促进。在项目模块，课程根据学生培养层次和专业实务知识，结合最新政策焦点、地方发展趋势，进行选题，搭建实践项目任务支架。如在疫情期间，课程结合疫情抗击、防控的现实需求进行项目选题，制定了针对合作抗疫决策分析和咨询的研究任务，要求学生对地方化的疫情防控政策开展分析，形成可供公共政策制定的研究报告，并给出可能建议（图5）。

3.2 进入情景

进入情景致力于设置与理论和政策教学相关的真实情景，促进学生对国际城市理论和政策的在地化理解。在讲座模块，通过情景创设，建立学生对关键概念理解的最近发展区，将经典的城市理论和政策通过案例情景再现的方式进行解读，拓展学生国际视野的同时，亦帮

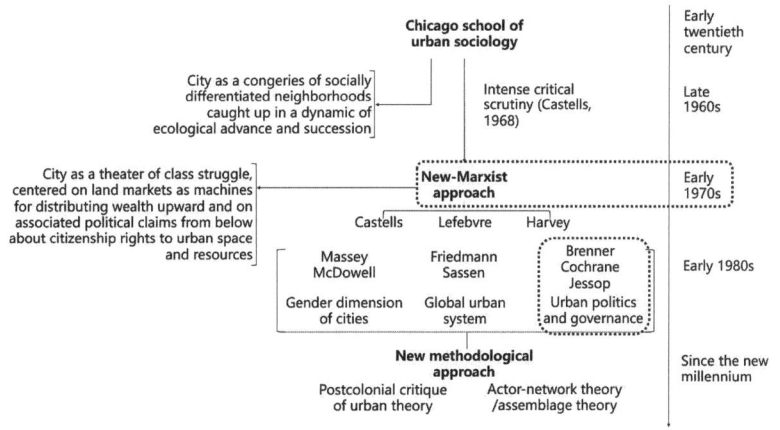

图3　规划理论知识框架学习支架
资料来源：作者自绘

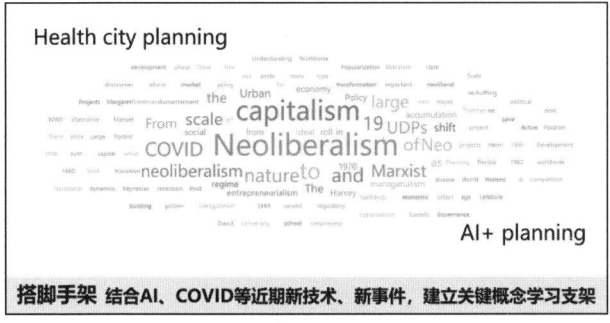

图4　关键概念学习支架
资料来源：作者自绘

图5　结合社会热点搭建政策实践任务支架
资料来源：作者自绘

助其更好理解城市政策转向下较为抽象的理论流变。不仅如此，情景式案例教学可更好融入随堂提问、即时交流等环节，动态观察学生知识吸收情况，提升教学质量。如在讲解资本积累对城市发展影响的内容环节，结合COVID-19事件，创设真实的案例情景，反思以资本积累为导向的增长型规划所带来的影响（图6），学生可更直观地理解相关概念在现实中的应用。

项目模块的情景式教学通过植入地方案例情景，鼓励学生结合课程所学理论进行分析和研究，以阶段性师生讨论深化课业过程中理论与实践的结合，增强其对本土规划的理解和应对未来规划实际挑战的能力。情景植入有助于实地调研的开展和更有针对性的探讨，夯实在地化教学实践。如在疫情期间，课程以城市公共卫生治理为例，设置项目任务贯穿教学全程，鼓励学生反思个人与城市政府的作用（图7）。同时，通过任务分解，从"全班一题"到"一组一题"，真题真做，创设真实、具体任务情景，确保各组任务的连通性与差异性。

3.3 独立探索

作为规划政策与理论类课程，教学中注重学生的独立探索，以培养其独立思考和深度学习能力。在讲座模块，涉及关键概念讲解，通过课堂提问、随堂测验等方式启发个体思考，同时亦帮助老师掌握学生知识吸收情况。如对于人工智能规划应用和政策适宜性的随堂探讨，融入个人反思笔记环节，帮助学生开展独立深度思考。又如针对城市更新士绅化的影响，引入实际案例后，以连环相扣的启发式提问引导学生进入独立探索和思考情景，在学生给出反馈或回答后，进行跟进提问和检测，辅助其对问题的深度探索（图8）。在项目模块，独立探索一般与合作学习穿插进行。教师于任务发布期对各组任务分工和个人工作提出建议，确保小组工作分配到个人，同时要求每位学生必须参与定题分析、交流汇报，亦鼓励学生根据各自背景发挥所长参与项目，鼓励个人反思项目任务对所学理论的体现并思考其关联和差异，确保个人在小组任务的参与度和一定的独立探索空间。如在上海城市创新发展政策跟踪任务中（图9），

图6 结合施策重点创设政策解读情景
资料来源：作者自绘

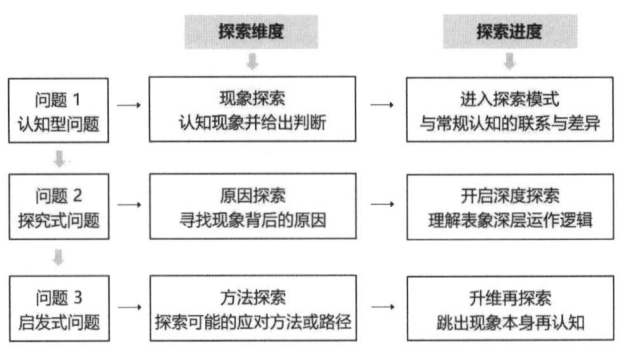

图8 课堂教学中促进学生独立探索路径
资料来源：作者自绘

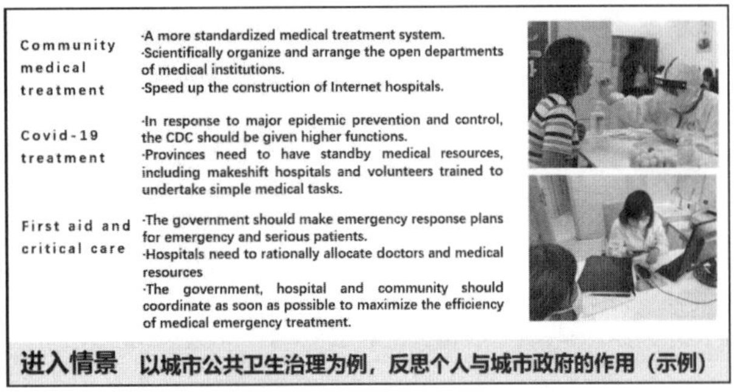

图7 结合施策重点创设政策任务情景
资料来源：作者自绘

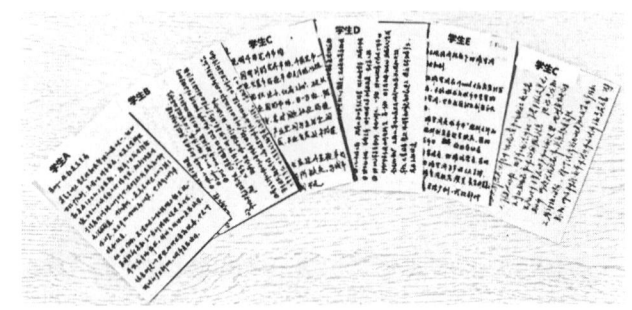

图9 课程深度学习反思笔记
资料来源：作者自绘

划分国内组和国际组，并在任务启动期确立差异化的目标对象，国内组聚焦嘉定、青浦、南汇、奉贤、松江，国际组聚焦旧金山硅谷、东京湾、特拉维夫、伦敦硅环和波士顿128公里，各组围绕具体任务建立分层的汇报框架，将工作分配到个人。

3.4 合作学习

合作学习强调学生之间合作性的人际互动，是通过相互沟通和协作，促进学生主体性及社会化发展的过程。作为理论与实践相结合的课程，合作学习贯穿教学始终。在课程初始阶段，依托项目分组，建立课堂合作学习小组，并安排各组成员在每次课程中相近就座，便于成员互动。在讲座模块，紧随关键概念讲解，安排课堂讨论，融合集体学习促进学生对讲座内容的理解，学生需积极参与讨论，并与小组成员交换观点。同时，鼓励学生将讲座内容融合项目任务，以合作学习模式开展随堂任务推进。在项目模块，通过"一组一题"（表1），进行项目分组，组建以项目小组为单位的合作学习团体，并贯穿教学始终。课堂中，在讲座后设置项目讨论环节，各组成员就项目任务拟定具体框架内容开展讨论；课堂外，鼓励项目小组针对选题开展实地调研，在真实情景中协作互助，形成小组成果。如在上海"15分钟社区生活圈"行动方案跟踪项目下，设虹口、静安、黄浦、杨浦四个子区域的子项目，各组可在子区域内选取典型案例，进行实地调研后，形成小组成果，将合作学习从课堂讨论延伸到课外协作。

4 支架式教学成效

采用支架式教学后，授课效果得到显著提升（图10），并逐步摸索出适合全英文授课的小班制教学模式，深度促进学生对城市政策基础理论的理解以及国际与本土的多维互动。此外，基于支架式教学架构，全过程融入形成性评价，动态考察学生知识学习情况，适时调整教学节奏与内容，突出学业评价过程性。支架式教学前，对学生的评价主要基于期末作业，采用支架式教学后，加强对过程的评价，形成性评价占比不低于40%。形成性评价路径建构于思辨与实操双轮驱动的课程结构上，在教学课堂中，通过沉浸式观察、非正式随堂检测、即兴专题研讨、角色模拟、参与式讨论、（非）参与式记录

课程项目小组情景式合作学习设定示意　表1

项目名称	分组情况 （学生参与的"国际＋本土"互动贯穿全程）		合作学习内容 （政策跟踪的"国际＋本土"互动贯穿全程）
疫情下的公卫政策跟踪	韩、德、英、中、意、新、美、日		全球防抗疫政策——中国防疫政策
上海城市创新发展政策跟踪	国内组	国际组	国际创新都市——上海新城创新发展
	嘉定青浦南汇奉贤松江	Silicon Valley	
		Tokyo	
		Tel Aviv-Yafo	
		London	
		Boston 128	
上海疫情公共政策跟踪	老年、基层、中小微企业、医务、志愿者、物流		国际疫情防控经验——上海疫情防控与城市管理
上海城市更新行动方案跟踪	综合区域		更新国际实践——上海城市更新六大行动
	人居环境		
	公共空间		
	历史风貌		
	产业园区		
	商业商务		
上海"15分钟社区生活圈"行动方案跟踪	虹口 Portland		国际典型城市生活圈方案——上海15分钟生活圈方案
	静安 Rotterdam		
	黄埔 Paris		
	杨浦 Melbourne		

资料来源：作者自绘

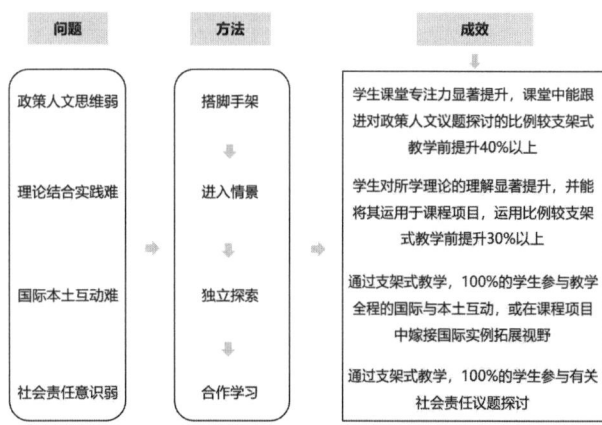

图 10　支架式教学成效示意
资料来源：作者自绘

等方式获悉学生对理论与政策的掌握情况与辨析能力，修正学生对实操任务的理解，持续引导课业目标。选课学生有相当比例进入美国、英国、荷兰、新加坡等境外高校深造。课程教学对学生的影响也拓展至课程外，对规划政策的深入思考与探索在课程结束后仍有延续，多位同学于课业结束后持续参与城市更新、创新城市等研究，发表论文，获得思维能力的持续提升。

5 结论

本文以"城市政策与规划"课程为例，介绍了"搭脚手架—进入情景—独立探索—合作学习"的支架式教学方法，探索了如何通过教学创新促进"以教为主"向"以学生为中心、以能力培养为目标"的转变，培养兼具规划工程学背景和政策素养的复合型人才。学生在课程中通过互动交流、思考探索、反思质询获得新的认知，实现专业知识和综合思维能力的双重提升。这一教学创新探索为工程教育转型和学生政策思维能力的培养提供重要支撑。

参考文献

[1] 吴岩. 建设中国"金课"[J]. 中国大学教学，2018（12）：4-9.

[2] 李凌月. "城市政策与规划"全英文课程建设和教学的探索与思考 [C]//2019 中国高等学校城乡规划教育年会论文集，北京：中国建筑工业出版社，2019.

[3] HOGAN K E, PRESSLEY M E. Scaffolding student learning: Instructional approaches and issues[M]. Cambridge, Massachusett: Brookline Books, 1997.

[4] DAGAR V, YADAV A. Constructivism: A Paradigm for Teaching and Learning[J]. Arts & Social Sciences Journal, 2016. 7（4）: 1-4.

[5] NICOL D J, MACFARLANE-DICK D. Formative assessment and self - regulated learning: a model and seven principles of good feedback practice[J]. Studies in Higher Education, 2006. 31（2）: 199-218.

Innovative Exploration of Cultivating Comprehensive Thinking Ability in Planning Education in the Hai Era——Practical Application of Scaffolding Teaching Theory

Li Lingyue   Zhang Ze   Zhang Hao

Abstract: Under the background of HAI, planning, design and engineering technology have upgraded the demand for manpower. Skills for complex problems, as well as the humanistic, institutional and analytical abilities have become increasingly important. Improving students' critical thinking and understanding towards urban policy has been crucial for planning education the HAI era. Taking the course "Urban Policy and Planning"as an example, this paper introduces the teaching practice of instructional scaffolding through four steps: building supportive learning framework, creating scenes, independent exploration and collaborative learning; and reveals the teaching outcomes and the transition to "student-centered, ability training-oriented" teaching mode.

Keywords: Scaffolding Instruction, Planning Policy, Theoretical Course, Formative Evaluation

城市更新背景下 AI 赋能"规划师业务基础"

荣玥芳　贾梦圆　林浩曦

摘　要： 在城市更新战略纵深推进与人工智能技术爆发式发展的双重背景下，城乡规划学科正经历从技术工具革新到思维范式重构的全方位变革。"规划师业务基础"作为城乡规划专业本科核心课程之一，承担着衔接理论知识与行业实践、塑造职业素养与技术能力的双重使命。本文系统阐述北京建筑大学建筑与城市规划学院城乡规划系围绕该课程开展的立体化改革实践：通过纸质教材的智能化升级与数字教材的动态建构，构建"基础理论—AI 技术—规划实务"三位一体的知识体系；依托学习通平台打造 AI 驱动的混合式教学环境，集成智能资源推送、动态学情分析等功能模块；创新课堂教学模式，并通过各高校之间的学术交流、鼓励学生参与城乡规划学科相关的高水平竞赛等课外储备拓展学生技术视野。研究表明，AI 赋能显著提升了学生对规划理论的系统整合能力、批判性思维以及 AI 工具的实践应用能力，为培养适应"城市更新 + 智能规划"时代需求的复合型人才提供了可推广的教学范式。未来，课程将进一步深化 AI 与城乡规划学科其他课程的教学融合、推进跨学科、跨年级的课程体系建设，探索生成式 AI 在个性化教学中的创新应用，持续引领规划教育的数字化转型。

关键词： 城市更新；人工智能；规划师业务基础；课程改革；数字教材

1　引言

随着我国城镇化进程转向内涵式发展，城市更新成为应对存量空间矛盾、推动可持续发展的关键举措。其涉及物理空间改造升级，还关乎社会治理、文化传承、生态保护及经济转型等多重要求，对城乡规划的科学性、精细化与创新性提出更高要求 [1]。与此同时，人工智能（AI）技术的多场景应用正重塑规划行业技术方式，在地理信息智能分析、生成式设计（AIGC）方案创作、城市运行模拟预测与政策评估等多环节深度介入规划全流程，推动规划行业从传统"手工绘图 + 经验判断"模式向"数据驱动 + 智能决策"模式加速转型 [2]。

在此背景下，"规划师业务基础"作为城乡规划专业本科核心课程，面临新的教学挑战与机遇。该课程开设于本科四年级，旨在整合"城乡规划原理""城市设计概论"等先行课程知识，构建"理论认知—方法训练—实践应用"的完整体系，其教学成效直接影响学生从知识储备到职业能力的转化效率。然而，传统教学中

存在的"理论与技术割裂""实践案例滞后""技术伦理缺位"等问题，已难以适应行业对"懂理论、会技术、能创新"复合型人才的需求 [3]。北京建筑大学城乡规划系依托行业特色与学科优势，以教材建设与数字平台开发为突破口，在课程中系统性融入人工智能技术元素。通过编著"十三五"规划教材《规划师业务基础》夯实理论根基，同步依托学习通平台构建智能化教学环境，形成"纸质教材知识体系化—数字平台功能智能化—教学过程交互动态化"的立体化教学资源架构。教学模式上，创新"线上资源预习 + 线下课堂研讨 + 实践场景应用"的混合式教学路径，聚焦"热点议题思辨、AI 技术实操与职业认知建构"三位一体的课堂革新，构建"理论奠基—技术赋能—价值引领"的闭环教学体系（图 1、图 2）。本文从课程立体化知识体系构建、课堂教学创新两个维度，解析 AI 技术赋能传统规划基础课程的逻辑

荣玥芳：北京建筑大学建筑与城市规划学院教授
贾梦圆：北京建筑大学建筑与城市规划学院副教授
林浩曦：北京建筑大学建筑与城市规划学院讲师

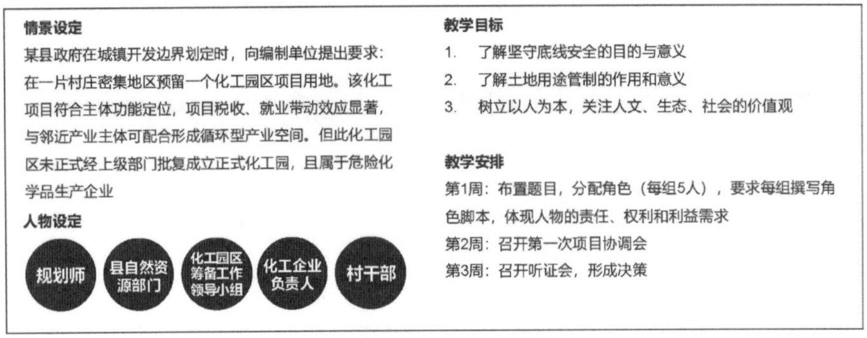

情景设定
某县政府在城镇开发边界划定时，向编制单位提出要求：在一片村庄密集地区预留一个化工园区项目用地。该化工项目符合主体功能定位，项目税收、就业带动效应显著，与邻近产业主体可配合形成循环型产业空间。但此化工园区未正式经上级部门批复成立正式化工园，且属于危险化学品生产企业
人物设定
规划师
县自然资源部门
化工园区筹备工作领导小组
化工企业负责人
村干部
教学目标
1. 了解坚守底线安全的目的与意义
2. 了解土地用途管制的作用和意义
3. 树立以人为本，关注人文、生态、社会的价值观
教学安排
第1周：布置题目，分配角色（每组5人），要求每组撰写角色脚本，体现人物的责任、权利和利益需求
第2周：召开第一次项目协调会
第3周：召开听证会，形成决策

图 1　线下课堂授课讨论案例

资料来源：作者自绘

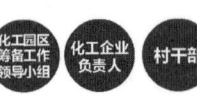

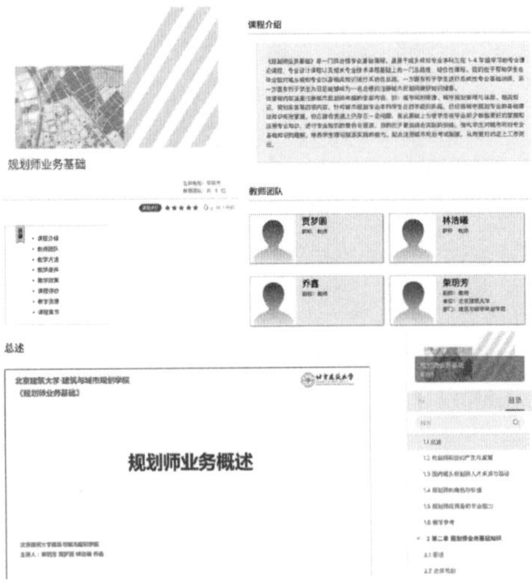
课程介绍
规划师业务基础
教师团队
贾梦圆
林浩曦
乔鑫
荣玥芳
总述
规划师业务概述

图 2　超星学习通平台门户建设

资料来源：超星学习通平台

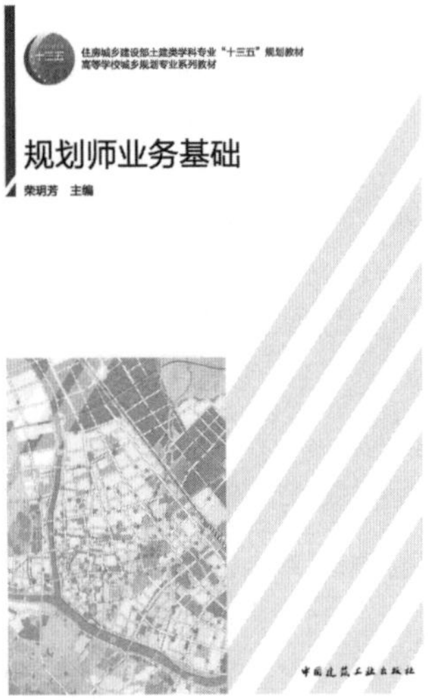
规划师业务基础
荣玥芳　主编

图 3《规划师业务基础》教材

资料来源：《规划师业务基础》

路径，旨在为新时代城乡规划教育的数字化转型提供可复制的改革范式。

2　基于 AI 赋能的立体化教学改革实践

2.1　夯实横纵联系的知识体系

《规划师业务基础》（住房城乡建设部土建类“十三五”规划教材）于 2022 年出版，以注册城乡规划师职业资格考试为导向，形成“理论认知—方法训练—实践应用—法规支撑”的立体化知识体系，覆盖规划全流程教学需求（图 3）。

《规划师业务基础》一书共 8 章，以职业能力培养为主线。第 1 章系统解析规划师职业的历史演进、角色定位与专业能力要求；第 2~3 章分层次阐述总体规划、详细规划、居住区规划、乡村规划等核心业务知识，融合交通工程、自然资源等多学科内容；第 4 章梳理城乡规划法规体系与技术标准，强化法治思维；第 5~8 章聚焦规划编制与管理实践，解析总体规划、控规、保护类专项规划等实操流程，通过北京城市总体规划（2016—2035）、昌平区分区规划（2017—2035）、北京市首都功能核心区控制性详细规划、北京市东城区街区更新规划研究、北京市东城区北新桥街道保护更新综合实施方案以及北京市平谷区镇罗营镇国土空间规划等典型

案例，覆盖宏观战略、中观更新、微观设计尺度。

内容设计突出"理论与实践融合"特色。每章以"总述"构建知识框架，通过"概念解析—方法工具—案例验证"递进式阐述核心内容。例如，"总体规划编制实践"章节详解"双评价"技术方法与"三线划定"流程；"城乡规划管理实践"结合北京市审批案例，解析"一书两证"办理要点。教材配套开发教学课件、案例图集、法规汇编等资源，形成"教材—工具—案例"的立体化教学支持体系，被列为高等学校城乡规划专业系列推荐教材，助力学生构建从理论到实践的完整能力链。

2.2 数字化教材建设驱动教学生态动态演化

2024年启动的《规划师业务基础》数字教材建设项目，以纸质教材的数字化升级为核心目标，聚焦电子教材的内容重构与交互设计，致力于构建"知识可视化—资源集成化—学习场景化"的立体化教学平台，推动传统教材向数字化教学生态的系统性转型。数字教材严格对标纸质版知识体系，通过多维度设计实现数字化跃升：每章开篇嵌入交互式思维导图，以树状结构清晰呈现"总体规划编制实践"等章节的知识脉络，辅助学习者建立层级化认知体系（图4）。数字教材采用"章前导引—节内解构—课后实践"的结构化设计。章前以思维导图和学习目标明确知识方向，节内通过知识点卡片拆解核心内容，课后以典型案例电子文件包和课后练习题等形式引导实操训练。此外，教材建立"年度内容更

新"机制，每年纳入行业前沿案例与法规修订解读，确保教学资源与行业发展同步。

数字教材的立体化建设有效引导了教学生态的动态演化。在学生层面，通过知识可视化架构与沉浸式学习场景，有效提升对规划理论的系统整合能力与实践方法的应用能力，尤其强化跨尺度规划思维与规划知识的实践运用能力；在教学层面，数字教材的建设赋予教师更灵活的知识传授工具，同时为学生提供可自主调控的学习路径，满足个性化学习需求[4]；在教育生态层面，项目成果可复制至全国规划院校及行业机构，促进优质教学资源的均衡分布，同时为城乡规划教育的数字化转型提供可参考的建设范式，推动学科教学从"知识单向传递"向"动态生态建构"的根本性转变，为培养"理论基础扎实、技术应用娴熟、实践视野开阔"的复合型规划人才奠定坚实基础[5]。

2.3 AI技术助力混合式教学模式开发

"规划师业务基础"课程在混合式教学推进过程中，借助超星学习通平台的AI学情分析工具，对学生学习数据进行多维度采集与智能化解读，构建起数据驱动的教学优化机制。AI技术通过整合学生线上任务完成情况、讨论区参与度、知识点测试结果等多元数据，生成动态学情报告，精准揭示学习特点与需求。例如，AI分析显示，在"规划师业务概述"章节的线上预习环节，85%的学生能按时完成知识点测试，70%的学生主动参与

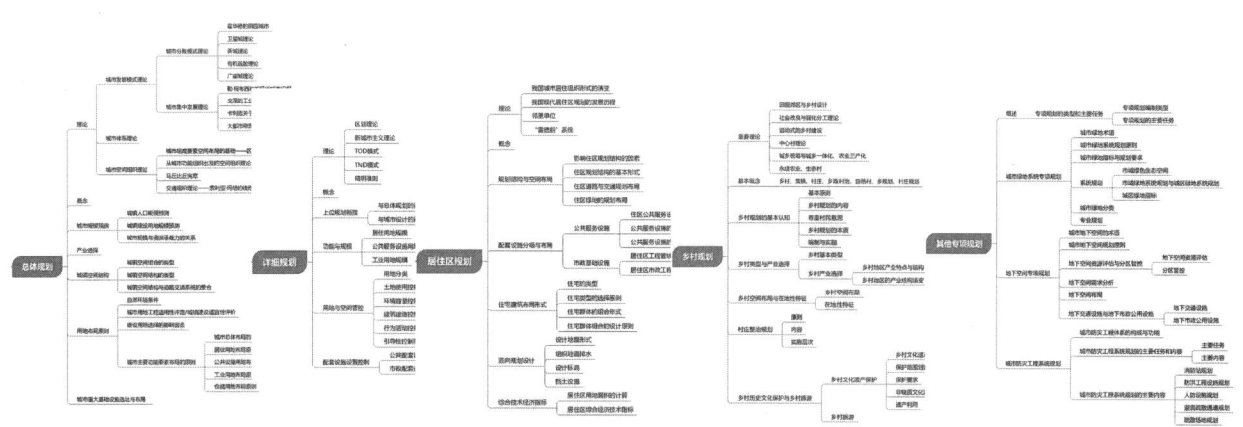

图4 数字教材知识脉络树状图示意
资料来源：作者自绘

讨论区话题，反映出较高的自主学习能动性；而"规划传导机制""控规指标体系制定"等技术性较强的章节，学生平均正确率低于60%，清晰定位出教学难点。

基于AI学情分析的结果，教师得以实施针对性的教学调整（图5）。针对"乡村规划实践"章节线上互动量不足的问题，通过在课堂中增设实地调研案例分享、小组方案推演等环节，有效激发学生参与热情，后续章节的线上讨论活跃度提升40%，作业完成质量显著改善。同时，AI技术对学生整体成绩分布的分析表明，大部分学生学习进度与授课节奏同步，对"城乡规划法规体系"等理论性内容掌握准确率超80%，但在"双评价技术"等应用型知识点上仍需强化实践引导，促使教师在后续教学中增加动态流程图演示、模拟测算任务等实操环节，推动学生对技术方法的理解深度提升。

AI技术的介入，使混合式教学摆脱了传统模式中教学决策依赖经验判断的局限，通过学习数据的实时反馈与智能解析，实现教学资源的精准投放与教学活动的动态适配[6]。从学情洞察到策略调整的闭环机制，不仅提升了"总体规划编制流程"等复杂内容的教学效率，更通过过程性评价的数字化追踪，为每个学生构建起可回溯的学习成长档案，推动形成"数据支撑教学、精准优化成效"的新型教学范式，为混合式教学的深化发展提供了技术赋能的实践样本。

3 课堂教学创新：AI时代的理论课范式重构

3.1 AI议题嵌入传统教学

课堂教学以城市更新中的现实问题为导向，以"宏观战略—中观更新—微观设计"为主线，精选AI技术应用、国土空间规划传导、历史街区保护等前沿议题，通过"案例精读—技术拆解—AI模拟"的深度剖析，强化理论与实践的耦合性，引导学生理解"技术理性与政策弹性的平衡"这一规划本质问题。此类案例教学打破传统理论课的"知识孤岛"状态，使学生在"真实场景—虚拟操作—理论反思"的循环中，构建"从实践中来，到实践中去"的问题解决能力[6]。例如，在"城市设计与城市更新"章节，以北京东城区北新桥街道保护更新项目为载体，通过整合GIS空间分析及相关图像材料呈现更新前后的空间对比，引导学生观察传统风貌保护与现代生活需求的冲突点；继而引入"生成式AI在建筑立

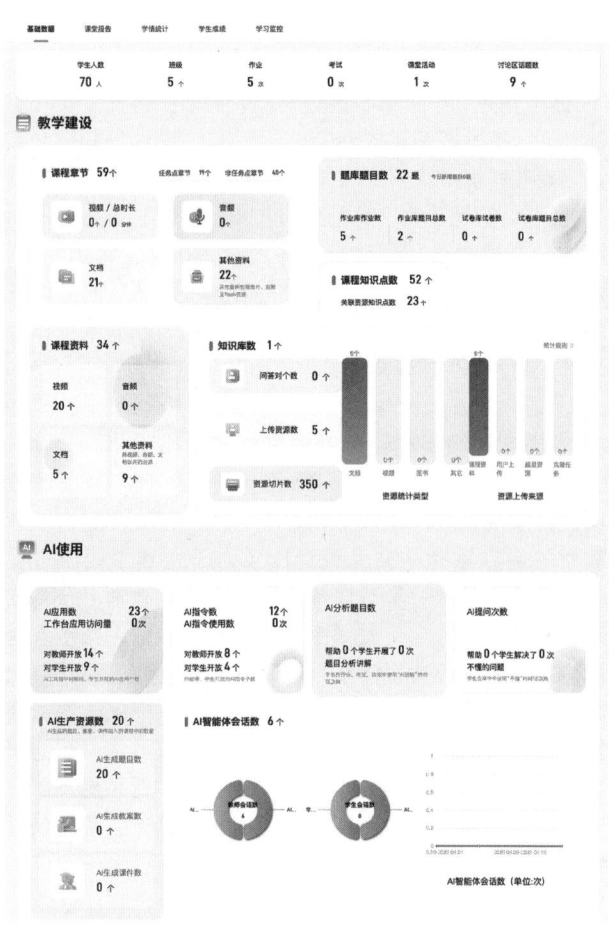

图5 超星学习通平台–AI学情分析示意
资料来源：超星学习通平台

面改造中的风格适配"技术案例，分析AI算法如何学习历史建筑特征并生成改造方案；最后组织"AI设计是否消解城市文化独特性"的辩论，结合《北京历史文化名城保护条例》法规条款，引导学生从技术理性与人文价值双重维度构建规划思维。此类研讨可以强化学生对相关技术方法的理解，培养其在复杂现实中协调多元利益的规划价值观。

3.2 AI驱动的过程性评价革新

课程推行"学生主讲+教师点评+AI辅助"的汇报式教学模式，要求学生围绕规划热点自主选题（如"AI

在乡村规划公众参与中的应用困境""国土空间规划中的 AI 伦理风险"),鼓励学生通过文献研究、数据采集与工具应用形成汇报成果。此类教学场景中,AI 既是学生分析问题的技术工具(如数据预处理、方案生成),也是教师评价的辅助手段,推动学生从"知识消费者"向"知识生产者"转变[7]。

此外,课堂评价突破传统的"考勤 + 考试"模式,构建"AI 学情分析—动态反馈—能力画像"的全过程评估体系。通过学习通平台的 AI 工具,实时采集学生的课堂参与数据、技术工具使用数据、知识掌握数据,生成包含"技术应用能力""批判性思维指数""职业伦理认知"的多维能力画像。例如,系统通过分析某学生在"规划法规"章节的讨论发言,识别其对"公众参与程序合法性"的关注频次较高,判定其在"规划管理伦理"维度表现突出,进而推送城乡规划及其衍生学科的相关拓展资源;而针对"AI 工具使用频率低"的学生,自动触发补学模块。这种评价机制不仅实现"一人一策"的个性化教学,更将 AI 从"教学辅助工具"升维为"能力发展的观测器与引导者"。

3.3 AI 赋能的教学成效与范式价值

AI 赋能的课堂教学显著提升了学生的综合素养。根据 2024 年课程评估数据,学生对"规划理论体系化认知"的自评满意度从 68% 提升至 89%,AI 工具的平均使用率达 76%。在"历史街区数字化保护与更新""城市更新公平性"等开放性议题讨论中,学生能主动展开多维度辩证分析,批判性思维评分较传统教学模式有较大提升。这种思维能力的进阶,体现了学生从"知识记忆"到"理论运用 + 价值判断"的认知跃迁,有助于培养、强化学生的职业修养和价值观。

这种教学范式的创新价值在于:其一,通过 AI 技术与规划热点的深度融合,将抽象理论转化为可感知、可操作的实践议题,破解传统理论课的"枯燥化"困境;其二,以学生汇报与 AI 评价为双引擎,构建"自主学习—技术应用—反思改进"的闭环,激活课堂生命力[8];其三,依托本土案例的系统解析,强化规划教育的地域适应性与行业对接度,为 AI 时代的规划人才培养提供"理论厚实、技术娴熟、价值清晰"的教学范本。未来,课程将进一步探索生成式 AI 在个性化教学中的应用,如

开发"规划方案智能点评系统",推动课堂教学向"精准化、智能化、生态化"持续演进[9]。

4 总结与展望

"规划师业务基础"课程通过 AI 赋能实现教学模式创新,显著提升了学生对规划理论的系统理解与 AI 工具的应用能力。学生反馈表明,AI 元素的融入有效激发了学习兴趣,强化了理论与实践的关联,帮助学生构建起从知识到能力的转化链条。课程的行业影响力持续扩大,纸质教材被全国多所高校选用,数字教材建设获得教学改革项目重点支持,课程团队在专业领域的分享引发了关于规划教育数字化转型的深入探讨。

然而,课程建设仍面临技术迭代、教师能力与学生差异等挑战。首先,AI 技术的快速发展要求教学内容及时更新,需建立动态知识库以吸纳行业前沿;其次,部分教师对 AI 技术的掌握有待深化,需通过系统培训提升跨学科教学能力[9];同时,学生技术基础的差异可能导致学习成效分化,需通过个性化学习路径设计确保教育公平。未来,课程将聚焦 AI 与规划伦理的深度融合,开发模拟系统培养学生的伦理判断能力;推进跨学科课程体系建设,构建"规划理论—数据科学—AI 技术"的一体化教学链;探索生成式 AI 的创新应用,为学生提供全天候个性化学习支持,持续推动规划教育从知识传授向能力建构转型,培养适应城市更新与规划需求的复合型人才,以教育创新助力城乡可持续发展[10]。

总之,AI 技术不仅是规划教育的工具革新,更是思维范式的重塑。"规划师业务基础"课程将继续以行业需求为导向,以技术创新为动力,培养兼具人文关怀与技术洞见的新时代规划人才,为城市更新与城乡可持续发展贡献教育力量。

参考文献

[1] 王勇,姚之浩.基于虚拟教研室建设的城乡规划专业教育转型路径思考[J].高等建筑教育,2025,34(2):33-39.

[2] 吴志强.城市规划教育的数智化焕新[J].城市规划学刊,2025(1):11-17.

[3] 段进,阳建强,陈晓东,等.当前城乡规划本科人才培养方案制定的思考——东南大学的演进与探索[J].城市

规划，2025，49（3）: 52-60.

[4] 李翔，吴志强，甘惟. 人工智能为代表的新教育技术体系对规划教育的影响[J]. 高等工程教育研究，2025（1）: 47-53.

[5] 王世福，李欣建，赵渺希，等. 中国城乡规划学科转型面临的挑战与跨学科重构[J]. 规划师，2024，40（12）: 1-6.

[6] 田莉，杨鑫，张雨迪，等. "专业知识+人工智能" 双驱动的城乡规划设计教育创新探索: 以住区规划为例[J]. 城市规划学刊，2024（5）: 71-78.

[7] 李翔，吴志强. 世界规划教育30年的演变概览——以代表期刊为例1991—2020年的动态分析[J]. 现代城市研究，2024（10）: 45-52.

[8] 马向明，史怀昱，张立鹏，等. "规划师职业发展: 挑战与未来" 学术笔谈[J]. 城市规划学刊，2024（1）: 1-8.

[9] 李翔，吴志强. 国际主流规划教育价值体系的核心目标认同及其启示[J]. 规划师，2024，40（1）: 156-160.

[10] 吴志强，张悦，陈天，等. "面向未来: 规划学科与规划教育创新" 学术笔谈[J]. 城市规划学刊，2022（5）: 1-16.

AI Enabled "Business Fundamentals for Planners" in the Context of Urban Renewal

Rong Yuefang   Jia Mengyuan   Lin Haoxi

Abstract: Against the background of the in-depth promotion of urban renewal strategy and the booming development of artificial intelligence technology, the discipline of urban and rural planning has ushered in an all-round change. As an undergraduate core course, 'Business Fundamentals for Planners' shoulders the dual mission of combining theory and practice, and shaping literacy and ability. The Department of Urban and Rural Planning, School of Architecture and Urban Planning, Beijing Architecture University, has launched a three-dimensional reform of the course: firstly, upgrading the teaching materials and constructing the knowledge system of 'Basic Theory – AI Technology – Planning Practice'; secondly, relying on the Learning Channel platform, creating an AI-driven hybrid teaching environment and integrating intelligent function modules. Secondly, relying on the learning platform, we create an AI-driven hybrid teaching environment and integrate intelligent function modules; thirdly, we innovate the classroom mode, and broaden students' technical horizons by means of academic exchanges in colleges and universities and by encouraging students to participate in high-level competitions. Practice has proved that AI empowerment effectively improves students' ability to integrate planning theories, critical thinking and the application of AI tools, forming a promotable teaching paradigm. In the future, the course will deepen the integration of AI with other courses, promote the construction of interdisciplinary curriculum system, explore the application of generative AI in personalised teaching, and promote the digital transformation of planning education.

Keywords: Artificial Intelligence, Urban Planning, Intercollegiate Joint Graduation Projects, Pedagogical Challenges, Optimization Strategies

从知识体系到人才培养：
AI 赋能城乡规划专业理论课教学转型与实践探索
——以山东建筑大学为例 *

尹宏玲　张志伟　陈　朋

摘　要：人工智能技术正在重塑着城乡规划专业教育新生态。针对传统以"知识传授"为主的城乡规划专业理论课难以适应新时代创新型人才培养需求，本研究从"思路—方法—路径"三个维度，探索 AI 赋能城乡规划专业理论课转型：构建 AI 赋能理论课教学的三维模型，探讨大数据、智能算法和大语言模型交互三大技术支撑体系，提出"AI+系统化教学设计"推动转型路径，并以城市经济学为例开展教学实践应用。

关键词：人工智能；城乡规划专业；理论课；系统化设计

1　引言

　　人工智能（AI）迅猛发展正在深刻影响着社会各个领域，高等教育作为知识传播和创新研究的核心阵地，也面临着前所未有的挑战。一方面，AI 时代，大学生获取知识的途径超越了课堂教学，中国大学 MOOC 等网络学习平台以及 ChatGPT、DeepSeek 等大语言模型提供了多样化在线课程和实时信息资源；另一方面，AI 加速了学科知识更新与跨学科融合，传统课堂教学很难匹配上知识迭代速度。面向 AI 时代，高等教育亟需重塑教育形态，实现知识传播阵地转型。

　　城乡规划专业是一门综合应用性学科，其专业课程体系围绕理论知识和设计实践两大板块设置。这两部分相辅相成，共同赋能城乡规划专业人才培养。但长期以来，城乡规划专业人才培养中存在着"重设计轻理论"问题，学生对理论课程普遍持有"不待见"态度。另外，不同于设计类"小组"授课方式，理论课教学往往采取"大合堂"授课，课堂以教师讲授为主，学生被动接受知识，缺乏主动思考和参与，学生理论知识专业素养和综合研究分析能力不足。面向新时代创新型人才培养需求，城乡规划专业理论课亟需转变教学范式。

2　城乡规划专业理论课痛点及原因

2.1　学生不愿意学

　　当前城乡规划专业学生学习理论课动力不足，多数学生不情愿来上课，课堂上集中表现出"两低"现象：一是前排入座率低，偶尔有个别学生坐在前排，多数情况是教室前两排保持空置；二是学生抬头率较低，大约 1/3 的学生能够保持听课状态，其余学生多是低头看手机。学生对理论课的不待见是多种因素综合作用结果，但主要是源于对现有教学体系和授课方式的不适应。

　　（1）教学内容与实践需求脱节

　　课堂教学内容"无用"是城乡规划专业学生不愿意上理论课的主要理由，而这种"无用"根源在于"双脱节"。一是，与行业实践脱节。课堂内容更新慢，没有及时吸纳新质生产力、碳中和等前沿知识，也未体现国土空间规划转型下对现代化治理、大数据分析等行业新

---
* 基金资助：山东建筑大学优质课程城市经济学（YZK 231308）。

尹宏玲：山东建筑大学建筑城规学院教授
张志伟：山东建筑大学建筑城规学院副教授（通讯作者）
陈　朋：山东建筑大学建筑城规学院教授

技术需求。二是，与设计课需求脱节。理论课中理论、模型和方法可以协助解决设计课前期的分析，但是由于缺乏有效衔接，导致学生在理论课中所学内容无法迁移到设计课中，造成学生感觉所学知识没用，降低了学生理论课动力。

（2）课堂授课缺乏学生互动

理论课教学通常采取"大合堂"形式，学生是课堂旁观者，处于被动听讲状态，对于课堂教学缺乏主动思考和深度参与的机会，导致学生对理论知识掌握浮于表面，专业素养和研究分析能力难以得到有效提升；同时由于难以满足Z世代学生对沉浸式、互动式学习体验的需求，在缺乏有效的课堂评价监督机制下，学生可以自由选择听课或者不听课状态。

2.2 教师不愿意教

与学生不愿意学相呼应的是，教师表现出不愿意上理论课。相比于设计课，每学期理论课教学任务往往处于"两难"境地：一是难安排，老师们不愿意上，管理者往往需要通过非正式沟通方式才能落实理论课教学任务；二是难匹配，有专长且优质的师资教师不愿意上，部分理论课常被迫由非专长教师承担。从教师自我选择逻辑来看，通常首选设计类课程，只有在设计课无法满足工作量，或者没法承担设计课程的老师才会选择理论课教学任务。教师之所以会出现不愿意教主要是源于理论课"投入产出"失衡。

（1）知识更新快，备课压力大

在"大合堂"教学模式下，教师主要是借助PPT等教学课件开展教学，这就需要教师课前预先准备丰富的教学材料。教学课件是在专业培养目标和教学大纲指导下，紧跟学科前沿动态和城市发展实践来设计。因此教师备课压力来自双重挑战：一是学术知识快速迭代，二是教学场景持续变革，尤其是在信息技术、人工智能迅猛发展的今天，城乡规划领域涌现出新知识新议题，迫使教师投入大量时间补充专业知识体系，更新课件内容。另外，城市发展实践日新月异，教师也必须不断追踪现实案例与实践进展，确保课堂教学与实践同步。

（2）教学互动差，上课收效低

学生的默然、评价机制缺失、工作量低，这些导致教师上课陷入"无人认可"感情困境，最终致使教学热情与职业成就感缺失。大班制的教学模式，教师在课堂唱独角戏，学生在课下忙于自己事情。教师精心准备的授课内容得不到应有的回报，长此以往教师逐渐失去上理论课的激情。另外，学校对教师各种考核中，课堂教学效果权重低，教师就不愿意投入更多精力用于教学。再者是理论课工作量性价比低，一门理论课（24~32学时）工作量核算下来大概是32~48学时（按2个班、系数1.5计算），相比于沉重备课压力，这种低回报工作量进一步削弱了教师上理论课的积极性。

3　AI赋能城乡规划专业理论课转型探索

AI迅猛发展为城乡规划专业理论课转型创造了新契机，围绕着"思路—方法—路径"三个维度，探讨AI如何赋能城乡规划专业理论课的转型。

3.1　转型思路：构建AI赋能理论课三维模型

在国家全面推进AI与高等教育深度融合背景下，理论课转型重点围绕着教学目标、内容和方法三大核心要素展开。根据AI对各要素影响程度、范围和层次的差异，构建了AI赋能下"内容改进—方法改革—目标革新"三维模型（图1），为理论课教学实践提供指引。

教学内容维度，AI赋能教学内容动态更新与模块化重组。通过多样化的资源信息平台和大数据处理分析技术，整合前沿研究成果与最新实践案例，实现知识体系实时迭代和精细化重组。这种持续优化的知识更新机制，AI对教学内容的影响呈现出改进式特征。

教学方法维度，AI驱动教学方法融合创新与智能高效。依托智能化的教学工具和算法模型，提升教学效率，推动理论课教学从单向讲授向数据驱动的科学范式转型，实现混合交互和虚实融合的教学模式。基于智能技术的爆发式迭代，AI对教学方法的影响呈现出改革式特征。

教学目标维度，AI推动教学目标从知识传授向能力培养跃迁。通过自主学习、互动参与和探究实践，学生不仅提升了大数据获取分析、智能工具应用等专业技能，更培养了创新思维和价值观判断能力，实现了从理解记忆到创新实践的跨越。这种范式转变具有颠覆性特征，因此AI对教学目标影响呈现出革命特征。

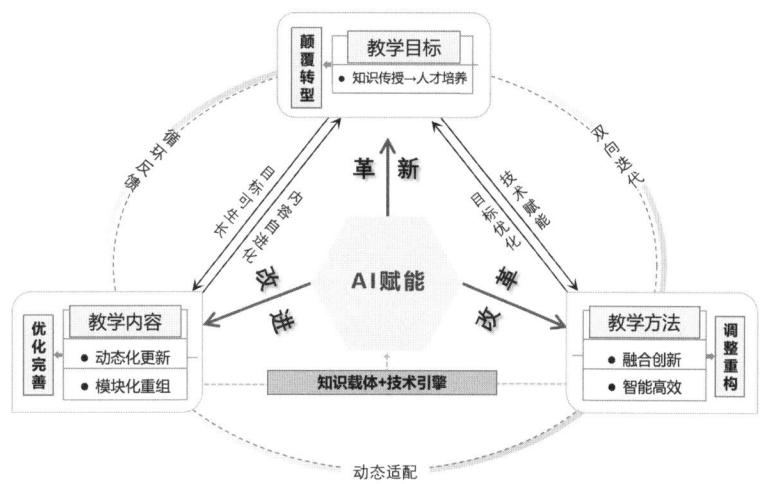

图1 AI 赋能理论课程三维模型
资料来源：作者自绘

3.2 赋能方法：AI 三大技术支撑理论课转型

（1）大数据赋能教学资源

日益丰富的开放数据资源平台拓展了教学资源，为城乡规划理论课转型提供了基础素材。高德、OpenStreetMap 等开源数据平台，可以提供城市人口流动、街道网络、土地利用等多维实时数据，为全面动态认知城市以及开展实证教学提供数据支撑。中国大学MOOC、智慧树、WuPenCity 等在线开放课程平台，汇聚了城乡规划领域优质课程资源，为教师提供了教学参考范式，更为学生提供了实时便捷的网络学习资源。抖音、B 站（城市观察团）等视频平台更为理论课提供了鲜活多元的实践案例素材库。

（2）智能算法赋能高维量化分析

快速发展的智能算法可以有效分析复杂数据及其潜在关联，为城乡规划理论课转型提供技术支持。以机器学习和深度学习为代表的智能算法能够高效处理分析城乡复杂数据、深度发掘其潜在规律和价值关联、提供智能化的规划决策支持等技术，实现城乡规划从模糊经验认知到精细计算范式转变，同时促进了理论课从传统描述性讲授到科学实证研究导向的转型。

（3）大模型赋能教学模式

大模型以其强大的交互能力和知识生成能力推动着城乡规划理论课教学模式的变革。大模型出现，首先改变了教师备课方式。输入结构化提示词，大模型就可以即时生成教案、PPT 以及作业题目等内容；教师也可以融合各大模型的优势特点，进行多模型协同备课，如使用 DeepSeek 生成教学框架，调用豆包丰富案例素材，结合文生图模型（如 Midjourney）生成教学配图，最后根据个人偏好对 AI 生成的初稿进行教学方案的优化完善。借助大模型智能备课，极大提高了备课效率，缓解了教师备课压力。

3.3 实施路径：AI+ 系统设计推动理论课转型

智能化技术融合和系统化教学设计协同推进 AI 赋能下理论课教学转型。

（1）智能化技术深度融合——搭建在线课程体系

AI 赋能下理论课教学转型覆盖教学全要素全流程，其自身复杂性和时代智能化的发展趋势，客观上要求教学平台、资源体系、师生互动与 AI 技术深度嵌入，通过多维融合实现理论课程教学智能化转型升级。

依托多源智能教育大模型平台搭建在线课程体系，为教学资源的共享和师生实时互动提供智能化底座；运用大数据获取与分析技术，形成教学资源与教学内容动态更新；借助智能化算法模型，推动教学方式从传统知识传授到科研实证研究导向的转型；基于大语言模型，重塑教学范式，实现师生实时互动与教学过程智能化调控。

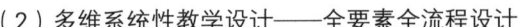

（2）多维系统性教学设计——全要素全流程设计

遵循理论课的教学转型思路，结合城乡规划专业理论课程特点，构建 AI 驱动下理论课程模块化课程系统和全流程教学环节。具体实施路径是借助 AI 技术，通过对课程教学目标、行业发展需求、学生个性化发展和课程知识图谱的多维数据分析，将课程进行模块划分；在此基础上，依据课程知识难易程度和认知层次，将课程知识划分为基础知识、进阶知识和高阶知识，并详细设计各知识层次能力培养、AI 赋能方式以及教学方法（图2）。

基础知识层次以原理性和事实性的知识为主，包括基本原理、概念内涵、发展历程、标准规范相关内容；该层次重点培养学生对知识记忆和理解能力，可以采用智能化在线教学和案例教学方法。教师依托智能平台推送数字化教学资源（包括自制 PPT、微视频、微课程等），学生通过自学形式初步建立知识概念；课堂中，

教师采取案例教学方法，引导学生建立知识图谱，并通过提问、讨论形式对学生知识接受程度进行监测；课后，教师借助智能体自动解析学生提出的基础性问题，并通过大语言模型处理技术从课程知识库中精准提取答案，实现即时答疑技术支持。

进阶知识层次以规律性和机制性的知识为主，主要包括时空特征、影响因素、政策机制等相关内容；该层次重点是培养学生对知识运用和思维能力培养，可以采用案例教学、在线讨论等互动式教学方法。教师备课过程中，需要做好以下几个方面：一是，实时追踪政府、行业、学术等机构平台案例信息，确保授课案例"新"；二是，从开放平台获取研究需要的多源数据，并对数据进行整合以及可视化处理；三是，选择适合的智能算法模型以及开展数据分析和可视化演示的平台软件。课堂讲授城乡规划理论中，引入最新实时案例，并通过可视化演示与分析，提升了学生的数据分析能力和逻辑思维能力。

高阶知识层次以应用性和实训性的知识为主，主要包括创新应用、综合实训等相关内容；该层次重点是培养学生对知识实践应用以及对元知识评判性能力，可以采用项目式教学方法，引导学生开展真实案例的创新实践。采用项目式教学法，教师需要做好引导：一是，项目任务以及标准要求的设计，设计真实有挑战性且贴近当下时事热点和学生生活的任务，这样容易激发学生学习兴趣和主动性；二是，引导学生准确理解任务目标、核心内容和具体要求，且在案例选择、大数据获取、智能算法确定等方面给予示范和指导，同时提供给学生一些专业学习素材、常用网络平台以及 AI 平台资源。

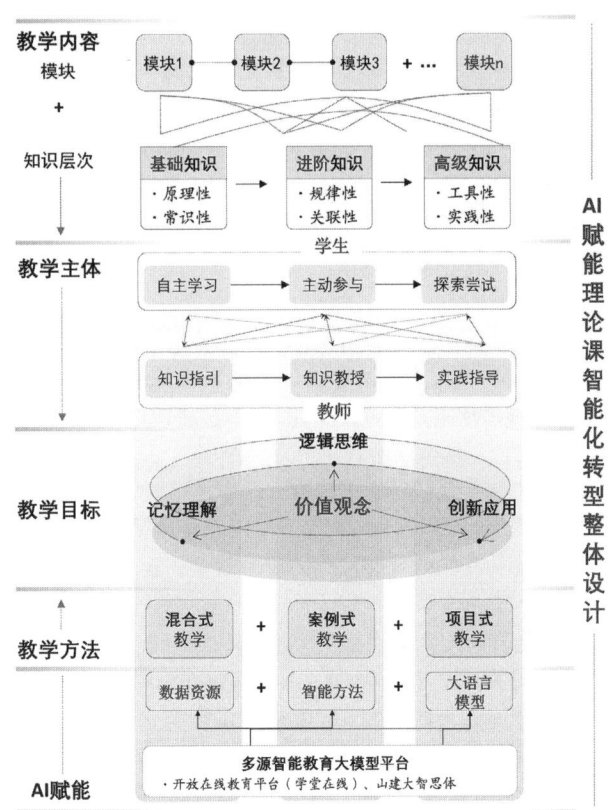

图2 城乡规划专业理论课智化转型框架
资料来源：作者自绘

4 AI 驱动下城市经济学智能化转型实践

"城市经济学"是城乡规划专业核心课程，兼具有理论性和实践性。山东建筑大学城乡规划专业自2000年以来一直开设此课程。顺应新时代高校教学变革和学科人才培养需求，城市经济学教学团队探索了 AI 赋能下城乡规划专业理论课程新模式。

4.1 在线智慧课程"城市经济学"

在智慧树平台创建线上课程"城市经济学"，系统构建了六大功能板块数字化教学体系。

课程目标使学生系统了解城市经济发展理论前沿和

热点问题、熟练掌握智能量化分析方法解决城市发展问题，培养学生创新思维和价值观判断能力；知识体系采用"模块化—知识层次"逻辑架构；教学资源整合了教学课件（1+6教学PPT）、前沿学术文献、经典案例库、常用空间量化分析方法软件、常用数据和行业链接等多元内容；教学互动配套了线上研讨室、实时弹幕答疑、小组协作任务等功能，激发思维碰撞。作业考试设置了经典案例解读与分析、项目式教学任务书；学生管理，实时记录视频观看时长、知识点停留时间等，动态追踪学习进度、关注环节，实现了从"结果评估"到"过程评估"转变。

通过在线课程，学生可随时获取最新数字化的教学资源，并参与在线研讨和作业任务实践。本课程网络资源持续更新，确保知识实时迭代和重组，为AI赋能下城市经济学课程智能化转型提供了优质在线学习平台。

4.2 城市经济学教学系统化设计

（1）设计面向未来行业需求的知识模块体系

基于城乡规划专业人才培养目标和行业发展需求，结合多轮教学实践经验，教学团队统筹考虑城市经济学与其他理论课衔接，以及在设计课程群中支撑和贡献，将城市经济学划分为六大模块35个知识点（表1），并

按照课程式教学理念，将各模块知识层次以及主要内容进行详细设计。

（2）允许学生携带智能电子设备进入课堂

考虑城乡规划专业学生课下很难"有时间"匀给理论课学习，为增强学生课堂参与感与体验感，激发学生学习兴趣，城市经济学课堂教学中允许学生携带手机、电脑、平板等智能电子设备进入课堂，这一举措是"AI赋能教学"重构传统理论课教学模式。通过智能设备，学生可在课堂中：一是，实时查阅学术资源和在线数据库，确保知识获取的时效性与准确性；二是，完成教师设计的实践任务，从数据获取到智能分析的全流程操作中，学生能够获得沉浸式的学习体验感。这种"学练结合"的教学模式不仅强化了知识理解与应用能力，更培养了学生数字素养和问题解决能力，实现从"被动接受"向"主动创造"转变。

4.3 城市经济增长与高质量发展实践

以城市经济学模块二"城市经济增长与高质量发展"为例，探讨该模块各知识层次教学中创新实践。

（1）基础知识层次——建立多维协同视角下高质量发展观

基础知识层强调城市经济增长的基本知识，课程设

城市经济学模块与知识层次划分 表1

序号	模块划分	知识层次		
		基础知识	进阶知识	高阶知识
1	城市经济基础理论	·城市经济学研究对象 ·城市经济学概念内涵 ·城市经济学研究方法	·规模效应形成因素 ·聚集经济形成因素	·城市功能区形成与发展
2	城市经济增长与高质量发展	·经济发展概念内涵 ·经济发展衡量测度	·经济发展动力源泉 ·经济发展典型模式	·城市经济发展变动分析 ·经济发展前沿热点讨论
3	城市产业经济与创新集群	·产业结构概念内涵 ·创新产业集群概念	·主导产业选择与培育 ·不同产业在城市布局 ·创新产业群形成发展	·城市创新产业集群化发展
4	城市土地经济与开发利用	·城市土地经济特性 ·城市竞标地租理论	·城市土地供需关系 ·土地价格形成机制 ·城市土地开发条件	·城市土地要素配置与利用 城市更新项目开发运营
5	城市交通经济与空间适配	·城市交通拥挤概念 ·城市交通拥挤收费	·交通需求出行选择 ·交通供给效率分析	·新兴交通方式与城市空间适配性
6	城市公共经济与空间配置	·城市公共品供给概念 ·城市公共品供给类型	·城市公共品供给模式 ·城市公共品供给匹配	·智慧城市背景下的公共资源配置效率

资料来源：作者自绘

计了基本概念和衡量测度两大知识点。基本概念包括城市经济增长概念、发展概念以及二者之间内在逻辑；衡量测度有单一指标（GDP、人均收入、GDP增速等）和综合测度法（绿色、创新、效率等）。

作为知识阶梯底层根基，城市经济发展基础知识结构清晰，内容也相对容易理解，因此在教学方法上采取自主探究式和互动协作的混合教学模式。在智慧树教学平台上推送了多元教学资源，包括《模块二：城市经济增长与高质量发展》课件、《城市经济学》微课程推送以及B站[Youtube]搬运《全球城市百强排行榜》《中国城市观察X》等微视频。课堂上，通过播放《深圳：如何从小渔村走到国际大都市》等视频，激发学生学习兴趣并初步了解城市经济发展内涵和表征指标；通过讲授帮助学生构建城市经济增长与高质量发展知识框架；同时设计主题研讨，引导学生辩证理解规模扩张与质量提升、增长速度与效益平衡、绿色转型与创新驱动等多维度协同关系，结合着深圳产业创新、雄安绿色建设等典型案例，培养学生形成城市经济发展高质量发展观。

（2）进阶知识层次——掌握城市高维变量智能化分析

进阶知识层次聚焦城市经济发展规律与运行机制，设计了城市经济动力源泉和发展模式两大递进知识点。发展动力源泉涵盖城市发展影响因素以及动力机制；发展模式重点探讨集约型发展，并引入可持续发展、新质生产力、碳中和等前沿理念。

作为城市经济发展深层规律探讨，进阶知识较为复杂，容易导致学生理解混淆，教学中采用案例教学法。案例教学法设计核心在于选取城市的典型性与创新性。选取了杭州、合肥、深圳、成都等高热度城市；影响因素解析青年人才集聚、科技创新动能、新兴文化现象及营商环境优化等现代城市发展的关键驱动因子，通过动态对比分析帮助学生厘清知识。

另外，课堂教师演练城市高维变量智化分析。教师以全国TOP50城市为例，构建经济发展与创新、贸易、消费、投资等关系模型，并在R-studio平台演示基于XGboost模型—引入Shape值城市发展模式及影响因素分析应用流程（图3）。学生课堂中以山东16地市为例，

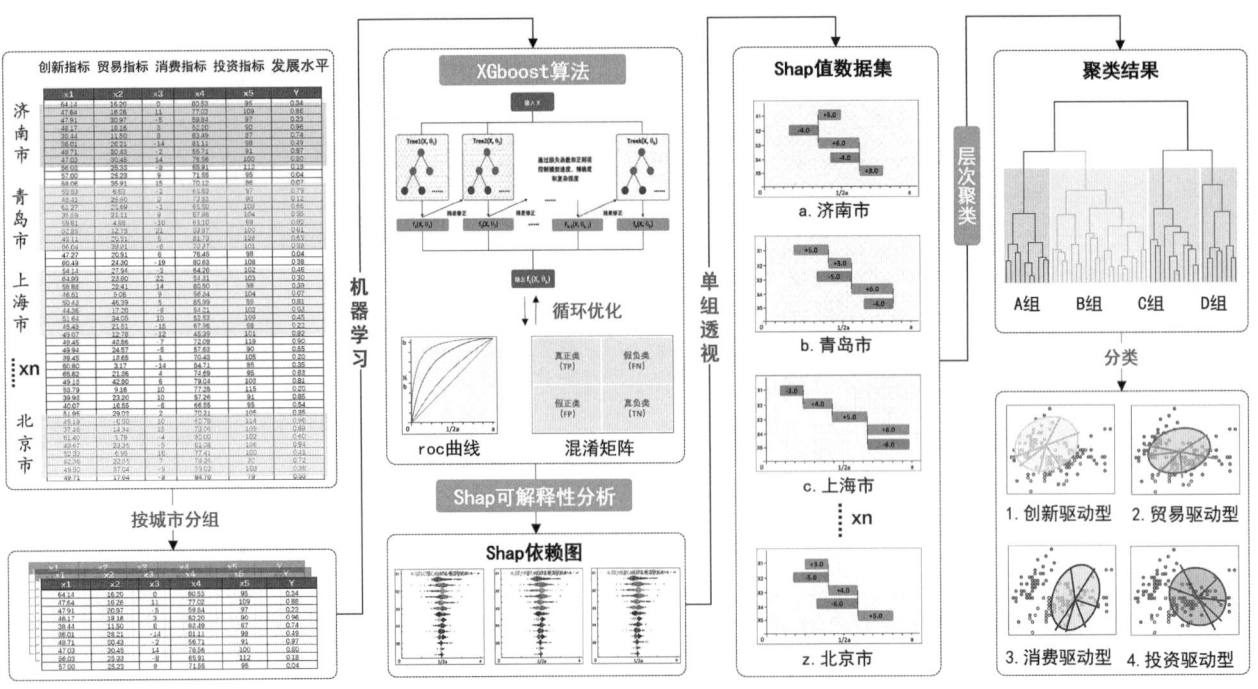

图3 基于机器学习识别城市发展模式的应用流程示意图

资料来源：作者自绘

实际操作从相关数据获取到关系模型和数据集建立到平台中聚类与模式划分。通过课堂中实际操练，学生初步掌握了城市高维变量智能化分析流程，同时也加深了城市发展动力模式等理论知识理解。

（3）高阶知识层次——创新应用典型城市经济发展变动

高阶知识层次重点培养学生对知识创新应用和对元知识评判性能力，采用项目式教学方法。结合多轮教学实践经验，将"城市经济变动"这一实践应用高阶目标作为任务指向，构建了创设情景—提出问题—分析问题—解决问题任务链，最终形成"分析全球典型城市经济发展概况、经济发展变动、影响因素以及应对策略"具体任务内容。针对任务指向内容，教学过程中设定了以下标准要求（图4）。

创设现实城市激发学生，引导全面式理解任务。为激发学生对城市经济变动兴趣，以现实城市为例，借助自媒体视频和数字呈现城市经济变动。在此基础上，引导学生建构起城市经济变动 WWH 逻辑分析图谱，即 What（城市经济发生了什么变动）–Why（为什么会出现这些变动）–How（如何解决变动带来的各种影响）。

从教学实施效果来看，学生认为，在典型城市选择中，通过网络漫游和数据分析全球城市，不仅加深了对全球城市经济发展趋势理解，更有一种"主导世界"满足感，极大激发了进一步探索欲望；在分析研究案例城市中，通过对典型城市"特征问题—影响因素—发展策略"任务链的系统分析，加深了对城市经济变动理论知识的掌握，更主要是学会了如何去分析城市经济发展问题以及未来发展策略。

5 结语

人工智能技术正在重塑着城乡规划专业教育新生态。面向新时代创新型人才培养需求，山东建筑大学城乡规划专业城市经济学教学团队积极探索，试图通过 AI 赋能和系统化课程设计，不仅让学生系统了解城市经济发展理论前沿和热点问题、熟练掌握智能量化分析方法解决城市发展问题，更主要是培养学生创新思维和价值观判断能力，实现城乡规划专业理论课程从知识传授向人才培养跃迁。

参考文献

［1］ 杨维东，张璐 . 以数字化赋能高等教育变革创新 [N]. 人民日报，2024–07–03（09）.

［2］ 桂小林，何钦铭 .AI 赋能的大学计算机通识教育的体系化改革探索 [J]. 中国大学教学，2024（2）：4–11.

教学任务：全球典型城市经济变动分析 → **教学效果**

标准要求	评估体系				课堂汇报
	评估维度	评估要点	评估内容	评估分值	
· 采取小组合作形式，4~5名同学为一组，每组选出一名同学担任组长；	过程评估	团队协作能力	任务分工明确、交流沟通顺畅	10	
		知识学习能力	高效获取数据资料、提炼出关键信息	15	
		逻辑分析能力	逻辑清晰，发现分析问题并寻求解决方法	15	
· 选取2个典型城市，案例城市应涵盖国内外、扩张or收缩城市；	结果评估	汇报环节 内容完整性	涵盖任务关键内容、逻辑组织性强	5	
		制作优美性	汇报文件图文并茂、排版美观	10	
		表达流畅性	语言流畅、表达清晰，小组成员间协作	10	
· 借助数量化模型，开展定性与定量相结合的分析；		研究报告 内容完整性	涵盖任务全部任务，创新性拓展新的内容	10	
		逻辑合理性	技术路线合理、逻辑严密、研究重点突出	10	
· 成果以word和ppt形式提交，要求图文并茂；		方法恰当性	借助AI软件和大数据、选择合理数理方法	5	
		写作规范性	图表清晰、引用规范、格式正确	5	
· 任务为期2周	学生评估	组间评估 汇报效果	汇报文件内容质量、语言和视觉表达	5	
		组内评估 分工参与度	参与任务态度、承担工作量、完成工作质量	5	

图 4　全球典型城市经济变动分析任务教学实践

资料来源：作者自绘

［3］ 都琳，徐爽，徐宗本.师—生—AI 协同课堂：人工智能赋能大学数学教育的载体及实践 [J]. 中国大学教学，2025（4）：59-65，81.

［4］ 史倩云 . 开创 AI 教育新生态，让经典课程焕发蓬勃生机 [J]. 陕西教育（高教），2025（3）：7-8.

［5］ 王孟，严怀成，吕云凯 . 人工智能驱动新工科教育改革的研究和探索——以华东理工大学信息科学与工程学院为例 [J]. 化工高等教育，2024（6）：13-19.

From Knowledge System to Talent Cultivation: AI-Enabled Transformation and Practical Exploration of Theoretical Courses in Urban-Rural Planning
——A Case Study of Shandong Jianzhu University

Yin Hongling   Zhang Zhiwei   Chen Peng

Abstract：Artificial intelligence（AI）technology is reshaping the educational new ecosystem of urban and rural planning. In response to the inadequacy of the traditional theory courses, which primarily focus on "knowledge transmission"struggle to meet the needs of cultivating innovative talents in the new era, this study explores the transformation of AI-empowered theory courses in urban and rural planning from three dimensions："concept-method-path". It constructs a three-dimensional model for AI-empowered teaching, analyzes the three technical support systems of big data, intelligent algorithms, and large language model interaction, proposes a transformation path driven by "AI + systematic teaching design", and conducts teaching practice applications with the course of Urban Economics as a case study.

Keywords：Artificial Intelligence，Urban-Rural Planning，Theory Courses，Systematic Teaching Design.

工具—方法—场景
——AI 赋能视角下城乡规划教育的分层响应 *

段德罡 季文瑞 王 瑾

摘 要：数字技术革命推动下，城乡规划这一传统工科专业面临多技术融合、多领域交叉的转型挑战，传统教育体系与 AI 时代下的专业需求呈现明显断层。研究结合时代特征系统性修订了城乡规划专业不同学历层次的人才培养能力特征，回应 AI 技术凝练了工具、方法、场景三个应用维度，进而以团队多年来本、硕、博教学实践经验为例，提出 AI 赋能视角下城乡规划专业教育改革的分层实施路径，实现教学实践内容与不同人才培养层次的精准适配：①本科教学侧重培养学生对 AI 技能的熟练掌握，强调工具导向下的专业基础夯实；②硕士教学聚焦方法应用，借助工具提高学生对于复杂问题的分析能力与方案设计能力；③博士教学立足未来城乡生产生活场景构想，创新探索学科理论前沿，培育学生学科交叉与原创理论突破能力。通过分层定位、差异递进的人才培养范式，推动理论教学体系的完善与提升，实现人才培养与行业需求的对接，为智能时代多层次人才培养提供与时俱进的教学理念与方法。

关键词：城乡规划；AI 技术；工具—方法—场景；分层响应；科教融汇

1 引言

人工智能正引发新一轮全球的技术革命，推动知识生产与传播范式的结构性变革，其指数级的迭代速度受到了学术界、业界的深切关注。城乡作为人类活动的重要空间载体，主动拥抱、支持并深度应用 AI 技术，充分释放城乡创新潜能，是新时期赋予城乡实现高质量发展、推动中国式现代化的重要战略契机。在此背景下，传统城乡规划专业教学面临工具技能滞后、教学内容和方法滞后[1]、课程体系容量有限、对于未来场景认知及预判能力不足等问题。更深层次地，人工智能对于人类科研思想过程由"辅助"转向"替代"，其在数据处理、模拟预测、知识生成方面的高效能表现，可能导致科研主体的功能价值被覆盖[2]。为此，正确看待 AI 技术在城乡规划教学实践中扮演的角色，系统性探讨 AI 技术在城乡规划本、硕、博多层次人才培养教学中的适配路径，既是对规划行业数字化转型的积极响应，更是破解教育供给侧结构性矛盾、塑造学科竞争力的必要举措。

当前，在城乡规划教育领域，城市大数据、城市信息学等课程的开设为 AI 技术赋能城乡规划提供了支撑，反映了城乡规划教育正逐步向"智能时代学科范式"转型。但课程多集中在数据处理及分析方法的运用上[3]，对于人工智能在城乡规划领域的应用维度缺乏系统性总结，容易陷入极端的"技术主义"。未来已来，以未来人居环境建设部署为引领的城乡规划学科需要与时俱进、开拓创新。为此，文章系统性修订了本、硕、博不同层次的差异化人才培养能力特征，梳理了城乡规划教育回应 AI 技术的三个关键维度，并结合团队多年来的教学实践经验，尝试提出 AI 赋能下城乡规划教学的系统提升策略。

* 项目资助：2023 年校级研究生教育改革研究项目"设计下乡—校地合作支撑高层次乡村建设人才培养模式"（HGG 202402）；西建大校教改项目"基于复合型创新人才培养目标协同技能与思维训练的设计基础 II 教学研究"（JGZ220202）。

段德罡：西安建筑科技大学建筑学院教授
季文瑞：西安建筑科技大学建筑学院博士研究生
王 瑾：西安建筑科技大学建筑学院副教授（通讯作者）

2 技术冲击：人工智能重塑城乡发展的多维变革

人工智能概念最早由麦卡锡提出，作为研究、开发用于模拟、延伸和扩展人的智能的理论、方法、技术及应用系统的技术科学[4]。在数字化与智能化浪潮中，城乡建设正经历着从内在逻辑到外在形态的系统性变革，这场变革以数据要素为驱动力，依托人工智能、数字孪生等技术赋能，促使城乡空间的生产、规划、治理等逐渐突破传统的经验路径。技术的应用不仅改变了城乡建设与发展，更对城乡规划提出了更高要求[5, 6]。城乡规划教育亟需同步推进范式转型，强化前沿工具与理论的学习，培养智能时代下兼具社会关怀的复合型规划人才。

2.1 人工智能对城乡建设发展的影响

（1）城乡生产维度

人工智能重塑着城乡建设的空间生产逻辑，推动空间建造方式和发展样态向高效化、精准化转型。在区域尺度，城市间的功能联系一定程度上超越地理邻近成为主要发展动力[7]。在空间建造方面，AI驱动下的智能建造体系打破传统依赖人工的生产模式，显著压缩建设周期、提升空间标准化建造水平的同时，也对城乡劳动力市场产生结构性冲击，许多重复性、规律性强的工作岗位或将被机器替代，加剧了就业阶层的分化与岗位重构。在空间规划方面，AI技术或将替代专业规划师成为规划设计信息和内容的主导性生产者[2]；依托多源数据的整合分析，精准模拟不同规划方案的实施成效，提升了城乡空间结构、布局的合理性；在既有空间改造方面，通过AI数据采集与三维建模技术能够精准识别城乡低效利用空间，并在AI技术辅助下生成可有效适配功能需求与成本效益的改造方案。

可见，AI技术赋能下的空间生产转型，在提升空间效能、优化资源配置效率的同时，却也可能导致空间陷入"去人本化"的困境，空间作为"社会关系生产场所"的本质属性或将被弱化。

（2）生活场景维度

人工智能正通过技术渗透塑造着城乡居民的生活场景，推动居住、出行、公共服务等领域的系统性变革，塑造着智慧便捷的新型城乡生活场景。AI驱动的智能家居提升了生活的便利性与安全性，居住空间功能有望更加多元复合，线上线下生活服务得到进一步交融；交通空间随着无人驾驶技术的进步也可能在利用方式与效率上得到较大改变[7]；乡村地区依托AI技术构建智能物流网络，有效缩短了农产品的流通周期。在公共服务领域，AI打破了城乡资源要素流动的壁垒，推动了医疗、教育等公共服务供给的均衡化，增强了公共设施的韧性与服务可达性。上述变革不仅是技术赋能生活，更是以技术弥合了城乡差距，最终实现城乡生活"有差异、无差距"的理想状态。

（3）治理决策维度

人工智能通过数据驱动、智能响应和模式创新重塑了传统的治理决策范式，推动了城乡治理从经验判断转向多源数据的融合分析与决策，并借助AI技术形成了"实时监测—快速预警"的响应体系，极大缩短了问题解决的周期。在公众参与方面，AI技术可以打破时空壁垒，提升公众参与效果，进而结合AI算法生成城乡空间优化方案。可见，AI技术在提升城乡治理效能的同时，也在通过技术融合推动城乡治理体系的整体升级，驱动城乡治理决策由依赖个体经验的模糊判断转向基于全量数据的精准响应。

2.2 城乡规划教育面临的挑战

城乡规划的本质是以真实的空间为研究客体，通过解析当下的社会经济发展规律及空间演进趋势，构建面向未来的城乡发展范式，从而引领城乡人居环境的高质量发展。大数据、互联网等先进数智技术的发展，极大拓展了规划学科的领域，丰富和发展了城乡规划的知识理论和技术方法，同时也为规划教育和人才培养注入新的内涵[8]。

应对全新的挑战，城乡规划需要探索有针对性的教育改革，既要守住本体、发扬优势，又要与新时代变革性技术相结合，构建适应未来需求与时代发展的教学模式。引导学生不仅要掌握AI技术本身，更要学会如何将技术应用到学科问题的深度分析和规划方案的制定中。同时，前瞻性课程开设、课程目标制定、教学技术创新及教学体系构建等均面临重大考验。为此，研究明晰了本、硕、博各层次人才能力培养目标，提出城乡规划教育回应AI技术的三个维度，在坚守专业通识教育的同时对不同学历层次的教学思路展开思考与探索（图1）。

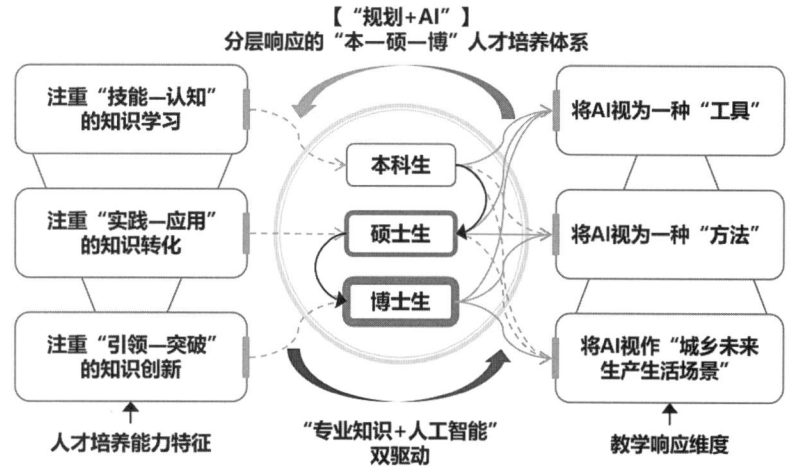

图1　AI技术赋能下的城乡规划教学体系
资料来源：作者自绘

3　不同层次的人才培养能力特征

3.1　本科阶段：注重"技能—认知"的知识学习

基于夯实专业基础的本科教育培养定位，以"技能掌握"和"认知生成"为核心，突出"知识学习"这一基本目标，强调真实场域对知识建构的催化作用，注重培养学生对未来城乡场景的想象能力。一方面，引导学生通过田野调查、空间记录、社群对话等在地实践，亲身感知城乡物质空间形态与社会关系网络，在真实的城乡场域中建立整体性、系统性的认知框架，强化学生发现问题和分析问题的能力；另一方面，引导学生基于认知框架，对未来城乡空间的功能迭代、社会关系等进行前瞻性构想，具备对城乡空间发展的动态预判思维。

3.2　硕士阶段：立足"实践—应用"的知识转化

硕士阶段的人才培养应进一步加强城乡研究与规划行业前沿问题的关联，聚焦"知识转化"能力的培养，为学生提供更多的实践机会和多元化学习平台，强化学生对多元工具的集成运用能力及对专门性问题的系统化解决能力。在培养目标上，硕士生应具备全过程、系统化推动工程实践项目的专业素养，例如针对城市更新和乡村建设，能够独立完成涵盖调查、规划、设计、建设、运维的全周期建设实践，实现从问题识别到解决方案落地的知识应用

与转化。同时，让学生熟练驾驭各类工具的集成使用方法，以解决单一系统或少数系统集合的专门性问题，例如揭示人群在特定空间中的流动规律、解析社区公共服务设施的效能分布等，并进一步形成专业化的解决路径。

3.3　博士阶段：强调"引领—突破"的知识创新

博士群体作为学科创新体系的核心力量，在理论创新和知识传播中占据着重要地位[9]，决定着学科前沿突破的速度和学术生态的活跃度。在博士生培养中，以空间理论创新与未来场景建构为目标，以城乡空间演化的深层机理阐释为根基，塑造其基于空间本质规律深度挖掘的理论创新能力，及其与对未来城乡空间演进的前瞻性预判能力。引导博士生以批判性思维审视经典理论的局限性，在城乡空间形态转型、功能重构、社会关系变迁等现象中，运用"反事实推理""模拟假设"等方法，创新性构建面向未来城乡空间的新理论模型，如弹性空间理论等，形成超越既有理论范式且具有预测力与解释力的新城乡空间理论体系。

4　城乡规划教学回应AI技术的三个维度

4.1　工具赋能——将AI视为一种工具

城乡规划面对各种复杂的社会、经济和文化的协同处理，要实现城乡多要素的科学系统的最优化，理应利

用大数据的技术引领作用，发挥人工智能技术的关键效能 [10]。为此，将 AI 视作一种工具，发挥其在专业学习中的作用。①拓宽视野。建立对前沿技术的基本认知，将其视为延伸认知边界的工具，勇于接受它并创造性掌握。②提升效率。在传统城乡规划学习实践中，数据收集等环节需要花费大量时间和精力，短时间内难以精细化完成规划设计任务。通过机器学习和优化算法等技术可显著提高基础资料的采集精度、整合效率和更新速度，避免重复性工作。③方案验证。在城乡规划方案生成过程中，系统性模拟不同规划方案下的经济效能、社会效应与生态后果，以降低主观经验偏差。如借助强化学习这一工具，通过 AI 模拟"未来社区"方案，提前预判 15 年后人口增长与交通拥堵风险，动态调整地铁站点布局和学校配建规模。

在以开放姿态鼓励学生掌握多元工具的同时，还应警惕学生陷入"工具依赖"陷阱。学生在未真正理解城乡发展机理的情况下，如土地经济逻辑、社会行为规律等，直接套用工具模板获取解决方案，将导致其"知其然但不知其所以然"，为专业学习埋下"技术正确但逻辑失真"的风险。为此，应强调工具的本质是服务于思想表达的，要以对城乡问题的深度理解为根基，避免工具异化为人的思想的"替代者"。

4.2 方法革新——将 AI 视为一种方法

AI 不仅是执行命令的工具，更是一种方法革新，能够辅助学生突破认知局限，拓展解决城乡问题的思路与方法。①重构问题表征方式。将 AI 的技术逻辑、算法思维与问题解决框架嵌入学科研究或实践流程，通过 AI 特有的数据驱动逻辑、动态演化模型和跨尺度分析能力，能够重新定义城乡复杂问题。②多维度信息整合与分析。利用 GIS 和数据分析软件中集成 AI 算法，极大提升数据收集的广度、精度和数据处理的速度。③创新研究方法。学生可以借助 AI 构建城市增长模型，更好预测未来人口增长和城市扩张的趋势，通过机器学习算法解析城乡空间的演进规律，形成更加合理的土地利用安排和设施建设计划，形成更为先进的规划思路和方案。

将 AI 视作一系列研究方法，关键在于学生能够对所要研究的问题的准确认知、界定及把握，只有在深刻洞察研究对象的基础上，AI 才能发挥辅助分析、发现规律和优化决策的作用。然而，当学生依赖"数字黑箱"式的技术方法，极易将城乡复杂机理简化为算法输出的"标准答案"，使本该被清晰阐释的内在机理、形成逻辑等被技术流程所遮蔽，模糊了现象与本质间的因果关系；甚至 AI 存在被人类误导的风险，表现出"不诚实"的状况，捏造大量信息。长此以往，学生将逐渐丧失对城乡问题追根溯源的能力，使规划实践陷入"方法精确但本质失真"的危险境地，背离学科的价值底色。

4.3 场景建构——将 AI 视作未来城乡生产生活场景

随着技术的日益革新，空间的利用方式得到了极大拓展 [11]，深度且全方位地重塑着人类的生产生活。应当敏锐意识到，AI 绝非简单的技术工具或是单纯的研究方法，而是未来系统化生产生活方式迎来的变革。具体来看，在农业领域，AI 的融入将促使传统农业生产转型为高效、精准的智慧农业典范；在城镇工厂车间里，机器人成为生产线上的主力军，极大提升了生产效率和产品质量；在教育领域，农村孩子不再受地域和师资资源的限制，借助虚拟课堂参与城市优质学校的课程学习；在医疗方面，村卫生室与城市大型医院建立紧密联系，解决了现有医疗资源分配不均的难题；休闲娱乐之时，AI 创造的虚拟世界打破了时空的限制，丰富了人们的精神生活。上述因 AI 催生的新型生产生活场景，将对未来城乡空间布局、功能植入等产生影响，如何以现有建成环境为基质，建立适配新型劳动分层的空间机制，这既是规划师的时代拷问，更是空间治理的元命题。

将 AI 视为未来的生产生活场景，这是规划行业必须面对的问题。因此，城乡规划教学应顺应 AI 技术带来的新发展趋势，建立指向"未来"的教学逻辑，引导学生关注人类个体的未来命运，认真研判规划为谁服务的问题；对"何为理想城乡空间"这一本质命题进行重新审视和深度思考，并使其能够建构出适应未来生产生活场景的功能空间。

5 分层响应：AI 赋能视角下城乡规划教学的创新应对

人工智能技术正在重塑城乡运行逻辑和居民生产生活场景，顺应时代发展、面向不同学历层次人才，探索具有前瞻性的教学改革具有重大意义（图 2）。

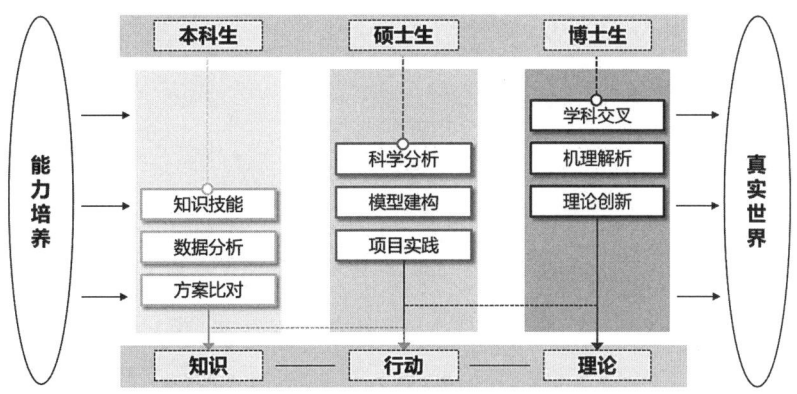

图2　AI赋能的城乡规划本、硕、博人才培养
资料来源：作者自绘

5.1　本科教学：侧重工具导向的能力筑基

西安建筑科技大学城乡规划专业本科修业年限已从五年调整为四年，年限压缩带来教学周期的缩短，使得专业教学在有限的学制学分约束下，将AI定位为专业赋能工具，围绕AI技术"工具效能最大化"开展教学设计，基于大学生群体普遍具有的较强的自学能力，让学生了解人工智能在城乡规划领域的应用，深层价值在于启发学生对AI时代或将产生的影响进行思考，激发其对未来城乡发展的前瞻性想象能力，以及基于未来场景预设下的规划设计能力。

借助AI工具在扩展学生专业认知广度，对真实空间分析深度以及在多方案模拟比对上的优势，可将其应用于本科生专业课程教学中，比如，在西建大本科二年级"规划思维基础"课程中，借助AI工具赋能教学全流程。学生通过AI空间分析工具解析城乡空间数据，构建三维认知模型，快速掌握了空间形态演变规律和功能布局逻辑；借助AI规划模拟平台，完成了问题识别、成因分析、方案生成、效果评估的全流程训练，强化了学生"发现问题—分析问题—解决问题"的专业思维逻辑（图3）。

5.2　硕士教学：侧重方法导向的实践创新

硕士教学不仅应要求其掌握AI技术作为工具使用的底层逻辑，更强调其能够将AI技术转化为适配城乡规划学科范式的研究方法。为此，硕士教学旨在培养学生能够利用新数据、新技术、新方法来研判城乡发展状况，通过量化分析与模型建构，使学生具备系统性解析城乡问题的能力和推动前瞻性规划方案的能力。并强调"价值理性"的引领作用，避免其陷入工具理性的误区。

比如，在西安建筑科技大学硕士一年级"城乡规划理论与方法"课程中，引导学生从政府、资本、民众三个主体视角，就AI技术影响下的人和空间进行特征性场景推演，识别其中的结构性矛盾与潜在风险，并对现有城乡空间与新的生产生活方式进行适配性分析，结合多元技术集成方法探讨城乡空间转型路径（图4）。此外，基于AI工具强大的模型算力和分析能力弥补了学生在实践项目中难以制定权重标准的痛点，强化了问题解决效能，提高了方案制定的精准度（图5）。

5.3　博士教学：侧重场景导向的理论创新

面对AI技术对全人类生产生活带来的影响，博士生教学不能局限于技术掌握与方法创新，而需引导学生触及技术与城乡空间交互的深层逻辑。透过技术表象，引导学生推演AI普及后的空间原型，重构空间概念本身；能够基于城乡巨系统认知框架，揭示多系统复合作用机理；以理论创新为目标，鼓励学生开拓新空间理论体系，推演新的空间模式，提出弹性的空间治理手段。因此，博士生更应成为AI工具的高阶驾驭者、人机共生时代空间形态的塑造者、新文明时代城乡空间理论的建构者。

比如在团队博士生的研究成果中，学生系统梳理了

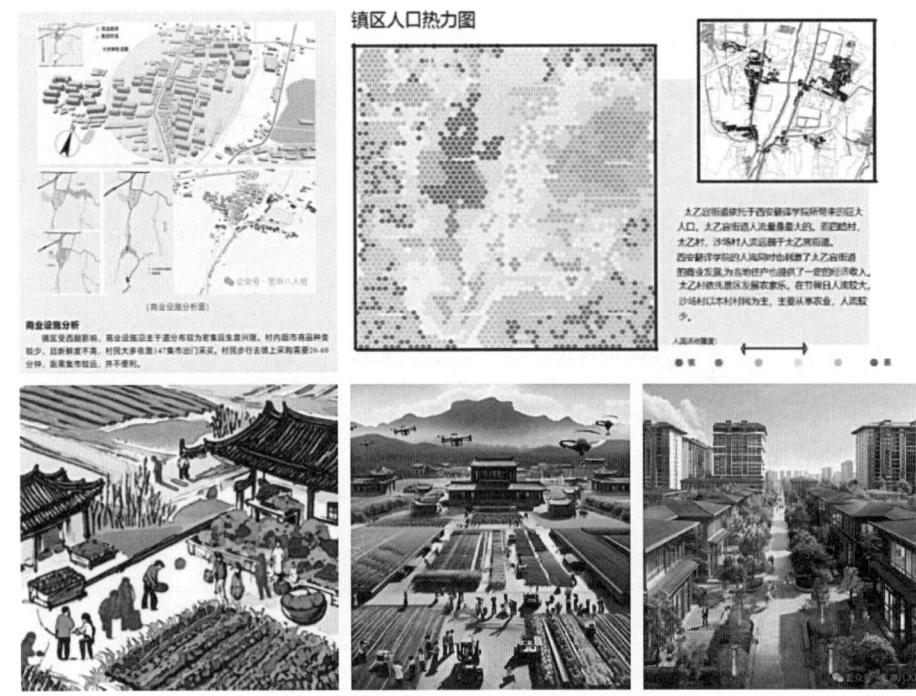

图 3　AI 工具使用后的学生成果（节选）
资料来源："规划思维基础"课程作业（西安建筑科技大学城规 2022 级本科）

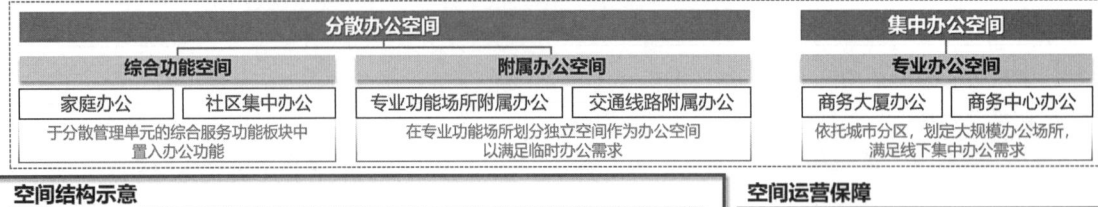

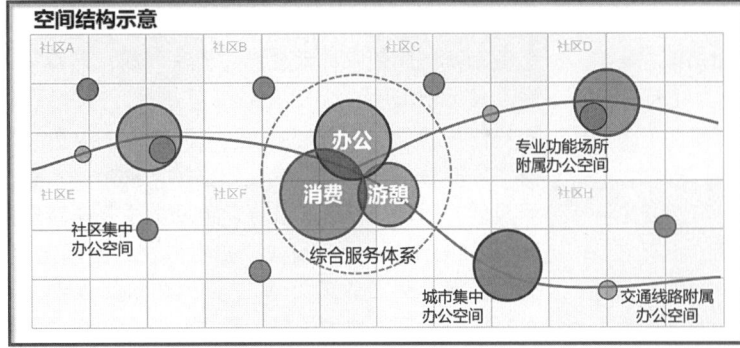

图 4　智能时代未来城市办公空间体系构想
资料来源："城乡规划理论与方法"课程作业（团队硕士生提供）

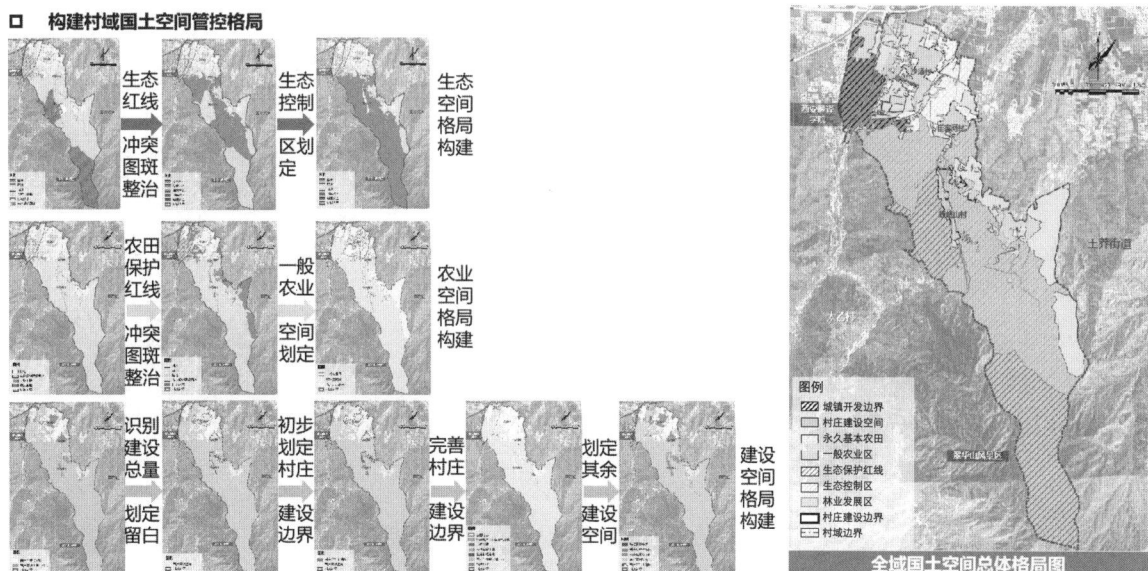

图 5　AI 辅助的地理信息系统（GIS）快速划定分区成果
资料来源：团队项目实践（团队硕士生提供）

技术驱动下的城乡空间演进特征，结合历次工业革命演进下的社会分异，描绘了 AI5.0 时代的劳动力人群类型（图 6），为研判技术驱动的社会重构及依附于人群特征的空间需求奠定了基础。另有学生解析并构建了乌托邦"技术—社会—空间"三元交互模型，透析了技术影响下的微观社会问题和空间困境，并在"技术向善"理念

的指导下，构想了未来城乡空间或将展现的趋势性特征（图 7），指向了当代规划的价值与作为。

6　结语

在数字技术革命与城乡规划学科转型的时代交汇点，文章聚焦智能时代对专业人才培养的新需求，系统

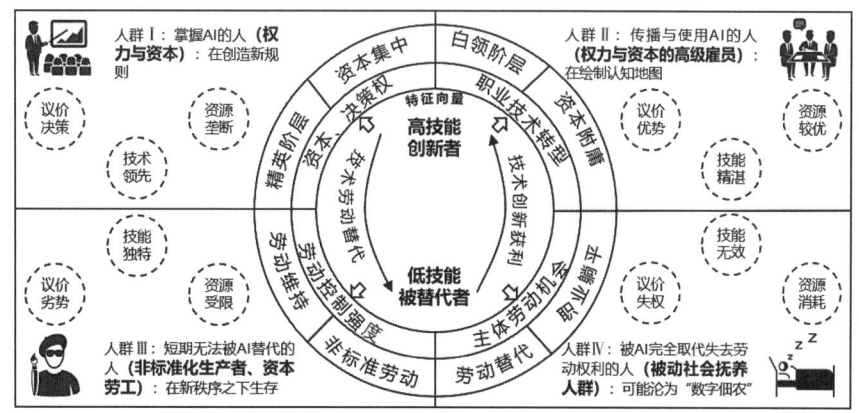

图 6　AI 5.0 时代劳动阶层分异下的四类人群画像
资料来源：团队研究成果（团队博士生提供）

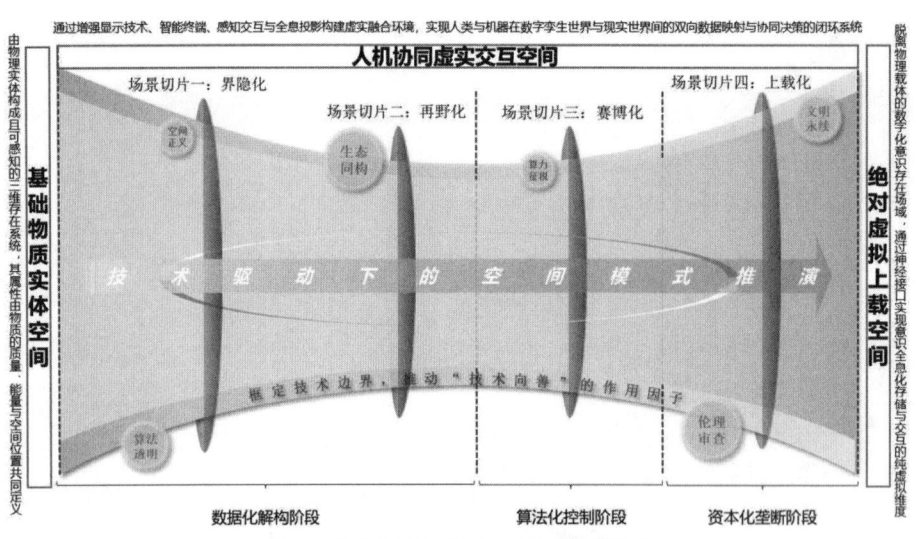

图7　技术向善驱动下的空间模式推演
资料来源：团队研究成果（团队博士生提供）

构建了城乡规划教学的分层培养体系，搭建了智能时代城乡规划教育的改革框架。但仍需警觉AI技术可能带来的伦理和社会问题，确保技术应用对社会公正和文化多样性的尊重；并进一步深化产教融合，在实践场景中检验改革成效，进而围绕技术伦理、跨学科课程体系构建等议题持续探索，推动学科在数字浪潮中的创新发展。

参考文献

[1] 周沿海.人工智能在城乡规划教学中的应用与挑战：教育创新的视角[J].中国多媒体与网络教学学报（上旬刊），2024（10）：188–191.

[2] 朱宗斌，宋逸霏，岳邦瑞，等.AI介入景观规划设计实践知识生产中的三重角色：仆人、对手与伙伴[J/OL].中国园林，1–8[2025–05–05].http://kns.cnki.net/kcms/detail/11.2165.TU20250117.1342.004.html.

[3] 李晓蕾，胡振宇.基于智慧城市理念的城乡规划专业教学改革探索[J].现代城市研究，2024（11）：125–127.

[4] 邹蕾，张先锋.人工智能及其发展应用[J].信息网络安全，2012（2）：11–13.

[5] 甄峰，席广亮，张姗琪，等.智慧城市人地系统理论框架与科学问题[J].自然资源学报，2023，38（9）：2187–2200.

[6] 黄霜雪，潘雁.智慧城市背景下的城乡规划创新路径研究[J].城市建设理论研究（电子版），2025（12）：10–12.

[7] 龙瀛.颠覆性技术驱动下的未来人居——来自新城市科学和未来城市等视角[J].建筑学报，2020（Z1）：34–40.

[8] 段进，石楠，闫凤英，等."规划教育的规划"学术笔谈[J].城市规划学刊，2025（1）：1–10.

[9] 亓钧雷，从保强，宋晓国，等."新工科"背景下基于学科交叉的拔尖人才创新能力培养模式研究[J].机械设计，2023，40（1）：155–160.

[10] 陈军，武昊，刘万增，等.自然资源时空信息的技术内涵与研究方向[J].测绘学报，2022，51（7）：1130–1140.

[11] 刘先春，孙志程.赋能与重塑：数字空间助力乡村振兴的创新机制[J].西北农林科技大学学报（社会科学版），2023，23（3）：1–10.

Tools-Methods-Scenarios——Hierarchical Responses of Urban and Rural Planning Education from the Perspective of AI Empowerment

Duan Degang   Ji Wenrui   Wang Jin

Abstract：Driven by the digital technology revolution，the traditional engineering discipline of urban and rural planning is facing the transformation challenges of multi-technology integration and multi-field intersection. There is a clear gap between the traditional education system and the professional demands in the AI era. The research systematically revised the characteristics of talent cultivation capabilities at different educational levels in the urban and rural planning major in line with the features of The Times. In response to AI technology，it condensed three application dimensions：tools，methods，and scenarios. Then，taking the team's years of teaching experience in undergraduate，master's，and doctoral programs as an example，it proposed a hierarchical implementation path for the educational reform of the urban and rural planning major from the perspective of AI empowerment. Realize the precise matching of teaching practice content with different levels of talent cultivation：① Undergraduate teaching focuses on cultivating students' proficient mastery of AI skills and emphasizes the consolidation of professional foundations under the tool orientation；② Master's teaching focuses on the application of methods，and uses tools to enhance students' ability to analyze complex problems and design solutions. ③ Doctoral teaching is based on the conception of future urban and rural production and life scenarios，innovatively explores the theoretical frontiers of disciplines，and cultivates students' abilities in interdisciplinary integration and original theoretical breakthroughs. Through the talent cultivation model of hierarchical positioning and progressive differences，we promote the improvement and enhancement of the theoretical teaching system，achieve the connection between talent cultivation and industry demands，and provide forward-looking concepts and methods for multi-level talent cultivation in the intelligent era.

Keywords：Urban and Rural Planning，Artificial Intelligence，Tools-Methods-Scenarios，Layered Response，Convergence of Science and Education

国土空间背景下"数据分析方法"课程教学的探讨 *

蒋　文　李和平

摘　要：近年来城乡规划向国土空间规划的转型对高校规划专业教学体系提出了改革要求。其中，"数据分析方法"课程作为支撑国土空间规划各项研究的方法性课程，其教学模式已无法满足规划体系变革下的知识需求。通过梳理当前这一课程的主要问题，本文提出课程的教学应由传授知识拓展为传授学生思路和方法，进而推动授课型教学向研究型教学转型的改革原则。基于这一原则，可从一体化知识框架构建、深化理论讲解及加强与前沿知识及规划实践的结合等教学内容层面进行教学改革；并通过结合多种讲解模式、利用新兴信息技术及提高实践环节学生主观能动性等各类具体措施推动改革施行，以满足转型期城乡规划教学的新要求。

关键词：城乡规划；国土空间规划；数据分析方法；教学改革

1 "数据分析方法"课程概况

　　"数据分析方法"课程为支撑规划研究的方法性课程。通过对城乡规划中可能用到的多种数据分析方法进行讲解并引导学生参与实践应用，培养学生利用定量分析手段研究规划问题并提出对应规划策略的能力。这一课程目前已纳入国内部分建筑规划类院校的教学体系（如同济大学、东南大学、南京大学、重庆大学等）。重庆大学"数据分析方法"课程于 2012 年设立。因本科生培养计划的优化，课程曾多次在第五学期（本科三年级）和第七学期（本科四年级）之间进行调整，目前鉴于开设于第五学期的"社会调查"课程需要相关分析方法支持，因而再次调整到第五学期。课程一共 32 学时，包括对多种不同类型数据分析方法的介绍，如：聚类分析、因子分析、回归模型、离散选择模型、图像分析

等。课程最初设立的目的在于给本科生提供研究方法的通识知识。通过 7 次模型方法的理论课教学，让学生理解并掌握规划研究中的多种分析方法，在此基础上引导学生尝试基础的模型应用实践。目前应用实践环节主要操作方式为：首先让学生利用其家乡的统计年鉴数据，基于自己对数据的分析构建相应概念框架；然后选择一个课程中学过的模型方法，依据概念框架及对应模型方法所需数据类型筛选年鉴数据进行分析；最后将分析结果整合为演示文件（PPT）进行课堂汇报，由多位教师组成的团队进行答辩及评议。

　　城乡规划向国土空间规划的转型对这一课程的教学提出了新要求。随着近年来城乡规划向国土空间规划发展，城乡规划原有框架体系面临重大调整。众多需要分析研究的内容被引入到城乡规划中，如划定三区三线、双评价及资源、交通等专题研究 [1, 2]。这些研究需要各类数据分析方法的支撑，而传统以设计为主导的教学计划已无法满足当前规划转型期的知识需求 [3]。因此，作为奠定专业基础的规划本科教育急需拓展可支持国土空间规划分析研究的相关课程内容及深度，从以设计为主导的传统教学体系向兼顾设计及研究分析的教学体系

　　* 项目资助：本课题由重庆市高等教育教学改革研究项目（203202）"新国土空间规划体系下《城乡总体规划》课程适应性改革研究与实践"；国家自然科学基金青年项目（52008052）"城市老旧住区复杂多元居住满意度测度及改造策略研究"；重庆市留学生创业创新基金项目（CX2020111）"基于多元需求的重庆老旧小区改造策略研究"；中央高校基本科研业务费（2024CDJZCQ-008）"基于居民行为的老旧住区改造机制及策略研究"资助。

蒋　文：重庆大学建筑城规学院副教授（通讯作者）
李和平：重庆大学建筑城规学院教授（通讯作者）

转型。其中,"数据分析方法"课程作为支撑规划研究的方法性课程,其课程内容有助于衔接当前规划转型。掌握这门课的相关知识对提升学生的研究分析能力具有重要作用,将推动学生更好地开展国土空间规划背景下的各类研究。然而,随着城乡规划的转型,国土空间规划需要更系统性、理论性及实践性的研究方法相关知识,但当前大部分高校的"数据分析方法"课程的内容设置及教学模式尚难以满足城乡规划转型期的课程要求。为应对当前规划学科体系的变革及人才培养的新要求,这一课程的教学改革势在必行。

本文将以重庆大学"数据分析方法"课程为例探讨这一课程教学改革的可能方向。相比其他高校,重庆大学这一课程虽然开设较早,但课程设置偏向基础模型介绍,缺乏宏观引导,对转型期城乡规划教育的支持尚不够充分。在城乡规划向国土空间规划转型的背景下,如何优化这一课程设置,帮助学生构建规划研究所需的方法知识体系值得探讨。这一课程的改革有助于推动学生整合各类研究方法,提升学生自主运用多种技术手段开展城乡规划及国土空间规划相关研究的能力,对城乡规划行业的转型发展具有重要教学支撑作用。

2 教学中存在的主要问题

2.1 强调微观细节的讲解难以满足系统性的知识需求

现有"数据分析方法"课程教学主要基于对西方地理学研究采用的数据分析方法的介绍,即将西方地理学中的各类数据分析模型引入,讲授其原理及分析过程。目前教学中将各类模型分开单独进行讲解,类似于将各个分析方法的横断面截出来分别展示给学生。讲授过程较重视模型微观细节类知识的讨论,缺乏对各类分析模型之间关系的阐释,使学生在学到了一堆方法的同时却难以理解使用这些方法的目的和意义是什么,进而难以通过学习自行构建分析方法体系,不利于其未来独立运用各类方法进行自主研究。

城乡规划向国土空间规划的转型要求学生更加系统化地掌握分析方法。国土空间规划中双评价、划定三区三线及各类专题均需要研究分析[4],不同的专题需要采用不同的分析方法[5],因而系统化地掌握不同分析方法之间的关联,了解研究方法应用的思路有助于学生们选用适合的分析方法加以应用,进而有助于应对规划体系

变革带来的各类研究问题。在课堂上对学生的访谈中,也多次有学生提到希望讲授能够更加关注模型间的关联。因此,如何在传授微观知识的同时帮助学生构建宏观知识框架体系,实现思路和方法的传导将是未来课程教学中需要考虑的。

2.2 大量公式讲解难以达到对研究方法理论性的要求

当前城乡规划体系的变革对分析方法的理论性和科学性提出了新要求。国土空间规划中各类研究所需要的分析方法更加多元,且对研究分析的结果要求更加科学理性[6, 7]。然而,不熟悉分析方法的理论背景容易导致错误模型的使用,进而影响分析结果的科学性。

此外,现有教学体系中的数据分析方法大多来自地理学,需要学生有较好的数理及统计基础,而城乡规划专业的学生仅有基础的高数知识,且并未学习统计课程,因而为了让学生能更好地理解这些模型方法,教学中投入大量时间用于分析方法的公式及模型构成的讲解,相应对方法背后的理论原理讲解较少。但目前看来,这一教学方式并不适合城乡规划专业的学生。大量公式的讲解对总体课程偏设计方向的规划系学生而言相对枯燥[8],因而过于重视公式及模型的讲解容易使学生对这门课程失去学习的热情。问卷调查发现,74.07%的学生认为课程中出现的公式较多或非常多(图1)。同时,研究的基础在于理论,理论知识的缺席让学生难以建立稳固的研究基础。而缺乏理论铺垫的公式灌输则可能使学生们在学习中失去方向感,不仅容易导致其陷入公式理解的困局,也容易使其过于关注公式细节而忽视这些分析方法的重点和难点。因而,未来的数据分析方

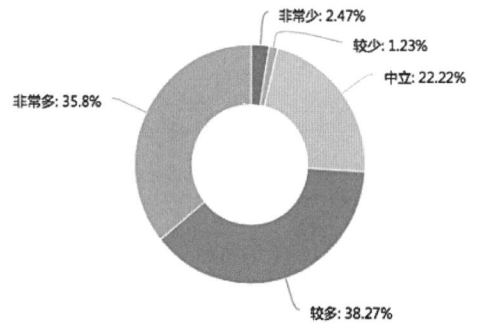

图1 公式出现是否过多这一问题调查结果
资料来源:作者自绘

法课程应更加重视分析方法理论性的传授，而非公式的强行灌输。

2.3 缺乏专业联系难以体现学科的实践性

现有课程内容与规划体系衔接不够，未能体现城乡规划学科的实践性特征。城乡规划向国土空间规划的转型并未改变其作为实践性学科的本质，反而在国土空间规划因"多规合一"变得更加宏观庞杂的背景下，有关其如何实践落地的讨论在规划界愈发激烈[9—11]。然而目前城乡规划数理分析方法课程的教学将公式和模型作为重点，导致学生陷入单纯的方法学习，缺乏方法应用的相关知识，进而难以理解如何将这些方法与规划实践相结合（如各类专题研究等）。当学生在课程学习中意识不到这一课程与规划应用的关联性，也容易对课程学习的目的感到迷茫。同时，在城乡规划向国土空间规划转型的背景下，既有教学内容缺乏将各类数据分析方法与国土空间规划中五级三类的规划体系进行有效对接，也未能将这些分析方法与城市设计等非法定规划进行关联。因而，这些数据分析方法如何与规划实践应用相结合值得教学探索。

3 教学内容的充实与完善

鉴于上述梳理的城乡规划数据分析课程目前面临的三大主要问题，笔者认为城乡规划教育不仅需要传授知识，更应该传授思路和学习方法，通过系统化、理论化及联系实践的知识讲授，逐步激发学生的自主研究精神，实现从授课型向研究型教学模式的转变。学生进而可依据自发构建的知识框架体系，深入挖掘更多元的国土空间规划研究所需的分析方法[12]，以适应当前城乡规划体系变革下的知识需求。因而本文提出可从教学内容

和教学方法两个方面进行这一课程教学改革（图2）。首先，在教学大纲设置层面可考虑将这一课程与其他课程结合授课，即将国土空间规划知识建构所需的多门课程同时排课，授课中形成相关知识点的补充，以便于学生建构系统化国土规划知识体系，同时有助于优化当前以设计为主导的教学模式。其次，在教学内容层面，可从构建宏观知识框架、深化理论讲解及加强与前沿知识及规划实践的结合三个方面进行改革尝试。

3.1 构建宏观知识框架

培养学生建构数据分析方法体系可从课程的宏观知识框架搭建入手。搭建宏观知识框架应跳出当前课程单一模型讲解的局限，而应重视各类方法"前因后果"的阐释，即包括对这一分析方法的提出背景和发展历程进行梳理，阐述方法的内在机制、模型原理等；进而拓展到这一方法与其他方法的区别与联系，以及其在数据分析方法体系中占据的位置等。在对学生的调查中，66.66%的学生也希望能有面向宏观方法体系的介绍（图3）。

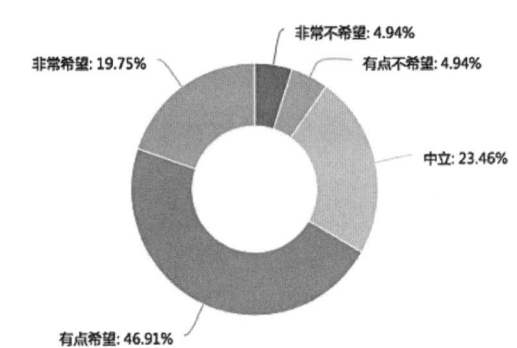

图3 是否希望有宏观方法体系上的介绍这一问题的调查结果
资料来源：作者自绘

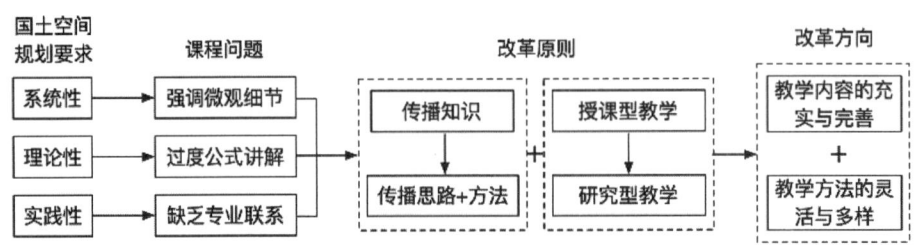

图2 城乡规划数理分析方法课程改革框架
资料来源：作者自绘

在宏观框架搭建的基础上进一步填充并厘清框架中每一部分需要讲授的课程内容，完善课程架构的一体化设计。这一整体性的教学模式有助于整合碎片化的知识，让学生厘清每一个方法的来源及可能的应用以及这一方法与其他方法之间的关系等。从而将学生的视野从单个模型上抽离出来，推动其更宏观地把握多个方法之间的关系，厘清各类方法的重点及难点，进而系统化地掌握国土空间规划体系中相关研究所需的各类分析方法，并最终建立其自身的分析方法框架体系（图4）。

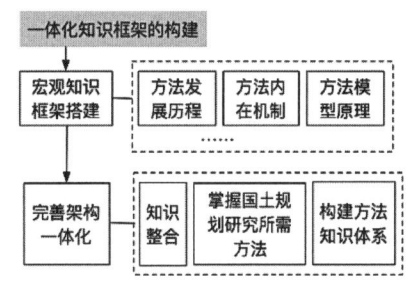

图4　构建一体化知识框架
资料来源：作者自绘

3.2　深化理论讲解

针对目前数据分析方法课程中过于关注公式及模型讲解而忽视理论铺垫这一问题，未来城乡规划数据分析课程需从多个方面加强对理论部分的讲解。首先应将方法依据的理论体系在不同时期的发展演变过程梳理展示给学生；其次应加强阐述理论与模型方法之间的关联，如指出不同发展时期的理论如何影响分析方法的变化。正如问卷调查结果所示，65.43%的学生认为应强化讲解模型方法与其对应理论知识之间的联系（图5）；最后应具体阐述在这一理论框架影响下，各类分析方法的重点及难点。这样系统而深入的理论教学有助于加深学生对方法背后机制的理解，了解各类方法的原理思路，帮助其突破公式模型等方法层面的认知，形成原理到方法的逻辑架构，为学生在城乡规划转型期的研究中选用正确的分析方法，以及进一步应用及拓展研究方法打下理论基础（图6）。

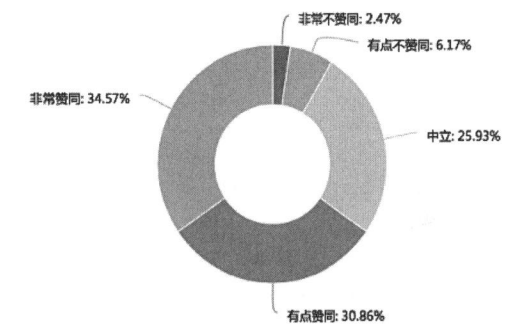

图5　是否应强化方法与其对应理论知识之间联系的讲解这一问题的调查结果
资料来源：作者自绘

3.3　加强与前沿知识及规划实践的结合

鉴于现有教学中不注重与城乡规划的衔接，与规划实践联系不足，未来教学应尝试从理论及模型应用的讲授等多个方面建立与城乡规划的联系，并注意引入行业前沿知识。如在理论方面可提出这一理论与国土空间规划体系中某类规划或相关规划要素的关联；在应用层面，可引入人工智能、大数据分析等前沿分析方法，以辅助国土空间规划中双评价、划定三区三线及各类专题研究工作；可通过讲解规划案例或相关研究以提供这些方法在规划中应用的可能性，在增加与规划专业联系的趣味性的同时引发学生思考；尤其在具体模型的讲解中可增加阐述这些模型如何与国土空间规划五级三类的规

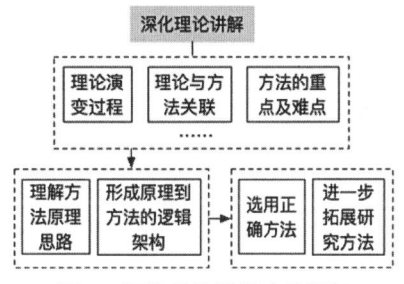

图6　深化理论讲解改革框架
资料来源：作者自绘

划体系相结合。总之，通过多种方式搭建数理分析方法与规划实践的联系，帮助学生形成数据分析方法如何与转型期城乡规划相结合的多种思路（图7）。

4　教学方法的灵活与多样

除了从教学内容方面进行课程优化，教学方法方面也需要采取相应的改革措施，以多途径多方式推动城乡规划数理分析方法课程的改革。

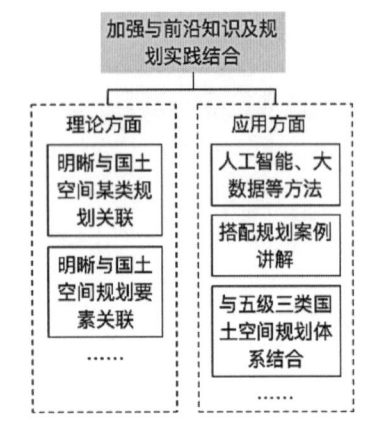

图7 结合前沿知识及规划实践改革框架
资料来源：作者自绘

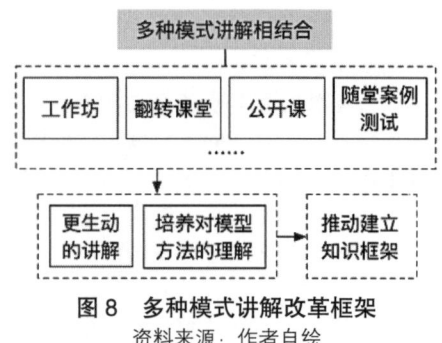

图8 多种模式讲解改革框架
资料来源：作者自绘

4.1 多种模式讲解相结合

一体化知识框架的建构离不开微观数理模型的支持，多种讲解模式结合可从多个角度培养学生学习思路并帮助其更快速地建立知识框架体系，形成思路而非仅知识的传授。鉴于学生认为课程教学中数理模型过多易失去学习热情这一问题及考虑到公式讲解在这一课程中的必要性，课堂讲解可引入更多生动的教学模式。如可通过工作坊的形式进行部分分析方法的讲解。可鼓励学生在课后针对所学的某一类研究方法进行资料搜集，进而在之后的工作坊期间交流这一方法的理论发展、限制及在规划研究中的应用条件等，以加深对各类分析方法的认识[13]；也可通过翻转课堂的形式，让学生自己讲授对所学研究方法的理解，教师则通过现场实时反馈来提升学生对案例中分析方法的掌握程度；也可通过公开课的模式邀请熟悉某一分析方法的研究学者来参与授课[14]，不仅有助于加深学生对这一方法的理解，也可推动其对如何利用这些分析方法开展国土空间规划相关研究进行思考；此外可通过附加随堂案例测试的方式增加学生现场操作这些分析方法的机会，以实操推动学生对抽象的理论及数学模型的理解。如可假定几个国土空间规划相关研究问题，让学生判定合适的研究方法及分析逻辑；最后可考虑增加授课中案例讲解的比例并删减不必要的公式并以降低过多数学公式给学生造成的心理压力。如在理论讲解中加入案例展示、模型原理讲解中加入案例分析等（图8）。

4.2 利用新兴信息技术

除了结合多种讲解模式，思路和方法的传授也可通过引入多样化新兴信息技术等授课手段来实现。如利用当前网络交互的便利性，在课堂上增加与境外学者针对不同分析方法的专题交流。如邀请境外学者讲解其基于某一分析方法开展的相关研究，这一授课手段尤其适用于当前因疫情导致国际化交流受阻的时期；也可结合大数据，采用问卷或访谈等形式搜集学生学习过程中的想法及学习成效，并在多年数据积累的基础上进行大数据分析，以更好地了解学生在规划转型期的学习需求以便有针对性地调整教学重点。

同时可考虑利用网络上海量的信息资源，结合国土空间规划新的知识需求，提升课程的深度和广度。如结合课程选取和线上资源推荐给学生作为课外阅读，而课程中复杂的理论部分可通过拓展课外阅读加深理解；也可结合现有多元的网络授课平台（如 Coursera）[15]，利用在线课程视频通常短小精炼适合基础概念讲解这一特点，将研究方法中的概念铺陈通过线上平台完成，而实际课堂专攻各类方法的重点难点（如深入的理论讲授），有机结合线上线下教学。

此外考虑规划学生对图像的敏感度较高，可利用学生这一兴趣特点引入数据可视化等新的教学媒介[16]，不仅可提升学生的学习热情，也让学生对抽象数据产生更直观的印象，更容易理解数据背后的各项机制。数据可视化既可采用图片表格的形式，也可采用视频，抑或引入新媒体技术（如 AR 或 VR）的演示形式展示国土空间各类属性的动态变化等，其表达方式不限，选取的主要原则为提高学生接受知识的效率及该可视化方法实现的可行性（图9）。

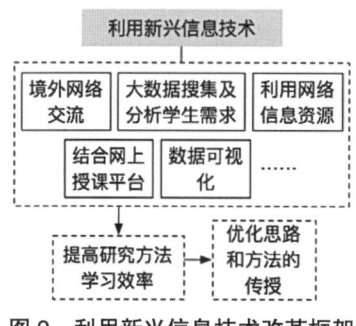

图 9　利用新兴信息技术改革框架
资料来源：作者自绘

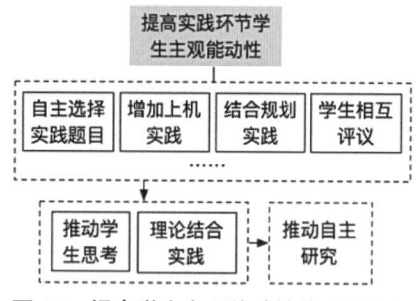

图 10　提高学生主观能动性的改革框架
资料来源：作者自绘

4.3　提高实践环节学生主观能动性

目前的实践应用环节由教师提供题目让学生进行模型方法的选择及应用，这一模式极大限制了学生的主观选择，因而在未来的教学中可鼓励学生自行选择其感兴趣的题目进行实践操作，有效发挥其主观能动性[17]，推动其对国土规划体系构建所需研究方法的思考，理论结合实践。这一模式的改革将有效拓展实践方向的多元化，也有助于提升课堂案例的丰富程度，形成更好的案例对比及充实对理论的案例支撑；同时，可考虑在课程中增加少量上机实践的部分，让学生有更多机会自行探索数据与模型的关系，有助于提升学生在实践操作环节的积极性；另外可将课程模型与规划实践相结合，鼓励学生探索国土空间规划体系中各部分研究可能采用的分析方法，通过实践归纳形成其国土空间规划方法知识框架，有助其未来进一步开展相关研究；此外，课堂答辩部分可鼓励学生间的相互评议，通过讨论交流加深对各类方法的理解，并推动其对同一方法的不同应用进行积极思考（图 10）。

5　实践效果总结

在对这一课程前期调查分析及总结思考的基础上，笔者在新的学年就教学内容和方法开展了相关教学实践。教学内容层面，加强对课程结构的梳理和讲解。在课程中加入模型方法的导图式大纲，加强方法知识点的串联，以一体化知识框架搭建的模式进行模型方法讲解。同时减弱公式讲解在课程中的占比，强化理论讲解的深度。新学年课程结课后对学生的调查发现，45%以上的学生认为通过课程学习，对各类模型的框架体系有了更清晰的认识。在教学方法层面，课前留阅读作业让

通过论文阅读理解上一节课学到的模型应用，并分小组形成 PPT，课上进行汇报讨论，互相评议，以加深对模型的理解。课后形成工作坊交流模型应用。邀请海外学者进行公开课讲解、播放视频、播放数字可视化效果。学生自主选择实践题目不足，国土空间规划未定型，且相关实践不足，难以用于课程教学。AR/VR 受到费用限制用不起，上机还在协调，以后可以尝试。

6　小结

城乡规划向国土空间规划转型的背景下，城乡规划专业数据分析方法课程的改革极为重要。本文系统梳理了目前数据分析方法课程缺乏系统性、理论性及实践性的主要问题；提出城乡规划数据分析课程的教育不应仅是传授知识，更应该传授学生思路和方法，进而推动授课型教学向研究型教学转型的教学改革原则。基于这一原则，本文提出一系列改革措施：首先从教学内容层面通过构建一体化知识框架体系、深化理论讲解及加强与前沿知识及规划实践的结合等方面实现课程内容优化改革，将各类分析方法与国土空间规划体系相结合，形成系统化、理论化及联系规划实践的知识传授；接着从教学方法层面提出可结合多种讲解模式、利用新兴信息技术及提高实践环节中学生主观能动性等具体操作措施，帮助学生构建规划研究所需分析方法知识框架及激发学生的研究探索精神，希望为转型期"数据分析方法"课程的改革提供参考。

参考文献

［1］林坚，吴宇翔，吴佳雨，等.论空间规划体系的构建——

兼析空间规划、国土空间用途管制与自然资源监管的关系 [J]. 城市规划, 2018, 5 (42): 9–17.

［2］ 顾朝林, 曹根榕. 论新时代国土空间规划技术创新 [J]. 北京规划建设, 2019, 4: 64–70.

［3］ 杨俊宴, 高源, 雒建利. 城市设计教学体系中的培养重点与方法研究 [J]. 城市规划, 2011, 35 (8): 55–59.

［4］ 曹根榕, 顾朝林, 张乔扬. 基于POI数据的中心城区"三生空间"识别及格局分析——以上海市中心城区为例 [J]. 城市规划学刊, 2019, 2 (249): 44–53.

［5］ 杨保军, 陈鹏, 董珂, 等. 生态文明背景下的国土空间规划体系构建 [J]. 城市规划学刊, 2019 (4): 16–23.

［6］ 蔡健, 陈巍, 刘维超, 等. 市县及以下层级国土空间规划的编制体系与内容探索 [J]. 规划师, 2020, 15 (36): 32–37.

［7］ 樊杰, 郭锐, 陈东. 基于五个新发展理念对"十三五"空间规划重点取向的探讨 [J]. 城市规划学刊, 2016, 2 (228): 10–17.

［8］ 龙灏, 卢峰, 邓蜀阳, 等. 传承历史 脚踏实地 紧盯前沿 循序渐进 — 重庆大学建筑学专业的教学改革与特色 [J]. 城市建筑, 2015, 6: 68–71.

［9］ 孙安军. 空间规划改革的思考 [J]. 城市规划学刊, 2018, 1 (241): 10–17.

［10］ 赵民. 国土空间规划体系建构的逻辑及运作策略探讨 [J]. 城市规划学刊, 2019, 4 (251): 8–15.

［11］ 武廷海. 国土空间规划体系中的城市规划初论 [J]. 城市规划, 2019, 8 (43): 9–17.

［12］ 卢峰, 黄海静, 龙灏. 开放式教学——建筑学教育模式与方法的转变 [J]. 新建筑, 2017; 3: 44–49.

［13］ 杨辉, 王阳. "旧疾"与"新题": 国土空间规划背景下城乡规划教育探讨 [J]. 规划师, 2020, 36 (7): 16–21.

［14］ 吴唯佳, 冷红, 任云英, 等. 联合教学共促规划学科发展 [J]. 城市规划, 2020, 44 (3): 43–56.

［15］ 徐靖婷. 学生自主学习激励机制构建与教学设计创新探索——以建筑学专业外语课程为例 [J]. 高教学刊, 2019, 16: 39–41.

［16］ 肖彦, 蔡军, 刘涟涟. 工具理性下的城乡规划专题教学模式探索——以滨海城市空间定量分析专题课程为例 [J]. 高等建筑教育, 2019, 28 (6): 57–63.

［17］ 李长凤, 杜文学, 薛志成, 等. 基于大数据需求的荷载与结构设计方法课程教学改革研究 [J]. 高等建筑教育, 2016, 25 (5): 86–89.

Discussion on the Teaching of "Data Analysis Methods" under the Framework of Territorial Spatial Planning

Jiang Wen　　Li Heping

Abstract：In recent years，the transformation from urban and rural planning to territorial spatial planning has put forward reform requirements for urban and rural planning curriculum in universities. Among all the courses，data analysis in urban planning is a methodological course that supports various research on territorial spatial planning. Its current teaching mode can no longer meet the knowledge needs. By sorting out the course's main problems，this article proposes that the teaching of the course should be transferred from imparting knowledge to imparting students' ideas and methods，and then promote the reform principles of the transformation from teaching-based education to research-based teaching. Based on this principle，teaching reform can be carried out at the level of teaching content，such as constructing a comprehensive framework，expanding theoretical explanations，and strengthening the integration with state of the art knowledge and urban design. In practice，adopting a variety of specific measures is required，such as combining multiple teaching modes，using information technology，and improvement of students' participation.

Keywords：Urban and Rural Planning，Territorial Spatial Planning，Data Analysis，Teaching Reform

基于知识图谱的"城市影像与城市文化传播"AI课程建设与实践 *

侯　鑫　陈　天

摘　要： 人工智能（AI）正深刻变革传统教育模式。本文以基于知识图谱驱动的 AI 课程"城市影像与城市文化传播"为例，探索人工智能技术与城市文化传播教育的深度融合路径。研究依托知识图谱技术，整合城市影像、规划教育、展览讲座等多模态资源，构建可视化的课程知识网络。课程实践表明，知识图谱不仅实现了知识点的高效关联与个性化学习路径规划，还通过 AI 技术实现了影像风格量化分析与创作平台搭建研究，解决了传统教学中资源碎片化、技术实践滞后等问题，并为城市文化资源的数字化保护与创新传播开辟新范式。

关键词： 人工智能；城市影像；城市文化；知识图谱

人工智能（AI）技术的快速发展正推动全球高等教育格局变革与重构，促进教学模式、科研范式和管理服务向智能化、个性化和跨学科方向转型。《教育强国建设规划纲要（2024—2035 年）》明确提出"以教育数字化开辟发展新赛道"，并强调通过 AI 技术赋能教育高质量发展。在此背景下，本课程团队承担了天津大学"人工智能赋能课程建设"项目，以本科生选修课"城市影像与城市文化传播"、研究生选修课"城市影像"为内容框架，与智慧树公司合作完成"城市影像"智慧图谱建设，并于 2025 年春季学期正式投入使用，旨在探索以知识图谱为代表的数智化教学发展方向和应用前景，推动城市文化传播的学科创新与教学实践。

1　知识图谱在高等教育教学中的应用研究现状

近年来，知识图谱技术在教育领域的应用逐渐从理论探索转向场景实践，成为推动教育数字化转型的关键工具。以中国知网（CNKI）为数据检索平台，主题设置为"知识图谱 + 教育"，在高等教育领域相关论文的发表数量快速增加，2024 年全年发表 375 篇，截至 2025 年 5 月达到 191 篇，知识图谱在高等教育领域呈全面发展态势（图 1）。

1.1　知识图谱技术体系的发展与优化

知识图谱的构建技术经历了从单一数据源整合到多模态融合的演进。早期研究侧重于基础框架的设计，例如通过结构化数据与半结构化数据的协同抽取构建知识网络，并利用可视化工具优化知识表达。随着教育场景需求的深化，课程知识图谱成为研究焦点，其构建逐步形成标准化流程：通过本体设计定义知识框架，结合实体关系抽取技术实现知识关联，并引入大语言模型提升语义理解的深度。当前研究强调技术路径与教育理论的融合，例如将教学场景逻辑嵌入知识图谱设计，以支撑"教—学—评"一体化的闭环。

1.2　教育场景中知识图谱的创新应用

知识图谱的应用已覆盖课程建设、教学策略优化与资源管理等多领域。在高等教育中，其通过结构化知识网络重构课程体系，例如整合实验项目、教学考核与技术应用模块，或基于学科知识图谱实现个性化学习路径推荐。同时，知识图谱驱动的新型教材建设探索了多模态资源融合与动态更新机制，为"五育融合"目标提供支撑。在基础教育领域，知识图谱助力教学资源整合，例如通过可视化分析揭示专业教学模式的阶段差异。

* 项目资助：教育部人文社会科学研究一般项目，《历史街区"空间共享"模式、机制及导控研究》（项目批准号：23YJA630032）；天津大学 2024 年 AI 赋能；研究生教育课程建设项目。

侯　鑫：天津大学建筑学院副教授（通讯作者）
陈　天：天津大学建筑学院教授

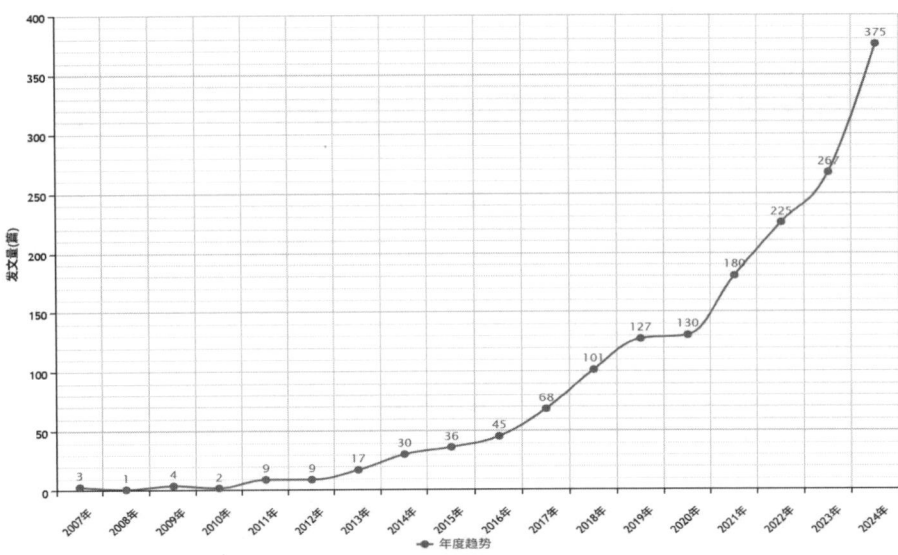

图 1 "知识图谱 + 教育"主题的发文趋势
资料来源：中国知网（CNKI）

此外，新兴领域如新工科课程建设中，知识图谱被用于快速构建适配产业需求的课程资源。值得关注的是，数智化背景下知识图谱被赋予"双循环"变革功能，即通过数据资本与文化资本的交互，推动教育目标、课程形态与评价体系的系统性重构。

1.3 技术挑战与未来研究的突破方向

尽管知识图谱的应用前景广阔，但其发展仍面临多重瓶颈。技术层面，数据异构性导致跨课程知识融合困难，而数据源的权威性不足可能影响图谱的可信度。应用层面，人机协同机制尚不完善，例如智能系统与教师的教学逻辑尚未完全适配；同时，数据资本化可能引发教育公平与隐私伦理问题。

未来研究需聚焦以下方向：其一，结合大语言模型增强知识图谱的动态推理与自适应能力；其二，拓展多模态图谱在虚拟实验、智能测评等场景的应用；其三，构建开放共享的协作生态，通过"众包"模式提升知识覆盖广度；其四，建立技术应用的伦理框架，平衡效率与公平性。

综上，知识图谱正通过技术迭代与场景创新深度融入教育数字化进程。当前研究已突破基础构建阶段，转向多元化应用与系统性变革。未来，知识图谱有望成为教育高质量发展的核心引擎，为个性化学习、精准评价与教育资源均衡化提供可持续支持。

2 "城市影像与城市文化传播"课程内容构成

2.1 "城市影像与城市文化传播"课程的结构梳理

本课程是介绍和剖析城市空间图像记录、城市影像制作和传播、城市数据采集等多种技术手段和理念的综合课程。课程内容包括城市摄影器材基础、城市摄影前期策划、城市摄影后期制作、城市摄影发展历史及先锋理念等理论部分，以及无人机航测、三维数据生成等新型城市影像技术的基础应用（图 2）。

技术结构上，本课程基于知识图谱的 AI 技术为教学各环节提供有力支撑，实现教学、技术、学习的互融共生（图 3）。①教学层以课前预习、课堂教学和课后复习为主线；②技术层围绕教学大纲对知识、能力、素养的培养目标，深度融合学习资源和试题库，构建课程图谱、能力图谱、问题图谱，形成基于知识图谱的学生画像及自适应学习；③学习层利用 AI 技术智能检测学习状态与预期目标的差距，精准教学，促进个性化学习。基于 AI 技术的课程建设与实践形成了"教师—技术—学生"三元交互的新范式，协同教学体系成为 AI 赋能教学的核心。

内容结构上，本课程系统构建城市影像的完整知识

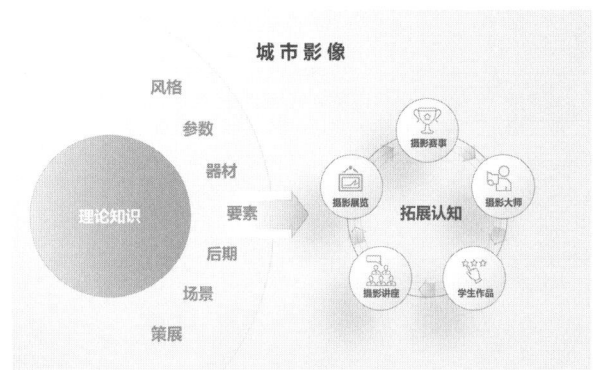

图 2 课程结构
资料来源：作者自绘

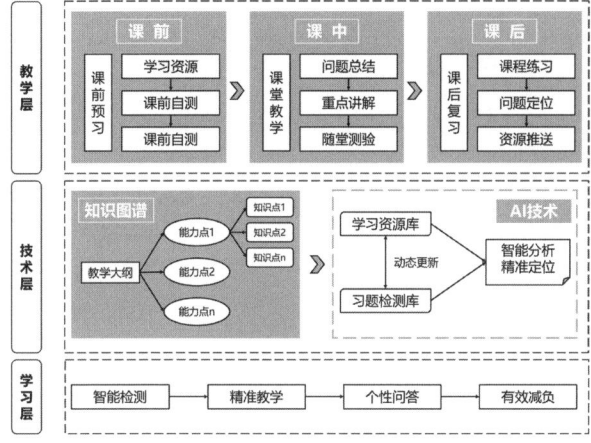

图 3 课程技术结构
资料来源：作者自绘

体系，教学以城市影像发展史为理论根基，重点培养人文摄影、风光摄影、建筑摄影、无人机摄影四大技术能力，通过策划策展实现理论实践闭环（表1）。课程采用"讲授＋实践"模式，注重技术操作与艺术思维协同培养，强调影像媒介在城市文化表达中的多元应用。

本课程资源丰富，主要包括理论知识、拓展认知两大模块，包括知识点56个，知识节点236个，知识模块9个，教学资源269种，引用外部资源147种，能力目标11个，问题图谱67个，AI题库321道（图4）。

课程整合多源资源，满足城市影像多样教学场景需求。建立"数字城市影像"公众号、视频号，依托天津市城市规划学会城市影像专业委员会，以图文方式记录城市影像课程内容及行业活动；促进行业协会资源协同联动，累计举办19场影像展览、32次摄影活动、9场摄影讲座，共获45人次城市规划、影像展览、教学科研的各方面奖励（图5）。

2.2 "城市影像与城市文化传播"课程的特色

本课程构建了多维融合的教学方法论体系，具有显著教学特色与优势：

（1）跨学科融合性显著。整合摄影艺术、城市规划、社会学、文化研究等多学科知识，使学生从多角度深入剖析城市影像，不仅掌握拍摄技巧，还能理解影像背后的城市发展脉络与人文内涵，拓宽知识视野。

（2）案例实践丰富多样。课程提供大量摄影案例，在拍摄实践中将理论知识迅速转化为实操能力，积累丰

			课程内容结构	表1
章节	教学重点	教学模式	核心知识点	能力培养目标
一、城市影像艺术发展史	发展脉络与趋势分析	理论讲授＋文献研读	历史分期/文化影像机制	历史认知与趋势预判能力
二、人文摄影	多元化表达技法	案例教学＋实地拍摄	构图语言/色彩叙事/视角选择	人文关怀视觉化能力
三、风光摄影	艺术规律与技术规范	设备实训＋艺术鉴赏	光影控制/构图法则/场景调度	美学捕捉与技术把控能力
四、建筑摄影	空间解构与表现	参数实验＋模型拍摄	透视控制/材质表现/光影塑造	建筑语言转译能力
五、无人机摄影	航拍技术体系	模拟操作＋航拍实践	飞行参数/构图视角/空域管理	三维空间叙事能力
六、影像传播类型	媒介特性比较	类型分析＋案例研讨	图像/视频/混合媒介特性	媒介适选选择能力
七、影像传播策略	全流程传播设计	项目模拟＋策略推演	技术标准/受众分析/传播路径	整合传播策划能力
八、策划与策展	展览叙事构建	策展工作坊＋方案答辩	主题策划/空间叙事/公众参与	文化事件运营能力

资料来源：作者自绘

课程核心数据

知识点	知识节点	教学资源	引用外部资源	能力目标	AI自动出题
56	236			11	
	知识模块			问题图谱	
	9	269	147	67	321

图4 课程核心数据

资料来源:"城市影像"课程知识图谱

图5 课程资源

资料来源:作者自绘

富的创作素材和实践经验。

（3）注重创意与个性培养。鼓励学生突破传统，尝试不同拍摄手法、主题与风格，挖掘个人独特的视觉语言，开展影像量化分析与自主创作平台搭建，提升学生综合艺术创新素养。

3 "城市影像与文化传播"知识图谱的建设

3.1 基于知识图谱的三维教学架构设计

（1）课程图谱——学科认知的底层逻辑

系统梳理核心知识，涵盖建筑摄影、无人机航拍等技术分类，光学器械操作原理、构图法则与光影逻辑等关键要素。通过构建结构化知识网络，形成支撑城市影像创作的技术原理认知与美学理论基础，为高阶能力培养奠定学科根基（图6）。

（2）问题图谱——教学交互的中层驱动

建立应用层、概念层、方法层三维问题矩阵，聚焦影像生成机制、影像媒介美学评价、技术创新者理论贡献等典型问题。通过问题的渐进式设计，驱动知识体系向探索能力的转化，培养学生的问题建构与批判分析能力（图7）。

（3）能力图谱——教学目标的顶层实现

构建知识、方法、创作的三元能力培养体系，重点培育文化解码深度、设备操控精度、空间感知锐度等核心素养，实现从技术掌握到影像创作的能力跃迁（图8）。

3.2 "城市影像与文化传播"知识图谱特色

（1）系统资源的全面整合

课程通过AI技术整合城市文化资源，构建动态结构知识图谱，将城市影像、科普活动、展览讲座、规划教育等碎片资源转化为交互网络，依托天津市级科普基地——"天津大学城市存量保护与更新科普基地"，在教学中参观旧建筑改造案例、重点存量更新项目设计方案、照片、视频，动手操作VR实验等，普及城市存量保护多维价值，推介城市更新优秀案例（表2）。

（2）学习与创作结合

该知识图谱突破传统单向知识传授模式，通过实战项目激发学生的技术创新能力。引入影像风格研究，基于城市影像理论对AIGC赋能下的规划设计全过程应用与影像风格渲染路径进行针对性探索，提炼相应提示词库，成果体现为基于"建筑学长"平台的特定风格效果

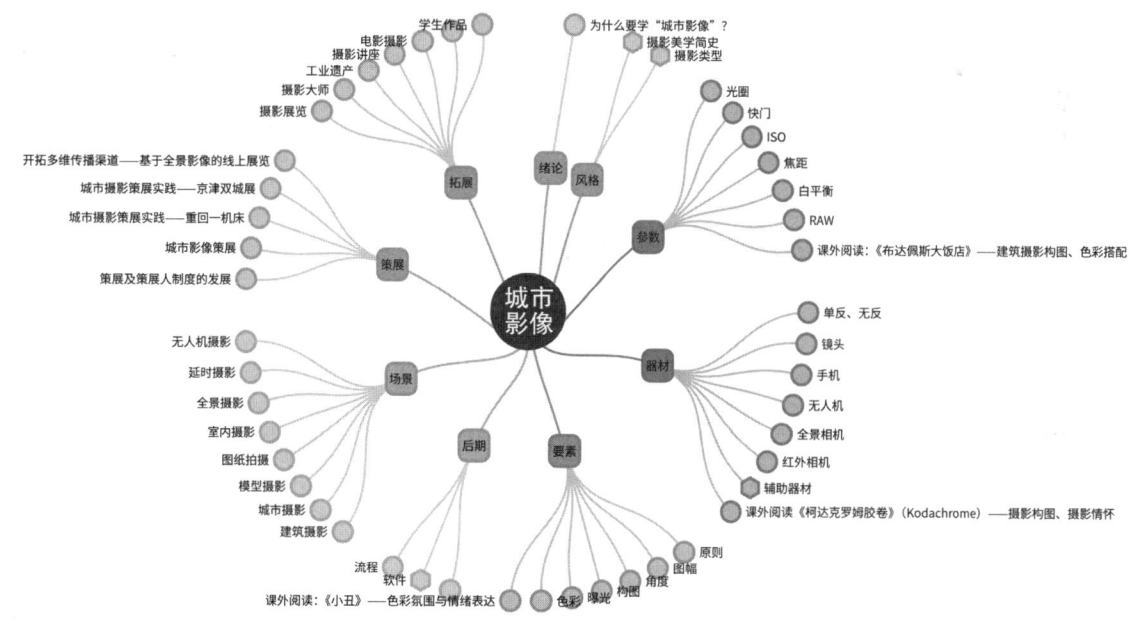

图6　课程图谱
资料来源："城市影像"课程知识图谱

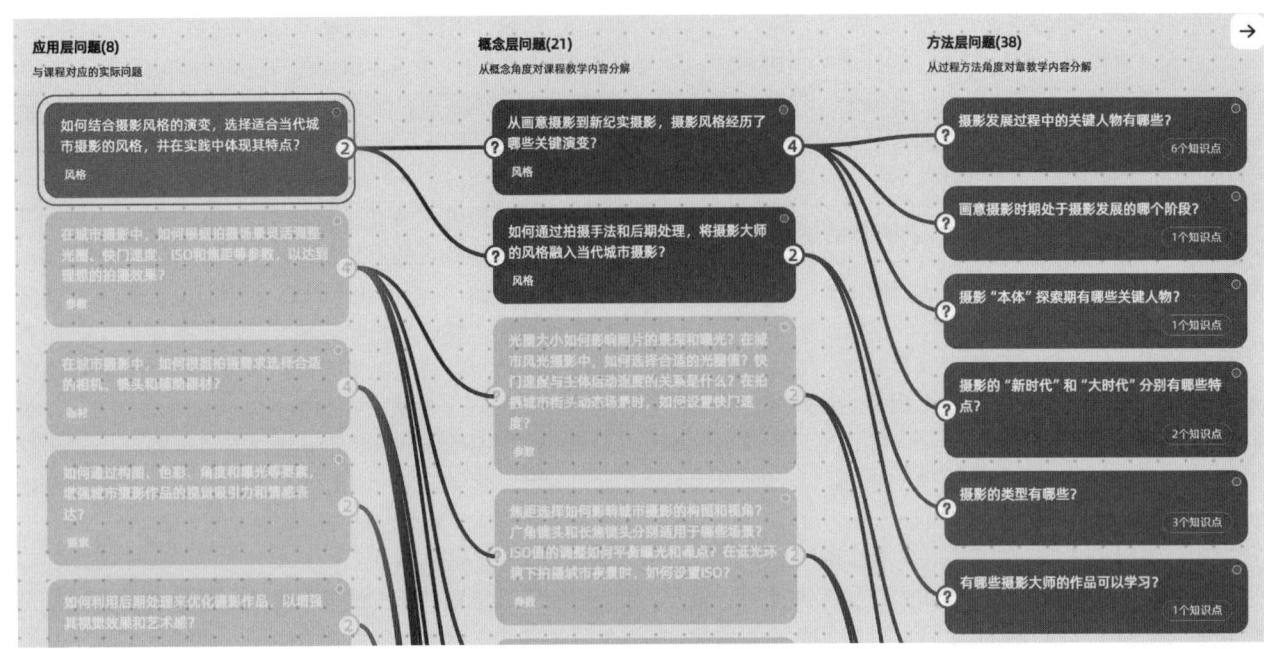

图7　问题图谱选例
资料来源："城市影像"课程知识图谱

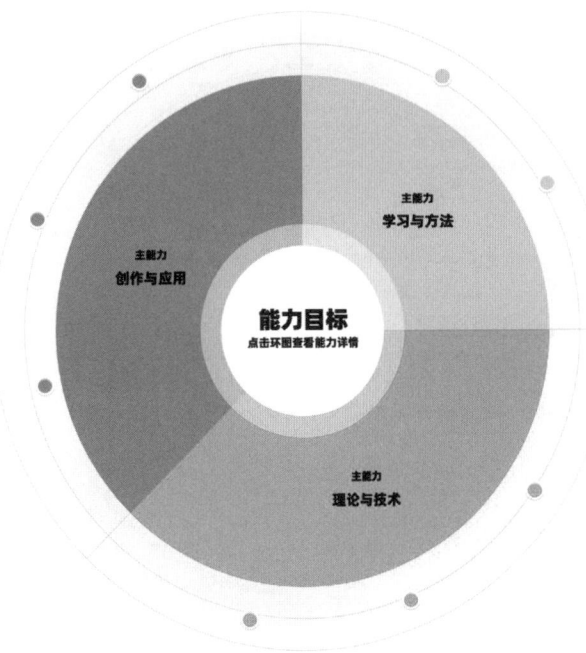

图8　能力图谱
资料来源："城市影像"课程知识图谱

图生成小程序（图9）。

（3）线上自学＋线下观摩

该知识图谱通过 AI 技术打破时空限制，提供多维学习场景，将原有的部分课堂教学时段转为线上自学自评。节省出更多课时组织学生参观《多义城市·城市影像人本回归》《天津·最美天际线》等展览，依托天津市城市规划学会城市影像专业委员会的专业活动，引导学生以影像为载体，结合教育、科研与建设实践，宣传城市建设成就，推广规划理念。课程团队前期积累的深厚影像活动基础，包括：组织讲座 12 场、影像展览19 场，与 OPPO 公司联合发起成立"城市追光者"摄影俱乐部，创立的"数字城市影像"公众号等，都成为线下观摩学习的重要资源（表3）。

4　"城市影像与文化传播"课程的理论拓展与探索性研究

4.1　基于流媒体平台的影像风格量化研究

城市意象是个体在接受客观环境感知的基础上形成的主观认知，为更好地理解城市客观环境与访客主观感

课程团队举办的影像讲座

表2

序号	讲座	时间	地点
[1]	天津国际摄影周建筑摄影论坛	2021.06.25	天津国际会展中心
[2]	"建筑与城市影像——人文风光摄影赏析"系列讲座	2022.01.21	天津大学建筑学院
[3]	"传统村落的田野调查方法"系列讲座	2022.01.28	天津大学建筑学院
[4]	"用影像传播丝路文化"系列讲座	2022.03.26	天津大学建筑学院
[5]	"城市摄影的人文情怀"讲座	2022.05.17	天津大学建筑学院
[6]	"城市·光影·未来"学术研讨会	2022.06.25	天津万象城
[7]	"城市摄影大家谈"讲座	2023.03.11	天津大学卫津路校区图书馆
[8]	"摄影是升华工作和生活质量的手段"讲座	2023.05.06	天津第一机床总厂
[9]	"城市影像的'元'时代"专家论坛	2023.05.06	天津大学卫津路校区图书馆
[10]	"京津双城工业遗产的低碳更新理论与实践"专家论坛	2023.12.16	天津市规划展览馆
[11]	"城市影像与文化传播"摄影论坛	2024.03.17	津投广场
[12]	"城市影像与时代记忆"摄影论坛	2024.06.05	天津大学卫津路校区校友之家

资料来源：作者自绘

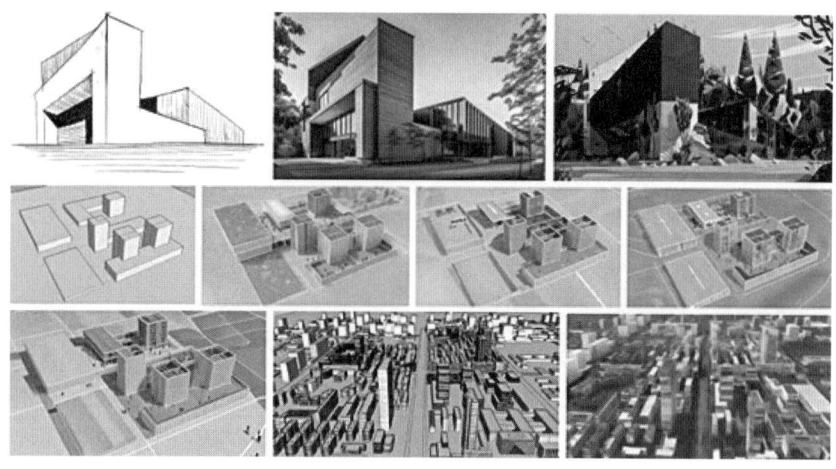

图9　AI通过草图生成概念效果图

资料来源：通过"建筑学长"平台生成

知之间的错位交互形成的评价偏差，课程团队创新性开展影像风格量化研究，将流媒体平台"小红书"、摄影平台"大疆fly"的海量影像数据与AI技术结合，构建了"数据采集—特征提取—质量评估—风格优化"的影像风格量化分析框架，突破传统影像评价依赖主观感知的局限。

（1）影像风格特征提取与分类。选取社交媒体平台"小红书"和摄影平台"大疆fly"为数据来源，研究图片

URL、文本内容、标题、POI位置、点赞数、评论数、发表时间、地点等数据，筛选天津市内六城区的互联网热门地点，基于热度指标播放量>100万、评论数>5000、搜索指数>500的标准，综合大众点评、抖音、携程、天津市文旅局等平台数据结果，统计得出天津城六区热点地区排名（图10）。

（2）用户偏好与数据模型。分析发现用户对影像风格的需求呈现"情绪导向"与"场景适配"双轨并行

课程团队举办的影像展览   表3

序号	展览	时间	地点
[1]	"场所精神的转译"摄影展	2021.08.06	天津万象城
[2]	"共生·存量城市的魅力"摄影展	2021.09.14	天津大学北洋园校区图书馆
[3]	"津门毓秀、筑梦芳华"天津大学美育作品展的"影像之美"展览	2021.11.01	天津大学建筑学院
[4]	"场所精神的转译"摄影展	2021.11.19	天津大学卫津路校区图书馆
[5]	"沈玉麟教授百年诞辰"影像展	2021.12.03	天津大学建筑学院
[6]	天津城市影像艺术展	2022.05.21	天津万象城
[7]	天津城市影像艺术展	2022.08.20	天津滨海美术馆
[8]	天津城市风光红外摄影展	2022.11.02	天津汐巢艺术中心
[9]	天津城市影像艺术展	2023.02.14	天津大学卫津路校区图书馆
[10]	"重回一机床"影像展	2023.04.01	天津市规划展览馆
[11]	"重回一机床"影像展	2023.05.07	天津第一机床总厂
[12]	"天津城市风光红外摄影展"	2023.06.28	天津大学卫津路校区图书馆
[13]	工业风与城市潮——首届京津双城记影像展	2023.12.16	天津市规划展览馆
[14]	"工业风与城市潮——首届京津双城记影像展"巡回展	2024.03.17	津投广场
[15]	"工业风与城市潮——首届京津双城记影像展"巡回展	2024.05.16	天津大学卫津路校区校友之家
[16]	"工业风与城市潮——首届京津双城记影像展"巡回展	2024.05.16	津一PARK
[17]	"时光镜语 津彩高校"摄影展天津大学分展	2024.11.30	天津大学卫津路校区校友之家
[18]	江海双璧——庆祝澳门回归祖国25周年—天津·澳门双城影像展	2025.01.15	天津市外事办
[19]	2232km——天津澳门双城影像展	2025.02.22	天津智慧山艺术中心

资料来源：作者自绘

类别	情感类型	情感比例（%）	情感强度（%）		
			一般	中度	高度
五大道	积极	63.24	34.19	25.64	40.17
	消极	36.76	50.00	16.67	33.33
古文化街	积极	64.71	42.27	15.46	42.27
	消极	35.29	91.45	5.12	3.43
意大利风情区	积极	62.50	37.14	19.05	43.81
	消极	37.50	67.21	13.11	19.68
天津之眼摩天轮	积极	60.00	37.63	22.58	39.79
	消极	40.00	58.06	19.35	22.59
瓷房子	积极	38.50	33.77	28.57	37.66
	消极	61.50	64.29	21.43	14.28
滨江道商业街	积极	54.94	52.81	19.10	28.09
	消极	45.06	72.72	18.18	9.10
天津博物馆	积极	47.06	34.38	10.41	55.21
	消极	52.94	86.54	3.85	9.61
天津大悦城	积极	49.41	44.44	19.05	36.51
	消极	50.59	77.52	7.75	14.73
民园广场	积极	44.38	38.67	18.00	43.33
	消极	55.62	87.77	9.57	2.66
水上公园	积极	45.02	43.62	14.09	42.29
	消极	54.98	82.42	8.24	9.34

图 10　天津热门感知点情感比例

资料来源：作者自绘

趋势，研究通过层次分析法量化用户对视觉元素的感知优先级，并构建情感图谱实现数据关联。

（3）技术实现与定量评价。通过计算机视觉技术对图像进行语义分割，获取图像景观感知意象要素分类，基于图像要素（景别、角度、色彩、元素）进行画面统计，探究各要素传播性能，并结合 GIS 交叉分析叠加地理信息，定量进行景点影像风格评价（表4）。

（4）成果应用与趋势洞察。梳理影像风格及其空间特征，重点研究用户高度关注的构图参数与拍摄场景，发现影像可通过"功能 + 场景 + 情绪"提升传播力度，研究结论基于不同活动空间及其对应的传播性能较强的影像特征，可用于推动摄影创作正向发展。

4.2 城市设计影像成果 AI 创作平台构建

基于影像量化分析的特征规律以及社交媒介的热门程度，课程团队进一步以"人机协同"为核心，构建 AI 城市影像创作平台，实现传播性较强的城市设计影像规模化、个性化输出，为城市设计各阶段提供鸟瞰图、总平面图、轴测图等参考。研究对模型进行迭代训练，通过文生图的 AI 生成方法和提示词改进策略，结合不同领域评价体系，生成面向大众使用的城市影像 AI 创作交互平台。

（1）模型训练与迭代。研究构建了面向城市设计影像生成的垂直领域模型，通过多轮迭代优化模型对城市肌理、文化符号及空间关系的理解能力。

（2）文生图与提示词优化。提出"用户影响—算法响应"双循环提示词改进策略，构建覆盖风格标签、文化语义、技术参数的多层级提示词库。输入关键词并利用 AI 扩写功能，配合风格参考图，支持用户通过自然语言交互实现风格化效果图的精准生成（表5）。

（3）交互平台与评价体系。基于"建筑学长"平台研发小程序，以外链的方式通过按钮设计关联到该知识图谱网页中，经风格选取、参数微调、效果输出，用户可通过预设模块（如新中式、赛博朋克、生态田园）一键生成适配不同城市场景的影像（图11）。

"小红书"部分图像语义分割结果　　　　　　　　　　　　　　　　表4

类型	示例图1	示例图2	示例图3	示例图4	示例图5
描述	路人 + 风景，侧重特定场景感的营造	纯风景，侧重突出城市特色风光	人像占大部分，侧重突出模特形象	人像 + 风景，侧重"氛围感"营造	市内餐饮特写，多为打卡种草帖
原始图像					
语义分割结果图像					
常见景观要素图例	天空　海　沙滩　树木　草地　棕榈树　花朵　岩石　山脉　动物　人物　道路　建筑　墙体　船只　栏杆　桥梁　阶梯　汽车　帐篷　码头　灯塔　遮阳棚　告示牌				

资料来源：作者自绘

图 11 作为知识图谱外链模块的城市影像 AI 创作平台
资料来源:"建筑学长"平台的"城市影像"课程页面截图

部分模型训练成果   表5

关键提示词	底图	AI 效果图
雨天、雾气、赛博朋克、霓虹		
晴朗、白天、糖果色		
夜晚、黑金风格		

续表

关键提示词	底图	AI 效果图
未来、赛博朋克、虚幻、科技、蓝色调、高光溢出、摩天楼	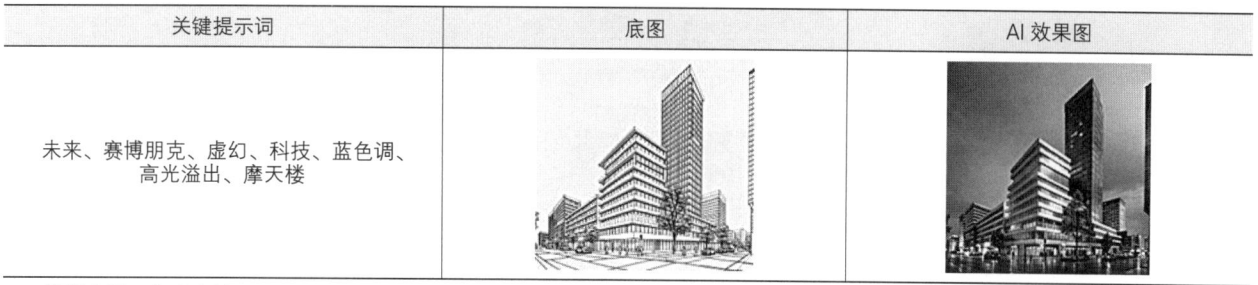	

资料来源:作者自绘

该知识图谱通过系统性构建城市影像风格量化研究体系,揭示影像内容的受众接受度与传播效能关联机制,并融合 AI 技术实现城市设计领域图像的智能批量生成,显著强化了学生的跨场景知识迁移能力,推动其从被动知识接收者向主动技创新运用者的思维转型,突出了课程的学术价值与应用潜力。

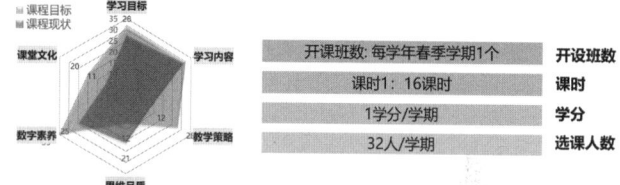

图 12 课程建设
资料来源:作者自绘

5 AI 课程的实施方案与成果

本课程以六维品质课堂为框架,聚焦学习目标契合化、内容结构化、策略具体化、思维高阶化、技术智能化和文化生命化,旨在培养具备数字素养与创新思维的城市影像专业人才,实现知识建构与育人目标的统一(图 12)。

课程实施方案方面,教学过程由理论讲授与案例分析融合、分模块专项技能训练、基于全景影像的过程应用、传播策略设计与模拟实践、策划策展全流程实践等板块构成,充分利用 AI 课程开展线上线下混合式教学(图 13、图 14)。

课程成果聚焦"平时知识掌握度""课程总结大作业"两大维度,其权重科学设定为 20% 与 80%,确保评价的全面性与公正性,以专题摄影、城市设计影像展览等作品为成果内容,并融合线上平台,打造全景化教学展示平台(图 15、图 16)。

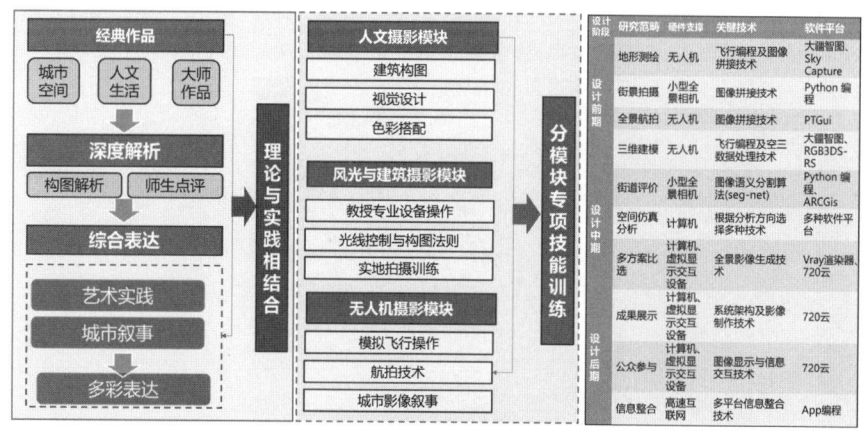

图 13 教学过程(一)
资料来源:作者自绘

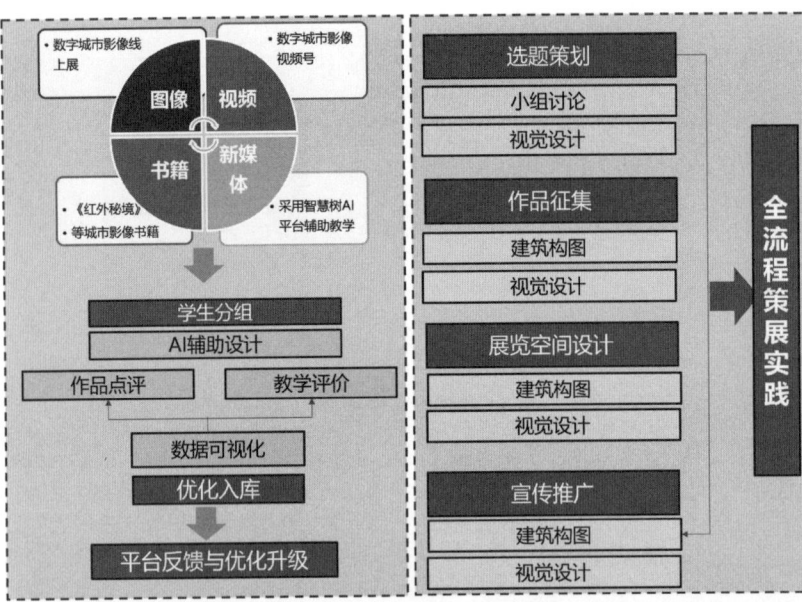

图 14　教学过程（二）
资料来源：作者自绘

图 15　部分教学成果
资料来源：作者自绘

图 16　线上平台
资料来源：作者自绘

6 AI 课程实践教学的反思

随着信息媒介的发展，图像在城市空间理论研究、城市文化传播过程中起到日益重要的作用。"城市影像与城市文化传播"AI 课程的实践教学探索，既是对传统教学模式的突破，也是对智能时代教育变革的主动回应，课程建设有以下几点思考：

（1）知识图谱技术在城市影像课程中的应用，需兼顾系统理论与前沿实践的双重需求，以达到理论学习与动态实践的平衡。

（2）混合式教学需突破简单的"线上自学 + 线下实践"二分法，实现教学场景的深度融合，通过线上线下课程教学的功能重构，完成从资源互补到场景协同的转变升级。

（3）知识图谱技术在结构化知识体系与理论建模方面具有显著优势，然而在实践转化与创新运用等方面仍存在局限。本课程通过 AI 技术构建影像风格量化评估框架与城市影像 AI 创作平台，初步实现了 AI 技术与城市影像创作的协同运作。未来将聚焦理论 + 实践、教学 + 研究的双重策略，探索 AI 技术在知识图谱建设中的提升路径，为实践导向型课程的知识图谱建设提供可复制的技术范式与理论框架。

致谢

天津大学建筑学院城乡规划系学生黄可、张鑫生对本文第 3 章探索性研究部分内容亦作出贡献。

参考文献

[1] 胡芳槐. 基于多种数据源的中文知识图谱构建方法研究 [D]. 上海：华东理工大学，2015.

[2] 杨思洛，韩瑞珍. 知识图谱研究现状及趋势的可视化分析 [J]. 情报资料工作，2012（4）：22–28.

[3] 孙丽郡，孟繁军，徐行健. 课程知识图谱构建技术研究综述 [J]. 计算机工程，2024，50（3）：1–12.

[4] 谢幼如，陆怡，彭志扬，等. 知识图谱赋能高校课程"教—学—评"一体化的探究 [J]. 中国电化教育，2024（12）：1–7.

[5] 樊代和，贾欣燕，刘其军. 基于知识图谱的大学物理实验课程教学策略研究——以"迈克耳孙干涉"实验项目为例 [J]. 教育理论与实践，2023，43（36）：57–60.

[6] 郭宏伟. 基于智能教育的高校在线课程知识图谱构建研究——以中国医学史为例 [J]. 中国电化教育，2021（2）：123–130.

[7] 刘超，黄荣怀，王宏宇. 基于知识图谱的新型教材建设与应用路径探索 [J]. 中国大学教学，2023（8）：10–16.

[8] 黄雅鑫. 基于知识图谱的我国不同教育阶段体育教学模式研究的可视化分析 [D]. 开封：河南大学，2022.

[9] 施江勇，唐晋韬，王勇军，等. 基于知识图谱的新兴领域课程教学资源建设 [J]. 高等工程教育研究，2022（3）：15–20.

[10] 季凯. 数智化时代人工智能驱动高等教育变革研究 [D]. 南京：南京邮电大学，2023.

[11] 李鑫. 管理科学与工程学科知识图谱构建研究 [D]. 武汉：湖北工业大学，2016.

[12] 杨文霞，王卫华，何郎，等. 知识图谱赋能智慧教育的研究与实践——以武汉理工大学"线性代数"课程为例 [J]. 高等工程教育研究，2023（6）：111–117.

[13] 杜治娟. 知识图谱赋能的离散数学教学实践 [J]. 计算机教育，2024（6）：114–119.

[14] 徐星，鄢睿丞，闫晓玲，等. "电路"课程知识图谱构建及其教学模式应用 [J]. 教育教学论坛，2024（6）：1–4.

[15] 单俊豪，刘永贵. 生成式人工智能赋能学习设计研究 [J]. 电化教育研究，2024（7）：73–80.

[16] 丁国富，王淑营，马术文，等. 基于知识图谱的产教融合课程体系建设模式探索 [J]. 高等工程教育研究，2024（2）：79–83，90.

Construction and Practice of Artificial Intelligence Course of "Urban Image and Urban Cultural Communication" based on Knowledge Map

Hou Xin   Chen Tian

Abstract：Artificial Intelligence（AI）is profoundly transforming traditional educational paradigms. This paper takes the knowledge graph–driven AI course *Urban Imagery and Urban Cultural Communication* as a case study to explore pathways for the deep integration of AI technologies with urban cultural communication education. Leveraging knowledge graph technology，the research integrates multi–modal resources including urban imagery，planning education，and exhibition lectures to construct a visualized course knowledge network. The course practice demonstrates that the knowledge graph not only enables efficient knowledge point association and personalized learning path planning but also facilitates research on quantitative analysis of visual styles and the development of AI–powered creative platforms. These advancements address longstanding challenges in traditional pedagogy，such as fragmented resources and lagging technological application，while establishing a novel paradigm for the digital preservation and innovative dissemination of urban cultural resources.

Keywords：Artificial Intelligence，Urban Image，Urban Culture，Knowledge Mapping

面向地方高校应用型人才培养的"六位一体"嵌入式教学模式探索
——以苏州科技大学"社区规划理论与方法"为例 *

冯 歆 吕 飞 邓雪湲

摘 要：在深化产教融合的国家战略背景下，地方高校应用型人才培养面临课程内容滞后、校企合作流于形式、实践创新能力不足等瓶颈。提出"六位一体"嵌入式教学模式，破解传统课堂与地方产业实践脱节的难题，形成"政产学研创用"协同育人机制。以苏州科技大学"社区规划理论与方法"课程为例，通过"校内中心＋校外基地"双平台运作，以产教融合为核心，整合高校、地方政府、社区、行业协会、高新技术企业和社会组织六大主体，结合老旧社区绿色低碳改造等实践项目，实现理论教学与实践创新的有机融合。可以促进校企深度合作，使行业前沿技术及时融入教学，推动课程内容与地方发展需求精准对接，为地方高校应用型人才培养提供可复制的范式。

关键词：六位一体；应用型人才培养；地方高校；产教融合；项目制教学

1 引言

新一轮产业革命扑面而来，这些技术正给我们的经济、商业、社会和个人带来前所未有的改变，也对高等教育应用型人才培养提出了新要求。党的十九大报告明确指出要深化产教融合，以促进产业链、创新链与教育链、人才链之间有效衔接，全面提高教育质量、推进经济转型升级、培育经济发展新动能。江苏省教育厅《关于推进一流应用型本科高校建设的实施意见》中对应用型人才培养思路进行了详细介绍："依托产教融合、校企合作开发优质教学资源，积极开展教育教学改革，引导行业企业与学校合作共建一流课程，推动江苏产业创新发展的新技术、新知识进课堂、进课程、进教材、进实验室、进创新创业项目。"

然而现阶段地方高校应用型人才培养仍普遍存在较多制约[1, 2]：第一，人才培养模式与地方发展需要脱节。地方应用型高校人才培养渠道有限。有时并不会过多地考虑到当地发展需求，导致学校和其他主体（政府、企业等）联系程度不紧密。第二，产教融合深度不够，协同育人合力不足[3, 4]。地方应用型高校组织教学实践活动、设计课程体系，目前其他主体普遍参与课程建设不足，与30%的共识比例相差较远，出现校企合作流于形式的现象，并且有部分课程教学内容滞后于行业产业发展，不能将行业产业企业的新讯息、新技术、新理念融入教学，制约学生能力提升[5, 6]。第三，仍以知识传授主导的传统课程模式为主。部分地方高校盲目模仿综合性大学或重点高校的培养方案，导致课程教学内容仍学术化倾向明显，课程教学不能很好地疏通专业知识与实践技能之间的关系，即理论指导实践的有效性不足[6]。

因此，应用型人才培养作为地方高校课程建设的重要内容，应当与产业发展的有效对接：第一，从行业与社会的发展需求来看，通过产教融合、校企合作，使行业企业参与课程建设及教学改革，关乎应用型人才培养方向及质量[7]；第二，应用型人才的能力需求更加强调与地方产业特别是重点产业链、产业集群的发展导向相衔接；第三，从本科课程教学与育人成效来看，一门优质

* 教改项目：江苏省高等教育教改立项研究课题：基于数字化转型的高校城乡规划专业创用型人才培养研究（课题编号：2023JSJG793）。

冯 歆：苏州科技大学建筑与城市规划学院讲师
吕 飞：苏州科技大学建筑与城市规划学院教授（通讯作者）
邓雪湲：苏州科技大学建筑与城市规划学院副教授

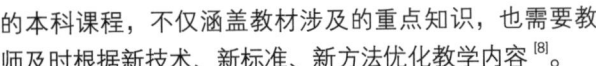

的本科课程，不仅涵盖教材涉及的重点知识，也需要教师及时根据新技术、新标准、新方法优化教学内容[8]。

苏州科技大学"社区规划理论与方法"课程以"六位一体"的嵌入式培养模式为核心，积极探索与社会需求相对接的项目制教学，利用江苏经济发达、企业资源丰富等优势，在真实具体的情境中培养学生的创新能力，努力提高专业对地方的融合度、贡献度和认可度。

2 "六位一体"的嵌入式教学模式

嵌入式培养是产教融合的一种特殊形式，以实现理论教学与实践教学的高度融合。即在传统的理论教学模式中适当嵌入，改变传统讲授型教学模式的单一性和片面性，更好的发挥社会对学校的支撑作用[9]。"六位一体"的嵌入式培养是由高校联合地方政府、社区、行业协会、高新技术企业、社会组织，采取"校内中心 + 校外基地"的形式，以"政、产、学、研、创、用"为目标，为传统课堂带入创新要素：

（1）方法创新。以项目制和基于现实问题的学习，进行职业技能仿真实践的培养。在小组合作的学习环境下，设计并实施一系列的探究活动，开展项目制教学和任务式教学等实践驱动的新型教学方式方法，充分调动学生积极性、主动性和创造性，打破知识传授主导的传统课程模式，构建以学生为中心、以能力为导向、以实践为基础的课程体系，培养学生批判性思维方法和分析解决复杂问题的能力。通常由小组（通常4~8名学生）共同完成项目。在教学活动的总体指导框架内设置较小的团体分组，与课程导师和客座讲师进行非正式互动，可以让学生进行更频繁的讨论、反馈和互动，通过小组和非结构化互动进行的较小规模的学习，培养学生的解决问题和团队合作的能力。

（2）思维创新。在课程中融入创新、与社会需求接轨的思想观念，融合高校基础理论研究和行业企业实践应用特长。基于学科发展需要与社会需要对接，基于技术更新需要与技术平台对接。课程教学过程基于产教协同共同实施，以真实项目为载体，融入地方建设，将理论学习、知识转化、能力培养有机贯穿于课程整体教学中。鼓励学生以团队协作的形式对复杂问题进行创造性思考。导师团的角色并非传统的知识授予者，更像是以学生为中心的独立学习过程的促进者，不会教授太多正式的内容，而是会设置一系列相关讲座，培养学生独立学习与思考能力。

（3）技术创新。校企共同研制课程目标、教学计划，共同开展课程建设、开发课程模块、完善教学内容，多方协同实施课堂教学。任课老师将专业理论知识带入课堂，政府嵌入地方建设所需要关注的重点与痛点，以及相关政策科普；社区为课堂嵌入问题改造的实际场景，行业协会嵌入行业前沿信息并对接合适的技术企业，高新技术企业嵌入行业前沿的创新技术，社会组织嵌入新工具新方法新思维。培养学生创新精神、创业意识与创新创业能力，实现理论与实践相结合，知识与能力相融合，学习与创新相促进，适应经济发展、产业升级和技术进步的需要。

3 "社区规划理论与方法"教学实践

3.1 教学目标

"社区规划理论与方法"作为苏州科技大学产教融合的特色课程，由地方院校与地方产业和在地需求相对接，共同进行教学探索。以期共同关注新产业革命语境下的社区规划问题，并旨在通过课程学习，将社区规划理论与新产业新技术相结合，与地方需求接轨，培养学生的创新与实践能力。

3.2 教学组织

课程组织以认识社区共性问题为出发点，以探索如何解决这些问题作为课程整体设计主线。课程内容紧扣产业技术发展与应用的主流和前沿，在任课老师讲授认识社区与规划社区基础理论知识的基础上，安排前沿技术科普和创新工具学习的讲座，并安排学生以小组协作的形式进行学习。教学过程的参与方包括行业协会（苏州高新区绿色低碳产业协会）、高新技术头部企业（固德威技术股份有限公司、绿普惠）、院校（苏州科技大学）、社会组织（NGO）、基层政府、社区居民，协同进行了方法、思维和技术方面的嵌入式创新（图1）：

（1）方法创新——参与式规划工作坊 [Circulab（NGO）]。将引导式卡牌带入课堂，进行参与式课堂趣味教学，创新教学方法（图2）。引导学生认识到社区规划中具有利益相关方，摆脱"见物不见人"的思维方式，启发对社区规划过程中"人"的维度思考。认识到社区规划的本质是一个以解决问题为基本思路的决策和行动过程，并进一步以行动为导向，利用卡牌所代表的当地资源确定发展目标和发展活动。通过互动卡牌扮演

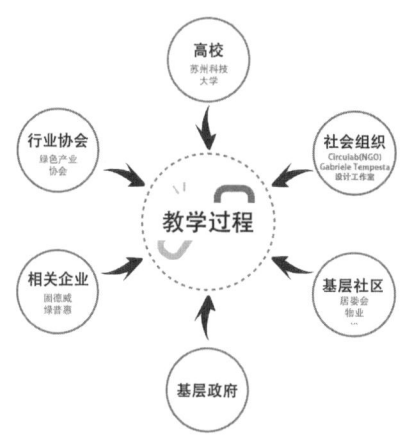

图1 "六位一体"的嵌入式培养模式应用
资料来源：作者自绘

现实问题中各环节存在的不同利益相关方，以参与式工作坊的形式，激发学生兴趣，达到教学目标，进而训练学生收集当地与社区有关问题、主张和机遇，了解来自社区工作委员会和基层的技术挑战和想法等相关的社区参与式规划能力。

（2）思维创新——"Human–Centered Design"形式讲座（Gabriele Tempesta，公益设计工作室）。设计师 Gabriele 通过具体案例介绍参与式规划中人本主义设计方法的应用（图3）。首先从最早期的问题触发因素出发，通过研究和同理心深入了解情况即将个人沉浸在情境，探索发掘正确的问题解决方向。接着通过利益相关方访谈、被动观察、共创工作坊、洞察可视化墙等形式将来自各个利益相关方的多种诉求回归到待解决的核心问题节点上。最后围绕以上内容进行发散性思考寻求问题解决方案。通过以上三大板块的循环往复，可以探寻出最符合需求的规划方案。

（3）技术创新——技术科普讲座（固德威技术股份有限公司、绿普惠）。通过绿色产业协会的沟通对接到两家技术提供单位，固德威技术股份有限公司（新能源企业）和绿普惠公司（碳普惠解决方案服务商），以上两家在绿色低碳领域都具有前沿开发技术和完备服务体系。固德威以"双碳"政策目标展开，详细介绍了光伏

图2 参与式规划工作坊课堂
资料来源：课堂实拍

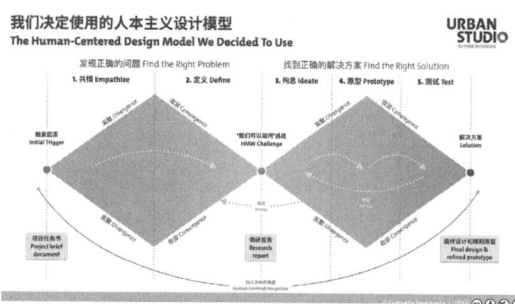

图3 人本主义方法讲座
资料来源：课堂实拍

系统的运作原理,同时以微网系统、聚合技术、虚拟电厂等新型技术为引,梳理了碳交易机理,引出各场景应用及案例(图4)。绿普惠介绍了国内碳普惠背景、机制与其综合解决方案(公民碳减排标准体系,与第三方数字化绿色生活减碳计量底层平台),即如何运用普惠创新机制,凝聚各界力量,建立个人与企业之间碳减排交易的生态,通过技术手段唤起公众低碳环保意识,进而开展绿色公益、绿色消费的创新(图5)。两家企业现场解答了学生们有关新能源在社区绿色低碳活动中普及、安装、应用等相关问题。

充分利用产教融合校企合作平台,部分教学环节在行业企业真实场景下完成。在老旧小区绿色低碳提案初稿完成后,指导老师与课程学生代表前往固德威分布式光伏实验基地进行交流参访,通过线下结合远程线上的共享交流模式对提案中涉及的分布式光伏技术性内容进行指导修改(图6)。其间与会师生在光电建材事业部详细参观社区共享光伏、储能设备"集中接入 + 协调控制 + 区域能源自治"的工作流,对社区绿色低碳改造项目技术手段做出进一步了解(图7)。

3.3 教学过程:项目制驱动与小组协作

将教学目标与真实项目紧密结合,进行教学活动安排,分为三个阶段(图3)。

图4 固德威技术科普讲座　　图5 绿普惠技术科普讲座
资料来源:课堂实拍　　　　　资料来源:课堂实拍

图6 在固德威试验基地交流
资料来源:课堂实拍

第一阶段,首先,教授课程的理论部分,并安排讲座《参与式规划中人本主义设计方法的应用》(思维创新)、《参与式规划工作坊》(方法创新)和《"双碳"目标下场景营城的新方法新技术应用——来自高新区头部企业的规划愿景》(技术创新)进行理论知识和新技术的学习;然后,进行社区实地调查,绿色光伏低碳改造场景项目制教学定位在狮山新苑、三元一村两个具有典

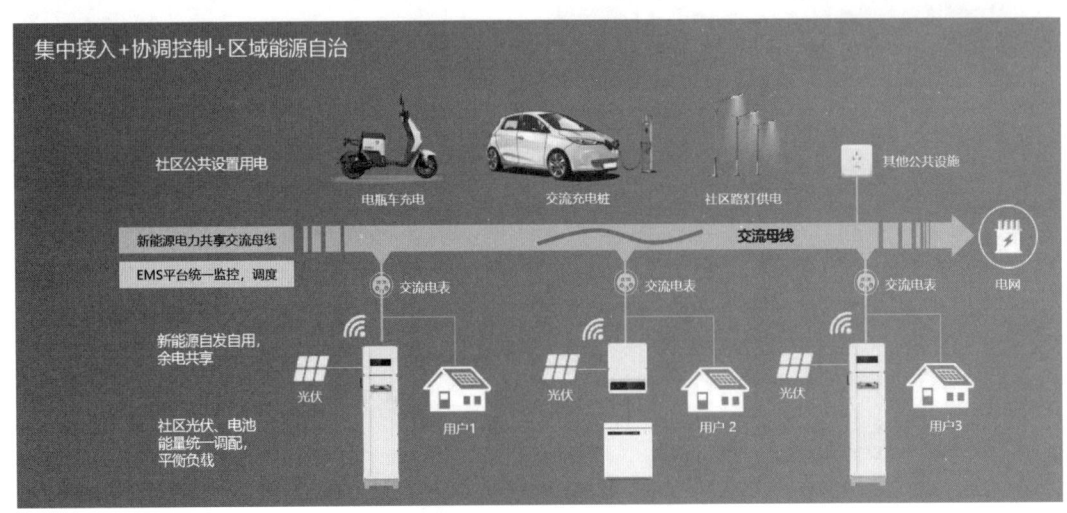

图7 社区共享光伏、储能设备工作流
资料来源:固德威试验基地提供

型代表性的老旧社区,将学生进行分组,并邀请其他教学主体——苏州高新区绿色低碳产业协会、固德威技术股份有限公司、绿普惠、Circulab(NGO)、基层政府、社区居民与各小组进行交流。在实地走访调研的同时,以问题引导学生需要重点关注的核心内容:①社区层面希望通过绿色光伏低碳改造来解决怎样的现实问题?②在选定的社区场景下具体可进一步改造并应用的规划范围有哪些(停车棚、社区广场、建筑外立面、闲置屋顶等)?③明确在本次规划改造过程中涉及的利益相关方有哪些?各利益相关方在其中起到什么作用?④与社区各利益相关方沟通介绍绿色光伏低碳改造进老旧住区相关的具体项目内容都有哪些?其中各部分又需要各利益相关方扮演什么角色?⑤在本次规划改造中涉及哪些社区资源(比如空间、设备、政策法令、场地、技术、设备、宣传)?⑥预计在本次规划改造中会花费多少人力、时间、经费?现阶段改造完成后将如何进行项目的可持续运营?⑦预计在社区改造,绿色低碳等相应领域产生哪些正面和负面的社会性影响及相应的环境影响?

第二阶段,对收集到的信息进行数据可视化分析,分析统计社区利益相关者对不同改造点的需求及理想设计方等意愿度,总结现状问题,并使用可视化图表来绘制问题和利益相关者之间的因果关系。对听取的意见展

开讨论,进行整理反思。课程导师和校外导师共同对各小组进行指导,协助学生制定提案,共同针对社区提案进行头脑风暴,以提案为载体的小组化考核,组内组间协同完成作业,促进理论与实践相结合。87学生自由组队,每小组9~10人,小组组队明确后自主选择以下五大类协作组中的一个——①愿景组;②服务组;③场景组;④协创组;⑤整合组,每大类协作组限定2小组,明确社区绿色低碳建设课题后,提案准备阶段学生协作组进行分工(表1)。

第三阶段,基于以上准备工作,各协作组进行联动(图8)。愿景组一组和场景组八组和愿景组六组和场

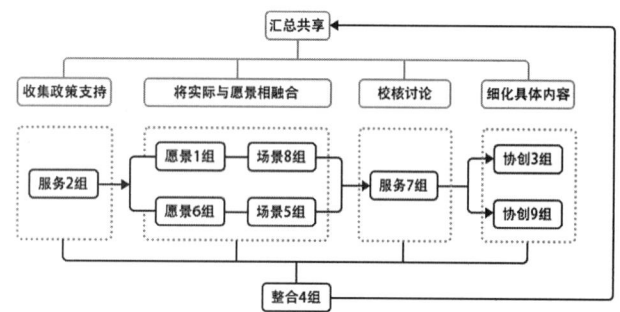

图8 小组间协作联动形式
资料来源:作者自绘

小组协作提案内容　　　　　　　　　　　　　　　　　表1

协作类型	学生小组	提案题目	主要内容
愿景组	一组	基于"光伏结合"的社区绿色改造衍生——以苏州市狮山新苑社区为例	搜集线上线下绿色生活圈的服务设施配套新理念新方法构想(包含模式图、案例、可持续运营监管体系等),对照选定的老旧社区空间进行思维反转
	六组	"光伏进社区,绿色满家园"分布式光伏社区生活实验室——以苏州市三元一村社区为例	
服务组	二组	分布式光伏政策简析	梳理国家相关政策文件,结合Gabriele Tempesta人本设计讲座以及固德威绿色光伏普讲座探索"human-Centered Design"方法下分布式光伏等新方法新技术在社区环境中的应用可行性
	七组	"Human-Centered Design"方法下分布式光伏在社区中的应用场景与服务设计	
场景组	五组	老旧小区分布式光伏社区生活实验室	挖掘可改造利用的老旧社区公共空间潜力,并与新方法新技术场景结合进行联合设想
	八组	线上线下绿色生活圈的服务设施配套新理念、新方法的构想	
协创组	三组	三元一村分布式光伏社区生活实验室	思考如何打造老旧社区中的创新型公共空间。明确更新模式:既有限定的条件下,协作人员有哪些?谁出钱出力?怎么创新?
	九组	狮山新苑分布式光伏社区生活实验室	
整合组	四组	《老旧社区绿色低碳生活实验室》提案书	汇总整理上述四组独立性内容,并与指导老师反馈,建立各组间联动纽带

资料来源:作者根据学生作业汇总

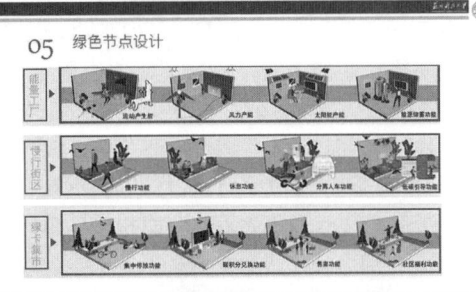

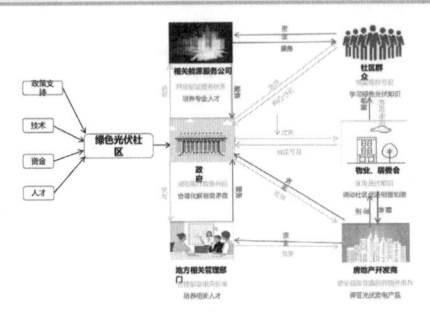

图9 学生作业内容示例

资料来源：作者自绘

景组五组分别针对狮山新苑社区和三元一村社区进行实地调查，挖掘可改造利用的社区公共空间，并将固德威和绿普惠公益科普讲座中所介绍到的屋顶、建筑外立面等分布式光伏形式与其进行联合设想，将实际环境和绿色低碳规划愿景相融合。与此同时服务组二组收集、整理、归纳在规划改造中涉及的相关政策资料，为愿景组和场景组提供政策支持。服务组七组与协创组三组和九组对以上愿景组和场景组所提出的社区整体规划改造场景进行校核讨论，根据狮山新苑社区和三元一村社区各利益相关方的不同诉求，进一步细化在规划改造过程中各个社区的具体实施内容，并在此基础上进一步讨论后续可持续运营中各社区需要建立的保障体系。整合组四组贯穿协作全程，将各小组间独立性内容及时汇总共享到课程线上协作文档，以便于协作小组之间的资源共享，保证校内校外老师可以实时跟进规划改造提案内容并及时做出相应的指导（图9）。

4 小结与展望

在课程的组织过程中，高校、行业企业内容分配合理，参与方各司其职，实现了"六位一体"的嵌入式培养模式：基层社区作为贯穿课程全程的现实社会环境为学生提供待解决的复杂现实问题；院校教师作为学生知识体系构建的促进者，引导学生对复杂现实问题形成从微观到宏观的认知体系，在此基础上进一步发展学生从局部到整体解决复杂现实问题的能力；基层政府作为社区建设的引导者为学生解决复杂现实问题提供发展方向；相关企业作为学生解决问题的合作者，提供相应的技术工具；社会组织作为学生解决问题的帮助者，提供实践指导；行业协会作为联络多方的沟通桥梁，保证在项目驱动过程中各参与方的同步与协调。

进而实现了应用型人才培养的教学目标：第一，建立有效的校企合作机制，课程教学过程基于产教协同共同实施，促进真实场景下的真学真做，重构师生、教学关系，重塑课程教学新形态，将理论学习、知识转化、能力培养有机贯穿于课程整体教学中；第二，"产学结合"重构课程内容体系。打破知识传授主导的传统课程模式。课程内容紧扣产业技术发展与应用的主流和前沿，将科学研究新进展、实践应用新成果、社会需求新变化融入课程教学内容，融合高校基础研究和企业行业产业前沿技术、产品应用经验与成果，最大程度地适应经济社会发展、产业升级和技术进步的需要，体现课程内容的先进性，结合行业产业的真实应用场景，体现课程内容的应用性。

参考文献

［1］ 李高建，崔萍，惠熙文．地方应用型高校产教融合的现实需求、困境与路径研究 [J]．高教学刊，2023，9（30）：87-90．

［2］ 王蕾，葛军．地方应用型高校一流本科专业建设探究 [J]．江苏高教，2021（5）：68-71，79．

［3］ 杨仁树，焦树强，罗熊．"产教融合"构建行业特色高校应用型人才培养新生态 [J]．中国高等教育，2024（2）：33-36．

［4］ 王宝君，姜云，庞博，等．产教融合视角下城乡规划 "3+1+1" 校企协同育人模式研究 [J]．高等建筑教育，2021，30（4）：62-69．

［5］ 刘原兵．产学合作中大学与企业良性关系如何构建——基于扎根理论的研究 [J]．高教探索，2023（4）：33-39．

［6］ 庄腾腾，孙钦涛．企业参与高等工程教育教学与课程内容改革：路径与挑战 [J]．高等工程教育研究，2024（1）：92-98．

［7］ 王宝君，姜云，庞博，等．产教融合视角下城乡规划 "3+1+1" 校企协同育人模式研究 [J]．高等建筑教育，2021，30（4）：62-69．

［8］ 程楠楠，金欢．本科高校产学合作效能测度及影响因素研究 [J]．中国高校科技，2023（7）：10-15．

［9］ 禹柳飞，刘美，卢均治，等．基于 OBE 理念的嵌入式人才培养模式探索与实践 [J]．产业科技创新，2023，5（1）：97-99．

A 'Six-in-One' Embedded Teaching Model for Application-Oriented Talent Cultivation in Local Universities——A Case Study of 'Community Planning Theory and Methods' Course at Suzhou University of Science and Technology

Feng Xin   Lü Fei   Deng Xueyuan

Abstract：Under the national strategy of deepening industry-education integration, local universities face bottlenecks in cultivating application-oriented talents, including outdated curricular content, superficial university-enterprise collaboration, and insufficient practical innovation capabilities. A "Six-in-One" embedded teaching model has been proposed to address the disconnection between traditional pedagogy and regional industrial practices, establishing a collaborative education mechanism integrating "government, industry, academia, research, innovation, and application entities". Taking the course Community Planning Theory and Methods at Suzhou University of Science and Technology as an empirical case, this model operates through dual platforms (on-campus hub vs off-campus bases) with industry-education integration as its core. It synergizes six stakeholders—universities, local governments, communities, industry associations, high-tech enterprises, and social organizations—while implementing practical projects such as green low-carbon renovation of aging communities. This approach achieves organic integration of theoretical instruction and practical innovation, facilitates deep university-enterprise cooperation through timely integration of cutting-edge industrial technologies into curricula, and promotes precise alignment between course content and regional development needs. The model provides a replicable paradigm for application-oriented talent cultivation in local universities.

Keywords：Six-In-One, Applied Talent Cultivation, Local Universities, Industry-Teaching Integration, Project-Based Learning

人工智能赋能城乡规划通识教育：
课程范式重构与教学创新实践 *

刘羿伯　邱志勇　夏　雷

摘　要：人工智能理论的不断完善以及技术的持续迭代推动了教育的变革式发展，随着大规模群体智能时代的来临，城乡规划通识教育课程与人工智能融合能够更好地满足城乡规划的学科发展要求，人工智能赋能城乡规划通识教育具备一定的可行性。基于城乡规划通识课程的人工智能转型路线，从人工智能技术支撑体系的分层架构和人工智能应用场景矩阵体系方面探索人工智能赋能下城乡规划通识教育课程的改革方向和路径。并以哈尔滨工业大学城乡规划专业通识教育课程"图解城市"为例，针对课程痛点，开展"人工智能＋专业"的课程教学改革，设计涵盖理论建构模块、文化比较模块与技术应用模块的模块化、渐进式教学内容，构建跨学科、多维度的城市空间认知与分析体系，实现人工智能赋能城乡规划通识教育的创新实践。

关键词：人工智能；通识课程；城乡规划；范式重构；教学创新

1　逻辑缘起：人工智能赋能城乡规划通识教育的必要性和可行性

　　人工智能（Artificial Intelligence）是引领新一轮科技革命、产业变革、社会变革的战略性技术，人工智能理论的不断完善以及技术的持续迭代推动了教育的变革式发展、形塑了教育的新范式和新形态。2024世界数字教育大会发布"人工智能赋能教育发展"倡议，提出要"将最适切的人工智能技术、产品与服务应用于教育教学实践，丰富教育内容，变革教学方式，拓展教学广度与深度"[1]；2024年9月，全国教育大会强调"要深入实施国家教育数字化战略"[2]；2025年中共中央、国务院印发的《教育强国建设规划纲要（2024—2035年）》，明确提出了"促进人工智能助力教育变革。面向数字经济和未来产业发展，加强课程体系改革，优化学科专业设置"的要求[3]。这些都为人工智能如何赋能高等教育提供了发展思路、指明了发展方向。与此同时，城乡规划作为一门研究判断未来空间发展、模拟谋划未来建设布局的前瞻应用型学科[4]，其跨学科和实践性的属性要求学科建设和专业教育紧跟行业需求变化和信息技术手段发展[5]。当前，传统注重物质空间的规划教育模式滞后于快速转型的城镇化进程，伴随着新一轮全球技术革命、行业的深刻变化以及社会对兼具创新能力和技术能力人才需求的日趋旺盛，不仅对城乡规划人才培养提出了新的考验，也对城乡规划课程的转型升级提出了新的要求。

　　人工智能以海量的数据资源、强大的计算能力、精准的分析决策等特征拓宽了城乡规划课程的广度和深度，人工智能已经成为城乡规划专业教学改革的重要切入点以及保持专业发展活力和效能的重要方式，这一论点在业界已普遍达成共识[5]，而且诸多学校针对城乡规划课程如何融入人工智能技术也进行了有益尝试和积极探索，但大多集中在城市大数据、城市信息学等偏重数据处理和分析方法的课程上[6]。受专业传统培养模式的

---

　　* 基金项目：中国高校产学研创新基金（项目编号：2024SE031）；哈尔滨工业大学"AI+专业"课程建设立项；黑龙江省高等教育教学改革研究重点项目（SJGZB2024010）。

刘羿伯：哈尔滨工业大学建筑与设计学院副教授
邱志勇：哈尔滨工业大学建筑与设计学院副教授（通讯作者）
夏　雷：哈尔滨工业大学建筑与设计学院讲师

限制，城乡规划专业大部分课程尚没有将人工智能与专业知识进行有效结合并在课程教学中予以展示[7]，针对通识教育课程的人工智能探索仍有待革新。

通识教育课程是城乡规划课程体系中的重要组成部分，其目的在于为学生建立基本统一的专业知识和价值观以响应国家战略、面向国家和地方经济社会需求[8]。随着大规模群体智能时代的来临，城乡规划通识教育课程中的知识认知由静态描述转向动态机制解析，知识思维由经验科学转向逻辑科学，知识创新由空间实证转向技术验证，这与人工智能的自主学习能力、推理分析能力、交互沟通能力高度适配。以此为契机，将人工智能与通识课程融合能够更好地满足城乡规划的学科发展要求，加速人工智能背景下城乡规划专业的教学探索与实践创新，完善城乡规划专业交叉型复合创新人才培养机制。因此，本研究以哈尔滨工业大学城乡规划专业通识教育课程"图解城市"为例，开展"人工智能+专业"的课程教学改革，探讨人工智能赋能下城乡规划通识教育课程的改革方向和路径，尝试构建科学、可行的城乡规划专业通识教育课程人工智能应用场景矩阵体系，以期为相关研究和实践提供参考。

2 范式重构：人工智能在规划类通识课程中的技术框架及应用场景

2.1 城乡规划通识课程的人工智能转型路线

人工智能自1956年诞生以来，先后经历了基于搜索的智能、基于学习的智能、自主感知的智能等阶段，而城乡规划学科20世纪70年代才进入数据分析时期，相较于人工智能的快速发展，城市规划学科方法体系更多是围绕调查取证和资料分析作为依据，虽然不同时代背景技术加持下的方法路径有所差别，但并没有产生革新性变化[4]。2024年9月，联合国教科文组织发布的《学生人工智能能力框架》和《教师人工智能能力框架》，均强调从"获取、深化、创造"等多个等级开展人工智能素养教育，这也为通识教育课程转型提供了重要参考[9,10]。据此，本文将城乡规划通识课程的人工智能转型分为工具赋能阶段、认知重构阶段与范式革新阶段（图1）。

（1）工具赋能阶段

城乡规划专业从手工制图到软件制图、调查走访到

大数据分析、纸质图文到动态平台，其核心在于不断引入先进分析应用工具，提升专业效率和精确性[5]。从国内代表性高校城乡规划专业培养方案与课程设置来看，人工智能工具的应用是课程体系中的重要组成部分，其课程主要涵盖技术基础课程、规划应用课程和综合实践课程等类别，其中，技术基础课程包括地理信息系统与遥感、计算机及程序设计、3S技术与应用等课程，主要介绍相关技术发展及基本操作方法；规划应用课程包括"城乡信息及其分析""数字城市规划与设计""城市大数据与智慧规划""机器学习和智慧规划"等课程，介绍相关技术在城乡规划中的应用；综合实践课程则是利用各类技术在实际规划中进行实践与应用。总体来看，城乡规划专业通识课程在培养学生运用人工智能技术工具进行空间分析和综合应用方面已经相对成熟。

（2）认知重构阶段

2022年，全国教育工作会议提出"实施教育数字化战略行动"，同时明确教育数字化不仅仅是在传统教育模式中加入数字化元素，更是通过信息技术与教育的深度融合，创新教育理念、教学方法和评价体系，实现教育资源的优化配置和教学质量的全面提升[11]。人工智能技术与教育融合的蓬勃发展推动了城乡规划专业通识课程的迭代升级，各大高校积极响应，围绕人才培养目标、毕业要求、专业课程、知识点等层级将学科知识和各类教学资源进行系统化组织和分类，形成专业知识框架；以知识图谱为工具，系统化描述课程知识间关系，并进行有机整合和关联，建设教育教学资源库；聚焦人工智能赋能教学模式创新，从"师—生—机"深度交换的角度系统规划教学新形式的教学改革。以哈尔滨工业大学城乡规划专业为例，作为校"AI+"试点专业2024—2025年共12门通识教育课程获批"AI赋能课程教学改革项目"及"'AI+专业'课程建设立项"。

（3）范式革新阶段

近年来，随着人工智能技术的迭代发展，数据与算法的混合驱动已呈现将城市复杂巨系统拆分为生态、形态、业态、人群、环境等诸多子系统的趋势，促进规划设计对城市运行规律和建构规则的认知与识别[4]。人工智能通过揭示城市空间隐藏规律及分析规律背后成因支撑规划研究，并将城乡规划专业通识课程从侧重于关注问题定义和分析推向了解决问题的逻辑过程，二者交叉融合趋势愈

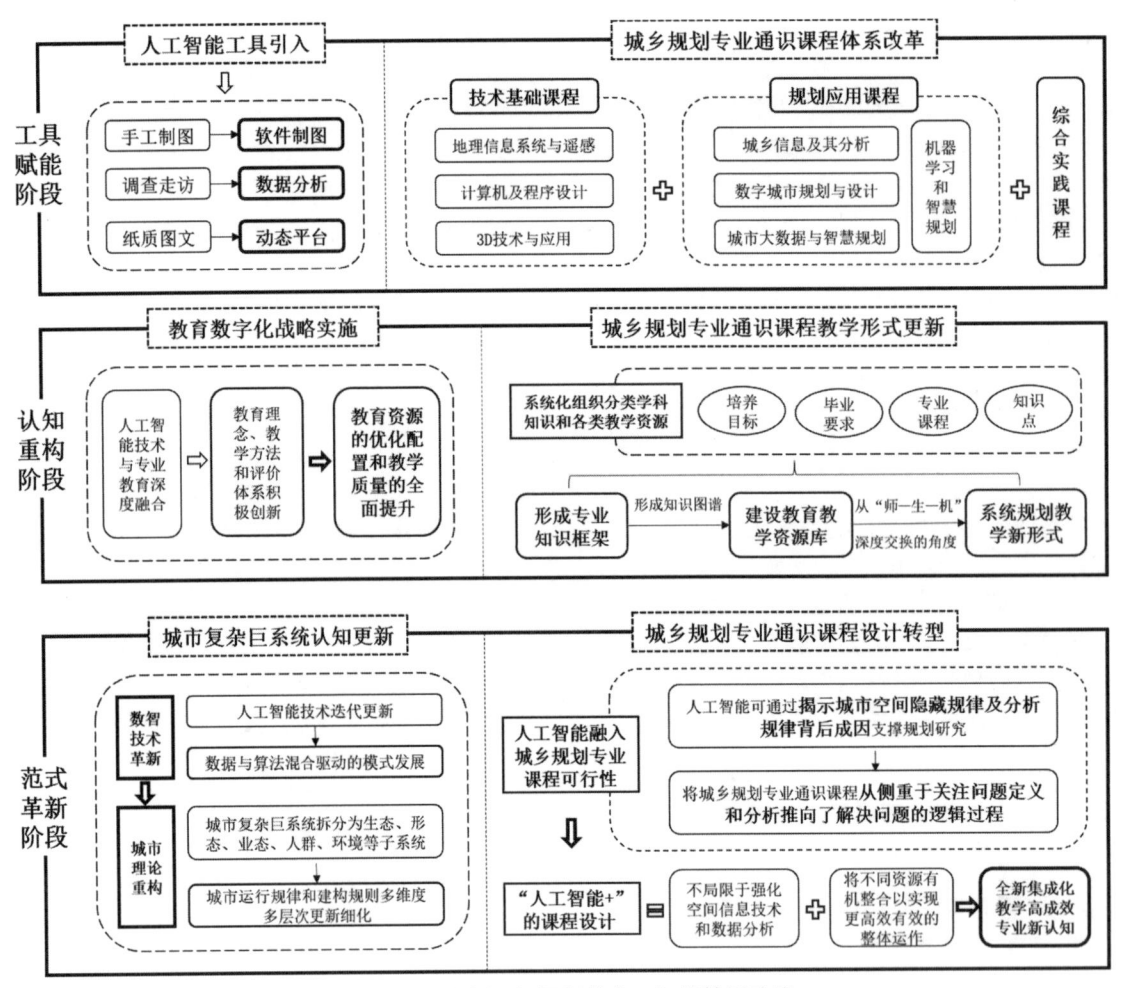

图1 城乡规划通识课程的人工智能转型路线
资料来源：作者自绘

加明显，基于既有空间技术分析相关课程的教学基础及知识图谱和大模型对教学方式的优化，城乡规划专业通识课程的人工智能转型不再局限于强化空间信息技术和数据分析，将不同资源有机整合以实现更高效、更有效的整体运作的全新集成化的"人工智能+"的课程设计已初见端倪，通过集成化可以打破信息孤岛，进而提升学习、教学效率和专业认知水平。

2.2 人工智能技术支撑体系的分层架构

通过将人工智能与城乡规划专业通识课程进行融合，可解决传统城乡规划专业课程单一的弊端，集成化

人工智能赋能城乡规划通识教育课程可分为基础层、算法层、模型层和应用层（图2）。基础层作为人工智能技术支撑体系的起点，涵盖硬件设施和数据资源，是算法、模型训练与优化的技术基础，该层帮助学生通过从分析插件到理论验证系统的工具进化建立起初步认知框架；算法层系统梳理人工智能技术关键知识模块，如生成式人工智能、机器学习、深度学习等，该层作为人工智能技术支撑体系的承上启下环节，旨在引导学生完成从技术辅助到认知模式重构的方法迭代；模型层主要由多模态大模型的训练框架构成，基于基础层和算法层对样本数据完成预训练，形成数据创造的基础资源，该

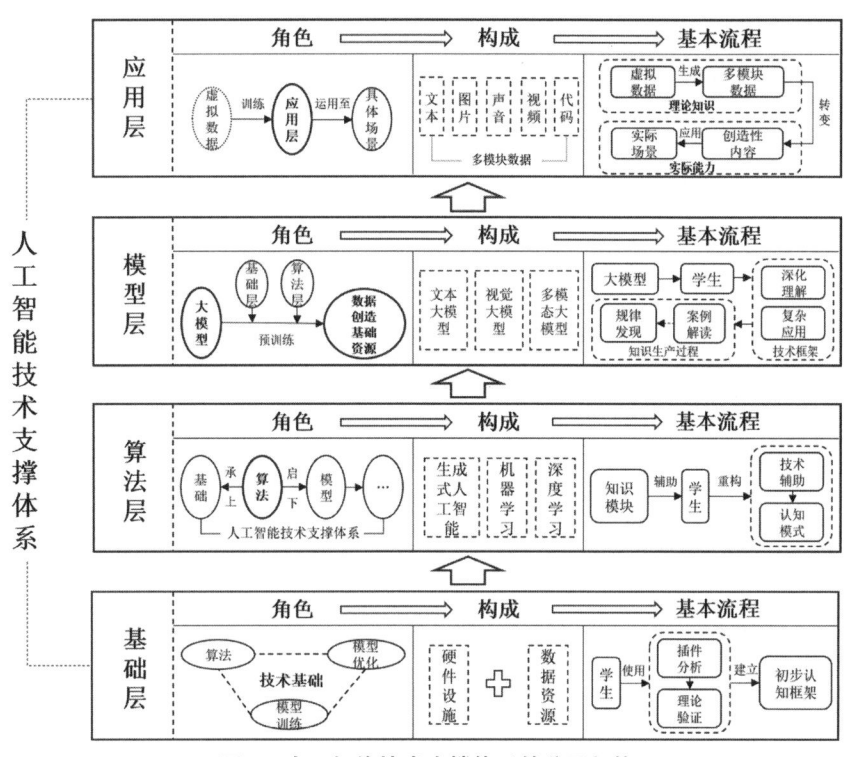

图2　人工智能技术支撑体系的分层架构
资料来源：作者自绘

层为学生提供深入理解和探索复杂应用的技术框架，完成从案例解读到规律发现的知识生产过程；应用层则是利用多模态大模型基于训练数据，通过算力系统生成文本、图片、声音、视频、代码等多模块数据，为专业化模型提供创造性内容并应用于实际场景，该层将理论知识跃升至实际能力，目的在于提升学生对技术的全面掌握，并完成从技术应用到价值判断的伦理建构。

　　通过对人工智能技术支撑体系的分层架构，其目的在于构建从底层基础配置到高阶应用的完整链条，实现从理论到实践、从基础到创新、从知识到技能的全方位过渡[12]。

2.3　人工智能应用场景矩阵体系建构

　　在人工智能技术支撑体系的分层架构基础上建构人工智能应用场景矩阵体系，是为了有效搭建"知识认知"与"教学应用"之间的桥梁，该体系以人工智能大数据支撑、算法支持、模型辅助三大技术要素为阶梯，

形成纵向贯通、横向耦合的教学场景矩阵（表1）。

　　（1）大数据支撑

　　人工智能技术爆发式发展并与城市数据的多元化深度融合，彻底改变了城市研究的范式，涵盖规划、交通、环境、社会治理等多个领域，大数据分析可以发现城市各要素的关联性，为城市规划提供科学支持。

人工智能应用场景矩阵体系　　　表1

技术要素	功能定位	典型教学场景	核心技术工具	能力培养指向
大数据支撑	基础资源	空间数据采集、时空数据分析、公众行为解析等	社交媒体数据、卫星遥感数据等	数据素养培养
算法支持	方法核心	空间识别、空间优化、需求预测等	计算机视觉、遗传算法等	计算思维训练
模型辅助	应用决策	生成式设计、评估决策、仿真模拟等	AIGC、LLM等	系统思考能力

资料来源：作者自绘

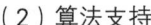

（2）算法支持

城市计算已经进入多模态融合的智能范式，以深度学习和强化学习处理复杂系统，实现从特征工程到端到端学习的算法架构，具有专用工具链特征，研究尺度实现跨域复杂系统建模，且在学科融合上体现城市科学和人工智能的深度耦合。

（3）模型辅助

城市多模态大模型的发展实现了数字孪生、自主决策和社会仿真等突破，有助于培养学生推动技术边界、应对复杂应用场景的能力，构建起系统性、前瞻性的学习路径。

该体系通过技术要素的解构重组，可实现人工智能赋能教学从技术崇拜向认知建构的转变，为城乡规划通识教育提供符合认知规律的技术融入路径，使非技术背景学生也能系统掌握人工智能技术的应用逻辑与价值边界。

3 创新实践：AI+通识课程的教学探索——以"图解城市"课程为例

以哈尔滨工业大学城乡规划专业"图解城市"课程为例，该课程遵循从"基础层"到"应用层"的人工智能技术支撑体系分层架构以及"大数据—算法—模型"的人工智能应用场景矩阵体系，探索城乡规划专业通识课程的人工智能转型。

3.1 课程教学定位

"图解城市"课程是城乡规划专业（五年制）学生在正式进入城乡规划专业学习课程之后，尚未进行大尺度城市设计之前所开设的理论课程。该课程以文化通识为线索，从城市设计学科入手，从城市形态学和类型学角度讲解不同文化背景下物质空间形态、功能组织结构、区域历史发展等城市空间形态的多方面特征，结合城市科学的新方法与新技术对城市空间进行分析，加深对城市发展形成与城市规划设计的认识与理解。课程希望培养学生的宏观规划思维和技术应用能力，帮助学生理解专业价值和专业使命，具体教学目标如下：

（1）知识目标

掌握图解的理论及方法，立足于特定社会制度和文化系统对城市空间形态进行剖析，揭示城市空间形态变迁的规律，追寻城市空间形态差异的本质。

（2）技能目标

通过跨文化比较、人工智能技术等方法综合分析城市空间从起源到发展以及嬗变进程中各种形态的特征和优劣，以探讨城市空间形态的内在机制和外在表现之间的关系。

（3）能力目标

能够运用所学到的相关知识对城市空间形态进行解析，深刻地认识不同思想、文化、价值作用下呈现出的空间形态特征与差异。

3.2 课程教学痛点

从授课对象与课程特征来看，该课程教学中主要面对三个突出的痛点问题，具体如下：

（1）理论知识脉络不清

传统城乡规划专业通识课程多依赖于理论讲授的教学模式，教师为学生提供理论知识以及自上而下的实践经验传授，在16学时或32学时的有限学时内，学生虽然会依据课程内容进行大作业或大报告形式的反馈，但受学习时间和投入精力的限制，对理论知识脉络及专业思维线索理解不够深刻，存在"考完即忘""理论流于表面"等问题。

（2）国际前沿研究不够

因我国城乡规划体系与国外有所差异，且发展阶段也有所不同，城乡规划专业通识课程普遍以我国规划框架和定位为主，知识更新难免滞后，与国际前沿研究难以有机融合，快速更迭的技术框架与理论思想往往不能及时传递给学生，教学与实践中存在信息不对称的现象，导致学生创新思维和批判性思维受限。

（3）科学逻辑思维不足

当前城乡规划专业通识课程更多是依托专业实践展开相关原理、空间布局手段、法律法规等内容的讲授，缺乏对其内在机制和科学推导过程的关注，人工智能等技术与规划专业通识课程融合性不足，存在"理论即理论、技术即技术、设计即设计"的现象，导致规划专业通识课程的动态性和学理性不足。

3.3 课程教学思路

为解决课程教学痛点，充分利用人工智能技术手段，与专业通识课程知识相结合，培养学生跨学科的知

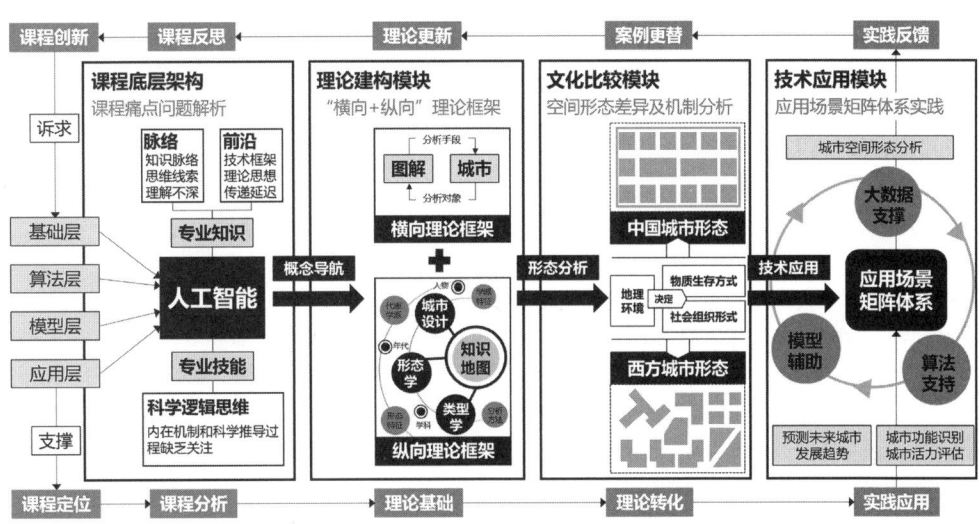

图3 "图解城市"课程教学思路
资料来源：作者自绘

识能力和技术应用能力，本课程设计了模块化、渐进式教学内容，即理论建构模块、文化比较模块与技术应用模块（图3）。

（1）理论建构模块

针对课程内容特征，以城市设计、城市形态学为主要理论纵向框架，采用概念导航的方式进行讲解，为理解城市设计、城市形态学的起源、发展与应用打下坚实的知识基础。例如，本课程设计了包含代表人物、国家、学科、学派理论特征、形态特征、分析方法等板块在内的知识地图，为学生提供知识导航及索引，加深学生对形态学和类型学的理解。此外，针对城市及城市设计涉及广泛、应用性强的特征，分别从分析对象"城市"和分析手段"图解"两方面建立理论横向框架，使学生充分理解图解城市的基本概念及其在城乡规划工作中的重要理论与实践意义。

（2）文化比较模块

选择知识前沿、空间形态典型的课程内容及案例，全方位提升教学内容的难度和广度。利用人工智能技术生成中西方不同时期的城市场景图片或视频，触动学生的直观感受，了解中西方城市空间形态的差异并解释其形态演变和差异背后的逻辑。使所讲授的教学内容更易被学生接受，同时增加课堂的互动性。针对中西方不同

时期典型城市空间形态特征，以各类形态分析技术工具为例，分别介绍基于同一时期不同空间条件下以及不同时期不同空间条件下的城市空间形态，使学生掌握不同文化背景下城市空间形态之间的异同，探求城市空间形态生成、发展、组合、嬗变的本质和规律，揭示隐藏在其背后与之相对应的社会政治制度、经济发展水平以及科学技术等因素的作用，鼓励学生思考城市空间形态所发挥的作用和价值等。

（3）技术应用模块

系统介绍人工智能基础知识、机器学习算法、深度学习模型等内容，帮助学生掌握人工智能技术的基本原理和应用方法，重点介绍计算机视觉、自然语言处理、强化学习等技术在城市空间分析中的应用。选取国内外经典案例及实际研究案例，例如利用人工智能技术进行城市空间形态分析、城市功能识别、城市活力评估等，进行深入剖析和图解展示。并结合当前热点事件和城市发展动态，例如利用人工智能技术分析人口变化对城市空间的影响、预测未来城市发展趋势等，引导学生关注现实问题。探讨人工智能技术应用中的伦理问题和社会责任，引导学生思考技术发展的利弊，鼓励学生运用所学知识，自主选择城市空间问题，进行人工智能技术应用探索，并形成案例分析报告。

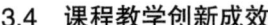

3.4 课程教学创新成效

人工智能技术与传统规划专业知识的有机融合为规划专业通识课程的发展提供了新的契机，在"图解城市"课程教学中，融合城市设计、形态学、类型学及城市科学与人工智能新技术，构建了跨学科、多维度的城市空间认知与分析体系，通过"理论建构模块—文化比较模块—技术应用模块"的教学路径，创新通识课程的教学内容，实现"打破学科壁垒"的通识教育的目标。

一方面运用图解分析方法，将复杂的城市空间信息转化为直观易懂的图形语言，帮助学生建立清晰的空间认知框架；另一方面将大数据分析、空间句法、GIS 等城市科学新技术以及计算机视觉、大模型等人工智能技术引入课程教学，提升学生运用新技术分析城市空间的能力。引导学生在问题导向下，充分考虑社会、文化、经济背景，利用科学思维和前沿技术解决城市问题，在寻求问题机理、解决公众需求中完成对经典理论的论证及系统科学的学习，使通识课程成为扩宽学生视野、培养学生创新思维和实践能力的新型课程。

从课后的学生反馈来看，该课程不仅将较为枯燥的理论知识转化成了易于理解和接受的图解分析，更通过对人工智能大背景下新技术的创新应用的讲授和探索对专业的前沿领域有了进一步了解。这些学生评价侧面印证了"图解城市"课程的教学探索和实践创新是有意义的。

4 总结与展望

人工智能为城乡规划教育提供了全新的支持工具和方法，可预见的是，新一代人工智能会对规划行业以及人才培养带来颠覆性影响，虽然现阶段人工智能已经成为规划专业部分课程的有机组成部分，但在规划教育体系充分认识到人工智能对行业的深远影响基础上，还要思考如何提前或超前应对和主动适应快速变化的技术环境及行业需求，更新教学内容和方法，其中专业通识课程或许可成为重要转型契机。从本课程教学创新的尝试来看，人工智能与专业课程结合需从深度和广度两方面加以思考，既要通过人工智能赋能专业知识点的

讲授，为学生提供一个深入且实用的学习体验，又要整合不同领域知识技能，提升学生跨学科视野，促进学生创新思维的培养。此外，未来在课程中还必须注意到人工智能的价值导向和伦理安全问题，规避完全的"经验主义"或极端的"技术主义"[6]，确保师生的主体性，兼顾专业学习与技术创新。

参考文献

[1] 孙竞. 2024 世界数字教育大会发布"人工智能赋能教育发展"倡议 [N/OL]. [2024-1-31]. http://edu.people. com.cn/n1/2024/0131/c1006-40170580.html.

[2] 新华社. 习近平在全国教育大会上强调：紧紧围绕立德树人根本任务 朝着建成教育强国战略目标扎实迈进 [N/OL]. [2024-9-10]. https://www.gov.cn/yaowen/ liebiao/202409/content_6973522.htm.

[3] 中共中央，国务院. 教育强国建设规划纲要（2024—2035 年）[Z]. 2025.

[4] 孙昊成，杨俊宴. 人工智能驱动下城市规划设计框架构想：基于未来城市空间特征推演视角 [J]. 北京规划建设，2024（3）：14-17.

[5] 陈宏胜，蔡一丹，李云. 基于学生视角的人工智能对城乡规划专业教学影响研究 [J]. 高教学刊，2023，9（36）：1-6.

[6] 田莉，杨鑫，张雨迪，等. "专业知识 + 人工智能"双驱动的城乡规划设计教育创新探索：以住区规划为例 [J]. 城市规划学刊，2024（5）：71-78.

[7] 刘海静，郭一江. "人工智能 +"融入城乡规划专业课程体系研究 [J]. 电脑知识与技术，2024，20（2）：166-168.

[8] 李平，尹超. 人工智能背景下大学生通识课程的教学探索与实践创新 [J]. 大学化学，2024，39（10）：402-407.

[9] 联合国教科文组织. 学生人工智能能力框架 [Z]. 2024.

[10] 联合国教科文组织. 教师人工智能能力框架 [Z]. 2024.

[11] 教育部. 加快教育高质量发展 2022 年全国教育工作会议召开 [N]. 中国政府网，2022-1-18.

[12] 李白杨，孙榕. 基于"知识—技能"导航的人工智能素养通识教育课程构建 [J]. 农业图书情报学报，2024，36（8）：34-42.

Artificial Intelligence Empowering Liberal Arts Education in Urban and Rural Planning: Curriculum Paradigm Reconstruction and Teaching Innovation Practice

Liu Yibo   Qiu Zhiyong   Xia Lei

Abstract：The continuous improvement of artificial intelligence theory and the constant iteration of technology have driven the transformative development of education. With the era of large-scale swarm intelligence, the integration of urban and rural planning liberal arts education courses and artificial intelligence can better meet the disciplinary development requirements of urban and rural planning. Empowering urban and rural planning liberal arts education with artificial intelligence is certain to be feasible. Based on the transformation route of artificial intelligence in urban and rural planning liberal arts education courses, this paper explores the reform direction and path of urban and rural planning liberal arts education courses empowered by artificial intelligence from the aspects of the layered architecture of artificial intelligence technology support system and the matrix system of artificial intelligence application scenarios. Taking the liberal arts education course "Illustrated City" in the urban and rural planning major at Harbin Institute of Technology as an example. This article focuses on the pain points of the course and carries out a teaching reform of "artificial intelligence plus specialization". It designs modular and progressive teaching content covering theoretical construction modules, cultural comparison modules and technology application modules, progressive teaching content. Build an interdisciplinary and multidimensional urban spatial cognition and analysis system, and achieve innovative practices of empowering urban and rural planning general education with artificial intelligence.

Keywords：Artificial Intelligence, Liberal Arts Education Courses, Urban and Rural Planning, Paradigm Reconstruction, Teaching Innovation

应对新工科教育转型的城市信息学课程建设与教学改革思考

来 源

摘 要：在新工科教育转型背景下，城市信息学（Urban Informatics）作为融合数据科学与城市规划的新兴交叉学科，为应对智慧城市发展的复杂需求提供了重要的教学创新路径。本研究以清华大学"城市信息学"研究生系列课程为例，探讨了面向未来城市的跨学科人才培养模式。课程通过整合城市感知、数据分析和规划理论，构建了"理论—技术—实践"三位一体的教学体系，采用项目制学习和计算思维训练，培养学生运用多源数据解决城市问题的能力。教学实践表明，这种模式有效提升了学生的数据素养和系统思维，同时强化了对技术伦理和社会价值的认知。研究发现，平衡技术训练与人文关怀、协调课堂讲授与课外实践、促进跨学科协作是课程建设的关键挑战。未来需进一步深化产学研融合，加强城市信息模型等前沿技术应用，关注数据公平等社会技术议题。本研究为传统工科专业在新兴技术浪潮下的转型升级提供了参考，为智慧城市人才培养体系的完善奠定了实践基础。

关键词：新工科教育转型；城市信息学；智慧城市；教学改革

1 引言

过去三十年间，快速城市化与技术进步为城乡规划教育创造了机遇与挑战。在大数据、云计算和人工智能驱动下，信息量与计算能力的激增极大拓展了城市研究的资源储备与分析能力。特别是城市数据的海量化、高速化与多样化，推动了城市研究的范式转变，促进了数据密集型科学发现与应用技术研发。与此同时，城市系统日趋复杂，新现象不断涌现，新挑战持续产生，其错综复杂的动态性对传统规划理论方法提出了全新考验（图1）。全球智慧城市的迅猛发展更引发了社会技术变革，由此产生的环境、技术与社会动态交互等基础科学问题亟待解答。快速兴起的城市信息学领域折射出整合多学科与数字技术以深化城市认知的迫切学术与教育需求。本文系统探讨了城市信息学作为新兴交叉学科的教学创新与实践路径。研究梳理了全球新工科教育改革趋势及其对城乡规划专业的影响，并阐述了"城市信息学"研究生课程的建设框架、教学内容与教学方法。通过分析课程实施效果与学生反馈，研究揭示了技术能力培养与人文价值引导的协同机制，同时剖析了数据驱动教学中的核心挑战。本文最后从学科定位、伦理教育和技术整合等方面提出未来发展方向，为构建面向智慧城市的创新人才培养体系提供理论依据与实践范式。

2 研究背景

"新工科教育转型"指为通过教育创新重塑知识结构、能力训练与实践方式，以应对面向未来的新机器与新工程体系体现出的整合性、复杂性、连通性、自主化以及可持续发展等特色。全球发展趋势表明，21世纪中期将形成由物联网、自动化体系、机器人体系、智慧城市、可持续材料与能源体系、生化诊疗、大数据等组成的未来人类社会系统。以麻省理工学院为例，该校系统性地提出了"新工科教育转型"（MIT New Engineering Education Transformation，MIT NEET）项目，该项目在数字智慧技术革命大背景下，重构麻省理工学院的工程教育教学，从根本上对工程教育进行系统性反思和变革，改革重点集中在学习方式及学习内容，旨在培养能够引领未来产业和社会发展的领导型工程人才。

来 源：清华大学建筑学院副教授

图1　21世纪以来的城市信息技术发展演变
资料来源：作者自绘

城乡规划作为工科领域专业之一，传统的专业教学与课程内容聚焦人类居住空间发展，尤其注重建成环境、可持续性、公平性与生活质量。规划教育主要关注物质空间，涵盖生态与建成环境、基础设施、经济发展及政策领域。目前面临着急剧变化的城市技术与社会系统，亟需可应对未来人居与智慧城市的专业理论、思维方式、研究范式与技术方法的创新与转变[1]。因此，探讨应对"新工科教育转型"的城市信息学课程建设与教学改革，不仅探索利用新信息技术作为城市研究的工具来更加科学地理解城市，还将探讨新技术背景下面向未来的城市人居、数字社会与人类命运共同体构建。

3　城市信息学课程教学实践

3.1　课程背景

城市信息学是通过城市感知、数据挖掘集成、建模分析以及可视化的数据科学方法来研究城市现象，以产生新的科学见解，同时推进计算科学方法解决城市特定领域问题和现实挑战[2, 3]。就教学课程而言，国内外院校近年来纷纷设立与新城市科学相关的学科及学位。自2010年以来，麻省理工学院、伦敦大学学院、清华大学、纽约大学、芝加哥大学、香港理工大学等众多国内外知名教育机构相继开设了城市科学与城市信息学相关的学位项目、专业方向或认证课程。

2018年麻省理工学院批准设立的城市科学/规划与计算机科学联合学士学位（"城市科学计算机科学"）获得全球高度关注。作者于2019年至2021年在麻省理工学院参与"城市科学计算机科学"新本科专业的培养方案建设与教学创新工作，并通过该专业课程建设与

麻省理工学院工程学院、电子工程与计算机学院开展跨学科联合培养与新工科教育转型教育创新工作。为应对城市领域专业在新工科教育转型过程中的知识能力变化，作者自2019年在麻省理工学院开设了"城市数据科学"（Data Science for Cities）与"计算城市科学"（Computational Urban Science）等课程，这是该校首个聚焦智慧城市领域的数据科学课程，引起了麻省理工学院和哈佛大学师生的关注。同时基于该本科专业培养方案与教学工作，通过与工程学院联合成立"数字城市"专题小组来进行课程创新实践并开展新工科教育转型探索。

尽管全球高等教育机构的学科设置、课程体系与重点研究领域各异，这些项目共同凸显出两大核心方向：应用城市信息学和城市复杂系统科学[4]。①应用城市信息学将城市视为实验室，运用数据科学方法与信息技术实现城市监测与智能化。例如，纽约大学、香港理工大学、波士顿大学、密歇根大学等教育机构开设了此专业的硕士学位项目，通常将这种对数据与信息技术的侧重称为"城市应用信息学"，强调了该领域的技术应用和实践价值，职业定位包括规划信息技术开发（城市信息模型、数字孪生城市等技术产品开发）、基于信息技术的城市规划师（以交通规划和地理信息系统为代表的规划技术业务需求）、城市场景服务与运筹优化（共享单车、物流配送、本地生活服务等）、城市决策咨询。②城市系统科学强调将城市理解为复杂适应系统，旨在揭示城市形态、规模、网络与发展演化中的普适规律与模式。例如，芝加哥大学、伦敦学院大学等机构开设了以"城市复杂科学"为主题的研究方向，侧重于博士研究生和博士后

阶段的科学研究，相对弱化其职业学位设置。相较而言，我国内地大多数高等院校目前尚缺乏相关课程，仅有个别高校开设有聚焦城市大数据的课程，仍较缺乏以新工科教育转型为理念指导的教学建设。

3.2 课程建设情况

清华大学建筑学院于 2021 开设"城市信息学"研究生系列英文课程，以城市信息学为理论基础，结合全球智慧城市建设发展背景，围绕"城市科学、城市分析、城市科技、智慧城市"四个视角系统介绍数据分析在解决城市问题中的科学原理、方法技术与实践路径（图2）。该课程于 2022 年被纳入清华大学建筑学英文研究生项目（EPMA）的培养方案以及清华大学"大数据技能课程系列"，目前累计有来自建筑学院、公共管理学院、软件学院、土木水利学院、美术学院、信息科学技术学院的研究生与本科生等超过 100 位学生选课。考虑到随着智慧城市和城市数据发展，新场景和新问题不断涌现，已有相关教材无法应对城市新数据的研究需要，作者于 2022 年出版中文专著《城市信息与数据科学导论：智慧城市系统构造与应用》（中国建筑工业出版社），为该领域的课程教学与专业构建提供更加系统的支撑。

本系列课程关注最新全球城市发展议题，融合多学科的核心内容，形成"三位一体"人才培养模式，旨在巩固、提升和拓展以下四个方面的专业知识、思维能力与技术训练。首先，城市信息基础认知包括对城市信息学领域的基础知识学习，突出多源异构、多模态的城市信息的产生、流动、利用与管理；其次，城市科学思维与研究范式学习要求学生初步掌握科学研究方法，包括城市复杂系统的科学思维方式、城市应用科学研究范式、量化研究方法、数据驱动研究策略；再次，数据计算分析能力训练要求学生对城市数据计算分析技术的初步掌握，主要包括城市数据获取、检查、清洗、融合、分析、建模流程；最后，城市社会技术考量聚焦科技伦理与规划价值思考，强调人居环境科学视角的未来社会技术批判思考与规划的公共价值导向。

3.3 教学内容

课程教学内容主要分为两部分，以城市问题和智慧城市规划治理需求为导向，依次强调"信息科学"与

图2 城市信息学的专业领域知识构架
资料来源：作者自绘

"规划科学"的内容学习。课程前半部分侧重城市信息学作为"信息科学"的相关基础理论知识与技术训练，帮助学生掌握城市数据的获取、运算、清洗、分析与可视化表达等核心技能，培养将理论应用于实际问题的操作能力与数据素养。教学内容关注城市信息利用与计算分析的独特性，聚焦基于 Python 环境的城市数据应用分析，包括多源异构的数据类型、数据驱动决策、公众参与模式，以及数据伦理、公平性与隐私保护等关键社会技术争议[5]。通过讲座和课堂讨论，学生逐步理解城市数据在规划、设计与治理等领域的理论与实际案例，掌握数据如何嵌入城市系统以提升运行效率和促进社会公平。

课程后半部分关注未来人居发展与智慧城市背景下的"规划科学"，强调规划理论与决策科学如果牵引指导多种智慧场景建设、智慧技术应用与智慧治理实施。与传统的信息科学、计算机科学、人工智能领域研究不同，城市信息学强调理论指导实践与针对智慧城市的"社会—技术"综合考量[6]。学生理解智慧城市建设与城市信息技术应用的典型模式与规划方法策略，并围绕具体的智慧城市议题开展案例研究。学生基于多样化的真实城市数据，运用多种数据分析工具与方法，从城市规划、空间设计、治理模式到运维管理等多维角度出发，探讨城市信息的整合与转化机制，理解其在提升城市生活质量、管理效率与可持续发展中的潜力与挑战。在智慧城市背景下的"规划科学"学习过程中强调以人为本的城乡规划价值导向，由此培养学生

"城市信息学"课程内容设置与教学目标 表1

课程名称	教学内容	教学目标	教学手段
城市信息学Ⅰ：应用城市分析	数据科学在解决城市问题的原理、技术、应用以及城市数据计算的独特性；学生将在研究项目中使用多样化的城市数据和分析方法来探讨如何利用城市数据产生积极的社会影响	了解城市数据格局，学习获取、检查、整合城市数据的基本过程；了解与城市数据科学的分析方法与表达方式；了解城市数据分析应用场景，学习城市数据分析项目的完整流程	实验部分指导学生动手学习城市数据基本运算处理、分析和可视化表达方法
城市信息学Ⅱ：智慧城市导论	全球智慧城市的发展脉络以及当前城市信息学在智慧规划、设计、治理中的应用实践，探讨如何利用城市科技产生更加积极的社会影响	由多学科视角了解智慧城市发展脉络与理论基础；了解城市数据资源与智慧城市的科学研究；学习城市信息学的智慧城市应用场景并掌握案例分析方法	案例研究方法学习，由设计、规划、科技等多维角度完成智慧城市案例分析

资料来源：作者自绘

的专业志趣、责任意识与社会担当，以及对于人居环境科学领域以"科学求真、人文求善、艺术求美"原则的价值认同[7]。学生通过课程学习，不仅将具备应对复杂城市问题的数据分析能力，还将发展批判性思维深入理解城市信息技术背后的价值取向及其社会影响，为未来从事智慧城市相关研究与跨学科实践打下坚实基础（表1）。

在教学方法方面，该系列课程强调探究式学习（Inquiry-Based Learning），即教师指导学生结合专业基础知识提出问题并探索创新的解决方案，重点培养学生在课程周期中完成研究、探索、分析和解决问题的全流程。课堂讲座在确保完整清晰讲授基础原理与基本方法的基础上，阐明专业理论方法背后的科学问题，关注国内外专业领域研究趋势与前沿话题，同时聚焦现实社会的需求导向，确保学生掌握研究方法并充分理解相关课程内容的科学意义与现实价值。

在教学手段方面，在课堂讲座的基础上加入数据分析教程、原型设计训练等技术工作坊（Technical Workshop）的内容模块，融合理论讲座、技术工作坊、数据分析练习、智慧技术原型设计等多种教学活动形式；鉴于城市信息技术主题，充分利用多种数字化、智慧化教学手段以及城市开源数据、信息可视化平台等数字资源和工具，引导学生在"做中学"中解决现实问题，开展数据应用分析和智慧城市相关技术研究；通过学生小组协作、课堂案例讨论、创意头脑风暴、项目汇报讲评等方式，有机地将定量研究方法和定性研究方法相结合，已达到学生专业知识技术与综合能力的全面提升。

3.4 教学改革

（1）改革目标

针对新工科教育转型的大背景与城市信息学前沿学术研究趋势，结合全球智慧城市建设与未来人居发展议题，教学改革研究将从"知识拓展、思维转变、能力提升、应用探索"四个方面探讨在"新工科教育转型"和未来智慧人居背景下的城市科学领域课程创新，并提出相应的教学改革目标。

①知识拓展：基于未来城市规划、设计、管理流程中涉及多种科学研究方法与智慧技术应用，在传统城市规划专业知识基础上拓展前沿科技认知与前瞻视野。

②思维转变：围绕城市信息学的基础理论、前沿理念、关键技术、国内外创新实践等方面，构建面向未来智慧城市人才所需要的"六大基础思维"（创造性思维、系统性思维、评判性思维、计算性思维、分析性思维、人本性思维）。

③能力提升：关注开展城市信息学研究与实践所需的数据分析能力、规划研究能力、原型设计能力，进行课堂教学环节设置、课后作业设计与研究项目引导。

④应用探索：立足实践应用训练，引导学生利用真实数据解决实际问题；通过英文教学贯穿国内外案例，培养学生国际视野和全球胜任力。

（2）教学改革内容

课程针对新工科教育转型的特点，结合城市信息学前沿技术发展趋势与重要议题，设置以下教学改革内容。其一是课程内容改革，包括改革课程知识结构体系，内容聚焦城市信息学可应对的全球重大议题（气候变化、碳中和、公共健康、人工智能、无人驾驶）与城市现实问题，强调内容的"现实性、前瞻性、融合性"，并结合案例库、习题集、和可供教学使用的样本数据库，为学生学习研究提供结构明确的引导和丰富资源支撑。其二是教学方法改革，以校园和城市作为试验场开展实践教学模式创新，聚焦真实城市问题，通过项目制（Project-Based）教学方式和原型设计（Prototype）训练开展跨学科合作，引导学生在"做中学"来解决现实问题，开展数据应用分析和智慧城市相关技术研究；通过理论讲座、技术工作坊、数据分析练习、案例头脑风暴、智慧技术原型设计等多种教学方式相结合，通过"项目制"引导学生开展以兴趣和实践需求的教学。其三是教学工具改革，可充分发挥城市信息学课程的特点，开展构建课程相关的数据库、技术库、案例库等学习资源建设，通过结合课程信息化建设和人工智能赋能前沿技术手段，建设AI赋能的教学工具，例如人工智能助教、智能学伴、课程智能体等学习工具[8]。

（3）学生意见反馈情况

课程对研究生的选课动机与兴趣开展了问卷调查（图3）。结果表明，大多数学生的选课目的是希望更多了解城市信息前沿技术并应用于城乡规划研究。此外，也有一部分学生希望通过课程的学习能够探索传统城乡规划领域之外的城市现象和议题。这种兴趣也在课程的学生研究项目作业选题中有所体现，反映了学生作为年轻族群对社会新兴事物的深度参与和研究兴趣。基于历

年学生作业选题，这些非传统、新的城市议题大致包括"城市新活动"与"城市新技术"两类主题。"城市新活动"主要反映了城市不断演化出现的各类新的社会经济、文化、娱乐行为活动与由此引出的行为偏好、消费趋势和空间需求，具体问题包括奶茶店选址布局、网红街区规划管理、文旅集章打卡现象等；"城市新技术"则关注由自动化、数字化、信息化、智能化技术所带来的城市空间规划与治理的新解决方案与应用场景，例如基于社区低空物流配送、自动驾驶地下交通、城市信息模型（CIM）、城市大脑、一网统管智慧治理、数字孪生城市等问题。

课程教学组在学生完成全部课程内容后已对其开展了包括访谈、学习体验反馈和意见收集。城市规划专业的研究生表示"这门课程超出了我的预期，在三个关键领域显著提升了我的理解。首先是城市大数据的多样类型和来源，以及它们与研究问题的匹配；其次是为有效的数据可视化选择合适的分析技术；最后是城市大数据分析中内在的伦理考量与应遵循的数据科学原则。"另一位学生表示，"最令人印象深刻的部分是关于不同层级的城市研究问题及其逻辑关系的讨论，以及对信息学伦理的探讨。前者帮助并修正了我们小组研究项目设计，帮助我们发现与研究问题相关的子问题。后者提醒我们，研究需要与实践相结合，始终要回到真实场景中去审视信息获取的平衡是否恰当。"

城市信息学系列课程作为英文研究生课程，也受到了国际留学生的好评。一位来自克罗地亚的研究生表示，"我对欧洲建筑教育的不满之一是，它往往落后于传统边界之外的技术进步。这门课程帮助我弥合了这一差距。虽然最初的阶段很有挑战性，但随后就变成了一个愉快的过程。我发现提取有意义的数据并将其可视化是一件令人兴奋的事情！"一位来自意大利的研究生表示，"该课程扩展了城市数据在设计中的作用，将其展示为一个动态和不断发展的元素，而不是固定静态的信息资源，并提供了非常有价值的研究工具让我能以更加明智和分析的思维来处理项目。"一位来自德国的研究生表示，"起初我并不确定这些学习成果将如何融入我常规的设计工作流程。然而现在我深刻理解到数据收集、清洗和分析过程是设计旅程中不可或缺的部分。这种方法改变了我的视角——我不再

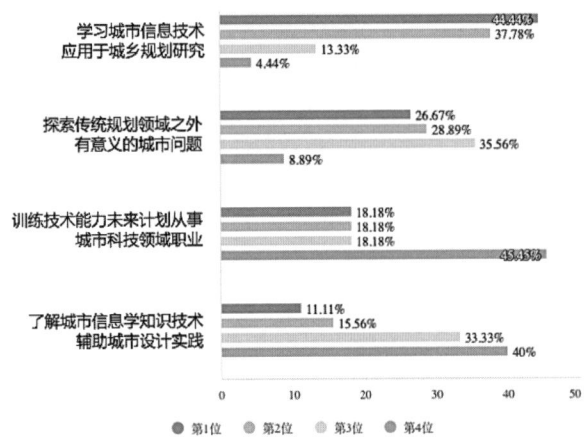

图3　学生选课动机与兴趣调研结果（样本量 =45）

资料来源：作者自绘

理所当然地接受现有的数据或地图。相反，我认识到理解它们的来源、背景以及对最终产品产生影响的众多因素的重要性。"

4 "城市信息学"课程教学思考

鉴于城市信息学作为新兴学科分支与前沿研究领域，其相关知识体系建设、课程设计与教学改革仍然处于初期探索阶段。作者结合目前课程开展情况与经验总结，初步提出以下三方面的思考问题：

（1）如何平衡数据驱动与问题导向：在该系列课程研究项目的设计与推进过程中，查找数据是关键能力。学生往往需要在短时间内同时从数据与问题两侧开展思考，因此在教学引导中需要鼓励开放探索，不预先提供数据或设定题目，但同时也要避免无目的分析数据。学生在数据挖掘和问题定义迭代过程中，更加深入地理解城市数据潜在价值及其局限性。

（2）如何融合课堂教学与自学：课堂教学涉及城市数据产生利用、城市问题背景、研究范式学习等基础问题，因此数据计算与分析技术课堂讲解具有必要性，尤其是计算分析的逻辑。然而，课堂时间极其有限，学生往往需要在课后进一步练习和拓展学习相关数据分析计算与编程代码细节，这需要通过教学工具、作业布置和助教等方式来融合课上与课后学习。

（3）如何协调个人研究与团体合作：如何通过合理的项目结构与分工设置要求鼓励学生开展合作，激励学生个人学习，同时支持多专业学科、不同年级同学间的合作；在成绩标准和自评互评环节确保公平的评价。

针对未来课程建设的完善和提高，作者提出以下的工作方向与教学研究内容。首先，未来需要进一步明确城市信息学作为应用科学的定位、教学目标与教学方式创新。主要研究问题包括城市应用信息学与城市基础科学研究的关系，城市信息学如何支撑未来数智化城市规划前沿技术，以及城市信息学如何指导城市科技研发、智慧城市产业行业发展[9]。其次，在探索利用城市多源信息开发解决方案的同时，进一步探索城市信息揭示潜在的城市问题。当前主要问题包括城市物理技术空间公平正义、数字鸿沟、局部空间数据缺失问题，城市信息学前沿技术风险与技术伦理问题考量、数据分析原则、数据分析所揭示的城市问题如何在现实环境中进行验

证。最后，未来应探讨城市信息学在未来人居环境系统多领域全流程中的关键作用。理解城市信息学在城乡规划领域内外的作用价值和应用场景，从课程项目到城市信息民用科技研发的迭代过程，以及城市信息学在城市信息模型、公众科学、社区参与规划、城市管理如何发挥作用[10]。

5 结论

本文围绕新工科教育转型背景下的城市信息学教学改革展开深入探讨。随着物联网、大数据、人工智能等技术的快速发展，未来城市系统正呈现出前所未有的复杂性和智能化特征，这对传统城乡规划教育提出了全新挑战。本研究立足于全球新工科教育改革趋势，系统构建了面向智慧城市发展的城市信息学课程体系。清华大学建筑学院开设的研究生课程通过将数据科学与城市规划深度融合，创新性地采用"理论讲授＋技术工作坊＋项目实践"的教学模式，引导学生运用多源城市数据解决真实问题，旨在培养具备计算思维和跨学科视野的新型规划人才。城市信息学课程作为新工科教育改革的典型案例，其价值不仅在于传授具体的知识和技能，更重要的是培养了一种面向未来的城市系统思维方式。这种教育创新不仅回应了智慧城市发展对复合型人才的迫切需求，也为传统工科专业的转型升级提供了有益参考。后续可进一步追踪毕业生的职业发展路径，评估教学改革的长效影响，同时加强与国际同类课程的比较研究，持续优化具有中国特色的城市科学人才培养体系。

参考文献

[1] 夏静怡，庄博凯，来源 . 未来城市智能技术促进多领域协同效益研究 [J]. 城市与区域规划研究，2024. 16（1）：15-29.

[2] KONTOKOSTA C E，Urban Informatics in the Science and Practice of Planning[J]. Journal of Planning Education and Research，2018：1-14.

[3] National Science Foundation. Urban Informatics for Smart，Sustainable Cities：Toward a Data-Driven Understanding of Metropolitan Energy Dynamics.

[4] WENZHONG S M F，GOODCHILD，MICHAEL，et al. Urban informatics[M]. Singapore：Springer，2021.

［5］ 来源；李佳彤. 基于居民活动的多尺度城市健康数据融合分析 [J]. 西部人居环境学刊，2023. 38（2）：8–16.

［6］ 来源；郑筱津；夏静怡，城市系统视角的智慧人居理论与技术规划原则 [J]. 城市规划，2023. 47（12）：89–96.

［7］ 来源；庄博凯，人民城市理念下的智慧城市规划价值导向思考 [J]. 北京规划建设，2023. 2：20–24.

［8］ 吴志强. 人工智能辅助城市规划 [J]. 时代建筑，2018. 1：6–11.

［9］ 自然资源部智慧人居环境与空间规划治理技术创新中心团队. 智慧人居环境规划治理的研究方向与应用展望 [J]. 城市规划，2023. 47（4）：4–11.

［10］ 来源；王钰；林添怿. 面向绿色基础设施的城市信息学：纽约市行道树数据收集、分析与公众科学的综合研究 [J]. 风景园林，2021. 28（1）：17–30.

Pedagogy Reform and Reflection of Urban Informatics Course in Response to the Transformation of New Engineering Education

Lai Yuan

Abstract：Amidst the transformation of new engineering education， urban informatics has emerged as a critical interdisciplinary field bridging data science and urban planning to address the complexities of smart city development. This study examines Tsinghua University's *Urban Informatics* graduate course as a model for cultivating interdisciplinary talent. The course integrates urban sensing， data analytics， and planning theory through a "theory–technology–practice" framework， employing project-based learning and computational thinking to equip students with skills for data–driven urban problem–solving. Findings reveal that this approach enhances students' data literacy and systems thinking while fostering ethical awareness of technology's societal impacts. Key challenges include balancing technical and humanistic training， aligning classroom and field learning， and enabling cross–disciplinary collaboration. Future directions emphasize deeper industry–academia ties， adoption of urban information modeling， and addressing data equity. The study offers insights for modernizing engineering education and advancing smart city talent development.

Keywords：New Engineering Education Transformation， Urban Informatics， Smart City， Educational Reform

"城市研究方法论"课程"AI+协同式"案例教学模式构建*

林高瑞　鱼晓惠

摘　要： 本研究旨在探索人工智能（AI）技术融入城乡规划理论课程教学的新模式，以提升"城市研究方法论"课程的教学质量和学生学习成效。针对传统案例教学在研究选题、组织、框架构建和集体写作等方面存在的局限性，研究构建了"AI+协同式"案例教学模式。该模式基于大语言模型等智能化工具，赋能案例教学中"研究选题+研究组织+研究框架+集体写作"四个阶段教学过程，以提升教学吸引力和实效性，培养学生的深度思辨能力和团队合作技能。研究强调利用 AI 技术辅助选题，促进知识协同建构，生成动态研究框架，并实现多维成果评价。"AI+协同式"教学模式的构建与实施，为城乡规划专业理论课程的教学改革提供了新的思路和方法。

关键词： 城市研究方法论；AI+；协同式；案例教学模式

人工智能（AI）正在深刻地改变教育，它不仅是知识传授和获取方式的一次革新，更展现了新技术在重塑教育教学模式方面的巨大潜力。AI 的快速发展，也恰好为解决当今教育中日益增长的个性化学习需求提供了可能[1]。高等教育面临着学习需求复杂化的挑战，而 AI 技术，例如知识图谱、问题图谱、虚拟学习场景等，为实现个性化和适应性学习体验提供了有效的途径[2]。通过 AI 助教、辅助学习工具以及沉浸式教学体验，教师能够创建更灵活、响应更迅速的教学环境，突破传统教学的束缚。过去，传统教学模式在激发学生主动学习参与方面存在局限，而 AI 驱动的创新教学模式则展现了其提升参与度、培养批判性思维、创造力和协作能力的潜力[3]。此外，将 AI 融入课程教学还能帮助教师优化教学资源，并促进教学内容的持续更新，从而提高教学效率和效果[4]。

在城乡规划专业教育中，人工智能的应用越来越广泛，尤其是在规划技术和规划设计课程的教学上。在规划技术课程方面，人工智能为城乡规划提供了强大的技术支撑。教学中引入数据处理和分析方法，强调数据驱动在城市问题研究中的作用，推动规划技术手段向大数据分析和人工智能辅助决策转型。这旨在培养学生运用科学逻辑和过程思维解决城市问题的能力[5]。在规划设计课程方面，则强调"专业知识+人工智能"双驱动。通过利用大模型的知识生成和角色扮演功能，以及辅助设计技术，为学生提供更全面、深入、实用的学习体验，从而提高他们的设计与创新能力、技术应用能力、批判性思维与分析能力，以及团队合作与沟通技能[6]。然而，将人工智能整合到城乡规划专业理论课程中的教学改革和模式开发还有待探索。当前，人工智能教学在有效整合科教、产教、理实、专业与思政等资源，以促进学生深入进行学科内涵的探究性和研究性学习方面，仍然存在进步的空间。

本研究旨在通过探讨"城市研究方法论"课程创新教学模式，探索"AI+协同式"的理论课程案例教学模式，基于大语言模型等智能化工具，赋能案例教学中"研究选题+研究组织+研究框架+集体解析"四个阶段教学过程，提升教学吸引力和实效性，培养学生的深度思辨能力和团队合作技能。

---

* 项目资助：长安大学专业核心课程建设项目。

林高瑞：长安大学建筑学院副教授
鱼晓惠：长安大学建筑学院教授（通讯作者）

1 城市研究方法论教学和人工智能（AI）

城乡规划学科具有研究的系统性、历时性、实践性及动态性[7]，当今的城乡规划教育旨在培养知识型专业人才，通过教育增强深度批判性思维技能，运用研究方法来理解具体空间实践的作用和意义尤为重要。城市研究方法论教学是提升这一能力的核心之一。城市研究方法论教学应被视为一个培养系统性思维活动的过程。城乡规划领域的研究方法论凭借其系统性，有别于传统的"发现导向"研究。它需要严谨的数据收集、清晰的概念性理论框架，以及能够全面开展研究活动的严谨性和技巧。此外，还应强调研究的互动过程及其在实践应用中的相关性。在这个过程中学生通过案例解析来实践学习，教学活动的主要目的是提供思维分析体验，通过促进知识的获取、交流和协作过程，为学生的深度思辨能力和团队合作技能提升提供可能性[8]。这种教学活动通过师生协同工作，构建互动式的知识共享平台，并运用反思性学习策略，促进学生从多元视角理解理论方法与实践应用方法的差异性与互补性，从而使学生在复杂体系中深入掌握方法论的内涵及特征。

在组织城市研究方法论的教学活动时，需要采用多种教学方法，并结合新的教学工具。人工智能技术的普及，让教师得以重新思考和调整教学方式。包括机器学习和深度学习在内的 AI 技术，在城乡规划教育中具有激发学生多元化和深入思考的潜力，从而弥补传统教学方法在创造有效、公平、吸引人的学习环境方面的不足。通过运用人工智能创新教学组织，可以实现个性化教学、高效评估，并提高优质教育的普及程度[9]。为了实现这些目标，需要构建一个完善的 AI 教学组织，它应以变革性学习、AI 技术实践的伦理考量、适应性学习、协作环境和学生的全面发展这五个方面为支撑，确保教学组织的平衡和整体性（图 1）。

2 "AI+ 协同式"教学模式

协同式教学模式是一种个体根据自我经验建构知识的认知学习模式，是以建构主义为认识论基础的教学理念。建构主义主张学习是通过信息加工活动建立对客体的解释。正因如此，当个体认识到社会状况是人类发展的重要前提，就会自发参与到社会认知协作来提升自身的能力建构[10]。这个过程中，个体与他人达成共识，协

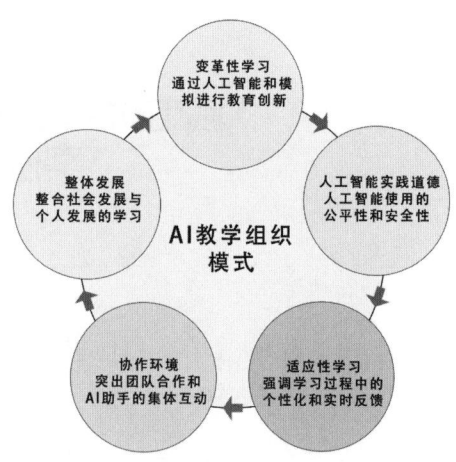

图 1 AI+ 教学组织模式
资料来源：作者自绘

同行动，采取受益于团队整体的策略措施。是否能够有效的进行协同式教学组织，与参与者的个人知识和能力发展高度相关，以及参与者是否能够在获得知识的基础上提升具有社会性和共存性的个人价值，认识到社会认知协作可以发展成自身能力[11]。

在教学过程中，教师需要精心组织教学内容，并运用有效的策略，在协作的环境中开展"协同式"教学活动[12]。传统的"讲授—接受"式教学已经难以满足研究生教育对主动探究能力的要求。协同式教学（Collaborative Teaching）是一种重要的教学改革方向。它能突破传统教学模式的局限，引导学生从被动接受转变为共同协作和主动探索。"城市研究方法论"课程进一步引入人工智能（AI）技术，构建"AI+ 协同式"教学模式，旨在提高学生的学习效果。

"AI+ 协同式"教学模式的关键不在于单纯的技术应用，而在于教学理念和师生关系的转变。教师不再仅是知识的传递者，而是成为学习的引导者和探究的参与者，与学生共同构建知识。教学组织的核心也转变为协同策略的设计与实施。相比于独立学习，协同学习通常能带来更高的效率和价值。AI 技术的融入，可以为协同式教学提供更有效的支持。例如，在案例教学中，可以在学习路径设计、协作学习平台和互动评价环节引入 AI 工具或大语言模型。利用 AI 分析学生的学习数据，可以提供个性化的学习资源和练习，满足不同学生的学习

需求；促进学生之间的讨论和知识共享，提高协同效率；AI 还能为师生提供实时互动和教学效果评价，帮助及时发现学生的个性化难题，并提供有针对性的指导。

"AI+ 协同式"教学模式的目标是构建质疑—研究—实践于一体的学术协同空间，培养学生思维—理论—方法—实践相互衔接的思维模式。通过 AI 技术的辅助，该模式能更有效地满足研究生以学习者为主体的学习需求，促进深度学习，并提升他们在城市规划领域的专业能力。

3 "AI+ 协同式"案例教学策略模型

"城市研究方法论"是城乡规划及相关专业研究生的一门重要基础课，教学目标是培养学生的系统性、批判性思维和研究能力。虽然传统的案例教学有助于理论理解，但在研究选题、组织、框架构建和案例分析等方面，学生的参与度、思辨深度和协作效率还有提升空间。

考虑到人工智能技术在重塑教学组织方面的潜力，在教学中构建了一个"AI+ 协同式"四维案例教学策略模型（图 2），利用大语言模型、知识图谱等技术来改进案例教学的各个环节。这个模型力求打破传统的单向知识传递模式，形成一个"智能辅助选题—协同知识建构—动态框架生成—多维成果评价"的循环体系。它的核心目标是将 AI 技术融入课堂，最大限度地激发学生在案例研究中的主动性，实现从"教师主导"到"学生主导、AI 辅助"的角色转变，最终培养学生解决复杂问题的创新能力和团队协作能力。这个四维策略模型可以应用于多种教学情境和教学内容组织，生成 AI 融合的单向、双向、多向教学互动。借助人工智能，还能促进学

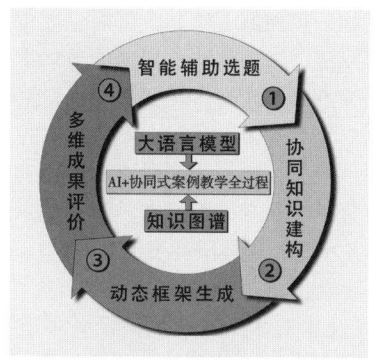

图 2 "AI+ 协同式"四维案例教学策略模型
资料来源：作者自绘

生、教师和企业专家之间的互动，弥合学生专业知识技能的差距，打通理论知识与实践工程之间的壁垒，建立集体交流与个体适应性学习相互促进的良好氛围，同时对教学环节和评价方式进行智能化管理。

3.1 AI 赋能的案例研究选题策略

传统的案例选题常常依赖教师的经验和学生的兴趣，缺少客观标准和深入的背景分析，容易让人选择研究价值或社会意义不高的课题。AI 赋能的案例研究选题策略希望借助 AI 技术，提升选题的科学性和效率，帮助学生找到更值得研究的课题（图 3）。

（1）智能头脑风暴

在教学中引入基于大语言模型的智能助手，来帮助学生进行链式头脑风暴。AI 助手能根据选题设定的关键词和研究方向，提供相关的案例、研究热点、前沿

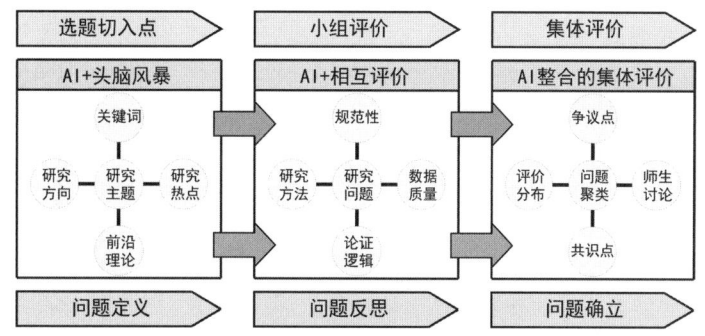

图 3 AI 赋能的案例研究选题策略
资料来源：作者自绘

理论和潜在的研究问题。比如,针对"城市更新"这个主题,它可以提供国内外城市更新的成功案例、失败教训,以及相关的政策法规,希望能激发学生的思考和参与。同时,AI 助手还能自动记录和整理学生的发言,生成思维导图,帮助大家发现选题方向和研究切入点。而且,它还能分析学生提出的想法,识别其中的关联性和潜在价值,并推荐相关的研究资源。

（2）AI 辅助的相互评价

利用 AI 技术对学生提交的案例背景研究报告进行初步评估。AI 可以自动检测报告的完整性、逻辑性、学术规范性,并给出修改建议,例如,提醒学生补充缺失的数据,调整论证逻辑,避免使用不恰当的语言表达。在此基础上,学生进行两两互评,AI 助手可以提供评价模板和指导,引导学生从研究问题、研究方法、数据质量、结论的合理性等方面进行评价,提升评价的客观性和深度。这种互评机制能够促进学生之间的交流和学习,共同提高研究水平。

（3）集体评价汇聚

在集体评价环节,AI 可以整合所有学生的评价意见,生成综合评价报告,并可视化展示评价结果,例如,用雷达图展示不同小组对同一选题的评价分布,清晰呈现选题的优势和劣势。AI 还可以对学生提出的问题和建议进行聚类分析,找出共性问题和争议点,帮助小组快速了解不同意见和争议点。教师和专家可以利用 AI 分析学生的讨论过程和评价报告,了解学生的认知水平和思维特点,并针对性地进行指导和干预,例如,针对学生普遍缺乏数据分析技能的问题,教师可以组织相应的工作坊或提供学习资源。

3.2 AI 赋能的案例研究组织策略

案例研究的组织往往涉及大量的文献阅读、数据收集和分析,对于学生而言,负担较重且效率较低,容易导致学生迷失方向或放弃研究。利用 AI 技术,可以提升研究的效率和质量,降低学习负担,让学生更专注于研究的本质。

（1）文献智能比较研究

利用 AI 的自然语言处理能力,自动搜索、筛选和整理相关文献,并提取关键信息和研究结论,例如,自动提取文献的研究目的、研究方法、研究结论等,并进

行归纳总结。AI 还可以进行文献聚类分析,帮助学生快速了解研究领域的热点和趋势,并发现潜在的研究空白。同时,AI 助手可以根据学生的选题方向,推荐相关的专家和研究机构,并提供联系方式,方便学生进行访谈和咨询,拓展研究视野。此外,AI 还可以辅助学生进行文献综述的撰写,例如,自动生成文献综述的框架,并提供相关的参考文献。

（2）案例实证研究的 AI 辅助

在案例实证研究阶段,AI 可以辅助学生进行数据收集、处理和分析。例如,利用 AI 的图像识别技术,自动提取案例地区的遥感影像和地理信息数据,并进行预处理;利用 AI 的文本挖掘技术,分析案例地区的政策文件和社会媒体数据,了解当地的社会经济发展状况和居民的需求;利用 AI 的统计分析和机器学习算法,挖掘数据之间的潜在关系,并预测案例地区的未来发展趋势,例如,预测城市人口增长、交通拥堵情况等。这些 AI 技术的应用可以极大提高数据分析的效率和准确性,为案例研究提供更科学的依据。更重要的是,AI 可以帮助学生从海量数据中发现隐藏的规律和趋势,从而提出更深入的研究问题。

3.3 AI 赋能的案例研究框架策略

研究框架的构建是案例研究的核心环节,它决定了研究的深度和广度,直接影响研究的质量和价值。利用 AI 智能学伴(图4),可以帮助学生构建清晰、科学的研究框架,避免研究方向的偏差和研究内容的缺失。

（1）内容细化的智能辅助

利用 AI 的知识图谱技术,构建案例研究领域的知识体系,展示不同概念之间的关系,例如,展示城市更新、社区营造、社会公平等概念之间的关系,帮助学生深入理解研究内容。AI 还可以根据学生的选题方向,推荐相关的理论模型和研究方法,例如,针对"城市更新与社会公平"的研究,AI 可以推荐相关的社会学理论、规划理论和评估方法,并提供案例参考,启发学生的思路。

（2）交替评估的 AI 支持

AI 可以自动检测研究内容的逻辑性和完整性,并给出修改建议,例如,检查研究框架中是否存在逻辑漏洞,是否存在重要变量的缺失等。同时,AI 可以根据教师和学生的评价意见,自动生成评估报告,并可视化展

图4 "城市研究方法论"课程 AI 学伴
资料来源：长安学堂"城市研究方法论"在线平台

示评估结果，方便学生了解自己的优点和不足，并进行改进。这种交替评估机制可以帮助学生不断完善研究框架，提高研究的质量。

（3）要素分析的 AI 辅助

AI 可以辅助学生进行方法论体系中各要素的分析，包括研究主体、研究客体、研究方法和研究工具。例如，利用 AI 的专家系统，推荐适合研究主体的研究方法和工具；利用 AI 的知识图谱，分析研究客体的特征和属性，例如，分析不同类型的城市社区在空间结构、社会结构和经济结构方面的差异；利用 AI 的预测模型，评估不同研究方法的优缺点，例如，比较定量研究和定性研究的适用性。

（4）研究框架的智能细化

利用人工智能的自然语言生成能力，自动化生成案例研究框架的核心要素，包括主题纲要、逻辑框图、研究路径以及预期研究结论表，以此提升研究效率。AI 还可以根据学生的反馈意见，自动修改和完善研究框架，提升其科学性和可行性。例如，学生可以对 AI 生成的框架提出修改意见，例如，增加或删除研究变量，调整研究假设等，AI 会根据学生的反馈自动调整框架，并给出修改建议。

3.4 AI 赋能的集体写作策略

集体写作是案例研究成果展示的重要环节，它需要团队成员之间的有效协作和知识整合。利用 AI 技术，提升集体写作的效率和质量，确保研究成果的完整性和一致性。

（1）智能写作平台

搭建基于云端的智能写作平台，提供多人协同编辑、版本控制、自动排版和参考文献管理等功能。同时，平台可以利用 AI 的语法检查和风格分析功能，自动检测文本的错误和不规范之处，提升写作的质量。例如，平台可以自动检测拼写错误、语法错误、标点符号错误等，并提供修改建议。

（2）智能内容整合

利用 AI 的文本摘要和机器翻译技术，自动提取各个成员的写作内容，并进行整合和翻译。AI 还可以根据研究框架和主题纲要，自动组织文本结构，生成初步的研究报告。例如，AI 可以根据研究框架自动将不同成员撰写的内容分配到相应的章节中，并生成统一的格式。

（3）专家反馈的智能分析

教师和专家可以通过智能写作平台对学生的报告进行批注和评价。AI 可以自动分析专家的反馈意见，提取关键信息和修改建议，并生成改进报告，帮助学生提升写作能力。例如，AI 可以根据专家的批注自动生成修改清单，并按照优先级进行排序。这种反馈机制可以帮助学生快速理解专家的意见，并进行有效的修改。

4 "AI+ 协同式"教学模式的实施

为了保证"AI+ 协同式"教学策略模型的有效性，教师在实际教学过程中可以设计相应的教学干预措施，通过多元化、智能化和协同化的教学活动，提升学生的学习体验与成效。

（1）组建跨学科教学团队：为了保证教学内容的深度和广度，并融合不同学科的视角，可以组建一个跨学科的教学团队。邀请人工智能、教育技术等领域的专家学者加入，共同开展教学，为学生提供多元化的知识体系和方法论指导，帮助他们形成跨学科的思维方式。

（2）搭建智能化教学平台：利用现有的在线学习平台，整合丰富的知识库资源和前沿的 AI 工具（比如智能答疑系统、智能评估工具、个性化学习资源推荐系统等），搭建一个智能化的教学环境。这样，学生就能更方便地获取学习资源。同时，借助 AI 技术，教师还能实现个性化的学习路径规划和学习进度监控，从而提高他们的学习效率和参与度。

（3）建设案例研究项目库：教学活动聚焦于城乡规划领域的热点议题与真实案例，通过长时期教学实践积累，可以建设具有地域特色、研究特质、前沿探索的实践案例项目库。引导学生运用所学知识分析复杂问题，并通过团队协作的方式提出解决方案，从而培养学生的深度思辨能力、问题解决能力和实践探究能力。

（4）实施混合式教学场景：采用线上学习与线下研讨相结合的混合式教学。线上学习环节主要通过智能教学平台进行，学生自主学习课程资料、参与在线讨论、完成线上作业。线下研讨环节以协同式小组形式开展，充分发挥 AI 技术在信息获取、知识传递和自主学习方面的优势，同时保留线下互动交流的必要性，从而提升教学的灵活性、互动性和有效性。

（5）构建过程性评价体系：为了更好地了解学生的学习情况，可以构建一套过程性评价体系，采用多元化的评价方式来全面评估学习效果。评价指标包括 AI 分析反馈的学生学习行为数据。在整个学习过程中，鼓励学生积极参与各个环节，希望借此帮助他们更好地提升自主学习能力。

在这样的教学模式下，教师的角色也从传统的知识传授者转变为学习的引导者和合作者。教师需要引导学生使用 AI 工具，激发他们的学习主动性，帮助他们解决遇到的问题，并提供有针对性的指导和支持。

5 结论与展望

"AI+协同式"教学策略模型旨在利用人工智能技术，赋能"城市研究方法论"课程的案例教学，提升教学的吸引力和实效性，培养学生的深度思辨能力和团队合作技能。通过"AI+协同式"四维案例教学策略模型的实施，在智能选题、智能组织、智能框架和智能写作等方面有效地提升案例教学的效率和质量，并促进学生的自主学习和协作学习。

"AI+协同式"教学模式也面临着一系列局限性，AI 工具的适用范围与有效性仍需要进一步验证，教学中学生对 AI 的接受度较高，但适应性有差异，多元适应性的 AI 教学模式也是今后进一步探索的内容。特别是可以利用虚拟现实技术，构建融合数字实践与实地实践的沉浸式案例研究环境，加强案例教学的多样性、可持续性和可推广性。

参考文献

[1] JENNIFER J. XU, TAMARA BABAIAN. Artificial intelligence in business curriculum: The pedagogy and learning outcomes[J]. The International Journal of Management Education, 2021, 19（3）: 100550.

[2] YUN DAI, ZIYAN LIN, ANG LIU, et al. Effect of an Analogy-Based Approach of Artificial Intelligence Pedagogy in Upper Primary Schools[J]. Journal of Educational Computing Research, 2024, 61（8）: 1695-1722.

[3] KONG S C, LEE J C K, TSANG O. A pedagogical design for self-regulated learning in academic writing using text-based generative artificial intelligence tools: 6-P pedagogy of plan, prompt, preview, produce, peer-review, portfolio-tracking[J]. Research and Practice in Technology Enhanced Learning, 2024（19）: 030.

[4] J. KAPOOR, I. KAUR, G. KAUR. "Artificial Intelligence Technology-Embedded Learning: Rethinking Pedagogy for Digital Age." [C]//. 2023 2nd International Conference on Applied Artificial Intelligence and Computing（ICAAIC）, Salem, India, 2023: 87-93.

[5] 马向明, 史怀昱, 张立鹏, 等. "规划师职业发展：挑战与未来"学术笔谈 [J]. 城市规划学刊, 2024（1）: 1-8.

[6] 田莉, 杨鑫, 张雨迪, 等. "专业知识 + 人工智能"双驱动的城乡规划设计教育创新探索：以住区规划为例 [J]. 城市规划学刊, 2024（5）: 71-78.

[7] 丁国胜, 宋彦. 智慧城市与"智慧规划"——智慧城市视野下城乡规划展开研究的概念框架与关键领域探讨 [J]. 城市发展研究, 2013, 20（8）: 34-39.

[8] OZORHON, GULIZ, SARMAN, GÖKSU. The Architectural Design Studio: A Case in the Intersection of the Conventional and the New [J]. Journal of Design Studio. 2023, 5（2）: 295-312.

[9] CHONG GUAN, JIAN MOU, ZHIYING JIANG. Artificial

intelligence innovation in education: A twenty-year data-driven historical analysis [J].International Journal of Innovation Studies. 2020, 4（4）: 134–147.

[10] 林高瑞, 鱼晓惠. "城市规划方法论"课程协同式案例教学策略模型的构建 [J]. 科教导刊, 2023（5）: 139–142.

[11] ROSELLI N. El mejoramiento de la interacción socio cognitiva mediante el desarrollo experimental de la cooperación auténtica[J].Interdisciplinaria,1999,16(2), 123–151.

[12] ROSELLI N. Los beneficios de la regulación externa de la colaboración socio cognitiva entrepares: ilustraciones experimentales[J]. Revista Puertorriqueña de Psicología, 2016, 27（2）: 354–367.

Constructing an "AI+Collaborative" Case-based Teaching Model for the "Urban Research Methodologies" Course

Lin Gaorui   Yu Xiaohui

Abstract: This study explores a novel approach to integrating Artificial Intelligence（AI）technologies into the theoretical curriculum of urban and rural planning, with the aim of enhancing the teaching quality and student learning outcomes of the "Urban Research Methodologies" course. Addressing the limitations of traditional case-based teaching in research topic selection, organization, framework construction, and collaborative writing, this research proposes an "AI+Collaborative" case-based teaching model. This model leverages intelligent tools, such as large language models, to empower the four key stages of case-based teaching: "Research Topic Selection + Research Organization + Research Framework + Collaborative Writing." The goal is to enhance student engagement and effectiveness, while fostering critical thinking and teamwork skills. This research emphasizes the use of AI technologies to assist in topic selection, facilitate collaborative knowledge construction, generate dynamic research frameworks, and enable multi-dimensional outcome evaluation. The construction and implementation of this "AI+Collaborative" teaching model provides new insights and methodologies for the pedagogical reform of theoretical courses in urban and rural planning.

Keywords: Urban Research Methodologies, AI+, Collaborative, Case-Based Teaching Model

AI 时代背景下城市设计课程的包容性设计框架改革探索 *

戴　铜　衣霄翔　陈璐露

摘　要：基于城市更新阶段的包容性发展趋势，结合当前 AI 时代发展背景，探索包容性设计理念融合的城市设计课程改革思路。首先，从理念内涵、设计思路、设计流程三个层面解析包容性设计理念；其次，通过对课程对象、课程目标及课程内容的解析，研究融合包容性设计理论的规划设计课程框架；最后，通过"管理—探索—创意—评估"四阶段建构城市设计课程的包容性设计框架，梳理课程教学重点，梳理教学案例及反馈；最后，通过知识图谱、教学团队、教学形式三个方面探索城市设计课程改革的实施路径。

关键词：包容性设计理念；包容性立方体；城市设计；课程改革

1　引言

2025 年 5 月，中共中央办公厅、国务院办公厅印发《关于持续推进城市更新行动的意见》，提出八项主要任务，这意味着我们已经稳步进入全面城市更新阶段。在这个阶段，城乡人居环境中的物质空间基本建成，城乡规划行业实践中的设计对象被隐藏在空间表象之后，是空间利益博弈问题、是产权分配问题，也是历史文化保护问题……如果这些问题在规划课程中被模糊化，往往会弱化学生对城乡空间本质的理解。随着 AI 技术、区块链、物联网等新兴技术的发展与普及，各种新兴技术手段在规划设计领域中的应用，智慧城市、智慧规划议题逐渐成为学界、行业讨论的热点，特别近年在特色空间营造[1]、历史文化遗产保护[2] 等方面都有所体现，倒逼高校规划专业的课程体系也需做出相应的调整，即课程体系如何依托传统深化技术，适应时代与行业需求。

党的二十大报告提出"中国式现代化是全体人民共同富裕的现代化，是物质文明和精神文明相协调的现代化，是人与自然和谐共生的现代化"，中国式现代化的丰富内容，蕴含了丰富的开放与包容特色。"包容性"理念逐渐融入规划核心理念，不仅体现"人民城市人民建"的核心思想，也可以将消除社会排斥，构建多元、平等社会体系，培育公平正义社会价值观等包容性思想不断渗透到规划课程体系中，促进规划课程中不断思考城市更新中多元人群的实际需求。因此，本文即以包容性设计理念为视角，以城市设计课程为例，将包容性设计理念的核心思想及设计流程引入到城乡规划设计课程体系当中，探索 AI 时代背景下，设计课程体系设置包容性框架的可行性及教学创新途径，从而培养学生的包容性价值观和设计思维。

2　包容性设计理念解析

2.1　包容性设计内涵

"包容性设计"（Inclusive Design）概念源自 1994 年英国皇家艺术学院教授 Roger Coleman 提出的"公众有能力参与控制环境"思路[3, 4]，指"一种不需适应或特别设计，使主流产品和服务为尽可能多的用户所使用的设计方法"，在设计过程中通过各阶段公众建议反馈来实现适用产品的目标人群最大化，从而实现市场价值并带来商业成功[5]。

　* 项目资助：黑龙江省高等教育教学改革研究重点项目（SJGZB2024007）。

戴　铜：哈尔滨工业大学建筑与设计学院副教授
衣霄翔：哈尔滨工业大学建筑与设计学院教授
陈璐露：哈尔滨工业大学建筑与设计学院副教授（通讯作者）

包容性设计理念承认空间资源的有限性和使用群体的多元化，通过公众参与将多种类型人群纳入设计过程，表达设计公平[6]。包容性设计所蕴含的价值观可归结为：主体多元化，反映各个社会群体之间相互尊重、包容的社会价值观念；社会公平性，不仅包括了权利和机会的平等，也反映了分配公平的社会正义目标；参与过程化，将公众参与作为实现包容性的重要工具。

2.2 包容性设计思路

包容性设计倡导兼顾不同人群类型、不同阶段需求的多样性，并直接关联到设计目标及设计决策。2013年，剑桥大学的 Keates 与 Clarksn 提出了包容性设计立方体模型（Inclusive Design Cube, IDC）[4, 7]，形成了包容性设计思路的完整表达（图1）。IDC代表设计产品所能覆盖的"所有人群"，其立方体三个轴分别代表了人群的行动、感知与认知能力，立方体最下端代表了人群能力最高点，最上端则代表了能力最低点。IDC体积可以切分为不同类型的目标人群，代表不同需求等级[8]（图1），进而将立方体划分为：所有人（Whole Population）、理想人群（Ideal Population）、潜在人群（Negotiable Maximum Population）、适用人群（Included Population）[9]。每部分人群类型可以根据设计方案中需求目标转化，转化依据为IDC的重要概念"设计排斥（Design Exclusion）"——承认人群类型差异与需求差异，设计中尽力排除那些最不可能的使用者群体，以此来最大化程度包容其他类型人群需求。"设计排斥"融入设计过程中可以通过不断缩小使用范围，

最终确定出目标人群、明确目标人群需求，体现设计多元适用性。

在明确 IDC 基础上，2015年，剑桥大学工程设计中心进一步提出了包容性设计流程环，覆盖四个阶段[10, 11]（图2）：管理（Manage）：通过对设计过程进行计划来确定"下一步做什么"；探索（Explore）：明确"我们需要什么"；创意（Create）：产生创新想法来解决"如何满足人群需求"；评估（Evaluate）：判断与测试设计概念是否满足"我们需要什么"。四阶段循环流程可将各种需求被清晰地理解并转化为具有创意的方案，将其融入设计课程的教学环节中，有利于获得更能满足人群需求的设计方案。

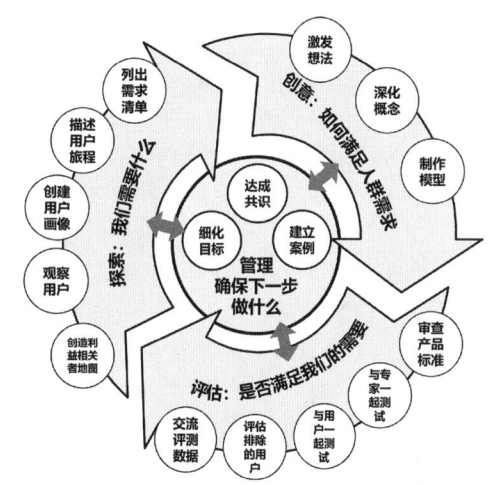

图2 包容性设计流程环
资料来源：依据参考文献 [10] 修改

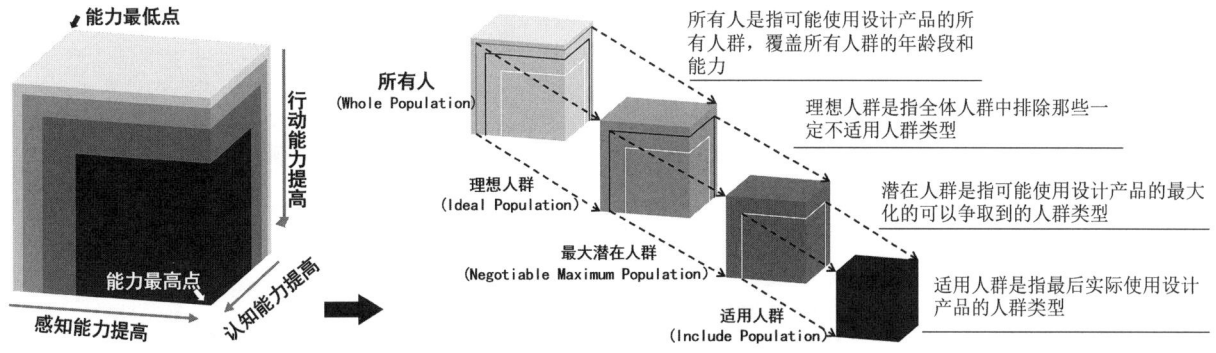

图1 IDC立方体模型及四种类型人群
资料来源：参考文献 [4]

3 包容性设计理念融入规划设计课程

3.1 依据人群需求定制课程目标及内容

（1）梳理城市设计目标人群

"空间"是社会关系的容器，物质空间中人群相互影响的社会规律决定了设计方案的最终表达。包容性设计理念下，城市设计对象从"物质空间"转向"人群与空间环境的关系"上，方案形成的依据更多来源于空间中群体需求的多寡与类型。依据包容性设计思路，IDC 模型设定的"设计排斥"原则是不断排除不相关使用者、寻找目标人群的过程。融入城市设计课程中，是将人群需求与具体设计条件有效结合起来，不断排除不适用设计条件，使教学目标不断清晰化，最终获得适用方案（图3）。

（2）明确目标人群需求展开课程内容

在确定目标人群基础上，设计地段中人群类型的多样化代表着设计任务完成过程中所需要处理的人群与空间环境关系的复杂程度，因此课程内容围绕着厘清目标人群之间的"各种关系"，梳理"多样人群"带来的"特定需求"，从而在城市设计课程进行中转化为富有创意性的设计方案。城市设计的课程内容从以"空间"为中心转化为"以目标群体需求"为中心。这一转变促使课程教学内容更为多元化，达成更多的培养目标，包含：态度与价值观达成，培养学生树立"人民城市人民建"价值观，方案体现满足适用人群需求、建设美好人居的设计态度；知识与技能达成，设定多知识模块培养

设计思维与分析技能；教学与方法达成，按厘清"各种关系"的复杂程度来教授多种调研与分析方法。

3.2 结合包容性设计流程建构课程框架

结合包容性设计流程环，与城市设计相关的课程体系可划分为四个环节，逐层深入并形成闭环，为有效培养学生包容性设计思维打好基础。

（1）管理阶段：制定设计计划，确定人群类型

引入包容性设计流程的管理计划，将制定计划融入教学任务之一，让学生成为自己设计的主导者，更有利于让学生熟悉设计任务、设计周期、地段规模等基本条件，使学生设定方案为"谁"而做，理解设计本质是服务于"人"。

（2）探索阶段：列出需求清单，明确设计目标

在明确设计任务的基础上，进行设计地段调研。融入包容性设计理念的调研重点则更强调探索设计地段中基于不同类型人群的真实需求，列出明确的人群需求清单并比较不同需求之间的差异，形成设计目标，作为下一步进行创意设计的主要依据。

（3）创意阶段：形成深化概念，进行创意设计

在明确目标基础上进一步转化为设计概念，形成具有创意性的设计方案。在设计方案从概念形成、到结构设计、再到具体方案设计的形成过程中，需重点表达空间与人群的关系及对人群需求的满足情况，充分回应前期的设计目标。

（4）评估阶段：开展评价反馈，深入优化方案

评估方案是否真实反馈前期目标及人群需求，进一步完善设计方案。设计课程中这一环节可以通过教师共同讨论、一线设计师参与评图、设计方案中相关指标测评等方式来实现，使设计方案更为准确地反馈空间使用者的真实需求。

4 教学实践——城市设计课程的包容性框架

4.1 包容性设计的课程目标

首先，明确设计对象，将"厘清设计地段中的人群类型、社会关系以及对空间各系统的促进或影响作用"作为城市设计的对象。城市设计方案本身并不具有唯一解，只有精准把握人群需求并融入各种创新性的思考，才能使呈现出的城市设计作业方案更贴近城市客观发展规律。

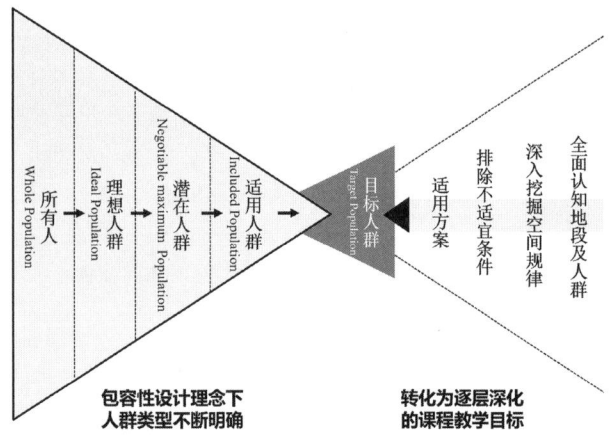

图3 IDC 模型思想转化为课程教学目标

资料来源：作者自绘

其次，在教学目标设定上，依据"人民城市人民建"价值观以及城市设计所具有的融合多专业的"桥"作用，针对相关专业在知识学习、技能训练、思维建构等方面的培养要求，制定差异化的城市设计教学目标：偏向建筑学方向，可以选择"具有规划思维的微观层面设计"为目标；偏向城乡规划方向，可以选择"基于人民需求层次的中、宏观空间设计"为目标；偏向风景园林专业，可以选择"融会物质形态的景观设计"为目标。

最后，配合城市设计课程教学内容，将教学目标转化为课程的设计目标，体现不断排除不适宜的设计条件、最终获得适宜方案的过程。课程初始阶段，设定理想化设计目标，不区分人群需求差别，可充分了解地段；地段调研之后，依据地段条件，排除不适用人群，制定理想化设计目标；设计方案形成之前，征求使用人群意见，挖掘潜在人群，深化理想设计目标；方案形成之后，依据实际使用人群反馈，整合出适用设计目标，深化修改设计方案。

4.2 城市设计包容性设计框架

依据包容性设计流程环，城市设计课程的包容性设计框架可包含以下几个环节（图4），每个教学环节都涉及使用空间"人群"、满足需求"空间"两层面的教学内容。

（1）制定城市设计的方案计划

依据课程要求，让学生先制定整体城市设计课程的设计计划：包含选择地段中的人群类型、为各类人群设定的调研与访谈提纲、相似设计地段的优秀学习案例以及地段现状条件调研计划等，学生自己制定计划的

核心在于对地段中人群类型的了解及对地段基本情况的掌握，明确核心设计任务。

（2）明确城市设计的设计目标

依据计划对选择人群进行调研，了解人群需求差异，列出用户的需求清单，并拟定初步设计目标；在此基础上，进行现状调研，从宏、中、微观三个层次对地段的现状条件进行系统了解，进一步修订设计目标。这里的设计目标即是在了解人群需求及地段现状问题基础上提出的。

（3）形成城市设计的总体方案

依据设计目标确定城市设计定位，转化为城市设计概念及相应的设计结构，进而形成城市设计总体方案。由于过程过于抽象化，由概念—结构—方案的过程一直都是城市设计课程中的难点，学生掌握起来较难。通过包容性设计理念融入，概念形成是依据前期通过人群类型及需求的调研结果而定，再转化为图形化的结构及设计方案，对于学生来讲也会更加容易掌握。

（4）深化城市设计的节点方案

总体设计方案突出城市设计的创新性、设计感及秩序感，而这一阶段需要通过详细节点设计对总体方案进行深化与修改。这个环节既是完善总体方案的细节性，也是验证总体方案在深化之后的可实施性，因此需要反复调整与验证。

4.3 城市设计课程作业案例

教学团队基于城市设计的包容性设计框架设置了相应的教学内容，引导学生完成每阶段的设计任务，有相应的学习反馈，形成阶段性作业成果（图5）。

在管理阶段：学生选择紧邻哈尔滨工业大学的地段为设计地段，现状用地环境较为复杂，用地功能多以老旧住区为主，居民楼一楼多为小型商户。通过调研，确定主流目标人群，包含：教师、学生、商户、铁路局职工等。进而确定出设计任务是"建构校园与周边社区相互融合的共生家园"。探索阶段：学生通过深入调研、走访挖掘主流人群需求差异，如通过走访发现师生需要创新氛围较强的环境，而在地居民则需要更好的休憩锻炼空间等，系统梳理这些需求，形成针对不同人群类型的需求清单，再转化为明确的城市设计目标为"基于地段人群感知的场景制定"。创意阶段：基于设计目标，本

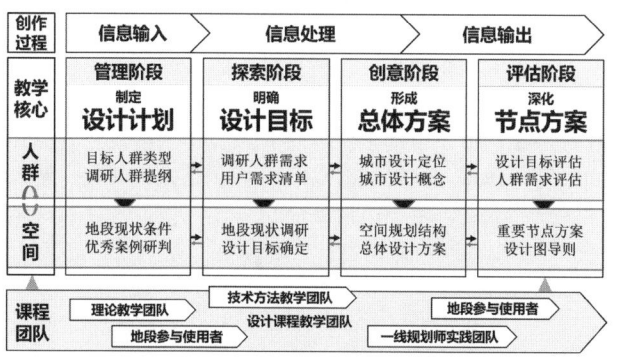

图4 城市设计的包容性设计框架
资料来源：作者自绘

教学阶段	教学要点	本组学生学习反馈	城市设计作业成果示例
管理阶段	1.拟定调研提纲 2.选择人群类型 3.明确设计任务	1.确定选地与初期研究设计主题，进行大学知识外溢的背景下设计校园周边的共生家园城市设计。 2.需实地调研了解场地现状，我们很喜欢在这个过程中挖掘场地特质、补充完善搜集到的资料，同时观察记录场地中的人群活动。我们发现场地地内及周边不同片区的人口结构差异明显	
探索阶段	1.了解需求差异 2.列出需求清单 3.修订任务/目标	1.深入实地访谈场地不同片区人群，发现其需求较为不同。社区居民更倾向于连通、开放的滨水空间，满足老人体塑锻炼和儿童活动等丰富的生活需求，学生研发创业团队更需要高性价比的办公试验、交流讨论氛围，周边材料批发产业则急需产业转型与合作对接的环境。 2.重难点在于将不同人群需求转化为所需空间形式，进行下一步的分析与活动策划。我们在这一阶段梳理总结出智创热议点、自然舒适物和文化舒适物三个总体空间设计方向	
创意阶段	1.明确设计概念 2.确定规划结构 3.形成整体方案	1.制定城市设计概念框架。具体为借用"蜂鸣—管道"理论形成场景感知—孕育识别蜂鸣、场景定制—引起蜂鸣、场景应用—增加管道的功能策划框架，形成策划体系。 2.在前一步基础上形成场景空间结构(二者紧密联系)。用主管道(主轴线)串联不同蜂鸣单元，在这一阶段需要紧紧围绕主要公共空间塑造主轴线、形成界面，不能过多关注建筑形式	
评估阶段	1.目标-方案评价 2.参与人群反馈 3.深化节点方案	1.区别于传统的功能分区，我们通过区域功能混合分布的方式落实人群复合需求，尤其是将自然舒适物和文化舒适物较为均匀地与主轴结合布置，形成流淌河公共空间部分。 2.通过模块定制的智创热点、自然舒适物和文化舒适物方式深入节点设计，畅想未来可以根据场地内人的需求与活动，调配与定制模块、组团及蜂鸣单元和管道的生活模式	

注：该作业获评WUPEN城市设计学生作业国际竞赛二等奖（获奖学生：王怡晨，李梓玥；指导教师：戴锏、陈璐露、邱志勇）

图5 城市设计教学过程及学生反馈
资料来源：作者自绘及哈尔滨工业大学学生作业：王怡晨、李梓玥——超级校园

组学生作业设计概念确定为"超级校园"，基于"蜂鸣—管道"理论，通过场景感知、场景定制、场景应用三个层面梳理设计逻辑，形成适用于不同人群需求的"场景（重要节点）"及"管道（公共空间轴线）"，进而转化为设计结构及设计方案。评估阶段：教学团队结合作业的方案特征，通过联合评图、二次调研、重走访等引导学生反思与修改方案，对方案中各种定制的场景空间进行调整，形成总体、详细节点两个层次的创意性设计方案。

4.4 城市设计包容性框架的实施路径

（1）AI融合城市设计知识图谱的建构

城市设计课程的包容性设计框架的建设过程是一个不断获得目标，定位需求的教学过程，是城市设计相关知识逐渐筛选的过程，从"多"到"精"的过程。借助于AI融合平台，建构城市设计知识图谱，讲解知识点，并配有相关的教学资源及MOOC资源，将城市设计课程相关的知识有效"链接"在一起，极大提升了师生从海量渠道获取城市设计知识的效率，提升教学效果（图6）。

（2）课程教学团队跨学科与专题化

融入包容性设计理念后，教师团队需要强化多背景、多学科的专业人员辅助，以专题讲座、专题辅导、设计评价等方式介入到课程教学中。如管理阶段由设计学、社会学等背景教师介入，讲解设计流程，人群需求及类型相关内容；设计目标阶段由城乡规划背景教师介入，讲解地段调研中相关注意问题及分析方法；创意阶段由城乡规划、建筑学等背景教师介入，讲解不同尺度设计方案的特色；评估阶段由一线行业设计师介入，与学生共同研讨理想方案转化为可实施方案的有效路径。

（3）教学形式线上线下、课内课外结合

城市设计倡导人文精神和场所营造，通过创新性方案体现对公共空间秩序的重塑。在包容性设计理念之下，城市设计教学在传统实操训练的基础上，可拓展虚拟仿真实验等方式将优秀公共空间案例以循证学习的方式融入课程中，帮助学生深化对尺度、规模及空间感知的学习与理解。同时结合GIS分析、无人机采集、融媒体访问等方式，将课内教学研讨与课外访谈调研有效结合，完善更新阶段城市设计方案。

5 结语

面对复杂的城市更新问题与AI科技发展，作为专业核心课程，城市设计课程体系的建设直接影响着规

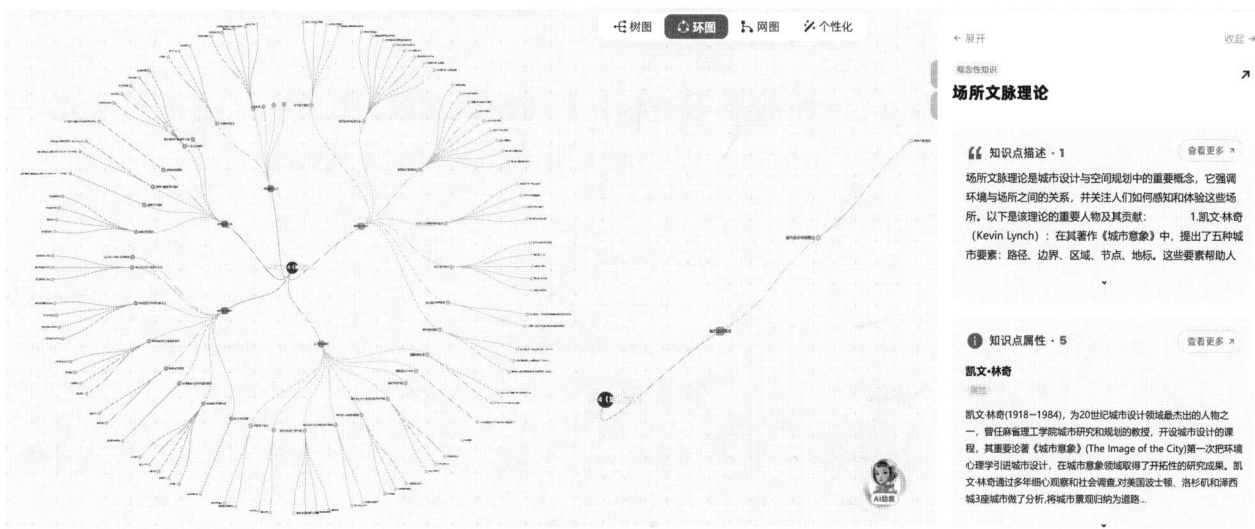

图6　哈工大城市设计课程知识图谱内容示意
资料来源：作者负责的城市设计 AI 课程平台部分截图

划、建筑、景观等专业人才的培养质量。因而需要业界人士充分讨论、不断探索并尝试改革。包容性设计理念是虽产生于产品设计领域，但其理念所倡导的多元包容、尊重个性、注重过程等设计思想影响广泛，可以引领大设计学科领域，城市设计行业也深受影响，将包容性设计理念引入城市设计课程体系建设中，是一种探索性的教学改革思路，从价值观引导到设计过程的改革，希望未来会有更多先进的、科学的设计课程改革思想涌现，培养出更多高质量的，具有创新意识的高水平城市学科人才。

参考文献

［1］邓元媛，院庆荣，李晗，等 . 基于多源数据的城市滨水空间游客时空行为特征及建成环境影响因素分析 [J]. 中国名城，2025，39（3）：72–77.

［2］李渊，连琦弋，杜亚男，等 . 基于数智化技术的历史街区韧性研究综述 [J]. 中国名城，2025，39（3）：48–55.

［3］KEATES S. CLARKSON P. J. Countering design exclusion：bridging the gap between usability and accessibility[J]. Universal Access in the Information Society，2003，2（3）：215–225.

［4］JOHN CLARKSON P，COLEMAN R. History of inclusive design in the uk[J]. Applied Ergonomics，2015，46：235–247.

［5］董华 . 包容性设计：中国档案 [M]. 上海：同济大学出版社，2019.

［6］戴锏，陈心朗，宋彦 . 街道环境视觉无障碍设施建设的包容性趋势评述——基于美、英、日比较与启示 [J]. 西部人居环境学刊，2023，38（5）：65–72.

［7］CLARKSON P J，WALLER S，CARDOSO C. Approaches to estimating user exclusion[J]. Applied Ergonomics，2013，46：304–310.

［8］KEATES S，CLARKSON P，HARRISON L，et al. Towards a practical inclusive design approach[Z]：ACM，2000：45–52.

［9］KEATES S，CLARKSON J. Countering design exclusion–an introduction to inclusive design[M]. Springer–Verlag London Ltd.，2004.

［10］剑桥大学工程设计中心 . Inclusive design toolkit[EB/OL]. http：//www.inclusivedesigntoolkit.com/GS_overview/overview.html#nogo.

［11］陈奕冰，郑思露，汤晓颖 . 基于包容性设计流程视角下的助行器开发研究 [J]. 包装工程，2022，43（24）：167–179，188.

Exploration of the Inclusive Design Framework Reform of Urban Design Courses in the Context of AI Era

Dai Jian   Yi Xiaoxiang   Chen Lulu

Abstract：Based on the inclusive development trend in urban renewal stages and the developmental context of AI era， this study explores reform strategies for urban design courses that incorporate inclusive design concepts. First， it deconstructs the inclusive design concept through three dimensions：conceptual connotation， design methodology， and workflow. Second， by analyzing course subjects， objectives， and content， it develops a planning and design course framework integrated with inclusive design theory. Third， it establishes a four-phase inclusive design framework（"Management-Exploration-Innovation-Evaluation"） for urban design curricula， identifies key teaching priorities， compiles pedagogical case studies， and integrates feedback mechanisms. Finally， it examines implementation pathways for courses reform through three dimensions：knowledge mapping， teaching teams， and instructional formats.

Keywords：Inclusive Design Concept， Inclusive Design Cube， Urban Design Course， Teaching Innovation

AI 提质增效的"数字孪生与智慧城市"课程教学路径改革与创新 *

董建权　李　翅　贾宜如

摘　要： "数字孪生与智慧城市"课程致力于培养符合新时代城市智慧化发展需求的复合型人才。针对理论教学与行业应用需求匹配不足、大模型与大数据加速教学知识迭代、学生数理与编程开发设计能力薄弱等痛点与挑战，课程构建了 AI 提质增效的"理论—案例—技术"三位一体教学体系，开发了基于 DeepSeek-V3 模型的 AI 知识库问答平台和覆盖全课程资料的 Web 端教学平台。AI 赋能不同教学模块，通过 AI 智能检索帮助学生掌握理论知识，结合行业专家讲授与 AI 深度解析协助学生理解数字孪生城市案例，利用 AI 辅助编程提升学生三维 GIS 开发能力，从而实现课程"学—用—思"的培养闭环。本研究通过融合 AI 技术与三位一体教学体系实现"数字孪生与智慧城市"课程教学路径改革与创新，旨在培养服务于美丽中国与实景三维中国建设的城乡规划专业人才。

关键词： 智慧城市；数字孪生城市；AI 知识库；AI 辅助教学

1　引言

　　智慧城市是以知识经济、资源集约配置为目标，将人文与技术相结合，从而达到由城市居民和信息与通信技术共同组成的"智慧"，用于指导城市具有可持续发展的建设模式[1]。2012 年 12 月，住房和城乡建设部发布《关于开展国家智慧城市试点工作的通知》，强调通过积极开展智慧城市建设，提升城市管理能力和服务水平。随后，智慧城市建设先后经历了探索实践期、规范调整期、战略攻坚期、全面发展期[2]，特别是项目式智慧城市建设在多空间尺度、多产业类型、多发展维度上取得了实质性进步。但由于城市系统内部的复杂性，仍然缺乏从顶层设计入手的建设理念，存在建成智慧孤岛的风险[3]。

　　数字孪生作为构建与物理实体完全对应的数字化对象的技术、过程和方法，能够以城市数字平台建设为支撑，服务城市规划与管理的多个环节，实现跨行业、跨部门、跨平台的复杂连接[3]，从而为智慧城市建设搭建

起物理实体与虚拟模型之间的全空间数据和信息交互系统。特别是在大数据、大模型的快速发展背景下，人工智能（Artificial Intelligence，AI）推动城市模拟与分析从信息化到智能化再到智慧化的转型，也促使城市规划教育实现数智化焕新[4]。

　　伴随着智慧城市建设需求与数字孪生技术的蓬勃发展，"数字孪生与智慧城市"课程成为北京林业大学城乡规划专业开设的必修课程。但是，与传统以知识点输出为主的课程不同，数字孪生城市具有很强的行业应用需求，需要思考城乡规划专业学生从这门课要学习到什么样的能力？如何更好地衔接其他方法论课程与设计类课程？首先，全面理解数字孪生与智慧城市的产生背景、内涵概念、核心架构是学生应该掌握的基础内容；其次，引入从业者视角拓展课程的知识维度并明确行业发展的人才需求；最后，数理与程序开发能力是数字孪生城市平台搭建的基础技能之一，需要衔接高等数学等通识必修课和地理信息系统应用等专业基础课程。在整

---

　　* 项目资助：北京林业大学 2024 年教育教学改革与研究项目（BJFU2024JY075）。

董建权：北京林业大学园林学院讲师（通讯作者）
李　翅：北京林业大学园林学院教授
贾宜如：北京林业大学园林学院讲师

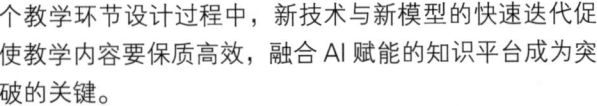

个教学环节设计过程中,新技术与新模型的快速迭代促使教学内容要保质高效,融合 AI 赋能的知识平台成为突破的关键。

2 教学痛点分析

2.1 理论教学与行业应用需求匹配不足

从理论层面上,"数字孪生与智慧城市"课程主要介绍从智慧城市到数字孪生城市的演变历程、主体与政策、人与数据、核心技术与应用场景、创新与挑战等内容。虽然课程能够尽可能地覆盖较为全面的知识点,但是数字孪生城市行业对人才的技能需求不仅是"懂得什么是数字孪生城市",更是"如何构建数字孪生城市"[5]。尤其是对大数据、空间模型、技术架构等内容,理论教学难免枯燥与抽象,缺乏实际操作能力的培养,难以搭建教学内容和现实案例的有效关联,从而容易消磨学生对课程的学习兴趣[6]。如何从传统的知识点输出课堂转变为融合项目式的教学方式,并通过 AI 技术打破知识壁垒,全方位拓展课程教学的深度与边界,成为"数字孪生与智慧城市"课程亟需解决的问题。

2.2 大模型与大数据加速教学知识迭代

以往学生获取知识的途径更多局限于课堂讲授与教材著作,而案例部分解析多通过图片、视频、教师演示等方式学习。但是,一方面诸如 GPT 系列、Gemini 系列、DeepSeek 系列等 AI 大模型的快速发展,高效且有效的智能检索水平对传统课堂提出挑战,基于大模型的知识体系更新步伐可能会明显超过基于 PPT 的人工知识更新速度,但教学内容如何在新时代背景下快速迭代并通过专业背景知识校正不准确的 AI 资源信息成为关键。另一方面,现在广泛开源的大数据平台能够为城乡规划研究提供真实、多样以及海量的要素数据,借助地理分析与影像切片软件能够快速实现城市空间的基础建模[7]。数据的低成本快速获取,会促使学生从课堂内兴趣转变为课外探索,教师需要借助这一优势进行改革创新,将课程从单一的理论教学转向理论与项目式融合教学路径。

2.3 数理与编程开发设计能力薄弱

从理论教学走向技术教学的前提在于对学生学情的准确研判,既往课程需要能够支撑具有编程性质教学

实践的过渡。根据自然资源部印发的《实景三维中国建设技术大纲》,基于空间数据的三维可视化是城乡规划专业学生能够在数字孪生城市领域实践的可行方向,但仍存在两个薄弱基础。一方面,数理知识的学习多集中于前两个学期的通识课程,深度可能不足以支撑进阶技术的学习。另一方面,数字孪生城市建设通常是应用 Cesium、Leaflet、Mapbox、LocaSpace Viewer 等三维 GIS 框架或二次开发的软件实现搭建过程[8],因此需要具备基本的编程开发与前端设计能力。跨学科的能力要求为课程技术模块的教学带来挑战,但同时由于其面向了行业应用与职业发展的需求,一定程度上能够更综合地培养城乡规划专业学生的能力,提高学习兴趣。

3 教学路径构建

"数字孪生与智慧城市"课程教学结构分为理论模块、案例模块、技术模块三个部分,搭建了涵盖课程教学内容的 AI 知识库和 Web 端平台(详见第 4 部分),各个教学环节通过 AI 智能检索、AI 深度解析、AI 辅助编程对不同课程内容的理解实现提质增效,以期实现从传统理论课堂转向理论输出与实践综合的教学路径(图 1),通过本课程的学习旨在让学生理解如何通过城乡规划的新技术与新方法服务美丽中国与实景三维中国建设。

3.1 理论模块:AI 智能检索

理论模块首先重点关注智慧城市的国内外发展历程,讲授智慧城市的参与主体和国内外政策差异,强调以人为中心的智慧城市特征,引导对智慧城市所涉及的数据类型及其伦理思考;其次,课程内容聚焦智慧城市关联的空间信息、物联网、云计算、大数据、人工智能等关键技术,引入数字孪生的核心架构,明晰数字孪生的应用需求方向和发展现状;最后,课程探讨数字孪生与智慧城市的关系,引入数字孪生城市概念,即智慧城市实现的高级阶段,提出数字孪生城市构建的难点与途径(承接后续技术模块教学),引导数字孪生城市在规划方案、政府管理、社区服务、交通模拟的应用场景(承接后续案例模块教学)。理论模块的教学目标旨在学生明确"什么是数字孪生与智慧城市",学生可以通过 AI 知识库(数字孪生与智慧城市课程问答平台)智能检索,获取模糊的知识点信息,实现准确且高效的自主

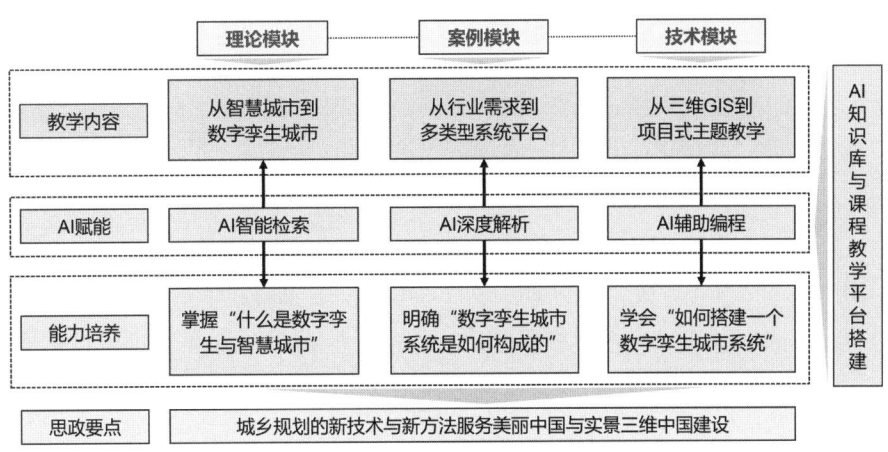

图1 "数字孪生与智慧城市"课程教学路径
资料来源：作者自绘

学习；同时可以通过 Web 端课程教学平台获取核心理论课程的公开教学素材，便于自主整理知识点与复习。

3.2 案例模块：AI 深度解析

案例模块分为学科教师讲授与行业前沿专家讲授两个环节。学科教师负责介绍当前智慧城市系统的基本组成部分，引导了解建筑信息模型、城市信息模型、物联感知数据、三维 GIS 架构等核心技术的原理，便于学生理解行业级应用案例的底层逻辑。行业前沿专家讲授环节邀请来自主流规划院所并从事数字城市与技术创新的专家作为主讲者，不仅为学生介绍诸如数字校园系统、土地风险预警系统、规划评估系统、一张图系统等前沿应用场景，也帮助学生了解从课堂到行业应该具备什么样的技术能力（承接后续技术模块教学）。案例模块的教学目标旨在学生厘清"数字孪生城市系统是如何构成的"，学生可以通过 AI 知识库的课程问答平台深度解析案例，获取不同实例的实现逻辑以及存在的开源代码，易于学生复现与二次开发。

3.3 技术模块：AI 辅助编程

技术模块依托三维 GIS 开发，基于 Cesium 框架讲授多类型数据加载、事件处理、图形绘制等基础开发内容，进一步从三维模型交互、材质特效渲染、三维地理空间分析等内容实现初步项目搭建。课程衔接数理基础必修课和

地理信息系统应用必修课，同时将计算基础和坐标系统的理论知识点前置，明确不同章节开发内容的详细技术任务书，通过逻辑解析、算法讲解、代码解读、课堂演示、学生实现等教学环节，实现从理论学习逐步深入到掌握技术的能力培养。技术模块的教学目标旨在学生学会"如何搭建一个数字孪生城市系统"。Web 端课程教学平台详细提供了技术任务书的源码分析内容以及运行示例，便于学生跟随课堂进度完成实验内容，也便于课前与课后的自主学习；同时可以通过 AI 知识库的课程问答系统学习代码的关键语句，鼓励学生应用 Copilot 辅助编程。此外，课程教学过程中，需要着重强调在善于使用 AI 的同时，也要保持对数字孪生城市系统逻辑的独立思考。

4 课程教学平台

AI 提质增效下"数字孪生与智慧城市"课程的理论模块、案例模块、技术模块教学需要依赖可靠的教学平台实现，课程设计了两大教学平台保障了上述核心教学路径的实现，即基于 AI 知识库搭建的数字孪生与智慧城市课程问答平台、基于 Web 端开发的数字孪生与智慧城市课程教学平台。

4.1 AI 知识库问答

数字孪生与智慧城市课程问答平台是服务于学生进行 AI 智能检索、深度解析、辅助编程的数据库系统，学

生可以针对 Cesium 安装、API 解析、数字孪生城市搭建等知识进行提问，AI 知识库会根据已学习的课程相关知识给出解答。本课程问答平台以 DeepSeek-V3 配置模型，底层架构基于五个部分的知识分类实现，即理论知识、案例应用、安装报错、数据检索、编程代码（图 2）。

在课程问答平台的使用端，学生与知识库可以直接互动（图 2）。理论学习方面，学生可以向 AI 知识库提问课堂讲授的各类知识点，例如提问"智慧城市基本定义是什么？"平台会根据理论课程 PPT 第 9 页教学内容回复答案，也会自动匹配教学过程中使用的图片素材。案例学习方面，学生可以让 AI 知识库解析特定数字孪生城市系统的底层架构，例如提问"智慧城市警情预警系统是怎么构成的？"平台会依据开源示例总结"智慧城市警情预警系统主要由以下几个部分构成：初始化三维地图控件、封装场景操作类、CSS3 渲染标注、实现视角导航动画、构建交互界面、警情场景模拟、封装视

觉效果方法"，并详细描述每个部分的实现过程与作用。技术实现方面，学生可以咨询 AI 如何使用不同的 API 接口和函数方法用以辅助编程，例如提问"如何使用 Cesium.Viewer 的 API？"，平台不仅会解释 API 的意义，同时提供课堂教学中使用过的代码示例，方便学生理解与系统搭建，保障教学质量并提高学习效率。

4.2 Web 端教学平台

数字孪生与智慧城市课程教学平台是便于学生能够及时获取更新的教学内容，包括了课程考核要求、联系方式、源码分析、运行示例、理论 PPT 等部分（图 3）。考虑访问的便捷性，本教学平台采用 Web 端搭建，学生通过校园网能够快速登录。在源码分析和运行示例部分，根据基础开发内容和初步项目构建内容，课程将技术模块分解成为 12 个章节，每个章节都包括了当前数字孪生城市系统搭建过程中常用的 API 介绍、关键算法、可复现代码、运行效果等内容。此外，为了方便学生复习理论

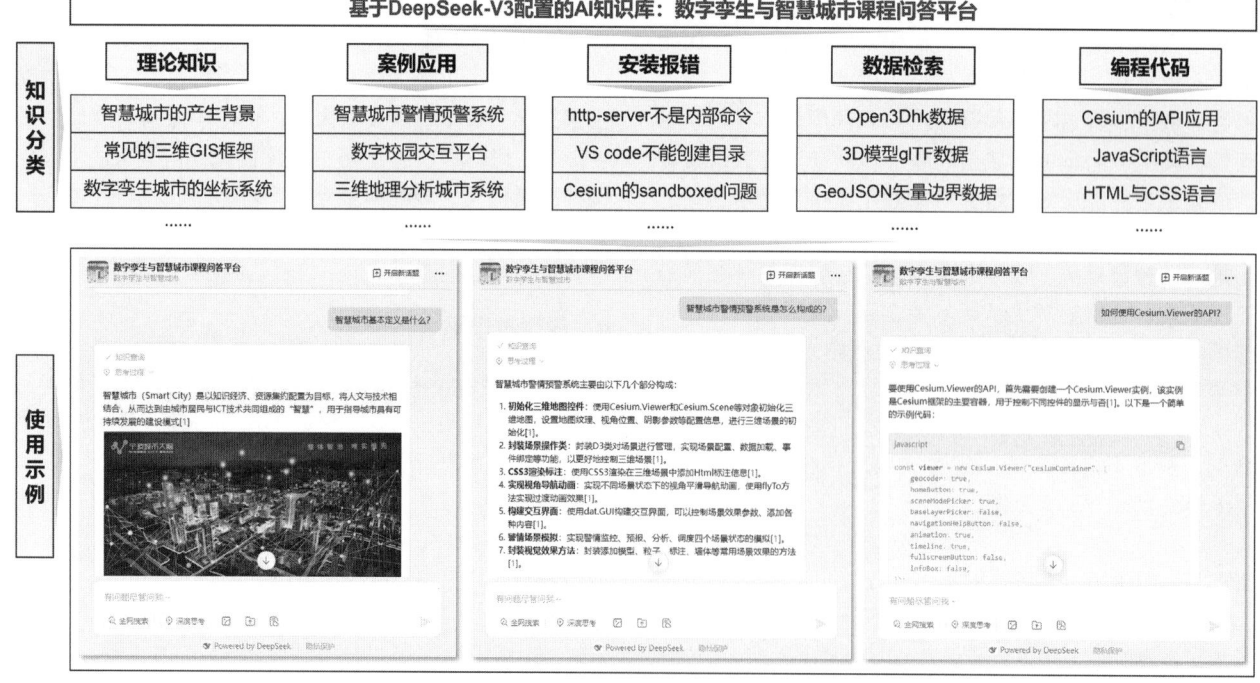

图 2　数字孪生与智慧城市课程问答平台的知识分类与使用示例
资料来源：作者自绘

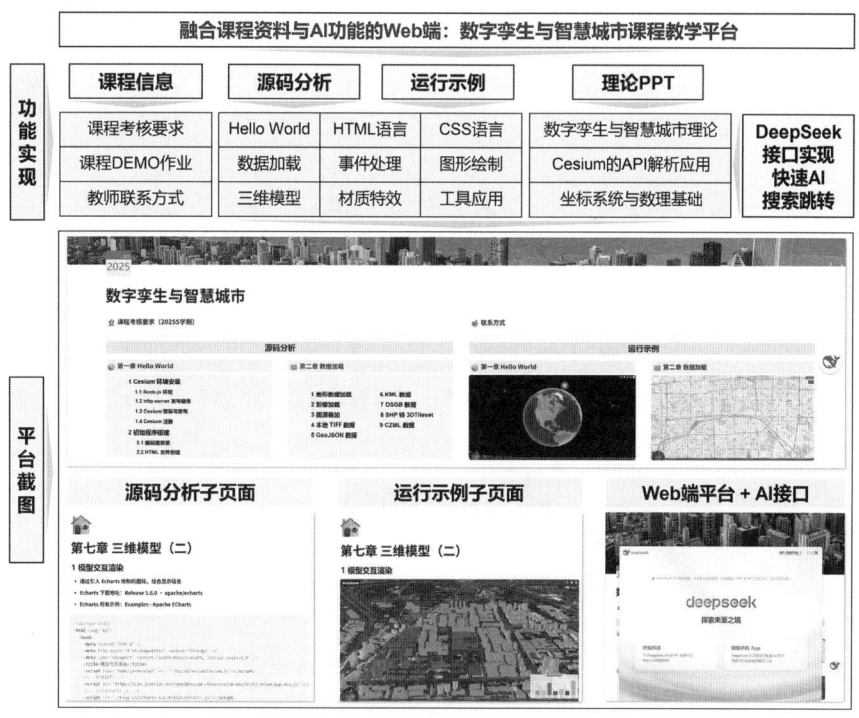

图3 数字孪生与智慧城市课程教学平台功能架构与页面截图

资料来源：作者自绘

知识、保证理论与实验互补学习，数字孪生与智慧城市课程教学平台也提供了理论模块讲授的 PPT 和非理论模块涉及的主要知识点。进一步地，考虑 AI 对技术学习的高效便捷特征，课程教学平台引入 DeepSeek 接口，学生能够在教学平台快速切换 AI 工具，从而对未掌握和未理解的概念、函数、算法等各类型知识难点进行搜索问答。

5 结论

智慧城市作为融合技术与人文的可持续发展模式，数字孪生技术通过构建虚实交互系统提供了智慧城市建设的创新方案。在此背景下，北京林业大学开设的"数字孪生与智慧城市"课程致力于培养符合行业需求的复合型人才。考虑教学面临三大痛点和挑战，即理论教学与行业应用需求匹配不足、大模型与大数据加速教学知识迭代、学生数理与编程开发设计能力薄弱，课程构建了 AI 赋能的"理论—案例—技术"三位一体教学体系，保证课程教学质量、提高学生学习效率。理论模块通过

AI 智能检索帮助学生掌握核心概念；案例模块结合行业专家讲授与 AI 深度解析，强化数字孪生系统的核心架构；技术模块以三维 GIS 开发为重点，利用 AI 辅助编程提升实操能力。为了保障 AI 赋能的教学体系实践，课程开发了 AI 知识库问答平台和 Web 端教学平台，AI 知识库基于 DeepSeek-V3 模型构建，支持学生自主学习，可精准解答理论、案例、编程、数据等相关疑惑，而 Web 端教学平台则提供课程资料、源码分析与运行示例等内容，从而实现学生对课程内容的"学—用—思"。本研究通过 AI 技术与三位一体教学体系的融合，为城乡规划专业课程改革提供了新范式，培养人才能够有效服务于美丽中国与实景三维中国建设。

参考文献

［1］ 夏海山，徐然.智慧城市概论 [M].北京：中国建筑工业出版社，2022.

［2］ 唐斯斯，张延强，单志广，等.我国新型智慧城市发展现

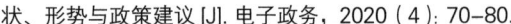

状、形势与政策建议 [J]. 电子政务，2020（4）：70-80.

［3］ 王庆，葛晓永，徐照，等 . 数字孪生城市建设理论与实践 [M]. 南京：东南大学出版社，2020.

［4］ 吴志强 . 城市规划教育的数智化焕新 [J]. 城市规划学刊，2025（1）：11-17.

［5］ 李晓蕾，胡振宇 . 基于智慧城市理念的城乡规划专业教学改革探索 [J]. 现代城市研究，2024（11）：125-127.

［6］ 林小如，金妍彤，李海东 . 线上线下融合的城乡规划教学模式创新——对斯坦福大学智慧城市教学模式的借鉴思考 [J]. 城市建筑，2020，17（13）：63-65，85.

［7］ 王静远，李超，熊璋，等 . 以数据为中心的智慧城市研究综述 [J]. 计算机研究与发展，2014，51（2）：239-259.

［8］ 马洪成，张玉驹，刘为民 . 基于开源 Cesium 框架的智慧街道三维可视化平台的研究与应用 [J]. 测绘与空间地理信息，2019，42（8）：121-123.

Reform and innovation of the teaching path of "Digital Twin and Smart City" Course to Improve the Quality and Efficiency through AI Approaches

Dong Jianquan   Li Chi   Jia Yiru

Abstract："Digital Twin and Smart City" course is committed to cultivating interdisciplinary talents who meet the needs of urban smart development in the new era. In view of the challenges，such as the mismatching between theoretical teaching and industry application needs，the acceleration of knowledge iteration by large models and big data，and the weak ability of students' mathematics and programming skills，the course constructs a three-in-one teaching system of "theory-case-technology" to improve the quality and efficiency through AI approaches. We develop an AI knowledge base based on the DeepSeek-V3 model and a web-based teaching platform covering the whole course materials. AI empowers different teaching modules，helps students master theoretical knowledge through intelligent retrieval，combines industry expert lectures and AI in-depth analysis to help students understand digital twin city cases，and uses AI-assisted programming to improve 3D GIS development capabilities，so as to realize the closed-loop of "learning-using-thinking" of the course. This study realizes the reform and innovation of the teaching path of "Digital Twin and Smart City" by integrating AI technology and the three-in-one teaching system，aiming to cultivate urban and rural planning professionals who serve the construction of Beautiful China and 3D Real Scene in China.

Keywords：Smart City，Digital Twin City，AI Knowledge Base，AI-assisted Teaching

HAI 驱动下城乡规划研究生创新能力培养路径研究
——以"村镇规划"课程为例 *

徐　嵩　高　莺　曾穗平

摘　要：以"村镇规划"课程为例，探讨了人类智慧与人工智能协同（HAI）驱动下城乡规划研究生创新能力的培养路径。针对当前城乡规划教育面临 AI 技术渗透不足、跨学科协同薄弱、评价机制滞后等问题，通过构建知识、能力、路径、支撑和动态演化机制五维创新能力培养理论框架，提出课程体系重构、教学模式创新、技术工具赋能、多元政策协同及评价体系优化的创新实践路径。研究表明，HAI 技术能够有效提升学生的技术应用、系统思维和批判创新能力，为城乡规划教育转型提供新范式。

关键词：HAI；研究生教育；创新能力；村镇规划

1　引言

1.1　研究背景与问题提出

在人工智能（Artificial Intelligence，AI）技术深度融入城乡发展进程中，人类智慧与人工智能协同（Human-AI Interaction，HAI）正重构城乡规划学科的知识图谱。早在 2017 年，国务院发布的《新一代人工智能发展规划》就明确指出，AI 已成为驱动城乡空间治理现代化的核心引擎，其在空间模拟、决策支持、公众参与等领域的渗透为城乡与社会建设提供了新机遇，但同时也应注意到人工智能对城乡规划学科与教育带来的不确定挑战。首先，当前城乡规划专业课程体系中，人工智能与交互技术的渗透仍处于初级阶段，技术的滞后性导致学生难以将 AI 技术转化为解决复杂空间问题的工具；其次，创新能力培养机制不健全，导致理论教学与快速迭代的规划实践存在认知错位；再次，学科壁垒制约了与计算机科学、社会学、生态学等领域的深度交叉，跨学科团队协同创新能力亟待提升；最后，现行教育评价体系难以全面衡量学生的综合创新能力，尚未

建立起适应 HAI 情境下的多元化、过程性和生成性的评估机制。

在此背景下，村镇规划作为城乡融合发展的关键节点，具有小规模、复合型、动态演化的特征，相较于城市的复杂系统特性，村镇场景为破解上述困境提供了理想的教学实验场域。因此，本文以城乡规划研究生"村镇规划"课程为例，开展创新能力培养的教学实践，使学生能够在真实问题导向中锤炼"技术理性 + 人文关怀"的双重能力。

1.2　研究目的与意义

在研究生教育阶段，如何借助 HAI 推动创新能力的培养，不仅关系到学生个人发展，更关系到城乡规划学科应对复杂社会空间问题的整体竞争力与持续生命力。本文聚焦 HAI 技术与城乡规划教育的深度融合，主要目的如下：

（1）厘清 HAI 驱动下研究生创新能力的关键维度；

（2）构建融合 HAI 逻辑的教学改革路径；

（3）提炼适用于研究生教育的可推广范式。

---

* 课题项目：中国建设教育协会 2023 年度教育教学科研课题（2023241）。

徐　嵩：天津城建大学建筑学院讲师
高　莺：北京清华同衡规划设计研究院有限公司工程师
曾穗平：天津城建大学建筑学院教授（通讯作者）

本研究的开展，在理论层面，可拓展城乡规划教育研究的技术视野，通过 HAI 逻辑下对教育变革的系统分析，回应时代诉求，同时通过教育创新推动学科在技术驱动、交叉融合、社会响应等维度构建适应未来城乡系统复杂性的新兴学科体系，推动城乡规划学科从"新"向"优"的深层转型。在实践层面，以村镇规划为切入点，从课程体系、教学模式、技术方法等方面提出改革策略，可为城乡规划及相关专业研究生人才培养目标重塑提供有益借鉴，此外，培养具备综合创新能力的高层次城乡规划人才，也是服务国家城乡融合发展、乡村振兴以及新型城镇化的现实需求。

2 理论基础与研究进展

2.1 HAI 的基本内涵与发展现状

HAI 是人工智能技术发展背景下，人类与 AI 系统之间基于语言、视觉、行为、数据等维度进行协同感知、协同认知与共创实践的互动过程。与传统人机交互相比，HAI 强调 AI 系统的智能参与与人类认知过程的耦合，其核心特征包括：协同性、自主性、进化性与学习性。

近年来，HAI 在多个领域取得快速突破，特别是在教育、医疗、城市治理等复杂系统中展现出强大潜力。在教育领域，HAI 推动智能助教、个性化学习路径、生成式反馈、虚拟导师等新型教学方式落地，为高等教育提供了"智能化、人本化、场景化"的改革方向。例如，基于知识图谱的数字孪生平台构建教育场景的闭环，这种技术赋能不仅重塑了专业教育的知识传授方式，更推动城乡规划从"人工设计"向"数据驱动—智能建议—人本协同"的知识生产方式转型，为复杂系统决策提供新范式。

2.2 创新能力培养的理论支撑

（1）建构主义理论。该理论认为，知识的建构需依托情境、协作与互动，这与 HAI 的理念高度契合[1]。HAI 强调人机协同，通过构建虚拟与现实交织的规划情境，在真实复杂的问题中形成个性化理解。

（2）设计思维与创新思维理论。设计思维强调以人为中心、跨界协作、快速迭代，是城乡规划重要能力框架。结合 HAI 技术，在设计任务中使用 AI 参与生成方案、评估路径、可视化表达，拓展认知边界。

（3）复杂系统理论。城乡规划涉及多主体、多变量、多尺度的系统问题，与 HAI 所支持的多维数据处理与预测能力高度契合，更加强调非线性、自组织与系统适应性。

（4）人机智能协作理论。随着 AI 能力增强，传统"人主机辅"模式向"协同智能"演进。相关理论强调人类在道德判断、情感共鸣、价值导向方面的不可替代性。

2.3 "村镇规划"课程的教研进展

"村镇规划"作为城乡规划体系中的基础性课程，在传统教学实践中，往往出现理论体系与乡村复杂现实脱节、多学科交叉融合不足、缺乏动态模拟实训平台[2]等难点。而近年来以乡村特性认知为重点，重点强化对地域差异性及社区更新逻辑的解析，在教学内容、方法与实践机制方面进行了多样探索：

（1）课程定位的转变

随着乡村振兴战略推进，课程目标正逐步转向"问题导向 + 情境式模拟"的复合化方向，强化对乡村空间治理、产业重构、文化保护等议题的关注。

（2）教学方法的多样化

据调查，多所高校已开展"工作坊式教学""数字建模 + 空间实验"等教学实践，以提升学生的实地调研能力、学科融合能力，取得了良好反响。

（3）存在的主要问题

教学内容与现实需求之间存在技术方法滞后、认知断层的普遍问题；缺乏将 AI 工具嵌入"认知—表达—决策"全过程的课程机制；创新能力培养缺少系统性支撑，尚停留在碎片化应用和表层"炫技"阶段。

3 HAI 驱动下城乡规划研究生创新能力培养的理论框架

为系统探索 HAI 时代城乡规划研究生创新能力的培养路径，有效应对新技术变革，本文在梳理 HAI 技术内涵、人才能力要求、课程变革趋势等基础上，构建一个集知识、能力、路径、支持和机制五个维度的创新能力培养理论框架，如图 1 所示。其中，知识维度为构建跨学科整合的知识基础，强调数据素养与系统认知，通过学科融合重构"知行合一"的知识组织形式；能力

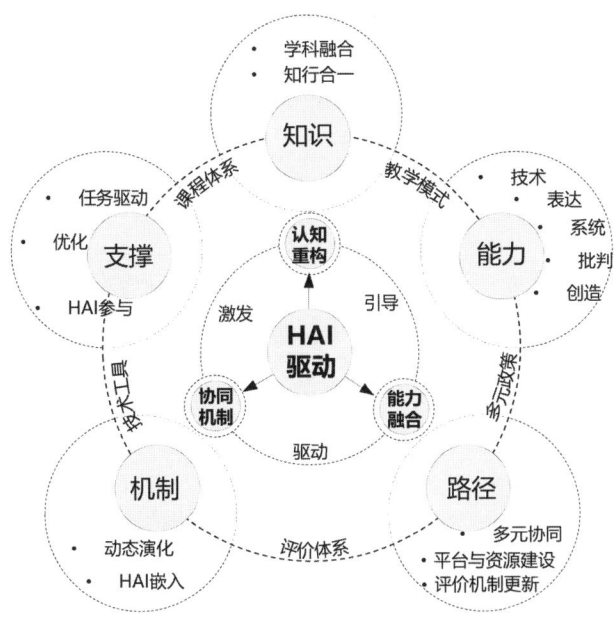

图1　HAI驱动的创新能力培养框架图
资料来源：作者自绘

维度为塑造面向未来解决问题的能力，聚焦技术使用、协同表达、系统思维、批判判断与创造五大能力；路径维度为重构教学与学习组织方式，强调"任务驱动—HAI参与—优化"的循环，推动学习空间从课堂向真实场景扩展；支撑维度为营造多元协同的教学生态，涉及高校、政府、企业、社会多元主体的协同联动，同时也包括平台与资源建设、评价机制更新等；机制为以HAI为核心的动态演化机制，力图实现HAI嵌入能力培养全过程。

4　HAI驱动下创新能力培养的路径设计

4.1　课程体系重构

传统的"村镇规划"课程多以空间设计、土地利用、基础设施布局等为重点[3]，课程内容以知识点罗列为主、理论讲授为主，学生参与度有限，创新性训练不足。在HAI背景下，课程体系需由"内容中心"向"能力导向"转变，构建以学生为主体、以能力为逻辑、以问题为驱动、以技术为支撑的多维课程体系。

（1）课程总体目标：聚焦"复合型创新能力"

课程总体目标从"掌握村镇规划方法"转向"掌握村镇复杂系统认知+AI辅助设计+情境创新实践"的复合能力。

（2）课程内容：构建"理论+工具+情境+反思"四维模块

为实现上述目标，课程内容按照认知路径与能力递进关系划分为以下四大模块（表1）。

（3）课程组织：实施流程"五段式设计"

根据模块整合逻辑，课程以"五段式"流程组织教学活动，贯穿认知—分析—设计—协同—表达五个阶段：以真实村庄为案例，提出复杂问题情境，引发学生思考；进行规划理论与政策学习，提供认知基础；开展AI工具训练营，掌握数据处理与辅助设计方法；分组进行情境化设计任务，强调过程协同与AI嵌入；展示规划成果，反思AI在设计过程中的作用与应用边界。

（4）资源整合：建立开放共享的课程资源平台

课程资源系统性整合包括：①案例库：构建包含不同地域、发展阶段、治理模式的村庄案例集；②工具

HAI驱动下课程内容　　　　　　　　　　　　　　　　　　　　　　　　表1

模块名称	内容组成	教学目的
理论认知模块	村镇发展演化、政策体系、空间形态与规划理论	建立宏观理解与规划基础认知框架
工具赋能模块	GIS空间分析、AI选址建模、数据可视化平台（如Tableau）、ChatGPT逻辑推演	提升学生对AI工具的理解与应用能力
情境实训模块	真实村庄案例剖析、任务型工作坊、跨专业联合设计	培养学生的问题发现、团队协作与设计实践能力
价值反思模块	技术伦理、AI与公众参与、规划公正性、反事实模拟	培养学生批判性思维与责任意识

资料来源：作者自绘

库：提供包括 ChatGPT 提示词模板、GIS 分析模型等工具资源；③项目库：沉淀历年学生项目成果，供新生反向学习；④专家库：邀请规划、城乡政策、乡建等领域专家提供指导。

4.2 教学模式创新

课程采用任务驱动式教学模式，选取具有典型性、示范性村庄作为实践载体，以真实村庄和开放命题的方式提出多元任务，引导学生运用 HAI 工具构建问题地图、目标路径与行动策略，完成从前期调研到成果落地的全流程训练。在教学过程中，AI 协同贯穿始终（表 2）。通过跨学科协同机制，联合建筑、地理信息、乡村治理、数据科学等多专业领域技术力量，组织"交叉式 Studio"或"联合设计营"，同时设立"虚拟教学团队"，引入技术导师和 AI 操作助教，保障 HAI 应用深度与广度；实行学生自治，引导学生提出二次任务；与地方规划院、乡镇政府共建"项目库"，同时参与评审与辅导，形成产学研深度互动网络。通过以上手段，最终构建起教学生态系统。

4.3 技术工具赋能

在教学实践中，引导研究生运用 DeepSeek 等工具进行规划构思与文本生成，如规划意象图生成与规划文本写作等。基于 AI 大模型的"文生图"技术以 AI 辅助作为思维激发器，训练学生合理构建 Prompt，进行场景推演，实现课堂良性互动。

以村镇土地利用为例，①面向城乡规划领域进行数据增强，构建村庄规划语境下的文生图语料与样本集，解决数据不足的问题。如针对村镇规划设计相关数据集不足的问题，广泛收集行业内书籍、项目材料、研究报告等相关文档，并利用文本识别技术建立行业语料知识库；结合区域气候、地貌等信息生成更符合村镇实际应用场景的数据样本，进一步提升数据的专业性和适用性。②基于指令拓展方法开发空间信息增强的文生图大模型，强化对土地利用要素的理解与布局的控制，让模型不仅"画得像"，还要"画得准"，这一步骤体现出空间结构、功能逻辑、相邻关系等专业知识的嵌入。通过多模态大模型提取输入图像或草图中的关键空间信息，如边缘特征、轮廓布局等，将文本输入升级为结构化命令，如"以耕地保护为优先原则，设置耕地红线"，根据语义命令与空间引导生成高质量图像，实现输出图像在语义完整性与空间表达上具备更高一致性和可用性。③提出一种基于诱导布局的局部编辑文生图大模型，旨在满足局部编辑与精准布局需求，实现对规划草图的局部调整、精细化控制和动态调整 [4]。例如，在规划图中分离出农村宅基地、商业、绿化等功能区域，生成特定区域的空间特征层，为局部编辑奠定基础；通过扩展模型和控制模块（如 ControlNet）生成局部的精细化结果。

4.4 多元政策协同

为有效支撑研究生创新能力的持续培养，必须将教育体系深度嵌入国家战略、行业政策、地方发展与高校制度的整体协同网络中，构建多元化政策支持体系，实现教育供给侧与发展需求侧的精准对接。

AI参与式创新教学   表2

教学阶段	AI 工具角色	应用举例
问题识别	ChatGPT 生成场景假设、整理村庄背景资料	生成小城镇发展瓶颈的可能性清单
数据分析	GIS 插件、遥感分析工具、Python 模型调用	用 AI 识别聚落空间扩展趋势
方案构思	DALL·E、城市设计辅助 AI	快速构建未来村庄意象
文本表达	ChatGPT 润色规划文本、生成对话式汇报	形成规划汇报 PPT+ 文稿一体化草案
反思评估	AI 提出问题挑战、生成批判性反馈	模拟专家评审，提出方案不足

资料来源：作者自绘

（1）对接国家战略导向，深度融合乡村振兴与数字中国

国家在"十四五"规划、乡村振兴战略、新型城镇化规划等顶层文件中多次强调城乡融合发展、数字技术应用和高层次复合型人才培养的重要性，为城乡规划教育特别是村镇规划方向研究生教育指明了方向。如在课程中引导学生聚焦"乡村空间重构与治理""数字乡村""产业生态协同规划"等新兴主题；结合国家重大政策如"多规合一""全域土地综合整治"等，提升课程设计的战略性与前瞻性。

（2）顺应行业发展趋势，响应数字转型与智能化需求

规划行业正加速向数字化、智能化、系统化方向演进。自资部、住建部、教育部等部门发布《自然资源数字化治理能力提升总体方案》《教师数字素养》等多个文件与标准，为高层次人才的培养设定了能力标准与发展路径。例如在课程中引导学生掌握符合国土空间规划实践要求的制图规范、技术流程与表达方式，培养面向实战的技能。

（3）构建地方与校内部门协同，打造校地共建的人才培养体系

通过课程嵌入式实践、联合课题研究、区域协同治理等机制，将学生的学习任务转化为地方发展的智力资源。同时，校内部形成跨学院、跨部门协同的支持体系，建设面向城乡规划的"数字村镇教学平台"，整合建筑学院、计算机学院、地理信息科学等资源，形成共享实验空间，并设立校政企联合创新基金，推行科研成果积分制与专利共享机制，激发研究生创新动能[5]。

4.5 评价体系优化

HAI驱动背景下"村镇规划"课程中的研究生创新能力培养，不应再局限于传统知识记忆与图纸表达的考核，而是更加重视"跨学科综合能力""人机协同解决复杂问题能力"等多元维度。为此，需要构建以过程、协作、成果与转注重化评价为核心的多维度动态评价机制。

首先，建立分阶段、结构化的评价方式，如可分为问题识别、工具应用、设计生成、成果展示等多个阶段，鼓励学生在全过程动态中成长。其次，建立融合"多元主体"参与的协同评价机制，通过教师专家评价、学生互评、AI辅助评价、校外导师评价等方式，提升评价的公正性、互动性和发展性。再次，嵌入能力表现评价，以成果为导向，关注方案在实际村镇中可实施性、政策支持度、社会接受度，聚焦学生解决真实问题的能力。最后，注重成果转化与展示，通过激励性机制促使学生将 AI 赋能下的成果外化为能力的综合体现。如推动优秀设计作品参加竞赛；与学术研究成果挂钩，鼓励学生将 AI 支持下的课程成果扩展为研究论文或调研报告，投稿至相关期刊或会议；将创新能力表现纳入综合素质评价，与奖学金评选、职业规划等相结合。

5 结论与展望

5.1 研究结论

本文以"村镇规划"课程为例，构建了 HAI 驱动的城乡规划研究生创新能力培养框架，强调跨学科知识整合、人机协同能力及动态评价机制的重要性。通过课程体系重构、教学模式创新、技术工具赋能、多远政策协同以及评价体系优化等路径探讨，验证了"任务驱动+AI 嵌入"教学改革的有效性，形成研究生创新能力培养的有力支撑。

5.2 未来方向

未来发展中，城乡规划研究生课程在保持专业特色的同时仍应积极培养学生创新能力，例如在多模态 AI（如虚拟现实）在复杂规划场景中的应用、构建更系统的跨学科课程体系、路径创新的多院校对比研究等方面有待于进一步深入。

参考文献

[1] 魏红亮,毛泽盛,张小荣,等.基于建构主义的经管类专业硕士创新能力培养研究 [J].现代大学教育,2018（5）:98-105.

[2] 本刊编辑部."城乡规划教育如何适应乡村规划建设人才培养需求"学术笔谈会 [J].城市规划学刊,2017（5）:1-13.

[3] 田莉,杨鑫,张雨迪,等."专业知识+人工智能"双驱动的城乡规划设计教育创新探索:以住区规划为例 [J].城市规划学刊,2024（5）:71-78.

［4］ 张新长，赵元，齐霁，等 . 基于 AI 大模型的文生图技术方法研究及应用 [J]. 地球信息科学学报，2025，27（1）：10-26.

［5］ 石贵舟，余霞 . 人工智能驱动下"产教 + 科教"双融合赋能应用型高校人才培养研究 [J]. 南京工程学院学报（社会科学版），2025，25（1）：1-8.

Research on the Cultivation Pathways of Postgraduates' Innovative Capabilities in Urban-Rural Planning Driven by Human-AI Interaction（HAI）——A Case Study of the Village and Town Planning Course

Xu Song   Gao Ying   Zeng Suiping

Abstract：Taking the course Urban–Rural Planning as a case study, this paper explores the cultivation pathways for postgraduate innovation capability in urban–rural planning driven by Human–AI Interaction（HAI）. In response to challenges in current urban–rural planning education, such as insufficient integration of AI technologies, weak interdisciplinary collaboration, and outdated evaluation mechanisms, a five–dimensional theoretical framework for innovation capability cultivation is constructed, encompassing knowledge, capability, pathway, support, and dynamic evolution mechanisms. The study proposes innovative practical pathways including curriculum system restructuring, teaching model innovation, technological empowerment, multi–stakeholder policy coordination, and evaluation system optimization. Research indicates that HAI technologies effectively enhance students' technological application, systems thinking, and critical innovation capabilities, offering a new paradigm for the transformation of urban–rural planning education.

Keywords：HAI, Postgraduate Education, Innovation Capability, Village and Town Planning

HAI 时代"情景互动 + 科教融汇"的城市公共安全规划理论教学模式创新与实践

鲁钰雯　翟国方

摘　要： 本文以城市公共安全规划课程为研究对象，探索了 HAI（Human-AI Interaction）背景下科研成果与教学深度融合的创新路径。课程构建"项目引领、案例驱动、实践贯通"的科研融教模式，将教师承担的城市安全规划研究项目转化为教学资源，形成"教学—科研—实践"一体化的教学体系。通过情景互动与科研融合相结合的方式，培养学生运用专业知识解决实际问题的能力与科研素养。研究系统探索了科研成果向教学资源转化的机制设计以及教学实施路径优化等关键问题，实现了理论教学内容前沿化和教学方式互动化。

关键词： HAI；城市公共安全规划；情景互动；科研融合；理论教学；课程改革

1 引言

1.1 HAI 时代城乡规划教育的新要求

随着人工智能技术的迅猛发展，人机交互（Human-AI Interaction，HAI）正深刻重塑城乡规划教育与实践领域。HAI 是指人类与人工智能系统之间的交互过程与关系，强调人类与 AI 系统在认知与行为层面的双向交流与协同。传统规划教育体系面临前所未有的挑战与机遇，城乡规划专业教育亟需应对智能化、数字化转型 [1]。一方面，AI 技术已开始渗透到城市分析、空间模拟、方案生成等规划工作环节，生成式 AI、大数据分析、虚拟现实等新技术成为未来规划师必备的工具 [2]；另一方面，HAI 时代下规划教育需要培养学生与 AI 工具协同工作的能力，从数据驱动决策到辅助设计、方案评估，都要求学生具备人机协同解决复杂城市问题的综合素养。

1.2 城市公共安全规划课程改革需求

城市公共安全规划作为城乡规划专业的重要理论课程，面临特殊的改革需求。2025 年 5 月，中共中央办公厅、国务院办公厅发布《关于持续推进城市更新行动的意见》，明确提出要打造宜居、韧性、智慧城市。随着社会对韧性城市、安全社区建设的日益重视，城市公共安全规划领域的研究与实践正在快速发展，呈现出多

学科交叉融合、技术手段智能化升级的特点。这些发展态势要求城市公共安全规划课程必须及时将前沿理论与方法引入教学，更新教学内容，创新教学方式，培养适应新时代需求的规划人才。此外，公共安全规划涉及突发事件模拟、风险评估、疏散分析等内容，这些领域正是 HAI 技术应用的前沿，基于大数据的风险评估、AI 辅助的疏散模拟、智能感知的安全监测等新技术不断涌现 [3]。传统教学模式难以满足这些新要求，亟需探索创新路径，将前沿科研成果与 HAI 技术融入课程教学，培养学生在新技术环境下解决城市安全问题的能力。同时，公共安全规划具有较强的实践导向性，如何让学生在理论学习中体验真实问题情境，参与科研过程，成为课程改革的关键环节。

1.3 HAI 背景下科教融汇模式变革的价值

本研究旨在探索科研成果、实践项目与"城市公共安全规划"课程教学的深度融合路径，构建"教学—科研—实践"一体化的教学模式，实现教与学过程的创新。通过将教师承担的城市安全规划研究项目转化为教学资源，引入真实案例与研究问题，重构理论课程的内

鲁钰雯：南京大学建筑与城市规划学院副研究员
翟国方：南京大学建筑与城市规划学院教授

容体系与实施方法,提升课程的前沿性与实效性。在HAI技术日益普及的背景下,探索将人机交互融入科研与教学过程,通过"情景互动+科研融合"的创新模式,培养学生适应智能时代的规划能力。这种模式不仅使学生成为科研过程的参与者,还通过HAI技术辅助学习与实践,使其掌握与AI工具协同解决城市问题的方法。

2 文献综述与理论基础

2.1 科研融入教学的经验

国际高等教育领域普遍重视科研与教学的融合,已形成较为成熟的理论与实践。基于近二百名学生的问卷调查和五次小组访谈,研究发现当学生积极参与研究项目时,能够大幅提高其对研究性质和研究技能发展的认识[4]。英国高校从建筑环境学科实施实践导向教学,探索研究与教学的关系[5]。学生在导师指导下经历完整的研究过程能够一定程度培养其研究能力与学术素养[6]。国内高校在科研融入教学方面也进行了积极探索。清华大学建筑学院及清华大学建筑设计研究院实施"大师工作室"制度,将教师科研项目引入教学,但主要面向研究生层次。中国科学院大学通过"科教融合、协同育人"论坛系统推进规划类课程的科教融合。

2.2 建构主义学习理论与项目式学习

建构主义学习理论认为,学习是学习者在特定情境下,通过与环境的互动,主动建构知识的过程[7]。建构主义强调真实情境的重要性,主张在接近实际应用环境的情境中进行学习,使知识获得与应用保持一致性[8]。项目式学习(Project-Based Learning,PBL)是建构主义理论在教学实践中的重要应用。PBL以真实项目为中心,通过设计、规划、实施和评估项目的过程,使学生获得知识与能力[9]。

2.3 人机协同教学理念

随着人工智能技术的发展,HAI(Human-AI Interaction)在规划教育中的应用日益广泛[10]。在此背景下,人机协同教学理念源于分布式认知理论与增强智能(Augmented Intelligence)概念,强调人类与AI系统协同工作,互相增强,共同完成任务,形成"1+1>2"的效果[11]。人机协同教学在实践中体现为三种模式:一是AI作为教师助手,辅助教学设计、资源开发和学习评价;二是AI作为学生助手,提供个性化学习支持、即时反馈和智能辅导;三是AI作为学习环境的构建者,创造沉浸式、交互式的学习情境。

3 "情景互动+科研融合"教学模式设计与实施

3.1 "情景互动+科研融合"模式构建

(1)模式整体框架与核心理念

"情景互动+科研融合"教学模式基于建构主义学习理论与人机协同理念,构建了以科研项目为驱动、以情景互动为手段、以能力培养为目标的理论课程创新框架。如图1所示,模式形成了"项目引领、案例驱动、实践贯通"的三层结构:顶层为教师承担的城市安全规划科研项目,作为教学内容与过程的总体引领;中层为基于科研项目开发的案例资源,作为课程教学的核心驱动力;底层为贯穿全程的情景互动实践,使学生深度参与研究过程。这三层结构通过HAI技术支持形成紧密联系的整体,实现科研成果向教学资源的高效转化与应用。

模式的核心理念体现在三个方面:一是"学用融通",将理论学习与实际应用深度融合,通过真实科研项目引入,使学生在接近实际工作的环境中学习与应用理论知识;二是"科教互促",实现科研与教学的双向促进,科研成果提升教学质量,教学过程反哺科研深化;三是"人机协同",强调学生、教师与智能技术三元互动,培养学生在HAI环境下解决规划问题的能力。这一模式突破了传统理论课程"重知识传授、轻能力培养"的局限,形成了理论学习与研究能力培养并重的新范式。

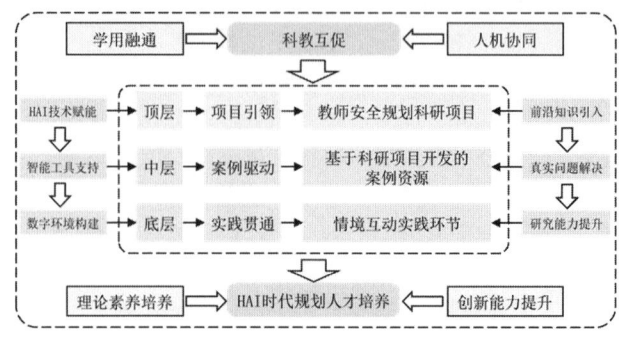

图1 "情景互动+科研融合"模式整体框架
资料来源:作者自绘

（2）科研项目转化机制设计

科研项目向教学资源的转化是模式实施的关键环节。本研究设计了"选择—解构—重构—应用"四步转化机制，实现科研与教学的有效衔接：第一步"选择"，基于教学目标与学生能力筛选适合教学的科研项目，优先选择具有典型性、代表性且技术难度适中的项目；第二步"解构"，将复杂的科研项目分解为问题识别、数据收集、方法应用、方案生成、效果评估等模块，提炼核心概念与关键方法；第三步"重构"，依据课程教学目标与内容体系，将解构后的科研要素重组为教学案例与实践任务，形成与教学进度匹配的递进式学习单元；第四步"应用"，将重构后的教学资源融入课程教学全过程，通过讲授、讨论、实践等多种形式应用于教学实践。

为保障转化机制的有效运行，本研究开发了三类支撑工具：一是"项目评估筛选表"，用于科学评价科研项目的教学价值与适用性；二是"科研资源解构矩阵"，帮助教师系统分解科研内容并映射到教学要素；三是"教学单元设计卡"，辅助教师将科研元素重构为教学内容。同时，建立了科研团队与教学团队协同工作的机制，通过定期会商、共同备课等形式，确保科研资源顺利转化为高质量的教学内容（图2）。

（3）HAI支持下的情景互动设计

HAI技术在模式中扮演关键支撑角色，主要体现在情景构建、互动实现与能力培养三个层面。在情景构建层面，可以探索利用增强现实（AR）技术重现城市安全规划的真实场景，让学生身临其境地体验研究环境；利用虚拟现实（VR）技术模拟灾害情景，使学生理解研究

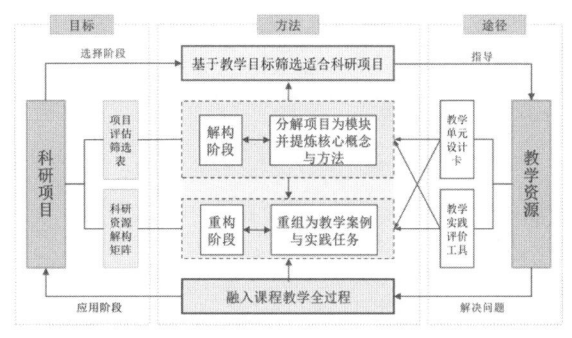

图2　科研项目转化机制流程
资料来源：作者自绘

问题的紧迫性与复杂性。在互动实现层面，开发基于人工智能的交互式学习平台，支持学生与虚拟环境、数据模型的实时互动；设计智能反馈系统，为学生提供及时的指导与评价；构建数据可视化工具，帮助学生直观理解复杂分析结果。在能力培养层面，引入AI辅助的规划工具，训练学生与AI系统协同工作的能力；设计人机协同任务，使学生理解人类创造力与AI分析能力的互补优势；开发反思性学习环节，引导学生思考HAI环境下规划师的角色与职责。这种情景互动超越了传统情境教学中静态案例和被动观察的局限，为理论知识的情境化转化提供了新路径。

情景互动设计遵循"四阶段递进"原则，该原则贯穿于模式的所有教学环节（表1）。这种统一的四阶段递进框架确保了教学各环节的一致性和连贯性，为学生提供了系统化的学习体验，有效支持了从认知构建到能力形成的渐进过程（图3）。

情景互动设计遵循"四阶段递进"模式　　　　　　　　　　　　　　　　表1

阶段	核心目标	国防园实践调研应用	南京市应急避难场所教学应用	方案设计环节应用
情景体验	通过沉浸式体验建立感性认识	参观国防园应急避难展示区，体验地震模拟舱等情境设施	VR技术模拟不同强度地震下的建筑损毁和人员疏散场景	全息场地认知，VR技术虚拟漫游设计场地
问题分析	利用数据工具深入理解问题	各小组分工调研园区功能、空间、标识和流线	学生使用平台分析南京市现有避难场所的覆盖率和服务效率	多源数据分析，识别风险点和需求特征
方案生成	运用AI辅助工具设计方案	基于调研数据提出园区应急避难设施改进方案	小组合作利用AI辅助工具进行布局优化	AI辅助生成多种初始方案，学生协同优化
评估反思	系统评价方案并总结提升	与园区管理人员和专家交流，获取专业反馈	不同小组方案的对比分析和综合评价	多情景模拟测试方案性能，反思优化

资料来源：作者自绘

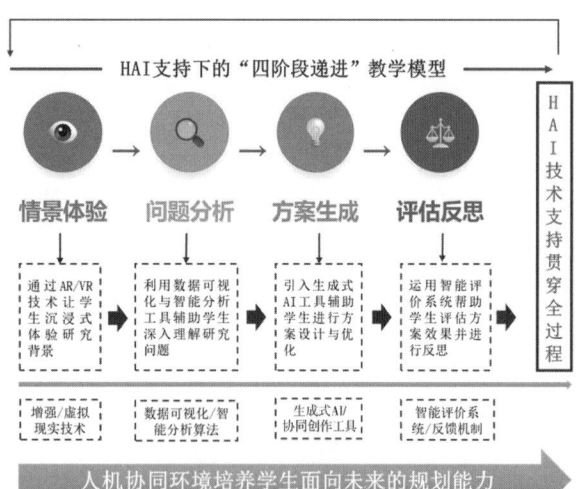

图 3　HAI 支持下的"四阶段递进"教学模型
资料来源：作者自绘

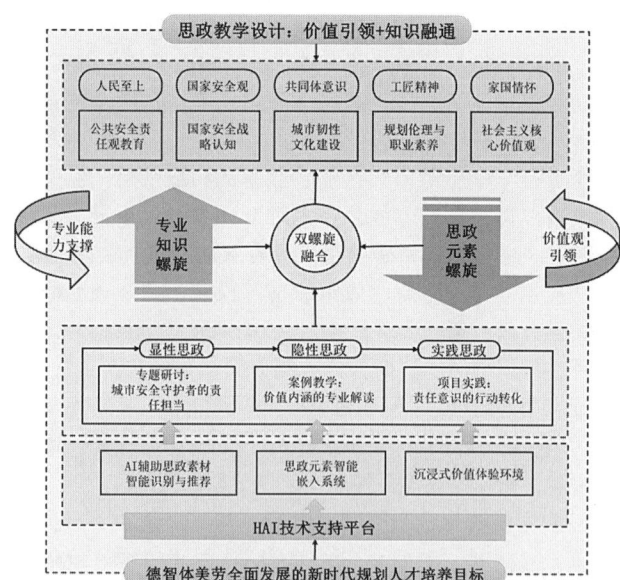

**图 4　"价值引领 + 知识融通"的城市公共
安全规划思政教学模式**
资料来源：作者自绘

（4）思政教学设计

城市公共安全规划课程蕴含丰富的思政教育资源，是实现专业教育与价值塑造有机统一的理想载体。立足新时代背景，本研究构建了"价值引领 + 知识融通"的思政教学模式，以"双螺旋式"结构将专业知识与思政元素深度融合（图 4）。该模式以习近平新时代中国特色社会主义思想为指导，深入挖掘城市公共安全规划蕴含的"人民至上"理念、总体国家安全观、城市命运共同体意识和规划师职业伦理等思政元素，通过显性教育、隐性渗透与实践转化三维路径，实现知识传授与价值引领的同频共振。

HAI 技术为思政教学提供了新维度的支持，主要体现在三个方面：一是智能识别与推荐思政素材，通过大模型技术自动识别与课程内容匹配的时政新闻和案例，保证思政资源的时效性与针对性；二是构建沉浸式价值体验环境，通过 VR/AR 技术创设灾害情境，强化学生对生命安全重要性的感知；三是多维度评价思政教学成效，通过学习行为数据分析，精准评估学生价值观念变化。

3.2　基于"情境互动 + 科研融合"模式的南京市应急避难场所教学实践

基于前述"情境互动 + 科研融合"教学模式，以南京市应急避难场所规划项目为实践载体，构建了完整的

教学实施框架。课程总体设计采用"模块化 + 递进式"结构，分为四个教学模块：基础理论认知、情境体验分析、方案设计优化和成果评估反思。

（1）基础理论认知——教学内容与科研问题衔接

本研究以南京市防灾避难体系规划项目为载体，实现教学内容与科研问题的有机衔接。该项目由教师团队承担，研究南京市防灾避难场所的布局优化与疏散系统构建，涵盖风险识别、需求分析、方案设计等完整过程。通过前述转化机制，将项目分解为四个核心教学单元：一是"灾害风险识别与评估"，对接项目中的风险分析方法与技术；二是"避难场所空间布局规划"，对接项目中的设施布局模型与优化策略；三是"疏散路径系统设计"，对接项目中的路径规划方法与技术；四是"应急管理系统构建"，对接项目中的预警与响应机制设计。

为强化衔接效果，课程设计了"平行进阶"的教学结构：理论讲授与项目推进同步开展，学生学习的理论知识能够立即应用于项目实践；同时，项目中遇到的问题可促进理论学习的深化。例如，在讲授避难场所布局理论的同时，学生参与项目中的布局方案设计；在讲解疏散模型的同时，学生参与项目中的疏散路径规

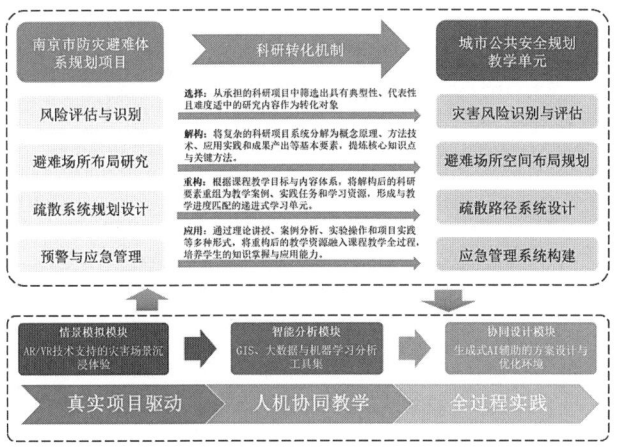

图5　科研项目与教学单元衔接框架及教学创新
资料来源：作者自绘

划。这种平行结构打破了理论与实践的时序分离，使学生在"做中学、学中做"的过程中深入理解理论知识的应用价值（图5）。

（2）情境体验分析——南京国防园实践调研

南京国防园作为江苏省重要的国防教育基地和应急避难示范场所，集防灾减灾教育、安全体验与避难功能于一体，是城市公共安全规划实践教学的理想场所。基于"情境互动+科研融合"教学模式，我们组织学生赴南京国防园开展实践调研，旨在通过真实情境体验，加

图6　南京国防园中心避难场所实地调研
资料来源：南京应急管理公众号

深学生对应急避难场所规划要素的感性认识，实现课堂理论与实践应用的无缝衔接。本次调研作为"南京市应急避难体系规划"科研项目的教学转化环节，重点关注避难场所功能布局、空间组织、标识系统和人流管理等关键要素（图6、图7）。

（3）方案优化设计——HAI支持下的方案设计

方案设计环节是城市公共安全规划课程的核心实践环节，传统设计教学往往面临工具局限、反馈滞后和实践脱节等问题。HAI支持下的方案设计新模式将人机协同设计理念与城市公共安全规划教学深度融合，具体内容见表2。

HAI支持下的方案设计教学实践　　　　　　　　　　　　　　　　　表2

模块	教学目标	情境互动实践	HAI 技术应用
灾害风险感知与认知构建	培养学生对城市灾害风险的感知能力，构建应急避难场所规划的基础认知框架	1. 结合南京地形地貌和历史灾害特点，介绍不同类型灾害的成因、特征与影响； 2. 小组讨论不同区域灾害风险特征，绘制南京市风险认知地图； 3. 基于体验和数据，分析不同区域避难需求的差异性	1. 多源数据整合系统：集成南京市地形、建筑、人口、历史灾害等空间数据； 2. 情景模拟器：支持不同强度灾害情景下的城市系统响应模拟
避难场所布局分析与优化	掌握避难场所布局分析方法，培养多目标优化思维与空间规划能力	1. 现状评估实践：学生分析南京市现有避难场所的覆盖率和服务效率； 2. 协同优化设计：小组合作，进行布局优化； 3. 方案比对评估：不同小组方案的对比分析和综合评价	1. AI 解说助手：根据学生体验过程，智能解释灾害发展机理和避难要点； 2. 智能选址分析系统：基于多源数据的选址适宜性评估
疏散路径规划与应急响应设计	掌握疏散路径规划方法，理解应急响应系统设计原理，培养系统性思维	1. 情景模拟实践：设置不同时间、季节和人流密度的灾害情景，进行疏散模拟； 2. 路径优化设计：学生根据模拟结果识别瓶颈点，优化疏散路径和指示系统	多场景并行模拟技术，快速比较不同疏散策略效果

续表

模块	教学目标	情境互动实践	HAI 技术应用
综合方案设计与成果转化	整合前三个模块所学知识，完成完整的应急避难场所规划设计，培养成果转化能力	成果转化研讨：讨论规划成果如何转化为实际应用，参与真实项目反馈	1. 生成式 AI 助手：提供评估和反馈结果 2. 数据可视化工具

资料来源：作者整理

图 7 南京市应急避难场所调研成果及设计优化成果
资料来源：学生作业成果

（4）成果评估反思——小组汇报及评价

课程设计的最终环节采用"多维互动式"小组汇报与评价机制，打破传统单向展示模式。汇报采用"3+2+1"结构：3 分钟沉浸式方案展示，2 分钟核心创新点阐述，1 分钟即时问答。评价体系整合教师评价（专业性、创新性）和同伴评价（实用性、表达性）。

4　结论与展望

本研究构建的"情景互动 + 科研融合"教学模式在 HAI 背景下探索了城市公共安全规划理论课程的创新，其核心价值体现在三个维度：第一，通过将教师承担的真实科研项目转化为教学资源，打破理论课程内容更新滞后的困境，使学生能够接触学科最新发展与方法。第二，通过情景互动设计与 HAI 技术应用，形成体验式、探究式、协作式的多元学习环境，提升学生的学习投入度与获得感。同时，人机协同的学习环境将学生适应智能时代的规划能力，为未来职业发展奠定基础。第三，学生在参与研究的过程中不仅促进理论知识理解，更提升问题解决、创新思维、研究实践等核心能力，形成理论素养与专业能力的良性互促。该教学模式已获南京大学本科教育教学改革课题立项（"情景互动 + 科研融合"的城市公共安全规划课程教学新模式研究），并在实践应用中取得了初步成效。该教改项目实施以来，不仅提升了学生的学习成果，也获得了教学同行的广泛认可，为模式的可推广性提供了实证支持。

展望未来，HAI 时代城乡规划理论教学将呈现以下发展趋势：第一，内容的生成式更新。教学内容可以根据最新研究成果、实践案例与学生需求实时更新。第二，方法的沉浸式演进。虚拟现实、增强现实等技术的进步将使理论学习环境更加沉浸与交互，学生能够在虚拟城市空间中体验理论原理与应用效果。第三，角色的重构性变革。在 HAI 环境下，教师角色将从知识传授者转向学习设计师与研究引导者，学生角色将从知识接受者转向问题解决者与知识创造参与者，AI 系统则从工具角色升级为学习伙伴角色，三者形成新型的教学生态。

参考文献

[1] 吴志强，黄晓春，等．"人工智能对城市规划的影响"学术笔谈会 [J]. 城市规划学刊，2018（5）：1–10.

[2] 吴志强，张悦，陈天，等．"面向未来：规划学科与规划教育创新"学术笔谈 [J]. 城市规划学刊，2022（5）：1–16.

[3] 范维澄，刘奕．城市公共安全与应急管理的思考 [J]. 城市管理与科技，2008，10（5）：32–34.

[4] HEALEY M, JORDAN F, PELL B, et al. The research-teaching nexus: a case study of students' awareness, experiences and perceptions of research[J]. Innovations in Education and Teaching International, 2010, 47 (2): 235-246.

[5] GRIFFITHS R. Knowledge production and the research-teaching nexus: the case of the built environment disciplines[J]. Studies in Higher Education, 2004, 29 (6): 709-726.

[6] JENKINS A, HEALEY M, ZETTER R. Linking teaching and research in disciplines and departments[M]. York: Higher Education Academy, 2007: 45-67.

[7] 皮亚杰. 建构主义 [M]. 陈瑞琳, 译. 北京: 商务印书馆, 2021: 67-93.

[8] 维果茨基. 思维与语言 [M]. 陆志韦, 译. 北京: 北京大学出版社, 2022: 125-147.

[9] KRAJCIK J S, BLUMENFELD P C. Project-based learning[M]//The Cambridge Handbook of the Learning Sciences. Cambridge: Cambridge University Press, 2012: 317-333.

[10] 田莉, 杨鑫, 张雨迪, 等. "专业知识＋人工智能" 双驱动的城乡规划设计教育创新探索: 以住区规划为例 [J]. 城市规划学刊, 2024 (5): 71-78.

[11] JARRAHI M H. Artificial intelligence and the future of work: Human-AI symbiosis in organizational decision-making[J]. Business Horizons, 2018, 61 (4): 577-586.

A "Scenario Interaction + Research Integration" Teaching Model for Urban Public Safety Planning Theory in the HAI Era: Innovation and Practice

Lu Yuwen   Zhai Guofang

Abstract: This paper explores innovative approaches to integrating research outcomes with teaching in the context of Human-AI Interaction (HAI), using urban public safety planning courses as a research subject. The curriculum establishes a "project-led, case-driven, practice-integrated" research-teaching model that transforms faculty research projects in urban safety planning into teaching resources, forming an integrated "teaching-research-practice" system. By combining scenario interaction with research integration, the model cultivates students' abilities to apply professional knowledge to solve practical problems and enhances their research competence. The study systematically explores key issues including mechanism design for transforming research outcomes into teaching resources and optimization of teaching implementation paths, achieving cutting-edge theoretical teaching content and interactive teaching methods.

Keywords: HAI, Urban Public Safety Planning, Scenario Interaction, Research Integration, Theoretical Teaching, Curriculum Reform

城乡规划理工科背景下"城市经济学"双语课程教学改革初探 *

孙爱庐 李 斌 周 琎

摘 要： 面对新时代我国国土空间规划和治理能力现代化的国家重大需求，跨学科融合成为城乡规划理工科专业发展的趋势之一。城市经济学双语课程作为融贯城乡规划学和经济学两个学科的交叉课程之一，对培养拥有管理思维、运营思维和国际视野的未来城乡规划师具有较为重要的作用。文章通过反思城市经济学双语课程教学实践，结合当前我国城乡规划高质量发展的国家任务，尝试提出"城市经济学"双语课程改革的总体目标，并从课程内容框架、双语教学模式、教学评价机制等方面探索课程教学改革的具体策略，为城乡规划理工科背景下的学科交叉课程与双语课程教学提供一定的参考。

关键词： 城乡规划学；城市经济学；双语课程；教学改革

2017 年 2 月以来，教育部发布了《关于开展新工科研究与实践的通知》等系列文件，积极引导和推进新工科建设，全力探索具有中国特色的全球工程教育新模式。相关文件中明确指出，要培养造就一大批多样化、创新型卓越工程科技人才，为我国产业发展和国际竞争提供智力和人才支撑，"问国际前沿立标准，增强工程教育国际竞争力"是新工科建设的目标之一。这一过程中，开展中英双语课程教学是实现新工科"借鉴国际经验、加强国际合作"的重要教学手段之一 [1, 2]。

重庆工商大学公共管理学院针对人文地理与城乡规划专业的理工类本科学生开设了"城市经济学"双语课程，本文通过反思该课程教学与改革过程中的相关实践，尝试提出"新工科"背景下"城市经济学"双语课程改革的总体目标与思路，并从课程内容体系、双语教学模式、教学评价机制等方面提出课程教学改革的具体策略。

1 理工科背景下"城市经济学"双语课程教学问题反思

"城市经济学"双语课程运用经济学的理论与方法，让学生认识和了解城市经济的相关概念，发现城市经济现象与问题，通过双语教学模式熟悉与专业相关的英文表达。在课程讲授过程中发现，面向理工类学生群体的经济类双语课程教学还面临着如下一些困境。

1.1 双语教学模式单一，偏重原理性知识讲授

首先，"城市经济学"双语课程以经济学原理知识为主，在教学过程中大多采用教师讲授的基本教学模式，并辅以课堂提问、期末考试等方式，双语教学模式沿用传统方法，教学方式上相对单一；其次，学生在课堂中的双语互动参与较为缺乏，以学生听记信息的单向输出为主，一定程度上缺乏师生双语互动；再次，由于课程涉及经济学原理性基础知识，对于理工科背景的学生而言，缺乏一定的经济学知识积累，加之双语课程教学的枯燥，使得部分学生缺乏学习兴趣；最后，由于英语基础条件和经济背景知识的双重限制，影响了小组讨论、案例分析等课堂组织的效率和效果。

1.2 教学内容体系不完善，与城乡规划工程实践融合度不高

首先，双语教学方式与"城市经济学"的课程体系存在一定的差异。双语教学以英文介绍为主，而"城市

* 基金项目：重庆市社会科学规划项目（2022BS085）；2023 年重庆市教育委员会人文社会科学研究青年项目（23SKGH184）；重庆工商大学教育教学改革研究项目（2023021）。

孙爱庐：重庆工商大学公共管理学院讲师
李 斌：重庆工商大学公共管理学院教授
周 琎：重庆工商大学公共管理学院讲师（通讯作者）

经济学"注重原理介绍和案例探讨,这一过程中有大量专业英文词汇需要传授给学生,导致英文讲课与专业知识讲授间存在一定的矛盾。其次,本课程缺乏可直接参考使用的双语教材。由于"城市经济学"与国家宏观政策紧密相关,国外全英文教材不具有直接参考价值,多采用翻译国内教材的方式进行双语讲课。再次,由于学生英文基础的差异,双语课程教学体系和课程安排注重知识性普及介绍,缺乏深入的理论内容与知识要点深入讲解。最后,"城市经济学"教学主要以经济学知识介绍为主,受双语教学限制和经济学知识体系影响,缺乏与城乡规划实践工程项目的融合,与城乡规划专业培养实践应用型人才的目标存在一定的错位。

1.3 双语教学评价机制较单一,教学效果反馈模式不够

第一,现阶段"城市经济学"双语课程教学的主要评价方式以考试为主、辅以课堂回答、小组讨论等形式,对学生的双语教学效果评价机制较为单一。第二,现阶段的评价方法还缺乏对学生运用经济学知识解决城乡规划工程实际问题的效果检验。第三,从城乡规划学理工科背景角度来看,经济理论类课程教学效果的反馈模式与途径还较为欠缺,无法全面掌握双语教学的收效和学生的总体学习效果。

综上,在理工科背景下开展"城市经济学"双语课程教学,需对标国家"新工科"建设要求,结合专业和学科发展特点,充分考虑学生接受程度和能力水平,在符合《普通高等学校本科专业类教学质量国家标准》基础上,优化双语课程教学方案,完善理工科背景下的经济类课程内容体系,探索多元的双语课程评价机制,有助于推动课程有效开展,实现培养具有国际视野和多元知识体系的城乡规划综合性专业人才的目标。

2 "城市经济学"课程教学面对的新要求

2.1 我国城乡规划建设的高质量发展要求

高质量发展是新时代我国全面建设社会主义现代化国家的首要任务。我国城乡规划领域由过去"量"的规划向"质"的规划转变,城乡发展更加注重"高质量"。城乡规划专业与学科发展也向着更加"精细化"的方向转变。城乡规划中的经济研究逐渐成为"显科学",在中国城乡规划知识网络体系中的地位日益凸显[3]。面对从规划建设走向规划治理的新要求,作为融贯城乡规划学与经济学两个学科的"城市经济学"课程,对培养具有空间思维、管理思维、运营思维的未来城乡规划工程师具有较为重要的意义。

2.2 城乡规划专业多学科融合发展要求

吴良镛院士"人居环境科学"思想指出,面对实际问题要运用相关学科成果进行融贯的综合研究,而"经济"则是人居环境建设的五大原则之一(图1)。城乡规

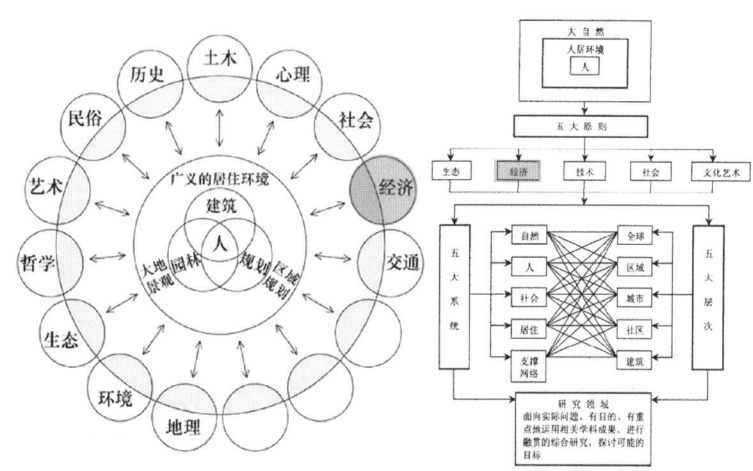

图1 人居环境科学思想的系统构成
资料来源:吴良镛.人居环境科学导论 [M]. 北京:中国建筑工业出版社,2001.

划与建设要充分考虑经济效益和成本效益，确保建设项目的经济可行性[4]。当前，城乡规划学知识体系已呈现出多学科交叉发展特征，从传统的建筑与土木工程，到地理学、经济学、社会学、生态学等多学科融合（图2），丰富了学科知识，成为学科发展重要的支撑点[5]。而我国城乡规划专业人才培养的目标，是要积极应对城镇化快速发展和社会转型期对高层次规划人才的需要，培养适应于社会、经济和区域发展和建筑学科基础审美与工程技术方法的专门人才[6]。在此背景下，"城市经济学"双语课程教学要体现融贯性思维，引导学生建立学科交叉视野，将经济学原理运用在城乡规划工程实践中，解决城乡规划中的实际问题。

3 "城市经济学"双语课程改革的总体目标与框架

3.1 课程改革的总体目标

在重庆工商大学"经管一流、理工精品、文法艺特色"学科建设背景下，结合"新工科"建设要求，针对人文地理与城乡规划理工类本科生开设的专业核心课"城市经济学"双语课程，其总体目标是：融贯经济学理论与城乡规划工程实践，采用双语教学模式让学生树立国际视野，认识城市发展的经济学原理及相关英文表达，发现城市经济现象与问题，掌握城市经济增长、城市产业构成、城市住宅和土地经济等相关知识，培养学生运用经济学原理分析国土空间规划中的经济问题并开展规划实践的能力（图3）。通过立德树人、学生主体的核心理念，结合课程思政讲授，将新时代我国城市高质量发展的内涵思想有机融合到教学中，培养具有国际视野、人文素养、社会责任感的城乡规划复合型专业实践人才。

3.2 课程教学内容框架优化

在新工科建设背景下，结合城乡规划专业发展的新要求，在专业培养方案指导下，融合经济学与城乡规划学的相关原理与方法，尝试将"城市经济学"课程教学内容框架优化调整为如下9个部分（图4）：

（1）城市形成与发展的经济学原理

（2）城市空间形态的经济分析

（3）城市土地经济与住房

（4）城市经济增长与产业发展

（5）国土空间规划编制背景下的经济学内涵

（6）存量时代下城市更新的经济运营问题

（7）城市公共与基础设施建设的资产运营

（8）低碳城市建设与绿色经济发展

（9）城市规划实践中的经济问题分析

上述9个部分的教学内容，既体现了新时代我国城乡规划转型要求，也体现了培养具有管理和运营思维的未来城乡规划工程师的要求。

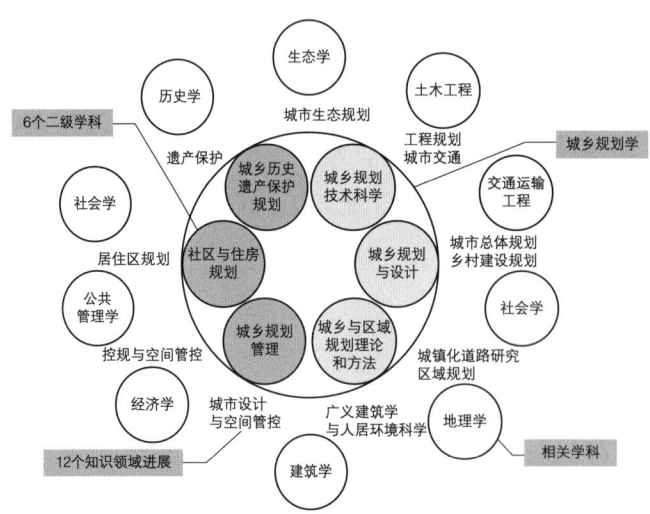

图2 城乡规划学的知识构成示意

资料来源：石楠. 城乡规划学学科研究与规划知识体系 [J]. 城市规划，2021，45（2）：9–22.

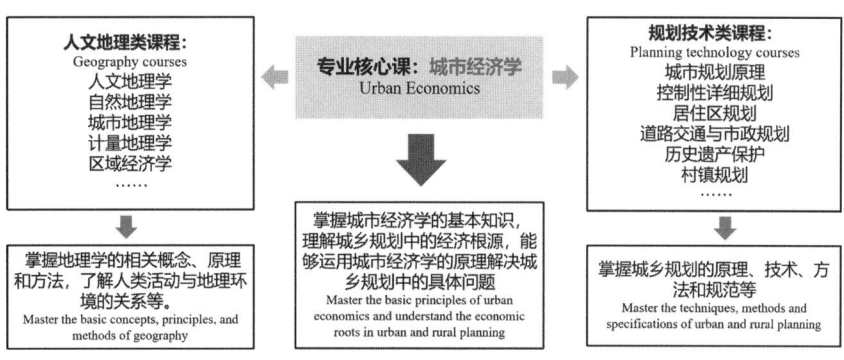

图 3 "城市经济学"课程与人文地理与城乡规划专业其他课程的关系示意
资料来源：作者自绘

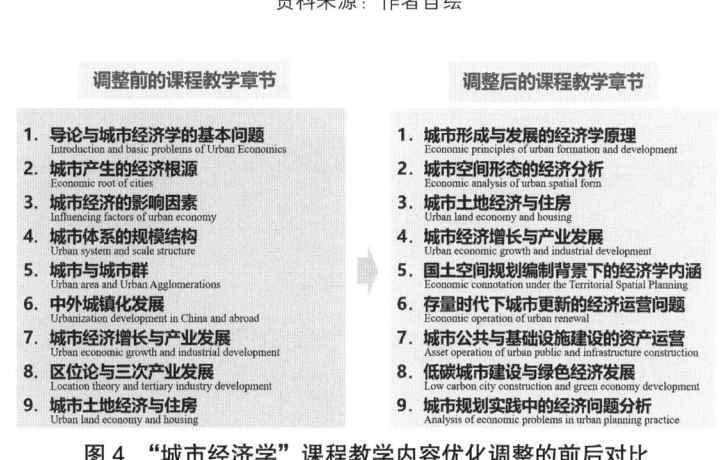

图 4 "城市经济学"课程教学内容优化调整的前后对比
资料来源：作者自绘

4 "城市经济学"双语课程改革的具体策略

针对理工科背景的"城市经济学"双语课程教学，以《关于开展新工科研究与实践的通知》等文件为指导，对标"新工科"建设要求，以"一流课程"建设为标准，采用如下三个方面的教学策略（图5）。

4.1 融合双语教学三种模式，优化双语课程方案与流程设计

融合双语教学的过渡式教学（Transitional Bilingual Education Model）、保持型教学（Maintenance Bilingual Education Model）、沉浸式教学（Immersion Bilingual Education Model）三种模式，将其运用到"城市经济学"双语课程教学方案中，优化课程流程设计（图6）。

在课程教学初期阶段，采用过渡式教学方法，从中文逐渐过渡到英文讲授环境，以城市经济的基本概念和问题介绍为主，引入专业名称的基本词汇，引导学生初步进入课程体系内容；在课程教学中期阶段，采用保持型教学方法，巩固基本概念和词汇，进一步深入阐述城市经济相关理论和原理，引导学生进入持续性双语教学阶段；在课程教学后期阶段，采用沉浸式教学方法，逐步引入城乡规划与经济发展的相关工程案例，引导学生采用经济学思维分析解决城乡规划学的问题，并在英语环境中进行讨论和分析。

4.2 以双语为教学触媒，构建融贯城乡规划学与经济学的多维教学体系

以双语教学为触媒，引导学生学习城乡规划学和

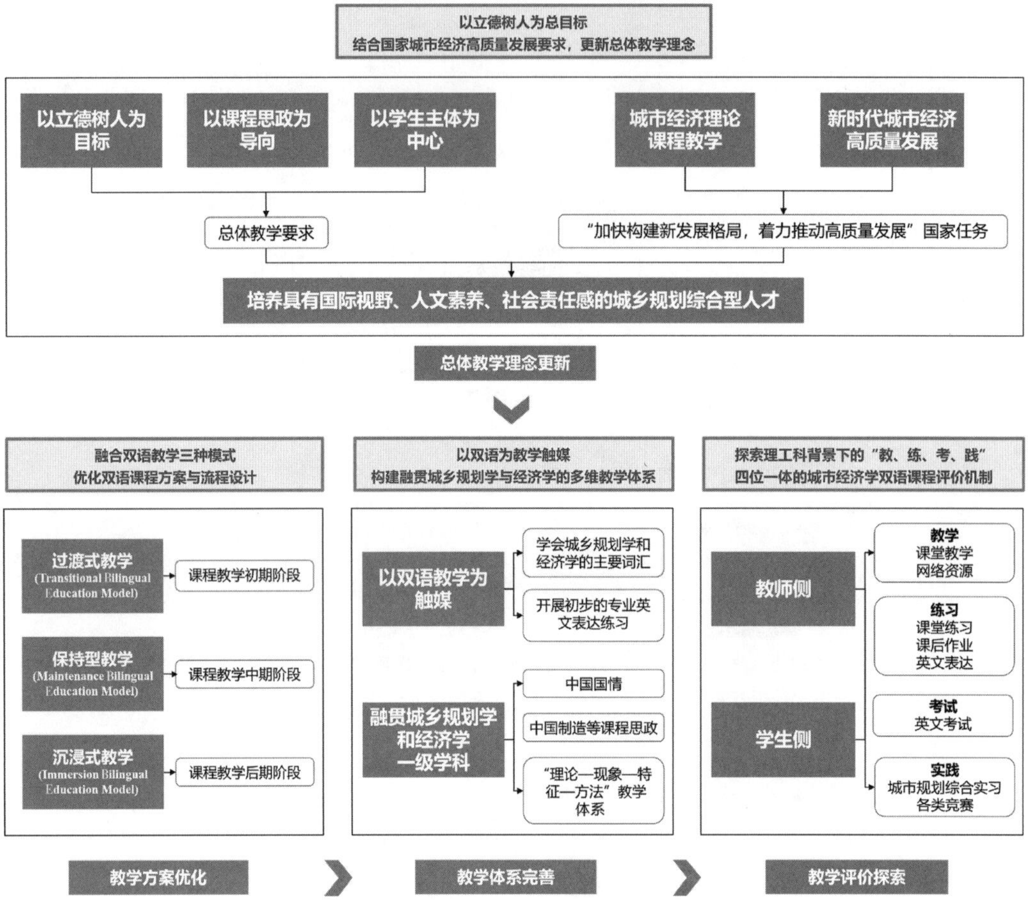

以立德树人为总目标
结合国家城市经济高质量发展要求，更新总体教学理念

| 以立德树人为目标 | 以课程思政为导向 | 以学生主体为中心 | | 城市经济理论课程教学 | 新时代城市经济高质量发展 |

总体教学要求

"加快构建新发展格局，着力推动高质量发展"国家任务

培养具有国际视野、人文素养、社会责任感的城乡规划综合型人才

总体教学理念更新

| 融合双语教学三种模式 优化双语课程方案与流程设计 | 以双语为教学触媒 构建融贯城乡规划学与经济学的多维教学体系 | 探索理工科背景下的"教、练、考、践"四位一体的城市经济学双语课程评价机制 |

过渡式教学 (Transitional Bilingual Education Model) → 课程教学初期阶段

保持型教学 (Maintenance Bilingual Education Model) → 课程教学中期阶段

沉浸式教学 (Immersion Bilingual Education Model) → 课程教学后期阶段

以双语教学为触媒
- 学会城乡规划学和经济学的主要词汇
- 开展初步的专业英文表达练习

融贯城乡规划学和经济学一级学科
- 中国国情
- 中国制造等课程思政
- "理论—现象—特征—方法"教学体系

教师侧
- 教学 课堂教学 网络资源
- 练习 课堂练习 课后作业 英文表达

学生侧
- 考试 英文考试
- 实践 城市规划综合实习 各类竞赛

教学方案优化 ▶ 教学体系完善 ▶ 教学评价探索

图5 "城市经济学"双语课程改革的总体策略框架
资料来源：作者自绘

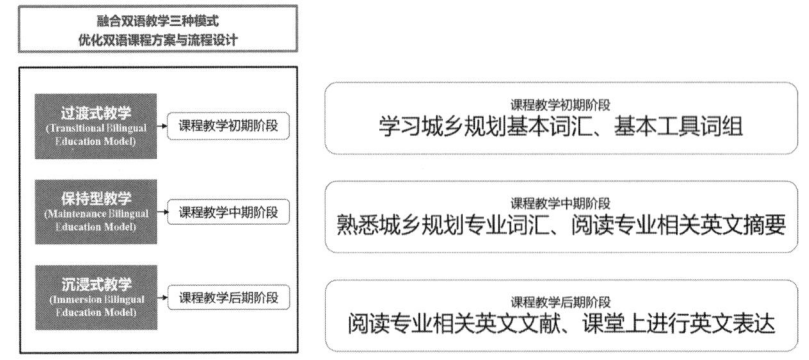

融合双语教学三种模式
优化双语课程方案与流程设计

过渡式教学 (Transitional Bilingual Education Model) → 课程教学初期阶段

保持型教学 (Maintenance Bilingual Education Model) → 课程教学中期阶段

沉浸式教学 (Immersion Bilingual Education Model) → 课程教学后期阶段

课程教学初期阶段
学习城乡规划基本词汇、基本工具词组

课程教学中期阶段
熟悉城乡规划专业词汇、阅读专业相关英文摘要

课程教学后期阶段
阅读专业相关英文文献、课堂上进行英文表达

图6 "城市经济学"课程双语教学模式示意
资料来源：作者自绘

经济学的主要词汇，开展初步的专业英文表达练习。融贯城乡规划学、经济学、地理学等一级学科，在教学过程中以经济学的基本理论与方法为基础，融合城乡规划学技术原理与实践案例，构建融入中国特色的城市经济学"理论—现象—特征—方法"教学体系。从中国特有的城镇化、工业化和产业发展为出发点，结合"中国制造"等国家战略要求和思政内容要点，构建涵盖城市经济相关概念、城市产生的经济根源、城市住宅和土地经济、国土空间规划编制背景下的经济内涵、城市更新的经济运营问题、城市公共与基础设施运营等相关知识的教学内容体系（图7）。

4.3 探索理工科背景下的"教、练、考、践"四位一体的城市经济学双语课程评价机制

结合城乡规划理工科实践工程背景，从教师与学生两个主体出发，梳理"教、练、考、践"的教学评价

机制，认识"教学、练习、考试、实践"之间的相互作用关系。一方面通过教师侧的"教学、考试"安排，将知识传授给学生，并通过英文考试进行原理性知识检验；另一方面，通过学生侧的"练习、考试"，反馈学生对理论知识的掌握程度。同时，结合城乡规划综合实验等相关课程以及学生竞赛等实践，主动引导学生在城乡规划设计中运用城市经济学相关知识，通过"实践"检验学生教学效果，并进一步反馈到后续的教学过程中（图8）。

5 小结

新时代背景下，推动我国城乡建设高质量发展是"城乡规划学"学科和专业面对的核心目标之一。本文通过分析当前"城市经济学"双语课程教学面对的一些困境，以"新工科"建设国家要求为标准，提出了针对理工类本科生的课程教学目标；融贯城乡规划学和经济

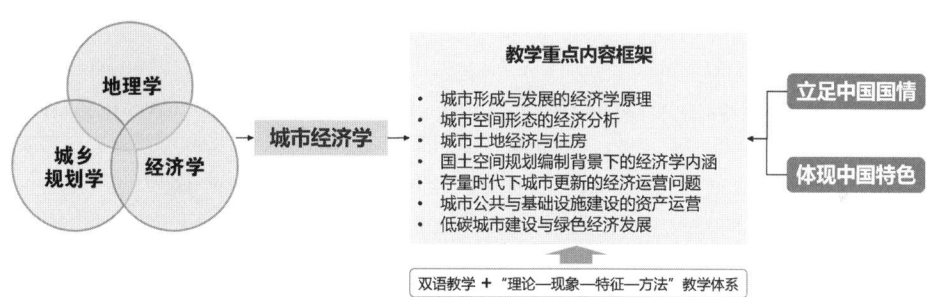

图7 "城市经济学"课程教学内容体系示意
资料来源：作者自绘

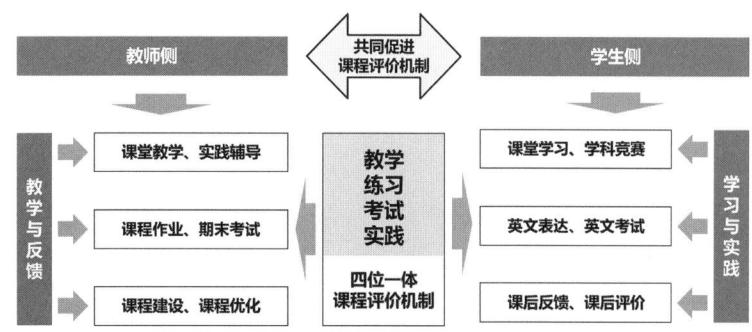

图8 "城市经济学"双语课程评价机制模式示意
资料来源：作者自绘

学的原理与方法，提出"城市经济学"课程教学框架的优化内容；并从课程方案与流程设计、多维教学体系和评价机制等方面提出了课程改革的具体策略。希望通过本课程改革的持续推动，对探索培养具有空间思维、管理思维、运营思维的未来城乡规划工程师具有一定的参考价值。

参考文献

［1］ 姚之浩. 规划体系变革背景下城市经济学课程思政教学的路径研究 [J]. 教育观察，2021，10（37）：37–41.

［2］ 张逸群，陶德凯，陶然. 国土空间规划背景下跨学科教学路径探索——以城市经济学课程为例 [J]. 大学，2024（26）：99–103.

［3］ 吴志强，刘晓畅. 改革开放 40 年来中国城乡规划知识网络演进 [J]. 城市规划学刊，2018（5）：11–18.

［4］ 吴良镛. 人居环境科学导论 [M]. 北京：中国建筑工业出版社. 2001：68–83.

［5］ 石楠. 城乡规划学学科研究与规划知识体系 [J]. 城市规划，2021，45（2）：9–22.

［6］ 赵万民，赵民，毛其智. 关于"城乡规划学"作为一级学科建设的学术思考 [J]. 城市规划，2010，34（6）：46–52，54.

Research on Bilingual Teaching Reform of Urban Economics under the Background of Urban and Rural Planning Discipline

Sun Ailu　Li Bin　Zhou Jin

Abstract：In the face of the significant national demand for modernization of China's national territorial and spatial planning and governance capabilities in the new era，interdisciplinary integration has become one of the trends in the development of urban and rural planning. The bilingual course of urban economics，as one of the interdisciplinary courses that integrates urban and rural planning and economics，plays an important role in cultivating future urban and rural planners with management thinking，operational thinking，and international perspectives. This paper reflects on the teaching practice of bilingual courses in urban economics，and combines it with the national task of high–quality development of urban and rural planning in China. It attempts to propose the overall goal of bilingual course reform in urban economics，and explores specific strategies for course teaching reform from the aspects of course content framework，bilingual teaching mode，and teaching evaluation mechanism. Hope this article can provide some reference for the teaching of interdisciplinary and bilingual courses under the background of urban and rural planning science and engineering.

Keywords：Urban and Rural Planning，Urban Economics，Bilingual courses，Teaching Reform

城乡规划专业实践类课程的气候变化教育融入路径研究 *

蒋存妍　陈璐露　冷　红

摘　要：当前，气候变化已成为人类面临的重大挑战，传统城乡规划课程中融入气候变化教育具有重要的现实意义和长远价值。本文梳理了国内外气候变化教育的缘起与发展现状，探讨了将气候变化教育融入城乡规划专业实践类课程的重要性。从课程内容整合、教学方法植入、强化实践教学、完善评价体系四个维度解析了将气候变化教育融入城乡规划专业实践类课程的具体路径，以期为未来培养具有气候认知、技术能力和伦理责任的规划设计人员提供理论参考及经验借鉴。

关键词：气候变化教育；城乡规划；专业实践类课程；数智教学方法

1　引言

气候变化带来的极端天气事件频发给人类社会的可持续发展带来严峻挑战，并且这种影响的频率和强度有增加的趋势[1]。作为引导城乡建设与发展的重要手段，城乡规划专业应当充分发挥其在抵御气候变化风险、提高空间环境舒适性工作中的重要作用[2]。近年来，我国陆续出台的《城乡建设领域碳达峰实施方案》《国家适应气候变化战略2035》等政策文件均强调了城乡规划专业在应对气候变化工作中的重要地位。通过城乡规划与设计手段实现城乡空间的气候变化应对，是我国城乡规划领域研究的重要课题，也是教学实践的重要内容之一[3]。

城乡规划专业实践类课程通常以实际操作、实地调研、规划设计、技术应用等为教学与学习方法，以提升学生"规划设计"技能为核心目标[4]，注重将理论知识与现实场景相结合、培养学生解决城乡规划实际问题的能力，是城乡规划专业教学体系中的重要组成部分。将其作为融入气候变化教育教学改革探讨的重点课程类别，是培养未来规划设计从业人员应对气候危机、推动

低碳与韧性发展的核心路径，关乎城乡可持续发展的现实需求与行业转型的必然方向。

2　气候变化教育缘起与现状

2.1　国外气候变化教育现状

近年来，随着气候变化趋势的日益加剧，国际上高等教育领域的气候变化教育发展迅速，成为应对全球气候危机的重要工具[5]。不同国家和地区的高等学校通过课程改革、跨学科合作、实践项目和国际协作等方式推进这一领域的发展，拟为全球气候治理的未来人才增加储备。

目前，国际上部分高等学校地理学系的专业开设了气候变化教育课程（Climate Change Education，CCE）。例如，哥伦比亚大学开设为期12个月的跨学科课程，涵盖科学、政策、伦理等多个维度，学生通过系统学习气候变化对环境和社会的影响相关知识，获得专门的"气候变化科学"硕士学位；哈佛大学开设了几门涉及气候适应的课程，其中包括法学院的"Creating Resilient Cities：Climate Adaptive and Anticipatory Practices"课程、设计学研究生院的"Urban Response to Sea Level Rise"课程等；塔夫茨大学开设了25门

---

* 基金项目：哈尔滨工业大学研究生教育教学改革研究项目（23MS020）；2024年哈尔滨工业大学AI赋能教学改革专项项目（AI驱动的《旅游规划概论》课程教学改革途径探讨）；2025年哈尔滨工业大学"AI+专业"课程建设立项项目（《气候适应性城市规划》）。

蒋存妍：哈尔滨工业大学建筑与设计学院副教授
陈璐露：哈尔滨工业大学建筑与设计学院副教授
冷　红：哈尔滨工业大学建筑与设计学院教授（通讯作者）

涉及气候变化知识的研究生和本科生课程，同时开展广泛的气候适应性研究，如绿色建筑的性能评估、增加行人和自行车通行的规划、实施可再生能源和效率计划等；马萨诸塞大学阿默斯特分校在景观设计与区域规划学院开设了"Planning for Climate Change and Energy Uncertainty"课程，重点关注气候变化对城市环境的影响。

还有部分高校将气候变化内容融入传统学科，如代尔夫特理工大学将"气候模块"嵌入所有城乡规划课程，德国波茨坦气候影响研究所（The Potsdam Institute for Climate Impact Research，PIK）与高校合作提供跨学科课程。此外，一些面临特殊气候问题的国家及地区高校在气候变化教育中侧重本土议题，如巴西、墨西哥等关注亚马逊雨林的保护，非洲高校如南非开普敦大学注重气候变化对农业、水资源的影响，小岛屿国家高校如斐济国立大学的气候变化类课程中更多关注海平面上升问题。

2.2 国内气候变化教育现状

2014年起，我国陆续出台了若干部专门应对气候变化的政策文件，将"碳达峰、碳中和""气候适应"等纳入国家战略。与此同时，教育部要求高校加强气候变化相关学科建设和人才培养，于2021年印发的《高等学校碳中和科技创新行动计划》提出推动气候变化课程体系建设和跨学科研究，同时鼓励新工科、新农科建设中融入低碳技术、气候适应等方向。

当前，国内少数高校开设专门的气候变化相关专业，如清华大学开设"气候变化与可持续发展研究院"的硕士/博士项目。南京信息工程大学依托气象学科优势开设"气候系统与全球变化"本科专业；更多国内高校则开设相关课程、依托环境科学、能源工程、地理学等传统学科嵌入气候变化模块等，如北京大学开设"全球环境变化"课程，清华大学开设"气候变化大讲堂"公开课，积极推动全球选修课"气候变化科学与政策"，复旦大学、浙江大学等推动"气候＋经济""气候＋法律"交叉课程。

此外，国内部分顶尖大学注重通过国际合作推动气候变化专业人才的培养。在世界经济论坛2019年会上，清华大学倡议并邀请伦敦政治经济学院、伯克利加州大学、剑桥大学、帝国理工学院、麻省理工学院、东京大学等著名高校，成立"世界大学气候变化联盟"。联盟围绕联合研究、人才培养、学生活动、绿色校园、公众参与等开展工作，共商一流大学在应对全球气候变化进程中应承担的历史责任。部分高校通过中外合作办学项目引入气候课程、开设硕博学位，如上海交通大学—英国爱丁堡大学国际低碳学院，重点关注碳金融、碳管理和循环经济等领域，培养低碳产业领域的创新人才。

3 将气候变化理念融入城乡规划专业实践类课程的重要性

吴志强院士指出，气候变化极大影响了人类的生存空间，生态文明的理念和能力培养应充分反映在规划学科的实践和教育中[6]。与理论课程相比，城乡规划专业实践类课程更能直接地培养学生应对气候变化的实操能力，有助于推动空间规划设计在减缓和适应气候变化中的关键作用。将气候变化理念融入城乡规划专业实践类课程的重要性体现在以下几个方面。

3.1 应对气候危机的紧迫性

全球气候变化已经成为人类面临的重大挑战，一方面，极端天气、海平面上升、生态系统退化等问题直接影响城乡空间的安全与可持续发展；另一方面，城乡作为碳排放的主要来源，快速城镇化与资源消耗进一步放大了脆弱性。城乡规划作为塑造人类聚居环境的核心手段，规划专业有义务承担减缓和适应气候变化的责任。通过课程教育，引导学生掌握应对气候变化的规划设计方法，可以培养未来规划师的气候危机意识和应对能力。

3.2 规划行业转型的必然要求

传统城乡规划多聚焦经济发展和空间形态，而气候变化为城乡规划学科带来了新的研究视角和领域。以空间扩张为主导的城乡规划发展模式正逐步向全面考量气候变化影响、着力提升适应与减缓能力转变。通过将气候变化相关知识系统地融入培养体系，有助于重塑行业的技术标准、决策流程和实施路径。同时，通过课程教育学生可以意识到规划师不仅是空间设计师，更是"未来气候风险的治理者"。

3.3 增强规划设计方案的科学性

气候变化教育为城乡规划专业课程注入了关键的科学支撑，可以使设计方案从经验导向转向实证决策。在课程中融入 GIS 气候模拟、碳足迹核算、韧性基础设施优化等方法的学习，可以增强学生在应对气候变化不确定风险时的创造性解决方案能力。这种教育改革不仅能够培养学生基于科学证据的规划思维，更能推动规划设计方案从静态蓝图向动态适应性转化，使城乡发展真正具备应对气候不确定性的科学基础。

3.4 推动多学科交叉创新

气候变化问题涉及气象学、生态学、能源学等多学科内容，将相关知识融入城乡规划专业实践类课程，可以有效推动城乡规划专业与理工科的深入交叉，同时跨学科融合的教学方法可以增强学生对生态修复、气候适应性和社会公平等系统性问题的认知，有助于培养具备"气候科学素养 + 空间规划技能"的综合专业人才，为应对复杂气候挑战提供系统性创新思路。

4 将气候变化理念融入城乡规划实践类课程的途径探索

在城乡规划实践类课程中，气候变化知识点的融入路径应该包含以下几个方面的特点。首先，梳理气候变化背景下城乡规划在减缓和适应两方面的议题，深入总结应当在课程改革中体现的重点内容；其次，从知识、能力、素质三个维度重新梳理气候变化背景下城乡规划专业实践类课程的培养目标；最后，从气候变化教育精神内核凝练入手，深入挖掘城乡规划专业实践类课程知识体系的创新之处，与实践类课程内容进行耦合（图1）。

4.1 课程内容深度整合

根据城乡规划实践类课程的不同教学目标及内容，在教学中植入涉及气候变化的知识点，强化"气候—空间"的关联思维训练，建立气候适应性、低碳发展等概念与传统城乡规划设计的映射关系。课程改革内容主要包含整合气候变化基础知识、引入可持续规划理念与方法、关注政策法规与标准等几个方面。本文以哈尔滨工业大学城乡规划专业的实践类课程为例，各课程内容融合气候变化的知识点见表1。

4.2 新型教学方法植入

随着信息技术的快速发展，数字化工具等新型教学方法为城乡规划专业实践类课程融入气候相关知识提供了新的学习思路（表2）。在课堂教学方面，可对标国内外城市应对气候变化的典型案例，帮助学生提炼规划设计方案中可本土化的技术逻辑；利用 AI 工具解析不同空间要素指标对场地微气候环境的影响差异；利用 VR

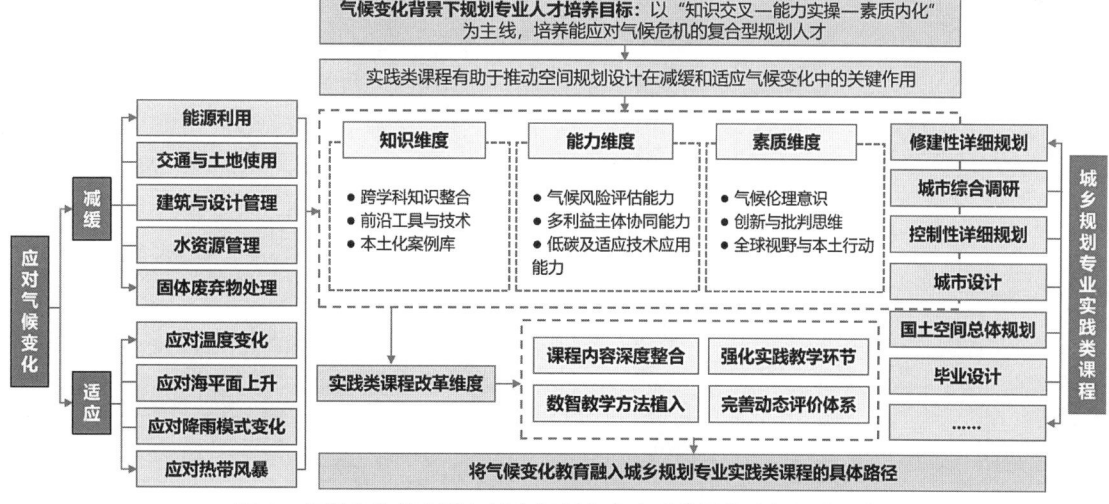

图 1 气候变化教育融入城乡规划专业实践类课程路径设计要点

资料来源：作者自绘

将气候变化知识点融入现有城乡规划专业实践类课程体系　　　　　　表1

实践类课程名称	教学年级	涉及气候变化的知识点
修建性详细规划	大三上	气候适应性空间布局：微气候环境优化、热环境调节等； 生物气候景观设计：植物碳汇计算、生态廊道设计等； 水文韧性设计：暴雨强度承载力计算、海绵设施设计等
城市综合调研	大三下	气候变化对城乡社会的影响； 城乡气候调研方法论； 城乡气候适应与减缓策略等
控制性详细规划	大四上	弹性用地兼容性规定：可考虑洪涝区用地与公共空间的平灾结合、预留分布式能源站用地等； 低碳空间指标体系：设置碳排放指导性指标、强化慢行网络密度及电动汽车充电桩配建标准等； 适应性开发控制：如建立用地性质转换"负面清单"、地下空间开发预留气候适应层等
城市设计	大四下	气候响应的空间结构：城市通风廊道设计、热环境优化布局等； 韧性景观系统：立体海绵体系、防灾景观设计等； 适应性设计策略：弹性空间预留、模块化设计等
国土空间总体规划	大五上	基础认知：气候变化对国土空间的影响分析、气候风险空间话表达、"双碳"目标的空间约束等； 规划前期分析技术：多情景空间模拟、碳足迹空间核算等； 空间干预工具：生态空间韧性提升、农业空间气候适应、城镇空间低碳设计、编制气候韧性专项规划等
毕业设计	大五下	选题阶段：明确气候问题导向； 调研阶段：采集 10 年以上气候数据； 方案阶段：进行 2~3 种气候变化影响情景模拟； 评估阶段：采用 SDGs 指标体系； 答辩阶段：展示应对气候变化规划措施的创新点

资料来源：作者自绘

学生在城乡规划专业实践类课程中对气候要素的考虑　　　　　　表2

城市设计课程中进行城市应对气候变化的国际案例对标讲解

修建性详细规划课程中利用 AI 工具展示不同植被指数对场地微气候的影响

修建性详细规划课程中学生利用 VR 技术体验寒地城市景观季节变化

城市综合调研课程中学生在东北乡村进行气候环境参数实测

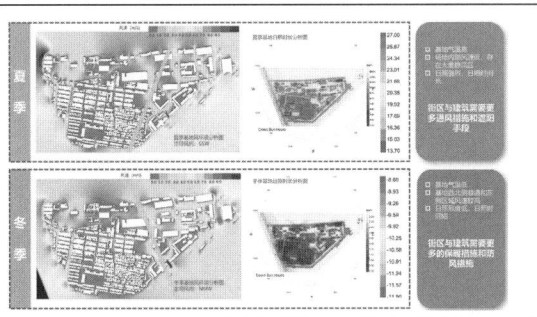

| 城市设计课程中学生利用 CFD 风环境模拟技术进行前期场地分析 | 毕业设计课程中学生针对城市滨水地段提出不同洪水风险下的分阶段适应方案 |

资料来源：作者自绘

技术沉浸式体验洪水淹没场景等气候灾害对城市空间的影响，强化学生对气候变化风险的认知等。在方案规划设计方面，学生可以依托 Envi-met、Fluent、CitySim、UrbanFootprint 等软件，通过可视化读取分析地理气象数据进行风环境模拟、对比不同规划设计方案的碳排放与能源消耗情况等。

4.3　强化实践教学环节

首先，在各类实践类课程中开展气候导向的实地调研，让学生亲身感受到气候变化对城乡发展和居民生活的影响，以促进在方案规划设计中将气候变化知识向实践应用转化。例如，在实地调研中重点了解当地的气候特征、生态环境、基础设施及居民对气候变化的感知和应对措施等，并开展实时气象数据的监测与历史气候数据的分析。其次，建立与政府部门、规划设计单位的协同育人平台，让学生通过真实项目了解在地化的气候研究课题，如老旧社区低碳改造、城市通风廊道规划等。最后，鼓励学生参与学科国际高水平竞赛或创新孵化，如 WUPENiCity 城市可持续调研报告国际竞赛（智慧低碳交通赛道）、碳中和未来生活创新设计国际竞赛等，实现从理论分析到设计落地的全流程实践，培养学生具备气候敏感性的规划能力。

4.4　完善动态评价体系

将气候适应性、低碳减排等要素纳入城乡规划专业实践类课程的考核标准，同时采用多元化的考核方式评定课程的成绩。在考核内容上，注重考查学生对气候变化理念的理解和应用能力，以及在实际规划设计方案中体现气候变化因素的水平等。同时，在课程作业评分标准中增加"气候效益指标"，如碳减排量、绿地覆盖率、暴雨径流削减等，并要求学生同步提供量化分析过程。此外，应根据课程进展、规划设计阶段及气候变化研究的新动态，定期调整评价体系的指标与权重，为教学改进和学生能力提升精准反馈。

5　结论

在气候变化趋势及其影响日益严峻的今天，气候变化教育不再是城乡规划专业的"附加项"，而是关于行业存续的"必选项"。在城乡规划专业实践类课程中融入气候变化的相关知识，是培养未来规划设计从业人员应对气候危机、推动低碳与韧性发展的核心路径。本文在梳理了国内外气候变化教育现状、总结加强气候变化教育重要性的基础上，提出了具体的融入路径及课程设计要点，以期为未来对培养具有气候认知、技术能力和伦理责任的规划设计人员的教学改革提供理论参考及经验借鉴。

参考文献

[1] 中国国家发展和改革委员会. 中国应对气候变化国家方案 [Z]. 北京：中国国家发展和改革委员会，2007.

[2] 颜文涛. 减缓·适应——应对气候变化的若干规划议题思考 [J]. 西部人居环境学刊. 2013（3）：31-36.

[3] 李旭，刘鹏程，何宝杰. 从解析到传承：气候适应性城

市设计系列课程初探 [C]//. 2024 中国高等学校城乡规划教育年会论文集 . 北京：中国建筑工业出版社，2024.

[4] 魏宗财，吴征忆，黄绍琪 . 面向复合型人才培养的城乡规划专业理论和实践教学改革研究进展述评 [C]//. 2024 中国高等学校城乡规划教育年会论文集 . 北京：中国建筑工业出版社，2024.

[5] 田友萍 . 人类命运共同体视角下新理工科人才的培养 – 以 "气候变化与人类未来" 课程教学探索为例 [J]. 中国地质教育 . 2025, 34（1）: 76–80.

[6] 吴志强，张悦 . "面向未来：规划学科与规划教育创新"学术笔谈 [J]. 城市规划学刊 . 2022，2（271）: 1–2.

Research on the Integration Path of Climate Change Education into Practical Courses for Urban and Rural Planning Majors

Jiang Cunyan   Chen Lulu   Leng Hong

Abstract：Currently，climate change has become a major challenge facing humanity，and integrating climate change education into traditional urban and rural planning courses has important practical significance and long–term value. This article first reviews the origins and current development status of climate change education both domestically and internationally，and explores the importance of integrating climate change education into practical courses for urban and rural planning majors. This article analyzes the specific path of integrating climate change education into practical courses in urban and rural planning from four dimensions：course content integration，teaching method implantation，strengthening practical teaching，and improving evaluation system. The aim is to provide theoretical reference and experience for cultivating planning and design personnel with climate awareness，technical ability，and ethical responsibility in the future.

Keywords：Climate Change Education，Urban and Rural Planning Major，Practical Courses，Numerical Intelligence Teaching Method

基于空间叙事理论的 HAI 城市设计课程改革研究 *

刘　玮　王雪懿

摘　要：在人工智能与城乡规划深度整合的学科背景下，本研究以"HAI 城市设计"课程为改革载体，系统探讨空间叙事理论对智慧化城市设计教育的双重价值。针对当前城市设计教育存在的过度技术工具化倾向、人文内涵缺失及跨学科壁垒等现实困境，创新性地提出"叙事驱动"的教学范式转型路径。通过构建"人文内核—AI 赋能"的双螺旋教育模型，设计"认知—建构—迭代"三级课程体系，搭建虚实联动的智能教学场景，并创新"过程性评价 + 能力分层评估"的考核机制，有效促进了城市设计教育从功能主义向人本价值的范式转型。实践表明，该改革方案为培养数字时代"技术—人文"双核驱动的复合型规划人才提供了可操作的课程建设范式，对智慧城市教育体系的创新发展具有重要参考价值。

关键词：HAI；空间叙事理论；城市设计；课程改革

1 "城市设计"课程的主要内容

1.1 HAI 大环境下"城市设计"课程的特点

"城市设计"作为城乡规划学科重要的核心课程，其涉及面广、内容多元，具有时代性、知识性、实践性等多维度特点。现今的"城市设计"，在大数据、新技术不断涌现并逐渐渗透下，成为更加人本、精细化、智能化的城市空间环境提升。

HAI 大环境下，"城市设计"课程的时代性更强、知识性更杂、实践性更重。因此，面对 AI 技术带来的机遇与挑战，作为培养未来城市规划师和设计师的重要基地，"城市设计"课程融入 AI 工具的使用，改革为新的"HAI 城市设计"成为城乡规划教学改革的研究热点之一。这不仅关乎课程内容的更新与拓展，更涉及教学方法的创新与实践。如何让学生在掌握传统设计技能的同时，充分利用 AI 技术进行创新设计，成为当前城乡规划教学改革亟待解决的重要问题。

1.2 HAI 相关技术阐述

人智交互（HAI）是研究人类与人工智能系统之间自然、高效、协同交互的交叉学科领域。HAI 结合认知科学、心理学、计算机科学、设计学等多学科理论，旨在通过技术手段实现人与 AI 的"无缝协作"，让机器不仅能理解人类指令，还能感知情感、意图和上下文，甚至主动适应人类需求。人工智能（AI）技术的进步使开发者能够将多种 AI 功能集成到面向用户的系统中。依据对 HAI 相关文献的总结，目前一些新的 HAI 技术可以在城乡规划中进行使用，如：AI 辅助完成写作任务，AI 与 BIM 协同使用进行相关分析等。

1.3 "HAI 城市设计"课程的目标及核心内容解读

（1）课程教学目标

"城市设计"课程的首要目标是提升学生的综合素养，使学生们具备扎实的专业知识和良好的审美能力，帮助学生熟悉城市设计的工作流程和方法，包括从前期调研、方案设计到实施管理的全过程。而"HAI 城市设计"课程在"城市设计"课程的基础上融入 AI 技术，在

---

* 项目资助：北京建筑大学研究生教育教学质量提升项目（J2025007）。

刘　玮：北京建筑大学建筑与城市规划学院讲师
王雪懿：北京建筑大学建筑与城市规划学院本科生

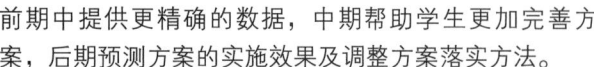

前期中提供更精确的数据，中期帮助学生更加完善方案，后期预测方案的实施效果及调整方案落实方法。

（2）课程核心结构内容

目前，"城市设计"课程体系构建研究大致呈现三种路径：第一是强调理论与实践结合的路径，以经典理论为引导开展课堂教学与课后实践；第二是借鉴国外先进课程体系构建经验的路径；第三是近几年涌现的一批以教学方法创新和学生综合素质培养为路径的"城市设计"课程体系构建研究。

大部分"城市设计"课程分为理论知识与设计作业两部分，"HAI 城市设计"则要求在原有课程基础上加入 AI 工具的使用教学。这种路径强调经典理论的引导作用。经典理论是城市设计领域的基石，具有深厚的内涵和广泛的适用性。在理论知识教学中，通过系统传授，学生能够建立起对城市设计基本概念、原则和方法的深入理解。技术教学是 HAI 大环境下"城市设计"课程的新增内容，引导学生自主使用各类先进 AI 工具，帮助学生在后续实践中更便捷的使用，有助于让学生顺应当下变化的大环境，适应新时代的技术手段。课后实践是对课堂理论教学的延伸和深化，学生将所学理论应用到实际操作中，在实践中检验和巩固理论知识，有助于培养学生的实际动手能力和解决问题的能力，使学生能够更好地适应未来工作中的实际需求。

1.4 "HAI 城市设计"课程的教学情况

（1）"HAI 城市设计"教学的重要性

城乡规划是实现城乡空间资源合理配置和引导控制的综合性学科，"城市设计"作为城乡规划的专业核心课程，对人才培养具有重要支撑作用。在新的大环境下，"城市设计"课程必须形成新的方向，形成"HAI 城市设计"这一新的课程体系。就学科未来发展而论，高等院校中"HAI 城市设计"课程的安排，对该学科未来走向影响重大，关乎其能否顺应时代需求、培育适配人才及推动自身长远进步。秉持这一主张的我国最早外出考察学习"城市设计"的知名学者金广君先生提出，"城市设计教育在城市设计学科发展过程中起着十分重要的作用，它率先提出了城市化进程中认识这一学科的必要性并为这一学科的研究和探索做了许多超前性工作，可以肯定，它还将左右着这一学科的发展。"

（2）当前教学现状

目前"城市设计"课程并不具备 HAI 这一属性，仅作为原有的"城市设计"课程来看，具有在建筑学与城乡规划两个学科具有跨专业属性。就城乡规划专业而言，早期的"城市设计"课程偏重技术层面的训练，偏向"目的导向"，重视图形化设计技法及美观效果。随着经济发展、社会结构的转型，城镇化发展逐步从"规模发展"向"质量发展"的增长方式转变，城市更新逐步成为业界关注的重点。

在目前的实践教学中，课程选取典型的城市设计地块作为研究对象，首先通过详细的实地调研和规划控制要求分析，明确场地存在的功能布局不合理、空间利用矛盾等实际问题；接着从社会、经济、环境等多角度深入剖析问题成因，形成客观分析基础；进而结合居民、政府、企业等不同群体的实际需求，设计多种创新解决方案，并通过可行性对比确定最优方案；最后将方案放回实际城市环境中模拟测试，根据实施效果反馈不断调整优化，形成从问题发现到改进完善的完整工作流程。

（3）教学存在问题

一是教育理念"轻思想"，AI 的介入使城市设计教育面临更深层的理念冲突。当前城市设计教育过度聚焦于技术工具与形式美学训练，忽视了人文主义思想的渗透。教学中鲜少引导学生关注城市空间背后的人本需求、历史文脉与社会公平议题，导致学生对"城市为谁而设计"的底层逻辑缺乏深度思考。

二是课程设置"不连贯"，现有课程体系难以承载 AI 技术引发的知识爆炸，相关课程间的逻辑性关联性较弱。课程体系呈现碎片化特征，理论课、设计课、技术课各自为政。BIM、CIM 等技术课程与城市经济学、行为地理学等理论课程形成新的断层，机器学习算法教学与社会调查研究方法尚未建立连接范式。学生难以将空间形态生成与政策法规、经济逻辑等多元维度有机结合，形成"学用分离"的知识结构，制约复合型设计思维的培养。

三是学科平台"无空间"，课程单一化，缺乏空间进行更深入更开放的交流学习。教学围绕城乡规划单一学科框架，缺乏与建筑学、地理信息、公共管理等学科的实质性交叉。跨校联合工作坊、国际学术论坛等开放性平台建设不足，未形成跨领域知识网络，"学术孤岛"

现象导致学生难接触前沿思潮，无法在多元观点碰撞中突破专业认知边界。

四是教学形式"缺场景"，缺少充分实践导致学生难构建对空间的印象。教学模式过度依赖虚拟案例分析与图纸推演，同时，AI辅助设计易陷入"数据决定论"误区，学生过度依赖卫星影像、热力图等数字信息，忽视街道家具触感、邻里交谈声景等真实空间要素。在地化空间认知严重缺位。这种"纸上造城"的教学方式，使得设计方案常出现空间体验逻辑断裂、场所精神缺失等问题。

五是教学内容"少过程"，强调最终设计作品的完美而忽视先前的理论基础学习。教学评价体系过度推崇图面表现力，导致师生陷入"效果图竞赛"的误区。学生可用AI半小时生成数十版效果图，但方案缺乏场地气候分析、建造节点推敲等底层逻辑。这种"重结果轻过程"的导向，使学生设计决策缺乏严谨论证，面对复杂城市问题时常出现基础性认知错误。

2 空间叙事理论对于"HAI城市设计"的重要性

2.1 空间叙事理论的概念界定

空间叙事的概念应该分别从"空间"和"叙事"来理解，只有通过某种文本，叙事才能发生，空间是一种文本。广义的角度理解空间，不仅包括传统上重视时间的文本，也应包括在传统上偏重空间的文本，还应包括既重时间又重空间的叙事媒介。该理论认为，空间不仅是一个被动的背景或容器，而是积极的参与和塑造社会。空间可以反映特定的社会背景，同时也能够影响和改变社会环境。理论强调将"叙事"与"空间"紧密联系，强调叙事者如何使用空间来表达意义，维护权力关系和构造认同感。通过空间的设计、布局和使用，可以创造出具有特定叙事效果的环境，从而引导人们的行为和感知。

2.2 空间叙事理论与"HAI城市设计"的关系

（1）城市空间与叙事

空间与叙事的关系可分为两种：空间叙事与叙事空间。叙事空间是指通过运用叙事手法并借助媒介从而创造的空间；而空间叙事是指通过改变空间从而达到叙事的目的。进而，可以将此理论延伸至城市空间与叙事的

角度。

城市空间叙事是一种将城市的物理空间与文化、历史、社会等元素相结合的叙述方式。这种叙事方式可以将城市的街道、建筑、广场、公园等元素视为字符和场景，通过它们之间的联系和互动，构建出一个连贯且富有逻辑的城市故事。

叙事城市空间是指能够讲述城市故事、传达城市记忆和身份认同的城市空间（图1）。这些空间不仅是物理上的场所，更是城市社会生活的载体。这种城市空间可以是历史文化遗迹、传统街区、城市地标等，它们见证了城市的发展变迁，承载着城市的历史和文化记忆。

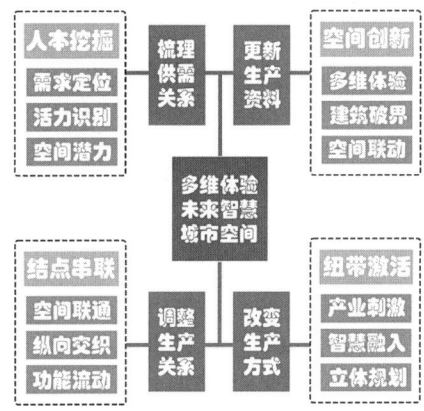

图1 叙事城市空间内容

资料来源：北京建筑大学城乡规划（四）课程作业

（2）空间叙事理论对于"HAI城市设计"的意义

空间叙事理论重新定义了城市设计的本质，即从"空间制造"转向"故事编织"，要求规划师兼具"作者"与"听众"的双重角色：既需编码文化符号，也需解码使用者的需求。同样，空间叙事理论作为一种强调空间的理论框架，为"HAI城市设计"提供了兼具人文深度与实践价值的认知路径，传统的"HAI城市设计"过于强调在城市设计中AI技术的应用，而忽略了人自身对城市空间的体验。

空间叙事理论对城市设计的理论意义：空间叙事理论为城市设计提供了超越功能主义和技术至上的人文视角。改善了传统HAI模式过度依赖技术逻辑，防止城市被简化为数据节点与效率机器，空间沦为技术的"展演场"，修复了割裂的场所精神与人性化体验。空间叙事

理论通过引入文学、符号学与现象学等跨学科思维，重构"技术—人—环境"的关系，强调城市空间应如文本般承载文化记忆、情感共鸣与集体认同。这种理论转向推动城市设计从"工具理性"向"价值理性"跃升，促使技术回归服务人性的本质，为实现"科技向善"的城市发展提供哲学基础。

空间叙事理论对城市设计的实践意义：空间叙事理论的实践意义在于其通过数字化技术重构城市设计的方法论体系，实现了从"技术效率优先"到"人文价值导向"的范式转换。借助大数据分析、人工智能与数字孪生技术，该理论将HAI中割裂的技术逻辑与主体体验重新统合，通过挖掘场所精神、集体记忆与文化符号的深层关联，构建具有现象学意义的"空间文本"，使智慧城市系统从功能载体升维为承载情感与意义的叙事媒介。帮助"形成完整的空间意向"，即在实践中指导设计师通过"讲故事"的方式塑造更具人性与认同感的城市（图2）。

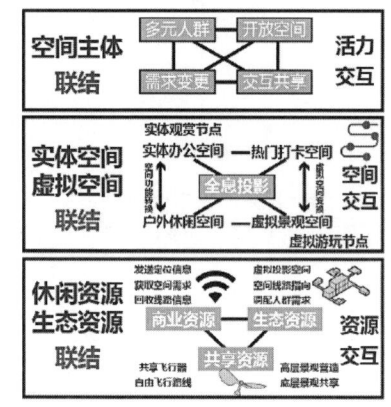

图 2　空间叙事理论在城市设计中的应用
资料来源：北京建筑大学城乡规划（四）课程作业

2.3　空间叙事理论对"HAI 城市设计"课程体系构建的启示

（1）教学理念的转向

强调利用现有的 HAI 手段，通过空间序列、符号系统和感官体验传递文化价值、历史记忆或社会议题，培养学生"利用现代化手段设计故事"的能力，同时引入"空间叙事学"的概念，指导学生利用先进技术手法辅助，将抽象文化概念转化为具象空间语言的转译能力。

（2）课程设置的革新

在加入"HAI 技术教学"的基础上，保证相关课程设置与安排的连贯性、逻辑性和完整性，从"单一设计"转向"故事线梳理"，遵循"符号解码—场景解构—故事编剧"的递进逻辑，强化故事线索与空间结构的对应关系训练。

（3）学科平台的构建

构建大数据跨学科平台，形成叙事导向的知识网络，纵向贯通不同年级课程群，横向联合建筑学、文化遗产、数字媒体等学科，深度整合文学策划、戏剧编导、数字交互等叙事资源，多维度培养叙事能力。

（4）教学形式的扩充

带领学生实地解读城市空间，或利用 AR、VR 等技术手段，协助学生深度体验城市空间，通过 AI 技术，构建时间轴、空间序列图、人物动线图等城市空间分析体系，引导学生将抽象故事转化为空间设计语言。

（5）教学内容的转变

强调"以叙事逻辑重构课程命题体系"，在教学"AI"技术的同时，避免 HAI 环境造成的"过度推崇表现力"误区，要求学生先构建故事框架，再将情节转化为空间布局，突破传统功能分区命题模式，创设叙事场景。

3　课程改革的主要策略

3.1　教育理念的调整

教育理念强调以"人文为体、AI 为用"为核心理念，在推进智能技术应用的同时，注重塑造学生对数字技术伦理的批判性认知。在 AI 伦理教育中增加对于"叙事空间"维度的思考，关注空间背后的人文关系。要求学生在设计中纳入多元群体视角，避免技术主导导致的"标准化叙事"，引导学生思考"城市为谁设计"。

3.2　课程设置的调整

串联相关课程的设置，强调逻辑性与连贯性，建立"根基搭建—技术融合—实战赋能"的三级课程架构。底层通过构建理论知识学习，夯实城市设计素养根基；中层设置交叉学科模块，补充"城市设计"课程的教育缺口，学习 AI 相关的数字技术，做好"理论—实践"的过渡工作；顶层以真实项目驱动教学，用数字化手段分析城市空间，结合各项资源配置模型，提出空间优化方案。

3.3 学科平台的调整

构建"云端—现实"立体化智能教育平台，为不同学生、不同学科间的互动提供空间。云端部署包含三维模型库与城市运行数据集等，开发课程知识图谱系统，与各专业联合完善平台数据库，支持学生在线协作分析。线下设立各类城市实验室，集成数字沙盘、智能感知设备与协作机器人，支持多学科团队开展创新实验，通过虚实交融的场景打破学科壁垒。

3.4 教学形式的调整

推行"叙事驱动学习"的新模式，鼓励学生通过虚拟与实体的结合，完善城市数据，将城市地块转化为包含地理信息、人文故事、经济数据的多层叙事结构。虚拟层利用现有数字技术，观察不同政策、人群对空间形态的影响；现实层鼓励学生深入城中村、老旧小区进行测绘，要求学生用AI分析结果与居民口述史对比，了解"技术与人本偏差"。

3.5 教学内容的调整

注重"底层逻辑培养"，强化场地气候分析、建造节点推敲等过程在城市设计中的重要性，开发"反AI依赖"训练，要求学生在无电子工具条件下完成初步分析，强化空间感知基本功。强制嵌入社会调研、技术验证等隐性知识环节，并通过"参数化设计逻辑校验"等手段实现技术工具与人文逻辑的深度融合。评价体系应实施分层考核，以设计推导记录、决策论证过程为核心指标，推行"过程档案袋—同行互评"机制，实现从"图纸表现"到"系统思考"的教学范式转型。

4 结语

在HAI技术深度渗透城市规划领域的时代背景下，"HAI城市设计"课程改革既是应对技术变革的必然选择，更是重构学科教育价值的契机。空间叙事理论的引入，为弥合技术逻辑与人文关怀的鸿沟提供了关键性理论框架，即通过将城市空间转化为可阅读、可体验、可参与的叙事文本，使AI工具从"效率机器"转变为"故事编织者"，推动设计思维从"空间制造"向"意义生产"跃升（图3）。课程体系的系统性重构需要突破传统学科边界，通过教育理念革新、课程结构优化、平台建设升级和评价机制转型的联动改革，构建"技术—人文—实践"三位一体的新型教学范式。这种改革不仅关乎设计方法论的创新，更指向城市规划学科核心价值的重释：在智能时代，唯有将数据算法与场所精神、技术理性与人文温度相融合，方能培养出既能驾驭AI工具又深谙城市本质的新一代规划设计人才，真正实现"以技术赋能人文，以叙事重塑空间"的教育理想。

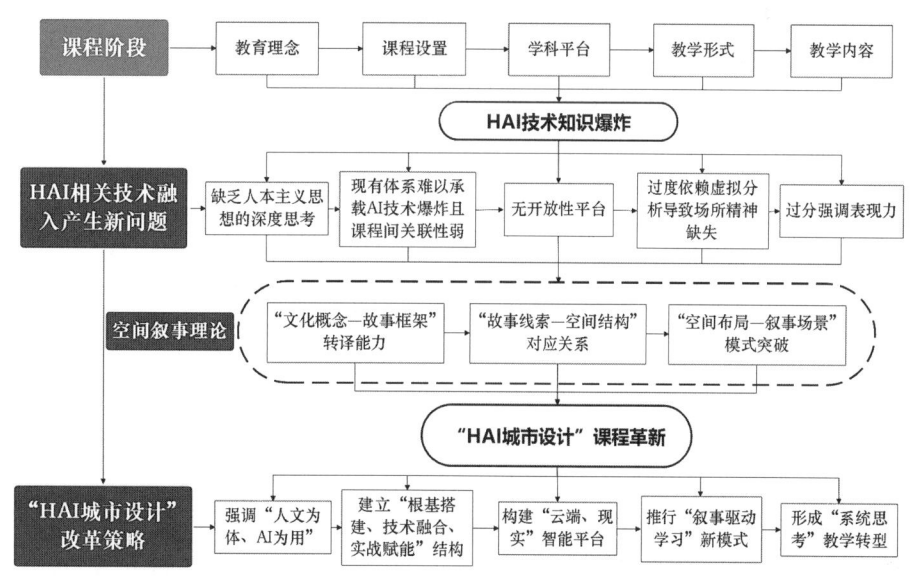

图3 "HAI城市设计"课程改革
策略生成过程
资料来源：作者自绘

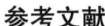

参考文献

［1］ ALVES L J, PALHA P R, FILHO A D T A .Towards an integrative framework for BIM and artificial intelligence capabilities in smart architecture, engineering, construction, and operations projects[J].Automation in Construction, 2025, 174: 1–22.

［2］ 王宏，崔东旭 . 基于新工科理念的城市设计一流本科课程建设路径探究 [J]. 创新创业理论研究与实践，2024，7（19）：85–88.

［3］ 汤慧，宁启蒙，曾志伟 . OBE 理念指导下"城市设计"课程教学改革研究 [J]. 安徽建筑，2023，30（9）：126–127.

［4］ TERESA H, NINA P, OLIVER P. Ethical management of human–AI interaction: Theory development review[J].Journal of Strategic Information Systems, 2023, 32（3）: 1–50.

［5］ 杨钧月，杜佳，王佳蕾 .OECD 学习罗盘下的地方高校城市设计课程体系改革实践——以贵州大学为例 [J]. 大学，2023（14）：102–105.

［6］ 温莹蕾 . 设计思维引导下的"城市设计"教学实践研究 [J]. 设计艺术研究，2022，12（2）：119–122.

［7］ 蒋中直 . 基于"空间叙事"理论的城市公共空间设计研究 [D]. 上海：东华大学，2021.

［8］ 张慧娟 . 从"记忆投射"看叙事性城市空间设计 [D]. 青岛：青岛理工大学，2015.

［9］ 张楠，刘乃芳，石国栋 . 叙事空间设计解读 [J]. 城市发展研究，2009，16（9）：136–137.

［10］ AMERSHI S, WELD D, VORVOREANU M, et al.Guidelines for Human–AI Interaction[C]//Microsoft, Seattle, WA, USA, 2019: 1–13.

［11］ 金广君 . 美国的城市设计教育 [J]. 世界建筑，1991（5）：71–74.

Reforming the HAI Urban Design Curriculum: Applying Spatial Narrative Theory

Liu Wei　　Wang Xueyi

Abstract: Under the disciplinary context of deep integration between artificial intelligence and urban–rural planning, this study takes the "HAI Urban Design" course as a platform for reform, systematically exploring the dual value of spatial narrative theory in intelligent urban design education. Addressing practical dilemmas in current urban design education—such as excessive techno–instrumental orientation, lack of humanistic connotation, and interdisciplinary barriers—this research innovatively proposes a "narrative–driven" teaching paradigm transformation. By constructing a dual–helix educational model of "humanistic core–AI empowerment, " designing a three–tiered curriculum system (cognition–construction–iteration), developing intelligent teaching scenarios integrating virtual and physical elements, and implementing a "process–oriented evaluation + competency–based hierarchical assessment" mechanism, the reform effectively facilitates the paradigm shift from functionalism to human–centered values in urban design education. Practice demonstrates that this reform provides an actionable curriculum development framework for cultivating interdisciplinary planning professionals driven by "technology–humanities" dual cores in the digital era, offering significant reference value for the innovative advancement of smart city education systems.

Keywords: HAI, Spatial Narrative Theory, Urban Design, Curriculum Reform

价值引领·数智赋能：
新工科背景下区域规划概论课程教学探索与实践 *

赵晓燕 张秀芹 张 戈

摘 要：在国土空间规划改革和新工科建设背景下，探索区域规划概论课程的教学改革路径，实现价值引领与数智赋能的深度融合，对于提升教学质量、培养适应时代发展需求的区域规划人才具有重要的理论意义和实践价值。从价值引领区域规划概论教学设计、数智赋能的实现方式、"价值引领 + 数智赋能"双轮驱动数智赋能的区域规划教学方式等方面积极进行课程教学探索与实践，以适应当代新工科教学改革与实践中的新思路新要求。

关键词：价值引领；数智赋能；区域规划；新工科

新工科以立德树人为引领，以新经济、新产业为背景，强调以产业需求为导向，以融合创新为范式，培养未来多元化、创新型卓越工程人才，具有引领性、交融性、创新性和发展性特征。作为一门以应用为导向、以多要素融合为特征的工学类一级学科，城乡规划学科亟须对新工科建设要求做出改革响应。随着数字化和智能化技术的快速发展，城乡规划行业面临前所未有的挑战、机遇和变革，城市规划教育逐步融入大数据、人工智能、物联网、云计算、虚拟现实等前沿技术。

区域规划作为一门融合地理学、规划学、经济学、社会学、工程学等多学科知识的综合性课程，在城市建设、区域协调发展、国土空间优化等领域发挥着关键作用，是城乡规划专业学生构建区域规划知识体系、培养专业思维的重要基石。同时，区域规划概论的教学目标、教学内容和知识体系中蕴含了大量的思政元素，区域发展与区域规划时事热点问题提供了大量鲜活的教学思政案例，对培养学生的家国情怀和全球视野有着重要作用，对落实立德树人任务具有很强的现实意义。

然而，当前传统的区域规划概论课程教学模式与新工科人才培养需求存在诸多不匹配之处。教学过程中普遍存在理论与实践脱节、价值引领缺位、教学内容与时代脱节、数智技术应用薄弱等问题，难以满足行业对高素质区域规划人才的需求。因此，在国土空间规划改革和新工科建设背景下，探索区域规划概论课程的教学改革路径，实现价值引领与数智赋能的深度融合，对于提升教学质量、培养适应时代发展需求的区域规划人才具有重要的理论意义和实践价值。

1 价值引领区域规划概论教学设计

价值引领是指在教学过程中，将社会主义核心价值观、工程伦理、可持续发展理念、人文关怀等价值观念融入课程教学内容，引导学生树立正确的价值观和职业素养。在区域规划概论课程中，价值引领具有重要意义。区域规划涉及资源分配、空间布局等重大决策，直接关系社会公平、生态环境保护和人民群众的生活质量。通过价值引领，让学生深刻认识到区域规划工作的社会责任，培养学生在规划过程中关注弱势群体利益、注重生态保护、追求可持续发展的意识，确保学

* 基金项目：天津城建大学校级本科生课程思政示范课建设项目（JG–KS–22001）；中国建设教育协会 2023 年度教育教学科研课题（2023241）。

赵晓燕：天津城建大学建筑学院讲师
张秀芹：天津城建大学建筑学院副教授
张 戈：天津城建大学建筑学院教授

生在未来的职业实践中能够做出符合社会公共利益的规划决策。

在知识方面，使学生牢固掌握区域分析的基本原理、概念、方法，理解区域规划的相关理论及应用，掌握区域分析的一般思路、主要内容和分析方法，掌握区域规划的基本内容、编制程序和编制方法。

在能力方面，培养学生全面、整体的区域观念和思维方式，能够对区域发展条件和整体发展水平进行科学分析，具备认知分析和研究区域问题的基本能力，具备应用相关理论进行区域规划实践的技能，提升语言表达能力、创新思维能力、团队协作能力。

在育人方面，要面向学生的成长成才，要求学生坚定理想信念，厚植爱国主义情怀，树立正确的人口观、资源观、环境观、生态文明和可持续发展观，拓展学生的全球视野，激发学生的家国情。崇尚科学创新，践行工匠精神，培养学生理论联系实际，增强对社会的责任感。

在价值引领下，课程教学不仅要激发学生专业学习研究兴趣，还要帮助他们科学理解全球区域发展形势，拓展其全球视野，建立科学的世界观；激发学生的家国情怀，建立正确的价值观；培养学生理论联系实际、综合分析解决区域问题的批判创新能力，建立积极服务社会的人生观，最终实现知识、能力和思政"三位一体"和综合达成（图1）。

通过知识、能力和思政的综合达成，坚持教学与科研结合，坚持理论与实践教学相互渗透来实现区域规划概论课程思政建设的总体目标（图2）。

1.1 以"知识、能力和思政综合达成"为教学目标

明确人才培养目标、课程专业目标和思政育人目标，并在多元目标的引领下进行有机融合，进而实现价值塑造、知识传授和能力培养相统一。在课程思政建设过程中，秉承"以学生为中心"，落实立德树人根本任务，实现课程思政与科学思维、科学精神和核心价值观培养的有机衔接，达到价值塑造、知识传授和能力培养目标的紧密结合。实现知识、能力和思政"三位一体"和综合达成。

1.2 坚持教学与科研结合，以研促教，寓教于研

在课程中，一方面，教师制定系统化的教研融合实施方案，通过在教学中融入团队或领域最新的科研成果，使学生获得与时并进的区域学科新知识，建立中国文化自信，进而提高教学水平；另一方面，教师加强对学生的科研训练，调动学生参与科研竞赛或科研活动的

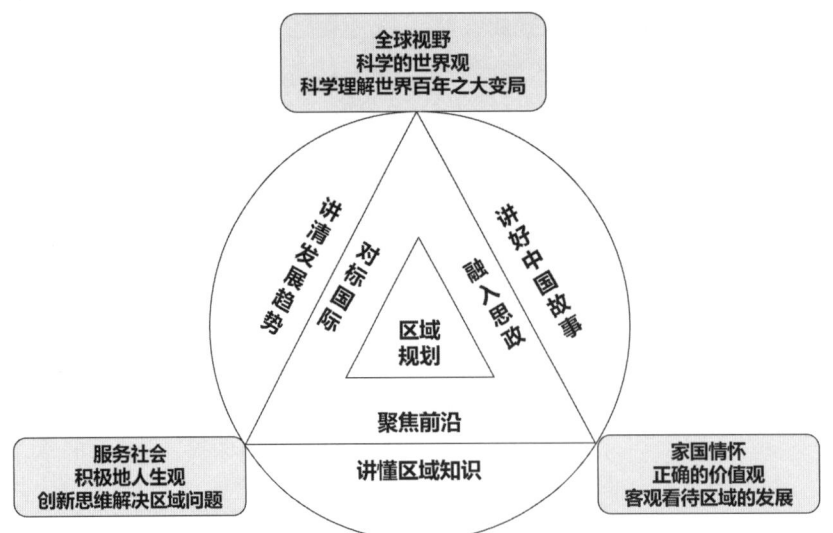

图1 实现知识获取—能力提升—价值引领目标的综合达成
资料来源：作者自绘

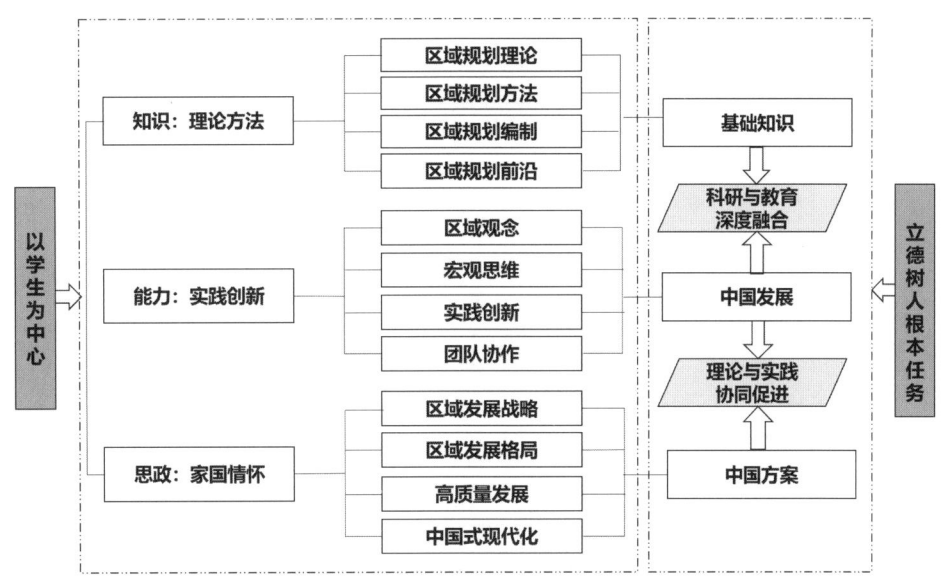

图2　知识、能力和思政"三位一体"和综合达成的课程思政建设目标

资料来源：作者自绘

积极性，进而提升学生的学习效果与科研竞赛或科研活动的积极性，进而提升学生的学习效果。

1.3　坚持理论与实践教学相互渗透，互为补充，协同促进

有意识地将理论与实践教学结合起来，有效激发学生学习的主观能动性，深化知识理解，提高学生分析区域问题和解决区域问题的能力，提高学生的创新水平。课程强调理论授课与设计课、实践教学内容相互渗透、互为补充、协同促进。运用区域规划基本理论和方法，选择合适的教学模块，合理嵌入理论教学、调研分析、规划设计、模拟实践和毕业设计中。

2　数智赋能的实现方式

数智赋能是将大数据、人工智能、地理信息系统（GIS）、物联网、云计算等数字化智能化技术深度应用于教学过程。在教学内容呈现方面，利用数智技术将抽象的区域规划理论转化为可视化的图表、动态模拟视频等形式，帮助学生更好地理解复杂的概念和原理；在实践教学环节，借助虚拟仿真平台、在线协作工具等，模拟真实的区域规划项目场景，让学生进行规划方案的设计、修改和优化（图3）；在教学资源建设方面，开发在线课程、数字案例库、教学软件等数字化教学资源，实现教学资源的实时更新和共享；在教学管理方面，运用学习分析技术对学生的学习过程进行跟踪和分析，为个性化教学提供数据支持。通过系统性融入数智技术，从而实现区域规划概论的"价值引领—数智赋能—能力提升"，实现了从"经验传授"到"智慧赋能"的教学模式转型，为培养适应国土空间规划改革的复合型人才提供可复制方案。

3　"价值引领＋数智赋能"双轮驱动数智赋能的区域规划教学方式

价值引领与数智赋能的融合为区域规划概论课程教学带来了全新的发展机遇。价值引领为课程教学提供了价值导向，确保学生在掌握先进技术的同时，不偏离正确的价值轨道；数智赋能则为价值引领提供了技术支撑，使价值观念的传递更加生动、具体（表1）。两者相互促进、相辅相成，能够有效提升学生的综合素养，培养出既具备扎实专业技术能力，又具有高尚价值追求的区域规划人才，更好地满足新工科建设和社会发展的需求。

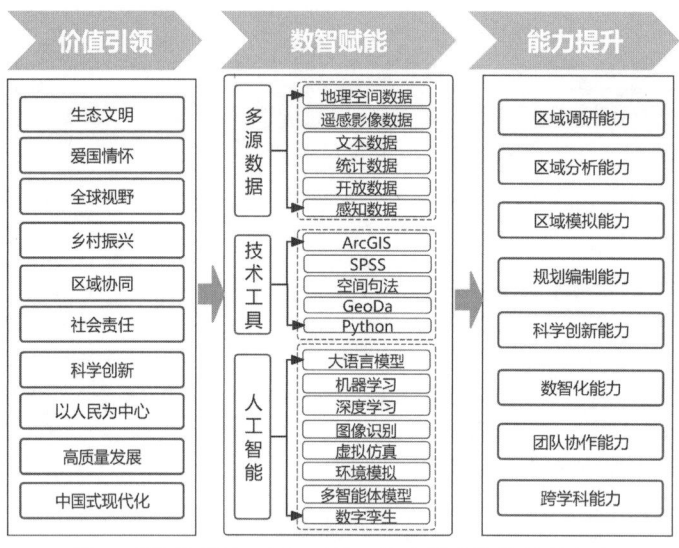

图 3 "价值引领—数智赋能—能力提升"的教学方式
资料来源：作者自绘

"价值引领+数智赋能"双轮驱动数智赋能的区域规划教学内容　　　　表1

教学内容	价值引领	思政融入	数智赋能
区域及区域规划概论	理想信念、爱国情怀、时代精神	我国的区域发展特点，我国区域规划类型及发展趋势	动态展示区域演化过程，构建知识图谱
区域规划的理论基础	理想信念、爱国情怀、科学创新	中国特色的社会主义区域规划理论的发展，我国区域规划实践取得的伟大成就	制作增长级、点轴理论时空演化动态图
区域发展条件分析及区域评价	绿水青山就是金山银山、全球视野、爱国情怀、文化自信、科学创新	资源环境保护利用与区域可持续发展，我国历史文化资源的特色与优势，科技自强自立	多源数据融合构建综合评价模型、基于机器学习的区域承载力评价
区域发展战略	区域协调发展战略、理想信念、全球视野、高质量发展	我国如何积极参与世界竞争，国家和天津市重大发展战略	多情景模拟不同战略导向下的区域土地利用变化
区域产业发展规划	理想信念、爱国情怀、时代精神、全球视野	我国产业发展的优势，不同区域产业发展对比，建设现代化产业体系，发展新质生产力	产业空间布局研究及智能选址模型
区域基础设施规划	工匠精神、爱国情怀、时代精神、以人民为中心	我国区域基础设施规划建设的巨大成就及优势，交通强国发展战略	设施空间布局分析与模拟
区域城镇体系规划	理想信念、爱国情怀、乡村振兴	我国城镇体系规划的地位与作用，国家新型城镇化规划、乡村振兴	运用大数据进行城镇引力模型分析优化、城镇间空间联系强度分析
区域生态环境规划	可持续发展、山水林田湖草沙系统、生态文明、美丽中国、人与自然和谐共生	近年来我国生态环境保护取得的伟大成就，重要生态系统保护和修复重大工程，国土生态修复规划案例	生态安全格局构建与碳排放模拟
区域规划的编制及案例分析	理想信念、爱国情怀、时代精神、全球视野	全国城镇体系空间规划、京津冀协同发展规划、长江三角洲区域一体化发展、粤港澳大湾区建设等重大区域规划、重点区域城市群及都市圈规划、与国外区域规划进行对比分析	基于 InVEST 模型的生态服务价值评估、ENVI-met 模拟通风廊道对热岛效应的影响、TransCAD 预测跨省交通需求变化

资料来源：作者自绘

4 基于 OBE 理念的线上线下混合教学模式

基于 OBE 理念，探索"系统—隐性"融合的课程思政环境渗透教学法，进行"师引导、生主导、组辅导"为一体的全员育人教学组织模式。课前推荐 MOOC 线上资源帮助学生前置性学习，课中通过问题导向式、案例式、任务驱动式、情景教学、主题汇报、分组讨论与课堂辩论等教学方法进行知识巩固，课后运用学习通课进行线上测试和资料学习，并通过调研实践实现技能提升，构建线上线下混合教学模式，让学生对知识经历"兴趣—认知—巩固—升华"这个过程，全面锻炼学生的规划技能，培养学生的综合素养（图 4）。

5 课程建设达成途径

在世界变局与中国新时代发展的双重时代背景以及"三全"育人和课程思政改革的双重背景下，在长期的教学实践过程中，围绕毕业要求指标点，结合对当今全球区域发展形势和教育形势的研判，综合考虑国家和学生等多方需求，从目标、组织和手段三个方面对去区域规划概论课程教学模式进行更深层次的探索，提出区域规划课程思政改革的达成途径，即以世界观、价值观和人生观的综合达成为教学目标；师引导、生主导和组辅导为教学方法；以知识链、能力阶和大思政为教学手段。

5.1 "世界观、价值观、人生观"三观一体的教学目标

面向世界大变局时代的中国区域发展需求及学生发展诉求，以立德树人为基本遵循，注重理想信念、奋斗精神、品德修养、知识见识、综合素质和爱国主义等全方位的培养。突出课程育人功能和大思政理念，在传统知识、能力和思政"三位一体"课程目标基础上，创造性地将知识、能力和思政目标统筹到价值引领维度，优化建构世界观—价值观—人生观"三观一体"的区域规划思政教学目标体系。帮助学生科学理解全球区域发展的形势，拓展学生的全球视野，建立科学的世界观；激发学生的家国情怀，建立正确的价值观；培养学生理论联系实际，综合分析解决区域问题的创新能力，建立服务社会人生观。在"三观一体"目标体系的基础上，提出知识创获、品性陶熔、能力创新三阶段全过程育人新策略。

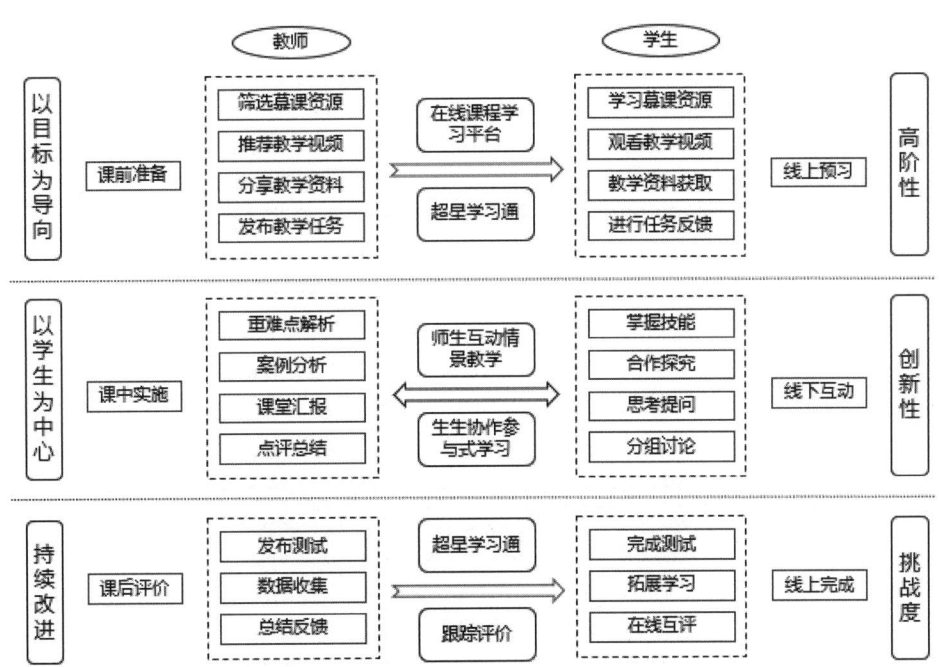

图 4 基于 OBE 理念的线上线下混合式教学模式
资料来源：作者自绘

5.2 "师指导、生主导、组辅导"三导融合的教学组织

探索出"系统—隐性"融合的课程思政环境渗透教学法，创造性地提炼了"师引导、生主导、组辅导"为一体的全员育人教学组织模式。一是尊重教师的主体性，通过专题讲授，为学生梳理区域规划发展的前沿知识；二是发挥学生的能动性，围绕区域规划发展的热点问题，开展课堂汇报、案例研讨等翻转课堂教学，提高学生综合分析和解决问题的能力；三是对学生进行分组，组织学生围绕区域发展战略开展小组研讨，形成研究思考并纳入课堂交流，培养学生的创新合作精神。融合主题讲座、实践教学、线上教学、课外组会、小组研讨、案例研讨、翻转课堂等多元化教学法，实现课堂讲授与翻转课堂有机融合，从而讲清发展趋势，丰富学生区域规划知识；对标国际讲好中国故事，厚植学生家国情怀；讲懂中国理论，培养学生创新能力。

5.3 "知识链、能力阶、大思政"三位一体的教学手段

从区域研究与区域规划前沿理论到中国区域规划理论，从全球化发展实践到中国区域发展所取得的成就，从世界发展趋势、中国的区域发展现状到中国方案的，引导学生科学认识区域发展规律，拓展全球视野。启发学生运用区域规划理论综合分析区域现状及存在的问题，提升服务社会能力。引导学生正确理解我国在区域发展取得的伟大成就和面对的挑战，提出应对措施，理解建设美丽中国与可持续发展的内涵，理解我国区域发展战略，理解高质量发展和全面现代化，厚植学生家国情怀。在"知识链—能力阶—大思政"三位一体的教学手段基础上，打造"知识—能力—德育"一体的课程思政全方位育人新模式，注重学生的全面发展。

6 基于成果导向的多元教学评价体系构建

基于成果导向，强化过程控制，优化思政评价加强开放性探讨，采用多元评价模式考核学生课程成绩，强化全过程控制，采取"课程+思政"的考核方式，将"课程思政"有机渗透于整体评价当中，采用小组自评、组间互评、教师评价等方式，积极构建并优化多元"课程思政"考评体系。结课作业成绩占总成绩60%，平时成绩占40%。结课成绩从对基本知识点的掌握，对区域规划理论和方法应用的技能以及价值观的塑造进行综合考评；平时成绩包括：课堂提问5%，课堂汇报10%（老师评价5%，组间互评5%），课堂讨论及辩论5%，章节测试10%，课下作业10%（老师评价5%，组间互评5%）。

7 结语

在新工科建设背景下，区域规划概论课程的改革需把握技术变革与价值重塑的双重逻辑。通过构建"价值—技术—实践"三位一体的培养体系，不仅提升了学生的数字胜任力，更培育了新时代规划师的职业使命感。未来将持续深化教学改革，为城乡规划专业人才培养提供可复制的范式。

参考文献

［1］ 钟登华. 新工科建设的内涵与行动 [J]. 高等工程教育研究，2017（3）：1-6.

［2］ 顾佩华. 新工科与新范式：概念、框架和实施路径 [J]. 高等工程教育研究，2017（6）：1-13.

［3］ 李茂国，朱正伟. 工程教育范式：从回归工程走向融合创新 [J]. 中国高教研究，2017（6）：30-36.

［4］ 林健. 面向未来的中国新工科建设 [J]. 清华大学教育研究，2017，38（2）：26-35.

［5］ 孙施文. 我国城乡规划学科未来发展方向研究 [J]. 城市规划，2021，45（2）：23-35.

［6］ 田莉，杨鑫，张雨迪，等. "专业知识+人工智能"双驱动的城乡规划设计教育创新探索：以住区规划为例 [J]. 城市规划学刊，2024（5）：71-78.

［7］ 吴志强. 城市规划教育的数智化焕新 [J]. 城市规划学刊，2025（1）：11-17.

［8］ 钮心毅，林诗佳，桑田，等. 数字化规划技术——数据与知识 [J]. 城市规划学刊，2024（2）：18-24.

Value Guidance and Digital Intelligence Empowerment: Exploration and Practice of Regional Planning Course Teaching under the Background of Emerging Engineering Education

Zhao Xiaoyan　Zhang Xiuqin　Zhang Ge

Abstract：Under the background of the reform of territorial space planning and the construction of new engineering disciplines，exploring the teaching reform path of the regional planning overview course and achieving the deep integration of value guidance and digital intelligence empowerment is of great theoretical significance and practical value for improving teaching quality and cultivating regional planning talents who can adapt to the development needs of the times. Actively carry out course teaching exploration and practice from aspects such as the teaching design of the regional planning overview guided by values，the realization methods of digital intelligence empowerment，and the dual-wheel drive teaching mode of "value guidance + digital intelligence empowerment" for regional planning，to adapt to the new ideas and new requirements in the contemporary teaching reform and practice of Emerging Engineering Education.

Keywords：Value Guidance，Digital Intelligence Empowerment，Regional Planning，Emerging Engineering Education

数字化→信息化→智能化"三阶渐进式教学"的区域规划类课程实践——以华中科技大学"区域与城市空间规划"为例

单卓然　杨欣琦　范嘉宸

摘　要： 针对传统区域规划类课程教学在项目需求降低、技术方法落后及教学对象抽象等方面的困境，本文以华中科技大学 2023、2024 级研究生"区域与城市空间规划"课程为例，探索数字化→信息化→智能化"三阶渐进式教学"的课程教学方法创新。课程以真实课题驱动，基于武汉市国土空间规划"一张图"实施监督信息系统建设需求，通过数字化阶段的数据收集与建库、信息化阶段的数据空间分析与评估，以及智能化阶段的 AI 算法模拟仿真三阶段教学环节，逐步培养学生的数智化规划能力。教学成果不仅帮助武汉市"一张图"信息系统实现数据与算法模块扩充，更助力学生实现从传统工程思维到数据驱动思维的转变，显著增强了学生在人工智能时代的多元化竞争力，为"产教融合"背景下区域规划类课程改革提供了新范式。同时，课程还反思了"数字化→信息化→智能化"教学方法的局限与不足，提出教学过程需平衡技术理性与规划价值，应避免过度依赖算法而忽视城乡规划专业的本源性。

关键词： 数字化；信息化；智能化；区域规划；三阶渐进式教学方法

1　传统区域规划类课程教学困境

1.1　外部项目需求降低，成果应用出口较少

传统区域规划教学对项目及课题依赖较高，但随着规划行业从增量扩张转向存量优化，近年来国土空间规划"五级三类"体系固化导致地方规划编制需求降低，区域规划实践项目难寻，进而造成教学案例库更新滞后，导致学生缺乏接触全域性、战略性规划项目的机会。教学实践中，教师难以依托真实项目开展案例教学，学生完成的课程设计往往停留于"纸上谈兵"，无法与行业实际需求接轨。

1.2　教学技术方法落后，内容与本科高度重复

传统区域规划教学以工程实践为导向，侧重训练学生规划编制思维及相关技能，如 GIS 制图、方案汇报等。然而，由于区域规划技术手段长期滞后于行业变革，缺乏对大数据分析、智能模拟等前沿工具的引入，导致研究生阶段本应强调的多情景决策、规划导控、动态评估等高阶能力却被忽视，使得研究生与本科生在能力培养上呈现"同质化"倾向，信息化素养培养不足，难以满足行业对复合型创新人才的需求。

1.3　教学对象较为抽象，学生课程收获困难

区域规划的研究对象具有高度的宏观性与抽象性，往往以"点""线""面""网络"等难以物化的形式存在。由于其涉及空间尺度大、要素关联复杂、实施周期长等特点，要求学生具较强的抽象思维与系统整合能力。但传统教学大多依赖概念模型与静态案例，面对区域发展战略、空间管制分区等抽象议题，学生往往理解浮于表面，缺乏对规划实施过程的深度认知，难以将抽象理论转化为可操作的规划方案。

2　国内区域规划类课程教学进展

2020 年，教育部启动"基于教学改革、融合信息技术的新型教与学模式"工作，探索技术支撑下的教与学模式，推进技术与教育教学的深度融合[1]。随着教学数

单卓然：华中科技大学建筑与城市规划学院教授
杨欣琦：华中科技大学建筑与城市规划学院硕士研究生
范嘉宸：华中科技大学建筑与城市规划学院硕士研究生

字化转型的推进，近年来，区域规划课程教学改革在教学内容优化、教学方法创新、教学考核方式等方面取得了一定进展。教学内容上，吴志强[2]提到，当前教学过于注重知识积累而忽视通过跨学科学习将知识转化为实际技能的过程，并提出通过推动数据增强设计在经典城市规划与设计中的应用，进一步提升城市规划的科学性与前瞻性。陈涛等[3]采用多种教学方法结合、大数据和地理信息系统（GIS）等信息技术应用结合等方式，培养自主学习和解决问题的能力；教学方法上，邓一凌[4]基于OBE（Outcome Based Education）理念，构建了大数据与人工智能背景下城市规划研究生量化数据分析的能力培养模式。张继刚等[5]通过在区域规划课程中加强智慧城市模拟（CIM）和智慧区域模拟（RIM）的研究，将教学与信息科学基础研究内容相结合，使区域规划实践有别于以往以物质空间实践为主的模式；在教学考核方式上，有学者借助智慧云课堂平台，依据学生的考勤、课堂参与度、发言次数以及作业质量等多维度指标，对学习表现进行全面、客观且公正的综合评估[6]。

总体而言，区域规划教学改革逐步向更加注重创新能力培养和大数据、数智技术应用的方向发展，更加重视对信息化融合课程的探讨和跨学科科研能力培养。基于上述认识，本文以华中科技大学"区域与城市空间规划"课程教学实践为例，探索数字化→信息化→智能化"三阶渐进式教学"的区域规划类课程教学方法改革。

3 华中科技大学"区域与城市空间规划"课程主要内容

3.1 课程教学目标：训练学生数据与模型驱动的数智化规划思维

武汉市国土空间规划"一张图"实施监督信息系统，是武汉市落实党中央提出的"统一底图、统一标准、统一规划、统一平台"要求，搭建的国土空间基础信息平台。通过建立健全系统运行机制和数据管理规则，加强信息交互与协同，形成各层级叠合、覆盖全域、动态更新、权威统一的国土空间规划"一张图"，可应用于国土调查、规划编制审批、用途管制、执法督察等各环节，实现国土空间规划编制、审批、修改和实施监督全周期管理。该系统由武汉市自然资源和规划信息中心城市仿真重点实验室负责平台建设与管理。

当前"一张图"系统难以支撑武汉都市圈协同发展，因而委托高校辅助系统数据扩充与算法研发。在全球化与城市化进程加速的时代背景下，都市圈作为区域经济社会发展的核心引擎，其重要性日益凸显。实现武汉与周边县市作为一个有机整体协同发展，必然将成为未来武汉都市圈空间规划的重要课题。然而，由于体制机制等原因，武汉市"一张图"系统无法收集其他县市的空间数据，各市之间的资源共享与信息交流推进存在阻碍，并不利于武汉都市圈的统筹协调发展。因此，武汉市自然资源和规划信息中心委托华中科技大学建筑与城市规划学院，开展《武汉都市圈专项规划编制及空间优化技术研究应用》科研课题，辅助武汉市国土空间规划"一张图"实施监督信息系统进行数据扩充与模型算法研发。

本课程的教学目标为：基于"一张图"信息系统建设的课题任务，训练学生在大数据与人工智能时代的数据模型思维与数智化规划能力。可分为三个分目标：①训练学生数据收集、处理与建库的能力；②训练学生基于多元数据进行分析研究的能力；③训练学生利用智能化模型算法进行模拟仿真、辅助规划决策的能力。围绕该教学目标，教学组设计了课程任务书，将整个课程内容划分为生态空间、生产空间、生活空间三大板块，同时按照课题预期进度，课程可连续两年设置，第一年教授数据库建立及现状感知评估部分，第二年教授模拟仿真与优化管控部分（图1）。

3.2 课程教学环节：数字化→信息化→智能化"三阶渐进式教学"

（1）数字化——多元数据的收集、处理、建库

学生在本科阶段虽接触过GIS类课程，初步掌握GIS软件的基本操作流程与基础分析，但因缺乏系统性科研训练，在数据深度挖掘、多源数据整合及数据库构建方面仍存在能力短板。为有效衔接本科与硕士课程，补足学生能力缺口，课程以"理论+实践+汇报"三位一体模式展开。首先，通过系列专题讲座为学生搭建"数字化"知识框架，不仅详细讲解本课程任务所需的数据类型，涵盖地理空间数据、社会经济数据、人口流动数据等，还着重推荐地理空间数据云、百度地图慧眼、Worldpop等权威数据下载平台。同时，结合

图1 华中科技大学"区域与城市空间规划""三阶渐进式教学"课程教学框架
资料来源：作者自绘

ArcGIS 的数据处理工具，深入演示数据清洗、格式转换、异常值处理等核心技术方法，为学生"数字化"实践筑牢理论根基。

在实践环节，课程组引导学生运用讲座所学，从网络多源数据平台获取武汉都市圈三生空间基础数据。以生活空间组为例，学生凭借课程积累，一方面从统计年鉴提取常住人口结构与分布数据，从联通智慧足迹获取手机信令形成的人口流动热力图数据；另一方面，借助第三次全国国土调查数据，精准识别生活性用地范围，并通过高德地图 POI 数据采集工具，系统梳理文化、教育、医疗、体育等公共服务设施点位信息。面对不同数据来源在坐标系（如 CGCS2000 与 WGS84）、空间范围（如市级与区县级行政边界差异）的矛盾，学生灵活运用 ArcGIS 的投影转换、空间裁剪功能，统一数据基准。最终，将分散的多元数据整合为人口分布、人口流动、公服设施、生活空间四大模块数据库，并通过 Tableau、QGIS 等可视化工具，以动态热力图、空间分布图等形式，直观呈现武汉都市圈生活空间的人口集聚特征、设施分布态势以及用地分布格局等关键信息，在课堂展示中获得师生广泛认可，切实提升了学生数据全

流程处理与数据库构建能力。

（2）信息化——基于多元数据的现状感知评估

在"数字化"教学完成后，为进一步深化训练学生数据分析能力，课程组引导学生基于"数字化"成果进行"信息化"实践，即对武汉都市圈三生空间现状进行感知评估。考虑到学生对专业数据分析软件的掌握程度参差不齐，课程延续"讲座 + 实践 + 汇报"的教学模式，开设多场专题讲座。不仅深入讲解 ArcGIS 软件的空间分析工具箱、Python 的 GeoPandas 库等工具的操作原理，还针对大尺度区域规划领域常用的数据分析模块，如空间插值、网络分析等，结合实际案例进行分步演示。同时，引入社会网络分析、文本挖掘等前沿分析方法，拓宽学生的数据分析视野，为学生进行现状感知评估实践提供更多元的视角。

在实践环节，以生活空间组为例，学生在掌握基础理论与工具后，主动运用核密度分析、标准差椭圆、OD 分析等方法，对前期构建的人口分布、人口流动、公服设施、生活空间四大要素模块数据展开深入分析。人口分布部分，学生通过核密度分析生成人口密度热力图，精准识别武汉都市圈生活空间内的人口集聚热点与冷点

区域；利用标准差椭圆法，直观呈现人口分布的空间格局与偏移方向。人口流动部分，学生结合联通智慧足迹数据绘制 OD 矩阵，揭示都市圈城市间的人口流动关联。在公服设施评估方面，综合运用核密度分析与可达性分析，不仅量化设施集聚度，还通过计算泰森多边形服务区、网络可达性等指标，评估各类设施的服务覆盖范围与可达性水平。

最终，学生借助 ArcGIS 的制图功能，将感知评估结果以动态地图、三维模型、统计图表等多样化可视化形式呈现，系统总结出武汉都市圈生活空间存在的人口规模塌陷、公服设施供给碎片化等现状特征与问题，为后续"智能化"环节的模拟仿真教学打下了坚实的现状基础。

（3）智能化——基于 AI 算法的模拟仿真方法研发

由于传统规划方法对 AI 算法领域涉猎较少，"智能化"方法研发对课程组以及学生都存在巨大挑战。为打破传统规划方法的局限性，课程组围绕前沿 AI 算法在区域规划中的应用，精心设计系列专题讲座。讲座不仅系统讲解 PLUS 模型的运行机制、元胞自动机与多智能体系统耦合原理，还引入时空深度学习、强化学习等新兴技术在规划模拟中的应用案例，为学生自主探索学习相关模型提供灵感与知识基础。

以生产空间组的实践探索为例，面对武汉都市圈"三链"网络复杂的动态演化特性，学生积极探索尝试，自主钻研复杂网络理论与适应性模型。有学生以比安科尼—巴拉巴西模型为基础，结合都市圈产业合作、技术转移等数据，创新性地引入企业创新能力指数、供应链韧性系数等变量，构建了都市圈三链网络演化模拟仿真算法（图2）。在模型构建中，学生不仅专注线上技术研

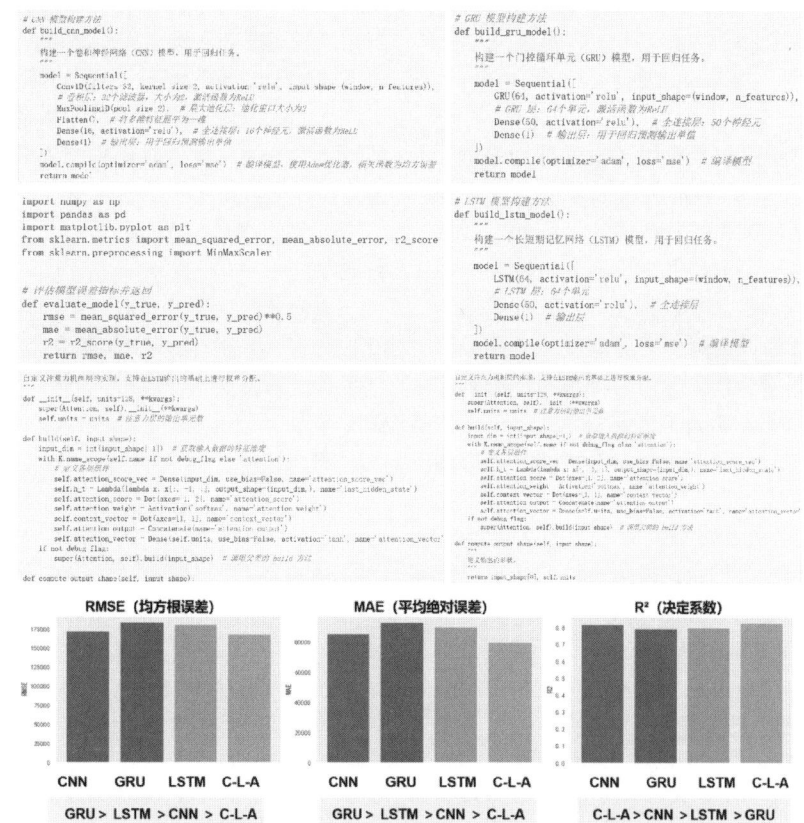

图2 "智能化"教学成果——学生 AI 模型算法代码学习成果展示
资料来源：根据 2024 级华中科技大学"区域与城市空间规划"学生作业成果改绘

发，更深入调研武汉光谷生物城、沌口汽车产业集群等重点区域，通过访谈企业高管、分析招标投标数据，获取节点连接权重的关键参数。最终，学生在汇报中展示生成动态 OD 联系图，直观展现未来五年创新链中产学研合作网络的扩张路径、产业链上下游企业的协同演变趋势，以及物流供应链枢纽节点的动态迁移规律。

还有学生聚焦生产空间的微观布局，针对武汉都市圈生命健康、高端装备等战略性产业，综合运用基于网格的聚类算法、皮尔逊相关系数与局域协同区位商模型，探索研发了都市圈生产空间发展模拟仿真算法。学生通过聚类算法识别潜在的产业发展热点区域；再利用皮尔逊相关系数分析产业发展与影响因子的关联程度，筛选出关键驱动因素；最后结合局域协同区位商，量化各网格单元的产业专业化与协同发展水平。在模拟过程中，学生还考虑了经济社会发展、重大战略驱动以及既有建成环境的约束等制约因素，成功对武汉都市圈创新空间、产业空间、物流空间三大类空间的发展演化趋势进行了模拟仿真实操。

3.3 课程教学反馈：课程成果应用及学生能力培养

课程教学成果用于辅助扩充武汉市国土空间规划"一张图"实施监督信息系统的平台模块。例如，实现了一套武汉都市圈三生空间基础数据库嵌入，以及一组都市圈三生空间预测推演应用模块扩充等。课程成果丰富了武汉都市圈的国土空间基础信息，研发了一套都市圈三生空间模拟仿真算法，作为城市管理与规划决策的重要技术支持，通过集成多源三生空间数据，拓宽了数据的共享范围与应用潜力，有利于辅助都市圈统筹协同发展的规划管控研究。

课程通过实际课题项目驱动，助力学生完成从传统工程实践驱动的设计思维到数据模型驱动的研究思维转变。通过数字化→信息化→智能化的"三阶渐进式教学"，学生不仅学习到了数据收集与建库、GIS 空间分析与可视化等科研技能，更自主探索研发了深度学习等前沿智能算法模型，并应用于数智化规划研究实践中。课程帮助学生实现了地理学、经济学、计算机科学等与城乡规划学的知识结构融合，显著提升了学生在智慧城市、大数据分析等领域的竞争力，帮助培养契合人工智能时代需求的复合型规划人才。

4　结语

本文通过探索实际课题项目驱动下教学方法与课程内容的数字化、信息化、智能化革新，训练学生在区域规划课程中运用智能化技术辅助方案模拟与决策推演的能力，进而推动"产教融合"主题下区域规划课程革新新范例、新模式，使区域规划课程教学能够充分适应规划学科发展动向与趋势。

此外，技术理性与规划价值的耦合是"数字化→信息化→智能化"驱动下教学改革的核心挑战。当前教学中存在两类风险：一是学生在教学过程中将复杂规划问题简化为算法优化任务，忽视政策约束、利益协调等非技术维度；二是过度依赖大数据分析结果（如手机信令数据、专利转移数据等），导致规划方案脱离地方性特征。因此，教学过程中要注意引导学生辨析技术工具的适用边界，避免学生过度强调计算性分析结果，导致规划结果脱离规划目标与实施路径。在 AI 赋能、数智化转型下的教学改革热潮下，教学方法与课程内容需要渐进式介入，保留规划学科中对人本要素、社会需求的解读训练，避免淡化学生对规划的本源性思考，导致规划方案沦为技术与算法的理性堆砌。

致谢

感谢袁满、黄亚平、彭翀、张梦洁等老师为"区域与城市空间规划"课程做出的创新实践。

参考文献

[1] 蔡可. 谱写课程教学数字化转型的中国方案 [EB/OL].（2023-02-27）[2025-05-06]. http://www.moe.gov.cn/jyb_xwfb/xw_zt/moe_357/2023/2023_ztel/mtld/202302/t20230227_1047944.html.

[2] 吴志强. 城市规划教育的数智化焕新 [J]. 城市规划学刊，2025（1）：11-17.

[3] 陈涛，常庆瑞，刘京. 面向 GIS 应用的《区域分析与规划》课程教学改革初探 [J]. 陕西教育（高教版），2012（5）：70-71.

[4] 邓一凌. 城乡规划研究生量化数据分析能力的培养模式研究 [J]. 建筑与文化，2019（6）：65-66.

[5] 张继刚，陈若天，李沄璋，等. 基础研究视角下的国土

空间规划创新——区域规划课程教学思考 [J]. 高等建筑教育, 2021, 30（5）: 116-123.

[6] 高利峰. 应用型本科院校《区域分析与规划》课堂教学模式与实践 [J]. 创新创业理论研究与实践, 2022, 5（7）: 135-137.

Practice of Regional Planning Courses with"Three-Stage Progressive Teaching"from Digitalization to Informatization and Intelligence —— A Case Study of Regional and Urban Spatial Planning at Huazhong University of Science and Technology

Shan Zhuoran　Yang Xinqi　Fan Jiachen

Abstract: In response to the challenges of traditional regional planning courses, such as reduced project demand, outdated technical methods, and abstract teaching content, this paper takes the Regional and Urban Spatial Planning course for 2023 and 2024 graduate students at Huazhong University of Science and Technology as an example to explore the innovative teaching method of "three-stage progressive teaching" (digitalization → informatization → intelligence). Driven by real-world projects and based on the construction needs of Wuhan's "One Map" Implementation and Supervision Information System for territorial spatial planning, the course cultivates students' digital-intelligent planning capabilities through three teaching stages: data collection and database construction in the digitalization stage, spatial data analysis and evaluation in the informatization stage, and AI algorithm simulation in the intelligence stage.The teaching achievements not only help expand the data and algorithm modules of Wuhan's "One Map" information system but also assist students in transitioning from traditional engineering thinking to data-driven thinking, significantly enhancing their diversified competitiveness in the AI era. This provides a new paradigm for the reform of regional planning courses under the background of "integration of industry and education." Meanwhile, the course reflects on the limitations of the "digitalization → informatization → intelligence" teaching method, proposing that the teaching process must balance technical rationality with planning values to avoid over-reliance on algorithms and neglect the fundamental essence of urban and rural planning.

Keywords: Digitalization, Informatization, Intelligence, Regional Planning, Three-Stage Progressive Teaching Method

热韧性城市规划设计教学实践创新探索 *

何宝杰　韩贵锋　李　旭

摘　要： 伴随气候变化和城市化，城市热问题正演变为全国性天气灾害，对城市发展和国民健康造成严重影响。城市热风险应对在规划体系、技术策略、实践转型和人才储备等多个方面存在欠缺。发挥城乡规划学科引领城市生态转型和更新实践等优势，创新城乡规划专业课程体系，探索热韧性规划设计教学模式，对促进规划设计理念、理论、技术和方法升级，拓展学生气候应对知识，赋能新问题解决和跨学科发展具有重要意义。通过教学模块构建原则、教学模块内容设置和教学实践特色方法等方面探讨，尝试构建融合多学科知识体系和技术方法热韧性城市规划设计教学系统。以人工智能技术为驱动，探索智慧热韧性城市规划设计，智能选择热风险缓解和适应方法与策略，提升规划师、设计师和管理者热风险缓解和适应参与能力。

关键词： 热韧性；课程设计；智慧技术

伴随气候变化和城市化，由极端高温和热岛效应造成的城市热问题加剧，对人居环境、经济发展和公共健康等构成严重威胁。气候变化在未来很长时间仍将持续，极端高温灾害仍朝更加频繁、剧烈和严峻的方向演变，并成为一种全国性天气灾害[1]。城市群和都市圈建设模式推动连片紧凑空间格局，导致热场连锁和协同叠加效应，诱发更加强烈热岛效应。积极应对城市热问题，降低热危害影响，对提升人居环境品质和促进城市可持续发展尤为重要。

2022年，生态环境部联合17个部委发布的《国家适应气候变化战略2035》对"气候适应型城市建设"和"气候变化和极端天气气候事件健康适应行动示范"进行了明确要求。2024年，国家疾控局联合13个部委发布的《国家气候变化健康适应行动方案（2024—2030年）》也明确要求"提升气候变化健康适应水平，促进健康中国和美丽中国建设"。应对包括城市热风险在的气候灾害，提升国民生命健康安全，是对城乡规划专业学科的新时代要求。以城市更新设计和健康城市建设为契机，在规划设计实践中纳入热韧性技术方案，也是规划设计行业革新转型和增量发展的重要路径。

迅猛演进的城市热问题与缓慢落后的热应对体系形成鲜明对立。首先，虽然部分国家和地区已出台城市热风险应对规划指南，但其规划内容并不完善，应对效能也未能得到保证；其次，热风险缓解和适应技术策略仍不完善，且部分技术存在潜在不利影响，对城市空间改造和风险管控决策造成干扰；再次，多学科交叉的缓解与适应知识体系脱离城市规划设计实践，尚未根据空间特征、功能特点、社会需求和文化属性等适配城市空间。最后，城乡规划专业尚未建立相应课程体系，导致行业技术与管理人才短缺，禁锢了热韧性规划设计实践[2]。

从教学创新实践视角，尝试构建城市热韧性规划设计体系，探索热韧性规划设计教学模式。根据"理念转变—内容重构—特色实践"的思路，在城市规划设计教学模块构建、城市设计发展理念和转型需求传递、气候适应空间思维与工具方法强化等方面进行了探索。热韧性城市规划设计教学实践创新探索旨在拓展学生气候适应型城市设计知识，赋能城乡规划专业学生新问题解决和跨学科发展。

* 项目资助：重庆市高等教育教学改革研究项目（编号：232005）。

何宝杰：重庆大学建筑城规学院教授（通讯作者）
韩贵锋：重庆大学建筑城规学院教授
李　旭：重庆大学建筑城规学院教授

1 热韧性城市规划设计教学模块构建原则

在热韧性城市规划设计课程教学模块构建过程中，重点强调全面理解城市热风险及其影响，明确多学科对热风险应对的贡献与优势，科学审视城乡规划学科定位。

应对城市热风险及其影响，城市规划设计需要调整实践判定依据，推进以人民健康为中心的城市建设。在传统概念中，城市热问题属于气象问题，由国家和地方气象部门负责。由此，规划设计实践对气候气象的考虑通常集中于区域和城市气候特征和温度情况，例如，重庆、南昌、武汉等经常被视为火炉城市。基于公共健康和热舒适的研究表明，城市热问题是温度、湿度、太阳辐射和风速等微气候要素的综合效应。例如，重庆、上海、香港等诸多城市的夏季高湿天气对居民健康也具很大影响。夏季高温屡次打破气象观测记录，季节性平均温度映射规划设计实践需求能力减弱，稳健性和适用性降低。基于上述科学事实，在教学模块设计中，需要推动以气象条件为依据的规划设计模式转变为面向居民健康、安全和舒适的规划设计模式。基于此，也需要强调城市热风险形成条件、影响机制和实践依据调整，科学支持需求目标设定和方案设计。

城市热风险应对需要实现从城市气候科学向治理技术策略及规划设计实践转变。这一过程需要多个学科、多个部门的协同工作和知识融合[3]。例如，环境工程集中评估城市热风险下的基础设施脆弱性，采用环境修复技术和区域城市生态环境系统工程提升气候类风险管控能力。地理信息系统通过卫星系统在描绘区域、城市和片区的三维地理信息和监测热风险时空演变，支撑重点风险区域、重点风险时刻以及重点风险人群识别，为剖析热风险形成机制提供数据支持。城乡规划重视人与资源环境和谐共生关系，能够结合区域和城市规划、建筑设计手段，科学施加管控干预措施，提升优化城市空间品质。大气科学围绕气候变化，进行自主模式开发，创新极端天气、气候事件及其灾害的预测与评估模型。应对城市热风险，需要构建全方位知识体系，涵盖动态监测、健康评估、风险识别、设计方案和性能评估等环节。

城乡规划学科是理论方法转化为实践方案的最后一环，在引领城市生态转型和更新实践存在明显优势[4]。基于学科定位，城乡规划教学需要整合多学科基础性和应用性研究成果，推动热风险应对策略体系和实践方案生成，促成热韧性城市规划设计创新理论和实践范式。例如，国土空间规划是一种综合性的规划体系，能够统筹地理学、城乡规划学、建筑学、大气科学等学科知识，宏观把握区域自然环境、资源禀赋、社会经济发展水平等要素，为中观尺度规划布局提供科学依据。城乡规划学科也需要整合并重构多学科知识与技术方法，充分发挥其协同引领作用。基于此，热韧性规划设计需要兼顾热风险缓解和适应策略，不仅要通过空间规划设计方法，提升热影响与热危害干预能力，还应通过空间管控和行为引导，协助居民规避和抵御城市热风险及其不利影响。

城市热风险应对也正重塑城乡规划专业知识体系。例如，城市热风险具有明显尺度和维度效应，热韧性人居环境设计与营造需要适配尺度需求。在城市尺度下，打破传统城乡空间规划限制，纳入社会经济与特定气候要素的物理环境评估与体检制度；在街区尺度下，如何进行环境性能导向的街区生活圈规划设计与治理以快速响应、降低热风险致灾性成为交叉学科的重要方向；在建筑尺度中，建筑单体以及室内外物理环境如何协同设计与运维是关注的重点，但是如何充分考虑多灾种、高强度、长周期的风险预判与创新韧性措施亟需深入探讨。此外，户外空间是人们出行、休憩、娱乐、劳作和交流的重要场所，提升居民日常户外空间活动品质尤为重要。

2 热韧性城市规划设计教学模块内容设置

融合多学科知识与技术方法，热韧性城市规划设计教学模块内容共包括四个板块：①热风险及其影响评估；②热风险缓解与适应技术；③热风险应对方案生成方法；④智慧决策支持工具与开发。四个板块内容对应"科学评估—技术应对—设计方案—决策支持"的逻辑架构。

热风险及其影响评估板块主要包括高温热浪趋势及影响、热岛效应趋势及成因、热风险评价指标体系、热风险监测评估方法等内容。高温热浪及影响涵盖国内外高温热浪事件与未来趋势、高温热浪对健康安全影响、高温热浪对行业发展影响（如能源、交通、农业）、高温热浪对可持续发展目标的影响等。热岛效应趋势及成因从多尺度解析热岛效应的空间和强度发展趋势，从城市肌理、土地覆盖类型和能量与物质循环等维度剖析热岛效应形成机制，并结合电力需求平衡、居民家庭结构和经济社会特点分析热岛效应诱发健康安全和社会不平等问题。热风险评价指标体系则对应城市规划设计需求，系统剖析微气候指标、城市质量指标、人居品质指标、健康安全指标、经济影响指标和环境影响指标等。热风险监测评估方法则从卫星系统（如 Landsat、Modis、Ecostress）、无人机或飞艇航拍系统、地面固定和移动监测系统、土壤温湿度监测系统以及数值模拟方法（如 ENVI-met、WRF 和 PALM）等多个方面介绍监测评估方法，并从城市尺度、数据时空分辨率和监测成本等方面剖析不同方法的优缺点。

热风险缓解与适应技术板块主要包括热风险缓解技术策略、热风险适应技术策略、基于共同利益方法的技术策略、缓解和适应策略指南等。热风险缓解技术策略部分包括水体与被动蒸发设计、绿色空间规划、城市遮阳营造、多级风廊设计、冷却材料开发以及低碳城市设计等。在教学中，一方面梳理各类缓解技术策略的微气候调控与热舒适提升机制，另一方面展示各类技术策略实际应用场景和潜能。热风险适应技术策略服务于城市热风险规避能力提升，主要包括适应方式与设施体系、基础设施布局调整、适应设施配置与优化、公共行为调控等。基于共同利益方法的技术策略传递城市可持续建设方案的协同增效潜力，具体以绿色建筑、海绵城市、森林城市、低碳生态城市等为案例剖析兼具微气候调控和热舒适提升的设计策略和手法[5]。缓解和适应策略指南主要剖析国际组织、国家或地区、州省政府和地方政府等多个层级的热风险应对政策指引案例、制定原则、微观策略和项目试点等[6]。特别以联合国环境署发布的《战胜酷热：城市可持续降温手册》剖析全球 80 多个案例的决策控制、城市降温、建筑制冷、能力提升和经济激励手段等。

热风险应对方案生成方法板块旨在基于城市空间功能、社会群体特征、气候背景条件和城市发展模式等剖析如何生成规划设计方案以提高城市热韧性。首先，依据城市功能（如商业区、居住区、历史风貌区、学校、医院），剖析不同空间的群体特征和活动需求；关联热风险特征确定热韧性规划设计目标。其次，结合气候背景条件，剖析不同缓解和适应技术策略应用潜力：以澳大利亚《城市降温策略指南》为参考，以应用潜力量表

形式，对比冷却材料、城市绿化、水体景观、雾化系统和遮阳构造等缓解技术策略的降温效果与应用场景[7]。再次，基于城市形态类型学方法，分析局地气候区、绿色基础设施分区、局地通风区等形态分区系统在表征城市热环境、绿化降温和通风降温等方面的能力，并提供支撑规划师、设计师和管理者进行方案决策的性能量表[7]。最后，结合片区形态和城市界面特征，基于适用性和可行性匹配消减和适应策略，生成初选方案矩阵；结合城市热风险评估预测方法，评估应对方案性能并形成规划设计方案。该板块为城乡规划专业学生提供了热韧性城市规划设计方案生成逻辑。

智慧决策支持工具与开发板块明确了决策支持工具开发的意义，展示了微气候与热岛效应缓解决策工具、智慧寻路系统和热岛效应缓解指数等决策支持工具。决策支持工具旨在通过计算机工具来支持热风险缓解和适应方法与策略的决策分析，并提升规划师、设计师和管理者热风险缓解和适应参与能力。决策支持工具的开发与使用能够消除行业准备不足和专业人才短缺的壁垒。微气候与热岛效应缓解决策工具将科学模型与缓解技术相结合，能够在建筑和城市尺度完成不同技术策略（如围护结构涂层、城市形态调整、绿色基础设施）的热岛缓解性能评估（如能源消耗、用水量、热舒适度和人群健康）[8]。智慧寻路系统通过实时动态量化不同人群潜在出行路径上的热暴露及影响，对比并优选出热风险最低的路径。该智慧系统在日常出行路径规划、旅游线路规划和物流配送路线规划等方面具有重要意义[9]。热岛效应缓解指数能够根据气候地理位置、建设特点、人群特点和社会经济特点，评估社区脆弱性指数；在此基础上逆向决定不同缓解技术策略使用优先级[8]。总体上，智慧决策支持工具支持城市规划设计中基于证据的热韧性决策，厘清决策流程和关键影响因素，方便政府、开发商和规划人员便捷高效地应对热风险及不利影响。

3 热韧性城市规划设计教学实践特色方法

首先，协作气候中心、地理所、生态所等其他行业科研和从业人员，一方面加深城乡规划专业学生理解地理学、气候学和生态学等相关学科知识，另一方面促使城乡规划专业学生了解多学科的研究范式、技术方法和特色需求。其次，加入城市热环境现场实验环节，加强

学生理解城市功能、城市形态与热风险特征之间的动态关联，形成热韧性规划设计目标，并结合缓解与适应技术策略生成规划设计方案。最后，以国内外不同类型社区（如商业区、居住区）的热韧性更新项目为案例，展示热韧性城市规划设计的实践流程。

校企深度"双联互动"教学环节主要包括重庆市中心城区精细化风热环境精细制图、重庆市局地气候区（Local Climate Zone）精细制图、城市植被应对极端干热胁迫能力等三方面内容。重庆市中心城区精细化风热环境精细制图部分讲解气象观测数据、卫星遥感数据、地形资料、土地利用资料等多源数据获取方法，展示气候统计分析、多尺度数值模拟、资料同化、复杂地形空间插值算法、地理信息系统等分析技术应用，分析重庆计算中心城区通风量、通风潜力、热岛效应和健康风险空间分布特征，绘制了重庆中心城区风环境气候图、热环境气候图、通风量分布图、通风潜力分布图、大风气象灾害风险等级分布图、高温气象灾害风险等级分布图、空气引导通道分布图等。重庆市局地气候区精细制图部分讲授利用 Google Earth Engine 获取重庆中心城区卫星遥感数据方法，展示 WUDAPT 平台采用目视解译和随机森林算法自动生成局地气候区地图方法，结合 Landsat 卫星数据展示了城市地表温度反演和校正方法，并进一步识别重新中心城区重点风险区域等。城市植被应对极端干热胁迫能力则从生态学角度分析热岛效应加剧干热胁迫对植被的影响，分析植被在水分匮乏、高温下的生理特征（蒸腾作用、光合作用）变化，并基于植被群落结构、物种演替制定人工干预和自然适应下的植被恢复策略。

城市热环境现场实验环节以重庆市华润中心万象城、龙湖源著石子山体育公园和重庆礼嘉片区龙塘湖公园三个案例为例开展现场试验。例如，针对重庆市华润中心万象城，学生以小组形式对不同功能区域（如道路、广场、休闲区、娱乐区、运动区、商业区）的形态特点以及缓解和适应设施配置情况，分析潜在热风险及其对空间功能的影响。在整个片域内，结合空间功能属性和形态特点，采用 16 套气象站（可监测空气温度、湿度、风速、黑球温度和太阳辐射强度等参数）展开全方位 24 小时监测。采用 RayMan 软件和 GIS 分析方法，制作区域微气候参数和人体热舒适度（PET）分布图，用于识别不同时刻的热风险区域；同时从昼夜和时间角度分析片

域内的热风险时刻，以确定热韧性规划设计目标。结合统计分析方法，探究空气温度、湿度、风速、黑球温度等参数对人体热舒适度的贡献与影响，继而剖析片域热环境恶化的主要成因，并作为进行热环境调控主要依据。结合缓解和适应技术策略的"降温""遮阳""捕风""除湿"和"提质"效果，针对道路界面、建筑表皮和空间特点设计相应的缓解和适应技术、策略和设施。

热韧性更新项目案例解析环节主要包括南墨尔本更新案例、西悉尼商业区更新案例和悉尼东区再开发项目。南墨尔本更新案例旨在提升城市密度解决未来人口增长问题；若存在规划不当，城市热岛效应将会恶化加剧。该案例在功能属性方面包括活动中心、周边商业区、混合用途区、市民文化中心以及遗产住宅区；在气候变化方面可能面临极端高温日和炎热夜晚增多风险。在城市更新过程中，重视热风险应对尤为重要。整个更新方案设计过程包括热风险成因识别、缓解策略适配、缓解潜力预测、缓解方案对比与优选、规划建议等方面。热风险成因识别方面指出大片无遮蔽不透水地面覆盖物——宽阔街道（如克拉伦登街、考文垂街、公园街）的热暴露风险尤为严峻。缓解策略适配方面则根据区域夏季干燥炎热特点，优先建议使用喷雾风扇进行临时冷却、地表水和其他蒸发冷却策略。缓解潜力预测方面基于天气研究和预报（WRF）模型，分析九种缓解干预方案在 2020 年和 2050 年（考虑气候变化和城市化双重影响）的缓解效果，并进一步进行缓解方案对比与优选。规划建议方面则从增加公共、私家区域的绿色基础设施、街道行道树、绿色开放空间热舒适提升、冷却路面、水雾系统、建筑高度管控等 10 个方面提出建议。

4 结语

城市热风险伴随全球暖化和城市化正演变成一种常态化的全国性灾害。城市规划设计应发挥其引领城市生态转型和更新实践优势，融合地理学、生态学、环境科学、公共健康等多个学科理论、知识与方法，探索热韧性规划设计创新理论和实践范式。城乡规划专业教学应积极协作多学科科研与行业人员，围绕城市功能、空间形态、群体特征、经济特点和社会文化属性，重塑城市规划设计课程体系，拓展完善学生热韧性城市规划设计知识。热韧性城市规划设计教学实践未来仍需从理念、

方法和技术等方面深化革新，以更好地赋能城乡规划专业学生新问题解决和跨学科发展。

参考文献

［1］ 陈倩，丁明军，杨续超，等 . 长江三角洲地区高温热浪人群健康风险评价 [J]. 地球信息科学学报，2017，19（11）：1475-1484.

［2］ HE B J, WANG W, SHARIFI A, et al. Progress, knowledge gap and future directions of urban heat mitigation and adaptation research through a bibliometric review of history and evolution[J]. Energy and Buildings, 2023：287, 112976.

［3］ 李和平，何宝杰，彭建，等 . 气候适应性设计创新实践 [J]. 城市规划，2025，49（1）：21-28，35.

［4］ 吴志强，张悦，陈天，等 . "面向未来：规划学科与规划教育创新"学术笔谈 [J]. 城市规划学刊，2012，5：1-16.

［5］ HE B J, ZHU J, ZHAO D X, et al. Co-benefits approach：Opportunities for implementing sponge city and urban heat island mitigation[J]. Land Use Policy, 2019, 86：147-157.

［6］ 何宝杰 . 澳大利亚城市高温缓解技术与策略体系 [J]. 国际城市规划，2023，38（6）：193-199.

［7］ 何宝杰，尹名强 . 应对城市高温的国际总体行动、策略与指南 [J]. 国际城市规划，2024，39（3）：98-108.

［8］ DING L, PETERSEN H, CRAFT W. Microclimate and urban heat island mitigation decision-support tool（project short report）[R]. CRC for Low Carbon Living, 2019.

［9］ HE B J, XIONG K, DONG X. Urban Heat Adaptation and a Smart Decision Support Framework[B]. In Smart Buildings and Technologies for Sustainable Cities in China. Singapore：Springer Nature Singapore, 2023：65-84.

Innovative in Teaching Practice on Heat-resilient Urban Planning and Design

He Baojie　　Han Guifeng　　Li Xu

Abstract：Climate change and urbanization have driven urban heat into a nationwide weather-related disaster, having serious impacts on urban development and national health. Existing actions on addressing urban heat risks are deficient in planning systems, technical strategies, practical transformation, and talent reserves. Urban-rural planning disciplines outperform in ecological transformation and renewal practices. Therefore, innovating the curriculum system of urban-rural planning majors, and exploring teaching model of heat-resilient urban planning and design are of great significance to upgrade planning and design concepts, theories, technologies and methods, thereby expanding students' knowledge of climate response and enabling new problem solving and interdisciplinary development. Through discussions on the construction principles, teaching modules, and teaching methods, a teaching system for heat-resilient urban planning and design that integrates multidisciplinary knowledge systems and technical methods is expected. Driven by artificial intelligence, a smart heat-resilient urban planning and design system which can intelligently select methods and strategies for thermal risk mitigation and adaptation, and enhance the participation of planners, designers, and managers in heat risk mitigation and adaptation is explored.

Keywords：Heat Resilience, Curriculum Design, Smart Technology

生成式人工智能在城市设计课程的应用与挑战

唐由海　　毕凌岚

摘　要： 凭借其先天的教育属性和在城市设计专业领域强大的应用能力，生成式人工智能与城市设计教育结合是必然趋势。城市设计课程应关注其在文、图、音视频领域的多模态能力，促进以学生为中心、以数字为驱动的教学变革。智能工具也给城市设计课程带来的碎片化学习、浅化学习、主体性丧失、茧房效应和伦理风险等诸多挑战，课程需坚持价值理性方向，克制工具理性意识。

关键词： 生成式人工智能；城市设计课程；课堂变革；碎片化学习；伦理风险

1　引言

自 20 世纪 90 年代我国高校开始设置城市设计理论课程以来，该课程一直是建筑类多个专业（包括建筑学、城乡规划、风景园林专业和近年来新设置的城市设计专业）重要的专业课程，也是《城乡规划本科指导性专业规范》中 10 门核心课程之一。

近十年来城市设计行业遇到了不少严峻挑战，挑战有的来自大基建时代落幕、行业管理权变更等上层环境变化；有的则来自技术创新与革命，如人工智能的兴起正在对包括城市设计在内的各行业进行重新定义，城市设计的技术工具、工作模式、表达方式都在发生前所未有的改变。上层环境难以改变，但对于技术领域的变革，行业需有所为。城市设计课程应尝试在教学形态、教学手段等方面，探索人工智能时代的课程应对。

2　生成式人工智能概述

人工智能（Artificial Intelligence，AI）概念自 20 世纪 50 年代被提出后，经历了最初的蓬勃发展期，也经历了漫长的无人问津冬眠期。进入 20 世纪 80 年代后，随着机器学习（Machine Learning，ML）算法的成熟、大数据和互联网时代的到来，人工智能技术得以快速发展。21 世纪初开始人工智能进入了深度学习（Deepl Learning，DL）阶段，在语音识别、自然语言处理等领域取得大幅进步，标志性事件是 2016 年 AlphaGo 以绝对优势战胜了人类围棋棋手。2022 年底，以 ChatGPT 为代表的生成式人工智能横空出世，展示一种普通人可理解可应用的日常模态；2025 年初，DeepSeek 表现出强大的逻辑推理能力，轰动一时。这都昭示着人工智能新一轮革命正在来临，我们习以为常的生产和生活方式即将因此而改变。

与 Siri、小爱同学这类"搬运式"人工智能不同，生成式人工智能（Generative Artificial Intelligence，GAI）主要特点是能生产新的知识内容，包括文本、图像、音频、视频、代码、游戏等多模态内容；强大的生成能力不仅为创作和娱乐提供了新的可能性，也为科研、教育、设计等领域提供了强大工具。

生成式人工智能有着先天教育属性，"ChatGPT 赋能学生学习，重塑学习空间、学习过程、学习方式，有利于激发学习动机和兴趣，赋予学生更大的自主权和选择权，人工智能与教育融合是大势所趋。[1]"生成式人工智能可以真正进行个性化学习，可根据学生的学习进度、能力和偏好，提供定制化的学习材料和练习，帮助学生以适合自己的节奏学习，可分析学生的互动和表现，动态调整教学内容和难度，从而实现因材施教。生成式人工智能能及时进行辅导与评分，可模拟教师的行为，为学生提供个性化的辅导和反馈，帮助解决学习中问题，

唐由海：西南交通大学建筑学院副教授
毕凌岚：西南交通大学建筑学院教授（通讯作者）

可评估学生的作业和考试，分析薄弱环节和欠缺的知识点。课程应用人工智能助教后，教师能更精准掌握班级学情，了解学生学习进度，评判知识点掌握的情况。

生成式人工智能的出现，改变了以往课堂活跃群体只集中在优生的局面。随时可用的 AI，能激发所有学生的提问热情。哪怕是平时不愿意提问的学生也可以进行无数轮毫无社交压力的人机对话，再浅显再幼稚的问题提出也毫无压力。这可能是知识获取历史上自搜索引擎出现后的第二次革命。

对于城市设计课程而言，值得注意的是生成式人工智能不仅有教育助力功能，还有强大的专业辅助能力。生成式人工智能是从大数据中学习，创造新的知识内容的人工智能技术，在文本、图片、声音视频制作等方面具有全面超越传统技术的领先能力。在建筑类专业领域，生成式人工智能可以有效处理现状数据、准确分析城市建成环境、快速生成建筑表现方案，以文本、图像、视频和程序等多模态，为城市设计提供强有力的辅助支持（图 1）。

图 1　AI（Midjourney）快速生成不同设计思路的效果图
资料来源：Midjourney（https://www.youchuan.cn/）根据作者
提示词绘制

3　生成式人工智能的城市设计应用

3.1　文本处理及生成

城市设计前期的主要工作内容为城市设计资料的收集和分析。生成式人工智凭借强大的信息检索和数据分析能力，成为设计者的重要辅助工具，有效支持现场调查、大数据分析和论文检索等文本类工作，满足城市设计前期的需求，并提高资料收集的广度和分析的深度。以 DeepSeek-R1［（Mixture-of-Experts）架构］为例，它可以处理和分析大量城市数据，如人口统计、交通流量、环境指标等，为设计者提供数据驱动的决策支持。DeepSeek 还能够快速检索和分析相关文献，整合领域知识，为设计研究提供厚实的理论基础。在人机协同过程中，想要获得更好的输出效果，设计者需要在理解生成式人工智能的底层逻辑的基础上，反复进行训练。此过程需设计者提供相关背景或设定角色，布置清晰任务，确定目标（你要帮我做什么），并提供详细指令、策略（我教你怎么做），然后通过改进优化提示词和评价反馈，提升获得效果，最终得到理想输出结果。

3.2　图纸辅助生成

城市设计方案既是城市设计工作流程的关键，也是城市设计课程教学的重点。此阶段涉及重复且大量的比选过程。生成式人工智能可辅助设计者进行图纸绘制、模型建构、效果图生成、PPT 制作等图像类工作，极大提高设计方案输出效率。针对不同尺度的城市设计，生成式人工智能不仅能够根据设计者需求快速生成不同的城市空间形态，帮助评估各个方案的空间效果和可行性，而且能高效构建建筑单体和景观节点模型，探索不同设计方案在形态和外观风格上的可能性，帮助设计者进行设计优化和创新。以 Midjourney 软件为例，基于合适的大型模型，通过灵活设置参数，即可迅速构建多种目标方案模型，并导出多种风格的效果图，有助于设计师快速进行方案的比较和筛选，进一步优化设计流程。同样，在图像类生成的人机协同过程中，设计者也需要深入理解人工智能的绘图原理，掌握一定的提示词语法和技巧，通过编写恰当的提示词（Prompt，也称之为咒语，即正向、负向提示词），才能提升出图效果。在

图2 AI（Midjourney）快速生成的立体城市

注：其提示词负向解译为：一个展示城市空间挑战的象征性场景。在前景中，熙熙攘攘的街道，混乱的交通，拥挤的建筑，城市拥堵感突出了城市生活的问题。在框架的一侧，有一个精心设计的公共空间或绿色植物，人们在这里放松和交谈，象征着潜在的解决方案。整体构图平衡了对比与和谐，在视觉上表现了问题和解决方案的并置，包括建筑和城市设计元素，以传达现代城市的现实和改进的可能性。

资料来源：Midjourney（https://www.youchuan.cn/）

此阶段，文本类生成式人工智能可以辅助设计者编写咒语。Prompt 是图纸生成的关键，AI 甚至可以从成果逆向生成 Prompt（图2）。

3.3 音视频生成

在城市设计方案表现阶段，生成式人工智能能在虚拟角色解说、音乐和动画制作、多媒体合成等方面，提升方案可视化效果，更直观、生动地展示设计意图。以腾讯智影（zenvideo.qq.com）为例，作为在线智能视频创作工具，不仅提供了素材搜集、视频剪辑、渲染导出和发布等基本功能，还支持文本配音、数字人播报、自动字幕识别等功能，有助于激发视频创作的灵感，提高城市设计方案展示的技术水平，增强设计方案的表达力和吸引力。

4 生成式人工智能推动的城市设计课堂变革

生成式人工智能带来了基于数据驱动的创新学习方式，学习不再是单向的传输和接受的过程，课程教学形态开始真切地转向以学生为中心，分散学习、自主学习成为常态；教师在知识生产中的角色将产生转变，"传道"职能将被弱化，"授业"和"解惑"成为主旨。

4.1 教学形态改变——以学生为中心

生成式人工智能的教育应用，意味着传统课堂的教学结构发生了根本性改变，"师—生"二元形态转变为"师—生—机"三元形态。学生的"被动"接受知识的地位正在发生根本性改变，"以学定教是人工智能服务学生学习的底层逻辑"[2]。在生成式人工智能的广泛应用前提下，学生可能将获得教学形态中的主体地位，一直宣传但未实现的"以学生为中心"的目标有可能真正实现。

学生主体性增强。通用型的生成式人工智能不需要专门设备，不需要身份认可，甚至目前相当多的智能工具都提供免费使用，学习成为随时随地的简单事情。依托生成式人工智能，城市设计课程学习如同其他课程一样，突破了时空限制，学生可以随时与人工智能交互，能不断在交互基础上刨根问底。每个学生都能获得拥有大量数据和资料的"私人教师"，"不懂就问"不再成为令人尴尬的事情，"想问就问"成了理所应当。在智能工具帮助下，学生获得了"主动权"，学习呈现出主体意识，即更主动、更自主、更自在。

教师角色转变。城市设计课程涉及历史、人文、地理、气候、建筑、景观、城乡规划、经济、技术和政策等领域，再加上课程思政内容，知识点众多且广。如果其建立起知识图谱，将是枝繁叶茂的一棵知识大树。传统教学过程中，教师在有限的时间，要完成"传道""授业""解惑"难度很大。生成式人工智能的出现，将"授业"即知识点的讲授承担下来，教师的角色可以也应该向"授业""解惑"侧重，讲清楚行业规则与道理，回答具有挑战性和复杂度的专业问题。有学者认为智能教学应用于高等教育后，教师的知识储备与人工智能产品的海量数据储备相比，相形见绌，"教师权威性降低"[3]。事实上，没有执业经历、没有接触实际案例，以小切口进行深度研究型的教师，主体地位弱化或者模糊，确实有可能"权威性降低"，而观点型、见解型教师在人工智能教学领域的稀缺性和权威性将进一步加强。

4.2 教学手段改变——以数字为驱动

在城市设计课堂，生成式人工智能除了进行智能辅导和答疑、评估和反馈、数据分析和学情刻画等常规的教学辅助外，还可直接用于专业领域教学，包括城市设计前期调研的资料收集与梳理，方案生成阶段的辅助设计、方案正图阶段的多模态表达等。以方案生成阶段的辅助设计为例：当城市设计课程进入二草及以后阶段时，设计方案基本形态已经形成，这时教师可借助 Kimi Chat、DeepSeek、豆包等大语言模型对方案进行提示词（Prompt）生成与提取，进行城市设计方案推敲：①通过调整提示词、匹配不同训练模型、控制线条骨架的拟合程度等参数修改方式，反复推敲方案形态及周边空间；②并以生成软件，如 Stable Diffusion 软件，教导学生如何寻找合适的大模型，如何灵活多变地设置参数，生成目标方案；③并根据设计目标比对和筛选方案（图 3）。

5 生成式人工智能应用城市设计教学的挑战

和其他领域的应用情况一样，生成式人工智能的城市设计教学应用，不可避免也面临一系列的潜在问题。

5.1 碎片化学习

从传统上而言，城市设计的学习是"沉浸式"的。依托于建筑学百年教学传统，城市设计课程的教学场所一般是在有艺术氛围的专用教学楼（建筑馆）内，课程教学时间较长（一般为 4 节课），师生能进行较为充分的面对面讲授和交流。理想的城市设计课堂，教师讲得高兴，同学们听得起劲，在沉浸式学习氛围中，理解课程的基本要领和思维模式。生成式人工智能改变了原有学习状态，学生与电脑而不是与老师频繁交互，不但被各种弹窗肆意滋扰带偏，而且容易陷入多任务陷阱中。相同时间的学习，电脑前的专注程度往往远不如传统课堂，学习目的很难实现。

5.2 浅层次学习

根据复杂程度，知识可以分为四种层次，分别是事实性知识、概念性知识、程序性知识和反省认知知识（表 1）[4]。完全依靠生成式人工智能获取知识，学习者容易把事实性和概念性知识的浅层次学习当做学习本身。

事实性知识可以通过记忆和复述来掌握，搜索引擎即可呈现；概念性知识生成式人工智能可以进行拟合展示；程序性知识需要通过实践和重复练习来掌握；而反省认知知识只有学习主体（人）才能进行，只有通过反省和认知，我们才能成为更加自觉和有效的学习者。

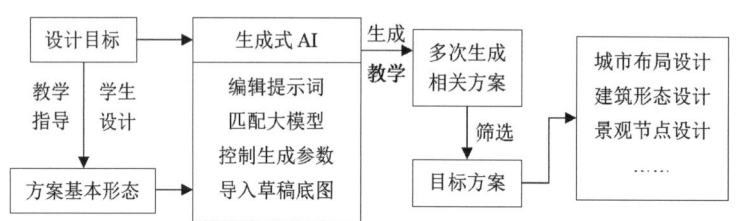

图 3 城市设计课程人工智能辅助设计示意图
资料来源：作者自绘

四种知识类型 表1

名称	定义	特点	城市设计中该知识	AI 是否提供
事实性知识（Factual Knowledge）	关于具体事物、事件、地点、人物等的知识，即"是什么"的问题	是学习的基础，包括各种事实和数据	如广场的名字、具体风格、设计师名字，邻里单元的定义等	能够提供
概念性知识（Conceptual Knowledge）	关于分类、原理、理论、模型和框架的知识，即"为什么"和"怎么样"的问题	超越了具体事实，将多个事实和现象通过概念和分类联系起来	如理解中世纪广场与文艺复兴时期广场的区别，或者城市设计中现象学概念的由来	能够提供

名称	定义	特点	城市设计中该知识	AI 是否提供
程序性知识（Procedural Knowledge）	关于如何做某事的知识，即"怎么做"的问题	通常与技能和过程相关	如城市设计的社会调研如何开展、如何从分析图推导出方案结构	无法提供
反省认知知识（Metacognitive Knowledge）	关于认知过程的知识，即个体对自己或他人的认知活动的了解和监控	关于自己的学习风格、策略、弱点和强点的知识，以及如何有效地管理和调节自己的认知过程	如对设计方案的自我评价和评价，方案汇报的现场控制	无法提供

资料来源：根据 L・W・安德森，皮连生 . 2008 年绘制

程序性知识和反省认知知识是目前生成式人工智能无法提供的知识类型。事实上目前的人工智能仍处于弱人工智能（Weak AI）阶段，不能制造出真正的推理（Reasoning）和解决问题（Problem-Solving）。人工智能作为学习主要途径，只能获得碎片化的事实性和概念性知识，原有完整的、因果关联的城市设计知识体系陷入破碎境地。值得注意的是，碎片化学习知识点的获得清晰准确，更容易获得快感，也就更具有学习成就的欺骗性。

城市设计教学的核心目的就是培养学生的关键能力，尤其是高阶的学习能力形成。碎片化学习如同在游戏中点击金币，知识的获取、成就的达成都变得容易且可视化，学生沉醉于"快乐"但肤浅的学习中，对知识的洞见，对城市问题的见地越来越罕见。

5.3 主体性丧失

城市设计课程的作业量大、时间跨度长，通常需要小组协作完成。2~3 人的小组在不同设计阶段分工合作，共同梳理现状资料、交流设计想法、头脑风暴构思设计概念。小组模式锻炼了学生们沟通协调、问题解决、项目管理等能力。课程中学生间互相学习互相帮助，"朋辈学习"效果突出，这也是建筑类专业同学在校时独有的充实且有趣的难忘经历。生成式人工智能具备远超人类的海量信息检索和分析能力，不需要任何社交成本即可给予快速反馈，轻松帮助学生完成各项设计任务。但过度依赖"生—机"互动，缺乏"生—生"互动，不利于专业能力塑造。

城市设计一直是"在地化设计"，与现实场地结合紧密，没有放之四海而皆准的方案。学生需要亲自到现场进行实地调研，识别场地特色、发现场地问题，形成对基地的完整认知，以生成有针对性的城市设计方案。而借助各类 APP，学生可以快速获取场地基本信息和数据，并用 AI 生成调研报告和阶段方案。长期如此，学生从而容易产生行动惰性，不愿走出校门，不深入田野调查，不进行现场访谈，城市设计方案最终成为无源之水，看起来花团锦簇，实则似是而非。数字技术削弱了学生设计的自主性和责任感，设计也由此缺乏"主动思考者"，学生放弃了"主体"角色，成为"代理人"。

5.4 茧房效应

生成式人工智能具备远超人类的信息检索和文本生成能力，根据使用者输入的提示词或问题，迅速生成信息，这一类信息和学生既往搜索有关，与其观点和兴趣有一致性，从而逐渐在学生的信息环境中形成一种封闭的"茧"（Cocoon）。比如城市设计课程中，如果某组同学认为无人驾驶是城市未来的交通方式，是解决城市问题的根本，生成式人工智能将迅速提供大量与之相关的理论知识、文字资料和案例，城市设计各阶段的信息交互都围绕此展开，设计者就将被卷入"茧房效应"，从而忽视交通问题的现状制约、人行及慢行需求、交通发展阶段的不同目标设定等，也无视城市问题的多元解决方案。如纽约市教育局所言："虽然该工具（ChatGPT）可能会快速轻松地回答问题，但它不具备培养学生批判性思维和解决问题的能力，而这些能力对于学术和终身学习至关重要。[5]"学生长期习惯于生成式人工智能的精准、即时投喂，会严重误导、限制其思想动机和行为模式，不利于创造性思维和批判性思维等高阶素养的形成。在获得浅层次的信息后，他们将逐渐失去好奇心和

想象力，沉浸在生成式人工智能构建的"信息茧房"中无法自拔，逐渐失去逻辑推理、评估和分析信息等高阶能力和素养[6]。

5.5 伦理风险

生成式人工智能应用于城市设计，还面临一系列伦理风险（Ethical Risk），以不同城市设计阶段为例：

数据编造与采样偏差。城市设计的前期阶段，学生需要收集大量场地资料，并进行现场采样调查。生成式人工智能作为辅助工具，依赖于已有数据进行回答，如果这些数据或语料库本身存在错误或缺失，那么其回答也可能是错误的，甚至人工智能会刻意编造数据应付提问。当学生与其进行交互时，需要谨慎甄别，防止在错误分析结果的基础上进行下一步设计。

此外，生成式人工智能还可能引发采样偏差的问题，导致学生在现场调查时忽视弱势群体的需求，并以此作为城市设计的出发基础，如：数据源的选择偏差。人工智能可能会优先选择和强调某些数据源，并不全面或者不能代表所有社会群体，尤其是弱势群体。参与度不均。在收集现场数据时，过度依赖 AI 技术，由于部分社区缺乏接触数据工具的机会或者对这些工具不熟悉，导致对边缘化社区的参与不足、反馈循环的缺失。如果弱势群体在数据收集阶段被忽视，他们的反馈就不会被纳入 AI 的学习循环中，导致 AI 在未来的设计中继续放大这种偏差。

算法偏见。在城市设计的方案正图阶段，生成式人工智能的应用可能会引入算法偏见，导致学生思想的同质化[7]，进而设计方案正图的风格和表现形式逐渐变得单一。由于生成式人工智能的训练数据存在一定偏差，它可能会倾向于推广某些特定的设计风格或元素，而忽视其他可能的有创新性或多样性的设计方案，产出同质化设计效果图，导致方案中的城市形态缺乏多样性和创新性。如果将历年的城市设计获奖作业输入智能工具，其生成的图纸必将千图一面，乏善可陈。

版权问题。生成式人工智能的应用还可能引发版权和原创性问题。人工智能可根据既有数据，辅助学生撰写设计理念、分析报告和规划细则等，但这些内容的原创性存疑，真正的"作者"模糊不清，无法确定知识产权的归属[8]。

6 结语

AI 正在用生成方式创造新的世界。这场正在进行的技术革命将推动包括高等教育在内所有知识领域的深刻变革。作为建筑类专业核心课程的城市设计，应该率先重视智能工具与传统教学方法的融合、正视人工智能的课程应用效果，探索符合智能时代需求、符合行业发展方向的课程教学改革，同时人工智能工具给教学带来诸多挑战，也提醒任教者克制目的导向的工具理性（Instrumental Rationality），坚守设计行业的价值理性（Value Rationality）初衷。

参考文献

[1] 杨宗凯，王俊，吴砥，等. ChatGPT/ 生成式人工智能对教育的影响探析及应对策略 [J]. 华东师范大学学报（教育科学版），2023，41（7）：26–35.

[2] 刘冲，崔佳. 人工智能赋能教育的价值转向与发展挑战 [J]. 中国高等教育，2021（18）：54.

[3] 潘旦. 人工智能和高等教育的融合发展：变革与引领 [J]. 高等教育研究，2021，42（2）：40–46.

[4] L·W·安德森，安德森，皮连生. 学习、教学和评估的分类学 [M]. 上海：华东师范大学出版社，2008.

[5] 焦建利. ChatGPT：学校教育的朋友还是敌人？[J]. 现代教育技术，2023，33（4）：5–15.

[6] 杜晓东，胡沫. 识变与应变——ChatGPT 在高校思想政治教育中的应用价值、潜在风险与应对策略 [J]. 学术探索，2024（6）：143–149.

[7] 张黎，周霖，赵磊磊. 生成式人工智能教育应用风险及其规避——基于教育主体性视角 [J]. 开放教育研究，2023，29（5）：47–53.

[8] 李森，郑岚. 生成式人工智能对课堂教学的挑战与应对 [J]. 课程. 教材. 教法，2024，44（1）：39–46.

Applications and Challenges of Generative Artificial Intelligence in Urban Design Courses

Tang Youhai   Bi Linglan

Abstract: The integration of generative AI into urban design education, leveraging its inherent educational qualities and strong multimodal application capabilities within the specialized field of urban design, represents an inevitable trend. Urban design courses will establish student-centered teaching formats and explore digitally driven teaching methods. The challenges posed by AI tools in urban design education, such as fragmented learning, digital path dependency, echo chamber effects, and ethical risks, necessitate that courses adhere to a direction of value rationality and restrain the spread of instrumental rationality.

Keywords: Generative Artificial Intelligence, Urban Design Courses, Courses Change, Fragmented Learning, Ethical Risk

问题·目标·科学·效益
——"国土空间规划前沿"的启发型教学模式创新探索

林小如　沈佳英　徐铭晖

摘　要：在国土空间规划教育改革的背景下，本文基于研究生"国土空间规划前沿"课程的教学实践，构建了问题导向、目标导向、科学导向和效益导向复合系统下的启发型教学模式。具体包含"多维度预判—沉浸式体验—多主体访谈—多学科协同"的问题导向型启发环节；"踩坑实验—目标树—多规协调"的目标导向型启发环节；"数字赋能—学术讲堂—实践前沿"的科学导向型启发环节；以及"多目标预设—多维度评估—多情景比选"的效益导向型启发环节。研究表明：将规划前的问题预判带到实地考察验证，有助于培养学生把握重点的洞察能力；将终极蓝图拆解为阶段目标，有助于锻炼学生规划推演的逻辑思维；将理论方法转化为实操工具箱，有助于提升学生对理论方法的践行能力；将单一方案分解为多元情景，有益于培养学生综合效益最优的规划决策能力。

关键词：国土空间规划；问题导向；目标导向；科学导向；效益导向

1　引言

国土空间规划作为国家空间发展的战略性指南和实现可持续发展的空间蓝图，是各类开发保护建设活动的基本依据[1]。随着我国经济社会的持续发展和生态文明建设的深入推进，国土空间规划的重要性日益凸显，对规划专业人才的能力结构也提出了更高要求[2-7]。然而，当前传统的规划教学模式在知识传授和实践能力培养之间仍存在断层，难以有效激发学生的学习动力与创新潜能。这种教学与现实需求之间的错位，成为制约规划教育质量提升的关键问题之一。面对复杂的国土空间规划问题，规划教育需要从"知识灌输"模式向"思维启发"模式发展。本文基于博士和硕士研究生"国土空间规划前沿"课程的教学实践，通过问题导向的诊断、目标导向的预判、科学导向的支撑和效益导向的决策四个阶段，系统提升学生的认知深度与实践能力（图1）。

2　问题导向：从行前预判到实地验证，培养把握重点的洞察能力

2.1　通过调研前预判提前聚焦调研重点

实地调研前的问题预判是保障社会调查效果的关键环节。引导学生在调研开始前基于老师提供的现状数据与网络公开信息，对研究区域进行初步的空间分析与问题预判，明确实地调研重点任务，提高现场调研的针对性与效率。在此阶段学生需快速整合城市发展背景、人口与社会经济结构、自然地理特征、邻域关系与空间发展趋势等多维信息，形成初步的问题假设与调研重点[8]。例如，在县域国土空间总体规划的调研实践中，学生通过卫星遥感图和空间数据分析，初步识别该地由于产城分离可能面临交通组织瓶颈，为现场实地验证提供了明确方向。

2.2　通过沉浸式体验系统感知区域现状

实地调研阶段，通过沉浸式体验让学生将问题预判带到现场进行验证，并结合现场同步推进规划构思与初步论证。该阶段通常安排为期两周左右的集中调研，强调实地勘探与初步构思的同步推进，帮助学生在真实场景中有机融合现状图绘制、问题识别与空间构想，形

林小如：厦门大学建筑与土木工程学院副教授
沈佳英：厦门大学建筑与土木工程学院硕士研究生
徐铭晖：厦门大学建筑与土木工程学院博士研究生（通讯作者）

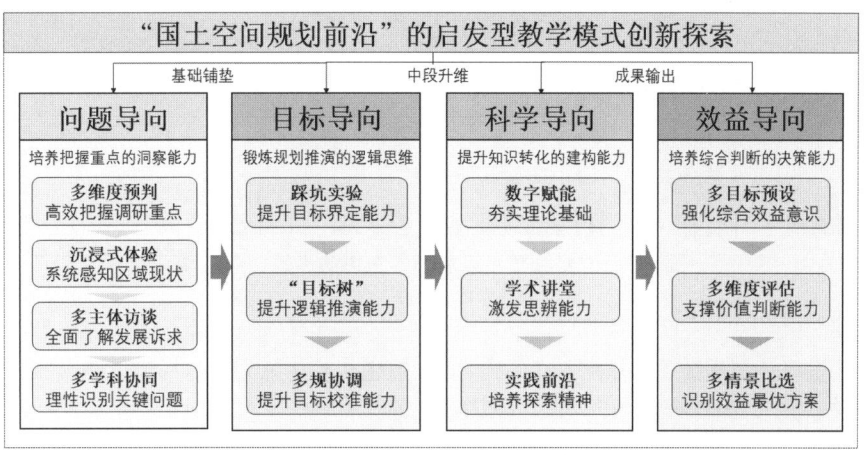

图1 启发型教学模式导向下的"国土空间规划前沿"教学创新探索研究框架
资料来源：笔者自绘

图2 实地调研、验证预判与分享交流
资料来源：课程组拍摄

成第一版规划草案（图2）。例如，在山区县老城区的更新实践中，学生针对新老城区跨区交通瓶颈问题，提出增设两座桥梁和一个高速出入口的设想。方案形成过程中，学生结合地形条件、交通流线与建设成本等要素开展选址比选，借助GIS平台开展多因素叠加分析，并沿溪徒步调研深入论证客货分离、内外双环交通组织等策略的可行性。此外，引导学生主动识记区域地名、道路等空间要素，强化了其对空间结构与设施系统的整体感知能力。这种以"行前预判—实地验证—设计

优化"为主线的训练，提升了调研的针对性与数据收集的精度，锻炼了学生的信息整合与逻辑演绎能力，也为后续规划设计建立了清晰的问题导向与初步构思的系统框架。

2.3 通过多主体访谈全面了解发展诉求

深入开展多主体访谈是掌握区域真实发展诉求，增强学生社会感知能力的重要方式。调研过程中，学生通过与居民、企业以及政府等相关利益群体的系统访谈，

图3　针对规划重难点展开多主体访谈的调查实践

资料来源：课程组拍摄

不仅获得了大量一手资料，也提升了信息提取、问题归纳和多维分析的能力（图3）。以将乐县大宋古城文旅更新项目为例，学生通过与居民和企业的深度访谈，一方面明确了该项目烂尾的核心原因在于前期缺乏市场调研、运营定位模糊和资金链断裂；另一方面了解了当地居民和游客对文旅项目业态功能，企业对支持政策的相关诉求，为后续更新方向提供了参考依据。此外，学生还就大宋古城南北两个水泥厂的迁并问题访谈了相关部门，围绕原料来源、生态影响、产业替代与城市布局等关键问题进行探讨。这种多主体的深度访谈不仅锻炼了学生沟通协调能力，还帮助学生厘清多方诉求与利益冲突，真正将公众参与理念融入规划认知与方案构思的全过程中。

2.4　通过多学科协同揭示问题本质规律

多学科知识的融合有助于学生跳出单一视角，科学地认知国土空间问题。一方面，规划需要充分遵循经济、社会、生态和自然等科学规律[9, 10]。以某城市滨海景观带为例，部分沙滩沿岸被改造为音乐广场、书法广场等景观节点。规划确实丰富了海岸带空间功能，但建设工程引起的海洋水动力改变导致局部海洋侵蚀加剧，政府不得不通过持续补沙来维持海岸线形态，城市为此付出了高昂的代价。因此，缺乏科学评估的开发工程不仅增加了后续维护成本，也永久性改变了自然岸线形态。另一方面，多学科融合有助于理性分析发展现状，科学引导未来发展方向。例如，某滨海县片面追求科技型海洋渔业发展，忽视了传统养殖业作为县级经济产业支柱的现实特点。通过企业专家访谈和水质监测数据分析，发现渔业养殖品种与密度的合理配置，不仅可以降解氮、磷等有机物污染，改善海洋水质，还能发展蓝色碳汇增强生态与经济的协同效益。因此，基于该县的社会经济发展阶段与科学技术基础，其更需要进行养殖结构优化与养殖技术升级，而非一刀切地发展海洋科技渔业，过度扩张远洋渔业。总之，多学科交叉不仅是科学问题识别的重要支撑，也是高质量规划教育的发展路径。

3　目标导向：从蓝图描绘到目标拆解，锻炼规划推演的逻辑思维

3.1　通过"踩坑实验"提升学生的方向判断能力

在前期调研完成、问题初步认识之后引入"踩坑实验"，让学生通过主动"试错"，暴露其在案例选择和目标设定中的认知偏差。常见的"踩坑"主要有三类：一是时滞性误判，即所借鉴案例与当前国内外形势、技术发展阶段等脱节；二是尺度错位，即不同层级规划之间存在发展逻辑冲突与衔接障碍；三是路径延续误用，即未厘清前一轮规划的调整变动，机械套用原有目标。以案例借鉴环节为例，学生往往会忽视实践对象之间的区位能级、资源特色等差异，选择看似先进但实则不具备可比性的案例。例如，学生在进行小型县城的产业布局规划时，套用了某大城市的产业园区发展模式，忽略了两地在资源禀赋、人口规模和经济基础等方面的本质差异，这正是典型的"踩坑"。通过"踩坑实验"的教学设计使得学生在总结与反思中深化对案例选取与目标定位的理解。

3.2　通过"目标树"搭建提升学生的逻辑推演能力

发展目标设定阶段，教师需引导学生通过关键词提炼、语义拆解等方法，搭建多层级、可执行的目标树结构明确清晰的发展目标。作为一种结构化表达工具，目

标树能帮助学生厘清主目标与子目标、阶段性任务与执行路径之间的逻辑关系。在规划教学中，学生通常会提出"打造幸福宜居城市""建设科技创新高地"等宏大空泛的目标。这类愿景感召力强，操作性弱的目标定位，容易导致后续路径制定的偏差。为此在教学中，教师可结合典型案例展示目标树构建的标准路径与常见误区，同时引导学生参考上位规划、相关专项规划等文件中的目标表达方式，学习其语言转译与逻辑搭建策略，并鼓励学生使用 Xmind、Visio 等工具进行目标体系的可视化呈现。以某次城市更新教学实践为例，学生提出"构建有温度的社区"这一愿景，并在教师的引导下其目标被进一步拆解为"提升社区宜居性""优化空间秩序""强化社区参与机制"等分目标，最终形成结构完整、路径明确的目标树。

3.3 通过"多规协调"提升学生的目标定位能力

引导学生将已构建的目标体系与相关规划进行对照、整合，是培养其系统思维与落地意识的重要一步。在规划教学中，目标设定往往被视为学生自由构想的过程，但真正的规划实践却要求目标在已有体系中具备层级传导性与现实契合度。一方面，现行的上位规划与相关专项规划等通常已明确了阶段性发展方向与重点战略，若学生忽视已有方向，容易导致不同规划之间的目标差异甚至矛盾，不利于规划传导实施；另一方面，不同地区、不同层级规划存在时滞性、尺度性与延续性等特征，例如上位规划可能基于更早的战略背景或更大的区域尺度。

因此，教师需引导学生开展"目标对照"任务，明确目标树的每一层级与哪些规划目标相关，是否存在矛盾或重复，是否需要进行适配或调整。同时，教师可引导学生使用"规划目标坐标表"，辅助其理解自身方案在多层级规划体系中的逻辑定位。例如，在某城市滨水区更新规划中，学生初步设定"打造智慧滨水文化走廊"的目标。在对照城市总体规划和相关文化遗产保护专项规划后，发现该片区被定位为"历史风貌保护区"，与学生"高强度开发的科技化空间"这一构想相冲突。教师据此引导其调整策略，将"智慧科技"细化为"文旅导览""文化遗产数字再现"等方向，既保留创新表达，又实现与现有规划的良性衔接。

4 科学导向：从理论学习到独立探索，提升知识转化的践行能力

4.1 通过"数字赋能"激发自主学习热情

科学导向的教学强调系统化的理论输入与多学科的资源支持。通过线上资源与先导课程的结合，引导学生利用碎片化时间自主学习系统课程，夯实其国土空间规划理论基础，并提升其在实践中调取、理解和运用规范的能力[11]。在数字资源方面，学生自主建立涵盖法律法规和行业标准的"规划资料库"以及国土空间规划相关的网络优质"慕课学习资料库"，学生可提前在线上学习巩固相关的理论方法以及政策文件和技术标准，为线下学习和实践做好知识准备和问题储备（表1）。

"国土空间规划前沿"课程教学计划　表1

类型	授课主题	授课形式	时间
理论前沿	国土空间规划的基本思想与理论	线下课程	第1周
	国土空间规划的国内外相关规划案例比较		第2周
	国土空间规划海岸带陆海统筹的理论与方法		第3周
	财务平衡视角下的国土空间规划与城市更新		第4周
	基于大数据的国土空间规划的交通规划理论与方法		第5周
技术前沿	科技链与产业链耦合视角下的海洋产业高质量发展	线上讲座	第6周
	基于 AI 技术的未来城市与创新设计		第7周
	国土空间规划体系下的城市更新规划技术		第8周
技术前沿	省级、市级、区县级海岸带国土空间规划要点与技术方法	线上讲座	第9周
	基于大数据的国土空间交通需求预测与交通系统规划技术		第10周
实践前沿	城市设计与"五级三类"国土空间规划体系的衔接	线下实践	第11周
	大城市城中村现代化治理理论与实践		第12周
	泉州历史文化名城保护与发展规划实践		第13周
	韧性安全的国土空间生态保护与生态修复实践		第14周
	闽南地域文化与乡村振兴实践		第15周
	国土空间规划体系下的乡村规划实践探索		第16周

资料来源：课程组自制

4.2 通过学术讲堂提升科学思辨能力

在线上理论方法自学的基础上，进一步通过学术大师的线上讲堂拓展学生专业眼界，激发学生思辨能力。依托"国土空间规划学术讲堂"，学院邀请国内知名专家和务实学者围绕前沿议题与典型案例开展系列讲座，为学生搭建起与行业和学界直接对话的高阶平台（图4）。例如，在"智慧城市与国土空间规划融合路径"的讲座中，专家通过技术演进与治理逻辑的对比分析，引导学生思考智慧技术的应用边界、数据伦理及其对空间治理模式的重构影响。这种将专业实践与观点交锋融合的教学方式，不仅拓宽了学生的学术视野，也激发了其在复杂规划问题中提出问题、比较路径与建构判断的能力。

4.3 通过前沿实践培养创新探索精神

科学导向的教学模式强调以学生为中心，鼓励其根据个人兴趣自主选择实践方向并进行独立探索。在线下课程与线上讲座理论学习的铺垫下，学生初步形成了清晰的兴趣方向和探索意愿，明确自身关注的问题领域。在此基础上，课程提供了生态修复、乡村振兴或城市更新等多样化的真实任务场景，学生可结合自身兴趣自由组队参与到专题实践工作坊。学术在导师的指导下开展调研、分析、设计的全过程研究实践（表2），能够深化

2023—2024学年度前沿实践工作坊选择例表 表2

实践类型	实践项目
国土空间规划	《××县国土空间总体规划》
城市更新	《城市更新财务平衡策略》
专项规划	《基于大数据的国土空间交通规划决策》
专题研究	《×××海岸带国土空间规划陆海统筹》
专题研究	《××县低效用地评估与盘活利用规划》

资料来源：作者自制

其对复杂情景的深入理解与规划应对能力。例如，某小组围绕"海岸带生态修复与旅游开发平衡"开展研究，通过实地勘探、利益主体访谈和空间模拟，提出了兼顾生态保护与经济发展的规划方案。这种兴趣导向的教学方式，有效激发了学生的主动性和创造力，也提升了其独立思考、协作研究与解决实际问题的能力。

5 效益导向：从单一情景到动态适应，培养综合效益最优的决策能力

5.1 通过多维度目标设定强化系统思维

效益导向的教学模式强调引导学生系统性思考规划目标，在规划方案制定过程中兼顾生态保护、经济产出与社会公平等多元价值。传统规划教学中，学生在目标

图4 "国土空间规划前沿"学术大讲堂活动
资料来源：课程组自制（拍摄）

设定阶段常聚焦于单一维度的发展导向，忽视生态、韧性、社会等维度的协同，往往导致后续方案评估与实施缺乏综合性与可持续性。例如，在某县域海岸带规划实践中，有学生仅关注陆域发展目标，忽略海洋保护需求；或者只考虑经济发展，而忽略韧性防灾。因此，教学中需引导学生从多个维度去设定目标。以某次滨海城市空间布局优化实践教学为例，教师引入"生态—韧性—活力—智慧"四维结构，引导学生识别各维度的核心诉求与潜在冲突，并据此厘清目标逻辑，提升学生的综合判断能力（图5）。

5.2 通过多指标量化评估发现关键短板

在明确多维度目标的基础上构建系统性评估框架，通过应用数理评估方法提升学生问题识别的准确性与规划方案的科学性。传统规划模式下，最终方案的呈现往往通过主观定性的比选和判断，其规划的科学性极大取决于规划师的个人素养，方案背后的因果关系与科学逻辑往往被忽视。随着多学科交叉研究的不断丰富，生态学、信息学等领域的数理分析法逐渐成为规划方案制定的重要依据。因此在教学实践中，课程鼓励学生积极引入多学科分析方法，在结合规划基本原理的基础上，构建定量与定性结合的评估体系，科学识别规划面临的核心问题。例如，在乡村三产融合发展规划实践中，教师引导学生在生态承载力、土地利用效率、基础设施适配性与居民满意度等维度下，构建多维评估指标，应用层次分析法、熵权法和GIS叠加分析等手段，得出多维度的评价结果以辅助后续决策。

5.3 通过多情景效益比选确定最优方案

课程引导学生通过多情景测评得分的比较，在多重目标中寻求"综合效益最优解"。教学实践中，教师引导学生制定不同目标导向的发展情景，通过科学测评以"综合效益最优"为导向进行科学决策。例如，在某次滨海工业园区更新改造的规划实践中，面对产业升级导向，生态修复导向，产城融合导向三种发展情景。学生通过不同情景下的测评得分比较，明确了效益最优的产城融合导向是该片区发展的科学路径（图4）。多情景比选训练帮助学生逐步形成了目标导向和效益导向相结合的综合判断思维，培养其在多目标冲突下进行科学综合决策的能力。

6 结论及讨论

本研究以启发型教学模式为导向，构建了系统化的国土空间规划教学模式。问题导向培养了学生把握重点的洞察能力，体现了社会实践性教学；目标导向锻炼了学生规划推演的逻辑思维，体现了自主探索性教学；科学导向提升了学生知识转化的应用能力，体现了科学支撑性教学；效益导向则培养了学生对多目标场景的综合决策能力，体现了创新研究性教学。这种教学模式有效提高了学生的思维深度和综合实践能力，为国土空间规划体系的教育提供了一种新的思路和方法，具有一定的实践参考价值。

尽管本研究提出的教学模式在实践教学中取得了显著成效，但仍存在一些值得讨论的问题。首先启发型教学模式对教师的跨学科素养和课程统筹能力提出了更

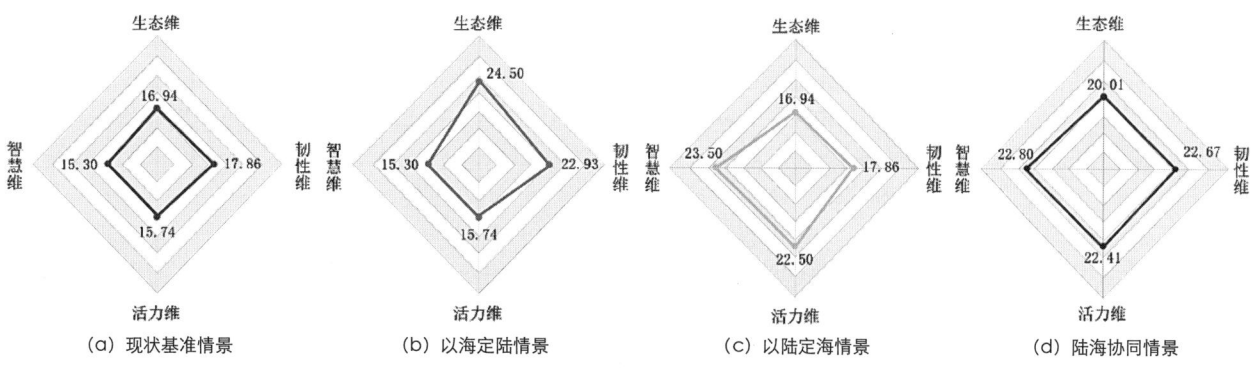

（a）现状基准情景　　（b）以海定陆情景　　（c）以陆定海情景　　（d）陆海协同情景

图5　海岸带多情景综合效益模拟评价结果

资料来源：作者自制

高要求，教师如何在知识传授与能力引导之间取得平衡仍需探索；其次，线上与线下教学的深度融合需要技术支持，如何利用人工智能、大数据等新技术优化教学资源配置、提升教学效果，是未来教学改革的重要方向。此外，效益导向的决策模式虽然培养了学生的综合权衡能力，但在实际操作中，如何量化社会效益、生态效益等非经济指标仍是一个难点。这些问题需要在后续的研究和实践中进一步探讨和解决。

参考文献

［1］ 中共中央国务院关于建立国土空间规划体系并监督实施的若干意见 [N]. 人民日报，2019-05-24（1）.

［2］ 周庆华，杨晓丹. 面向国土空间规划的城乡规划教育思考 [J]. 规划师，2020，36（7）：27-32.

［3］ 杨永春，王梅梅，张薇. 中国面向国土空间规划的本科人才培养研究 [J]. 高等理科教育，2021（6）：9-14.

［4］ 田健，曾穗平. 面向空间规划人才培养需求的总体规划教学改革实践 [J]. 规划师，2024，40（12）：32-40.

［5］ 黄贤金. 构建新时代国土空间规划学科体系 [J]. 中国土地科学，2020，34（12）：105-110.

［6］ 张金磊. "翻转课堂"教学模式的关键因素探析 [J]. 中国远程教育，2013（10）：59-64.

［7］ 何朝阳，欧玉芳，曹祁. 美国大学翻转课堂教学模式的启示 [J]. 高等工程教育研究，2014（2）：148-151，161.

［8］ 张卫东. 应用型本科院校社会调查课程教学面临的问题与对策 [J]. 大学教育，2024（15）：48-51.

［9］ 李哲睿. 国土空间规划时代的城乡规划专业设计类课程教改探索 [J]. 城市建筑，2023，20（16）：99-102.

［10］ 张逸群，陶德凯，陶然. 国土空间规划背景下跨学科教学路径探索——以城市经济学课程为例 [J]. 大学，2024（26）：99-103.

［11］ 张妍，朱子君. "线上线下"本科教学模式创新研究：讨论式教学法的视角 [J]. 山东教育（高教），2019（Z1）：98-101.

A Four-Dimensional Orientation of Problem, Goal, Science, and Benefit——The Innovative Heuristic Teaching Model in the Course Frontiers in Territorial Spatial Planning

Lin Xiaoru   Shen Jiaying   Xu Minghui

Abstract：Under the background of the educational reform of territorial space planning, based on the teaching practice of the postgraduate course "Frontiers of Territorial Space Planning", this paper constructs an heuristic teaching model under the compound system of problem-oriented, goal-oriented, science-oriented and benefit-oriented. Specifically, it includes the problem-oriented inspiration session of "multi-dimensional prediction – immersive experience – multi-subject interview – multi-disciplinary collaboration"; The goal-oriented heuristic session of "pitfall Experiment – Target Tree – Multi-plan Coordination" The science-oriented inspiration session of "Digital Empowerment – Academic Lecture Hall – Frontiers of Practice" And the benefit-oriented inspiration session of "multi-objective presetting – multi-dimensional evaluation – multi-scenario comparison". Research shows that bringing the problem prediction before planning to on-site investigation and verification helps cultivate students' insight ability to grasp the key points. Breaking down the ultimate blueprint into phased goals helps to train students' logical thinking in planning and deduction. Transforming theoretical methods into practical toolboxes is conducive to enhancing students' ability to practice theoretical methods. Decomposing a single plan into multiple scenarios is beneficial for cultivating students' planning and decision-making ability with the optimal comprehensive benefits.

Keywords：Territorial Space planning, Problem-oriented, Goal-oriented, Science-oriented, Benefit-oriented

中英规划概论课程的教学范式分野及转型启示
——基于英国卡迪夫大学研究生课程观察

高芙蓉　肖　竞　贾铠针

摘　要： 本文以英国卡迪夫大学研究生规划概论类课程"PLANNING CITY FUTURES"为研究对象，通过教学内容分析、参与式课堂观察及师生深度访谈等方法，系统解构其教学范式的创新机制。研究发现：课程通过学生国际化驱动下的全球议题教学转向、前沿议题的教学响应与"课前—课中—课后"的三阶认知闭环教学逻辑建构，构建了适应存量规划时代需求的教学应答体系。中英规划概论课程的范式差异是两国城市化阶段差异的教学映射。基于此，从应对国际化的教学视野转变、规划价值观的课程显化、技术赋能认知闭环模式本土适配及研究生阶段进阶型概论课程体系构建四个维度，提出本土化转型路径。研究为国土空间规划体系改革背景下的课程创新提供了批判性借鉴框架。

关键词： 中英比较；规划概论课程；教学范式转型；城市化阶段差异；本土化转型

1　导言：中英规划概论类课程的跨文化教学观察

现实驱动：2019 年中共中央、国务院颁布《关于建立国土空间规划体系并监督实施的若干意见》，明确提出构建"五级三类四体系"国土空间规划框架，推动主体功能区规划、土地利用规划、城乡规划等空间规划的"多规合一"[1]。这一改革标志着我国空间治理从传统物质空间设计向"全域全要素管控"的范式转型，强调生态保护优先、数字技术赋能与多学科协同[2]。《全国国土空间规划纲要》对高等教育提出明确要求：需培养覆盖自然资源管理、空间数据分析、公共政策制定等复合领域的专业人才，其知识结构需适配"国土空间治理能力现代化"目标，这对以"建筑学 + 工程设计"为核心的传统城乡规划课程体系形成直接冲击[3]。

个人契机：英国卡迪夫大学地理与规划学院自 1966 年成立以来，逐步发展为城市规划与人文地理研究的重要中心，其培养的专业人才深度参与全球规划实践[4]。笔者于 2024 年访学期间，系统观察该校城乡规划研究生课程，发现"PLANNING CITY FUTURES"（课程代码 CPT866）可以对接国内城乡规划专业的规划概论类课程，在教学逻辑、内容设置等方面对我国课程改革具有借鉴价值。

研究意义：通过教学内容分析、参与式课堂观察及师生深度访谈，本研究对比中英规划概论课程的教学范式差异，以微观课堂透视中英规划教育理念分野，为国内基础课程体系转型提供实证参照与改革路径启示。

2　英国卡迪夫大学规划概论类课程的跨文化教学特质

2.1　课程介绍

课程名称："PLANNING CITY FUTURES"（课程代码 CPT866）。

教学周次：课程安排在硕士研究生阶段第一学期，共 20 学分，总计 14 周（含 1 周阅读周、1 周论文指导周和 2 周考试周），每周授课 1 次。

教学目标：完成该模块后，学生应能：①评估 21 世纪的城市挑战（如全球化、气候变化、减贫及其对城市可持续性与发展的影响）；②理解城市空间系统及城市变化过程；③掌握规划干预的性质、目的及其在塑造城市未来中的作用的争议性观点；④评估规划干预对创造场所 / 中介空间的贡献；⑤了解城市发展与管理的部

高芙蓉：重庆大学建筑城规学院副教授
肖　竞：重庆大学建筑城规学院副教授
贾铠针：重庆大学建筑城规学院讲师

门方法及发展过程中关键角色的作用；⑥提升政策结果评估技能[5]。

教学模式：该课程采用"课前—课中—课后"三阶段教学模式：课前通过教学平台发布核心阅读材料、教学目标、具体教学内容及讨论安排；课中阶段分为教师讲座（系统传授理论知识）与课堂讨论（围绕2~3个预设议题开展分组研讨并形成汇报）两个单元；课后则提供完整教学视频资源（含授课录像与讨论实录）供学生复习巩固（图1）。

教学内容：涵盖全球化、房地产开发、城市贫困人口居住、城市治理、经济与发展、交通与发展、城市排外、气候问题等城市规划核心议题，具体内容由授课教师组织。

2.2 教学观察

通过对课堂教学的观察，并与教学大纲和教学内容进行对比分析，发现卡迪夫大学这门规划概论课程的某些教学内容和教学方式对国内大学的规划概论类课程具

有启示和借鉴意义。

（1）学生国际化驱动下的全球议题教学转向

根据英国高等教育统计局（HESA）发布数据，2023和2024学年英国全日制研究生阶段的留学生总人数为412105人，其中全日制授课型硕士（Taught Master's）368685人，占全日制研究生留学生总数的71%[6]。课堂观察显示，选修该课程的学生中留学生比例约80%，中国学生占25%以上❶。

课堂教学内容显著倾向全球化议题。例如在规划历史与理论板块讲座中，除引用英国本土规划案例外，还引入马来西亚等国的城市规划实践；在城市经济板块中侧重城市非正规经济，讨论环节相关议题是发展中国家的城市摊贩问题。

由此可见，卡迪夫大学规划概论课程的设计与实施紧密贴合学生国际化背景下的学习需求。

（2）前沿议题的教学响应

在卡迪夫大学城市规划概论课堂观察中，第二个显著特点是对规划前沿议题的教学响应，这与英国城市化

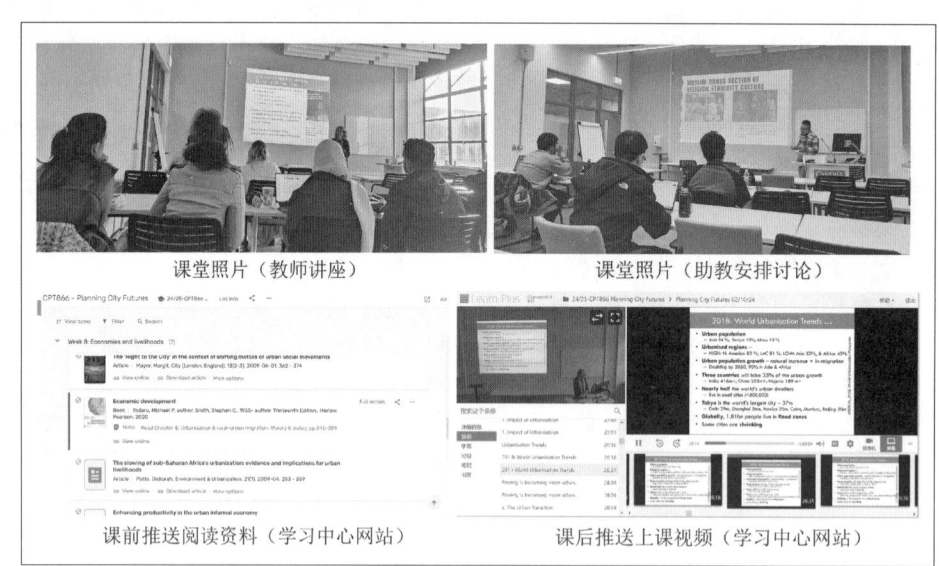

课堂照片（教师讲座）　　　课堂照片（助教安排讨论）

课前推送阅读资料（学习中心网站）　　　课后推送上课视频（学习中心网站）

图1　"PLANNING CITY FUTURES"课程展示
资料来源：课堂照片为自摄；学习中心网站为卡迪夫大学学习中心
（https://www.Learningcentral.cf.ac.uk/ultra/courses）截图

---

❶　根据英国高等教育统计局（HESA）发布的数据，2023和2024学年，中国大陆留学生人数为：149885人；中国香港地区为17250人，总计超过16万人，占非欧盟国家学生总数的23%。

进程和规划学科发展密切相关。从城市化进程来看，到19世纪中叶，英国成为世界上第一个实现高度城市化的国家，其城市人口比例从20%增长至51%[7]。在城市化进程中，英国遭遇诸多城市问题并展开深入研究，积累了丰厚的研究成果。从学科发展来看，1909年利物浦大学创立了英国第一个城市规划系——市镇设计。作为城市规划教育的发源地，经过百余年发展，英国城市规划教育形成了既适应社会和职业发展需要、又体现院校特色的课程体系[8]。城市化进程中的研究成果在课堂上转化为对规划前沿议题的教学响应。

卡迪夫大学规划理论课程主要体现在对前沿理论、前沿问题及价值取向的关注。在规划理论层面，其研究焦点从传统技术转向规划治理与政策，强调理性规划和交际化规划（Communicative Planning），例如协同规划（Collaborative Planning）、全球化等议题。课程还关注全球规划前沿问题，例如课堂教学中探讨疫情对城市的影响、气候变化对城市的挑战、城市空间分异（贫困、移民和种族隔离）以及性别与城市的关系。同时，课堂教学注重价值取向的渗透，例如在讲座和小组讨论中，通过关注贫困人口、贫困地区及弱势群体（如摊贩、女性），将公平公正的价值观融入教学实践。

（3）三阶认知闭环的教学逻辑建构

卡迪夫大学城市规划概论课程的教学模式分为课前—课中—课后三个阶段，构建了三阶认知闭环的教学逻辑。

课前：认知基模的定向激活。教师通过课前发布核心背景阅读资料、教学目标、具体教学内容及讨论安排等信息，使学生避免以"白纸"状态进入课堂，而是携带预设的思维工具参与讨论。

课中：双模态知识的协同解构。教师首先通过讲座完成结构化知识输入，帮助学生建立概念框架；随后设置2~3个与讲座主题密切相关且具有争议性的讨论题目（如"如何制定策略，既满足市长提出的清洁城市远景，又减少对街头小贩的影响"），引导学生在解构框架过程中既消化知识又提出批判性质疑。这种"输入—解构"的认知分工显著提升了学生的课堂参与度，使其更高效地吸收课程内容。

课后：分布式记忆网络的固化。教学系统提供完整授课视频回放功能，既支持学生对知识点的复习巩固，也保障请假学生通过自主学习维持学习连续性，从而形成稳定的分布式记忆网络。

3 对中国高校规划概论课程设置的启示

3.1 中国高校规划概论课程现状

中国高校城乡规划专业普遍开设规划概论类课程，其课程体系呈现显著阶段性特征❶：本科阶段（一、二年级）通常设置"城乡规划概论""国土空间规划导论"等基础课程，采用"教师群授课"模式——由4~8位不同研究方向的教师组成教学团队，每位教师负责讲授特定知识模块（如规划技术方法、法规体系、生态安全等），通过模块化教学构建学科基础认知框架；研究生阶段则以"城市规划理论与实践""城市规划前沿理论"等深化课程为主，侧重理论纵深与专业细分领域的探究（表1）。

中英规划概论课程对比 表1

	中国（重庆大学案例）	英国（卡迪夫大学案例）
开课阶段	本科一二年级（专业启蒙阶段）	硕士研究生（学科深化阶段）
宏观背景	城镇化率67%（2024年）：城镇化质量提升转型期	城镇化率83%（2023年）：存量更新主导阶段
内容特点	1. 以传统知识模块为主 2. 国土空间规划体系新要求	1. 全球城市议题深度嵌入 2. 前沿议题教学响应 3. 注重规划价值维度

---

❶ 以重庆大学建筑城规学院规划概论课程为核心样本，并系统比对了国内其他高校教学大纲，呈现的内容为普遍情况。

续表

	中国（重庆大学案例）	英国（卡迪夫大学案例）
教学结构	以课堂教学为主	三阶认知闭环：课前资料发布—课中教师讲座＋学生讨论—课后视频推送
课堂形式	教师讲授主导	混合式教学：教师讲授—小组研讨—组间变量
生源构成	本土生源约95%（重庆大学建筑城规学院2024级学生）	国际生源约71%（2023和2024学年英国全日制研究生阶段）
教师配置	4~8位专业教师（按知识板块分工）	1位主讲教师＋若干特邀学者

资料来源：作者整理

3.2 中英城市化阶段差异的教学映射

城乡规划作为实践导向的学科，其课程设置必然回应特定时空背景下的现实需求。中英两国规划概论课程的显著差异，本质上是城市化进程、人才需求与教育阶段定位差异三重维度共同作用的结果。

（1）城市化进程的实践牵引

中国城镇化率（2024年67%[9]）正处于从高速增长向质量提升的转型期，其规划概论课程内容虽已融入国土空间规划体系改革要求，但教学重点仍以传统城乡规划知识板块为主（如社区规划、交通规划、生态规划等核心内容）。相比之下，英国卡迪夫大学城市规划概论课程植根于83%（2023年）城镇化率[10]的存量更新语境，教学焦点显著转向规划价值维度——通过"社区更新中的空间正义博弈""房产价值评估"等专题，深度训练学生在复杂利益格局中的价值判断能力，凸显成熟城市化阶段对多元主体诉求协调的教学侧重。这种差异本质上是城市规划教育对城镇化发展阶段性矛盾的主动响应。

（2）学生构成的供需适配

目前中国高校城乡规划专业学生主体为本土生源❶，培养目标聚焦国内规划院、政府部门等实务机构需求，课程强化城市规划与实际等技术流程训练，相应的规划该类课程构建也以城乡规划编制内容为基础。英国高校国际学生占比超25%[11]（研究生达71%[12]），教学内容必须兼容多元文化语境，形成"全球问题框架＋地方解决方案"的授课逻辑。

（3）课程阶段的功能分化

中英两国对规划概论课程的定位存在结构性差异。中国将其作为本科低年级学科认知基石，侧重知识体系建构；英国则在研究生阶段设置同类课程，强调对已有知识的批判性重构。培养阶段的差异直接映射于教学深度：国内本科概论课多采用"模块拼盘"式教学（由4~8位教师分授不同知识板块），其知识整合需通过后续设计类课程实现；而英国研究生课程通过"问题链"设计（如气候变化引发的空间正义议题）驱动跨模块知识自整合，要求学生在单课程周期内完成认知升维。

（4）差异本质揭示

两国课程设置的深层差异映射出不同的城市化命题：中国教学回应"如何高效组织空间生产"的规模化需求，英国教学应对"如何平衡多元空间价值"的治理挑战。这种差异既体现了城市规划学科的现实响应性，也预示着中国课程体系随城镇化阶段演进必将发生适应性嬗变。

3.3 四重维度的经验借鉴

（1）应对未来国际化的教学视野转变

2023年来华留学生总数达50万~53万人（不同统计口径存在差异），较2022年增长6.3%~10%，创历史新高[13, 14]。随着留学生规模持续扩大，传统以本土城镇化经验为主导的概论课程面临教学范式转型需求。这一转型在卡迪夫大学规划概论课程中通过关注全球议题得到前瞻性示范。

中国高校可针对性构建"双向转译"教学机制——在保留国土空间规划体系核心知识的同时，增设"规划

---

❶ 重庆大学建筑城规学院2025级本科本土生源越占96%，留学生占4%。

政策文化适配"专题（如比较中非产业园区规划中的土地制度差异），并开发多语种教学工具包（含专业术语的多重语义注解及文化禁忌预警提示）。此类改革既满足国际学生理解中国规划实践的需求，又培养本土学生参与全球治理的能力，使概论课程成为连接"中国特色"与"世界经验"的认知桥梁。

（2）规划价值观的课程显化

城乡规划概论课程亟需回应空间生产从增量扩张向内涵提升的范式转型，通过系统性价值观融入推动教学深度变革。卡迪夫大学"城市规划概论"课程在此方面具有借鉴价值：其"城市气候治理"模块探讨全球气候责任分配议题，"非正规经济"模块分析街头摊贩生存权与空间治理的张力，"性别与城市"模块解构公共空间中的女性安全与健康困境，形成价值观引导的认知框架。

当前中国城乡规划专业毕业生主要服务于政府部门与规划设计机构，其工作直接关联民生福祉，课程体系强化价值观教育尤为关键。在概论课程中，可将可持续发展、弱势群体关怀、人类命运共同体等核心价值嵌入具体教学模块（如在社区板块通过"老旧社区适老化改造"案例探讨公平性原则），借助课堂讲授、案例研讨等教学环节，将抽象价值观转化为可操作、可验证的规划认知工具。

（3）技术赋能认知闭环模式本土适配

卡迪夫大学"城市规划概论"的"课前—课中—课后"三阶教学模式对国内课程改革具有直接借鉴价值：课前通过在线平台推送核心文献包；课中突破单向讲授模式，采用问题链驱动的翻转课堂（教师聚焦关键争议点引导辩论，提升知识吸收效率）；课后阶段依托数字平台推送教学视频。形成完整的学习认知闭环。

当前国内概论课程教学仍以单向讲授为主导，存在课前预习碎片化、课中互动浅层化与课后评估单一化等结构性短板。建议构建"数字赋能的三阶教学闭环"：课前系统推送"认知启动包"（整合政策文本、争议案例及理论文献），通过预习测试强化知识定向；课中采用"翻转课堂＋混合教学"模式（教师讲授≤50%，小组情景模拟占30%，组间辩论占20%），运用实时观点热力图捕捉讨论焦点；课后设置在线互评"决策反思日志"（评分权重30%）、开发实践任务模拟模块（40%），辅以AI助教系统分析认知轨迹（20%），保留教师质性评估（10%）（图2）。此改革通过数字化工具实现教学过程精准管控，同步达成知识传递与价值观形塑双重目标。

（4）研究生阶段进阶型概论课程体系构建

卡迪夫大学在研究生阶段开设的"城市规划概论"，通过"解构—重构"教学模式突破传统概论课的知识边界：其将本科阶段习得的规划技术（如用地布局方法）

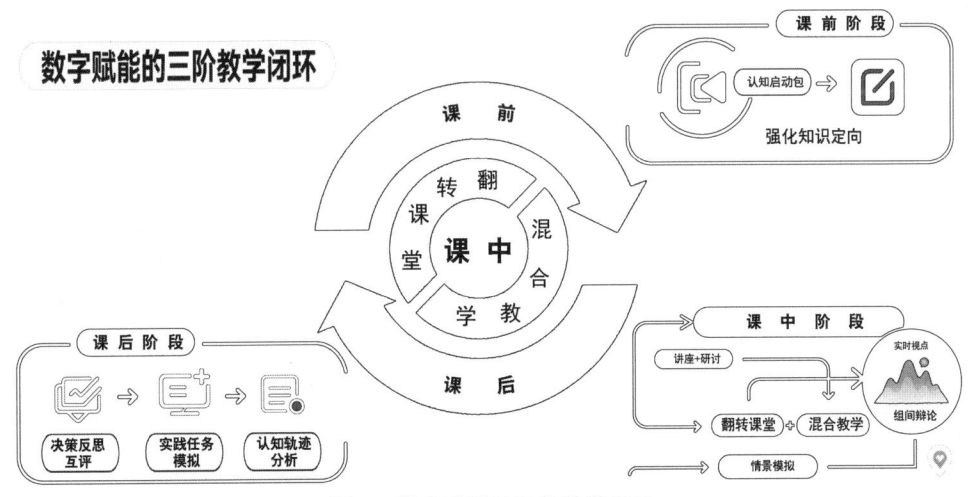

图2　数字赋能的三阶教学闭环
资料来源：作者自绘

置于区域供应链重组（如产业转移引发的用地功能置换冲突）、可持续性治理（如气候难民安置政策的空间正义困境）等新维度下进行批判性解构，继而通过"政策—空间—社区"三维框架实现系统性知识重构。这种进阶型概论课程的核心价值，在于构建研究生阶段的系统认知整合平台。

针对我国城乡规划研究生教育存在的纵向深化显著但系统性整合不足问题，卡迪夫大学课程经验启示通过双重路径推进改革：在本科阶段植入"争议案例导入机制"（如城市更新中的文化遗产保护冲突），将价值思辨嵌入技术训练体系；同时在研究生阶段增设"国土空间规划系统"进阶概论课，依托"政策链（纵向传导）—实施网（横向协同）—全球链（外部扰动）"三维框架，实现碎片化知识的系统性整合与复杂治理能力培养。这种梯度化课程体系既延续本土知识传承优势，又补强系统性认知短板，回应了规划学科转型升级的时代命题。

4 结语

通过对卡迪夫大学规划概论类课程"PLANNING CITY FUTURES"的教学观察，其课程设置中"问题链驱动"的模块化设计、研究生阶段"解构—重构"的认知框架、国际化生源背景下"全球本土化"议题的融入方式，均体现出对存量规划时代复杂命题的深度回应。尽管中英两国在城市化阶段、社会文化语境、规划体系等方面存在结构性差异，但其教学范式创新逻辑对我国城乡规划教育转型具有重要启示：在国土空间规划体系重构与数字化转型的双重背景下，国内课程改革需立足本土实践需求，选择性吸收"矛盾议题导入""价值观显性训练""认知闭环设计"等方法论内核，将国际经验转化为适配中国语境的创新工具。这种"批判性借鉴"路径既非简单移植亦非固守传统，而是通过教育理念的对话与重构，为培养具有全球视野与本土行动力的规划人才构建认知基础设施，最终服务于中国城乡治理现代化的时代命题。

参考文献

[1] 焦思颖. 国土空间规划体系"四梁八柱"基本形成——《中共中央国务院关于建立国土空间规划体系并监督实施的若干意见》解读 [J]. 资源导刊，2019（6）：12-17.

[2] 王开泳，陈田. 新时代的国土空间规划体系重建与制度环境改革 [J]. 地理研究，2019，38（10）：2541-2551.

[3] 李哲睿. 国土空间规划时代的城乡规划专业设计类课程教改探索 [J]. 城市建筑，2023，16：99-102.

[4] 陈春. 英国卡迪夫大学城乡规划类专业教育对我国规划人才培养的启示 [J]. 教育教学论坛，2017，37（9）：233-234.

[5] 卡迪夫大学官网. https://www.cardiff.ac.uk/study/postgraduate/taught/courses/course/international-planning- and-urban-design-msc.

[6] LOE 国际留学. 英国 HESA 发布最新留学数据，包含热门学校、专业等相关参考信息 [EB/OL]. [2025-04-27] https://mp. weixin.qq.com/s?_biz=Mzg4MDEzNzMzMA%3D%3D&mid=2247505968&idx.

[7] 陆伟芳. 英国城镇化与郊区化发展的路径与特征 [J]. 历史教学，2023（3）：3-8.

[8] 袁媛，邓宇，于立，张晓丽. 英国城市规划专业本科课程设置及对中国的启示——以六所大学为例 [J]. 城市规划学刊，2012（2）：61-66.

[9] 国家统计局. 国家统计局局长就 2024 年全年国民经济运行情况答记者问 [EB/OL]. [2025-01-17]https://www.stats.gov.cn/sj/sjjd/202501/t20250117_1958346.html.

[10] YANG LI, LI KAILI, et al. The Implications of Urbanization Processes in Developed Countries for Africa[J]. International Relations and Diplomacy, Mar.-Apr. 2024, 12（2）: 51-58.

[11] 曼汉曼. 权威留学数据发布！英国高等教育统计局 HESA 发布《2023/24 学年英国大学入学数据》[EB/OL]. [2025-04-29]https://mp.weixin.qq.com/s?_biz=MzI0OTgyODEyMQ%3D%3D&mid.

[12] 爱思学. 揭秘英国留学新趋势：HESA 晒出最热学校和专业名单 [EB/OL]. [2025-04-27]https://www.isixue.com/article/430900/.

[13] 张可安. 2023 年全国来华留学统计年鉴（2019 年全国来华留学生数据统计）[EB/OL]. [2024-09-01]http://www.letotur.com/335562.html.

[14] AMY GUO. 在华留学生人数统计：最新数据揭晓 [EB/OL]. [2024-06-19]http://www.aoji.cn/news/2734728.html.

Pedagogical Paradigm Disjunctures in Sino-British Introductory Planning Courses——Actionable Insights from a Case-Specific Study at Cardiff University's Postgraduate Program

Gao Furong Xiao Jing Jia Kaizhen

Abstract: This study takes the postgraduate introductory planning course *PLANNING CITY FUTURES* at Cardiff University, UK, as its research subject. Through methods including teaching content analysis, participatory classroom observation, and in-depth interviews with faculty and students, it systematically deconstructs the innovative mechanisms of its pedagogical paradigm. The research reveals that the course establishes a teaching-response system tailored to the era of stock-based urban planning by adopting three core strategies: a global-issue-oriented pedagogical shift driven by student internationalization, teaching responsiveness to cutting-edge topics, and the construction of a three-phase cognitive loop framework (pre-class, in-class, post-class). The paradigm disparities between Chinese and British introductory planning courses reflect the divergent urbanization stages of the two nations. Building on this analysis, the study proposes localized transformation pathways across four dimensions: internationalization-oriented pedagogical perspective shift, explicit integration of planning values into curricula, local adaptation of technology-enhanced cognitive loop models, and development of a progressive introductory course system for postgraduate education. This research provides a critical reference framework for curriculum innovation under China's territorial spatial planning system reform.

Keywords: Sino-British Comparison, Introductory Planning Courses, Pedagogical Paradigm Transformation, Urbanization Stage Disparities, Localized Transformation

2025 Annual Conference on Education of Urban and Rural Planning in China

2025 Annual Conference on Education of Urban and Rural Planning in China

"智慧＋实践"导向下的国土空间总体规划教学：重构、优化与融通 *

田健 曾鹏 曾穗平

摘　要：当前，智慧技术蓬勃发展，国土空间规划实践体系不断完善，以"智慧＋实践"为导向开展国土空间总体规划教学改革势在必行。针对培养具备智慧技术运用能力与实践操作能力的空间规划人才培养需求，天津大学在总体规划教学的多个方面进行创新探索。一是"重构"课程模块，以智慧理念与实践能力为核心创新课程设置，构建理论学习—智慧设计—实习实践三轨并行的模块体系；二是"优化"教学组织，围绕空间规划关键问题，引入智慧技术工具，提升学生运用智慧手段解决规划实践问题的能力；三是"融通"产教研用体系，教学、科研与实际规划项目接轨，联合行业专家协同教学，让学生在科研与设计实践中深化对理论知识的理解。成果可为国土空间总体规划教学改革提供理论与实践案例参考，助力培养适应新时代需求的专业人才。

关键词：总体规划；智慧教学；实践导向；课程模块；教学组织

1　引言

在全球数字化转型与生态文明建设双重浪潮的作用下，国土空间总体规划教学正面临着前所未有的范式革新压力。作为国家空间治理体系的核心工具，空间规划已从传统的物质空间设计转向全域全要素治理[1]，这对规划人才的数字素养、实践能力和学科融通提出了更高要求。现有教学体系已开展诸多改革尝试，但仍存在理论迭代滞后技术发展、教学场景与实践需求割裂、学科壁垒制约创新效能等结构性矛盾[2]。如何构建适配新型智慧规划与实践人才需求的教学体系，成为规划教育领域亟待破解的时代命题。

一方面，大数据、人工智能、数字孪生等智慧技术的渗透，正在重构空间规划的全流程方法论[3]，规划编制从静态蓝图转向动态推演，规划实施从经验判断转向模型模拟，规划评估从结果验收转向过程监测[4]。这种技术驱动的范式转换要求教学体系必须突破传统 CAD、GIS 工具应用的浅层训练，转而构建涵盖数据采集、智能分析、模拟推演、动态评估的全链条技术能力培养框架。另一方面，空间规划改革构建了跨尺度、跨领域、跨学科的实践体系[5]，规划教学需要突破城乡规划、土地管理、地理信息等传统学科边界，在生态学、经济学、社会学、数据科学等多学科交叉中优化教学组织。现有课程体系存在的"拼盘式"课程组合，难以实现学生综合实践能力培养目标[6]，亟待构建产教研用融通的教学实践机制，适配我国空间规划编制及管理对实践型人才的培养需求。

本研究以天津大学城乡规划本科专业的总体规划教学探索为例，通过系统梳理新形势下国土空间总体规划教学"智慧＋实践"转型需求，构建教学改革框架，形成具有普适推广价值的教学模式和新工科背景下的跨学科教育实践范本，为国家空间治理现代化培育兼具数字思维与实践智慧的复合型人才。

* 项目资助：教育部供需对接就业育人项目（20240826 28505，2024122036733，2024092406757）；天津市普通高等学校本科教学改革与质量建设研究计划（B231005604）。

田　健：天津大学建筑学院副研究员
曾　鹏：天津大学建筑学院教授
曾穗平：天津城建大学建筑学院教授

2 新形势下国土空间总体规划教学"智慧+实践"转型需求

在国土空间治理数字化转型与"多规合一"改革双轮驱动下，传统的总体规划教学已难以适应智慧化规划编制、全域全要素治理的新要求，因此需要构建"课程模块重构—教学组织优化—产教研用融通"三位一体的教学改革框架，重点通过智慧技术赋能与实践平台融通，培养具备数字治理能力、系统思维素养和创新实践技能的新型空间规划专业人才（图1）。

一是需要重构"智慧+实践"型的总体规划课程模块。基于数字时代和空间规划生态文明建设等新要求，总体规划教学目标需要向新理念新思想学习、多学科知识拓展及实践能力培育转型，学习应用数字技术适应空间规划海量数据分析与复杂问题解决的实践需求；总体规划课程内容则需要采用智慧化技术重构知识传递方式，重构实践能力培养路径，并将教学内容进行模块化解构，重构教学组织逻辑，使学生适应空间规划编制与管理的实践需求；总体规划相关的课程体系也需要重构，通过理论学习、智慧设计、实习实践的进阶链路设计，促进学生循序渐进、逐步达成"智慧+实践"培养模式的转型目标。

二是需要优化"智慧+实践"型的总体规划教学组织。针对当前智慧技术的快速发展和空间规划的多学科问题属性，总体规划教学需要突破学科壁垒，以真实规划设计项目为载体，构建"全流程渗透—跨学科协同—场景化应用"的实践学习框架，通过项目全周期任务驱

动多学科知识整合；同时应当引入前沿智慧技术，构建问题导向的智慧化教学框架，聚焦复杂空间矛盾破解，将空间计算模型、机器学习算法与多源数据融合技术植入教学全流程；针对空间规划多学科交叉实践特征，需要构建专题教学模式，解构总体规划编制流程，凝练特色研究方向，通过专题教学成果支撑总体规划整体方案教学。

三是需要融通"智慧+实践"型的总体规划产教研用体系。面向空间规划方案编制、规划理论与方法革新、规划实施管理、规划标准建构等多元化实践需求，需要依托智慧技术实现产教研用贯通。在研—教融通方面，应当以智慧规划技术创新为导向，深度耦合科研攻关与育人实践，提升空间规划领域人才培养的科研实践效能；在产—教融通方面，需要构建校企协同教学模式，通过技术链与产业链的深度对接，实现生产实践与总体规划教学的双向赋能，培育智慧规划时代的复合型实践人才；在用—教融通方面，需要探索标准驱动、数智赋能的总体规划教学创新模式，培育掌握数字化标准应用能力的复合型人才。

3 重构"智慧+实践"型的总体规划课程模块

3.1 教学目标重构：思想创新＋知识拓展＋能力升级

面对空间规划体系呈现出的全域统筹、人本导向、学科融贯、技术革新等新趋势，城乡规划教育需突破传统教学目标框架，通过思想创新引领价值转向、知识拓展夯实学习根基、能力升级应对实践挑战，构建适应新时代需求的三维教学目标体系（图2）。

一是思想创新维度，聚焦价值认知重构。在生态文明与高质量发展背景下，推动规划价值观转型，引导学生建立城乡融合、生态优先、全域全要素等新型空间治理思维。同时强化跨学科思维融合，整合城乡规划学的空间组织逻辑、公共政策学的利益协调机制、生态学的系统平衡原理，培养学生兼顾战略引领与实施管控的复合型规划思维。

二是知识拓展维度，强调学科有机重构。构建"空间规划知识树"，有机串联城乡规划原理、地理信息系统、国土空间法规等跨领域知识模块，形成动态生长的知识网络。采用"基础层—专业层—拓展层"递进式教学策略，低年级侧重空间认知与规划原理通识教育，高

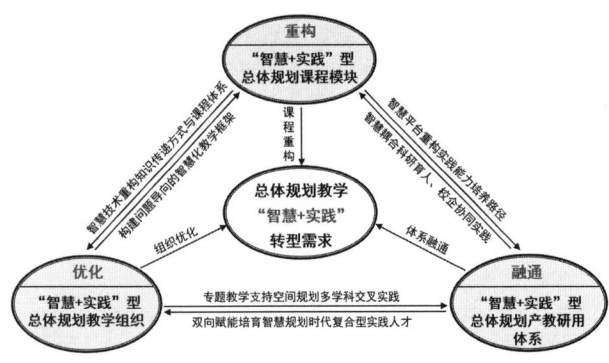

图1 新形势下总体规划教学"智慧+实践"转型需求
资料来源：作者自绘

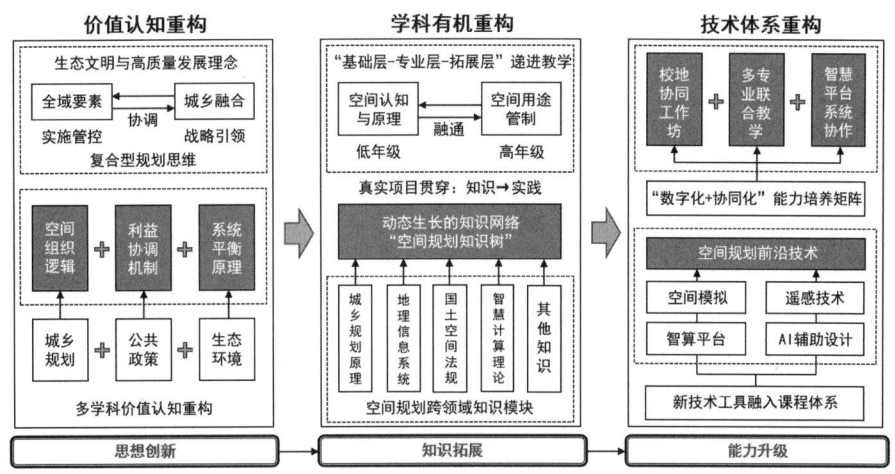

图 2　教学目标重构的框架示意
资料来源：作者自绘

年级强化空间用途管制等专项知识，通过参与真实项目推动理论向实践的转化。

三是能力升级维度，突出技术体系重构。构建"数字化+协同化"能力培养矩阵，将空间模拟、遥感解译、智慧平台等新技术工具融入课程体系，同步培养学生应用 AI 辅助决策、元宇宙空间推演等前沿技术的能力。针对规划实践能力培养需求，通过校地协同工作坊、多专业联合等模式，系统提升学生的跨部门协调能力、复杂问题拆解能力及技术创新转化能力。

3.2　课程内容重构：智慧化 + 实践型 + 模块解构

面对国土空间规划人才的数字化转型与复合型能力培养需求，传统的总体规划设计课程亟待通过智慧化赋能、实践型迭代、模块化重组三重路径实现内容重构，形成"技术驱动—场景嵌入—流程再造"的新型课程内容（图3）。

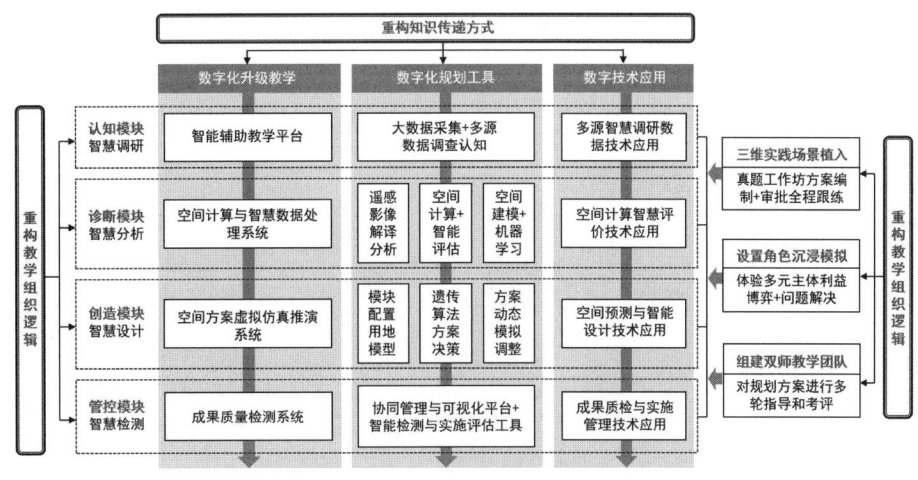

图 3　课程内容重构的框架示意
资料来源：作者自绘

一是智慧化教学，重构知识传递方式。依托数字化工具升级教学基底，应用智能辅助教学平台、虚拟仿真推演系统等工具链，将空间建模、机器学习、AI方案生成等智能技术贯穿教学全流程。构建"大数据采集—智能分析—方案迭代"的数字化规划工具教学模块，培养学生运用遥感影像解译、POI数据挖掘、智能算法等技术进行空间诊断与布局推演的能力，实现规划思维与技术应用的深度耦合。

二是实践型教学，重构能力培养路径。采用"三维实践场景"植入模式，选取国土空间规划编制中的真实地块，通过校地联合工作坊实现方案编制与审批的全程跟练；同时设置"角色沉浸"模拟，训练学生体验政府、企业、社区等多元主体在空间规划方案中的利益博弈与问题解决能力，并邀请注册规划师组建双师团队，对规划方案进行多轮指导和考评。

三是模块化解构，重构教学组织逻辑。将传统线性教学流程拆解为"认知—诊断—创造—管控"四大能力模块，每个模块匹配特色化教学包：认知模块融合大数据与遥感分析，诊断模块搭载空间计算与智能评估，创造模块配置用地模型与元宇宙推演工具，管控模块植入规划实施与动态优化，形成可适配不同教学阶段的能力培养拼图。

3.3 课程模块重构：理论学习＋智慧设计＋实习实践

为应对国土空间规划数字化、全域化转型需求，课程体系通过模块化重构形成"理论学习＋智慧设计＋实习实践"的进阶链路，构建覆盖知识建构、智能工具应用与真实场景落地的课程体系框架（图4）。

一是理论学习模块，跨学科知识融合重构。打破传统城乡规划学科壁垒，搭建"空间治理理论图谱"，整合城市生态规划、自然资源学原理、城市地理概论、区域规划原理、土地科学导论等跨领域知识体系。采用"1+N"课程群架构：以"空间规划导论"为核心，辐射多学科特色课程，构建适应全域全要素治理的知识框架。

二是智慧设计模块，数字技术深度嵌入。将智能辅助决策、元宇宙空间推演工具融入设计全流程，低年级通过GIS空间分析、大数据可视化等课程培养数字化思维，高年级在总体规划中植入城市信息模型、机器学习等智能技术模块，实现从传统方案绘制向"数据驱动—智能迭代"设计模式的转型，重点提升应对空间资源配置的技术整合能力。

三是实习实践模块，应用支撑系统重构。统筹基础统计学、数字空间计算、智慧规划调研、遥感与人工智能等实践课程体系，运用恰当的技术解决空间规划相关

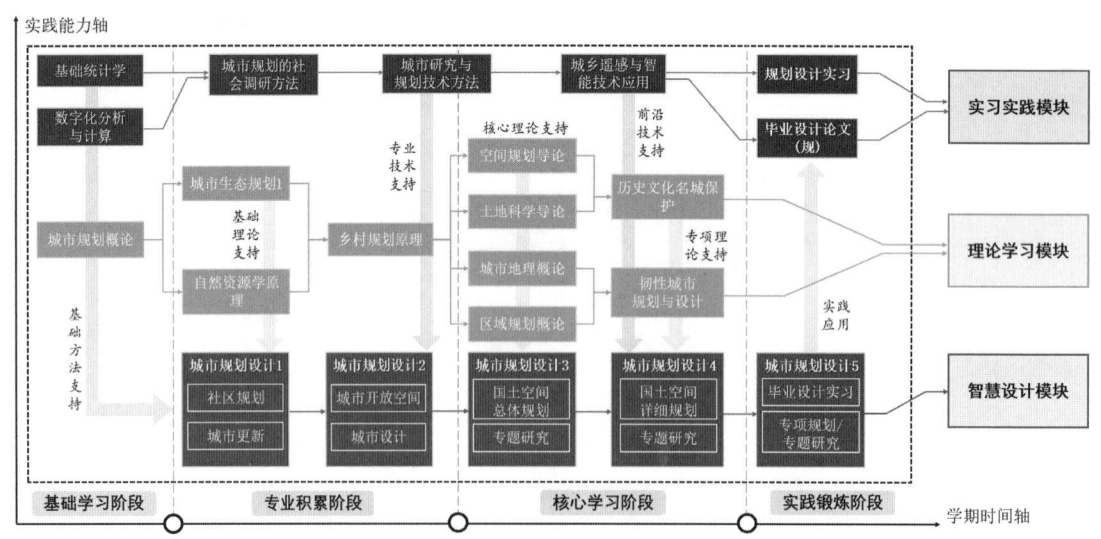

图4 天津大学国土空间规划相关课程模块进阶链路
资料来源：作者自绘

问题，培养学生的专业技能与实践能力，并支持主干课程学习。通过校企共建实践基地，参与国土空间规划真实项目，形成"技术验证—方案比选—实施评估"三阶实践能力进阶链。

4 优化"智慧+实践"型的总体规划教学组织

4.1 多学科应用：基于规划设计项目的综合实践学习

国土空间规划教学亟需突破学科壁垒，以真实规划设计项目为载体，构建"全流程渗透—跨学科协同—场景化应用"的实践学习框架，通过项目全周期任务驱动多学科知识整合，实现理论方法向复合能力的转化。

一是数字底盘构建与多源诊断。调研阶段搭建融合地理信息、生态评估、社会经济的数字基底。指导学生运用遥感解译、GIS与空间算法开展土地承载阈值、生态敏感性等测算，导入POI数据进行城市活力诊断，实现地理学、生态学、数据科学的交叉验证。

二是战略推演与专题融合。专题研究环节，应用区域经济学模型预测产业演进路径，借助空间句法优化交通网络，融合公共政策学方法设计生态补偿机制，通过元胞自动机实现城镇化模拟等，训练学生在人口模拟、碳汇计量等跨学科议题中的协同决策能力。

三是智能设计与冲突调解。方案阶段面向"三区三线"划定任务，整合土地管理学用途管制规则、景观生

态学廊道构建原理，指导学生运用空间计算模型平衡耕地保护与开发诉求，通过智能平台进行国土整治方案比选，培养跨学科技术整合与空间博弈协调能力。

四是数字治理与实施转化。成果编制阶段聚焦"规划—管理—实施"链条贯通，融合土地管理学的动态监测技术、计算机科学的智能审批算法，指导学生构建"指标—边界—用途"三位一体的数字管控系统，深化对空间治理的多学科认知与实践转化。

4.2 智慧化方法：解决复杂规划问题的前沿技术教学

针对空间规划中多维空间冲突与动态系统耦合等新挑战，传统总体规划的技术教学亟待革新。研究构建问题导向的智慧化教学框架，聚焦复杂空间矛盾解，将空间计算模型、机器学习算法与多源数据融合技术植入教学全流程，形成"问题识别—技术匹配—动态模拟"的闭环教学链，实现现状评估、情景预测、方案模拟等复合型技术能力的进阶培养，推动技术学习从工具掌握向智慧决策的能力跃迁。

以天津大学城乡规划本科国土空间总体规划课程为例，展现融合智慧化技术解决复杂空间问题的教学思路（图5）。在县域半城市化空间分异研究中，指导学生构建"多要素综合评价—驱动力解析"技术链条，整合地理探测器与多尺度地理加权回归模型，通过层次分析与

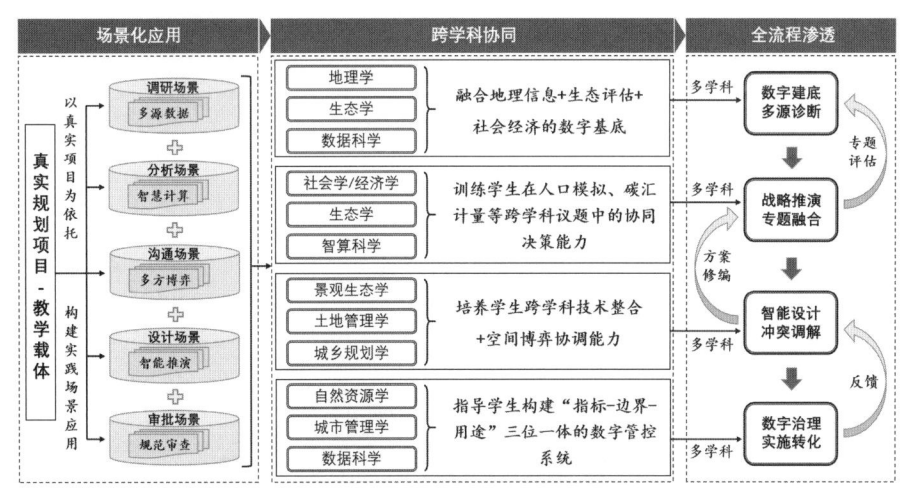

图5 应用多学科理论方法的空间规划实践学习
资料来源：作者自绘

熵权法组合赋权量化半城市化空间分异特征，继而解析城乡要素流动、产业集聚等驱动机制。针对洪涝灾害风险评估，应用"水文模拟—生态调节"技术组合，运用SCS-CN模型进行雨洪淹没模拟，结合SWAT模型评估生态系统服务供给，通过空间自相关与象限分析法识别防洪设施布局与生态承载力的空间错配区域。在景观风貌协同优化模块中，指导学生创建"AI识别—空间优化"技术体系，采用街景图像语义分割技术量化景观感知数据，融合空间句法识别风貌核心节点，借助多智能体遗传算法模拟景观廊道与用地功能的协同优化方案。

4.3 多专题实践：基于特色研究方向的深度应用探索

基于空间规划多学科交叉特性，构建专题教学模式，通过解构总体规划编制流程，凝练生态安全格局、产业空间效能等特色研究方向，每两名同学组建一个专题小组。实施"跨学科导师库+双轨指导机制"，由城乡规划、地理信息、公共政策等教育背景的教师组建动态导师组，采用"共性技术集中授课+个性方向定点辅导"的差异化培养路径，既保持历史遗产保护、韧性基础设施等专题研究的专业深度，又通过共性技术平台实现多专题成果耦合，最终集成支撑总体规划方案。

在天津大学城乡规划本科的总体规划课程中，教学团队以某县级国土空间总体规划编制为实践载体，创新构建多维度专题研究体系：区域协同小组整合流空间理论与引力模型，在多空间尺度展开网络解析，

揭示该县在区域格局中的战略价值，提出从"边缘县城"向"冀鲁交界枢纽"转型的跨域协同路径；生态安全小组聚焦平原季节性洪涝风险，结合水文模型与遥感影像解译技术，构建生态防洪韧性评估体系，构建"蓝绿廊道+分散滞蓄"的海绵国土空间模式；乡村振兴小组突破传统村庄分类框架，创建"发展潜力—多功能价值"双维评价模型，形成差异化资源配置的村庄振兴实施导则，为农业型、文旅型等村庄制定精准的空间发展策略。各专题成果通过项目团队集体研究，实现多维度校核与空间耦合，最终集成应用于县域国土空间格局优化、"三区三线"划定等核心规划环节，形成专题研究与总体方案协同创新的教学范式。

5 融通"智慧+实践"型的总体规划产教研用体系

5.1 研—教融通：基于智慧规划技术创新的科研实践人才培养

以智慧规划技术创新为导向，深度耦合科研攻关与育人实践，通过"技术研发—教学转化—实践验证—成果孵化"的闭环路径，形成具有示范价值的四阶培养机制，有效提升国土空间规划领域人才培养的科技含量与实践效能（图6）。

第一阶段聚焦智慧选题，基于在研的智慧城市数字孪生、空间智能决策等前沿课题，解构教学模块，通过智能匹配系统实现"学生特长—技术方向—课题需求"三维适配，形成《基于水安全格局重构的县域空间韧性

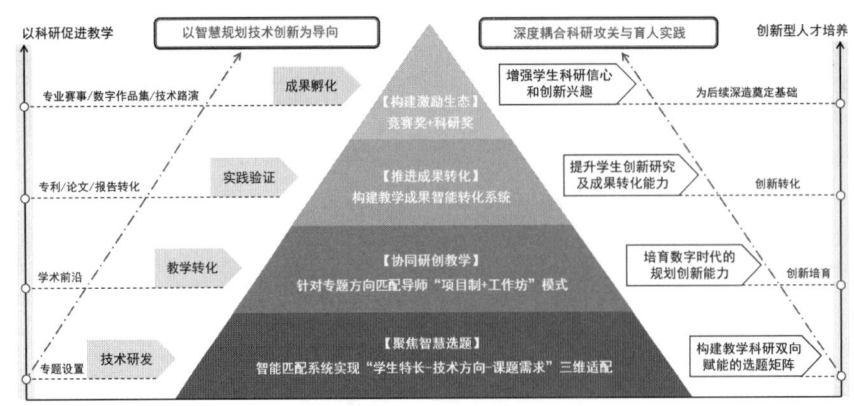

图6　基于智慧规划技术创新的科研实践人才培养
资料来源：作者自绘

规划研究》《基于半城镇化风险治理的城乡融合模式研究》等总体规划专题研究选题，构建起教学科研双向赋能的选题矩阵。

第二阶段协同研创教学，针对专题方向匹配导师，采用"项目制＋工作坊"模式，由具有研究专长的任课教师定期开展工作坊教学，将前沿规划技术融入总体规划课程，让学生在前沿课题研究中掌握智能算法、空间分析等核心技能，培育数字时代的规划创新能力。

第三阶段推进成果转化，运用知识图谱构建教学成果智能转化系统，指导学生将专题成果融入总体规划课程作业方案，并经凝练提升后转化为专利、论文、报告等形式。如天津大学近年来指导学生依托总体规划专题研究成果撰写论文9篇、研究报告4部，有效提升了学生的创新研究及成果转化能力。

第四阶段构建荣誉激励生态，指导组织学生基于总体规划专题研究成果参与"清润奖"大学生论文竞赛、WUPENICITY调研报告竞赛、中国人居环境设计学年奖等专业赛事，通过数字作品集、技术路演等形式展现创新成果，近年累计获奖5项，增强了学生研究信心和兴趣，支持空间规划领域的创新型人才持续成长。

5.2 产—教融通：基于智慧规划技术实践的生产单位协同教学

构建校企协同、虚实融合的新型教学模式，通过智慧规划技术链与产业链的深度对接，实现生产实践与总体规划教学的双向赋能。以规划设计院真实项目为载体，形成"真题实战—专业协同—实践课堂"培养体系，培育智慧规划时代的复合型实践人才（图7）。

一是智慧技术赋能实战教学。依托生产单位在编的国土空间总体规划项目，指导学生解决实际问题。如学生在参与用地智能配置模块开发与方案设计时，需运用强化学习算法破解"总体规划指标刚性传导与弹性适配"的实践难题，通过多目标优化模型平衡上级下达的耕地保护指标与县域产业发展需求，运用蒙特卡洛模拟评估不同设施配置方案的实施效能，在实战中培养学生的智能决策能力。

二是加强专业协同实践训练。借助生产单位协同设计平台深度介入规划编制全流程，通过智能会议系统参与多部门协调会商，指导学生运用生产单位实操技术完成在线协同，整合生态、市政等多专业数据，利用智能审查系统自动校验规划方案合规性，在数字化工作流中掌握现代空间规划技术方法，提升跨专业协同能力。

三是培育双师实践课堂教学。与规划设计院共建实践课堂，构建"双师双线"培养机制。通过智慧教学管理，实现企业导师在线指导学生总体用地布局、校内教师云端讲授空间规划智能算法应用的协同育人模式。依托数字工作坊开展虚拟项目作业成果评审，形成产教深度融通的智慧型实践型人才培养生态。

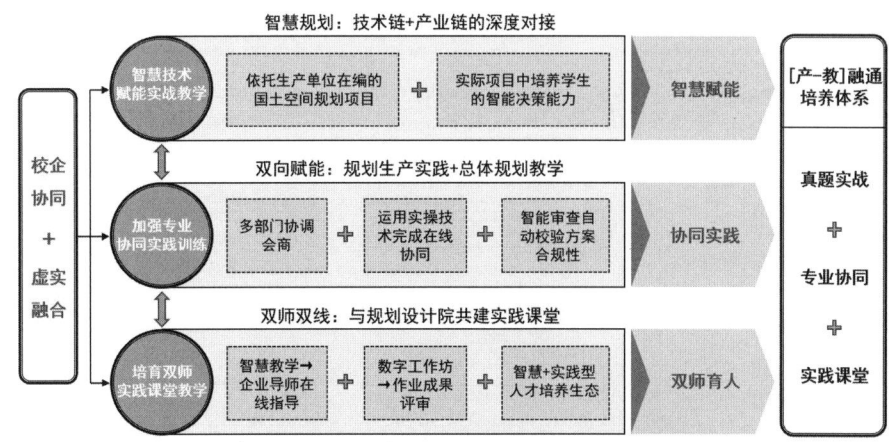

图7 基于智慧规划技术实践的生产单位协同教学
资料来源：作者自绘

5.3 用—教融通：基于智慧规划标准应用的创新实践人才培养

在智慧城市与标准化建设协同推进的背景下，探索"标准驱动＋数智赋能"的总体规划教学创新模式，培育掌握数字化标准应用能力的复合型人才。以国土空间规划标准体系重构为契机，通过"标准解构—智能适配—创新转化"，借助数字技术推动规划标准创新与教学实践的同频共振（图8）。

第一阶段实施多维标准解构，构建智慧认知框架。运用空间规划数据解析规划对象特征，通过机器学习算法识别城镇化阶段、生态基底、文化特质等多维度的标准影响因子。如针对高原民族聚居区总体规划项目，指导学生构建气候适应型用地评价模型，量化民族文化空间规划需求，凝练特定地域规划指标类型，形成数字化的标准解构方法论，培养多维度创新思维。

第二阶段创新标准应用模式，搭建智慧规划标准图谱平台。结合总体规划专题研究，指导学生运用智能匹配引擎，将指标类型与空间规划方案动态耦合，在既有国家及行业标准学习应用的基础上，研究特定地域低碳布局标准、灾害风险评估指标、海绵城市布局标准、公共设施配置标准细化优化的可能性，培育学生创新思维。

第三阶段构建标准创新生态，促进知识成果转化。联合标准管理部门构建标准创新验证平台，近年来天津大学国土空间总体规划教学过程中形成的部分规划设计标准建议，已纳入《福建省海绵城市建设工作指南》《低碳绿色城市更新规划设计标准》《天津城市儿童友好空间设计指南》等行业与地方标准编制，形成教学反哺行业标准创新的良性循环机制。

6 结语

面向国土空间治理体系现代化与规划数字化转型的双重需求，构建"智慧＋实践"导向的教学体系成为培养复合型规划人才的必由之路。本文通过"课程模块重构—教学组织优化—产教研用融通"三位一体的改革框架，系统回应了新时代规划人才在数字素养、实践能力与创新思维等方面的核心诉求。首先，以智慧技术为引擎重构课程模块，通过"思想创新—知识拓展—能力升级"目标体系与"理论学习—智慧设计—实习实践"模块化课程，形成阶梯式能力培养路径；其次，以项目实践为载体优化教学组织，借助多学科协作、智慧化工具与专题化探索，提升学生解决复杂空间问题的综合能力；最后，以产教协同为纽带融通育人生态，通过研教、产教、用教三链融合，构建技术研发、标准创新与人才培养的共生机制。

近年来，天津大学的总体规划教学团队围绕"课程模块重构—教学组织优化—产教研用融通"改革框架，依托国家级平台开展教学实践，初步验证了"智慧＋实

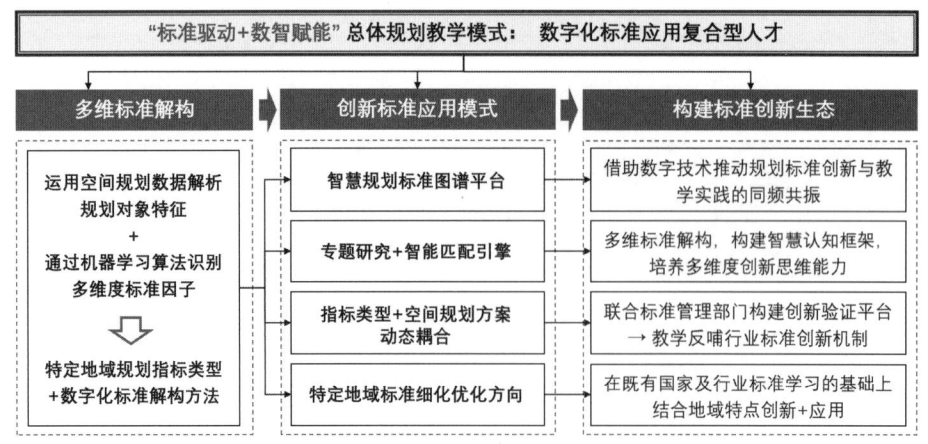

图8 基于智慧规划标准应用的创新实践人才培养

资料来源：作者自绘

践"教学体系的有效性。未来需进一步深化探索：一是强化数智技术与教学场景的深度适配，构建虚实联动的沉浸式教学环境；二是完善"校—企—政"数据共享机制，破解实践教学中数据壁垒与技术断层问题；三是建立智慧规划教学成果的标准化评估体系，推动人才培养质量的可量化提升，为空间治理现代化建设持续输送智慧型与实践型人才。

参考文献

[1] 韦春竹，弯媛美，韦鞛．海陆统筹的国土空间规划教学创新实践——基于遥感信息技术的视角 [J]．高教学刊，2025，11（7）：15–18.

[2] 柴勋，张姗琪，侯静轩，等．人工智能赋能智慧国土空间规划的技术框架与业务应用 [J]．规划师，2025，41（2）：1–9.

[3] 董晓翠，张馨月，马馥旋．大数据背景下国土空间规划和智慧城市建设分析 [J]．智慧中国，2025，（1）：84–86.

[4] 田健，曾穗平．面向空间规划人才培养需求的总体规划教学改革实践 [J]．规划师，2024，40（12）：32–40.

[5] 冯文利，张辉，陈美景，等．数字生态文明时代国土空间规划转型 [J]．中国土地科学，2024，38（3）：1–9.

[6] 朱查松，王嫣然．国土空间规划背景下总体规划教学改革探索 [J]．城市建筑，2021，18（16）：97–100.

The teaching of overall territorial planning under the guidance of "wisdom + practice": reconstruction, optimization and integration

Tian Jian   Zeng Peng   Zeng Suiping

Abstract：At present，with the vigorous development of smart technology and the continuous improvement of the territorial space planning practice system，it is imperative to carry out the teaching reform of the overall territorial space planning guided by "wisdom + practice". In response to the training needs of spatial planning talents with intelligent technology application ability and practical operation ability，Tianjin University has carried out innovative exploration in many aspects of overall planning teaching. The first is to "reconstruct" the curriculum module，take the wisdom concept and practical ability as the core to innovate the curriculum，and build a three–track parallel module system of theoretical learning–intelligent design–practical practice；The second is to "optimize" the teaching organization，introduce smart technology tools around the key issues of spatial planning，and improve the ability of students to use smart means to solve the problems of planning practice；The third is to "integrate" the production，teaching and research application system，integrating teaching and research with actual planning projects，and cooperating with industry experts in collaborative teaching，so that students can deepen their understanding of theoretical knowledge in scientific research and design practice. The results can provide theoretical and practical case reference for the teaching reform of the overall national space planning，and help train professionals to meet the needs of the new era.

Keywords：Overall Planning，Intelligent Teaching，Practice–Oriented，Course Modules，Teaching Organization

"意象建构"
——东南大学城乡历史环境认知实践教学的回顾与展望

陈晓东

摘 要： 在城乡规划教育教学体系面临重大改革的背景下，回顾 2015 年以来东南大学城乡历史环境认知课程的教学实践，以期通过归纳总结为该类课程的调整优化建立基础。首先，分析了城乡历史环境认知课程的发展历程及其在教学体系和历史遗产课程群中的定位；其次，从个性、结构、意蕴三个目标层次介绍了"意象建构"的课程教学核心理念；最后，阐述了围绕这一理念的教学内容和方法，包括时空关联的基础知识讲授，多维覆盖、点面结合的实例调查，以及身心结合的教学方法，并通过代表性学生作品的分析，对课程教学效果进行了评估。结果表明，对于城乡环境而言，基于身心感知的意象建构过程是感性经验储积的有效途径，为初学者进一步的理性认知和综合创造奠定了基础，其作用在规划教学体系变革和信息技术发展的时代仍具有不可替代的作用。基于这一判断，结合四年制教学计划调整，对城乡历史环境认识课程的改革进行了展望，提出基于意象建构的认知类实践课程整合，对于意象内涵理解的进一步拓展，以及数字化认知工具的丰富和提升等三个方面的改进设想。

关键词： 认知实践教学；意象建构；城乡历史环境认知；城乡规划教学改革

1 背景：城乡规划体系改革

伴随当下的城乡规划行业转型和信息技术变革，规划教育教学体系进入深度调整期。东南大学城乡规划本科专业自 2024 级开始实施四年制教学改革，不仅是对学制的压缩，也是回应当下城乡规划人才培养的"时代之问、行业之问、学科之问"[1] 的探索，伴随对教育教学的整体性思考，以及对原有课程教学的回顾、反思与更新。

"城乡历史环境认知"是一门两周的短学期实践类课程，此类课程在建筑类专业教学中不可或缺同时又易被忽视。在面对教学时数、学分压缩和认知手段变革的挑战下，应该如何定位和改进这类课程，本文试图通过系统总结该课程自 2015 年以来的教学理念、内容方法和实践效果，为新一轮的调整优化建立基础。

2 "城乡历史环境认知"课程的发展历程和定位

2.1 课程发展历程

"城乡历史环境认知"由原园林认知实习发展而来。东南大学自 1998 年恢复招收城市规划本科生，形成了"建筑认知系列实习—园林认知实习—城市认知实习"的认知实践系列课程，作为与设计、理论、技术人文并列的教学线索之一。伴随 2011 年城乡规划一级学科建立和优秀历史文化传承在城乡规划工作中重要性的显著提升，2015 年教学计划调整过程中城乡规划专业将园林认知实习拓展为城乡历史环境认知，除园林类对象外，将历史文化街区、城市历史格局等也纳入教学范畴，教学时数从一周增加到两周，由城乡规划专业独立开展（表 1）。

2.2 城乡历史环境认知在课程体系中的基本定位

2013 版《高等学校城乡规划本科指导性专业规范》中将教学内容分为专业知识、专业实践和创新训练三个部分，分别通过课堂教学、实践教学和认知调研等方式开展[2]。认知类课程主要通过"对作用于人类感觉器官的外界事物进行信息加工的过程"[3] 来习得和储积知识，

陈晓东：东南大学建筑学院副教授

"古典园林认知"和"城乡历史环境认知"
课程概况的比较　　　　表1

	古典园林认知 （1998—2015级）	城乡历史环境认知 （2016—2023级）
教学目标	感受传统园林空间的环境美、尺度感、意境深之精华所在，体会和学习中国古典园林的整体布局、建筑处理、叠山理水和植物造景等设计手法	通过相应知识、能力与素质的综合训练，建构城乡历史环境的基础"意象"：包括个性：培养城乡历史环境对象基本特征的感知能力；结构：培养整体性视角下的城乡历史文化特色认知能力；意蕴：建立正确的城市历史观、历史环境价值观和遗产保护的情感与责任感
教学环节	现场调研讲解	知识讲座＋现场调研讲解
认知对象	苏、锡、杨、泰等地古典园林	南京古城格局、历史文化街区、古典园林、工业遗产等
教学时数/学分	1周/1学分	2周/2学分
作业形式	速写＋调研报告	速写＋城乡历史环境意象拼贴画

资料来源：作者自绘

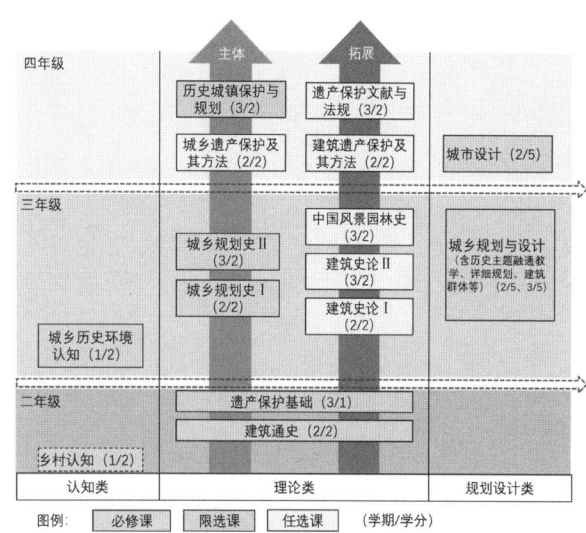

图1　历史文化与遗产保护课程群体系
资料来源：作者自绘

并与课堂讲授形成互动、促进和整合的关系，最终达成在实践中应用和创新的目的。

东南大学城乡规划专业历版的五年制培养方案中，认知实践类课程都作为一条独立的重要教学线索，其中低年级为一般性的城乡认知，中高年级则与相关的理论、设计等课程配合，形成专门的课程群。立足于自身的历史积淀和特色，东大强化建构了历史与遗产保护课程群，以多门设计类、理论类和认知类课程相互配合，并贯通二年级到四年级的学程，形成由浅入深、由感性而理性而实践创新的完整系统。其中，认知类课程主要包括"城乡历史环境认知"；理论类课程包括作为大类基础的"建筑史论"等，作为主干的"城乡规划史"和"城乡遗产保护"相关课程，以及作为拓展的建筑、景观类历史遗产课程；设计类课程依托建筑群体、详细规划等的选题，穿插历史相关要素，并将三年级最后一个设计课题设置为历史主题的融通设计教学，由建筑、规划、景观三个专业共同围绕一个与历史相关的选题进行课程设计。在这个课程体系中，城乡历史环境认知课程虽然是一门历时两周的"小课"，却是系列中的起始和基础环节，从直观感受体验层面为理论知识和设计创新等打下基础，其基本定位体现了从认识世界到改造世界再到认识世界的科学规律（图1）。

3　意象建构：城乡历史环境认知教学的核心理念

根据在课程系列中的基本定位，"城乡历史环境认知"课程的基本理念可概括为一种身心结合的"意象建构"，即通过帮助学生进行身心体验与思考，建构城乡历史环境的基础"意象"。"意象"一词借用了凯文林奇城市意象的术语，由"个性、结构和意蕴"组成[4]，历史环境认知的意象建构也相应包含三个层次（图2）。

（1）个性：是指某事物区别于其他事物的可识别性，历史环境的意象建构首先需要掌握城乡历史环境载体的基本知识，培养对其基本特征的感知能力；

（2）结构：是指"物体与物体及物体与观察者之间的空间或形态上的关联"[4]，城乡历史环境的认识不仅是对单个历史遗产对象的认知，还应帮助学生建立从城乡历史和空间的整体理解历史环境的基本视角，掌握通过整体性认知探究城乡历史文化特色的能力；

（3）意蕴：是指观察者与事物间建立的"实用的或是情感的"非空间的联系，城乡历史环境的认识应当帮助学生建立正确的城市历史观、历史环境价值观和城乡历史文化保护的情感与责任感。

意象作为"观察者与所处环境双向作用的结果"[4]，"每个人创造并形成自己的意象，但在同一组的人群中，

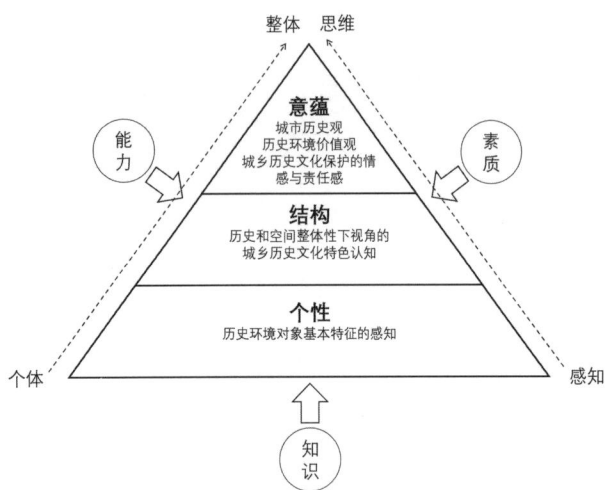

图2 城乡历史环境意象建构教学理念示意图
资料来源：作者自绘

成员之间的意象似乎能保持一致"[4]，"城乡历史环境认知"课程的任务是通过感性知识和认知能力的训练达到专业素质的提升，帮助学生建构基于专业基础的城乡历史环境的基本"意象"。

4 意象建构的教学内容与方法

4.1 个性认知：时空关联的基础知识

根据"个性"认知的要求，对于历史环境载体特征的基本感知能力建构需建立在一些基础知识性内容的基础上。由于"空间"是本科前两年基础教学的关键词，在城乡历史环境认知的教学中首先要引导学生在三维的空间观中加入"时间"的维度，以引导意象建构的整体时空视角，并为意象建构准备基本的知识框架。

（1）城乡发展历史观的基本知识

城乡发展历史观的基本知识讲解内容包括城市文脉、拼贴城市等基本概念，并结合学生熟悉的城市环境及其发展过程、相关城市规划设计案例等，做到深入浅出，使学生领会城市的历史过程性，引导学生形成在城市纵向历史发展的进程和城市整体空间中观察理解历史环境的基本视角。由于教学的目标主要在于基本观念和视角的建立，知识类教学只做概念的简介，避免深入的理论辨析和具体保护方法、设计方法的传授。

（2）城乡历史环境的基本构成

作为现场实例调查之前的准备，进行城乡历史环境基本构成介绍，在"建筑通史"和"遗产保护基础"课程的基础上，将历史文化环境的概念进一步拓展至城乡层面。教学内容主要包括对各类各级历史文化保护对象基本概念和层级架构的介绍，帮助学生理解城乡历史文化保护对象的丰富性，并建立保护本体和相关城乡环境一体化的基本观念。这部分内容的重点在于认知对象范畴和基本框架的建立，对于各层次保护对象的具体法规、规范等内容不做讲解。

4.2 结构认知：多维覆盖、点面结合的实例调查

在进行基本的知识准备后，课程进入核心的实例调查环节，对应于意象建构的基本理念，这种认知不仅是个体性的，而且应当是结构性的，重点帮助学生在较短的时间内搭建对城乡历史环境系统的整体性认知，因此，实例的选择以"纵横覆盖""点面结合"作为基本原则（图3、表2）。

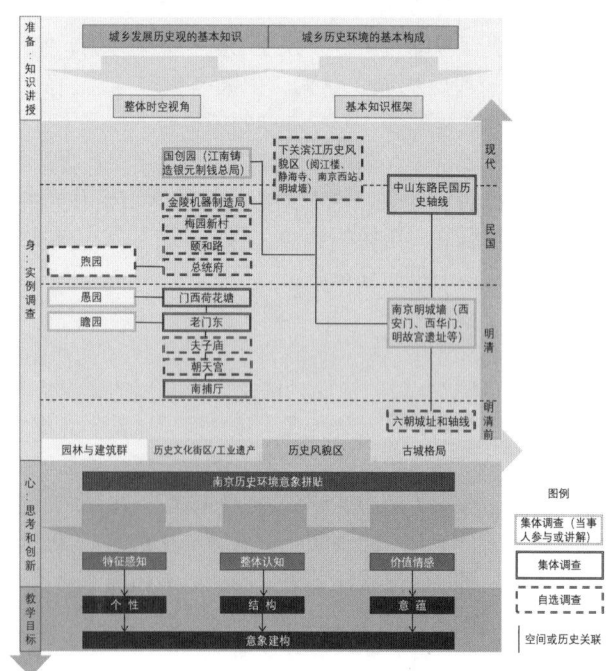

图3 城乡历史环境认知课程的基本框架
资料来源：作者自绘

主要教学环节与内容　　　　　　　　　　　　　　表2

环节		内容	时数	备注
讲授		城乡历史环境认知引导	3学时	城乡发展历史观和城乡遗产的基本构成
		瞻园的设计实践	2学时	聘请设计者讲解
		南京明城墙概况	2学时	聘请专家讲解
实例调研	集体调查	愚园、门西荷花塘历史文化街区	半天	聘请参与项目的设计师现场讲解
		瞻园	半天	讲座后调查
		南捕厅历史文化街区	半天	
		国家领军人才创业园（江南铸造银元制钱总局、南京第二机床厂）	半天	聘请原工厂领导现园区管理者现场讲解
		南京明城墙（沿山东路段西安门、西华门、明故宫遗址）	半天	讲座后调查
	自主调查（自选3处以上）	煦园、总统府历史文化街区	半天	
		下关滨江历史风貌区（阅江楼＋静海寺＋南京西站＋明城墙）	1天	
		大报恩寺塔遗址公园、金陵机器制造局历史文化街区	半天	两处结合
		朝天宫历史文化街区	半天	近南捕厅，可结合
		夫子庙历史文化街区、老门东历史文化街区	半天~1天	近瞻园，可结合
		颐和路历史文化街区	半天	
		梅园新村历史文化街区	半天	
		南京明城墙（其他段落）及六朝城址与轴线	1天	与多个调研选点靠近，可结合
作业		调研报告	4学时	以调研感受为重点
		历史环境意象拼贴画	6学时	根据调研获得的南京城市历史环境意象，选择一个主题或一个地点或一个类型，将若干场景画面按照一定的逻辑拼贴在一个长卷上，表达南京城市历史环境某方面的特色或某种思考

资料来源：作者自绘

（1）纵横覆盖

横向覆盖，有两方面的含义。首先，实例调查应当涉及城乡历史环境的典型类型，如历史文化街区、古典园林、工业遗产；其次，这些实例在同一个城乡空间地域中，以便学生在不同对象之间建立空间联系，促进整体意象的建构。纵向覆盖，是指所实例调查应当关照实例所在城市各个重要历史阶段，能够牵引学生对于城市发展纵向历史脉络的整体关注。

为此，调研活动在南京一城开展，对象包括古城格局、历史文化街区、历史风貌区、工业遗产、古典园林、城墙、建筑等，涉及六朝、明清、民国、现代等重要历史时期的实例。这些案例不仅包括古代近代的重要历史空间要素，也包括现代城市发展过程中，对历史对

象的保护、修复、利用的案例。如所选的案例中，瞻园自20世纪50年代至2000年经历三次修复和扩建，愚园是近年来修复的，国家领军人才创业园（江南铸造银元制钱总局）是近年的工业遗产保护利用项目，都体现了历史环境在城市连续发展过程中的延续、生长和活化的完整过程。

（2）点面结合

点面结合，不仅是指在主要类型和重要历史时期选择代表性实例，更重要的是由重点调查的历史环境对象牵引相关片区的调查和感知。比如，瞻园的调查与夫子庙地段结合，愚园的调查与门西荷花塘历史文化街区、老门东片区相结合，把点状的历史文化资源周边的历史环境整合起来，有利于整体意象的建构。点面结合也体

现在纵向尺度上，通过调查点之间历史关系的联络，强化城市的整体历史意象建构。比如对古城格局的调查以沿中山东路的明南京东华门、午门、西安门一线为重点，将明故宫宫城轴线与民国南京轴线串联，牵动的是南京自三国、六朝以来的城址变迁历史，以帮助学生形成对南京历史特色的整体认知。

4.3 意蕴认知："身""心"结合的教学方式

根据笔者的教学体会，作为一门以感性认知为基础的课程，各种教学方式中首先应强调亲身体验和探索的直接经验，并且在此基础上推动思维层面的思考和创新，做到"身""心"结合，推动意蕴层面的认知成果形成。

（1）"身"：调查中的亲身体验和探索

亲身体验，首先是强调学生对历史环境的实地观察，通过感官的直接接触建立感性经验，同时也强调对环境使用者的观察和访谈。对于不同的类型，强调不同的体验和探索重点。对于园林建筑类，主要体验空间形态的组织特征，探索其与周边城市环境的对话关系；对于历史文化街区和历史风貌区类，主要体验历史要素和氛围的构成以及其中的业态和生活，探索其与城市片区环境和发展的关系；对于古城格局类，主要体验其历史特征和氛围的展现方式，探索其与城市整体结构生长与演进的关系。

其次，创造条件使学生与实例的设计者、经营者等当事人进行互动，在知识传递的过程中自然产生价值与情感的同化。比如，在瞻园的调查前，特邀三次参加修复工程的省设计大师亲自讲解延续五十年的修复过程，在国创园的调查中，邀请原企业的领导讲解保护利用策略、项目过程、经营情况，并走访项目的业主……都产生了十分鲜活的感染力（图4）。

（2）"心"：调查前后的思考和创新

身体层面的感知最终应转化为心灵层面的意象，需要设定有效的教学手段推动学生的思考，在思维加工的基础上再现身体感受的经验，形成意象，并且升华为对历史环境意蕴的理解，自然生发情感，建立正确的价值观。在调查之前通过基本知识的讲解并要求学生提前准备和阅读调研背景材料，触发思考，带着问题前往现场；在调查之后，要求学生通过对调查得到的感受进行

现场调研　　　　　　　江苏省设计大师讲解瞻园修复

设计师现场讲解　　　　国创园领导陪同调研和现场讲解

图4　多种形式的案例调研体验
资料来源：作者拍摄

创造性的加工，并加以概念化的呈现。具体而言，集中体现在课程作业的阶段，要求学生根据调研的内容制作一张历史环境意象拼贴画，根据调研获得的南京城市历史环境意象，选择一个主题或一个地点或一个类型，将若干场景画面按照一定的逻辑拼贴在一起，表达历史环境某方面的特色或者某种思考。这个作业的目的是推动学生回顾和再现调研中的意象，并在整体层面进行加工整合和思考，通过创造性的表现形成创新的审美成果，从而体会意蕴，形成情感价值。

5 教学效果和价值

近年的教学实践表明，"意象建构"教学理念引导下的教学安排调动了学生对调查对象整体性的认知，并在感性认知的基础上形成了更加深入的情感回应和理性思考，达到了"个性、结构、意蕴"的意象建构目标，并在学生提交的作业中得到了很好的体现。以下通过四份学生作业进行简要的说明（图5）。

作品1　金陵十三门　作者：董雨萌

描绘了南京明代的十三座城门，并将一些重要的城市地标和历史遗产对象穿插期间，清晰的展现了历史环境整体意象建构的成果，体现了"结构"认知的意义，是一幅南京历史环境的"认知地图"。

作品2　门东烟火，梦归金陵　作者：鄢雨晨

描绘了夫子庙和门东的代表性历史环境场景在一天时间中的拼贴，并辅以相关的诗词名句。在纸面上叠合了时间和空间、历史与生活、景与人、境与情，能感受到作者对"意蕴"的理解和情感的生发。

作品3　起承转合——城墙引力下的乌有之城
**　　　　作者：李千川**

以沿城墙的城市肌理、历史意象、现代生活的片段拼贴，表达了明城墙作为古城格局要素所传达的历史意义在现代城市发展中的种种碰撞、矛盾、妥协和重塑，展现了对纵横维度"结构"的关注，体现了作者对

历史和现代关系的反思，也渗透着对历史环境保护的责任感。

作品4　街巷的变质　作者：卢天阳

将现代、传统，城市、乡村等不同的街巷、水系环境抽象后穿插拼贴，展现了一个充满矛盾又高度还原的"拼贴城市"景象，其间穿插了作者对街道中的生活、文化等意蕴层面的思考，以及对城乡遗产价值和保护利用的思考。

上述代表性学生作品表明，意象建构的认知教学帮助学生从感性实践入手，通过由身到心的情感加工，形成了最直接的经验，它们可能是稚嫩的，但却是鲜活

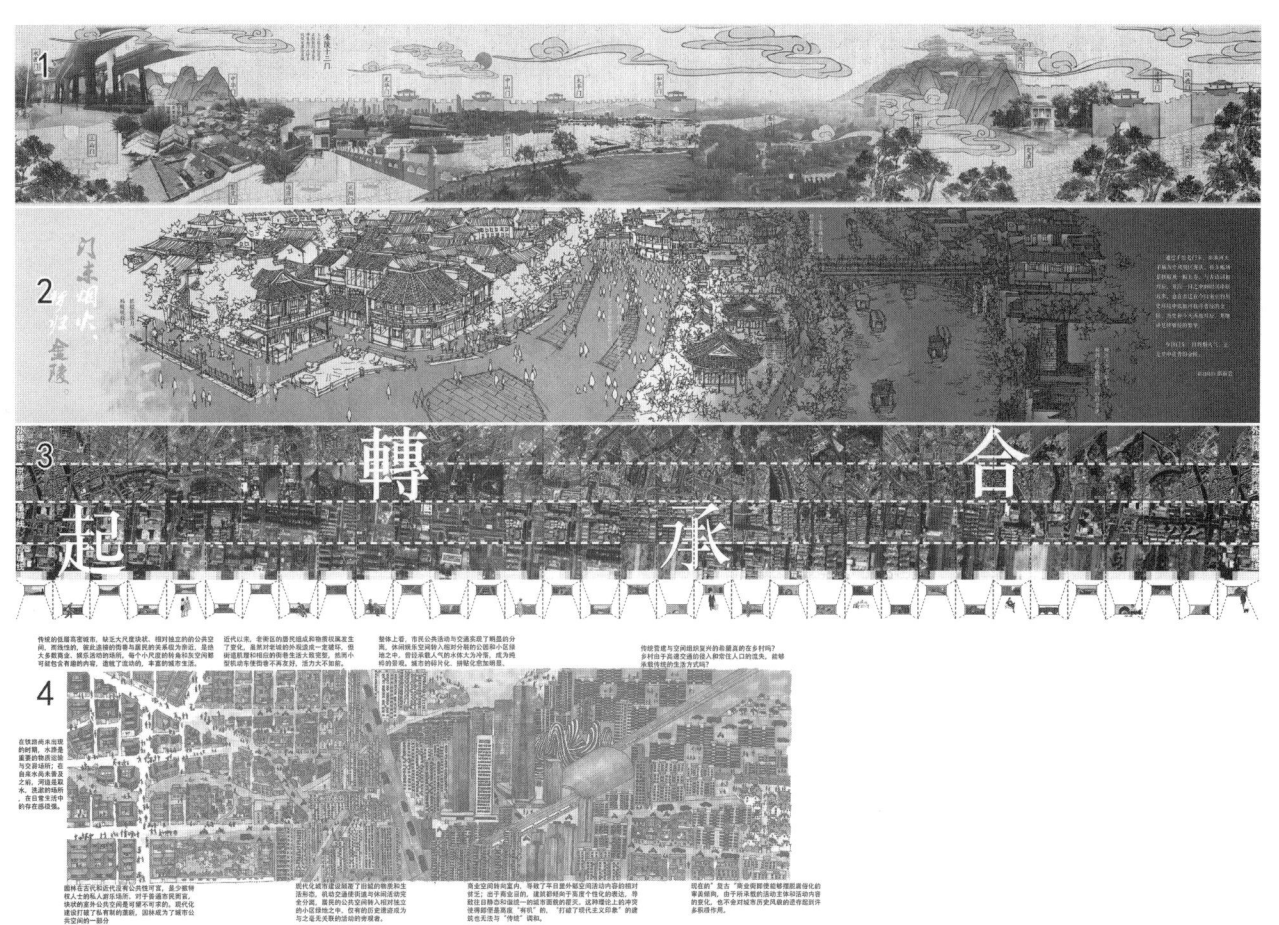

图5　部分学生意象拼贴画作品
资料来源：作品1：董雨萌，作品2：鄢雨晨，作品3：李千川，作品4：卢天阳；指导教师：陈晓东

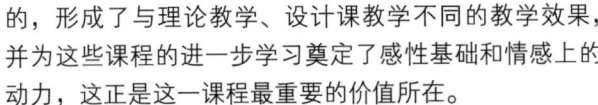
的，形成了与理论教学、设计课教学不同的教学效果，并为这些课程的进一步学习奠定了感性基础和情感上的动力，这正是这一课程最重要的价值所在。

6 结语与展望：教学体系改革下的挑战和优化

对近十年来基于意象建构的城乡历史环境认知实践课程的整体回顾表明，对于城乡环境这种与人的感受密切相关的对象而言，基于身心感知的认知和意象建构过程是感性经验储积的有效途径，为进一步的理性认知和综合创造奠定了基础，对于初学者而言，即使在虚拟现实和数据分析等信息技术飞速发展的今天，其作用仍显得不可替代。

与此同时，当前城乡规划专业正在经历新的改革，面对正在进行的教学体系调整，城乡历史环境认知等认知类实践课也面临必然的变革。挑战主要来自两个方面：首先，学制压缩要求在更加有限的学时内达到"意象"建构的教学目标；其次，新的感知技术和网络传播的兴起正在改变人们认知城市环境的方式，"意象"建构的教学方法也必然随之改变。

为此，结合四年制教学计划改革和既往教学的总结，笔者对城乡历史环境认识实践课程的改革展望如下：

第一，基于意象建构的认知类实践整合。"意象建构"的历史环境认知强调对历史和空间整体关系的理解，这一思想可以进一步扩展，建设更加整合的"城乡建成环境认知"课程。目前，2024版教学计划已将原本的乡村认知、历史环境认知整合为城乡环境认知，学程调整至二年级第一学期，并纳入"三生空间"、新城老城、乡村环境、城市系统等综合性内容，从而节约课程时数，提升教学效率，同时帮助学生形成更加整体的城乡环境基础意象。

第二，对于意象内涵理解的进一步拓展。伴随网络传播的发展，网络社会、流空间的兴起正在改变传统以人的直接感官为基础的意象建构方式[5]，数据流、信息层等无形要素正在渗透到人们认知环境的过程中来，如社交媒体信息的传播等。因此，未来的城乡环境认知实践中的意象建构过程除了传统的基于学生身心体验的基本方式外，还应当积极探索利用虚拟网络社会数据进行"数字意象"建构的教学方法，如通过微博评价数据等对城市环境的公众网络意象进行提取等。

第三，数字化认知工具的丰富和提升。除了网络社会以外，数字化技术也正在极大的影响常规的环境认知方式。首先，借助于无人机等新的数码工具，人们的感知能力得到极大的拓展和延长，这些工具的普及也正在改变意象建构的方式；其次，数字化感知工具提升了对人们感知规律分析的能力，如眼动仪等可以帮助了解环境意象形成的原因，从而有助于理解认知对象和认知规律。科学的应用此类工具，可使得城市环境认知的深度和广度得到极大的提升，从而提高教学的效率和成效。

参考文献

[1] 当前城乡规划本科人才培养方案制定的思考——东南大学的演进与探索 [J]. 城市规划, 2025, 49（3）: 52-60.

[2] 高等学校城乡规划学科专业指导委员会. 高等学校城乡规划本科指导性专业规范（2013版）[M]. 北京: 中国建筑工业出版社, 2013.

[3] 吴晓, 王承慧, 高源. 城乡规划学"认知—实践"类课程的建设初探 [J]. 城市规划, 2018, 42（7）: 108-116.

[4] 凯文·林奇, 方益萍. 城市意象 [M]. 何晓军, 译. 北京: 华夏出版社, 2011: 4-6.

[5] MITCHELL W J. Me++: The cyborg self and the networked city[M]. Cambridge: MIT Press, 2004.

"Imagery Construction"——A Review and Prospect of Teaching of Urban and Rural Historical Environment Cognition Course at Southeast University

Chen Xiaodong

Abstract：In the context of the major reform in the urban and rural planning education system, the teaching practice of urban and rural historical environment cognition course in Southeast University since 2015 is reviewed, in order to establish a foundation for the adjustment and optimization of such courses. Firstly, the development process of urban and rural historical environment cognition course and their positioning in the teaching system and historical heritage curriculum group are analyzed. Secondly, the core concept of "image construction" is introduced from three target levels of identity, structure and meaning. Thirdly, the teaching content and methods around this concept are expounded, including spatio-temporal association in the teaching of basic knowledge, multi-dimensional coverage and point-to-surface combination in the case investigation, and the teaching method of combining body and mind. On the basis, the teaching effect of the course is evaluated through the analysis of representative students' works. The results show that for the urban and rural environment, the image construction process based on physical and mental perception is an effective way to accumulate perceptual experience, which lays the foundation for the further rational cognition and comprehensive creation of beginners. Therefore, it still plays an irreplaceable role in the era of the teaching system reform and the information technology development. Based on this judgment, combined with the four-year teaching plan, this paper looks forward to the reform of the urban and rural historical environment awareness course, and the improvement ideas are rendered, such as the integration of cognitive practice courses based on image construction, the further expansion of the understanding of image, and the enrichment and improvement of digital cognitive tools.

Keywords：Cognition Practice Teaching, Imagery Construction, Urban and Rural Historical Environment Cognition, Teaching Reform of Urban and Rural Planning

"院"爱落地：共建共享共治视角下开放式研究型设计教学模式创新
——以哈尔滨文化街道社区营造实践教学为例

摘　要： 本研究围绕社区"共建—共享—共治"的城市更新背景，基于哈尔滨工业大学建筑与设计学院城乡规划专业的开放式研究型设计课程，构建了问题导向的"跨境交流＋在地行动＋多方协同"的教学实践模式。课程基于赴日考察汲取"内生式社区营造"理念，通过与哈尔滨市南岗区文化街道合作，开展实地调研、协同设计与微更新实验教学。该模式通过构建"校—政—社—民"多方协同机制，打破了传统课堂与真实场域的边界，有效提升学生的问题意识、社会责任感与跨学科综合实践能力，并整合BIM、无人机测绘等数字工具与寒地适老化技术，为社区提供了"适老化改造＋代际融合"的可复制的营造方案。教学模式的构建与教学成果的推广实现了学术研究与社区治理的双向赋能，对城乡规划学科教育改革具有创新性示范意义。

关键词： 开放式研究型设计；共建共享共治；社区营造；教学模式创新；适老化改造

1　引言

在城市更新与社会治理深度融合的背景下，城乡规划领域正面临从"技术导向"向"治理导向"的根本性转型。相较以往"大拆大建"的粗放式更新，当下更强调"小尺度、渐进式、精细化"的微改造模式，社区作为城市治理的基本单元，其在城市更新中的作用愈发突出。"共建、共享、共治"理念作为新时代社区治理的核心指引，强调多主体协同参与、共同决策与成果共享，已逐步成为引导空间更新与社区营造的价值基准，不仅有助于提升治理效能和空间适配性，也回应了公共利益实现与社会公平的双重诉求。在此框架下，城乡规划逐步发展为整合多方诉求、促进社会协同与文化传承的治理实践。

这对城乡规划教育提出了新的挑战与要求。教育部在"新工科"背景下提出深化教学改革，推动高校建设实践基地、开展项目式学习。《普通高等学校本科专业类教学质量国家标准》（2021）进一步要求城乡规划教学"强化实践教学比重，培养解决复杂现实问题能力"，两项政策共同指向传统规划教育的三大结构性矛盾。一是理论与实践断层，学生参与真实社区更新项目的比例

较小；二是跨学科协同缺失，难以应对社区更新中"空间改造—社会治理—技术应用"的复合需求；三是价值引领弱化，现实议题关注不足，学生社会责任感培养缺乏系统性机制。"开放式研究型设计"作为一种融合问题导向、跨学科合作与社会参与的新型教学模式，为破解城乡规划教育困境提供了现实路径。该模式通过将学生置于真实社区更新的复杂环境中，引导其在"调研—设计—落地"全过程中整合知识、协同行动、反馈优化，将育人过程嵌入到社会治理体系中，实现了教育与社区发展的双向哺育。

本研究基于哈尔滨工业大学城乡规划专业"开放式研究型设计"课程，以文化街道为实践平台，围绕"适老化改造＋代际融合"议题，探索在寒地社区中构建"教学—实践—治理"闭环机制的路径与效果。研究聚焦以下三方面核心问题：①教学模式构建问题：如何通过开放式研究型设计教学，将"共建共享共治"理念有效融入城乡规划教育，实现课堂与社区的深度衔

赵志庆：哈尔滨工业大学建筑与设计学院教授
王馨梓：哈尔滨工业大学建筑与设计学院硕士研究生
谢佳育：哈尔滨工业大学建筑与设计学院博士研究生（通讯作者）

接？②实践路径优化问题：如何在寒地城市社区更新中，本土化借鉴国际经验，并通过多学科协同破解治理难题？③教育赋能机制问题：如何建立"教学—实践—治理"的闭环体系，提升学生社会责任感与综合能力，同时反哺社区治理与空间更新？力求为城乡规划教育发展与寒地社区治理提供理论参考与实践范式。

2 教学模式构建：共建共享共治理念在课程体系的嵌入

2.1 理论基础与国内外实践

"共建共享共治"是新时代社区治理的重要理念，强调多元主体在城市治理中的协同参与责任共担，突破了政府单一供给的传统路径，强调居民、社会组织、专业力量的共同参与。作为城乡规划教育的重要价值导向，"共建共享共治"不仅体现治理结构的多元转向，也为教学内容与实践场域深度融合提供了方法依据。

在国际层面，以日本、新加坡为代表的社区营造实践为"共治型"教育模式提供了启示。如日本江古田之杜社区推行"内生式营造"，通过"日常激活"实现居民自主参与空间改造；新加坡"代际共融社区"则借助公共资源整合与行为引导，提升社区韧性与互动性。这些模式强调"专业引导＋居民参与"的协同路径，体现出教育、治理与空间共建的交互融合。

近年来，国内多所高校在城乡社区规划教育中也积极探索实践教学模式，如清华大学、东南大学等依托地方社区和历史街区开展设计下乡、社区微更新课程，推动学生从课堂走入社区。这类课程普遍采用实地调研、社区共创、跨学科协作等方式，强化高校与地方之间的互动关系。有研究指出，虽然"项目驱动"模式在培养学生综合能力方面成效明显，但面临成果转化弱、协同机制不稳定等问题。因此，亟需结合国内社区治理实际，在吸收国外经验基础上，探索更具延续性与操作性的协同育人机制，构建教学与社区发展互促共赢的新型体系。

2.2 课程定位与教学主体确定

本课程面向哈尔滨工业大学城乡规划专业五年级学生，作为"开放式研究型设计"必修课，聚焦真实社区，探索共建共享共治理念在教学体系中的嵌入路径。

课程以"国际经验本土化"与"在地行动实践化"的双向衔接为导向，引导学生在"理论—调研—实践—反馈"全过程中完成从"方案设计者"向"社会协调者"的能力转型。

为支撑实践教学落地，课程构建了以"多元主体共治"为核心的协同机制。教学团队由城乡规划与社会学教师、日本东京大学社区营造专家与街道政策顾问联合组成，分别负责理论指导、经验输入与资源整合。学生作为设计执行主体，深度参与调研、共创与施工协调；居民通过访谈、议事会等形式表达需求，推动方案精准化；本地设计院与技术公司则协助实施，如提供适老化防滑铺装和暖棚热工优化等技术支持。多方协作推动课程成果转化为社区治理实践。

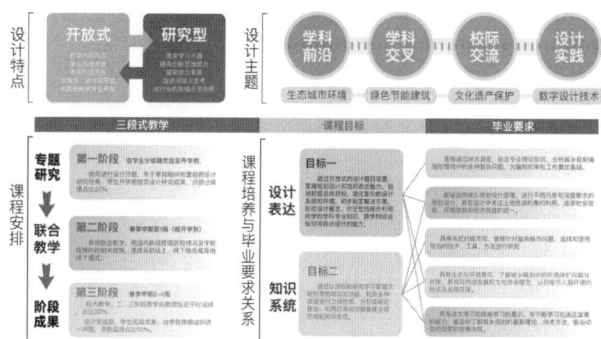

图1 课程教学技术路线
资料来源："开放式研究型设计"课程教案（赵志庆教授团队绘制）

3 实践路径优化：本土化场景中的多方协同与教学方法

3.1 教学方法：以研究为核心的教学路径设计

课程以"冬季活动空间不足"这一真实社区痛点为核心切入点，引导学生从寒地气候特征与老龄化社会需求出发，提出"寒地适老化设施集成""代际场景激活"等研究议题。通过聚焦实际问题，使学生从被动接受知识转向主动建构研究框架，培养其问题发现、策略探索、技术验证的递进式研究逻辑。

在方法融合层面，课程综合运用定量分析、定性研究及技术工具。通过GIS空间可达性分析与适老设施覆盖率统计，量化评估社区空间效能短板；结合居民叙事访谈与参与式观察记录，深度解码老年群体对冬季暖棚的隐性依赖及代际互动需求；同时引入 BIM 技术模拟暖棚热工效能、无人机生成场地三维模型等工具，科学验证方案可行性。多维度方法的协同应用，既强化了研究的严谨性，又确保设计策略与社区需求的精准匹配，形成"数据驱动—人文关怀—技术赋能"三位一体的研究型教学路径。

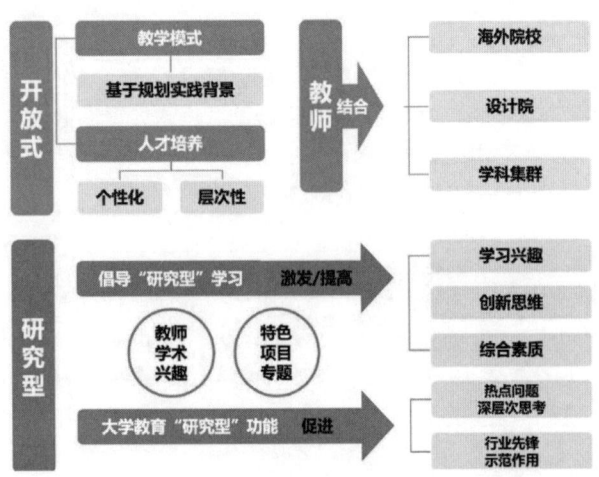

图2 教学方法：以研究为核心的教学路径设计
资料来源："开放式研究型设计"课程教案（赵志庆教授团队绘制）

3.2 多元主体协同机制构建与学生角色重塑

（1）多元主体协同机制构建

本研究围绕社区"共建—共享—共治"的城市更新背景，构建了"校—政—社—民"多元主体协同机制，形成资源整合与责任共担的实践平台：

①校政合作：政策对接与数据赋能

与南岗区文化街道建立战略合作，街道办提供社区人口数据、历史档案及微更新项目审批绿色通道等支持；引入日本东京大学银发社区研究团队远程指导，举办跨国工作坊，实现"国际经验—本土政策"的精准对接。

②校社联动：技术攻坚与居民动员

联合本地设计机构开展技术攻坚，针对寒地适老设施制定专项技术标准；引入社区社会组织协助居民动员，通过"社区议事会"收集有效需求建议，确保设计方案贴合真实生活场景。

③居民参与：全流程需求响应机制

建立"需求—设计—反馈"全流程参与机制，以"线上问卷 + 线下工作坊"的方式大范围覆盖社区家庭，通过居民投票决定节点改造方案选址；设立"学生—居民结对小组"，由学生主导深度访谈，识别老年人对"冬季全天候活动空间""代际互助工坊"的隐性需求。

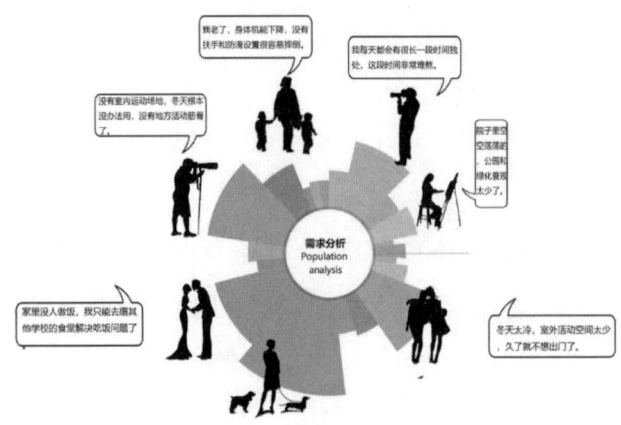

图3 居民需求分析
资料来源："开放式研究型设计"课程学生设计集

（2）学生角色转型与核心能力培养

在多方协作中，学生从"被动知识接收者"转变为"社区更新协作者"，逐步形成调研、设计与协调的综合能力。一是在问题识别上，通过田野调查掌握行为观察、问卷统计与空间测绘等方法，提出如"碎片化空间适老激活"等策略；二是在技术整合上，融合无人机测绘、BIM 建模与社会学访谈，形成《文化街道公共空间适老性评估报告》，并推动"暖棚热工优化"方案纳入地方导则；三是在公共沟通上，学生在多方工作坊中担任协调者角色，平衡政策、居民与技术多方需求，促成文林社区改造方案顺利落地，提升了其实践应变与协同治理能力。

3.3 教学实践路径：三段式结构

针对教学目标，课程构建了"三段式"推进模式，即"跨境交流 + 在地行动 + 多方协同"。

第一阶段为境外调研，引入先进社区营造理念。课程初期组织学生赴日本开展为期一周的社区规划调研，

图4　与日本东京大学联合参访东京银发族社区

资料来源："开放式研究型设计"课程师赴日本考察现场拍摄

重点考察东京、京都、福冈等地的"内生式"社区营造模式。在东京大学教授指导下，学生深入学习居民自治、渐进式改造、小尺度更新等实践案例，理解专业角色从"设计者"向"协作者"转变的重要性。通过与当地规划师座谈、走访老龄社区与公共花园改造项目，学生认识到社区更新需激发居民内生动力，强调协同共治。这一阶段拓展了学生视野，也为后续实践教学提供了价值引导和方法参考。

第二阶段为在地实践，本土问题精准识别。选址于哈尔滨南岗区文化街道，该地具备老龄化突出、空间更新需求强烈、居民参与基础良好等典型特征。课程前期开展问卷调查、访谈、行为观察和空间测绘，全面识别社区问题，如在空间维度上，通过无人机测绘结合人工踏勘，发现社区人均公共空间0.8平方米，仅3处节点具备冬季改造潜力，且无障碍通道连通率不足40%；行为维度上，通过居民GPS轨迹追踪与访谈，揭示儿童活动与老年休憩空间割裂（距离平均≥200米），代际互动频率仅0.3次/周，冬季室外活动设施使用率低至18%。基于调研成果，课程设计了三轮社区工作坊，邀请居民参与方案构思、评议和优化。学生逐步形成从"头脑风暴"到"实景建模"的设计迭代机制，在与居民共创中提升协同意识和快速应变能力。最终各小组提出6套微更新方案，涵盖适老化小广场、共享驿站、口袋公园等典型场景，均获得社区积极反馈。

第三阶段为成果反馈与试点实施。课程选取两项居民呼声较高的方案进行试点落地，街道办提供资金和组织协助，师生共同参与施工全流程。一处小广场增设环形长椅、防滑地面与廊架，显著提升老人日常使用率与舒适度；一处胡同节点转化为共享空间，设置图书漂流架与公告栏，成为邻里交流新据点。学生在落地过程中与工人沟通、现场调整设计，深刻体验了从图纸到实物的复杂性。同时，街道办将试点方案纳入推广计划，计划应用至其他类似场地。

4　教学成果赋能：实现学生成长与社区治理的双向促进

4.1　教学成果展示：从知识转化到社区赋能的多维突破

（1）理论成果

理论成果形成《日本银发社区适老化设计策略汇编》，总结"内生式营造""代际融合"等可复制经验，为论文提供国际比较素材。建立寒地城市社区更新方法论，包括适老化设施选型、冬季景观设计要点，支撑论文中"本土化创新"论点。

（2）实践成果

完成文化街道2个社区、10余个节点的改造方案，遵循"小规模、可复制"原则推进处试点项目：文瑞小区暖棚广场——改造1200平方米闲置空间，夏季设置儿童攀爬网、沙坑，冬季搭建暖棚并引入社区市集，空间利用率从25%提升至85%，老年人冬季日均使用时长从0.5小时增至2.3小时；文林社区老年活动中心——整合社区卫生站与架空层，设计"医疗护理＋文化娱乐"复合空间，一层设康复理疗区（配适老健身器材），二层设书画室与"时间银行"服务站，实现"15分钟养老服务圈"全覆盖；街角共享驿站——利用50平方米废弃报刊亭，配置应急医疗箱、旧物交换架、电子公告屏，日均服务居民60人次，成为社区信息交互与物资流转的微型枢纽。

图5　联评作品集成果
资料来源："开放式研究型设计"课程学生设计集

在教学结尾，课程组织社区成果展与学院汇报会，多方共同评议教学成效。学院采用多维评价机制，结合教师评分、居民反馈、学生反思和街道建议，全面评估课程成果。课后问卷显示，94%的学生表示提升了解决实际问题的能力，89%认为更理解社区营造的协作机制。这一过程不仅提升了学生的专业素养与社会责任感，也增强了社区对高校参与治理的认同感，推动教学与社区实现双向赋能。

4.2　未来展望：构建"教育—治理"长效协同体系

（1）教学周期纵深化：从"单次实践"到"持续追踪"

建立"多学期迭代"机制，第一学期完成方案设计与试点落地，第二学期开展使用后评估与优化，形成

图6　成果汇报现场合照
资料来源："开放式研究型设计"课程阶段成果汇报会现场拍摄

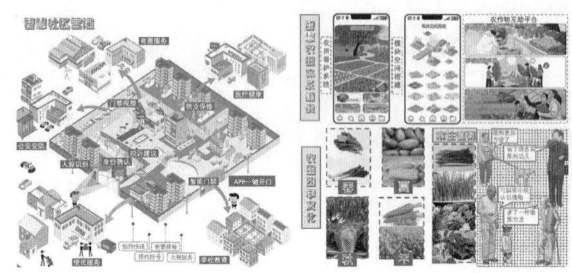

图7　社区营造设计成果表达
资料来源："开放式研究型设计"课程学生设计集

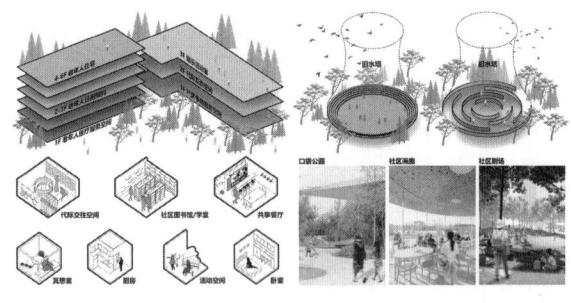

图8　社区闲置建筑改造策略分析
资料来源："开放式研究型设计"课程学生设计集

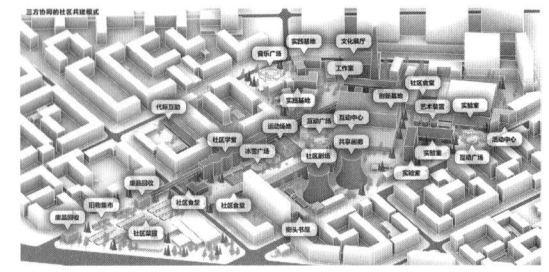

图9　多方协同的社区共建模式
资料来源："开放式研究型设计"课程学生设计集

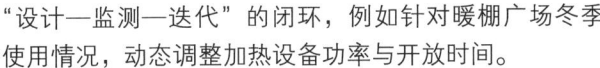

"设计—监测—迭代"的闭环，例如针对暖棚广场冬季使用情况，动态调整加热设备功率与开放时间。

（2）技术工具适老化：从"通用设计"到"精准服务"

研发轻量化适老技术模块，如带语音引导的智能照明系统、基于 AR 的无障碍路径导航，同步开发"社区营造手册"图解版，降低老年居民参与门槛；联合计算机学院开发"银发族需求采集 AI 系统"，通过自然语言处理分析老年人口头反馈，生成可视化需求图谱，提升设计精准度。

（3）合作机制制度化：从"项目合作"到"生态共建"

推动高校与地方政府签订"教育—治理长期合作协议"，设立"社区规划师常驻岗位"，由师生团队定期提供技术支持，如参与文化街道年度更新计划制定；建立"校友—在校生接力机制"，毕业校友持续跟踪已落地项目，结合最新研究成果优化维护方案，形成"教学成果反哺社区治理"的长效生态。

5 结论

本研究依托哈尔滨工业大学"开放式研究型设计"课程，围绕寒地老龄化社区的现实问题，探索了共建共享共治理念在城乡规划教育中的有效嵌入路径。课程通过构建"跨境交流—在地行动—多方协同"的三段式教学结构，打破了传统课堂与现实场域之间的壁垒，实现了学术研究与社区治理的双向赋能。教学过程中，师生将国际先进经验转化为本土行动策略，整合 BIM、无人机测绘等数字工具与寒地适老化技术，回应了社区更新的现实需求。同时，通过"校—政—社—民"四方协作平台，推动教学成果直接嵌入社区微更新实践，促进

了教育功能向公共服务能力的延伸。未来，规划教育应继续在学科融合、技术本土化与协同治理机制等方面深耕，推动教育从知识传授走向社会赋能，为老龄化背景下的社区治理提供可持续的"教育实践样本"。

致谢

本研究的部分素材来源于 2024 年开放式研究型设计课程的学生作业成果。该课程由赵志庆、戴铜老师共同指导，由学生刘王寅、周硕、陈怡霖、王佳玮、郑可萱、田凌槿、张力月、刘金培、黄昕悦、陈若凡、邱真、戚云会、洪嘉宇、周楚涵（按姓氏笔画排序）共同参与完成相关作业成果。文中涉及的图表、案例、分析等部分基于上述学生的原创成果。特此向所有参与学生及指导教师致以感谢。

参考文献

[1] 肖靖．从产教结合到产教融合——40 年职业教育的政策变迁 [J]. 中国高校科技，2019（8）：66-71．

[2] 普通高等学校本科专业类教学质量国家标准 [S]. 2021．

[3] 石楠．城乡规划学学科研究与规划知识体系 [J]. 城市规划，2021，45（2）：9-22．

[4] 陈晓春，肖雪．共建共治共享：中国城乡社区治理的理论逻辑与创新路径 [J]. 湖湘论坛，2018，31（6）：41-49．

[5] 秦岭，周燕珉，初楚．适老化住房的建设：日本经验及其启示 [J]. 世界建筑，2022（7）：26-32．

[6] 程仙平，吕佳．教育赋能基层社区治理的机制分析和实践进路——基于社会资本框架 [J]. 成人教育，2022，42（4）：22-29．

Innovation in Open Research-Oriented Design Pedagogy from a Co-Construction, Co-Sharing, and Co-Governance Perspective ——A Case Study of Community Building Practice in Harbin's Wenhua Neighborhood

Zhao Zhiqing　Wang Xinzi　Xie Jiayu

Abstract：This study centers on the urban renewal background of "building-sharing-governing" in the community, and constructs a problem-oriented "cross-border communication + local action + multi-party collaboration" teaching and practice model based on the open-ended research design course of the urban and rural planning program in the School of Architecture and Design of Harbin Institute of Technology. Based on the open research design program of urban and rural planning in the School of Architecture and Design of Harbin Institute of Technology, a problem-oriented "cross-border communication + local action + multi-party synergy" teaching practice mode was constructed. Based on the concept of "endogenous community building" learned from the study tour to Japan, the course carries out field research, collaborative design and micro-renewal experimental teaching in cooperation with Culture Street of Nangang District, Harbin City. The model breaks the boundary between traditional classroom and real field by building a multi-party collaborative mechanism of "school-political-social-community-people", effectively enhances the students' awareness of problems, sense of social responsibility, and interdisciplinary comprehensive practical ability, and integrates digital tools such as BIM, drone mapping, and cold-land ageing-adapted technology to provide the community with It also integrates digital tools such as BIM, drone mapping and cold weather technology to provide a replicable solution of "ageing retrofit + intergenerational integration" for the community. The construction of the teaching mode and the promotion of the teaching results realize the two-way empowerment of academic research and community governance, which is innovative and exemplary for the educational reform of urban and rural planning discipline.

Keywords：Open Research Design，Sharing And Governance，Community Building，Teaching Model Innovation，Ageing Retrofitting

新技术赋能城乡规划设计课的框架体系与应用实践

龙　瀛　郝　奇　陈宇琳

摘　要： 随着城乡规划专业面临学制改革与课时压缩的挑战，传统设计课程的弊端越发凸显，而近年来涌现的新技术工具为解决传统教学痛点提供了新机遇。本文依托"面向沿边地区人居环境改善的城乡规划大数据理论与方法课程虚拟教研室"的研讨成果，基于多院校设计课程的改革经验，梳理了城乡规划设计课程各环节中应用的典型新技术，构建了覆盖"理论学习—调研体检—方案生成—后评估"六大教学阶段的全流程技术赋能框架体系，并通过清华大学建筑学院近期的实践探索案例，展示了其在实际教学中的应用。该框架体系能有效解决传统教学中的科学逻辑不足、现实多元视角缺失与效率低下的问题，为新时代城乡规划学科的教学改革提供了实践范式。

关键词： 城乡规划；设计课；新技术；教学改革；教学实践

1 引言

近年来，随着国家"新工科"战略的深入推进，高等教育加速向"学科交叉、通专融合"方向转型。城乡规划作为典型的应用型工科专业，在"大类培养"、通识课程比重提升的趋势下，面临专业课时压缩的挑战。据罗小龙等（2024）统计，从 2019 年起，南京大学、东南大学、大连理工大学相继进行"五年制转为四年制"的学制改革，至 2024 年，全国至少有 28 所高校正在推进"五改四"，在对上述高校的调研中发现，改革后通识课程占比普遍增至 20% 以上。这一改革虽顺应了培养复合型人才的需求，却导致以设计课为代表的专业核心课程面临"时间压缩、内容庞杂"的困境（段进等，2025）。

在学制缩短、课时挤压的背景下，传统设计课程的弊端进一步凸显。首先，教学模式长期依赖"师徒制"经验传承，教师主观性强，科学逻辑薄弱。学生在设计中往往追求空间形态的"图面美学"，却忽视对经济社会机制的深度分析（田莉等，2024）。其次，课程设置存在"闭门造车"问题，设计训练脱离真实场地需求，学生缺乏对多元主体利益诉求的理解（奚雪松等，2023）。此外，重复性工作（如过程方案的绘图建模）占用大量时间，加剧了学制缩短后的课时矛盾，消磨了学生进行创造性设计的精力与热情。这些固有问题严重影响了学生专业能力和综合素质的培养，亟需在相关教学改革工作中得到重视并加以解决。

当前，第四科学范式（数据密集型研究）与第五科学范式（人工智能驱动研究）的兴起，以及以 DeepSeek 大模型、图像生成式 AI 为代表的人工智能技术突破，正在重构规划学科的知识生产逻辑，为深度改革设计课教学、化解传统教学痛点提供了新机遇。一些前沿技术工具已经逐步渗透到了规划设计课的教学中，例如 AI 辅助设计工具（如智能生成建筑体块、自动优化交通流线）显著提升了方案迭代效率。

在这一背景下，依托"面向沿边地区人居环境改善的城乡规划大数据理论与方法课程虚拟教研室"，"老八校"及教研室成员单位的教师们围绕"设计课与新技术的结合方式"开展了多次教学交流与研讨。以此为基础，笔者系统梳理技术赋能设计课的核心路径，整合代表性新技术与传统技术，构建覆盖"理论学习—调研体检—方案生成—后评估"全流程的框架体系。该框架通过场景化技术适配，针对性解决传统课程中的科学逻辑

龙　瀛：清华大学建筑学院教授（通讯作者）
郝　奇：清华大学建筑学院博士研究生
陈宇琳：清华大学建筑学院副教授

不足、现实多元视角缺失与效率低下的问题，为技术驱动的教学改革提供可复制的实践范式，助力培养兼具数据思维、创新意识与社会责任感的新时代规划人才。

2 框架体系

2.1 赋能规划设计课的代表性新技术

笔者结合教研室各成员单位及"老八校"的教学改革经验和实践积累，首先以乡规划设计课中常引入的技术（尤其是近期涌现的新技术）为线索，系统地剖析了其在解决传统教学痛点、重构教学场景、培养学生能力素养方面的关键作用，归纳了每类代表性新技术的赋能维度与教学应用场景（表1），旨在为不同目标导向下的新型课程设计提供技术选择的参考依据。

（1）城市感知网络：重构动态数据采集体系

传统调研依赖人力与有限数据源，维度单一、时空覆盖度有限。城市感知网络通过整合被动感知（如社交媒体评论、手机信令）与主动感知（如无人机航拍、环境传感器）技术，融合多源数据，构建长周期、细粒

度、多尺度的数据。此类技术可应用于"调研体检"阶段。不仅提升数据时空连续性，更培养学生对城市复杂系统的动态解析能力，为后续分析提供精准输入。

（2）计算机视觉：从人工标注到全样本量化分析

传统图像分析依赖人工标注街景图片，样本量小且主观性强。计算机视觉技术通过目标检测（如 YOLO）与语义分割（如 DeepLab）算法，实现建筑风貌、公共空间使用强度等特征的自动提取与量化评分，可应用于"统计分析"阶段。全样本分析能力使学生从局部经验判断转向客观规律挖掘，强化数据驱动的设计思维。

（3）自然语言处理（NLP）：从关键词统计到深度语义关联

公众意见分析长期局限于词频统计，难以捕捉语义关联与情感倾向。NLP 技术通过 BERT 预训练模型与 LDA 主题聚类，挖掘文本中隐含的"15分钟生活圈"需求或政策舆情倾向，可应用于"统计分析"阶段。此类技术将文本数据转化为空间设计依据，培养学生从非结构化信息中提取决策线索的能力。

代表性新技术的赋能维度与教学应用场景　　　　　　　　　　　　　表1

技术类型	原有痛点与不足	赋能维度	教学应用阶段及场景
城市感知网络	数据采集依赖人工调研，维度单一（如仅用问卷或遥感），实时性与空间覆盖不足	综合感知：整合被动（开放数据）与主动（传感设备）采集，提升时空连续性	调研体检阶段：动态获取人口分布、交通流量、环境质量等多源数据
计算机视觉	城市图像分析依赖人工标注（如街景评分），样本量小、主观性强，难以量化空间特征	全样本量化：自动提取图像语义信息（功能、风貌、活力），实现大规模特征识别	统计分析阶段：街景图像自动分类（如建筑风貌评分）、公共空间使用强度可视化分析
自然语言处理	文本数据（如社交媒体评论）分析局限于关键词统计，难以挖掘深层语义与情感关联	深度语义解析：识别公众需求、舆情倾向与空间 – 文本映射关系	统计分析阶段：公众意见挖掘（如"15分钟生活圈"需求提取）、规划文本自动摘要生成
大模型问答系统	跨学科知识获取依赖教师个人经验，领域分散（如生态学 + 经济学），难以系统整合与即时反馈	跨领域知识融合：提供多学科知识图谱与24小时交互式答疑	理论学习阶段：自动生成课程知识框架（如国土空间规划法规体系）、案例库智能推荐
大语言模型智能体	方案评估依赖专家经验，主观性强；需求分析易受个体认知局限，缺乏多角色动态模拟	多角色协同决策：构建政府、居民、开发商等智能体，模拟方案的社会影响及利益博弈过程	前策划 / 后评估阶段：城市更新政策多情景推演、规划方案的社会公平性与经济可行性评估
图像生成式 AI	设计表现依赖手工建模与渲染，周期长（数天至数周），限制方案迭代效率与创意验证	即时可视化：通过文生图 / 图生图快速生成方案意象，支持多方案比选	方案生成阶段：概念草图生成（如输入"低碳社区 + 立体绿化"生成效果图）、渲染图风格迁移
VR/AR/ 元宇宙	传统图纸与模型展示缺乏沉浸感，公众参与度低，难以感知空间尺度与场景细节	沉浸式交互：实现三维空间实时漫游与方案动态调整	后评估阶段：方案虚实融合展示（如公众 VR 投票）、建成环境沉浸式体验与使用后评价

资料来源：基于虚拟教研室各成员单位及"老八校"的教学改革实践，由笔者整理并绘制

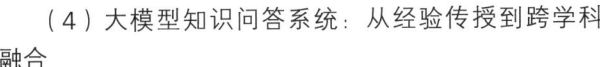

（4）大模型知识问答系统：从经验传授到跨学科融合

跨学科知识整合依赖教师个体经验，系统性不足。基于 ChatGPT 与领域知识图谱的问答系统，可自动生成国土空间规划法规框架，或推荐"海绵城市＋地域文化"融合设计案例，可应用于"理论学习"阶段。此类工具推动知识从碎片化向网络化跃迁，培养学生自主构建跨学科认知体系的能力。

（5）大语言模型智能体：从单角色决策到多主体博弈模拟

传统方案评估易受专家主观局限，缺乏多元视角。通过构建政府、居民、开发商等智能体，可模拟政策方案对不同群体的影响，可应用于"前策划/后评估"阶段。此类技术将单向评估扩展为多方博弈分析，强化学生的全面视野和系统思维。

（6）图像生成式 AI：从手工渲染到即时创意验证

传统设计表现依赖耗时的手工建模，制约方案迭代效率。以 Stable Diffusion 和 ControlNet 为代表的生成式 AI，通过"文生图"与"图生图"技术，实现设计概念的快速可视化，可应用于"方案生成"阶段。此类技术打破经验主导的设计惯性，激发学生"假设—验证"的创新探索能力。

（7）VR/AR 与元宇宙：从二维图纸到沉浸式协同设计

传统方案展示缺乏空间沉浸感，公众参与度低。VR/AR 技术通过三维实时漫游与虚实融合交互，支持多方协同设计，可应用"后评估"阶段。此类技术将抽象设计转化为可感知场景，培养学生空间表达能力与用户共情意识。

2.2 规划设计课全流程技术赋能框架

在对设计课结合的典型新技术进行归纳的基础上，笔者又以"理论学习—调研体检—统计分析—前策划—方案生成—后评估"六大教学阶段为脉络，对各校教学实践中已探索应用的代表性技术（新技术＋传统技术）及常见平台、软件进行梳理和串联，构建了一套贯穿城乡规划设计课全流程的技术赋能框架（表 2），全面覆盖设计课程及其前置/配套课程中的核心场景，为技术驱动的教学改革提供方法论参考。在此基础上，还将技术工具与软件平台阶梯式地划分为"基础级—进阶级"，支持不同院校依据教学资源、学生知识背景及能力基础灵活选择适配路径，以增强框架的普适性与实用性。

（1）理论学习阶段

该阶段以城乡规划核心理论理解与知识关联能力培养为起点，通过知识图谱平台（如学堂在线知识图谱）整合教材与文献，结合 ChatGPT 完成关键词检索与概念关联，帮助学生构建结构化知识体系，强化基础信息整合能力；在此基础上引入语义网络分析技术，解析"空间形态—社会经济"的复杂关联，引导学生跨学科链接理论边界，系统性提升批判性阅读与知识网络构建能力。

（2）调研体检阶段

从多源静态数据采集切入，依托公开数据平台（地理空间数据云、OSM）与爬虫工具（八爪鱼）获取遥感影像、POI 点位等基础数据，训练学生数据筛选与清洗技能；进阶层面则融合无人机航拍、传感器网络（蓝牙探针）与 GIS 路径规划算法（QGIS），设计动态环境感知方案，通过实时数据采集与精度—成本—时效的综合分析，培养学生对复杂城市系统的动态解析能力。

（3）统计分析阶段

以经典统计与可视化方法为基础，通过 Excel、SPSS 完成描述性统计与核密度分析，使学生掌握空间规律提取的核心技能；进一步引入机器学习（XGBoost 用地预测）与空间计量模型（地理加权回归），将分析结果转化为开发强度阈值等设计约束条件，推动学生从数据描述向预测性决策跃迁，深化量化思维与复杂问题建模能力。

（4）前策划阶段

从需求解析出发，利用 LLM 智能体（如 PlanGPT）自动提取任务关键词并生成需求清单（如"生态优先""文化传承"），帮助学生精准拆解设计目标；进阶层面，可结合多智能体仿真（如 Anylogic），模拟不同政策引导下的空间演变趋势，使学生掌握多情景推演方法，提升应对不确定性的战略规划与动态决策能力。

（5）方案生成阶段

以参数化设计工具（Grasshopper）为基础，引导学生理解算法逻辑与空间形态的映射关系，实现形态生成与迭代；进一步融合生成式 AI（Stable Diffusion 文生图）与强化学习算法，通过批量生成方案与智能筛选

各教学阶段及场景下的技术赋能框架　　　　　　　　表2

阶段	场景	细分场景	代表性技术	代表性平台 / 软件
理论学习	知识获取与理解	知识库构建 问答系统构建	知识图谱 LLM 智能体 语义相似度计算 大模型微调	学堂在线 / 智慧树 / 超星知识图谱学堂雨课堂 AI 工作台 ChatGPT/DeepSeek
调研体检	被动城市感知	普查调查 遥感测绘 矢量地图 兴趣点 街景图片 手机信令 社交媒体 公交出行	公开数据平台下载 爬虫 / 调用 API 协议购买获取	Python/R POIkit/ 八爪鱼 地理空间数据云 百度 / 谷歌地图 OSM / Open spaceGlobal
	主动城市感知	环境传感器 Wi-Fi 探针 穿戴式相机 打猎相机 行车记录仪 无人机 现场调研 APP 线上问卷	点位布局分析 路径选择分析 设备部署优化算法	Python/R QGIS/ArcGIS
统计分析	数理统计分析	统计描述 相关性分析 回归分析 聚类分析 层次分析 主成分分析 TOPSIS 法	统计假设检验 方差分析（ANOVA） 集成学习算法（随机森林、XGBoost） 深度学习模型（LSTM） 特征选择算法（PCANet） 网络建模（图神经网络）	Python/R Matlab MS Excel SPSS/Amos Stata/Eviews 图表秀 / 文图 Hiplot/Tableau
	图像分析	图像标注 图像分割 目标检测 图像分类 图像评分	SAM DeepLab YOLO RCNN CLIP 多模态大模型	Python/R PyTorch/TensorFlow 百度大脑 /Mindspore Roboflow/Labelimg 精灵标注助手 ChatGPT/DeepSeek
	文本分析	词频统计 主题聚类 情感分析 实体分析 关系分析	LDA BERT CLIP Huggingface Transformers	微词云 ChatGPT/Claude/DeepSeek Python/R SPSSAU
	空间分析	空间连接 叠置分析 聚类分析 空间相关性 密度分析 网络分析 空间可视化	地理信息系统 空间自相关分析 地理加权回归 核密度计算 两步移动搜索法 图神经网络 空间插值（Kriging，IDW）	ArcGIS/QGIS ENVI Geohey UrabnFlow Aurivus Mapbox Carto

续表

阶段	场景	细分场景	代表性技术	代表性平台 / 软件
统计分析	形态分析	凸空间分析 视域分析 线段分析 整合度分析 选择度分析 整合模型分析	空间句法 Space Syntax Space Matrix Mixed Use Index Place Syntax Urban Network Analysis Form Syntax	Depthmap sDNA UrConnect UrbanXTools
前策划	需求分析	LLM 智能体 人因分析 多情景分析 多目标优化	多模态大模型 深度学习预测 多代理系统 遗传 / 黏菌 / 蚁群 / 退火算法	ChatGPT/ 智谱清言 Anylogic/Unity MatLab
	城市模拟	宏观模拟模型 微观模拟模型 LLM 智能体 多情景分析	重力模型 地租模型 元胞自动机 多智能体系统 多模态大模型	UrbanSim QGIS/ArcGIS MatLab Anylogic/Unity ChatGPT/ 智谱清言
方案生成	形象塑造	规划文本生成 图生文 文生图 图生图 设计模型渲染 方案矢量化	多模态大模型 Diffusion Model CLIP ControlNet GAN 预训练模型 & 微调	ChatGPT/ 智谱清言 Midjourey Stable Diffusion UrbanWorld PlanGPT UrbanCLIP AlgolabRastertoVectorConversion
	形态生成	布局规划 形体生成 参数化建模 案例推理设计 智能体优化	BIM / CIM 形状语法 GAN/UrbanGAN 深度强化学习 预训练模型 & 大模型微调 遗传 / 黏菌 / 蚁群 / 退火算法	ChatGPT Grashopper AutodeskForma Matlab MetaCity Generator
后评估	方案评价比选	方案漫游展示 方案评估系统 空间句法分析 环境模拟分析 效能模拟分析	元宇宙 /VR/AR 多模态大模型 空间句法 日照分析 风环境 / 污染物模拟 热环境反演与模拟 建筑能耗分析	Spatial/ Enscape/Adobe Aero ChatGPT/ 智谱清言 Depthmap AutodeskForma ENVI-met/Fluent Grasshopper Plugins（Ladybug, Honeybee, MetaCityGenerator）

注：标注下划线的技术 / 平台 / 软件为进阶级，其余为基础级。

资料来源：基于虚拟教研室各成员单位及 "老八校" 的教学改革实践，由笔者整理并绘制

机制，突破传统设计范式，培养人机协同创新与多元化方案表达能力。

（6）后评估阶段

基础层面，制定评价体系，基于多模态大模型自动解析设计文本与图纸，输出涵盖功能、效能与目标契合度的智能评估报告；进阶层面，进行专项评价，如利用 ENVI-met 模拟热环境、Fluent 分析风场，训练学生基于量化指标优化方案的实践能力，强化全周期迭代思维与科学决策意识。

3 应用实践

本节以清华大学建筑学院本科与研究生阶段城乡规划设计课及相关课程中已开展的新技术赋能教学探索为例，展示前述框架体系的应用实践路径。

3.1 AI 助教（基于 LLM 的专业领域模型）赋能"理论学习"与"方案生成"

面向本科生的前置通识课程"新城市科学"，以通用大语言模型（LLM）为基础，通过专业领域知识输入与微调技术，构建了集成"文生文""文生图"、知识图谱这三大核心功能的 AI 助教系统，通过新技术为"理论学习"和"方案生成"两个阶段进行赋能。

在技术实现层面，"文生文"模块以智谱清言 ChatGLM-4 模型为底座，结合检索增强生成（RAG）机制与定制化语料库（包含《新城市科学概论》教材 20 万字、38 节 MOOC 讲义及 1200 余篇专业文献），保证了其高质量进行专业知识问答的能力，测试中对课后选择题与判断题的准确率分别达 93% 与 96%。"文生图"模块则是基于 CogView3 模型，通过微调 40 万对城市场景图文数据集（含人工精选案例与自动化采集图像）

优化生成能力，重点提升对中国本土城市场景的表达精度（图 1），测试满意度达 75%，较通用模型提升 15%。为降低交互门槛，研发团队在智谱清言与荷塘雨课堂平台嵌入功能卡片模块，预设 25 个场景化提问模板（如"空间分析""改造方案优化"），学生仅需替换关键词即可快速生成结构化答案，并关联知识图谱与 MOOC 资源，实现高效交互。

在教学应用层面，AI 助教已在实践中融入课程背景引入、互动答疑与开放讨论等环节。在课堂上，教师通过与 AI 助教对话实时生成背景分析，再一步步串联延伸到关键知识点，相比于传统静态 PPT 展示形式，更能激发学生主动思考；针对诸如"数字孪生技术对城市治理的伦理风险"等复杂问题，学生可实时调用 AI 助教生成分析框架，在此基础上进行批判性分析。在课后，AI 助教基于专业知识图谱与 24 小时智能学伴功能，支持学

Cogview3微调版　　　　Cogview3-plus版　　　　Cogview3微调版　　　　Cogview3-plus版

中文提示词：配备智能座椅及智能晴雨棚的城市广场　　　**中文提示词**：科技园区中有大面积的环境优美的户外休闲区域

Cogview3微调版　　　　Cogview3-plus版　　　　Cogview3微调版　　　　Cogview3-plus版

中文提示词：设有大型LED屏幕和高清音响设备的会议厅　　　**中文提示词**：日落时分观演结束后从音乐厅出来的观众

图 1　微调后"文生图"模型效果展示

资料来源：笔者自绘

生随时补全知识盲点（图2）。在课程大作业中，AI助教贯穿"框架搭建—资料检索—图像生成—文本润色"的方案生成与优化全流程：例如，学生输入"校园食堂空间改造"等关键词，系统自动推荐研究方法、检索相关案例，并生成未来场景可视化图像。2023年秋季学期的30名学生反馈显示，85%的学生认可AI助教在术语解释、案例拓展与方案优化中的支持作用。

图2　24小时智能学伴平台界面展示
资料来源：http://pro.yuketang.cn/ai-workspace/learning-center/video?node_id=22001 & id=134 & leaf_id=4770529 & from=4 & relation_id=17870 & group_id=89

3.2　多维城市感知数据及GIS平台赋能"调研体检"与"统计分析"

面向英文硕士开设的"城市设计"课程，基于开放数据获取、主动感知技术，借助集成化平台和软件，实现数据采集、处理与分析，为"调研体检"和"统计分析"阶段提供技术支撑。该平台以"空—地"协同采集、主动被动数据融合、轻量化处理与层级化分析为核心能力，助力学生从多维度解析场地特征，提升设计决策的全面性和科学性。

在数据采集阶段，教学团队基于场地特征分别进行被动感知和主动感知。针对数据环境成熟的城市核心区（如北京CBD、751工业遗产片区），团队预先整合了遥感影像、数字高程模型（DEM）、开放街景、兴趣点（POI）、交通流量及社交媒体评论等结构化数据集，形成可直接调用的多源数据库。学生通过访问这些数据，可快速提取场地高程分布、功能混合度及人群活力特征，例如利用交通流量热力图识别瓶颈区域，或通过微博签到数据量化公共空间使用强度。而对于数据匮乏的乡村地区（如福建华安县土楼群），团队则引入主动感知技术：通过大疆无人机对场地进行多尺度航拍扫描，生成高精度点云模型与三维网格，为总平面绘制提供精准基底；同时使用GoPro运动相机沿规划路线采集街景视频，结合GPS空间对齐技术抽帧建库，构建覆盖全路网的自采集街景数据库，弥补开放数据缺失问题（图3）。

图3　自采集街景及无人机点云重建数据过程
资料来源：龙瀛和夏俊豪，2024

进入统计分析阶段，教学重点转向数据处理与空间分析。数据处理环节强调多源数据的清洗、整合与标准化。例如，将无人机航拍的倾斜摄影数据导入ContextCapture生成三维模型，或对自采集街景视频进行抽帧、坐标匹配及分类存储，形成结构化图像库。空间分析则依托自建数据库、本地或在线GIS平台，实现多维度量化评估。学生可通过叠加自然、建成及社会环境数据（如DEM高程图、建筑轮廓矢量层、大众点评情感分析结果），计算场地可达性、功能混合指数或环境品质评分。针对技术背景差异，团队提供轻量化解决方案：对于软件操作不熟练的学生，预生成POI热力图、交通流模拟可视化图表等即用型成果；同时开设工作坊，讲解极海Geohey平台和QGIS软件的操作方法，引导学有余力的学生进行高阶探索，如自主搭建"本地街景系统系统"、完成空间分析与结果可视化等（图4）。

3.3　LLM智能体赋能"前策划""方案生成"与"后评估"

面向本科二年级学生开设的"住区规划与住宅设计"课程，通过构建基于LLM的多角色智能体交互系

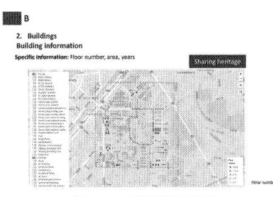 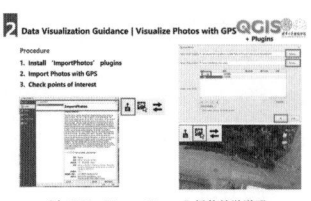

(a) Geohey平台可视化手册   (b) QGIS "ImportPhotos" 插件教学说明

图4　Geohey 平台可视化及课内工作坊
"本地街景系统" 搭建
资料来源：龙瀛和夏俊豪，2024

统，探索了新技术在 "前策划—方案生成—后评估" 过程中的深度赋能（田莉等，2024）。该案例以 "专业知识 + 人工智能" 为核心，结合角色扮演、参数化设计与智能评估工具，突破了传统教学中科学逻辑薄弱、多元视角缺失与重复劳动低效的局限性。

在前策划阶段，在完成数据收集和实地调研后，基于人口普查数据，按条件概率和比例生成上百个智能体，同时基于深度访谈和文本图片资料，将典型居民意见、项目背景等信息输入 LLM 系统用于其初步学习。依托 LLM 智能体系统，学生可以生成角色属性各异的虚拟智能体（如居民、政府、开发商、规划师），模拟真实的公众参与和利益博弈场景。另外基于标准化问卷，辅助学生与智能体深入对话，了解其偏好，以便凝练核心需求、形成规划定位，作为后续设计的基础。

方案生成阶段，教学团队整合 Rhino 与 Grasshopper 工具链，开发基于可视化编程的低代码方案生成器。学生在形成初步规划结构后，输入容积率、限高等基础性指标和公共设施可达性等优化性指标，系统会通过遗传算法快速生成大量强排方案，学生再结合规划定位和个人偏好选择方案进行深化。深化过程中，学生还需要不断接收居民、政府、开发商等智能体的反馈，进行方案优化调整，并且通过理解各方动机，可以充分体会不同主体利益诉求的协调。这一阶段，新技术的融入一方面减少了学生重复性绘图花费的时间，使其快速进入到创造性、精细化设计环节，另一方面避免设计中学生基于片面理解和主观感受武断推进方案，培养其全面的视角和严谨的逻辑。

后评估阶段，面对难以邀请各方利益主体参与方案评议的现状，LLM 多智能体也参与方案评价过程中，可以避免传统单一的 "鸟瞰" 视角评价，实现自上而下和

自下而上、专业性和趣味性的结合。实际操作中，根据引入兼顾客观指标（如建筑排布、绿地覆盖率）与主观指标（如多主体满意度、趣味性）的方案评价体系，由智能体对方案进行打分，作为教师评价的补充，健全评估体系。

4　总结与展望

本文通过系统梳理新技术在城乡规划设计课程中的应用，构建了一套覆盖全流程的技术赋能框架体系，并结合实际教学案例展示了其应用路径及实践效果。结果表明，该框架体系能够有效弥补传统教学模式的不足，通过多技术融合优化教学流程，提升教学效率与质量。然而，新技术对教学的赋能仍面临挑战：一方面，技术工具的快速迭代要求教师持续更新技能，部分院校可能受限于资源与师资差异；另一方面，过度依赖技术可能削弱学生的基础设计能力与批判性思维。未来需进一步探索人机协同的平衡机制，完善技术分级适配策略，并加强伦理教育以应对 AI 应用的潜在风险。同时，建议通过虚拟教研室等平台促进校际资源共享，推动技术赋能的标准化与普惠化，在此基础上结合地域特色与学生需求动态优化，最终实现 "技术驱动" 与 "人文关怀" 的深度融合。

致谢

本文展示的成果得益于 "面向沿边地区人居环境改善的城乡规划大数据理论与方法课程虚拟教研室" 的集体智慧。特别感谢教研室成员单位（东北大学、广西大学、哈尔滨工业大学、吉林建筑大学、昆明理工大学、内蒙古工业大学、深圳大学、沈阳建筑大学、西南民族大学、西藏大学、厦门大学、新疆大学）教师团队在本成果形成期间通过内部交流和公开研讨给予的丰富建议。同时，诚挚感谢教研室 2024 年度研讨会特邀报告中同济大学、东南大学、天津大学、华南理工大学、重庆大学、西安建筑科技大学的教师们贡献的经验和思路。此外，清华大学建筑学院田莉老师团队的实践探索，也为本文提供了重要的案例支撑，在此深表谢意。

参考文献

［1］段进，石楠，闫凤英，等. "规划教育的规划" 学术笔谈

[J]. 城市规划学刊，2025（1）：1–10.

[2] 罗小龙，冯建喜，陈浩，等. 国土空间规划知识体系构
建与人才培养改革 [J]. 规划师，2024，40（12）：16–23.

[3] 孙昊成，杨俊宴. 人工智能驱动下城市规划设计框架构
想：基于未来城市空间特征推演视角 [J]. 北京规划建设，
2024（3）：14–17.

[4] 田莉，杨鑫，张雨迪，等. "专业知识 + 人工智能" 双驱
动的城乡规划设计教育创新探索：以住区规划为例 [J].
城市规划学刊，2024（5）：71–78.

[5] 吴志强，张悦，陈天，等. "面向未来：规划学科与规
划教育创新" 学术笔谈 [J]. 城市规划学刊，2022（5）：
1–16.

[6] 奚雪松，黄仕伟，王玉华. 研究生阶段规划设计类课程
的 "好声音"（voice）教学模式探索——以城乡规划与
设计课程为例 [J]. 规划师，2023，39（8）：147–153.

[7] 衣霄翔，夏雷，陈璐露. 面向设计思维培养的建筑类设
计课程教学创新 [J]. 高等工程教育研究，2023（5）：78–
85.

The Framework of New Technologies Empowering Urban-Rural Planning Studios and Its Applications

Long Ying   Hao Qi   Chen Yulin

Abstract：Faced with the challenges of curriculum reform and reduced teaching hours，the limitations of traditional urban & rural planning design studio are becoming evident. However，emerging new technologies offer solutions to these teaching problems. Based on the "Virtual Research Room on Big Data Theory and Methods for Urban-Rural Planning Focused on Border Areas' Human Settlements Improvement" and the design course reform experience of multiple universities，this paper identifies key new technologies used in the teaching process. It establishes a framework system that integrates technology into the six teaching stages of "theory study，site investigation，scheme creation，and post-evaluation". Additionally，it uses a recent case from Tsinghua University's School of Architecture to show the framework's practical application. This framework effectively addresses common issues in traditional teaching，such as weak scientific logic，lack of diverse participation，and low efficiency. It also offers a practical model for urban-rural planning education reform in the new era.

Keywords：Urban and Rural Planning Design Studio，New Technology，Teaching Reform，Teaching Practice

乡村振兴战略需求下乡村规划教学体系研究与实践

潘 斌 王振宇 刘宇舒 范凌云

摘 要： 针对乡村振兴国家战略导向下，现有的城乡规划专业人才培养重"城"轻"乡"，难以满足社会对乡村规划与设计人才"量"与"质"的需求，以乡村规划教学的关键问题——教学体系为切入点，通过广泛借鉴、现状总结、系统研究和试点实践，从课程思政、课程体系、教学方法、教学组织、教学保障五个方面对苏州科技大学城乡规划专业的乡村规划教学体系进行系统改革和建构，以期实现价值引领，树立乡村规划的正确价值观；建构五年不断线的"理论—设计—实践"一体化教学内容体系；构建思政、教学、科研三者互促的跨学科教学团队，形成多主体参与、多样化的教学模式，建设多方参与的支撑平台，从而达到乡村振兴战略需求下城乡规划专业乡村规划与设计人才培养的目标。并对未来乡村规划教学面临的机遇和挑战进行了展望。

关键词： 乡村振兴战略；城乡规划；乡村规划教学；教学体系

1 问题的提出

在乡村振兴的国家战略背景下，城乡规划专业人才培养对乡村规划教育提出了新的要求，2017 年中央一号文件明确提出加强乡村规划建设人才培养的要求，如何改革乡村规划教学体系，加强面向乡村规划建设需求的人才培养，成为当前城乡规划专业教育发展的重大课题。然而，这一阶段的乡村规划教育还存在以下问题。

1.1 规划价值观不清晰

为促进乡村产业振兴，乡村规划往往演变为旅游发展规划，是为满足城市游客休闲诉求做规划，还是基于村民的实际生活需求来做设计？是乡村规划应明晰的价值观。应在人才培养全过程融入思想政治教育元素，课堂内容结合党史推进思政内容的融合，注重树立为村民做规划为乡村谋发展的乡村本位规划价值观。

1.2 课程体系的不系统

目前大多数院校对原有城乡规划课程体系未进行较大调整，而是将乡村规划的教学内容与原有课程体系进行了简单融合，比如：在"城市规划原理"课中补充了城乡协调、乡村规划原理的少量内容，并逐步发展成为

"城乡规划原理"。"乡村规划"是城乡规划学科教育不可或缺的组成部分。但不应是现有城市规划教学体系的局部增加或嵌入，应贯穿乡村规划理念，形成体现乡村振兴内涵、相对系统的课程体系。

1.3 教学方法的不适应

传统城市规划人才培养往往采用课堂原理讲授—现场调研认知—回来规划设计的教学方法，蜻蜓点水，无法实现"一张蓝图干到底"等问题，在"服务性""植根性"上存在不足。应借鉴"陪伴式"乡村规划理念，教师"陪伴"式教书育人，乡村项目"陪伴"学生学习成长，"在乡村""在现场""在一线"因地制宜地进行教学，逐步推进规划蓝图落地，培养学生沉心乡村，扎实做事的专业素质，树立服务于乡村振兴战略的理想信念。

1.4 师资队伍的不健全

传统的城市规划教学师资队伍常常以在校规划专业教师为主，然而乡村规划教学对象——村庄范围小，规

潘　斌：苏州科技大学建筑与城市规划学院副教授
王振宇：苏州科技大学建筑与城市规划学院讲师
刘宇舒：苏州科技大学建筑与城市规划学院副教授
范凌云：苏州科技大学建筑与城市规划学院教授

划建设强调落地性，涉及村庄规划、院落景观、农宅建筑等设计内容。不仅需要规划专业、还需要建筑设计、景观设计等专业教师指导；不仅需要理论知识丰厚的高校教师，还需要实践经验丰富的一线乡村规划师指导，因而需要组建跨学科专兼并举的师资队伍。

1.5 实践基地的不完善

大部分城乡规划专业学生来自城市，对乡村生活环境缺少足够的了解，亟需在乡村一线的真实环境中，强化学生实践锻炼。注重在真实场景和真实案例中展开综合实践训练，因此建立多样化、在地化的乡村规划实践基地建设刻不容缓。

2 乡村规划教学体系的改革完善

在借鉴国内高校乡村规划教学体系经验的基础上，结合国家乡村振兴与高等教育的发展趋势，作为地方高校的苏州科技大学乡村规划教学扎根小城镇与乡村规划发展前沿的苏州，在已有优势与特色的基础上进行乡村规划教学体系的改革和完善。

2.1 建构了"理论思政""设计思政""实践思政"的教学思政体系

（1）价值引领，建构全员、全程、全课程乡村规划课程教学育人逻辑

为了突出乡村振兴战略需求背景下"乡村规划"的重要性和特殊性，乡村规划课程思政以构建全员、全程、全课程育人的逻辑，在课程教学过程中融入思政教育内容，将思政教育的部分内容与专业知识深度融合，使乡村规划课程与思政理论课程形成协同效应，形成"立德树人"为根本的综合教育理念。

（2）建构理论思政、设计思政、实践思政的乡村规划课程思政教学链

注重在乡村规划教学中全过程、全方位融入思想政治教育，构建形成理论思政、设计思政、实践思政的乡村规划课程思政教学链。理论教学内容结合社会主义核心价值观来达到与思政内容的"合一"；设计教学内容结合国家宏观战略需求来达到与思政内容的"相应"；实践教学与地方乡村共建"党建＋专业教学"育人实践基地来达到与思政教育的"制宜"。

（3）探索理论基础、规划设计、综合实践的课程思政教学链模块设计

统筹乡村规划理论、设计与实践课程体系，进行思政课程教学链模块设计，建构理论基础、规划设计、综合实践的思政教育知识点阶进式教学，强化乡村规划理论、设计、实践教学与思政教育的交互和网络化协同。同时建立立体化多维课堂，研究思政课程教学链模块之间的前后衔接、递进关系，进行各模块合作互动、优势互补、资源共享，在"空间维度"和"时间维度"上达到课程教学联动。

（4）合理选择课程思政的案例来探索在乡村一线的思政现场教学方式

通过实践思政教育，实现创新创业与乡村规划教育深度融合，结合党建、乡建共建乡村规划实践思政基地，营造"在现场、在一线"的教学环境，为乡村规划课程开展思政教育提供保障。注重在真实场景和真实案例中展开综合实践训练，在乡村一线为学生授课，广泛开展乡村建设调研，实现教学环境从课堂到现场的转变，全程设计下乡，持续跟进，将规划设计落到实处，切实解决村民生活中的实际问题。

2.2 建设了地域特征鲜明、知识面广而复合的课程内容体系

（1）建设"地域性、复合性"的系列课程

苏南地区，尤其是苏州本地经济发达，城市化和城乡一体化的发展水平处于国内前列，特别是小城镇和乡村发展在国内有着重要的示范性作用。依托地域优势，形成小城镇与乡村规划这一特色鲜明的学科方向。围绕学科发展优势和地域特色，由专门的师资团队领衔，设置并承担了乡村发展原理、乡村规划设计、乡村调研实习等方面的系列课程，涵盖乡村经济、社会、生态等多个层面，案例与设计选题立足苏南地域，课程体系和教学内容具有强烈的地域性、复合性特点。

（2）建立"综合性、渐进式"的课程体系

在乡村规划教学中建构"理论基础""规划设计""综合实践"循环梯度渐进的综合课程体系。"理论基础"课程包括《城乡规划原理》《乡村规划原理》《城乡综合调查》；"规划设计"课程包括《城乡总体规划》《乡村规划设计》《毕业设计》等；"综合实践"课程包

括《总体规划实习》《乡村调研实习》《社会综合调查实践》等。为了突出"乡村规划"的重要和特殊地位，理论课程和实践课程都围绕着"乡村规划"课程展开。在设计课程教学内容选择上，从课题选择、案例研究等方面大量结合实际研究课题或实践项目进行。同时建立立体化多维课堂，研究调整课程之间的前后衔接、递进关系，在"空间维度"和"时间维度"上达到教学联动（图1）。

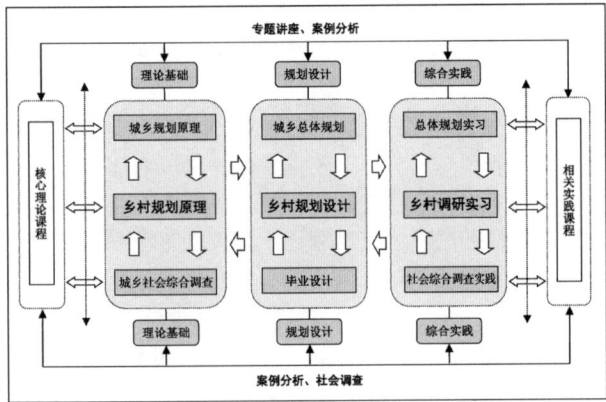

图1　苏州科技大学城乡规划专业乡村规划教学的课程体系
资料来源：作者自绘

（3）强化"设计"与"实践"的特色课程

规划设计类课程是苏州科技大学城乡规划专业最重要的核心课程，设计"五年一贯不断线"是创新与应用能力培养的中心环节。乡村规划设计课程特色建设结合了地方高校定位和乡村社会经济发展需求，重点锻炼和培养学生的实践能力、沟通能力、创新能力，形成以"厚基础、严要求、育创新"为特色的乡村规划设计课程。实践教学的根本目的是通过理论与实践课程的互动，培养与提高学生运用基本知识创造性解决实际问题的应用能力，这也是专业人才培养的根本。苏州科技大学城乡规划专业十分重视对学生实践能力的培养，通过贯穿五年本科教育的实践环节为主线，与理论课、课外社会实践的渗透和互补，结合设计院和实习基地的实习实践，提高学生乡村规划设计的社会实践能力，形成"体系新、条件优、形式多"的实践教学特色体系。

2.3　教学模式、教学内容、教学方法、教学载体"四位一体"

（1）教学模式：注重多方协同，形成多主体参与、多样化的教学模式

针对传统城乡规划专业教学过程中主体单一、开放不足的问题，依据乡村规划教学的目的，结合经济、社会需求，创新性实践探索境内外联合教学、校际联合教学、校政联合教学和校企联合教学等"校—政—企"多层次、多样化的乡村规划教学模式。协同境内外知名高校开展多种形式的乡村规划联合教学，拓展学生创新思维和国际化视野；联合知名规划设计企业开展乡村规划创新实践、专业实训和企业课程，提升学生解决实际问题的能力；引入政府和企业参与乡村规划教学全过程，强化与社会的全方位融合（图2）。

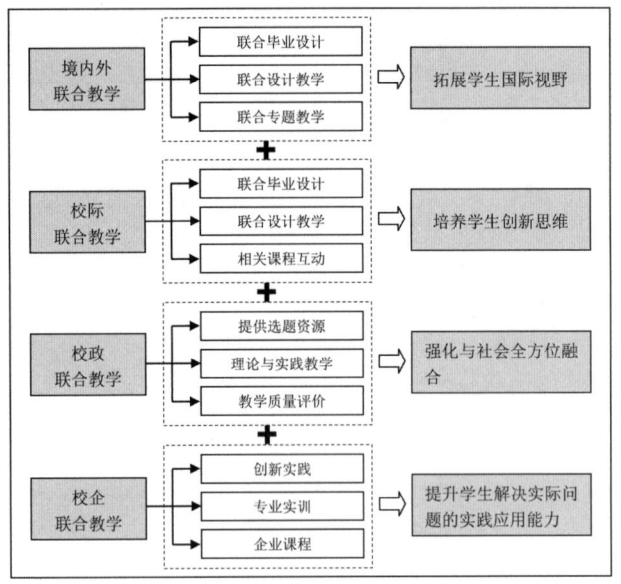

图2　苏州科技大学城乡规划专业的乡村规划教学模式
资料来源：作者自绘

（2）教学内容：注重知行协同，建构认知与实践一体化教学内容体系

针对传统城乡规划专业教学内容理论与实践交互性差、特色性弱的不足，遵循"知是行之始，行是知之成"的基本逻辑，以提高创造性解决实际问题的能力为

根本,从选题、内容到方法、手段,突出创新思维培养,强化城乡规划与设计基本技能训练,增加相应乡村规划教学内容,全面改革完善教学内容体系,形成认知与实践一体化。一是大力更新原有教学内容,增加乡村规划教学内容,优化完善理论课程体系。乡村规划理论教学内容突出真实、创新并具有特色。一方面结合实际项目或当前乡村发展面临的实际问题进行选题,体现乡村规划教学的地域及学科特色;另一方面切实关注学生创新能力培养,鼓励并留出足够空间供学生自主创新学习乡村规划理论知识。目前主要在核心课程中的《城乡规划原理》和特色课程中的《小城镇和乡村规划》(研究生课程)都相应增加了乡村发展与规划的相关教学内容。二是建立结构紧凑的实践教学体系,将乡村规划设计教学内容贯穿于整个体系中。苏州科技大学城乡规划专业以规划设计实践为主线、校内与校外的专业实践为两翼,共同构成了三线并行互动的实践教学体系;并强化由基础—专业—综合的阶进式交互和网络化协同,形成认知与实践一体化。在实践教学体系的规划设计类课程中增加乡村规划设计教学内容,增大实践性教学环节的比重,形成一条贯穿详细规划、总体规划、专题规划的规划设计实践主线,同时形成校内的专题调查、综合调查、毕业设计和校外的认知实习、专业实习、毕业实习的专业实践两翼。再辅以学生的课外实践环节,结合学生科研创新训练,寒暑期社会实践、城乡规划学科竞赛、挑战杯等相关活动等展开上述教学,共同构成复合、开放的乡村规划实践教学体系。在实践教学中鼓励教师将教学与科研结合,结合苏南地区乡村发展,充分

体现实践环节的地域性特征(图3)。

(3)教学方法:注重师生协同,探索新型组织形式和探究式互动教学

乡村规划教学继续坚持"学生为本、师生协同",开展了全方位的教学方法改革实验探索。首先是打破传统行政班建制,构建跨专业、跨年级的新型教学组织形式,如低年级"共题共课共室"的"虚拟班",高年级"课题核心、专业混编"的"工作室",境内外校际联合设计、竞赛的"设计营"等多种新型教学组织形式。其次是实施多样化、探究式的教学方法,包括互动式教学方法(案例分析、情景模拟、小组讨论、提问互动)、团队式教学方法(组建团队、分解任务、作品评议、跨专业合作)、体验式教学方法(项目活动、实地参与、虚拟技术)等,让学生在感悟中学习乡村规划知识,乡村实境中锻炼能力(图4)。

(4)教学载体:建设多元平台,为教学体系的协同运行提供载体支撑

紧密结合国家政策和地方建设需求,校内整合与校地合作相结合,共建实践实训基地,形成多层次实践育人平台,为多样化教学模式提供载体条件。一是围绕学科优势和专业特色,打造"一院、一中心"特色平台,为人才的特色培养提供支撑。校地共建研究平台,立足全国城乡一体改革发展试点——苏州,学校与苏州市政府合作共建"苏州城乡一体化改革发展研究院",并已建设为"江苏省高校人文社会科学校外研究基地"和"江苏省普通高等学校哲学社会科学重点研究基地",后续又共建为"苏州乡村振兴研究院"。校地共建育人平台,联

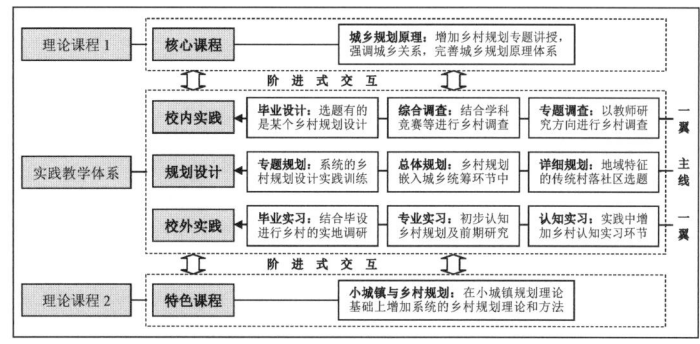

图3 苏州科技大学城乡规划专业的乡村规划相关教学内容及体系
资料来源:作者自绘

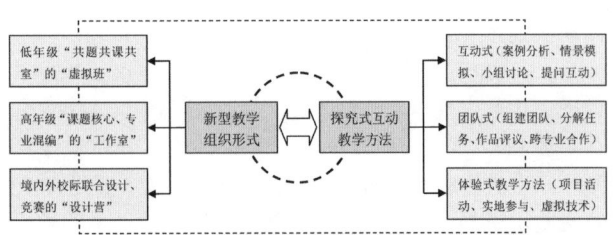

图4　苏州科技大学城乡规划专业的乡村规划教学方法
资料来源：作者自绘

合国内顶尖的规划设计研究单位等共建"乡村规划建设研究与人才培养协同创新中心"，开展各种乡村规划教学活动。二是校地共建工程创新实践平台，与企业、研究所合作共建了一批实践基地、院士工作站、企业研究生工作站、校企联合实验室等，为学生乡村规划实践提供平台。这些平台为专业教师的应用性研究提供丰富的乡村规划方向课题资源，也给学生的乡村规划课程设计、毕业设计带来了众多有价值的选题与学习机会。并完善实践平台的协同运行机制，常态化开展系列教学活动，营造"在现场、在一线"的培养环境（图5）。

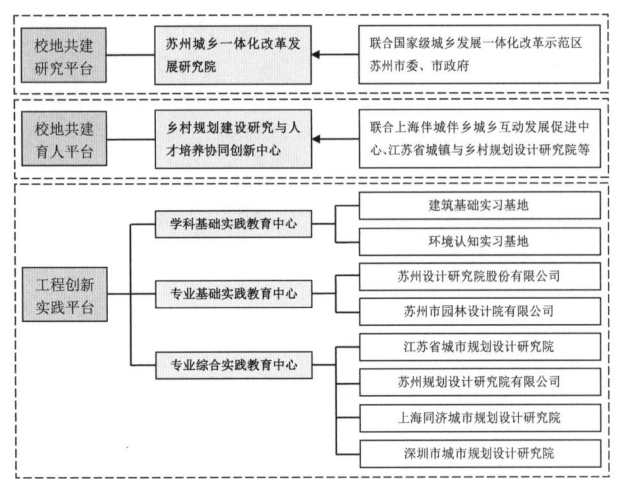

图5　苏州科技大学城乡规划专业的乡村规划相关教学平台
资料来源：作者自绘

3　乡村规划教学体系的实践成效

3.1　全国乡村规划方案竞赛国内高校获奖领先

2016年，苏州科技大学承办了第二届长三角地区高校乡村规划教学方案竞赛，借此时机，首次在城乡总

体规划设计课程中开展了乡村规划教学，经过多年发展，已形成"乡村规划原理""乡村规划设计""乡村调研实习"的课程体系。近年来，在乡村规划课程教学改革上取得了一批较好的成果，其水平达到了国内规划院校的领先水平，实现了学生创新素质和应用能力的显著提高。2018年，在由中国城市规划学会主办的全国高等院校城乡规划专业大学生乡村规划竞赛中取得令人瞩目的成绩，由潘斌等老师指导、钟雯等同学完成的《介入，渐入》荣获初赛一等奖和决赛二等奖，同时获得含金量颇高的最佳研究奖。2020年底，由王振宇等老师指导、马健越等同学完成的《吴韵之渚，诗意晏境》荣获决赛一等奖并获得最佳表现奖。参加全国乡村规划竞赛7年来，城乡规划专业学生持续取得优异成绩，已有近50项作品获奖（图6）。该项赛事的获奖充分反映苏州科技大学乡村规划建设特色方向人才培养的深厚积淀和乡村规划教学体系的实践成效显著。

3.2　乡村规划联合毕业设计同类高校示范引领

联合毕业设计是近年来我国建筑类院校相关专业为促进学科发展，交流教学经验而开展的一项教学实践活动。海峡两岸建筑类院校联合毕业设计是由苏州科技大学、华侨大学、金门大学、台北市立大学于2016年联合发起，2019年西部的长安大学加入（图7），2021年南京大学加盟，如今发展壮大到海峡两岸六校联合毕业设计。该联合毕业设计始终以"乡村发展和规划"为主题，旨在分享两岸乡村建设的成功经验，集结两岸教师学子的集体智慧，为乡村规划理论研究、建设实践和人才培养贡献力量。五年来，联合毕业设计主办地轮转，从苏州到厦门，到西安，期间去过金门进行联合毕业设计答辩交流和乡村建设考察。联合毕业设计的选题类型丰富多样，区位上有城郊村、远郊村、城中村，地形上有平原水网村、滨海村、山地村。联合毕业设计不仅加强了各校师生的相互交流，促使其建立起了深厚的友谊，同时提升了联合毕业设计的教学水平。苏州科技大学的设计成果获得过包括江苏省优秀毕业设计在内的多个奖项，在同类高校中起到了较强的示范引领作用。

4　未来的展望

未来乡村规划教育教学将面临以下新的背景：一是

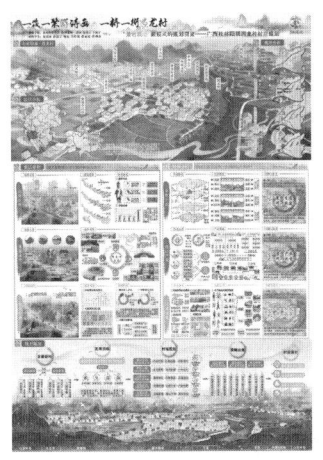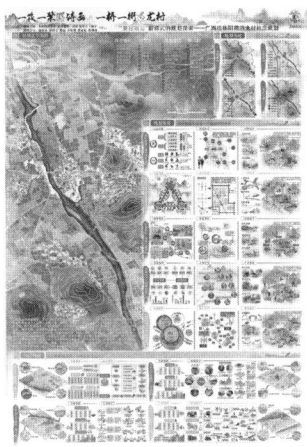

图6　2024年的一等奖作品"一筏一桨游诗画，一桥一街遇龙村"
资料来源：苏州科技大学团队参赛作品

图7　2019年第四届海峡两岸联合毕设的开题、调研、答辩
资料来源：联合毕设承办方拍摄

党的二十大提出了"中国式现代化"对乡村全面振兴的要求，乡村全面振兴对推动中国式现代化具有重大战略意义，中国式现代化的农村场域实践，要遵循中国式现代化的基本要求和乡村发展的内在规律；二是教育部提出了"全面推进乡村振兴，加强生态文明教育"的要求，将生态文明教育融入乡村振兴的实践中，以促进可持续发展和乡村的全面振兴，挖掘乡村的历史文化资源，将乡村文化与现代生态文明理念相结合，创造出具有时代特色的精神内涵；三是教育部等九部门联合印发了"关于加快推进教育数字化的意见"，完善知识图谱，构建能力图谱，深化教育大模型应用，推动课程体系、教材体系、教学体系智能化升级，将人工智能技术融入教育教学全要素全过程，推动科技教育和人文教育融合。

然而，新背景下原有乡村规划教学还存在规划理念与生态文明建设、实践场景与乡村振兴需求、教学方法与数智技术发展的三大脱节，亟需进一步通过乡村规划教学创新研究来适应满足经济社会发展需求。同时，生成式AI（如ChatGPT、DeepSeek等）带来了教学范式变革的机遇，一是生成式人工智能教学应用已成为势不可挡的发展趋势，教育界要以开放的思想和广阔的视角接纳其对教育的影响；二是人工智能技术正飞速改变教育教学实践，如何有效使用智能技术赋能教学、实现个性化自适应学习、优化教育管理等成为教育领域工作者迫切需要思考的问题；三是在数字化转型的当下，教师需要不断提升自身的数字胜任力，培养学生的批判思维能力，实现从知识教学向思维教学的转变。

参考文献

［1］蔡忠原，黄梅，段德罡．乡村规划教学的传承与实践 [J]. 中国建筑教育，2016（2）：67-72.

［2］陈前虎．乡村规划与设计 [M]. 北京：中国建筑工业出版社，2018.

［3］顾朝林，张晓明，张悦，等．新时代乡村规划 [M]. 北京：科学出版社，2018.

［4］刘玮．乡村规划"三位一体"教学模块建设研究 [J]. 中国建设教育，2023（1）：7-10.

［5］栾峰，殷清眉，孙逸洲，等．竞赛推动下的乡村规划教学改革探索——全国高等院校大学生乡村规划方案竞赛回顾及展望 [J]. 城市规划，2023，47（2）：111-118.

［6］马文亚．基于乡村振兴战略导向下的地方院校乡村规划教学研究 [J]. 高教学刊，2019（22）：56-58.

［7］潘斌，范凌云，彭锐．地方高校乡村规划教学的课程体系与实践探索 [J]. 中国建筑教育，2019（2）：29-35.

［8］谭书佳，赵先超，谭晓波．乡村振兴背景下乡村规划原理课程思政教学创新改革研究与实践 [J]. 安徽农业科学，2024，52（16）：258-261，265.

［9］同济大学城市规划系乡村规划教学研究课题组．乡村规划——乡村规划特征及其教学方法与2014年度同济大学教学实践 [M]. 北京：中国建筑工业出版社，2015.

［10］王磊，安蕾．"双基地"协同驱动乡村实践教学改革与人才培育探索 [J]. 高等建筑教育，2022，31（4）：49-55.

［11］王祝根，严成敏．新农科视域下的乡村规划知识体系：历程回顾·问题分析·对策探讨 [J]. 现代城市研究，2024（9）：32-37，44.

［12］肖铁桥．地方院校的乡村规划教学实践 [J]. 安徽农业科学，2018（21）：225-227.

［13］杨婷，孙继萍，肖铁桥．乡村振兴背景下建筑类院校乡村规划课程体系改革研究——以安徽建筑大学城乡规划本科专业为例 [J]. 安徽农业科学，2024，52（11）：268-272.

［14］尤涛，邸玮．联合毕业设计的教学经验与思考 [J]. 中国建筑教育，2016（2）：73-79.

［15］余压芳，赵玉奇．思政融入的乡村规划设计课程教学模式改革思考 [J]. 学术与实践，2022（1）：152-158.

Research and Practice on the Rural Planning Education System under the Strategic Needs of Rural Revitalization

Pan Bin　Wang Zhenyu　Liu Yushu　Fan Linyun

Abstract：Under the national strategic orientation of rural revitalization, the current urban and rural planning education system exhibits an urban-biased focus, failing to meet the quantitative and qualitative demands for rural planning and design professionals. Targeting the core issue of rural planning education-the pedagogical framework-this study initiates systematic reforms through extensive reference to best practices, analysis of current status, systematic research, and pilot implementations. Focusing on five dimensions (ideological-political curriculum integration, curriculum structure, pedagogical approaches, organizational mechanisms, and institutional support), we reconstruct the rural planning education system within the Urban and Rural Planning program at Suzhou University of Science and Technology. Key innovations include: Implementing value-oriented education to cultivate ethical rural planning perspectives; Establishing a five-year integrated "theory-design-practice" teaching continuum; Creating interdisciplinary teams synergizing ideological education, teaching, and research; Developing multi-stakeholder collaborative teaching models; Building platform-supported pedagogical ecosystems. These reforms aim to align professional training with the strategic needs of rural revitalization. The paper concludes with prospective analysis of emerging opportunities and challenges in rural planning education.

Keywords：Rural Revitalization Strategy，Urban and Rural Planning，Rural Planning Teaching，Educational Framework

城乡规划研究型毕业设计教学探索：以重庆大学为例

黄　勇　李　旭　戴　彦

摘　要：为推动城乡规划毕业设计更好实现本科阶段知识总结和考查目的，更加匹配本科毕业生职业发展和升学诉求等多元化需求，梳理了我国城乡规划学科毕业设计与论文的建设发展历程和教学教育功能；辨析了毕业设计面对当前我国新型城镇化发展和科技变革趋势而暴露出来的短板与不足；以重庆大学城乡规划学科的研究型毕业设计实践为例，提炼了以关键科学问题为引领构建教学过程、探索"本—硕—博"贯通培养模式等两点经验及反思，为本学科毕业设计教学改革和探索提供借鉴参考。

关键词：城乡规划；毕业设计；重庆大学

1　毕业设计的发展现状

本科毕业设计或毕业论文是我国高等教育中重要的综合性实践环节，对同学们而言，既是大学本科阶段知识总结和考查的环节，也是未来职业发展、升学或留学等多场景需求的起点。

我国城乡规划学科经历了长达四十余年的快速城镇化进程，以及近年来的多规合一改革和国土空间规划体系建设，已经从传统以土木建筑工程为核心的工学科成长为支撑国家城乡建设发展的综合性学科。办学规模和质量也得到快速发展，目前国内设有城乡规划专业的大专院校已经超过 270 所。学科知识体系也发生根本性变革，既有以建筑"老八校"为代表的建筑工程类，也有以北京大学、南京大学、中山大学等为代表的人文地理或土地利用类，还有以北京林业大学等为代表的农林景观类，以中央美术学院等为代表的艺术或设计类等。这也导致不同学科背景的毕业设计教学在师资配置、教学模式以及考查方式等，呈现出较大差异。在实际工作中，则大体分成毕业设计或毕业论文两种情况。

城乡规划是一门实践性和应用性都非常强的学科，因而，大多数城乡规划专业院系，尤其是工程类、设计类背景的院系，本科阶段都采用毕业设计的形式来进行学生毕业环节的考查。其演进脉络与城乡规划学科的建设、社会需求的变化以及教育模式的创新密切相关，大体可以概括为从单一学科实践到跨区域、多主体协同的演进过程，具体又可以分为依附建筑学的实践，独立专业与校企协同探索，多校协作与战略议题深化三个发展阶段（表 1）。

也有一部分人文地理、土地利用类学科背景的城乡规划专业院系，允许同学们采用毕业论文而非毕业设计的方式完成毕业。

需要指出的是，不同学科背景的院系在毕业考查环节，出现了相互融合、相向而行的趋势。一些工科类院系开展了研究型设计的大量实践探索，而人文地理类院系也不再局限于传统的毕业论文形式，开始注重规划设计实践和应用案例研究。有一部分院系将毕业设计或毕业论文都作为可供选择的选项，这为学生完成本科阶段最后一个实践环节，提供了足够的选择余地。

2023 年，自然资源部等组织的第三届全国大学生国土空间规划设计竞赛，第一次将城乡规划专业本科毕业设计（论文）纳入评选范围，获得清华大学、同济大学和重庆大学等国内诸多城乡规划专业院系老师和同学的积极响应和参与，推动城乡规划本科毕业设计和论文研究与教学实践，进入到更为系统化的阶段。

黄　勇：重庆大学建筑城规学院教授
李　旭：重庆大学建筑城规学院教授
戴　彦：重庆大学建筑城规学院教授（通讯作者）

城乡规划本科毕业设计发展历程 表1

时期	发展阶段	学科背景	毕业设计主要特点	典型探索
1950—1980年代	依附建筑学的实践雏形	现代城市规划教育始于1950年代，早期依附建筑学专业	以建筑学框架下"城市专题设计"形式存在，内容偏向物质空间规划，如街区改造、历史文化保护等；注重技术规范与图纸表达，但缺乏对经济、社会等跨学科问题的综合考量	同济大学、重庆大学等早期开设城市规划专业的高校以单体建筑或局部区域规划为主
1990—2010年代	独立专业与校企协同	城市规划逐渐脱离建筑学成为独立专业	毕业设计融入政策研究、区域规划等综合性议题，例如土地利用规划、交通系统设计等；部分高校尝试与政府、设计院合作，引入实际项目作为毕业设计选题	
2010年代至今	多校多学科协作	国家一级学科，从传统工科转化为经济社会发展保障型学科	联合毕业设计兴起；教学模式创新，高校、政府或企业等多主体协同共同参与选题制定与成果评审；跨学科融合，鼓励学生结合科研项目深化设计，提升研究型设计能力；设计成果从传统图纸转向数字化建模与动态分析，并注重公众参与和虚拟仿真	清华大学、同济大学、重庆大学等六校联合毕业设计

资料来源：作者整理

2 毕业设计教学教育功能解析

回顾毕业设计和论文的发展历程，仍然有两个问题值得商榷。

一是毕业设计和论文各自仍有自身的短板。就毕业设计而言，现在有相当一部分毕业设计都会选择非同学们就读学校所在城市的场地作为设计基地，同学们异地调研时间短、信息获取不充分，导致设计方案与实际需求脱节。另外，同学们对跨区域基地的社会经济特征认知有限，难以应对复杂政策与空间问题。当然，异地调研和参与方案汇报等工作还存在经费限制，尤其在某些联合毕业设计中，并非所有同学都能全程参与，在一定程度上也影响了师生参与深度。就毕业论文而言，一般来说，大部分毕业论文倾向于理论与案例分析，学生的思考层次浅，问题剖析抓不准，更重要的是，无法对应瞬息万变的现实需求，讲道理多而应用落地少，与国土空间规划的空间性、政策性和实用性需求仍有较大差距。

二是更为深层的，无论是毕业设计还是论文，更偏重对本科期间知识的总结和考查，相对而言，对毕业设计作为学生职业发展或升学需求起点的关注度还有待提升。

毕业设计和论文是学生在本科阶段综合知识学习与能力的检验，将本科期间学习的理论、方法和技术系统化整合，解决实际问题；这个过程也是检验学生独立分析、创新思维、实践操作和学术写作等综合能力的过程。除此之外，毕业设计和论文也是同学们在本科阶段学术与实践能力培养的关键一环，直接与学生本人的职业发展和后续学习相互衔接。同学们通过选题、文献研究、实验设计等环节，培养严谨的学术态度和科研方法，锻炼解决复杂问题的实践能力。这些工作，可以直接提升自己面对实际问题的解决能力。

尤其在当前，同学们的就业或升学需求已经呈现多样化的特征。高质量的毕业设计和论文不仅应该是毕业的"门槛"，更应该是从学生到专业人士的过渡桥梁。它既是对学习成果的总结，也是对未来发展的预演。

3 研究型毕业设计教学探索：以重庆大学为例

重庆大学是建筑"老八校"之一，是典型的传统工科类学科背景，自1956年创立城乡规划专业以来，就采用毕业设计作为学生毕业考查的方式，取得了一系列优异成绩。但这种相对单一化的培养模式，与学生职业发展诉求，尤其是升学需求之间的不匹配矛盾也日渐突出。为此，2015年以来，重庆大学城乡规划学科围绕国土空间规划体系建设，开展毕业设计的教学改革实践。黄勇、李旭、戴彦等老师组成的教学组，在研究型设计的探索基础上，尝试毕业论文的教学改革，总结起来有以下几个方面的探索经验。

（1）建构以关键科学问题为导向的教学过程

城乡规划本科毕业设计，尤其是真题真做类型的毕业设计，一般是围绕某个具体任务或典型地块，要求同学们应用城乡规划专业理论或方法，完成一套完整的规划编制成果。在教学过程中，指导老师侧重于现实问题辨析、解决方案或空间产品建构、技术方法合规性等这些内容的指导。这对提升学生的实践能力和职业素养是毋庸置疑的；相比之下，培养同学们打破砂锅问到底能力的作用就比较有限。难以挖掘或帮助同学们建立透过现象看本质的能力。这种求索精神与技能，恰恰是城乡规划学科持续创新的根本动力。

在这一思路指导下，教学组选择"重庆都市区医疗卫生服务网络的规划研究与设计"为题，要求同学们针对居民就医的连续性需求，构建现实场景、通过文献综述、提炼关键科学问题并完成量化研究，并最终输出空间规划策略。在教学和指导过程中，按照科学探索的闭环规律，建立7个工作环节，以"关键科学问题提炼"为中心，形成"一主两次"3个闭环训练模式（图1）。

在这个训练模式里，需要同学们将空间规划当作一个解决现实社会中痛点或难点问题的工具与途径，推动同学们的工作重心，从空间规划知识本体的学习和训练，转向如何建构一个合理的逻辑链，将问题（现实痛点）与工具（空间规划）捏成一个完整的解决方案。

从教学效果来说，2023届毕业生冯韵洁、陈雨彬等同学的工作成果提供了一个正向的参考样本。他们提炼"基于空间临近网络的重庆市主城城乡区域分级诊疗

模式下首诊医院规划布局结构"为关键科学问题，立足于城乡规划学科，以重庆市沙坪坝区为研究靶区，结合社会网络分析方法和空间规划工具，以"医疗卫生设施点和居民点"为复杂网络的"节点"，以"医疗设施点对居民就医吸引力"为复杂网络的"边"，通过现场踏勘和数据收集，利用综合评价法和修正引力模型计算相关参数，运用 Pajek 和 Gephi 等复杂网络分析软件，构建医疗卫生服务网络模型；以网络模型的凝聚子群分析和中心度等计算分析结果，构建了分级诊疗模式下划分医联体和确立首诊医院的科学依据，提出医疗卫生设施体系规划优化的一系列策略。两人合作完成的毕业论文《重庆都市区医疗卫生服务网络的规划研究与设计：分级诊疗模式下"首诊医院"规划布局》也因此获得2023年全国大学生第三届国土空间规划设计竞赛暨第一届城乡规划毕业设计（论文）竞赛一等奖（图2、图3）。

（2）探索城乡规划专业的"本—硕—博"贯通培养模式

当前，城乡规划本科毕业设计尽管已经拓展出多种功能，但其基本属性仍然是一个教学过程，必然对学生的成果进行"考查"，尤其考查同学们运用专业知识解决实际问题的规划设计实操能力，是"知其然"的阶段。相对而言，城乡规划研究生阶段的学习目标或能力建设，不光是提出一个解决实际问题的规划方案，还包括回答"为什么"的问题，要达到"知其所以然"的程度，显然，这两个阶段如何衔接和过渡，在包括毕业设计（论文）教学环节在内的教学研究和实践中，仍有大

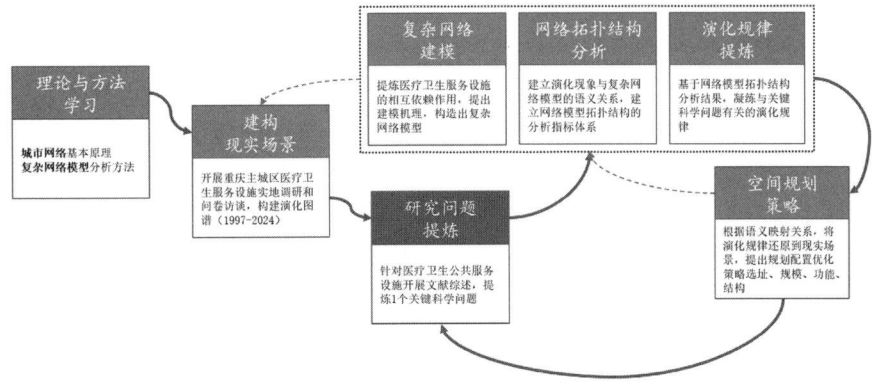

图1 "一主两次"科研训练闭环
资料来源：作者自绘

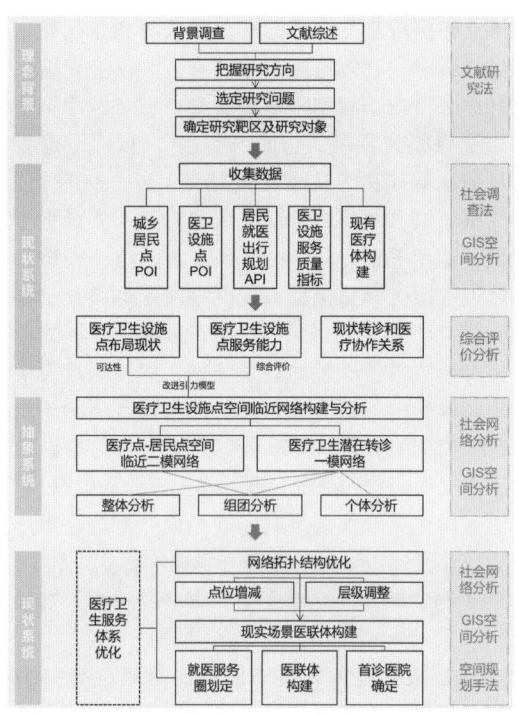

图2 围绕关键科学问题构建研究方案

资料来源：冯韵洁，陈雨彬，《重庆都市区医疗卫生服务网络的规划研究与设计：分级诊疗模式下"首诊医院"规划布局》，重庆大学本科毕业设计论文，2023年6月

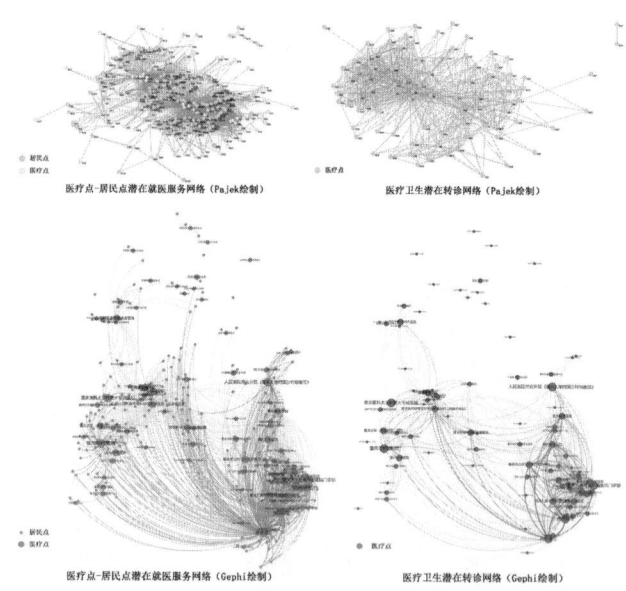

图3 运用 Pajek 和 Gephi 软件构建研究样本医疗卫生服务网络模型

资料来源：冯韵洁，陈雨彬，《重庆都市区医疗卫生服务网络的规划研究与设计：分级诊疗模式下"首诊医院"规划布局》，重庆大学本科毕业设计论文，2023年6月

量值得探索的空间。

教学组一方面致力于建构以关键科学问题为导向的教学过程，另一方面，也试图将本科毕业设计和研究生公共设计课整合起来，探索"本—硕—博"贯通培养模式。具体而言，就是本硕博等不同学习阶段的同学混编成1个小组，有分有合，共同完成1个题目，当研究任务分解后，不同学习阶段的同学完成不同难度的研究工作，按照各自不同的考核要求进行考核（表2）。

按照上述思路，教学组开设了2024届本科生毕业设计和研究生公共设计的联合课程。选课之初，有9位本科生和20余位硕士研究生报名参加。但实施过程中，一部分研究生考虑学分与学时不匹配，或者研究主题与自身研究方向不匹配等原因而选择放弃。

不过，仍有9位本科生、4位硕士生和1位博士生，分成3个小组完成了联合设计课程。其中，由邱博伦和周莘人2位本科毕业生与硕士研究生张晗组成的设计小组，从教学过程和教学效果两个方面，都达到了教学组开设联合毕业设计课程的预设状态。两位本科生完成毕业设计《重庆都市区医疗卫生服务网络的规划研究与设计：120院前急救网络响应时间评估》获得2024年度全国大学生第四届国土空间规划设计竞赛暨第二届城乡规划毕业设计（论文）竞赛一等奖（图4、图5），硕士生张晗则在此基础上，进一步继续深化研究，撰写完成自己的硕士学位论文《山地城市紧急医疗服务响应时空机制研究：以重庆中心城区为例》，顺利获得硕士学位答辩，并发表期刊论文2篇。

4 结语

教学组针对毕业设计教学改革的实践探索，也有不少值得总结和反思的地方，主要有两点。一是对以关键科学问题为导向的教学过程，大部分同学感到不适应，受到项目设计发散式、开放性思维的惯性影响，面对科学探索客观性、闭环式思维训练，接受起来有困难。甚至个别同学出现难以完成毕业设计的状况。二是教学组

联合设计课程"本—硕—博"贯通培养模式　　　　　　　　　　　　　表2

	本科	硕士研究生	博士研究生
现实场景建构	同一场景，共同构建基础数据库		
文献综述	20~30 篇	50~60 篇	≥ 100 篇
关键科学问题提炼	共同提炼 1 个关键科学问题，提出 1 套研究方案		
复杂网络模型论证与分析	数理分析	复杂网络模型及算法建构	提出语义映射及算法规则
空间规划策略	以计算结果为依据直接转换	以计算结果为依据逻辑推导	普世性规律或共性技术提炼
成果表达	毕业设计成果图纸为主	公共设计课程考查论文为主	研究内容及方法创新论文为主

资料来源：作者自绘

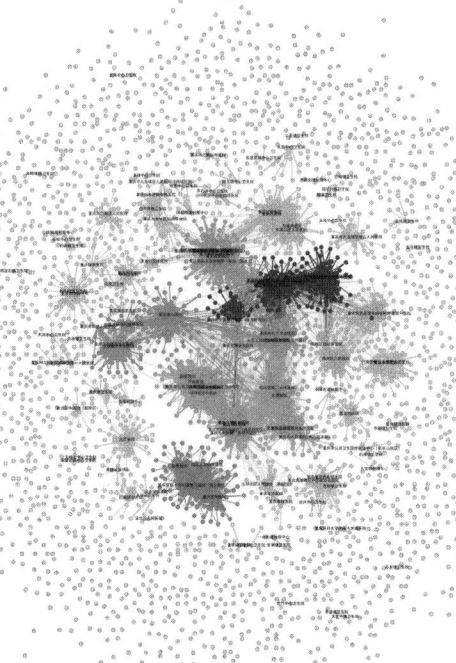

图 4　重庆市中心城区 120 院前急救网络复杂网络模型
资料来源：邱博伦，周莘人，《重庆都市区医疗卫生服务网络的规划研究与设计：120 院前急救网络响应时间评估》，重庆大学本科毕业设计论文，2024 年 6 月

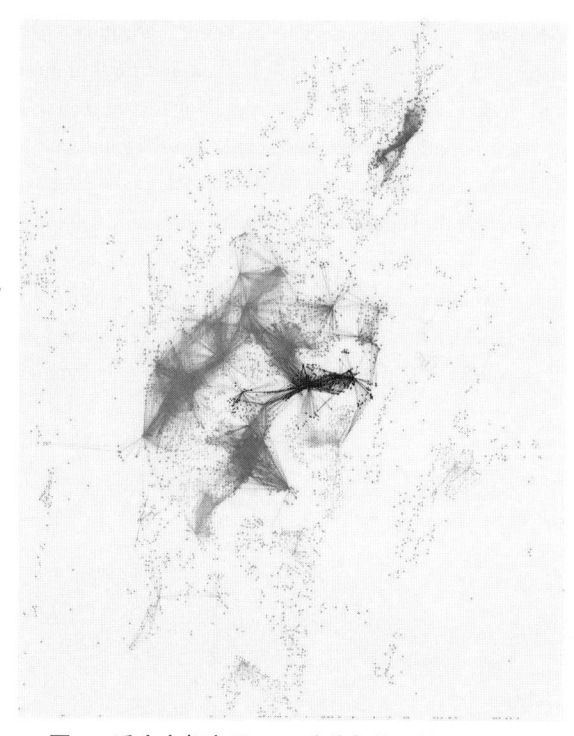

图 5　重庆市都市区 120 院前急救网络社区结构
资料来源：邱博伦，周莘人，《重庆都市区医疗卫生服务网络的规划研究与设计：120 院前急救网络响应时间评估》，重庆大学本科毕业设计论文，2024 年 6 月

在探索"本—硕—博"贯通培养模式过程中，对本科和研究生两个阶段已形成的培养模式，尤其是学生激励制度等差异性缺乏足够的认识，导致联合设计课程实施过程中部分研究生退课。

教学组推动研究型毕业设计改革的初衷是帮助同学们在项目设计思维训练基础上，关注科学探索思维的培养。教学组认为这种尝试和探索是有价值的。当然，后续在选题、教学过程、培养模式等方面，还可以开展各种形式的探索和创新。比如，进一步扩大选题广度和深度，"双碳"战略、乡村振兴、人工智能等国家经济社会发展战略和前沿，均可以作为选题方向；也可以进一步推动多专业联合或国际联合教学，推动研究型毕业设计"在地性"与"全球视野"的结合，为本科生后续的职业发展和升学需求提供本科阶段的最后一个发展"锚点"。

Teaching Exploration of Research-Oriented Graduation Design in Urban and Rural Planning: A case of Chongqing University

Huang Yong   Li Xu   Dai Yan

Abstract：In order to promote the better realization of the purpose of summarizing and examining the knowledge of undergraduate stage in the graduation design of urban and rural planning, and to better match the diversified needs of the career development and promotion of undergraduate graduates, the construction and development history and teaching and educational functions of the graduation design and thesis of urban and rural planning discipline in China were sorted out; The shortcomings and deficiencies exposed by the graduation design in the face of the current trend of new urbanization development and scientific and technological changes in China were analyzed; Taking the research-oriented graduation design practice of the urban and rural planning discipline at Chongqing University as an example, this paper summarizes two experiences and reflections, including leading the teaching process with key scientific problems and exploring the "undergraduate-master-doctoral" integrated training model, which can provide reference for the reform and exploration of graduation design teaching in this discipline.

Keywords：Urban and Rural Planning, Graduation Design, Chongqing University

基于HAI的"融合型"教学模式
——设计竞赛与课程教学三维协同路径探讨

田宝江

摘　要： 在HAI（Human-AI Interaction）时代和城乡规划教育变革背景下，针对传统设计竞赛与课程教学融合存在的系统性、公平性与智能协同缺失等问题，提出基于HAI的"融合型"教学模式重构，构建了AI赋能的"教学目标—教学组织—教学成果"与设计竞赛三维协同路径。理论层面，通过解构竞赛主题与教学目标的映射关系，建构人机协同的"竞赛—课程双螺旋模型"，揭示知识体系稳定性与竞赛主题动态性的耦合机制；引入智能协同度指标，开发基于HAI的教学竞赛融合度评价指标体系；实践层面，开发"四阶八步"生成式AI工作流，通过主题解码、任务拆解、动态调适、成果孵化四大阶段，形成包含语义网络分析、智能基地评估、决策支持系统的教学闭环。形成"人工创意—AI验证—方案优化"的新型教学范式。研究成果为城乡规划专业应对HAI时代教育生态重构提供了可复制的实施框架与技术路径。

关键词： HAI；融合型教学模式；设计竞赛；课程教学；双螺旋模型；融合度评价

1　问题提出：设计竞赛与课程教学的融合困境

在教学实践中，如何处理好课程教学和设计竞赛的关系是很多学校要面临的现实问题。设计竞赛在提升学生综合能力、把握时代前沿和理论热点、拓展视野、为参赛学校及个人带来荣誉等方面具有十分积极的意义，因此也受到各院校的普遍重视。

当前，设计竞赛与教学结合主要有三种模式："竞赛主导型""课程主导型"和"课、赛并列型"。

"竞赛主导型"的特点是完全以竞赛为主导，教学组织围绕竞赛展开，其优点是可以集中优势资源参赛，增加获奖的机会；

"课程主导型"的特点是以日常教学为主导，首先要满足基本的教学需要，同时兼顾竞赛的要求，同学可以将日常教学成果提交参加竞赛；

"课、赛并列型"的特点是竞赛和教学平行进行，在保证日常教学的同时，鼓励一些学有余力的同学去参加竞赛，但不强制，由同学自行决定是否参赛。这种模式下，竞赛和教学相对独立，保证了日常教学，同时也为优秀同学提供了参赛的机会。

通过构建"教学需求—竞赛特性"矛盾矩阵（表1），可以看出这三种模式均存在较大缺陷，呈现为四大矛盾：

"教学需求—竞赛特性"矛盾矩阵　表1

教学模式＼教学需求	竞赛主导型	课程主导型	课、赛并列型
系统性	高冲突	中冲突	高冲突
公平性	高冲突	低冲突	中冲突
前沿性	低冲突	高冲突	高冲突
智能性	中冲突	高冲突	高冲突

资料来源：笔者自绘

[矩阵解读：

竞赛主导型：在系统性（课程碎片化）、公平性（资源失衡）维度呈现高冲突，虽在前沿性上表现较好，但

田宝江：同济大学建筑与城市规划学院副教授

代价是牺牲教学体系完整性，智能性方面随竞赛主题而变化，具有不稳定性。

课程主导型：在公平性上达到低冲突水平，但系统性与前沿性仍存在显著缺陷，教学中对于智能技术应用不足。

课、赛并列型：呈现系统性和前沿性双重高冲突，其看似公平的自主参赛机制实际加剧马太效应，不同水平的学生运用新技术的能力和范围差异巨大。]

一是系统性矛盾：竞赛主题年际波动（表2、表3）与教学体系稳定性需求冲突。以2010—2025年教指委与WUPENiCity竞赛主题为例，竞赛主题每年都有更迭，而教学大纲更新周期长达5年甚至更久，导致课程内容与热点议题脱节。

二是公平性矛盾：调研数据显示，85%非参赛学生认为资源过度向竞赛倾斜，其课程获得感评分仅为2.3/5（参赛学生为4.7/5）（注：数据来自同济大学城乡规划专业近五年173份学生问卷的PLS-SEM模型计算结果）。

三是前沿性矛盾：教学大纲中"人工智能""数字孪生"等新兴领域占比不足15%，滞后于竞赛主题覆盖率（67%）（注：对比2020—2025年WUPENiCity竞赛主题与教学大纲内容的文本相似度分析）。

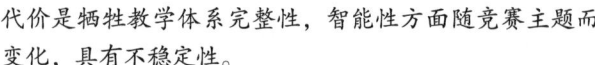

2010—2019专指委城市设计作业评优竞赛主题　表2

年份	年会主题	城市设计课程作业交流和评优主题
2010	更好的规划教育，更美的城市生活	城市滨水公共空间规划设计
2011	智慧的传承，城市的创新	
2012	人文规划，创意转型	围绕年会主题自定
2013	美丽城乡，永续规划	
2014	新型城镇化与城乡规划教育	回归人本，溯源本土
2015	城乡包容性发展与规划教育	社会融合、多元共生
2016	新常态·新规划·新教育	地方营造、有机更新
2017	地域·民族·特色	城乡修补、活力再塑
2018	新时代·新规划·新教育	智慧·包容·复兴
2019	协同规划·创新教育	共享与活力

资料来源：笔者根据相关资料整理

2020—2025WUPENiCity城市设计竞赛主题　表3

年份	WUPENiCity 城市设计竞赛主题
2020	未来健康家园
2021	未来智慧家园
2022	共享元家园
2023	未来共生家园
2024	未来创新家园
2025	未来智能家园

资料来源：笔者根据相关资料整理

四是智能性矛盾：三种模式中对于人工智能、生成式技术等的应用均处于比较初级和盲目的状态，竞赛主导模式中，随着竞赛主题的要求发生变化，呈现出不稳定性；兼顾型模式中，教学大纲的内容缺失使得AI技术应用受到限制；并列型模式中完全取决于学生自身的水平和意识，造成AI技术的应用呈现极大的差异性。

上述"教学需求—竞赛特性"矛盾矩阵可视化揭示了现有模式难以突破的"四维困境"——任何单一模式最多同时满足两项教学需求，亟需一种新型的教学模式来适应教学稳定性与竞赛创新性的动态平衡机制，实现系统性、公平性、前沿性与智能性的协同。这种新型模式可称为"融合型"教学模式，与前面三种模式不同，"融合型"模式强调竞赛与课程的共生关系，既发挥竞赛带来的各种优势，又能促进教学，实现系统性、公平性、前沿性与智能性的协同。HAI（Human-AI Interaction，人类智慧与人工智能协同）时代背景下，AI教学平台为同步解决"系统稳定—技术迭代—教育公平—生态重构"的复合挑战提供了新的契机。

2　理论建构：人机协同的"竞赛—课程双螺旋"模型

2.1　模型结构与运行机制

针对上述三种模式存在的矛盾和缺陷，近年来我们在城乡规划专业四年级的"城市设计"课程教学中，探索基于HAI的设计竞赛与课程教学有效协同的"融合型"教学模式，提出"教学目标—教学组织—成果转化"与设计竞赛三维协同的机制。类比DNA双螺旋结构，构建人机协同的"竞赛—课程双螺旋"模型（图1），以

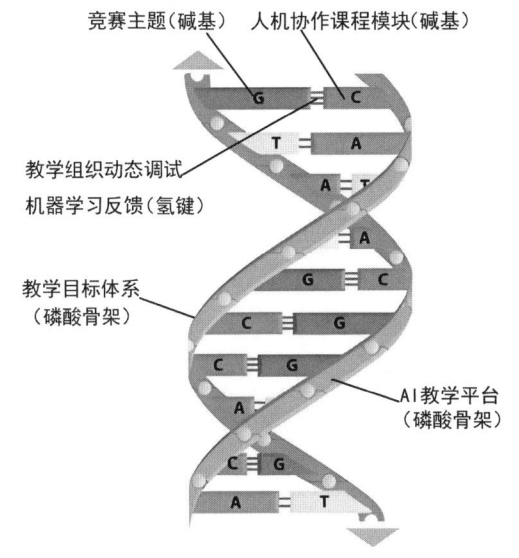

图1 人机协同的"竞赛—课程双螺旋"模型示意图
资料来源：笔者根据相关资料自绘

AI赋能设计教学，适应教学稳定性与竞赛创新性的动态平衡。

"竞赛—课程双螺旋"模型解析：

· 磷酸骨架：对应教学目标与竞赛要求协同。教学目标体系分为知识—能力—价值三个层面，通过与近年来相关设计竞赛的主题和要求的对比，二者具有较高的吻合度，比如，城市设计作业评优的主题"回归人本，溯源本土"（2014）、"社会融合、多元共生"（2015）充分体现了"以人民为核心"的理念和价值观；"地方营造、有机更新"（2016）、"城乡修补、活力再塑"（2017）体现了城市更新的国家发展战略，与党的二十大提出的城市更新行动相契合；已经举办四届的全国高校国土空间规划设计竞赛也都是以城市更新为主题，WUPENiCity国际城市设计竞赛的主题也都是围绕"家园"展开，从健康、智慧、共生、创新等角度进行发掘，与城市设计作业评优的主题"智慧·包容·复兴"（2018）、"共享与活力"（2019）一脉相承。可见，竞赛主题与课程教学目标具有极高的契合度。

在教学目标与竞赛主题协同的基础上，引入"AI教学平台"作为第二条结构链，形成"教学目标—AI工具—竞赛要求"协同机制。

· 碱基对：对应竞赛主题与课程模块（含教学成果）的动态匹配，通过语义网络分析实现主题映射。例如"未来健康家园"竞赛主题对应"健康城市理论""公共卫生空间设计"等教学模块；将"共享元家园"映射至"社区共享空间设计""数字交互技术应用"等教学模块。另外，将传统教学模块转化为"人机协作单元"，如"空间形态生成"模块对应"AI参数化生成＋人工审美调校"协作模式。

· 氢键连接：对应教学组织与竞赛要求的协同。如，根据不同竞赛人数要求，施行弹性分组机制（初期2人组→中期4人组→后期跨组协同）与动态调适策略（核心模块占比60%＋竞赛关联模块占比40%，表4），确保教学组织的灵活性与稳定性。同时，嵌入"机器学习反馈环"，建立教学过程中"师生互动—机器诊断—方案迭代"的实时优化机制。

动态调试课程包结构　　表4

模块类型	教学内容	课时占比	竞赛关联度	机器学习反馈
核心模块（60%）	城市设计方法论	20%	固定	固定
	空间形态生成原理	15%	固定	固定
	规范标准应用	25%	固定	固定
竞赛关联模块（40%）	年度热点专题解析	10%	动态调整	固定
	创新设计工作坊	15%	动态调整	固定
	竞赛成果表示训练	15%	动态调整	固定

资料来源：笔者自绘

2.2 基于HAI的融合度评价指标体系

针对竞赛与教学三维协同机制，构建基于HAI的融合度评价指标体系（表5），来量化评估竞赛与课程教学的融合度，对融合型教学模式提供量化标准。该评估模型采用三级指标，特别引入智能协同度指标来强化AI赋能设计的影响。指标权重利用层次分析法（AHP）来确定。通过该评估模型，得出近五年（2020—2024）我校城市设计课程与竞赛融合度均在92%以上，显示出该"融合型"教学模式极强的优越性。

基于HAI是竞赛—教学融合度评价指标体系　表5

一级指标	二级指标	权重	观测点示例
目标契合度（30%）	价值导向匹配度	12%	竞赛主题与"课程思政"关联性
	知识领域覆盖率	18%	教学模块对竞赛知识点覆盖率
组织协同度（30%）	时空耦合度	10%	教学进度与竞赛节点吻合度
	资源适配度	20%	基地面积达标率（0.8~1.0平方千米）
智能协同度（30%）	人机分工合理度	10%	人工创意与机器诊断比例
	AI工具渗透率	10%	AI工具使用占比
	算法迭代频次	10%	算法参数更新间隔与版本升级频率
成果转化度（10%）	创新性指数	5%	AI赋能方案占比
	完成度指数	5%	教学成果向竞赛作品的转化效率

资料来源：笔者自绘

3 实践路径："四阶八步"生成式AI工作流

3.1 主题解码阶段

步骤1：竞赛关键词云分析。使用NLP技术进行竞赛主题的语义网络分析，提取"家园""共生""智慧"等高权重语义标签，构建"人机共建关键词云"。

步骤2：教学标准映射。建立竞赛主题与教学目标的关联矩阵，例如将"共享元家园"映射至"社区共享空间设计""数字交互技术应用"等教学模块。

3.2 任务拆解阶段

步骤3：基地评估。开发AI基地评估插件，包含区位指数（0~10分）、面积系数（0.8~1.0平方千米）、主题匹配度（%）等参数，实现GIS数据自动解析与设计约束智能生成，确保基地选择同时满足教学与竞赛需求，并对基地资源问题和潜力进行动态评估与分析。

步骤4：双轨甘特图编制。可视化呈现教学模块与竞赛节点的时空耦合关系，设置±2周（最大可增加至4周）滑动窗口应对突发调整。

3.3 动态调适阶段

步骤5：智能化模块教学包。将16周课程分解为8个可重组单元，包括：①区位与沿革分析；②上位规划与相关规划对接；③城市现状要素与系统分析；④案例研究与借鉴；⑤设计主题演绎；⑥总体方案设计；⑦节点深化设计；⑧成果脚本与整合，这个8个单元内容可根据需要进行组合动态调整。搭建教学决策支持系统，通过机器学习预测不同教学单元的竞赛适配度。

步骤6：弹性分组机制。初期按能力光谱分析及个人意愿组建2人组（适应WUPENiCity竞赛），第12周重组为4人组（对接国土空间规划竞赛），预留20%跨组协作课时。

3.4 成果孵化阶段

步骤7：分镜头脚本设计。要求学生对最终成果的4张A1版面绘制逻辑框图，明确"问题提出→策略生成→方案表达"的叙事线，确保成果内在逻辑连贯、完整性和规范性。

步骤8：转化模板库应用。提供20类标准化图纸模板（如热力分析图、场景拼贴图），通过参数化工具提升图纸表现效率。引入AIGC辅助设计系统，构建"人工创意+AI渲染+智能排版"的协同生产链。

4 实践成效与辐射效应

4.1 教学效能提升

参赛转化率：近五年，我校"城市设计"90%课程作业转化为竞赛作品，并取得了令人满意的效果。我校本课程学生在全国高校城乡规划专业城市设计作业评优、WUPENiCity国际城市设计竞赛、全国高校国土空间规划设计竞赛等赛事中获奖29项，其中一等奖2项，金奖5项。

4.2 持续改进机制

针对"融合型"教学模式的持续改进和优化，施行双循环系统：教师每学期末填写《基于HAI的"融合型"教学日志》，学生提交《参赛体验问卷》（克朗巴哈系数Cronbach's α=0.89），形成"Human指导方向—AI提升效率—Competition验证成效"的教育闭环。

5 结论与展望

本文构建基于 HAI 的竞赛与教学融合型教学模式，在理论层面提出"竞赛—教学双螺旋"模型，充分运用 AI 教学平台，建立教学稳定性与竞赛创新性的动态平衡机制；在方法层面开发量化评估教学竞赛融合度的三级指标体系，引入智能性作为重要指标；在实践层面构建 AI 赋能的"四阶八步"式可推广实施框架。通过 AI 平台，实现"教学目标—组织—成果"与设计竞赛三维协同，有效解决了设计教育中"教""赛"割裂的难题，实现"四维教育生态"重构：从传统师生二元关系转向"课程教学—AI 赋能—设计竞赛—人才培养"多元协同生态。

在 HAI 时代背景下，该融合型教学模式可以发挥更大作用，实现三个层面的辐射效应：在专业课程层面，进行课程模块重构，在核心专业课程如"城市设计""社区规划""详细规划"中植入 AI 赋能的"竞赛关联模块"；在学科群层面：构建基于 HAI 的"建筑—规划—风景园林"跨专业联合教学模式，使 AI 在多学科融合中发挥更大作用；在新工科建设层面：将课程体系拓展至智慧城市、数字建造等领域，大幅提升学生 AI 工具掌握率，做到 AI 赋能设计全覆盖。本文提出的融合型教学模式，为设计教育提供了"目标校准→过程协同→成果转化"的全链条解决方案，促进城乡规划、建筑学等专业课程改革，助力院校实现"教赛分立"向"人机共育、教赛共生"的范式转型。

参考文献

[1] 田莉，杨鑫，张雨迪，等."专业知识＋人工智能"双驱动的城乡规划设计教育创新探索：以住区规划为例 [J]. 城市规划学刊，2024（5）：71–78.

[2] 李宁. 生成式人工智能驱动教育变革的路径探索 [J]. 教育科学研究，2024（12）：5–11.

[3] 蔡迎春，虞晨琳.AI 驱动的科研范式变革：跨学科视角下人工智能素养与教育培养策略研究 [J]. 图书馆杂志，2024，43（11）：20–33，10.

[4] 胥亚洲. 人工智能驱动下的教育变革与前瞻思考：NLP 助力培养创新人才 [J]. 科技风，2024（27）：60–62.

[5] 刘丽丽，高晓慧，陈亮，等. 人工智能驱动下的高等教育变革 [J]. 中国教育技术装备，2022（17）：9–11.

[6] 付艳. 人工智能视域下高校思想政治教育创新研究 [D]. 长沙：中南大学，2022.

[7] 牛云云，方坤. 人工智能技术驱动教育变革与创新 [J]. 科技视界，2017（33）：3–4.

[8] 王一，宋娟. 本科生导师制下的学术竞赛实验室建设与管理 [J]. 大学教育，2021（12）：187–189.

[9] 王竹. 结合国际大学生设计竞赛进行毕业设计教学 [J]. 建筑学报，1995（8）：3.

[10] 任雁明.以设计竞赛为导向的设计教学探索 [J]. 艺术教育，2021（9）：219–222.

[11] 田宝江,"全过程介入"的城市设计课程教学模式探讨 [C]//. 教育部高等学校城乡规划教学指导分委员会. 创新·规划·教育——2023 中国高等学校城乡规划教育年会论文集. 北京：中国建筑工业出版社，2023：306–311.

An Integrated HAI-Based Teaching Model——Exploring Three-Dimensional Synergistic Pathways Between Design Competitions and Curriculum Instruction

Tian Baojiang

Abstract: Amidst the transformative landscape of Human-AI Interaction (HAI) in urban and rural planning education, this study addresses systemic, equitable, and intelligent collaboration gaps in traditional design competition-curriculum integration. We propose an HAI-based "integrated" teaching model, establishing a three-dimensional synergistic framework that aligns AI-empowered "teaching objectives, pedagogical organization, and outcomes" with design competitions. Theoretically, by deconstructing the mapping between competition themes and educational goals, we construct a "competition-curriculum double helix model" to reveal the coupling mechanism between the stability of knowledge systems and the dynamism of competition themes. A smart collaboration index is introduced, and an HAI-driven evaluation system for teaching-competition integration is developed. Practically, we design a four-phase, eight-step generative AI workflow encompassing theme decoding, task decomposition, dynamic adaptation, and outcome incubation, forming an instructional closed-loop with semantic network analysis, intelligent site evaluation, and decision support systems. This approach fosters a novel pedagogical paradigm of "human creativity-AI verification-solution optimization." The research provides replicable implementation frameworks and technical pathways for reconstructing educational ecosystems in planning disciplines during the HAI era.

Keywords: Human-AI Interaction, Integrated Teaching Model, Design Competitions, Curriculum Teaching, Double Helix Model, Integration Evaluation

以培育"规划技艺"为特色的乡村规划教学探索

袁　也　汤西子

摘　要：城乡规划设计的"技艺"属性在当前规划教育中有逐渐模糊的趋势。梳理了"技艺"的定义及其在多学科领域中的体现，总结了城乡规划实践过程中普遍存在的"技艺"类型。基于乡村规划教学实践，探索了相应的"技艺"训练模块，归纳为"谋划""细化""提示""编剧"和"抽象"五个方面（有两方面涉及 AI 使用），并以教学案例进行了说明。课程的问卷反馈表明，学生对课程的获得感较高，"技艺"训练在总体上获得了一定的成效。最后提出，规划"技艺"训练在提升专业门槛、促进学科凝核、落实 OBE 教学理念等方面有重要意义。

关键词：规划技艺；乡村规划教学；教学探索；教学反馈

1　导言

城乡规划实践涉及大量有关空间要素如何组构的"技艺"，而这背后是科学规律、人文思考和艺术眼光的综合谋虑[1]。然而，在当前的规划教学实践中，我们发现，规划"技艺"的属性正在变得模糊：①从理论来源上看，过去数十年快速城市化时期的城市空间营造经验，侧重于响应增量开发背景下的批量建设需求，对规划设计的"技艺"打磨沉淀不多，这使得我们对"规划技艺"的理论思考和知识积累尚有不足。②从技术素养来看，规划学科中的"技艺"素养应当是建立起"行业壁垒"的基础之一，但这样的素养在教学中并未得到足够重视，这使得学生对于专业学习缺乏较好的体验和认同。③当前规划设计教学中存在"竞赛成果导向"的学习风气，这在一定程度上引起了对规划"技艺"的偏狭性理解，造成过于注重形式表达（"卷图"）的问题。基于上述考虑，依托本校乡村规划的设计教学实践，尝试在课程中融入了多项有关"规划技艺"的模块，强化学习体验，以培养新时代具有"技艺品性"的规划匠才。

2　技艺与规划技艺

2.1　"技艺"的定义与其多学科性

按牛津词典的解释，"技艺"（Craft）指"一种包含有特殊技能（Special Skills）的手工制作活动"，同时也指"所有需要某项特定活动的技能"。总体来看，技艺泛指在某一领域或职业中通过手工或工具完成某项产品的能力。从字源学上看，"Craft"在古英语中为"Cræft"，源于更古老的日耳曼语根词，原始意义涵盖了"力量""技能""职业""艺术"等多个方面。而后，"Craft"的含义逐渐转向一些具有专门技术和精巧手工操作的活动，通常这些活动需要高度的专业知识和实践经验。因此，"Craft"不仅可以指传统的手工艺，如编织、木工、陶艺等，也被用来描述现代科学研究工作中的一些特有实验技能（表1），甚至包括科学研究工作本身，也被认为是一种技艺[2]。

2.2　城乡规划涉及的"技艺"类型

城市规划设计的"技艺性"在理论界和实践界不乏讨论，形成了一些精辟见解。如新加坡城市规划学家刘太格先生[1]在 TED 的一次采访中提出城市规划是一项综合"科学家的精准""人文家的关怀"和"艺术家的眼光"的实践技艺。V.M.Lampugnani[3]在回顾西方城市设计理论的基础上，提出城市设计本质就是一项技艺。美国伊利诺伊大学 Charles Hoch[4]则认为，应将空间规划视为一种"技艺多于科学"（More Craft than Science）、

袁　也：西南交通大学建筑学院讲师
汤西子：西南交通大学建筑学院副教授

现代科学研究中的"技艺"成分 表1

科学领域	"技艺"在不同科学领域中的体现
化学合成	精细的实验操作技能进行化合物合成，需要控制严格的实验条件和精确的配比技巧
微生物培养	细菌、真菌等微生物的分离、培养和鉴定，需要娴熟的无菌操作技术和环境控制能力
天文观测	使用望远镜等复杂设备进行观测，需要掌握设备校准、观测技巧和数据处理方法
解剖学实验	解剖动物或人类器官，需要精细的解剖技艺和对解剖结构的深入了解
物理实验	如光学、电磁学、力学等实验，这需要一系列精密的实验设备操控技巧和数据分析、解释能力，如精确调整仪器参数、监控实验过程和实验结果的解读。实验者需要具备扎实的物理知识和熟练的实验手段，以确保实验的准确性和可重复性

资料来源：笔者整理

"实践多于精巧"（More Practical than Precise）、"协同多于独思"（More Collaborative than Solitary）的活动。而如果仔细分析城市规划活动本身，其"技艺性"几乎存在于每个环节：

（1）在规划前期分析阶段，涉及"分析""凝练"等技艺，包括：如何获取多维的现状数据资料、如何针对数据资料进行精确分析、如何基于现状分析归纳出有价值的关键问题。

（2）在规划目标制定阶段，涉及"谋划""想象"等技艺。这里则需要与利益相关者通过充分交流和想象形成对未来的共识和愿景。John Forester[5]阐释了规划师在与公众协作过程中，面对冲突性的规划问题，通过引入戏剧性和叙事性的元素激发参与者的想象力，重新锚定规划愿景，借此找到解决问题的新思路。而这个过程需要"人文想象的技艺"作为支撑。

（3）在规划方案编制阶段，涉及"刻画""布局""建构"等技艺。这里需要对城市空间的各项要素进行空间配置，使其在满足各项规范的基础上，充分考虑城市结构和秩序的美学价值。这部分也是城市规划的经典内容，以Camillo Sitte[6]的理论代表。

（4）在规划成果编制阶段，涉及"管控""引导"等技艺。这里主要是将规划布局方案转化为政策导控文件，使得设计意图能顺利转化为落地方案。这部分从"设计"转译为"管控"的工作也体现了特有的"技艺性"，是近年来城市设计转型发展的重要趋势[7, 8]。

3 课程背景与教学安排

3.1 背景：本科教学中的"综合规划"阶段

乡村规划教学在本校城乡规划培养计划中位于大四

上学期，属于实践教学板块的"综合规划"部分。在本校的本科实践课程教学安排中，遵循着"基础训练、单体＋群体、住宅＋住区、街区＋片区、乡村＋城区"的内容逻辑。其中，本科一年级是建筑大类教学的"基础训练"板块，本科二年级是"单体＋群体"建筑设计板块。本科三年级开始进入规划设计训练阶段。大三上是"住宅＋住区"的地块规划设计，大三下是"街区＋片区"的城市设计管控规划。大四开始，课程训练开始进入"综合规划"阶段，包括乡村规划和总体城市设计两个部分。大四上正是本阶段的"乡村规划＋聚落设计"的板块（图1）。

3.2 教学安排与特点

（1）学期贯通

课程按16周的全学期贯通设计，前8周以乡村综合规划课程为主，后8周以乡村聚落设计课程为主，但整个过程基地不变。这样做的好处是能够形成"村域—聚落"的全尺度成果，同时有助于学生集中精力深入钻研一个基地。

（2）竞赛介入

课程考虑与乡村规划委员会的全国大学生乡村规划竞赛衔接，因此在教学安排上进行了改进。每年乡村规划竞赛的提交时间，通常在秋季学期的第11~12周，因此需要在这个时间段安排竞赛成果的制作周期。

（3）三个递进阶段

由于竞赛介入，我们两门课程分了三个阶段（图2）。从安排上看，第一阶段，前8周成果（综合规划）作为第一项课程作业；第二阶段，将前8周和后3周的内容整合为竞赛提交成果（综合规划＋聚落设计）；

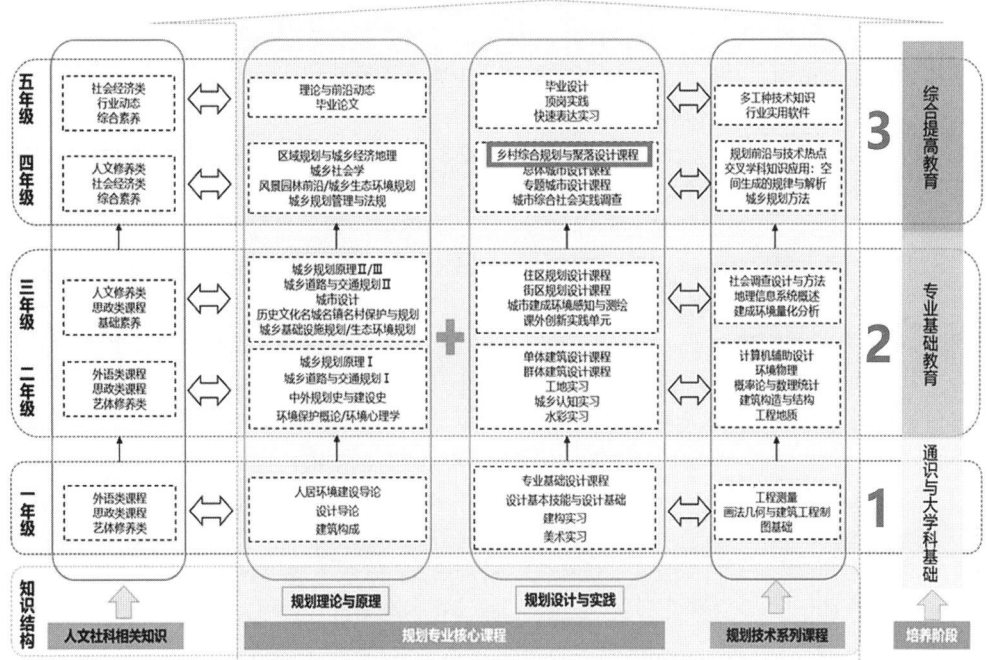

图1 笔者所在学校的城乡规划本科培养框架

资料来源：本校城乡规划专业培养计划

第三阶段，最后5周的作业作为第二项课程成果（聚落图则与场景设计）。

（4）五个"技艺"模块

根据方案进展的不同阶段，尝试植入了不同的"技艺"模块，以期强化特定思维、内容、方法和表达的训练。这些模块包括：用地布局阶段的"谋划"技艺、聚落方案阶段的"细化"技艺、方案优化阶段的AIGC"提示"技艺、场景细节阶段的"编剧"技艺、蓝图效果阶段的"抽象"技艺。

4 课程中的"规划技艺"训练模块

4.1 "谋划"的技艺：用地布局与实施路径

乡村用地规划从结果看是二维平面的形态布局，但背后涉及的影响因素非常复杂。尤其在项目实施角度，又会涉及土地整治和管理中的占补平衡、增减挂钩、高标准农田建设、工矿废弃地复垦等相关内容。因此，在进行用地布局的过程中，并不能只专注于空间形态本身，而是要统筹考虑其背后的复杂现实因素，协调出相

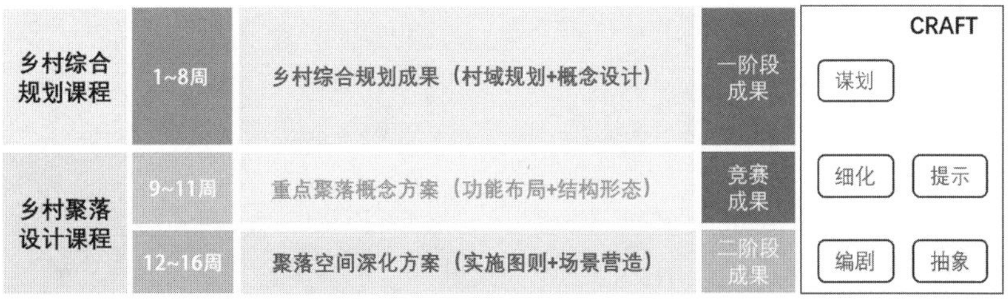

图2 本次乡村规划课程安排与技艺模块框架

资料来源：笔者自绘

对合理的布局方案。这一过程体现了"谋划"的技艺。其中,"谋"的技艺包括了对现状条件和问题的深入认知、对乡村发展趋势的综合预判、对土地整治需求和规划政策导向的统筹考虑等;"画"的技艺则是具体转化为空间布局蓝图的过程,如建设用地对产业发展和人居优化的支撑如何体现,占补平衡、增减挂钩、废弃地复垦等项目的具体位置如何确定等。因此,这部分的训练成果,除了"划"出用地布局,同时还要"谋"出实施路径。课程参考了近年来浙江省乡村规划的实践经验[9],引入了"用地管控 + 实施路径"的做法(图3),旨在确定聚落用地边界和各类主要用地指标,并呈现在实施过程中需要考虑的具体政策路径,如永农调整、用地腾退、占补平衡等问题。

图3 某小组乡村用地管控方案与实施路径图
资料来源:本校 2024—2025 学年"乡村规划"课程设计作业集

4.2 "细化"的技艺:聚落导控与设计

用地规划界定了建设用地和农用地的边界,明确了人居聚落的具体分布,及其与农用地之间的关系。在这之后,课程进入乡村人居聚落的"细化"阶段。在这个阶段,课程鼓励设计小组围绕在地聚落特色,重塑乡村规划要素,以支撑乡村发展的转型升级。而在具体要求

方面,课程提出应形成"功能配置—结构导控—聚落设计"的"细化"逻辑链(图4),而学生作业也围绕此逻辑展开(图5)。

4.3 "提示"的技艺:运用 AIGC 工具辅助设计

AIGC 工具在文生图方面提供了较多应用。因此,在课程中,我们鼓励学生运用 AI 工具辅助优化方案设计。如某小组设想在村域中规划一条由村委会统一经营的"公共服务带",包括社区服务、公共设施、公共绿地和各类经营性服务空间。该小组确定用地方案后,在细化聚落设计的阶段,却无法做出满意的方案。于是,尝试使用了微软必应的图像创建器,围绕设计意向,输入不同的提示词,生成了数十张参考图。后选取其中一张与意向接近的图作为参考,最终做出了相对满意的设计方案(图6)。在这个过程中,将设计意图转译为AIGC 的有效"提示词"是非常关键的,这里就涉及设计意图的语言转化能力,本质上属于"提示"的技艺。

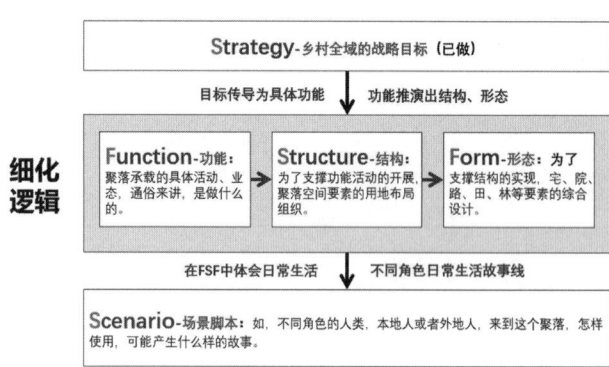

图4 课程讲义中乡村聚落设计的细化逻辑阐释
资料来源:笔者自绘

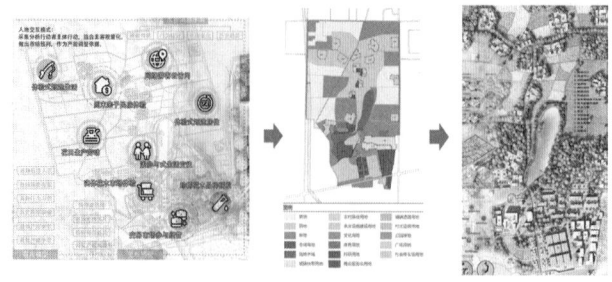

图5 某小组"功能—结构—形态"的细化过程
资料来源:笔者根据课程记录资料自绘

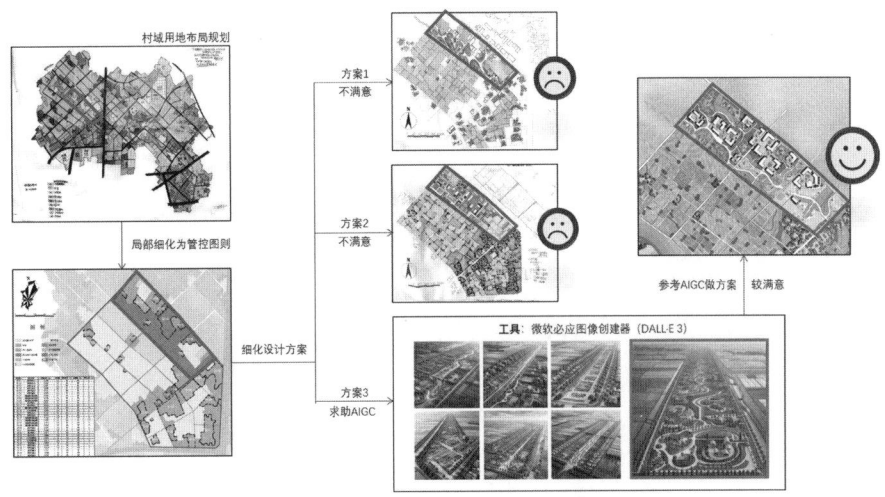

图6 某小组运用 AIGC 优化乡村聚落的公共服务带方案

资料来源：笔者根据课程记录资料自绘

4.4 "编剧"的技艺：以故事线细化设计场景

乡村规划最终还是要落到人性空间和使用体验。传统小尺度规划设计重在表现空间的细节场景，但对于不同的人群在其中如何使用，并非表达重点。课程鼓励学生将具体的人物设定引入方案，形成故事线，以"人本视角"检验规划方案的日常合理性。从特点上看，这样的工作类似"编剧"工作，需要对乡村规划的每一处空间和这些空间的使用方式进行深入思考。课程中，学生考虑了本地村民、外地访客和村委会等不同角色如何使用乡村空间、参与乡村发展和治理，勾画出了不同的"脚本"，并以动漫的形式表达了出来。在这个训练中，我们鼓励传统手绘（图7），也鼓励 AIGC 工具的使用（图8），也有同学探索了"AI 生成场景、手绘完成成品"的融合方法（图9）。

4.5 "抽象"的技艺：创意而趣味的导览地图

乡村规划的效果图通常以传统的鸟瞰图为主，也出现了一些以写意风格和多点透视为特色的乡村规划效果图[10]。然而，效果图侧重蓝图表现，其功能性和实用性存在局限。因此，课程训练中，我们将效果图改为了"创意地图"训练。创意地图是近几年来乡村建设中常见的一种表达方式，多以"实用性导览地图"的形式出现。这种地图除了要表达美观外，还需要以"抽象"和

"趣味"的方式表现出关键的导航信息，具有一定的挑战性。这部分教学中，鼓励学生灵活选择传统的鸟瞰图或"创意地图"，不做强制要求。执行过程中看，有一半学生主动尝试了创意地图，一些小组的成果体现了较好质量（图10、图11）。

5 教学成效与反馈

5.1 学生对乡村规划教学成效的总体反馈

课程对学生开展了线上问卷，以匿名自愿为原则。班级44人有35人在规定期限内填写了问卷。从学生的获得感来看，49%的受访者选择了"非常有收获"，43%选择了"有明显收获"，剩余8%选择了"有一点收获"（图12左）。而从学生对课程阶段的体验来看，大部分学生（74%）认为三阶段的安排有紧有松，是比较合适的；少数同学（9%）认为全程松弛会更好；另有17%的同学提出三阶段对应的作业量较大，应该以竞赛提交为分割，形成两阶段作业最合适（图12右）。

5.2 学生对各个"技艺"模块的体验反馈

我们围绕"技艺"模块的一些基础问题进行了调研，反馈结果如下：

（1）对于用地布局的"谋划"而言，认识到乡村用地的复杂性，是最为基础的，也是"谋"的出发点。调

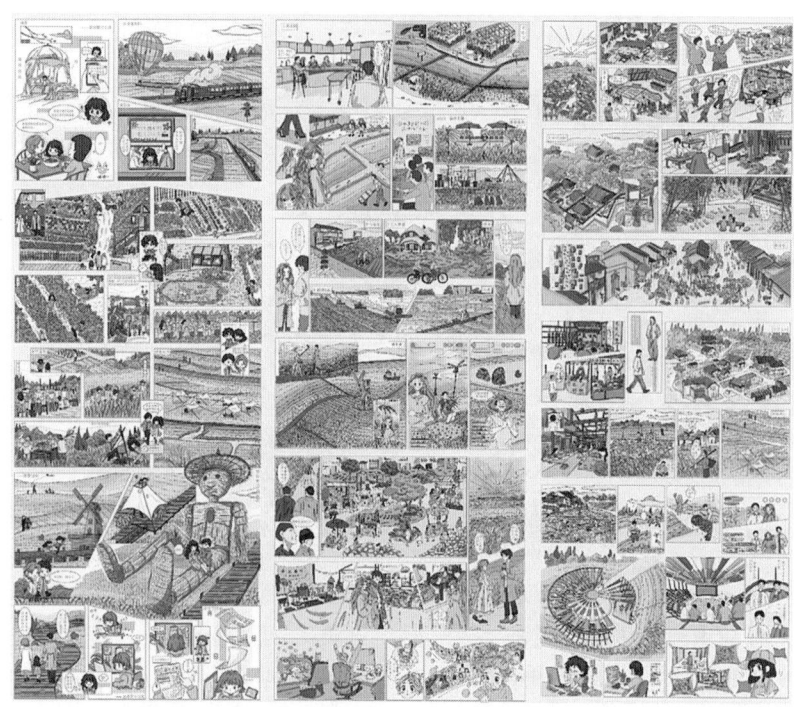

图7　以亲子旅游、直播经济和乡村生活为主题的"故事汇"（手绘）
资料来源：本校 2023—2024 学年"乡村规划"课程设计作业集

图8　以"城乡青年互助合作促进乡村振兴"为主题的"故事汇"（AI 生成）
资料来源：本校 2024—2025 学年"乡村规划"课程设计作业集

图9　以"数字游民赋能乡村经济发展"的"故事汇"（AI+ 手绘）
资料来源：本校 2024—2025 学年"乡村规划"课程设计作业集

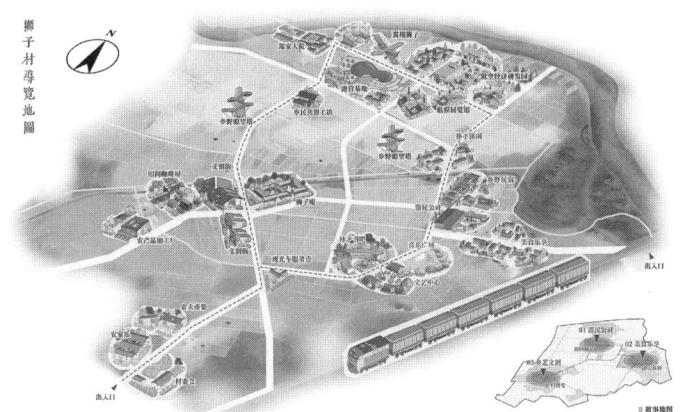

图 10　以"数字游民 + 低空经济"为主题的乡村创意地图
资料来源：本校 2024—2025 学年"乡村规划"课程设计作业集

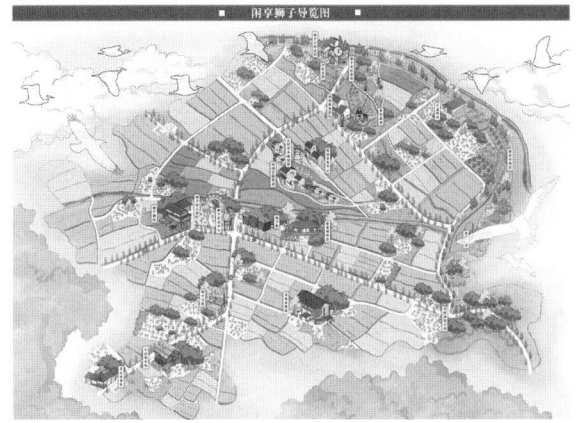

图 11　以"乡村创意休闲产业"为主题的创意地图
资料来源：本校 2024—2025 学年"乡村规划"课程设计作业集

查中发现，77% 以上的学生都认为乡村用地布局"很复杂"或"比较复杂"[图 13（a）]，说明大部分学生体验到了复杂性。

（2）"细化"方面，由于学生在乡村课程之前完成了街区控规，因此有机会直接体会城市和乡村之间在设计管控上的差异性。调查中，83% 的学生通过"细化"训练，明显地体会到了乡村与城市的差异性 [图 13（b）]，只有很少的学生体会不明显。这说明"细化"阶段的训练是有效的。

（3）AIGC 的使用上，40% 的学生只是"简单用

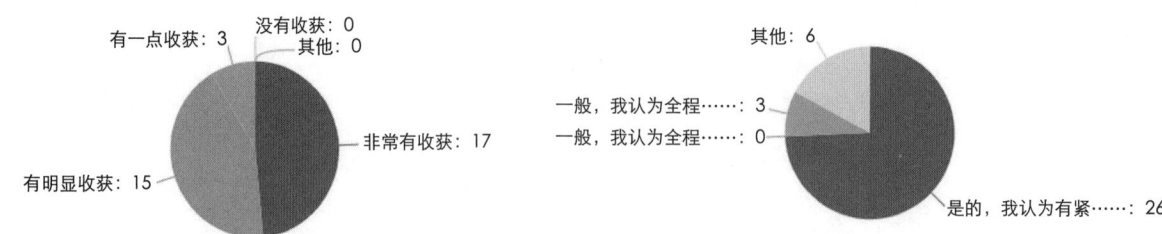

图12 学生的课程获得感和对课程阶段的看法

资料来源：笔者自绘

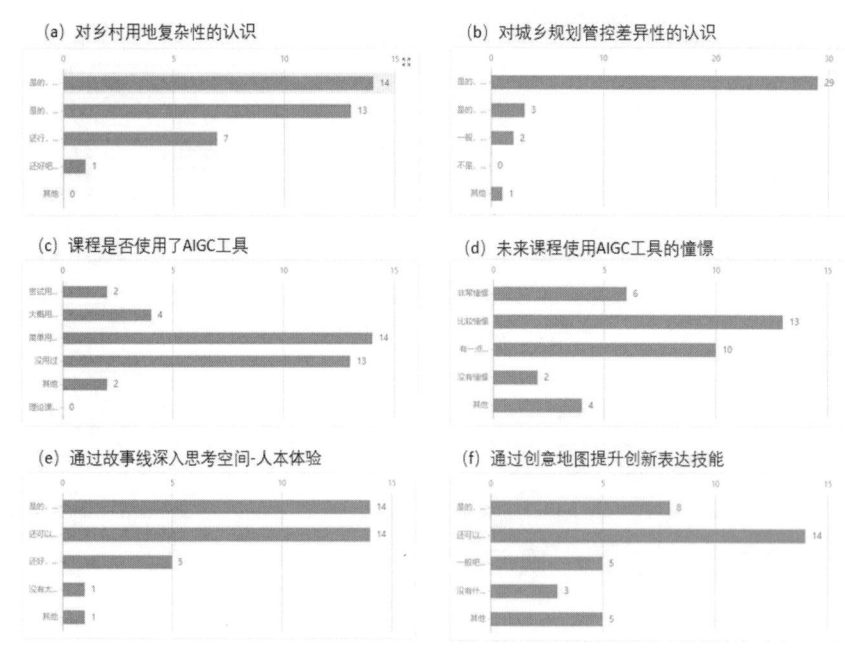

图13 学生对"技艺"模块相关问题的反馈

资料来源：笔者自绘

了下，仅做参照"，37% 的学生表示"没用过"。而对于 AIGC 在规划中的运用，37% 的学生表示"比较憧憬"，29% 的学生表示"有一点憧憬"，选择"非常憧憬"的仅占 17%[图 13（c）、图 13（d）]。这说明，学生对 AIGC 有兴趣，但也有所保留。

（4）在"编剧"方面，故事线模块让 90% 以上的学生在不同程度上思考了乡村的"空间—人本"体验[图 13（e）]，说明故事线的场景训练是有效的。

（5）在班级选择创意地图的小组中，23% 的学生在

创新表达上获得了"很多新体会"，40% 选择了"有一些新体会"，14% 选择了"有一点新体会"[图 13（f）]。总体而言，创新地图的训练效果也是值得肯定的。

6 结语

本文以"技艺"为视角，梳理了本科乡村规划教学实践中的一些新探索。作为以"城乡空间布局设计"为主要任务的学科，规划的"技艺"属性理应是其中的基础部分。然而，在当前规划学科"百花齐放"的情形

下，其原本的"技艺"属性正在变得模糊，甚至有观点认为这样的"技艺"属性无异于职业技术学校的"低端"技能。然而，如果城乡规划的"技艺"属性逐渐消解，那么将会削弱学科立足之基，不利于学科的可持续发展。

因此，笔者的看法是：①技艺本身不存在高低端之说，任何技艺都有其特定社会价值，关键在于能否有效回应、解决真实问题。②规划技艺训练有明确的素养范畴，本文初步归纳了一些范畴（实际上还包括更多）。而这些素养需要在一定情境下进行刻意训练才能掌握。因此，强化这种"技艺训练"，有助于提升专业门槛，促进学科"凝核"。③当前高等教育改革背景下，强化教学中的"技艺"训练，以其作为课程训练的产出目标，符合产出导向（OBE）的教学理念，有助于提升学生的学习"获得感"和体验"独特感"。

参考文献

[1] TED. The architectural mastermind behind modern Singapore [EB/OL]. https://www.ted.com/talks/liu_thai_ker_the_architectural_mastermind_behind_modern_singapore, 2021.3.
[2] 韦恩·C·布斯. 研究是一门艺术（The craft of research）[M]. 陈美霞，译. 新华出版社，2009.8.
[3] LAMPUGNANI V M，著；陈瑾羲，译. 城市设计作为手艺（Urban design as craft）[M]. 商务印书馆，2021.7.
[4] HOCH C. Planning imagination and the future[J]. Journal of Planning Education and Research, 2024, 44（3）: 1464-1475.
[5] FORESTER J. 2009. Dealing with Differences: Dramas of Mediating Public Disputes[M]. Oxford: Oxford University Press.
[6] SITTE C. The art of building cities: city building according to its artistic fundamentals[M]. Ravenio Books, 1979.
[7] 段进，兰文龙，邵润青. 从"设计导向"到"管控导向"——关于我国城市设计技术规范化的思考[J]. 城市规划，2017，41（6）: 67-72.
[8] 邵典，杨俊宴，史北祥，等. 从设计蓝图到管控谱系——一种街坊尺度城市设计的精细转译方法研究[J]. 城市规划，2022，46（10）: 56-71.
[9] 陈小卉，闾海. 国土空间规划体系建构下乡村空间规划探索——以江苏为例[J]. 城市规划学刊，2021（1）: 74-81.
[10] 栾峰，殷清眉，孙逸洲，等. 竞赛推动下的乡村规划教学改革探索——全国高等院校大学生乡村规划方案竞赛回顾及展望[J]. 城市规划，2023，47（2）: 111-118.

Exploration of Rural Planning Teaching with the Characteristic of Cultivating "Planning Skills"

Yuan Ye   Tang Xizi

Abstract: The "craftsmanship" attribute in urban and rural planning design shows a trend of gradual obscurity in current planning education. This study systematically examines the definition of "craftsmanship" and its manifestations across multidisciplinary domains, summarizing prevalent types of craftsmanship in planning practices. Through rural planning pedagogy, we developed five training modules – "strategic scheming", "detailing", "prompting", "scripting", and "abstracting" – with concrete teaching demonstrations. Questionnaire feedback reveals high student satisfaction and effective acquisition of craftsmanship skills. The research concludes that craftsmanship training significantly enhances professional thresholds, consolidates disciplinary core competencies, and implements Outcome-Based Education（OBE）principles in planning education.
Keywords: Planning Crafts, Rural Planning Practice Teaching, Teaching Exploration, Teaching Feedback

计算机视觉技术赋能城市空间认知
——"城市研究与规划技术方法"的交互实验教学支持系统建设与实践

米晓燕　马博然　曾　鹏

摘　要： 在"新工科"建设的战略指引下，遵循"以人为本"的城镇化核心原则，天津大学城乡规划教学以培养具有全球视野和国家担当的工程人才为目标，注重城乡规划人本思维的培养，依托学院重点方向，丰富跨学科工程训练内容，培养学生交叉学科工程能力。本文介绍了"城市研究与规划技术方法"课程在计算机视觉技术支持下进行的交互实验教学支持系统建设和实践。从课程的教学板块与交互实验教学支持系统的嵌入模式两个方面介绍了教学支持系统设置的理念；并从建设目标、建设内容和建构路径等方面详细阐述了交互实验教学支持系统在"城市研究与规划技术方法"课程中的建设和实践教学。交互实验支持系统的建设，依托多元教学资源与前沿技术，以实现交叉学科理论与创新实践能力的有机结合、培养具备前沿科研素养的综合型规划人才为目标。教学创新聚焦于多学科交叉融合的理论框架重构、虚拟现实与生物传感技术的协同应用，以及多模态数据驱动的空间认知分析方法，为城乡规划教育数字化转型与复合型人才培养提供了可推广路径。

关键词： 项目式课程；交互实验；教学支持系统；计算机视觉技术；多模态数据分析

1　教学改革背景

1.1　全球视野下城乡规划项目式课程的人本转型

我国于 2016 年加入《华盛顿协议》，实现高等工程教育与国际接轨，在此背景下提出"新工科"概念[1]。2017 年教育部发布《关于展开"新工科"研究与实践的通知》（高教司函〔2017〕6 号），推动高等工程教育的改革[2]。天津大学作为新工科建设先锋，首倡"新工科建设路线图"，提出新工科建设"天大行动"，划定新工科建设行动路线[3]。在新工科建设方案的指导下，近年来天津大学不断深化专业改革，加强课程教学内容和实践教学体系建设，以应对以智能化为主导的第四次工业革命的迅速发展，抓住新技术创新和新产业发展的机遇，实现工程教育人才由传统的单一型、理论型向综合型、实践型转变[4]。

《国家新型城镇化规划（2021—2035 年）》将"以人为本"确立为城镇化的核心原则。天津大学城乡规划教学以培养具有全球视野和国家担当的工程人才为目标，注重城乡规划人本思维，不断深化构建产教研一体

化教育，打造以实践为核心的课程体系，依托学院重点方向，丰富跨学科工程训练内容，培养学生交叉学科工程能力[5]。本课程建设响应《健康中国 2030 规划纲要》，把建成环境的公共健康纳入课程体系建设中，以培养人本关怀和大国担当的复合型人才[6]。

1.2　大数据环境下城乡规划教学的数据适配路径

大数据时代的到来，为城乡规划教学提供了前所未有的海量时空数据资源。开放数据、平台衍生数据、第三方数据等数据类型丰富了规划分析的数据基础，使学生能够基于多维数据，以更客观的视角解析城市发展规律，从而为规划学习与研究提供科学依据。然而，随着教学实践对次级数据的依赖日益加深，数据可得性与实际需求之间的矛盾逐渐显现，并集中表现为以下困境。

米晓燕：天津大学建筑学院副教授
马博然：天津大学建筑学院硕士研究生
曾　鹏：天津大学建筑学院教授

（1）数据尺度与教学目标的失配

现有次生时空数据多以城市、区域或网格为基本单元，其空间分辨率难以支撑社区尺度等微观人本空间分析需求，导致教学成果与精细化研究目标之间存在显著差距。

（2）数据同质化抑制教学创新

标准化数据格式与同质化数据类别易使学生陷入数据驱动的思维定式，过度依赖次生数据而忽视田野调查、空间实验等原生数据的独特价值。现有数据多聚焦"人在何处"的空间分布，却难以揭示"人因何在此处"的行为动因，导致规划分析缺乏深度人文洞察。

次生数据虽能刻画空间行为的表象特征，却难以解析使用者心理与生理反应的深层逻辑。在此背景下，学生往往将数据分析简化为空间形态与功能布局的量化研究，而忽视了对空间使用者行为心理的深入探究，使规划教学流于表面。

空间认知实验框架的建立标志着城乡规划教育向"人本化、精准化"迈出关键一步，不仅拓展了空间研究的科学维度，更通过技术赋能实现了理论研究—空间测试—规划实践的全链条创新。

2 "城市研究与规划技术方法"课程教学的交互实验支持系统建设

"城市研究与规划技术方法"课程是天津大学建筑学院面向城乡规划专业、风景园林专业本科四年级开设

的重要集中实践环节。课程教学以城乡规划发展特色为锚点，以行业发展需求为推动力，着眼于城市发展的关键问题，以解决规划技术瓶颈为导向，培养学生理论联系实际，全面提升学生综合素质与基本能力。

课程教学团队结合数年的教学实践，对教学内容不断调整优化，以适应行业的需求转变与学科的重大变革，课程已发展成熟的教学核心板块包括：大数据挖掘与分析、ArcGIS 制图及分析、空间句法分析及可视化、计量统计分析模型、图像识别的语义分割算法编程。近年来，随着教学团队的进一步完善，发展形成"基于计算机视觉技术的交互实验""AI 大语言模型支持系统"新板块，并形成突破性的教学效果（图1）。

加入交互实验课程支持系统的实践课程教学的教学理念有以下四方面：强调多学科交叉，完善知识体系；引导式教学，激发学生潜能；顺应行业趋势，推进校企协同；应用数字化、信息化技术的定量研究等教学目标。学生培养模式的理念是：强化学生价值塑造、能力培养、知识传授的"三位一体"的培养目标（图2）。

2.1 建设交互实验支持系统要解决的重点问题

城乡规划学科作为社会与空间交汇的实践领域，其教育研究必然融合多学科视角[7]。在新技术赋能新工科课程建设与城乡规划教育理念转型的要求下，认知神经科学、心理生理学、环境心理学与城乡规划学的跨学科融合，为构建空间认知教学的复合理论框架提供了新路径。

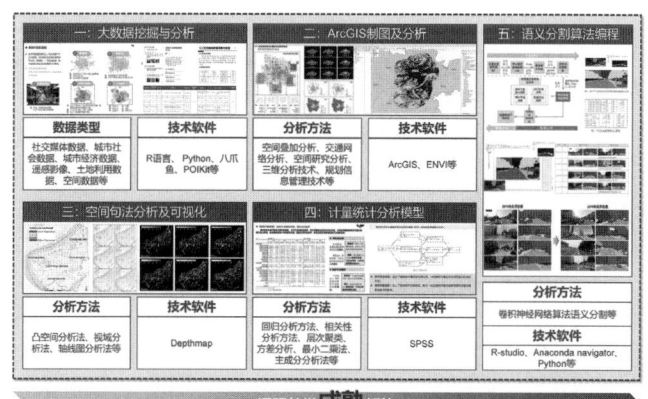
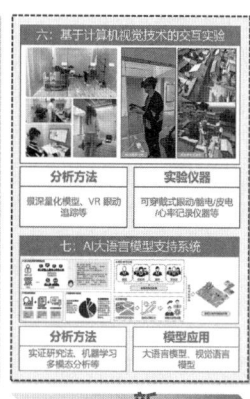

图1 "城市研究与规划技术方法"的课程教学内容突破创新

资料来源：作者自绘

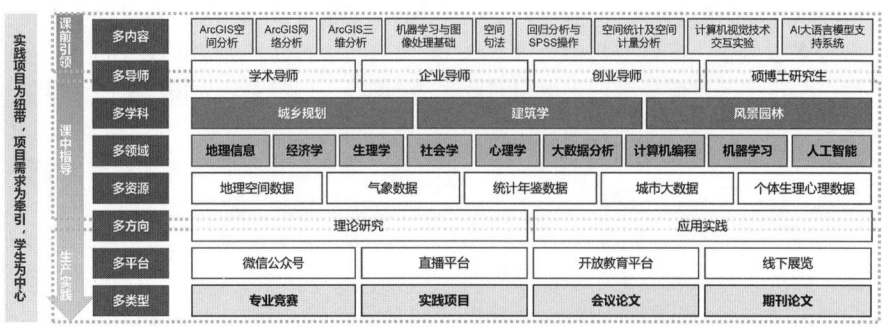

图2 "城市研究与规划技术方法"的课程设计新理念
资料来源：作者自绘

（1）多学科理论融合创新认知范式

神经科学揭示海马体位置细胞的空间编码机制[8]，环境心理学阐释环境刺激—生理反应—行为决策的传导过程[9]，与城乡规划的空间句法理论形成互补。这种跨学科融合不仅完善了空间认知的理论框架，更推动规划教育从"空间形态"向"人本体验"的范式转变。

（2）技术集成构建全链条实验体系

交互技术共同构建起"环境模拟—行为观测—生理反馈"的全链条实验框架，显著提升研究的科学性与客观性。虚拟现实（VR）技术通过全景图像与高精度建模，突破时空限制实现多方案并行比对；可穿戴生物传感器则实现多维生理数据采集，EEG技术捕捉情绪波动（α/β波功率谱变化），眼动追踪揭示潜意识认知偏好，HRV指标量化环境应激水平。

（3）教学实践中的创新应用

在城乡规划课程中，交互实验成为跨学科教育的重要载体。学生通过分析多模态心理生理数据（EEG、ET、HRV等），深入理解空间认知的神经机制，培养"数据驱动"的人本规划思维。这种教学模式打破了传统教育的局限，构建起融合神经科学、环境心理学与空间科学的复合型知识体系，为培养新时代规划人才提供了创新路径。

2.2 交互实验支持系统的建设目标

在原有课程体系基础上，教学团队基于五大核心板块的技术积累，进一步将交互实验（以下简称"实验"）融入"城市研究与规划技术方法"课程体系，旨在通过理论交叉与技术创新推动教学模式升级，实现如下目标：

（1）推动人本导向的学科价值转型

实验通过量化空间环境对使用者身心健康的影响，引导学生从"物质空间效率"转向"人本福祉提升"的空间规划思维，呼应《健康中国2030》等政策对健康城市建设的核心诉求。

（2）强化教学环节的实践闭环

通过建立"实验数据—作业成果—生产实践"三级转化机制，实验将辅助课程多环节教学流程，实验数据将直接服务于项目式课程成果，并进一步应用于学术论文发表、学科竞赛或实际项目，形成产学研协同育人的实践闭环。

（3）构建跨学科实验技术协同范式

实验整合神经科学、环境心理学与数据科学的理论与工具，要求学生掌握生物传感器操作、多模态数据融合及空间分析技能，为新工科背景下规划人才的创新培养提供实践范例。

（4）推动空间认知的精细化数据生产

针对传统教学中次生数据难以捕捉微观人本行为与心理反馈的局限性，交互实验通过可穿戴生物传感器与VR环境模拟技术，实时采集人在不同空间场景中的生理指标，并构建基于人体真实感知响应的空间评价体系。

2.3 交互实验教学支持系统的建设内容

从城乡规划学科教学与城市空间研究角度出发，基于心理生理学的交互实验建立在"空间环境—心理感知—行为活动"三者关系的多学科交叉理论基础之上。在城乡规划教学中，将实验引入项目式课程中，可以有效促进学科交叉整合，拓宽学生的学科视野。通过实验和理论的结合，学生能够直观体验空间设计对人的感知与行为的作用机制，深入理解"以人为本"的课程设计理念。交互实验系统从集中教学、研究选题、实践训练和成果深化四个阶段支持"城市研究与规划技术方法"课程体系的建设（图3）。

（1）将心理生理学的理论与方法融入集中教学环节

在教学内容中新增"心理生理学理论与交互实验方法"单元，教学涵盖心理生理学理论、实验技术原理与应用示例两部分内容，采用"理论—实操"双轨制教学模式。

心理生理学理论的主要内容包括，引入心理生理学和环境心理学相关理论，阐明个体对城市空间的主观感知与认知过程。系统讲授心率变异性（HRV）、皮肤电反应（GSR）等生理指标的情绪表征机制，以及脑电（EEG）、眼动（ET）等技术在环境感知量化中的应用原理。实验技术原理与应用示例的主要内容包括，实操环节通过设备原理剖析（如眼动仪光学追踪机制、脑电信号采集流程）结合典型案例（公共空间注意力分布研究、环境压力反应评估等），实现从理论认知到技术应用的转化。

（2）项目式课题设计

项目式课题设计采用"项目引导、自主学习"的培养模式和"学产研导师组"制的指导模式，以学术导师的方法和技术教学为基础，以项目技术需求为导向。项目围绕"人本导向的城市空间更新优化"主题提供多个研究方向，预设环境健康效应、行为空间交互、路径认知等研究方向。学生在此方向下，通过导师组指导完成"研究课题选择—空间要素筛选—生理指标匹配—实验方案设计"的四阶细化流程。选题阶段设置伦理审查和可行性评估环节，确保选题既符合交互实验规范，又能回应规划实践需求。

（3）项目研究阶段的实验实施

依托导师组线上线下的授课结合，将理论讲授和实践操作贯穿全过程。教师团队通过"导师组例会"对研究框架的搭建、实验方案的设计、实验设备的技术调试进行全程跟踪指导，学生按照"实验设计—设备操作—数据采集—分析建模"的流程开展项目实验。通过分组研究，学生能在选题研究框架的指导下，建立科学的实验流程，掌握所需的生物传感仪器等设备的使用方法。学生在实验过程中完成数据采集、数据处理和统计分析工作，最终能够总结研究结果并得出有效结论。通过整体实验过程，学生在研究框架搭建、实验准确设计、仪器精准操作、数据智能分析和师生团队协作等方面得到系统训练。

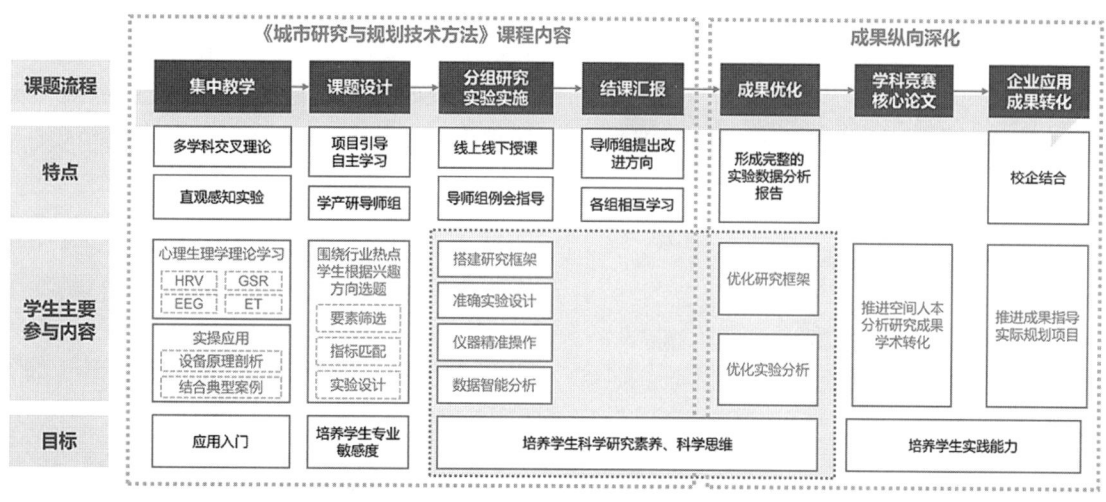

图3　交互实验系统支持课程体系建设表现
资料来源：作者自绘

（4）项目成果的纵向深化

实验数据分析报告是实验的重要成果，向被试者做出结果分析和成果展示，增进实验的社会意义。同时，将实验成果通过核心论文、学科竞赛、指导实际规划项目等纵向深化路径，构建"基于交互实验赋能空间设计"的创新模式，回应了学科教育改革中"人才培养同质化""行业转化不足"等核心问题，为城乡规划教育提供了人本化、精准化的实际案例支撑。

2.4 交互实验教学支持系统的建设路径

交互实验教学支持系统的建设路径包含"基于研究框架的实验准备、基于现实环境的数据采集、基于实验室环境的数据生产、实验数据的分析与验证"四个部分（图4）。

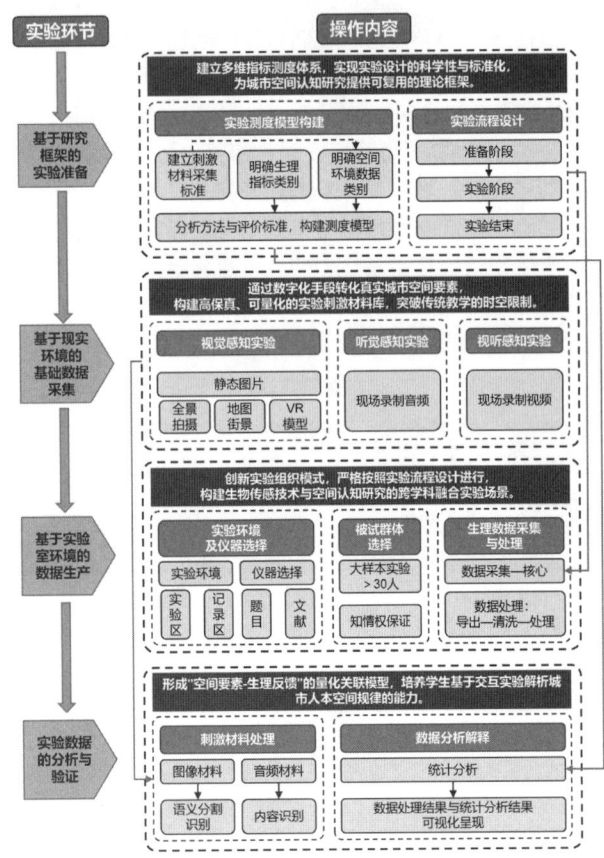

图4 交互实验教学支持系统的建设路径
资料来源：作者自绘

（1）基于研究框架的实验准备

实验测度模型构建：

根据研究选题与已有文献确定实验指标体系。首先，明确刺激材料的详细内容，建立采集标准；其次，明确需要在实验过程中记录的生理指标类别；最后，依据刺激材料处理后的指标数据明确需要计算的空间环境数据类别。确定心理生理数据与环境数据之间的分析方法与评价标准，构建实验测度模型。

实验流程设计：

实验流程设计应分为"准备阶段—实验阶段—实验结束"三个阶段。其中"准备阶段"应进行实验流程说明与注意事项告知、基础信息填写、实验仪器佩戴与校准等行为；"实验阶段"应当根据研究主题确定具体的实验内容，任务强度适中；"实验结束阶段"应当进行实验数据检查，确保各项数据指标均正确记录。此外应当精准确定各项步骤所需时长与单次实验的总时长（图5）。

（2）基于现实环境的基础数据采集

结合已有经验，课程要求交互实验应在实验室内进行，避免现场实验的不便性与不可控性。因此首先需进行现实环境的基础数据（刺激材料）采集。视觉感知实验选择静态图片作为刺激材料，通过全景相机拍摄、无人机点云扫描、地图街景采集数字化真实实验场景图像（实地全景拍摄或地图街景）或使用精细化方案建模VR模型作为刺激材料（图6）；听觉感知实验选择现场录制音频作为刺激材料；视听感知实验选择现场录制视频作为刺激材料。应确保刺激材料一致且可重复使用。对刺激材料顺序进行随机化或对照分组，以避免顺序效应。

（3）基于实验室环境的数据生产

实验环境及仪器选择：

应在光线均匀适宜、安静无干扰且设备稳定的实验室环境中完成实验，实验室环境布置应包含"实验区"与"记录区"，两个区域之间应当保持交流畅通且不互相干扰。在可穿戴生物传感仪器选择上应当根据研究题目与已有文献选择合适的仪器设备（图7）。

被试群体选择：

心理学研究认为心理学实验样本包含30人及以上是大样本实验，信度较可靠。根据研究主题确定被试群体具体选择标准，应保证适配性、全面性、无对实验结

课程作业一：
《城市绿色空间视听感知影响压力恢复的特征测度
——基于心理生理学的方法》

课程作业二：
《社会感知映射物质空间的逻辑：基于山地城市生活性街道的公众感知评价》

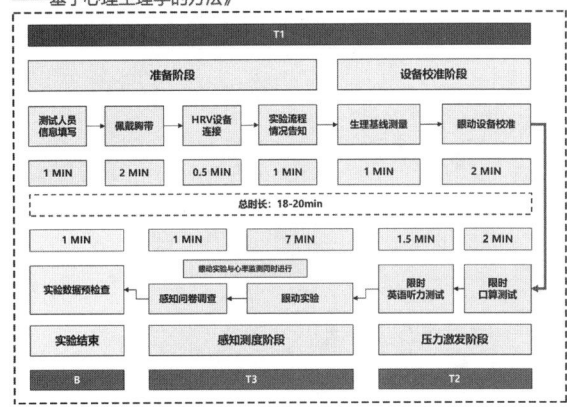
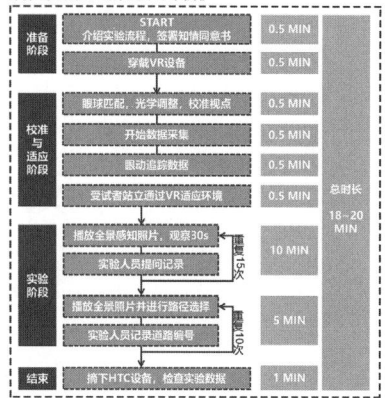

图5　优秀课程项目的实验设计流程
资料来源：学生作业

全景相机拍摄　　　无人机点云扫描　　　地图街景图像

图6　基于现实环境的数字化图像采集方式
资料来源：学生作业

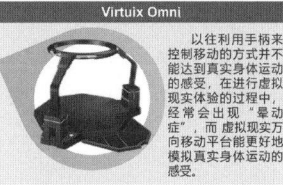

图7　学院、工作室与设计院可提供的部分实验仪器
资料来源：作者自绘

果产生干扰特性等要求，且应提前（招募时）向被试提供知情同意书并告知大致实验流程。

生理数据采集：

生理数据采集环节是交互实验的核心，应当严格按照实验流程进行（图8），全程确保参与者舒适与安全。实验前需获取知情同意，说明测量内容与隐私保护措施。涉及脑电等生理数据采集应通过伦理审查，避免侵犯隐私。

生理数据处理：

从各类可穿戴生物传感仪器中导出对应的生理数据。对导出数据进行数据清洗，检查测量的生理数据是否存在异常值和空缺值，删除不符合要求的数据。最后

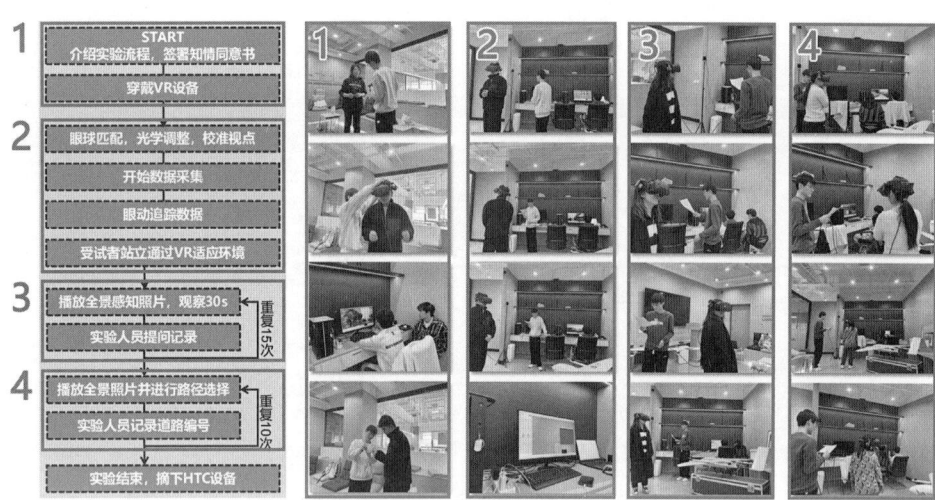

图8 交互实验生理数据采集过程实例
资料来源：作者自摄

依据不同数据的特征，使用专业软件对各类生理进行处理，如心率数据需基于 Hrvanalysis 库编写的 Python 脚本对导出的数据进行伪影处理，并计算心率变异性值。

（4）实验数据的分析与验证

刺激材料处理：

对图像类别的刺激材料进行图像语义分割识别等深度处理，以识别图像中的各类元素并计算各元素面积占比。对音频类别的刺激材料进行内容识别，提取整体音量、声音种类、特定声音等要素。

实验生理数据与刺激材料处理数据分析解释：

将处理后的各组数据输入统计软件（SPSS 或 R/Python），根据研究需求进行描述性统计、方差分析或回归分析等。将数据处理结果与统计分析结果进行可视化呈现解释。如绘制眼动热图和注视轨迹，展示不同环境下的视觉偏好区域；将生理信号如 GSR 和心率随时间变化图叠加任务流程，呈现刺激响应曲线；使用 GIS 将分析结果映射到实际平面空间上，便于空间优化建议的直观表达。

3 "城市研究与规划技术方法"的课程成果

3.1 教学成果概述

教学团队以新工科项目式教学为导向，结合"城市绿色空间的健康效益、城市空间环境的感知差异、空间形态的认知偏好、步行行为偏好建模"等前沿选题，创新性地将交互实验方法融入教学与研究实践。依托天津大学建筑学院的跨学科研究平台，学生团队围绕环境健康效应、视听感知与行为响应等方向，开展了一系列具有创新性与实践价值的实证研究，优秀地完成了多项学术科研任务。总体来看，课程引入交互实验已达成下面三方面成果。

（1）优化教学模式，高效达成学习目标

以学生为中心，形成"学产研导师组"制的培养模式，通过"理论讲授—实验操作—成果转化"全流程指导，帮助学生系统掌握交互实验设计、计算机视觉技术应用及多模态数据分析等核心技能。课程依托虚拟现实与可穿戴生物传感器技术，构建"环境模拟—行为观测—生理反馈"的闭环实验体系，显著提升学生解决复杂空间问题的实践能力。

（2）强化学科交叉，有效提升综合能力

整合神经科学、环境心理学、数据科学与城乡规划学的理论与技术，搭建跨学科实验平台，具备建筑学、计算机科学、心理学等多学科背景理论知识。通过"空间环境—心理感知—行为活动"多维数据融合分析，培养学生从量化视角解析人本空间的创新能力。

（3）促进学产研融合，显著提升学生素养

深化"实验数据—生产实践—社会服务"三级转化

图9 "城市研究与规划技术方法"的教学成果推广
资料来源：作者自摄

机制，联合规划院等实践基地，将学生研究成果应用于实际项目，实现教学成果向行业实践的精准对接。在实践生产中，深化学生"以人为本"的规划理念，培养学生数据科学意识。通过"校企联合指导—竞赛孵化—项目落地"的全链条培养模式，为行业输送兼具技术应用能力与人本关怀的复合型规划人才。

3.2 教学成果推广应用

（1）充分利用微信公众号及直播平台进行分享和推广，并设有线上/下展览的形式呈现学生作业成果（图9），充分促进知识的传播和共享。

（2）将课程中的研究成果转化为学术论文，并进行学术会议和期刊投稿。同时，课程训练也辅助学生获得了包括 ArcGIS 专业竞赛在内的多项各类奖项。

（3）课程中的教学资源转化为在线学习资源，通过开放教育平台进行分享和推广。

（4）通过与企业的合作，将学生的研究成果应用于实际项目，为学生提供与实际工作环境接轨的机会，并为城乡规划和研究机构提供新鲜的思路和解决方案。

本课程在"天津大学新工科项目式课程设计大赛"中获得二等奖，教研成果论文《数字赋能规划——〈城市研究与规划技术方法〉新工科项目式课程教学实践》获得2024中国高等学校城乡规划教育年会优秀教研论文奖。此外，课程教学成果发表论文10项，实践教学项目成果获得竞赛奖项23项和多项生产实践成果的转化（图10）。其中，在多届"城垣杯规划决策支持模型设计大赛"中，教学转化成果获一等奖、二等奖、三等奖多项；在多届"全国大学生国土空间规划设计竞赛"中，教学内容辅助学生荣获一等奖、二等奖、三等奖和佳作奖多项。

3.3 典型教学实践案例

（1）教学案例一：《城市绿色空间视听感知影响压力恢复的特征测度——基于心理生理学的方法》

本教学案例为2023年的课程作业（图11）。在心理健康问题日益凸显与健康城市建设加速推进的背景下，本课题聚焦城市绿色空间的视听感知对压力恢复的影响，以天津市四所公园为研究对象，结合心理生理学方法，通过心率变异性（HRV）监测、眼动追踪技术及声景解译，探究绿色空间特征与压力恢复的关联机制。研究发现：自然元素（如乔木）的持续注视、开阔景深

图10 "城市研究与规划技术方法"的教学成果转化应用
资料来源：学生各竞赛获奖证书

及低音量少种类的声环境显著促进压力恢复，而封闭空间与人流密集区域易加剧压力；性别差异方面，女性对封闭空间的恢复效益更敏感。研究创新性地采用连续视频刺激与生理数据实时监测，构建视听感知与压力恢复的定量分析框架，并提出景观层次优化、声环境调控等设计策略，为健康城市绿色空间规划提供科学依据。在软件实习中，学生完成交互实验设计、数据采集与分析、模型搭建及策略建议全流程，深化了多学科方法的应用能力。

在本次课程作业的基础上，团队学生对成果进一步完善，完成论文《交互实验测度城市绿色空间感知的压力恢复特征——基于心理生理学方法的计算机视觉演进》，并参与 2024 年《中国建筑教育》·"清润奖"大学生论文竞赛，荣获二等奖。

（2）教学案例二：《社会感知映射物质空间的逻辑：基于山地城市生活性街道的公众感知评价》

本教学案例为 2024 年的课程作业（图12）。本课题创新性聚焦山地城市生活性街道的公众感知与空间优

化，引入交互实验技术。研究采用 HTC Vive Pro Eye 结合 Tobii 眼动追踪系统，构建三维虚拟现实实验环境，通过动态眼动数据采集与李克特五级量表，量化被试者对山地街道六维度感知及步行偏好。实验结合机器学习模型与 SHAP 可解释性分析，揭示了视觉关注度与物质空间特征的映射逻辑，建立了感知预测模型。研究成果为山地城市街道改造提供了"视觉—感知—行为"全链条科学依据，助力重庆山地步道建设与公众步行体验提升，实现了交互实验技术与城市规划研究的深度交叉创新。

4 交互实验教学支持系统融入"城市研究与规划技术方法"课程的创新点

本课程在新工科项目式课程建设背景下，基于心理生理学理论和计算机视觉技术，引入交互实验，从教学体系建设辅助、技术手段学习、数据分析方法多个维度进行创新设计，以提升城乡规划空间研究与实践教学的质量与效果。

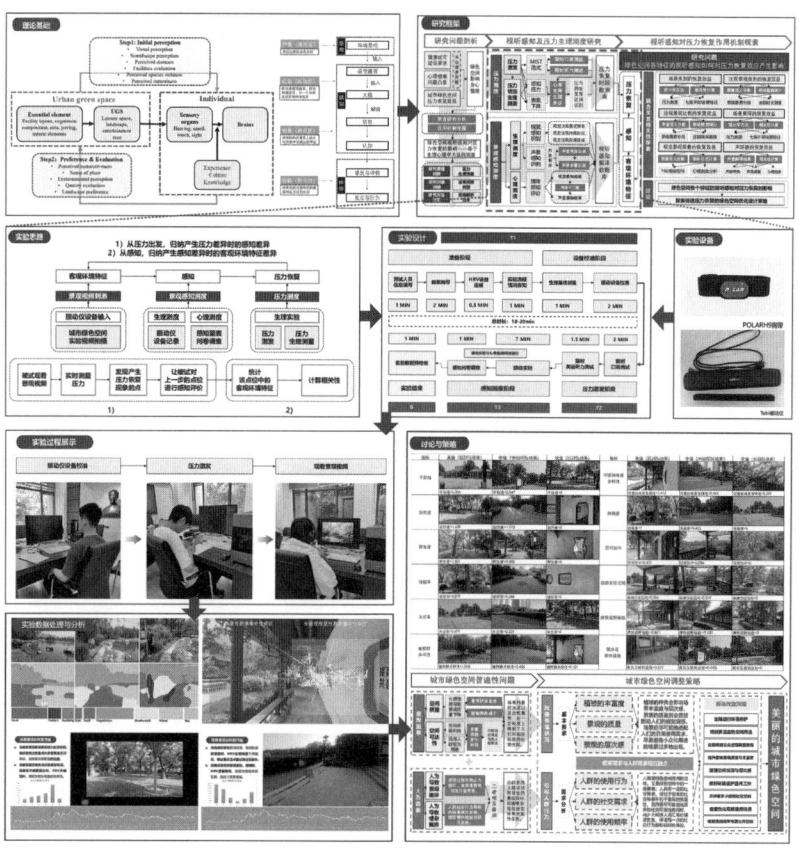

图 11　教学案例一
资料来源：学生课程作业

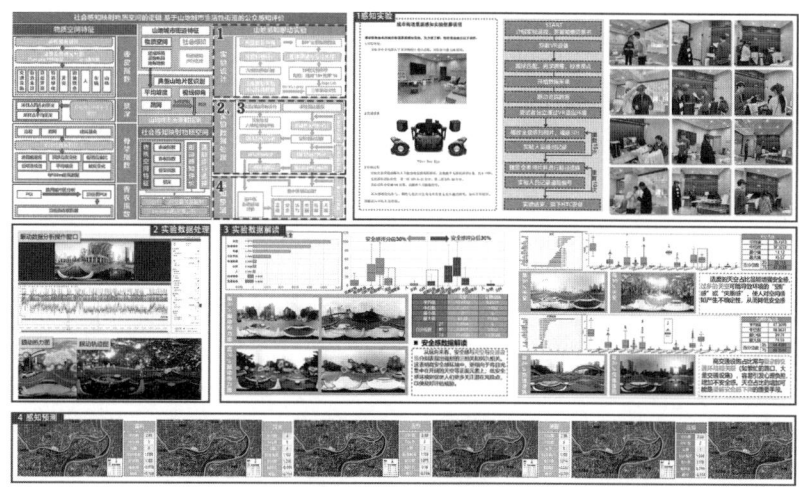

图 12　教学案例二
资料来源：学生课程作业

（1）建立交互实验教学支持系统的教学体系创新

交互实验赋能课程多学科交叉和跨学科融合，充分融合心理学、生理学、数据科学等多学科知识领域，在课程原有理论教学的学科交叉基础上增加更广泛的学科支持，构建基于实验的"交叉融合、综合实践"的"理论＋实践"教学体系。

（2）实现城乡规划实验室教学的教学手段创新

本课程构建基于"虚拟现实数字技术＋可穿戴生物传感器技术"的交互实验技术体系。实验使用虚拟现实技术用于空间环境场景再现，被试者配备可穿戴生理传感设备等前沿仪器，实时采集被试者在实验过程中的生理和心理响应数据。这种将虚拟现实与神经生理传感技术相结合的教学模式具有独特性，可以让学生安全地在仿真环境中测试不同空间变量的影响并真实反映被试者身心状态。通过先进技术手段的应用，将城乡规划教学转入实验室场景，实现教学手段的创新。

（3）基于实验室数据生产建立数据适配的学习方法创新

本课程将学生学习平台引入实验室，建立原生数据生产路径，学生从研究问题入手，建立数据收集、生产和分析的实验室数据分析全流程。一方面，避免学生在学习中因次生数据应用导致的数据驱动的思维定式；另一方面，建立学生在学习中对空间研究内在动因的学习和洞察。通过多模态数据融合分析，学生能够将心理生理指标与所对应的空间环境要素进行关联分析，量化不同城市场景下人体体验的差异和影响因素。这种基于多模态数据的分析方法可为空间环境要素认知感知和空间决策提供定量化参考，也为学生掌握复杂数据处理与跨领域融合研究提供了示范。

5 结语

在"新工科"建设的战略指引下，"城市研究与规划技术方法"课程通过专业特色鲜明的课程师资团队，构建了产学研一体化与多学科深度融合的教学模式。面对当前复杂的数据环境，开创性地将交互实验支持系统的实验室教学引入城乡规划空间研究教学中，系统整合神经科学、环境心理学与空间分析等跨学科理论，结合虚拟现实、生物传感等技术手段，形成"理论＋实践"的复合型教学支持系统，强化学生从空间形态分析向人本体验研究的范式转型。实现交互实验教学支持系统的教学体系创新、城乡规划实验室教学的教学手段创新和基于实验室数据生产建立数据适配的学习方法创新等城乡规划专业的本科教学创新，为培养服务于国家战略要求下的复合型、创新型规划人才贡献力量，助力城乡规划教育在智能化时代的高质量发展（图13）。

参考文献

[1] 万玉凤，柴葳. 中国高等教育将真正走向世界——我国工程教育正式加入《华盛顿协议》的背后 [N/OL]. 中国教育报，（2016-06-03）[2024-04-20]. http://www.moe.

图13 "城市研究与规划技术方法"交互实验教学支持系统建设与成果

资料来源：作者自绘

gov.cn/jyb_xwfb/s5148/201606/t20160603_248175.html.

［2］ 中华人民共和国教育部.教育部高等教育司关于开展新工科研究与实践的通知 [EB/OL].（2017-02-20）[2024-04-20].http：//www.moe.gov.cn/s78/A08/tongzhi/201702/t20170223_297158.html.

［3］ 张凤宝.新工科建设的路径与方法刍论——天津大学的探索与实践 [J].中国大学教学，2017（7）：8-12.

［4］ 天津大学四新建设工作网站.新工科建设"天大方案"2.0发布 [EB/OL].（2020-06-16）[2024-04-20].https：//four-e.tju.edu.cn/info/1015/1061.htm.

［5］ 苗展堂，张晓龙.新工科建设视角下的建筑构造教学改革——以天津大学建筑学院构造教学为例 [J].中国建筑教育，2020（2）：72-81.

［6］ 王兰.健康城市科学与规划循证实践 [J].城市规划学刊，2023（6）：27-31.

［7］ 王世福，李欣建，赵渺希，等.中国城乡规划学科转型面临的挑战与跨学科重构 [J].规划师，2024，40（12）：1-6.

［8］ KIAH H，SURYA G，M L G .Cell types for our sense of location：where we are and where we are going.[J]. Nature neuroscience，2017，20（11）：1474-1482.

［9］ 罗玮菁，袁媛，王琳婷，等.神经科学实验城市蓝色空间对放松情绪与偏好的影响研究——基于近红外脑功能成像与眼动技术的 [J].中国园林，2025，41（1）：47-54.

Computer Vision Technology Empowering Urban Spatial Cognition——Development and Practice of an Interactive Experimental Teaching Support System for the "Technical Methods of Urban Research and Planning"

Mi Xiaoyan　Ma Boran　Zeng Peng

Abstract：Under the strategic guidance of the "Emerging Engineering Education" initiative and adhering to the people-oriented urbanization principle，the urban-rural planning education at Tianjin University aims to cultivate engineering talents with global vision and national responsibility. The program emphasizes human-centric planning thinking，enriches interdisciplinary engineering training components through leveraging the school's key research areas，and fosters students' cross-disciplinary engineering competencies. This paper presents the development and implementation of an interactive experimental teaching support system for the Technical Methods of Urban Research and Planning course，powered by computer vision technology. It elaborates on the pedagogical framework by examining both the course modules and the integration patterns of the interactive teaching system. Detailed explanations are provided regarding the system's development objectives，core components，and implementation pathways within the course context. The interactive system construction combines diversified educational resources and cutting-edge technologies to achieve organic integration of interdisciplinary theories and innovative practical capabilities，ultimately cultivating comprehensive planning professionals with advanced research literacy. The pedagogical innovation focuses on three dimensions：reconstructing theoretical frameworks through multidisciplinary integration，synergistic application of virtual reality and biosensing technologies，and multimodal data-driven spatial cognitive analysis methods. This initiative provides a replicable pathway for digital transformation in urban-rural planning education and the cultivation of interdisciplinary talents.

Keywords：Project-Based Course，Interactive Experiment，Teaching Support System，Computer Vision Technology，Multimodal Data Analysis

"交叉创新·产教融合"
——城乡规划专业多学科交叉复合型人才培养毕业设计模式探索

陈 晨 罗展仪

摘 要：国土空间规划改革背景下，城乡规划专业呈现出学科交叉与融合趋势，传统人才培养模式正面临深度转型压力，教学改革提倡知识传授向能力塑造转变，实践教学作为连接理论知识与行业需求的关键纽带，在城乡规划教育中的价值越发凸显。尤其是在城乡规划的设计类课程中，产教融合已成为教学改革的关键趋势，如何构建具有快速响应时代需求能力的实践教学新范式，成为城乡规划教育亟待破解的前沿课题。本文以同济大学城乡规划专业跨学科毕业设计课程为典型案例，系统探讨国土空间规划改革背景下产教协同的实施策略。通过剖析其在实践教学中的创新路径，探索了毕业设计组织模式与建设基地支撑体系，构建起"实践育人—校企合作—学科交叉"三位一体的创新生态，为新时期规划设计人才的培养提供了实践样本。

关键词：城乡规划；产教融合；学科交叉；校企合作；教学改革

1 引言

随着我国国土空间规划体系改革的深入推进，城乡规划学科面临从"单一技术导向"向"综合社会服务导向"转型的态势[1]。尽管社会需求的演进轨迹不断变迁，设计课依然是规划师核心能力的重要载体[2]，承担了从规划入门到综合能力培养的主要功能[3]。然而，传统规划设计类课程存在学科壁垒固化、实践场景虚化、校企联动弱化、评价机制老化等问题，规划实践教学与城乡规划管理、研究、设计脱节日趋严重[4]。城乡规划专业作为统筹理论创新与实践应用、推动城乡高质量发展的支柱学科，亟需对人才培养模式进行系统性重塑与革新[5]，设计课的教学内容体系也亟待从学科发展的前沿视角展开系统性审视与重构——产教融合已成为规划教学改革的关键路径[6]。在此背景下，同济大学建筑与城市规划学院联合上海同济城市规划设计研究院有限公司，以"城乡规划专业多学科交叉复合型人才培养毕业设计模式"为切入点，构建"实践育人、校企合作、学科交叉"的产教融合教学模式，这一实践不仅回应了国家乡村振兴战略与生态文明建设的现实需求，还为新时期规划设计人才的培养提供了可借鉴的实践样本。

2 产教融合在规划设计类实践教学中的现状问题

近年来，规划设计类实践教学在产教融合层面已经取得丰硕成果，但仍然没有在根本上摆脱"教学改革跟不上实践需求、课程设置落后于学生需要"的困境[7]，本文归纳了产教融合在规划设计课程中的四个关键问题。一是校企联动弱化。多数校企合作停留在表面，校企导师协作松散，企业参与教学过程缺乏深度和持续性。规划设计单位仅提供实习、讲座或简单的项目指导，未充分参与课程设计和教学内容更新等核心内容，导致教学内容滞后于行业现实需求、教学方法滞后于行业前沿技术，学生无法获得真实的项目经验和职业指导[8]。二是实践场景虚化。一方面，规划设计行业发展迅速，新技术、新理念不断涌现，但实践设备和软件配置更新较慢，数字化工具（如 GIS、VR）仅作为辅助手段，未与设计流程深度融合[9]，学生接触不到最新的设计方法和工具，无法满足行业对创新人才的需求；另一方面，现有的设计题目多为"虚拟地块"，脱离真实社

陈 晨：同济大学建筑与城市规划学院教授
罗展仪：同济大学建筑与城市规划学院硕士研究生

会需求，学生无法感知现实情境下的政策、经济、生态等多维度约束条件，通过设计课进行规划实践的效果欠佳。三是学科壁垒固化。现有的跨学科协作模式缺乏系统性组织框架，规划、建筑、景观三个专业独立授课，缺乏跨专业协作机制，而与经济、社会、生态、防灾等多门学科的交叉教学更是严重不足[10]，学生难以形成系统性思维，导致成果碎片化。四是评价机制老化。目前的评价主要以学生的设计成果为主，无法全面评估学生在实践能力、团队协作、创新思维等方面的发展。同时，也难以对企业在产教融合中的贡献进行准确评价，影响了企业参与的积极性。

3 产教融合实践教学新生态构建案例

3.1 探索校企协同与多学科合作的毕业设计组织模式

在国土空间规划教学改革背景下，同济大学与上海同济城市规划设计研究院有限公司共同启动产学协同育人创新，共同推动跨专业联合毕业设计课程，围绕"实践育人、校企合作、学科交叉"三大教学特色，探索形成了城乡规划专业多学科交叉复合型人才培养毕业设计的整体方案（图1），并基于这一方案正式落地展开了毕业设计组织模式的探索。

具体来说，一是教学组织结合实际项目和科研需求。在选题上，本课程以来自上海同济城市规划设计研究院有限公司的真实项目（上海市崇明区竖新镇乡村规划设计）为场景，围绕"生态""低碳""智慧"核心理念（图2），开展以世界级生态岛建设为目标的乡村规划设计（图3）。在作为超大城市的上海，本课程选取的基地竖新镇在建设用地减量化、耕地保护、生态优化、公共服务提质等领域的现实诉求尤为凸显，为同学们在课程中直面土地政策、产业转型、生态修复等复杂现实问题提供了鲜活的样本，既保证了选题的实际操作性和目标针对性，又强化了真实场景下学生的方案决策能力。在导师配置上，课程构建了"校内导师＋企业导师"的双导师制和相关专家辅助机制，学生们在校企双导师的指导下完成设计选题和开题报告，将专业知识应用能力的培养与企业生产的实践过程有机地结合起来。

二是强调跨专业之间的合作和分工。本次毕业设计课程的具体内容和工作计划按照"三专业联合—分专业协作—个人任务"的毕业设计阶段式推进流程（图4），

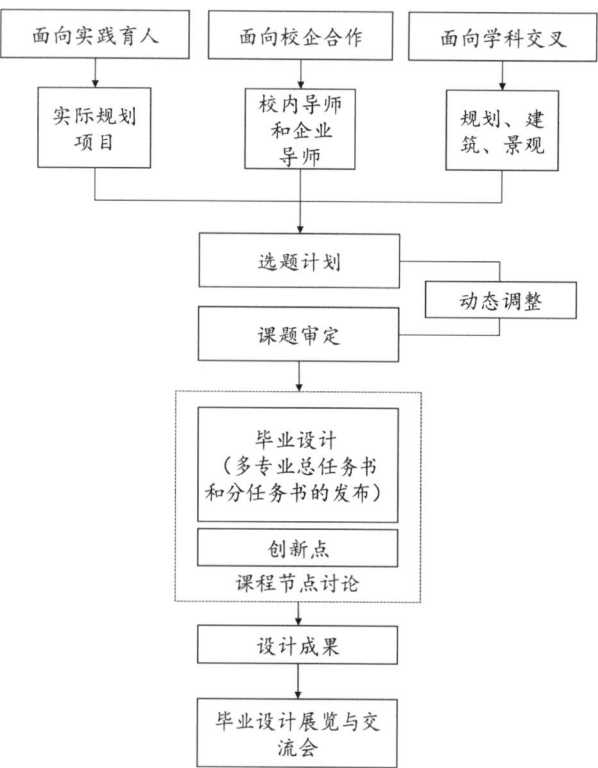

图1 毕业设计整体实施方案
资料来源：笔者自绘

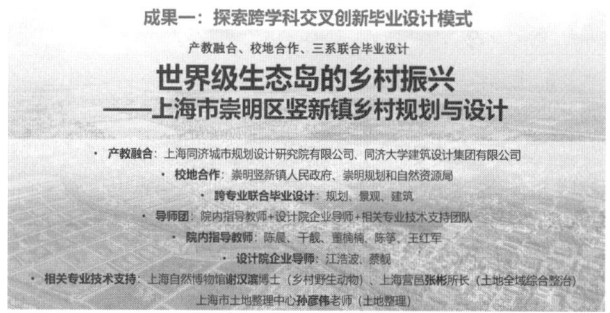

图2 跨专业联合毕业设计选题及教学组织概况
资料来源：作者自绘

避免了毕业设计模式固化以及成果内容衔接不一致等问题，为了符合整体计划要求，教学组在不同阶段均布置了成果要求，极大地提升了学生的专业理论转化能力、复杂问题解决能力与跨学科协作能力。

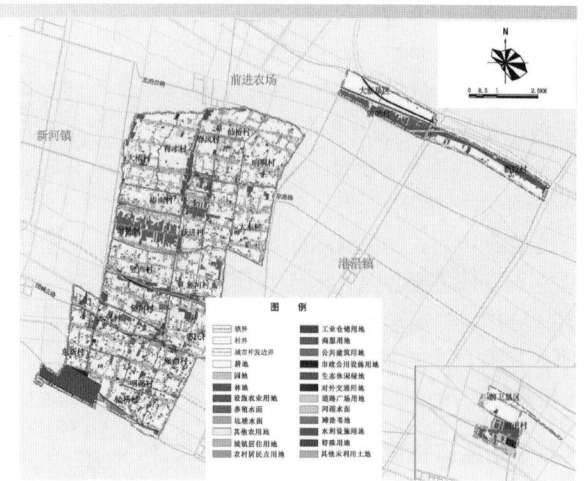

基地——竖新镇概况

■ **土地利用现状**

布局特征

集建区、明强村相对集聚；宅基地整体沿河道、道路呈带状分布；工业用地分散。

构成：七成林田、两路宅、一分水

镇域总面积63.34平方公里，建设用地15.06平方公里，占比约23.77%，其中农村居民点用地9.53平方公里，占建设用地规模的63.3%。工业仓储用地216.98公顷，占建设用地规模的14.4%。

农林用地43.36平方公里，占比约68.45%，其中，耕地面积占总用地的27.79%；

水域及水利设施用地4.93平方公里，占总面积的7.78%。

图3 崇明区竖新镇土地利用现状
资料来源：上海市崇明区规划和自然资源局提供

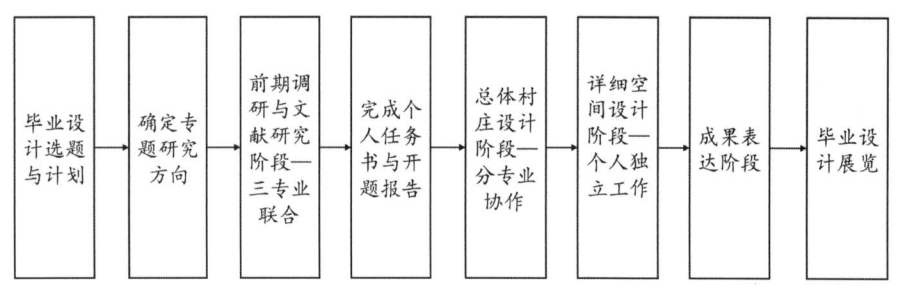

图4 毕业设计的分阶段任务推进
资料来源：笔者自绘

三是毕业设计成绩的评定基于毕业设计的全过程来进行，由校方导师和企业导师共同进行成绩评定。这种评价机制的依据包含前期调研报告、开题报告以及成果图纸（图5），最大限度地考察了学生在毕业设计过程中的综合能力表现，最终答辩以毕业设计交流会和毕业设计展览的形式展开（图6），邀请校企双方以及业界专家参与评图，并进行为期一个月的展览和线上推送，扩大公众参与面（图7）。

3.2 形成跨学科协同的联合毕业设计的教学计划

本次多学科参与的毕业设计组织方案和教学计划形成了跨专业联合毕业设计的教学任务书，并将教学内容划分为四个阶段。阶段一为联合调研阶段：规划、建筑、景观三系学生混合编组进行合作，在调研阶段通过土壤数据采集分析，为后续生态规划奠定了坚实基础。同时借助无人机勘察技术，构建了全面的基地现状信息大底图，结合企业提供的国土空间规划相关信息，为后续规划提供了直观、立体的空间数据支撑。随后完成为期3周的乡村规划设计Workshop（图7），基于选题形成现状调研总结报告和个人任务书（图8）。

阶段二为协同设计阶段：规划、建筑、景观三个专业分工协作，进行为期4周协作课程，此阶段不同专业的学生分别深入专题研究设计，进行概念规划与村庄设计阶段的总体方案推敲。在这个阶段，规划、建筑、景观要寻找合适的尺度进行共同协作，最终是以"自然村"作为协作的共同单元，形成乡村设计层面的成果。

图 5　联合毕业设计部分成果展示
资料来源：联合毕业设计教研组提供

　　基于上述跨专业毕业设计成果，2023年6月10日，以"**世界级生态岛的乡村振兴-上海市崇明区竖新镇乡村规划与设计**"为题的跨专业联合毕业设计期末交流会（暨展览开幕式）在上海同济城市规划设计研究院（规划大厦）一楼展厅正式启动，每一份作品都倾注了同济学子对"和美乡村"设想的具体实践。

图 6　联合毕业设计作品展暨成果考评交流会
资料来源：联合毕业设计教研组提供

图 7　联合调研阶段照片与 Workshop 头脑风貌现场照片
资料来源：联合毕业设计教研组提供

选题方向 镇域专题+村庄设计

体现世界级生态岛乡村振兴示范、全域土地整治+生态保护修复试点
拟定的十大专题方向：

1. 乡村田水路林村空间合理化布局；
2. 乡村低效闲置用地减量化与再利用；
3. 乡村郊野单元生态修复规划；
4. 乡村产业发展及其空间供给研究；
5. 乡村社区生活圈规划；

6. 低碳/零碳乡村社区；
7. 乡村生物多样性保护与自然感知；
8. 乡村风貌保护与环境整治；
9. 乡村空间基因及其文化要素保护利用研究；
10. 乡村振兴示范村连片创建的路径研究。

图 8　联合毕业设计专题选题方向
资料来源：笔者自绘

阶段三为个人设计阶段：每人选取场地独立完成重点区域空间环境设计，用时6周，包括草案、平面以及模型推敲，同时与其他两个专业整合讨论。阶段四为成果表达阶段：每人在3周时间内产出不少于8张A1，在毕业设计交流会上由校内导师和企业导师共同评分，并推选优秀方案。整体而言，该毕业设计模式形成"规划统筹、建筑细化、景观优化"的多学科合作体系，不仅实现了学院内部三系协同教学，还邀请了来自上海自然博物馆、上海市土地整理中心、上海营邑公司的相关专家参与教学，与生态学、环境工程、土地整治等相关专业形成教学合力，最大限度地体现实际建设项目实施过程中的"行业协同"原则。

3.3 搭建多学科交叉复合型人才培养基地支撑体系

本课程探索了毕业设计实践基地支撑体系，以培养面向社会实践需求、交叉型复合创新人才培养为目标，本课程重点探索了两个层面合作：一是城乡规划、建筑学、风景园林等多学科交叉复合型人才培养；二是建筑与城市规划学院和上海同济城市规划设计研究院有限公司探索产教融合创新。搭建的多学科交叉复合型人才培养基地支撑体系如图9所示，该体系以跨专业协作平台为载体，由同济大学建筑与城市规划学院提供教学基地，专业导师负责主要教学，上海同济城市规划设计研究院有限公司提供技术支持和行业先知，企业导师负责辅助教学，相关企业和研究机构开办讲座，提供城乡规划领域的全面视野多学科知识，从而形成高校创新人才培养、企业定向人才培养、学生专业技能掌握内在统一的深度链接的校企合作人才培养模式（图10）。

3.4 教改成果的延伸范式与育人成效

本课程在人才培养、成果产出、项目产出等方面取得了显著成效，形成了具有典型产教融合亮点的外延成果。教研成果转化方面，通过参与学科及行业研讨会并分享项目经验，为相关专业教学改革提供借鉴。实践育人成效方面，构建"以赛促学、教研融合"的模式指导学生团队斩获学科竞赛奖项6项，其中"翼翼归鸟、欣欣油桥"作品获得第九届"汇创青春"上海大学生文化创意作品展示活动（环境设计类）一等奖。本次教学探索也成功入选了教育部产学合作协同育人"十周年项目典型案例"，形成可复制的教学改革范式与实践平台建设经验（图11）。

4 产教融合赋能实践教学的延伸讨论

在国土空间规划体系改革的时代背景下，城乡规划教学改革亟需构建多维度协同的创新人才培养体系。同济大学以城乡规划专业跨学科毕业设计课程为探索的契机，形成具有一定示范价值的教学改革框架，并总结和进行了以下经验和反思。

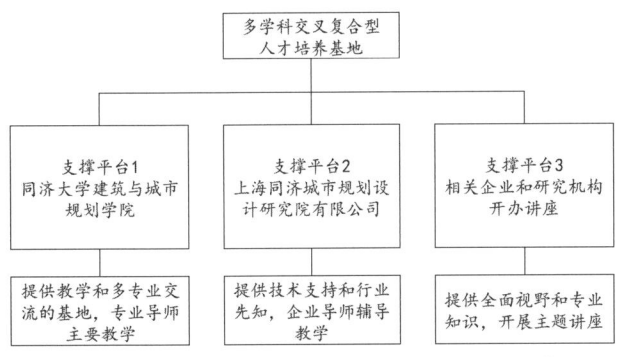

图9 城乡规划专业多学科交叉复合型人才培养基地支撑体系
资料来源：笔者自绘

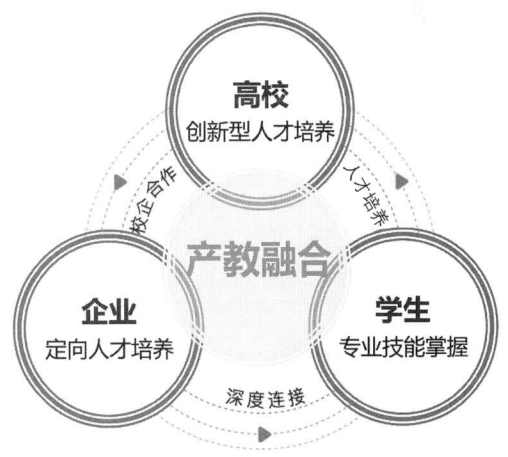

图10 城乡规划专业多学科交叉复合型人才培养基地的产教融合模式
资料来源：笔者自绘

图 11　项目外延贡献和成果认可
资料来源：笔者自绘

4.1　经验总结

一是"双导师制—阶段化任务—全过程评价"制度，确保校企协作贯穿教学全周期。在本课程中，企业导师的深度参与有助于从行业角度对学生的设计作品和综合能力进行拓展，为学生提供更加全面和具体的反馈，不断弥合学校教学供给和企业人才需求的鸿沟，一定程度地缓解了高校人才无法招来即用的问题。同时，本课程通过毕业设计全过程对学生进行考核评价，有助于科学评价学生在合作工作与独立工作两个阶段的学习成果，推动评价模式从"成果导向"向"过程＋能力"转型，注重学生在不同阶段的能力训练。

二是突破学科壁垒，构建跨专业协同育人生态。学科交叉融合是未来科学发展的必然趋势与科技创新的重要驱动力，而应用型、复合型、技能型人才培养离不开多学科交叉融合的教学体系支撑[11]。本课程通过"规划＋建筑＋景观"的联合教学，帮助学生掌握跨专业合作的系统性思维方法。一方面，三系导师轮流展开"大课堂"教学，可助力学生及时修正设计偏差，强化专业领域的基础；另一方面，定期邀请校外相关专家开展主题讲座，可激发学生对前沿方向的思考，拓宽非专业领域的知识。

三是以真实项目驱动教学目标，全面提升学生的实践能力，助力学生的职业发展。本课程中，上海同济城市规划设计研究院不仅提供实际项目数据，还派正高级工程师全程指导，深度参与课程设计、课题开发与评价体系构建，有效提升了方案的实践价值，完成了企业从"参与者"向"共建者"的转变。此外，学生在通过企业导师的引导下，对当前城乡规划领域的热点问题和实际需求有了深入了解，从而更加明确自己的学习生涯规划和个人发展方向。

4.2　未来路径

展望未来，校内导师与企业导师共同参与城乡规划跨专业设计课程的教学模式，仍需在实践探索中砥砺前行。一是需要明确企业导师在教学中分阶段发挥差异化作用。企业导师的作用需结合专业教学内容分阶段发挥，应明确其与专任教师的差异化教学责任及任务。学院首先需深化国土空间总体规划教学大纲的编制，通过大纲清晰界定学理性教学与规范性教学的边界，为两类教师发挥差异化作用提供指引。二是需要建立"专长互补、适当固定"的搭配模式。校内导师与企业导师的搭配模式有待优化，需依据城市规划系专任教师实际情况，建立"专长互补、适当固定"的配对机制，以最大化两类导师在教学中的效能。该模式既保障企业导师长效助力青年专任教师积累规划实践经验、提升科研能力，亦为实践性课程教学质量提升提供支撑。

5　结语

同济大学"城乡规划专业多学科交叉复合型人才培养毕业设计模式"的实践表明，产教融合是新时期城乡规划设计人才培养的有效途径。面向未来，应秉持"深度融合、动态协同"原则，将校企合作从项目层面的技术协作，升级为涵盖人才培养标准共建、国土空间数据共享、实践课程创新共研的校企生态共同体。这一创新探索路径，不仅有效回应了国土空间规划的实践需求，更为新时期规划教学改革提供了"价值理性与工具理性相统一"的解决方案，推动国土空间规划教学向"政产学研用"深度融合的模式演进。

参考文献

[1] 段进，石楠，闫凤英，等."规划教育的规划"学术笔谈 [J]. 城市规划学刊，2025（1）：1–10.

[2] 段进，阳建强，陈晓东，等.当前城乡规划本科人才培养方案制定的思考——东南大学的演进与探索 [J]. 城市规划，2025，49（3）：52–60.

[3] 马明，陈晓华.论高层次应用型人才培养背景下专业课程优化——以城乡规划专业设计类课程为例 [J]. 应用型高等教育研究，2016，1（3）：57–62.

[4] 郑德高，张京祥，黄贤金，等.城乡规划教育体系构建及与规划实践的关系 [J]. 规划师，2011，27（12）：8–9.

[5] 汤慧，黄希怡，宁启蒙.地方高校城乡规划专业实践创新人才培养体系改革研究 [J]. 湖南工业职业技术学院学报，2025，25（2）：77–82.

[6] 王苗，忻益慧，姜乖妮，等.新工科背景下城乡规划专业设计类课程改革优化研究 [J]. 中国建设教育，2022（2）：30–34.

[7] 李云燕，何媛媛，王彬燕，等.多元目标导向下的城乡规划学科研究生设计课教学思考 [J/OL]. 高等建筑教育，1–7[2025–05–15].http://kns.caki.net/kcms/detail/50.1025.G4. 20250513. 1403.002html.

[8] 陈宏胜，陈浩，肖扬，等.国土空间规划时代城乡规划学科建设的思考 [J]. 规划师，2020，36（7）：22–26.

[9] 吕斌.规划教育要服务职业发展需要 [J]. 城市规划，2015，39（1）：95–97.

[10] 俞滨洋.中国城乡规划教育状况和改革思考[J].城市建筑，2017（30）：46–47.

[11] 商硕，蒋海兵.面向学科交叉融合的人文地理与城乡规划专业教学模式 [J]. 创新创业理论研究与实践，2025，8（3）：128–131.

Towards Interdisciplinary Innovation and Industry-Education Integration——Exploring the Multidisciplinary Graduation Design Model for Urban and Rural Planning Undergraduates

Chen Chen   Luo Zhanyi

Abstract：Amidst China's territorial spatial planning reforms, the urban and rural planning discipline exhibits multidimensional integration trends, exposing conventional standardized training paradigms to comprehensive restructuring pressures. This paradigm shift necessitates pedagogical transformations from knowledge dissemination to competency cultivation, wherein practical pedagogy emerges as the critical nexus bridging theoretical frameworks with professional requirements. Particularly within design curricula, industry–academia integration has evolved into an essential developmental vector, rendering the establishment of practice–oriented teaching paradigms responsive to contemporary demands as a pivotal frontier in planning education. Through an in–depth case analysis of Tongji University's interdisciplinary urban–rural planning thesis design course, this study systematically investigates implementation strategies for industry–education synergy within spatial planning reforms. By analyzing innovative practice–oriented pedagogy, exploring graduation design mechanisms and institutional supports, this study constructs a "practice cultivation – industry–academia collaboration – interdisciplinary integration" trinity system, offering a contemporary model for planning talent development.

Keywords：Urban and Rural Planning, Industry–Education Integration, Interdisciplinary Intersection, School–Enterprise Co–Operation, Teaching Reforms

立德树人阡陌间挺膺担当规划行
——乡村规划课程群教学新模式探索与实践

余压芳　赵玉奇

摘　要：我国的城乡规划教育经历了从城市往乡村扩展的历史阶段，2017年党的十九大报告提出乡村振兴战略，2022年党的二十大报告继续强调乡村振兴的重要性，乡村规划与建设人才需求日益突出。贵州大学城乡规划专业教学团队围绕"脱贫攻坚"和乡村振兴各时期乡村规划人才需求，针对"知识结构与乡村多学科综合需求难适应""实践能力与解决乡村建设复杂问题有差距""新时代乡村振兴家国情怀教育亟需深化"等教学问题，创新乡村规划课程群改革模式：线上线下融合，升级知识结构，搭建"7+1+X"多元融通学科交叉的乡村规划课程群，形成鲁棒效应；理论实践结合，课程思政与地域实践二元渗透，实施真题真做乡村规划设计"八部曲"，引导规划成果；校内校外耦合，组建乡村家国情怀与教育教学深度融合的"师生共同体"，推进"乡村规划教育链+乡村建设产业链+乡村振兴人才链+乡村发展创新链"产教融合。课程群建设获批国家级一流本科课程1门、省级一流课程5门，学生规划高阶能力和服务乡村振兴战略意识同步提高，获"挑战杯"全国大学生课外学术科技作品竞赛特等奖。产教融合案例入选教育部精准帮扶典型项目，教师团队获全国"三下乡"服务标兵、宝钢优秀教师等。

关键词：乡村规划课程群；课程思政；产教融合；R-PBL项目式教学

1　教学改革背景与简介

乡村演绎着历史和现代、自然和人文的结合，我国连续发布二十余年国发1号文件关注"三农"问题，2017年乡村振兴战略提出后，乡村规划设计使命愈加凸显，面对乡村知识庞杂、工程实践复杂，乡村规划人才培养供给侧和规划设计行业需求侧的结构性矛盾突出，驱动着乡村规划群朝着产教融合、真题真做的项目式教学方向不断推进[1-5]。

贵州大学自2013年开始围绕专业综合改革，设立乡村规划课程，围绕党的乡村振兴战略，结合人才培养的时代需求和地域特色，开展思政教育融入与地域实践导入的二元渗透教学改革[6]、案例库建设、虚拟仿真实验开发、数字化教学、混合式教学试验、产教融合模式等，历经十多年，形成了以乡村规划设计课程为核心的乡村规划课程群教学新模式（图1）。

2　乡村规划学情分析——望图生畏、望乡生惑

贵州大学的乡村规划课程群设置在大学三年级，此阶段学生已掌握居住区规划等微观层面规划知识，来自农村和少数民族的学生人数较多，学习热情饱满，愿意接受新事物，期盼有挑战性的学习活动，但是动手能力弱，设计绘图经验不足，乡村认知模糊，伴有低年级往高年级转换的畏难情绪（图2）。

3　拟解决的教学问题

3.1　课程体系：知识结构与乡村多学科综合需求难适应

传统的城乡规划人才培养侧重于城市领域的知识能力，普遍存在"重城市轻乡村"惯性思维，跟不上乡村

余压芳：贵州大学建筑与城市规划学院教授
赵玉奇：贵州大学勘察设计研究院总规划师

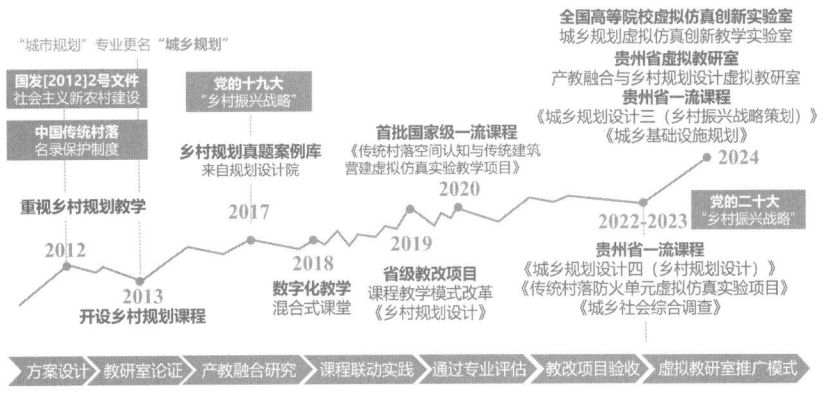

图 1　贵州大学乡村规划课程群改革创新历史沿革图
资料来源：作者自绘

图 2　乡村规划课程群学情调查分析示意图
资料来源：作者自绘

振兴战略需求，"城市规划"一级学科 2013 年才更名为"城乡规划"，亟需构建多学科交叉融合的乡村规划课程体系。

3.2　教学方式：实践能力与解决乡村建设复杂问题有差距

乡村规划实际问题复杂，既要建设适应现代生活的新乡村，又要保护传承文化遗产，当前的规划教学多基于假设案例对应的目标要求，其问题特征、解决方式与真实乡村建设复杂问题相距甚远，导致学生从理论知识往设计能力的迁移存在较大难度，可谓望乡生惑、望图生畏，同时带来了对学生解决乡村真实问题高阶能力的评价难度。

3.3　育人模式：新时代乡村振兴家国情怀教育亟需深化

乡村振兴背景下，乡村规划与建设需要团队协作、使命担当、甘于扎根乡村的一流人才，然而当下的学生就业倾向于城市，脱离乡村，乡村规划人才供给侧和需求侧之间存在结构性矛盾，乡村振兴家国情怀教育模式亟需改革。

4　乡村规划课程群教学新模式理念与思路

以乡村振兴规划人才新需求为导向，践行"产教融合"教育理念，针对"知识结构与多学科综合需求难适应""实践能力与解决乡村建设复杂问题有差距""乡村振兴家国情怀教育亟需深化"等教学问题：

线上线下融合，升级知识结构，搭建"7+1+X"多元融通学科交叉的乡村规划课程群，形成鲁棒效应；理论实践结合，课程思政与地域实践二元渗透，实施真题真做乡村规划设计"八部曲"，引导规划成果；校内校外耦合，组建乡村家国情怀与教育教学深度融合的"师生共同体"，推进"乡村规划教育链＋乡村建设产业链＋乡村振兴人才链＋乡村发展创新链"产教融合，突出对学生理论到实践能力迁移的学习评价。以城乡规划专业本科生为对象，培养"设计能力强、知农爱农、传承中华优秀传统文化、服务乡村振兴"的乡村规划一流人才（图3）。

乡村规划"7+1+X"课程群是城乡规划专业系列核心课程，"7"是乡村规划相关的7门先导课程，包括实践认知类"贵州传统聚落认知""乡村认知实习"，原理方法类"乡村规划原理""城乡社会综合调查研究""城乡基础设施规划""传统聚落测绘"，策划先导类"城乡规划设计三（乡村振兴战略策划）"，"1"是指"城乡规划设计四（乡村规划设计）"1门规划核心课程和内置的2项虚拟仿真实验，"X"是指"学科竞赛"课程，旨在培养"设计能力强、知农爱农、传承中华优秀传统文化、服务乡村振兴"的乡村规划一流人才，运用专业知识技能解决乡村功能配置、空间布局、生态保护、文化传承、防灾减灾等复杂问题。

5 针对教学问题的解决方法和具体措施

5.1 线上线下融合，升级知识结构，搭建"7+1+X"多元融通学科交叉的乡村规划课程群，形成鲁棒效应（表1）

（1）聚焦规划核心课程1门——"乡村规划设计"。城乡规划专业设有8门设计系列课程，第1门和第2门关注居住单元和小区规划，第3门和第4门关注乡村规划，第5门和第6门关注国土空间规划，第7门和第8门城市设计，其中第4门"乡村规划设计"位于微观向宏观转折的重要阶段，是核心课程。重构该门课程的"理论＋实验＋实践"教学内容（图4），理论模块聚焦乡村规划前沿技术及优秀规划案例，新增虚拟仿真实验模块聚焦遗产保护等高阶知识点；实践模块设置一个真实任务驱动的村庄规划设计项目，课程思政结合地域实践二元渗透进一个完整的项目中。

（2）聚类规划先导课程7门。聚类安排7门规划先导课程，包括实践认知类"贵州传统聚落认知""乡村认知实习"，原理方法类"乡村规划原理""城乡社会综合调查研究""城乡基础设施规划""传统聚落测绘"，规划先导类"乡村振兴战略策划"，通过先导课程学习，使学生掌握乡村规划的原理方法、相关知识和实践技能，为核心的"乡村规划设计"课程学习奠定基础。

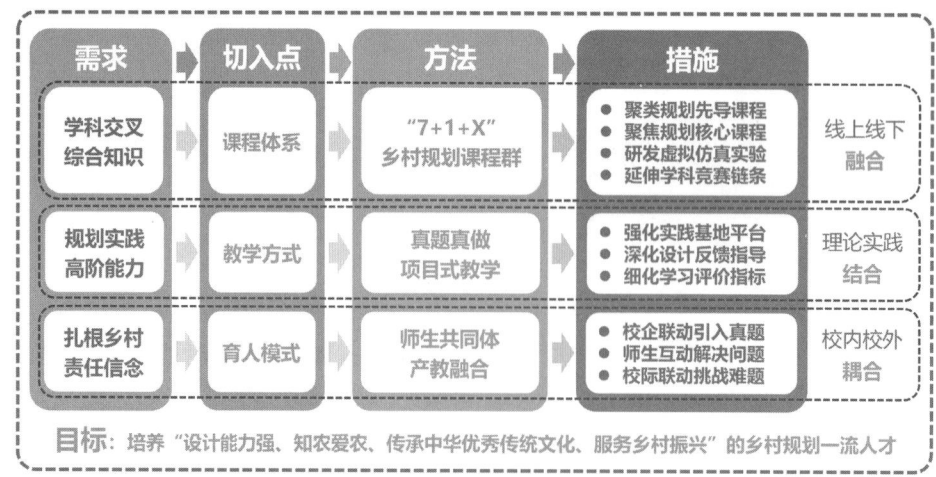

图3 真实任务驱动的乡村规划课程群产教融合教学新模式

资料来源：作者自绘

贵州大学乡村规划课程群基本信息表　　　　　　　　　　　表1

	课程名称	学分	学时	课程类型	开课时间
7	贵州传统聚落认知	0.5	9	认知实践类	三年级下学期 （第1~8周）
	乡村认识实习	1	18	认知实践类	
	城乡社会综合调查研究	2	36	原理方法类	
	乡村规划原理	2	36	原理方法类	
	传统聚落测绘	1	18	原理方法类	
	城乡基础设施规划	3	54	原理方法类	
	城乡规划设计三（乡村振兴战略策划）	3	54	策划先导类	
1	城乡规划设计四（乡村规划设计）	3	54	规划设计类	三年级下学期 （第9~16周）
	传统村落空间认知与传统建筑营建虚拟仿真实验教学项目		4	内嵌实验	
	传统村落防火保护单元规划虚拟仿真实验项目		2	内嵌实验	
X	学科竞赛	1	18	综合实践类	三年级下学期

资料来源：作者自绘

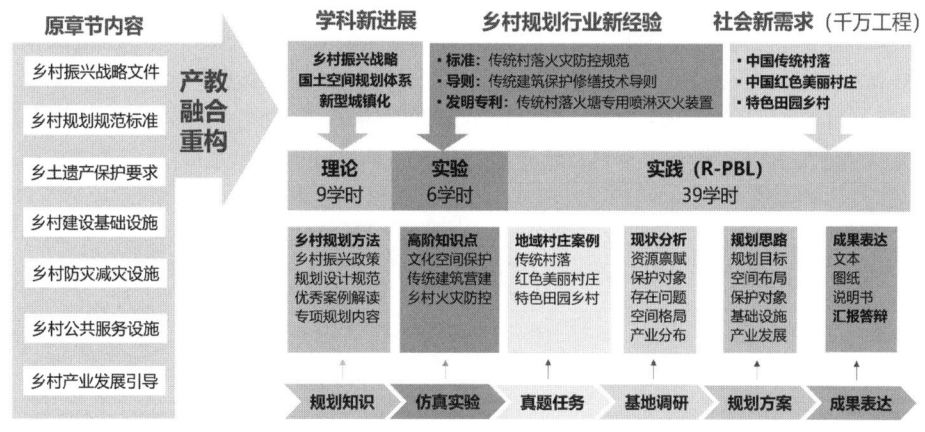

图4　乡村规划设计课程教学内容重构示意图

资料来源：作者自绘

（3）研发虚拟仿真实验2项。在"乡村规划设计"核心课程中设置两个虚拟仿真实验（图5），推送两大高阶知识点：文化遗产保护传承、村落火灾防控，利用科研成果转化为虚拟仿真实验数字化教学资源[7]。结合贵州省科技进步二等奖"贵州民族村寨文化空间识别技术与应用"研发《传统村落空间认知与传统建筑营建虚拟仿真实验教学项目》，结合贵州省地方标准"传统村落火灾防控技术标准"研发《传统村落防火保护单元规划虚拟仿真实验教学项目》[8]。

（4）延伸对接学科竞赛X类。专设"学科竞赛"课程，引导学生参加"挑战杯"全国大学生课外学术科技作品竞赛、中国国际大学生创新大赛、全国高等院校城乡规划专业大学生乡村规划方案竞赛等赛事，将乡村规划的知识、情怀、技能，有效转化到"挑战杯"等赛事活动中，实现对学生学科交叉融合、解决乡村真实复杂问题能力的延伸发展与外部检验。

图 5　课程内嵌虚拟仿真实验（传统村落遗产保护、火灾防控）

资料来源：作者自绘

5.2　理论实践结合，课程思政与地域实践二元渗透，实施真题真做乡村规划设计"八部曲"，引导规划成果

（1）设计真题真做步骤。将真实的规划项目纳入项目式学习任务，设置真题真做三阶段"八步曲"学习环节，包括规划知识、开放实验、真题任务、仿真实验、基地调研、规划方案、规划成果、总结应用 8 个步骤，循序渐进地培养学生乡村规划知识迁移、能力跃迁和素养提升。

（2）融入隐性课程思政。在规划设计 8 个步骤中，教师言传身教融入课程思政，培养学生解决真实复杂问题的学科融合思维和大国工匠精神。例如，通过规划案例强化乡村振兴家国情怀，通过真题任务培养真实场景的使命担当；通过仿真实验环节培养技术挑战和精益求精精神；通过基地调研培养团队合作意识，通过规划方案推敲培养学思结合思维，通过规划成果总结应用培养敢闯会闯精神。

（3）细化多元评价指标。针对学习高阶能力评价不足，采取行业专家参评、小组互评、系统计分、生生互评等方式，围绕规划项目完成情况与质量，实施混合式多元评价，加强对学生解决乡村复杂问题高阶能力的评价（图 6）。

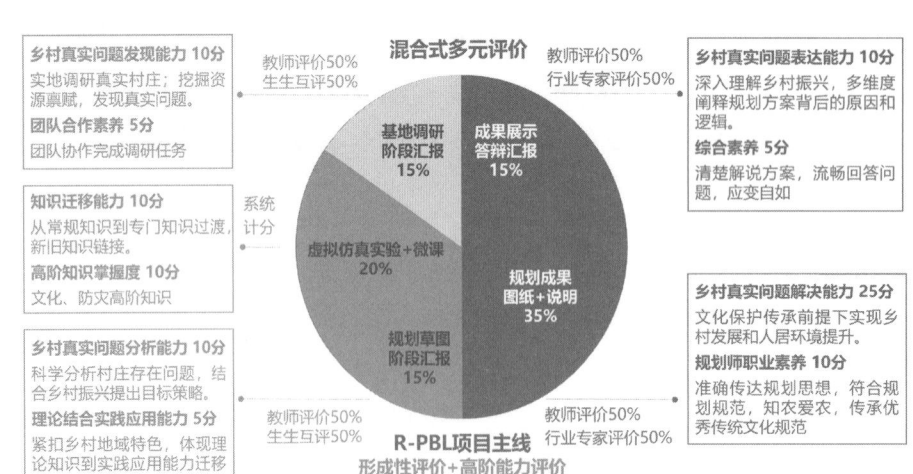

图 6　"乡村规划设计"课程学习评价示意图

资料来源：作者自绘

5.3 校内校外耦合，组建乡村家国情怀与教育教学深度融合的"师生共同体"，推进"乡村规划教育链 + 乡村建设产业链 + 乡村振兴人才链 + 乡村发展创新链"产教融合

（1）校企联动构建的产教融合有机链条（图7）。以乡村规划教育链作为顶层链条引领教学模式，校企联动搭建乡村建设产业链平台构筑底层链条，推动乡村从规划到建设实施的全过程优化，链接乡村振兴人才链，输送具备创新、领导和团队合作能力的规划人才，激发乡村发展创新成果，促进"乡村规划教育链、乡村建设产业链、乡村振兴人才链、乡村发展创新链"有机融合，为乡村振兴提供全方位、多维度的支持。

（2）行业专家赋能的"1+10+N"规划设计师生共同体。针对学生实践经验不足、乡村规划复杂性等客观情况，引入行业专家和合作高校教师，通过校企产学研深度合作，组建专业教师和行业专家双向赋能的"1+10+N"规划设计师生共同体，1代表主讲老师，10代表行业专家，N是学生群体，以此引导学生的乡村规划全过程（图8）。

（3）多校协同交叉融合的实践指导。以工作站、实践基地等形式建立教学科研多层次创新人才培养基地，分别与同济大学、东南大学合作建立"中国城市规划学会乡村规划与建设分会专业实践基地""国家智库东南大学中华民族视觉形象研究基地贵州工作站"，以乡村

图7 乡村规划产教融合链条有机融合示意图
资料来源：作者自绘

图8 乡村规划"1+10+N"规划设计师生共同体教学模式示意图
资料来源：作者自绘

振兴实际问题牵引、重大在研问题分解等方式，构建"传统村落""红色美丽村庄"等实践项目群，培养学生解决乡村复杂问题的科研能力（图9）。

国家乡村振兴局 **"百校联百县兴千村"**（大利村）

中国城市规划学会乡村规划与建设学术委员会
专业实践基地（镇山村）

图9 中国规划学会乡村规划与建设分会专业
实践基地为课程赋能示意图
资料来源：作者自绘

6 教学改革创新点总结

6.1 乡村规划课程群体系创新：乡村规划"7+1+X"课程群

针对单门课程任务繁重难以实现，创新构建乡村规划"7+1+X"课程群，通过一组先导课程解决乡村规划的原理知识、技术方法、认知实践问题，然后开设核心的"乡村规划设计"课程。真题真做的真实任务贯穿整个课程群，学生通过案例拉通，反复针对同一个案例进行认知、测绘、规划、设计等，各门课程分工协作，主次分明，突破了乡村规划知识体系难适应乡村振兴的瓶颈问题。若干类学科竞赛作为学生能力发展和外部检验触媒，拉动了整个课程群的建设广度和高度。

6.2 "真题驱动"教学方式创新："真题任务+项目式教学"服务乡村振兴，思政教育隐性课堂融入教学过程

在传统的项目式教学基础上，强化真题任务，教学内容上，问技术发展改内容，科研反哺教学，工农融合重塑教学内容；教学过程中，问内外资源创条件，组建师生共同体开展真题真做教学相长；学习评价上，问学生志趣变方法，采用多元主体开展过程性评价。"真题真做"的核心是链接真实村庄发展进程的真场景、真需求、真实施。

6.3 规划"教与学"育人模式创新："1+10+N"师生共同体

产教融合不仅依赖于学校内部的教学资源，还将产业界和社区资源纳入到教学过程中。"专业教师+注册城乡规划师+行业专家"多元一体，构建了"1+10+N"规划设计师生共同体，"1"是指具备注册城乡规划师资格的双师双能型教师，"10"是相关领域专家，"N"是学生主体，真题训练，形成乡村规划创新成果，学生的知识、能力、素养不断提升，教师的教学、科研循环渗透。

6.4 "虚拟仿真"数字化教学创新：自主研发"虚拟仿真实验项目"挑战高级知识点

自主研发的虚拟仿真实验，涵盖遗产保护、防灾减灾等教学难点。将抽象的空间格局和营建技艺，可感知、可体验地传达给学生，将不可逆的火灾实验融入虚拟仿真平台中。学生在奔赴村庄现场开展之前，在线操作虚拟仿真实验，体验不易看到的鸟瞰视角、难以连贯的非遗活动、高危火灾蔓延等高阶知识点，畏难情绪得到化解。

7 教学创新成效及其推广应用

7.1 乡村规划人才链培养了一批坚定扎根乡村的青年人才

学生规划能力提升与乡村振兴战略同向同行，学生不再"望乡生惑""望图生畏"，获贵州省"中国大学生自强之星"。近年来在校生所获的80多项国家级省级学科竞赛奖项中，70%以上围绕乡村题材展开，包括"挑战杯"全国大学生课外学术科技作品竞赛特等奖，源源

乡村规划课程群建设主要成果信息　　　　表2

类别	奖项成果	时间
国家级一流课程	国家级虚拟仿真一流本科课程《传统村落空间认知与传统建筑营建虚拟仿真实验教学项目》	2020年
省级一流课程	贵州省省级"金课"《城乡规划设计四（乡村规划设计）》	2023年
	贵州省省级"金课"《城乡规划设计三（乡村振兴战略策划）》	2024年
	贵州省省级"金课"《传统村落防火保护单元虚拟仿真实验项目》	2022年
	贵州省省级"金课"《城乡社会综合调查研究》	2022年
	贵州省省级"金课"《城乡基础设施规划》	2024年
学科竞赛	"挑战杯"全国大学生课外学术科技作品竞赛特等奖《千村寻文化兴—西南传统村落文化空间保护传承困境调查与策略研究》	2023年
	"挑战杯"全国大学生课外学术科技作品竞赛一等奖《"城市毒瘤"还是"梦想港湾"——探究市中心城中村房屋空置现象原因及改善策略》	2022年
	"挑战杯"全国大学生课外学术科技作品竞赛红色专项二等奖《三线精神永相传，文化赋能新路生》	2022年
教师发展	全国高校教师教学创新大赛新工科正高组二等奖《城乡规划设计四（乡村规划设计）》	2023年
	宝钢优秀教师奖	2023年
	贵州省普通本科高校"金师"（教学名师）	2021年
党建思政	全国双带头人教师党支部书记"强国行"专项行动团队	2024年
平台基地	全国高等院校虚拟仿真教学创新实验室《贵州大学城乡规划虚拟仿真教学创新实验室》案例团队	2024年
典型案例	教育部省属高校精准帮扶典型项目《贵州大学：规划引领，绘就黔山秀水美丽乡村新蓝图》	2023年

资料来源：作者自绘

不断的毕业生在西部艰苦地区、基层单位建功立业，涌现出最美村庄规划师、贵州省劳动模范等。

7.2　城乡规划教育链培育出一批含金量高的教研成果

主讲教师获全国教师教学创新大赛二等奖，团队获批国家级一流本科课程1门（《传统村落空间认知与传统建筑营建虚拟仿真实验教学项目》）、省级金课5门，获省级教改项目3项、教材5部、教改论文20多篇，获批贵州省《产教融合与乡村规划设计虚拟教研室》，教师获全国宝钢优秀教师奖、贵州省普通本科高校"金师"、全国高等院校虚拟仿真实验创新教学实验室案例团队、全国"双带头人"党支部书记"强国行"专项行动团队。课程蕴含的思政教学案例《红映建规三寻三做学党史》被认定为贵州大学党建工作优秀案例。

7.3　乡村发展创新链取得了一批显示度高的科教融汇成果

师生共创，涌现出一系列科技进步奖、典型案例、标准、发明专利等，引领民族地区乡村规划与建设创新发展，也为科研反哺教学提供了资源和平台，师生共同获得贵州省科技进步二等奖1项、中国产学研合作创新成果奖一等奖1项、标准导则3部、发明专利8件、软件著作权7件。

7.4　乡村振兴产业链社会服务形成了一批具有全国影响力的行业奖项、典型案例和典型人物

产教融合师生共同体模式大幅度提升教师学生爱党敬业精神，高校与规划设计企业良性互动，培育推进乡村规划与建设新质生产力，获得了行业的广泛认可，获得国家级和省级优秀城乡规划设计奖21项，主讲教师被中共中央宣传部授予全国文化科技卫生"三下乡"服务标兵。《规划引领，绘就黔山秀水和美乡村新蓝图》获2023年教育部省属高校精准帮扶典型项目（全国仅61项），直接带动了国家级传统村落集中连片保护利用发展示范县贵州省三都县、石阡县、荔波县的跨越式发展。

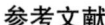
参考文献

［1］ 王祝根，严成敏.新农科视域下的乡村规划知识体系：历程回顾·问题分析·对策探讨 [J]. 现代城市研究，2024（9）：32-3，44.

［2］ 谭书佳，赵先超，谭晓波.乡村振兴背景下乡村规划原理课程思政教学创新改革研究与实践 [J]. 安徽农业科学，2024，52（16）：258-261，265.

［3］ 杨婷，孙继萍，肖铁桥.乡村振兴背景下建筑类院校乡村规划课程体系改革研究——以安徽建筑大学城乡规划本科专业为例 [J]. 安徽农业科学，2024，52（11）：268-272.

［4］ 陈倩，翟辉，赵蕾."大思政"背景下高校专业课程思政育人体系构建与教学实践探索——以乡村规划系列课程为例 [J]. 高等建筑教育，2024，33（3）：171-179.

［5］ 朱力，陈轶.双向视角，实践导向：国土空间规划背景下面向乡村振兴的规划学科建设思考 [J]. 小城镇建设，2023，41（12）：38-44.

［6］ 余压芳，赵玉奇.思政融入的乡村规划设计课程教学模式改革思考 [J]. 学术与实践，2022（1）：152-158.

［7］ 向远林，余压芳，吴冲.传统村落景观基因在高校乡村规划与设计课程中的应用研究 [J]. 高教学刊，2024，10（19）：96-100.

［8］ 赵玉奇，余压芳.传统村落防火保护单元划分虚拟仿真实验教学探索 [J]. 学术与实践，2022（1）：110-115.

Nurturing Morality and Talent Amidst Countryside Paths ——Emboldened Responsibility in Planning Practice - Pedagogical Innovation in Rural Planning Course Group

Yu Yafang   Zhao Yuqi

Abstract：The teaching team has developed an innovative rural planning curriculum cluster reform model addressing talent development needs across China's Poverty Alleviation and Rural Revitalization campaigns. Targeting three pedagogical challenges—disciplinary knowledge inadequacy for interdisciplinary rural demands，insufficient practical capabilities in resolving complex rural issues，and the urgency to strengthen social responsibility education—the reform integrates blended online-offline learning to upgrade knowledge systems through a "7+1+X" interdisciplinary framework（7 core courses，1 integrative module，X thematic extensions），fostering robust disciplinary synergies. By implementing an Eight-Step Methodology for authentic rural planning projects，it combines ideological-political education with hands-on practice，guiding students from multi-stakeholder field research to community-cocreated solutions. The program establishes a teacher-student-community consortium that embeds rural patriotism into pedagogy while interlinking educational，industrial，and innovation chains through industry-academia collaboration. Achievements include 1 national-level and 5 provincial first-class undergraduate courses，enhanced student competencies evidenced by a Grand Prize in the Challenge Cup National Competition，and recognition as a Ministry of Education exemplary poverty-alleviation project. Faculty earned honors including the National "Three Rural Services" Award and Baosteel Outstanding Teacher Award，demonstrating the model's success in aligning planning education with national strategic goals through curricular restructuring，value cultivation，and resource integration.

Keywords：Rural Planning Curriculum Cluster，Ideological and Political Education in Curriculum，Industry-Education Integration，Real Project-Based Learning（R-PBL）

小题大做，"智"溯真知
——基于 ZPD 理论探讨 HAI 在乡村规划教学中的学习支架作用

乔　晶　耿　虹　刘法堂

摘　要：教育数字化是新发展语境下的趋势与要求。作为面向国家乡村振兴战略人才培养的重要课程，乡村规划实践教学承担着专业育人与价值培养的双重目标。但由于乡村地域本身的数据匮乏、技术低洼及其内在的社会文化复杂性，使得 HAI 对乡村地域空间的认知辅助与设计方法创新均存在一定的局限，因此要充分探讨其应用的可能性，发挥新技术、新方法对乡村规划教学赋能的时代价值，探索 HAI 与乡村规划教学的嵌合发展路径。基于认知发展领域的经典理论—最近发展区（ZPD）与学习支架，分析数智时代乡村规划教学的内在逻辑与难点需求，充分挖掘 HAI 技术在乡村规划教学中应用的必要性与可能性，提出在资源整合、技术支持、协作平台与诊断撤离四个方面 HAI 的学习支架作用机制，并以华中科技大学乡村规划系列课程为例，对其 HAI 赋能乡村规划教学的产教融合成效与支架保障建设进行介绍，作为教学设计研究的实践借鉴。

关键词：乡村规划；实践教学；最近发展区；学习支架；HAI

2025 年 1 月由中共中央、国务院印发的《教育强国建设规划纲要（2024—2035 年）》中明确提出要"以教育数字化开辟发展新赛道，促进人工智能助力教育变革"。在实践教学领域内，人工智能作为技术工具从认识论与方法论的二维视角下均有不同程度边界拓展与模式创新，但囿于人机交互本身的技术瓶颈、数据偏差以及潜在的伦理风险，如何充分发挥 Human-AI Interaction（HAI）在推进城乡规划实践教学中的创新推动力还需建立在探索 HAI 与实践教学内在逻辑适配性的基础之上。特别是针对乡村规划的实践教学，由于乡村地域本身的数据匮乏、技术低洼及其内在的社会文化复杂性，使得 HAI 对乡村地域空间的认知辅助与设计方法创新均存在一定的局限，因此相比城市区域而言，HAI 与乡村规划实践教学的嵌合探索更加具有必要性。因此，本文基于苏联教育家和心理学家维果茨基（Vygotsky L S）提出的认知发展理论与最佳发展区（The Zone of Proximal Development，后简称 ZPD）的概念，从教学设计的角度探索 HAI 如何在乡村规划实践教学中起到学习支架（Scaffolding）的作用，为乡村振兴战略的人才培养工程提出符合新发展语境下的适应性路径。

1　教学逻辑：ZPD 与学习支架

1.1　ZPD 与学习支架的核心教学逻辑

作为教育家与心理学家，维果茨基始终关注认知科学与心理机能。在阐述认知发展的过程中，他提出了 ZPD 的概念。他认为，在实际认知水平以及潜在发展水平之间存在一个差距空间，这个空间是认知机能从低级到高级跃迁需要突破的区域，也是教学干预的关键领域 [1]。以维果茨基为代表的社会建构主义认为，社会互动与文化背景对人的高级心理机能形成具有重要促进作用，知识的建构会不断地在个体与社会的相互作用中内化形成。因此，在最近发展区中，维果茨基提出教师作为引领者的作用便等同于一种"临时性的支架"，对学习进行有效干预与帮助，并在支架作用完成后撤出。在此基础上，美国社会建构主义学家杰罗姆·布鲁纳

乔　晶：华中科技大学建筑与城市规划学院副教授
耿　虹：华中科技大学建筑与城市规划学院教授（通讯作者）
刘法堂：华中科技大学建筑与城市规划学院讲师

（Jerome Seymour Bruner）将其发展为"学习支架"（Scaffolding）的概念，认为学习支架应当是具备适配性（与学生当前认知水平适配）、减退性（根据学生认知的进步而逐步撤出）与辅助性（始终以学生学习的自主性为主）[2]。因此，从本质上来讲，教学的过程便是教师带领学生在与社会互动的过程中，用学习支架的形式帮助学生跨越最近发展区，从而达成认知的发展（图1）。

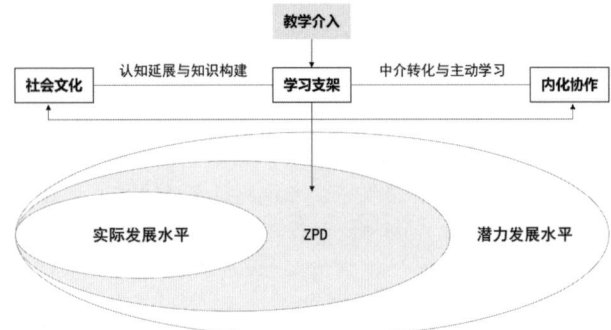

图1 ZPD与学习支架的教学逻辑
资料来源：作者自绘

1.2 数智型学习支架在教学中的应用

ZPD提出后，学习支架也随着教育理念的创新演进与数字技术的不断进步发生形式与嵌合的变化。从最早的传统讲授式情景中，学习支架主要以教师单向的语言输出为主要形式，进入到多媒体时代，学习支架以教师＋多媒体的混合式输出为主，教学情境开始从单向输出向双向互动转变。而进入到数智时代，"师生共创"＋"人机交互"的智能化学习支架开始发生边界拓展，教学智能体、无人机等智能设备的加入使得教学的即时反馈加强，教学过程中学生的个性化与主动性被显著释放[3]。在城乡规划学科的教学中，学生认知的水平诊断、对象认知的数据分析、教学过程的辅助设计与规划方案的反馈评估等阶段均能够与HAI发生嵌合，从而达到提升理论认知水平与规划实践能力的教学目的。

1.3 乡村规划的教学难点与支架需求

从规模上来看，乡村是聚落空间中的"小"题，但从功能上来讲，乡村作为农产品的来源地、国土空间与

生态安全的基本战场，以及传统民间文化、民俗文化和田园诗性文化的宝库，是城乡发展中的"大"略。在国土空间规划的新要求、乡村振兴战略的新方向以及社会发展的新需要下，乡村规划实践教学要求让学生从调研中感知认识乡村社会，了解乡村振兴的重要性；从方案设计中，熟知乡村规划的理论方法，并且为高年级设计课程培养创造性思维的基础。因此，作为低年级同学最先接触的综合性规划设计课程，以"知识融聚—能力塑造—素质迁升"为目标的乡村规划实践教学面临以下难点：

（1）基础通识理论与认知调研实践融通难

以华中科技大学乡村规划系列课程为例，无论是在四年制还是五年制培养计划中，乡村规划系列课程（包含理论—认知—设计）都是低年级同学最先接触的综合性规划课程。因此，该课程承担了能力跃迁、认知升维与规划提级的承上启下功能，针对学生从基础的通识理论向实践性的综合性认知过渡具有一定的难度（图2）。

（2）乡村社会认知与地域性乡村设计衔接难

经过10年的持续性学情分析，学生在接受乡村规划的"理论—认知—规划"全过程学习后，往往会在学习情绪上产生先升后降的情况。学习兴趣往往会在乡村认知阶段达到顶峰，并产生认知的大幅度提升。但往往在进入到设计阶段"望图生畏"，较难将抽象、碎片的乡村社会认知转化为规划图示语言，以地域性乡村设计的形式表达出来（图3）。

（3）运用新方法与新技术解决乡村规划综合问题的分析难

"人机交互"的智能技术在城市空间研究与规划设

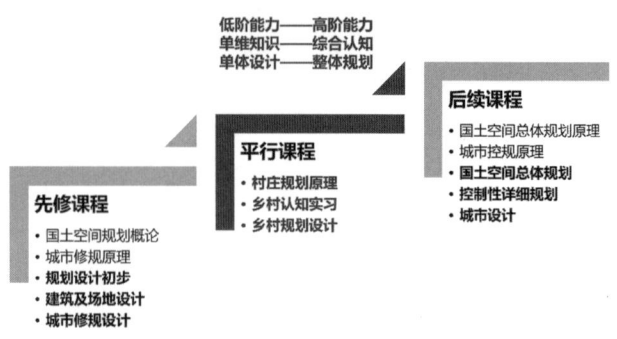

图2 华中科技大学乡村规划系列课程的总体定位
资料来源：作者自绘

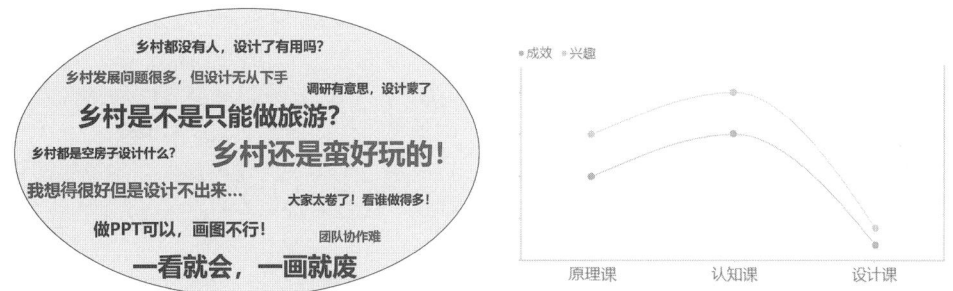

图3　华中科技大学10年来乡村规划系列课程的学情分析
资料来源：作者自绘

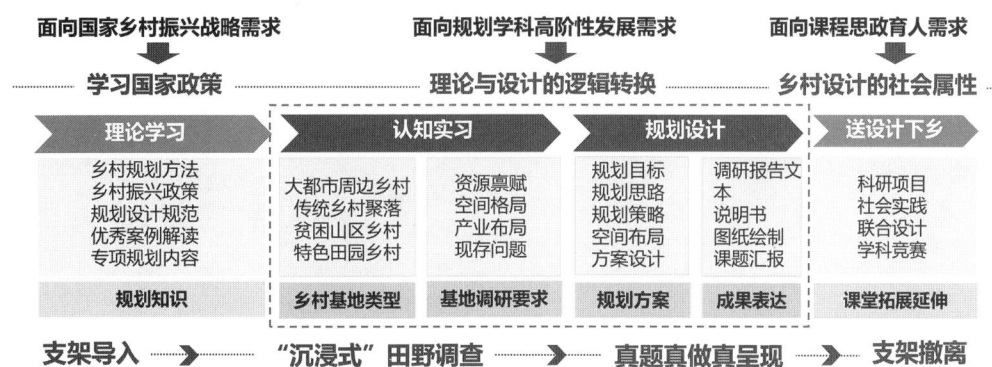

图4　华中科技大学乡村规划系列课程的教学框架
资料来源：作者自绘

计的应用已经全面铺开，但乡村地区作为智慧化设施覆盖度低、数据采集难度大、乡村社会智能化还原度低的区域，很难大面积以人工智能作为主要方法进行规划问题的综合性分析。特别是针对乡村社会老龄化、空心化程度高的特点，"数字鸿沟"也会在交互访谈中凸显，给新方法与新技术的运用造成障碍。

（4）面向乡村振兴战略阶段性要求的设计适应难

面向乡村振兴战略的阶段性要求，乡村规划的课程内容与教学重点在不断进行着动态调整与适应性反馈。而如何快速自上而下将战略需求与设计调整相契合，并能够让学生通过实践切身感知到上述变化，需要有更加灵活、适配的教学导入方法与实践应用场景。

因此，基于维果茨基的认知发展理论，跨越乡村规划教学的最佳发展区需要建构在乡村空间内的沉浸式教学场景，紧扣乡村地域复杂的"社会—文化—经济"共

同体属性，建立具有针对性、融通性和拓展性的学习支架，做好支架的导入与撤离（图4）。

2　支架机制：HAI作为学习支架在乡村规划实践教学中的赋能

学习支架在促进学生发展认知的教学过程中具有不同的表征形态。城乡规划作为典型的STEM课程❶，学习支架往往以情境、策略、资源、交流和评价五种表征形态出现[4]。结合乡村地域的"社会—经济—文化"共同体属性与乡村规划的实践教学阶段，HAI在教学中的学习支架作用具体表现为以下四个方面。

---

❶　STEM课程：是指具有科学（Science）、技术（Technology）、工程（Engineering）、艺术（Art）、数学（Mathematics）等学科属性而共同构成的跨学科课程。

2.1 资源整合：提升乡村共同体的复杂性认知

从乡村发展理论到乡村认知实习，学生对乡村空间认知的最近发展区表现出从条块式、碎片化印象到逻辑性理解和体系化建构的过程。因此，对乡村作为"社会—经济—文化"共同体的复杂性认知是学生需要突破的第一个教学关隘。虽然在实践中，HAI在乡村数据挖掘、模拟社会交往、提炼地方性知识等方面仍然存在明显的不足，但是在乡村规划政策的辅助检索、乡村规划与建设的多样本案例挖掘等背景资源整合方面具有显著的效率提升作用。特别是面向乡村振兴战略的阶段性要求，HAI在政策的动态辅助检索方面具有即时性、全面性的优势，对提升学生对乡村地域的复杂性认知具有工具支架作用。

2.2 技术支持：智能化追踪乡村空间认知路径

除三调数据、遥感影像等传统的空间数据之外，传统的乡村空间认知仅能通过田野调查进行数据补充。特别是居民行为需求与空间供给，无法像高密度城区通过移动通信、地理信息、交通出行、物联网传感器等大数据大规模、即时性的准确传达空间的使用特征。虽然目前乡村空间仍然在数据覆盖度、设施支持度等方面与城市存在较大差距，但是随着数字乡村的不断建设，无人机、延时摄影、APP智能路径追踪等多种新技术，能够多维度多视角的认识乡村的空间分布特征及形态，记录当地村民的生活方式，从历时态特征与现状，不断丰富可溯源的村庄资料（图5）。同时，也能够运用空间分析技术、数理分析模型，模拟并再现乡村的空间格局、聚落肌理、景观环境等，形成对乡村空间形态及"生产生活"空间特征认识（图6）。为建构乡村规划的空间基础数据库并进一步解译乡村空间提供了不断更新的技术支架作用。

2.3 协作平台：技术支持的多元共建式交互协作

如维果茨基的社会文化理论所述，知识的建构更多地来自个体与社会的互动。乡村作为地方性知识的空间载体，其社会秩序、交往习俗、生产特征等都在无形中决定着乡村空间的表征，并内化为乡村空间组织的内在秩序。地方性知识必须要通过乡村社会的结构、惯习与规则等进行解构，方能成为优化乡村空间的依据。

而AI显然无法复刻与还原如此生动的社会，但它可以通过交流平台的搭建不断存储与更新乡村产业的数据（图7），同时记录田野调查中的影像与访谈，并且可以根据需求随时调用。如"村景拍拍"小程序，便通过接口收录了全国农房建设影像，为乡村建设的数字化解译提供了宝贵的资源库[5]。

2.4 诊断撤离：全过程教学追踪评价与能力提升

学习支架的重要特征就是在最近发展区快要实现跨域之时及时撤离，从而完成自主学习的辅助功能。如何确定支架撤离的情况，需要建立在对学生认知水平的科

图5　两步路APP中的路径追踪功能
资料来源：作者自绘

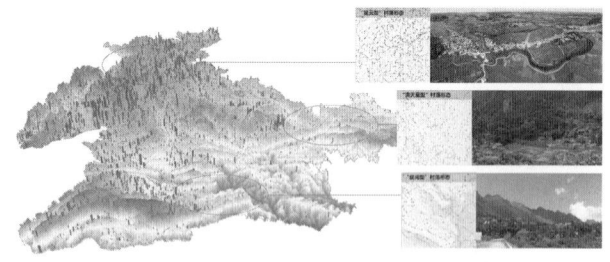

图6　乡村空间格局与聚落机理模拟
资料来源：作者自绘

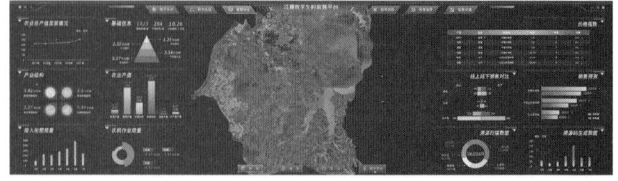

图7　某乡村数字农业平台搭建
资料来源：作者自绘

学诊断基础之上。因此，契合乡村规划实践的渐进型特征，乡村规划的教学评价也应当建立全过程追踪评价与能力提升诊断，以精准判断最近发展区的跨越程度。而上述过程，则可借助 HAI 进行过程追踪与记录，为教学评价提供全程可溯源的依据。以华中科技大学"乡村规划"系列课程为例，采用"讲授引导—实景体验—小组讨论—汇报分享"的阶段式教学，引领学生在田野实景与课堂教学中主动认知，并通过与教师、同伴、村民、专家等多元主体的交流互动，强化乡村认知与规划知识建构。"雨课堂""教学智能体"等学习支架均可通过过程记录与定量评价精准诊断学生在各阶段的认知提升程度，从而判断学习支架的撤离时机，而最终的方案设计则由学生个人或小组通过手绘与电脑优化完成，HAI 作为学习支架在此时完全撤离。

3 实践成效：以华中科技大学"乡村规划"系列课程为例

华中科技大学乡村规划系列课程面向本科二、三年级学生开设，课程教学始终紧密跟踪国家战略以及乡村发展形势，历经多年整合、优化与重塑，形成了以理论课程"村庄规划原理"为先导、"乡村认知实习"与"村庄规划设计"为骨干的相关规划知识培养体系。同时，以其实践性、人文性亮点成为"画大地之美、育工匠精神"的思政示范重点课程。教学目的是以新时代有理想、有担当的专业人才需求为导向，引领学生坚定的为乡村振兴战略服务的价值情怀，培养具有乡土情怀、兴农本领的小题大做、"智"溯真知的城乡规划专门人才。在数智赋能教学创新发展的新时代，华中科技大学充分发挥 HAI 在乡村规划实践教学中的学习支架作用，在产教融合的教学实践中取得了显著成效。

3.1 "真题真做真呈现"的产教融合与良性反馈

华中科技大学自 2014 年开设"乡村规划"系列课程以来，一直以以下教学目的为教学纲领：①帮助学生认识乡村社会经济发展规律、乡村空间建成环境、乡村生产生活方式及乡土文化特色，融通理解基础通识理论、乡村社会认知与设计实践；②掌握数字技术时代乡村调研报告撰写的内容拓展与精细化要点，运用新技术、新方法解决乡村规划设计综合问题；③面向乡

村振兴战略与阶段性发展要求，说透、教会乡村规划设计的政策与技术方法。同时，以"基本规划方法＋国家政策解读"的教学内容安排，使课程教学与美丽乡村建设、精准扶贫、乡村振兴国家战略适时呼应，并以"沉浸式"田野调查支持下的"真题真做真呈现"项目式教学，将相关政策与技术内容在教学设计与课程实践拓展环节（作业、竞赛、社会服务等）中完整表达。

在教学过程中，充分发挥情境性学习支架的作用，采用"多情景、多空间、多主体"的联合互动式教学形式，立足稳固的教学实践基地搭建多元化的田野课堂，引导学生在与村民、能人、工匠等多主体互动场景下开展调研，通过走进乡村、认识乡村、设计乡村，构建了以理论教学、认知实习、规划设计为核心，以社会实践、学科竞赛、联合设计为拓展的创新性教学模块。同时，基于情境支架建设了"长期稳定＋多样类型"的乡村规划设计实践教学基地。基地覆盖湖北、云南、贵州等地，丰富的教学基地场景拓展了学生对乡村地域空间多样性的认识和理解。多区域、多角色的实践基地建设，为教学积累了丰富的乡村体验背景与认知素材。

另一方面，充分发挥 HAI 等新技术、新方法在教学中的工具技术支架作用，加强多层次复合的软硬件设施建设与支撑应用，通过课程教材、教研课件、教学视频、智慧教室的全面完善，特别是面向国家战略和时代发展的经典、特色案例库建设，使学生能够更生动地了解、掌握课程学习的社会属性、技术属性、文化属性，全面理解乡村规划设计内涵。在典型案例的整理、创建工作中，脱贫后"产村融合"模式的乡村振兴规划实践教学案例入选教育部学位中心主题案例，成为本校师生教学最直接、最切身也最具亲切感的教学案例资源（图 8）。

3.2 "认知—规划—反馈—真知"的持续性支架保障

乡村规划系列课程是响应国家乡村振兴战略的重要教学举措。课程通过理论学习促进实践融通，在"认知—规划—反馈—真知"教学循环促进模式下，以乡村规划原理教学为基础，通过对国家战略与地方任务的阶段性目标的前导性解读和各类社会实践型教学基地的综合建设，突出课程教学对国家政策与地方建设任务的实践需求响应。如教学团队依托课程教学与实践基地建设，带领学生完成云南省"精准扶贫规划共建美好家

园"规划实践（获教育部精准扶贫精准脱贫十大典型项目）和"百校联百县兴千村"的规划实践等。同时，通过理论学习指导实践拓展，使得"实学"与"践行"相依互促、共同发展，结合"基本设计理论＋国家政策解读"的理论拓展，进一步加强"固定基地＋实践叠加"的模式拓展和"社会实践、学科竞赛、联合设计"的实践拓展，形成"实学"向"践行"的多向递进的教学特色。如以湖北孝昌县东河村实践基地为依托，以云

南校地对口帮扶乡村基地和武汉江夏湿地乡村基地为补充，持续开展各类型联合设计、设计竞赛和社会实践服务等，使理论走向实践的过程和方式充满创新挑战，并不断反馈、促进学生的自主性学习追求。上述成果均由"雨课堂""智能教学体"等云端智能中心存储，并依据学生认知发展的自主需求进行菜单式选择与针对性学习，在课程的持续进化中发挥新技术作为学习支架的保障作用（图9）。

图8　产教融合与"真题真做真呈现"教学资源案例库

资料来源：作者自绘

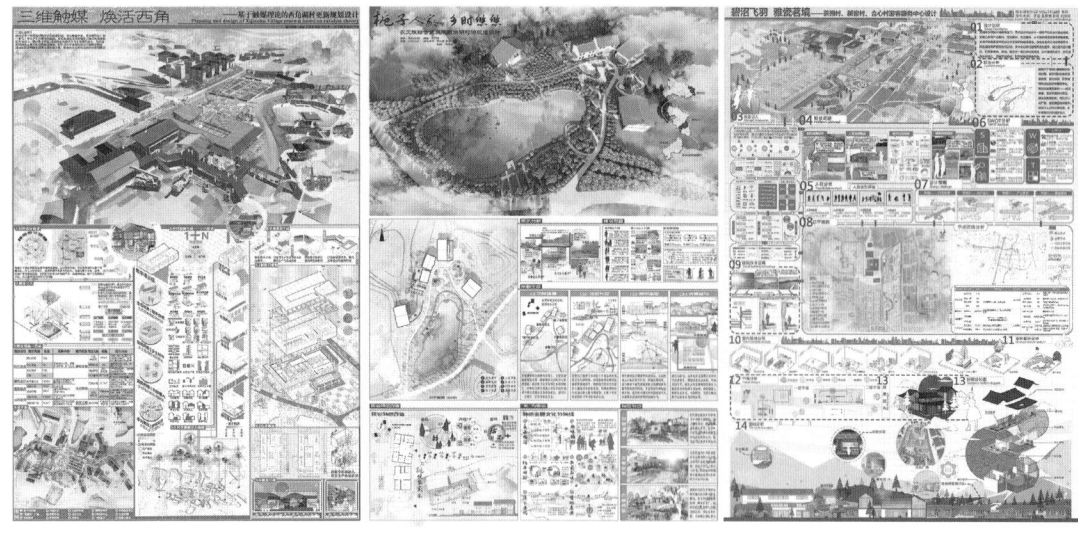

图9　学生课程作业

资料来源：学生课程作业

4 结语

　　"创新牵引的支撑体系"是我国建设教育强国的重要支点。乡村规划系列课程作为兼具固本铸魂与产教融合的"价值引领＋知识传授＋能力培养"的三位一体课程，对培养数智新时代既能仰望星空、又能脚踏实地的兴农人才具有重要意义。HAI技术诚然日新月异，但作为一种技术工具更应当回归本质，为教育服务，为社会服务，为乡村振兴而服务。乡村规划系列课程仅仅是城乡规划专业教育中的缩影，数智赋能下的课程建设与创新发展仍然有更多的探索空间，期望立足教育强国建设目标，为新时代教学创新的持续性探索增添更多亮点。

参考文献

[1] 黄春梅."最近发展区"的多重动态关系解读与澄清 [J]. 教育科学研究，2016（12）：65-67.

[2] 王艳芝，张春莉. 学习支架何以促学——基于皮亚杰与维果茨基思想的综合视角 [J]. 教育科学研究，2024（11）：76-82.

[3] 单俊豪，洪越洋，郭付民强，等. 人机协同教育场景中的智能化学习支架：内涵、设计方略与发展路向 [J]. 中国电化教育，2025（5）：95-101.

[4] 张瑾.STEM+教育中学习支架设计研究 [J]. 现代教育技术，2017，27(10)：100-105.

[5] 李郇，许伟攀，黄耀福，等. 基于遥感解译的中国农房空间分布特征分析 [J]. 地理学报，2022，77（4）：835-851.

Making a fuss over nothing, "Wisdom" tracing the truth ——Exploring the learning Support Role of HAI in Rural Planning Teaching based on ZPD Theory

Qiao Jing　　Geng Hong　　Liu Fatang

Abstract：The digitalization of education is a trend and requirement in the context of new development. As an important course for cultivating talents for the national rural revitalization strategy, the practical teaching of rural planning undertakes the dual goals of professional education and value cultivation. However, due to the scarcity of data, the low level of technology and the inherent social and cultural complexity of rural areas themselves, there are certain limitations in HAI's cognitive assistance and design method innovation for rural area space. Therefore, it is necessary to fully explore the possibility of its application and give full play to the contemporary value of new technologies and new methods in empowering rural planning teaching. Explore the integrated development path of HAI and rural planning teaching. Based on the classic theories in the field of cognitive development – the Zone of Proximal Development（ZPD）and the learning scaffold, this paper analyzes the internal logic and difficult demands of rural planning teaching in the digital and intelligent era, fully explores the necessity and possibility of applying HAI technology in rural planning teaching, and proposes the mechanism of the learning scaffold of HAI in four aspects：resource integration, technical support, collaboration platform and diagnosis and withdrawal. Taking the series of rural planning courses of Huazhong University of Science and Technology as an example, this paper introduces the effectiveness of industry-education integration and the construction of support guarantee for its HAI in empowering rural planning teaching, as a practical reference for teaching design research.

Keywords：Rural Planning, Practical Teaching, The Zone of Proximal Development, Scaffolding Human-AI Interaction

产教融合驱动下乡村规划师在地培养模式与实践教学探索

郎　嵬　李　郇　陈婷婷　王　劲

摘　要： 在实施乡村建设行动持续推进和加大推广乡村规划师背景下，乡村规划人才的培养面临从专业教学向在地实践深度融合的转型需求。近年来，乡村规划师作用愈发凸显，各级多部门相继开展了乡村规划师能力建设培训等工作。《中华人民共和国职业分类大典（2022）》将乡村规划师正式纳入新增职业名录，让乡村规划师人才培育从地方实践探索上升到政策导向。中山大学自2012年起定点帮扶凤庆县，近年来结合国家乡村振兴战略，持续推动从单向资源输入向双向共建、协同发展的新模式转变。依托城乡规划专业，以凤庆县红塘村、塘房村为代表，开展了一系列公共空间微改造、人居环境整治、农房提升建设与乡村治理体系完善的实操项目。通过"共同缔造"，学院师生以长期驻村调研为基础，与村民协作推进"小菜园"建设、农房现代化改造等试点项目，形成了"课堂授课＋下乡实践"的复合模式。"乡村建设共同缔造工作坊"将课堂知识转化为具备落地性的规划方案，实现了产教融合驱动下规划教育的场景转移、方法创新与能力重构。本文在总结中山大学凤庆帮扶经验的基础上，提出乡村规划师在地培养模式，为高校规划专业回应国家战略需求、提升人才培养实效提供了可借鉴的范式与理论支撑。

关键词： 乡村规划师；实践教学；产教协同；城乡规划教育；云南省凤庆县

1　引言

深入贯彻落实全面推进乡村振兴战略对我国乡村规划人才的培养提出全新的时代要求。2024年《中共中央、国务院关于学习运用"千村示范、万村整治"工程经验有力有效推进乡村全面振兴的意见》进一步强调，要落实帮扶责任，积极培养在地规划人才，探索城乡规划编制单位和规划师下乡的长效工作机制。这一系列政策导向为高校城乡规划专业人才培养模式改革提供新方向，也对实践教学体系提出更高要求（孙莹和张尚武，2017）。在此背景下，产教融合视为提升乡村规划教育质量、强化学生实践能力、服务乡村振兴战略的重要路径（尹怡诚等，2019；钟声，2018）。近年来，以中山大学地理科学与规划学院对口帮扶云南凤庆县为典型案例，积极探索高校通过"美好环境与幸福生活共同缔造"平台，以"乡村振兴工作坊""规划师驻地实习"等多元化实践课程为载体，积极探索"理论授课＋乡村实践"的复合型人才培养模式，在推动乡村振兴实践落地的同时，也锻炼学生的空间治理、社会调研和公共服

务能力（郎嵬等，2024）。

传统乡村规划教育和人才培养存在着"重理论轻实践、重技术轻人文、重单点突破轻系统协同"等问题。自2021年起，以李郇教授为首的导师组带领一批批研究生入驻凤庆县，在红塘村开展"美丽红塘，共同缔造"乡村建设实践并获得较好成果。在此基础上，团队进一步将实践拓展至云南凤庆县塘房村、湖北黄梅县渡河村和广东珠海淇澳村。通过构建多点联动的乡村规划实践平台，创新构建了"人才培养＋三个融合"乡村规划师在地化培养模式。通过构建"基础理论＋在地实践"课程体系，结合驻村工作站、和美乡村建设等实践项目，培养学生解决复杂乡村问题的能力。团队建立了"科研项目驱动式"教学模式，将国家社会科学基金重点项目转化为教学案例，开展交叉学科研究，并发表多

郎　嵬：中山大学地理科学与规划学院副教授
李　郇：中山大学地理科学与规划学院教授
陈婷婷：中山大学地理科学与规划学院副教授
王　劲：中山大学地理科学与规划学院副教授

篇高水平学术论文。凤庆实践为我国产教融合驱动下乡村规划师在地培养模式与实践教学探索提供了可复制、可推广的典型案例。

2　国内外产教融合动态

2.1　国内研究与实践

随着国家乡村振兴战略的深入推进，乡村规划建设对专业人才的需求日益增长，产教融合已成为提升规划教育质量、促进乡村规划师在地培养的重要路径之一（张尚武等，2024）。城乡规划教育面临着从传统城市导向向城乡统筹转变的重大挑战，需要通过优化人才培养模式、创新实践教学体系，推动"校地共育、学以致用"的人才培养新生态（本刊编辑部，2017）。一方面，国内学者普遍认为，乡村规划教育应注重产教融合的实践性和地域适应性。乡村规划建设具有地域差异大、社会参与性强、实施复杂等特点，对城乡规划人才培养提出了更高要求。张尚武等（2024）通过同济大学在云龙县的帮扶实践，提出了以"规划引领、产教融合"为核心的双向育才模式，不仅提升了地方内生发展动力，也为城乡规划教育注入了实践新活力。这一模式强调通过实际项目锻炼学生解决复杂乡村问题的能力，将理论课程与下乡实训、驻地陪伴式规划相结合，构建了以"教—学—做"为一体的协同育人平台。

另一方面，在实践教学板块，城乡规划类课程不断深化"产教融合"理念，通过探索多元主体参与、共创共建的课程模式，推动社会实践与课堂教学的深度融合（蔡忠原等，2016）。张迪昊等（2024）以衢州双桥乡实践为例，提出了基于多方参与的"陪伴式乡村共建"路径，强调通过持续在地实践培养乡村规划师的实际能力和社会责任感。此外，乡村振兴战略背景下，高校需通过创新课程体系，加强 HAI（Human-AI Interaction）的理念理解和应用，推动乡村规划教育向开放性、合作性和创新性方向发展（吴志强等，2022）。

2.2　国外研究与实践

乡村规划师的培养已成为国际城乡规划教育的重要议题，也正在经历深刻变革。国外在产教融合和乡村规划实践教育方面积累了丰富经验，强调通过高校、行业与地方政府三方合作，共同培养具备跨学科知识和实践能力的乡村规划人才（Frank et al，2014；Frank、Hibbard，2017）。目前，发展中国家在探索在地化乡村规划教育过程中，普遍面临着专业能力不足、课程内容单一和产教脱节等现实困境（Matamanda et al，2024）。而欧美高校将"跨学科整合＋实地项目训练"作为核心培养路径。如加拿大圭尔夫大学的"农村规划与发展"（Rural Planning and Development）硕士项目，通过开设"农村规划实践基础""高级规划实践"等课程，结合地方政府与行业专家合作，引导学生直接参与社区发展与规划实施，强调知识应用和社会服务能力的培养（University of Guelph，2024）。在英国，皇家城市规划学会（RTPI）提出了"以人为本的乡村规划"（People-Centred Rural Planning）理念，强调应将社区需求纳入规划全过程，通过实践基地和实际项目驱动学生参与规划实施（RTPI，2022）。澳大利亚的 STEM 教育实践也为乡村规划教学提供了新视角，通过将当地乡土知识纳入课程内容，提升学生解决实际问题的能力（Morris et al，2021）。

在能力培养路径上，国际上普遍强调规划教育需超越传统的工具理性范式，注重公共利益导向和伦理价值观的塑造（Poxon，2001；Millard-Ball et al，2024）。Millard-Ball 等（2024）提出，课程内容和阅读材料的多样化是提升学生社会责任感和包容性思维的重要途径，应通过引入案例、多元文化视角和基层社区实践经验，提升学生对复杂社会问题的敏感度和适应性。此外，Matamanda 等（2024）通过对津巴布韦规划行业的研究发现，缺乏在地化实操经验和对地方治理体系的理解，导致规划师在乡村治理中的角色模糊，进一步凸显了加强实践导向教学和责任意识培养的重要性。在实践能力建设上，国际上普遍采用工作坊、驻地实训和陪伴式规划等教学模式，通过真实项目驱动学生参与乡村空间治理全过程，强化其实际操作能力和协作沟通能力（Gkartzios et al，2022）。Frank、Hibbard（2024）进一步提出，应将乡村性（Rurality）重新纳入规划教育核心文化，通过强调地方性知识、社区认同和乡土文化传承，避免"城市本位"视角主导下的乡村规划失误。乡村规划师的培养模式正从单一的学科知识传授转向强调跨学科综合能力，通过产教深度融合、多元实践平台建设和本土适应性能力培养，有效提升乡村规划师的综合素质和实践能力（Sanchez et al，2025）。

3 凤庆模式探索

依托中山大学地理科学与规划学院，基于城乡规划学，紧扣党的二十大关于乡村振兴和人才强国战略的部署，深入贯彻2024年中央一号文件关于"壮大乡村人才队伍"的要求，推动乡村规划教育的创新发展，将高校教育、科研创新与乡村实践深度融合，为乡村振兴可持续发展提供人才支撑和智力支持。近三年学生参加乡村实践项目37项，获各类设计竞赛奖项5项，培养了一批兼具理论素养与实践能力的高水平城乡规划人才。依托在地实践，打造"美好环境与幸福生活共同缔造工作坊"，为当地政府、村民、企业等主体搭建交流平台和深度协作平台（图1），举办五育并举活动、村民劳动力培训等活动58场，组织学生与工匠、乡贤、村民开展深度对话，推动村民共同参与乡村振兴，实现了校地双向赋能。

(a) 师生共建小花园　　　　(b) 在红塘村开展美育活动　　　　(c) 实地指导设计

(d) 师生在凤庆县塘房村开展的规划实践教学

图1　基于规划实践的专业教学与乡村规划师在地培养

资料来源：作者拍摄

3.1 培养体系：构建卓越乡村规划师的培养体系

团队始终围绕国家重大战略需求，探索适应新时期城乡规划与乡村振兴要求的高层次人才培养模式。师生依托"美丽乡村共同缔造"规划实践，建立了"人才培养＋三个融合"的卓越乡村规划师在地培养体系，形成了专业知识与实践创新相结合、跨学科综合能力与社会责任感相融合的人才培养模式，培养了一批能够深入乡村、推动规划落地的复合型高层次人才。在乡村规划人才培养方面，本项目强调"理论学习—实践调研—规划实施—社会赋能"四个层次的能力提升（图2），涵盖规划创新、跨学科整合、实践落地、社会治理四大关键维度，为研究生提供系统化、可持续的成长路径。该体系以乡村规划在地培养为核心，通过驻村实践、项目共建、政策研究、社会调研等方式，形成了从知识传授到技能训练，再到社会赋能的完整闭环，为我国城乡规划人才培养提供了一种可持续、可推广的创新范式。

3.2 培养方式："三个融合"新模式

团队依托城乡规划学、管理学、社会学、地理学等多学科，构建"三个融合"乡村规划师人才培养新模式（图3）。破解城乡规划教育中理论与实践脱节、学科壁垒固化等难题，推动研究生培养从"知识本位"向"实践赋能"转型。

（1）理论与实践融合：规划理论与实际规划需求存在鸿沟，传统研究往往缺乏实践验证。凤庆实践通过构建城乡规划在地实践模式，让研究生在真实规划环境中开展实地调研、方案设计、政策分析，并直接参与乡村建设过程，实现学术研究与规划实践的深度结合。

（2）多学科融合：城乡规划研究不能仅停留本专业范围内，而要与多学科交叉融合形成全面分析与解决问题的知识体系。通过鼓励研究生采用不同学科方法对应解决乡村政策评估、空间规划、产业发展等方面问题，形成乡村规划与治理多学科方法工具箱，推动跨学科知识从"机械叠加"向"有机拼图"跃升。

（3）规划与治理融合：突破传统规划教育"重空间设计、轻治理逻辑"的局限，构建"空间规划—社会治理"融合的双能力培养框架。引导学生从单一空间设计向"空间优化＋治理升级"一体化解决方案转型。例如，在实践中学生需同步设计"农房优化改造方案"与"村民共建积分制度"，以空间改造触发主体参与，以治理创新保障规划可持续性。推动学生从"技术执行者"向"治理协作者"角色转型，培养既能绘制发展蓝图、又能激活乡村内生动力的复合型乡村规划人才。

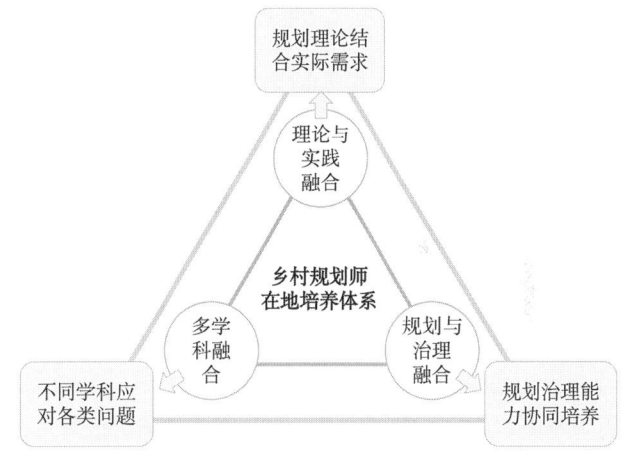

图3 乡村规划师在地培养体系
资料来源：作者绘制

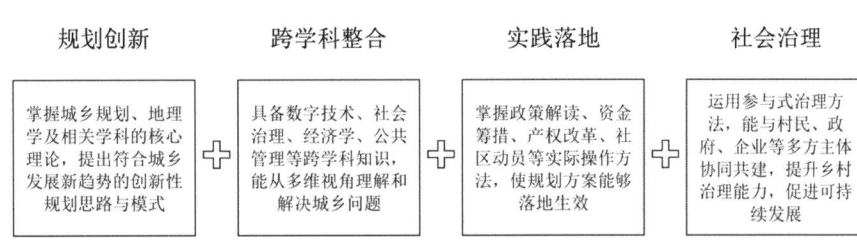

图2 四个层次的能力提升示意图
资料来源：作者绘制

3.3 规划实践与教学创新

（1）共建工作坊：推动教育模式转型与乡村建设实践

以美丽乡村共同缔造工作坊为重要抓手，从传统的"校园单一教学模式"向"社会合作办学模式"转型，打破了教育与社会之间的隔阂，将教育融入乡村建设的实际场景中。在地教育不仅是将课堂理论知识应用于实践的过程，更是学生深入乡村、向村民学习、向社会学习的重要途径。结合乡村振兴实践站，与当地共建"和美乡村共同缔造工作坊"，生动阐释了研究生教育"培养什么人、怎样培养人、为谁培养人"的重大命题。例如，在塘房村，镇政府和团队指导下，当地村民组建了农村经济合作社，不仅让学生参与到乡村经济建设中，还让村民从实践中获取新的知识和技能，实现了大学教育与乡村经济的双赢；在渡河村，由学生团队、村委与当地工匠带头人联合成立了儿童乐园共同缔造小组，培养了学生的团队协作能力和实际操作能力。

（2）融合多学科：构建多学科交叉的人才培养体系

通过打破传统学科壁垒，将地理学的区域分析、田野调查，城乡规划学的空间设计、工程技术，深度融合历史地理学、社会学、经济学等多学科的理论和方法，构建以问题为导向、以参与式规划为手段、以共同缔造工作坊为路径的多学科交叉人才培养体系（图4）。依托"2022年广东省研究生教育创新计划项目——广东省专业学位教学案例库建设项目""国土空间规划与智慧城乡建设工程"课程以及"挖掘文化价值赋能乡村振兴"科研项目，引导青年学子走进乡村、建设乡村、服务乡村，让学生从不同学科角度理解城乡建设。

（3）形成四种能力：提升学生综合素质与服务社会的能力

通过实施"专业＋思政""科研＋教学""理论＋实践"的教学方法，促使学生形成四种能力，全面提升专业学位学生的综合素质和服务社会的能力，引导学生在乡村振兴中建功立业。一是培养学生的实践创新能力，使其能够在乡村建设中灵活运用所学知识，解决实际问题；二是提升学生的复杂问题解决能力，通过多学科交叉的课程体系，培养学生应对复杂环境和多变需求

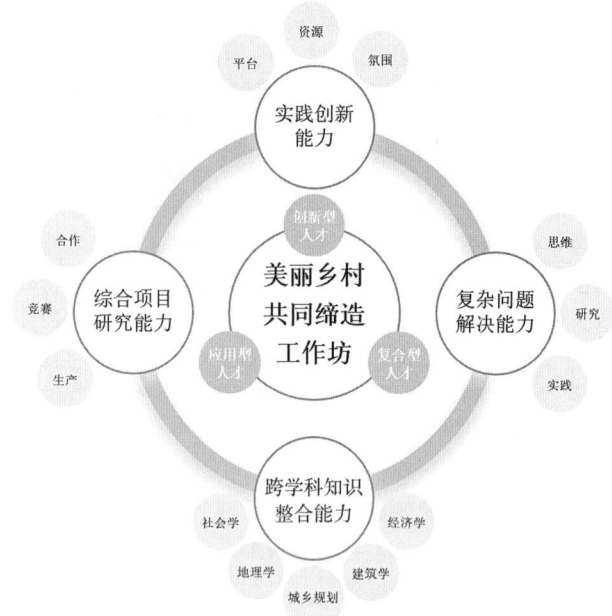

图4 美丽乡村共同缔造工作坊的培养体系
资料来源：作者绘制

的能力；三是增强学生的综合类项目研究能力，通过参与乡村建设的实际项目，培养学生从项目策划到实施的全流程管理能力；四是锻炼学生的跨学科知识整合能力，使其能够打破学科壁垒，实现知识的有机融合。

4 成效与影响

4.1 助力省"百千万工程"和乡村振兴战略

通过校地共建乡村振兴实践基地，搭建乡村规划师在地实践平台，为多个省市县镇村培养超过百名具备创新型、复合型、应用型的乡村规划创新型人才，主导完成9个"百千万工程"相关规划。近三年服务信宜、汕尾、新兴、珠海4个典型镇和30个典型村培育工作，相关经验入选省"百千万工程"典型案例库；培育了多个乡村共同缔造乡建团队，活化利用历史建筑18处、完成墙绘1面、修建儿童乐园1个。研究生团队获评2023年广东大中专学生志愿者暑期文化科技卫生"三下乡"社会实践活动暨广东省大学生"百千万工程"突击队行动优秀团队、"中山大学2023年大学生年度人物"称号。

4.2 全国范围内的规划实践与学术认可

自 2008 年起，团队在云浮、厦门、沈阳、广州、珠海、肇庆等地开展数十个"美好环境与幸福生活共同缔造"工作坊，成功应用于老旧小区改造、乡村建设等多个领域。相关研究转化为丰富的学术成果，出版《美好环境与幸福生活共同缔造（实践篇）》《美丽红塘·共同缔造——中山大学"乡村规划"课程实践》等 4 部著作，研究生们已在国内外核心期刊发表论文 6 篇、参加学术会议 8 次，形成学位论文 4 篇，受到广泛认可。

4.3 乡村实践的积极成效

通过在地实践，村民精神面貌显著提升，内生动力不断增强，越来越多的村民主动参与共同缔造实践（图 5）。团队学生通过布设展览、直播宣传、视频制作、新闻报道等多种渠道，广泛宣传乡村，吸引更多青年学子投身乡村振兴。农房改造全过程通过抖音、小红书等多平台推广纪录片，引发社会广泛关注。相关成果

的影片在中国青年报新媒体、住房和城乡建设部共同缔造视频号、中山大学官方视频号等网络平台发布，并作为中山大学推荐作品报送"粤易光影"广东省高校大学生微电影和第七届全国大学生网络文化作品奖评选。

5 结语

凤庆的规划实践与教学探索旨在解决以下乡村规划教育中现存问题：第一，乡村规划实践教学的深度与系统性不足。传统城乡规划教育偏重城市空间规划理论，短期调研、模拟课题等教学方式仅能接触表层问题，学生难以深入理解乡村发展规律、文化脉络与空间治理的复杂性，导致规划方案"纸上谈兵"。第二，跨学科知识整合与社会治理能力培养缺位。乡村规划需融合地理学、社会学等多学科知识，但传统教学以单一学科知识灌输为主，缺乏跨学科协作的真实场景训练。第三，学术创新与乡村现实需求脱节。研究生科研选题常脱离乡村实际，偏向宏观理论或技术模型建构，未能回应村庄迫切需求。

（a）红塘村张大姐家小花园

（b）红塘村郭大哥家小花园

（c）塘房赵大姐家客厅改造

（d）塘房公共书屋改造

（e）汕尾市"百千万工程"城区马宫街道四季研学园项目

（f）信宜市新地标——流云阁

图 5 团队规划实践教学成效
资料来源：作者拍摄

乡村规划教育普遍强调跨学科知识体系、真实项目参与和地方合作治理三大核心要素。我国应进一步借鉴国外成功经验，通过优化课程体系、建立实践基地和加强校政企合作，构建具有中国特色的乡村规划师在地培养体系，不断提升城乡规划教育的实践性和创新性。未来，应进一步加强高校与地方政府、行业企业的协同合作，通过共建实践基地、联合开展乡村规划项目等形式，构建多层次、多元主体参与的产教融合实践教学新生态，从而培养更多具备实战能力和社会责任感的乡村规划人才。

参考文献

[1] 本刊编辑部."城乡规划教育如何适应乡村规划建设人才培养需求"学术笔谈会[J]. 城市规划学刊, 2017 (5): 1-13.

[2] 蔡忠原, 黄梅, 段德罡. 乡村规划教学的传承与实践[J]. 中国建筑教育, 2016 (2): 67-72.

[3] 郎嵬, 颜嘉玲, 陈婷婷, 等. 基于高校城乡规划专业帮扶乡村建设的工作模式和实践路径探析[J]. 中山大学学报（自然科学版中英文）, 2024, 63 (6): 190-201.

[4] 孙莹, 张尚武. 我国乡村规划研究评述与展望[J]. 城市规划学刊, 2017 (4): 74-80.

[5] 吴志强, 张悦, 陈天, 等. "面向未来: 规划学科与规划教育创新"学术笔谈[J]. 城市规划学刊, 2022(5): 1-16.

[6] 尹怡诚, 沈清基, 王亚琴, 等. 从精准扶贫到乡村振兴: 十八洞乡村精准规划研究与实践[J]. 城市规划学刊, 2019 (2): 99-108.

[7] 钟声. 城乡规划教育: 研究型教学的理论与实践[J]. 城市规划学刊, 2018 (1): 107-113.

[8] 张迪昊, 周丽媛, 虞航, 等. 基于多方参与的陪伴式乡村共建探索: 以衢州双桥乡规划实践为例[J]. 城市规划学刊, 2024 (S1): 166-172.

[9] 张尚武, 刘晓, 葛凡华. 规划引领, 产教融合: 同济对口云龙县规划帮扶实践与探索[J]. 城市规划学刊, 2024 (S1): 151-158.

[10] FRANK A I, MIRONOWICZ I, LOURENÇO J. Educating planners in Europe: A review of 21st century study programmes[J]. Progress in Planning, 2014, 91: 30-94.

[11] FRANK K I, HIBBARD M. Rural planning in the twenty-first century: Context-appropriate practices in a connected world[J]. Journal of Planning Education and Research, 2017, 37 (3), 299-308.

[12] GKARTZIOS M, GALLENT N, SCOTT M. Rural Places and Planning[M]. Bristol: Policy Press, 2002.

[13] HIBBARD M, FRANK K I. Bringing rurality back to planning culture[J]. Journal of Planning Education and Research, 2024, 44 (3), 1212-1222.

[14] MATAMANDA A R, CHIRISA I, LEBOTO L. The planning profession questioned: Evidence from the role and practice of planners in Zimbabwe[J]. Journal of Planning Education and Research, 2024, 44 (2), 541-547.

[15] MILLARD-BALL A, DESAI G, FAHRNEY J. Diversifying planning education through course readings[J]. Journal of Planning Education and Research, 2024, 44 (2), 527-534.

[16] MORRIS J, SLATER E, FITZGERALD M T. Using local rural knowledge to enhance STEM learning for gifted and talented students in Australia[J]. Research in Science Education, 2021, 51, 61-79.

[17] POXON J. Shaping the planning profession of the future: the role of planning education[J]. Environment and Planning B: Planning and Design, 2001, 28 (4), 563-580.

[18] RTPI. Rural Planning in the 2020s[M]. The Royal Town Planning Institute, 2022.

[19] SANCHEZ T W, BRENMAN M, YE X. The ethical concerns of artificial intelligence in urban planning[J]. Journal of the American Planning Association, 2025, 91 (2), 294-307.

[20] University of Guelph. Rural Planning and Development[EB/OL][2025-05-01]. Available at: https://calendar.uoguelph.ca/graduate-calendar/graduate-programs/rural-planning-development/.

[21] YAN J, HUANG Y, TAN S. Jointly Creating Sustainable Rural Communities through Participatory Planning: A Case Study of Fengqing County, China[J]. Land, 2023, 12 (1), 187.

Exploring the Model of On-Site Training and Practical Teaching for Rural Planners Driven by Industry-Academia Integration

Lang Wei　Li Xun　Chen Tingting　Wang Jin

Abstract：In the continuous implementation of the Rural Construction Action and the expanded promotion of the rural planner, the cultivation of rural planning professionals is undergoing a critical transformation—from conventional academic instruction to deep integration with local practice. In recent years, the role of rural planners has become increasingly prominent, as various levels of government departments have launched capacity-building and training initiatives. The inclusion of rural planner as a newly recognized occupation in the "Occupational Classification of the People's Republic of China（2022）" marks a shift from local pilot initiatives to a national policy directive. Since 2012, Sun Yat-sen University has been engaged in targeted assistance to Fengqing County. In recent years, in alignment with China's rural revitalization strategy, the university has promoted a transition from one-way resource input to a model of reciprocal collaboration and co-construction. Leveraging its expertise in urban and rural planning, the university has carried out a series of hands-on projects in villages such as Hongtang and Tangfang—including public space micro-renovation, residential environment improvement, rural housing enhancement, and rural governance system development. Through a "co-creation" approach, faculty and students have conducted long-term fieldwork and collaborated with local villagers to implement pilot projects such as "small kitchen garden" construction and the modernization of rural housing. This has fostered an integrated model of "classroom instruction + field-based practice." The "Co-creation Workshop for Rural Construction" has effectively transformed academic knowledge into implementable planning proposals, enabling spatial shifts, methodological innovation, and capability restructuring in planning education under the framework of industry-education integration. Drawing from Sun Yat-sen University's experience in supporting Fengqing, this study proposes a localized training model for rural planners, offering a replicable and theoretically grounded framework to respond to national strategic needs and enhance the effectiveness of talent development in planning disciplines.

Keywords：Rural Planner, Practical Teaching, Industry-Academia Integration, Planning Education, Fengqing County in Yunnan Province

需求导向，行动牵引，五育并举
——基于北京城市社区更新"真实场景"的实践育人改革探索

钱　云　李　倞　李　慧

摘　要：聚焦"存量更新"时代城乡规划实践育人新要求，针对传统教学中场景真实性不足、体系碎片化、服务效能弱等痛点，本研究创新构建"社区工作站"实体平台，通过校地协同机制整合"社区更新挑战任务库"，运用 OBE 教育矩阵贯通"调研—设计—实施—评估"全链条培养路径，形成"红色基因铸魂＋绿色技术筑基＋蓝色创新赋能"的三维思政育人机制。十年实践累计落地 10 余个社区更新项目，助力学生斩获 WUPENicity 等国内外顶级竞赛奖项 28 项，毕业生基层社区就业率提升至近 30%，成果融入 5 部国家级教材。研究表明，该模式通过真实场景驱动、多元主体联动、价值引领贯穿，实现了专业培养与社会需求的精准耦合，为新时代城乡规划人才培养提供了可推广的范式。

关键词：城乡规划教育；社区工作站；真实场景；校地协同；实践育人

1　改革背景："存量时代"城乡规划实践育人的现实诉求

党的二十大报告和《教育强国建设规划纲要（2024—2035 年）》将实践育人作为高等教育改革的核心方向之一，要求将实践育人融入人才培养全过程，培养具备解决复杂问题能力的创新型、应用型人才，并鼓励实践育人过程积极服务地方社会经济发展。

城乡规划作为典型的实践性学科，在城市建设进入"存量更新时代"以来，育人理念迫切面临从"技术主导"向"治理赋能"的思路转变。在"人民城市"理念指引下，城市社区作为基层治理单元，在人居环境更新提升方面需求旺盛，问题复杂，为新时代城乡规划专业实践育人提供了"真实问题"和"多元场景"。以北京大栅栏历史街区更新为例，相关工作至少涉及住房、绿化、城管、文保、商业、民政等 12 类参与主体和多方利益诉求，亟需兼具服务社会意识、系统解决问题、跨界整合能力的专业人才。

当代大学生思维活跃，对社会动态把握敏感，对专业实践中"问题从哪里来、成果到哪里去"都有很高期望。然而既往城乡规划专业实践教学"以经验找选题、按图纸给分数"的模式，导致学生在实践训练投入

大，却缺少理解规划设计"从何处来，到哪里去"的机会，往往无法明确回答——为什么要做？为谁而做？从哪里汲取创作灵感？怎样获取反馈？毕业后在面向社会需求时，也常陷入"只会埋头炒菜，不会抬头待客"或"换个赛道就不懂规则"的尴尬局面，迫切需要根本性改变[1-4]。

北京林业大学城乡规划专业肇始于 1956 年设立的中国第一个"城市与居民区绿化"专业，长期以来与"双一流"学科风景园林学融合发展，具有鲜明的专业特色。近十年来，随着"城乡生态环境北京实验室"和北京市高精尖交叉学科"城乡人居生态环境学"等平台的设立，为多学科融合背景下"政产学研用"创新合作体系和实践育人改革提供了良好的条件。基于此，通过多个教学研究项目，北林团队深入剖析新时代城乡规划及相关专业实践教育内在规律，基于北京城市社区更新的"真实问题、多元场景"，开启以"行动引领、五育并举"为主题的实践育人系列探索。

钱　云：北京林业大学园林学院副教授（通讯作者）
李　倞：北京林业大学园林学院教授
李　慧：北京林业大学园林学院副教授

2 改革思路：行动导向实践育人的三大重构

基于 OBE 成果导向教育理念模型，教学改革的具体思路是：通过准确把握城市社区人居环境更新中的"真实问题、多元场景"，提出"红色基因铸魂 + 绿色技术筑基 + 蓝色创新赋能"三位一体、五育并举的实践育人目标，重构各类实践育人环节，形成系统性培养路径、注重过程与多元绩效的教学评价和激励机制，并持续促进成果转化与育人质量的良性互馈。主要举措包括三方面的"重构"（图 1）。

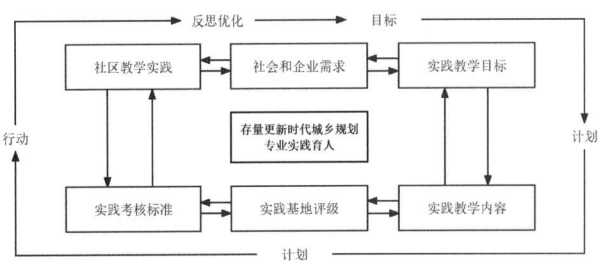

图 1　改革总体思路与举措
资料来源：作者自绘

2.1 场景与任务重构：聚焦真实场域的现实问题

在北京市大栅栏、前门、金融街、双井、长辛店建设 5 个"校地合作社区工作站"，作为常设实体枢纽，开启"驻场教师 + 轮值学生"的运作方式。城乡规划及相关专业教师联合社区党委、业委会、民众代表组成"社区更新工作站理事会暨实践教学指导团"，实时研判社区发展中的变化与需求，形成每季度动态优化的"社区更新挑战项目库 / 任务清单"，将绿地碳中和设计、AI 赋能方案生成等 6 大类前沿技术问题融入其中，作为供学生自主选择、兼具"标准化"与"个性化"培养的实践教学选题库[5, 6]。

2.2 环节与过程重构：OBE 导向的全链条培养

通过"课程地图"，对标《城乡规划专业评估标准》，使"社区更新挑战任务清单"覆盖既往实践教学存在的 27 处知识与能力"断点"，并引入 Outcome Based Education（OBE）实现矩阵，重构实践培养路径。通过统筹各年级规划设计课、专业认知实习、毕业设计、学科竞赛、创新创业大赛、暑期社会实践、党建实践七大环节，强化各阶段实践育人良好衔接与融合。针对有能力的学生及团队，尝试采用学生自主的"项目制牵引"，打通上述培养环节，在 3~4 个学期的有限周期内完成"调查分析—沟通组织—设计优化—技术验证 +—参与营建—效益评估—反馈完善"阶梯式全过程训练。

2.3 理念与价值重构：红色基因引领的思政融合

推动高校师生党支部与 5 个社区党组织结对共建，在深化探讨"人民城市"理念内涵的基础上，逐步明确在社区更新实践育人中形成"红色基因传承 + 绿色技术应用 + 蓝色创新激励"的特色思政模式。

持续开展对基于社区工作站实践育人的经验反思，基于"德智体美劳五育并举"的思想，逐步完善建立"五维雷达图"评价模型。评价内容上，不单纯以提交作业文件为对象，而是强调实践过程中"技术方案先进性（30%）、社会服务投入度（20%）、创新思维显著性（20%）、团队协作有效性（15%）、社会责任彰显度（15%）"并重。评价主体上，强调多元性，充分吸收来自专业教师、社区居民、政府官员和技术专家等各方的有效反馈。

在这样的机制下，每位同学可充分实现"零距离接触社区"，通过"扎下去—融进去—摸清晰—讲明白—干出来—用起来"的全过程训练，全面培养"听党指挥、怀抱梦想、脚踏实地、吃苦耐劳、积极沟通、高效组织、准确表达、勤于反思"等综合素质，力图实现"以技术创新促社会服务，把论文写在大地上"的共同理想。

3 改革进程：基于北京城市社区更新现实场景的实践育人路径构建

本次改革实践始于 2013 年，12 年间始终依托北林引领、多方参与的架构，逐步梳理培养目标，改进教学主题、环节和方法，推进形成多参与主体交互融合的"沉浸式"专业实践育人培养模式。通过社会多方资源支撑，实践教学的多项成果通过主题展览、社区科普、工程实施和学术出版等方式直接走向社会服务一线（图 2）。

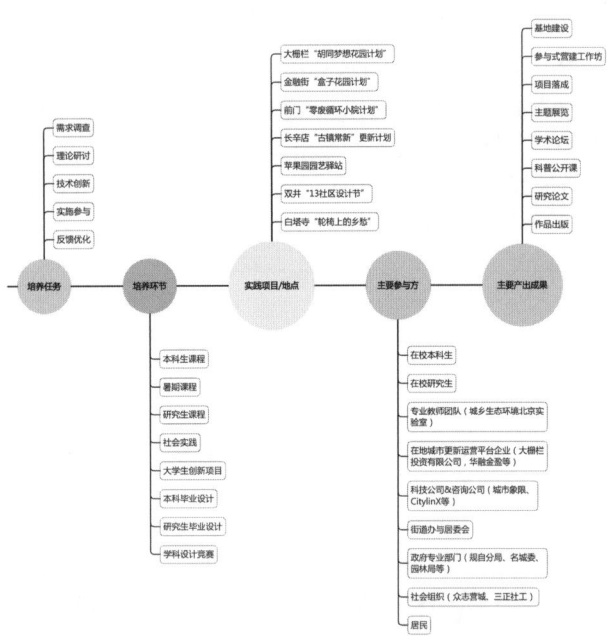

图2 基于北京城市社区更新现实场景的创新实践育人模式
资料来源：作者自绘

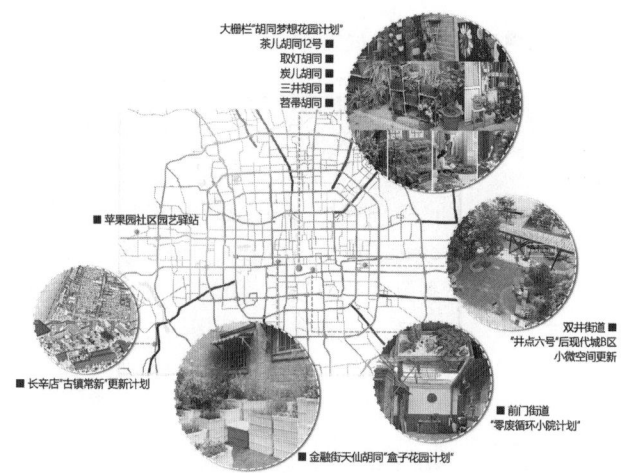

图3 来自5个社区工作站的9个小微空间更新项目及实施效果
资料来源：作者团队自绘

3.1 教学环节任务：课内外交融的全过程培养

通过统一筹划，来自北京大栅栏、什刹海、金融街、前门、长辛店和双井街道的6个社区工作站的9个小微空间更新实际需求，均先后融入学期课程作业与暑期课程实习、大学生创新创业大赛、社会实践和毕业设计/论文等各阶段、各类别培养环节的选题中（图3）。各个创新人才培养环节的任务由此形成相互紧密衔接，从而实现包含需求调查、理论研讨、技术创新、实施参与、反馈优化等环节的"城市社区更新规划设计全过程训练链条"。

在大栅栏"胡同梦想花园"计划中，首先依托大学生创新项目、暑期社会实践和暑期国际课程在大栅栏街道的多个社区广泛开展"自发绿化方式"的调查，发掘和总结居民利用胡同空间的街角、墙面、窗台等狭小空间，结合日常生活需要自发使用"挂""吊""爬"等特色绿化方式，充分汲取来自人民生活的"生态智慧"，形成"大栅栏历史街区植物分布地图"；此后发动城乡生态环境北京实验室的数十名研究生，组织召开"专家交流会"和"居民工作坊"，听取十余位国内外专家、大栅栏街道三井社区、大栅栏投资有限公司、居民代表的意见，并涉及多个胡同院落绿色微更新设计方案率先在"北京国际设计周"向公众展出，获取多方反馈意见；之后阶段的工作以研究生科研实践为主要依托，与在地企业和居民一起共同开启了多个胡同院落绿色微更新参与式建造的过程，完成了"北林—大栅栏微更新实践示范基地（茶儿胡同12号院）"建设，形成了北京林业大学立体绿化技术、花境营造、植物新品种的应用展示窗口。2019年起先后完成了取灯胡同19号等四个院落的参与式环境更新；基于此，多名本科生和研究生还对更新效果展开了跟踪调查，持续收集和分析胡同环境美化和家庭园艺参与对居民身心健康的影响，发表了一系列论文（图4）[7-10]。

3.2 教学团队组织：多专业多元化引导与反馈

面对空前复合的实践育人任务，教学指导团队的组成实现了多专业、校内外的共同整合。"首都四校（北京林业大学—北京交通大学—北方工业大学—北京建筑大学）联合毕业设计"自2016年创建以来已历10年，始终保持了由来自城乡规划、风景园林、建筑设计、土木工程和环境艺术设计等专业教师共同指导多专业毕业生联合团队的传统。与此同时，在过程辅导、成果答辩、成果讨论和展览论坛等各个环节，从校外特邀来自政府专业部门、创新企业、社区干部等嘉宾担任评审，

图4　大栅栏"胡同梦想花园计划"五个环节
资料来源：作者团队自绘

对过程、成果及实施潜力均从多视角提出建议反馈。

在"古镇常新：长辛店片区城市环境更新规划设计"这一基于真实项目展开的选题中，师生团队共同探讨长辛店老镇及周边工业遗址保护策略和可持续更新设计的可行整体方案（图5）。各专业方向的师生随后选择合适的局部地段开展设计，最终形成一个理想与现实、远景与近期相结合的设计成果。过程中，来自北京市规自委丰台分局、CitylinX 设计联城咨询公司、北京市城市规划设计院的多位在长辛店耕耘多年的专家对各种"奇思妙想"不断引导、推动，最终形成了"宏观策略＋建议项目库"的完整成果并编辑出版。一整套满足实践需求的、既有前瞻性、又有可实施性的行动计划在项目后续实施中得到充分采纳。

3.3　教学资源集成：基于真实场景的多方联动

在整个过程中教学资源来自政府部门、企业、社会组织和在地居民的共同支撑、参与和相互联动，并为推动规划设计实践与公益活动、技术创新相结合创造了诸多机会。

2020 年起受到疫情影响，城市设计课程与双井街道"13 社区设计节"进行线上线下联动。在城市象限公司支持下，全体师生率先试用该公司开发的一系列社区调查小程序和传感装置，在线"身临其境"般完成设

图5　多方联合指导"首都四校联合毕业设计"评图
资料来源：作者拍摄、绘制

计场地的全貌勘察和多次居民访谈（图6），多位同学的作业在全程线上辅导的情况下，获得此次设计节特、一、二、三等奖，并随后在今日美术馆公开展览。在随后一年中，位于后现代城的一等奖作品被纳入北京市规自委朝阳分局的探索类更新项目，多名研究生与城市象限公司利用大数据平台和实地调查进一步收集现状环境和居民出行数据，并通过由居民代表、在地公司等共同参与的设计工作坊，不断完善设计方案（图7）。在面临建造资金不足时，通过多方协商，由社区居民帮助联系北京空间智筑技术有限公司，利用其 3D 打印技术免费试用的机会，成功实现设计方案的落地实施。

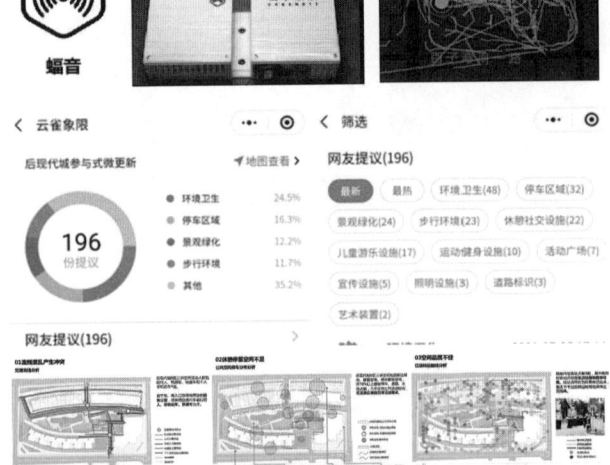

图 6 师生试用城市象限公司开发的社区调查小程序和传感装置进行调研并完成报告

资料来源：作者团队绘制

图 7 师生与居民共同参与后现代城小微空间更新工作坊

资料来源：作者自摄

4 改革成效：多维育人质量提升及社会服务拓展

4.1 支撑学科创新发展，人才和团队培养质量提升显著

多年来，基于社区更新现实场景的实践育人模式及成果，有力支撑了北京林业大学城乡规划、风景园林等学科连续通过国际、国内专业评估，获得评审专家高度赞誉，并3次获得国家、省部级教学成果奖。学生作品获国际和国内学科设计、调研竞赛奖28项（表1）。

学生获得北京城市社区更新主题相关国际和国内竞赛奖项　　　　表1

年份	获奖成果	等级	奖项名称
2024 年	"元"后街——北京学院路高校数字后街生成逻辑及时空特征	一等奖	WUPENiCity 城市可持续调研报告国际竞赛
	家门口的"外交舞台"——社会网络视角下的北京腾退搬迁胡同公共空间邻里关系调研	提名奖	
2023 年	共生院前台–帷幕–后台的流动——拟剧论视角下北京老城共生院的空间私密性研究	一等奖	
2021 年	绿隔上的"新北漂"——北京市崔各庄乡的居住空间分异与社会融合研究	金奖	
	更新模式对历史街区空间生产与消费的差异化影响研究——以杨梅竹斜街、烟袋斜街为例	提名奖	
	城市背面：老城自生空间探秘——白塔寺历史街区自发性建造现象调研	提名奖	
2020 年	大栅栏地区步行友好性调研报告	提名奖	
	"道"新趣异——北京南锣鼓巷历史街区步行乐趣调查	提名奖	
	"声"临其境——南锣鼓巷声景营造与人群行为关系探究	提名奖	
2019 年	白塔无障"爱"——基于体验式调查的历史街区无障碍出行感受及意愿调查	三等奖	全国高等院校城乡规划学科城乡社会综合实践调研报告评优
	书途"童"归——北京市中小学生放学路径及行为调查	三等奖	
2018 年	交互·多元·共享——大栅栏公共空间交叉使用研究	佳作奖	

续表

年份	获奖成果	等级	奖项名称
2022 年	轨道上的首都新绿心	一等奖	"未来设计师"全国高校数字艺术设计大赛（NCDA）
	城心水带，通联京畿	铜奖	中国人居环境设计学年奖（城市设计组）
	"碳"迹生活圈——基于社区生活圈视角下的碳中和实现路径	提名奖	WUPEN 碳中和未来生活创新设计国际竞赛
2024 年	永外中轴·创享新生	一等奖	"北规弘都杯"首都高校毕业设计优秀作品奖
	永外片区城市更新规划及南侧地块详细设计	三等奖	
2018 年	印象·湿地——何里栖地湿地公园设计	最佳奖	北京市规划和自然资源委员会 人人营城，共享再生——北京公共空间城市设计大赛
	HEAT 计划——北京西城区佘家胡同、延寿街街巷更新设计	最佳奖	
	"榴"忆——丰台区石榴庄地区绿地景观设计	优秀奖	
	崇雍新愿景	最佳设计奖	北京市规划和自然资源委员会 北京市东城区崇雍大街沿线公共空间设计竞赛
2020 年	"带"了个"圈"	入围奖	北京市规划和自然资源委员会 "小空间大生活"——百姓身边微空间改造优秀设计方案征集
2020 年	流动·溯洄	特等奖	北京市规划和自然资源委员会朝阳分局"双井可持续更新·13 社区设计节"
	精彩纷"橙"	一等奖	
	寻回天空	二等奖	
	"绿"动双井	二等奖	
	EGO 主题公寓绿地微更新	三等奖	
	建机小区微更新	三等奖	
2015 年	"乡愁寻访"——采集城市记忆，共续传统文化	优秀案例	北京高校社会主义核心价值观宣传教育案例征集
2024 年	"乡愁北京"实践团	优秀团队	"青年服务国家"首都大中专学生暑期社会实践评优
2017 年	"乡愁北京"实践团	百强团队	

资料来源：作者根据教学成果整理

围绕城市社区更新主题，先后支持国家、北京市级大学生创新创业训练项目 18 个，支撑"乡愁北京"等团队围绕北京老城历史街区调查、绿色微更新共建、都市园艺与公共健康科普、文创产品设计等主题完成系列社会实践活动，获得北京市级社会优秀实践团队和成果奖项 3 项。

10 年间，北林城规毕业生就业率曾由于建设工程类行业下行从 95% 下降至 90%，但近三年显著回升达到 96% 的新高，就业学生中近 30% 去向为街道办事处、社会组织、专业管理部门或驻村工作队等基层社区综合技术岗位，实践育人效果初显。

4.2 专业领域交流推广，产学研一体模式影响力广泛

北京城区更新的系列成果在学术领域的影响力持续推进。海淀区疏解腾退空间再利用规划设计研究和京张铁路遗址绿廊规划设计研究均获评北京市规划和自然资源委员会优秀调研成果。北京国际设计周"行动设计"

主题展览和京铁和园社区花园共建成果获评2024年西城区历史文化名城保护十大优秀案例之一。实践教学成果出版"绿都北京"系列丛书（5部）等一系列专著，相关研究报告获北京市领导人正面批示2项。

北林主办的"北京绿廊"主题展览连续四年在"北京国际设计周"期间举办，并在全国大学生创新创业实践年会、中国城市规划教育年会、大都市地区的城市更新与遗产保护研讨会（中国澳门）、绿色基础设施与公共健康国际论坛等国内外学术会议上专场交流，获得国内外同行的高度关注。相关教学改革和社会服务经验在《现代城市研究》《北京规划建设》等重要期刊发表论文13篇，出版2本专著，并纳入新编写的《城市景观规划设计（第二版）》等多部教材[10-12]和2024年教育部主题案例征集成果，已被超过180所高校的教学探索吸收借鉴（图8）。

4.3 扎根城市社区更新，形成实践育人反哺社会服务模式示范

依托以北林—大栅栏社区更新实践示范基地（茶儿胡同12号院）为代表的多处社区工作站，推动小微尺度的设计成果成功落地实施，并依托北京"花园城市"建设契机，组建"社区生态文明讲师团"志愿服务团，实现社区绿色生活科普活动常态化（平均每2周一场），实现成果转化路径的"软""硬"并重，形成长期社会影响力。

在大栅栏梦想花园共建招募活动，第一批共有4组胡同庭院8个家庭参与从协商、设计到建造的全过程，并持续进行后期管理。建成的4个院落在北京国际设计周期间集中展示，累计参观人次达1300余人，获得350余条现场留言。随后在景山街道、金融街街道完成的相关社区更新成果，实践成果被人民网、北京日报、北京卫视及香港、澳门多家媒体专项报道150余次，点击量超过50万次。京铁和园社区花园项目，获评为2024年西城区城市更新十大案例之一（图9）。

5 结论与讨论

本次教学改革，旨在直面存量更新时代城乡规划专业实践育人的新需求，充分融入社区更新主题，实现价值塑造、技能提升、知识传授并重的专业实践育人模式跨越式提升。其具体经验包括：①从真实场景做教学

图8 新出版教材、专著
资料来源：作者根据出版书籍封面整理绘制

图9 权威媒体报道实践教学成果
资料来源：作者根据出版书籍封面整理绘制

选题，使社区工作站成为连接"教学"与"应用"的活态课堂；②以行动计划推动教学过程，实际问题引领的项目制培养可有效破解知识传授和技能训练的碎片化弊端；③以专业责任强化理想信念，从社会关怀的真实体验助力红色基因植入内心思想。

学生在这样的实践育人过程中，至少实现了四方面转变：①更主动地发掘城市社区更新对规划设计的多场景实际需求，并梳理其中复杂的影响因素；②更积极地进行专业知识的拓展和多学科技能交叉创新，并在实践学习中真正感受工匠精神、协作精神；③更充分地在社会服务真实场景中训练面向公众进行宣讲、创作、理念传播的能力；④更生动地通过多方反馈和亲身体验，理解社区更新城规划设计人员的社会责任感，真正体会"将论文写在祖国大地上"的自豪感。

在现有成果的基础上，未来尚需进一步探索的内容主要包括：进一步拓展存量更新时代城乡规划设计的真实需求，尝试推动跨校、跨地域联合社区工作站的建设；尝试根据实际需求，建立多专业背景在职人员实践教学体系；进一步强化数字化、智能化教学平台的应用，以实现育人成果更好的积累迭代及推广应用。

参考文献

[1] 吴志强，张悦，陈天，等."面向未来：规划学科与规划教育创新"学术笔谈[J].城市规划学刊，2022（5）：1-16.

[2] 段进，石楠，闫凤英，等."规划教育的规划"学术笔谈[J].城市规划学刊，2025（1）：1-10.

[3] 王世福，李欣建，赵渺希，等.中国城乡规划学科转型面临的挑战与跨学科重构[J].规划师，2024（12）：1-6.

[4] 王兴平.面向社会发展的城乡规划：规划转型的方向[J].城市规划，2015（1）：7.

[5] 钱云，李秋鸿，李倞，等.北京海淀区："疏整促"背景下城市绿色空间修补规划研究[J].北京规划建设，2022（1）：130-136.

[6] ZHANG Z, PAN J, QIAN Y. Collaborative Governance for Participatory Regeneration Practices in Old Residential Communities within the Chinese Context: Cases from Beijing[J]. Land, 2023, 12: 1427.

[7] 蒋璐，李倞.行动导向的社区环境营造推进模式和关键工作——以北京大栅栏片区为例[J].现代城市研究，2023（2）：84-90.

[8] 李颖，闫思彤，康文儒，等.北京大栅栏历史街区：基

于社区自组织途径的胡同绿色微更新模式探索 [J]. 北京规划建设, 2021（4）: 108-111.

［9］ 张文海，蒋鑫，廖丹妍，等. 日常生活视角下的北京大栅栏片区院落景观研究 [J]. 北京规划建设, 2020（4）: 113-116.

［10］ 董璁，钱云，郦大方. 联合教学·多元思考——北京林业大学·北方工业大学·北京交通大学三校联合毕业设计优秀作品集 [M]. 北京: 中国建筑工业出版社, 2019.

［11］ 郑小东，段威，钱毅，等. 学科融合·多元探索——北京林业大学·北方工业大学·北京交通大学2019三校联合毕业设计作品集 [M]. 北京: 中国建筑工业出版社, 2020.

［12］ 钱云，李惊. 城市景观规划设计 [M]. 2版. 北京: 中国林业出版社, 2023.

Demand-oriented, Action-driven, and Promoting all Aspects of Education——An Exploration of Practical Education Reform based on the "Real Scenarios" of Urban Community Renewal in Beijing

Qian Yun   Li Liang   Li Hui

Abstract: Focusing on the new requirements for practical education in urban and rural planning in the era of "neighbourhood renewal", and addressing the pain points in traditional teaching such as insufficient scene authenticity, fragmented systems, and weak service efficiency, this study innovatively builds a physical platform of "community workstations", and integrates the "Community Regeneration Task List" through a school–local collaboration mechanism. By applying the OBE education matrix to connect the entire chain of training paths from "research–design–implementation–evaluation", a three–dimensional ideological and political education mechanism of "red soul + green technology + blue innovation" is formed. Over the past ten years of practice, more than ten community regeneration projects have been implemented, helping students win 28 awards in top international competitions such as WUPENity. The employment rate of graduates in grassroots communities has increased to 30%, and the achievements have been integrated into five national–level textbooks. Research shows that this model achieves a precise coupling between professional training and social demands through the drive of real scenarios, the interaction of multiple subjects, and the integration of value guidance, providing a replicable paradigm for the cultivation of urban and rural planners in the new era.

Keywords: Urban and Rural Planning Education, Community Workstation, Real Scene, University–Local Collaboration, Practical Education

面向高度产品化成果的城市规划专业 AI 基础建模工具链选择与教学实践探索

祁　毅

摘　要： 对城乡规划专业开展深度学习建模教学的现状和难点问题进行了分析，开展了实践，形成了通过有计划地激发兴趣、引导实践、积累成果，实现完整教学相长的教学模式。要点包括：①确定快速变化的行业结合点中的关键问题，包括 AI 技术发展阶段、适合的教学内容、学生痛点难点、进行合适的教学体系设计等；②以合适的深度和广度开展深度学习技术教学：包括选择合适的工具链，为学生提供软硬件环境，进行适当的教学体系设计，产生积极互动；③面向高度产品化目标组织教学，让学生掌握核心技能并能够完成全流程实际建模操作，形成产品；④不断积累成果，形成教学相长良性循环。经过在南京大学城乡规划与设计专业多年探索实践，在课堂、社会实践、竞赛等方面均取得了较好的教学效果和一系列成果，为城乡规划学科如何将以深度学习为代表的人工智能技术引入教学体系提供了一种可行模式和教学案例。

关键词： 深度学习建模；人工智能；城乡规划；实践教学

近年来"人工智能"技术发展如火如荼。严格来说，"人工智能"是一个广义概念，大多数类似计算机程序的事物都属于人工智能的范畴。狭义上，近期讨论较多的人工智能主要指使用机器学习技术尤其是使用以多层神经网络模型实现的深度学习（DL，Deep Learning）技术的计算机程序，其已经被广泛应用于图像识别、视频分析、影像处理、语言翻译、医学诊断、数据分析、行为预测、城市管理等很多领域。

城乡规划领域内相关技术应用迅速丰富。2010 年前后，"大数据"的应用开始引入城乡规划领域，同时出现了智慧城市规划的概念。通过城市交通信息、移动通信终端信息、各种固定和移动监测站信息的集成，能够以前所未有的方式对城市空间现象和空间过程进行观察、描述和分析。伴随数据种类、数据量的不断积累和扩大，与之相关的云计算、机器学习、人工智能、深度学习等概念和相关技术也相继进入规划行业并得到关注。

自 2022 年 Stable Diffusion 发布和 2023 年 ChatGPT 横空出世以来，生成式大模型 [包括大语言模型（LLM）、图像模型和多模态模型等] 迅速成为全球科技热点，城市规划领域也逐渐开始尝试融合 LLM 的能力进行研究和实践探索。不过，作为现代大模型技术的基础技术，深度学习模型技术却一直有些不温不火。全球 AI 领军机构 OpenAI 联合创始人山姆·奥莱特曼在 2024 年 9 月的著名帖文《智能时代》（The Intelligence Age）中解释 OpenAI 是如何在 AI 领域取得如此成功时写道："Deep Learning Worked"（深度学习管用了）。实际上，深度学习也是近年来 AI 突破的共同基石，是绝对的核心技术。

从原理上看，深度学习技术也有望逐渐成为城乡规划学科应用中的重要支撑之一。作为一种数值建模方法，基于深度学习的人工智能技术尤其擅长高维数据处理和模式识别，对应城乡空间复杂系统中信息来源多样、庞杂、关系不清、机制不明确的问题，经常有很好的应用效果。然而，目前的教学体系中缺少相关建模技术的专门课程，造成培养的人才普遍缺乏这方面能力，无法深度融合行业知识和新技术方法，这与行业现状和需求趋势不符，需要分析问题，深入探索。

祁　毅：南京大学建筑与城市规划学院副教授

1 AI基础建模技术背景教学现状和问题

1.1 人工智能技术引入规划专业的背景问题

从行业上看，虽然人工智能不是陌生名词，但对于新一代人工智能的本质和机理很多规划师却不清楚，这显然造成了一些问题。具体分析下，从行业上看，具体问题包括：

（1）从时代背景角度，行业下行和技术要求上行存在矛盾。数据科学建模技术研究和教学需要：①比较专精的人才；②较多的应用场景；③一定规模的前期投入，才能有效开展，这与近年来国内规划行业呈现下行势头有一定冲突。

（2）从技术发展角度，大模型建模已经无法在规划行业普遍开展，只能普及应用。从LLM发展的历史看，虽然只经过了短短的两三年，但是大模型的训练已经不太可能由一个非AI核心行业的机构独立完成。常见大模型训练一次的成本已经达到数百万美元；一个可发布模型的成本可能达到数亿美元。一般机构能做的只有模型应用，稍微好一些的机构也许可以做一些垂直应用或者微调。

（3）从需求角度，日益复杂的城市问题和新形势，需要能力强大的模型。传统的统计学模型已经很难满足要求，我们需要能够针对美学、系统动力学、心理学、语言学、教育学等多个学科领域问题具有建模分析研究能力的模型。其中，深度学习作为现代AI无可取代的基础技术，深度学习模型有极大的应用需求。

1.2 深度学习建模教学基本问题

深度学习建模教学实践总体来看在城市规划教学中尚未能广泛地成体系落地，具体原因复杂，需要更多实践探索。从教学角度，研究认为主要问题包括以下三方面：

（1）学生知识结构和相关技能差异。城乡专业领域学生毕竟不是信息技术专业学生，在数理基础和计算机编程技术方面缺陷较大。大多数学生数理知识和编程能力停留在纸面上，几乎不能进行应用，与信息技术专业或者数理专业学生实际进行深度学习建模存在较大差距。

（2）技术工具链选择存在门槛造成困难。由于现实的环境，学生普遍对人工智能技术存在兴趣，但大多数学生直觉上认为这种"高大上"又"神秘"的技术自己

无法掌握，少部分有意愿学习的学生中，多数也苦于入门门槛无法跨过而止步于浅尝辄止。

（3）技术的难度、热点快速变化发展和教学成果水平间有鸿沟，难以满足获得感。大部分城乡规划专业学生习惯于使用现成软件产品作为工具而不是制造（编制）工具，而想在目前发展阶段的规划研究、规划实践中应用人工智能技术，通常都得自己"做出"工具来用，存在学习门槛，需要使学生保持兴趣。

人工智能技术在城乡规划和管理领域实践应用日渐丰富，深度学习模型自身性质上顺应近年来国内城乡规划行业变化带来的发展方向，逐渐体现出其独特应用优势，学界也逐渐认识到其在包括城乡规划在内的地学相关领域内应用前景广阔。伴随相关软件框架的逐渐成熟，笔者认为目前已经出现在城乡规划专业建立深度学习技术和应用教学体系的条件，自2018年末起，自对学生开展调查、设计教学体系开始，围绕如何有效地以"教得会"学生掌握实际技能为基本原则，经过一年时间探索了在课堂教学和课外教学中采取的多种方式方法，并考察结果，总结经验。

2 学生意愿和教学难点

围绕上述三大矛盾问题，笔者通过实践教学工作观察和对学生进行意愿调查问卷调查，从学生主观、客观角度分析，发现四大难点，针对每一个难点，分别拟定教学目标。

2.1 学生学习意愿调查

本人对本科二年级25名、四年级20名、五年级10名，共计55名城乡规划与设计专业学生进行问卷调查，主要了解其了解自我评定的程度、兴趣程度、自信程度（掌握能力）和学习意愿进行了调查，调查结果在数值1~9间量化，数值越大表示程度越高（强），主要指标平均水平如图1。

调查结果显示：

（1）二年级和四年级的学生并未接受相关课程教学，总体上各项水平类似，各组学生在过去1年间的兴趣水平上均呈现随时间逐渐上升的趋势，显示学生因社会大环境对人工智能技术的宣传和应用等原因，了解相关内容的兴趣逐渐增强。同时伴随了解程度和兴趣程度

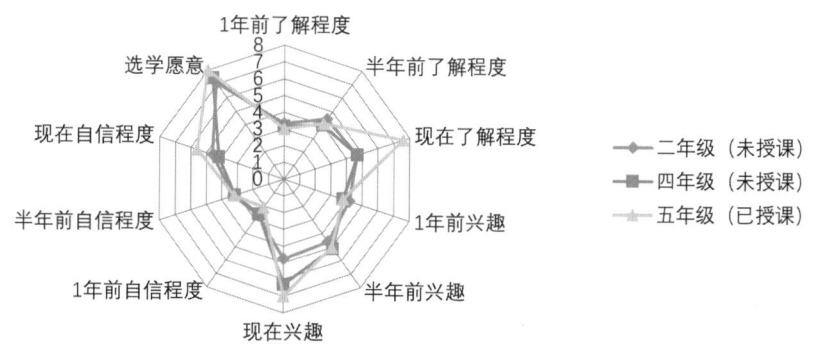

图1　学生兴趣和学习意愿调查主要结果
资料来源：作者自行调查统计绘制

呈现同步提高的趋势特征。

（2）四年级学生表现出比二年级学生明显更高的兴趣（四年级：6.3/二年级：4.8），显示可能伴随专业学习的深入，会逐渐认识到相关技术的价值和意义。

（3）五年级学生在授课前自评价了解程度和自信度在三组中最低，但授课后自信度显著提升到三组最高，伴随自身了解程度、兴趣程度的评价也明显提高至最高水平，显示课程取得了较好的效果。

（4）在学习意愿上，三组（年级）都表现出较高水平（平均>7），对投入时间意愿的调查（图2）显示约31%的同学愿意投入不超过60小时的时间进行课程学习，有约33%的同学意愿投入60~120小时，有20%的同学愿意投入200或更多小时。从分组上看各年级组总体相差不大，在课程目标80~200小时区间上，五年级组取得了最高的累计比例。

上述调研发起时间为2019—2021年。近年来，随着ChatGPT引发的AI热潮，学生对AI学习的兴趣和意愿有明显提高，但从实际教学上看，大多数学生愿意投入的时间并没有太大变化。大语言模型作为教学辅助，对学生学习建模的好处和坏处同时存在，总体上教学投入的精力和时间变化不大。

2.2　教学难点和应对原则

难点1：兴趣引领。近年来，学生总体学习兴趣下降的趋势我们无法改变，但针对单一主题我们还是可以做一些工作。兴趣源于一定程度上的"知道但不了解"，引发学生的兴趣是开展主动学习的开始。知道太少甚至完全不知道则很难有太大兴趣，反之完全掌握或者认为完全掌握了也无法引发兴趣。相关教学目标是通过适当的方式，在整个教学体系的不同阶段，与相关课程和学

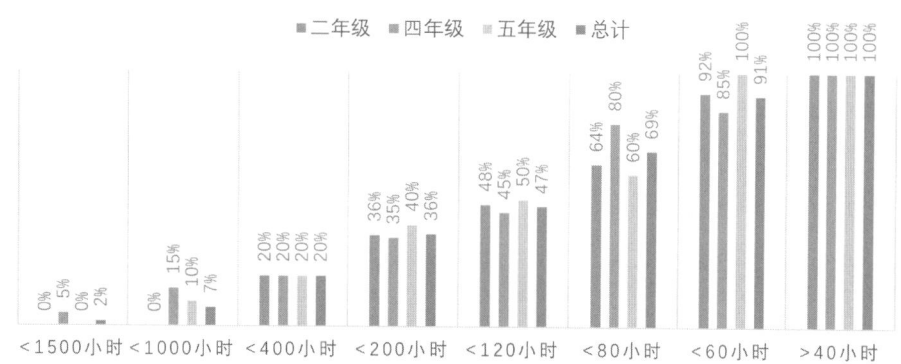

图2　学习时间投入意愿分组比例图
资料来源：作者自行调查统计绘制

生关注点相互配合，巧妙引发多层次的兴趣，维持学生的兴趣热度，以帮助学生减少困惑、降低阻力。途径：教学体系设计中预留兴趣诱发点位，坚持兴趣导向。

难点2：学习门槛。人工智能建模技术体系牵扯到很多方面，在城乡规划专业进行教学时，需要一个简单一些的抓手以明确具体技能教学内容点，帮助学生获得明确的目标，尽量避免不必要的非核心障碍，降低学习门槛。途径：选择适合专业习惯和实际水平的平台和工具链。

难点3：应用场景。所学知识和技能的实践应用场景问题是大学课程内容尤其是本科教育的普遍困难。随着行业下行实践项目减少，城乡规划教育中这个问题客观上也日益严重。学生花了大量时间精力学习，如果"用不上"的话，兴趣会难以维持，热情会大幅减退，效果也会大打折扣。教学中能让学生的课程学习内容面向一个高度可用的"产品"，最后这个产品可以上线持续运行，将形成巨大的获得感。途径：通过将学生成果产品化持续运行，形成获得感。

难点4：多层次目标和考察。作为教学工作必须进行有效考察以维持公平性，这是整个教学系统运行的基础之一。不严谨地说，在深度学习领域只知道理论而不会操作，除了考试答卷之外将无法解决任何实际问题。怎样从软硬件教学条件建设、教学形式、相关激励措施等方面多管齐下让学生动起来，是有效教学必须考虑和攻克的问题。途径：小班教学，多层次目标，创新考核形式，课内外联动进行实践教学。

为解决上述难点，实现"教得会"的目标，理念上需要让学生形成对自己和对教师双方面的信任，从而调动学生学习主动性，技术上再从教学体系建构、技术平台框架选择、课堂教学组织和实践教学活动四个方面来形成有效支撑，让目标教学内容在合适的时间与城乡规划专业教学体系和学生知识体系镶嵌，从生根到发芽到开花结果，形成良好互动（图3）。

3 教学内容、目标和课内外互动的体系建构

3.1 以深度学习建模为核心的教学内容

在教学内容方面，抓住深度学习，即多层人工神经网络模型构建技术组织教学内容，争取以这一个基点为突破，以点带面。对深度学习技术的重要概念、常用做法、经典结构、专业应用等进行介绍、演示，并让学生

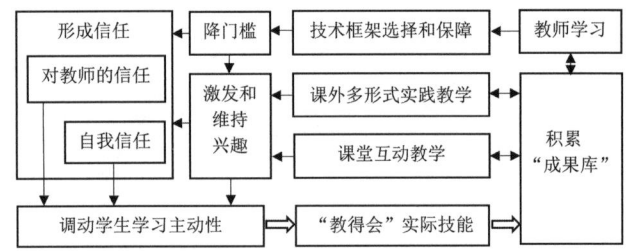

图3　围绕兴趣的激发形成完整教学体系保证有效教学
资料来源：作者自绘

能够完成从数据获取、数据预处理、神经网络建模、模型优化的全过程实际操作，通过神经网络模型进行相关回归和分类问题进行建模，应用到研究和实践中解决实际问题。

3.2 针对性的教学目标

考虑相关领域实践的成熟度和客观条件，将深度学习技术直接引入规划专业实践教学中是一项全新的尝试，且确实有一定的技术门槛。本文所述教学模式探索中所确定的教学目标是对学有所长和/或有明确目标兴趣的部分学生传授技能，使其能够拿到数据能够完成正确的数据预处理并构建多层人工神经网络模型以进行数据建模分析，在教学过程中同时探索和验证教学的可能性和合适的深度。

为实现这个目标，教师需要形成正确的教学观念、组织和更新知识、提高教学能力、注意教学机制、确立教学责任意识、提升教学效能感，以激发学生兴趣并给其正确的预期，进行有层次的教学和训练。

3.3 课内外互动教学形式组合

在上述目标和任务指导下，我们抓住"深度"和"成果建设"两个维度，选取了六个多样又彼此关联的教学形式（图4），分别进行探索。

（1）在本科低年级通过讲座等形式激发兴趣。通过讲座，演示和展示一些相关成果，让学生对相关技术有适当程度的了解，从而激发兴趣，开始一些自学尝试。同时也促进学生在低年级阶段学好相关的数学、英语和信息技术课程。

（2）在专业实习和毕业论文指导中引导学生开展相

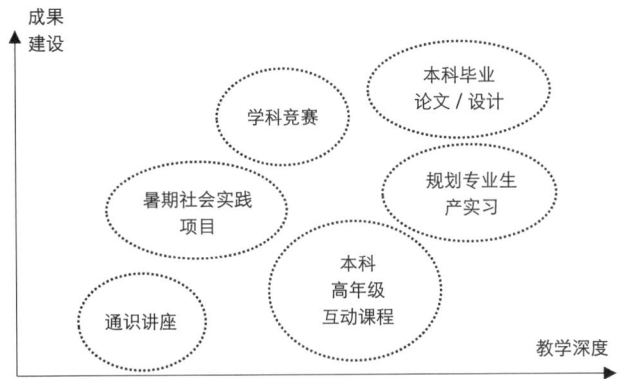

图4 以多种形式在教学深度和成果建设两个维度进行探索
资料来源：作者自绘

关领域学习研究，提供有兴趣、有能力的学生进行深入学习和实践的机会。同时通过在相关专业课程中选取一些教学研究成果介绍给学生，让部分自学能力强的学生在完成课程作业或者实习过程中有机会系统自学相关内容，走在大家前面。

（3）利用暑期社会实践、竞赛等工作开展交流和尝试并形成成果集。引导学生进行目标导向的学习以掌握相关技术，提高项目水平。最后以"产品"的形式发布，同时，不断积累的"产品"成果集能让学生有直观的体会并产生成就感。

（4）在本科高年级进行小班课堂互动实践教学，在本科高年级同学中组织课堂教学。通过互动实践性课堂教学让学生有总体观的情况下掌握实际动手能力，会找问题会找数据会建模会使用。

3.4 教学条件建设工作安排

为了实现上述教学目标和形式，除了课程和教学设计之外，各种软硬条件也需要全盘考虑。在2018—2025年，本人开展了大量针对本文所述的内容相关的条件建设工作，包括：

（1）南京大学城市规划与设计系在课程计划调整中针对性编排了数理统计、大数据、智慧规划等方面课程。本人针对本文基于的课程"城市环境建模与分析"课程也在持续投入，完善课程安排。

（2）积极参加学科竞赛，坚持在每个竞赛中鼓励和要求学生使用深度学习建模技术开展研究。

（3）坚持将教学基础设施建设和经费使用中投入深度学习要求的硬件条件建设（详见4.1）。提供给没有GPU计算条件的学生实践机会。

（4）南京大学数字城市规划与技术工程研究中心采购和建设中，我们也尽力为学生提供远程运行环境、力所能及的网络支持和场地空间支持。

（5）建设自己的教案和教材，我们编撰的《城市规划深度学习建模方法：普通规划生的AI实践学习指南》（暂定名）即将于2025年10月正式出版。这是一本完全针对城乡规划专业的教材，全书章节以大家熟悉的规划词汇命名，其中超过一半由接触深度学习技术仅1年左右的学生撰写，是对第一手亲身经验的高度融合。除Mnist玩具模型之外的所有示例全部出自团队成员的学习经历或者第一线工作，希望能以最亲切的方式提供最实践的经验和方向性指导。

4 教学技术环境和工具链选择

为尽量降低实践技能型教学的门槛，结合专业特点和教学实际条件，相关技术内容、软件框架和硬件配置上必须有所取舍。

4.1 硬件条件建设

为了配合教学工作，笔者借助各种机会条件配套形成了一组教学硬件基础设施。

首先，早在2019年，即配置了3台GPU服务器，每台配有16核或者32核处理器，128~256GB系统内存和2~4片消费级高端显卡（单台总显存32~88GB）作为GPU计算使用，运行Jupyterhub，可以供远程访问运行模型。

其次，借助学科2020年开展的智慧教室建设，在智慧教室中配置了8台图形工作站，配置6核处理器、32GB系统内存和6GB CUDA GPU。GPU PC工作站的配备使学生可以在教室现场使用工作站现场演练，GPU服务器为学生训练大型模型和模型产品发布提供了必要的环境。

4.2 工具链选择

在实际教学中，笔者在体验和实践过常见深度学习框架之后选择了 Python + Keras + Jupyter Notebook 做为核心软件。为方便学生安装和配置环境，专门准备了软件资源包并撰写了安装指导同时持续更新，帮助学生在自己的设备上也能以最快的速度顺利部署统一的软件环境。

（1）基础语言选择

基础语言方面使用 Python 语言。Python 作为近年来持续扩大占有率的计算机程序语言，有强大的社区支持。其作为动态语言结构语法比较简单且贴近一般逻辑，其对数据科学也非常友好，在各个领域都有大量的软件包（库），在科研领域应用也快速普及。自 2017 级起，我校规划专业本科生入校学习计算机语言切换为 Python 语言。通过对全国高校情况的了解和经验发现，大多数学校的计算机基础教学语言也已经切换为 Python。Python 同时也是深度学习领域最常用、资源条件最好的语言，两者恰好相互契合。

（2）教学用深度学习框架选择

经过与当时崭露头角且近来非常热门的 PyTorch 和行业元老 TensorFlow 的比较，我们在教学中从 2018 年起即使用 Keras 作为深度学习框架（表 1）。

自 2019 年 10 月 TensorFlow 2.0 正式版发布以来，Keras 已经成为建议的 TensorFlow 高层 API，而 TensorFlow 作为谷歌公司开发的开源软件，在 2023 年前多年是业界市场占有率第一的深度学习框架。至今仍是模型发布和商用部署系统中使用比例最高的框架。2023 年以来，Keras 升级 3.0 版本，脱离了与 Tensorflow 的深度绑定，再次回到了独立框架，后端可以选择 Tensorflow，PyTorch 或者 JAX 以运行 Keras 3 代码的模型程序。

虽然 Keras 热度有所下降，但是其简单易上手、明确清晰、代码量低的特征目前依然明显（表 2）。

考虑到近年来 PyTorch 发展和应用快速丰富，我们也会在实践环节介绍 PyTorch 的一些代码和案例，供有需要的同学掌握和应用。

（3）用户界面（编程界面）选择

用户界面方面使用 Jupyter Notebook。Jupyter Notebook 使得程序可以在浏览器中运行，且可以一块一块甚至一行一行分开运行，在讲授过程中可以运行到后续块之后倒回到之前的某一个块再修改运行，不用重启整个程序，查看中间结果非常方便，也适合远程操作，可以远程为学生提供运行环境。同时很多平台如微软、谷歌、Kaggle 等也提供基于 Notebook 的免费运行环境，方便学生交互使用。甚至，本人课程提交考核成果时，鼓励学生提交代码和叙述融合的 Notebook 格式成果（图 5）。

常见DL框架特点对比 表1

知名 DL 框架	主要开发机构	主要配套软硬件平台	特点	社区支持	调试难度	新手友好度
TensorFlow（www.tensorflow.org）	Google	Python，JS；移动平台，大规模部署	2.0API 与 Keras 高度整合，产业部署量大	丰富	比较容易	较优秀
PyTorch（pytorch.org）	Meta / Facebook	Python	近期大量新模型默认后端	非常丰富	比较容易	友好
Keras（keras.io）	François Chollet，ONEIROS，and Google	Python	API 简洁易用，非常方便上手	比较丰富	容易	非常友好

资料来源：作者整理编制

不同DL框架mnist数据建模（统一FeedFowrd结构）代码对比 表2

框架	模型定义（行）	编译/优化器设置（行）	训练循环（行）	总计（行）	备注
Keras	3	1	1	5	极其简洁，高层 API，适合快速原型开发
PyTorch	7	2	6~8	15~17	相对简洁，提供更多灵活性，动态图
TensorFlow（原生）	10	2	7~10	19~22	最冗长，但提供最底层的控制，适合深入研究和优化

资料来源：作者根据实验结果整理编制

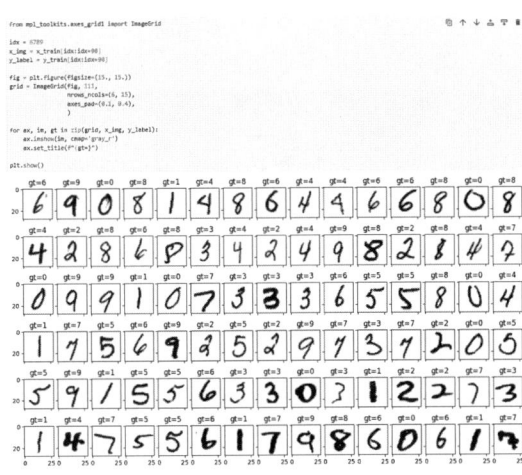

图 5　Jupyter Notebook 程序代码和结果示例
资料来源：作者自编程序运行界面截图

5　中心课程教学概况

5.1　"城市环境建模与分析"毕业班课程设置

课程教学是专业技术教学体系的核心组成部分，若没有相对固定的课程则很难使技术性知识在专业教学中扎根。相关的深度学习技术课程教学安排在城乡规划专业毕业班的建模课程中，每周 2 课时。作为毕业年级选修课和本硕通选课程，选课学生不会太多，通常有 25% 左右毕业班学生选修。毕业班学生大多数学分已经修够，选课学生除个别学分不够之外，主要动因为对相关技能有兴趣，希望深入发展。再加上一些硕士选修学生，每年教学学生在 6~12 人，为小班教学。

在第一次课上，课程向学生说明教学内容，告知学生课程形式和需要的投入情况，同时为学生提供退选机会。按照估计，配套每周两课时授课时间，学生在至少一半的教学周中需要投入 4~6 小时以进行课外的学习和操作实践，总完成学时预计在 100~150 小时。课程最终希望学生达到能够针对问题自己设计模型、撰写代码处理数据、建构并训练深度学习模型的水平。该目标在第一次课上会直接明确地告知学生，同时明确以此为课程考核内容，让学生能抓住焦点和重点。

5.2　课程教学计划

课程总授课扣除节假日后为 16 周，除绪论外分为四大板块，大约每一个月为一个板块。前序板块以理论知识和实践基础技能教学为主，后继板块以进展介绍、研讨拓展和实践指导为主，主要安排和目标见表3。

高年级互动实践教学课程　　　　　　　　　　　　　　　　　　　　　　表3

板块	课堂内容	课后内容	目标
一、基础和理论，第2~5周	环境配置； Python 基础； 使用 Keras 进行 ANN 建模基础； 现场演示模型搭建、训练、优化、应用	部署环境、练习基础编程； 分组查阅 loss、optimizer 等重要概念； 练习采集数据和预处理； 练习网络构建	让学生通过课堂几分钟演示真实体会到简单网络构建是容易的，可以上手的； 让学生了解神经网络模型是如何运作的； 让学生了解关键的基础知识和规程
二、经典问题实践，第6~8周	经典卷积网络介绍； 现场收集和处理数据； 现场搭建卷积网络； 将学生模型发布为 APP 产品	分组查阅和学习经典网络； 寻找自己的数据； 检索和查阅网络优化的相关资料； 分组练习网络优化	让学生看到神经网络尤其是卷积网络近年来的巨大成功和应用效果。让学生认识到通过课堂几小时实践，也可以构建并发布自己的人工智能产品
三、深度学习进阶介绍和分组实战，第9~12周	介绍 Function API 演示转移学习； 介绍图像大模型（Diffusion Models）架构原理、思路和应用； 介绍 LLM 相关原理、思路和应用； 介绍强化学习； 介绍规划领域应用和相关实践	分组组织寻找数据，进行数据预处理、网络搭建、优化实战，相关成果进行课堂展示，教师进行指导； 检索规划领域应用文献资料	让学生了解高级应用，看到潜在的专业应用前景； 让学生进行全流程实践，自主实际建模、优化，碰到问题—解决问题，形成一定实战经验
四、拓展和全流程实战，第13~16周	介绍 AlphaGo 的成果、思想和进展； 介绍生成性模型的思路，演示其构建； 现场定义、编程实现，搭建和发布课程产品	分组参加 Kaggle 项目进行实践； 深入学习和练习网络优化； 检索相关文献，思考、寻找独立选题	让学生从更高层次理解深度学习模型拓展思维； 通过独立探索和思考进一步加深实践经验和能力

资料来源：作者根据课程周历自制

5.3　形式特点和创新尝试

为了让学生有不断产生新鲜感、成就感和代入感，从而"学得会"，课程坚持几项原则并开展了一些创新尝试：

（1）坚持现场编程演示实际模型。课程坚持每节课都由老师现场撰写代码，通常时间在半小时左右。在遇到问题时现场通过搜索、查阅文档、尝试调试解决，从而降低学生普遍存在的"编程高大上""一般人玩不转"的疏远感，在实践中教学生碰到问题如何解决问题。课程从第一节课开始即演示了通过 Keras 编写模型。首先演示简单的回归模型，然后演示 mnist 数据集分类识别模型，再演示卷积网络模型和迁移学习模型。通过演示现场从 0 开始撰写模型同时现场完成基础训练，和演示其他学生小组或者学生项目完成的模型产品，让学生产生"别人可以那我也可以"的意识，帮助学生降低对工作量的预期，从而促进其主观能动性地更好发挥。

（2）尽量就地取材建立数据集。课程在向学生讲授标签数据集要求时，直接请学生观察身边事物，通过简短研讨和教师指导，确定收集"电脑""桌子""椅子"的数据集。随即让学生现场拍照，将数据集组织起来。再指导学生现场进行网络图片搜索，以增加数据集的多样性。指导老师示范如何将获取的各种来源的图片组织并读取到程序中成为深度学习模型的输入，然后布置学生回去之后继续深化完成后续建模。这样的操作让学生在行动中了解深度学习模型对输入数据和标签数据的要求，也让学生在后续模型优化中能够更积极地思考如何有效地进行数据增强或者多样化以提升模型性能。

（3）坚持课后工作课堂汇报互相学习的翻转形式。课后布置的内容初期集中在相关知识的学习。通过课堂讲解很难在一个多小时的讲授时间内对诸如 Loss 函数、反向扩散或者 Dropout 这样的概念有深刻的认识。课程安排学生课后分组了解相关概念，每个小组了解一两个，然后下一次课堂上相互介绍成果，并将不明之处向授课老师提问，再由授课老师进行答疑和关键点的再讲解。这种形式使得课程部分类似"翻转课堂"，通过这种方式，学生课后能够更加聚焦于一两个问题点上，承担压力也不会太大。

（4）持续追踪最新的热点和成果，提示可能的专业应用。课程过程中不断追踪日新月异的最新热点，通过视频、示范、展示和讲解，先后讲解和展示了对街景图像、遥感影像、统计信息、融合信息的特征工程和建模范例及结果，让学生了解相关技术工具的潜力和应用能达到的高度。课程教学中努力地尝试对深度学习模型在城乡规划专业应用上进行关联提示和示范。通过授课老师完成或正在开展的相关研究成果展示，在初期提升学生兴趣，在后期解释其中机制，让学生觉得通过课程学习将原来看不懂的东西已经能看得清清楚楚，甚至产生"说不准自己上手也能做"的感觉，促发行动力。

此外，我们还在课内外努力将学生学习成果产品化并持续运行（此部分内容详见第 6 章）

6　产品化成果建设和实践教学

笔者在多年教学中发现，不少学生对自己的学习成果能否变成产品有极大的积极性。通过将其学习努力外化为可以持续运行的"应用"，学生愿意付出更多努力钻研和突破。这种做法虽然需要学生付出额外的一些努力，但能够大幅提高实践能力与学习深度，也促成了实践性教学最终目的的达成。鉴于深度学习在城乡规划中的应用亦属于新领域，教师在教学过程中亦需要不断大量学习，在与学生互动中不断补充知识和技能，增进理解和实践能力，形成了完整的教学相长过程。

6.1　学生课程学习成果产品化

在深度学习建模课程教学中，我们通常通过一个较长（3~4 周）的选题周期，促发学生想象，督促学生检索和综述现有研究工作，发现新的创新点。然后让全班学生围绕该课题组织安排工作，包括数据采集、收集、整理、清洗、标注、增强；基准模型构建、模型训练、模型调优；产品定义、接口描述、开发部署、上线测试、文档和交付等工作，形成一个在线的可运行的在线 APP（图 6）（示例网址：http：//public.dupetrc.qiyi.us：31382/model_simplednn/model_vcem_deskchairpc）。

如上例所示，该模型虽然不复杂，但是全流程工作前半部分全部由学生完成，后半部分上线工作由老师和学生配合完成，之后模型将在线持续运行。学生对待该

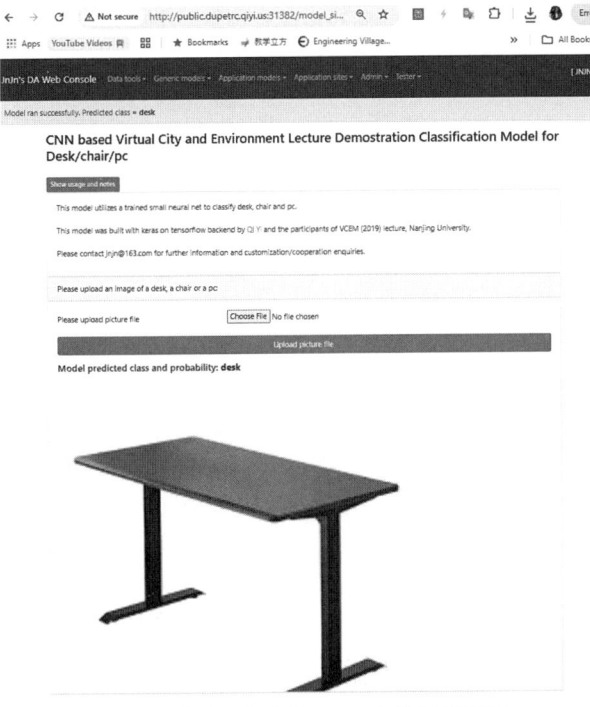

图6　学生课程成果 APP 在线运行截图

资料来源：系统截图，地址：http://public.dupetrc.qiyi.us:31382/
model_simplednn/model_vcem_deskchairpc

"产品"的概念由"糊弄一个课程作业"变成了"随时能看到的有自己名字的门面"，态度将完全不同，行动力也将极大提升。这不仅对当届学生有效，对后续届的学生也是极大的鼓励和示范。

6.2　学科竞赛成果产品化

2019年，本人与地理与海洋科学学院倪天华老师联合指导地理与海洋科学学院3人和建筑与城市规划学院3人组成的联合学生团队"闰土和茶"完成《闰土度茶：基于深度学习的茶资源发展约束机制研究》参与"第一届大学生自然资源学科技作品大赛"。团队6名学生开展项目时均是2年级本科生，同年4月开展选题时，通过多方引导和介绍，让学生从逐渐认识深度学习模型，到慢慢理解如何和手中的问题结合，一点点上手。项目以茶园为研究单元，通过四十余项茶园相关自然资源和社会经济指标与茶园发展水平建立深度学习模型，训练之后解析模型中因子独立和复合关系，从而探讨茶资源发展约束机制。学生在项目初期因年级较低，基础不足等原因，自信心严重不足，觉得门槛过高，主动性也不强。经过老师反复督促交流，逐渐了解技术细节之后，产生了一些兴趣，并逐渐开始一些主动探索。竞赛通过初选并在校内淘汰其他项目，代表学校参加复赛的消息极大地激励了学生，学生态度发生了转变，更主动地开展各项工作，学习实践相关技能。团队在275支参赛队伍中成功入围参加现场复赛的40支队伍之一，最终获大赛成果汇报二等奖（小组二等奖中排名第一），同时获学生互评的"风采展示奖"（排名第一）。相关项目成果发布在以下网址：http://public.dupetrc.qiyi.us:31382/model_simplednn/model_duotea。

2021年，本人指导建筑与城市规划学院4名3年级规划专业本科生组成的团队参加由中国测绘协会和苍穹数码技术股份有限公司主办的"苍穹杯大学生空间信息技术大赛"，成果《基于群智感知的（校园）噪声监测和反馈定位系统》（成果页面：http://public.dupetrc.qiyi.us:31382/app_noise_loc/home?creator=M71）在来自全国高校的一众研究生团队、GIS专业团队中脱颖而出，获"软件开发组"特等奖（图7）。该成果从学生宿舍附近施工引发的噪声定位困难问题出发，采用深度学习结合地理信息进行噪声来源类型分类和定位，项目模型和代码几乎全部由学生自主完成。项目最终成果包括了在线电子地图，在线音频分析DL模型，在线多媒体音视频，和动态网站。我们甚至还为了该系统编写了一些底层软件库，发布了GitHub库，PyPI包，还申请了软件著作权。学生经过此项活动早期的困难、中期的共同努力和后期的欣喜，得到了最好的实践训练，也收获了超过预期的能力提升。

上述实践证明，低年级本科生和非信息技术/GIS专业本科生只要充分调动学生的主动性，都能是取得较好的技能教学效果的关键条件。规划专业学生也有能力打破专业壁垒，获得高级的跨专业技能。

除此之外，本人还联合指导了多个研究生团队，获得了包括城垣杯一、二等奖，互联网＋竞赛国、省奖在内的多个奖项，教学成效显著。

6.3　与社会实践结合

笔者指导十人本科生团队"拾遗者"开展了2019

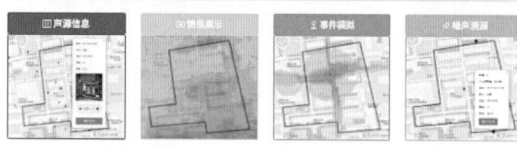

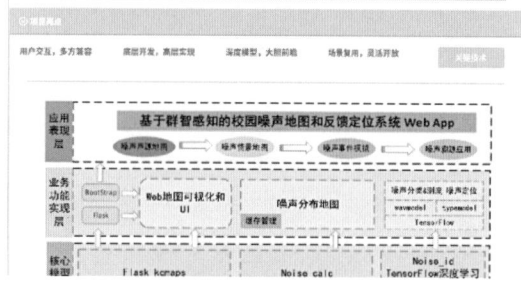

图 7　学生竞赛成果系统在线运行页面
资料来源：系统截图，地址：http://public.dupetrc.qiyi.us:31382/app_noise_loc/home?creator=M71

年度暑期社会实践项目"未曾失落的遗迹——对南京江宁传统村落风貌保护发展的调研以及信息技术的尝试"。该项目学生背景为软件学院本科一年级学生，除有一些程序设计基础外，与一般同处通识教育阶段的一年级本科生差别不大。通过交流和引导，将实践项目落地工作定为影像素材编译、地理信息整合、建筑风貌识别模型建模和网站整合发布。

项目中的建筑风貌识别模型采用深度神经网络模型实现。相关工作从 2019 年 6 月立项和启动调研开始，经历小组分工学习，相互交流，收集标签数据集，编程实现，同年 9 月完成定型发布和交流汇报，最终完成了可以运行的模型。训练完成的深度神经网络模型能够判

断一张建筑照片判断照片中建筑的风貌类型是皖派、闽派、京派、苏派、晋派、川派中的某一类。项目网站发布在以下网址：http://public.dupetrc.qiyi.us: 32480/。学生通过实践探索了多种实现方式，掌握了深度学习模型的基本概念和建模方法并实践完成了工作，获得了实际技能和成就感。

虽然项目进展中遭遇了众多问题，但此次实践项目基本达到了目标，项目获得南京大学社会实践微信号"南青实践"学生票选"最高端项目"称号。

6.4　与本科毕业论文和专业实习相结合

在本年度的毕业论文指导中，引导学生开展了基于深度学习的绅士化视觉要素研究。通过现场调研收集了街景数据和绅士化水平感知值，构建和训练深度学习模型，通过模型解析识别视觉要素并分析影响程度。学生通过两个多月的学习和工作基本掌握了该模型的概念和构建思路，由指导老师、课题组硕士生和本科毕业生协同完成模型训练和优化，毕业生独立完成数据收集、模型解析和应用验证工作。学生认为在过程中收获丰富，并学会了一门实际技能。该生毕业论文经答辩获优秀（90 分及以上）评级。该实践证明学生经过两个月左右的学习可以理解相关思想，掌握基本技能，在指导下进行研究应用。

在规划专业实习中，笔者共指导多名 3 年级学生主要进行该方向的学习。一般来说，学生有一点兴趣但都没有接触过建模实践，从 2019 年 6 月起在向指导下开始接触和温习 Python 语言，至 2019 年 7 月实习开始学习深度学习相关技术。每周指导老师坚持 2 次当面指导，跟踪进度并明确指导当周的学习任务目标。至 2019 年 7 月中旬，学生已能够基本掌握梯度下降和反向传播算法，并自己编程实现了核心算法。至 2019 年 7 月末，基本能够使用 Python 和 Keras 实现简单网络。伴随学生实践的深入，学生发现深度学习模型在复杂多因子非线性回归模型建模时性能经常远远超过相关课程介绍的经典模型，这让学生显著地更加自信，主动投入更多精力和时间在自学中，形成了良性循环。至 2019 年 8 月中下旬，学生已经能够对模型进行较好的优化，并尝试了模型的 Web 发布，协助老师完成研究项目中模型解析工作。学生自我表述在暑期两个月中投入很多但非常

充实，觉得"收获巨大"，同时新学习的这项实践技能将一些原来停留在课本上孤立、静态的知识在实际中联系了起来，对很多相关专业问题也有了更深刻的理解。

该实践表明，主动性较高的学生通过2~3个月左右专项学习，可以较好地掌握相关技能，并开展工作进行实际的应用。

7　结论和讨论

综上所述，经过数年深度学习建模的教学实践探索，总体取得了较好的效果。经验表明：①帮助学生选择最简洁的技术工具链入门，是在城乡规划专业开展深度学习建模教学的优选途径；②学生入门后由内生兴趣驱动的学习研究中，持续形成可见的成果，特别是产品化的成果，能让学生觉得学的东西有用、别的地方工作中用得上、如果用得好就有积极正反馈的效果，推动其进行更深入的研究探索，也极大地增强了学生的荣誉感和自豪感；③持续积累的成果也被用来在课堂教学和报告中向刚开始学习进程的学生展示，取得了很好的光晕效应效果。

除上述本文主要经验外，实践还发现：①本科学生在人均100~200小时的时间投入下即可基本掌握深度学习相关内容并能实际操作建模，但其间为与学生形成了相互信任的良好氛围和机制尤其重要；②教师通过仔细地把握学生的学习节奏，通过在一些必要的时候"推一把"，让学生兴趣延续起来，同时在另一些时候让学生自由探索避免揠苗助长，让学生有张有弛又切实学到技能，形成对教师的信赖，进一步反馈为学习热情的提升和碰到困难时钻研精神的提高；③特别地，学生对现场编程环节很有兴趣，看到老师在一两个小时的课堂内从无到有一行一行写出可以现场运行图像识别模型程序，立即提高了学生兴趣和自信，效果远超一般的讲解和介绍。

此项教学探索虽然取得了不少成果，但相关探索难以全面，且相关技术体系和学科方向仍在快速变化中，需要随机应变和审时度势地进行不断调整和适配。谨希望以此能够帮助城乡规划学科更好适应新时代、新技术的转型和发展。

参考文献

[1] 俞祝良. 人工智能技术发展概述 [J]. 南京信息工程大学学报（自然科学版），2017，9（3）：297-304.

[2] 甄峰，秦萧. 大数据在智慧城市研究与规划中的应用 [J]. 国际城市规划，2014，29（6）：44-50.

[3] 单卓然，李鸿飞. 人工智能影响下城乡规划机构、技术与职业新态势及应对策略 [J]. 规划师，2018，34（11）：20-25.

[4] 邹蕾，张先锋. 人工智能及其发展应用 [J]. 信息网络安全，2012（2）：11-13.

[5] 姜鹏，曹琳，倪砼. 新一代人工智能推动城市规划变革的趋势展望 [J]. 规划师，2018，34（11）：5-12.

[6] 王雷全，吴春雷，郭晓菲. 机器学习科研实践课程建设 [J]. 电子世界，2017（17）：50-51.

[7] 刘杰. 浅谈本科生《人工智能原理》课程教学 [J]. 教育教学论坛，2019（41）：221-222.

[8] 吴志强. 人工智能辅助城市规划 [J]. 时代建筑，2018（1）：6-11.

[9] REICHSTEIN M, CAMPS-VALLS G, STEVENS B, et al. Deep learning and process understanding for data-driven Earth system science[J]. Nature, 2019, 566 (7743): 195-204.

[10] 姚利民. 影响有效教学的教师因素探析 [J]. 高等教育研究学报，2004（1）：4-6.

[11] CHOLLET, F KERAS, GITHUB. [OL/EB]. 2015. https://keras.io/.

[12] KLUYVER T, RAGAN-KELLEY B, PÉREZ F, et al. Jupyter Notebooks-a publishing format for reproducible computational workflows[C]//Positioning and power in academic Publishing:Players, agents and agendas, Iospress, 2016: 87-90.

[13] ABADI M, AGARWAL A, BARHAM P, et al. TensorFlow: Large-scale machine learning on heterogeneous systems[J]. Software available from tensorflow.org, 2015, 1（2）: 7.

Toolchain Selection and Teaching Practice for Deep Learning Modeling Targeting Highly Productized Achievements for Urban Planning Specialty

QI Yi

Abstract: An analysis of teaching deep learning modeling in urban and rural planning was conducted. A practical approach was developed, focusing on: ① Identifying critical issues and suitable teaching content. ② Choosing suitable toolchain for teaching deep learning technology. ③ Producing products through student modeling. This approach was tested at Nanjing University, achieving good results.

Keywords: Deep Learning Modeling, Artificial Intelligence, Urban and Rural Planning, Practical Teaching

本科国土空间总体规划课程模块化教学探索 *

王　阳

摘　要： 国土空间总体规划课程是城乡规划专业本科核心课程之一。随着国土空间规划改革的深入推进，国土空间总体规划课程面临内容骤增与课时减少、技术迭代与数据保密、多元协作与个体差异等矛盾。西安建筑科技大学国土空间总体规划课程，在产教融合支持下，紧密围绕"空间"本体，探索"模块化"教学改革，拆分"调研""全域""中心城区""融汇"四个教学模块，采用年级讲座、班级汇报、小组协作、个人设计等教学方式，试图使学生在有限的课时内更好地学习国土空间总体规划编制的主要内容、技术方法与工作流程。

关键词： 国土空间总体规划课程；模块化；产教融合；本科教学；西安建筑科技大学

国土空间总体规划（以下简称"总规"）课程是城乡规划专业本科核心课程之一。目前，西安建筑科技大学（以下简称"西建大"）总规课程主要面临三方面挑战：一是如何更新教学内容，以满足内容骤增的国土空间规划编制新要求；二是如何优化授课方式，以应对技术迭代的规划教育改革新趋势；三是如何量化课程任务，以适应多元协作的不同学生多目标学习新状态。

西建大总规课程借鉴"模块化"方法，紧密围绕城乡规划学科"空间"本体，将课程内容划分为"调研""全域""中心城区""融汇"四个教学模块，采用年级讲座、班级汇报、小组协作、个人设计等多种教学形式，试图通过"模块化"教学，促使学生更加完整清晰、主次有序、易学易懂地学习国土空间总体规划编制的主要内容、技术方法与工作流程。

1　总规课程教学面临的新矛盾

1.1　知识：内容骤增与课时减少

总规课程进入国空时代，不仅是学习对象从城乡建设空间，向山水林田湖草沙冰的全域全要素三生空间的拓展，更是专业知识从城乡规划相对单一学科，向生态、地理、资源管理等若干相关学科的激增。然而，随着城乡规划专业教育改革的逐步深入，本科学分的整体缩减、大类招生状态下专业课程的学时压缩、五年制向四年制转换的学制缩短等已为现实，总规课程也无法避免需要缩短学时。因此，如何匹配学时缩短现实，拓展学生整体知识体系，促进学生掌握核心知识，这成为当前总规教学亟待解决的首要问题。

1.2　技能：技术迭代与数据保密

总规课程进入国空时代，不仅面临学习工具从CAD、PS、SU等传统工具，向GIS的拓展，更面临专业技能从图文绘制，向虚拟现实、大数据处理、人工智能应用等的迭代。然而，随着国土空间总体规划编制要求的逐步明晰，国土调查、耕地确权、地籍调查、林业、河湖划界、矿产资源等规划编制所需底图底数多为保密数据，无法直接用于课程教学，总规课程已难以避免地陷入无米可炊的境地。因此，如何匹配新技术应用现实，拓展数据资料获取方式，夯实学生基础调查方法，这成为当前总规教学亟待解决的又一问题。

* 项目资助：本研究得到西安建筑科技大学首批"三百计划"校企合作课程建设项目（编号：KC2024XQHZ01）资助。

王　阳：西安建筑科技大学建筑学院副教授

1.3 协作：多元协作与个体差异

总规课程进入国空时代，不仅面临学习目标从职业规划师，向规划编制管理运维多目标人才的转变，更面临专业协作从单一团队合作，向多主体协作、差异化目标、共识性探讨等的转变。然而，随着行业形势的发展变化，努力保研、升学转行、躺平毕业、提前放弃等学生学习状态较过去分异明显，总规课程已难以继续采用传统分组合作方式完成。因此，如何匹配协作方式多元化现实，适应学生学习状态分异特点，激发学生课程全过程协作参与，这成为当前总规教学亟待解决的又一问题。

2 总规课程"模块化"教学设计

西建大总规的设计课程目前为96学时，同时在开课前两周单独设置了配属总规的实习课程，由此形成总规课程"2周调研+96学时设计课"的基本课时设置。另外，市政工程规划课程一般与总规课程同步开始，其课程设计与总规课程采用同一选题。由此，总规课程不直接涵盖市政工程规划相关内容，相关内容由市政工程规划课程同步衔接完成。

西建大总规课程采用"真题假做"方式，在学校设计院、相关合作设计院的真实规划项目中进行选题，确保每届每班有一个县级或市区级规划实题。课程每班一般分为3组。每组由8~10位同学组成，配套1位指导教师，完成1套课程成果。同时，每班由来自设计院的课程选题实际项目负责人担任行业导师，参与调研协调、专题讲座、课程答辩等教学环节。

基于此，在产教融合支持下，西建大总规课程针对当前教学面临的知识、技能、协作等矛盾，划分"调研""全域""中心城区""汇总"四个教学模块，展开总规课程"模块化"教学探索（图1）。

2.1 知识：全面梳理与固本求源

针对内容骤增与课时减少的矛盾，一方面，全面梳理教学内容的变与不变。总规课程教学内容一般可以划分为全域和中心城区两个层面，国土空间总体规划较城市总体规划最大变化的内容在全域层面，即由原先针对城镇体系的"一化二系三结构"，扩展为针对全域全要素国土空间用途管制的基于"双评估与双评价"的"三

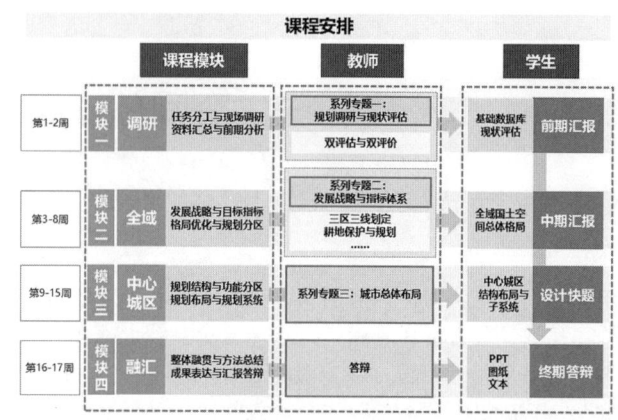

图1 西建大总规课程"模块化"教学设计框架图
资料来源：作者自绘

区三线划定""国土空间格局优化""规划分区"与"国土空间综合整治"；国土空间总体规划较城市总体规划基本不变的内容在中心城区层面，大致为基于城镇开发边界的"七定"，即确定城市性质的"定性"、确定城市人口规模和用地规模的"定量"、确定城市发展方向的"定向"、确定城市用地规划结构与布局的"定形"、确定城市道路交通居住公服绿地等子系统的"定系"、确定城市市政公用设施的"定基"、确定城市发展时序的"定序"。

另一方面，重点强化教学内容的核心与特色。城乡规划专业是国土空间规划相关专业中主要面向未来的专业，西建大总体规划课程坚持以空间的规划设计能力训练为教学本体，以空间的规划思维训练为教学主线，以空间的规划结构布局为教学核心，突出格局维育、结构创新、布局落位的教学特色。在全域层面，以国土空间总体格局的探讨为教学核心，重点强化从战略研究到目标指标再到总体格局的规划传导；在中心城区层面，以中心城区规划用地结构布局的探讨为教学核心，重点强化从定性定位到规划结构再到规划布局与系统的规划传导（图2）。

2.2 技能：路径拓展与实地调研

针对技术迭代与数据保密的矛盾，一方面，拓展基础资料获取途径，提升资料汇总统计效率。寻找课程所需保密数据的非保密平替资料，培养学生采用网上搜

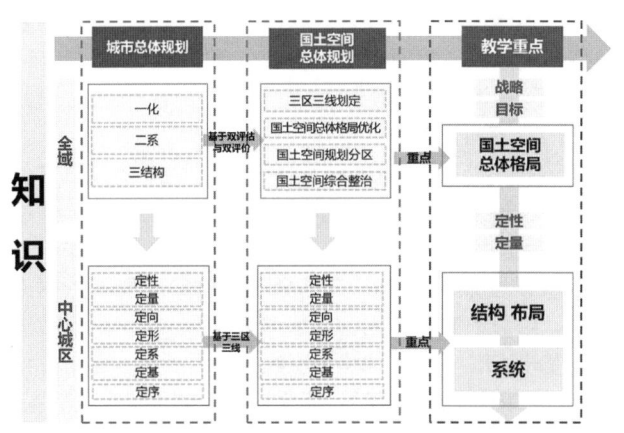

图 2　知识层面教学设计框架图
资料来源：作者自绘

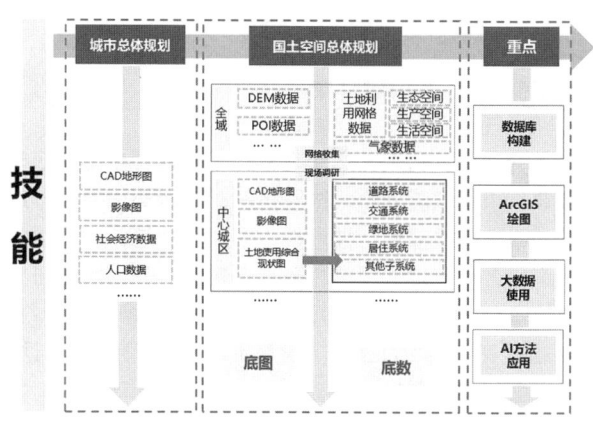

图 3　技能层面教学设计框架图
资料来源：作者自绘

索、大数据抓取等方式，获取过往统计数据、历年影像图、地形 DEM 数据、各类设施 POI 点数据、土地利用网格数据等；同时，通过课程合作设计院，全面获取非保密性基础资料，脱密获取个别无法平替的关键资料，培养学生应用云计算、人工智能等软件，编制调研框架，汇总多源数据，分析基础信息。

另一方面，强化实地调研意识，拓展数据库构建能力。通过前期现场调研，使学生意识到，实地调研在资料补充、信息核实、人本调查、质性研究等方面的不可替代性。同时，根据国土空间总体规划底图底数汇总要求，结合资料调查与实地调研成果，构建总规课程班级统一现状数据库，训练学生数据库构建能力（图 3）。

2.3　协作：分项拆解与量化考核

针对多元协作与个体差异的矛盾，一方面，分项拆解学习内容，分类落实教学主体。在"调研""全域""中心城区"三个模块开展前，由校内指导老师按照模块所需，开展针对全年级的专题讲座，使学生更加明确各模块学习目标、方法与重点；针对"双评估""双评价""三区三线划定""耕地保护""国土空间综合整治"等内容，虽不作为课程学习重点，但已分年度聘请行业导师及校外专家开展专题讲座，目前已录制形成用于学生自学的系列讲座视频库。同时，分别针对数据库、调研、汇报、布局、系统等内容，明确班级、小组、个人等落实主体。

另一方面，进行全过程考核，量化个人工作成效。将总评成绩拆解为 40% 平时成绩和 60% 期末成绩。平时成绩主要根据教学核心内容，通过每位同学需要完成的国土空间总体格局、中心城区规划结构与布局等个人快题进行考核；期末成绩主要参考国空成果要求，根据小组整体完成的文本、图纸、汇报 PPT 等小组图册进行考核。同时，由组长、副组长分别背对背提交小组成果的组员个人完成权重分配，教师组根据小组图册年级评比，打出小组图册平均分，再根据个人权重分配，将图册的平均分拆解给小组每一位同学（图 4）。

图 4　协作层面教学设计框架图
资料来源：作者自绘

3 总体规划课程"模块化"教学

3.1 "模块一"：调研阶段

（1）任务分工与现场调研

在开课前的假期完成学生分组，开课首日由年级统一授课，讲授课程安排、选题概况、调研要求等，年级下发课程参考文献包、技术操作视频文件包、专题讲座视频库，各班下发课程选题基础资料包。在现场调研出发前，学生一方面需要进行网上搜索、大数据抓取，获取选题的影像图、DEM、POI、土地利用栅格等数据；另一方面，可以借助人工智能软件，编制调研框架，将调研任务按全域、中心城区两个层面逐系统分配至每一名组员。

现场调研任务分为三部分：一为全域调研，由全班组织完成，重点进行各镇区及全域的重大基础设施、重大公共服务设施、自然保护地、风景名胜区等调研；二为中心城区调研，由各组组织完成，一般可将小组再分为2~3名同学组成的小小组，以小小组为最小单位分片进行中心城区土地使用状况调查，最终各组综合完成一套中心城区土地使用综合现状图；三为现场座谈，由全班组织完成，一般邀请地方自然资源主管部门领导与同学们进行座谈（图5）。

（2）资料汇总与前期分析

资料汇总在现场调研返校后开展，主要完成三方面内容：一是全班组织完成中心城区现状范围划定，依据现状城区范围划定指南，汇总基础数据和调研成果，划定中心城区现状范围；二是全班组织完成现状数据库建设，汇总前期资料包、网络调查数据、现场调研数据等，基于GIS平台，构建全班统一底图底数；三是各组完成"两图两表一框架"，即全域土地使用综合现状图、中心城区土地使用综合现状图、全域现状用地汇总表、中心城区现状用地汇总表、前期分析框架。

从前期分析开始，由各组组织完成，分为三部分：一是梳理现状特征，结合现状数据库全域资料，分地形地貌、山水格局、林地、草地、自然保护地、耕地、基本农田、城乡居民点、道路交通等，按生态、生产、生活三类空间分项解析全域现状格局；结合现状数据库中心城区资料，分道路、交通、居住、公服、绿地、公

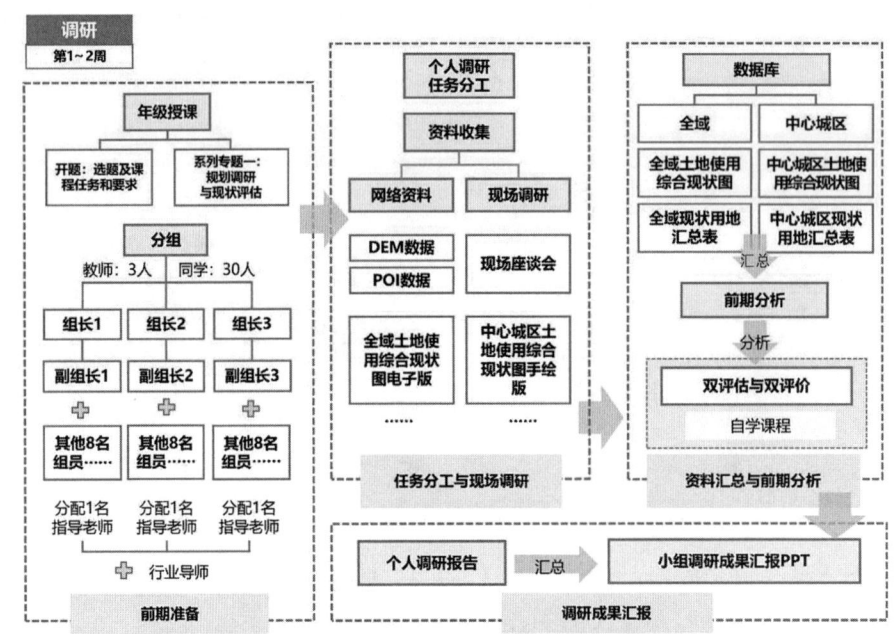

图5 "模块一"调研阶段教学设计框架图
资料来源：作者自绘

用设施等，按系统分项解析中心城区现状布局。二是进行双评估与双评价，重点进行既有规划实施评估，双评价内容为自学内容，一般直接采用班级统一下发的脱密双评价结果。三是提出核心问题，综合对比分析现状数据、规范指标、双评价结果、发展需求等，凝练规划拟解决的核心问题（图6）。

3.2 "模块二"：全域阶段

（1）发展战略与目标指标

发展战略及目标指标部分由必选专题和自选专题构成，各组分小小组展开研究，必须完成人口、产业和战略三个必选专题，可根据前期分析提出的核心问题自行选定至少一个自选专题，如生态保护、历史文化遗产保护传承、绿色低碳发展等。在必选专题中，人口研究重点突出人口趋势研判、预测方法运用等内容，产业研究重点突出产业发展方向研判、产业空间落位等内容，战略研究重点突出发展战略研判、发展战略向目标指标的传导等内容（图7）。

（2）格局优化与规划分区

全域国土空间总体格局优化主要完成三方面内容：一是城镇村体系规划，重点突出城镇"三结构"、村庄分类等内容；二是三线初划，生态保护红线一般直接采用班级统一下发的脱密结果，基本农田保护线一般基于网络公开获取的土地利用栅格数据进行调整，重点突出城镇开发边界初划的内容；三是支撑体系规划，重点关注重大基础设施、重大公共服务设施等内容。全域国土空间规划分区主要完成三方面内容：一是三线与规划分区的对应归类；二是三线之外的三区与规划分区的对应归属，如生态保护红线以外的不同等级公益林是否归入生态控制区等；三是分区准入政策的拟定（图8）。

3.3 模块三：中心城区阶段

（1）规划结构与功能分区

中心城区用地规划结构与功能分区主要分为以下几步：一是预估城市用地规模与发展方向，衔接全域成果，确定城市性质，根据人口规模和用地现状指标分析，预估总规划建设用地规模及主要大类规划建设用地规模；二是完成规划结构与布局快题，根据城市性质，结合双评价及用地综合现状分析结果，落位总体及单项规划建设用地规模，个人独立绘制中心城区规划结构与规划布局快题方案；三是合并方案确定规划结构，经过讨论与整合，将个人快题方案逐步融合优化为小组成员共同认可的小组中心城区规划结构方案；四是细化结构

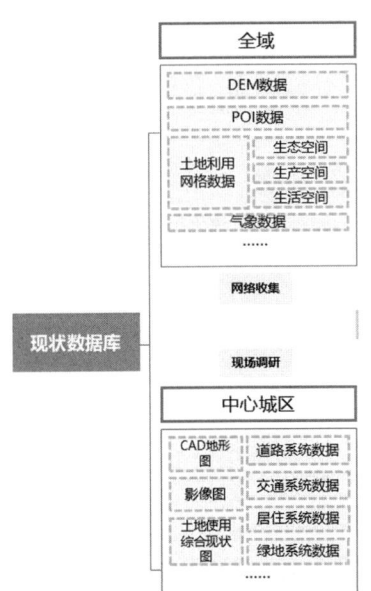

图6　基础数据库数据图层建构学生成果示例图
资料来源：西安建筑科技大学建筑学院城规 202103 班第四小组
夏一月 谢怡诗 刘昱麟 师方栩 李晨露 赵一诺 方浩淼 何宇轩 刘洋
林钰 国土空间总体规划调研阶段成果
指导老师：王阳 郑江涛 王琛 黄梅

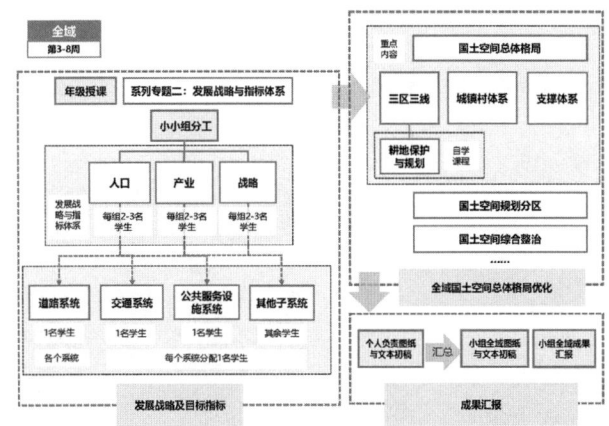

图7　"模块二"全域阶段教学设计框架图
资料来源：作者自绘

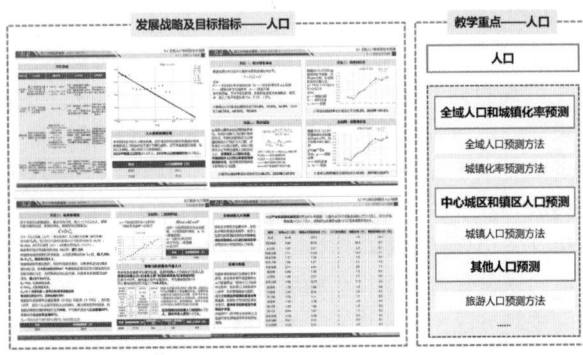

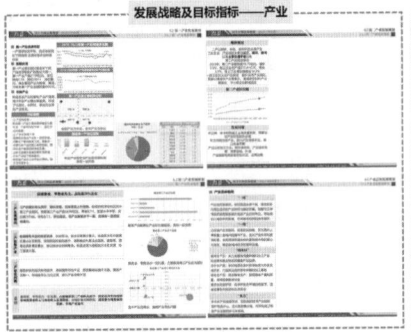 

图 8　全域阶段学生作业示例图

资料来源：西安建筑科技大学建筑学院城规 202103 班
第一组 王嘉艺 王语欣 夏雨晨 钱楼月 刘哲 吴琪琪 陈炷锴 乐亮
李阳 王坤 国土空间总体规划全域阶段成果 指导老师：王阳
郑江涛 王琛 黄梅

至功能分区，结合用地现状，考虑生活圈划分，根据各片区主导功能初步确定城镇弹性发展区、特别用途区、城镇集中建设区及其下一级分区（图 9）。

（2）规划布局与规划系统

中心城区用地规划布局与子系统规划主要分为以下

几步：一是开展中心城区子系统规划分析，分解道路、交通、居住、绿地、公共服务设施、开发强度分区、城市更新、城市设计引导等子系统，小组每位组员负责一个子系统，进行贯穿问题分析、结构优化、布局落位的整体性分析；二是完成规划布局与子系统规划快题，根据小组中心城区规划结构方案，再次优化完成个人中心城区规划布局和子系统规划快题方案；三是合并方案确定规划布局，经过讨论与整合，将个人快题方案逐步融合优化为小组成员共同认可的小组中心城区规划布局方案；四是落位子系统规划方案，依照小组规划布局，细化形成达到相关规范要求且能凸显布局特色的子系统规划成果。

3.4　模块四：融汇阶段
（1）整体融贯与方法总结

融贯全域和中心城区规划内容，重点强化自上而下基于双评估与双评价的三区三线与规划分区初划，与自下而上基于城市规划布局方案的规划分区与三区三线划定两者之间的衔接。一是结合中心城区规划布局方案，优化确定中心城区二级规划分区，最终划定中心城区城镇开发边界；二是结合城镇等级规模，在确保避开生态保护红线、基本农田的情况下，大致确定各镇区城镇开发边界；三是根据中心城区和各镇区城镇开发边界，在生态保护红线、河湖边界、自然保护地、水源保护地以外，补足城镇开发边界无法避让而侵占的耕地；

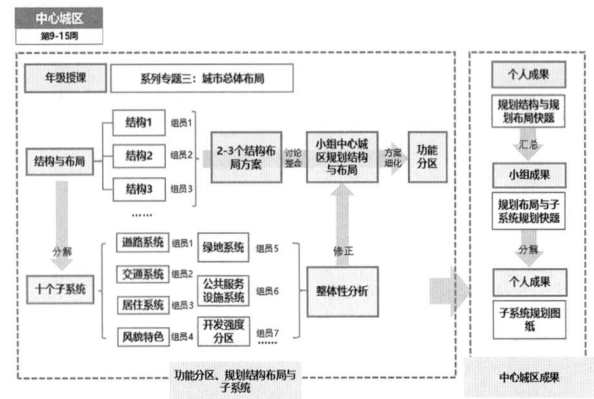

图 9　"模块三"中心城区阶段教学设计框架图

资料来源：作者自绘

四是根据最后确定的城镇开发边界和耕地数据，确定全域国土空间规划分区。因数据精度限制，总规课程无法实现全域的三区三线、规划分区和国土空间综合整治的精准规划，通过整体融贯，综合最小行政单元管理需求，在中心城区城镇开发边界外划定中心城区范围，在开发边界与中心城区范围之间区域，进行规划分区细化和国土空间综合整治规划，以点带面强化规划思维训练（图10）。

（2）成果表达与汇报答辩

课程最终成果包括各阶段汇报PPT、图纸、文本及数据库。课程参照国土空间规划成果要求，结合教学实际设置成果要求。一是不要求编制说明书，增加训练学生规划思维的各阶段小组汇报PPT要求；二是文本采用表格对比方式，强化训练学生现状与规划的量化对比式结论表述；三是突出数据库构建思维，课程仅要求全班构建现状数据库，虽然最终成果无数据库要求，但是在PPT和图纸表达中，均要求按照数据库构建指南中的数据要素要求，分层表达图纸要素。课程在调研阶段、全

域阶段分别开展两次班内小组汇报交流，最终一般邀请行业导师、校外专家、政府管理部门领导，以年级答辩方式结课。

4 结语

西建大总体规划课程离不开长期以来产教融合的支持，近年来历经了国土空间规划改革初期课程教学固本扩充的尝试，正在"精明收缩"导向下，依托政产学研一体化支撑，探索优化"模块化"教学。未来，希冀总规课程教学能坚守"空间"本体，更加面向城乡规划专业通识化教育趋势，更加突出学生规划思维训练，不断强化规划逻辑与规划方法的契合，不断提升规划编制与规划运维的融合。

致谢

感谢西安建筑科技大学建筑学院城乡规划教育团队三总规教学小组各位老师的支持与指导！感谢熊佳琳、黄舒薇、李冰倩、吴梦菲、张琪晨同学的协助！

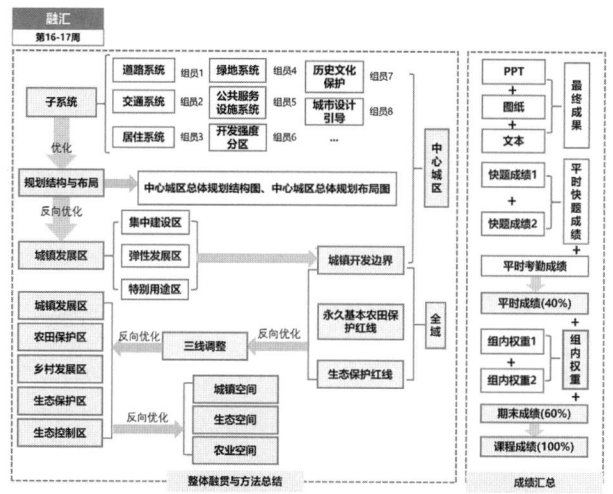

图10 "模块四"融汇阶段教学设计框架图
资料来源：作者自绘

参考文献

［1］吴志强.城市规划教育的数智化焕新[J/OL].城市规划学刊，1-7[2025-03-25].https：//doi.org/10.16361/j.upf.202501002.

［2］段进，石楠，闫凤英，等."规划教育的规划"学术笔谈[J/OL].城市规划学刊，1-10[2025-03-25].https：//doi.org/10.16361/j.upf.202501001.

［3］吴志强，张悦，陈天，等."面向未来：规划学科与规划教育创新"学术笔谈[J].城市规划学刊，2022（5）：1-16.

［4］孙施文，吴唯佳，彭震伟，等.新时代规划教育趋势与未来[J].城市规划，2022，46（1）：38-43.

［5］王世福，李欣建，赵渺希，等.中国城乡规划学科转型面临的挑战与跨学科重构[J].规划师，2024，40（12）：1-6.

［6］田健，曾穗平.面向空间规划人才培养需求的总体规划教学改革实践[J].规划师，2024，40（12）：32-40.

Exploration of Modular Teaching in Undergraduate Territory Spatial Master Planning Course

Wang Yang

Abstract: The course of Territory Spatial Master Planning is one of the core courses for undergraduate students majoring in urban and rural planning. With the deepening of the reform of national spatial planning system, the curriculum of Territory Spatial Master Planning is facing contradictions such as a sudden increase in content and a reduction in class hours, technological iteration and data confidentiality, diverse collaboration and individual differences etc... The course of Territory Spatial Master Planning at Xi'an University of Architecture and Technology, supported by the integration of practice and education, closely revolves around the teaching essence of "space" majoring in urban and rural planning, and explores "modular" teaching reform. It splits into four teaching modules: "on site investigation and preliminary research", " administrative district overall planning ", "central urban area overall planning", and "integration of all achievements". It adopts teaching methods such as grade lectures, class reports, group collaboration, and individual design, aiming to enable students to better learn the main content, technical methods, and workflow of Territory Spatial Master Planning preparation within limited class hours.

Keywords: Course of Territory Spatial Master Planning, Modularization, Integration of Practice and Education, Undergraduate Teaching, Xi'an University of Architecture and Technology

双向赋能·五维共生：HAI 时代设计类课程师生共创教学理论构建与实践

马　静　刘晓曦　刘子朋

摘　要： 在国家高等教育深化改革背景下，设计类课程面临传统教学模式重技法轻思维、价值引领空心化、学科交叉浅层化等核心问题，难以满足"新工科""新文科"对复合型设计人才的需求。同时，基于 HAI（Human-AI Interaction）时代的到来对设计教育提出新挑战，本研究以"场地设计"课程为切入点，构建"双向赋能·五维共生"教学理论，提出"目标—内容—过程—评价—资源"动态更新的教学生态，并深度融合 AI 工具赋能教学全流程，系统性解决了价值引领、学科交叉与创新能力碎片化难题，推动"知识传授"向"价值—能力—思维"共生转型。教学成果获全国高校教师教学创新大赛三等奖 1 项、北京市教师教学创新大赛一等奖 1 项、省部级以上奖项 10 余项，实践成果被纳入《北京市责任规划师工作五周年案例汇编》等。研究为设计教育改革提供可复制路径，助力城乡人居环境转型与复合型设计人才培养，回应 HAI 时代的全新挑战。

关键词： 双向赋能；五维共生；HAI 时代；师生共同体；价值引领

国家高等教育改革全面深化，2015 年，教育部出台《关于深化高等学校创新创业教育改革的实施意见》，明确提出"以学生为中心、以能力为导向"的教学理念，要求高校推动教学模式从"知识传授"向"创新赋能"转型，强调"强化师生协同创新"。2018 年，《新时代高等教育科技创新行动计划》提出"推动产学研深度融合""培育跨学科团队"。2019 年《关于加快建设高水平本科教育全面提高人才培养能力的意见》指出"强化师生协同创新"。在此背景下，设计类课程教学改革尤为迫切：传统模式重技法轻思维、重结果轻过程，价值引领空心化、学科交叉浅层化，碎片化创新能力难以满足"新工科""新文科"对复合型设计人才的需求。与此同时，自进入 HAI（Human-AI Interaction）时代以来，对于设计类课程的教学需求又提出了全新的挑战[1]。

为更好地响应国家政策导向，课程团队通过进行国际、国内设计类课程教学模式对比，分析其核心理念、理论溯源及创新要点，形成以哈贝马斯交往行动理论和马丁·布伯"我与你"关系哲学为根基，以"学生为中心"为核心，以"师生共同体"为载体，以建构主义学习理论和协同理论为基础，融合 OBE 成果导向教育理念，构建了"双向赋能·五维共生"教学理论，提出"目标—内容—过程—评价—资源"五个维度动态更新的教学生态，对应各个环节贯穿 AI 工具的应用，进而更有效地达成教学目标。在此基础上，以"场地设计"课程建设为切口，通过目标共构、内容共创、课堂共生、评价共维、资源共建的系统性改革，推动教师从"知识传授者"向"创新引导者"转型，学生从"被动执行者"向"自主创造者"跃升。[2]

1　理论引领：构建"双向赋能·五维共生"模型

"双向赋能"重塑师生关系。以哈贝马斯交往行动理论与马丁·布伯"我与你"关系哲学为根基，强调"师生共同体"中师生作为平等对话主体共同参与意义的建构。"五维共生"框架重构教学体系，框架融合建

马　静：北京城市学院城市建设学部教授（通讯作者）
刘晓曦：北京城市学院城市建设学部副教授
刘子朋：北京城市学院城市建设学部助教

构主义学习理论、OBE成果导向教育与协同理论，形成"目标—内容—过程—评价—资源"闭环。目标共构以SDGs可持续目标为基准，量化"文化传承指数"，推动社会责任感培养从抽象倡导转向量化行动；内容共创融合基础理论、行业真题、实践案例三级资源，引入协同设计等跨学科模块；课堂共生基于布鲁纳发现学习理论，推行"BOPPPS"模式，教师主导、学生主体，缩短方案迭代周期；评价共维建立"师生企社"四维体系，将"非标准答案"转化为社会价值评分；资源共建依托知识折旧率模型动态更新教学资源，确保知识体系前沿性（图1）。

2 路径创新：形成全要素改革与协同育人机制

基于"五维共生"框架，实施全要素嵌入式改革，构建"课程目标—知识体系—实践平台"一体化协同路径，推动创新能力培养从碎片化向系统化转型。通过实训一体化平台实现校企社深度联动"生态共赢"的产学合作新模式，年均孵化社会服务项目8个，成果转化率超80%。价值引领与学科交叉双轮驱动。课程思政映射矩阵将"文化传承""节能低碳"等思政要素融入专业任务设计。校企社协同培养创新能力。与11家设计院共建"双导师工作室"，年均引入10项真实项目，教师转型为"创新教练"，学生主导需求调研与方案汇报，而各类AI辅助工具则成为教学整个流程中强有力的助手。

3 深度实践：场地设计课程范式转型与实证

3.1 场地设计课程范式转型

基于教学理论的创新成果，团队以"场地设计"课程为改革切口，具象化实施"双向赋能·五维共生"模型，验证理论创新与路径设计的有效性。课程将可持续目标拆解为量化课程指标，推动思政教育从"理念植入"转向"行为牵引"；内容共创维度，在城市更新大背景下，与学科前沿、实践案例结合，立体重构教学内容体系，形成宏观认知、中观专项、微观设计三大内容专篇；通过"BOPPPS"模式重构课堂生态，学生主导方案汇报占比超六成，复杂问题解决能力测评得分从58%跃升至82%，实现"价值—能力—思维"共生的范式转型。资源共建中依托"知识折旧率"模型动态更新教学案例库，年均新增案例30个，形成覆盖全国的动态更新教学资源网络。

3.2 AI工具辅助设计实证探微

在"双向赋能·五维共生"教学模型基础上，为更好地回应AI时代的挑战，课程教学目标定位于以核心竞争力——创新思维与批判思维的培养为核心[3]。通过课程中案例分析、小组讨论等方式，激发学生的创新思维，在研讨过程中培养学生的批判性思维能力，使其能够主动发现问题并提出解决方案。结合AI时代带来的便捷辅助工具在场地设计各流程中作用的发挥，在教学目

资源共建
指线上资源与实践项目案例积累，"师生同研"建设"持续更新"的教学资源

目标共构
政育人与专业教学同向同行，"师生同向"打造"一致对准"的课程目标

评价共维
指学习评价与教学活动多元融合，"师生同论"构建"客观积极"的评价体系

内容共创
指基础知识与专业实践渐进协同，"师生同学"生成"立体重构"的内容体系

过程共生
指BOPPPS教学模式持续式运用，"师生同讲"创建"主动参与"的课程学习

图1 "双向赋能·五维共生"模型概况
资料来源：作者自绘

标中同时包括引导学生熟悉、掌握相应的 AI 技术工具进行场地分析、场地设计与设计决策，其中包括智能算法工具、大数据分析工具、智能设计工具等的运用。

（1）智能分析工具应用拓展数据驱动

在场地设计基础调研环节，对自然条件、建设条件、社会条件基本概念的讲解后，引导学生了解数据驱动的理论基础以及常用工具的基本操作。进而通过实践设计案例，引导学生亲自操作智能分析工具，体验数据驱动的设计过程。例如，基于前期 Rhino 软件基础，通过 Grasshopper 分析从气象局获取的相关数据，分析基地基础自然条件（图2）。通过在线城市地图与手机 SDK 大数据获取结合三大运营商数据、高德地图实时接口数据绘制社区 10 分钟生活圈，找到其对应强关联性，从而合理确定公共区域场地的选址、功能分区和流线组织（图3）。通过在设计实践中的成功探索，学生受益于数据驱动带来的高效准确分析做出更合理的设计决策，并在此基础上进一步提升设计实践能力与创新思维。

（2）智能设计工具辅助优化设计方案

方案生成阶段，智能设计工具对方案进行自动多目标评估，如空间利用率、人流量分布、环境影响等，为设计者提供量化指标和可视化结果。参数调整、敏感性分析等功能帮助设计者短时间内探索和寻找最优解，实

现设计方案的优化。课程中在讲解及演示设计案例的基础上，引导学生在设计实践中主动运用智能设计工具，体验其辅助设计决策的过程（图4）。方案优化过程中结合 AI 绘画软件（Mid Journey 等）迅速形成初步方案辅助进一步推敲（图5）。在实践中，学生逐步感受智能设

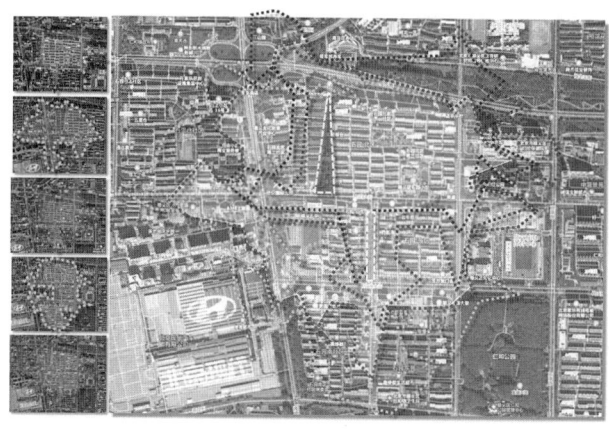

图3 强关联性社区 10 分钟生活圈数据分析引导公共区域场地选址
资料来源：作者自绘

图4 智能设计工具辅助方案分析
资料来源：学生课程设计绘制

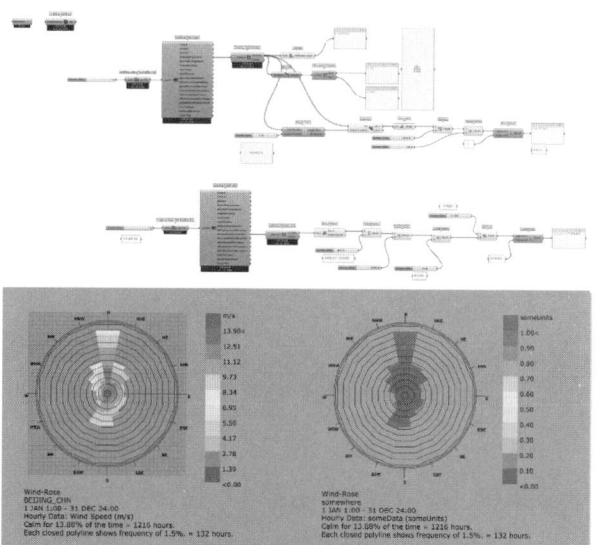

图2 Grasshopper 分析项目基地自然条件要素
资料来源：学生课程设计绘制

图5 AI 绘图工具辅助快速表达设计方案
资料来源：作者自绘

计工具进行设计方案的评估与优化的优势，并通过实践中的优缺点分析与使用方法、适用范围的研讨，进一步理解智能设计工具的实际应用和局限性，更明确其自身的创新思维与批判思维在方案决策中的重要地位和作用。

（3）教学工具智能化

教学中引用国家"重点领域教学资源项目"的共享服务平台知谱空间资源，以课程相关学科知识图谱为抓手，根据学生自身学习特点逐渐了解场地设计相关学科的知识框架与内容要点。同时，根据学生在线的学习偏好进行智能化分析，及时为其推荐相关的学习内容和资源，包括视频、案例、文献等，形成个性化指导（图6）。

基于设计课程为学生辅导针对性要求高的实际情况，课程中充分利用智能学习平台及工具辅助教学[4]。包括通过在线互动工具智能化分析学生反馈，高效推进教学进程（图7），并及时进行设计成果反馈（图8）。

4 理论建构与实践成效

4.1 师生协同与课程提质推动教育生态优化

（1）学生成长成效显著

学生创新能力突破，获国家级设计奖项从年均2项增至15项，实践成果转化率达80%，复杂问题解决能力显著提升。价值观内化深化。通过"红色地标设计""适老化社区"等课程思政模块，学生专业使命感测评优良率从64%升至92%，涌现出5支持续服务社会的专业团队获市级技科普志愿服务项目。聚焦国家战略需求，将教学成果转化为区域发展的实际生产力。近

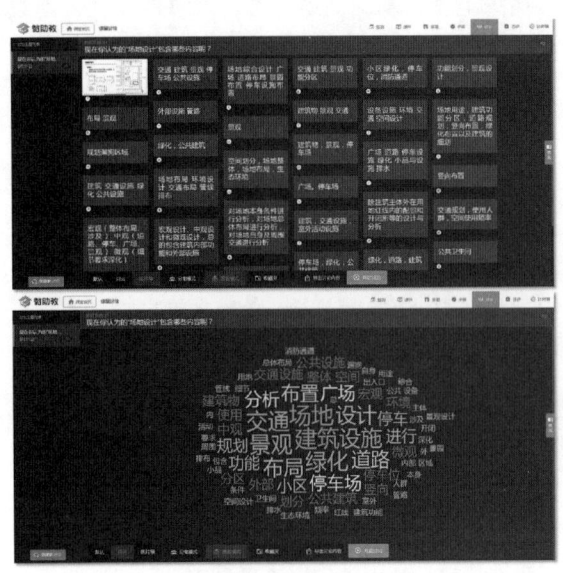

图7　在线互动工具智能化分析学生主观反馈形成词云

资料来源：微助教课程平台

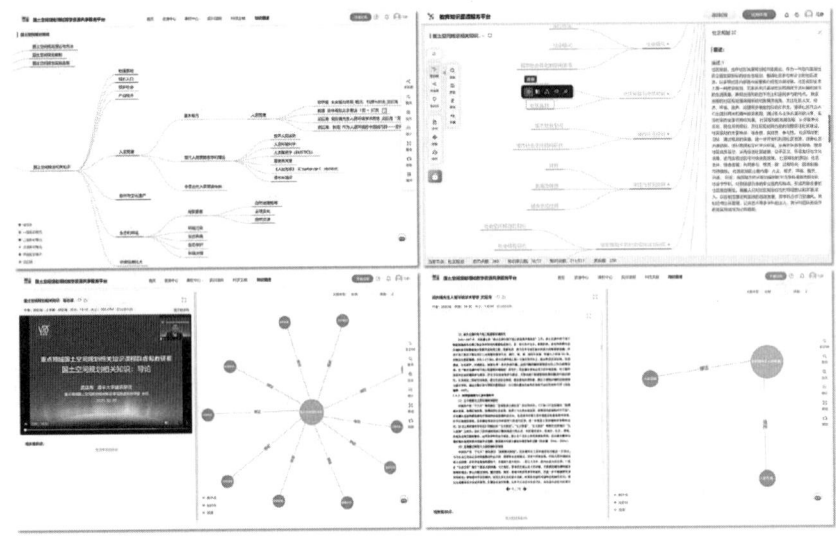

图6　知谱空间"场地设计"相关内容智能化推荐学习资源

资料来源：图谱空间

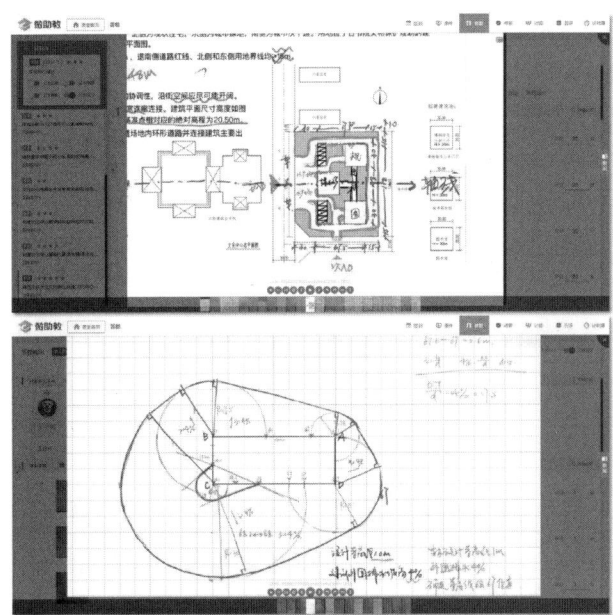

图8　在线互动工具及时反馈学生设计成果推进教学进程
资料来源：微助教课程平台

五年为京津冀地区输送设计师 200 余人，其中 100% 参与过城市更新、乡村振兴实践项目，形成课内课外与毕业就业的闭环。

（2）课程与师资建设提质

团队成员中，受聘教育部国土空间重点领域协作组专家 2 人，北京城市规划学会街区治理与责任规划师工作专业委员会专家 1 人。以"场地设计"为突破口，建成包括"场地设计""城乡规划设计实践"等课程为代表的国家级、省级创新课程、省级本科优质课程，获全国高校教师教学创新大赛三等奖 1 项、北京市教师教学创新大赛一等奖 1 项、三等奖 1 项、北京高校青年教学名师 1 名、北京市青教赛一等奖 3 项等。相关课程获评北京高校优质本科课程、教案，动态案例库涵盖企业真题 120 项、获奖方案 40 个，年均更新率 40%。成功推动城乡规划专业获批北京市一流专业建设。成果被纳入北京高校优质本科教案，为高校设计类课程教学"以学生为主体"模式转变提供实践范例。团队多次参加中国高等学校城乡规划教育年会、高校教师教学创新研讨会等，并应邀进行专题报告，广受兄弟院校及同行的认可与好评。

4.2　校企社联动与项目赋能实现行业协同发展

团队成员共主持参与科研教研项目二十余项，撰写科研教研论文二十余篇。与北京市规划设计研究院等企业院所共建 23 个"师生共研基地"，联合参与二十余项实践项目；孵化"适老化设计""智慧社区微更新"等社会创新项目，实现社会服务升级，其中"责任规划师城市更新"项目获市区两级规划自然资源主管部门认可；近五年为京津冀地区输送设计师二百余人，企业反馈"毕业生设计思维与执行力明显优于行业平均水平"。动态案例库面向行业开放，"城市更新"项目案例库成果纳入《北京市责任规划师工作五周年案例汇编》。

4.3　"生态迭代＋数字赋能"双轮驱动保障可持续发展

设立"师生共研基金"形成制度保障，年均支持校地合作项目 5 项。建成校级虚拟仿真实验教学中心，打造"城市更新设计工作坊"，年均服务学生 3000 人次；建立"年度教学改革白皮书"机制，每两年更新动态案例库与评价标准，确保成果与时俱进，持续迭代。

5　结语

面向 HAI 时代的时代洪流，设计类课程师生共创教学理论构建结合教学实践验证，充分体现出有效解决了设计类课程中的三大难题。第一，价值引领空心化，社会责任与可持续理念渗透不足的问题；第二，学科交叉浅层化，复合型设计人才能力缺口显著的问题；第三，创新能力碎片化，全过程协同育人机制尚未形成的问题。本研究以"师生共同体"为理念内核，以"双向赋能·五维共生"教学理论为方法论支撑，针对设计教育中存在的三大痛点，形成了理论引领—机制创新—实践验证的系统性解决方案。通过八年持续深耕"场地设计"课程建设，实现了从"知识传授"到"价值—能力—思维"共生的范式转型，系统性破解了社会责任意识薄弱、复合型能力结构缺失与创新成果转化率低的核心矛盾。

面向 HAI 时代，以城市更新典型实践案例为载体，验证了价值重塑、知识重构与机制重构的协同效应，在为设计教育改革提供三维解决方案的同时，更填补了传统教学体系中社会责任培育与工程实践能力衔接的制度性空白，对重塑设计人才的社会使命担当、推动人居环境建设转型具有重要的理论价值与现实意义[5]。未来，在进一步深化协同育人机制的制度化建设与实施效果方面，将通过动态评估的方式持续更新以解决更多的时代挑战。

参考文献

[1] 杜明芳 .AI+ 智慧建筑研究 [J]. 土木建筑工程信息技术，2018，10（3）：1-6.

[2] 童晶，任廷魁 . 多模态智能 AI+AR 建筑展览馆展示设计的艺术美 [J]. 工业建筑，2023，53（7）：251-252.

[3] 赵哲身 . 智慧建筑发展的原驱动力及其技术趋势 [J]. 智能建筑与智慧城市，2022（9）：20-25.

[4] 侯文云 .AI 测算与设计辅助地产开发的利润 "魔术师" ——浅谈 AI 技术在建筑设计中的应用与未来 [J]. 中国勘察设计，2019（8）：46-51.

[5] 高旸 . 基于 Modbus-RTU 通讯方式在 AI 集群建筑中的设计与实现 [J]. 青海大学学报，2020，38（2）：58-65+80.

[6] 周赞，董新稳 . 高校设计类课程线上共创教学与设计研究 [J]. 设计，2022，35（7）：80-83.

[7] 奚雪松，黄仕伟，王玉华 . 研究生阶段规划设计类课程的 "好声音"（VOICE）教学模式探索——以城乡规划与设计课程为例 [J]. 规划师，2023，39（8）：147-153.

Mutual Empowerment·Five-Dimensional Symbiosis: Construction and Practice of Teacher-Student Co-Creation Teaching Theories in Design Courses in the HAI Era

Ma Jing   Liu Xiaoxi   Liu Zipeng

Abstract：Against the backdrop of deepening reforms in higher education in China, design courses face core challenges inherent in traditional pedagogical models, including an overemphasis on technical skills at the expense of critical thinking, a lack of substantive value orientation, and superficial interdisciplinary integration. These limitations struggle to meet the demands of emerging engineering and liberal arts disciplines for cultivating interdisciplinary design professionals. Concurrently, the advent of the HAI era presents new challenges for design education. This study takes the Site Design course as a pilot, proposing a "Dual Empowerment·Five-Dimensional Symbiosis" teaching framework. It establishes a dynamically updated pedagogical ecosystem encompassing "objectives-content-process-evaluation-resources", integrating AI tools to holistically enhance teaching practices. This approach systematically addresses fragmented value guidance, interdisciplinary superficiality, and disjointed innovation capabilities, transitioning from "knowledge transmission" to a symbiotic model of "values, capabilities, and thinking". The research outcomes include national and provincial awards such as the Third Prize in the National College Teachers' Teaching Innovation Competition and the First Prize in the Beijing College Teachers' Teaching Innovation Competition, alongside 10+ ministry-level accolades. Practical achievements have been incorporated into the Five-Year Case Compilation of Beijing Responsibility Planners. This study provides a replicable framework for pedagogical reform in design education, advancing urban-rural human settlement transformation and nurturing interdisciplinary design talents. It offers actionable solutions to challenges posed by the HAI era while maintaining alignment with academic rigor and practical relevance.

Keywords：Dual Empowerment, Five-Dimensional Symbiosis, Human-AI Interaction, Teacher-Student Community, Value Orientation

人工智能在规划设计 4 个环节中的实践应用 *

葛天阳　周文竹　后文君

摘　要： 在"人工智能+"时代，人工智能在各个领域的作用日益凸显，甚至可能带来革命性影响。东南大学二年级"规划设计"课程开展了人工智能辅助设计的实践应用尝试，引导学生从"人工智能辅助场地分析、人工智能辅助设计构思、人工智能辅助方案生成、人工智能辅助设计表现"四个方面探索人工智能的作用。同时，教师和学生一起对人工智能的优势与局限进行反思与探讨，明确设计师在设计过程中的主导地位，明确人工智能在设计过程中的工具与辅助地位。该应用实践对人工智能辅助设计的教学与研究具有一定借鉴意义。

关键词： 人工智能；规划设计；教学设计；应用反思

1　引言

　　人工智能在各个领域的作用日益凸显，甚至可能带来革命性影响。东南大学二年级"规划设计"课程开展了人工智能辅助设计的实践应用尝试，引导学生从"人工智能辅助场地分析、人工智能辅助设计构思、人工智能辅助方案生成、人工智能辅助设计表现"四个方面探索人工智能的作用。同时，教师和学生一起对人工智能的优势与局限进行反思与探讨，明确设计师在设计过程中的主导地位，明确人工智能在设计过程中的工具与辅助地位。该应用实践对人工智能辅助设计的教学与研究具有一定借鉴意义。

2　应用人工智能的教学设计

　　在规划设计课中，探索人工智能辅助设计的教学实践。从"制度设计、日常教学、打分评价、应用反思"四个方面进行系统谋划，鼓励学生将人工智能应用到规划设计的各个环节，辅助设计。

2.1　制度设计：课堂鼓励与评价激励

　　教研组将人工智能的应用纳入设计课任务书，引导并鼓励学生在设计的各个环节应用人工智能，同时建立分数激励制度，对应用人工智能的同学进行分数激励，并根据应用情况的实效确定分数奖励的高低。

2.2　日常教学：框架引导与自由探讨

　　对于人工智能这一新鲜事物，不进行具体的技法教学，而是由教师制定框架，由学生进行自由探讨。人工智能的应用框架包括"人工智能辅助场地分析、人工智能辅助设计构思、人工智能辅助方案生成、人工智能辅助设计表现"四个方面，鼓励学生在该框架下进行自由探索。日常教学过程中由学生介绍人工智能应用情况，教师和全组学生进行探讨。

2.3　打分评价：集中表达与过程评价

　　采用分数激励的方式鼓励学生在设计过程中应用人工智能，在作业打分时对人工智能应用情况进行专门评价，并设置专门分数。要求学生在设计成果图纸中设置专区，介绍人工智能应用情况。打分标准根据人工智能

　　* 基金项目："十四五"国家重点研发计划课题（编号 2022YFC3800302）；江苏省自然科学基金项目（编号 BK 20241349）；东南大学同心城市更新教育基金（TXGXJJ-2025002Y）。

葛天阳：东南大学建筑学院副教授
周文竹：东南大学建筑学院副教授
后文君：东南大学建筑学院助理研究员（通讯作者）

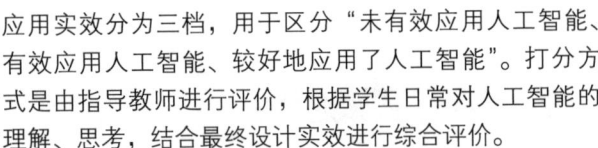

应用实效分为三档，用于区分"未有效应用人工智能、有效应用人工智能、较好地应用了人工智能"。打分方式是由指导教师进行评价，根据学生日常对人工智能的理解、思考，结合最终设计实效进行综合评价。

2.4 应用反思：适用场景与应用局限

在教学与探索中，不一味强调人工智能的优点，而是启发学生多方位尝试人工智能的同时，引导学生以辩证的思路，从适用场景和应用局限两个方面，对人工智能的应用进行回顾与反思，将人工智能作为辅助设计的工具而非迷信，明确设计师在设计过程中的主导地位，明确人工智能在设计过程中的工具与辅助地位。

3 应用人工智能的4个环节

根据设计课的设计流程，鼓励学生在"人工智能辅助场地分析、人工智能辅助设计构思、人工智能辅助方案生成、人工智能辅助设计表现"四个方面尝试人工智能辅助设计的实践应用。该框架是引导性的，旨在启发学生从多个角度尝试和探索人工智能辅助设计的可能性。学生可以从四个环节中选择一个进行着重应用，也可以在所有四个环节都进行人工智能应用探索。

3.1 场地分析环节：数据驱动的精准研判

场地分析是设计的逻辑起点，人工智能通过多源数据整合与智能分析，构建立体化的场地认知体系。例如，通过图像识别算法解析航拍影像，基于预设评价模型（如交通便利性、生态敏感性、噪声影响度）进行量化分析，自动生成场地 SWOT 分析报告，可快速定位优势要素（如临近地铁站点、自然景观资源）与限制条件（如地质断层带、日照盲区），为设计策略提供数据支撑，避免人为分析的主观性与片面性。

3.2 设计构思环节：智能辅助的创意激发

设计构思阶段，人工智能扮演"数字助手"角色，通过任务解构、案例推荐与概念生成，辅助设计师构建个性化设计逻辑。自然语言处理技术可深度解析设计任务书，提取功能需求（如商业面积配比、绿化率指标），及约束条件（预算限额、工期要求），形成结构化任务清单。同时，人工智能将场地分析数据与任务需求关

联，自动输出设计方案构思。案例推荐系统依托海量设计数据库，通过语义匹配算法筛选相似项目。例如，设计学生公寓时，系统会推送同地段、同规模的成功案例，分析其交通组织、业态布局及形态设计策略，为设计师提供跨地域、跨文化的灵感参照。

3.3 方案生成环节：算法驱动的方案演进

方案生成是人工智能技术应用的核心场景，通过生成算法与优化模型实现从概念到方案的高效转化。学生将任务书输入之后，可自动生成设计构思与空间布局结构。学生根据生成的方案，可以选择保留其中部分构思，同时输入修改指令进行方案修改。同时，人工智能可在数分钟内生成多个方案，供学生进行比选。人工智能还能进行设计内容要点的系统建构，明确设计进一步深化时需要注意的方向、注意事项等。

3.4 设计表现环节：智能可视化的高效呈现

设计表现是方案价值传递的关键环节，人工智能通过自动化绘图与智能渲染技术，提升成果表达的效率与精度。人工智能渲染系统可基于三维模型生成照片级效果图，可以根据要求进行材质切换、配景自动填充，支持实时切换光照条件（如正午直射 / 黄昏漫射）、天气状态（晴 / 雨 / 雪），甚至模拟植被季节变化效果。同时，人工智能进行方案表现可自动添加大量细节，使方案表达输出瞬间具有很高的丰富程度。

4 应用实践案例

4.1 学生案例 1

首先是人工智能辅助区位分析。AINO AI，相比于人工智能，我更愿意称之为一个内置了 AI 的 GIS 地理信息系统，这种类型的 AI 软件并不多见，但是作为一个新兴的智能应用方向，他的准确率以及整个软件的 ui 都很符合人类的操作习惯。第一，基于 AINO 查找 Pin（区域）内的各种要素。通过英语提示词或直接在地图上标点，设置你想要查找的区域以及区域要素，例如：查找东南大学 1000 米区域内的水体 "Find Water in 1000m Buffer around the Southest University." "查找鸡鸣寺附近 2000m 范围内的建筑物和商业中心 Find Buildings and Shopping Mall in 2000m." 第二，Buffer Around

JIMING Temple. 将标点 Special Pin（特别区域）的位置标定在方案场地上，给出的提示词为：找到在标点处2000米范围内的道路和公园。并找到1000米范围内的所有建筑物，经过 AI 爬取，紫色的圆圈区域和线条分别为 2000米范围和道路网，绿色区块则是公园范围。

其次是对查找结果进行空间分析（Spatial Analysis）。AI 助手不仅仅是在地图上显示数据，它还帮助分析这些数据。通过你输入的 Prompt（提示词），可以计算给定区域内数据点的浓度（点密度），并使用六边形网格系统（H3）在地图上表示此信息。继续分析本场地周围的商业是否发达，我输入了：找到距离标点1500米范围内的所有购物中心并计算它们的点密度[点密度 = 区域面积 / 区域内点数统计（Count）]，如需进

一步精确的获得信息，可以提出更多的数学要求和量化标准。

综上所述，AINO AI 的用处更多的在于设计师本人对于设计场地了解不多的情况下，可以快速且直观地了解场地周边的地理和人文特征，将计算机地理信息系统和 AI 结合，进行数字化处理以及区位分析，为设计方案和让别人快速了解地理特征提供便利（图1、图2）。

4.2 学生案例2

首先，在场地调研和概念生成环节，运用 DeepSeek 等人工智能对此次课题的任务书进行详细分析，并总结整理出了 A 场地的重要特征，提醒我在设计的过程中重点关注杨廷宝故居和诗词协会两个历史建筑，对

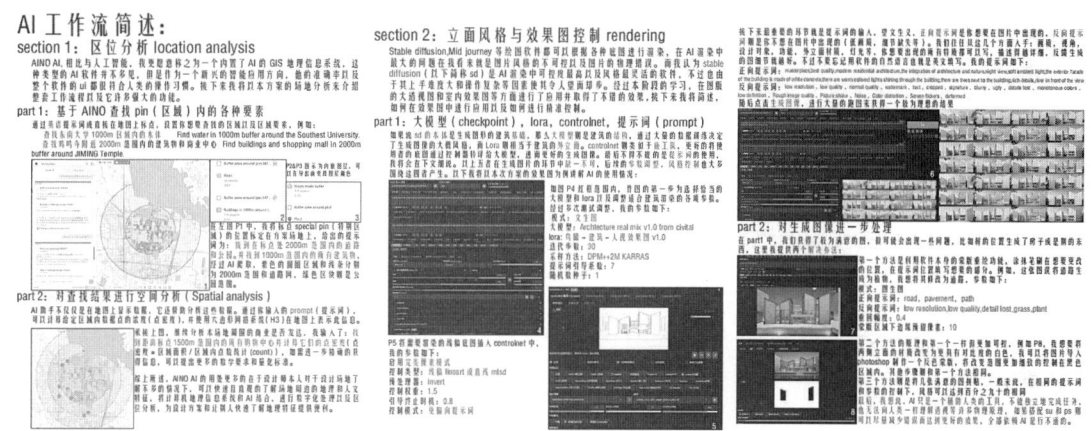

图1　学生 A 对人工智能在设计过程中应用的归纳总结
资料来源：东南大学二年级"规划设计"课程作业

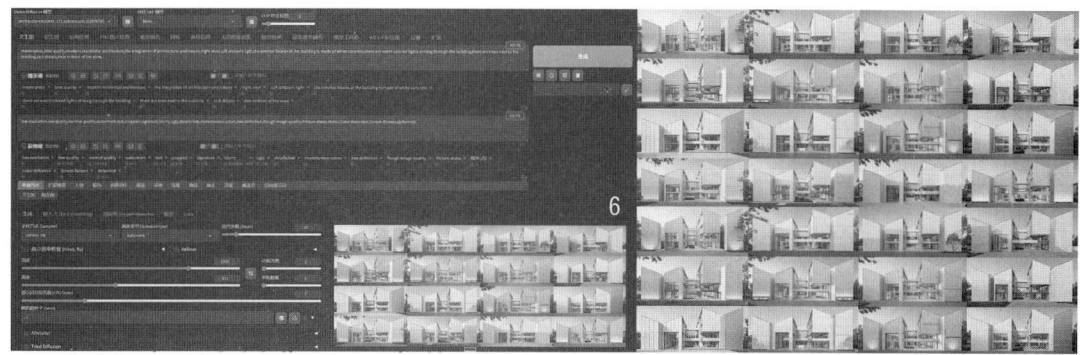

图2　学生 A 用人工智能进行多方案比选与深化设计
资料来源：东南大学二年级"规划设计"课程作业

方案的概念产生了重要的影响。

接着，在方案深化的过程中，我发现人工智能并不能对方案的改进提供有力的帮助。

最后，在表达阶段，我利用建筑学长、Aidmaster、Liblib、Stablediffudion 等人工智能，对效果图和透视图进行了多次的渲染，并利用 PS 工具对人工智能错误识别的位置进行了一定的修复和拼贴。

反思：可以看到 AI 渲染的效果图具有真实感强、效果逼真的特点，让我切实感受到了 AI 的强大之处；但是错误百出、呆板无脑也是其致命弱点，让我坚定了 AI 无法取代建筑设计师的想法，因为他们无法像设计者一样从人的角度对方案进行思考（图 3）。

图 3 学生 B 对人工智能在设计过程中应用的归纳总结
资料来源：东南大学二年级"规划设计"课程作业

5 应用效果分析

人工智能在设计过程中能起到很好的辅助作用，相对于传统设计方法，人工智能具有很大的优势。同时人工智能辅助设计也有其局限性，需要正确看待。

5.1 应用人工智能的优势

在设计过程中应用人工智能辅助的优势在于"速度快、资料全、思路广、细度高"。一是速度快，人工智能可以在瞬间完成大量工作，极大提高工作效率，如瞬间做出多个比选方案等；二是资料全，人工智能可自动从互联网中进行数据检索，从大量数据中提取有用信息，比如可以制定调查某个具体地点的详细背景资料，找到匹配的国内外先进案例等；三是思路广，人工智能可以迅速列举设计需要注意的多个维度，避免遗漏，还能从多个维度进行多方案比选，对于初学者来说，可以扩展知识面；四是细度高，人工智能在进行方案深化或效果图渲染时，可以自动填充大量细节，使方案快速达到很高的精细程度。

5.2 应用人工智能的局限

在设计过程中应用人工智能辅助的局限在于"深度低、逻辑差、有错误、不连贯"。一是深度低，人工智能虽能快速建立设计框架，但很难进行具有深度的有效思考，总是浮于表面，仅能用于设计初期而不适用于深度思考；二是逻辑差，人工智能看似条理清晰的答案往往仅是语文及格式上的逻辑，而不具备设计内容的逻辑思考能力；三是有错误，一般的人工智能基于互联网数据进行检索思考，会有错误信息及张冠李戴的情况出现；四是不连贯，目前各个环节进行人工智能辅助设计时仍需要反复从头交流，人工智能不能理解设计全貌，无法进行连贯交流。

6 结语

通过在设计课中进行人工智能应用发现，从"人工智能辅助场地分析、人工智能辅助设计构思、人工智能辅助方案生成、人工智能辅助设计表现"四个方面，人工智能辅助规划设计能起到很好的辅助作用，但也有很明显的局限。人工智能在设计四环节的应用，本质上是"数据智能"与"设计创意"的深度融合：场地分析实现从经验判断到数据决策的转变，设计构思构建从独立思考到智能辅助的模式，方案生成完成从手工试错到算法优化的跨越，设计表现达成从低效绘图到智能呈现的升级。随着生成式人工智能技术的迭代，未来设计流程将更趋智能化，推动设计行业从"人力密集型"向"智慧创新型"转型。设计师需积极拥抱技术变革，在人机协作中重构专业价值，让人工智能真正成为释放设计潜力的赋能引擎。

参考文献

［1］ 卢泽华 . "AI+ 教育"，下好先手棋 [N]. 人民日报海外版，2024-04-29（008）.

［2］ 赵文君，蔡子悦，袁振岳 . 国际人工智能教育的研究热点、演化路径、知识基础及其启示——基于 CiteSpace 的可视化分析 [J]. 中国教育技术装备，2024（7）: 147-152.

［3］ 汪时冲，方海光，张鸽，等 . 人工智能教育机器人支持下的新型"双师课堂"研究——兼论"人机协同"教学设计与未来展望 [J]. 远程教育杂志，2019，37（2）: 25-32.

［4］ 董文娟，黄尧 . 人工智能背景下职业教育变革及模式建构 [J]. 中国电化教育，2019（7）: 1-7，45.

［5］ 马婧 . 混合教学环境下大学生学习投入影响机制研究——教学行为的视角 [J]. 中国远程教育，2020（2）: 57-67.

［6］ 李文洁，王晓芳 . 混合教学赋能高校课程思政研究 [J]. 中国电化教育，2021（12）: 131-138.

Practical Applications of Artificial Intelligence in Four Stages of Planning and Design

Ge Tianyang　　Zhou Wenzhu　　Hou Wenjun

Abstract：In the "AI+" era, artificial intelligence（AI）is playing an increasingly prominent role in various fields, potentially even bringing about revolutionary impacts. The sophomore "Planning and Design" course at Southeast University has carried out practical attempts of AI-assisted design, guiding students to explore the role of AI from four aspects: "AI-assisted site analysis, AI-assisted design concept development, AI-assisted scheme generation, and AI-assisted design presentation". Meanwhile, teachers and students jointly reflect on and discuss the advantages and limitations of AI, clarifying the leading role of designers in the design process and defining AI's position as a tool and auxiliary in design. This practical application holds certain reference significance for the teaching and research of AI-assisted design.

Keywords：Artificial Intelligence, Planning and Design, Teaching Design, Application Reflection

基于 HAI 技术的生态移民新村更新规划设计实践教学体系初探
——以宁夏大学乡村规划设计实践教学为例

杨　龙　马冬梅　王彩君

摘　要： 生态移民新村更新规划是宁夏生态文明建设与可持续发展的重要课题之一，其人才培养质量直接影响特定区域乡村规划设计、建设与更新的科学性与人文性。当前，传统乡村规划教学面临理论与实践割裂、技术应用滞后等问题。为此，宁夏大学建筑学院以 HAI（Human-AI Interaction）技术为实践核心，从背景适配、过程协同、成果增值三个维度重构生态移民新村更新规划设计实践教学体系，提出"资源整合—目标升级—模式创新—评价优化"的一体化路径。通过明确 HAI 技术驱动的规划素养目标、构建虚实融合的智能实践平台、实施"场景—数据—决策"联动的教学模式、创新动态反馈的评价机制，推动乡村规划设计、建设与更新教学从"经验主导"向"人机协同"转型，为新时代西北地区规划人才培养提供理论与实践范式。

关键词： HAI 技术；生态移民新村；更新规划设计；实践教学

1　问题的提出

宁夏回族自治区（以下简称宁夏）是我国地理空间范围内相对较小的人口聚居单元，省域总面积 6.64 万平方公里，截至 2024 年底，总人口 729 万人，其中城镇人口 491 万人，乡村人口 238 万人。由于宁夏地域生态环境的脆弱性、居住条件的局限性以及气候变化的约束性，使得地域乡村聚落迭代演化过程中，陷入了一种"人口增加—生活贫困—掠夺开发—生态恶化—生产条件恶化—贫困再次加剧"的恶性循环链条[1]。为应对生态脆弱性与贫困加剧的"双锁定"困境，宁夏自 1983 年开始，通过政策引领实施了四十余年的生态移民工程，逐步形成了宁夏特有的生态移民新村聚居空间单元，共计 304 个（图 1、图 2）。面对这种高强度行政嵌入下的任务型空间重构的生态移民新村，其空间设计、规划与更新都将成为宁夏乃至西北地区破解生态保护与发展、直面"人地矛盾"不可忽视的重要课题[2]。

运用大数据、云计算、区块链、人工智能等前沿技术推动城市管理手段、管理模式、管理理念创新，从数字化到智能化再到智慧化，让城市更聪明一些、更智慧一些，是推动城市治理体系、治理能力现代化以及城市更新发展的必由之路[3-5]。然而，宁夏传统乡村规划教学多依赖静态案例分析，缺乏对动态乡村需求与智能技术的响应能力，导致学生"技术脱敏"与"实践乏力"。

作为国家"双一流"建设高校，宁夏大学始终承担着为区域经济社会发展输送高素质人才的时代使命。建筑学院城乡规划专业历经三十年发展，已形成新工科背景下设计系列课程创新卓越教学团队，但伴随智慧城市、数字孪生等新兴领域的迅猛发展与传统专业的迭代升级[6]，使得现有专业架构与人才培养体系已显现出与市场需求不适应的状况[7, 8]。因此，亟需重构实践教学体系，借力 HAI 技术手段，研究以宁夏生态移民新村更新规划为实践教学对象，从背景适配、过程协同、成果增值三个维度重构乡村规划更新的实践教学体系，提出"资源整合—目标升级—模式创新—评价优化"的一体化教学路径。以期为西北地区培养兼具人文关怀与技术素养的复合型规划人才。

杨　龙：宁夏大学建筑学院讲师
马冬梅：宁夏大学建筑学院教授
王彩君：宁夏大学建筑学院准聘教授

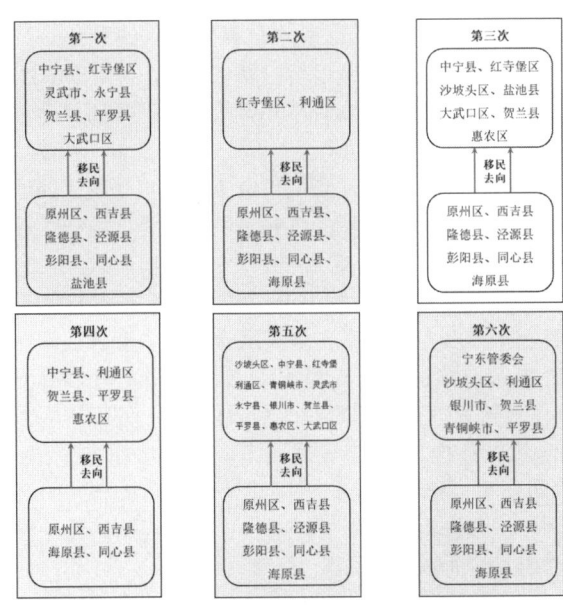

图1　宁夏六次规模化移民迁移路线示意图

图2　左图为近四十年生态修复的移民旧址，右图为生态移民形成的新聚居空间单元
资料来源：课程组学生绘制、摄影

2　宁夏大学乡村规划实践教学体系问题研判

针对宁夏大学乡村规划实践教学体系中三个核心问题："悬浮式"教学、技术工具断层和评价机制偏差进行系统性剖析。

2.1　理论与实践脱节的"悬浮式"教学

当前教学体系存在显著的"空中楼阁"现象。知识传授仍以城乡建成环境的物质空间规划框架为主导，与乡村全面振兴战略要求的"产业—生态—文化"多维度协同规划有所脱节。比如"乡村规划原理""乡村规划设计"课程中，数字化应用、碳汇测算等新知识点占比较低，学生作业中的方案设计仍以空间组合为主。而

且，实践环节更凸显形式化弊端：标配的"一天一夜"田野调查，使学生仅能完成拍照测绘等基础工作，对乡村发展的深层次矛盾无从触及。

2.2　技术工具的应用断层

现阶段宁夏大学乡村规划教学团队的数字化教学陷入"有技术无智慧"的困境。虽然GIS、无人机等工具已进入课程体系，但多停留在软件操作培训层面[9]。技术教学与乡土智慧的割裂，导致无人机航拍数据仅用于制作汇报PPT的插图，而非分析乡村耕作半径与民居分布的耦合关系。更突出的问题是跨学科工具链的断裂：农学院学生擅长产业策划但不懂空间建模，建筑学院学生精于形态设计却不懂产业布局落到空间实处。

2.3　评价机制的导向偏差

现行评价体系存在"重图面轻落地"的异化现象。设计课评分标准中，图面表达占比高达60%，而对村民接受度等指标仅作模糊性描述。这种导向催生出大量"纸上乌托邦"。更隐蔽的危机在于评价主体的单一化——90%的课程设计仍由专业教师独家评判，村民、企业等真实使用者集体失语。

三重困境实质映射了规划教育现代性与乡土性的深层冲突。破局关键在于构建"扎根性技术认知"：设计图纸借助HAI技术，实现多方利益平衡的"社会契约"。唯有如此，乡村规划教育才能真正培养出"懂技术、更懂乡愁"的规划型人才。

3　基于HAI技术的生态移民新村更新规划实践教学体系重构

3.1　体系重构的内生逻辑

（1）理论基础：HAI技术的规划哲学

HAI技术规划的兴起标志着城乡认知范式的根本转变。在技术层面，物联网、大数据与人工智能构建起城乡运行的神经网络，使城乡规划从静态蓝图转向动态系统；在哲学层面，这种转变实质是对城乡本体论的重新诠释——城乡不再是纯粹的物质空间，而是人、技术、环境共生的复杂生命体。规划主体从专业精英扩展到市民集体智慧，众包数据与协同设计平台消解了传统规划的权力中心，福柯所批判的"规训空间"正在被参与式

民主重构。

这种哲学转向揭示出城乡规划正在经历从"造物"到"育成"的范式迁移。传统规划如同制作精密钟表，追求永恒秩序。HAI 技术规划则像培育生态系统，注重自适应生长。这种转变最终指向城乡规划哲学的根本追问：在人与技术的共生关系中，如何守护人类的主体性与城乡多样性，这需要规划师在效率与伦理、控制与涌现、统一与差异之间找到动态平衡点。

（2）现实需求：智能化规划的场景判识

宁夏生态移民新村更新规划面临生态保护与文化传承的双重挑战，其生态脆弱性表现为水土资源约束、荒漠化风险及生态承载阈值动态波动，文化多样性则体现为移民群体与原住民的生计模式差异、少数民族文化符号存续需求及新村认同建构诉求。在此背景下，智能化规划需依托 HAI 技术构建"感知—分析—响应"的动态治理框架，通过多源异构数据融合实现复杂系统的精准认知和场景判识，推动规划教学从"静态设计"向"动态更新"转型。

3.2 HAI 技术之于实践教学体系重构的适配性

（1）背景适配：通过新村需求分析，确定教学目标

在生态移民新村更新规划背景下，教学团队通过集成卫星遥感、无人机航测与 AI 数据分析技术，构建"需求—能力"动态映射模型[10]：首先运用自然语言处理技术对移民新村安置政策、产业转型诉求等非结构化数据进行语义挖掘，建立人文价值和生态价值的双重生态文明建设目标（图 3）；继而通过数字孪生技术构建三维仿真教学模型，使学生在虚实融合场景中开展空间功能模拟与可持续性验证（图 4）。该背景适配有效衔接了"移民新村韧性提升""空间适应性再生"等真实需求与"GIS 空间分析""参与式规划"等核心能力培养，形成"数据采集—智能诊断—协同设计—动态反馈"的闭环教学链，显著提升了学生应对复杂乡村更新问题的技术整合能力与创新思维水平。

（2）过程协同：实施"场景—数据—方案"的交互式教学

HAI 技术在实践教学体系重构中的过程协同性体

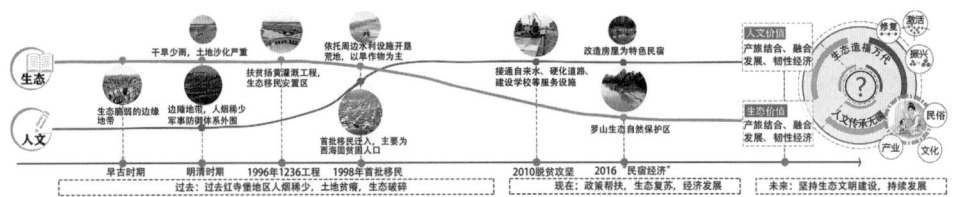

图 3　生态移民新村安置背景非结构化语义分析

图 4　生态移民新村虚拟场景模拟示意
资料来源：课程组学生绘制

现为"场景—数据—方案"三位一体的交互式教学范式创新，通过构建虚实映射的教学闭环系统，将宁夏生态移民新村更新规划的真实需求转化为动态演进的数字化学习场域（图5~图7）。在场景建构层，依托数字孪生技术对移民新村进行三维实景建模，整合地形地貌、建筑肌理、基础设施等空间要素与移民生计模式、文化习俗等社会特征[11, 12]，形成可感知、可计算、可干预的沉浸式教学场景，使学生在虚拟环境中直观把握村庄空心化、产业同质化、生态脆弱化等更新痛点。数据交互层通过部署无人机航拍与社会调查小程序，实时采集新村人口流动、土地权属变更、环境质量监测等多维数据流，借助 HAI 技术的边缘计算能力进行时空数据清洗与语义关联，构建包含公共服务设施压力指数、生态敏感度分级图等动态数据图谱的教学数据库，引导学生运用空间聚类算法识别村庄衰退空间，实现从数据感知到认知跃迁的教学转化。方案协同层则依托人机协同设计平台，将机器学习生成的空间布局优化方案、遗传算法驱动的产业配置模型与师生团队的创意设计进行多方案比选，通过虚拟现实界面实现规划方案设计[13]。这种以 HAI 技术为纽带的交互式教学，不仅实现了规划教育从"经验驱动"向"数据驱动"的转变，更通过机器智能与人类智慧的深度协作，重构了国土空间规划人才培养的认知模式与实践范式。

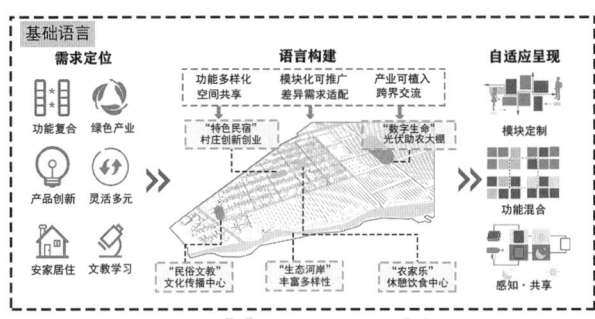

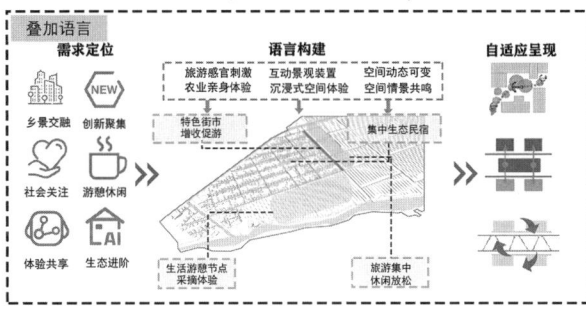

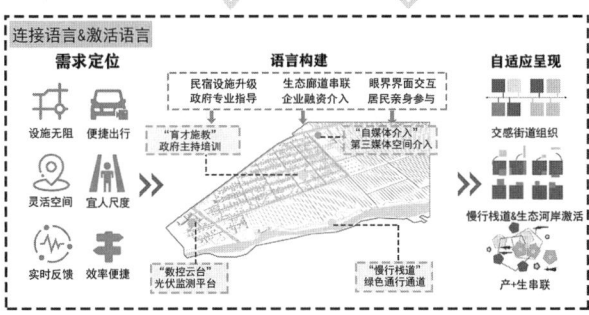

图 5　生态移民新村更新规划场景语言设计

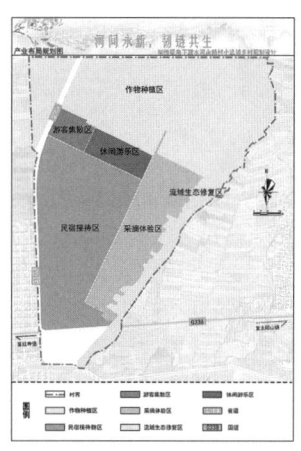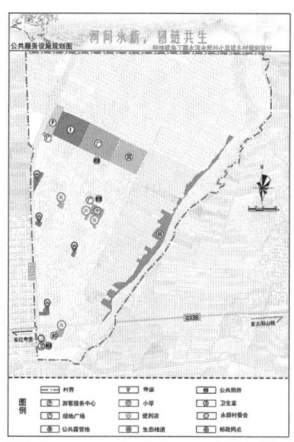

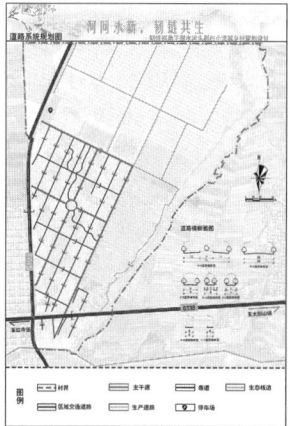

图 6　生态移民移民新村更新规划设计数据解析

现状总平面图   规划总平面图

图7　生态移民新村更新规划设计方案生成

资料来源：课程组学生绘制

（3）成果增值：基于多维评价优化规划方案，反馈教学改进

HAI 技术在宁夏生态移民新村更新规划实践中，通过多维评价体系重构了传统教学逻辑，形成"数据驱动—智能生成—动态反馈"的闭环模式，推动实践教学成果实现技术赋能的价值跃升。研究聚焦移民新村空间重构与韧性提升的双重目标，对村落功能布局、产业植入、生态修复等核心议题进行参数化建模，依托遗传算法生成差异化方案；通过建立包含社会效益（移民就业率）、经济效能（产业联动系数）、生态价值（碳汇增量）及文化认同（传统院落保留度）的四维评价模型[11]，量化比对方案综合指数，筛选出兼顾安置容量扩增与生态足迹降低的优化方案。

技术介入突破了传统教学中方案比选的主观局限，使学生在人机协同过程中掌握动态评估与迭代优化的方法论，同时通过回溯智能系统对场地文脉误判的节点，反向完善教学体系中地域性认知模块的设计[14]。实践表明，HAI 技术不仅使规划方案综合效能有所提升，更通过实时记录学生决策路径形成行为数据，为教学反馈提供可视化图谱，这种"技术嵌入"与"人文浸润"的双向互动，破解传统教学中"重技能轻素养""重结果轻过程"的现实困境。

4 HAI 技术之于生态移民新村更新规划实践教学路径优化

4.1 资源整合：打造"政—校—企"协同平台

作为宁夏唯一的"双一流"建设高校，宁夏大学依托地域特色和学科发展优势，构建了多学科、多层次的生态移民研究体系，其下设的部分研究中心及科研成果为破解因空间迁移而出现的移民聚落空间规划新问题提供了重要的基础性支撑与实践参考。除此之外，在整个生态移民新村更新规划教学过程中，与宁夏自然资源厅、宁夏住房和城乡建设厅、宁夏农业农村厅、宁夏乡村振兴局、各个市辖区自然资源局与住建局、宁夏交通建设股份有限公司等政府部门与企事业单位的有效合作，并在生态移民新村更新规划、乡村生态产品价值实现以及黄河流域宁夏段生态修复等方面开展了相应的实践项目与研究合作，共建"生态移民大数据中心"，通过资源整合，打造了"政—校—企"协同平台，提供真实项目案例与算力支持。

4.2 目标升级：从"技能训练"到"人机共育"

将 HAI 技术深度嵌入课程目标，开设"智能社区规划""人机协同设计"等新课，培养"懂数据、会设计、善沟通"的规划人才。"数字化乡村设计""空间数据分析""智慧系统设计"等新课。

生态移民新村更新规划课程体系以"人机共育"为核心导向，针对生态移民新村兼具生态敏感性、文化多元性与安置特殊性的特点，将 HAI 技术深度融入教学实践并嵌入课程目标，开设"数字化乡村设计""空间数据分析""智慧系统设计"等新课，通过数字孪生精准识别新村的生态承载容量与资源循环潜力。比如，在"数字化乡村设计"课程中，创新性引入虚拟现实协同设计平台[15]，实现村民、规划师与人工智能的三方交互，依托机器学习对移民安置意愿、建造技艺进行特征提取，形成兼顾民族文化传承与现代生活需求的空间原型库。在"智慧系统设计"课程聚焦新村韧性发展，指导学生搭建多源异构数据平台，开发覆盖生态监测预警、能源梯级利用、新村治理服务的智慧系统，特别强化对寒旱区光伏供暖系统、垂直农业设施的集成设计能力[16]。教学过程中突出"人机共育"特色，要求学生既能运用遗传算法进行设施布局优化，又能通过共同缔造沟通方式，化解文化适应性矛盾，最终形成"生态诊断—智能生成—动态调适"的闭环规划思维。

4.3 模式创新：构建"双师—双场景"教学体系

生态移民新村更新规划设计课程以 HAI 技术为纽带构建"双师—双场景"教学体系，形成"理论实践双向贯通、虚实空间协同演进"的教学范式。双师团队由城乡规划专业教师与一线注册城乡规划师组成知识互补共同体，在生态移民新村特有的生态再修复、空间再组织、文化再适应以及乡村再治理过程中，理论导师侧重传授宁夏地域内生态系统保护、移民社会网络分析等原理，实践导师则依托真实项目指导无人机倾斜摄影、地理信息探测以及产业智能培育等技能，重点攻克新村更新中聚落空间形态转译、产业链数字化延伸等实践难题。

双场景教学通过虚拟仿真实验室与田野现场的无缝衔接，打造"数字孪生—实体验证"螺旋上升的学习闭环：校内场景中，学生运用空间句法分析移民安置点空

间功能与空间结构，借助智能决策平台模拟不同规划方案对移民适应能力的影响；乡村场景则深入宁夏 304 个生态移民新村，运用增强现实技术叠加展示规划方案与现状肌理的融合度，特别针对生态移民新村人畜分离、产业转型等需求，在田野现场开展光伏羊圈智能布局、电商空间耦合设计等实景训练，使教学成果既具备应对寒旱区生态脆弱性的技术精度，又保有对移民文化适应性的深层关怀。

4.4 评价优化：HAI 赋能的智慧评价系统

在宁夏生态移民新村更新规划的实践教学中，教学评价以 AI 技术为核心全程追踪学生学习轨迹，实现了教学策略的精准适配。依托数字化平台记录学生从理论认知、田野调查到方案设计的全周期行为数据，包括实地踏勘、村民访谈、现状分析以及草图设计等多元信息，通过机器学习算法识别学生在生态脆弱区规划、移民文化传承、可持续技术应用等维度的能力特征，自动生成涵盖知识掌握度、技能发展曲线、创新潜力评估的三维画像[17]。同时，针对学生在移民社区空间重构、生态产业融合等实践环节的表现差异，建立专项评价指标库[18]，定期定点推送定制化学习资源包与能力提升路径，如为 GIS 应用薄弱者定向强化空间数据分析案例，为文化感知不足者推荐移民口述史数字档案等。教师团队基于 AI 生成的"能力热力图"开展靶向指导，通过动态调整跨学科工作坊分组、设置差异化设计任务等方式落实"一生一策"[19]。该模式使教学反馈周期从周级压缩至小时级，在最近教学周期中，学生方案中在地性要素采纳率显著提升，实现了从标准化考核向能力成长导向的范式转变[20]，为欠发达地区规划人才培养提供了智能化的教学创新样本。

5 结语

黄河流域高质量发展先行区战略赋予宁夏重要发展机遇，这片承担生态屏障与丝路枢纽功能的西北地区，正通过城乡规划人才培养创新探索生态治理与数字赋能融合路径。面对生态脆弱区人居环境改善、民族文化传承、气候韧性建设的复合挑战，宁夏大学构建的 HAI 技术驱动实现了"目标—技术—评估"全流程的重构教学体系，将遥感监测、空间模拟等技术融入生态移民新村

更新规划、生态产品价值实现等实践，培养多源数据分析与动态决策能力。

面向乡村振兴战略深化需求，宁夏正着力培育兼具生态治理精度和文化传承智慧的新型规划人才，为黄河流域高质量发展提供可持续的智力支撑。这种技术赋能的教学创新，既破解"生态—生计—文化"协同难题，也为西北地区城乡空间治理提供可复制经验。

参考文献

［1］王志章，孙晗霖，张国栋．生态移民的理论与实践创新：宁夏的经验［J］. 山东大学学报（哲学社会科学版），2020（4）：50-63.

［2］赵多平，赵伟侠，撒小龙，等．宁夏生态移民社区生活空间融合与重构的影响因素及机理——以宁夏闽宁镇为例［J］. 自然资源学报，2022，37（1）：121-134.

［3］李和平，牟玲利，饶宇轩，等．数字乡村规划：现实困境与实践路径［J］. 城市规划学刊，2024（5）：79-87.

［4］徐瑾．乡村数字化发展的空间效应与规划应对［J］. 世界建筑，2024（11）：70-71.

［5］董钊，张佳慧．数字赋能乡村振兴的影响路径与策略［J］. 南方农机，2024，55（8）：96-99，108.

［6］杨忍，林元城．论乡村数字化与乡村空间转型［J］. 地理学报，2023，78（2）：456-473.

［7］陈旭林．生成式人工智能在数字乡村规划与设计中的应用研究［J］. 智慧农业导刊，2024，4（1）：107-110，115.

［8］张平，余翰武，姜秀娟，等．"虚拟现实"技术支持下乡村规划人才培养研究［J］. 当代教育理论与实践，2023，15（2）：50-56.

［9］徐征世．GIS 在未来乡村规划中的应用［J］. 农村实用技术，2022（10）：23-25.

［10］苟彦梅，陈代鑫，杨发辉，等．乡村振兴战略下无人机技术在数字乡村建设中的应用——以麦积区三岔镇吴砦村为例［J］. 黑龙江科学，2022，13（10）：37-40.

［11］程淑杰，王林伶，朱志玲．生态移民区农村人居环境质量满意度及影响因素分析——以宁夏红寺堡区 65 个行政村为例［J/OL］. 农业资源与环境学报，1-16[2025-05-15]. https://doi.org/10.13254/j.jare.2025.0044.

［12］董丽，王满旺，东梅．基于生态足迹法的宁夏生态移民区可持续发展能力研究［J］. 干旱区地理，2023，46（6）：1004-1012.

［13］李胜连，张丽颖，黄立军，等．宁夏生态移民发展能力评估与政策建议［J］. 生态经济，2018，34（7）：110-114.

［14］钟佳丽，曹福祥．中国乡村未来的规划与思考［J］. 农村实用技术，2022（2）：22-23.

［15］黄骞，史洪芳，于洪斌．基于实景三维的美丽乡村智能规划协同平台［J］. 公路，2019，64（4）：233-238.

［16］张鸿，王璐．西部地区数字乡村发展水平测度及推进路径［J］. 华东经济管理，2023，37（11）：70-78.

［17］张力文，张富博．公共数字文化服务可及性对乡村居民文化获得感的影响及作用研究——以宁夏村民样本为例［J］. 新世纪图书馆，2023（9）：19-26.

［18］苏岚岚，彭艳玲．数字乡村建设视域下农民实践参与度评估及驱动因素研究［J］. 华中农业大学学报（社会科学版），2021（5）：168-179，199-200.

［19］高茜．开放教育数字化转型视角下智慧教学模式的设计环节与实现路径［J］. 成人教育，2025，45（5）：40-45.

［20］郑永和，王一岩，郑宁，等．教学数字化转型：表征样态与实践路径［J］. 电化教育研究，2023，44（8）：5-11.

Preliminary Exploration of the Practical Teaching System for the Renewal Planning and Design of Ecological Immigrant New Villages based on Human-AI Interaction Technology ——Taking the Practical Teaching of Rural Planning and Design at Ningxia University as an Example

Yang Long   Ma Dongmei   Wang Caijun

Abstract：The ecological migration new village renewal plan is one of the important issues in the construction of ecological civilization and sustainable development in Ningxia. The quality of talent cultivation directly affects the scientific and humanistic nature of rural planning, design, construction, and renewal in specific regions. Currently, traditional rural planning teaching is facing problems such as the separation of theory and practice, and the lagging application of technology. To this end, the School of Architecture at Ningxia University has taken HAI (Human AI Interaction) technology as the core of practice, and reconstructed the practical teaching system of ecological migration new village renewal planning and design from three dimensions：background adaptation, process collaboration, and achievement value-added. It proposes an integrated path of "resource integration target upgrading mode innovation evaluation optimization". By clarifying the planning literacy goals driven by HAI technology, constructing an intelligent practice platform that integrates reality and virtuality, implementing a teaching mode of "scenario data decision" linkage, and innovating a dynamic feedback evaluation mechanism, we promote the transformation of rural planning, design, construction, and renewal teaching from "experience led" to "human-machine collaboration", providing theoretical and practical paradigms for the training of planning talents in the northwest region in the new era.

Keywords：Human-AI Interaction Technology, Ecological Immigrant New Village, Renewal Planning and Design, Practice Teaching

人工智能在国土空间规划设计教学中的应用进展与融入路径 *

姚之浩　朱豪琦　李　琳

摘　要：人工智能技术已全方面嵌入国土空间规划编制与监督实施的全流程。高校国土空间规划设计教学需要跳出经验主义范式转向数智推演驱动的规划决策范式。借助 AI 智能体模型和大语言模型，人工智能在规划决策支持、辅助规划方案生成、开展人机交互推演等领域已展现出巨大应用潜力。人工智能驱动下的国土空间规划设计教学体系需融入 AI 技能模块加强专题研究；教学过程需构建多源数据库，运用深度学习等智能算法加强方案理性推演；教学评价需关注学生作业成果的规范性和合理性，教师教学效果的达成度和学生能力培养。

关键词：人工智能；国土空间规划设计教学；教学体系；教学过程；教学评价

1　引言

国土空间规划作为国家空间治理现代化的核心载体，正经历着从"经验驱动"向"数据智能驱动"的范式跃迁（吴志强等，2021）。数字化规划技术正从城市建模技术向时空大数据规划技术、再向人工智能规划技术演进（钮心毅等，2024）。自然资源部提出建设"可感知、能学习、善治理、自适应"的智慧国土空间规划体系，构建美丽中国数字化国土空间治理体系。人工智能技术已逐渐嵌入国土空间规划编制、实施与评估的全流程，形成 HAI（Human + AI）的发展趋向。

如何促进土地使用与人的需求适配，与城市房地产市场供需结构适应，与产业经济转型相适应，是国土空间规划编制与实施的关键。面对日益庞大的专业体系和时空信息海量数据，传统依赖经验的规划方法难以支撑全流程科学判断。面对挑战，应加强时空信息赋能国土空间规划的研究与实践，支撑国土空间规划的数智化发展（陈军等，2025）。借助人工智能服务空间治理与规划实施是国土空间规划系列设计教学的趋向。本文在回顾人工智能在国土空间规划实践运用基础上，探讨人工智能融入国土空间规划设计教学的具体路径。

2　人工智能在国土空间规划实践中的运用进展

近年来，人工智能在国土空间规划实践领域的运用已获得显著进展，AI 在规划数据融合、推演分析、精细化管控、流程优化中体现了独特优势（表 1）。本文从理论研究、规划和设计三个维度梳理 AI 在实践中的运用。

2.1　规划理论研究

理论层面，现有研究聚焦于智能技术影响下的城市空间研究、规划决策支持框架和运用场景研究。孔宇等（2022）从城市空间要素组织、居民活动与空间功能、空间运营管理三方面梳理智能技术对城市空间的影响。柴勋等（2025）基于数据驱动和数字孪生技术，构建了统一的国土空间信息底座、建设智能模型体系、构建国土空间规划智能体，赋能"规划编制—规划审查—规划实施—公众参与"的全流程自动化。于江浩等（2025）基于生成式人工智能算法模型，构建了"场景感知—智能推演—协同决策"的 AI 赋能城市更新决策支持框架，生成了超大城市城中村改造的"智能模拟器"。陈志远

* 基金项目：2023 年度苏州科技大学本科品牌课程（控制性详细规划）；本论文得到江苏高校"青蓝工程"资助。

姚之浩：苏州科技大学建筑与城市规划学院副教授（通讯作者）
朱豪琦：苏州科技大学建筑与城市规划学院硕士研究生
李　琳：苏州科技大学建筑与城市规划学院硕士研究生

等（2025）提出了 AI 智能体在国土空间规划智能问答、报告生成、智能核验、监测评估中的运用场景。

2.2 国土空间规划

目前 AI 在国土空间规划编制中应用正从单点工具向全流程智能体方向演化，涵盖了规划图斑绘制、规划设计建模以及规划监测分析全过程。孔宇等（2019）从智能感知与收集、智能分析与处理、智能评估和智能决策四个方面，构建了智能技术辅助国土空间规划编制的框架。福州市通过 CSPON 系统构建"数据湖—模型池—业务流"三层架构，采用增量学习技术完成规划实施数据的动态迭代，将 AI 多次迭代后的最优解应用于滨海新城规划的产业—居住—生态空间占比研究（牛强等，2024）。恽爽等（2025）从数据融合分析、智能模拟计算、智慧协同决策三方面构建了存量空间规划与治理的智慧化技术框架，并结合北京城市副中心、海淀学院路街道等典型存量空间规划项目开展了实证分析。

2.3 国土空间设计

人工智能可以取代规划设计中"简单、重复、单线程"的内容（李翔等，2025），如基础底板制作，建筑

方案强排等任务。通过生成式设计、效能模拟、三维可视化、人机协同等创新手段，推进"数据—算法"双驱动设计流程，AI 在国土空间设计领域也呈现出可观的运用前景。例如小库科技（2017）开发的 XKool 系统采用 AI 强排算法，在考虑日照间距等规范约束的前提下，自动生成建筑布局方案，大幅提高了规划编制效率。又如宁波市规划院数字空间研究所应用 Stable Diffusion 模型、LoRawei 调微调技术搭建 AI 辅助规划设计系统。AI 辅助规划设计系统可以按照规划实际需求规划辅助产生设计意向图，将方案设计周期缩短 50% 以上（蔡赞吉等，2024）。

3 人工智能在国土空间规划设计教学中的已有实践

人工智能技术通过"数据驱动—场景构建—流程优化"的协同作用机制，使国土空间规划设计教学呈现出精准化、动态化、协同化的新特征（表2）。规划类院校和国土资源类院校在规划设计教学中对 AI 的运用呈现不同特征。

3.1 规划类院校教学中的 AI 应用

在传统的规划类院校中，国土空间设计教学中 AI

近年来人工智能在国土空间规划领域中的典型研究　　　　表1

研究主题	关键发现	主要文献
存量空间智能更新	基于多源数据融合（POI+ 遥感）构建低效用地识别模型	恽爽等（2022）、李昊等（2024）
生成式 AI 辅助城市设计	开发"语义约束—AI 生成—人机协同"工具链，数据驱动与 AI 驱动的交互性范式	甘惟等（2023）、刘羿伯等 2025、邢程（2023）
规划智能体与自动化审查	构建"智能问答—合规核验—动态评估"系统，成都东部新区实现规划条件审查从 7 天压缩至 2 小时，准确率超 95%	陈志远等（2023）、自然资源部信息中心（2021）
CIM 平台与动态监测	青岛中德未来城集成 BIM+ 物联网实时监测开发强度，自动预警容积率超标 23 次，生成修正方案采纳率 82%	吴志强团队（2021）、韩青等（2024）
遥感 AI 违法建设识别	雄安新区应用"双模型框架"（建设趋势预测 + 违规识别），月度监测效率提升 80%，累计发现未批先建项目 37 宗	吴彤等（2022）、清华同衡团队（2025）
三维空间精细化管控	南京老门东历史街区嵌入实景三维技术，AI 自动生成控高方案，降低日照冲突率 42%，缩短审批周期 30 天	南京市自规局（2023）、广州国地科技（2024）
交通模拟与客流优化	北京副中心站应用"城悟大模型"仿真日均 50 万客流，优化 8 处瓶颈，高峰期通行效率提升 37%	北京市城市规划设计研究院（2024）、郭月利等（2022）
生态保护智能决策	长江经济带构建"三线一单"AI 评估系统，实时监测岸线开发，2022 年违规项目减少 73%，生态修复达标率提升 55%	于江浩等（2025）、中国科学院地理所（2023）、林勇军等（2022）

资料来源：笔者通过文献阅读归纳汇总

AI在国土空间规划教学中的运用　　　　　　　表2

平台/学校		核心技术	教学应用场景
地质大数据中心		遥感影像AI解译	国土空间资源承载力评估
智能学情分析系统		知识图谱与学习行为分析	个性化学习路径推荐
城市动态仿真平台		BIM+AI耦合建模	国土空间开发强度模拟
规划院校	武汉大学	学习行为分析+自适应推荐	根据学生作业数据定制国土调查训练任务
	东南大学	生成对抗网络（GAN）	自动生成历史街区保护方案的形态原型
	同济大学	自然语言处理+参数化评价	AI辩论系统模拟多方利益博弈
国土资源院校	中国人民大学	学习行为分析+自适应推荐	"实践认知型"知识传授
	浙江大学城市学院	RPA技术	行政审批流程自动化教学

资料来源：笔者归纳汇总

应用主要侧重城市更新决策支持、规划方案生成、规划决策支持等方向。一方面，基于大语言模型的智能体引入有效辅助了规划方案的生成。例如，清华大学田莉教授团队（2024）开发了基于大语言模型的多智能体交互系统、低代码方案自动生成器等智能化工具，运用于住区规划教学的前期策划、方案生成和后期评估。在微观尺度的社区规划中，通过智能技术设备与相关服务支持感知、采集、汇交与空间、环境和居民活动有关的数据，构建社区数据库，支撑社区规划方案生成（孔宇等，2023）。另一方面，通过技术、场景、流程三维度协同推动国土空间设计教学的范式革新，传统教学模式正向"精准认知—智能推演—协同决策"的新范式演进，具体表现为基于机器学习的环境感知能力提升（精准认知）、依托数字孪生的方案模拟推演（智能推演）、人机协同的决策支持系统构建（徐家明，耿虹，2024；王伟，李建国，2025；乔晶，张明，2024）。相关案例包括利用多智能体模拟社区老年活动中心规划布局评估及政策情景模拟（马妍等，2019），交叉利用建筑形态及业态POI大数据，运用人工智能识别城市用地（杨俊宴等，2021）。

3.2　国土资源类院校教学中的AI应用

在国土资源类院校中的国土空间规划设计教学，AI应用聚焦于AI与遥感、GIS技术的结合，强调国土空间动态监测与分析能力的培养，具体体现在三方面。①空间分析与动态模拟：通过AI算法处理遥感与气象数据，

动态生成百年尺度气候演变预测图，实现气候数据智能解析（王军，李立，2023）；②三维建模与动态仿真：中国地质大学（武汉）的"智学地大"平台整合岩石标本微观、宏观及露头构造数据[中国地质大学（武汉）测绘学院，2022]，通过AI打造虚实结合的场景，实现多尺度空间可视化教学；③跨学科协同与合规审查：AI平台整合GIS、遥感与BIM数据，模拟国土空间"感知—认知—管控"全流程。部分院校已将此技术嵌入国土空间规划课程设计环节，让学生能够以自然语言方式与智能体交互，完成地图可视化、空间叠加分析、数据汇总与转换等任务。

4　人工智能融入国土空间规划设计教学的路径

传统规划设计教学以总体规划、详细规划、专题规划为主线，但是各条线教学存在数据基础薄弱、层级衔接不畅，编制内容固化、要素传导缺失等问题。在国土空间规划设计教学中，人工智能对于教学体系优化、教学过程辅助、教学评价完善都渗透优化路径。

4.1　规划设计教学体系优化

（1）规划设计体系调整

高校规划设计课程与设计单位实践项目的区别在于实验性和过程推演性。在总体规划、详细规划、专题规划三大教学板块基础上，在规划评估、方案论证等环节引入人工智能技术，开展专题研究。例如在国土空间总体规划中，构建虚拟城市模型模拟人口流动、产业集聚

等复杂系统演变，辅助识别战略发展区域。在控规、乡村规划、城市更新等专项规划中，分别针对各类型规划不同的教学需求设置 AI 专题研究（图 1）。专题研究作为设计最终成果的一部分，并作为方案评价的重要支撑，以增强规划编制的科学性。

（2）技能培养体系调整

人工智能技能培养应贯穿于本科阶段，作为本科生职业素养培养的组成部分。新时期的国土空间规划教学应紧密结合国空编制对数据整合、方案推理、分析预测、设计表达的需求，整合学校、学院资源，为规划设计教学配套相应的技能方法类微课程（图 2）。微课程可以根据修读的深度和时长，换算不同的学分。学生可以根据各自的兴趣点，对 AI 技术的熟知程度，自选课程形成个性化的课程包。

和工具提升对多模态数据（如地理空间数据、遥感影像、社会经济数据、文本报告、传感器数据等）开展清洗、加工，提升整合效率。

（2）辅助方案生成与比选

土地用途、开发强度和公服设施配置是国土空间规划教学的重点。一方面，生成式 AI 通过学习本地区已有规划案例，提出地块用途和容积率区间的建议。例如杨天人等（2020）采用空间均衡模型，模拟了商业功能外迁对土地价值的影响梯度，生成了符合市场规律的容积率分配方案。另一方面，利用多智能体模型（Agent-based Model），可设定政府、市场主体、土地权利人、社会公众等相关主体的行为规则，模拟不同规则下土地用途转型的多元图景。在公共服务设施布局方面，强化学习算法通过优化目标函数，可以自动生成满足 15 分钟社区生活圈要求的路网密度和公共服务设施布局。利用生成对抗网络（GAN）技术生成多种可能的土地使用规划方案，掌握国土空间规划要素配置的内在规律，利用人工智能算法寻找不同目标之间的平衡点，辅助学生进行规划方案比选。

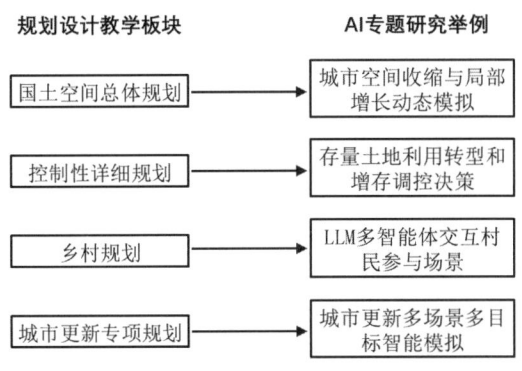

图 1　国土空间规划设计教学体系的优化
资料来源：笔者绘制

4.2　规划设计教学过程辅助

（1）多源数据感知与整合

传统规划设计教学大多依靠私人"关系"和先前工程实践的资料积累。数据驱动环境下，国土空间规划设计对多模态数据感知、汇集、整合的要求较高。建议各条线的教学组结合本地规划的实践积累，联合构建国土空间规划教学多模态数据库，明确城市土地使用的核心数据类型（如土地利用现状、权属信息、规划红线等）。多模态数据通常存在格式不统一、噪声、缺失、冗余等问题。教学组需常态化开展数据预处理，通过智能算法

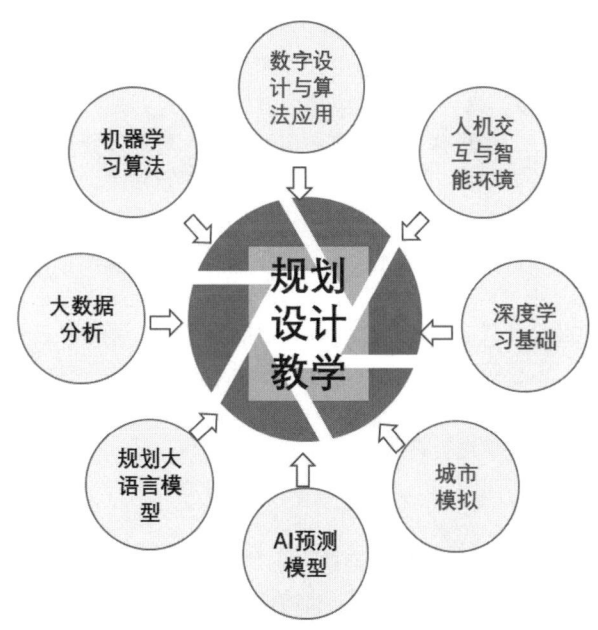

图 2　国土空间规划设计教学技能方法类微课程设置构想
资料来源：笔者绘制

4.3 规划设计教学评价完善

当前规划设计教学的评价仍以图纸表现、文本撰写为核心考核指标，虽然建立了规划专业知识、规划编制能力和规划技术规范等为核心的学生成果评价体系，但是并未真正量化学生研究论证能力和教师教学效果。人工智能可在以下两方面发挥作用。

（1）AI辅助学生作业质量评价

一方面，可借助自然语言处理技术，对学生作业成果开展规范匹配审查。例如，通过NLP解析学生提交的规划文本，自动比对《国土空间规划编制技术规程》等规范性文件和行业团标，识别用地分类错误、生态保护红线越界、指标配置不当等问题。另一方面，将AI识别技术和遥感影像解译、GIS空间分析技术相结合，开展规划成果的资源配置评估和空间效能验证。部署空间预算管理系统，对基础设施投资强度、公共服务覆盖率等关键指标进行成本效益分析，识别配置失衡区域。此外，通过量化环境承载能力、热岛效应以及城市排水系统等韧性指标，计算规划土地用途的碳汇指标、路网通勤效率，实现数字孪生推演。

（2）AI辅助教师教学质量评价

教学质量的评价着重教学效果达成度和学生能力培养两方面。教学效果智能分析方面，可构建国土空间规划动态知识图谱，通过语义匹配算法检测学生规划文本，说明书，专题报告中的核心段落和规划规范的匹配程度；对学生作业成果文件识别路网、基础设施服务半径等关键参数，评估学生对于知识的掌握程度。学生能力培养侧重对学生研究论证能力的评价。重点关注AI专题研究，通过AI技术检验规划方案和设计的逻辑链完整性，并对其创新思维量化评估。此外，通过知识图谱匹配度分析、GIS操作序列模式挖掘、风格迁移相似度计算、多模态数据融合评估等方法，可对教学评价进行可视化分析，从知识应用、实践能力、创新水平、综合素质等多维度进行打分。

5 结语

人工智能的引入无疑将加速国土空间规划设计教学跳出传统"经验主义"的惯性转向"智能（算法）推演"的发展路径。规划设计教学重点也应从空间规划的技术方法传授转向空间治理的路径指引。当然，人工智能的推广也会引致"数据质量依赖""算法黑箱化""决策过度依赖"等风险。对于本科教学而言，"专业知识"和"人工智能"仍是国土空间规划设计教学需要平衡的两个方面。不可过度强调人工智能在论证分析、方案生成甚至成果出图中的作用，毕竟规划设计还涉及更多的社会心理、城市文化、制度阻力等因素的影响。未来，国土空间规划设计教学体系也需在传统工程教学范式基础上进一步朝着数智化方向转型。

参考文献

[1] 北京市城市规划设计研究院.首都规划大模型技术白皮书[R].北京：2024.

[2] 蔡赞吉，卢学兵，徐沙.AI技术辅助城市规划编制的研究与应用探索[C]// 中国城市规划学会城市规划新技术应用专业委员会.智慧规划·AI赋能——2024年中国城市规划信息化年会论文集.北京：中国建筑工业出版社，2024.

[3] 陈志远，吴洪涛，罗亚，等.人工智能赋能智慧国土空间规划的关键路径：AI智能体的构建[J].规划师，2025，41（2）：28–36.

[4] 甘惟，吴志强，王元槽，等.AIGC辅助城市设计的理论模型建构[J].城市规划学刊，2023（2）：12–18.

[5] 韩青，张志华，袁钏，等.基于CIM的AIoT多模态数据融合与智能分析技术展望[J].中国建设信息化，2024（9）：76–81.

[6] 孔宇；甄峰；张姗琪.智能技术影响下的城市空间研究进展与思考[J].地理科学进展，2022，41（6）：1068–1081.

[7] 孔宇，甄峰，张姗琪，等.智能技术支撑的社区规划：概念模型与技术框架[J].城市规划，2023，47（1）：15–24，114.

[8] 孔宇，甄峰，李兆中，等.智能技术辅助的市（县）国土空间规划编制研究[J].自然资源学报，2019，34（10）：2186–2199.

[9] 李昊.基于智慧城市视角的城市规划变革展望[J].北京规划建设，2024（5）：169–172.

[10] 李翔，吴志强，甘惟.人工智能为代表的新教育技术体系对规划教育的影响[J].高等工程教育研究，2025（1）：47–53.

［11］林勇军，周丹，邹海翔，等．深圳智慧规划信息平台功能框架与应用探讨 [J]. 规划师，2022，38（8）：126−131.

［12］刘羿伯，吴梓溶，孙澄．面向新一代人工智能的城市设计：范式转型与数智赋能 [J]. 城市规划学刊，2025（1）：64−70.

［13］马妍，吴若晖，王喆妤，等．基于人工智能方法的社区老年活动中心需求模拟与规划布局研究——以福州市中心城区为例 [J]. 城市发展研究，2019，26（1）：18−25.

［14］钮心毅，林诗佳，桑田．数字化规划技术——数据与知识 [J]. 城市规划学刊，2024（2）：18−24.

［15］牛强，李银凤，伍磊，等．基于 CSPON 的空间规划高频诊断与动态维护框架构建 [J]. 城乡规划，2024（4）：22−32.

［16］乔晶，张明．人工智能辅助决策的伦理约束研究 [J]. 城市规划学刊，2024（6）：45−52.

［17］清华同衡规划院．雄安新区智能监测年度报告 [R]. 北京：2025.

［18］田莉，杨鑫，张雨迪，等．"专业知识＋人工智能"双驱动的城乡规划设计教育创新探索：以住区规划为例 [J]. 城市规划学刊，2024（5）：71−78.

［19］王军，李立．地理信息大数据在国土空间规划评价中的应用框架 [J]. 测绘学报，2023，49（3）：45−50.

［20］王伟，李建国．数字孪生驱动的规划推演系统研发 [C]//2025 全国人工智能城市规划应用大会论文集．北京：科学出版社，2025：78−84.

［21］王岳颐等：人工智能在多尺度城市空间设计中的应用与展望 [J]. 城市发展研究，2023，30（7）：27−34.

［22］吴彤，甄峰，孔宇，周雨杭．人工智能技术赋能城市空间治理的模式与路径研究．规划师论坛，2024（3）：14−21.

［23］吴志强，黄晓春，李栋，等．"人工智能对城市规划的影响"学术笔谈会 [J]. 城市规划学刊，2018（5）：1−10.

［24］吴志强，甘惟，臧伟，等．城市智能模型（CIM）的概念及发展．城市规划学刊，2021（4）：3−11.

［25］吴志强，甘惟，刘朝晖，等．AI 城市：理论与模型架构 [J]. 城市规划学刊，2022（5）：17−23.

［26］吴志强，郭仁忠，张兵，等．"国家空间规划系统化建构"学术笔谈 [J]. 城市规划学刊，2024（5）：1−11.

［27］吴志强，张修宁，鲁斐栋，等．技术赋能空间规划：走向规律导向的范式 [J]. 规划师，2021，37（19）：5−10.

［28］吴志强．城市规划教育的数智化焕新 [J]. 城市规划学刊，2025（1）：11−17.

［29］邢程．人工智能内容生成（AIGC）在城市规划和设计决策中的应用 [C]// 中国城市规划学会．人民城市，规划赋能——2023 中国城市规划年会论文集（05 城市规划新技术应用）．深圳市城市规划设计研究院股份有限公司，2023：1377−1383.

［30］徐家明，耿虹．机器学习驱动的国土空间认知范式转型 [J]. 地理信息世界，2024，21（2）：56−62.

［31］杨建新．国土空间开发布局优化方法研究 [D]. 武汉：中国地质大学，2019.

［32］杨俊宴，邵典，王桥，等．一种人工智能精细识别城市用地的方法探索——基于建筑形态与业态大数据 [J]. 城市规划，2021，45（3）：46−56.

［33］杨天人，金鹰，方舟．多源数据背景下的城乡规划与设计决策：城市系统模型与人工智能技术应用 [J]. 国际城市规划，2021，36（2）：1−6.

［34］于江浩，田莉．超大城市更新规划中的 AI 赋能：多目标决策支持技术的创新与实践 [J]. 世界建筑，2025（Z1）：45−49.

［35］中国地质大学（武汉）测绘学院．地理空间信息工程专业体验式教学模式研究 [R]. 武汉：中国地质大学出版社，2022：56−60.

［36］中国人民大学公共管理学院．公共管理 AI 平台建设白皮书 [R]. 北京：中国人民大学出版社，2024.

Application Progress and Integration Path of Artificial Intelligence in the Teaching of Territorial Spatial Planning and Design

Yao Zhihao   Zhu Haoqi   Li Lin

Abstract: Artificial intelligence technologies have been comprehensively embedded throughout the entire process of territorial spatial planning formulation and supervisory implementation. Higher education in territorial spatial planning design must transcend the traditional empiricism-driven paradigm and shift toward a data-intelligence deduction-driven planning decision-making paradigm. Utilizing AI agent models and large language models, artificial intelligence has demonstrated tremendous application potential in domains such as planning decision support, auxiliary scheme generation, and human-machine interactive simulation. The AI-driven territorial spatial planning education system requires integrating AI skill modules to enhance specialized research capacities; constructing multi-source databases in teaching processes to strengthen rational deduction of planning solutions through deep learning algorithms; Teaching evaluation should focus on the standardization and rationality of students' homework achievements, the attainment degree of teachers' teaching effects, and the cultivation of students' abilities.

Keywords: Artificial Intelligence, Teaching of Territorial Spatial Planning and Design, Teaching System, Teaching Process, Teaching Evaluation

高阶融合，梯次提升
——新时代"城乡社会综合调查研究"课程创新探索

钱　云

摘　要：在当代中国社会多重转型背景下，城乡规划专业教育亟需培养具备多学科整合能力与实践创新力的复合型人才。本文以北京林业大学"城乡社会综合调查研究"课程为例，系统阐述"多学科融合—任务驱动—能力进阶"三位一体的教学改革实践。课程构建了贯通"城市经济学""城市地理学""城市系统工程学"等先修课程的高阶知识整合平台，创新采用"理论导引—方法实训—调查实践—反馈提升"四阶段任务驱动教学模式，形成"校内外联动、线上线下结合"的高阶实践训练过程体系。教学改革成效显著，学生作品连续三届获 WUPEN 国际竞赛一等奖，研究成果转化为多篇高水平论文，形成可复制推广的课程思政实施范式。特别是在新冠疫情防控常态化背景下，探索形成"云端调研＋在地观察"的创新方法，强化了信息技术应用与人文关怀融合的教学特色。研究为新时代城乡规划专业教育提供了"价值引领、能力递进、知行合一"的教学改革范例。

关键词：城乡社会综合调查；多学科融合；任务驱动教学；能力梯次提升；课程思政

1　课程改革背景与必要性

"规划科学是最大的效益"，这一论断深刻揭示了新时代城乡规划学科从技术理性向社会综合价值转型的必然趋势[1]。在"十四五"规划明确提出"加强城乡社区治理和服务体系建设"的背景下，城乡规划教育亟需构建适应社会综合需求的新型人才培养体系[2]。

传统城乡规划专业课程体系存在显著的结构性矛盾：一方面，学科知识体系呈现"碎片化"特征，即"城市经济学""城市地理学"等理论课程与"城乡社会调查研究"等实践课程缺乏有效衔接[3]；另一方面，现有教学模式难以"新工科"建设背景下应对跨学科整合挑战，特别是对复杂社会问题的系统性研究能力培养存在明显短板[4]。这种状况导致学生普遍存在"理论认知碎片化、实践能力表层化"的突出问题，难以满足新时代规划人才需具备的社会调查、数据分析与综合决策等核心能力要求[5, 6]。

北京林业大学"城乡社会综合调查研究"课程改革正是基于上述现实问题开展的创新探索。该课程由2010 年设置的"城市社会学"（24 课时）理论课程

迭代升级而来，经过"理论拓展—方法融合—实践强化"多轮教学改革，最终形成 32 学时的"高阶综合实践平台课程"。通过重构"认知—方法—实践"三维教学目标体系，着力破解传统课程存在的三大矛盾：①单一学科知识与社会综合需求的适配性矛盾；②课堂理论教学与真实场景实践的协同性矛盾；③基础能力训练与复杂问题应对的递进性矛盾。随着教学改革的深入，依托当代中国城乡社会发展复杂现实问题的引领，立足高阶定位、梯次提升，师生们共同踏遍了各地大街与小巷，城市和乡村，取得了前所未有的多方面丰硕收获（图 1）。

这种改革尝试不仅响应了《高等学校城乡规划本科指导性专业规范》提出的"强化社会调查与综合分析能力"培养要求，更为新工科背景下城乡规划专业教育转型提供了可资借鉴的实践样本。

钱　云：北京林业大学园林学院副教授

新时代 · 新思考 · 新要求 · 新安排

内容与任务——

■ 掌握基本概念，熟悉重要理论，理解研究范式

■ 开展实地调查，分析一手数据，撰写研究报告

理论及方法介绍&调查选题（6周）

初步调查（2周）

专题研讨（2周）

深入调查评审反馈（6周）

成果完善（……）

白塔寺　建外SOHO　何各庄　双贝塔

图1　"城乡社会综合调查研究"总体架构

资料来源：作者自摄及自绘

2 跨学科融合的高阶课程体系构建

对新时代"城乡社会综合调查研究"课程的新定位，源自跳出课程本身，从培养体系层面进行的宏观思考。北京林业大学城乡规划专业本科培养计划经过几轮的优化，已经形成一个从低年级到高年级逐步深入的，认知性课程与技能性课程并重、相互搭配开设的较为完善的能力培养体系。认知性课程，即主要针对"发现问题"能力的培养，既包括感性认知，也包括理性认知能力；技能性课程，即主要"解决问题"的技术能力的培养，既包括空间营造策略制定也包括公共政策设计的能力。本课程的前身"城市社会学"，原本与"城市经济学""城市地理学""城市系统工程学"等其他理论课分别设置，共同形成理性认知能力培养的培养板块；然而相互平行的课程之间，缺少必要的衔接，造成毕业班在

开展毕业设计/论文训练的过程中，整合任务过重，难以良好完成。针对这样的问题，本课程力图将本科四年级第一个学期开设的"城市经济学""城市地理学""城市系统工程学"的内容进行衔接和整合，构建形成一个真正高阶化、综合性的平台课程，使得上述课程学习内容均在本课程中得以融会贯通、组合应用（图2）。

具体而言，在既往学习中，"城市经济学"课程涉及较多社会经济制度的分析内容，其课程作业为相关经典文献的检索与综述；"城市地理学"课程中包含各种空间格局要素分析内容，课程作业为基于GIS平台的空间要素解析训练；"城市系统工程学"课程中学习了多种社会经济数据的分析方法，课程作业是以统计学基础的定量分析技术的训练。而"城市社会综合调查研究"的课程教学围绕当代中国城市发展中的各类实际问题展开，在打破理论与实践的隔阂分离的同时，自然而然的推动了以上课程所学知识与技能的综合运用。（图3）尤其是撰写研究报告的"实战"过程，极大地提升了学生们发现问题、解决问题的自主思维与工作热情。

与此同时，本课程的教师队伍由一个较为庞大的联合团队组成。2020年以来任课教师团队来自城乡规划、人文地理、公共管理三个学科，包含了"城市规划系统工程学""城市地理学""城市经济学"与"区域经济学"等各先修课程的教学负责人，教师的学术背景和研究方向也涉及文化地理、乡村振兴、农林经济、遗产保护等多个领域。任课教师由于长期参与各种跨专业的科研团队，对学科交叉和团队合作能够激发的巨大潜力理解深刻，并将相关经验延伸运用于在课程教学中。此外，每个学期的特邀嘉宾也为课程带来新鲜血液。嘉宾

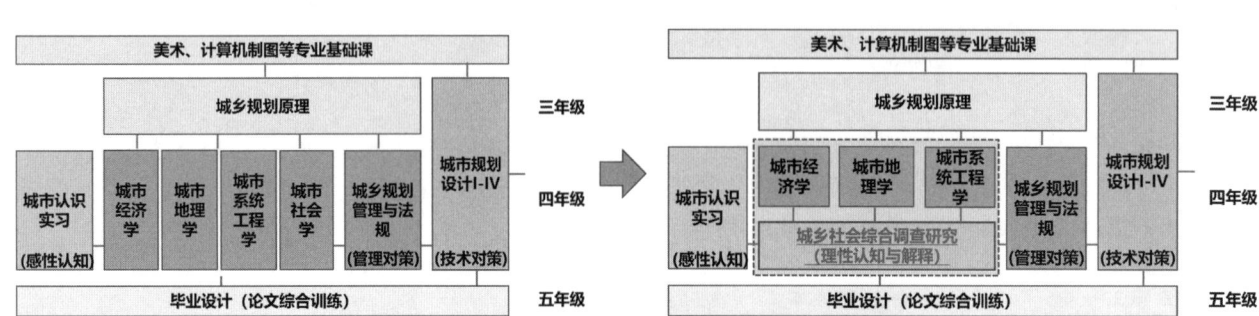

图2　从平行式课程体系到融合式平台课程设计

资料来源：作者自绘

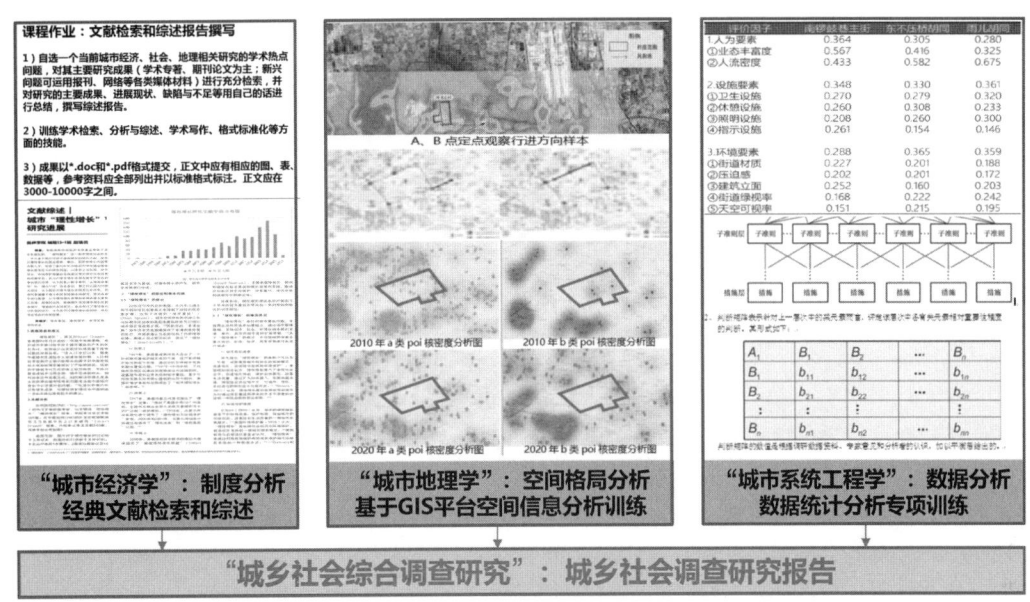

图3 "城乡社会综合调查研究"作业要求实现了多门选修课训练的综合融汇

资料来源：作者根据教学资料自绘

主要来自北京大学、清华大学、北京市城市规划设计院、北京大数据研究院等专业顶尖机构的中青年一线技术精英，给同学带来的专业讲座，涉及大数据、智慧城市、京津冀区域产业协调、参与式社区更新等学术前沿议题，同时也择机参与学生的开题与成果汇报，为他们提出来自业界和不同专业领域的意见，极大地拓展同学们的视野和思路（图4）。

3 任务驱动的阶段性能力提升教学模式

新的课程教学安排中，对32个学时进行了高强度、

图4 课程特邀嘉宾专题讲座海报

资料来源：作者团队自绘

精细化的安排。整个课程的进程划分为理论概览、方法训练、调查实践和反馈提升四个阶段，每个阶段分别对应一部分具体任务。随着课程的进展，学生从理论学习逐步转入分组关注某一典型的城市社会现象，并从某一切入点完成对其开展综合调查，随后以汇报调查结果并提交调查报告的形式完成课程考核。整个教学过程始终以任务驱动的方式，强化"以学生为中心"的理念，有助于学生明确每一个阶段的学习和自主探索目标，实现整个开放式、自主型学习进程的逐次推动、有序深化（图5）。

理论概览阶段历时4周，共8学时，引领任务为围绕某一方面的理论进展，完成既往相关研究的文献综述。由于课程教学中必须要在有限的课堂时间涵盖极为庞杂的理论内容，必须采用框架式、菜单式讲授的方法，教师主要扮演"文献带读"的角色，概要地介绍城乡社会研究的经典理论、研究视野和框架，并着重介绍当代中国的研究语境和热点议题和现实问题。随后，围绕每个主要热点议题，提供一个"核心文献包"，学生可以根据自己的兴趣，以此为基础开展自主阅读并完成文献综述撰写，为之后的调查作业选题做好充分的准备（图6）。

方法训练阶段同样历时4周，8学时，引领任务为围绕一个现实的城市社会问题，发掘其学术和实践意义，选取合理的研究方法，列出调查计划。基于此，课堂教学中着重介绍社会科学研究的范式和常见方法，并随堂穿插一系列的专项训练，包括安排同学之间以"角色扮演"的方式，相互进行深度访谈、完成问卷思路快速设计等，以情景化、互助式的方法直观感受各种研究方法的使用要领和适用性，分享操作技巧。同时利用专题讲座，不仅给学生们带来"新鲜出炉"的研究成果，也注重展示整个调查过程，让学生们尽早直观地体会多种方法在实际研究工作中的综合运用，提前获悉在调查研究实际工作中可能遇到的各种困难。

此外，对于不同的学生而言，由于作业选择的方向各异，需要补充学习的背景知识也有所不同，因此这一阶段对各类在线学习资源的利用也更为充分。特别是在受到疫情影响的2020年春季学期中，信息化和在线调查相关技术的利用更加不断地渗透入课程学习中。尽管疫情居家期间，学生无法回校开展实地调查，但这种情况使得师生共同在线上的调查实践中取得突飞猛进的进步，网络调查手段运用更为广泛（图7）。

调查实施阶段一般为6周，12学时以上，引领任务主要是根据本组拟定的计划书，在校外实际展开外业调查。学生一般以四人为一组，调查阶段可分为"三段式"，即：先用2周左右在北京相关地域进行广泛调查，获取较为充实的一手数据和初步结论；随后2周依托"城市认识实习"课程的机会，在上海、南京、苏州、杭州等城市继续开展观察实践，其发现通常可作为京内研究的对照分析；此后回到北京，再用2周左右选取典型样本进行深入调查分析，使调查成果更为丰满。

在调查工作中的要求，除了保持科学严谨的工作态度外，也强调面对真实的问题"用心去感受"，充分发掘城乡社会研究中的"温度"和"人文精神"，同时努力引导学生从最开始被动观察社会现象，逐步提升为自主设计场景来开展空间调查和研讨。例如，在"历史街区无

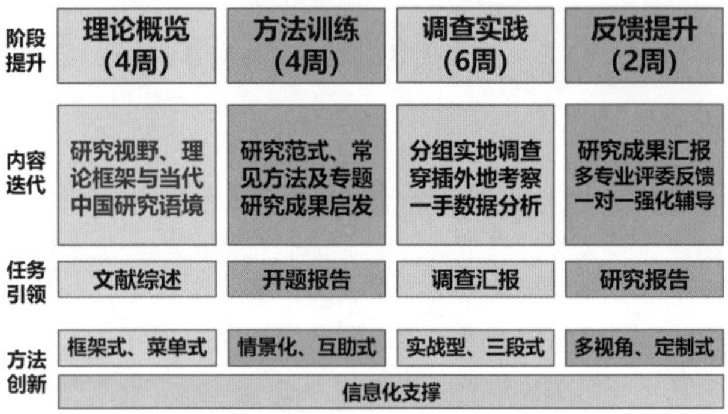

阶段提升	理论概览（4周）	方法训练（4周）	调查实践（6周）	反馈提升（2周）
内容迭代	研究视野、理论框架与当代中国研究语境	研究范式、常见方法及专题研究成果启发	分组实地调查穿插外地考察一手数据分析	研究成果汇报多专业评委反馈一对一强化辅导
任务引领	文献综述	开题报告	调查汇报	研究报告
方法创新	框架式、菜单式	情景化、互助式	实战型、三段式	多视角、定制式
	信息化支撑			

图5 四阶段教学设计详解
资料来源：作者自绘

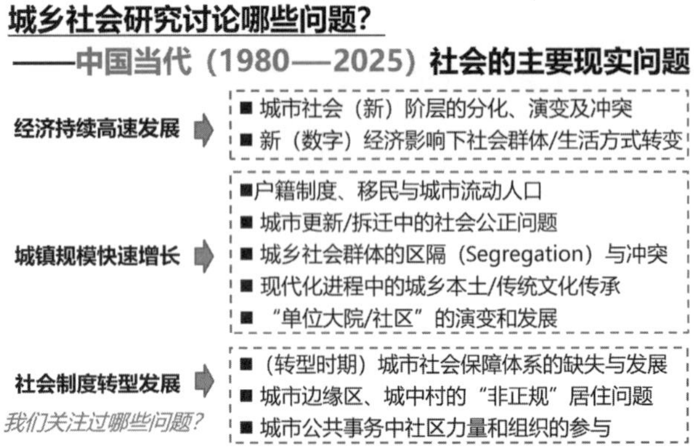

城乡社会研究讨论哪些问题？
——中国当代（1980—2025）社会的主要现实问题

经济持续高速发展 ▶	■ 城市社会（新）阶层的分化、演变及冲突 ■ 新（数字）经济影响下社会群体/生活方式转变
城镇规模快速增长 ▶	■ 户籍制度、移民与城市流动人口 ■ 城市更新/拆迁中的社会公正问题 ■ 城乡社会群体的区隔（Segregation）与冲突 ■ 现代化进程中的城乡本土/传统文化传承 ■ "单位大院/社区"的演变和发展
社会制度转型发展 ▶ *我们关注过哪些问题？*	■ （转型时期）城市社会保障体系的缺失与发展 ■ 城市边缘区、城中村的"非正规"居住问题 ■ 城市公共事务中社区力量和组织的参与

图6 理论学习部分的热点议题引领式阅读与核心文献包
资料来源：作者自绘

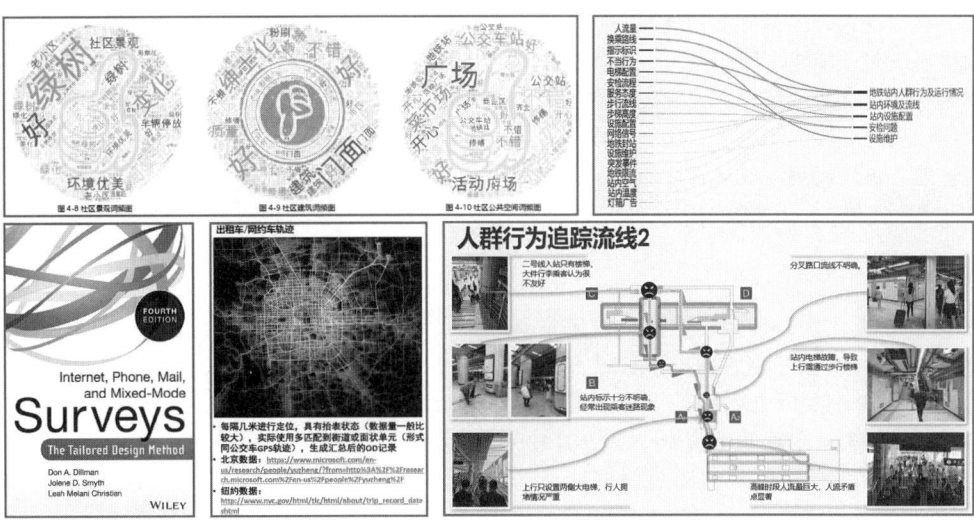

图7　信息化调查技术在教学中的广泛应用
资料来源：作者根据教学资料自绘

障碍环境"主题调查中，学生们主动开展了体验式的调查，不仅邀请残疾人朋友来参与乘坐轮椅考察街区环境，学生们还自行设置"对照组"来获取平行数据，使这项调查成为一次前所未有的生动而有温情的社会实践。

反馈提升是最后一个阶段，通常也安排历时2周，4学时。每组学生的调查汇报后，不仅可以在选题的意义和深度、研究方法的合理运用度、结论的严谨可靠性和成果表达的丰富度四个方面获得分项评价，还可获得来自规划学、地理学、经济学和管理学等至少四个专业领域的教师团队多视角的综合书面反馈，希望学生能够淡化分数意识，以强化成果和能力提升为主要目的（图8）。

- 对**选题、方法、成果表达**多方面能力和成果的综合考察。
- 淡化分数，强化**具体意见**。
- 每份作业均可获得**规划学、地理学、经济学、管理学4个学科**专家的书面反馈建议。

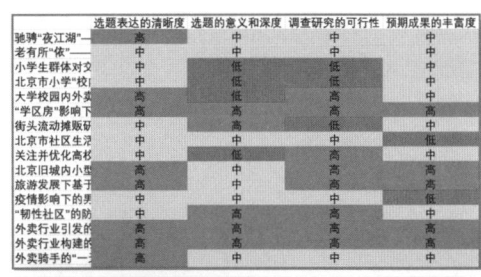

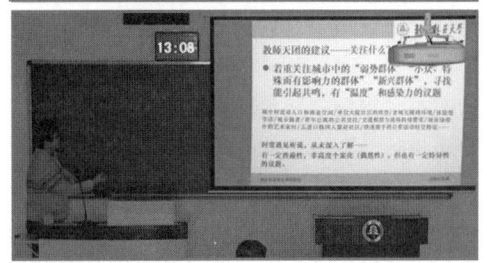

图8　多专业视角的教师反馈评价
资料来源：作者自绘

一般而言，在常规指导的基础上，最后一周教师团队分工对各组进行一对一辅导，即保持 1：4 的师生比进行定制式详细指导，全力冲刺全国城乡规划教指委和世界规划教育组织的作业评优和竞赛。这一阶段也促使学生们对研究选题、方法运用、成果表达的全过程，进行再次回顾、反思、完善，实现综合提升。

4 教学改革成效与示范效应

通过 5 年多的积极探索，学生们在这一前所未有的"理论融合实践平台课程"中展现出了日益高涨的学习热情。课程作业成果参加 WUPENiCity 城市可持续调研报告国际竞赛，连续获得突破，在 2021—2024 年 3 次获得一等奖（图 9）。在随后的毕业设计和研究生学习中，许多同学在本课程作业基础上，持续进行深入研究，在各类高水平期刊发表了多篇论文。历年获奖作品已编撰为《高等院校本科生优秀城市社会调查及交通创新作品集》出版，成为师生们爱不释手的日常读物[7]。许多毕业生都表示，本课程别开生面的学习和训练过程，为大量学生真切地理解城乡规划这一综合性学科和行业的内涵和魅力打开了一扇新的大门。

更值得一提的是，"城乡综合社会调查研究"课程的教学探索，也形成了极好的"课程思政"实践平台。课程中将流动人口、精准扶贫、民生保障等当代中国城乡发展现实议题的探讨贯穿教学各环节，客观上推动了学生自主开展国情教育，把握时代脉搏，既能生动展现当代中国城乡发展的显著成就，又从专业视角深入剖析其背后的原因和未来发展的趋势。

例如疫情居家上课期间，某组学生围绕"地摊经济"这一火爆主题，依托各自家乡开展调查。在这个过程中学生发现，有些同学家处县城，有的同学家位于地级市，不同等级城市的地摊在时间、货品和卖点等存在显著的差异，有的是生计型的，有的则类似于一种城市商业时尚。因此在自主调查结束后，学生据此提出，不应对所有的城市地摊经济进行一刀切式的管理，而应该因地制宜、以人为本制定灵活而有温情的管理办法（图 10）。在问卷调查和访谈的过程中，学生直接接触地摊经济的多个利益方，切实了解剖析民生需求并设身处地地做出了

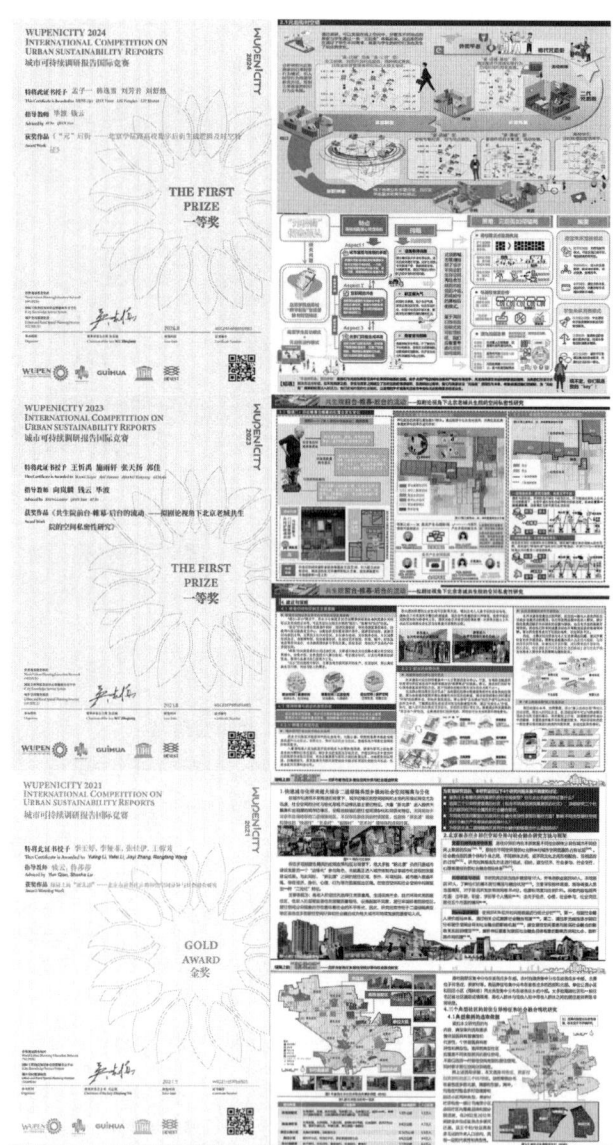

图 9 连续获得 WUPENiCity 城市可持续调研报告国际竞赛一等奖（2021—2024 年）
资料来源：北京林业大学作业，完成人：李玉婷、李娅菲、张佳伊、王蓉芳、王忻禹、施雨轩、张天扬、郭佳、孟子一、韩逸雪、刘芳君、刘舒然

思考解答。这样的调查过程，具有非常强烈的时代烙印，对于促进学生在专业和综合素质上的全面提升，起到了无可替代的作用。

地摊经济——小城市 Vs 大城市

星星之火，可否兴邦　地摊城市空间与管理模式现状探讨

1.2 研究方法与相关概念

1.2.1 研究方法

文献资料查阅法： 通过搜集新闻报道、网站文章、研究报告、查阅书报文献等，掌握与"地摊经济"相关的社会背景、政策法规等内容，为实地调研以及报告总结打下基础。

问卷调查法： 在前期搜集资料的基础上进行问卷设计并在线上发布，了解市民对于城市"地摊经济"的看法及建议。

实地调研法： 对调研地区及其周边地区进行实地考察，了解城市"地摊经济"现状，同时进行相关访谈，了解摊主与市民对城市"地摊经济"的认知与需求。

差异对比法： 对所选的两个城市的现状、政策等方面进行对比，分析其存在的相似点与不同之处，了解不同等级、不同规模城市"地摊经济"发展异同。

1.2.3 地摊概念界定

意思指的是在地上陈列货物出卖货品的摊子，一般有合法缴费地摊和路边摊之分。

——摘自百度百科

本研究所选择的地摊包括合法缴费的地摊和临时型、流动型路边摊，以及街头艺术表演类型的摊位。

1.3 研究区域概况

1.3.1 研究对象（1）——辽宁省东港市

东港市，辽宁省县级市，是一个以工业、商贸、物流、旅游为主体的沿江、沿海、沿边城市。研究地块（一）在丹东市下辖东港市中心区的地摊经济集中区，疫情后当地人民自发在沿城市主要水系、公园周边经营地摊，目前已形成一定规模的"地摊区"，商品业态丰富，成为当地居民经营副业、休闲购物的集中区。

地块相关指标	
城市总面积	2445 平方公里
城市总人口	60.46 万
位置分布	城市水系公园旁
摊位总数	150-200 个
地摊覆盖总面积	13.67ha
地摊服务范围	358ha

城市地摊集中区位置卫星图

1.3.1 研究对象（2）——浙江省金华市

金华，古称婺州，浙江省地级市，长三角中心区 27 城之一。研究地块（二）江北夜市为金华市婺城区商业中心区的地摊集中区域，已有数十余年的历史，具体位置在城市管里下几经变迁，最终在解放东路南侧道路形成了固定规范的夜市区。商品业态主要有小百货和服装，是当地居民增加副业收入，生活娱乐的好去处。

地块相关指标	
城市总面积	10941.42 平方千米
城市总人口	562.4 万
位置分布	城市商业中心旁
摊位总数	230 左右
地摊覆盖总面积	0.91ha
地摊服务范围	78.54ha

城市地摊集中区卫星图

城乡社会综合实践调研报告

图 10　基于"地摊经济"主题展开的学生调查作业节选
资料来源：北京林业大学学生作业，完成人：李沁宇，陈思含，廖婧言，方金睿

5　课程持续改进与推广价值

在多轮教学改革探索中，课程团队充分利用"学生评教—专家督导—同行评议"三位一体的质量监控体系，确保年均教学方案优化更新内容达 30%。课程创新成果已总结为"三跨"经验模式：①跨学科师资团队共建，即形成城乡规划、公共管理、人文地理和数据科学领域稳定的复合型教学团队；②跨课程知识整合，构建"理论—方法—实践"螺旋上升课程群；③跨地域教学协作，即形成稳定的"云端＋在地"混合式教学模式。此外，课程深度践行"专业教育＋思政育人"融合模式，形成"四位一体"评价机制。通过设置"城乡参与式治理""城乡服务均等化"等八大思政主题模块，将社会主义核心价值观具象化为 32 个案例融入教学资料中。2023 年规划专业评估显示，上述模式的应用，使调查作业的数据维度、分析深度、应用意义都取得了比往届更出色的成果。

中国社会学泰斗费孝通先生曾在《乡土中国》中说过："我并不认为教师的任务是在传授已有的知识，这些学生们自己可以从书本上去学习，而主要是在引导学生敢于向未知的领域进军。"[8] 因此，本课程的后续探索将立足于继续构建一个真正完善的"以学生为中心""以社会为舞台"的理想学习过程，进一步推动区域合作和智慧赋能，带动学生们更深入理解城乡专业新的时代内涵。

参考文献

[1] 中央城市工作会议在北京召开 [J]. 城市规划，2016，40（1）：5.

[2] 吴志强，张悦，陈天，等."面向未来：规划学科与规划教育创新"学术笔谈 [J]. 城市规划学刊，2022（5）：1-16.

[3] 段进，石楠，闫凤英，等."规划教育的规划"学术笔谈

[J]. 城市规划学刊，2025（1）: 1-10.

[4] 王世福，李欣建，赵渺希，等. 中国城乡规划学科转型面临的挑战与跨学科重构 [J]. 规划师，2024（12）: 1-6.

[5] 沈清基. 论城乡规划学学科生命力 [J]. 城市规划学刊，2012（4）: 12-21.

[6] 王兴平. 面向社会发展的城乡规划：规划转型的方向 [J].

城市规划，2015（1）: 7.

[7] 李翅，钱云. 高等院校本科生优秀城市社会调查及交通创新作品集——北京林业大学园林学院 [M]. 北京：中国建材工业出版社，2019.

[8] 费孝通. 乡土中国 [M]. 上海：上海人民出版社，2013.

The Integrated Teaching Design of Step-by-step Capability Improvements for Students——Innovative Exploration on the Course of Urban-rural Social Investigations in the New Era

Qian Yun

Abstract：Under the background of multiple social transitions in contemporary China, urban and rural planning education urgently needs to cultivate interdisciplinary talents with integrated capabilities and practical innovation. Taking the course "Comprehensive Social Investigations for Urban and Rural Studies" at Beijing Forestry University as an example, this paper systematically expounds the trinity teaching reform practice of "interdisciplinary integration-task-driven design-step-by-step capability improvement". The course establishes a high-level knowledge integration platform connecting prerequisite courses such as "Urban Economics" and "Urban Geography", and innovatively adopts a four-phase task-driven teaching model including "theoretical guidance-methodological training-investigative practice-feedback enhancement". This forms a three-dimensional practical system combining on-campus and off-campus activities with online-offline integration. The teaching reform has achieved remarkable results: student works have won first prizes in international competitions for three consecutive years, research outcomes have been transformed into high-level journal papers, forming a replicable curriculum ideology and politics implementation paradigm. Particularly under the COVID-19 pandemic, innovative "cloud-based investigation + on-site observation" methods have been explored, strengthening the teaching characteristics of integrating information technology with humanistic care. This study provides a "value-oriented, capability-progressive, knowledge-practice integrated" teaching reform model for urban and rural planning education in the new era.

Keywords：Urban-Rural Social Investigations, Interdisciplinary Integration, Task-Driven Teaching, Step-By-Step Capability Improvement, Curriculum Ideology and Politics

2025 中 国 高 等 学 校 城 乡 规 划 教 育 年 会
2025 Annual Conference on Education of Urban and Rural Planning in China

国政规划AI时代　繁荣教育新生态

城市更新与保护教学

2025 Annual Conference on Education of Urban and Rural Planning in China

基于智能体的双层模拟平台在控制性详细规划教学中的应用探索 *

田　莉　刘子昂

摘　要： 针对传统控制性详细规划教学中公众参与不足、需求响应滞后和决策主观性强的问题，本研究提出基于智能体的双层模拟平台，探索人工智能赋能规划教学的新模式。研究借助大语言模型构建政府、居民和开发商智能体，以规划会客厅的形式模拟多主体互动，精准挖掘差异化需求；同时，采用地块—片区两层次成本收益分析模型，实现开发强度的智能动态优化和平衡。通过北京大钟寺片区更新规划教学案例，验证了该平台在提升学生规划方案综合质量、公众满意度及经济可行性等方面的积极作用。研究表明，智能体模拟与经济模型的结合，有助于实现规划教学从经验主导向数据与算法协同决策的转型，培养学生多主体协商能力和经济分析能力，为未来控规实践提供更全面、科学的决策支撑。

关键词： 人工智能；控制性详细规划；大语言模型；成本收益分析；动态优化；城乡规划教育

1　引言

当前中国城乡规划学科正面临深刻变革。一方面，城市发展模式从增量扩张转向存量更新，规划实践中利益相关主体多元、博弈复杂；另一方面，信息技术和人工智能（AI）的迅猛发展为规划方法带来革命性影响[1]。传统控制性详细规划（控规）教学以物质空间设计为主导，沿用"师傅带徒弟"的经验传授模式[2]。规划实践中公众参与、多主体协同变得空前重要，但在高校课堂上，由于时间和条件所限，学生难以亲身体验真实公众参与的复杂过程[3]。这导致规划教育与实践需求出现脱节：学生缺乏对利益相关者诉求博弈和复杂城市动态的深入理解，难以胜任新时代城市更新背景下的规划工作。规划教育迫切需要转型，以适应新技术时代对复合型规划人才的要求。

近年来，以 ChatGPT、DeepSeek 等大语言模型（LLM）为代表的生成式 AI 在各领域掀起革命性浪潮，其强大的知识获取与推理能力为城乡规划教学创新提供了契机[2]。控规课程作为培养学生综合规划能力的重要环节，涉及政府、开发商、居民等多方主体诉求平衡和规划方案的经济可行性评估。将 AI 融入控规教学，搭建虚拟的"规划会客厅"，可让学生在模拟真实情境中学习控规编制，提高方案决策的科学性和实践性。

本文基于智能体（Agent）的双层模拟平台探索 AI 赋能控规教学的方法，融合"大语言模型 + 智能体模拟"和"规划经济性分析"于一体，为控规教学提供一种智能化、互动式的新范式。该平台包含两个层次：第一是基于大语言模型的多智能体交互系统，用于模拟公众参与、开发商投资、政府决策等规划各相关利益主体的互动与博弈；第二是地块—片区两层次成本收益分析模型，用于评估规划方案的经济效益，并通过优化算法改进方案。通过这一双层平台，学生能够在控规教学中

---

* 项目资助：人工智能赋能城乡规划设计，教育部重点资源重点领域首批人工智能教学应用示范项目培育建设立项项目；清华大学教学改革项目"AI 赋能的专业学科引擎建设：城乡规划设计"与"人工智能赋能城市更新规划教学改革"联合资助。

田　莉：清华大学建筑学院教授
刘子昂：清华大学建筑学院博士研究生

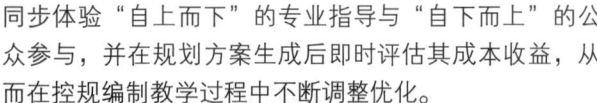

同步体验"自上而下"的专业指导与"自下而上"的公众参与，并在规划方案生成后即时评估其成本收益，从而在控规编制教学过程中不断调整优化。

2 AI 在规划教学中的应用进展

2.1 AI 与城乡规划：新技术驱动规划变革

过去十余年，AI 逐步渗透到规划领域。从早期的大数据分析与规划支持系统，到如今的生成式模型，AI 正推动规划方法从经验驱动向数据驱动，再向智能实时优化的 AI 驱动转型[4]。特别是 2022 年以来，LLM 的突破使 AI 具备了类似人类的综合推理能力，带来"AI+ 规划"的新浪潮[5]，LLM 与智能体的协同合作潜力不断被挖掘。在城市治理与决策支持方面，LLM 与多智能体系统结合可有效减少决策耗时，提升决策精度[6]。在多智能体协作与循环反馈方面，则可实现动态响应与优化，例如 Ni 等[7] 提出的循环规划框架通过规划、居住与评估形成闭环反馈，不断生成、评估并改进规划方案；Xu 等[8] 开发的城市生成式智能平台提出了以城市特定数据训练的 CityGPT 模型，构建了具备文本环境和城市知识图谱的智能体平台，以支持复杂城市系统的多智能体交互仿真。在空间导航与具身智能方面，例如 Zeng 等[9] 提出的"感知—反思—规划"LLM 智能体架构，实现了准确的空间感知，并通过反思机制与长期规划，克服了短视和重复决策的问题，提升了导航表现；Zhao 等[10] 构建了一种层次化的智能体，实现在复杂动态的城市环境中执行具身问答任务，通过建立认知地图与任务分解，智能体实现了对复杂空间问题的高效处理，展现出显著的规划与空间推理能力。在参与式规划与人机交互方面；Zhou 等[11] 将 LLM 用于参与式规划，利用智能体模拟规划师与居民等不同利益相关者开展角色扮演和"鱼缸式"讨论，显著提高了居民满意度与参与性，降低了时间和人力成本，不仅增强了公众参与的便捷性，也提高了规划方案的包容性和灵活性；Liu 等[12] 系统分析了人类与 LLM 互动模式，提出了一种结合用户需求、任务处理与 LLM 能力的互动框架，强调专业与非专业用户对 LLM 使用的不同偏好，而该框架提出的互动模式优化了技术自动化与人类决策的协作，有助于实现更高效的规划参与。目前，AI 特别是大模型赋能下的多智能体系统以其开放性和泛化能力，展示出成为规划师得力助手的巨大潜能。

2.2 AI 赋能城乡规划教学的现状与面临挑战

AI 赋能规划教育的探索仍处于起步阶段。既往研究指出，传统规划教学存在"三不足"问题：科学逻辑思维不足，缺乏对背后社会经济的分析训练；多元主体视角不足，学生难以充分体会公众、开发商等不同利益方的需求；重复劳动影响创作，一旦方案推翻需要推倒重来[2]。因此，学界开始探讨利用 AI 辅助教学的新模式，建议加强 AI 的学习与教学介入，通过大数据和 AI 结合促进智慧化转型，从经验规划走向科学规划[13]。这些观点反映出业界对"AI+ 规划教育"的高度期待，以提升规划的数智化水平[14]。

实质性的教学实践探索也逐步展开。例如，在清华大学住区规划课程中首次引入"专业知识 +AI"双驱动模式，开发多智能体交互系统让学生与虚拟居民、官员"对话"，并利用低代码自动方案生成器快速迭代设计方案，从而构建"前期策划—方案生成—后期评估"三阶段的智能教学流程；实践表明，该模式有助于学生深入理解场地的人本需求、培养跨学科思维与设计创新能力[2]。目前，AI 赋能规划教学的典型模式包括：知识问答与辅助决策，通过大模型回答规划理论和规范问题，帮助学生学习知识；智能生成与评估，利用生成模型产生方案草图、分析方案指标；情境模拟与交互，通过虚拟现实或智能体模拟规划实施的场景。

综上，AI 为规划教学改革提供了工具箱，但如何在控规教学中系统整合多智能体互动和智能优化评估，仍是亟待探索的问题。控规课程要求学生综合考虑技术规范、利益平衡和实施可行性，适合引入 AI 智能体模拟分析。本文的"双层模拟平台"即通过智能体模拟填补教学中多元主体参与的空白，通过成本收益分析强化对方案经济性的量化。

3 方法与架构：AI 辅助控规教学的双层模拟平台

3.1 控制性详细规划教学的智能模拟工具开发

为将 AI 融入控规教学全过程，教学团队构建了一个"两层次、三阶段"的智能模拟流程，引入相应的智能工具与算法辅助，实现专业知识与 AI 的双驱动。

图 1 示意了教学团队所构建的"两层次"控制性详细规划教学的智能模拟工具架构。两层次指规划模拟包括"社会行为模拟"和"经济效益平衡"两个层面：前者通过 LLM 智能体扮演各类角色，构建基于大语言模型的多智能体交互系统，通过智能体构建和规划会客厅讨论平台实现虚拟的公众参与和协同决策；后者基于地块－片区两层次成本收益模型，通过经济测算模块对规划方案进行成本收益动态平衡与开发强度迭代优化。

图 2 示意了教学团队所构建的 AI 辅助控规教学的"三阶段"架构及其工作流程。三阶段即形成初步规划方案、迭代优化规划方案和确定最终规划方案。首先，在形成初步规划方案阶段，教师教授控规专业知识和上位规划要求，引导学生利用多智能体系统模拟公众讨论，结合对话结果帮助学生深入发掘片区多元主体需求并开展确定规划定位，提出初步的控规方案。其次，在迭代优化规划方案阶段，在前期分析并确定道路交通、

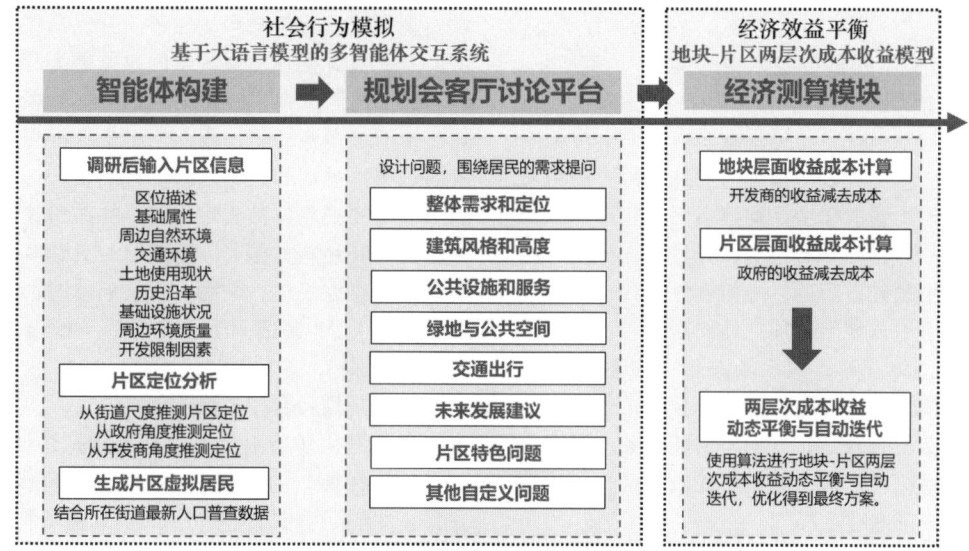

图 1　控制性详细规划教学的智能模拟工具架构
资料来源：作者自绘

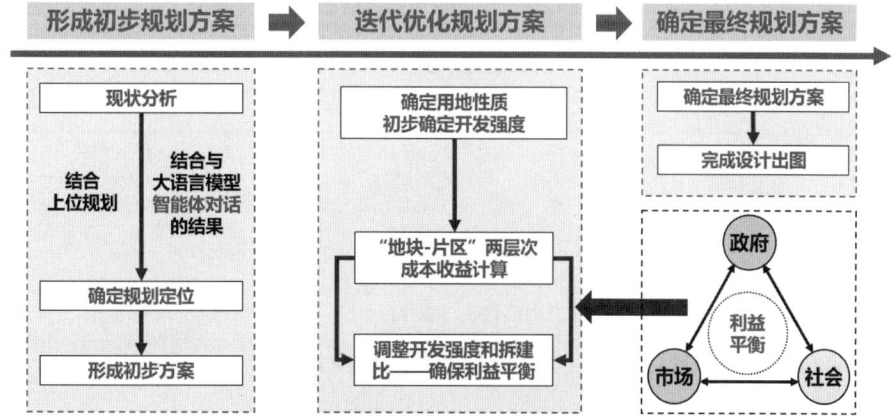

图 2　AI 赋能控制性详细规划教学架构与工作流程
资料来源：作者自绘

公服布局、用地性质、初步确定开发强度的基础上，教学团队引导学生进行地块—片区两层次的成本收益计算，并鼓励学生使用智能工具调整迭代开发强度和拆建比，对经济可行性进行评估。最后，在确定最终规划方案阶段，基于地块—片区两层次成本收益分析与迭代优化的结果，对方案进行全面优化调整，综合考虑社会效益、环境效益等，形成最终的控规成果。需要指出的是，AI 赋能并非替代学生或教师的作用，而是作为教学工具嵌入各环节，提升规划过程的效率和科学性。

3.2 基于大语言模型的多智能体交互系统

基于大语言模型的多智能体交互系统是教学架构中的第一个核心技术模块，为控规教学打造一个虚拟的"规划会客厅"，让学生可以与模拟的利益相关方进行对话交流。系统基于大语言模型，构建多个具备不同身份和背景知识的智能体，如政府官员、开发商、当地居民等。每个智能体由预先设定的"人格属性"和"知识模块"驱动，在对话中表现出不同主体的观点和诉求。学生通过与这些智能体互动，获取多方面的信息和反馈。例如，居民智能体会提出对居住环境的要求，政府官员智能体强调规划边界和规范，开发商智能体关注经济收益。这种人机对话模拟出真实规划讨论的场景，可锻炼学生统筹协调多方意见的能力。

（1）智能体构建

在智能体构建上，为使智能体言行逼真，教学团队借鉴角色扮演提示和知识注入方法（表 1）：首先，学生将实地调研获取的信息进行输入，如可输入片区的区位、面积、土地利用、交通环境、设施现状、历史沿革和开发限制因素等，使智能体先了解片区基础背景。其次，基于研究场地的调研资料（特别是所在街道人口普查数据）和规划任务要求，设定每类角色的背景信息和关注重点。居民角色可细分为不同性别、年龄、教育水平、家庭规模等的群体，各自拥有不同的诉求偏好；官员角色负责在参与城市中片区层面的规划工作中维护公共利益，重点实现片区层面开发的成本收益平衡、提升设施规划建设覆盖与可达性；开发商角色负责地块开发，关注自身在开发中获得的收益最大化和收益成本平衡。将上述信息编写成相关信息与提示语注入 LLM，使其在扮演该角色时能"代入"相应的视角，让他们对任何问题都以设定的立场回答。经测试，这种方法可让智能体输出的观点与其设定相符，并在讨论中表现出一定异质性和专业性。再次，训练 LLM，让其学习角色的说话风格与典型表述。最后，系统启动时，在后台为每个角色创建 LLM 会话，赋予对应的身份设定，使其在对话中始终保持人物一致性。

（2）规划会客厅讨论平台

学生利用多智能体系统开展虚拟访谈和问卷调查，以深化对场地和用户需求的认识。大语言模型具有泛化能力强、回答具有随机性的特点，因此需要制定一套标准化问卷，采用选择题形式让智能体进行选择，以通过分析选项比例准确析出该片区最急切需要满足的要求。具体操作为：教学团队引导学生设计问卷，然后分别与不同类型

信息设定示例　　　　　　　　　　　　　　　　　　　　　　表1

类别	示例
场地信息	片区位于 A 市 B 区，片区包括 C 路与 D 路之间的区域，紧邻地铁 13 号线大钟寺站。片区内包含多个商业与居住功能，随着 E 公司的入驻，为该片区的未来发展带来了新的更新动力。片区约 100 公顷。地块形状相对规则，地势平坦，便于进一步的规划开发。现有土地用途多样，包括教育科研用地、商业用地、居住用地及其他混合功能地块。未来规划需结合科技型产业链发展需求，调整土地用途比例，增加创新功能的兼容性和弹性。该片区距东南方 500 米处有一片市政绿地，面积约 10 公顷，适合散步及户外活动。距片区北侧 300 米处有中学，附近还有购物中心，能较好地满足日常生活需求。片区东侧紧邻地铁 13 号线，公交线路覆盖良好。周边已有多个教育、医疗及商业服务设施，但公服设施总体数量不足，需要增加针对创新企业和中小企业的孵化器、联合办公空间、短期租赁居住区等设施。片区内目前包含试验田、某政府机构办公楼及住宅区，用地性质多样。片区内有部分历史建筑，具有文化保护价值。目前片区已有供电和供水设施，但燃气和供暖设施尚待进一步完善。片区交通噪声较大，空气质量受交通影响，建议进一步进行隔声和绿化。该片区部分区域位于洪水影响区，需进行防洪评估
居民智能体	年龄 30 岁的女性外企员工，本科学历，月收入 2 万元，已婚，三口之家，关心通勤便利和住房成本

资料来源：作者自绘

的居民智能体交流，询问他们对住房、交通、公共设施的意见，与政府智能体讨论上位规划要求落实的重点、片区层面开发的成本收益平衡、设施规划建设覆盖等内容，与开发商智能体探讨地块开发的顾虑与收益等。

为了覆盖全面，教学团队引导学生共同设计了一套标准化的多智能体问题清单，包含整体需求和定位、建筑风格和高度、公共设施和服务、绿地与公共空间、交通出行、未来发展建议等模块（图3），共约40道问题，需要智能体给出明确回答，学生可根据需要进一步调整提问。通过这一过程，学生相当于进行了一次大样本的公众参与调查：系统既提供了海量"虚拟公众"反馈，又保证了意见来源的多元性和真实性。学生将收集到的信息进行整理和分析，凝练出规划地段需要满足的关键需求和目标定位。

值得一提的是，多智能体交互的有效运行有赖于学生具备一定的专业知识储备和引导技巧。教师在教学中需指导学生如何提出高质量问题、如何分析智能体的回答，并警惕LLM可能产生的错误或偏颇结论。通过将专业知识与AI结合，学生不仅加深了对控规方案背景和需求的理解，也体验了多元协商的过程。这种沉浸式学习有助于培养学生从不同主体视角看待规划问题的能力。AI的引入，应当让规划教育从"精英视角"转向"参与式视角"，让规划师、决策者、公众都能参与进来[2]。教学团队的多智能体系统就提供了这样一个平台，使学生在校期间即接触类似公众参与和专家论证的情境（图4），为未来实际规划设计工作中的沟通协商打下基础。

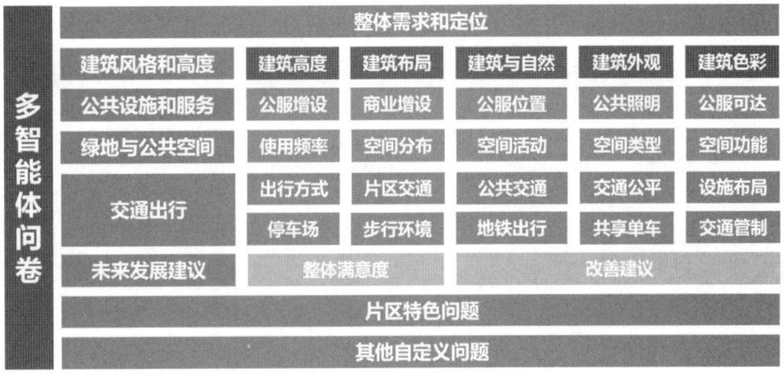

图3　多智能体问卷模块
资料来源：作者自绘

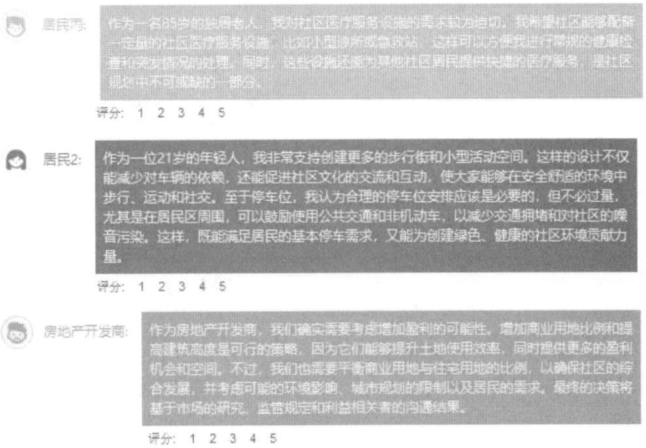

图4　规划会客厅讨论界面
资料来源：学生截图

3.3 地块—片区两层次成本收益分析与智能迭代优化

控规教学的另一个难点在于帮助学生理解控规中关键指标的产生逻辑，培养学生对土地开发中成本收益平衡的理解。通常，学生在设计方案时往往侧重空间布局与功能，忽视方案的实施成本和经济可行性，导致方案脱离现实[15]。同时，在存量更新中，对地块而言其主体是开发商与原业主，而片区开发的主体则是地方政府。地块开发中，开发商希望通过提高容积率、优化用地性质、提升运营收益等方式实现单个地块的收益最大化，而政府则需要在片区层面实现设施服务与居住环境的提升，实现经济—社会—环境整体效益最优。因此，如何在地块和片区两层次动态平衡成本收益，成为控规编制中的核心问题。

针对现行控规教育模式中"空间指标—成本收益平衡"目标协同、地块—片区指标传导的不足，教学团队研发了包含成本收益可行性校验的智能优化系统，通过地块级开发收益测算与片区级成本分摊模型的动态耦合，实现空间资源配置与经济可行性的匹配。

传统控规教育模式面临如下局限性：①偏重静态指标测算，经济分析缺位：传统方法以用地性质、容积率等技术指标为优化核心，较少考虑成本收益核算的需求，缺乏对市场价格波动、政策调整等变量的动态响应；②地块—片区之间统筹机制缺失：现有模式采用"自下而上"的地块指标聚合方式，缺乏片区层面开

发强度、公共设施、收益平衡的系统性优化，易出现单个地块指标合规却导致片区整体开发成本收益失衡、设施配套不足等风险；③技术指标联动反馈滞后：容积率调整、土地出让收益、设施建设成本等关键参数间存在复杂传导关系，传统手工测算难以建立经济要素的动态反馈机制，反复修编耗时耗力，影响规划实施的可行性。

为弥补以上不足，教学团队设计了地块—片区两层次成本收益分析方法（图5），将控规区划分为若干地块单元，在地块层面计算开发成本与收益，再在片区层面汇总分析整体经济平衡情况，通过优化算法寻找使收益最大化或满足特定约束的方案调整方案。

（1）地块—片区两层次成本收益分析模型的两层次结构

分析模型分为地块层和片区层，需要学生利用控规方案中每个地块的用地性质、容积率等指标进行测算。在模型中，地块层面计算开发商开发每个地块的利润，即地块的收益成本，主要关注作为地块收益的销售收入、办公地块的销售收入和考虑到拆迁安置面积和保障性住房比例的居住地块住房销售收入，以及作为地块成本的开发商拿地成本、建安成本、不可预计成本、资金成本和财务成本。而在片区层面计算政府在该片区的利润，即片区总收益片区总成本时，主要关注作为片区收益的片区商业、办公，考虑拆迁安置的居住地块土地出

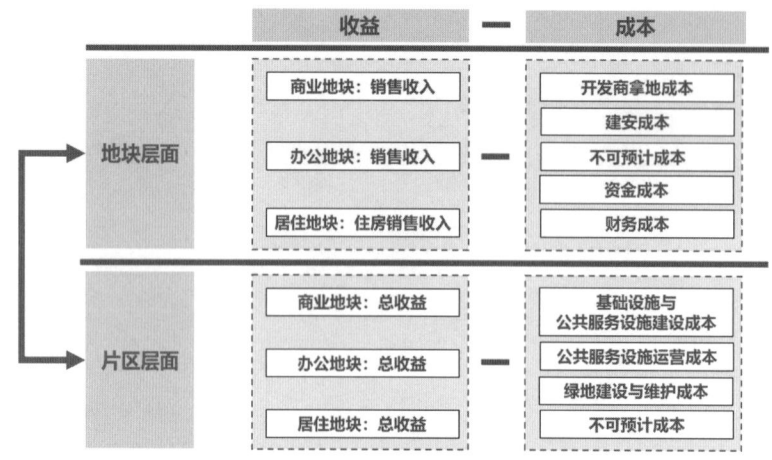

图5 地块—片区两层次成本收益分析模型

资料来源：作者自绘

让金（地价）之和，以及作为片区成本的基础设施与公共服务设施建设成本、学校与医院等公共服务设施的运营成本、绿地建设与维护成本和不可预计成本之和。通过上述指标，学生可以在计算中了解方案经济上的可行性：若能实现地块—片区两层次成本收益的平衡，则方案具有可行性；反之，则需调整规划以改善经济指标。同时，在计算中，学生可以清晰看到哪个地块盈利、哪个亏损、政府整体盈余或缺口等。若发现整体盈利不足，可尝试优化方案，比如提高部分地块开发强度以增加收益等。

（2）地块—片区两层次成本收益分析模型的智能优化迭代

开发商基于地块的成本收益，与政府对整个片区的成本收益之间往往存在差别，地块最优、最大化成本收益可能不一定能达成片区最优、让政府成本收益平衡，因此需要通过算法智能迭代相关指标，进而平衡这两层次的成本收益。

而在迭代中，可将控规方案优化视为一个满足多重约束的目标优化问题，可以采用贪心算法求解，主要目标是经济效益最大化（或收支平衡）。在具体操作中，既可设定以地块最小利润为约束条件，优化片区层面的成本收益，也可设定以片区最小利润为约束条件，优化片区层面的成本收益。在一次次优化迭代中，模型求解的结果会告诉学生在哪些地块应增加或减少开发强度，以达到最佳的成本收益平衡。这样的优化过程使学生认识到控规方案需要在成本与收益间寻找平衡，并体会到运用数据分析模型辅助规划决策的价值。

在实际教学中，教学团队将地块—片区两层次成本收益分析贯穿于方案形成和调整的过程。学生在方案初步完成后，对方案进行成本收益分析计算。如果发现成本与收益难以平衡，教学团队鼓励学生运用容积率调整的建议进行针对性调整，再次迭代优化直至达到平衡或满足要求为止。同时，这一过程还可与多智能体系统结合，例如智能体反馈的许多问题（如"配套不足导致居民不满"或"开发强度低开发商无利可图"）可以通过方案调整来解决，而调整的方向可以借助成本收益模型来定量验证其效果。

通过"定性＋定量"结合，学生的方案优化有了更坚实的依据。同时他们也学习了基本的规划财务分析技能，

理解了规划决策的经济分析逻辑。这种训练也契合当前存量规划时代的要求——规划师既要会画图，又要懂经济。在 AI 赋能城乡规划的时代，规划教育要培养既理解 AI，又懂得指导应用 AI 的复合型人才，教学团队开发的双层模拟平台与教学改革正是朝这一方向做出的尝试。

4 案例分析：AI 辅助控规教学的实践应用

基于上述方法，在清华大学 2024—2025 学年秋季学期城乡规划专业本科三年级的控规课程中，教学团队引入双层模拟平台进行改革实践。

4.1 案例背景

教学案例选取北京市海淀区大钟寺一带的老旧片区，面临城市更新（图 6）。片区被地铁和道路包围，面积约 1 平方千米，内部有多个老旧小区，东北侧入驻了科创企业字节跳动，东侧是待更新的食品厂，南部是大学校园，同时片区内还有中学、小学、农业试验田，设施有待补足，居住环境亟待改善。教学目标是让学生编制该片区的控规方案，包括完善道路网、划定若干地块及规划用途、配建公共设施和绿地，以及测算更新实施的成本收益，最终完成方案和文本。学生在教学团队的指导下，使用本文所述的双层模拟平台辅助完成方案。

图 6 案例地区基本情况

资料来源：清华大学课程资料

4.2　教学过程

（1）基于多智能体交互的"线下＋虚拟用户"调研

在形成初步规划方案的前期阶段，教学团队引导学生通过多智能体系统进行了"虚拟调研"。他们将片区的区位、面积、用地性质、周边环境、设施现状等基础信息输入对话中，并设定了不同性别、年龄、教育水平、家庭规模的片区居民，以及当地政府官员、开发商等多类智能体角色。学生围绕前文所述的问卷模块完善

了问卷，与智能体展开访谈交流。例如，在教学团队指导下，学生在与多智能体交流中总结了不同智能体对规划定位的期待，并推导出规划定位（图7）。

（2）基于地块—片区两层次成本收益分析模型的计算与智能迭代优化

教学团队在方案生成与迭代优化阶段开发了地块—片区两层次成本收益分析与迭代优化的智能工具（图8）。学生在明确片区规划定位后，在教学团队指导下，基于

图7　教学中某学生与多智能体针对规划定位展开的交流情况汇总与片区定位推导

资料来源：学生作业，作者改绘

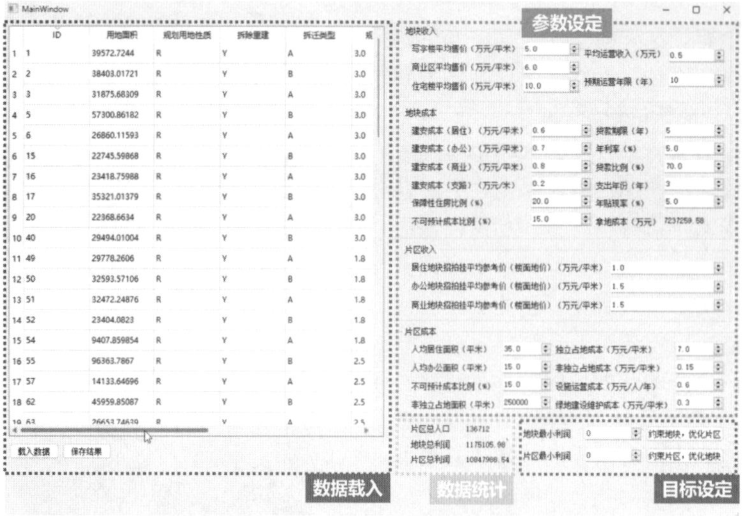

图8　控制性详细规划中地块片区两层次成本收益分析软件界面

资料来源：作者基于软件界面截图绘制

控规专业知识和上位规划，完成初步的规划方案，包含划分用地后的各地块用地性质和初步确定的开发强度等。随后，他们借助智能工具对方案进行初步评估（图9），如发现成本过高、收益过低就尝试调整方案，或使用智能工具设定优化目标进行容积率的迭代优化（图10），使方案的经济可行性明显改善，进而完成最终方案。整个优化过程在教学团队开发的智能软件中实现，计算用时短，方便学生实时调整方案。

4.3 教学评价

多次迭代，并经过学生分析优化形成控规成果后的结果显示，使用 AI 辅助控规教学后的学生方案相较于未使用 AI 辅助的往届学生方案能较好兼顾多元主体利益，对资金平衡的分析强化了学生对土地开发成本收益的理解，更好地理解了控规关键指标生成的逻辑，有较强的现实操作意义。

通过问卷调查与访谈方式，教学团队评估了学生对

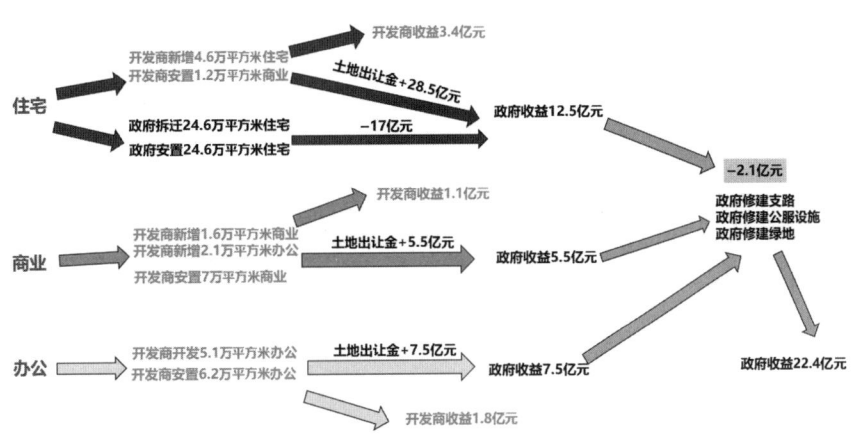

图9　某学生方案中的地块—片区两层次成本收益计算情况
资料来源：学生作业

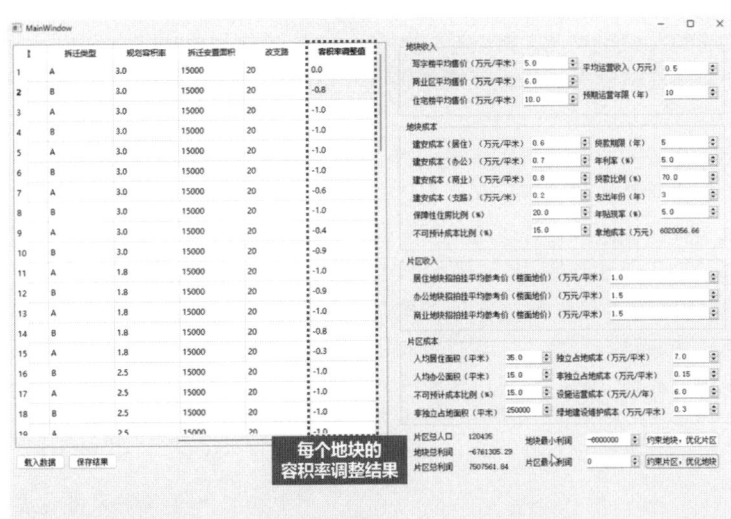

图10　控制性详细规划中地块片区两层次成本收益分析软件中容积率调整结果图示
资料来源：作业基于软件界面截图改绘

AI 辅助控规课程的反馈（表 2）。结果表明，使用 AI 工具的学生普遍认为其在提升学习效果、工作效率和理解深度方面有积极作用，整体反馈积极。

课程问卷问题及学生打分均值　　表2

问题	打分均值
AI 工具有效的帮助我解决这门课的疑问	6.4
在这门学科中使用 AI 工具能够提高我对课程材料的理解	6
在这一学科中使用的 AI 工具让我能够有效地探索和深入研究主题	6.2
在这一学科中使用的 AI 工具激发了我的创造力和创新能力	5.4
在这一学科中使用的 AI 工具提高了我的工作效率	6.4
在这一学科中使用的 AI 工具帮助我比其他可用资源更快地找到答案	6
在这一学科中使用的 AI 工具对我的知识评估很有用	6.2
在这一领域使用 AI 工具能够提高我的大学教育水平	6
我建议其他学生使用 AI 工具来学习这门课程	6.2

注：问卷采用 7 分制，得分越高表示认同程度越高。
资料来源：作者自绘

在对学生的访谈中，教学团队了解到教学改革后的学生对自己的规划方案更有信心，认为"有数据和 AI 论证，心里更踏实"，"智能体相当于提前帮我们做了一轮公众参与，让我们认识到方案不只是画图，要对接人的需求。"这反映出 AI 辅助教学在培养以人为本的规划思维上效果显著。

综上，将多智能体互动和成本收益分析引入控规教学，能够提升学生方案的综合质量和现实性。学生在虚拟实践中学会了倾听公众、算账决策，弥补了传统教学中理论和实践相脱节的部分。需要注意的是，由于老城区更新牵涉因素复杂，AI 给出的建议也需由教师把关（例如安置策略等），以防学生误信模型结果。因此，AI 在此更多扮演"助手"角色，最终方案的把控仍依赖于学生和教师的专业判断。

5　结论与讨论

5.1　教学效果与创新总结

通过上述探索，教学团队初步证明了"双层模拟平台"在控规教学中的应用价值。教学结果表明，引入智能化工具后，学生在规划设计时能更全面考虑多方需求，在方案评估时能更深入把握经济可行性。具体来说：①丰富了教学内容和方法：传统控规课侧重技术图纸绘制，AI 辅助下增加了公众参与模拟、经济分析等环节，使教学内容更完整。学生在有限时间内通过智能体交互获取大量信息，通过模型计算掌握方案评价方法，实现跨学科知识的融会贯通。②提高了学生综合能力：教学实践证明，AI 辅助教学有助于培养学生科学逻辑思维（用数据和模型说话）、多元主体视角（换位思考不同利益）、创新设计能力（利用新技术工具解决问题）。学生从被动接受知识转为主动探索，课堂参与度和收获感明显提升。③方案质量更具实用性：AI 辅助的学生方案不仅表现突出，更有助于学生理解规划方案的"算账"逻辑。同时，这种教学模式让学生的规划设计方案"有理有据"，评图时主观随意性减少，讨论更聚焦在方案逻辑和数据依据上，提升了教学的客观性。

同时，AI 辅助并非万能，学生仍需具备扎实的专业知识和判断力。多智能体的讨论虽然有所助益，但线下面对面的访谈仍必不可少。其次，双层模拟平台主要模拟的是经济性，对于人文关怀、价值判断、社会效益、环境效益等方面的研究，仍然需要学生在老师的指导下进行综合判断[16]。

5.2　展望与建议

本研究的探索为 AI 赋能控规教学提供了一种思路，但仍属起步阶段，还有一些问题值得进一步研究和完善：

（1）智能体精度与可信度：LLM 智能体的回答质量取决于提示设计和模型本身。当前中文大模型对专业规划知识的掌握有限，可能出现错误信息或幻觉。后续应针对规划领域调整专门模型，尤其是对于弱势群体，如残疾人、儿童、高龄老人的需求，需要进行专门的分析或调研。同时，需建立 AI 输出结果的验证机制，教师在教学中也应强调批判性思维，防止学生盲从 AI 结论。

（2）量化模型的人性化融合：成本收益等量化分析虽然重要，但规划不是纯粹的经济优化，仍需融入社会、环境等定性考量。在教学中，可探索多目标决策支持系统，综合考虑诸如宜居指数、社会公平等指标，使优化过程更符合规划的综合目标。未来，或可引入机器学习来学习专家对不同目标权重的偏好，从而让 AI 在优化时更接近人类决策习惯。

（3）教学案例与工具库建设：为了推广这一教学模式，需要丰富教学案例库和工具平台。目前本研究的系统和模型还需一定技术背景才能操作。下一步应开发更用户友好的教学软件，将问答题库、案例资料等充实其中，形成可推广的一体化教学工具平台。同时，积累不同类型规划项目的 AI 辅助教学案例，编写相应教材或指南，降低教师和学生使用门槛。

（4）伦理与角色转变：AI 在教学中可能引发的伦理和角色变化问题值得关注。一方面，要防范过度依赖技术导致的"炫技"倾向，牢记规划教育的初心在于培养学生独立思考和以人为本的价值观；另一方面，也需鼓励教师接受新技术，转变教学角色，从知识传授者更多地转为学生探索的引导者和合作伙伴。在与 AI 共同工作的过程中，教师和学生都应不断学习新知识，保持开放心态。

基于智能体的双层模拟平台为控规教学创新提供了有益经验，说明了"专业知识 +AI"融合模式的价值。随着 AI 技术的进步和教育模式的变革，城乡规划教学未来将逐渐迈向人机协同、高效互动的新阶段。在这个阶段中，城乡规划专业的学生将更好地掌握跨领域知识和智能工具，成长为能够应对未来复杂城市问题的复合型人才。而教学团队此时的探索，正是为迎接这一未来所做的初步尝试。

致谢

感谢白与墨、王依柔、孟尊冉、周奕飞、曹恺文、孙琦等同学的支持。

参考文献

［1］ 姚冲，甄峰，席广亮 .2023 年城市 AI 研究热点回眸 [J].科技导报，2024，42（1）：306–313.

［2］ 田莉，杨鑫，张雨迪，等 ."专业知识 + 人工智能"双驱动的城乡规划设计教育创新探索：以住区规划为例 [J].城市规划学刊，2024（5）：71–78.

［3］ 王依柔，周奕飞，杨安原，等 .大语言模型辅助公众参与住区规划设计的探索 [J].北京规划建设，2025（1）：180–185.

［4］ 吴志强，严娟，徐浩文，等 .城乡规划学科发展年度十大关键议题（2024–2025）[J].城市规划学刊，2024（6）：8–11.

［5］ 甘惟，吴志强，王元楷，等 .AIGC 辅助城市设计的理论模型建构 [J].城市规划学刊，2023（2）：12–18.

［6］ KALYUZHNAYA A, MITYAGIN S, LUTSENKO E, et al. LLM Agents for Smart City Management: Enhancing Decision Support Through Multi-Agent AI Systems[J]. Smart Cities（2624–6511），2025，8（1）：19.

［7］ NI H, WANG Y, LIU H. Planning, Living and Judging: A Multi-agent LLM-based Framework for Cyclical Urban Planning[J/OL]. arXiv preprint arXiv: 2412.20505, 2024. https://arxiv.org/abs/2412.20505.

［8］ XU F, ZHANG J, GAO C, et al. Urban generative intelligence（ugi）: A foundational platform for agents in embodied city environment[J/OL]. arXiv preprint arXiv: 2312.11813, 2023. https://arxiv.org/abs/2312.11813.

［9］ ZENG Q, YANG Q, DONG S, et al. Perceive, reflect, and plan: Designing llm agent for goal-directed city navigation without instructions[J/OL]. arXiv preprint arXiv: 2408.04168, 2024. https://arxiv.org/abs/2408.04168.

［10］ZHAO Y, XU K, ZHU Z, et al. CityEQA: A Hierarchical LLM Agent on Embodied Question Answering Benchmark in City Space[J/OL]. arXiv preprint arXiv: 2502.12532, 2025. https://arxiv.org/abs/2502.12532.

［11］ZHOU Z, LIN Y, LI Y. Large language model empowered participatory urban planning[J/OL]. arXiv preprint arXiv: 2402.01698, 2024. https://arxiv.org/abs/2402.01698.

［12］LIU K, YIGITCANLAR T, Browne W, et al. Understanding Human-Llm Interaction Patterns in Urban Planning: A Review and Framework[J/OL]. Available at SSRN 5169176. https://ssm.com/abstract=5169176.

［13］段进，石楠，闫凤英，等 ."规划教育的规划"学术笔谈 [J].城市规划学刊，2025（1）：1–10.

［14］吴志强 . 城市规划教育的数智化焕新 [J]. 城市规划学刊，
　　　2025（1）: 11-17.

［15］钮心毅，林诗佳，桑田，等 . 数字化规划技术——数据
　　　与知识 [J]. 城市规划学刊，2024（2）: 18-24.

［16］孙昊成，杨俊宴 . 人工智能驱动下城市规划设计框架构
　　　想：基于未来城市空间特征推演视角 [J]. 北京规划建设，
　　　2024（3）: 14-17.

Exploring the Application of an Agent-Based Dual-Layer Simulation Platform in Regulatory Detailed Planning Education

Tian Li　Liu Ziang

Abstract: To address common limitations in traditional regulatory detailed planning education—such as limited public engagement, delayed responsiveness to user needs, and subjective decision-making—this study proposes a dual-layer simulation platform based on agent modeling. Utilizing large language models, the system generates AI agents representing government officials, residents, and developers, enabling interactive multi-stakeholder dialogue within a virtual "planning salon" to extract differentiated spatial demands. In parallel, a two-level cost-benefit analysis model—at both the parcel and district scales—supports intelligent and dynamic optimization of development intensity. Applied in a planning studio focused on the urban regeneration of Beijing's Dazhongsi district, the platform demonstrated its value in improving the quality of student proposals, enhancing simulated public satisfaction, and increasing economic feasibility. The integration of agent-based interaction with quantitative modeling helps shift regulatory detailed planning education from experience-based instruction toward data- and algorithm-supported decision-making, equipping students with negotiation and economic reasoning skills and providing more robust support for future planning practice.

Keywords: Artificial Intelligence, Regulatory Detailed Planning, Large Language Models, Cost-Benefit Analysis, Dynamic Optimization, Urban and Rural Planning Education

校企协同创新框架下历史文化街区保护更新教学模式的改革与实践研究

赵志庆　孙汉锋　王家琦

摘　要： 在"新文科"建设与产教融合不断深化的时代背景下，高校培养兼具跨学科素养与实践能力的历史文化遗产保护人才已成为教学改革的关键课题。本文依托哈尔滨工业大学城乡规划专业与中规院（北京）规划设计有限公司联合开展的"开放式研究型设计课"实践，通过三大创新举措优化新时代历史保护人才培养范式：首先，构建"双导师动态调整机制"与"课程开发三阶流程"，深度融合高校学术资源与企业实践经验，破解传统校企合作中企业参与度不足的难题；其次，建立"基础—进阶—创新"三级数字化能力培养体系，将人机交互（HAI）、生成式AI、数字孪生等技术贯穿教学全流程，提升学生在遗产价值挖掘、空间分析及创意生成中的技术应用能力；最后，打造"教学—实践—研究—反馈"生态链，通过多元主体联合评审、AI模拟评估及长期伴随机制，强化设计成果的科学性与可实施性。实践表明，该模式有效解决了传统教学学科壁垒固化、实践场景脱节、技术融合不足等痛点，显著提升了学生的跨学科协作能力、遗产保护创新思维及数字技术转化水平，为城乡历史文化遗产保护人才培养提供了可复制的改革路径。

关键词： 校企协同；历史文化街区；人机交互；新文科；数字赋能

1　引言

1.1　研究背景

随着新型城镇化加速推进，我国大量历史文化街区面临着发展与保护的双重挑战，传统的保护方式往往侧重物质层面的静态修缮，难以回应当代社会结构转型和数字技术发展的复杂需求，因此，对适应新时代历史文化遗产保护的人才培养提出了一定要求。在高等教育领域，以"新文科"建设为代表的改革浪潮持续深化，旨在通过现代信息技术与传统学科的深度融合，打破学科壁垒，培养具有创新思维的复合型人才[1]。2019年教育部等13个部门启动"六卓越——拔尖"计划2.0，明确将全面推进新工科、新医科、新农科、新文科建设作为振兴本科教育的战略举措。与此同时，人工智能技术在教育领域的渗透，不仅推动了教学工具的智能化升级，更催生了人机协同的新型学习模式，使跨学科知识整合与实践能力培养具备了更强的可操作性。

在这一背景下，高校的人才培养需顺应时代要求，以数字赋能和学科交叉重构传统课程内容，加强人—AI交互，着力培养"文理兼通"的专业人才。对于城乡规划这一实践导向型专业，如何通过教学改革整合多方资源，构建面向历史文化遗产保护的创新人才培养体系，已成为当前教育转型的关键课题。

1.2　研究目的

本研究围绕历史文化街区保护与设计教学模式改革，探索校企协同创新在高等教育中的作用机制和实现路径。基于哈尔滨工业大学城乡规划专业与中规院（北京）规划设计有限公司（以下简称"中规院"）的校企协同教学改革实践，创新性开发了"开放式研究型设计课程"教学新模式，该模式具有以下特征：高校与企业深度合作，将人—AI交互、数字技术应用、多主体协作、跨学科融合贯穿研究设计、实地调研、方案生成、联合评审等教学全环节，系统提升学生的遗产保护意识、跨领域协作

赵志庆：哈尔滨工业大学建筑与设计学院教授

孙汉锋：哈尔滨工业大学建筑与设计学院硕士研究生

王家琦：哈尔滨工业大学建筑与设计学院博士研究生（通讯作者）

能力和技术创新应用能力。本研究拟系统分析这一教学模式的理论基础、实践过程与效果评估，并对比国内其他高校典型案例，提炼可推广的教学改革经验（图1）。

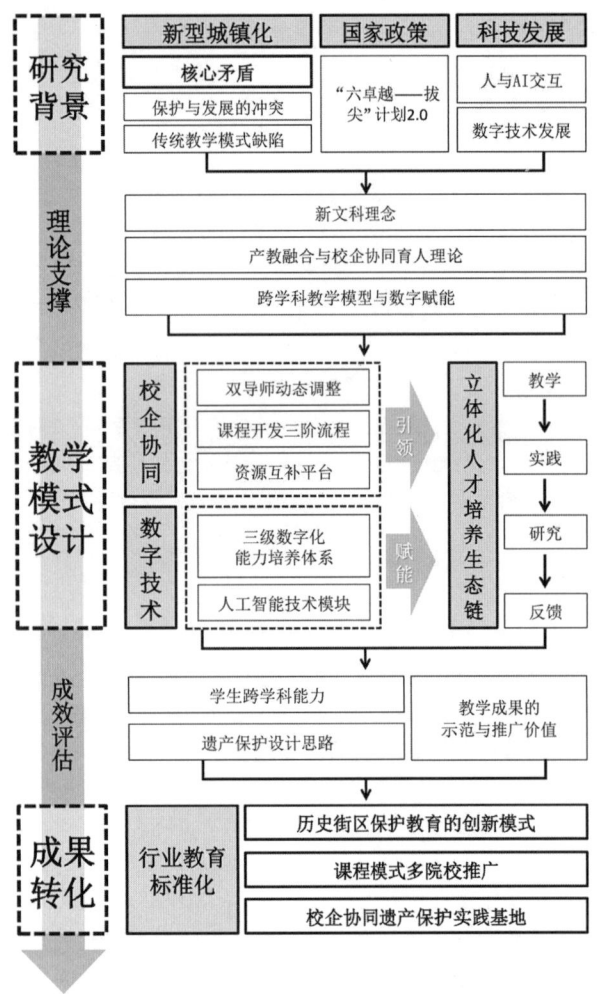

图1　技术路线图
资料来源：作者自绘

2　理论基础

2.1　新文科理念

"新文科"是近年来我国高等教育领域提出的新概念，旨在打破传统学科的自我设限，推动传统人文社会科学与现代科技的深度融合，培养适应新时代需求的综合型人才[2]。传统文科教育存在学科分割、实践不足的问题，难以应对信息化时代复杂的社会课题。新文科建设要求打破学科壁垒，通过学科交叉与重组，实现文理、文工、文医等跨领域融通。遗产保护涉及建筑、历史、社会、地理信息等多个领域，亟需综合运用跨学科知识，与新文科培养"博雅＋科技"人才的目标高度契合。

2.2　产教融合与校企协同育人理论

产教融合是指教育链与产业链的有机衔接，将行业资源引入教育、教育成果服务产业，实现协同育人。"校企协同"是产教融合的具体实施途径之一，强调高校与企业或行业组织共同参与人才培养全过程。国务院《深化产教融合的若干意见》（2017）提出，要逐步提高行业企业参与办学程度，全面推行校企协同育人，构建政府、学校、行业、企业等多元协同的育人机制[3]。这一模式同样适用于历史文化街区保护教学：通过高校与规划设计机构、政府部门合作，让学生在真实遗产保护项目中学习和实践，培养既具学术素养又具实践能力的专业人才[4]。

2.3　跨学科教学模型与数字赋能

跨学科教学强调以问题为导向，将不同领域的知识和方法融会贯通，培养学生的系统思维和创新能力[5]。跨学科教学内容涵盖遗产价值评估、空间规划设计、社会调查、数字技术应用等模块，学生以小组形式协作完成综合性课题[6]。数字技术赋能成为跨学科教学实施的关键支撑，同时，生成式人工智能技术在数据挖掘、方案设计、个性化反馈等全流程与学生协同互动，拓展学生认识和干预遗产的视角与维度。

综上，新文科理念提供了跨学科综合培养的宏观指导，产教融合理论为校企协同育人提供了制度依据，跨学科教学模型、HAI与数字赋能则是实现历史文化遗产保护教育创新的具体路径。这些理论基础共同支撑起历史文化街区保护与设计教学模式改革框架。

3　实践路径：校企协同的课程改革与多校探索

3.1　开放式研究型设计课程：哈工大—中规院合作实践

为探索历史文化街区保护教学的新范式，哈尔滨工业大学建筑与设计学院城乡规划专业联合中规院于2025

年开设了"开放式研究型设计课程"（图2）。该课程基于黑龙江省佳木斯市历史文化街区保护与更新真实项目（图3），由哈工大教师与中规院规划专家共同指导。在课程实施过程中，引入开放式教学理念，打破传统课堂围墙，通过双导师制的高效引领，以及与数字技术的深度融合，在大学教室、企业实验室和项目现场共同组成的多维教学场景中，构建起贯穿"教学—实践—研究—反馈"全环节的立体化人才培养生态链。

（1）校企协同机制引领

校企协同机制通过"双轨并行、三方联动"的教学模式实现教育资源深度整合。①建立了"双导师动态调整机制"：高校教师主导理论框架构建与研究方法教学，中规院和地方规划院的规划专家主导设计方案的标准把控与实践经验讲授，双方导师根据教学不同阶段的需求动态调整指导权重。在项目前期阶段侧重高校导师带领学生进行文献研究和理论学习，进入方案设计阶段则主要由企业导师进行技术指导。其次，构建"课程开发三阶流程"：课程目标制定上，结合高校人才培养方案与企业岗位能力要求共同确定。②项目任务书设计上，高校教师主要评估规划理论在实践转化方面的可操作性，企业导师则主要基于实际项目的需求导向进行设计。③成果打分标准确立方面，双方联合制定评价指标，确保教学内容与学科前沿和行业需求均能精准对接。最后，搭建"资源互补平台"：高校开放建筑和规划遗产数字档案库、城市研究实验室等学术资源，企业提供真实项目数据库及实践场地，形成"学术理论＋行业经验"的共享平台。

该机制有效破解了传统校企合作中企业参与度不足的困境。在佳木斯历史文化街区项目设计中，企业深度介入教学全流程：前期参与现场踏勘和价值评估，中期提供佳木斯城市及工业发展史志作为教学资料，后期组织方案联合评审。校企深度协同模式能够使学生直接接触生产一线，理解真实项目的复杂性，在设计方案中对街区消防改造、建设资金核算、主体意愿协调等现实问题的解决能力显著提升。

（2）数字技术赋能支撑

课程依托高校团队研发的中东铁路数字化管理与保护决策方案相关经验（图4），构建了"基础—进阶—创新"三级数字化能力培养体系（图5）。基础层重点训练空间数据采集与分析能力，指导学生运用手机全景拍摄、无人机倾斜摄影等轻量化技术完成街区现状记录。进阶层引入BIM技术进行街巷空间建模，要求学生将历史地图与现状扫描数据叠加。创新层则鼓励选择性尝试新技术工具，如使用深度学习算法进行建筑原型自动化识别和病害分析。

课程还引入交互式人工智能技术模块，在场地调研—方案设计—方案迭代全流程为学生提供数据梳理和规划决策。增设了以下Human-AI Interaction（HAI）交互单元：

①AI辅助街区调研与数据挖掘。引入大语言模型辅助学生归纳历史文献与口述史访谈文本，通过语义分析挖掘隐性文化价值线索。在学生进行场地调研时，利用AI快速提取地方志中的空间变迁规律或居民口述中的情感记忆，帮助学生构建更立体的遗产价值认知框架。

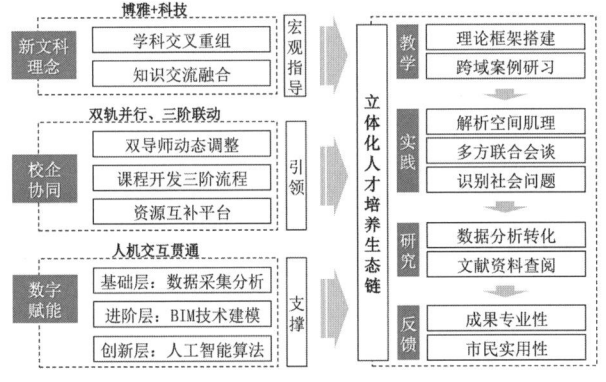

图2　开放式研究型课程教学路径
资料来源：作者自绘

图3　历史文化街区项目选址
资料来源：中规院（北京）规划设计有限公司

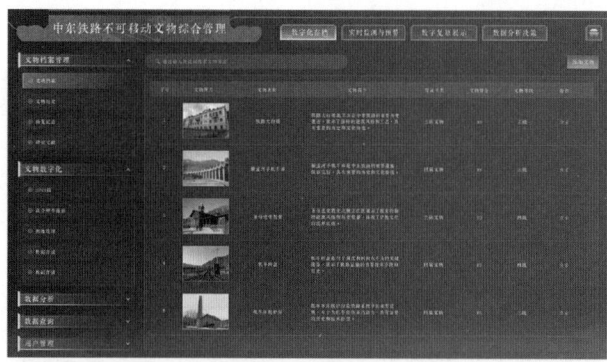

图4 中东铁路数字化管理与保护方案示意图
资料来源：作者自绘

图5 数字技术赋能支撑历史文化街区保护教学机制
资料来源：作者自绘

图6 师生团队跨域研习
资料来源：作者自绘

②AI协同创意生成平台。结合Midjourney、DALL·E等生成式工具，快速生成街区历史场景复原图或活化风貌草图，作为设计灵感来源。通过对比AI生成方案与人工设计的差异，引导学生反思技术应用的边界与创新潜力。

③人—AI协同反思机制。在方案推敲阶段，鼓励师生通过ChatGPT等工具模拟规划师、居民和政府代表等多角色对话，检验设计逻辑的完整性与矛盾点，培养批判性思维。

数字手段在本课程中的应用遵循适配性原则，避免盲目追求前沿技术。根据课程反馈，大部分学生在课程中首次系统使用数字化工具，但其提交的成果中数字化技术应用完整度较高，表明了该培养方式的有效性。

（3）"教学—实践—研究—反馈"生态链

教学初期通过专题讲座系统讲授历史文化遗产保护理论框架，并组织师生团队赴西安市开展实地考察（图6），学习历史文化街区微更新和活态传承的先进经验，并与哈尔滨、佳木斯等东北地区的遗产保护方法进行对比分析，帮助学生建立从保护原则、保护理念到实施路径的完整认知体系。

在实践阶段，学生在教师与企业导师带领下前往街区进行实地调研，运用GIS分析街区空间肌理，开展口述史访谈了解社区文化，与政府代表和当地文化名家开展座谈交流（图7），并利用无人机航拍和三维建模技术记录街区现状（图8）。同时新增人机共构任务：学生与AI协作生成核心议题，通过AI算法初步识别街区业态衰退趋势或人口老龄化问题，学生结合实地调研验证AI分析结果并提出优化策略。调研过程中，中规院专家分享其在全国各地历史街区规划项目中的经验，与学生讨论遗产保护面临的现实问题。这种教学组织形式体现了"开放性"——教学不仅发生在校园内，也发生在社会现场和行业机构中。

研究阶段强调文献支撑和数据分析的创新性转化。要求学生基于前期采的多类别基础数据，结合政策文件和法律法规，进行保护价值分级评估与创意设计在地转化，体现"研究型"教学对理性思维的培养。此阶段嵌入基于HAI的数据叙事，借助自然语言处理模型等AI工具，对海量文本数据进行主题聚类与可视化呈现，辅助学生提炼保护策略的关键逻辑链。在方案研究过程

图7　与多元主体展开访谈
资料来源：作者自摄

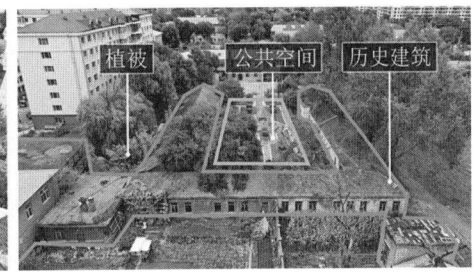

图8　无人机航拍图
资料来源：底图 中规院（北京）规划设计有限公司，分析 作者自绘

中，让学生先通过 AI 生成街区文化价值传播的叙事方法，再结合实地调研结果补充细节，形成兼具科学性与人文性的保护方案。

反馈阶段，突出"成果专业性和市民实用性"并重的特征。举办公开成果展和联合评审会，邀请校内外专家、政府代表和社区居民参与评价，对方案的创新性和可实施性给予反馈，使学生能够从多元主体的视角认识到方案的不足之处（图 9）。在评价指标上，课程突破以往仅由教师评分的单一模式，加入了企业导师评价、学生互评和社区居民反馈等维度，形成多元评价体系。同时引入 AI 参与评审，利用 AI 分析工具评估设计方案文本与社区需求匹配度，并通过算法模拟方案实施后的街区人流分布变化，作为多元评价体系的补充维度，使学生能够从技术理性与社会感性双重视角审视设计成果。

本课程突破学期限制，与企业达成协议建立长期伴随机制。课程结束后，历史文化街区的编制团队仍会积极与学生对接，分享项目进展情况和取得的成果，也会邀请部分学生参与项目编制工作，并持续跟进后续的实施和运营阶段，从而真正实现产学互促的生态循环。

3.2　国内高校的多样化探索

除哈尔滨工业大学外，国内多所建筑与规划院校近年在历史遗产保护教学方面开展了积极探索，形成各具特色的教学改革案例。

（1）同济大学：产学研平台与国际合作

同济大学建筑与城市规划学院依托自身国家历史文化名城研究中心和联合国教科文组织亚太地区世界遗产培训与研究中心（WHITRAP），构建了产学研协同育人平台。学院与地方政府和设计企业共建实践基地，教师

图 9　线上联合评审会
资料来源：腾讯会议"线上联合评审会"

团队长期深入历史街区进行规划设计研究，并将真实课题引入课程教学。在教学过程中，同济大学还系统性引入了国际化教学元素 [7]，与法国巴黎建筑学院等合作开设中法联合设计工作坊。这一系列举措使同济大学的遗产保护教学形成了"校企合作＋国际交流"双轨并进的特色，在国内处于领先地位。

（2）东南大学：数字技术融入教学全过程

东南大学建筑学院在历史遗产保护教学中强调数字赋能 [8]。学院主持建设了"城市与建筑遗产保护教育部重点实验室"，致力于遗产数字化保护技术的研发与教学应用。在具体课程中，东南大学将遗产测绘、数字建模、信息平台搭建等内容纳入培养方案，并通过课程实践让学生掌握三维扫描、BIM 复原历史建构等技能 [9]，训练了学生运用数据决策的能力。

（3）其他高校：联合教学与区域实践

国内不少院校也展开了遗产保护教学改革，一些高校打破校际壁垒，开展跨校联合教学。2024 年，同济大学联合东南大学、重庆大学等高校组织了全国城乡规划专业"六校联合毕业设计"，围绕城市更新与遗产保护展开设计，并在中期进行集中汇报交流 [10]。跨校联合毕业设计为学生提供了更广阔的视野和交流平台，是对新文科背景下教育资源共享、开放办学的创新性探索。在

国外，意大利教育部在研究生阶段引入了跨学科遗产管理与技术方向课程，逐步形成如今人文学科与工程技术并重的遗产教育体系 [11]。剑桥大学的建筑学硕士项目强调课程体系的全面性，将理论知识、设计实践与先进技术应用相结合，重点涉及可持续发展、城市更新和历史遗产保护等内容。

4　教学成效评估

通过上述校企协同教学模式的实施和多案例比较，可以对历史文化街区保护与设计教学改革的成效进行初步评估。以哈尔滨工业大学与中规院的合作课程作为主要评估对象，其成效主要体现在以下几个方面：

4.1　学生跨学科能力显著提升

学生在课程中接触并运用了 GIS 空间分析、历史文献解读、社会访谈和数字建模等多领域知识和方法，培养了多角度分析遗产问题的能力。教学评估显示，大部分学生反馈"学会了用历史的眼光看待设计，用数据和技术佐证设计"以及"理解了不同专业人员如何协同工作"。相比传统设计课对美学和功能的侧重，本课程作品体现出更强的证据支持和逻辑深度，印证了研究型教学对理性思维培养的有效性（图 10~ 图 12 ）。

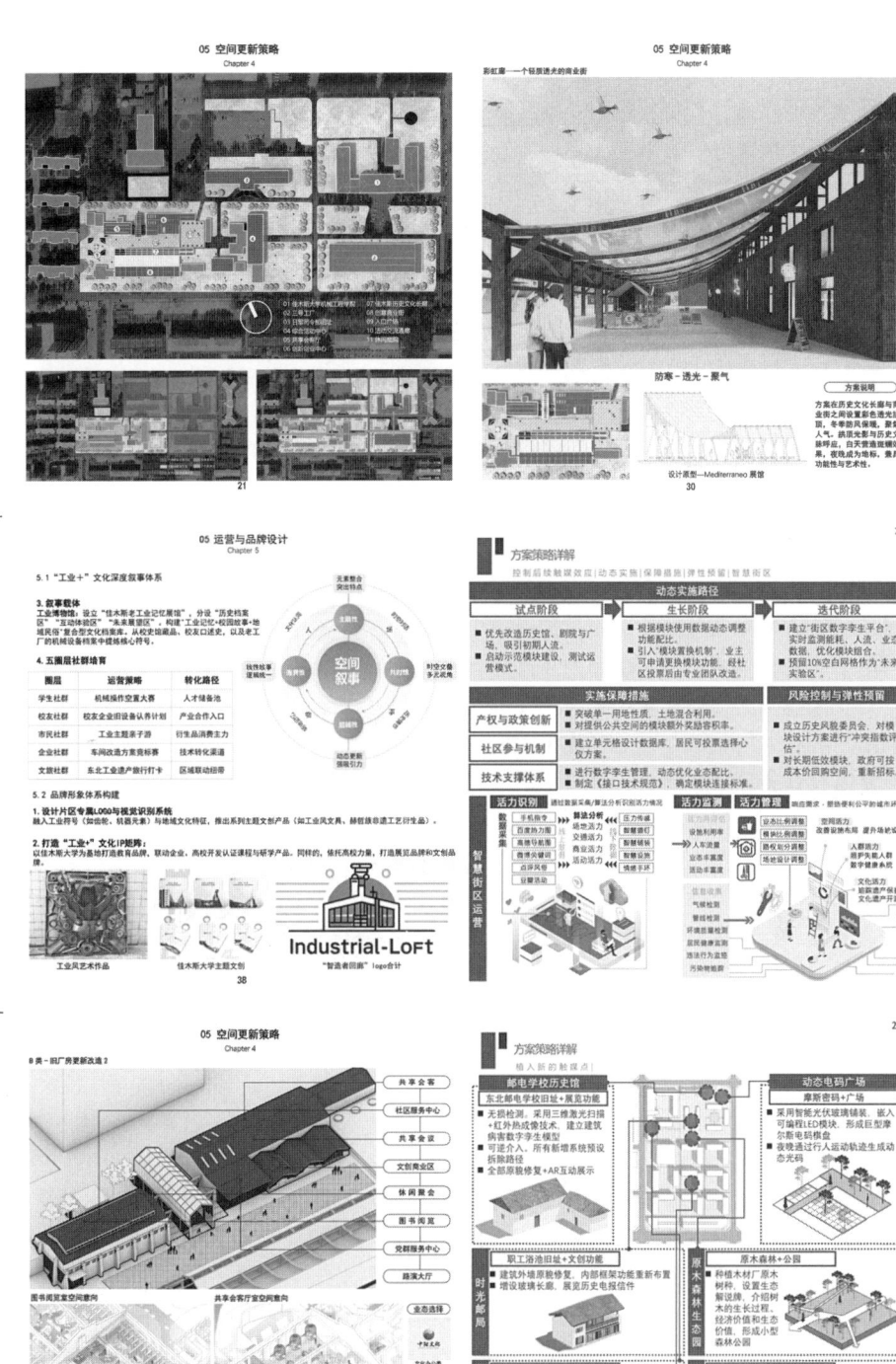

图 10　街区空间更新策略
资料来源:《2025 开放式研究型设计
　　　　　课程作品集》

图 11　街区可持续运营策略
资料来源:《2025 开放式研究型设计
　　　　　课程作品集》

图 12　历史建筑活化策略
资料来源:《2025 开放式研究型设计
　　　　　课程作品集》

4.2 遗产保护设计思路更加完善

高校教师与企业专家的联合指导使学生在设计中能够兼顾遗产价值和当代需求，形成更为缜密的设计逻辑。如在一份优秀学生方案中，创新性运用数字叙事技术保护和活化百年历史文化遗产，提出利用数字展示技术讲述街区前世今生，同步更新街区业态满足社区需求。另有团队通过 AI 多路径模拟预测街区未来 20 年的发展场景，据此提出弹性更新策略，并结合 AR 交互系统设计沉浸式导览路径，游客可通过手机端与虚拟历史人物互动，强化体验型遗产教育。

4.3 教学成果具有示范与推广价值

课程结束后，哈尔滨工业大学与中规院对教学过程和成果进行了总结提炼，形成了关于历史街区保护教育的模式框架与政策建议，具体包括将"研究型开放设计课程"模式向城乡规划专业其他院校推广的可行性方案，以及建议教育部门支持高校与规划设计单位共建遗产保护实践基地等，已获得积极回应。目前，部分高校已表达出学习本课程模式的意向，计划在其历史建筑课程中引入企业导师制和数字技术单元。这表明，本教学改革不仅在本校取得成功，也对推动行业教育标准化产生了积极影响。国内同类别实践同样成效显著。同济大学遗产保护课程连续获评全国"卓越计划"优秀案例；东南大学数字遗产作品屡获竞赛奖项和落地实施；六校联合毕业设计成果质量显著提升，这些案例共同验证了校企协同教学模式的有效性。然而，当前多数成效仍以定性评价为主，缺乏长期跟踪数据，不同高校、不同合作企业实行类似改革的效果可能有差异，需要更广泛的数据收集和比较研究。

5 结语

历史文化街区保护与设计教学模式的改革，既是响应新时代高等教育"新文科"转型和产教融合要求的探索，也是对文化遗产保护事业人才需求的积极回应。本文通过理论分析、案例实践和中外比较，提出并论证了一种以校企协同为引领、数字赋能为支撑的教学新模式。实践证明，这一模式有助于培养学生的综合素养和创新能力，同时有效增强了教学实践对现实问题的响应能力，对城乡规划等实践导向专业具有重要参考价值。

致谢

本研究的部分素材来源于 2025 年开放式研究型设计课程的学生作业成果。该课程由哈工大赵志庆、戴铜老师，中规院（北京）规划设计公司姜健、路思远、曹佳楠，佳木斯市国土空间规划研究院谷明利副院长、贾小刚所长、顾健所长共同指导。师生赴西安考察期间同陕西省文化遗产研究院张磊副院长、西安城市规划设计研究院名城分院姜岩院长、西安建筑科技大学李小龙教授、长安大学规划系主任谭静斌副教授、袁家村王创战村主任开展学术交流和遗产保护经验探讨。学生剡玮玉、冯琳然、高露源、高恩霖、李景悦、张浩然、李宇浩、刘鑫宇、辛思莹、王泽宁、朱诗琴、刘翔、刘懿参与了相关作业的完成。文中涉及的图表/案例/分析部分基于上述学生的原创成果。特此向所有参与学生及指导教师致以感谢。

参考文献

[1] 樊丽明."新文科"：时代需求与建设重点 [J]. 中国大学教学，2020（5）：4-8.

[2] 苟鸣瀚，刘宝存. 知识生产模式转型视角下跨学科人才的培养——以杜克大学为个案 [J]. 新文科理论与实践，2023（2）：98-109，128.

[3] 国务院办公厅. 关于深化产教融合的若干意见（国办发〔2017〕95 号）[Z]. 国务院公报，2018.

[4] 梁振然. 产教融合背景下城市规划设计课程教学改革探讨 [J]. 高等建筑教育，2016，25（5）：93-96.

[5] 吴志强，张悦，陈天，等."面向未来：规划学科与规划教育创新"学术笔谈 [J]. 城市规划学刊，2022（5）：1-16.

[6] 田铁杰. 数字技术引领下的教育创新——基于对 OECD《教育创新：数字技术和技能的力量》报告的分析 [J]. 教育科学，2018，34（4）：24-29.

[7] 王一，谭峥，钱锋. 历史与情境同济大学建筑学科发展的五个时刻 [J]. 时代建筑，2022（3）：56-61.

[8] 东南大学建筑学院. 中国城科会历史文化名城委员会数字遗产学部 2021 年年会成功召开 [EB/OL]. [2021-12-11]. https://arch.seu.edu.cn/2022/0103/c9122a396939/page.htm.

[9] 东南大学建筑学院. 2023 届优秀毕业设计答辩展 [EB/OL]. （2023-07-19）[2025-05-10]. https://arch.seu.

edu.cn/2023/0613/c9122a448565/page.htm.

［10］同济大学建筑与城市规划学院 . 2024 城乡规划专业
本科六校联合毕业设计中期汇报会在同济大学成功举
办 [EB/OL].（2024-04-26）[2025-05-10]. https：//www.
planning.org.cn/solicity/view?id=2206.

［11］BENEDETTI B, ABBONDANDOLO I, GAIANI M. The
Origins of Postgraduate Programs on Cultural Heritage
in Italy：A Vision of the Past as Engine for the Future[J].
Heritage, 2021, 4（4）: 2383-2408.

Research on the Reform and Practice of Teaching Models for Historical and Cultural District Conservation and Renewal within the Framework of University-Enterprise Collaborative Innovation

Zhao Zhiqing   Sun Hanfeng   Wang Jiaqi

Abstract：Under the deepening context of "New Liberal Arts" development and industry-education integration, cultivating interdisciplinary and practice-oriented talents for historical and cultural heritage protection has become a critical task in higher education reform. This study leverages the collaborative practice of the "Open Research-Based Design Course" jointly developed by the Urban and Rural Planning program at Harbin Institute of Technology（HIT）and CAUPD Beijing Planning and Design Consultants LTD, proposing three innovative measures to optimize talent cultivation paradigms for historical preservation in the new era. Firstly, a "dual-mentor dynamic adjustment mechanism" and "three-phase curriculum development process" are established to deeply integrate academic resources and industry expertise, addressing the challenge of insufficient enterprise engagement in traditional university-enterprise collaborations. Secondly, a "foundation-advanced-innovation" hierarchical digital competency training system is constructed, embedding Human-AI Interaction（HAI）, generative AI, and digital twin technologies throughout the teaching process to enhance students' technical capabilities in heritage value exploration, spatial analysis, and creative ideation. Thirdly, a "teaching-practice-research-feedback ecosystem" is created, incorporating multi-stakeholder joint evaluations, AI simulation assessments, and long-term mentorship mechanisms to strengthen the scientific rigor and implementability of design outcomes. Practical results demonstrate that this model effectively resolves persistent issues in traditional pedagogy, such as rigid disciplinary boundaries, disconnection from real-world scenarios, and inadequate technological integration. It significantly improves students' interdisciplinary collaboration skills, innovative thinking in heritage conservation, and digital technology application capabilities, providing a replicable reform pathway for cultivating talents in urban-rural historical and cultural heritage preservation.

Keywords：University-Enterprise Collaboration, Historical and Cultural Districts, Human-AI Interaction（HAI）, New Liberal Arts, Digital Empowerment

数智·绿色·融合导向下的城市设计与城市更新教学改革研究
——以同济大学为例

肖　扬　苗丝雨　于一凡

摘　要： 随着城市化进程的持续加快，城市更新与可持续发展面临日益复杂的挑战。这些挑战不仅涉及物理空间的重构，更关乎社会结构调整与生态环境改善的系统性提升。在此背景下，城市规划教育体系亟需通过教学改革为学生应对未来城市问题提供更坚实的知识支撑与实践能力保障。本文以同济大学为案例，系统阐述了"城市设计与城市更新"课程体系的改革动因、关键内容与实施路径，重点探讨了如何将前沿技术、人本理念与国际视野有效融合于教学之中。改革旨在构建以数智化、绿色化、融合化为核心的新型教学模式，提升学生的综合素养与专业胜任力，培养能够应对复杂城市更新问题的高质量复合型人才，为推动城市可持续发展提供有力的人才保障与教育示范。

关键词： 城市更新；城市设计；教学改革

1　引言

自改革开放以来，中国经历了前所未有的城市化进程，城镇化率从 1978 年的 17.92% 跃升至 2024 年的 67.00%。快速城市化在推动经济增长的同时，也引发了城市空间的急剧扩张和人口的高度集聚。大量农村人口迁入城市带来老旧小区改造、工业遗产再利用、违法建筑治理等一系列历史遗留问题，亟需通过系统性的城市更新加以解决，以改善人居环境、提升城市功能，并助力"美丽中国"战略目标的实现。城市更新不仅是物理空间的重构，更是社会结构调整、文化价值重塑与经济功能提升的综合过程[1]。然而，传统以物理拆建为主导的更新方式往往导致社会排斥、地方特色消解及房价上涨等负面影响[2]。相对而言，以良好设计为导向的城市环境则更有助于实现社会公平和可持续发展目标[3]。

在"数字中国"战略和建设教育强国目标的双重推动下，教育的数智化正成为高等教育发展的关键路径。当前，教育数字化与智能化已成为高等教育领域研究的热点议题[4]，中国高等教育学会副会长赵长禄提出在新一轮科技革命与产业变革大背景下，各学科间相互交叉化、融合化、数字化和智能化是大趋势[5]。基于这一形势，国内多所高校纷纷启动了相应的教学改革探索。例如，清华大学聚焦将联合国可持续发展目标（SDGs）融入教育体系，推动课程与科研围绕可持续发展展开[6]，复旦大学则倡导以人工智能赋能高等教育范式的系统性变革，以提升教学的创新性与时代性[5]。

同济大学顺应上述发展提出了"数智化、绿色化、融合化"三位一体的教育教学目标，要求教育全面对接国家"数字中国""美丽中国"和"双碳"战略。其中，"数智化"强调整合数字技术与智能工具以提升教学效能；"绿色化"聚焦响应城市可持续发展的需求；"融合化"倡导跨学科融合与校企协同育人，旨在培养适应新时代要求的复合型人才。在此背景下，城市更新类课程体系亟须从过去单一关注物质空间改造，转向涵盖社会、经济、文化多维价值的综合培养目标。通过引入大数据、人工智能等数智化手段，规划专业的学生能够更有效地洞察城市发展趋势、优化资源配置并提升管理效能，从而推动城市治理现代化与绿色转型发展。

因此，新时代的城市设计与更新课程，应注重理论

肖　扬：同济大学建筑与城市规划学院教授
苗丝雨：同济大学建筑与城市规划学院博士后
于一凡：同济大学建筑与城市规划学院教授（通讯作者）

教学与实践训练的紧密结合。教学方式上，应引入案例研讨、模拟项目、跨学科协作等手段，提升学生识别与解决复杂城市问题的综合能力。同时，教学评价体系亦需向多维度发展，涵盖知识理解、技能掌握、创新思维与实际应用能力等方面，以更全面地衡量教学成效与人才培养质量。

2　国内外城市更新教学体系改革综述

2.1　国际前言经验

在城市规划与设计领域，国际教育体系与实践模式的演化呈现出明确的发展轨迹。早期阶段，相关教育和实务多聚焦于"开发控制"，主要目标是指导城市的空间拓展与新区开发。然而，随着城市问题的复杂化与城市化进程的深入，教育重心逐渐由增量开发转向"存量更新"，强调在既有城市框架内实现空间的再利用、功能优化与生态重塑。

M Batty [7] 指出，未来的城市设计应依托大数据与量化分析方法来理解与预测城市现象，为城市更新提供科学支撑。在这一背景下，哈佛大学、伦敦大学学院（UCL）、香港大学（HKU）等世界知名高校在"城市设计"与"城市更新"课程中均展现出以人为本与科技赋能并重的教学理念。哈佛大学设计学院（GSD）城市设计课程强调运用 GIS、大数据等数字化工具进行城市形态与空间行为的分析，使学生能够系统理解城市空间与居民生活之间的互动关系。同时，该课程注重社区参与和利益相关者协商机制，凸显人本导向的规划价值。伦敦大学学院通过其城市实验室（Urban Laboratory）平台，在课程中引导学生融合城市经济学、社会学与环境科学知识，采用定量与定性结合的方法解决复杂城市问题。学生亦有机会参与实际城市更新项目，深化理论与实践的融合。香港大学的城市更新课程则聚焦亚洲城市的特殊性，强调全球视野与本土适应的统一。课程中广泛应用建模、空间数据分析等量化工具，辅以国际案例研究与交换项目，拓展学生在多元社会与文化情境中的城市更新理解，体现了教育的国际化与人本化特征。这些国际经验表明，当代城市设计教育不仅强调将居民福祉纳入规划核心，更注重数据驱动的科学决策方式，已成为全球教学体系的重要趋势。

2.2　兄弟院校实践

国内城市规划与设计教育近年来亦积极响应国际趋势，探索以科技支撑、人本导向的教学改革路径。例如，东南大学王建国院士在城市设计教学与研究中积极推动数字化工具的嵌入，显著提升了教学的科学性与实践性。在研究生教学层面，东南大学开设了面向"城市健康"与"城市安全"主题的旧城社区更新课程，选取南京旧城区的具体地段作为案例，围绕公共卫生事件、自然灾害等问题，系统研究其物质空间、社会空间与安全设施现状。课程强调基于 GIS 与大数据等量化工具开展空间诊断与更新策略制定，体现了规划教学从经验感知向数据分析、从静态设计向动态建模的转型方向。

2.3　小结

综观国内外城市更新课程体系的演进与改革，主要体现出三方面共性特征。首先是明确城市更新的核心地位。随着城市发展由增量扩张转向存量优化，城市更新已成为提升城市品质、解决深层次空间社会问题的重要抓手，教育体系需相应进行重心调整。其次是强化以人为本与技术驱动的教学转型。无论在国际还是国内，城市设计课程正普遍向"以人为本＋技术赋能"方向发展，突出科学理性与实践能力并重，强调跨学科融合、数据分析能力的培养。最后在重构方法论体系，响应科技进步。信息技术特别是大数据、人工智能的快速发展，显著推动了城市规划的分析基础由经验直觉走向理性量化，促使教育体系需同步实现方法论的更新，推动从形态导向的设计思维走向基于问题、基于数据的决策体系构建。

3　同济大学城市设计与城市更新教学改革探索与实践

为应对中国城市化进程迈向高质量发展阶段所带来的新挑战，城市设计与城市更新课程的教学改革亟需以数智化、绿色化与融合化为核心目标，全面提升教学体系、内容与方法，以培养具备综合能力与创新思维的城市规划专业人才。

3.1　同济大学城市设计与城市更新教学改革任务

在教学改革实践中，应从体系、内容、方法与人才培养四个层面协同推进，构建契合城市高质量发展需求的教育新范式。在教学体系层面，应立足当前城市转型的新阶段，围绕城市更新的核心议题，优化课程结构与知识体系布局，强化城市设计理论与更新实践的有机融合，逐步构建具有引领性的本土化教育框架。在教学内容层面，应主动对接国家高质量发展战略与学科交叉融合趋势，系统引入人工智能、大数据、可持续设计等前沿理念与技术工具，不断提升课程内容的时代适应性与专业前瞻性。在教学方法层面，应注重人文素养与价值引导，将研究型学习、循证案例分析、跨学科协作等方法融入教学全过程，着力提升学生识别与解决复杂城市问题的综合能力与方法素养。在人才培养层面，应聚焦复合型能力的系统塑造，强化学生在研究、设计与组织协调等方面的综合能力，尤其是提升其应对城市更新情境中多元协同与策略制定的实践胜任力，进而满足新时代对决策型、创新型、应用型城市规划人才的现实需求。

3.2 同济大学城市设计与城市更新教学改革动因

当前城市设计与更新课程体系在教学实践中仍存在以下几方面的显著不足：首先，知识结构对城市更新的理解存在局限。传统课程内容多聚焦于增量开发背景下的空间设计，较少涉及城市存量空间所体现的多样性、复杂性与社会性，难以帮助学生系统把握城市更新的多维逻辑与根本动因。其次，缺乏应对"增量转向存量"转型的有效方法与工具。面对老旧社区改造、历史街区保护、功能混合再利用等实际问题，现有课程体系在方法论引导与技术工具应用方面仍显薄弱，导致教学内容与更新实践存在明显脱节。最后，学生在理性规划思维与现实干预能力方面仍显不足。许多学生尚缺乏在复杂社会经济背景下对规划问题的深入理解与判断，缺乏与多元主体协同沟通、统筹协调的综合能力，影响其毕业后在实际岗位上的适应性与专业胜任力。

3.3 同济大学城市设计与城市更新教学改革重点

为有效回应当前城市更新教学中面临的结构性挑战，教学改革亟须从知识体系重构、教学方法更新与人才培养目标调整三个层面系统推进。在教学体系层面，应首先优化课程结构与内容设置，统筹基础理论与前沿趋势的平衡，构建具有层次性与系统性的城市更新课程

体系。其次，应注重多学科融合，联合建筑学、环境科学、社会学等相关领域，开发交叉课程，拓展学生对于城市更新问题的综合认知能力。此外，应提供多元化的学习路径，设置差异化的选修模块与研究方向，支持学生在兴趣引导下实现个性化发展。在教学内容层面，应强化理论与实践的深度融合，系统引入真实项目案例、校企合作平台等教学资源，帮助学生全面理解城市更新的操作流程与治理机制。同时，应将 GIS、大数据、智能建模、碳排核算等前沿技术方法纳入课程内容，提升学生在技术应用与决策分析方面的能力。进一步拓展国际视野，通过引入典型国际案例、开展国际交流项目等方式，培养学生的全球理解力与跨文化协同能力。在教学方法层面，应推行项目驱动式教学模式，组织"调研—设计—实施—评估"闭环式教学项目，全面提升学生的实操能力与组织协调力。其次，注重互动式教学方式的创新，通过工作坊、研讨课程、角色扮演等形式增强教学参与度与学生的批判性思维能力。最后，应积极构建数字化教学支持体系，建设线上学习平台与教学资源库，增强教学的开放性、延展性与适应性，提升学生的自主学习与持续发展能力。

3.4 同济大学城市设计与城市更新教学改革实施方案

本次改革围绕"三大目标"与"四个维度"展开（图1）。在三大目标方面，首先是数智化，强调现状多维数据收集分析，面向新数据新技术的能力提升，面向复杂问题的判断能力、知识运用能力和分析工具应用能力。其次是绿色化，将生态、低碳、可持续发展理念系统融入课程内容、设计任务与研究课题中，低碳、生态目标在城市更新导向教学中转化为交叉学科、工程设计、政策研究等内容和相关工具，且能汇集到规划设计课教学中的综合应用。最后是融合化，打破学科壁垒，推进产教融合、科教融合，实现知识整合与场景嵌入。在教学体系和内容部分推进学科交叉，完善面向城市更新、存量空间、复杂社会问题和人民需求的知识体系。产教融合，针对真基地、真问题开展调研、分析提出对策，来自同济建筑院、规划院等企业导师发挥作用；科教融合，促进教师以科研为教学体系、内容和方法提供支撑。

在四个维度方面，首先是教学体系维度，重点是结合存量发展要求反思规划教学连贯性和完整性，对课

程体系的梳理、整合、补充。针对数智化，教学体系重点加强数据分析和数字技术的教学，初年级通过基础课程引入数据收集与处理，为后续复杂数据分析打下基础。针对绿色化：从第一年级开始，引入低碳和生态概念，逐步增加相关跨学科课程，以确保学生能够将绿色化理念融入城市更新的各个方面。针对融合化：通过跨学科课程设计，强调学科之间的融合，特别是在高年级阶段，通过产教融合项目，提供与真实城市更新项目合作的机会。其次在教学内容维度，重点是夯实理论基础、完善价值体系和知识点；这个部分可以体现纵贯五年学制的城市更新内容"集群化知识体系"嵌入，设计课上的"研究分析模块"补充，特别是在高年级和毕设阶段要有知识综合应用的能力。针对数智化：在教学内容上，特别强调纵贯五年学制的城市更新内容中嵌入"集群化知识体系"，并补充设计课上的"研究分析模块"，以支持数智化能力的培养。针对绿色化：教学内容中纳入绿色、生态目标导向的交叉学科内容，如环境科学、可持续发展策略等，确保学生能在规划设计中综合应用这些知识。针对融合化：强调面向城市更新、存量空间解决复杂社会问题的知识体系，以及通过产教融合，使学生能直接参与到真实基地、真问题的调研和分析中。此外在教学方法维度，重点支持面向真基地、真问题的调查研究能力提升，研究工具箱建设，研究方法和技术工具应用。针对数智化：通过实际案例分析、使

用新数据新技术（如 GIS、大数据分析）等，提升学生面对复杂问题的判断能力、知识运用能力和分析工具应用能力。针对绿色化：采用项目导向的学习方法，让学生参与到低碳、生态项目设计中，实践绿色化理念在城市更新中的应用。针对融合化：支持面向真实案例的调查研究，构建跨学科的研究工具箱，促进科学研究与教学内容、方法的融合。最后在教学成效评估维度，原来有教师评学、学生评教，现在需要一个针对学生知识应用能力、学以致用满意度的有效评估方法。针对数智化：开发一套评估学生在数据分析、新技术应用等方面能力的有效评估方法，以检验数智化教学目标的实现程度。针对绿色化：通过学生在绿色、生态项目中的表现和成果，评估其对绿色化概念的理解和应用能力。针对融合化：利用产教融合和科教融合项目的成果作为评估标准，检验学生在跨学科合作和解决真实城市问题中的综合能力。

4 结论

随着中国城市化进程的不断推进，城市更新已成为城市高质量发展不可或缺的重要组成部分，亟需系统的理论支持与实践指导。本次教学改革项目正是基于这一背景，积极回应新时代城市更新的核心诉求。同济大学城市规划学科团队已实现从"开发控制与城市设计"向"城市设计与城市更新"的战略转型，构建了涵盖内

图 1　改革实施方案示意图

资料来源：作者自绘

容更新、方法创新与成效评估在内的系统化教学改革路径。

本研究通过重构课程体系、引入现代教学方法、强化实践导向与评估机制，不仅拓展了学生理解和应对城市更新关键问题的能力，也为城市规划专业的人才培养提供了切实可行的新范式。该教学改革项目不仅面向同济大学师生，更希望为国内外城乡规划教育改革提供理论参考与实践样本。

未来，项目将持续优化与迭代，不断深化数智化、绿色化与融合化的教学目标，强化课程体系与城市发展战略的深度对接，以更好地服务于国家"美丽中国"与城市可持续发展的宏观目标，助力培养具备综合素养与创新能力的新一代城市规划专业人才。

参考文献

[1] XIA J, ZHAO Z, CHEN L, et al. How urban renewal affects the sustainable development of public spaces: trends, challenges, and opportunities[J]. Frontiers in Environmental Science, 2024, 12: 1482169.

[2] BAI Y, WU S, ZHANG Y. Exploring the Key Factors Influencing Sustainable Urban Renewal from the Perspective of Multiple Stakeholders[J]. Sustainability, 2023, 15 (13): 10596.

[3] Yıldız S, Kıvrak S, Gültekin A B, et al. Built environment design-social sustainability relation in urban renewal[J]. Sustainable Cities and Society, 2020, 60: 102173.

[4] 王小梅, 周光礼, 周详, 等. 2023年全国高校高等教育科研论文分析报告——基于23家教育类最具影响力期刊的发文统计 [J]. 中国高教研究, 2024 (4): 71-84.

[5] 赵长禄, 尼古拉·克莱顿, 裘新, 等. 数字时代教育变革与未来发展（笔谈）[J]. 中国高教研究, 2024 (1): 15-22.

[6] 李曼丽. 中国大学促进可持续发展的理念与实践："关系健康发展模式"及其贡献 [J]. 中国高教研究, 2024 (1): 50-57.

[7] BATTY M. The new science of cities[M]. MIT press, 2013.

Teaching Reform of Urban Design and Urban Renewal under the Guidance of Digitalization, Greenness, and Integration ——A Case Study of Tongji University

Xiao Yang　Miao Siyu　Yu Yifan

Abstract: With the acceleration of urbanization, urban renewal and sustainable development are facing unprecedented challenges. These challenges extend beyond the physical transformation of urban spaces and encompass broader issues related to social structure, ecological balance, and spatial justice. In response, planning education must be reformed to better equip students with the knowledge and competencies needed to address these complex issues. This paper presents the teaching reform of the "Urban Design and Urban Renewal" curriculum at Tongji University, elaborating on its motivations, key focuses, and implementation strategies. Emphasis is placed on integrating cutting-edge technologies, human-centered values, and global perspectives into the curriculum to build a forward-looking and interdisciplinary educational model. The goal is to cultivate a new generation of well-rounded urban planning professionals who are capable of responding to the multifaceted demands of urban transformation and contributing to sustainable urban futures.

Keywords: Urban Renewal, Urban Design, Educational Reform

"数智赋能"视角下的城市更新与保护
教学革新路径研究——以文化场景营建为导向

靳　泓　李和平

摘　要： 在城市更新实践不断深化与人工智能技术加速发展的双重背景下，城乡规划教育面临从传统教学向生成式、智能化范式的转型。本文基于"文化场景营建"理念，提出以生成式 AI 与机器学习为支撑的教学内容革新要求，包括构建"文化场景智能案例库"、引入 AI 辅助识别与判读机制，以及场景模拟驱动的策略训练体系。进一步构建"数智协同—认知生成—交互反馈"的教学方法架构，推动教学由静态讲授向动态生成转型。结合教学目标与能力导向，设计三类任务驱动型案例模块，构建全过程、多模态、可迭代的课程体系。本研究以期为城乡规划教育在"数智赋能"背景下的系统改革提供参考。

关键词： 城市更新与保护；生成式人工智能；教学内容与方法改革；文化场景营建

1　引言

在推动城市高质量发展的进程中，城市更新实践不断深化，"城市更新与保护"已逐步成为城乡规划专业教学体系中的核心板块之一[1-3]。与此同时，伴随生成式人工智能（Generative AI）、机器学习（Machine Learning）等前沿智能技术的快速演进，高等教育正迈入以"数智融合"为特征的深层次变革阶段[4]。在此背景下，如何将新兴技术有机融入"城市更新与保护"课程体系，推进教学内容的拓展升级与教学方法的系统革新，已成为当前城乡规划教育改革的关键命题。

当前，文化场景逐渐成为城市更新与保护研究的重要探索实践方向，在系统保护、展示传承、经济驱动等方面发挥了重要作用[5-7]。本文立足于笔者长期聚焦的"文化场景营建"研究基础，提出以生成式 AI 与机器学习为支撑的教学内容革新要求，构建以"场景建构—智能生成—交互反馈"为核心路径的教学研究框架，并结合教学目标与能力导向设计三类任务驱动型案例模块（图1）。旨在推动城乡规划教育实现技术革新与文化认知的提升，为城乡规划教育在"数智赋能"背景下的系统改革提供参考。

2　教学内容革新要求：以"文化场景营建"为核心的数智化集成转向

伴随生成式人工智能与机器学习等智能技术的快速发展，城乡规划课程正经历由经验驱动向数据智能驱动、由静态传授向动态生成式学习的系统转型[8]。本文基于"文化场景营建"视角，提出三条教学革新内容，包括构建"文化场景智能案例库"、引入 AI 辅助识别与判读机制，以及场景模拟驱动的策略训练体系，以回应数智时代对规划教育的转型要求（图2）。

2.1　构建开放共享的"文化场景智能案例库"：重塑教学资源体系

传统课程内容多以经典案例与文献教学为主要依托，难以满足当代城市快速更新演化与多元文化叙事的教学需求。为此，依托自然语言处理（NLP）与图文生成模型[9]，围绕"历史文化街区更新""非物质文化活动空间重构""城市记忆场域再营造"等主题，结合街景

靳　泓：天津城建大学建筑学院讲师
李和平：重庆大学建筑城规学院教授

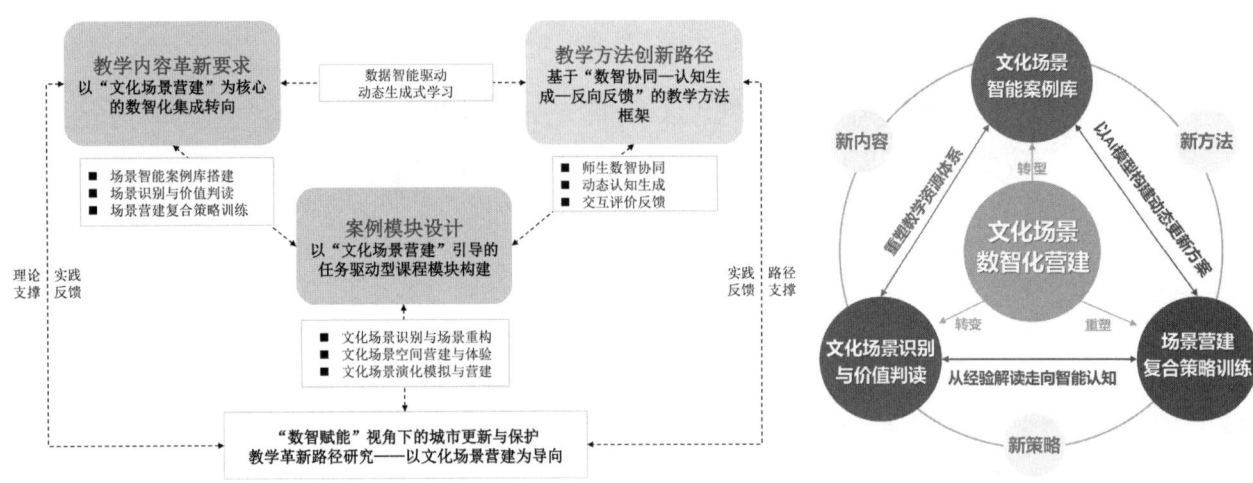

图 1　研究内容

资料来源：作者自绘

图 2　以"文化场景营建"为核心的数智化
集成转向研究框架

资料来源：作者自绘

图像、地景视频等视觉大数据，建立图文交叉模型，实现场景案例语义可视化与智能检索，构建结构化、语义化、可交互的"文化场景智能案例库"，具体包括以下内容。

（1）多维场景属性结构化整理

对典型案例进行"空间尺度""文化类型""参与主体""更新策略""表现形式"等多维标签化处理，构建语义网络与索引系统。借助知识图谱技术，促进学生以问题导向方式进行案例快速检索、相似性比对与策略反推，增强案例库在教学中的适应性与智能推荐能力。

（2）生成式工具辅助案例重建

结合 DALL·E、Runway、Midjourney、ChatGPT 等图像生成 AI 模型，引导学生对案例中的文化图景、空间构型与行为流线进行可视化复原与意象再构建。例如，在学习江西吉安永新古城、广州恩宁路历史文化街区等典型保护更新案例时，学生可基于历史图像生成不同年代的场景意象图谱，用于分析空间演化路径与设计介入的历史契合度。

（3）案例语义识别与自动解读训练

可以基于 GPT 类模型为基础，构建"案例解读助手"，根据文本提示生成案例背景、文化意涵、规划逻辑等结构化输出，辅助学生理解案例的跨时空叙事体系

与多文化语境下的设计逻辑，提升其批判性阅读与场景化分析能力。

2.2　引入 AI 辅助文化场景识别与价值判读机制：从经验解读走向智能认知

随着人工智能的快速发展，课程可引入机器学习与计算机视觉技术，对历史城区图像、语义地图、居民访谈等非结构化数据进行分析，实现文化场景的自动化提取与语义聚类，具体包括以下内容。

（1）场景图像识别与文化要素标注

借助卷积神经网络（CNN）训练模型识别城市空间中的文化图层，包括传统建筑风貌、装饰元素、标志性符号、行为密度分布等，以语义分割、图像注释方式辅助学生"看懂"文化空间[10, 11]。例如，通过模型训练识别"城镇空间—典型建筑—景观小品—文化业态"所构成的文化场域组合，使学生对文化空间构成与边界有直观认知。

（2）语义分析与情境价值建模

将历史文本、居民访谈、网络评论等数据输入大语言模型，挖掘其中的集体记忆、文化意义和认同结构[9]，建构基于"感知—认知—情感"路径的场景价值判断体系。学生可借助提示工程（Prompt Engineering, PE）设计生成"场景与社区认同度""节庆活动对城市公共

性影响"等输出结果,从而开展多维度的 AI 辅助价值判读与文化意义建模。

（3）社会媒体与多源数据融合分析

通过采集并整合位置信息服务（LBS）社交媒体数据、兴趣点（POI）信息、评论语料与行为轨迹,生成文化热度分布图、用户偏好画像与空间活力热力图等数据成果[12]。学生由此更深入理解城市空间"真实使用场景",将文化文本与社会行为进行数据关联,推动课程从静态文本分析走向行为驱动的场景实证建构。

2.3 推动"数据驱动+场景营建"复合策略训练:以 AI 模型构建动态更新方案

进一步将生成式人工智能工具（如 ChatGPT、DeepSeek、Midjourney、Runway 等）嵌入场景方案的生成与策略验证过程,鼓励学生在理解文化逻辑基础上,开展多元化的设计创构与反复迭代。同时,引导学生融合城市大数据资源（如人口热力、步行可达性、社交媒体地理标签等）,借助 AI 辅助的场景预测工具开展动态演算与行为模拟,实现策略的系统生成、结构优化与逻辑表达,强化动态反馈与多版本比选,增强实验性,具体包括以下内容。

（1）AI 生成式方案演化训练

引导学生利用 AI 生成文化场景设计语料、更新文本描述与视觉草图方案,通过多次提示迭代形成从"传统叙述"到"规划语言"的结构演变[13]。例如,以"激活街巷节庆文化场景活力"为提示,生成多个节庆空间布置与互动节点分布方案,再进一步转化为具备实施性的地块更新策略图谱。

（2）空间模拟与动态策略反馈

融合 Anylogic、Pathfinder、Urban Network Analysis 等工具,对生成方案进行密度响应、路径可达性、使用者行为流等维度的仿真模拟,实现"以模拟理解场景",在反馈基础上不断调整策略逻辑与空间结构,增强方案合理性与适应性。

（3）多场景模型对比与评价

鼓励学生围绕同一更新任务构建多个文化场景营建模型,并通过 AI 工具进行情境对比分析、用户适配度评估与文化一致性检验,推动"以数据支撑设计判断"的能力训练,实现从单一结果导向到多向生成与价值审议

融合的逻辑转变。

3 教学方法创新路径:基于"数智协同—认知生成—交互反馈"的教学方法框架

本文从"文化场景营建"理念出发,构建以"数智协同—认知生成—反向反馈"为三重维度的教学方法框架,具体包括"以 AI 赋能重构师生交互关系、以 AI 驱动构建动态学习过程、以 AI 构建可持续交互评价与反馈"三部分,推动课程从静态教学走向生成式、交互式、系统式创新（图 3）。

3.1 "数智协同"——以 AI 赋能重构师生交互关系

借助大语言模型（如 ChatGPT、DeepSeek）、图形生成平台（如 Midjourney、DALL·E、ChatGPT）等生成式 AI 工具,将教师、学生与 AI 作为协同知识构建主体,通过 PE 引导学生生成文化场景方案草图、空间结构脚本、策略文本框架等,激发学生的"提问—验证—调整"式认知行为,训练其"文化感知+技术使用+批判思维"的综合能力[14, 15]。

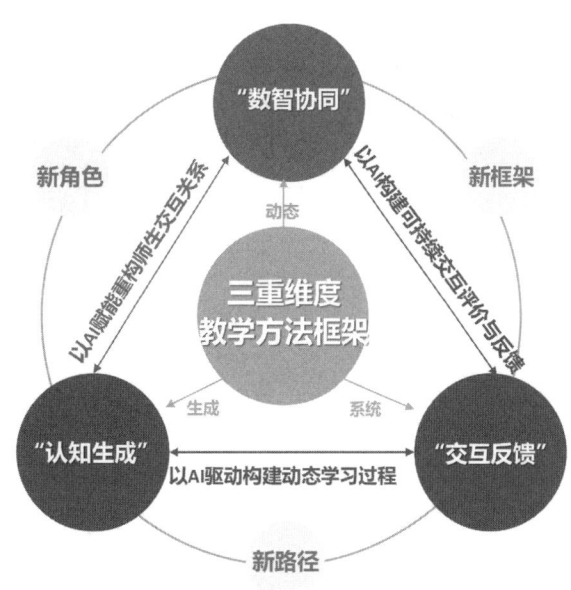

图 3 基于"数智协同—认知生成—交互反馈"的教学方法框架

资料来源:作者自绘

（1）教师角色的转型：从"知识权威"向"认知引导者"演进

在 AI 工具广泛应用的教学场域中，教师不再是知识的唯一输出者，而应转向知识筛选者、提示设计者、结构梳理者与评价引导者。例如在城市文化更新任务中，教师可通过引导学生设计 Prompt 提示词，激发 AI 生成多维度的场景文本与设计脚本，并引导其反思生成内容的文化逻辑、空间合理性与社会影响，从而实现从"获取"到"判断"的思维跃迁。

（2）学生角色的拓展：从"接受者"向"参与者—生成者"转型

通过 AI 赋能，学生不仅是被动完成作业的执行者，更是学习资源的调动者、问题路径的探索者、设计内容的生成者。例如在模拟"传统街区更新策略"时，学生可通过 Midjourney 生成多个空间场景图像草图，并将其输入 Rhino/Grasshopper 系统进行形态转换和行为模拟，实现设计知识在数智环境下的深度学习与迁移[14]。

3.2 "认知生成"——以 AI 驱动构建动态学习过程

AI 赋能下的教学强调"认知动态生成"，即通过交互反馈和多轮生成过程，形成个性化、适应性、迭代性学习路径。

（1）多轮生成式认知过程设计

例如在"文化场景营建设计"课程中，学生可基于 AI 生成的场景文本初稿，结合课程内容二次修改提示词，生成具有文化逻辑、空间特征、材料语言的设计草图，再通过空间建模工具转化为结构模型，最终结合行为模拟仿真工具（如 Anylogic、Urban Network Analysis、Pathfinder）对策略进行行为检验与适应性调整，形成"生成—反馈—优化"三轮甚至多轮循环的认知生成过程。

（2）多模态数据分析融合训练

AI 的多模态能力使学生能够同时调动视觉、语言、行为等多维认知模块进行知识建构（图 4）。例如在中小尺度历史街区改造教学中，学生需结合多模态数据进行文化场景要素的分析，进而撰写文化更新策略。再结合图像生成 AI（如 ChatGPT、DALL·E、Runway）呈现视觉表达，进一步用 GIS 分析行为热度图进行策略推演，实现"语言—图像—数据—空间"的深度整合。

（3）非线性知识链重构

通过 AI 辅助教学，课程不再单向推进，而鼓励学生在不同学习阶段随时回溯、调阅、再建。例如利用 AI

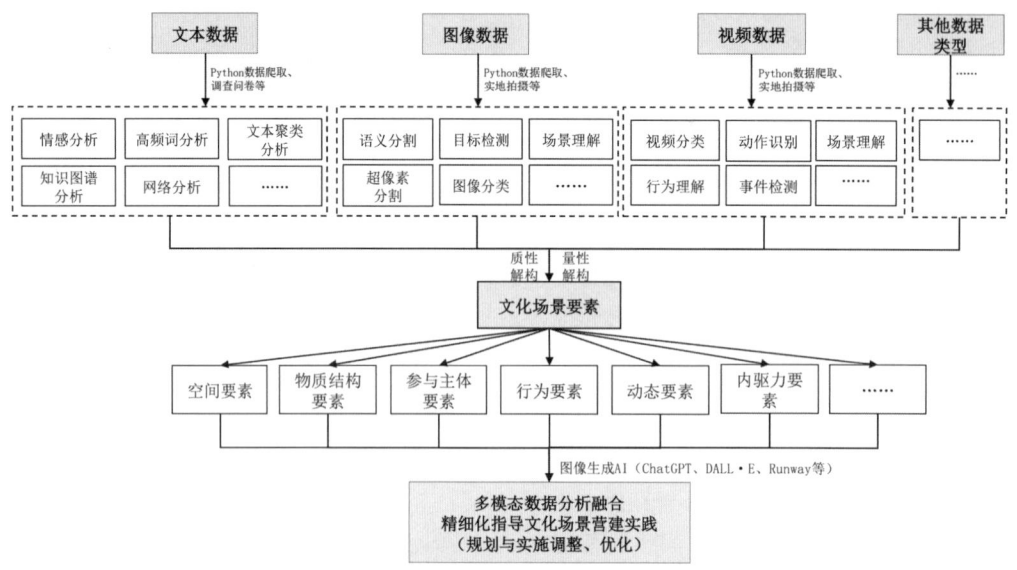

图 4 多模态数据分析融合研究内容
资料来源：作者自绘

生成历史街区的时空变迁过程，学生可在不同阶段反复嵌入新变量，探讨更新方案的多种可能性与未来演化路径，增强系统思维与空间预测能力。

3.3 "交互反馈"——以 AI 构建可持续交互评价与反馈

AI 工具的可追踪、可视化特性为建立全过程、多维度、结构化的学习反馈系统提供可能，形成"过程可视＋行为记录＋反馈引导＋指标评估"的智能化反馈体系。

（1）行为轨迹追踪与认知路径可视化

通过 AI 平台记录学生在生成过程中的 Prompt 设计、提示修改、输出验证等行为轨迹，教师可形成学生"认知路径图谱"，帮助识别其问题意识、知识调动能力与逻辑链完整性。同时，学生亦可利用该系统进行自我回顾与思维路径反思，从而形成个体知识图谱与学习档案。

（2）多维能力评价体系构建

突破传统对结果导向的评价方式，建立以"生成能力—文化理解—协同表达—数据整合—策略逻辑"为指标的能力导向评价体系。利用 AI 自动分析生成内容质量、文本内容合理性、空间策略可达性等内容，为教师提供智能化评分建议，也为学生提供定向优化反馈。

（3）任务反馈与课程内容联动

教学过程中，教师可根据 AI 生成的大数据分析结果（如共性问题、错误高频、生成盲点等）实时调整课程内容结构、作业重点与教学难度，实现教学内容与学生反馈之间的自适应闭环，增强课程的弹性与精准性。

4 案例模块设计：以"文化场景营建"引导的任务驱动型课程模块构建

基于前文教学内容、教学方法两方面探索性的革新与创新，提出面向"城市更新与保护"课程的三类案例教学设计模块。每个模块以"文化场景营建"为引导，构建具备适应性与协同性的教学任务链。其设计遵循"任务驱动＋AI 生成＋动态反馈"的逻辑链条，将教学内容与方法的革新具体化于真实教学任务之中（图 5）。

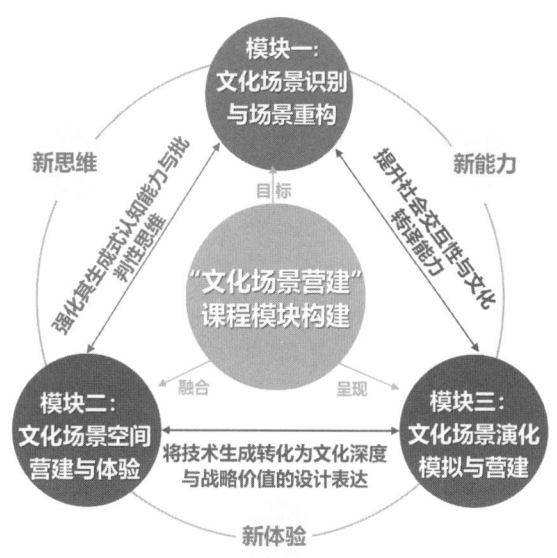

图 5 以"文化场景营建"引导的任务驱动型课程模块构建研究内容

资料来源：作者自绘

4.1 案例模块一：历史街区中的文化场景识别与场景重构（图 6）

（1）教学主题与目标

以某历史街区（如天津五大道、重庆磁器口、成都宽窄巷子）为研究对象，引导学生从文化要素识别出发，借助 AI 技术开展典型场景的空间重构与策略更新。目标能力包括：①AI 辅助下的历史空间阅读能力；②场景语言建构与可视化生成能力；③文化空间叙事与公众感知整合能力。

（2）教学内容与方法融合路径

在教学内容方面，前述"文化场景要素识别"在此环节转化为 Prompt 设计任务，引导学生结合 GPT 模型生成历史记忆、非遗活动、行为节点等核心信息。在教学方法方面，强调"多轮生成机制"的全过程嵌入，学生通过 Midjourney 等平台进行场景意象图像生成，并通过版本对比训练其叙事逻辑与空间结构判断力。同时引入 Pathfinder、Anylogic 等行为模拟仿真工具，将生成结果与人流热力数据叠加，验证空间策略的适配性，形成基于反馈的策略迭代机制。

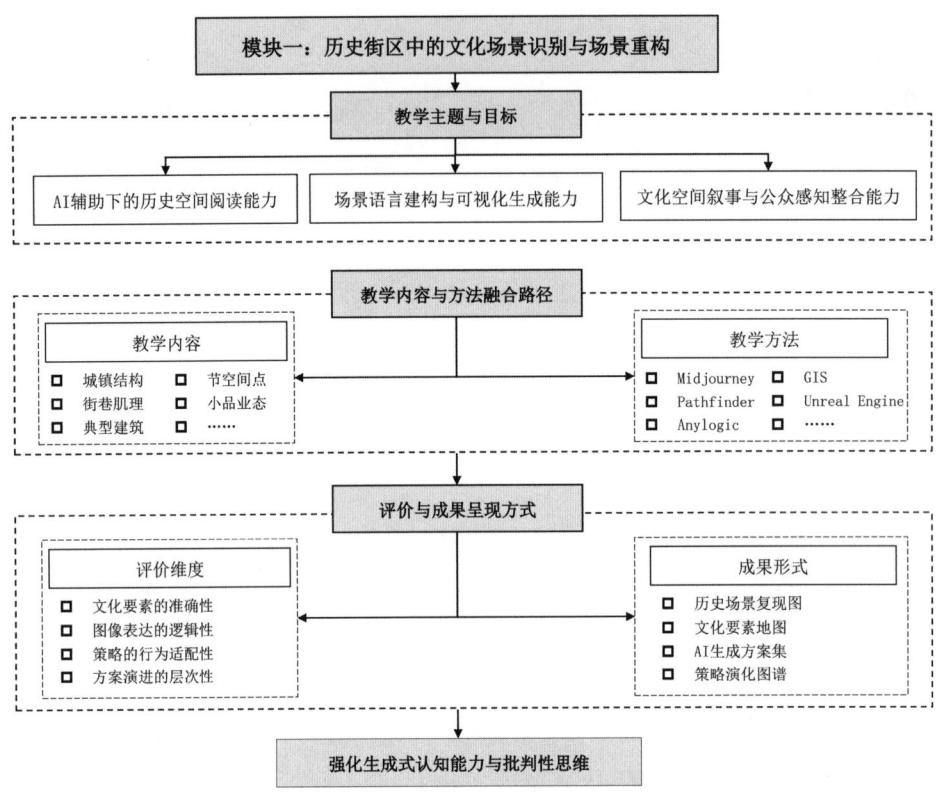

图6 模块一：历史街区中的文化场景识别与场景重构研究内容
资料来源：作者自绘

（3）评价与成果呈现方式

成果形式包括历史场景复现图、文化要素地图、AI生成版本集与策略演化图谱。评价维度聚焦于文化要素的准确性、图像表达的逻辑一致性、策略的行为适配性与方案演进的层次性。重点引导学生识别生成工具的潜在偏误与提示策略的优化路径，强化其生成式认知能力与批判性思维。

4.2 案例模块二：多元文化场景的空间营建与公众体验设计（图7）

（1）教学主题与目标

以多元地域性文化类型（如天津杨柳青古镇的民俗文化、大院文化、运河文化等）为场景，指导学生基于AI生成工具进行文化空间节点设计、文化场景体验路径组织。目标能力包括：①多元文化场景空间的AI营建能力；②面向公众的交互式场景设计能力；③场景功能与情境表达的协同优化能力。

（2）教学内容与方法融合路径

在教学内容方面，基于ChatGPT、DeepSeek模型实现非结构化语料的语义生成，引导学生构建文化空间逻辑剧本。在教学方法层面，学生利用Midjourney生成不同版本的节点装置、导览路线与沉浸体验场景，并结合GIS叠加真实人流热力图进行疏导分析与路径优化。此外，强调跨模态能力融合，训练学生综合调配文本生成、视觉构图、行为模拟与空间布局能力，最终形成结构清晰、逻辑完整的多元文化场景营建方案。

（3）评价与成果呈现方式

成果包括多元文化场景平面图、AI节点生成图像、交互流线动画。评价维度涵盖文化场景识别深度、设计表达清晰度、行为模拟合理性与公众体验适配性，并鼓

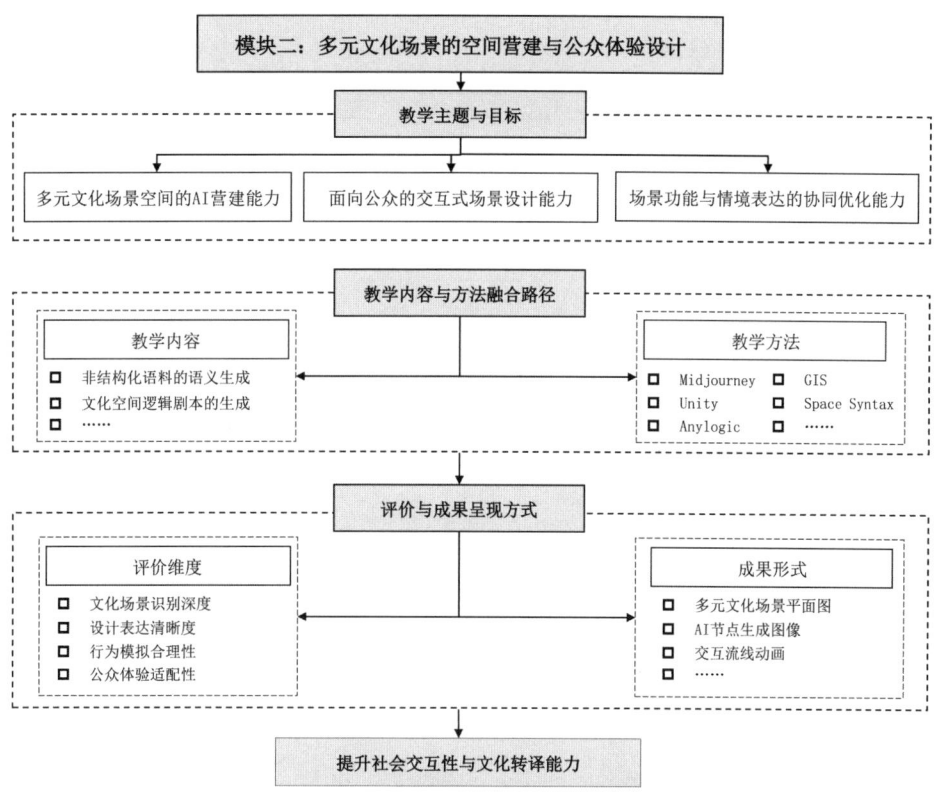

图7 模块二：多元文化场景的空间营建与公众体验设计研究内容
资料来源：作者自绘

励学生从用户视角出发，提升其方案的社会交互性与文化转译能力。

4.3 案例模块三：未来城市文化场景演化模拟与营建（图8）

（1）教学主题与目标

以城市文化轴带（如天津大运河文化带、北京中轴线）未来发展设想为教学案例，训练学生构建"时间＋空间＋文化"的叙事场景，进行未来文化场景的推演与战略表达。目标能力包括：①面向未来的空间演化与场景构建能力；②预测性AI生成任务设计能力；③多方案比选与情境适配能力。

（2）教学内容与方法融合路径

在教学内容方面，引导学生从"城市记忆—趋势演化—文化愿景"三层结构出发，借助GPT模型生成未来空间叙事与战略设想。在教学方法方面，学生通过"场景生成—语义分析—行为模拟—公众反馈"的闭环流程，推演文化场景演化路径。教师可结合生成内容的情境合理性与叙事一致性给予提示反馈，引导学生对AI生成逻辑进行深层反思与优化。

（3）评价与成果呈现方式

成果包括未来文化场景叙事地图、多方案生成对比图、趋势演化轴与公众偏好评价模型。评价聚焦于情境设定的可信度、策略内容的文化一致性与生成过程的逻辑完整性。强调学生在AI生成的辅助基础上构建理性判断框架，将技术生成转化为具有文化深度与战略价值的设计表达。

5 结论与展望

在全球文化遗产保护理念不断深化、人工智能技术

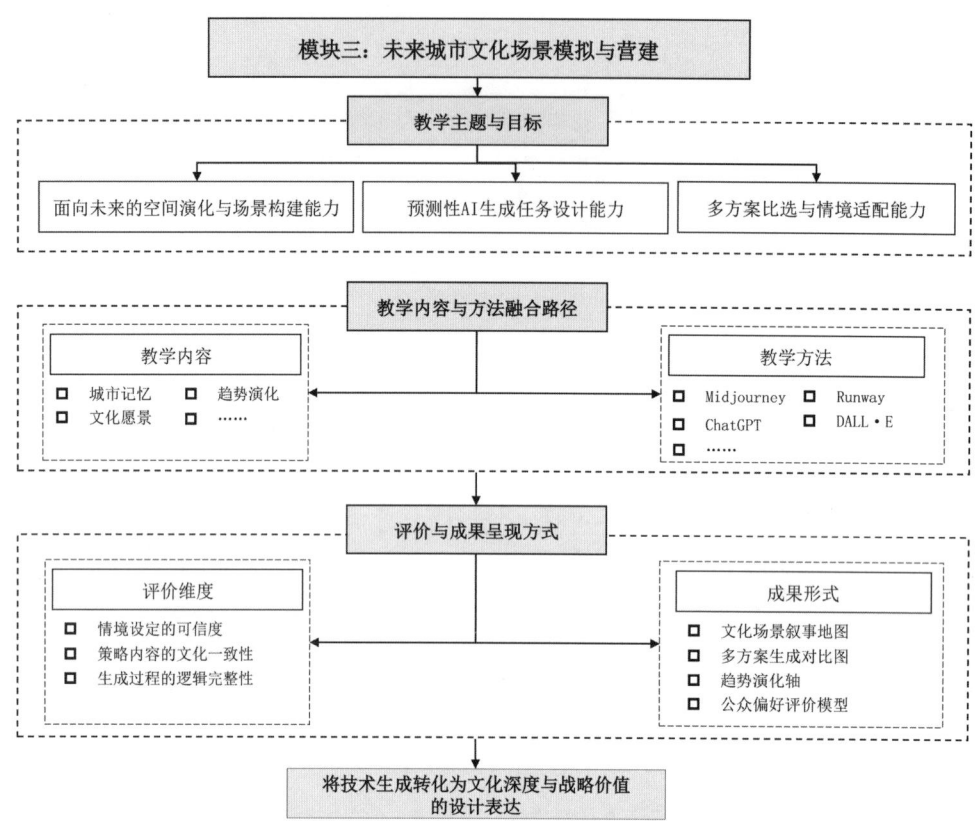

图8　模块三：未来城市文化场景演化模拟与营建研究内容
资料来源：作者自绘

迅猛发展的双重驱动下，城市更新与保护类课程必须完成从传统讲授向生成式学习、从物质空间向文化场景、从静态评价向动态反馈的系统跃迁。本文基于"文化场景营建"视角，提出以生成式 AI 与机器学习为支撑的教学内容革新要求，构建"数智协同—认知生成—交互反馈"的教学方法架构，并设计三类任务驱动型案例模块，构建全过程、多模态、可迭代的课程体系。

展望未来，规划教育在"数智赋能"语境下的深化改革仍需在跨学科融合、多模态协同与人机共构机制上不断探索，愈加呈现"多角度、多尺度、多维度"的特征[16]。如何构建文化表达、空间逻辑与社会体验三位一体的教学体系，培养具备技术素养与文化洞察的"智能规划师"，将成为下一阶段教学研究重要议题，并在持续推进的教学改革中不断深化与拓展。

参考文献

[1]　段进, 石楠, 闫凤英, 等."规划教育的规划"学术笔谈 [J]. 城市规划学刊, 2025（1）: 1–10.

[2]　吴志强, 严娟, 徐浩文, 等. 城乡规划学科发展年度十大关键议题（2024–2025）[J]. 城市规划学刊, 2024（6）: 8–11.

[3]　王建国, 周俭, 田莉, 等."城市更新的创新实践与关键突破"学术笔谈 [J]. 城市规划学刊, 2025（2）: 1–12.

[4]　杨俊锋. 生成式人工智能与高等教育深度融合: 场景、风险及建议 [J]. 中国高等教育, 2024（5）: 52–56.

[5]　郑德高. 大场景、小切口: 增强专项规划实施支撑作用 [J]. 城市规划学刊, 2024（5）: 1–11.

[6]　边兰春, 卓康夫. 从场所到场景: 城市更新中的愿景认同与城市设计转型 [J]. 城市学报, 2024（1）: 25–32.

［7］ 李和平，靳泓，Clark Terry N，等．场景理论及其在我国历史城镇保护与更新中的应用 [J]. 城市规划学刊，2022（3）：102–110.

［8］ 吴志强．城市规划教育的数智化焕新 [J]. 城市规划学刊，2025（1）：11–17.

［9］ 杨俊宴，盛华星，史北祥，等．感知·推演·生成·仿真：智能化城市设计方法研究 [J]. 城市规划，2025，49（4）：65–73.

［10］ 王天莲．基于人工智能生成技术的城市街道空间感知与未来风貌预测 [J]. 城市发展研究，2024，31（2）：9–14.

［11］ 王岳颐，高栩，李煜，等．人工智能在多尺度城市空间设计中的应用与展望 [J]. 城市发展研究，2023，30（7）：27–34.

［12］ 汪洁琼，江卉卿，陈俊延，等．人工智能赋能城市滨水空间秋季景观特征识别与活力提升——以上海市黄浦江为例 [J]. 中国园林，2024，40（9）：15–21.

［13］ 甘惟，吴志强，王元楷，等．AIGC 辅助城市设计的理论模型建构 [J]. 城市规划学刊，2023（2）：12–18.

［14］ 田莉，杨鑫，张雨迪，等．"专业知识 + 人工智能" 双驱动的城乡规划设计教育创新探索：以住区规划为例 [J]. 城市规划学刊，2024（5）：71–78.

［15］ 李晓蕾，胡振宇．基于智慧城市理念的城乡规划专业教学改革探索 [J]. 现代城市研究，2024（11）：125–127.

［16］ 曾穗平，吕艳梅，田健．智能算法在城市形态优化研究中的演化路径与应用情景——基于 Citespace 知识图谱的分析 [J]. 城市问题，2022（4）：14–23.

Research on Teaching Innovation Paths for Urban Renewal and Preservation from the "Digital-Intelligent Empowerment" Perspective——Oriented Towards Cultural Scene Construction

Jin Hong   Li Heping

Abstract：Amid ongoing urban renewal and rapid advances in AI technologies，urban and rural planning education is shifting from traditional teaching to generative and intelligent models. This study，grounded in the concept of cultural scene construction，proposes a content reform framework supported by generative AI and machine learning. Key components include building an intelligent cultural scene case library，integrating AI–assisted recognition and value interpretation，and applying scene simulation for strategic training. A three–dimensional teaching model—comprising digital–intelligence collaboration，generative cognition，and interactive feedback—is developed to promote dynamic and iterative learning. Three task–driven case modules are designed to support a multimodal and process–oriented curriculum system. This research provides a reference for the systematic transformation of planning education in the context of AI empowerment.

Keywords：Urban Renewal and Conservation，Generative AI，Teaching Reform，Cultural Scene Construction

数智赋能驱动下的城市更新规划课程教学路径优化探索 *

李　勤　崔净雅　王　婷

摘　要： 在数智化浪潮的冲击下，城市更新规划课程教学亟需从传统经验式设计向数智驱动的科学化、精细化、定量化分析转型。研究以北京建筑大学城市更新规划课程为案例，探讨了人工智能（AI）与多源数据等数智化技术对课程教学模式、目标和内容的深刻影响。通过优化教学路径，从调研、分析、方案和成果四个阶段，系统性地融入数智化技术的应用，培养学生的数据采集、智能分析、决策支持和创新设计能力。研究提出，数智赋能不仅提升了学生对城市问题的识别与解决能力，还推动了教学模式的智能化转型和教学目标的进一步升级。课程实践表明，技术的引入有助于培养具备数智化思维和专业技能的复合型人才，为未来城市更新工作提供科学化、智能化的技术支撑，助力城市可持续发展。

关键词： 数智化技术；人工智能；多源数据；城市更新；教学路径优化

1　背景介绍

在城市化进程中，城市暴露出了一系列的"城市病"，出现城市用地低效、基础设施老化、交通拥挤等问题。[1] 这些问题在影响城市居民生活质量的同时，制约了城市的可持续发展。为此，"实施城市更新行动，推动城市空间结构优化和品质提升"，"盘活城镇低效用地"被明确写入了国家"十四五"规划，成为深化土地供给侧改革、提高存量土地资源使用效率的重要举措[2]。当前，北京市的城市更新工作正在不断推进，北京建筑大学（以下简称北建大）作为北京市唯一一所建筑类高校，致力于服务首都城乡规划与建设，培养适应国家与社会城乡建设发展需要的人才。"城市更新"课程一直是北建大城乡规划专业的特色课程，旨在通过系统的教学使学生掌握城市更新的理论与实践技能，提高其综合素质与专业能力。

在数智化时代背景下，ChatGPT、DeepSeek、豆包等人工智能模型不断涌现，多源数据、深度学习等前沿分析技术的快速发展为城市更新工作提供了新的技术支撑和方法论指导。将数智赋能理念融入城市更新与保护类课程教学，培养具备数智化思维和专业技能的复合型人才，已成为当前城市更新工作的迫切需求[3]。具体到"城市更新规划"课程上，如何将数智化技术融入存量更新知识体系，训练学生的数智化思维方式与技能，进而培养出适应新时代城市更新需求的专业人才，是教育工作者需要深入思考的问题。

2　数智赋能对城市更新规划课程的影响

数智化时代的到来，为城市更新规划带来了全新的技术支撑和方法论指导，数智化技术的应用不仅能够实现对城市运行数据的深度挖掘与智能分析，更能通过多种技术融合构建城市更新决策支持系统，为城市更新规划提供科学依据。因此，在数智化时代，对人才的数据获取能力、智能分析能力、决策支持能力、跨学科协作能力以及创新能力提出了更高的要求。

数智化技术的运用已逐渐对城市更新产生深远影响，对城市更新教学具有积极的推动和创新作用。"城

---

　* 项目资助：北京市高等教育学会课题 MS2022276；北建大研究生教育教学质量提升项目 J2024004。

李　勤：北京建筑大学建筑与城市规划学院教授
崔净雅：北京建筑大学建筑与城市规划学院硕士研究生
王　婷：北京建筑大学建筑与城市规划学院副教授（通讯作者）

市更新规划"课程组在教学模式、目标和内容方面，也积极做出了调整，以满足数智化时代和技术进步所带来的需求（表1）。在教学中，教师鼓励和引导学生充分利用人工智能（AI）与多源数据等技术方法收集和分析相关数据。通过对数据的智能收集、整理和分析，提取城乡发展状态、规律和模式等。在此基础上，学生可以更准确地认知城市现状、问题和特征，了解城市发展规律，并运用数智化技术制定科学的设计策略。

2.1 教学模式的革新：从传统教学到智能驱动的教学范式

城市更新规划课程的教学模式正经历从传统单向知识传递向智能驱动、互动式教学的深刻转变。人工智能（AI）与多源数据等前沿技术为教学提供了全新的技术支撑和方法论指导，推动了教学模式的创新与发展。学习和研究需要更多地与现实问题和实践相结合，强调学生的主动参与和实践能力的培养。

学习资源不再局限于传统的教师和教科书。学生可以随时随地通过网络获取学科前沿的知识，激发他们的学习兴趣和创造力。同时，学校和教师也积极采用智能混合式学习模式，搭建"AI+教育"智慧课程平台，将线下课堂讲授、线上自主学习与AI助教的探究式学习相结合，形成互补的教学体系，如图1所示。基于线下课程讲授的基础，教师鼓励并引导学生开展自主学习，通过中国大学MOOC、学堂在线等网站和应用程序进行补充和拓展，及时提供有针对性的辅导和资源推荐，满足学生个性化、多元化和碎片化的学习需求。数智化技术的应用也极大地提升了教学的科学性和有效性。通过后

台反馈的学习数据整合分析学生的学习行为和成绩，教师可以发现学生的薄弱环节和兴趣点，从而调整教学策略，优化教学内容和方法，进一步提高教学效果。

(a) AI工作台和AI助教
图片来源：北京建筑大学官网

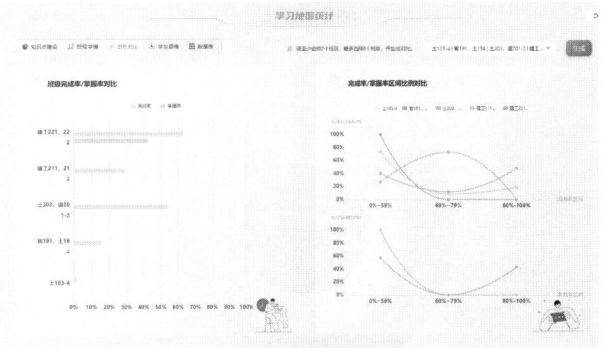

(b) 学情分析
图片来源：北京建筑大学官网

图1　北京建筑大学"AI+教育"智慧课程平台

数智化对城市更新规划课程的影响　　　　　　　　　　　表1

课程影响	原课程	介入后课程
教学模式	线下讲授、小组合作与指导、课后点评、社会实践	线上线下结合讲授、智慧课程平台补充、自主探究、AI助教课后点评与练习、社会实践
教学目标	培养学生分析问题和解决城市问题的能力、提高建筑空间组织能力、培育空间美学逻辑	培养学生运用多源数据收集发现和分析问题的能力、提高数据可视化能力、借助人工智能模型加强数据分析能力与创新设计能力
教学内容	城市更新基本原理、基本知识，城市更新涉及的因素、城市更新过程与步骤	城市更新基本原理、基本知识，城市更新涉及的因素、城市更新过程与步骤、城市多源数据的挖掘、收集、分析与可视化表达、运用智能数据分析强化设计的科学性与合理性

资料来源：作者自绘

2.2 教学目标的升级：培养具备数智化思维的专业人才

城市更新规划课程的教学目标正从传统的空间形态设计和指标控制规范，转向培养具备数智化思维的专业人才，这要求学生在掌握设计美学和技术规范的同时，更注重设计的科学性、合理性和逻辑性，并能够运用数智化技术解决复杂的城市更新问题。在传统规划设计课程中，教学内容往往偏重空间形态设计和指标控制规范，而在数智化背景下，城市更新教学目标发生了显著的转变，更加注重数据驱动的设计思维、智能决策能力以及跨学科协作能力的培养。

授课教师在课程设计中结合不同的课程进度，设定了各阶段的教学目标，引导学生在每个阶段都增加一定的科学数据作为设计内容的论证和支撑。在课程的初期阶段，教师会介绍先进人工技术的基本概念和应用场景，帮助学生理解人工智能技术在城市规划中的重要性。随后指导学生如何收集和处理相关数据，利用智能数据分析工具进行初步的研究和分析，为设计方案提供科学依据。在设计实施阶段，学生将结合人工智能技术分析的结果，对方案进行优化和调整，保证设计的合理性和可行性。这一系列的训练让生逐步建立正确的人工智能技术运用方法，并在城市更新操作实践中深度参与，提升实际操作能力和创新能力。

2.3 教学内容的优化：融入前沿技术与实践案例

快速迭代的数智化技术对城市更新教学内容和授课教师提出了严峻的挑战。前沿技术的引入，要求教学内容不断更新和优化，以适应时代的需求。在教学过程中，教师应识别相关知识点，并根据难易程度制定相应的教学策略。在课程设计中，教师需要明确各阶段相应技术运用的具体要求，将城市更新规划课程的主线与前沿技术运用的教学内容进行拆解、梳理和组合。

通过课程设计，教师能够系统地引导学生逐步掌握相关技术，并将其应用于城市更新的各个环节中。同时，课程中开设的专题研究不仅有助于学生进一步巩固所学知识，还能够有效减少主观判断和经验因素的影响，提升设计方案的可行性和实效性。与此同时，教师可以在课堂上引入实际案例，帮助学生更好地理解数智化技术在城市更新中的具体应用场景和价值。

3 数智赋能背景下的城市更新规划课程教学路径探索

城乡规划专业学生应具备多方面的技术能力，其中包括数据采集与管理、数据分析与挖掘、数据可视化。将先进技术理念应用于城市更新规划课程的实际操作，是实现理论、技术和应用同步发展的关键举措，符合培养具备数智化思维和创新能力的城市规划专业人才的目标。

在具体教学中，课程组明确了城市更新规划课程操作流程中的四个关键节点：调研、分析、方案和成果。每个节点都设定了相应的数智化技术能力训练目标与内容。通过系统化的教学设计，提升学生的专业技术能力，如图2所示。例如，在调研阶段，学生可以多源数据收集对城市数据进行智能采集和预处理；在分析阶

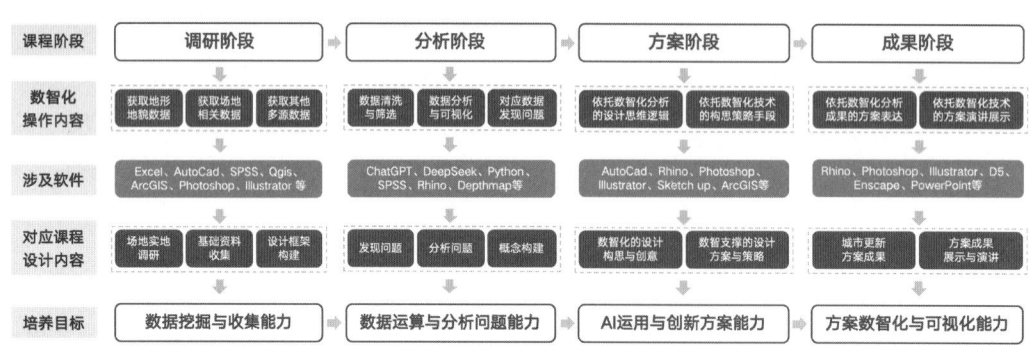

图2 城市更新规划课程教学路径优化
资料来源：作者自绘

段，运用人工智能（AI）对城市问题进行深度挖掘和模式识别；在方案阶段，利用深度学习的方式结合多种数字模型进行模拟和优化；在成果阶段，通过数据可视化的方式呈现设计方案的逻辑性和科学性。系统化的教学路径不仅帮助学生掌握前沿技术，还培养了其解决复杂城市更新问题的综合能力。

3.1 调研阶段：培养学生数据挖掘与智能分析能力

前期调研是城市更新规划工作开展的基础，可以帮助规划者了解城市的现状和未来发展趋势，为城市更新规划把握定位方向。在传统的教学模式中，城市更新前期调研通常采用问卷调查法、访谈法、实地考察法和统计分析法等，调查者可以直接与研究对象交流和观察行为、环境，以便更深入了解研究对象的实际情况。然而，调查结果可能受到学生调查者的主观意识、态度和行为等因素的影响，进而导致结果不够客观。

数智化技术可以帮助学生更快速地获取和处理大量的数据，有效补充场地信息，相比于传统单一性的调研方式，人工智能（AI）技术可以在了解公众对城市问题的关注度和态度过程中，发现潜在的城市发展趋势、帮助学生了解公众意见，并及时调整规划策略[4]。

学生通过对数智化数据的分析和挖掘，集中发现多方面的关联关系和模式，为城市更新和规划提供更全面和准确的数据支持。学生根据街区研究目标和范围，使用多源数据或爬虫等工具收集相应平台上的数据，之后根据特定的关键词、主题或时间范围等条件进行筛选和过滤，以获得所需数据，如图 3 所示。

学生也会在实地调研时收集街区街景照片，进行大量的数据清洗后，对街道的景观环境进行图像语义分割，将结果以分类可视化的形式进行呈现，直观展示分析结果，如图 4 所示。

当然，调研的过程有时也会受到一定的限制，调研中的某些数据可能不易获取或者无法公开使用，直接影响到调研的全面性和深度。还有一些数据的质量和准确性难以保证，可能会对调研结果产生误导或影响学生的决策。另外，多源数据融合的分析方法虽然能够提供大量的量化数据和客观分析，但不能完全涵盖城市更新项目中的人文因素和社会问题。使用者的观念、文化、需求等因素也无法通过数智化技术得到充分的考虑和理解。因此，在前期调研中，技术的应用需要与传统人文调研方法相结合，既能利用数智化技术的优势，提高数据的精确性和分析的科学性，又能弥补其在人文和社会层面的不足，确保城市更新规划更加综合和人性化。

3.2 分析阶段：引导学生借助智能决策模型与系统

前期分析包括对城市的现状、历史、文化、经济、人口、环境等方面进行深入剖析，以及对城市未来发展趋势进行预测，进而为规划设计方案的生成提供依据。数据分析阶段主要培养学生的数智化数据处理能力和思考数据与问题逻辑关系的能力，学生在进行数据分析的

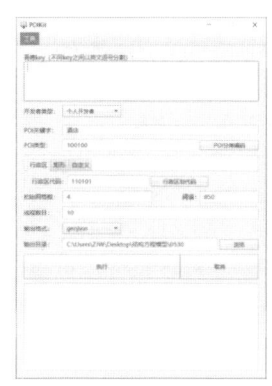

（a）采集场地 POI 点
资料来源：POIKit 软件

（b）进行线上调研
资料来源：百度地图街景

图 3　采集场地 POI 点

(a) 街景图像采集
资料来源：学生课程作业

| ROAD | GROUND | SKY | BUILDING | TREE |
| PERSON | AUTOCAR | BICYCLE | GRASS | PAVEMENT |

(b) 街景图像语义分割
资料来源：学生课程作业

图 4　分析街景图像

同时，提升对数据挖掘的敏感度，锻炼数据逻辑思维能力，以进一步剖析数据特点，挖掘城市问题，如图 5 所示。

课程组引导学生了解如何使用数智化分析工具和可视化工具来分析和呈现数据，并用空间分析工具来分析城市更新的空间分布和空间关系，对城市数据进行智能分析和预测，发现潜在的发展规律和趋势。同时引导学生熟悉各种技术措施与建构方式，掌握基本的数智化辅助设计技术，帮助学生理解复杂环境，合理表现设计思路，借助智能数学模型进行科学性分析，如图 6 所示。相较于传统分析过程，利用数智化分析工具，学生可以更深入地挖掘数据背后的规律和趋势，提高分析的深度；同时也能够涵盖更多的数据维度，提高分析的广度，有助于全面解读数据。

部分学生在学习过程中也反映了一些问题，如技术

工具或软件的操作界面需要更多的指导或培训来熟悉使用、部分技术工具在不同设备或操作系统上兼容性和稳定性不足、部分工具无可用的扩展插件或功能来满足更高级的需求等，也会在课程建设中逐步去优化和完善。

3.3　方案阶段：启迪学生运用人工智能 AI 辅助设计

由于课程作业需要从整体上考虑基地及城市的发展，因此很容易产生概念性和宏观性的表述，在研究过程中要引导学生深入理解与掌握知识、提高沟通和表达能力、培养批判性思维与分析能力，促进综合思考与综合性知识应用。城市规划始终与国家发展战略紧密结合，其价值导向伴随不同发展阶段特征而不断演进更替[5]。现阶段的教学重点应更加注重研究能力的提升，加强城市更新教学中对新理念和新技术的引入，引导学生深入思考问题根源，培养挖掘现象背后机制的能力[6]。

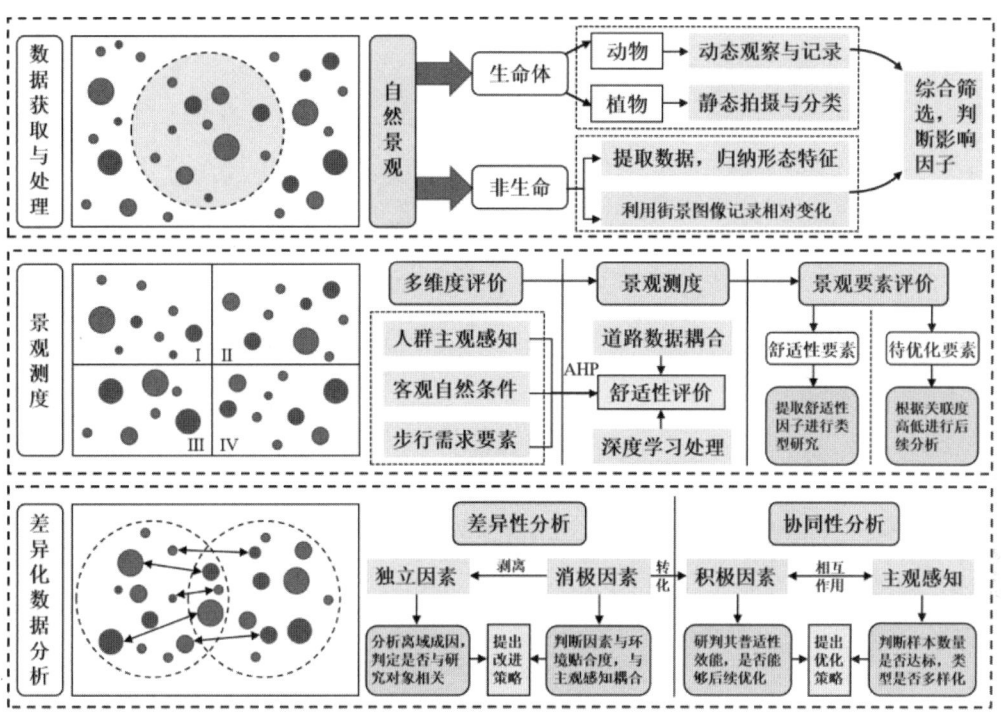

图 5 数据逻辑思维体现
资料来源：学生课程作业

在这个阶段，课程组老师鼓励学生运用数智化技术，对人流量、碳排放、噪声等因素进行多维度检测，并引导学生从多维度梳理老城街区的空间。学生在设计过程中利用数智化技术进行参数优化和迭代，通过设置优化目标和约束条件，自动搜索最优解或接近最优的设计方案。在方案设计中，学生可以通过改变一些参数的数值，观察和评估设计方案的综合绩效，根据结果调整参数值，再次进行优化，不断改进设计方案，如图 7 所示。

3.4 成果阶段：鼓励学生进行多元化展示与智能交互

城市更新的成果通常由两个主要部分组成，即图纸和设计概念的文字说明。数智化技术的介入使得表现成果更加多样化。除了传统的图纸和模型，还可以鼓励学生在研究、推进和呈现设计时创造性地尝试其他方式，如使用 AI 指令构建设计方案的空间剧本，将城市环境、人物角色和互动情节等结合起来进行叙事，生动地展示城市更新设计的目标、过程和影响，通过动态展示和文字解说来说明设计思路、空间布局和功能特点，呈现时间变化、人流模拟等方面的信息。

3.5 小结

城市更新规划课程教学中也存在一些问题，现有课程提供的实践机会和案例研究相关资源不足，尽管网络资源丰富，但实际的项目操作和经验积累对于学生的成长至关重要。在现有的课程设置中，实践机会有限，学生只能通过课堂作业和少数实地考察来获取有限的经验，使得他们在面对复杂的城市更新项目时，缺乏足够的实际操作经验和问题解决能力。

为了进一步提升教学效果，在教学过程中融入数智化实践活动的比重，组织实地考察、模拟项目竞赛和真实项目合作等，提供更多的实践机会。同时，引入最新的数智化城市更新案例、构建城市多源数据库、举办专家讲座，帮助学生更全面地了解城市更新的多样性和复

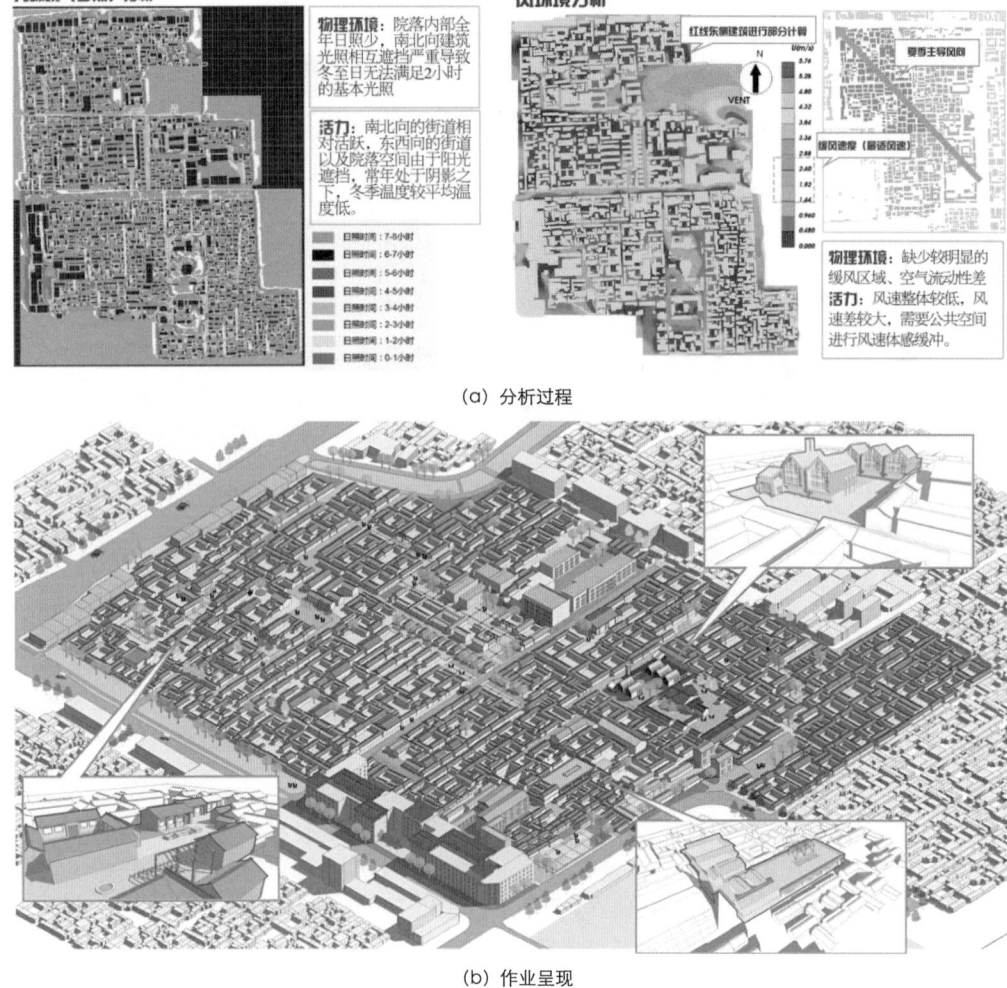

（a）分析过程

（b）作业呈现

图6　学生通过数据分析确定城市更新点位
资料来源：学生课程作业

杂性，不仅能够提高学生的实际操作能力，还能培养他们解决实际问题的能力。

4　结语

　　数智城市建设的迅猛发展，也为城市更新领域带来了新的机遇，城市更新将随着数智城市的建设更进一步发展，逐渐改变过去过于依赖人为修复和经验判断的传统路径。在人工智能（AI）与多源数据等数智化技术的引入下，城市更新课程在保留原有的基本教学内容的同时，更加注重在实践中对数据分析的深度研究、解读和应用。通过数智化驱动的方法，让学生能够更准确地识别城市中存在的各种问题，并研究城市设计策略如何有效地解决这些问题，使设计方案更加科学、合理和可行。

　　北建大重新对城市更新规划课程进行了分析和解构，深入探讨了数智化技术与课程结合的可能性。课程的改革为城乡规划专业提供了新的发展方向，使其更好地适应未来的市场需求，为培养具备数智化素养的城市规划人才奠定了坚实的基础。

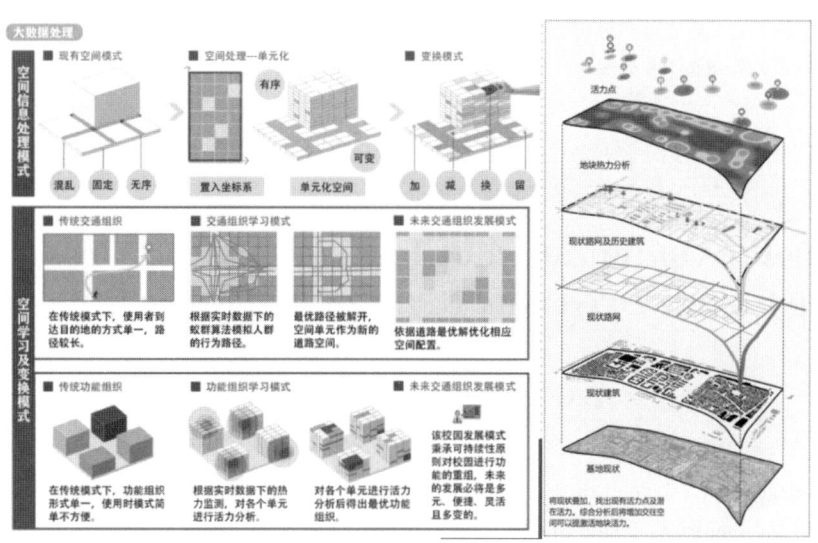

（a）利用数智化技术确定空间、交通、功能布局

（b）设计方案中融入数智化技术设计

图7　学生利用数智化技术分析并设计方案
资料来源：学生课程作业

参考文献

[1]　方创琳.城乡融合发展机理与演进规律的理论解析 [J]. 地理学报，2022，77（4）：759-776.

[2]　黄耿志，李郇，张文忠，等.高质量发展转型背景下的中国城市更新：挑战与路径 [J].自然资源学报，2025，40（1）：1-19.

[3]　段进，石楠，闫凤英，等."规划教育的规划"学术笔谈 [J].城市规划学刊，2025（1）：1-10.

［4］ 牟智佳，刘珊珊，陈明选 . 循证教学评价：数智化时代下高校教师教学评价的新取向 [J]. 中国电化教育，2021（9）: 104–111.

［5］ 吴志强，张悦，陈天，等 . "面向未来：规划学科与规划教育创新" 学术笔谈 [J]. 城市规划学刊，2022（5）: 1–16.

［6］ 匡松，翟文雅 . 五大发展理念引领下的城乡规划专业人才培养模式改革与探索——以武汉大学城市设计学院为例 [J]. 城市建筑，2020，17（1）: 68–71.

Exploring the Optimization of Teaching Path of Urban Renewal Planning Course Driven by Digital Intelligence Empowerment

Li Qin   Cui Jingya   Wang Ting

Abstract：Under the impact of the wave of digitization, the teaching of urban renewal planning courses needs to be urgently transformed from traditional empirical design to digitization-driven scientific, refined and quantitative analysis. Taking the urban renewal planning course of Beijing Architecture University as a case study, the study explores the profound impact of digital intelligence technologies, such as artificial intelligence (AI) and multi-source data, on the teaching mode, objectives and contents of the course. By optimizing the teaching path and systematically integrating the application of digital intelligence technologies from four stages: research, analysis, proposal and outcome, the study cultivates students' abilities in data collection, intelligent analysis, decision support and innovative design. The study proposes that digital intelligence empowerment not only improves students' ability to identify and solve urban problems, but also promotes the intelligent transformation of the teaching mode and further upgrading of the teaching objectives. The course practice suggests that the introduction of technology helps to cultivate composite talents with mathematical-intelligent thinking and professional skills, providing scientific and intelligent technical support for future urban renewal work and helping sustainable urban development.

Keywords：Digital Intelligence Technology, Artificial Intelligence, Multi-source Data, Urban Renewal, Teaching Path Optimization

苏州名城保护在地经验向教学资源的转化路径探讨

摘　要： 在城市更新与文化遗产保护协同发展的背景下，本文以苏州名城保护实践为研究对象，聚焦在地经验向教学资源的系统性转化路径。基于情境认知理论与地方性知识理论，构建空间情境嵌入—实践共同体互动—文化符号转译的理论框架，提出基因解码—教学重构—实践迭代的螺旋式转化模型。形成分层递进的教学资源转化体系，包括初级转化通过三维激光扫描与口述史档案建设实现空间基因数字化建档；中级转化借助 AR/VR 技术开发时空折叠虚拟模型，还原街坊制历史场景；高级转化依托社区营造实战工作坊，构建诊断—介入—评估全流程实训模块，培养学生平衡保护与发展的动态决策能力。转化路径将促进苏州历史文化名城的空间肌理、非遗技艺与社区治理智慧转化为可量化评估的教学资源，推动城乡规划专业教育从知识传授向文化再生产转型，为历史城市更新领域复合型人才培养提供方法论支持，也为其他地域文化遗产的教学转化提供可借鉴的"苏州范式"。

关键词： 苏州名城保护；在地经验；教学资源转化；虚实共生教学

1　引言

在快速城镇化背景下，城市更新已成为城市发展以及国土空间规划时代的核心议题。住建部数据显示，2023 年我国城市更新项目投资规模突破 2.9 万亿元[1]。2025 年 5 月 2 日中办、国办印发《关于持续推进城市更新行动的意见》中强调了在城市更新中保护历史文化遗产的重要性。提出坚持"保护第一、应保尽保、以用促保"原则，明确在城市更新全过程、各环节加强城市文化遗产保护的工作要求。

对城乡规划专业人才培养过程中，尤其是在"城市更新与在开发"课程等课程建设过程中仍面临实践能力欠缺、地方适应性不足等痛点，尤其是在传统案例教学过程中存在时空割裂、参与缺位等问题。苏州作为全国首批国家历史文化名城以及城市更新试点城市，更新对象包括古城区、老城镇，更新的方式涵盖微更新、拆除重建、功能提升、活化利用、环境整治等，总结出了具有苏州代表性和典型性的城市更新经验。通过将在地经验转化为教学资源，对破解传统教学中重理论轻实践、重普适性轻地域性的困境具有双重价值，既培养学生应对复杂城市更新问题的实践能力，又可增强学生对地域文化的认知深度。

2　教学资源转化的理论建构

2.1　基于情境认知的在地化教学理念引入

情境认知理论强调知识获取与特定社会文化语境的不可分割性。在城乡规划教学中，尤其是在"城市更新与在开发"课程设计过程中，需突破传统课堂的抽象化知识传授模式，通过在地经验的具象化重构，构建课程空间情境嵌入—实践共同体互动—文化符号转译的理论框架。苏州城市更新的示范案例的特殊性在于既具有历史街区的空间形态、与之匹配的保护法规体系与生活传统之间存在着深层的互构关系，为地方知识的系统化提取提供了适配的实践场景，共同塑造学生对地方性城市更新问题的系统性理解能力。

2.2　在地经验维度转化框架

本研究构建从理论—方法—实践三位一体的整合性框架，以情境认知理论为学理基础，聚焦在地经验向教

王清恋：苏州科技大学建筑与城市规划学院讲师
张博程：苏州科技大学建筑与城市规划学院讲师（通讯作者）
魏晓芳：苏州科技大学建筑与城市规划学院副教授

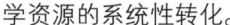

学资源的系统性转化。

在理论层面，对接的情境学习理论，提出在地经验的嵌入框架，将苏州城市更新的在地性经验解构为物质空间原型（如历史街巷空间基因库）、制度实践智慧（如古城保护政策案例集）与文化认知图谱（如在地生活方式数据库），形成可迁移的知识模块。

在方法层面，构建从空间—过程—主体的三维转化路径，空间维度通过数字孪生技术实现实体环境向参数化模型的认知转译；过程维度将更新项目全周期解构为可迭代的教学模块链；主体维度以角色模拟重构多元利益博弈场景，培养复杂社会关系的认知能力。

在实践层面，依托苏州典型更新案例，构建虚实融合的教学资源库，通过课程体系重构、项目制学习、跨学科工作坊等载体，推动专业教育从知识传授向在地智慧再生产的范式转型，为城乡规划教学改革提供兼具地域适应性与方法论普适性的解决方案（表1）。

在地经验转化框架内容   表1

转化维度	教学资源形态	典型应用案例
空间维度	实体空间—虚拟模拟	平江路空间虚拟模型
过程维度	项目流程—教学模块	双塔市集教学冲突模拟
主体维度	多方参与—角色模拟	社区议事会虚拟模拟

资料来源：作者自绘

该框架突破了传统案例在城市更新与再开发课程教学中碎片化局限性，通过空间技术赋能、注重更新流程逻辑、具象化处理主体关系等，构建起连接地方实践经验与教育创新的桥梁，其核心价值在于将城市更新过程中案例分析转化为可操作的教学要素体系，重塑专业人才对城市复杂性的系统性认知与创新性应对能力。

3 苏州城市更新的典型经验解析

3.1 文化延续型更新范式

（1）平江路历史文化街区微更新实践

平江路历史街区的保护与更新在延续历史文脉与适应现代需求之间探索出一条平衡路径。通过原住民、原形态、原材质、原工艺原则，街区在保留传统空间肌理的同时，采用微更新的方法植入嵌入式服务设施，激活公共空间活力。技术层面通过系统性的梳理街巷结构特

征与文化遗产价值，为精细化修缮提供科学依据。在社会治理过程中构建多方协商机制，通过业态导则规范商业布局，以共治平台平衡多元主体诉求，形成可持续的社区治理模式[1]。更新实践过程中不仅通过针灸式改造保护修缮了物质空间，更通过非遗活态传承、社区记忆延续等策略，实现文化基因的传承与再生，促进传统街巷活化，为历史文化街区的更新提供了兼顾保护与发展的范式。在教学过程中教学转化内容包括：利用空间分析技术等对历史肌理保护技术应用，通过三维扫描技术拓展传统建筑工艺数据库建设等。

（2）双塔市集空间活化案例

双塔市集的改造以市井烟火与社区共生为核心理念，通过空间重构与功能混合，实现了传统菜场向复合型社区客厅的转型。在保留原有摊贩主体的基础上，通过分层布局与业态升级，将市集功能从单一购物场景拓展至文化展览、创业孵化等多元领域，形成民生烟火与创意工坊的垂直共生模式。改造过程中注重在地社群的参与，通过摊主议事会与青年创业者工作坊等机制，平衡传统生计与新兴需求之间的矛盾。空间设计上采用柔性界面与可变装置，既延续了市井生活的烟火气息，又为社区交往提供了弹性载体。这一实践不仅激活了老旧市集的空间价值，更通过新旧社群的有机融合，重构了社区公共生活的社会网络，为城市存量空间的微更新提供了包容性创新的参考路径。将传统菜场改造为复合型社区客厅，保留原有摊主，引入青年创业空间。在教学过程中教学转化内容包括：构建功能混合度模型，并通过模拟教学了解利益相关者协商机制。

3.2 产业转型驱动模式

（1）工业园区产业升级路径

工业园区的产业升级以创新驱动与空间重构为核心逻辑，通过"腾笼换鸟"与"垂直复合"策略，推动传统制造基地向研发创新集群转型。在生物医药、纳米技术等战略性新兴产业布局中，采用工业上楼模式破解土地资源约束，将研发实验室、中试基地与生产空间垂直叠合，构建产业链闭环的创新生态系统。同时，通过工业遗产的创意转化，将废弃厂房重塑为数字艺术空间与科技孵化器，实现产业记忆与未来产业的对话[2]。升级过程中建立政产学研一体协作平台，以柔性政策引导企

业技术迭代，以场景开放促进科技成果转化。这一路径不仅重构了产业空间形态，更通过绿色低碳技术应用与产城功能混合，形成了产业升级与城市品质协同提升的典范，为开发区转型提供了创新—空间—治理的系统解决方案。生物医药产业园通过形成垂直工厂＋研发社区模式。在教学过程中教学转化内容包括：保护对产业空间绩效评估工具使用以及产城融合规划决策树模型构建等。

（2）丝绸厂文创园区改造案例

丝绸厂文创园区的转型以工业遗产再生与文化创新共生为核心理念，通过新旧对话的空间叙事重构工业记忆的当代价值。改造中保留原厂锯齿形屋顶、缫丝设备等工业遗存，将其转化为展览装置与空间标识，同时植入数字艺术、独立设计工作室等新兴业态，形成历史展陈—创意生产—公共体验的功能叠合。设计上采用透明化改造策略，以玻璃幕墙连通新旧空间，使机械齿轮与现代展品并置对话，构建时空穿越的沉浸场景。运营中引入艺术家驻留计划与匠人共创工坊，推动传统丝绸工艺与数字技术的跨界实验。这一改造不仅实现了工业空间的诗意重生，更以文化生产激活城市记忆，为后工业时代遗产活化提供了"轻触历史、重释价值"的实践范本。保留工业遗产空间骨架，植入数字艺术展陈系统。在教学过程中教学转化内容包括：工业遗产价值评估矩阵，在更新利用过程中 AR 空间叙事设计。

3.3 社区治理创新实践

（1）老旧小区协同更新机制

姑苏区老旧小区更新以多元共治与渐进再生为核心逻辑，构建政府引导、专业赋能、居民主导的协同治理框架。通过搭建设计师驻站＋居民议事会＋物业联盟的协商平台，将基础设施改造与社区关系重构相结合，形成需求共提、方案共议、效果共评的参与式更新链条。更新实践中采用微更新改造策略，优先解决适老化设施缺失、公共空间衰败等民生痛点，同步建立改造基金与长效管理的可持续机制，以空间更新触发社区自治能力培育[3]。该机制突破传统工程化改造模式，通过赋权居民决策、激活社区内生动力，探索出历史文化城区民生改善与治理创新的融合路径。在教学过程中教学转化内容包括：教学模块开发包括参与式设计角色扮演沙盘以

及社区冲突调解情景模拟等。

（2）15分钟社区生活圈建设

以 15 分钟社区生活圈和以人本导向与精准适配为核心理念，通过空间重组与智慧治理推动产业新城向宜居社区转型。规划以居民行为需求为基点，整合分散的服务设施为复合型邻里中心，通过慢行网络串联居住、就业与休闲功能，形成生产、生活、生态无界融合的社区单元。实施中采用动态数据监测与弹性调整机制，结合人口结构变化优化设施配置，嵌入共享办公、托育驿站等新兴功能，回应多元群体需求。实践突破了传统产城分离格局，以精细化服务供给重构园区空间逻辑，为产业功能区的人本化转型提供了需求响应—空间适配—治理协同的系统性解决方案。在教学过程中教学转化内容包括：通过 POI 数据挖掘优化服务设施布局，实现居民步行可达基础服务设施评估。同时进行包括时空行为分析以及服务缺口可视化诊断评估等内容。

4 教学资源转化的路径设计

构建初级—中级—高级的教学资源转化路径（表 2）。初级转化聚焦在地经验数字化建档，通过三维激光扫描、口述史采集与 GIS 时空数据库构建，实现历史肌理与非遗技艺的系统性梳理。中级转化依托虚拟仿真技术，开发 AR/VR 场景还原与动态伦理决策训练平台，突破时空限制模拟历史场景干预。高级转化以社区营造实战为核心，通过针灸式微更新实验与政产学研协同机制，培养学生解决真实复杂矛盾的能力，形成文化诊断—空间介入—社会反馈的闭环教学链。

5 结论与展望

本研究通过地方知识嵌入理论框架，系统性探索了苏州名城保护经验向教学资源的转化路径。城市更新课程的专业教学需向"文化再生产型"范式转型，未来将呈现三大趋势：一是数字孪生与元宇宙技术深度融合，推动教学场景从实体街巷断面解剖向虚实共生的文化生态系统模拟升级；二是校地协同从项目合作转向知识共生，依托动态案例库与矛盾推演系统实现在地经验即时教学化；三是教学价值向文化治理延展，培养兼具空间诊断力、文化诠释力与社区协商力的复合型人才。

教学资源转化的路径

表2

转化路径	技术支撑	实施模式
初级转化 案例库 / 影像档案建设	全息案例库构建： 空间维度：整合平江路、山塘街等历史街巷的 BIM 模型、街景三维点云数据 时间维度：建立古城肌理演变时空数据库 主体维度：收录原住民口述史视频，传统商户经营日志等	活态影像档案开发： 采用数字孪生技术记录非遗技艺流程 制作微视频，以一院一故事呈现 30 处名人故居空间叙事
中级转化 虚拟仿真实验（AR 古城模拟）	时空折叠 AR 教学系统： 街坊制复原模块：通过 LBS 定位触发历史地层可视化 AR/VR 漫游：集成传统历史空间数字重绘场景	构建决策模拟平台： 设置历史场景冲突点模拟（例如：传统民居空调外机遮蔽方案比选） 嵌入文化扰动预警算法，实时评估学生方案的文化影响情况及程度
高级转化 现场工作坊（社区营造实战）	实训体系： 社区诊断：学生团队完成街巷断面文化解剖（采集铺地材质比例、店招方言使用率等指标） 介入阶段：微空间内实施微更新设计（如古井周边休憩空间） 评估阶段：采用 POE 使用后评价工具包，跟踪原住民满意度变化	政产学研联动： 与社区设立街巷更新实验室，结合真实微更新项目的需求 建立学生方案、专家评审、政府采纳的成果转化通道

资料来源：作者自绘

参考文献

[1] 陈培阳，孙昊冰.历史文化街区就地养老支撑体系评价与优化策略研究——以苏州平江历史文化街区为例[J].中国名城，2024，38（5）：28-35.

[2] 罗超，汪铎.基于城市多维价值的工业遗产评价体系构建——以苏州工业遗产评价体系的修订及应用为例[J].中国名城，2023，37（4）：29-36.

[3] 周国艳，朱佳，丁仲元.基于居民体育健身需求的名城老旧住区更新对策研究——以苏州市姑苏区为例[J].中国名城，2023，37（7）：73-80.

Exploring Transformation Pathways from Localized Experience to Educational Resources in Suzhou Historic City Conservation

Wang Qinglian　Zhang Bocheng　Wei Xiaofang

Abstract：Under the synergistic development of urban renewal and cultural heritage preservation, this study examines the conservation practices in Suzhou, a renowned historical city, focusing on the systematic transformation of local experiences into educational resources. Grounded in situated cognition theory and local knowledge theory, a theoretical framework is constructed integrating spatial context embedding, practitioner community interaction, and cultural symbol translation. A spiral transformation model encompassing gene decoding, pedagogical reconstruction, and iterative practice is proposed. This forms a layered educational resource conversion system: Primary conversion employs 3D laser scanning and oral history archiving to digitize spatial-genetic documentation; Intermediate conversion utilizes AR/VR technologies to develop temporally folded virtual models, restoring historical street-block scenarios; Advanced conversion establishes community-building practical workshops with diagnostic-intervention-assessment modules to cultivate students' dynamic decision-making capabilities in balancing preservation and development. The transformation pathway quantifies Suzhou's historical urban fabric, intangible craftsmanship, and community governance wisdom into assessable pedagogical resources. It advances urban-rural planning education from knowledge transmission to cultural reproduction, providing methodological support for cultivating interdisciplinary talents in historical urban renewal. The "Suzhou Paradigm" offers transferable insights for pedagogical conversion of regional cultural heritage worldwide.

Keywords：Suzhou Historic City Conservation, Localized Experience, Educational Resource Transformation, Hybrid Reality Pedagogy

文绿协同·数智赋能：研究型城市设计教学的创新探索

李 旭 高浩然 何宝杰

摘 要：城市更新肩负着文脉传承、品质提升、绿色发展等多重复杂任务。数智技术有助于应对复杂条件，助力城市更新从"经验主导"到"科学决策"跃升。以文化传承与绿色发展协同为目标，课程教学探索人类智慧与人工智能交互的教学模式，采用融合式、场景式及"教师＋朋辈"互动教学法；构建"理论—技术—实践"教学模块，推动学生从被动接受到主动创新转变，提升学习效率与创新能力。课程主要通过机器学习、数值模拟与智能优化，揭示空间要素影响风热环境性能的机理，提炼气候适应性地域营建智慧；结合当下需求，在多目标智能寻优的辅助下进行方案设计，旨在培养融贯多学科知识与智能技术，具有创新能力的城乡规划人才。

关键词：城市设计；旧城更新；气候适应性；数智技术；人机交互

1 引言

我国城镇发展正经历从外延式增量扩张向内涵式存量更新的系统性转变。城市更新不仅是表层物质空间的更新，还承担着提高城市生活品质、传承历史文化、绿色低碳发展等多重目标[1]。旧城的复杂性以及多目标约束使得更新类型的城市设计具有较高难度，也是研究型城市设计教学的理想实践载体，有助于对学生研究能力和设计能力进行综合、全面的培养。

多维综合的特点要求旧城更新教学实践建立多学科交叉的知识与技术体系，培养学生的整体思维、系统思维，提高学生解决现实复杂问题的综合能力[2]。在知识维度上，构建城市规划学、环境物理学、计算机科学等多学科认知框架；在技术维度上，将数智技术，如大数据分析、机器学习、智能生成、AI 仿真等融入教学过程，积极探索其精准诊断、动态模拟与协同推演的功能[3]。但当前数智技术融入设计教学仍存在诸多瓶颈，例如生成式 AI 的形态输出缺乏可解释性；弱人工智能难以响应设计者意图，与实际需求脱节；软件学习难度较大，挤占设计本体思维训练时间等。如何将数智技术有效融入城市设计教学，实现从"经验主导"到"科学决策"的跃升，仍有待进一步探索。

由此，教学团队面对当下旧城更新绿色低碳发展与文脉传承的双重要求，针对硕士研究生开设"文绿协同"的研究型设计课（已开展 3 届）。以文化传承和绿色低碳协同发展为目标，结合多学科知识的教学，培养学生对数智工具的整合应用能力；鼓励学生直面实际社会问题，通过数智技术与设计经验的有效适配，破解难点痛点；加强理论知识与实践应用的互动融合，实现理论知识从"理解—应用—创新"的转化；探索"教师＋朋辈"以教促学的方法，培养融贯多学科知识与新技术，具有创新能力的城乡规划人才。

2 文绿协同——目标定位与内容框架

2.1 目标定位与内涵解析

"文绿协同"旨在探索文化传承与绿色发展的协同，内涵丰富。现阶段教学主要针对以下内容：①在保护和延续旧城重要文脉与地域特征的同时融入绿色发展的理念；②挖掘地域绿色营建智慧，探索在现代城市设计中的传承。由于气候适应性是绿色建筑、低碳城市的核心内容[4]，现阶段课程聚焦"气候适应性城市设计"开展教学，按照"机理分析—智慧提炼—现代转译—实践应用"

李 旭：重庆大学建筑城规学院教授
高浩然：重庆大学建筑城规学院硕士研究生
何宝杰：重庆大学建筑城规学院教授

的逻辑，在数智技术辅助下，解析多尺度空间与风热环境相互作用的机理，揭示适应地域气候的营建智慧；结合现代城市设计，梳理具有当代价值的地域经验，探究最优空间利用模式，探索传统营建智慧的创新发展。

2.2　内容框架

（1）"机理分析—智慧提炼"阶段：结合自然地理环境、人文社会环境、经济技术条件，采用自动批量数值模拟、机器学习等方法辅助分析空间形态影响风热环境性能的机理，梳理具有地域特色的气候适应性营建智慧，包括空间模式，主动适应气候与调节微气候的经验与方法。

（2）"现代转译—实践应用"阶段：针对设计场地的典型复杂条件，根据设计需求，结合智能优化方法，探索地域气候适应性营建智慧的现代应用，通过"评估—寻优—设计—再评估"的流程，对比多个设计方案，验证效果（图1）。

3　数智赋能：人类智慧与人工智能交互的教学模式探索

在数智赋能目标方面强调人类智慧与人工智能的融合互补与交互协同；创新融合式教学、场景式教学，以及"教师＋朋辈"的互动式教学方法；不仅构建"理论—技术—实践"的教学模块，也探索后期拓展延伸，引导学生从"被动学习"到"主动学习"转变，提高学习效率，培养创新能力。

3.1　数智赋能目标设定

（1）知识架构革新：人机交互驱动学科知识从单一离散到多维融合

在基础知识学习与设计构思阶段，将教师及学生个人积累的专业知识和实践经验与人工智能掌握的知识库进行融合，可以实现互补[5]，包括通过人工智能对大量案例、数据进行挖掘和分析，总结规律和模式，拓宽学生知识面，激发创新活力；设计者向人工智能系统输入设计需求或问题，基于学生个体独特思维，在人工智能辅助下拓展思维，基于个人经验，通过与教师的讨论进行判断与取舍。

（2）学习范式转型：人机交互推动学习模式由被动接受到主动创生

在数智时代，人机交互协作是常态工作模式。在教学中设定人机交互协作工作流，使学生接触并熟练运用相关数智化工具，提高工作效率与质量，鼓励学生学习Python、Java等编程软件的基础知识，提升与人工智能的沟通能力，从而实现由被动接受到主动创新生长。

（3）决策素养进阶：人机协同赋能决策思维从局部研判到全局统筹

通过小组合作与不同角色的扮演，培养学生的团队协作精神，以及分析复杂问题，抓主要矛盾的能力。通过人工智能技术推演不同方案在实际场景中的运行效果，训练学生综合考量多元因素进行价值判断与决策的能力。同时引导学生甄别信息真伪，学会理性判断，通过质疑和分析去伪存真。

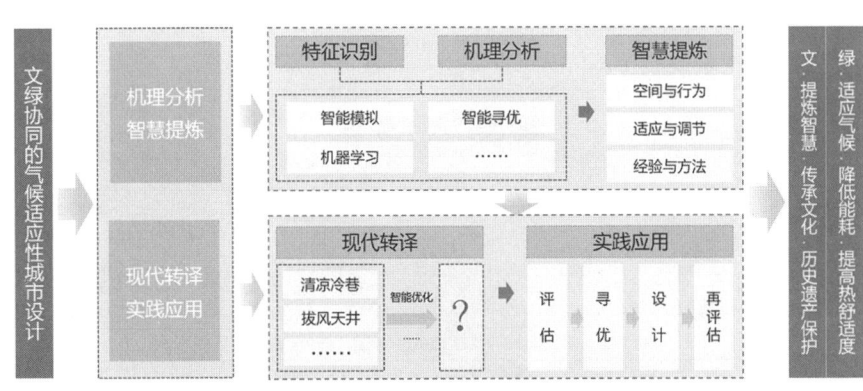

图1　内容框架

资料来源：作者自绘

3.2　教学方法创新

（1）虚实交互，人机协同的融合式教学

线下组织课堂教学、实地调研、开展软件实操，进行数据采集与分析，进行风热环境模拟、空间形态智能生成等，在实践中深化软件应用能力。搭建线上教学平台，提供丰富的学习资源，包括机器学习和智能优化算法的教学视频、在线教程、案例库、学术论文等。学生可以利用课余时间自主学习前沿技术，在线完成基础理论学习。AI作为教学助手，辅助教学过程的链接与推进（图2）。

（2）角色扮演，互动协作的场景式教学

教师通过讲解历史上城市应对气候变化的故事，介绍当代人工智能的应用潜能，引发学生兴趣，引导学生思考如何应用数智化方法进行气候适应性城市设计研究。在课堂中利用AI快速生成虚拟场景，让学生和AI分别扮演城市规划师、建筑师、环保专家、社区居民、政府机构等不同角色，进行开放式对话，模拟真实人物反应（图3），在互动交流中学会如何权衡多方要求进行合理设计，定期开展小组汇报交流，促进知识共享与思维碰撞。

（3）教师指引，朋辈传导的互动式教学

构建"教师+朋辈"的教学团队，融合朋辈教育理念，促进不同年级学生之间以朋辈身份展开密切互动。高年级学生担任朋辈导师，围绕课程重难点录制讲解视频，构建知识库，实现方法和经验的传导。低年级学生在学习后，也可将新收获与实践成果录制成视频进行知识反哺，形成"学—教—学"的双向知识输出闭环，以输出倒逼输入（图3），实现知识内化与技能巩固[6]。后续保持知识库的日常维护，依据教学实际情况、知识体系的更新迭代需求，以及朋辈互动中产生的新问题新见解保持动态更新（图4）。

3.3　教学模块设计（图5）

（1）基础理论模块

①面向存量更新的气候适应性城市设计理论与方法：讲解城市更新中的历史文化保护与更新利用方式，不同地域传统的气候适应性营建智慧；介绍针对旧城历史街区、传统风貌区，拆除新建区的气候适应性城市设计案例，传承地域传统智慧的气候适应性设计。

②气候学及建筑物理基础知识：介绍气候分区及其特征；风速、日照等气候要素对城市空间的影响；城市空间形态与微气候环境性能的关联及作用机理。

③数智技术相关知识：介绍相关技术的基本原理、功能及软件操作，如机器学习、数值模拟、智能生成等技术。

（2）技术应用模块

①数据处理与分析：利用AI算法（特别是机器学习、深度学习）对海量、复杂的气候数据进行高效处理和深度分析。

②数字模拟与可视化：基于计算流体力学（CFD）的风环境模拟、基于能量平衡模型的热环境模拟等，对城市空间的环境性能进行模拟。

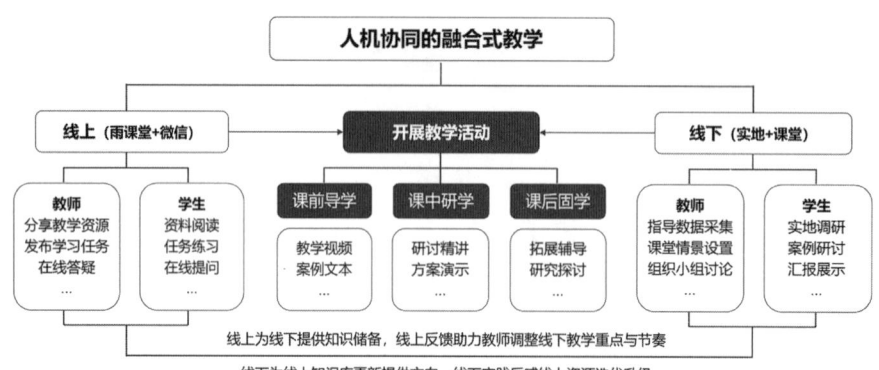

图2　人机协同的融合式教学图解

资料来源：作者自绘

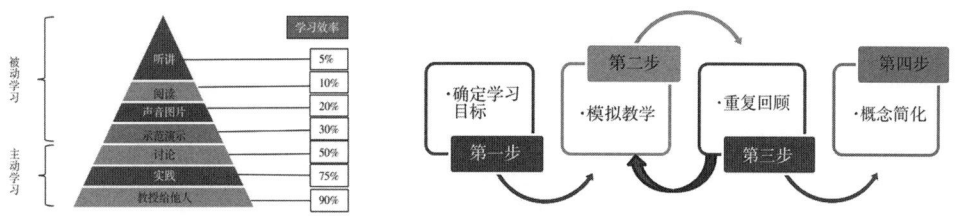

图 3　学习金字塔（左）费曼学习法步骤（右）

资料来源：玉强，苏望仙. 费曼学习法在数学分析课程教学改革中的现状及实践研究 [J]. 高教学刊，2024，10（32）：130-135.

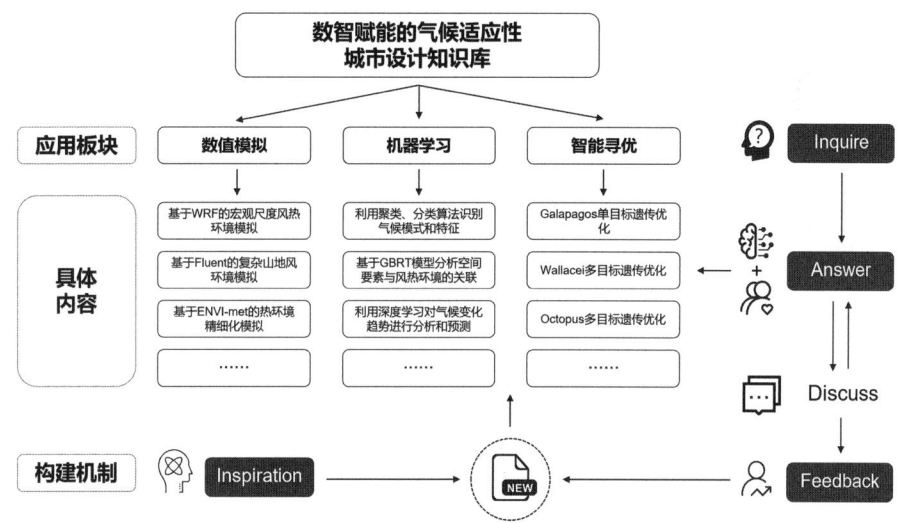

图 4　气候适应性城市设计知识库及教学流程示意

资料来源：作者自绘

③方案设计与决策：采用生成式 AI 技术（GAN、VAE），根据给定的设计目标、场地条件和气候约束，自动生成多种方案，为设计提供决策支持。

（3）设计实践模块

设计实践经历了"历史街区—现代混合街区"两个阶段。第一、二届课程设计场地选择了重庆磁器口历史街区，重点在空间环境性能测评与模拟、气候适应性空间形态与机理分析、气候适应性空间形态设计导则及重点地段优化方案。其主要采用机器学习、数值模拟分析典型传统空间形式对应的环境性能，解析机理，并提取适应气候的空间模式。经过前两届教学的积累，第三届选择渝中半岛下半城的历史城区，重点探索传统营建智

慧的现代传承，主要采用智能优化辅助设计。

（4）拓展延伸模块

在课程中设置学术研讨环节，邀请相关领域专家，探讨数智技术在气候适应性城市更新中的应用。课程结束后，鼓励学生依托课程研究成果，结合个人研究兴趣，筛选素材进行论文写作；引导学生深化设计成果参加专业竞赛，通过实战提升设计与实践能力。

4　教学成果：数智技术在城市设计中的应用

主要采用数值模拟与机器学习分析空间形态与风热环境的非线性关系，得出重要性排序，揭示影响风热环境的主要空间形态要素，了解哪种空间形态具有更好的通风、

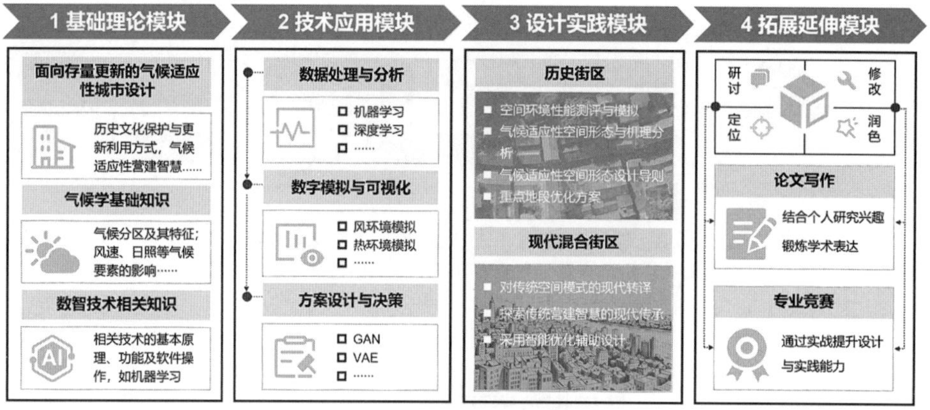

图5　教学模块及内容

资料来源：作者自绘

降温、遮阳及保暖的功效。采用智能优化寻找环境性能最优空间模式，或多目标场景下的最优解，辅助方案生成，以下列举本课程采用的主要数智技术及教学成果。

4.1　基于机器学习探寻空间形态与风热环境性能的关联

为揭示空间要素与风环境之间的非线性关系及其重要性排序，根据磁器口古镇空间形态特征和气候特征构建工况，进行批量自动模拟和智能寻优。采用GBRT（梯度提升回归树）机器学习模型，对批量模拟与智能寻优过程中获得的数据集进行分析，得到PDP（部分依赖图）揭示空间要素与平均风速、风速离散度的非线性关系，并进行重要性排序，为后续研究提供依据（图6）。

4.2　基于遗传算法探寻多目标场景下最优空间模式

基于山地传统聚落街巷交叉口往往温度较低的现象，有学生选取其中最具代表性的“T”字形交叉口，归纳爬升“T”字形、跌落“T”字形两种典型空间原型。通过正交实验方法，结合风热模拟结果，分析各原型的风热环境性能变化规律。进而采用多目标智能寻优求得山地交叉口最优取值（图7）。

4.3　智能技术辅助空间设计方案生成与优化

在渝中某地块城市更新设计中，学生结合场地历史遗存现况与风热环境数值模拟分析，定位通风不畅、文脉断裂等亟需改善的更新点；参考前两届教学成果，梳理提炼巴渝地区适应气候的传统营建智慧；为基于现代空间功能需求与形态特征，基于Grasshopper平台开展空间模式的智能优化，探寻适应气候的最优空间模式。将结果应用于方案，然后再度进行数值模拟验证效能（图8）。

有学生在设计中提出规划AI神经元感知反馈系统，实时监测微气候参数与人群活动数据，将感知数据转化为可视化决策依据，当环境参数偏离舒适阈值或人群活动需求发生变化时，立即触发智能反馈机制，动态调整降温、遮阳等设施。这种人机智能互动模式打破传统设计静态决策局限，使城市空间具备自我感知、分析与优化能力，是下一步课程教学拟探索的方向。

5　评价体系与意见反馈

5.1　学生成绩评价

从知识掌握、技术应用、设计实践、团队协作以及学术研究这五个维度，对学生在课程中的能力与素养进行多视角评估。采用过程性评价、阶段性评价、终结性评价进行成绩评定，其中过程性评价主要为课堂表现、小组讨论参与度；阶段性评价为中期成果成绩；终结性评价综合学习全过程给出最终成绩。

5.2　教学评价

学校、学院两级督导随堂听课，评价课堂教学秩

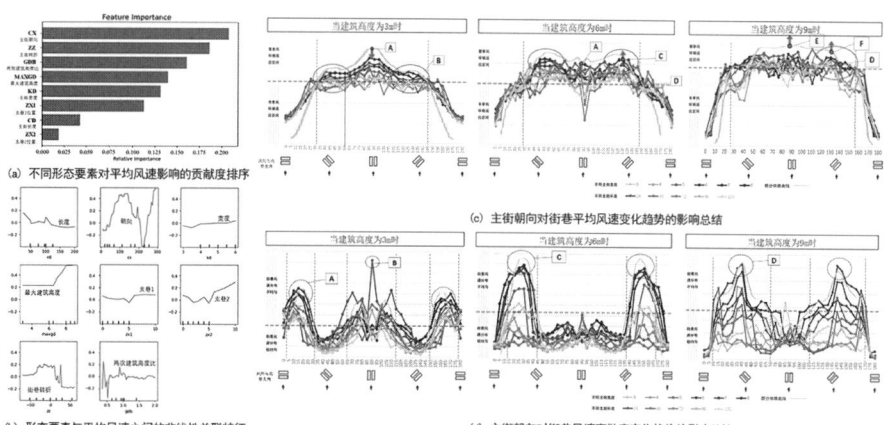

图 6　基于机器学习的空间形态与风速相关性研究成果

资料来源：学生作业（刘浩然）

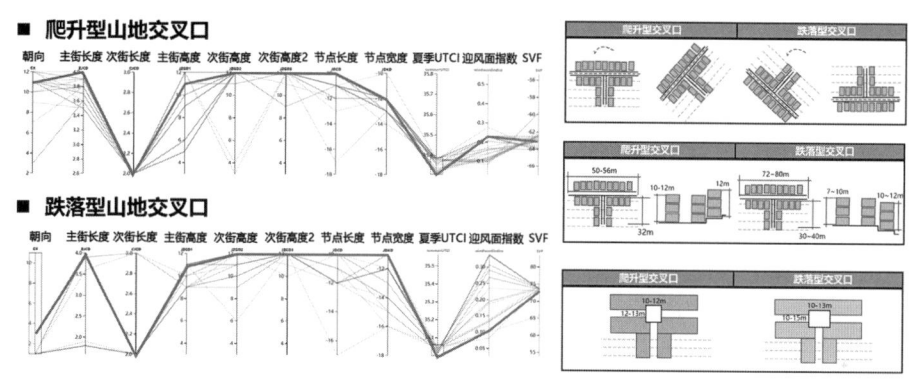

图 7　山地街巷交叉口多目标空间寻优

资料来源：学生作业（周炫汀）

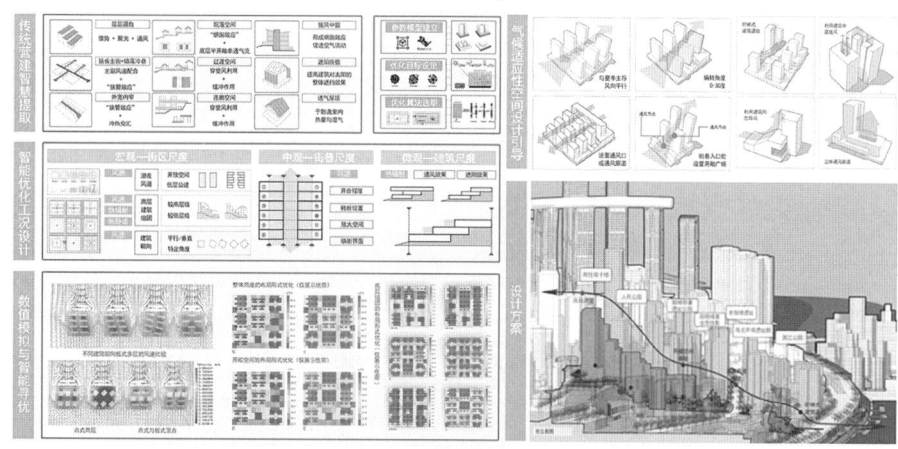

图 8　智能技术辅助下的空间设计方案

资料来源：学生作业（施乾雨）

序、互动情况、教学效果，提出优化建议；同行教师随堂听课，参与评图，评价教学成果，提出相关建议。学生在上课结束后对教学效果进行评价，包括教学组织、教学方法、成绩评定等。

5.3 教学成果发表或获奖情况

学生发表论文、竞赛获奖反映了教学成果的质量。例如第一届学生依托课程作业在《中国园林》发表论文1篇、在2023年中国城市规划年会发表会议论文1篇。第二届学生在设计课作业基础上继续深化，形成《"碳"赜索隐，"构"深致远—磁器口历史街区碳图谱建构及绿色低碳发展研究》获得2024年WUPENiCity城市可持续调研报告国际竞赛二等奖。

5.4 学生意见反馈

课程结束后，学生对教学相关情况进行反馈或提出建议。学生均对该课程给予了积极评价，认可课程具备完善的内容体系，认为通过课程学习有效锻炼了学术研究能力和数智技术应用能力；尤其在朋辈互动式教学中，学生知识获取更为全面；朋辈导师也通过"以教促学"，在知识输出中实现自身知识体系结构化，对技能理解与应用更加深入。学生也反映了现阶段课程存在的

一些问题，例如分组学生数量可适当减少（现阶段6人组）；对"文绿"内涵理解较慢导致方案推进迟缓；数智技术学习难度较大，与方案设计结合有待加强等。收集学生意见反馈后，教学团队及时进行讨论，并针对性提出下一阶段的改进建议（图9）。

6 结语

城市规划教育的数智化转型是应对未来城市发展挑战的必由之路[7]。数智技术驱动的城市更新教学实践，旨在将教学从传统知识传授转向智能素养培养，让学生从被动接受转变为主动探索，不仅让学生适应未来智能时代的要求，也推动教育与行业的协同进步。应对智能技术学习难度大、与现实结合困难的问题，课程探索模块化教学设计，将知识拆分为独立又便于组合的单元，便于学生循序渐进地学习；结合朋辈互动教学方法，根据技术革新与学生反馈实时调整，实现教学内容与模式的动态设计与持续更新；采用场景化教学，培养学生在认知冲突与决策权衡中的思辨能力。通过全过程的数据采集与智能分析实现对学生学习效果的精准评估，通过同行评价及学生反馈的意见及时调整教学内容与方法，满足学生个性化学习需求，促进教学相长。

总之数智技术的发展对城市更新教学的影响深远，

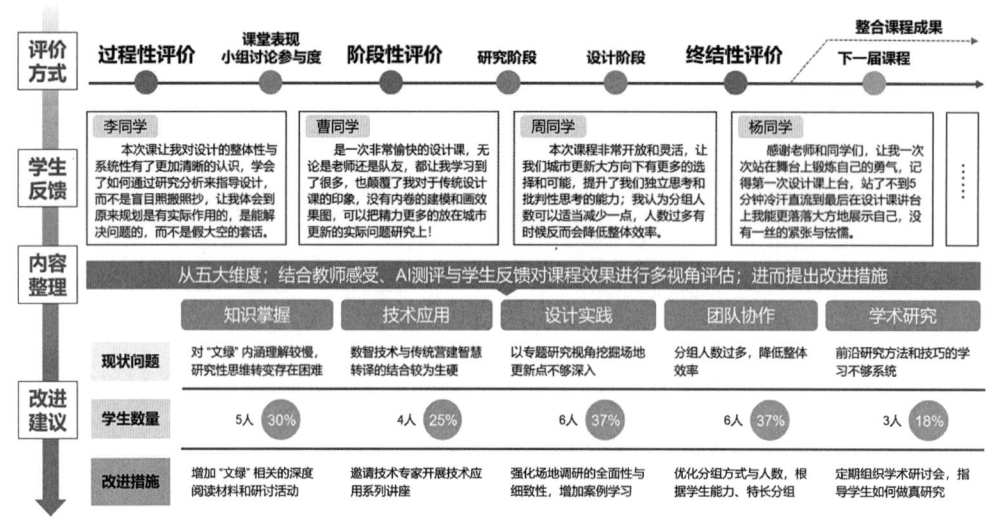

图9 学生意见反馈总结
资料来源：作者自绘

不仅丰富了教学手段，还拓展了教学资源的边界。但同时我们也应认识到，技术只是工具，AI 只是辅助手段[8]，在当下弱人工智能阶段，如何提出问题、如何进行合理判断与选择；如何将其有效融入教学与设计，实现人类智慧与人工智能的互动与融合仍是难点及关键所在。在未来的教学实践中，本课程将持续探索人类智慧与人工智能在城市更新中的协同决策与创新融合，为基于 HAI（Human-AI ineraction）的城乡规划课程教学改革提供案例支撑与实践参考。

参考文献

［1］ 阳建强. 走向持续的城市更新——基于价值取向与复杂系统的理性思考 [J]. 城市规划，2018，42（6）：68-78.

［2］ 段进，石楠，闫凤英，等. "规划教育的规划"学术笔谈 [J]. 城市规划学刊，2025（1）：1-10.

［3］ 刘羿伯，吴梓溶，孙澄. 面向新一代人工智能的城市设计：范式转型与数智赋能 [J]. 城市规划学刊，2025（1）：64-70.

［4］ 李和平，何宝杰，彭建，等. 气候适应性设计创新实践 [J]. 城市规划，2025，49（1）：21-28，35.

［5］ 田莉，杨鑫，张雨迪，等. "专业知识＋人工智能"双驱动的城乡规划设计教育创新探索：以住区规划为例 [J]. 城市规划学刊，2024（5）：71-78.

［6］ 尹红心，李伟. 费曼学习法－用输出倒逼输入 [M]. 南京：江苏凤凰文艺出版社，2021.

［7］ 吴志强. 城市规划教育的数智化焕新 [J]. 城市规划学刊，2025（1）：11-17.

［8］ OTTHEIN HERZOG，潘海啸，邓智团，等. 新一代人工智能赋能城市规划：机遇与挑战 [J]. 城市规划学刊，2023（4）：1-11.

Integrating Cultural Preservation with Ecological Sustainability through Smart Technologies: Transformative Approaches in Research-based Urban Design Education

Li Xu   Gao Haoran   He Baojie

Abstract：Urban renewal is tasked with multiple complex responsibilities such as cultural heritage preservation, quality improvement, and green development. Digital intelligence technologies can help address these complex conditions and facilitate the leap from "experience-driven" to "scientific decision-making" in urban renewal. With the goal of integrating cultural inheritance and green development, the course teaching explores an interactive teaching model of human wisdom and artificial intelligence, adopting integrated, scenario-based, and "teacher + peer" interactive teaching methods. It builds a "theory-technology-practice" teaching module to promote students' transformation from passive acceptance to active innovation, enhancing learning efficiency and innovation capabilities. The course mainly uses machine learning, numerical simulation, and intelligent optimization to reveal the mechanism of how spatial elements affect the performance of the wind-thermal environment and distill climate-adaptive regional construction wisdom. In line with current demands, it conducts scheme design with the assistance of multi-objective intelligent optimization, aiming to cultivate urban and rural planning talents who are proficient in multi-disciplinary knowledge and intelligent technologies and possess innovative capabilities.

Keywords：Urban Design，Old City Renewal，Climate Adaptability，Digital Intelligence Technology，Human-Computer Interaction

乡村建筑遗产认知与保护虚拟仿真实验平台建设与教学探索 *

陶　金　叶昭怡　彭长歆

摘　要： 随着信息化技术与高等教育的深度融合，虚拟仿真实验教学已成为高校实践教学改革和创新人才培养的重要手段。乡村建筑遗产认知与保护课程具有较强的实践性，采取虚拟仿真实验能够有效解决实际教学中路途远、成本大、风险高、周期长、突发事件处理难等突出问题。在明确课程定位以及教学目标的基础上，本虚拟仿真实验系统聚焦岭南地区乡村建筑遗产，制定 2 个核心模块、5 大实验任务及 16 个交互步骤的教学内容，设置 4 大环节的教学模式，并建立全过程动态考核机制，形成"认知·探索·拓展"一体化的课程教学体系。该系统能够有效提高专业实践的教学成效，支撑高校建筑遗产保护相关学科的教学改革与人才培养。

关键词： 虚拟仿真实验；岭南乡村建筑遗产；乡村遗产教学；教学探索

1　引言

近年来，我国密集出台多项教育现代化建设政策与文件，明确将教育数字化转型提升至国家教育改革发展的战略层面 [1]，这不仅对教育改革和创新人才培养提出了更高要求，也为高校教育教学与信息技术深度融合带来新机遇和新挑战。2018 年，教育部文件出台《关于开展国家虚拟仿真实验教学项目建设工作的通知》，正式提出建设国家虚拟仿真实验教学一流课程，将实验教学信息化作为高等教育系统性变革的内生变量 [2]。《教育部高等教育司 2023 年工作要点》再次强调加快"虚仿 2.0"建设，深化实验教学改革与创新 [3]。虚拟仿真实验通过融合虚拟现实、多媒体、人机交互以及网络通信等多项前沿技术，构建高沉浸式的虚拟实验场景与对象，为学习者营造一个开放、直观且互动性强的学习环境，进而达到传统教学难以实现的教学效果 [4]。作为高等教育信息化建设的重要内容，该技术凭借其多元的实验环境、丰富的实验内容、灵活的实验过程、科学的实验评价等优势 [5-7]，成为现阶段各大高校深化课程教学改革与提升教学质量的重要手段。

当前，国内已有众多院校将虚拟仿真实验引入建筑类、城乡规划专业的教学中，在城市与建筑设计、建筑技术、建筑结构等教学领域取得了扎实的成果 [8, 9]。乡村建筑遗产认知与保护的教学强调理论与实践的紧密结合，确保学生在深刻理解其价值与意义的同时，掌握甄别价值要素、划定保护范围、开展风貌改造与设计等实践操作技能，为投入保护工作建立基础。基于虚拟仿真实验的乡村建筑遗产数字化教学创新，不仅精准对接建筑类专业教学的核心需求，也契合国家教学改革发展战略和对新一代大学生的人文素养培养要求。

基于此，教学团队依托华南理工大学建筑学院国家级虚拟仿真实验教学中心，聚焦岭南地区乡村建筑遗产，结合"文化遗产保护概论"课程内容，开展岭南乡村建筑遗产认知与保护虚拟仿真实验的构建与教学探索。

2　虚拟仿真实验在乡村建筑遗产课程教学中的必要性

与城市建筑遗产不同，乡村建筑遗产认知和保护实践教学需要深入偏远农村，面临路途远、成本大、周期

* 基金项目：国家自然科学基金项目"广东乡土设防聚落的空间分布、形态特征及其防御机制研究"（52378018）。

陶　金：华南理工大学建筑学院教授
叶昭怡：华南理工大学建筑学院博士研究生
彭长歆：华南理工大学建筑学院教授（通讯作者）

长、突发事件处理难等问题，普通课堂教学环节难以企及。实际教学中可充分利用虚拟仿真实验系统的沉浸式体验、远程交互以及情境模拟等技术优势，逐步解决实践难题，促进课程教学的发展。

2.1 乡村遗产地可达性差，现场调查成本高

保存较好的乡村建筑遗产多位于远郊甚至偏远山区，实地调研路途远、难度高，现场需采集的信息和数据量巨大，开展实地实验教学的时间成本、人力成本和物力成本高昂，往往难以实现。虚拟仿真实验可基于建筑学院历史教学和科研积累的素材，还原乡村建筑遗产的真实场景，模拟实地调研、数据采集、分析推演等过程，从而克服难以开展现场工作的成本问题。

2.2 调研环境存在风险，实地教学具有危险性

乡村建筑遗产地往往地形复杂，河流、陡坎等成为学生调研的危险因素。同时，村落中许多传统建筑处于破损、倒塌的状态，容易导致突发危险情况，且安全事件发生后无法及时处理。虚拟仿真实验系统的建设能够深度还原乡村建筑遗产的区域山水环境格局、聚落整体空间格局，同时再现建筑物结构、部件、构造等基础特征信息，方便学生打破时空的限制，随时随地开展岭南乡村建筑遗产的认知和保护分析。

2.3 建筑遗产保护更新周期漫长，过程复杂且不可逆

乡村建筑遗产保护更新综合性强、周期长、难以在一个教学周期内完成，由此造成学生无法了解保护更新效果，不利于认知深化。同时，教学对象属于文化遗产，保护更新实施过程复杂，实施结果不可逆，因此无法基于真实对象开展实验。虚拟仿真实验系统可通过乡村建筑遗产 1∶1 高精度数字孪生体，深度模拟更新改造各个环节，辅助学生在虚拟空间中不断打磨和试错，促进学生对乡村建筑遗产保护综合能力的提升。

3 乡村建筑遗产虚拟仿真实验的构建理念

3.1 课程定位

课程面向建筑学、城乡规划、风景园林等专业的大三、大四学生，要求其具备建筑设计、建筑历史、城乡文化遗产保护等基础知识。实验依托虚拟仿真实验系

统，融合数字孪生、三维 GIS 引擎、WegGL、知识图谱以及人工智能图像识别等先进技术，紧扣课程教学重点和难点内容（表 1），构建"认知·探索·拓展"一体化的课程教学体系，并以中国传统村落仙坑村为对象，全面模拟乡村建筑遗产保护过程中"田野调查—综合评估—保护规划—方案设计"的流程。

课程重难点分析　　　　　　表1

重难点	具体内容	知识点
重点内容	1. 岭南乡村建筑遗产的类型与特征 2. 岭南乡村建筑遗产的更新改造设计方法	1. 山水环境格局的分析、评价与保护 2. 聚落空间格局的识别与综合评价 3. 村落风貌特征分区评价与保护要求 4. 特定类型乡村建筑遗产的特征识别 5. 风貌不协调建筑的更新改造方案设计 6. 新建建筑物的方案设计 7. 场地与景观小品的设计与选型
难点内容	核心保护范围与建设控制地带的划定	1. 核心保护范围的定义与范围划定 2. 建设控制地带的定义与范围划定 3. 建筑物的分类保护与整治

资料来源：作者自绘

3.2 教学目标

本实验旨在提高学生对乡村建筑遗产的认知与理解能力，以及遗产保护规划与更新改造设计的综合能力，进一步可分解为"知识、能力、素质"三层次的教学目标（图 1）。

（1）知识水平目标。通过虚拟仿真实验教学内容的设置，学生从基础认知、评价保护、更新改造、自主设计四项知识逐层深入学习，实现以下三个知识目标：一是深入探究并了解岭南乡村建筑遗产的类型及特征，涵盖其谱系、形态、形制及细部构造等；二是全面理解传统村落山水格局和空间环境要素的评价标准、保护方法及保护要求，掌握风貌保护区的分区方法，以及建筑物分类保护和整治的要求与措施；三是熟练运用传统村落中既有建筑物、新建建筑以及景观环境的更新改造与设计方法。

（2）能力水平目标。基于实验核心内容的设计与拓

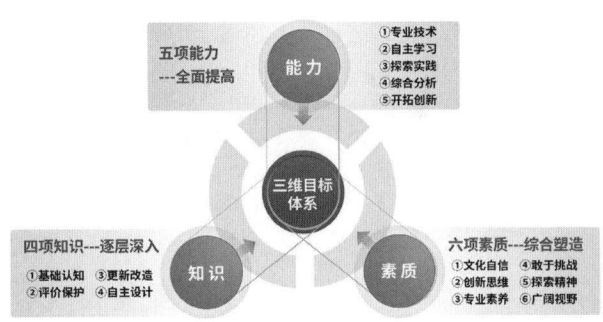

图1　三维目标体系
资料来源：作者自绘

图2　实验内容与原理
资料来源：作者自绘

展学习的引导，借助甄别任务，培养学生对岭南乡村建筑遗产类型、特征及其文化内涵与价值的认知能力。进而通过循序渐进的步骤实操，让学生将理论知识应用于真实的保护规划案例，增强对乡村建筑遗产保护规划的专业技术能力。

（3）素质水平目标。通过虚拟仿真实验的教学模式，全方位培养学生的系统性思维，使其具备创新创造、自主学习与问题应变的能力。同时，教学使学生加深对建筑遗产以及中华优秀传统文化内涵的理解，提升其对文化认同感与自豪感。

4　乡村建筑遗产虚拟仿真实验的构建与教学实践

4.1　虚拟仿真实验的教学内容体系

实验模拟乡村建筑遗产保护过程中"田野调查—综合评估—保护规划—方案设计"的流程，搭建"遗产认知与保护"及"更新改造方案设计"的2大核心教学内容模块、5大实验任务和16项交互操作，如图2所示。

（1）遗产认知与保护实验教学模块

遗产认知与保护模块旨在培育学生扎实的理论基础与专业技术能力。本实验设置山水环境格局评价与保护、聚落空间格局评价与保护、传统建筑的认知与保护、保护范围与措施4项教学内容板块，通过核心要素的认知与标注、价值内涵的评估、保护范围的划定等13项交互任务（表2），引导学生熟悉乡村建筑遗产保护工作中"田野调查—综合评估—保护规划"的实践流程，促进理论知识的实践转化。

其中，山水环境格局评价与保护实验板块依托三维GIS引擎技术，通过参数配置与动态可视化分析手段，深化学生对山水格局各要素的认知能力和价值评估能力，并实践保护范围的合理划定[图3（a）]。聚落格局风貌的评价与保护实验板块充分利用数字孪生技术，通过场景漫游探索，模拟真实的调研过程与数据采集工作，培养学生对街巷、广场等空间格局核心要素的认知与判断，同时掌握村落传统风貌的精准分区与划定技巧[图3（b）]。传统建筑的认知与保护实验板块通过长度测量、面积测算等交互式功能，锻炼学生甄别民居类型识别、构造、装饰细节等要素的能力[图3（c）]。保护范围与措施实验板块则以面状要素标绘的形式，通过实践操作，帮助学生掌握核心保护范围和建设控制地带的定义和划定方法，并进一步引导学生针对不同类型的传统建筑提出科学分类保护与整治措施[图3（d）]。

（2）更新改造与方案实验教学模块

更新改造与方案设计模块强调学生将理论知识转化为解决复杂问题的综合能力和高级思维。依据村落改造与设计项目的现实情况，实验设置建筑更新改造、新建建筑设计和景观小品设计3项教学要点和交互任务（表3），要求学生掌握传统村落不同保护区位中，各类建筑改造与设计的要求与方法。

实验通过数字孪生技术构建的真实场景，选取具有代表性的6块场地作为载体。依托三维体积压平、三维分析功能等操作，使学生能沉浸式观察建筑及其所在场地周边区域的环境与风貌特征，从色彩、高度、体量、风格、材质等角度进行综合判断，对不同建筑方案在真实场景中的适配性与合理性进行评估，据此选择最优设计方案，或者上传自主设计方案（图4）。该教学模块紧密结合城市设计基础知识，将传统城市设计教学基地

遗产认知与保护实验教学的知识点模块　　　　　　　　　　　　　　　　　　　表2

教学内容板块	交互任务	实验内容
山水环境格局评价与保护	景观视域分析	使用传统村落山水环境格局分析方法，模拟人类视觉方式，在空间中设置视点并分析
	山水环境格局评价与保护	使用山水环境价值特色、保存状况及协调性的评估方法对实验中的乡村进行评价并设置保护措施
聚落空间格局评价与保护	聚落空间格局的要素类型标注	对传统村落中街巷、广场、建筑节点等关键性要素进行标注绘制
	价值特色与保存状况评价	对传统村落各项关键性要素进行评价矩阵进行赋分
	风貌特征识别	对传统村落中传统风貌区域、风貌不协调区域和严重影响传统风貌区域进行标识绘制
	要素保护要求	以传统风貌的原真性、完整性为依据，综合考虑空间格局要素的价值和现状，设置保护措施
传统建筑的认知与保护	保护名录建筑类型识别	对传统建筑的民居类型、民居形制、民居结构进行识别标注
	保护名录建筑重要尺寸测量	对传统村落中保护名录建筑进行测量与标注
	保护名录建筑要素标注	对传统建筑组成部分、构造、材料进行识别标注
	传统风貌建筑标注与评估	理解传统风貌建筑的定义与内涵，并标注出传统建筑
保护范围与措施	核心保护范围划定	理解核心保护范围的定义与内涵，并绘制出核心保护范围
	建设控制地带划定	理解建设控制地带的定义与内涵，并绘制出建设控制地带
	建筑分类保护整治	理解建筑分类保护与整治的对象类型及其处理方式，并对不同的对象类型设置合适的处理方式

资料来源：作者自绘

（a）景观视域分析

（b）聚落空间格局风貌特征识别

（c）传统建筑保护名录建筑类型识别

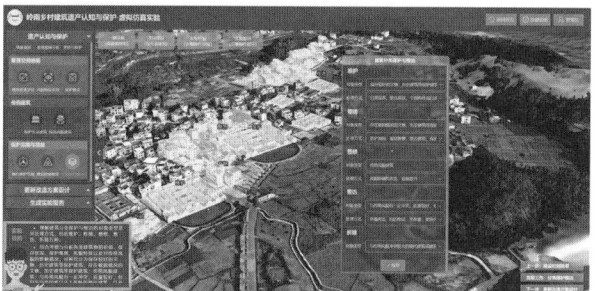
（d）建筑保护整治分类

图3　遗产认知与保护实验操作示意
资料来源：作者自绘

更新改造与方案实验教学模块教学内容　　　　　　　　　　　　　　　　表3

教学内容板块	交互任务	实验内容
建筑更新改造	建筑更新改造方案设计	掌握传统村落中既有建筑更新改造的要求与方法，选择最优方案植入场景
新建建筑设计	新建建筑物方案设计	掌握传统村落中新建建筑物的设计要求，选择最优方案植入场景
景观小品设计	场地与景观小品的设计	掌握传统村落中场地与景观小品的设计要求，对处于控制建设地带的一处空地进行景观小品的设计建造

资料来源：作者自绘

（a）建筑更新改造方案设计操作

（b）新建建筑物方案设计操作

（c）场地与景观小品的设计操作

（d）自主上传设计模型操作

图4　更新改造与方案设计方案操作示意
资料来源：作者自绘

转变为乡村地块，引导学生探寻地域性建筑设计的可能性，培养学生基于实际情况开展建筑整治与设计的综合能力。

4.2　教学实施过程

传统课堂教学往往局限于教师预设的教学大纲，学生能较为轻易地从教材和教师讲解中得到问题的解决思路，并遵循既定的实验路径获取标准答案，因而缺乏创新性，抑制学生主动学习的积极性[8]。基于此，本实验设计以学生素质能力的全面提升为核心，践行"基础

认知—知识探索—研究拓展"的递进思路，构建实验准备、实验操作、实验报告和拓展学习4大教学环节（图5）。通过多项交互操作开展自主探究式实验教学，实现从"以教为主"的传统模式转变为"师生互动，学生探索"的生动课堂，激发学生的创新思维，培养其主动构建知识体系和解决复杂工程问题的实践能力。

（1）实验准备。实验准备阶段是实验开展的基础，通过线下教师对知识点和系统操作演示的讲解，以及线上实验预习模块的操作与测试，使学生形成岭南乡村建筑遗产的基本认知。

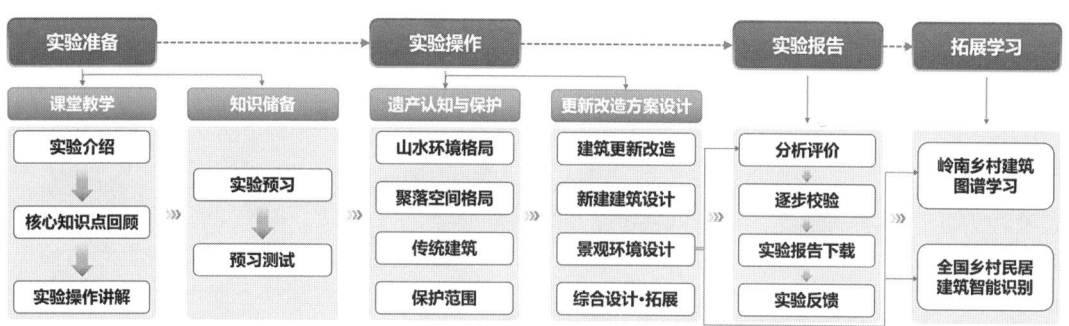

图5 教学实施流程图
资料来源：作者自绘

（2）实验操作。该阶段为实验系统教学的核心，学生需完成2个核心模块和5大实验任务中的16个交互步骤，在高度仿真的环境中完成乡村建筑遗产认知与保护的全过程，锻炼规划与综合设计的实践能力。

（3）实验报告。实验每个环节均设置了"实验校验"功能，通过实时反馈，鼓励学生多次尝试交互式学习，逐步逼近精确答案，最终形成实验报告，以促进学生对知识的深入理解。

（4）拓展学习。实验系统结合团队科研成果，植入岭南传统民居建筑知识图谱和全国传统民居建筑智能识别系统，利用图谱浏览和图像识别反馈技术和交互，实现科研与教学的相互促进。

4.3 虚拟仿真实验的考核方式

实验教学考核是衡量课程实践成效与教学质量的关键环节，以往传统方法以学生提交的实验报告和测试成绩为主，平时表现为辅。该种方式目标单一且实验过程的参与评估多依赖教师观察，易导致片面性和主观性过强，难以全面、客观地反映学生的学习成效与综合能力。

本实验根据实验内容与交互形式，设置"固定标准答案实验结果""合理弹性空间实验结果""个性化实验结果"三种实验结果类型，设计具有针对性的赋分方式，使实验结果评价具有合理性、逻辑性以及强区分性（表4）。系统根据学生的操作结果自动计算各项分数与总分，结束后可导出实验报告，作为课程最终成绩的依据，为师生提供更多元、更全面的评价。

5 乡村建筑遗产虚拟仿真实验系统的创新特色

乡村建筑遗产认知与保护虚拟仿真实验系统的构建，支持学生在1:1的虚拟空间中进行沉浸式交互，探索乡村建筑遗产保护与更新设计的各个流程环节，深

实验结果、交互形式与赋分方式表 　　　　　　　　　　　　　　　　　　表4

	实验交互形式	赋分方式
具有固定标准答案的实验结果	参数配置	答案正确得分，否则不得分
	匹配选择	累计加分及累计减分
	对象标注	累计加分及累计减分
具有合理弹性空间的实验结果	定性评估	依实验结果所在区间赋分
	范围标注	标注结果与内置结果面积交并比所在区间赋值
	方案设计	设置最优、次优、一般、较差四类方案，按级差赋分
个性化实验结果	自主设计方案	共两项，不纳入实验计分模型

资料来源：作者自制

刻理解其中的核心知识和关键技术，培养学生解决复杂问题的综合能力和高级思维，具有一定的先进性。具体的，本实验系统在实验设计、教学方法与评价体系具有以下创新与特色。

5.1 实验设计创新：互动式操作、推演式实验、科教融合

（1）基于真实场景与案例进行系统化设计。实验通过无人机倾斜摄影和RTK实时差分定位等技术，构建1：1的数字孪生体。按照乡村建筑遗产保护的核心内容和关键环节进行系统设计，支撑学生在高度还原的场景中，面向真实的保护需求，开展知识、能力和素质的综合训练。

（2）强调分析推演提升实验的高阶性与挑战性。实验在交互环节设置了实验校验功能，学生可以通过不断试验推演，逐步逼近正确结果。同时，还支持学生自主上传设计模型，通过仿真环境对自身设计方案进行评估，切实提升学生的综合设计能力。

（3）融入科研成果，拓展学生视野和创新能力。实验集成研究团队多年来的科研成果数据，开发了岭南传统民居建筑知识图谱学习和中国传统民居建筑类型识别两个模块，帮助学生获取大规模、高质量的传统民居建筑学习资源，拓展学生的探索研究视野和建筑遗产认知能力。

5.2 教学方法创新：模块化教学、探究式实验、思政理念融合

（1）采用系统化、模块化组合教学。实验坚持以学生为中心，采用模块化教学，构建包括2个核心模块、5大实验任务的实验内容，可根据教学要求进行灵活安排和搭配，形成多样化的教学方案。

（2）任务核心驱动，探究式实验。实验采用探究式实验的思路，以核心任务的解决串联起关键知识点和模块，并提供试错机会，引导学生自主探究实验环节。

（3）践行"课程思政"育人理念，达成多维度目标。实验通过展示乡村建筑遗产的精华，在培养学生建筑遗产保护专业能力的同时，提升学生的文化归属感与自豪感，坚定文化自信。

5.3 评价体系创新：过程性考核、多元化评价、可视化展示

（1）强调实验过程与结果并重。实验创新评分考核方式，对16个交互步骤均设置评价环节，学生可通过实验校验功能，不断模拟以接近正确答案。在激励学生探索进步的基础上，兼顾实验结果的区分度。

（2）采用多元评分方式。根据具体的实验内容和交互形式，实验根据交互操作的类型设置区间赋分、级差赋分等赋分方式，解决了定性评价和设计成果的赋分主观性问题，同时满足了实验结果具有一定弹性的实际需求。

（3）采用可视化实验报告进行展示。实验设置实验结果比对验证功能，学生可依据结果反复学习探索，培养自主学习与探索能力。

6 结论与展望

乡村建筑遗产是中华优秀传统文化的物质承载，其认知与保护涉及建筑、规划、园林、历史、文化等多个学科领域。学生在学习过程中既能掌握丰富的专业知识，又能提升历史文化和人文素养。本实验构建了"山水环境格局—聚落空间格局—传统建筑特征—保护范围与措施"四条认知探索线路，"建筑更新改造—新建建筑设计—景观小品设计"三种自由设计探索策略，以及"民居知识图谱—民居智能识别"两个拓展模块的"认知·探索·拓展"一体化的虚拟仿真实验教学系统，模拟了岭南乡村建筑遗产认知与保护的关键环节和流程。通过沉浸式的体验和交互操作，有效弥补了建筑学专业传统实践教学的不足，丰富了实验教学手段和资源，提升了学生创新实践能力和难题应对能力，促进了人才培养的成效。实验系统在实验设计、教学方法和评价体系上进行创新性探索，能为后续相关实验系统的开发提供新思路和新方向。

教学团队未来将致力于教学实验系统的优化与升级，通过增设具有代表性的传统村落真实案例，丰富的建筑设计备选模型，强化实验与遗产动态监测预警模块等手段，推动实验系统的持续更新迭代。同时，团队将积极推行高校与社会的教学推广应用计划，通过建立改进和补充现有的校内虚拟仿真实验项目综合资源，以示范项目带动优质实验教学资源开放共享，开展各类教学

研讨会、论坛等方式，扩大高校、社会的应用范围，为教育现代化做出有益的探索。

参考文献

[1] 陈文智，张紫徽，云霞，等．一流大学数字化转型实践与探索——浙江大学的经验和模式 [J]．中国教育信息化，2022，28（5）：3-12.

[2] 教育部．关于开展国家虚拟仿真实验教学项目建设工作的通知（教高函〔2018〕5号）[Z]．2018.

[3] 教育部．教育部高等教育司 2023 年工作要点 [EB/OL]．（2023-03-30）[2024-07-09].http：//www.moe.gov.cn/s78/A08/tongzhi/202303/t20230329_1053339.html.

[4] 王卫国．虚拟仿真实验教学中心建设思考与建议 [J]．实验室研究与探索，2013，32（12）：5-8.

[5] 杜月林，黄刚，王峰，等．建设虚拟仿真实验平台探索创新人才培养模式 [J]．实验技术与管理，2015，32（12）：26-29.

[6] 熊宏齐．国家虚拟仿真实验教学项目的新时代教学特征 [J]．实验技术与管理，2019，36（9）：1-4.

[7] 熊宏齐．虚拟仿真实验教学助推理论教学与实验教学的融合改革与创新 [J]．实验技术与管理，2020，37（5）：1-4，16.

[8] 赵铭超，孙澄宇．虚拟仿真实验教学的探索与实践 [J]．实验室研究与探索，2017，36（4）：90-93.

[9] 张希，洪苗．虚拟仿真实验辅助建筑设计基础课程改革与实践——以南方四角攒尖亭建造虚拟仿真实验为例 [J]．高等建筑教育，2022，31（2）：190-197.

Construction and Teaching Exploration of Virtual Simulation Experiment Platform of Rural Architectural Heritage Cognition and Conservation

Tao Jin   Ye Zhaoyi   Peng Changxin

Abstract：With the deep integration of information technology and higher education, virtual simulation experiment teaching has become an important means of practical teaching reform and innovative talent cultivation in colleges.The course of rural architectural heritage cognition and protection is highly practical, and adopting virtual simulation experiment can effectively solve the obvious problems such as long distance, high cost, high risk, long cycle, and difficult to deal with emergencies in actual teaching. On the basis of clear course orientation and teaching objectives, the virtual simulation experimental system focuses on rural architectural heritage in Lingnan region, develops teaching contents including 2 core modules, 5 experimental tasks and 16 interactive steps, sets up 4 teaching modes, and strengthens the process of assessment of practical teaching, so as to build a 'Cognition-exploration-expansion' integrated course teaching system.The experiment can effectively improve the teaching effectiveness of professional practice, and support the teaching reform and innovative talent training in university disciplines related to architectural heritage conservation.

Keywords：Virtual Simulation Experiment, Lingnan Rural Architectural Heritage, Rural Heritage Teaching, Teaching

数智赋能下城市小微空间调研与更新教学创新实践

张恩嘉　薛　飞

摘　要：城市人工智能（Urban AI）技术的快速发展为小微空间的精细化调研与更新提供了创新工具，弥补了传统调研与大数据分析方法在要素维度及数据精度层面的不足。本文以"城市生态与环境保护"课程的小微空间调研与更新教学实践为例，从三维空间扫描、行为感知测度与更新改造示意三个维度，阐释了 3D 激光雷达扫描构建空间数字模型、固定视觉感知测度人群行为以及生成式人工智能辅助方案生成的教学实践路径。通过课程设计、方法应用与教学成果的三角验证，本文揭示了数智技术对学生空间诊断及行为感知能力的提升作用，反思了技术应用中的问题与局限，为智慧城市背景下的小微空间调研与更新教学提供参考。

关键词：城市人工智能；小微空间更新；3D 激光雷达扫描；行为感知

1　课程背景及教学思想

1.1　教学背景：北京花园城市建设与小微空间品质提升实践

小微空间的更新与品质提升是城市精细化治理与精准更新的重要抓手。北京市作为率先进入存量更新的特大城市，近年来陆续发布系列规划政策支持城市小微空间与口袋公园的建设。2017 年 9 月，《北京城市总体规划（2016 年—2035 年）》首次提出"公园绿地 500 米服务半径覆盖率"目标（2035 年 ≥ 95%），明确"留白增绿"原则[1]，为口袋公园建设提供顶层依据。2021 年 9 月，《北京市"十四五"时期绿化隔离地区建设发展规划》提出"留白增绿""腾退还绿"[2]，利用边角地、闲置地建设口袋公园。2024 年 4 月，《北京花园城市专项规划（2023 年—2035 年）》发布，指出 2017 年至 2023 年，北京市建成口袋公园和小微绿地 609 处，并提出"通过腾退还绿、疏解建绿、见缝插绿等方式增加街角公园、口袋公园等小微绿地，满足市民就近休闲需求，美化城市景观"[3]，2024 年将增加 50 处口袋公园或小微绿地[4]。在此背景下，小微空间虽尺度有限，但其紧贴市民日常生活，承载着休闲游憩、社区交往、交通转换等多样功能[5]，其更新与品质提升成为城市治理的重要抓手。

这些小微空间建设的成效如何，居民使用情况及满意度如何有待进一步研究验证。然而，传统的空间调研方法难以对复杂的生态、绿化环境进行详细记录，同时常规使用的大数据也难以支撑精细化的小微空间刻画。如何开展对小微空间的精细化调研和评估具有实践层面的挑战。近年来，各类传感器及移动设备的应用以及各类人工智能技术的成熟，为精细化的小微空间调研提供了工具及技术支撑，为小微空间的精细化监测、评估与更新提供了新的机遇。

1.2　教学思想：数智技术赋能小微空间的"感—知—控"

"城市生态与环境保护"课程面向五年制城乡规划专业大三学生（第五学期）开设。课程紧扣城市治理热点议题，以存量更新中的小微空间为切入点，通过真实场景的调研与设计实践，培养学生解决复杂城市环境问题的能力。通过引入城市人工智能（Urban AI）相关工具与方法，课程探索了提升调研精度、丰富要素维度和加强师生互动的教学新路径，回应数智化与绿色化融合的教学改革需求。

张恩嘉：北京工业大学建筑与城市规划学院讲师
薛　飞：北京工业大学建筑与城市规划学院副教授（通讯作者）

课程以"数智赋能下的小微空间更新"为主线，提出"感—知—控"的实践教学思想路径（图 1）："感"，指通过 3D 激光雷达扫描、固定视频监测等技术感知空间现状，获取多维度、动态化的三维数据；"知"，基于计算机视觉的植被及行为识别对空间要素及使用情况进行深入洞察；"控"，通过生成式人工智能辅助学生构思更新方案，提升空间干预的创造性，推动数据与设计融合。课程通过智能技术与工具的引入及自由的互动交流模式，引导学生采用灵活的调研方法记录、认识城市小微空间建设现状及问题，为精准更新策略提供支撑。

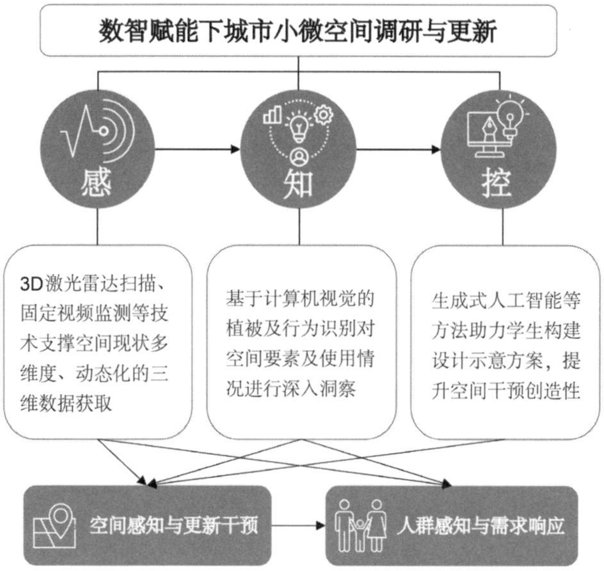

2　教学设计：理论支撑实践，数据增强设计

"城市生态与环境保护"课程采取综合型教学手段，深度融合信息技术，强调启发性和研讨性，在讲授城市生态与环境保护相关理论与知识的同时，紧紧围绕解决城乡生态环境相关复杂工程问题的创新实践能力培养一根主线，实现理论支撑实践。课程通过城乡规划和生态与环境相交叉的基础知识、原理、经典案例让学生掌握生态学和环境科学的基本概念及原理；通过小微空间的调研和实践培养学生分析、评价复杂工程问题的能力。

在已有"理论支撑实践"的课程体系基础上，课程增加了数智化模块，通过"感—知—控"调研模块的植入，实现"数据增强设计"的数智化、精细化循证教学[6]。课程设计对调研内容做了详细的划分，包括公共空间感知与建模、测度与要素标记、使用情况调研及满意度调研四个部分，通过对使用设备及应用的推荐，帮助学生了解和拓展自采集数据收集及分析方法（表 1）。在公共空间感知与建模及公共空间测度与要素标记方面，

图 1　小微空间调研与更新课程思路
资料来源：作者自绘

小微空间调研任务及软件推荐　　　　表1

要素	调研一	调研二	调研三	调研四
调研地点	—	—	—	—
调研对象	公共空间感知与建模	公共空间测度与要素标记	公共空间使用情况调研	公共空间满意度调研
调研时间	多次、白天	多次、白天	工作日/非工作日　早中晚各时段 2×30 分钟	工作日/非工作日　早中晚各时段
携带设备	智能手机、全景相机	手机、激光测距仪、卷尺、白纸、遥感影像图	延时摄影机、平面图、记录表、三脚架或其他固定设备、打猎相机、Wi-Fi探针	电子问卷、纸质问卷、访谈提纲
调研工作	扫描场地空间、记录重要节点	测度场地尺寸、记录各类要素（街道家具、植物、无障碍设施等）	拍摄人群活动情况，记录人数及停留位置	调研人群对公共空间各类设施的满意度
调研人员	—	—	—	—
APP	3D Scanner　自带相机（开启定位）	花伴侣　形色	打猎相机　Wi-Fi探针	麦客表单　腾讯问卷

资料来源：作者自绘

引导学生应用配合手机 LiDAR 激光雷达传感器的 3D 扫描应用，对调研节点进行全部扫描，并根据记录节点照片对扫描结果进行人工修正；通过开启手机照片定位功能，结合两步路、六只脚等手机应用记录各类要素分布，然后基于 3D 扫描结果生成平面图，根据记录的要素在平面上进行标注。在公共空间使用情况调研方面，通过架设高位或低位摄像设备，记录空间中的人群活动，并在平面中标注停留人群停留位置信息；并结合线上线下问卷等形式收集使用者满意度评价，反映居民对小微公共空间的意见和建议。

课程采用多元化的教学模式，将理论学习、实践调研与互动研讨有机结合，全方位提升学生的知识储备与实践能力。在理论教学环节，课程系统讲授城市生态学基础理论、环境保护政策及可持续发展策略，帮助学生构建完整的知识框架；同时引入国内外经典案例，增强学生对理论的实际应用理解。在实践环节，学生分组开展实地调研，运用课堂所学的观测与分析方法，对小微公共空间进行空间环境评估与行为研究，并通过 3D 扫描、延时摄影、问卷调查等方式收集一手数据。课程特别注重师生、生生间的互动交流，组织小组讨论和师生交流，鼓励学生分享调研发现、分析问题并提出改进建议。最终，各小组在课程结束时进行综合性成果汇报，展示调研数据、分析结论及空间优化建议。这种"理论—实践—研讨—输出"的闭环教学模式，不仅深化了学生对城市生态与空间设计的理解，更培养其团队协作、数据分析和创新解决问题的能力（图 2）。

3 教学效果

3.1 空间感知及要素识别

学生利用 3D Scanner、Polycam 等软件，基于智能手机或平板电脑的传感器（如摄像头、LiDAR）采集空间数据、生成三维模型。这些数字模型不仅能够精确（厘米级误差）呈现场地的三维几何特征，还能通过软件内置的测量工具帮助学生高效完成场地平面图的绘制、场地要素的数字化记录以及空间尺度的精准测度，极大提升了传统场地测绘的效率和精度。通过这一技术流程，学生在小微公共空间调研的实践中，将实体空间快速转化为可互动、可交互的数字化模型，进而开展空间形态研究、空间尺度感知等深度应用（图 3）。除了对

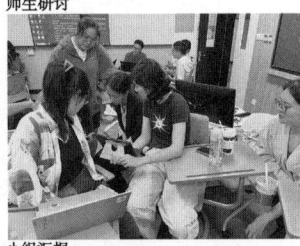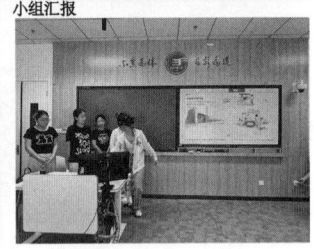

图 2　课程现场图片
资料来源：作者自摄

空间形态的扫描以外，小微空间与口袋公园的另一个关键要素是植被。然而，上述的三维空间扫描应用在扫描植被这类复杂非刚性物体时都存在明显局限。首先，植被的形态特性与扫描原理存在根本冲突。其次，环境干扰加剧了数据采集难度。然而，从教学角度看，植被扫描的缺陷反而能引导学生理解三维重建的技术边界。因此，课程鼓励学生通过形色、花伴侣等 AI 工具精准识别植被、果蔬及花卉类型，并与所学生态及植物学知识进行匹配检验（图 4）。

3.2 行为感知与满意度评价

除了对空间本身的感知分析外，深入理解人群的行为模式及其对空间的反馈同样至关重要。为了全面捕捉人群在空间中的动态使用情况，学生通过延时摄影技术结合深度学习模型，系统性地记录和分析使用者的活动轨迹与停留特征。具体而言，针对空间平面布局及关键节点（如出入口、核心功能区等），可采用多角度的延时摄影方法：在高位架设相机以获取全局视野，观察人群的整体流动趋势与密度分布；在水平位置架设相机或部署打猎相机，则能更精准地捕捉近地尺度下的个体或小群体行为细节，如驻足、聚集或快速穿行等。通过 YOLOv8 等先进的深度学习模型对采集的影像数据进行处理，能够高效识别并分类人群的行为模式，例如区分

场地1-3D扫描结果

场地2-3D扫描结果

场地2-平面生成与要素标注

场地1-平面生成与要素标注

图3 基于 3D 扫描软件的数字模型构建与平面要素标注
资料来源：基于学生作业排版

场地3-植物层次及类型识别

场地4-果蔬及花卉识别

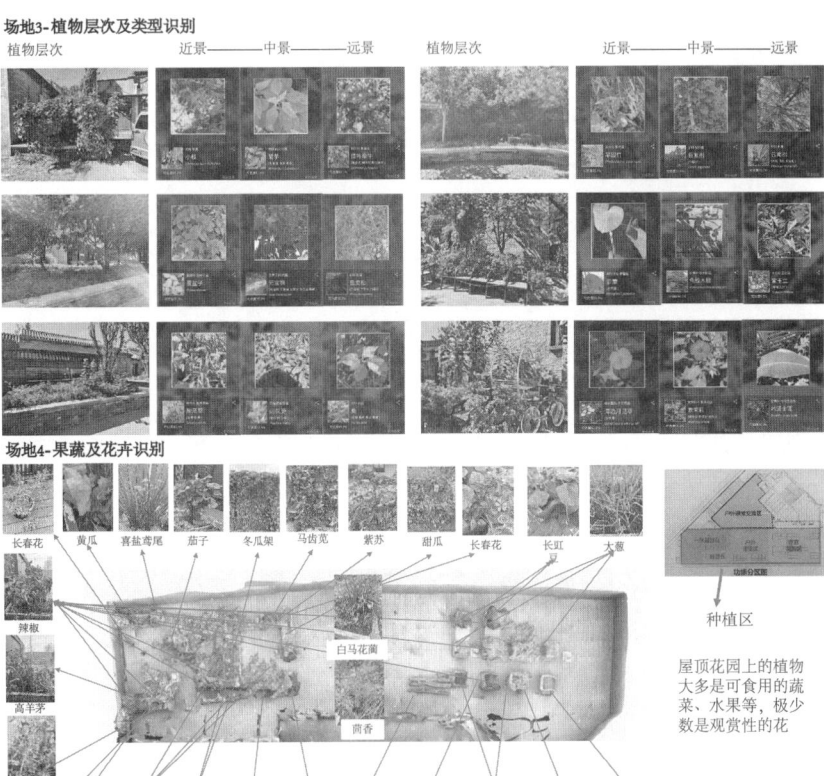

种植区

屋顶花园上的植物大多是可食用的蔬菜、水果等，极少数是观赏性的花

图4 基于植被扫描软件的植物及果蔬识别与标注
资料来源：基于学生作业排版

短暂穿行与长时间停留。这种多维度、多尺度的数据采集与分析方法,不仅能量化空间的使用效率,还能间接反映用户满意度——例如,高频的停留行为可能暗示空间吸引力较强,而快速穿行则可能反映功能设计存在缺陷。最终,这些数据可为空间优化提供实证依据,帮助学生从行为学视角理解人与环境的互动关系,从而推动更人性化的空间设计(图5)。

为了更全面地评估空间的使用效果及用户体验,学生还结合了主观评价方法,通过问卷调查、访谈等方式收集使用者的直接反馈。问卷设计涵盖了多个维度,包括活动频次及时间,设施满意度及空间感知,并针对不同人群的使用需求进行差异化调研。此外,开放式问题的设置进一步挖掘了定量数据背后的深层原因,如提出"停留时间较短是由于噪声干扰"或"偏好某一节点因其绿化良好"等具体看法。这种主客观相结合的研究方法,不仅能验证行为观测数据的可靠性,还能揭示潜在的优化方向,使空间设计更贴近使用者的真实需求,最

终提升小微空间的整体效能与周边居民归属感(图6)。

3.3 设计及更新策略

在深入分析空间使用行为及用户满意度调研数据的基础上,学生们提出了系统性的小微空间优化策略,从植被种植、空间干预和环境改造三个维度进行针对性提升。在植被配置方面,结合场地日照条件和人群活动特征,部分小组采用乡土植物与观赏草本地被相结合的生态种植模式,既降低维护成本又提升景观季相变化;在空间功能优化上,针对识别出的高频停留区增设模块化休憩设施,同时通过路径微调疏导穿行流量;环境改造则注重声光环境的精细化调控,如在噪声敏感区设置绿篱隔声带,在阴角空间增加反射式照明。值得关注的是,部分学生创新性地运用 Midjourney 等生成式 AI 工具,通过输入设计关键词,快速生成多个版本的口袋公园人工生境方案,可视化呈现不同植被配置下的空间效果(图7)。

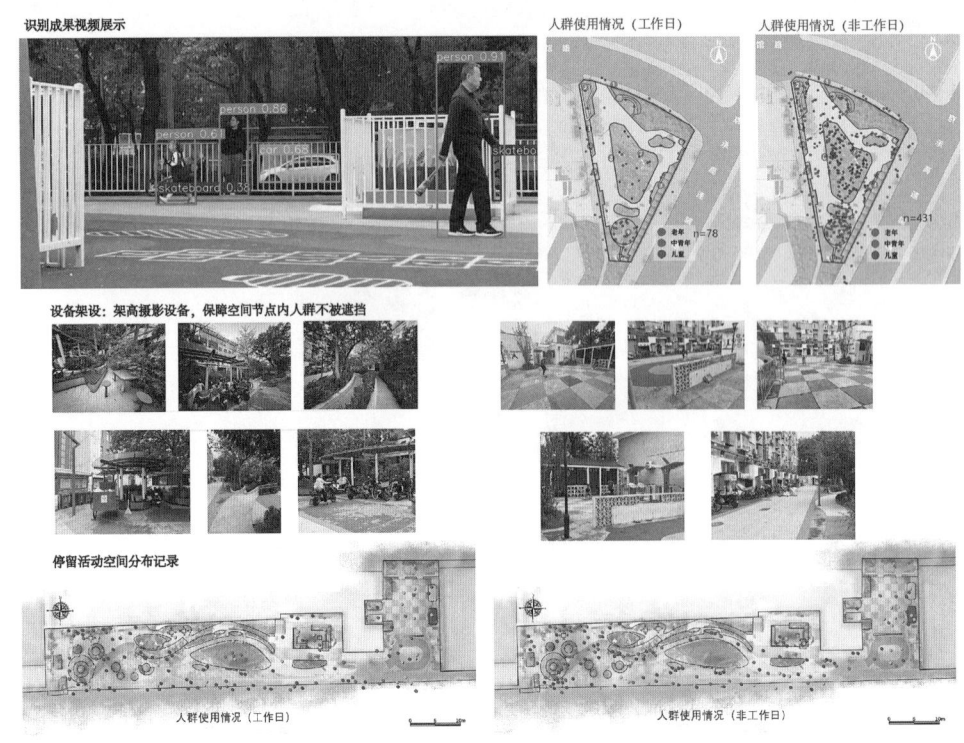

图5 基于延时摄影的穿行及停留行为监测
资料来源:基于学生作业排版

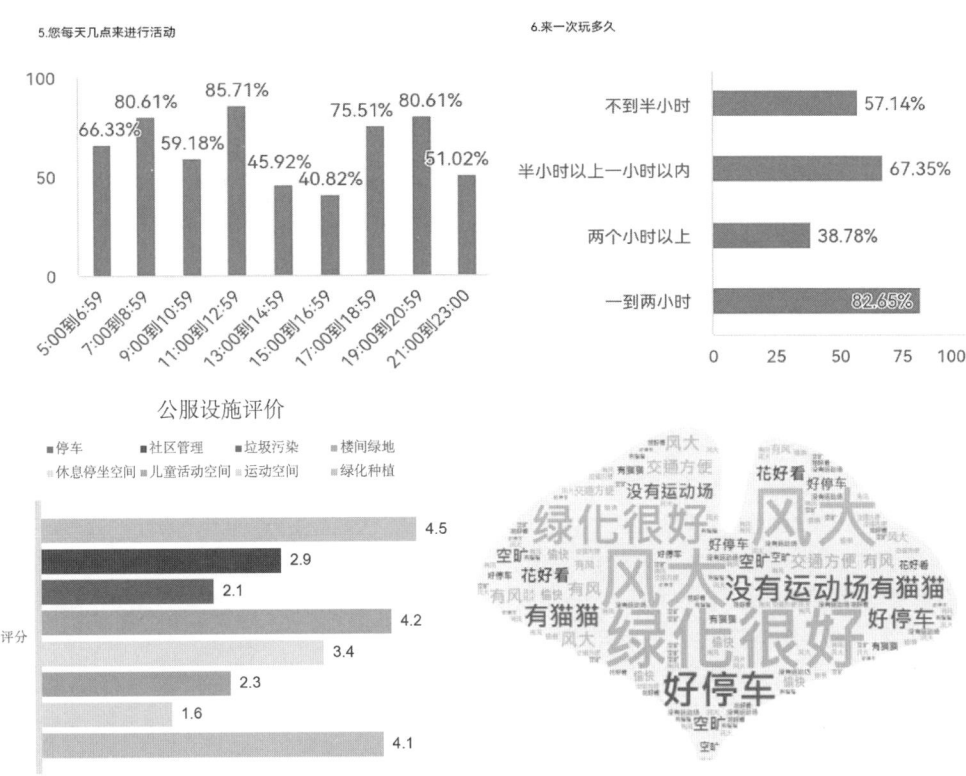

图6　基于在线问卷的居民满意度分析
资料来源：基于学生作业排版

Midjourney　绘制理想的、植物丰富度高的城市口袋公园人工生境

提示词：A circular design for an architectural company, showcasing trees and greenery in the background with people enjoying outdoor activities around them. The central section of the circle is filled with detailed planar drawings showing various tree types. In front, there's another drawing that depicts construction elements like wooden walls or fences, all set against a white background. This visual composition creates depth by emphasizing both nature and urban architecture. --v 6.0

Midjourney　绘制植物丰富度高，趣味性强的草丛

提示词：A watercolor illustration of a garden border with yellow, purple, and orange flowers, green grasses and shrubs, in a clip art style, on a white background. --ar 128:41 --v 6.0

图7　基于 Midjourney 的生态景观设计示意
资料来源：学生作业

4 教学反思

4.1 学生反馈

在本轮课程中，学生展现出较高的学习热情，尤其在应用 AI 工具和数字技术辅助空间分析及设计时，表现出强烈的探索意愿。在小组作业中，每个小组都实现了对各类工具的应用；在个人作业中，18/31 的学生应用了 3D Scanner 及 Polycam 等软件扫描小微空间生成数字模型，11/31 的学生基于延时摄影，记录空间的活动分布情况，13/31 的学生基于形色、微思、花伴侣、百度识万物等工具识别场地内植被构成情况及分布，并在小组交流中积极分享技术应用心得，形成了良好的协作学习氛围。启发式 + 自驱式的学习模式不仅提升了课堂参与度，也增强了学生对空间设计的直观理解。

然而，实践过程中也暴露出技术工具的局限性。例如，在数据采集阶段，学生发现 3D Scanner 及 Polycam 等手机 3D 扫描应用对植被、水体等自然元素的建模效果较差，难以精准还原复杂生态场景的细节；而在植物识别环节，单一 APP 的识别准确率有限，学生不得不结合多个应用交叉验证。这些问题促使学生辩证看待技术工具的适用性——AI 和数字工具虽能提升效率，但仍需结合实地考察与专业判断，避免过度依赖算法导致设计脱离实际。

总体而言，本次教学实践验证了技术融合对场地调研与设计教育的积极意义，但也提醒师生需保持理性认知：一方面鼓励探索新工具以激发创造力，另一方面需培养学生批判性思维，明确技术边界，最终实现"工具服务设计，而非设计依附工具"的教学目标。

4.2 经验教训

本课程的主要经验包括：①数智技术的精准化补充作用：数字智能技术在小微空间调研中有效弥补了传统方法（如人工观测）和大数据（如热力图）在数据维度和精度上的不足，尤其在数字模型构建、人群行为识别分析等方面展现出显著优势。但实践表明，AI 工具的应用存在明确边界，如植被识别误差、3D 扫描对自然元素的还原局限等，需结合实地勘测、多 APP 交叉验证等传统方法形成互补，才能确保数据的可靠性。②工具创新激发学习动力：新兴技术工具的应用显著提升了学生

的参与兴趣，促使学生更主动尝试并发现工具的优势和劣势，并在小组研讨中形成"技术共享—创意迭代"的良性循环。③数据驱动深化空间认知：通过数字空间建模与行为数据分析，学生能够更直观地理解场地空间与使用者行为的互动关系，从而精准识别问题，避免主观臆断，为优化策略提供实证依据。

同时，本课程仍存在一些值得改进的方向：①技术普适性与协作适配：部分工具对设备性能要求较高，且存在手机品牌兼容性问题。尽管移动端扫描降低了技术门槛，但数据偏差仍需通过小组分工优化——将不同设备条件的同学合理分配至各组，并辅以多设备数据比对，以提高采集精度。②能力分层与课程衔接：数据分析能力差异成为实践瓶颈，例如仅部分学生能独立运用 YOLOv8 进行人群识别，而其他同学需依赖人工标注。建议在低年级增设数字分析基础课程，并设计阶梯式任务，让学生根据基础选择技术或人工方法，逐步提升数智素养。③设计工具的迭代升级：目前的更新策略仍以传统设计方法为主，部分同学通过 AI 工具生成的方案意向与场地形态及尺度关联度较低，未来可引入"社绘 AI"及新涌现的图片生成 AI 工具等参与式设计工具进行社区更新实时、具体方案生成，通过动态模拟不同干预措施的效果，帮助学生快速验证设计可行性。

5 总结与展望

本文以"城市生态与环境保护"课程为例，探讨了数智技术赋能下小微空间调研与更新的教学创新实践。通过"感—知—控"的教学路径，课程将 3D 激光雷达扫描、计算机视觉行为分析、生成式 AI 辅助设计等前沿技术融入教学，提升了学生对空间形态、行为模式及生态关系的诊断能力。结果表明：①技术互补性：数智工具弥补了传统调研在数据维度和精度上的不足，但需结合实地勘测与多方法校验，以克服技术边界问题。②教学有效性：新兴技术的应用激发了学生的主动探索意愿，其互动性与探索性提升了学生的调研能力，促进了"数据驱动设计"思维的培养。③实践价值：学生通过多源数据的综合分析，提出了基于实证的优化策略，体现了数智技术对空间设计科学性与创新性的双重提升。未来小微空间教学与研究可从技术整合与优化、课

程体系完善及设计范式革新等方面拓展，培养兼具技术能力及社会洞察力的规划人才。

参考文献

[1] 北京市规划和自然资源委员会. 北京城市总体规划（2016 年—2035 年）[EB/OL].（2017-09-29）[2025-05-17]. https://www.beijing.gov.cn/gongkai/guihua/wngh/cqgh/201907/t20190701_100008.html.

[2] 北京市城乡结合部建设领导小组. 北京市城乡结合部建设领导小组关于印发《北京市"十四五"时期绿化隔离地区建设发展规划》的通知 [EB/OL].（2021-11-03）[2025-05-17]. https://www.beijing.gov.cn/zhengce/zhengcefagui/202111/t20211103_2527992.html.

[3] 北京市人民政府. 北京市人民政府关于印发《北京花园城市专项规划（2023 年—2035 年）》的通知 [EB/OL].（2024-04-22）[2025-05-17]. https://www.beijing.gov.cn/zhengce/gfxwj/sj/202404/t20240425_3638156.html.

[4] 中国新闻网. 今年北京将增 50 处口袋公园或小微绿地优化绿道慢行系统 [EB/OL].（2024-04-25）[2025-05-17]. https://www.chinanews.com.cn/sh/2024/04-19/10202230.shtml.

[5] 吴琼, 李志刚, 吴闽. 城市口袋公园研究现状与发展趋势 [J]. 地球信息科学学报, 2023, 25（12）: 2439-2455.

[6] 龙瀛, 张恩嘉. 数据增强设计框架下的智慧规划研究展望 [J]. 城市规划, 2019, 43（8）: 34-40, 52.

HAI-Originated Teaching Innovation on Micro-Space Investigation and Renewal

Zhang Enjia   Xue Fei

Abstract: The rapid development of Urban Artificial Intelligence（Urban AI）technologies has provided innovative tools for the refined investigation and renewal of small-scale public spaces, addressing the limitations of traditional field surveys and big data analytics in terms of dimensional comprehensiveness and data accuracy. Taking the teaching practice of micro-space field survey and renewal in the *Urban Ecology and Environmental Protection* course as a case study, this paper elucidates the implementation pathway through three technical dimensions: 3D spatial scanning, behavioral perception, and renewal scheme visualization. Specifically, it presents（1）the construction of digital twin models via 3D LiDAR scanning,（2）pedestrian behavior analysis based on fixed-vision sensing, and（3）generative artificial intelligence-assisted design solution demonstration. Through validation of curriculum design, methodological application, and teaching outcomes, this study reveals how digital intelligence technologies enhance students' spatial diagnostic and social sensing capabilities, while posing the challenges and limitations in technological applications. The findings offer valuable insights for spatial renewal education within the context of smart city development.

Keywords: Urban AI, Micro-Space Renewal, 3D LiDAR Scanning, Behavior Sensing

红色建筑遗产及红色文化精神课程
思政教学研究 *

葛天阳　后文君　阳建强

摘　要：红色建筑遗产是中国特有的一种遗产类型。其在近十几年来受到的重视程度日益提升，其保护利用实践迅猛发展。红色建筑遗产教学的目标包括"红色建筑遗产内涵认知教学方法"和"红色文化精神课程思政教学方法"两个方面。在红色建筑遗产教学过程中，需要重视红色思政内核、重视红色思政案例、重视新形态教学、重视实践应用能力。针对红色建筑遗产的基本概念教学、红色建筑遗产的必要条件和非必要条件教学、蕴含在红色建筑遗产中的红色文化价值认知教学、蕴含在红色建筑遗产中的红色文化精神教学四个方面，需要分别采用不同的教学方法。该研究在课程思政的多维度融入、实际案例的多轮次应用、影视媒体的多形式应用、学生思维的多方式吸引等方面具有特色。红色建筑遗产的教学对红色文化精神的传承和弘扬具有重要意义。

关键词：红色建筑遗产；红色文化精神；课程思政

1　引言

红色建筑遗产是中国特有的一种遗产类型。其在近十几年来受到的重视程度日益提升，其保护利用实践迅猛发展。红色建筑遗产的教学对红色文化精神的传承和弘扬具有重要意义。

1.1　发展历程

2013 年 2 月，习近平总书记在视察某军区时曾提到，要发扬红色资源优势，深入进行党史军史和优良传统教育，2014 年 12 月，习近平总书记在视察某军区机关时又提到要把红色资源利用好、把红色传统发扬好、把红色基因传承好。2018 年 1 月 1 日《吴忠市红色文化遗址保护条例》发布，这是全国首部由设区市制定的红色文化遗存保护方面的实体法规。相关红色建筑遗产保护再利用的文件有：2018 年 12 月 1 日《汕尾市革命老区红色资源保护条例》、2019 年 10 月 1 日《山西省红色文化遗址保护利用条例》（全国首部省级红色文化遗址保护条例）、2021 年 1 月 1 日《山东省红色文化保护传承条例》、2021 年 1 月 1 日《梅州市红色资源保护条例》、2021 年 2 月《南京市红色文化资源保护利用条例（草案）》、2021 年 3 月《上海市红色资源传承弘扬和保护利用条例（草案）》、2021 年 5 月《潮州市红色文化资源保护条例》。

1.2　研究目标

研究的目标包括深化"红色建筑遗产内涵认知教学方法"和"红色文化精神课程思政教学方法"两个方面。目标一是红色建筑遗产内涵认知教学方法。深化红色建筑遗产物质和非物质内涵认知的教学方法，帮助学生理解红色建筑遗产的必要条件和非必要条件，帮助学生认识城市中的红色建筑遗产，进而实现红色建筑遗产的保护。目标二是红色文化精神课程思政教学方法。深化红色文化精神的课程思政教学方法，帮助学生深刻理

* 项目资助："十四五"国家重点研发计划课题（编号 2022YFC3800302）；江苏省自然科学基金项目（编号 BK20241349）；东南大学同心城市更新教育基金（TXGXJJ–2025002Y）。

葛天阳：东南大学建筑学院副教授
后文君：东南大学建筑学院助理研究员（通讯作者）
阳建强：东南大学建筑学院教授

解蕴含在红色建筑遗产中的红色事迹和红色文化精神，进而实现红色文化精神的传承和弘扬。

2 总体教学思路

2.1 重视红色思政内核

从物质和非物质两个方面开展红色思政教学。在物质层面，围绕红色建筑遗产这一具有很强思政属性的遗产类型，阐述红色建筑遗产的基本内涵，以及红色建筑遗产的必要条件和非必要条件；在非物质层面，重视蕴含在红色建筑遗产中的红色精神教学。

2.2 重视红色思政案例

精选红色建筑遗产和红色文化精神案例，开展红色思政教学。其包括结合南京总统府案例，阐述解放南京的革命事迹；结合雨花台案例，阐述雨花英烈精神；结合国立中央大学案例，阐述爱国学生运动事迹；结合渡江胜利纪念馆，阐述渡江战役的伟大意义；结合南京中央商场案例，阐述中共的敌后地下活动等。

2.3 重视新形态教学

以视频、音频的形态，丰富教学形式，加强学生对红色文化的体会。在教学中精选《建党伟业》《建国大业》《无名英雄》《大进军——大战沪宁杭》等经典革命影视作品中的画面镜头，以及《没有共产党就没有新中国》《我和我的祖国》《歌唱祖国》等一系列爱国歌曲，增强课程的感染力。

2.4 重视实践应用能力

通过课堂提问及布置课后思考题的办法，调动学生思考的积极性，将"什么是红色建筑遗产""红色建筑遗产的价值是什么""红色建筑遗产如何保护利用"等问题印在学生心中，将课堂知识转化为学生的能力，实现课堂知识向应用能力的转化。

3 教学方法

3.1 红色建筑遗产的基本内涵教学方法

通过案例介绍等方法，阐述红色建筑遗产的基本内涵，并介绍基本内涵中的关键要点，帮助学生识别红色建筑遗产这一遗产类型。红色建筑遗产是指中国共产党领导中国人民在革命、建设和改革的伟大实践中，将马克思主义基本原理和中国具体实际相结合，形成的具有历史价值、教育意义、纪念意义的先进不可移动资源。

3.2 红色建筑遗产的必要条件和非必要条件教学方法

通过红色建筑遗产和其他建筑遗产类型的对比，清晰阐述红色建筑遗产的两个必要条件"党领导"和"实践性"，以及物质空间的"真实性"和"完整性"两个非必要条件。传统建筑遗产讲究"真实性"和"完整性"，如果不真实，常被称为"假古董"。然而，对于红色建筑遗产，物质载体的真实性和完整性却不是必要条件。采用案例介绍的方式，深化内涵和要点理解。案例包括雨花台、南京总统府、国立中央大学、南京中央商场、渡江胜利纪念馆等。

3.3 蕴含在红色建筑遗产中的红色文化价值认知教学方法

红色遗产的价值以红色文化为主。红色遗产的价值更多蕴含在非物质的红色文化当中，而不是建筑躯壳当中，不是仅保留建筑载体就行的。非物质红色文化的保护和弘扬是红色遗产更新与其他类型遗产保护更新的本质区别。

3.4 蕴含在红色建筑遗产中的红色文化精神教学方法

结合红色建筑遗产教学，弘扬红色文化精神，例如借助讲授雨花台建筑遗产，讲授其蕴含的"雨花精神"，即共产党人的崇高理想信念、高尚道德情操、为民牺牲的大无畏精神；借助梅园新村历史文化街区的介绍，讲授其蕴含的"梅园精神"等。针对红色建筑遗产的自身特点，挖掘各个案例背后的红色事迹，体现红色建筑遗产的真正价值，强化对红色建筑遗产内涵的深入理解。

4 主要观点与创新之处

4.1 课程思政的多维度融入

微课从思政主题、思政案例、思政事迹、思政视听等多个方面实现课程思政的全面融入，实现思政选题、思政内容、思政元素的全面融合。微课具有鲜明的思政特色，在进行建筑类专业教育的同时，实现思政内容密度极高的课程思政系统教学。

一是思政主题融入。课程"红色建筑遗产"，与爱国爱党教育有直接关系。培养学生认知红色遗产的能力，和从众多城镇建筑遗产中识别红色建筑遗产的习惯和能力。

二是思政案例融入。在阐述理论的同时，植入多个红色建筑和爱国主义精神教育案例。借助案例本身的红色价值和教育意义，进行爱国爱党教育。

三是政事迹融入。在介绍案例的同时，阐述案例背后的伟大革命实践与精神，包括雨花英烈精神，解放南京事迹，爱国学生运动，敌后地下活动，渡江战役胜利。

四是思政视听融入。在微课中融入多部爱国主义教育电影，和多个红色歌曲，在潜移默化中，多轮次多方位加强课程思政融入。

4.2 实际案例的多轮次应用

微课引入多个实际案例对教学内容进行诠释，阐述红色建筑遗产内涵；在教学设计中，反案例仅进行案例辨析；正案例不仅进行案例辨析，还增加并结合事迹介绍、爱国影视片段、红色歌曲等内容，展示红色建筑遗产中所蕴含的丰富非物质文化价值。通过案例提升学生的代入感以及教学的生动性。

一是雨花台案例。雨花台是新民主主义革命时期中国共产党人和爱国志士最集中的殉难地。在雨花台下留下姓名的烈士有 1519 名。他们的事迹展示了中国共产党人的崇文理想信念、高尚道德情操、为民牺牲的大无畏精神。结合雨花台案例，阐述雨花英烈精神。

二是南京总统府案例。南京总统府并非中国共产党的总统府。但南京总统府见证了中国共产党领导解放战争胜利的伟大实践，结合南京总统府案例，阐述解放南京的革命事迹。

三是国立中央大学案例。中央大学是国民政府的最高学府，直接受控于国民党当局，但这里曾是革命活动的重要阵地，为南京地区党、团组织的建立和爱国学生运动的发展作出重要贡献，结合国立国立中央大学案例，阐述爱国学生运动事迹。

四是南京中央商场案例。从传统遗产保护角度，中央商场是一座现代化的商场，历经多次改造但中央商场是中共地下组织活动的基地，在南京解放时发挥了重要作用，结合南京中央商场案例，阐述中共的敌后地下活动。

五是渡江胜利纪念馆案例。纪念馆 2009 年异地新建。从传统遗产保护角度，展馆不具备物质空间上的真实性和完整性，但它纪念了渡江战役的伟大胜利，它是红色建筑遗产，结合渡江胜利纪念馆，阐述渡江战役的伟大意义。

4.3 影视媒体的多形式应用

课程引入爱国电视电影和红色歌曲，在加强课程吸引力的同时强化思政教育。爱国影视片段包括《雨花魂》《建国大业》《建党伟业》《无名英雄》《大进军——大战沪宁杭》等。红色歌曲片段包括《没有共产党就没有新中国》《我和我的祖国》《雨花魂》《歌唱祖国》《团结就是力量》《我不相信》《中国人民解放军军歌》等。

4.4 学生思维的多方式吸引

通过多种方式吸引学生注意力，提升教学效果。一是明确线索。开篇提出"什么是红色建筑遗产"的问题，指出教学主题，明确教学线索。二是多提问题。结合案例提出多轮问题，如某某案例的价值是什么，带动学生思维。三是身边案例。全部选用南京的案例，在东南大学教学实践中，学生较为熟悉，感同身受。四是革命故事。讲述多个不同类型的伟大革命事迹，引人入胜。五是影视素材。选用制作精良的影视素材，提升视听感受。

5 结语

红色建筑遗产的教学研究具有物质和非物质的双重价值。在物质方面，研究能够帮助学生建立对红色建筑遗产内涵的清晰认识及对红色建筑遗产价值的深刻理解，有助于对红色建筑遗产的保护和利用。在非物质方面，研究能够帮助学生深刻理解蕴藏在红色建筑遗存中的红色文化精神，了解红色文化事迹，掌握红色文化精神保护和弘扬的方式方法，有利于红色文化精神的传承和弘扬。

参考文献

［1］ 陶垠颖，孔璿，赵泽人 .《传承红色基因，推动乡村振兴》: 新质生产力驱动下红色建筑遗产活用与乡村可持续发展 [J]. 建筑学报，2025（1）: 122-123.

［2］ 喻汝青，童凌敏，李新妍，等 . 基于空间叙事的江西南昌红色建筑遗产资源整合与价值评析 [J]. 华中建筑，2024，42（2）: 129-133.

［3］ 况源，李世芬，王晓冬 . 河北南部山区红色建筑遗产类型图谱构建研究 [J]. 华中建筑，2023，41（12）: 105-108.

［4］ 罗玉梅，姚青石，徐浩然 . 昆明市红色文化遗产保护的再思考 [J]. 城市建筑，2021（S1）: 81-85.

［5］ 李文洁，王晓芳 . 混合教学赋能高校课程思政研究 [J]. 中国电化教育，2021（12）: 131-138.

Teaching Research on Curriculum Ideology and Politics of Red Architectural Heritage and Red Cultural Spirit

Ge Tianyang   Hou Wenjun   Yang Jianqiang

Abstract: Red architectural heritage is a unique type of heritage in China. In recent decades, it has received increasing attention, with rapid development in protection and utilization practices. The teaching objectives of red architectural heritage include two aspects: "teaching methods for distinguishing the concept of red architectural heritage" and "teaching methods for curriculum ideology and politics of red cultural spirit". In the teaching process of red architectural heritage, it is necessary to emphasize the red ideological and political core, red ideological and political cases, new forms of teaching, and practical application capabilities. Different teaching methods should be adopted for four aspects: teaching the basic concepts of red architectural heritage, teaching the necessary and non-necessary conditions of red architectural heritage, teaching the cognitive understanding of red cultural values embedded in red architectural heritage, and teaching the red cultural spirit contained in red architectural heritage. This study is characterized by multi-dimensional integration of curriculum ideology and politics, multi-round application of practical cases, multi-form application of film and media, and multi-faceted attraction of students' thinking. The teaching of red architectural heritage is of great significance for the inheritance and promotion of red cultural spirit.

Keywords: Red Architectural Heritage, Red Cultural Spirit, Curriculum Ideology and Politics

从"技术理性"转向"价值理性"：
城市更新导向下详细规划设计课程教学改革思路初探 *

陆建城　邓雪湲　洪亘伟　郑　皓

摘　要：伴随着城市更新理论与实践发展由"技术理性"向"价值理性"转型，传统城乡规划专业教学内容与方法体系已滞后，亟待探索以实现实践需求与专业教学之间协调。本研究聚焦城市详细规划设计课程，构建了城市更新转型的理论框架，分析了传统"技术理性"导向下课程教学的局限性，并提出了以"价值理性"为指导的教学改革思路。结果表明：首先，城市更新理论经历从"技术理性"到"价值理性"的演变；其次，传统"技术理性"导向下课程教学存在教学目标错位、内容框架滞后、方法模式单一、实践环节薄弱、评价体系偏颇等痛点问题；最后，提出"价值理性"导向的"六位一体"教学改革思路，即核心理念重构、目标体系构建、内容模块优化、教学方法创新、评价机制改革和实践平台搭建。

关键词：城市更新；教学实践；详细规划设计；改革思路

1　引言

2025 年 5 月，国家"自上而下"颁布《关于进一步加强城市更新工作的通知》，提出城市更新应着重关注"民之诉求"，这也表明国内城市更新政策方向正从"技术理性"向"价值理性"转型[1]。传统"技术理性"导向下的城市更新关注空间层面的功能布局、经济效益等技术性指标，而忽视文化彰显、历史遗存和主体诉求等价值性指标[2]。这种思维惯性长期影响着城乡规划教育教学，尤其在详细规划设计课程中表现得最为显著。自 20 世纪 80 年代以来，详细规划设计课程强调空间形态设计的技术培养，而对城市更新过程中的社会意义、文化传承和主体参与等价值理性关注不足。随着国内城市更新理论和实践的转型，传统以单一技术为导向的详细规划设计教学模式已无法满足规划人才培养的新需求。

区别于城市更新的"技术理性""价值理性"导向下的城市更新实践更加关注人本价值和社会价值，更加聚焦更新过程中的公平正义、文化传承和生态维育等内容[3]，这一转向对当前国内城乡规划专业人才培养提出了更高的要求与目标，即学生不仅需要掌握传统的专业技术能力，更需要具备社会敏感力、文化洞察力和多元主体协调力。例如，苏州斜塘老街的更新改造，从政府主导与资本驱动转向"政府—开发商—原住民"多元主体利益协商[4]，规划在这一更新过程中发挥着利益协调和社会赋能的核心作用，而非只是规划方案设计。

针对城市更新理论与实践的转型，城乡规划专业教育教学须积极响应。其中，作为城乡规划专业核心必修课，详细规划设计课程教学思路改革迫在眉睫。因此本研究以苏州科技大学国家一流课程城市详细规划设计为对象，旨在探讨以下教学改革问题：一是如何将城市更新多从重内涵纳入详细规划设计课程教学目标体系；二是如何在兼顾"技术理性"和"价值理性"的基础

---

　* 基金项目：国家自然科学基金项目（42301205）；江苏省高校优势学科建设工程三期工程资助项目。

陆建城：苏州科技大学建筑与城市规划学院副教授
邓雪湲：苏州科技大学建筑与城市规划学院副教授
洪亘伟：苏州科技大学建筑与城市规划学院教授
郑　皓：苏州科技大学建筑与城市规划学院教授（通讯作者）

上，构建详细规划设计课程教学内容体系；三是如何创新教育教学方法，以提升学生综合分析城市更新复杂问题的能力。本研究成果可为城乡规划其他课程教学改革提供参考与借鉴。

2 城市更新从"技术理性"到"价值理性"的理论转型

自城市更新理论提出以来，已经历了多次演变，这一定程度上也反映了城乡规划价值观的演化变迁。从国外研究成果看，早期城市更新理论包含"城市重建"（Urban Renewal）、"城市再生"（Urban Regeneration）等，这也表明不同历史时期城市更新实践活动存在典型的方向差异[5]。第二次世界大战后，城市更新的实践方式以"推倒重建"为主，其旨在解决基本住房保障和战后城市重建问题，呈现了较为显著工程技术导向特征；到20世纪70年代，城市更新主要表征为"社区更新"，其关注社区内部公平正义和居民参与；20世纪80年代，城市更新以"旧城开发"为主，强调市场参与和经济活力[6]；当前，城市更新更加强调文化传承、生态文明和多元共治的综合价值属性。

从国内研究成果来看，城市更新也呈现多元迭代的属性特征（表1）。早期，城市更新以"增长主义"为导向，其核心目标在于推动城市产业发展与经济增长[7]。但也有学者认为虽然该模式提升了城市整体面貌，但也导致文化传承割裂、社区邻里失睦等多元价值问题。21世纪初期，随着国家颁布《中华人民共和国物权法》，北京、上海等城市开始探索城市更新中产权关系和主体参与问题，其更加关注历史风貌保护和公共空间营造等[8]。2025年，随着《关于持续推进城市更新行动意见》的颁布，这也表明国内城市更新正式进入了注重"民生导向、文化传承、生态修复"的"价值理性"阶段[9]。

3 "技术理性"导向下详细规划设计课程教学痛点问题

"技术理性"导向下详细规划设计课程出现了教学目标错位、内容框架滞后、方法模式单一、实践环节薄弱、跨学科整合不足和评价机制偏颇等问题（表2），具体内容如下：

技术理性与价值理性导向城市更新的比较　　　　　表1

比较维度	技术理性导向	价值理性导向
核心理念	效率优先、功能主义	人本关怀、综合价值
更新目标	物质空间改善、经济效益扩大	社会公平、文化延续、生态可持续
参与主体	政府主导、专家决策	多元主体共治、社区赋能
实施方式	大规模拆除重建、标准化规划方案	小规模渐进式、因地制宜
评价标准	经济指标、建设规模	社会满意度、文化活力、环境品质

资料来源：笔者自绘

"技术理性"导向下详细规划设计课程问题　　　　　表2

对比维度	现行课程特点	城市更新需求	差距表现
教学目标	技术能力主导	价值判断与技术水平	忽视社会文化价值维度
教学内容	理想地块开发为主	复杂更新场景应对	缺乏政策法规、实施机制知识
教学方法	个体设计训练	多方参与协作	利益协调能力培养缺乏
实践联系	虚拟课题为主	真实社区问题解决	与更新实践项目脱节
学科视野	规划学科局限	多学科交叉融合	知识体系单一化
评价标准	技术合理性优先	多元价值平衡	评价维度不全面

资料来源：笔者自绘

3.1　教学目标错位：技术理性主导，价值维度缺失

目前，详细规划设计课程仍然以传统物质空间为核心，教学内容主要集中于场地开发强度控制、建筑空间形态组合等技术性规范，对城市更新中所涉及的社会公平性、文化传承性以及多元参与性关注较少，因而难以落实《关于持续推进城市更新行动的意见》（以下简称《意见》）中提出的"投资激活、消费升级、产业迭代、就业扩容"等方面的要求。同时，课程评价的重点也仍然聚焦于方案技术合理性与图面表达，未能培养学生了解社区诉求、理解历史文脉及协调多方利益的能力。

3.2　内容框架滞后：脱离更新实践，知识覆盖不足

一方面，大多数课程案例来源于理想化的新区建设或商业开发项目，对老旧小区、历史街区、工业遗产等需要进行城市更新的对象涉及较少；另一方面，教学内容对城市更新过程中所涉及的政策法规、实施机制等关键知识覆盖不足，例如在《意见》中提出的"先体检、后更新"机制、历史文化保护前置等创新性做法，在现有的课程内容中很少得到体现。

3.3　方法模式单一：线性流程固化，软技能培养缺位

现行课程主要采用"任务书—调研—方案—评图"的线性教学模式，模式较为传统固化，关注的重点还是个体的设计能力和图纸的表达能力，缺乏对实际更新过程中多方互动交流的模拟训练。城市更新本质上是多方"共谋、共建、共管、共治、共享、共赢"的协同治理过程，需要规划师具备沟通协调、矛盾化解和共识构建等软技能，但这些能力很难在传统的详细规划设计教学中得到锻炼。

3.4　实践环节薄弱：脱离真实场域，参与深度不足

大部分详细规划设计课程还是以虚拟课题为主，未能深入实际更新场地，缺少进行长期观察和参与式设计的机会。即使在课程任务中安排实地调研环节，但最终的效果也仅停留在对物质空间的表面认知，学生仍然缺乏对社会结构、文化特征和居民诉求等深入理解，无法将物质空间与社会人文相结合。此外，在课程过程中由于缺少社区代表、社会组织、政府部门等真实更新主体参与，因此导致学生在设计方案过程中常常脱离实际情况，难以落实《意见》中所强调的"聚焦老百姓急难愁盼"问题。

3.5　评价体系偏颇：价值导向缺位，指标体系单一

当前，详细规划设计课程的评价体系，大多关注最后成果的技术合理性及图面表达效果等，而对方案成果的社会效益、文化属性及实施可能性等关注较少。同时课程中邀请的评图专家团队组成也较为单一，大多由规划设计领域的教师组成，缺少社会学、文化遗产和社区工作等背景的评审专家。这种单一的评价体系在一定程度上，仍然包含着技术理性的导向，并不利于学生形成多元的价值观念。因而借鉴《实施城市更新行动可复制经验做法清单》提出的评价要素，需在未来的课程评价机制中构建更加健全的评价指标（图1）。

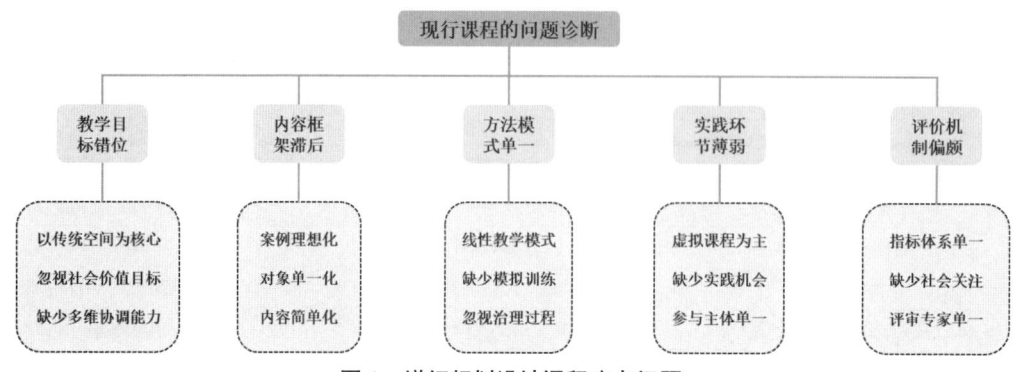

图1　详细规划设计课程痛点问题

资料来源：笔者自绘

4 "价值理性"导向下详细规划设计课程教学改革思路

针对城市更细导向下详细规划设计课程问题剖析，结合苏州科技大学国家一流课程城市详细规划设计的具体实践，本研究提出以下课程教学改革思路。

4.1 核心理念重构：课程改革的首要任务

在城市更新"价值理性"导向下，详细规划设计课程需将城市视作承载社会关系、历史文脉与文化认同的生命体。这一理念转变意味着：教学理念从"技术的操作者"转化为"塑造具有价值思辨力的规划师"；课程内容从"物质形态设计"延展至"社会空间生产"；从"传授—接受"转为"共同探讨—辨驳反思"。即不仅只从技术思维的角度解决具体技术问题，而应更加注重全面统筹的方法论。

4.2 目标体系构建：落实价值理性的关键

在《关于持续推进城市更新行动的意见》提出的八项任务和国内外先进经验指导下，课程体系应确立"技术能力—价值思辨—过程协调"的目标框架。在学生技能培育层面，应融合传统空间训练与包含城市体检、遗产评价等在内的新技能。同时侧重培育学生辨识多元诉求和权衡复杂利益的综合价值判断能力，并强调学生在沟通协商、冲突管理与共识塑造等协调层面素养的培养。

4.3 内容模块优化：围绕多元关键价值维度展开

依照《实施城市更新行动可复制经验做法清单》，将原有课程内容重新划分为五大类模块：一是"城市体检与问题诊断"模块，讲授基于定量技术指标和定性环境分析的问题诊断；二是"历史文化保护与活化"模块，注重遗产评估与保护技术和遗产活化能力培养；三是"社区参与和协同治理"模块，培养社区调查分析和参与式设计的能力；四是"实施机制与政策创新"模块，借助土地混合、政策激励、多元融资等手段，创新城市更新实施举措。

4.4 教学方法创新：确保改革成效的重要保障

在地方更新项目的真实情景中，引导学生直面现实

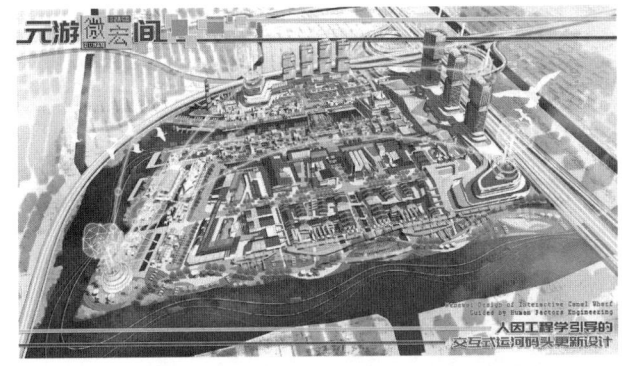

图2 江苏省规划院实际城市更新项目
（WUPEN 城市设计一二等奖）
资料来源：苏州科技大学详细规划设计学生作业

问题（图2）；通过"角色扮演与模拟协商"模式，对不同利益主体采取不同对策，模拟复杂的博弈环境；并开展"社区工作坊"项目，邀请真实主体共同探讨与制定实施方案；推行"跨学科联合设计"模式，联合其他交叉学科制定综合解决方案，以应对多维度的复杂挑战。

4.5 评价机制改革：需建立与价值理性相关联的多元指标体系

课程教学应摒弃传统的过度侧重技术与图纸的评价模式，提出包括"技术可行性""社会回应性""文化敏感性""过程参与度""创新前瞻性"等内容的多维评价体系，分别对应了方案在专业水准、社区需求、历史文脉、协商过程和新理念应用等方面的实践要求。评价主体应涵盖社区人士、跨学科专家和实践工作者，通过提升多维反馈的力度以更好的满足可持续更新要求（图3）。

图3　详细规划设计实践与行业专家评图
资料来源：苏州科技大学详细规划设计实习现场自摄

4.6　实践平台搭建：弥合课堂与实景的差距

教学课程的改革还需要积极扩展校外实践平台，争取与政府、社区、设计单位等建立稳定合作，为学生提供参与实际项目的机会。此外可借助信息技术，搭建虚拟仿真环境，模拟在各种情况下的制约因素，以锻炼学生处置复杂社会和空间问题的综合能力（图4）。

5　结论与讨论

随着城市更新理论的"价值理性"转向，我国城市发展也进入高质量转型阶段。作为培养城市更新人才的重要来源专业，城乡规划教育教学需积极响应这一变革趋势。本研究聚焦详细规划设计课程，系统剖析传统"技术理性"导向下的教学痛点问题，并创新提出"价

值理性"导向下的教学改革新思路，这不仅完善了详细规划设计课程教学体系，还重构了城乡规划价值观。此外，本研究也存在一定不足，即未来详细规划设计课程还可以利用数字化技术手段，动态模拟实际城市更新多维场景，以增强学生的虚拟现实体验。

参考文献

［1］　黄耿志，李郇，张文忠，等.高质量发展转型背景下的中国城市更新：挑战与路径[J].自然资源学报，2025，40（1）：1-19.

［2］　宋伟轩，陈浩，崔璨，等.建立可持续城市更新模式的理论、方法与路径思考[J].自然资源学报，2025，40（1）：20-38.

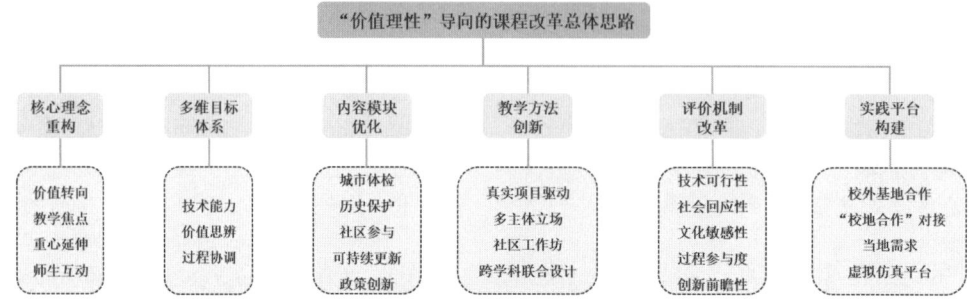

图4　详细规划设计课程改革总体思路
资料来源：笔者自绘

［3］ 阳建强，陈月 .1949-2019 年中国城市更新的发展与回顾 [J]. 城市规划，2020，44（2）：9-19，31.

［4］ 刘艺涵，朱天可，操小晋 . 场域理论视角下文化导向型城市更新的日常生活实践与社会空间演变——基于苏州平江街区与斜塘老街的案例比较 [J]. 热带地理，2023，43（9）：1787-1799.

［5］ 张庭伟 . 从城市更新理论看理论溯源及范式转移 [J]. 城市规划学刊，2020（1）：9-16.

［6］ 王世福，易智康 . 以制度创新引领城市更新 [J]. 城市规划，2021，45（4）：41-47，83.

［7］ 尹维娜，古颖，石路 . 治理视角下长三角中心城市的城市更新路径——基于上海、杭州、南京、合肥等的实践观察 [J]. 城市规划学刊，2023（3）：85-91.

［8］ 郭子莹 . 权利变换与合约选择：物权视角下的城市更新利益协调机制研究 [J]. 城市发展研究，2024，31（3）：65-72.

［9］ 张文忠 . 基于多尺度城市体检的城市更新路径研究 [J]. 地理研究，2025，44（5）：1175-1188.

Transitioning from "Technical Rationality" to "Value Rationality": An Initial Exploration of Teaching Reform Approaches for Detailed Planning and Design Courses under the Guidance of Urban Renewal

Lu Jiancheng　　Deng Xueyuan　　Hong Gengwei　　Zheng Hao

Abstract：As the focus of urban renewal theories shifts from "technical rationality" to "value rationality，" the traditional model for cultivating professionals in urban and rural planning is becoming unsustainable. There is an urgent need to explore efficient alignment between professional teaching and practical demands. This study focuses on the course of detailed planning and design in urban areas，constructs a theoretical framework for the transformation of urban renewal，analyzes the limitations of traditional "technical rationality"-oriented course teaching，and proposes a teaching reform approach guided by "value rationality." The findings indicate the following: Firstly，the connotation of urban renewal is undergoing a theoretical shift from "technical rationality" to "value rationality." Secondly，"technical rationality"-oriented detailed planning and design courses suffer from numerous issues，including misaligned teaching objectives，outdated content frameworks，single-minded methodological approaches，weak practical components，insufficient interdisciplinary collaboration，and biased evaluation systems. Thirdly，a "value rationality" oriented teaching reform approach is proposed，encompassing a "six-in-one" reform system that includes the reconstruction of conceptual connotations，the establishment of objective systems，the adjustment of content modules，the transformation of teaching methods，the optimization of evaluation systems，the enhancement of teacher capabilities，and the construction of practical platforms.

Keywords：Urban Renewal，Teaching Practice，Detailed Planning and Design，Reform Approaches

虚实融合，范式重构：
AI 智慧教学理念在城市更新课程中的融合与实践

夏 雷 戴 铜 刘羿伯

摘 要：人工智能技术的突破性进展为城乡规划领域提供了创新的研究与决策辅助工具，这一科技革新浪潮正在重塑规划教育的教学内容与方法体系。本文通过解析城市更新课程传统教学中的痛点问题，从课程教学目标优化、课程体系重构路径等方面提出融合人工智能技术的城市更新课程体系重构思路。以哈尔滨工业大学城市更新课程为例，通过智能授课单元建设、知识图谱构建、助教智能体训练、智能化教学资源拓展等方面，探索 AI 赋能智慧课程建设的方法与虚实结合的教学模式，以期为城乡规划领域人才培养提供思路。

关键词：人工智能；城市更新；知识图谱构建；智慧教育

2025 年 4 月 16 日，教育部等九部门印发的《关于加快推进教育数字化的意见》中提出"推动课程体系、教材体系、教学体系智能化升级，将人工智能技术融入教育教学全要素全过程，推动科技教育和人文教育融合。"在数字化和智能化技术迅猛发展的背景下，城乡规划教育正经历着深刻的转型与升级[1]。大数据、人工智能、物联网、云计算、虚拟现实等创新技术，正在重塑规划教育的教学模式与知识体系，这些技术突破不仅为规划人才培养开辟了新的路径，更推动了教育理念与实践方法的全面革新[2]。业界对于 AI 技术在城乡规划教学中的应用已开展了诸多讨论，多关注于住区规划设计、城市设计等设计类专业核心课程[2, 3]，缺乏针对理论类课程的教学应用实践研究，难以满足城乡规划领域教育改革创新的需求[4]。因此，本文以理论课"城市更新"为例，探索 AI 智慧教学理念在课程中的融入与 AI 技术在教学中的运用途径，以提升教学质量和学生学习体验。

1 城市更新课程传统教学中的痛点问题

1.1 教学内容陈旧，教学方法滞后

在快速城市化背景下，城乡规划领域正面临前所未有的复合型挑战，城市更新工作涵盖社会、经济、生态环境等多维领域，同时需要协调政府部门、开发企业、

专业机构、规划师和居民等多元主体利益。当前课程体系未能充分反映这一动态发展特征，亟需融入新型城镇化的发展理念和更新实践的最新要求。与此同时，人工智能技术的突飞猛进催生了大量创新算法、分析模型和智能应用，这对教学内容的更新迭代和教学方式的转型升级提出了迫切要求。

1.2 知识点碎片化，课程间连接不足

现行教育模式主要采用单向传授的线性教学结构，教师按照固定章节顺序进行讲解，导致学生难以把握不同知识点和教学模块之间的逻辑关联，无法构建完整的专业知识框架。这种教学方式不仅影响学生对于知识点的理解吸收，更制约了学习成效的提升。城市更新与城乡规划原理、城市综合调研、修建性详细规划、城市设计等核心课程的协同性不足，知识点之间没有形成有效的支撑，未能形成清晰完整的知识体系。

1.3 学生参与度低，个性化学习受限

以教师为主导的传统讲授式教学已难以适应当前城

夏 雷：哈尔滨工业大学建筑与设计学院讲师
戴 铜：哈尔滨工业大学建筑与设计学院副教授（通讯作者）
刘羿伯：哈尔滨工业大学建筑与设计学院副教授

乡规划教育的需要，这种模式不仅降低了学生的课堂参与积极性，更制约了创新思维和实践能力的培养。理论教学与实践应用的脱节，使得学生难以将所学知识转化为解决实际问题的能力。同时，由于缺乏对学习全过程的数据化分析，教师难以及时掌握学生的知识掌握情况和个性化需求，导致教学内容与学习特点匹配度不高。此外，师生互动机制不完善，教学评价方式单一，难以实现精准的学习效果评估。

2　融合人工智能技术的城市更新课程体系重构思路

为解决传统教学中的痛点问题，将 AI 智慧教学理念与城市更新课程系统融合，以学生需求为出发点，依托数字化教学平台、智能辅助工具及开放课程资源，构建动态演进的智慧教学课程体系。将生成式 AI、大数据等技术深度融入，实现实体课堂与虚拟环境、实时教学与自主学习、理论传授与实践训练的多维融合，形成具有持续进化能力的混合式教学新范式。

2.1　课程教学目标优化

城市更新课程通过智能技术深度赋能，构建"理论—实践—发展"三维培养框架，旨在培养掌握城市更新核心能力的新型规划人才。课程采用 AI 驱动的教学模式，重点实现以下培养目标。

（1）知识与技能目标：运用知识图谱技术与生成式 AI 工具，动态构建城市更新知识体系，使学生掌握城市更新的基本概念、城市更新理论及方法、城市更新的相关政策、法规及相关的组织管理机制等知识点，了解我国城市更新机制与过程。

（2）情感与价值观目标：依托 AI 城市更新案例库与虚拟仿真平台，对城市更新全过程进行模拟，将思政元素融入知识点学习与城市更新模拟互动过程中，培养学生城市更新中城镇建设的使命感与责任感。

（3）能力与自我发展目标：构建 AI 支持的学习生态系统，智能诊断系统实时反馈学习成效，使学生能够运用系统思维方式对城市更新理论与政策进行分析与整合，培养学生具有自主学习和终身学习的意识，有不断学习和适应发展的能力，能及时了解城乡规划的最新理论、技术方法、前沿动态和国家的政策法规。

2.2　课程体系重构路径

通过 AI 赋能城市更新课程教学，构建了智能化教学体系，主要体现在以下五个方面。

（1）智能教学资源库建设：通过 AI 技术整合文字、图像、视频等多媒体教学资源，将城市经济学原理、更新政策条文等抽象知识与案例相结合，使教学内容呈现更生动直观，激发学生的学习兴趣和积极性。系统自动关联相关法规文件和典型项目，帮助学生建立跨学科知识联结。

（2）个性化学习路径定制：通过知识图谱的构建，提供个性化的学习路径和讲解视频，学生可以根据自己的学习进度、理解程度和兴趣点，自由选择知识点的学习。

（3）互动式教学模式：生成式 AI 辅助学生将制定的城市更新设计方案进行模拟应用，对不同方案进行评估与改进，使学生掌握不同更新策略、技术方法与设计思路等知识点。此外，学生可选择政府管理者、开发商、规划师等不同角色，模拟参与到城市更新的各个环节。通过上述互动环节，增强学生的学习兴趣，有效提升学生学习能动性与自主性（图1）。

（4）实时学习状态诊断：利用人机交互数据捕捉学习行为，对学生学习不同知识点的反应进行实时分析，判断学生在学习过程中可能会遇到的困难和较难理解的知识点。对学生学习进度进行实时跟踪，根据学生的表

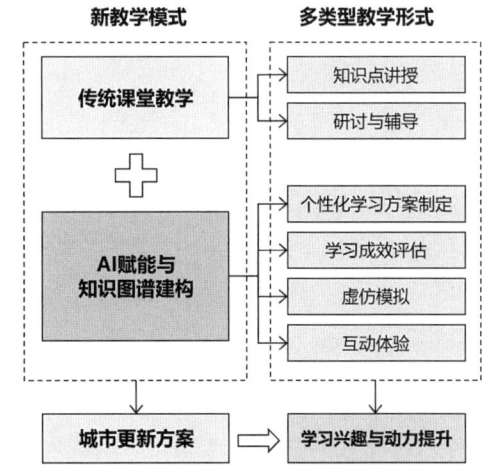

图1　AI 赋能互动式的教学模式
资料来源：作者自绘

现进行个性化的评估和建议。

（5）前瞻性学习支持：分析历年学生作业数据建立预测模型，通过大数据分析和机器学习算法，预测学生的学习需求和潜在问题，提前为学生提供相关的学习资源和指导，提高课堂效率。根据学生阶段性测试表现，动态调整后续课程的案例难度和教学节奏。

3 人工智能在城市更新课程教学中的应用实践

以哈尔滨工业大学城市更新课程为例，依托智慧树平台，建设融合人工智能技术的智慧课程，实现课内课外、线上线下、同步异步、虚实结合的教学模式。该课程是城乡规划专业（五年制）在大四上学期开设的理论

课，是学生在学习两年建筑学基础和一年城乡规划学课程后，从宏观视角来解读当今存量规划背景下城市发展建设中所面临的问题与相应的政策与方案制定等内容。AI赋能课程建设可以使学生更加深刻了解城市更新课程的知识点以及与其他课程之间的联系，提高学生知识迁移运用能力，运用系统思维方式、整体和综合观点研究和解决城市化进程中的问题。

3.1 智能授课课程建设

城市更新课程与AI深度融合，构建城市更新概述、西方国家城市更新的历史发展与理论、我国城市更新发展与类型、乡村振兴理论与实践4个智能授课单元（图2）。

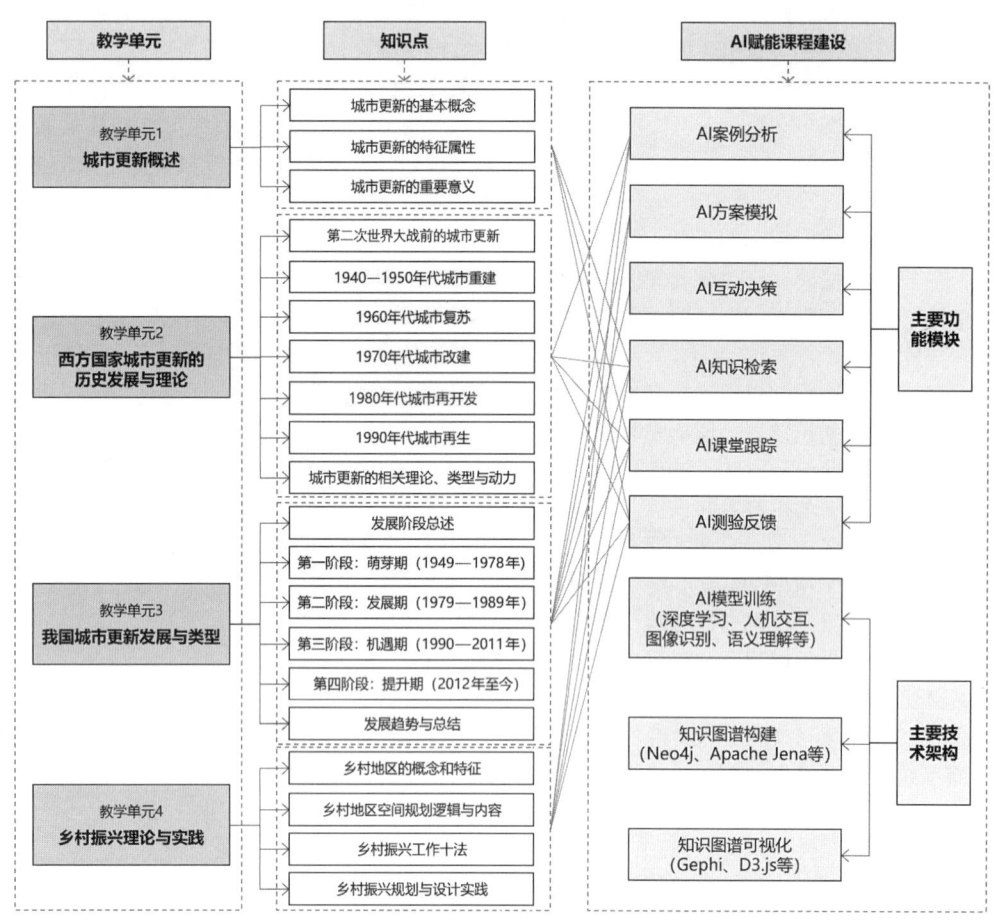

图2 智能授课课程建设框架
资料来源：作者自绘

智能授课单元将结合 AI 知识检索、AI 案例分析、AI 互动决策等功能，帮助学生建立城市更新的基本概念框架，了解不同时期城市更新的背景、理论、政策、方法与问题；通过 AI 多角色模拟扮演与多方案比较等教学方式，形成多种诉求城市更新方案，使学生参与到城市更新全过程中。此外，AI 课堂跟踪与 AI 测验反馈将贯穿 4 个教学单元，实时掌握学生学习进度与遇到的问题和困难，预测学生的学习需求，并制定个性化的学习方案。

3.2 课程知识图谱构建

通过 AI 技术应用于构建城市更新课程知识图谱中，对课程知识体系进行结构化重构，通过系统化解析提取核心知识要素，建立知识点间的关联，以可视化的形式展现课程知识结构。主要知识点包括城市更新的基本理论、城市更新的历史演变、城市更新方法论、城市更新政策法规、城市更新与可持续发展、城市更新的资金机制、城市更新中的规划挑战与对策、未来城市更新的趋势、城市更新案例分析 9 个一级知识点，涵盖城市规划与发展、历史文化遗产、基础设施建设、生态环境保护、社会经济发展、政策法规解读、科技创新应用以及公共服务设施等多个方面内容，并将其与课程知识点建立起关系，以加强课程间的联系，提高课程的广度和深度。所有知识点均能查看详细描述、相关知识点、知识点资源和题目资源便于深入学习和理解（图 3）。

对 AI 模型进行训练，在虚拟仿真模拟与城市更新互动参与等环节更加精准与更适合该课程教学要求，使学生可以通过上传文字描述、意向图片、手绘或 3D 模型方案后 AI 可即时生成相应的城市更新方案；学生可选择政府管理者、开发商、规划师等其中一种角色，AI 将扮演其他角色，模拟城市更新过程中多方参与与权衡的过程。

知识图谱的构建将采用 Neo4j、Apache Jena、Dgraph 等工具，构建知识图谱所需的查询、储存等核心功能。知识图谱的可视化将采用 Neo4j Browser、Gephi、D3.js 等工具，形成作动态、交互式的图形和可视化的界面。

3.3 课程助教智能体训练

AI 助教智能体是面向学生的智能学习伙伴，通过实时互动为学生提供伴随式学习支持，通过教师不断补充

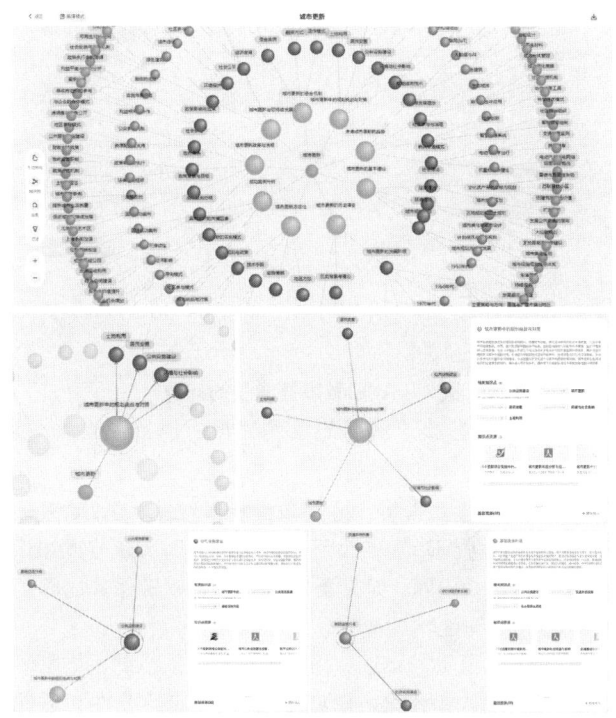

图 3　城市更新课程知识图谱
资料来源：作者自绘

教学知识和课程问题，AI 逻辑推理和语义理解能力快速提升，从而为学生提供基于课程的、24 小时不间断的、通过学习任务引导的，有目标、高质量、精确且个性化的陪伴式学习助手服务（图 4）。通过建立包含课件、参考教材在内的资源库，强化 AI 助教学习，并选择智慧树资源库与搜索引擎作为补充知识来源。通过对学生问题解答数据的分析，AI 总结常见疑问点及问题词云，并对答案进行调整优化，提高 AI 助教与课程知识点和讲解内容的适配度。对于 AI 助教智能体的训练主要包含以下几个方面。

（1）AI 问题收集整理：从多个渠道收集问题，包括学生提问、教师经验、教材习题、在线资源等。对收集到的问题进行整理分类，按照课程单元、知识点或题型等进行归类。

（2）AI 制定答案和解析：为每个问题制定准确、简洁的答案和解析。教师要对答案与解析进行检查与校正。

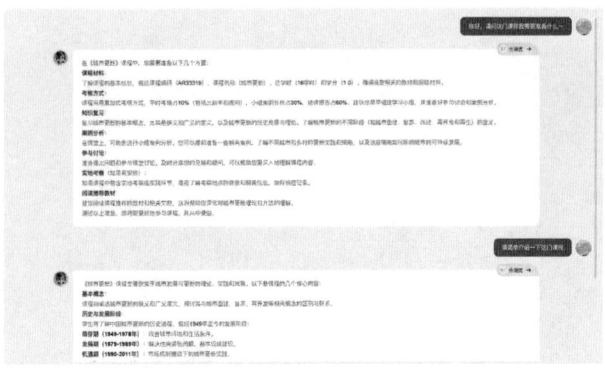

图4　AI助教解答学生的问题
资料来源：作者自绘

AI课程平台还可根据课程知识点与教学文件生成试题库，包括单选、多选、判断、填空、问答等不同题型，并设定记忆、理解、应用、分析等问题考查的侧重点。

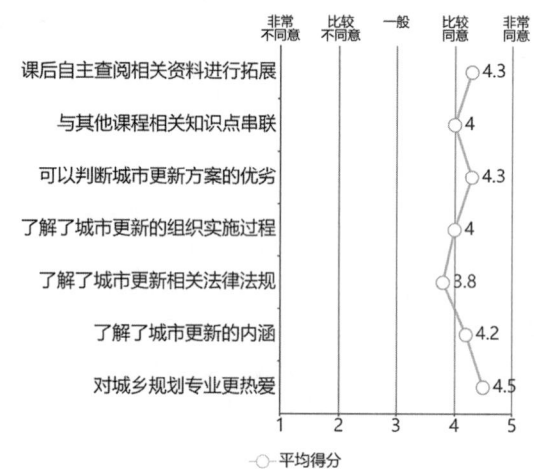

图5　城市更新课程结课调查情况
资料来源：作者自绘

（3）AI建立索引、检索与维护系统：为AI助教建立问题库，根据学生和教师检索的关键词、章节或知识点等快速查找问题。定期更新和维护，以确保其内容的时效性和准确性。

（4）AI互动和反馈：建立互动和反馈机制，鼓励学生提问、回答和评论，以增强AI助教的精准性和适配性，同时也有助于收集学生反馈，进一步改进和完善AI助教。

3.4　智能化教学资源拓展

利用人工智能技术拓展教学资源，建立课程教学资源库。智慧课程平台提供了教学设计、教学研讨、题库和工具箱等多项AI辅助功能，教师在备课过程中可更精准地规划教学内容，优化教学策略，并通过智能化支持提升教学互动性与效果。将现有教学大纲、教学设计、教案等文件上传至课程平台，通过AI生成教案，包含教学目标、教学重难点、课堂设计、作业建议、教学评价、教学总结六部分内容，提供丰富的教学手段与教学资源，可为教案撰写与优化提供参考；将已有的教案或课件上传至课程平台，为课件提供评估建议、增加课堂互动。此外，可在平台中的教学搜索引擎检索备课相关的教学资源与素材，搜索渠道包含智慧树资源（教学视频、电子书）、知乎、哔哩哔哩、知网、必应、百度百科、百度知道、搜狗百科、学银在线、智慧职教等渠道，通过AI提炼材料内容，并依据不同学习阶段推送更新学习资料，满足不同学习需求。

3.5　教学成效与评价

经过一个完整周期的课程学习，通过收集学生的评价与反馈意见和课下与学生的多次沟通发现，学生对于智慧课程平台使用频率较高，可以自主检索相关学习资料，对于课程平台相关功能与操作较为熟练（图5）。整体上，AI应用于城市更新课程教学取得了以下成效：

（1）提高学习效率：AI助教可以解答基础概念问题，方便在课上没有听懂相关知识点时，减少频繁提问浪费的时间。学生遇到不懂的地方，AI可以马上回答，无需等老师有空，特别适合课后自学或复习时使用。

（2）补充学习资料：AI助教可以根据学生的兴趣和需求，帮忙整理课程资料，推荐合适的案例、文章或视频，帮助拓展知识面，节省查资料的时间。

（3）加深课程理解：通过知识图谱可以清楚地了解课程内容和知识点的结构关系，可以清晰的建立起对课程整体的逻辑框架。

4 结语

AI 应用于城市更新课程教学中仍处于不断探索阶段，AI 虽然能对知识点进行讲解，但仍无法像课堂中老师分享实际项目中经验般的生动。AI 在提供便利的同时，也可能使学生懒于自己动脑，进而影响独立思考和分析能力的培养。随着技术的完善与平台的开发，智慧课程将不断建设与优化扩展，以解决在使用过程中的卡顿、功能局限、问题回答不准确等问题，更好的满足课程教学需求。

参考文献

[1] 吴志强 . 城市规划教育的数智化焕新 [J]. 城市规划学刊，2025（1）: 11-17.

[2] 田莉，杨鑫，张雨迪，等 . "专业知识 + 人工智能" 双驱动的城乡规划设计教育创新探索：以住区规划为例 [J]. 城市规划学刊，2024（5）: 71-78.

[3] 钮心毅，刘思涵，桑田，等 . 大模型的专业学习：构建融入城市空间形态设计知识的图像生成模型 [J]. 城市规划学刊，2025（1）: 55-63.

[4] OTTHEIN HERZOG，潘海啸，邓智团，等 . 新一代人工智能赋能城市规划：机遇与挑战 [J]. 城市规划学刊，2023（4）: 1-11.

Virtual Real Integration and Paradigm Reconstruction: The Integration and Practice of AI Intelligent Teaching Concept in Urban Regeneration Course

Xia Lei   Dai Jian   Liu Yibo

Abstract：The breakthrough of artificial intelligence technology has provided innovative research and decision-making aids for the field of urban and rural planning. This wave of scientific and technological innovation is reshaping the teaching content and method system of planning education. By analyzing the pain points in the traditional teaching of urban regeneration course, this paper puts forward the reconstruction idea of urban regeneration course system based on artificial intelligence technology from the aspects of the optimization of teaching objectives and the reconstruction path of course system. Taking the urban regeneration course of Harbin Institute of technology as an example, through the construction of intelligent teaching units, the construction of knowledge maps, the training of the teaching assistants' agent, the expansion of intelligent teaching resources and other aspects, this paper explores the construction method of AI enabled intelligent course and the teaching mode of combining virtual and real, in order to provide ideas for the cultivation of talents in the field of urban and rural planning.

Keywords：Artificial Intelligence， Urban Regeneration， Knowledge Map Construction， Intellectual Education

生成式人工智能赋能的城市更新课程教学
路径与实践 *

李文竹　张佳霖　刘丰毅

摘　要： 随着城市更新日益成为优化城市空间结构与推动社会可持续发展的关键议题，高等教育亟需探索跨学科融合与教学模式创新。本文基于 AIGC 技术，构建了以"理论学习—空间诊断—设计生成"为主线的城市更新课程教学路径，旨在实现前沿技术与教学内容及方法的深度融合。课程设计围绕三条核心路径展开：①依托大语言模型赋能理论知识体系的系统学习，构建智能 AI 助教，实现多轮问答与逻辑推理支持；②基于多源城市数据与新兴技术的空间诊断分析，通过 GIS、无人机倾斜摄影等工具强化空间问题识别与策略制定能力；③借助 Stable Diffusion 等图像生成大模型，开展大视觉模型支持下的设计生成，实现方案构思与表达的高效迭代。实践结果表明，该课程有效提升了学生的学术成果产出与设计能力，充分验证了 AIGC 技术在城市更新教育中的应用潜力。

关键词： 生成式人工智能；城市更新；教学实践；AI 助教；人机协同

1　引言

随着我国城市化进程步入存量优化与质量提升的关键阶段，城市更新逐渐成为破解空间资源约束、推动城市可持续发展的关键策略。由粗放型增量扩张向集约型存量提质转变的城市发展趋势日益凸显，城市更新工作被提升至国家发展战略的高度。国家层面高度重视城市更新，将其作为新型城镇化建设、增进民生福祉的重要战略举措。在"十四五"规划明确实施城市更新行动的背景下，上海作为超大型城市的典型代表，面对土地资源趋于紧张、城市空间功能亟待重构等现实挑战，近年来正加速推进老旧小区改造、历史风貌保护与产业空间再生等多维度的更新实践。在此背景下，国内高校纷纷响应，开设城市更新相关课程，以培育适应新时代城市发展需求的专业人才。

与此同时，人工智能技术的飞速发展，尤其是以生成式人工智能（Artificial Intelligence Generated Content, AIGC）为代表的新一代智能生成工具，正在深刻改变传统城市规划与设计的思维逻辑与创作方式。国家层面不断推动"新工科"建设，并鼓励高校开展"AI+ 专业课程"融合创新，培育具备跨学科能力的创新人才。在城市更新教育领域，生成式人工智能因其强大的数据理解与内容生成能力，正在成为驱动设计创新与教学变革的重要力量。特别是在图像生成、文本理解与交互反馈等方面，AIGC 技术展现出显著优势，不仅能够高效辅助空间分析，还能为复杂方案的多轮优化提供技术支撑，极大拓展了城市更新的表达空间与思维边界。

在此背景下，华东理工大学面向相关专业本科生开设"城市更新"课程，尝试将 AIGC 技术融入城市更新课程教学全过程。通过引导学生在更新项目中运用 DeepSeek、ChatGPT 等大语言模型进行理论辅助学习和空间诊断分析，借助 Stable Diffusion 等图像生成模

---

* 项目资助：本研究受国家自然科学基金（52408060），中央高校基本科研业务费专项资金（JKZ02252281）；华东理工大学教师产学研践习计划（YZ0130518）；上海市教育发展基金会和上海市教育委员会"晨光计划"项目；上海市设计学 IV 类高峰学科资助。

李文竹：华东理工大学艺术设计与传媒学院讲师（通讯作者）
张佳霖：华东理工大学艺术设计与传媒学院本科生
刘丰毅：华东理工大学艺术设计与传媒学院本科生

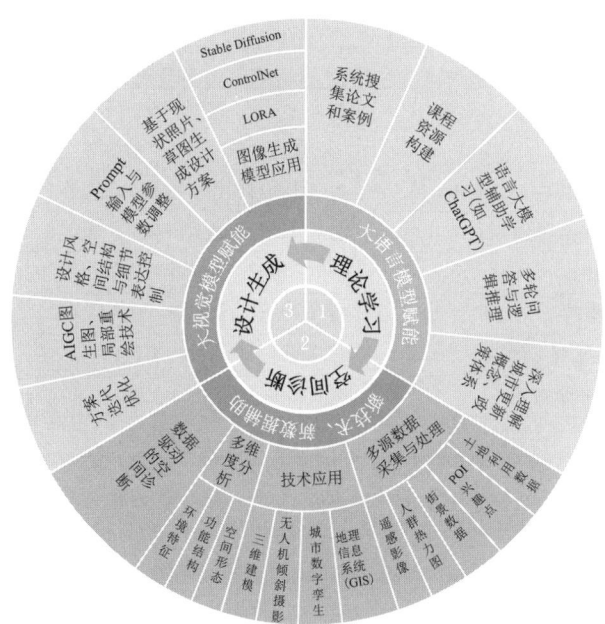

图 1　AIGC 辅助城市更新设计全流程
资料来源：作者自绘

型、ControlNet、LORA 等技术进行方案探索与表达，构建以"教师—AI—学生"为核心的人机协同教学新模式，旨在为相关课程的智能化转型提供理论参考与实践范式（图 1）。

2　AIGC 赋能城市更新课程教育

2.1　AI 赋能城市更新课程教育概述

　　人工智能技术的持续突破，尤其是大语言模型（LLMs）与大视觉模型（VLMs）的广泛应用，正推动高等教育向更加智能、高效和协同的教学模式转型。目前主流大模型工具及其应用场景见表 1。在城市更新教育领域，AIGC 正逐步渗透至教学的多个关键环节，为课程内容设计、课堂教学组织、学生学习方式等方面注入新活力。在技术层面，大语言模型（如 ChatGPT、DeepSeek 等）具备强大的自然语言理解与生成能力，已广泛应用于城市更新课程中的文本分析、政策研读、案例解读与策略生成等任务；大视觉模型（如 Stable Diffusion、Midjourney 等）则在城市空间视觉表达、规划图像生成、更新方案可视化等方面展现出巨大潜力。

二者的结合实现了从"文生图""图生图"到"人机协同"的教学方式革新，同时也为复杂城市更新项目中的问题分析与方案推演提供了高效工具。

　　国内多所高校正积极推进 AIGC 技术在课程教学中的深度融合（表 2）。同济大学自主研发了知识大模型 CivilGPT，为建筑设计教育带来变革。清华大学开设"新城市科学"等课程，依托多模态 AI 助教系统，构建数据驱动的学习与评估体系。这些高校积极探索推动城市更新课程在教学方法和工具应用上的深层变革，同时为未来"AI+ 城市更新"教育体系的构建提供了可复制、可推广的范式样本。尽管城市更新作为一个涉及政策、空间、社会、文化等多维度内容的综合性领域，在课程内容与 AI 融合方面尚处于探索阶段，但已有的教学改革成果显示，AIGC 技术具备在城市更新课程中发挥重要赋能作用的潜力。其在信息整合、策略生成、案例分析与空间表达等方面均可提供高效支持，为教学注入更具创造性与适应性的手段。

2.2　AI 赋能城市更新课程教学的改革重点

　　传统城市更新课程通常依赖教师主导的讲授方式与人工调研分析，存在知识更新滞后、课程内容割裂、学生参与度不足等问题，难以满足当前城市复杂更新实践对高素质综合型人才的需求。AIGC 技术的引入为课程改革提供了突破口，重塑了教学组织方式与学生学习的路径。在此背景下，本课程依托 AIGC 工具，结合城市更新实践特征与教学痛点，围绕以下四个方面进行系统性教学改革。

　　（1）打破人才培养同质化与教学内容滞后问题

　　传统课程依赖教师主导的讲授与人工调研分析，存在知识更新缓慢、案例老旧等问题，难以匹配城市更新的快速发展节奏。引入语言大模型等 AIGC 技术后，课程可实现理论知识与实践案例的动态更新，构建覆盖政策解读、项目分析、案例复盘等内容的教学资源库，从而提升教学内容的时效性与系统性。

　　（2）提升学生的自主性与创造性

　　现有教学模式限制了学生个性发展，缺乏激发创造力的有效机制。AIGC 赋能下，学生可围绕自身关注的问题，借助大模型实现自主提问与信息检索，获得多轮交互反馈，强化结构化理解，推动个性化学习与探究式

主流大模型工具及其应用场景比较　　　　　　　　　　　　　　　　　　　　　　　表1

工具名称	类型	主要功能与应用场景	适用领域
ChatGPT 4	大语言模型	文本交互、代码辅助、结合 DALL·E 3 生成图像	教育、写作、编程、设计等
Claude 3.5 Sonnet	大语言模型	逻辑推理、文案撰写、对话交互	内容创作、数据分析、教育等
Gemini 2.5 Pro	多模态模型	处理文本、图像、音频，用于多模态内容生成与理解	多媒体内容创作、教育、研究等
Midjourney	图像生成模型	文本生成高质量图像，通过 Discord 操作	艺术设计、概念可视化、广告等
Stable Diffusion	图像生成模型	开源，支持本地部署与自定义训练	研究、教育、个性化内容创作等
DALL·E 3	图像生成模型	文本生成图像，可与 ChatGPT 集成	教育、设计、营销等
Adobe Firefly	图像生成工具	集成于 Adobe，提供图像生成与编辑功能	专业设计、广告、内容创作等
Runway Gen-2	视频生成模型	文本生成视频，用于创意视频与故事叙述	视频制作、教育、娱乐等
Synthesia	虚拟人视频生成	生成虚拟人讲解视频，用于培训与内容营销	教育、企业培训、营销等

资料来源：作者整理绘制

各高校AI赋能的教学改革情况　　　　　　　　　　　　　　　　　　　　　　　　表2

学校名称	简要描述
同济大学	自主研发了知识大模型 CivilGPT，为建筑设计教育带来变革
清华大学	开设"新城市科学"等课程，依托多模态 AI 助教系统，构建数据驱动的学习与评估体系
北京大学	城市规划与设计学院依托人工智能技术与决策支持平台，面向城市规划与设计领域，培养在智慧城市和城市大数据分析等领域的复合型人才
浙江大学	设立物联网＋智慧城市建设专题培训班，涉及智慧城市管理等内容
东南大学	设立"智能规划与城市设计"方向，致力于探索城乡规划学科前沿，融汇跨学科知识体系，适应当前数字化、智能化的时代变革
重庆大学	召开人工智能赋能本科课程建设项目启动会，聚焦人工智能赋能课程建设的实施路径，推动人工智能与学科专业的深度融合
南京大学	启动建设"人工智能通识核心课程体系"，开设了一系列人工智能素养课和人工智能前沿拓展课

资料来源：作者整理绘制

思维的培养。

（3）推动教师角色转型与教学方式变革

教师长时间作为单一知识传递者，导致教学方法与实际需求脱节。AIGC 促使教师从"讲授者"转变为"引导者"与"协作者"，通过任务驱动、协同设计等方式，与学生及 AI 共同构建知识网络，实现"教师—AI—学生"三元协同，丰富教学交互维度。

（4）强化课程实践环节与产学融合机制

传统课程实践性不足，难以锻炼学生的综合应用能力。AIGC 赋能下，课程可引导学生运用 AI 进行数据驱动的场地诊断、更新策略生成、方案设计与表达，贯通从问题识别到成果输出的全过程。同时，通过引入项目实践等环节，增强课程与产业的衔接度，推动产教融合。

3 AIGC 赋能的城市更新课程教学路径建设

3.1 教学目标及方法

本课程旨在探索 AIGC 技术在城市更新教学中的融合路径，培养学生掌握理论知识、分析方法与创新设计能力。教学目标主要包括四个方面：一是掌握城市更新的基础理论，明确其价值导向与发展脉络，为后续实践奠定基础；二是借助 AI 工具与智能助教辅助学生高效获取与整理案例，构建系统化的案例体系，深化对不同城市更新模式的理解与比较；三是通过城市更新案例的实践操作，重点掌握空间研究方法与设计生成路径，提升综合分析与创新能力；四是依托 AI 工具辅助分析国内外前沿设计策略，深化对中国城市在城镇化转型背景下更新路径与应对策略的理解与判断。

课程采用"理论讲授 + 实地调研 + 专家讲座 + 成果汇报"的混合教学模式，内容涵盖城市居住、办公、交通、休闲等典型场景的更新实践。前期以大语言模型辅助的理论知识学习为主，中期引入实地调研与专题讲座，强化案例理解与技术认知，后期聚焦 AI 赋能设计生成与选题研究成果汇报。课程注重 AI 工具与学生主观能动性的协同发挥，打造人机协同的新型教育模式。

3.2 AIGC 赋能城市更新教学的三条路径

为实现上述目标，课程构建了 AIGC 赋能城市更新教学的三条路径，贯穿城市更新教学的理论认知、空间诊断与设计生成全过程。

（1）大语言模型赋能城市更新理论知识的系统性学习

课程通过系统整理城市更新相关书籍、政策文献与经典案例，构建丰富的学习资源，借助语言大模型（如

ChatGPT）辅助学生高效掌握理论知识。通过模型的多轮问答与逻辑推理功能，学生能够深入理解城市更新的概念、类型、机制与政策体系，并结合不同更新场景，梳理知识结构、理清设计思路，提升学习效率与理解深度。

（2）新技术、新数据辅助的空间诊断与分析

课程引导学生掌握遥感影像、街景数据、POI（兴趣点）、人群热力图、土地利用数据等多源城市数据采集与处理方法。借助地理信息系统（GIS）、无人机倾斜摄影、三维建模等技术，学生可对待更新区域的空间形态、功能结构与环境特征开展多维度分析，实现基于数据驱动的空间诊断，从而为更新策略提供科学依据。

（3）大视觉模型赋能城市更新设计生成

通过 Stable Diffusion 等主流图像生成模型，借助 ControlNet、LORA 等技术，课程引导学生基于现状照片与草图生成多种更新设计方案。在准确输入提示词（Prompt）的基础上，学生学习如何调整模型参数与输入内容，精准控制设计风格、空间结构与细节表达。AIGC 图生图、局部重绘等技术则实现对方案的迭代优化，有效提升设计效率与表达质量（图 2）。

3.3 AIGC 赋能路径在城市更新课程中的实践应用

在课程具体实施中，AIGC 赋能城市更新教学的路

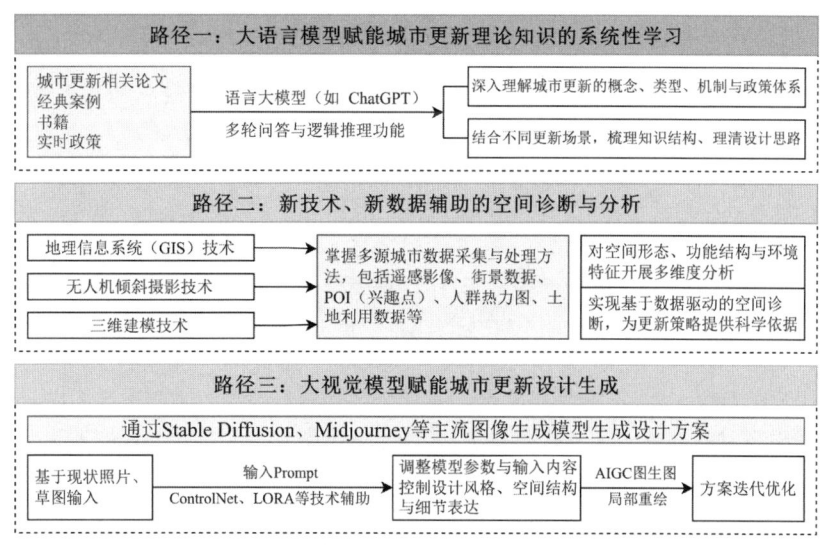

图 2 AIGC 赋能城市更新教学的三条路径
资料来源：作者自绘

城市更新教学框架 表3

教学阶段	教学重点	AIGC 赋能路径	内容要点
第一阶段	理论知识导入与案例体系构建	路径一：语言大模型助力理论与案例学习	第 1~5 讲：基于教材与文献，课程 AI 助教辅助重点概念理解与问答，构建包含居住、办公、交通、休闲等场景的案例库，比较更新类型与策略
第二阶段	数据分析与技术方法训练	路径二：空间诊断与分析	第 9~10 讲：引入城市更新技术方法，结合 GIS、遥感、无人机图像等工具识别问题并进行诊断
第三阶段	AIGC 图像生成与方案表达	路径三：图像模型辅助设计表达	第 11~14 讲：基于调研照片，使用 Stable Diffusion 等典型图像大模型生成更新设计方案，探索优化设计表达路径
实践补充	实地调研与专题讲座	路径一 + 路径二：实践育人	第 6~8 讲：实地调研考察 M50、上生新所等典型案例，开展专题讲座引导学生拓展多维思考能力，培养实际问题解决能力
汇报评估	阶段成果展示与交流	综合路径：成果报告	第 15~16 讲：定期交流课题选择与构思，期末汇报集中展示学生研究论文、优化方案等成果，促进多向反馈与协作共创

资料来源：作者自绘

径分为以下三个阶段推进（表3）：

第一阶段：城市更新理论体系讲授与案例分析

该阶段聚焦城市更新的基本理论体系与案例，课程基于经典书籍、文献与案例资源，依托大语言模型构建"课程 AI 助教"，辅助学生开展章节重点梳理、概念解释、案例学习等任务。学生可通过智能问答提升理解效率，强化对更新逻辑的系统性认知。

第二阶段：空间分析与技术工具教学

进入技术应用阶段，课程引入无人机影像、遥感数据、GIS 等多种城市数据源与空间分析工具。学生以实地调研区域为基础，识别空间功能断裂、环境衰退等问题，构建数据支持下的城市空间诊断与分析。

第三阶段：基于现状实地调研照片生成更新设计方案

结合前期调研结果，学生利用 Stable Diffusion 在现状照片基础上生成设计更新图像。借助 LORA 微调与 ControlNet 技术，结合局部重绘技术实现方案细节优化。在设计表达上，学生探索多种风格、多套方案，并通过师生共创对方案进行再加工与表达提升。

此外，课程安排还包括对上海典型城市更新项目的实地调研，如 M50 创意园区、上生新所等，提升学生对空间语境与更新逻辑的感知力；同时邀请城市规划与更新设计领域的专家开展讲座，引导学生将设计思维与城市治理紧密结合。本课程已取得初步成效，多位同学基于课程成果完成了高质量学术论文并进行发表，展现出 AIGC 赋能城市更新课程的可行性与实践价值。

4 城市更新课程教学实践案例

4.1 教学案例一：大语言模型赋能的系统性城市更新案例梳理

在大语言模型赋能的城市更新理论学习路径实践中，学生聚焦于存量商务楼宇的系统性更新策略（图3）。首先，学生梳理了城市更新从"拆除—重建"向"空间优化—功能提升"的转型趋势，明确了新阶段城市更新的核心内涵。随后，基于智慧城市建设的视角，分析当前商务楼宇普遍面临的高空置率与功能老化等问题。在此基础上，学生通过在 Gooood 与 Archdaily 等专业平台开展系统检索，构建了全球商务楼宇更新案例库，并借助大语言模型对案例进行归纳与分类，提炼出融合智慧城市理念与可持续发展的多元更新策略。该教学案例体现了大语言模型在城市更新理论学习中的应用价值，不仅显著提升了学生对核心概念的理解效率，也促进了其构建系统性案例库的能力，为复杂城市问题的认知与应对提供了智能化支持。

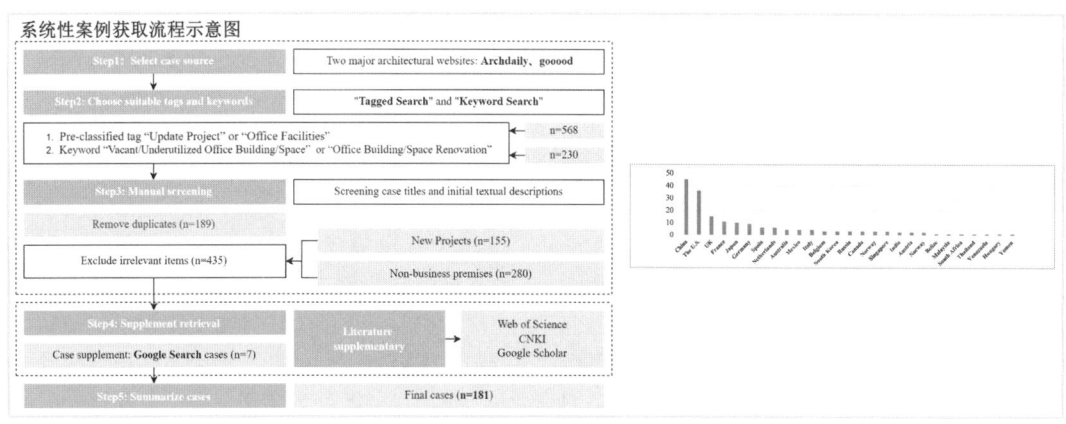

图3　大语言模型赋能的系统性城市更新案例梳理[8]
资料来源：学生课程论文

4.2　教学案例二：基于新技术与新数据的空间诊断教学实践

在新技术与多源数据支持下的空间诊断教学路径中，学生围绕上海市居住区城市更新中的"留、改、拆"分类识别问题，开展了基于深度学习的空间识别研究。该研究紧扣城市更新从增量扩张向存量优化的发展趋势，聚焦于提升居住区分类识别的效率与准确性。学生引入深度学习与遥感影像处理技术，构建了基于语义分割算法的自动识别模型。以上海市为例，研究选取高分辨率遥感影像作为基础数据源，实现了居住区在"留、改、拆"分类标准下的高效识别。该教学案例展示了AIGC赋能路径在空间诊断教学中的实际落地，反映出学生在掌握数据采集、遥感分析与算法建模等关键技术后，具备独立开展具有现实指向性与技术前瞻性的研究能力，为城市更新科学决策提供了技术支撑（图4）。

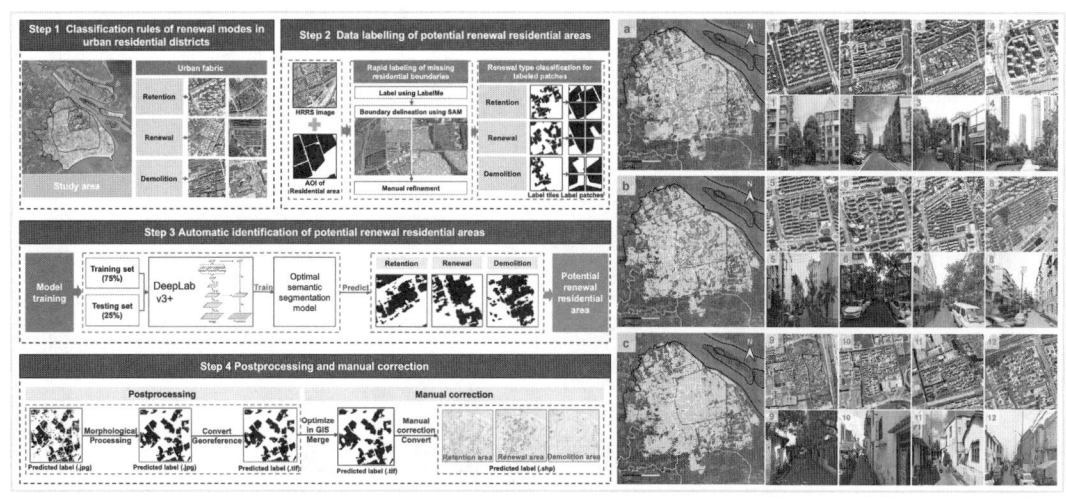

图4　基于新技术与新数据的空间诊断教学实践[9]
资料来源：学生课程论文

4.3 教学案例三：大视觉模型赋能城市更新设计生成的教学实践

在大视觉模型赋能的城市更新设计生成路径中，课程系统构建了涵盖"调研—概念生成—方案优化—图纸表达"的全流程教学体系（图5）。学生以上海市闵行区浦江镇一处废弃居民自建房为对象，开展乡村民宿更新设计项目。在场地调研阶段，学生借助无人机航拍与全景相机扫描技术，采集场地的图像与空间数据。在概念构思阶段，利用 ChatGPT 进行提示词梳理，通过 Stable Diffusion 实现灵感图像的快速生成，以激发设计创意。在方案优化阶段，结合 LORA 与 ControlNet 技术，对初步设计进行多轮迭代，并通过局部重绘功能深化关键设计节点。最终，整合各阶段成果，完成方案的创意呈现与图纸绘制。教学实践表明，AIGC 技术在概念生成、方案优化与细节深化等环节提供了强有力的支持。同时，课程实现了由传统"教师—学生"单向教学模式向"教师—AI—学生"多向协同模式的转变，显著增强了教学的互动性与创新性，推动建筑设计教育迈向智能化与创新驱动并重的新阶段。

5 人机协同的城市更新课程特色与创新点

本课程创新性地引入 AI 助教机制，基于"豆包"大语言模型开发，并集成至微信公众号平台"城市科学与设计"（图6）。AI 助教作为课堂内的"智能协作伙伴"，打破了传统"教师—学生"之间的线性互动路径，实现了学生可随时提问、模型即时回应的高频、高效交互，有效提升了学习的即时性与响应速度，构建出动态、沉浸式的学习环境。

借助豆包模型的多模态处理能力，课程整合了城市更新领域中的结构化知识与非结构化数据，采用正则表达式去噪与 SimHash 算法去重，构建出 3.2GB 高质量课程微语料库。在模型训练过程中，课程采取"通识—专精"的双阶段训练策略：第一阶段以 70% 的课程资料与 30% 的通用知识混合训练，建立模型对城市更新的基础认知；第二阶段通过 LoRA 微调技术，进一步强化理论讲解、诊断方法等核心知识点，使模型能够准确识别并解析如问题诊断、更新策略梳理等专业问题。并进一步通过系统分析学生与模型互动过程中的高频误解和知识盲点，动态调整语料与反馈路径，构建闭环式教学支持系统。并据此生成针对性习题与案例，推动教学由统一化传授向差异化引导转变。

AI 助教的引入不仅增强了教学的智能响应能力，更在路径结构上实现突破：教学模式由传统"教师—学生"的二维交互，升级为"教师—AI 助教—学生"的三元人机协同体系。该体系显著提升了学生在城市更新知识掌握深度、设计方案合理性与课堂参与积极性等方面的表现，为城市更新课程的智能化转型提供了可复制、可推广的实践范式。

6 结语

城市更新作为推动城市空间优化与社会可持续发展的重要手段，日益成为高等教育中跨学科融合与知识更新的关键领域。在本课程的探索与实践中，我们聚焦 AIGC 赋能城市更新课程教学路径，以生成式人工智能

图5 大视觉模型赋能城市更新设计生成的教学实践[10]
资料来源：学生课程作业

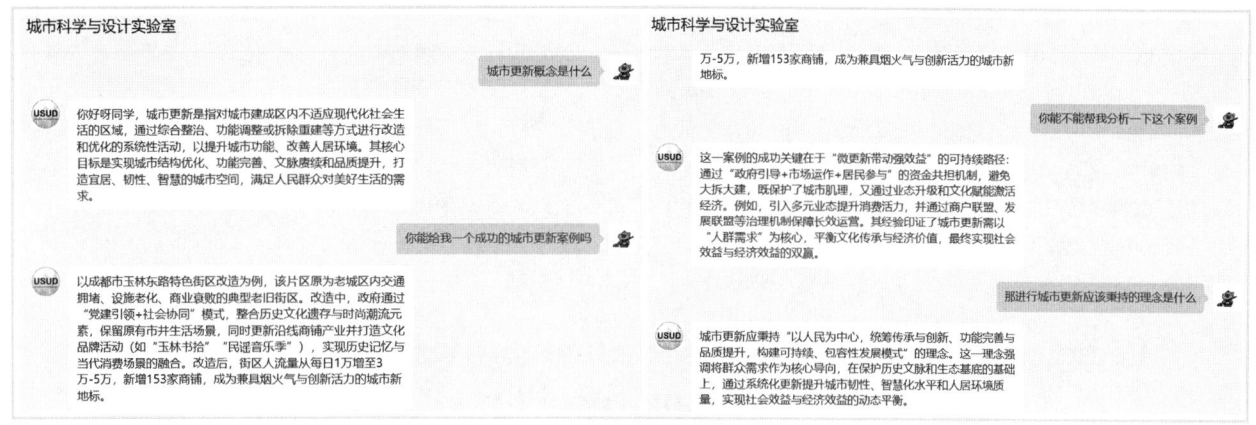

图 6 智能 AI 助手问答展示
资料来源：作者自绘

技术为支撑，构建"理论学习—空间诊断—设计生成"一体化教学模式，实现了技术进步与教学内容、教学方法的协同发展。

课程围绕"大语言模型赋能理论学习、新技术驱动的空间诊断与大视觉模型支持的设计生成"三条路径展开系统课程教育实践，构建了理论、分析到设计表达的一体化教学流程。在理论学习阶段，依托豆包等大语言模型构建"课程 AI 助教"，整合城市更新领域的书籍等资料，支持学生通过多轮问答掌握更新概念与类型，搭建系统化知识框架。空间分析阶段，课程引导学生运用遥感影像等多源城市数据，结合 GIS 等工具开展基于数据的空间诊断，提升学生对城市问题识别的能力。设计生成阶段，学生在掌握 Stable Diffusion 等主流图像生成工具的基础上，通过图生图、局部重绘技术，实现方案构思与方案迭代。同时，课程创新性地引入基于公众号平台的智能 AI 助手，实现理论提问、案例检索等即时响应。本课程已取得初步成效，多位同学基于课程成果完成了高质量学术论文并进行发表。未来，我们将持续推进 AIGC 技术在教学中的深度融合，探索构建更加成熟、智能的 AI 助教系统，拓展其在课程设计、学习支持与实践应用等多维场景下的创新路径，并持续推动教学模式革新，培养具有国际视野与实践能力的城市更新专业人才。

参考文献

[1] 黄耿志，李郇，张文忠，等.高质量发展转型背景下的中国城市更新：挑战与路径 [J].自然资源学报，2025，40（1）：1–19.

[2] 张松.积极保护引领上海城市更新行动及其整体性机制探讨 [J].同济大学学报（社会科学版），2021，32（6）：71–79.

[3] 蔡迎春，虞晨琳.AI 驱动的科研范式变革：跨学科视角下人工智能素养与教育培养策略研究 [J].图书馆杂志，2024，43（11）：20–33，10.

[4] 同济大学新闻网.同济大学知识大模型 CivilGPT 完成重要技术升级，AI 助力土木教育再上新台阶. [EB/OL].2025–02–21[2025–05–10]. https://news.tongji.edu.cn/info/1003/89967.htm.

[5] 龙瀛.（新）城市科学：利用新数据、新方法和新技术研究"新"城市 [J].景观设计学，2019，7（2）：8–21.

[6] 王争录，张博.从同存走向共生：AI 赋能教师教育的实践理性 [J].高教发展与评估，2023，39（3）：21–29，108，120.

[7] 王一岩，朱陶，杨淑豪，等.人机协同教学：动因、本质与挑战 [J].电化教育研究，2024，45（8）：51–57.

[8] ZHANG JIALIN, HU YU, LI WENZHU. A Systematic Case Study on Renewal Strategies for Underutilized

Office Spaces[Z]. Working paper, 2025.

[9] LI WENZHU, WANG HUI, WANG XINYU, et al. Automatic Identification of Potential Renewal Areas in Urban Residential Districts Using Remote Sensing Data and GeoAI[J]. IEEE Journal of Selected Topics in Applied Earth Observations and Remote Sensing, 2025, 18, 8523–8535.

[10] 李文竹，张佳霖，刘丰毅. 生成式人工智能赋能下的建筑设计教学模式研究——以乡村民宿更新设计为例 [Z]. 工作论文，2025.

[11] 卢宇，余京蕾，陈鹏鹤，等. 多模态大模型的教育应用研究与展望 [J]. 电化教育研究，2023，44（6）: 38–44. DOI: 10.13811/j.cnki.eer.2023.06.005.

Pedagogical Pathways and Practices for Urban Regeneration Courses Empowered by AIGC

Li Wenzhu　　Zhang Jialin　　Liu Fengyi

Abstract：As urban regeneration becomes an increasingly critical topic for optimizing urban spatial structures and promoting sustainable social development, higher education must explore interdisciplinary integration and innovative teaching models. This study, grounded in AIGC (Artificial Intelligence Generated Content) technologies, constructs a teaching pathway for urban regeneration courses centered around a three-stage framework: theoretical learning-spatial diagnosis-generative design. The course design follows three core approaches: ① leveraging large language models to empower systematic learning of theoretical knowledge, building intelligent AI teaching assistants to support multi-turn dialogue and logical reasoning; ② conducting spatial diagnostic analysis based on multi-source urban data and emerging technologies, using tools such as GIS and UAV-based oblique photogrammetry to enhance students' ability to identify spatial problems and formulate strategies; ③ utilizing large visual models like Stable Diffusion to carry out design generation, enabling efficient iteration in conceptualization and visual representation. Practical results demonstrate that the course significantly improves students' academic output and design capabilities, validating the application potential of AIGC technologies in urban regeneration education.

Keywords：Generative AI, Urban Regeneration, Teaching Practice, AI Teaching Assistant, Human-AI Collaboration

"数智赋能"背景下防灾韧性规划教学范式的革新路径研究 *

夏陈红　郭小东　王　威

摘　要：在空间治理现代化与教育数字化转型的双重背景下，防灾韧性规划课程面临目标不清晰、内容割裂、方法单一与评估滞后的多重挑战。本文聚焦"数智赋能"视角，结合文献梳理与案例分析，从教学目标重塑、内容体系集成、教学机制优化与能力导向评估四个方面系统探讨防灾韧性课程的教学模式创新路径。研究提出构建以"空间认知—风险建模—策略响应—协同治理"为主线的课程框架，并引入 GIS、大数据与结构方程模型等数智工具，强化学生在多灾种、多主体情境下的系统应对能力。研究旨在构建一套可推广、可适配、可评估的复合型教学模式，为高等教育中防灾韧性规划课程的数智化转型与系统性重构提供理论支撑与实践路径。

关键词：数智赋能；防灾韧性规划；课程教学模式；能力导向；结构优化

1　引言

随着城市系统日益复杂、极端气候事件频发，防灾韧性已逐渐成为国家空间安全治理体系的重要支点。与此同时，数字化与智能化技术（简称"数智"技术）的快速演进，也正深刻重塑着高等教育的教学理念与实践路径[1]。在此背景下，如何在防灾韧性规划课程体系内有效嵌入数智思想及其技术，进而推动教学内容、组织方式与评价机制的系统升级，已经成为当前城乡规划类课程体系改革的核心议题之一[2]。

当前，以人工智能、大数据、遥感测绘、城市数字孪生等为代表的数智技术正深刻变革高等教育的知识结构与教学模式[3]，传统以知识灌输为主的教学逻辑难以支撑新时代对跨学科融合、系统能力生成与策略表达能力的复合型要求，尤其在防灾韧性规划教育中，长期以来存在教学目标偏"工具化"、知识体系趋"碎片

化"、能力生成缺"系统化"等结构性症结，导致学生虽具备一定灾害应对与技术操作能力，但在应对现实治理中"多源风险识别—动态策略构建—多主体协同"方面仍显不足，难以满足高复杂情境下的综合决策与空间治理需求。而对比国际形势，已有诸多高校积极探索以"数智赋能 + 问题导向"为核心的课程重构路径，例如哥伦比亚大学通过其韧性城市与景观中心（Center for Resilient Cities and Landscapes，CRCL）推动空间模拟与社会建模协同教学[4]，东京大学则在城市灾害恢复课程中引入 AI 预测与数字反馈机制[5]，国内同济大学、南京大学等高校也在城市韧性与灾害规划相关课程中逐步推进"平台 + 数据 + 应用"三位一体的教学转型[6, 7]，这些前沿实践充分表明，基于数智赋能的课程体系正成为推动防灾韧性教育创新的关键路径。

由此可见，在国家应急管理体制深化、空间治理理念升级与高等教育结构转型三重背景下，构建以"数据驱动—模型表达—治理导向"为核心的新型防灾韧性教学体系已势在必行[8]。基于此，本文聚焦"数智赋能"

* 项目资助：北京工业大学城建学部教育教学研究课题"多学科融合视角下国土空间防灾减灾规划教学模式创新与实践"（ERCJ202415）；北京市自然科学基金青年项目：面向复杂适应性的城市防灾设施系统网络建模与韧性优化研究（8254041）。

夏陈红：北京工业大学建筑与城市规划学院助理研究员
郭小东：北京工业大学建筑与城市规划学院教授
王　威：北京工业大学建筑与城市规划学院教授（通讯作者）

这一核心议题，将在系统分析现有教学困境的基础上，立足于教学目标重塑、内容体系集成、方式方法创新与评价维度优化四大层面，提出一套面向高风险社会治理场景的教学范式革新路径，以期契合当前"数智赋能"发展需求，为防灾韧性规划课程在国土空间治理体系中的深度嵌入提供理论支撑、路径参考与技术支点，助力契合国家战略导向的复合型人才培养机制的构建。

2 数智赋能背景下防灾韧性教育变革动因分析

2.1 国家战略转型驱动下的空间治理能力重构

随着"国土空间规划体系"和"韧性城市建设"成为国家治理现代化的重要抓手，防灾减灾已不再局限于灾后应急，而被纳入全生命周期的风险管理与空间治理逻辑中。目前，从中央到地方陆续出台的一系列战略文件，如《国家应急体系建设"十四五"规划》《城市更新行动方案》等，与灾害风险识别、韧性空间布局与协同治理机制有关的空间治理要求逐渐在空间治理体系中的核心地位逐渐显现。面对这一转变趋势，有关防灾韧性规划的高等教育也亟需优化与提升，也即必须培养能够在"战略预警—系统响应—多元协同"中胜任治理任务的复合型规划人才[9]。据此，防灾韧性规划课程的重构亟需回应这种治理逻辑的转变，探索如何改变传统教学目标从应对型转向预防型、方法体系从静态规划转向动态协同、知识结构从专项技术转向全链融合，最终推动灾害防治教育深度嵌入国土空间治理的全周期过程。

2.2 教育范式转型下的系统性课程革新诉求

全球高等教育正加速推进以复杂问题为导向的范式转型，"跨学科整合—项目化实践—数据赋能"的教学体系逐渐成为主流。尤其在防灾领域，国际顶尖院校已突破传统知识传授模式，转而构建覆盖"风险认知—方案设计—策略实施"全过程的动态教学框架，如哥伦比亚大学韧性城市与景观中心开设的"Resilience Studio"课程，通过导入真实灾害治理项目，驱动城乡规划、公共管理、环境工程等多专业学生开展协同设计与策略推演，实现专业知识向治理能力的转化[10]。反观国内防灾规划教育，仍受限于学科壁垒固化、技能模块割裂、知识传授离散等结构性矛盾，具体表现为以下几方面：①专业课程体系存在纵向知识断层；②横向技术模块与治理需求脱嵌；③实践环节缺乏全周期项目载体支撑。总体而言，这种碎片化教学形态已经难以适配国土空间治理所需的系统性思维与协同创新能力，显现出课程体系深度重构的迫切性。

2.3 数智技术驱动下的教学体系多维重构

近年来，数智技术的深度渗透正重构防灾规划教育的教学场域与实践范式，如遥感监测、空间计算、智能推演等技术的融合应用，使灾害模拟推演、应急决策训练等教学环节突破传统课堂边界，形成"数字孪生+虚实交互"的新型教学空间。一方面，新技术赋能使得灾害模拟、应急演练、脆弱性分析等具备了高度真实可操作的课堂呈现基础，为"任务导向+技术实操"的教学模式落地提供了工具支撑；另一方面，也促使教师从传统知识传授者转向课程设计者与情境引导者，推动教学方法从单一授课向多元协作转型。这种技术变革同时倒逼教学评价机制突破传统认知框架，要求从"技术工具掌握度"的单维考核，转向覆盖"风险研判—空间建模—协同响应—效能反馈"的全链条能力评估体系。因此，构建适配数智环境下的教学平台、工具系统与评价机制，已经成为当下防灾韧性教育改革不可忽视的技术基础与路径导向。

3 当前防灾韧性规划课程的结构困境与教学瓶颈

3.1 知识谱系的结构性缺陷与系统逻辑缺位

当前防灾教育领域存在知识体系建构的系统性困境，主要包括以下两大方面，其一，课程内容呈现"单灾种导向+工程思维主导"的模块化拼接特征，未能建立贯穿"风险感知—系统建模—策略集成"的完整认知链条；其二，课程模块间存在知识重复与逻辑断层，教学梯度设计缺失导致学生难以形成多维联动的灾害治理思维。从教学组织维度来看，防灾课程多离散化呈现于通识课程或专题工作坊等载体，缺乏贯穿本科—研究生阶段的递进式培养架构。尤其值得关注的是，空间规划原理、灾害动力学、公共政策分析等核心知识模块长期处于平行开设状态，课程协同机制缺失导致跨学科知识整合责任难以过度转移至学生个体。因此，这种离散化的教学架构不仅弱化了知识体系的整体性，更导致学生难以形成贯穿"风险机理认知—空间干预设计—治理策略集成"的系统性思维能力。

3.2 目标定位偏移与评价机制的结构性失衡

当前防灾课程体系存在教学目标与治理需求错位的双重困境，首先，课程目标过度聚焦"灾种辨识—技术应用"的操作性维度，导致"风险研判—系统干预—长效治理"的认知链条断裂；其次，评价体系深陷"技能达标度量化考核"的单维化窠臼，缺乏对"风险感知—策略生成—价值权衡"等综合能力的动态评估。在该双重困境下，课程的目标定位图谱断裂，且教学过程中缺失"情景推演—迭代反馈"的认知闭环构建，以致现有模式难以培养出学生应对不确定性风险的动态适应能力；课程的评价机制缺乏"治理效能模拟—社会成本评估"等过程性评估工具，难以强化对学生综合决策素养的培育；更关键的是，课程顶层设计中"空间韧性提升—制度创新—社会资本激活"的多维治理目标未能有效转化为教学导向，导致战略思维与公共价值引导功能在育人环节中持续缺位。

3.3 技术赋能的浅层化与数智协同困境

防灾教育的技术转型正面临以下三重脱节挑战（表1）：①技术工具应用呈现"模块割裂—操作导向"的浅层化特征，GIS、灾害建模等技术教学多停留于软件操作培训，未能深度融入"风险诊断—空间干预—治理验证"的教学闭环；②数智技术协同存在结构性断层，包括动态情景模拟、多源数据融合推演等关键环节尚未嵌入课程体系，以至于"数据分析—策略建模—决

策验证"的全链条培养路径难以有效衔接；③教学场域存在技术代际落差，主要表现为虚拟仿真、AI辅助决策等前沿技术尚未形成常态化教学配置，致使课堂难以构建"数字孪生—虚实共生"的沉浸式训练场景[11]。由于这种技术脱嵌现象会进一步引发教学内容的双向割裂，如在横向维度上，数据采集、空间分析与治理决策等环节衔接困难，学生培养学生对空间"感知—建模—响应"的动态决策推演能力；纵向维度上，传统技术教学与国土空间智慧治理需求因代际鸿沟的存在，易导致人才培养难以适配数智时代"全域感知—智能推演—精准干预"的复合需求（表1）。

4 数智赋能背景下防灾韧性规划课程建设的路径创新

在国土空间智慧治理与教育数字化转型的双重驱动下，防灾韧性规划课程正经历从知识载体向能力枢纽的范式跃迁。基于该课程特有的多尺度动态耦合特征，迫切需要依托数智技术实现"风险认知—空间干预—治理迭代"全链路的认知升维与能力进阶。鉴于此，应从教学内容的智能集成重构、教学方式的深度交互创新与教学评价的数据驱动优化三个方面，探索课程建设的新路径。

4.1 教学内容的智能集成重构

在数智赋能下，防灾韧性规划课程的内容应跳脱传统学科知识的线性堆叠模式，转向以"空间数据—灾害建模—治理策略"三位一体的系统化结构为核心[12]。在

防灾韧性规划体系改进对比表　　　　　　　　　　　　　　　　　　　　　表1

维度	现状问题	改进方向	关键词
课程目标维度	目标设定偏向单一风险应对，缺乏系统治理与韧性塑造导向	融合"风险感知—系统建构—协同治理"导向，聚焦综合能力提升	系统性目标、治理导向、跨尺度能力
课程内容维度	内容碎片化，缺少"理论—工具—场景"联动逻辑	重构知识体系，突出韧性理论、数智工具、实景任务的贯通融合	知识集成、韧性建模、数据赋能
课程组织维度	多为"单课型＋单教师"模式，缺少模块化、协同式设计	构建"课程群＋项目制＋双导师制"机制，推动跨学科协同育人	模块化教学、项目驱动、跨界协同
课程评价维度	以结果导向评价为主，缺乏过程追踪与能力反馈机制	构建"过程性＋成果性＋成长性"三位一体评价体系	能力导向、数据反馈、结构化追踪

资料来源：作者自绘

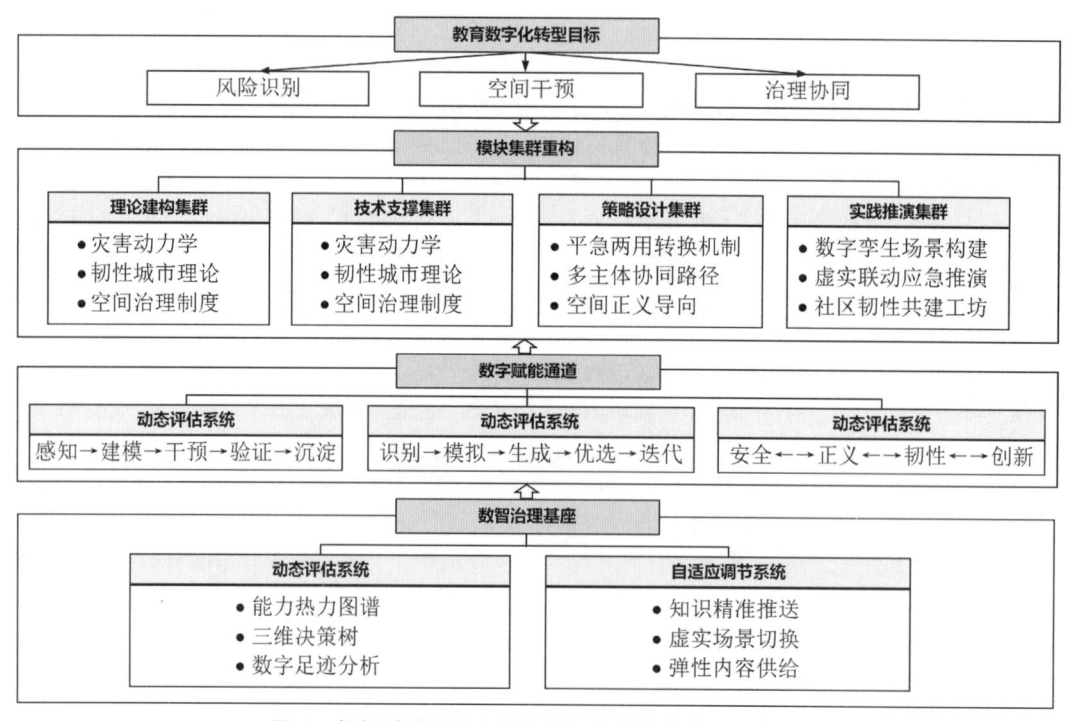

图1 数智赋能下防灾韧性规划教学模块体系示意图
资料来源：作者自绘

此过程中，通过集成遥感、GIS、灾害数据库、城市运行模拟等技术工具，可构建起动态演化、结构清晰的教学模块体系（图1），帮助学生在理解灾害演化机制的同时掌握风险评估与策略设计的方法逻辑。例如，课程内容可嵌入灾害风险可视化分析、城市韧性指数建模、应急响应路径模拟等模块，利用典型案例引导学生完成从数据处理到规划建议的全过程推演。此外，政策治理模块亦可借助图解建构与制度映射等数字化方式进行重构，使学生更易理解治理机制的系统逻辑与实施路径，进而形成"理论—模型—策略"贯通的知识体系。

4.2 教学方式的深度交互创新

教学方式的创新关键在于借助数智平台构建多维交互场景，通过沉浸式虚拟仿真系统、灾害情境演练平台和可视化协作工具的嵌入，课堂教学可实现从"讲授灌输"向"互动共创"的根本转变。例如，学生可在模拟洪涝灾害下进行区域风险评估与避难空间布局规划，并

在虚拟环境中进行协同响应与优化推演，这种模式不仅有利于提升学生实践操作能力，也有利于培养学生的跨学科协同与问题导向意识。同时，课程组织可引入剧本式团队任务设计，即将学生分配至"城市规划师""社区应急代表""数据分析员"等不同角色，通过在多学科团队协作中推进规划方案的生成、评估与迭代，培养学生在各个角色之中的深度体验。最红，还可借助智慧教学平台进行自动批阅、模型反馈、答疑推荐等辅助功能，进一步推动教师角色由知识传授者转向学习引导者与反馈调节者，全面提升课堂交互的系统性与效率。

4.3 教学评价的多维数据驱动优化

对于教学评价体系而言，应紧贴能力导向目标，从结果评估走向过程追踪、能力生成与反馈闭环的有机融合。在数智技术支持下，可通过以下三阶革新路径探索教学评价体系的创新途径：①构建"行为—认知—能力"多源异构数据采集系统，通过智能教学平台全量采集学

生知识图谱构建度、策略推演完整度、协同决策参与度等动态指标，形成覆盖"课堂交互—项目实践—反思迭代"全过程的数字孪生画像；②创新多模态评估模型，也即在传统技术操作评价基础上，引入空间干预效能模拟、治理成本效益分析、社会韧性增益评估等新型指标，并在此基础上运用结构方程模型解析对"风险识别精度"与"空间治理效度"的耦合关联进行深度解析；③构建"诊断—反馈—优化"闭环机制，可通过可视化决策树的形式呈现个体能力成长轨迹与群体知识建构图谱，最终实现从经验判断向数据穿透性分析的范式转型。

5 总结与展望

在新一轮教育数字化、智能化转型背景下，防灾韧性规划课程亟需跳出传统教学范式，以"数智赋能"推动课程目标、内容组织与教学机制的全面革新。本文立足多源文献分析，系统梳理了当前该类课程教学中存在的核心困境，如目标导向模糊、内容体系割裂、组织模式单一与能力培养路径缺失等问题，并在此基础上提出了具有可行性与针对性的创新路径。具体而言，文章从四个方面展开教学模式的系统重构：一是课程目标重塑，强调从"工具训练"向"问题导向、系统思维、协同治理"转型；二是内容体系集成，提出构建融合空间认知、风险建模、策略演化与治理机制的知识框架，并以"空间—风险—响应"链条分析了课程模块体系的构建路径；三是教学机制优化，提出可通过模块化、项目制与跨专业协同相结合的教学组织形式促进数智技术的融入；四是能力导向评估，提出可以阶段性能力生成为核心的多维评价体系尝试引入结构方程模型、可视化工具等，开展教学反馈数据的实证分析。

通过上述探索，本文构建了一套融合"数智技术工具—教学组织结构—能力成长路径"的防灾韧性课程教学模型，力图推动该课程体系实现从"碎片传授"向"结构生成"、从"静态教学"向"动态评估"的深度转型。未来，在教学实践层面，仍需进一步拓展基于人工智能、大数据与GIS系统的课堂应用场景，提升学生的数据理解与策略建构能力；在组织机制层面，应鼓励高校构建"平台—教师—学生"三位一体的动态教学生态，强化教研协同与资源共享；在研究拓展层面，可结合区域灾害情境与治理需求，开展适应性强、反馈机制明确的本土化教学实证研究，持续推进课程体系的精准化、系统化与智能化发展。

参考文献

[1] 吴志强. 城市规划教育的数智化焕新 [J]. 城市规划学刊，2025（1）：11-17.

[2] 于萍. 数智时代应用型高校职业生涯规划教育优化路径探析 [J]. 行政科学论坛，2025，12（3）：31-36.

[3] 杨阳，郝玉婷，陶丽，等. 大数据时代背景下数据分析类课程教学改革与实践探索 [J]. 高等工程教育研究，2023（5）：54-59，116.

[4] Center for Resilient Cities and Landscapes. About Us [EB/OL]. Columbia University. [2025-05-07]. https://crcl.columbia.edu/.

[5] 东京大学. Resilience and Adaptation Science 课程大纲 [EB/OL]. The University of Tokyo, [2025-05-010]. https://www.c.u-tokyo.ac.jp/graduate/Syllabus%20-%20Resilience%20and%20Adaptation%20Science%202020.pdf.

[6] 同济大学. 工程结构抗震与防灾课程简介 [EB/OL]. 中国大学MOOC. [2025-05-08]. https://www.icourse163.org/course/detail.htm?cid=1003536031.

[7] 南京大学建筑与城市规划学院. 综合设计课程教学内容简介 [EB/OL]. 南京大学，2023-12-25 [2025-05-13]. https://arch.nju.edu.cn/7c/f2/c48661a624050/page.htm.

[8] 马世发，吴玲玲. 城乡规划本科人才培养智慧赋能课程体系设计与地方实践路径探索 [J]. 高等建筑教育，2024，33（04）：84-91.

[9] 王威，瞿孜诺，费智涛，等. 城乡安全与综合防灾规划课程思政教学设计与模式探索 [J]. 高等建筑教育，2023，32（6）：165-171.

[10] 吴祖峰，戴瑞婷，李丹丹，等. 面向人工智能前沿领域的创新人才培养 [J]. 高等工程教育研究，2023（5）：48-53.

[11] 王威，夏陈红，王晓卓，等. 国土空间规划体系下城乡安全与防灾减灾规划课程教学模式探索 [J]. 高等建筑教育，2021，30（4）：125-133.

[12] 张继刚，郑丽红，李沄璋，等. 多维跨界互动式教学模式创新的实践探讨 [J]. 高等建筑教育，2019，28（3）：110-115.

Innovative Teaching Pathways for Disaster Resilience Planning Courses under "the Empowerment of Intelligent Technologies"

Xia Chenhong   Guo Xiaodong   Wang Wei

Abstract: Amid the dual transformation of spatial governance modernization and the digitalization of education, disaster resilience planning courses face multiple challenges such as unclear objectives, fragmented content, outdated teaching methods, and lagging evaluation systems. This study, from the perspective of "intelligent empowerment", systematically explores innovative teaching models for disaster resilience education by analyzing literature and practical cases. It focuses on four key aspects: redefining instructional goals, integrating content systems, optimizing organizational mechanisms, and enhancing outcome-based assessment. A structured curriculum framework is proposed, centering on "spatial cognition-risk modeling-strategic response-collaborative governance." Meanwhile, intelligent tools such as GIS, big data analytics, and structural equation modeling are incorporated to strengthen students' systems thinking and practical capacity in complex disaster scenarios. The research aims to establish a replicable, adaptable, and assessable interdisciplinary teaching model that supports the intelligent transformation and systematic restructuring of disaster resilience education in higher education.

Keywords: Intelligent Empowerment, Disaster Resilience Planning, Curriculum Teaching Model, Competency-Oriented Approach, Structural Optimization

城市更新中的"街道—建筑"协同教学创新
——以城乡规划专业"建筑设计（3）"课程为例

罗宇龙

摘　要：随着城市化进程进入高质量发展阶段，城市更新已跃升为国家与地方政策的重点领域，推动了街道空间设计从实践到法治化、体系化的深刻变革。然而，当前城乡规划专业的建筑设计教学仍长期聚焦于单体形态与功能，缺乏系统训练与街区尺度的空间组织和交通流线的有机融合，难以满足城市更新项目对跨尺度规划思维的需求。针对这一现状，本研究在"建筑设计（3）"课程中增设"街道空间设计"设计任务，突破传统单体建筑设计的局限，将设计场域从单一建筑体量延伸至长度不小于 100 米的城市次干路或支路系统，通过对道路空间、交通流线、街道界面与开放空间的协同构建，引导学生在真实场域中开展概念识别、系统分析与综合表达三阶段学习。课程依托 CDIO 理念（Conceive-Design-Implement-Operate，构思—设计—实现—运作），结合地域文化转译与实证分析，构建了"建筑单体—街道系统—街区网络"三级设计框架。基于理论学习及通过多轮迭代实践，学生不仅提升了微观构造与中观格局的关联理解，还掌握了跨学科协同与量化分析的方法，初步形成了一套可推广的街道空间设计教学范式，为城乡规划专业课程改革提供了有力的实践样本与理论参考。

关键词：街道空间设计；城乡规划教学；CDIO 教学法；跨尺度思维

1 教学改革背景及必要性

自 2011 年城乡规划学升格为一级学科以来，建筑设计教学长期偏重单体形态与功能，忽视中观尺度的街道空间系统化训练（段德罡，2022；叶如海，2022；徐锋，2023）。尽管已有南京工业大学"问题导向"模式将地块调研与交通流线引入课程（叶如海，2022），以及谢丽娜（2015）、陈晓龙（2015）在空间建构与数字化建模、王蕾（2013）在 BIM—性能模拟闭环、张嘉欣（2024）与魏融（2018）在参与式案例与街道断面测绘方面的有益尝试，这些实践大多将街道设计视为附属专题，难以与建筑单体及街区网络形成完整链条。近年来，随着房地产市场调整与城市更新迈入法治化、体系化阶段，自 2019 年《国土空间城市更新规划编制指南》将更新规划与实施单元纳入总体规划分期实施，2023 年《支持城市更新的规划与土地政策指引（2023 版）》从规划、用地、资金与机制四维度完善政策体系，北京、上海等地相继出台配套实施方案，"十四五"基础设施规划又将老旧小区改造与数字化管理纳入统筹，2025 年《政府工作报告》更将持续推进城市更新和老旧小区改造、提升城镇化率列为重点。在此政策背景下，街道空间设计已成为城市更新项目的核心环节，高校城乡规划及相关专业亟须将其纳入教学体系。

综上，当前教学仍面临两大短板：缺乏系统化的跨尺度思维培养载体，及交通组织与空间形态教学的割裂。为此，本研究拟构建"建筑单体—街道系统—街区网络"三级链条，融入 CDIO"概念—系统—综合"流程，结合地域文化转译与实证分析，探索微观构造与中观系统支撑的跨尺度教学模式，打造可推广的街道空间设计范式。

罗宇龙：广东工业大学建筑与城市规划学院讲师

2 教学改革思路与框架

2.1 核心理念（图1）

本教学改革以"学科融合—以用为本—渐进递阶—结果导向"为核心，基于大三上学期建筑设计（3）课程设计的第一个公共建筑设计的基础上，在建筑设计视角下有机引入规划与交通学科，将建筑单体设计与街道系统、交通流线和公共生活场景的交叉分析融为一体；以真实街道场址为载体，结合实地调研、参与式访谈等内容，推动学生从"点"（建筑关键节点）到"线"（流线嵌入）再到"面"（街区开放空间网络）的递进式设计实践；并依据OBE（Outcome-Based Education，成果导向教育）成果导向评估体系，明确"设计思维""系统分析""综合表达"与"量化评估"等能力指标，贯穿概念识别、系统分析与综合表达三个阶段，构建"设计—反馈—优化"闭环，培养跨尺度、跨学科的空间规划思维。

2.2 整体框架

本次教学创新聚焦大三上学期"建筑设计（3）"的第二设计任务——街道空间设计，以"学科融合—以用为本—渐进递阶—结果导向"四大理念为指导，围绕"街道选址与调研、流线嵌入与优化、街道界面与公共场景营造、量化评估与综合表达"四大环节，构建"概

念识别→系统分析→综合表达"三阶段任务流程，并有机衔接建筑单体构思与形态原理、数字化建模与交通理论、空间句法与GIS分析等先修知识，使学生能够在真实街道场址上开展实地调研、参与式访谈、模型与数据分析，最终完成"点—线—面"递进式设计实践，从而实现建筑设计、规划学与交通学的多学科融合，培养跨尺度空间规划思维和实操能力。

3 教学目的

本课程旨在通过"街道空间设计"任务的实施，帮助学生在建筑单体设计的基础上，进一步培养跨学科的综合设计能力。首先，学生将通过实地调研与案例分析，深入理解建筑、城乡规划、景观设计与交通组织之间的内在联系，学会在多维度要素交叉作用下提出系统化的设计方案；其次，通过对街道更新的概念、功能与设计要求的学习，学生能够掌握道路断面优化、界面界定与公共空间生成等关键技术，熟悉绿地廊道、活动节点与流线嵌入等街道更新策略的应用；最后，在CDIO"概念—系统—综合"三阶段流程中，学生将不断强化"概念识别、系统分析、综合表达"三大能力，通过交通流量分析与参与式反馈机制，实现从设计思维到实施方案的闭环优化，最终培养具备跨尺度规划视野与可操作设计方案编制能力的城乡规划创新型人才。

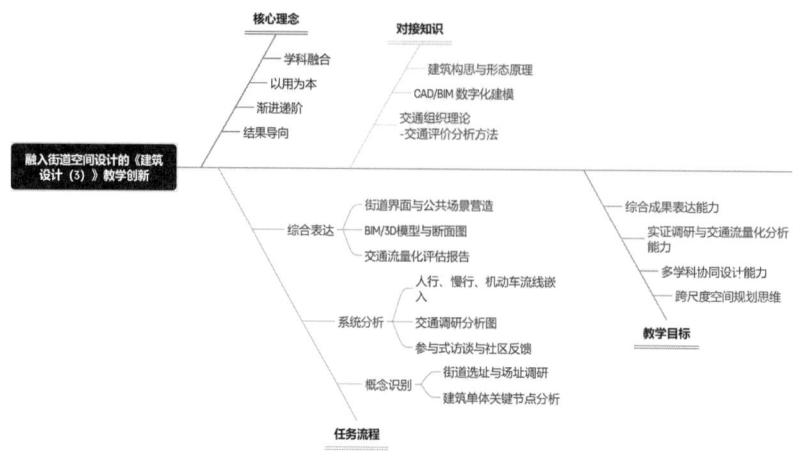

图1　教学改革思路与框架示意图
资料来源：作者自绘

4 设计任务、教学实施与成果要求

4.1 设计任务(图3)

本次街道空间设计任务在继承前期建筑单体构思成果的基础上,进一步强化多维度要素的整合与协同:学生需针对所选基地周边两类共四条主要街道(最终选择一条作为主要的设计对象),开展包括地形地貌、现状交通、沿线功能与历史文脉在内的深度调研,并形成调研报告;基于调研成果,提出街道设计总体策略,明确每条街道的定位、功能分区、流线组织和尺度控制;在此基础上完成街道断面设计,精细划分机动车道、慢行道、人行道和绿化带,确保道路截面与沿街建筑退线、门窗开口、立面高度等参数的协调;对关键节点(如十字路口、公交停靠点、商业集中区、文化遗址入口等)进行专题设计,包括渠化方案、视线控制、公共活动空间及照明、座椅、指示系统等附属小品配置;在街角与转折处,通过小品与绿化、艺术装置或地域标识的植入,营造连续而富有节奏感的空间界面;最后依托CAD/BIM建模与GIS/空间句法分析工具,对设计方案进行可视化模拟与量化评估—包括交通流线效率指标、可达性热力图、步行舒适度评分等,并撰写综合评估报告与汇报PPT。整个过程强调团队分工与跨学科协同,每组成员在街道选址、功能规划、技术指标校核、模型建构与评估分析等环节中各司其职、相互审核,以确保方案在文化表达、功能实用与技术可行之间实现平衡,真正培养学生从"点—线—面"多层次视角出发的跨尺度规划设计能力。

4.2 教学实施

如图2所示,教学实施分别对应四个阶段,每个节点都标注了具体的时间、任务重点和预期成果,具体的街道空间设计任务进程如下:第一阶段(约10~15天)聚焦于街道再调研与设计思路的确立,学生需提交包括地域文化特点、街区形态与功能分析的初步设计报告(A2或PPT)、典型街区与街道设计案例的借鉴分析,以及街道现状图与区域/地块交通流线图等关键调研图件;第二阶段(约3~7天)着重方案生成与系统分析,要求完成街道空间与交通流线的草图设计(A2),并绘制街道效果图、断面图、交通渠化图及关键节点景观图;第三阶段(约1~5天)进入深化设计环节,学生需在街道断面与界面细化、节点与小品景观完善的基础上,依托相关技术规范进行设计论证;第四阶段(约1~3天)为最终成果汇编与评审阶段,输出完整方案的排版与出图成果,并制作评审PPT及综合评估报告,以实现从调研到生成、再到深化与成果展示的闭环教学目标。

4.3 成果要求及评分标准

本课程要求提交的必要图纸包括:一是基地交通流线图,需分别标注地面与地下车流(消防车、小汽车等)、人行与车行路线及主次出入口;二是建筑一层、

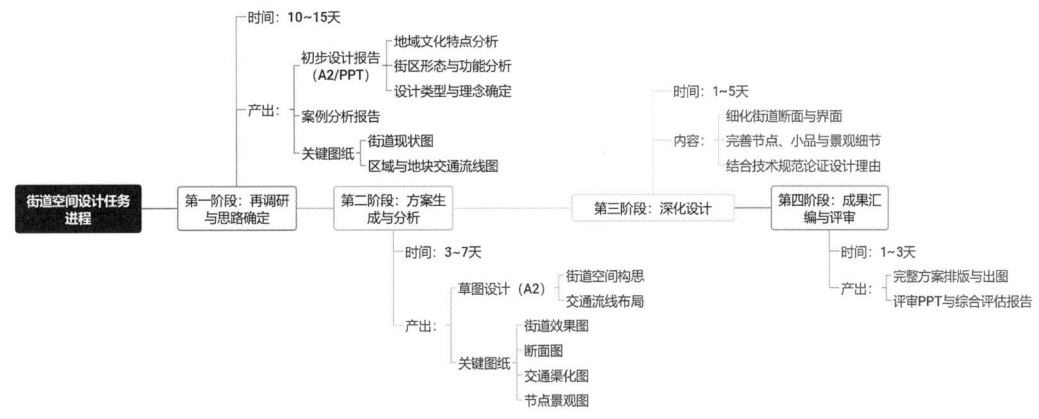

图2 街道空间设计任务进程图
资料来源:作者自绘

二层等不同类型的交通流线图；三是所选街道空间示意图（至少两类共四条），配合现状照片（可另行成图）；四是一点透视图，用以说明街道构成；五是街道—道路必要设施示意图（如公交车道、港湾式站点、出租车扬招点、自行车绿道等）；六是典型街道现状示意图，重点标出需改造区域；七是对应的改造设计示意图；八是交通渠化与街道一体化设计图；九是街道—道路断面图；十是关键设施大样图（牛腿坡道、港湾式公交专用道、盲道及其他无障碍设施等）；十一是景观、街道与沿街建筑界面一体化图；十二是附属小品设计图。此次设计的评分标准为平时成绩占30%、最终成果占70%，且任何缺失上述必要图纸者，每缺一张扣5分，以确保学生全面、细致地完成"点—线—面"递进式街道空间设计任务。

5 教学策略与方法

5.1 "学—研—提—创—评"五字法详解

"学"阶段通过专题讲座和文献导读奠定街道空间与交通组织的理论基础；"研"阶段组织学生开展实地调研与利益相关者访谈，获取场址第一手资料并形成调研报告；"提"阶段要求学生基于调研成果在小组汇报中提出设计概念与流线策略，并接受导师与同伴评议；"创"阶段则进入模型制作、BIM建模与数字化评估环节，完成系统分析与综合表达两个子任务；"评"阶段采用OBE导向的多维度评价，结合定量（流线图）和定性（文化契合、体验品质）指标，通过导师、同辈与社区反馈实现闭环优化。

5.2 跨师协同模式

建立"建筑—交通—规划（社区）"三位一体的师资团队，建筑设计导师把控空间形态与界面表达，交通规划导师负责流线组织与渠化策略，规划（社区）实践导师从使用者视角提供实践反馈；三位导师共同制定教学进度、参与各阶段评审，并定期举行跨学科工作坊，确保教学过程中的知识与实践多元融合。

5.3 数据与相关技术工具应用

结合大三上学期的城乡规划专业核心理论课"城市道路与交通规划（上）"的相关知识点内容，学生主要通过小组实地调研获取基地周边的交通流量数据，并在此基础上开展交通流分析与评价工作。结合实测与观察结果，对关键交叉口、街道节点等提出初步的渠化设计建议，优化通行效率与安全性。

在条件允许的情况下，鼓励学生尝试简单的交通量预测，并据此对道路断面进行改进设计，如调整车道宽度、设置非机动车道或人行道等。尽管GIS等专业工具

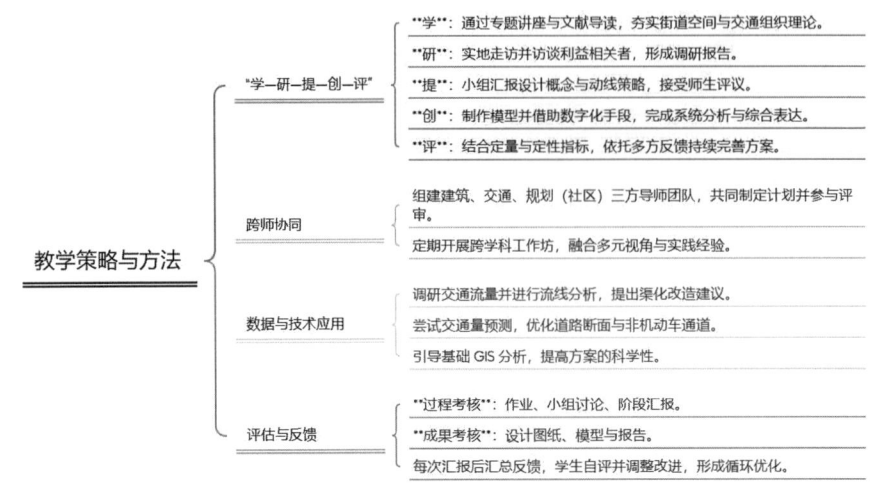

图3 教学策略与方法示意图
资料来源：作者自绘

通常在高年级才系统学习，但可引导学生了解其基本用途，并尝试进行基础图层叠加分析。整体目标是在现有能力范围内，加强数据支撑下的交通设计逻辑，提高方案的可行性与实用性。

5.4　评估机制

过程性评估涵盖周作业、小组讨论与阶段性汇报，占总评的40%；总结性评估主要聚焦正式设计成果（图纸、模型、报告）及OBE核心能力指标，占60%；每次汇报后均记录导师与同伴反馈，学生提交自评并提出改进计划，教学团队据此调整后续教学安排，形成持续优化的反馈闭环。

6　教学效果与实践反思

在"建筑设计（3）"课程中，学生在完成初步的公共空间建筑设计后，进一步开展街道空间优化设计。通过实地调研和数据分析，学生能够提出针对性的设计策略。例如，某学生A在石牌片区的项目中，利用空间句法分析提升了街区的步行可达性，并通过交通流线分析和交叉口渠化设计，优化了交通组织。此外，该学生还综合考虑了街道断面、景观元素、交通"稳静化"措施、铺装材料、建筑界面等因素，提出了全面的街道空间更新方案（图4、图5）；此外，学生B基于第一个课程设计基础上，结合"城市道路与交通规划（上）"的核心理论课程，对基地周边的街道进行交通流分析（包括工作日与双休日），并基于街道交通流的分析基础上，结合基地建筑设计，提出了设计思路，并对街道空间的人行空间、过街设施、车行空间、自行车空间、景观绿化等进行综合街道空间设计（图6、图7）。

然而，教学过程中也发现部分学生在数字化工具的应用方面存在困难，导致评估报告与设计图纸之间的衔接不够紧密。为此，建议在课程初期增设BIM、GIS[1]和流线分析等专题，并安排小型练习项目，以提升学生的实际操作能力。

本课程采用的"五字法"教学模式和跨学科协同指导机制，已在实践中显示出良好的成效，具有一定的推

广价值。同时，数据与技术工具的集成评估方法也适用于城市设计和公共空间等相关课程。但需要注意的是，该模式对师资力量和数字平台的要求较高，在学生基础较弱或学期时间紧张的情况下，需适当简化工具应用流程，以确保教学效果。

7　结论与展望

"建筑设计（3）"课程通过构建"交通—空间"一体化的教学模式，实施"点—线—面"渐进式任务，显著提升了学生的系统设计能力与跨学科协同思维。该模式强调真实场域导向与多学科融合，弥补了传统课程的单一学科短板；同时，采用成果导向的评价体系与

---

[1]　GIS课程在大四设置，需要提前学习，因此，需要结合学生的实际情况来设置。

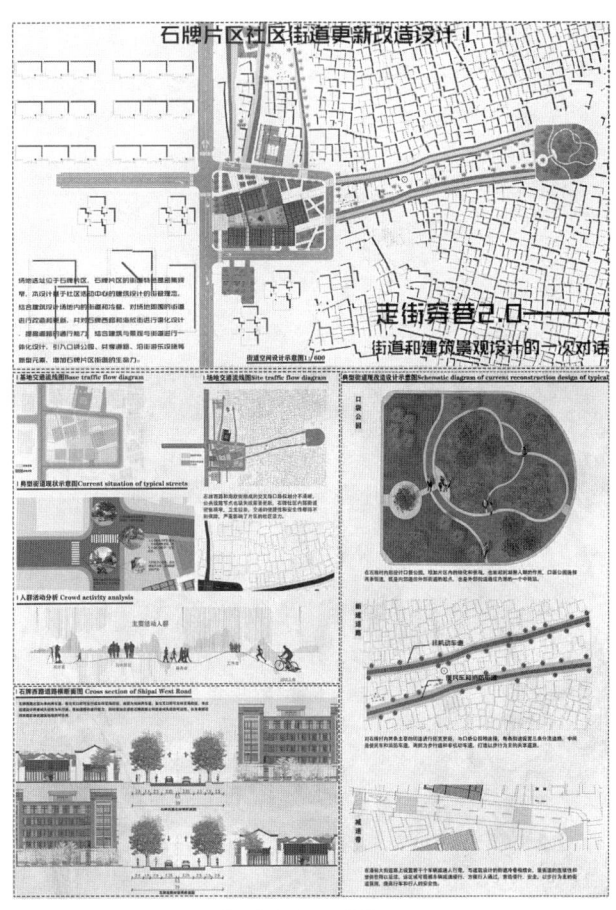

图4　街道空间设计作业展示1
资料来源：叶奕楷，2019级城乡规划系学生

图 5　街道空间设计作业展示 2
资料来源：叶奕楷，2019 级城乡规划系学生

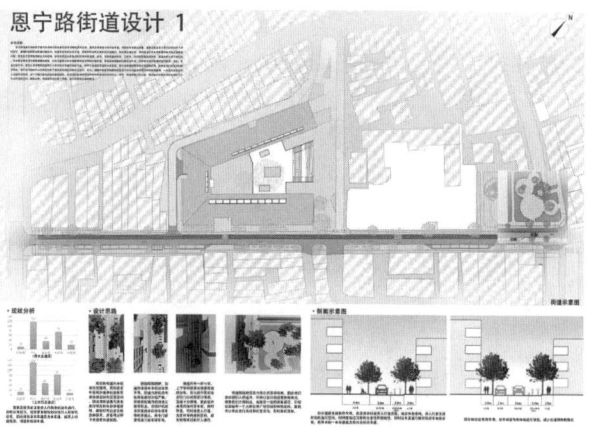

图 6　街道空间设计作业展示 3
资料来源：林宝滢，2019 级城乡规划系学生

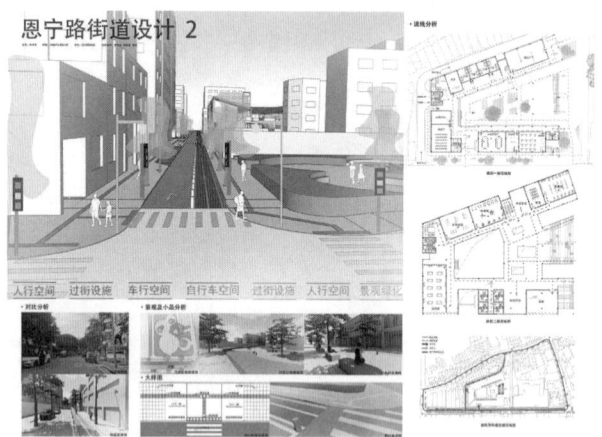

图 7　街道空间设计作业展示 4
资料来源：林宝滢，2019 级城乡规划系学生

"学—研—提—创—评"闭环教学法，为课程持续优化提供了可复制的范式。

　　未来的教学改革方向包括引入智能交通仿真技术，利用实时大数据驱动，探索街区与城市尺度的联动策略。此外，结合虚拟现实和增强现实等沉浸式用户体验评价方法，进一步完善"交通—空间"一体化教学体系。值得注意的是，人工智能技术在城市规划领域的应用日益广泛，如通过深度学习模型自动生成街道网络设计方案，辅助城市空间形态优化与交通流线组织 。因此，未来教学中可探索将人工智能技术融入课程，提升规划设计的智能化水平和教学效果。

参考文献

[1] 段德罡 . 城乡规划学科基础教学的研究与探索——以西安建筑科技大学为例 [D]. 西安：西安建筑科技大学，2015.

[2] 叶如海，严铮，彭克伟，等 . 基于问题导向的城乡规划专业建筑设计课程设置——以南京工业大学为例 [J]. 高等建筑教育，2023，32（1）：155-164.

[3] 徐锋 . 建筑设计课程中的中观尺度训练研究 [J]. 建筑教育

与研究，2023（4）：45–52.

［4］ 谢丽娜 . 城市空间建构视角下的街道设计教学探索 [J]. 建筑学报，2015（7）：102–109.

［5］ 陈晓龙 . 数字化建模在建筑设计教学中的应用研究 [J]. 数字建筑，2015（12）：33–40.

［6］ 王蕾 .BIM 与效能模拟结合的实践教学闭环研究 [J]. 土木工程与管理，2013，30（2）：77–84.

［7］ 张嘉欣 . 参与式案例教学与街道断面测绘在设计课程中的应用 [J]. 教育与设计，2024（1）：58–66.

［8］ 魏融 . 社区场景与街道空间衔接的教学实践 [J]. 城市规划学刊，2018（3）：99–107.

［9］ 自然资源部，住房和城乡建设部 . 国土空间城市更新规划编制指南 [S]. 北京：全国标准信息公共服务平台，2019.

［10］ 中华人民共和国国务院 . 支持城市更新的规划与土地政策指引（2023 版）[EB/OL]. 2023–11–22. 北京：中国政府网 .

［11］ 北京市住房和城乡建设委员会 . 北京市城市更新实施方案编制工作指南（试行）[S]. 北京：北京市住建委，2023.

［12］ 上海市人民政府办公厅 . 上海市城市更新行动方案（2023—2025 年）[S]. 上海：上海市人民政府办公厅，2023.

［13］ 中华人民共和国住房和城乡建设部 ."十四五"全国城市基础设施建设规划 [EB/OL]. 2021–05. 北京：中国政府网 .

［14］ 中华人民共和国中央人民政府 . 2025 年政府工作报告 [EB/OL]. 2025–03–05. 北京：中国政府网 .

Innovating Collaborative "Street–Building" Teaching in Urban Renewal——A Case Study of the "Architectural Design (3)" Course in the Urban and Rural Planning Program

Luo Yulong

Abstract：Urban renewal's elevation in national and local agendas necessitates a shift from building–centric design to integrated, block–scale streetscape planning. This study enriches the "Architectural Design（3）"course by introducing a "Streetscape Design" assignment that spans at least 100 m of secondary or tertiary road. Anchored in the CDIO（Conceive–Design–Implement–Operate）pedagogy and grounded in regional cultural translation and empirical analysis, the course unfolds in three phases：（1）Concept Identification—students survey existing street conditions and pinpoint design opportunities；（2）System Analysis—they dissect traffic circulation, spatial interfaces, and open–space relationships；and（3）Integrated Expression—they synthesize findings into coherent proposals at the building, street, and block–network scales. Through iterative design reviews and hands–on software workshops, learners strengthen their ability to connect micro–level architectural details with mid–level spatial patterns, apply quantitative and interdisciplinary methods, and appreciate the ethical and cultural dimensions of public–space design. The resulting three–tier framework offers a replicable teaching model that advances cross–scale thinking in Urban and Rural Planning curricula and better equips students for the complexities of contemporary urban renewal.

Keywords：Streetscape Design, Urban and Rural Planning Education, CDIO Methodology, Cross–Scale Thinking

后 记

半夏六月，蝉鸣荷举，欣逢苏州科技大学获批城乡规划学一级学科博士授予权这一重要时刻，我们以赤诚为笺、以匠心为墨，诚挚邀约全国城乡规划教育界同仁，共赴一场属于时代的教育盛会——2025中国高等学校城乡规划教育年会，在城乡发展的新征程上，共同镌刻专业教育的崭新刻度。当国土空间规划的新命题叩响时代之门，学科教育体系亦如破茧之蝶，在专业建设、课程重构、研究拓展中完成蜕变——从单一的规划设计，到融合数字技术、生态伦理、文化传承的立体教学体系，每一次革新都在为城乡发展培育更具前瞻性的规划力量。

本届年会以"开启规划HAI时代　繁荣教育新生态"为主题，深入贯彻落实习近平总书记关于教育和科技创新的重要论述，探讨在人工智能与数字技术深度赋能的背景下城乡规划教育的新使命、新方法和新路径，推动城乡规划教育与前沿科技深度融合，构建人类智慧与人工智能协同（Human-AI Interaction）的教育新生态。

本届年会由国务院学位委员会城乡规划学科评议组与教育部高等学校城乡规划专业教学指导分委员会（以下简称教指分委会）联合主办。苏州科技大学作为承办方，承担了会议论文的征集、整理工作。会议共收到来自全国各地院校的教研论文175篇，经教指分委会，优选出103篇论文收录进论文集，内容涉及专业和学科建设、基础教学、理论教学、实践教学、城市更新与保护教学等方面，各高校展示了在新时代背景下，联动多学科资源，创新教学方法与模式，为推动城乡规划教育的现代化发展注入了新的动力和活力。

论文集在征集、优选、汇编及出版过程中，凝聚了众多专家学者的智慧，承载着城乡规划学界对"开启规划HAI时代　繁荣教育新生态"主题的深度思考与未来展望。该论文集不仅是规划教育界前沿探索的智慧结晶，更是未来规划教育改革的动力引擎与创新灯塔。期许其能为城乡规划领域的教学与科研工作提供新的启发，为城乡规划专业与学科建设的长远发展提供新的思路与方向指引。

在此，谨向所有积极参与投稿的教师致以衷心感谢，正是诸位的勤奋钻研、潜心治学与长期积淀，促成了此次教学科研成果的丰硕呈现；向中国建筑工业出版社的编辑团队致谢，感谢诸位在论文集编辑、校对及出版过程中付出的辛勤劳动；同时，向教育部高等学校城乡规划专业教学指导分委员会全体委员致谢，感谢诸位对所有论文的专业指导与优选。

最后，特别感谢苏州科技大学建筑与城市规划学院的郑皓老师、陆建城老师、洪亘伟老师、邓雪湲老师、魏晓芳老师、潘斌老师、刘宇舒老师、于淼老师、周敏老师、冯歆老师、王清恋老师和姜玉培老师，以及高继宇、徐晨翛、刘祥、蒋蝉禧等同学，为论文征集、整理等所做的大量细致工作。

苏州科技大学建筑与城市规划学院

2025 年 6 月